AutoCAD 2022 中文版 三维造型设计实例教程

胡仁喜　刘昌丽　等编著

机 械 工 业 出 版 社

本书共分为3篇，第1篇（第1章～第5章）主要介绍了AutoCAD 2022基础知识、三维绘图基础、绘制和编辑三维表面、实体造型；第2篇（第6章～第10章）按应用领域分类介绍了简单造型设计实例、电子产品造型设计实例、机械零件造型设计实例、建筑造型设计实例；第3篇（第11章～第16章）集中介绍了球阀、齿轮泵、减速器3种典型机械部件从零件到装配的完整绘制过程。

本书是一本专门介绍AutoCAD三维设计功能的实例型书籍，可以作为三维设计人员的学习辅导教材，也可以作为工程设计人员的参考用书。

图书在版编目（CIP）数据

AutoCAD 2022中文版三维造型设计实例教程/胡仁喜等编著. —北京：机械工业出版社，2022.3

ISBN 978-7-111-70835-3

Ⅰ. ①A… Ⅱ. ①胡… Ⅲ. ①三维－工业产品－造型设计－计算机辅助设计－AutoCAD软件－教材 Ⅳ. ①TB472-39

中国版本图书馆CIP数据核字(2022)第088327号

机械工业出版社（北京市百万庄大街22号　邮政编码100037）

策划编辑：曲彩云　李含杨　　责任编辑：李含杨

责任校对：刘秀华　　责任印制：任维东

北京中兴印刷有限公司印刷

2022年6月第1版第1次印刷

184mm×260mm ·29.25印张 ·721千字

标准书号：ISBN 978-7-111-70835-3

定价：99.00元

电话服务　　网络服务

客服电话：010-88361066　　机　工　官　网：www.cmpbook.com

010-88379833　　机　工　官　博：weibo.com/cmp1952

010-68326294　　金　书　网：www.golden-book.com

机工教育服务网：www.cmpedu.com

前　言

AutoCAD 的诞生与应用，推动了工程设计各学科的飞跃发展。它所提供的精确绘制功能与个性化造型设计功能以及开放性设计平台，为机械设计、工业造型设计、建筑设计、服装设计和广告设计等行业的发展提供了一个广阔的舞台。

编者根据 AutoCAD 2022 中文版的功能与特征，结合多年教学与工程设计经验体会，精心编写了本书。在实战演练的过程中融入了 AutoCAD 2022 三维知识的精髓。本书按知识脉络共分为 3 篇，第 1 篇（第 1～5 章）主要介绍了 AutoCAD 2022 基础知识、三维绘图基础、绘制和编辑三维表面、实体造型；第 2 篇（第 6～10 章）按应用领域分类介绍了简单造型设计实例、电子产品造型设计实例、机械零件造型设计实例、建筑造型设计实例；第 3 篇（第 11～16 章）集中介绍了球阀、齿轮泵、减速器 3 种典型机械部件从零件到装配的完整绘制过程。各篇既相对独立又前后关联，在介绍的过程中，及时给出总结和相关提示，帮助读者快速地掌握所学知识。本书解说翔实，图文并茂。本书可作为初学者的三维设计人员的学习辅导教材，也可作为工程技术人员的参考书。

一般认为，AutoCAD 的三维设计功能相比其二维设计功能和其他三维设计软件的三维造型功能要逊色，其实是广大用户没有深入研究 AutoCAD 的三维功能。通过本书，编者将向广大读者展示一个强大的三维造型功能的 AutoCAD 软件。本书特点如下：

◆ 专业针对性强。本书主要针对机械、工业造型等从业人员编写，所选用实例直接来源于相关应用实例。通过学习，读者可以极大地提高三维造型的工程设计能力。

◆ 解说详细具体。本书以实例为单元进行讲述，对每一个实例的每一个步骤都进行了完整的讲解。读者可以毫无障碍地按照编者设计的思路进行操作学习。

◆ 结构清晰明了。本书按照 AutoCAD 知识的难易程度和常规学习过程，循序渐进，层层深入地引导读者掌握各个知识点。

◆ 示例经典实用。全书所有实例都来源于工程实际，并经过编者精心提炼，每一个实例都对 AutoCAD 的某些功能进行了针对性的讲解。

◆ 构思精巧缜密。本书在完整讲解基础知识的同时突出了 AutoCAD 三维功能的应用。既突出了 AutoCAD 的应用领域，又强调了 AutoCAD 工程设计的实用性。

为了方便广大读者更加形象直观地学习本书，随书配赠电子资料包，包含全书实例操作过程录屏讲解 AVI 文件和实例源文件，以及 AutoCAD 操作技巧集锦和 AutoCAD 建筑设计、室内设计、电气设计的相关操作实例的录屏讲解 AVI 电子教材，总教学时长达 3000 分钟。读者可以登录百度网盘（地址：https://pan.baidu.com/s/1fFhGuNNvIrZ_idyumWongA）下载，密码：swsw。

由于编者水平有限，书中不足之处在所难免，望广大读者联系 714491436@qq.com 指正，编者将不胜感激。也欢迎加入三维书屋图书学习交流群（QQ：597056765）交流探讨。

编　者

目　录

第1篇　基础知识

第 1 章

AutoCAD 2022 绘图设置

AutoCAD 2022 是美国 Autodesk 公司推出的新版本。

本章将开始循序渐进地学习 AutoCAD 2022 绘图的有关基本知识。了解如何设置图形的系统参数、样板图，熟悉建立新的图形文件、打开已有文件的方法等。

- 操作界面
- 文件管理
- 基本输入操作

1.1 操作界面

1.1.1 标题栏

在 AutoCAD 2022 中文版操作界面的最上端是标题栏。在标题栏中，显示了系统当前正在运行的应用程序（AutoCAD 2022）和正在使用的图形文件。第一次启动时，在 AutoCAD 2022 绘图区的标题栏中，将显示 AutoCAD 2022 在启动时创建并打开的图形文件的名字 Drawing1.dwg，如图 1-1 所示。

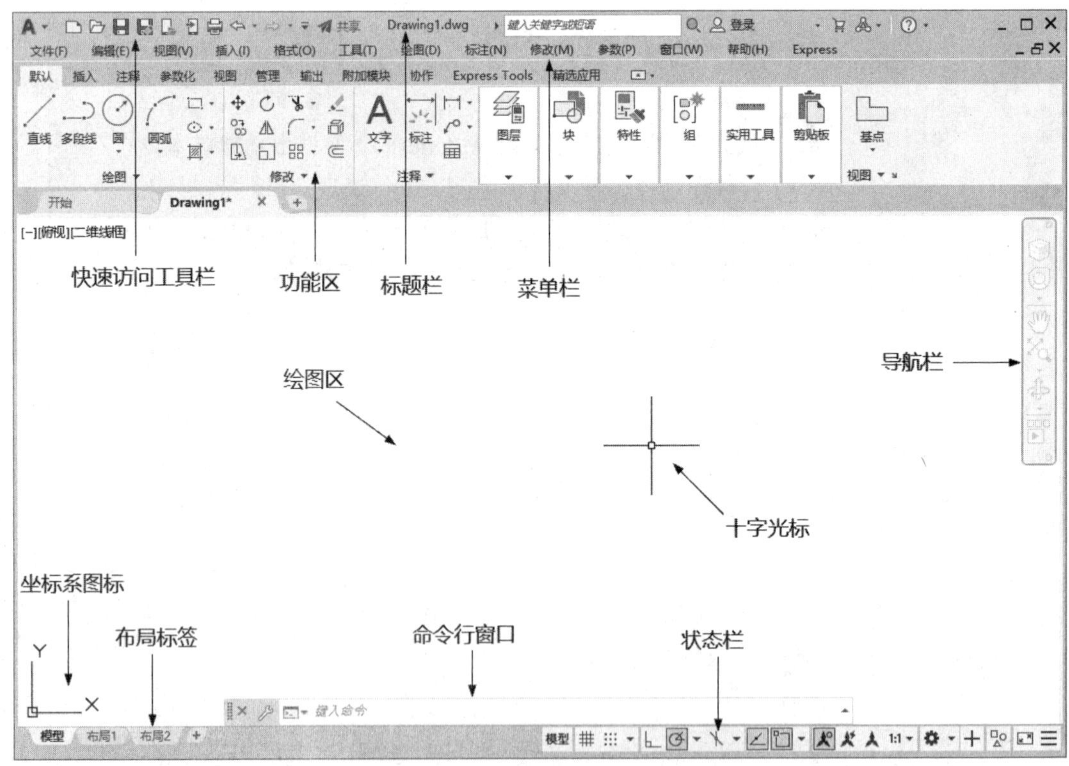

图 1-1　AutoCAD 2022 中文版的操作界面

注意

安装 AutoCAD 2022 后，默认的操作界面如图 1-1 所示。在绘图区中右击，打开快捷菜单，如图 1-2 所示。选择“选项”命令，打开“选项”对话框，如图 1-3 所示。选择“显示”选项卡，在“窗口元素”对应的“颜色主题”中设置为“明”，单击“确定”按钮，退出“选项”对话框，其操作界面如图 1-4 所示。

快速访问工具栏包括“新建”“打开”“保存”“另存为”“打印”“放弃”和“重做”等几个最常用的工具，也可以单击本工具栏右侧的下拉按钮设置需要的常用工具。

交互信息工具栏包括“搜索”“Autodesk A360”“Autodesk Exchange 应用程序”“保持连接”和“帮助”等几个常用的数据交互访问工具。

图 1-2　快捷菜单

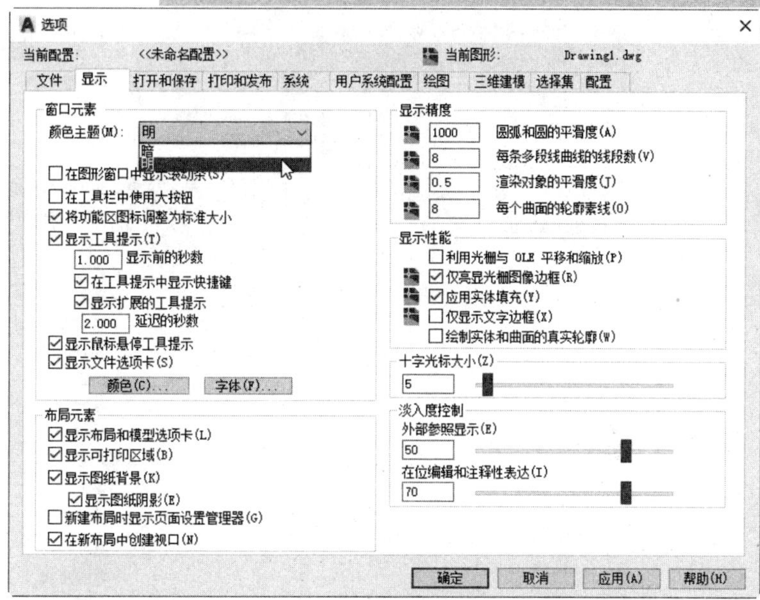

图 1-3　“选项”对话框

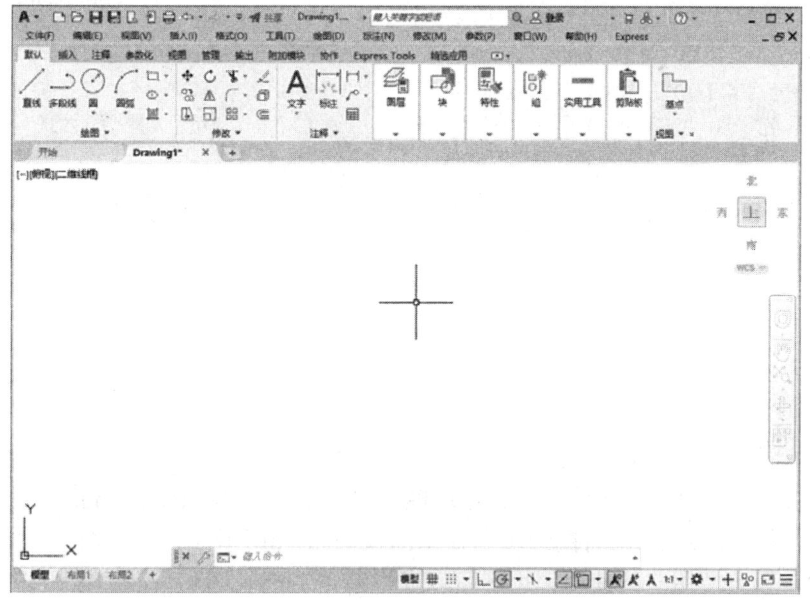

图 1-4　AutoCAD 2022 中文版操作界面

1.1.2　菜单栏

在 AutoCAD 2022 快速访问工具栏处选择“显示”菜单栏，如图 1-5 所示，菜单栏显示界面如图 1-6 所示。同其他 Windows 程序一样，AutoCAD 2022 的菜单也是下拉形式的，并在菜单中包含子菜单。AutoCAD 2022 的菜单栏中包含 13 个菜单，即“文件”“编辑”“视图”“插入”“格式”“工具”“绘图”“标注”“修改”“参数”“窗口”“帮助”和“Express”，几乎涵盖了 AutoCAD 2022 的所有绘图命令，后面的章节将围绕这些菜单展开讲述。

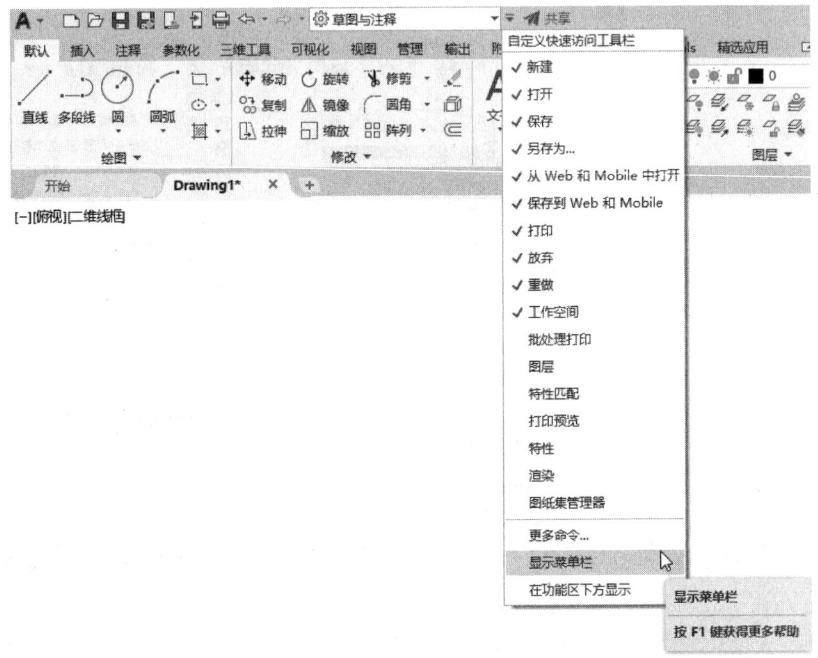

图 1-5 “显示”菜单栏

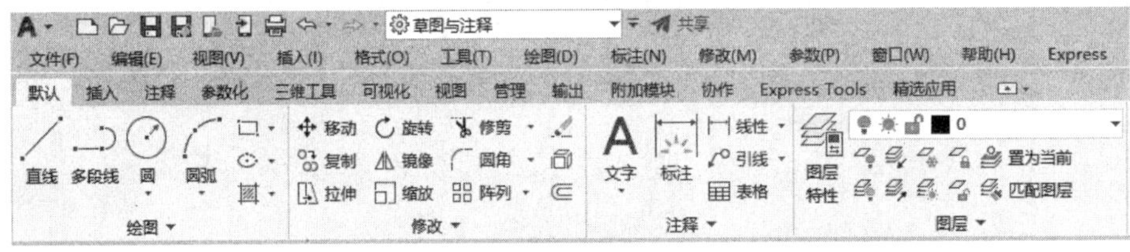

图 1-6 菜单栏显示界面

1.1.3 功能区

在默认情况下，功能区包括“默认”“插入”“注释”“参数化”“三维工具”“可视化”“视图”“管理”“输出”“附加模块”“协作”“Express Tools”及“精选应用”选项卡，如图1-7所示（所有的选项卡显示面板如图1-8所示）。每个选项卡集成了相关的操作工具，以方便用户的使用。用户可以通过单击功能区选项后面的按钮来控制功能区的展开与收缩。

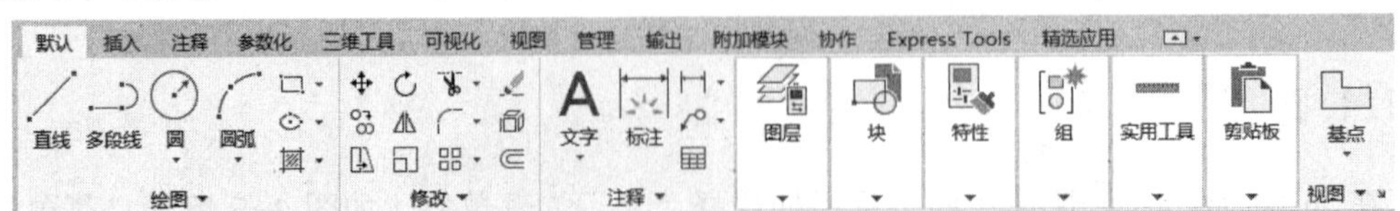

图 1-7 默认情况下的功能区

打开或关闭功能区的操作方式如下：

命令行：RIBBON（或 RIBBONCLOSE）

菜单栏：工具→选项板→功能区

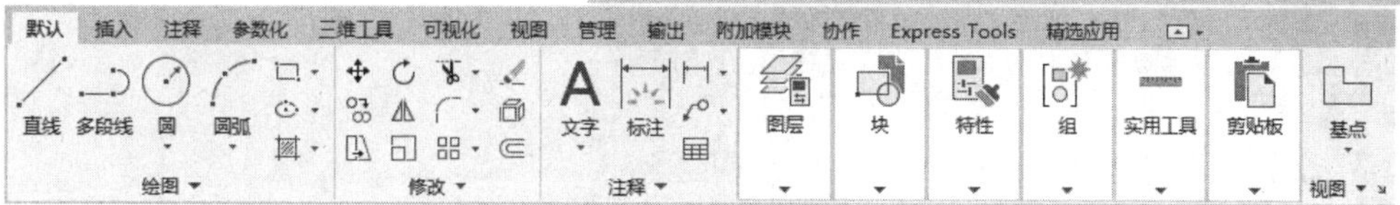

图 1-8　所有的选项卡显示面板

1.1.4　绘图区

绘图区是在标题栏下方的大片空白区域，绘图区是使用 AutoCAD 2022 绘制图形的区域，完成一幅设计图形的主要工作都是在绘图区中完成的。

在绘图区中，还有一个作用类似光标的十字线，其交点反映了光标在当前坐标系中的位置。在 AutoCAD 2022 中，该十字线称为光标，AutoCAD 通过光标显示当前点的位置。十字线的方向与当前坐标系的 X 轴、Y 轴方向平行，十字线的长度系统预设为屏幕大小的 5%，如图 1-1 所示。

1.1.5　工具栏

工具栏是一组按钮工具的集合。选择菜单栏中的“工具”→“工具栏”→“AutoCAD”命令，调出所需要的工具栏。把光标移动到某个图标，稍停片刻即在该图标一侧显示相应的工具提示，同时在状态栏中显示对应的说明和命令名。此时，单击图标也可以启动相应命令。

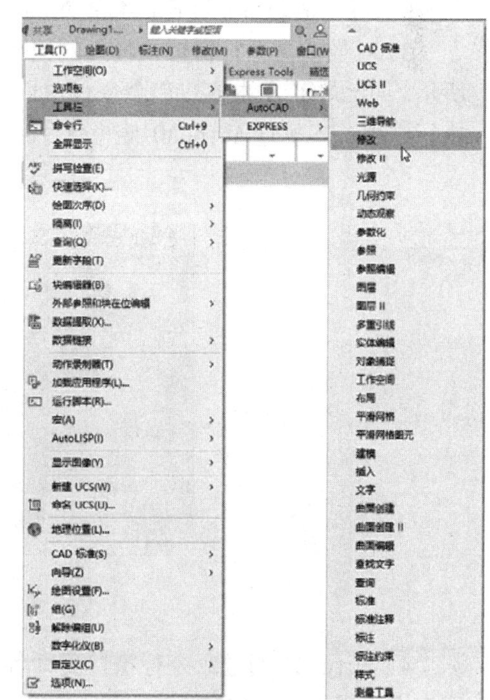

图 1-9　调出工具栏

1）设置工具栏。AutoCAD 2022提供了几十种工具栏，选择菜单栏中的“工具”→“工具栏”→“AutoCAD”命令，调出所需要的工具栏，如图1-9所示。单击某一个未在界面显示的工具栏名，系统自动在界面打开该工具栏；反之，关闭工具栏。

2）工具栏的“固定”“浮动”与“打开”。工具栏可以在绘图区“浮动”显示（见图1-10），此时显示该工具栏标题，并可关闭该工具栏。可以拖动“浮动”工具栏到绘图区边界，使它变为“固定”工具栏，此时该工具栏标题隐藏。也可以把“固定”工具栏拖出，使它成为“浮动”工具栏。

有些工具栏按钮的右下方带有一个小三角，单击，会打开相应的工具栏，将光标移动到某一按钮上并单击，该按钮就变为当前显示的按钮。单击当前显示的按钮，即可执行相应的命令，如图1-11所示。

图 1-10 “浮动”工具栏

图 1-11 打开工具栏

1.1.6 命令行窗口

命令行窗口是输入命令名和显示命令提示的区域，默认的命令行窗口布置在绘图区下方，是若干文本行，如图 1-1 所示。对命令行窗口，有以下几点需要说明：

1）移动拆分条，可以扩大与缩小命令行窗口。

2）可以拖动命令行窗口布置在屏幕上的其他位置。默认情况下布置在绘图区的下方。

3）对当前命令行窗口中输入的内容，按 F2 键，可用文本编辑的方法进行编辑，如图 1-12 所示。AutoCAD 文本窗口和命令行窗口相似，它可以显示当前 AutoCAD 进程中命令的输入和执行过程。当执行 AutoCAD 某些命令时，它会自动切换到文本窗口，列出有关信息。

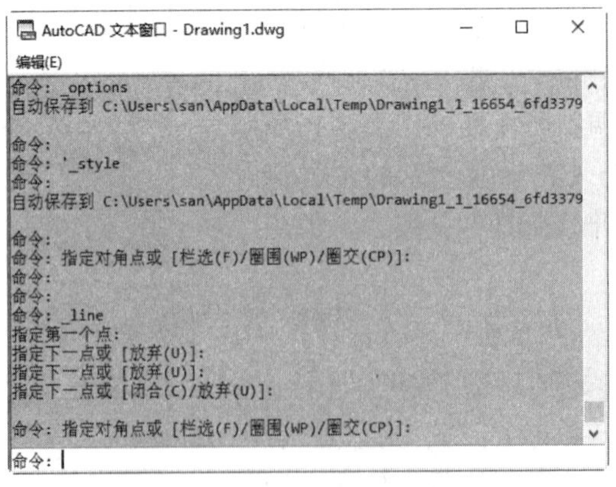

图 1-12 文本窗口

4）AutoCAD 通过命令行窗口反馈各种信息，包括出错信息。因此，要时刻关注在命令行窗口中出现的信息。

1.1.7 布局标签

AutoCAD 2022 系统默认设定一个“模型”空间布局标签，以及“布局 1”和“布局 2”图纸空间布局标签。可以通过鼠标左键单击选择需要的布局。在这里有两个概念需要解释一下：

1）布局。布局是系统为绘图设置的一种环境，包括图纸大小、尺寸单位、角度设定以及数值精确度等，在系统预设的 3 个标签中，这些环境变量都按默认设置，根据实际需要可改变这些变量的值。例如，默认的尺寸单位是 mm，如果绘制的图形单位是 in，就可以改变尺寸单位环境变量的设置，也可以根据需要设置符合要求的新标签，具体方法在后面章节介绍。

2）模型。AutoCAD 的空间包括模型空间和图纸空间。模型空间是通常绘图的环境，而在图纸空间中，可以创建称为“浮动视口”的区域，以不同视图显示所绘图形。可以在图纸空间中调整浮动视口并决定所包含视图的缩放比例。如果选择图纸空间，则可打印多个视图，可以打印任意布局的视图。在后面的章节中，将专门详细地讲解模型空间与图纸空间的有关知识。

1.1.8 状态栏

状态栏在操作界面的底部，依次有“坐标”“模型空间”“栅格”“捕捉模式”“推断约束”“动态输入”“正交模式”“极轴追踪”“等轴测草图”“对象捕捉追踪”“二维对象捕捉”“线宽”“透明度”“选择循环”“三维对象捕捉”“动态UCS”“选择过滤”“小控件”“注释可见性”“自动缩放”“注释比例”“切换工作空间”“注释监视器”“单位”“快捷特性”“锁定用户界面”“隔离对象”“图形性能”“全屏显示”“自定义”30个功能按钮。单击部分开关按钮，可以实现这些功能的开关。通过部分按钮也可以控制图形或绘图区的状态。

注意

默认情况下，不会显示所有工具，可以通过状态栏上最右侧的按钮，选择要从“自定义”菜单显示的工具。状态栏上显示的工具可能会发生变化，具体取决于当前的工作空间，以及当前显示的是“模型”选项卡还是“布局”选项卡。下面对部分状态栏上的按钮做一简单介绍，如图1-13所示。

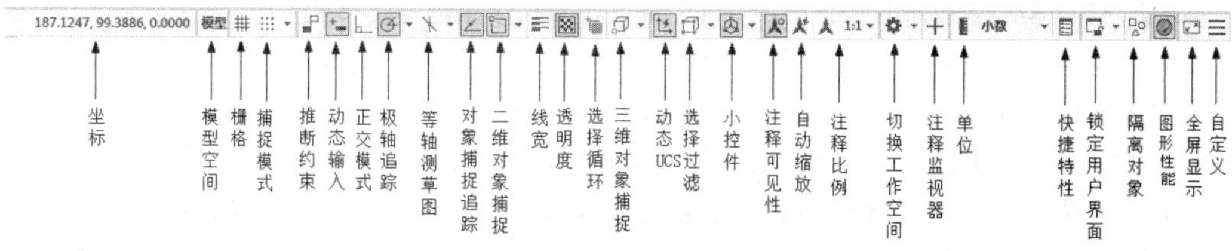

图 1-13 状态栏

◆坐标：显示工作区鼠标放置点的坐标。

◆模型空间：在模型空间与布局空间之间进行转换。

◆栅格：栅格是由覆盖整个坐标系（UCS）XY 平面的直线或点组成的矩形图案。使用栅格类似于在图形下放置一张坐标纸。利用栅格可以对齐对象并直观显示对象之间的距离。

◆捕捉模式：对象捕捉对于在对象上指定精确位置非常重要。不论何时提示输入点，都可以指定对象捕捉。默认情况下，当光标移到对象的捕捉位置时，将显示标记和工具提示。

◆推断约束：自动在正在创建或编辑的对象与对象捕捉的关联对象或点之间应用约束。

◆动态输入：在光标附近显示出一个提示框（称之为“工具提示”），工具提示中显示出对应的命令提示和光标的当前坐标值。

◆正交模式：将光标限制在水平或垂直方向上移动，以便于精确地创建和修改对象。当创建或移动对象时，可以使用正交模式将光标限制在相对于用户坐标系（UCS）的水平或垂直方向上。

◆极轴追踪：使用极轴追踪，光标将按指定角度进行移动。创建或修改对象时，可以使用“极轴追踪”来显示由指定的极轴角度所定义的临时对齐路径。

◆等轴测草图：通过设定“等轴测捕捉/栅格”，可以很容易地沿三个等轴测平面之一对齐对象。尽管等轴测图形看似三维图形，但它实际上是由二维图形表示的。因此，不能期望提取三维距离和面积,或者从不同视点显示对象或自动消除隐藏线。

◆对象捕捉追踪：使用对象捕捉追踪，可以沿着基于对象捕捉点的对齐路径进行追踪。已获取的点将显示一个小加号（+），一次最多可以获取 7 个追踪点。获取点之后，在绘图路径上移动光标，将显示相对于获取点的水平、垂直或极轴对齐路径。例如，可以基于对象端点、中点或对象的交点，沿着某个路径选择一点。

◆二维对象捕捉：使用执行对象捕捉设置（也称为对象捕捉），可以在对象上的精确位置指定捕捉点。选择多个选项后，将应用选定的捕捉模式，以返回距离靶框中心最近的点。按 Tab 键，以在这些选项之间循环。

◆线宽：分别显示对象所在图层中设置的不同宽度，而不是统一线宽。

◆透明度：使用该命令，调整绘图对象显示的明暗程度。

◆选择循环：当一个对象与其他对象彼此接近或重叠时，准确地选择某一个对象是很困难的，使用“选择循环”命令，单击鼠标左键，弹出“选择集”列表框。其中列出了鼠标单击周围的图形，然后在列表中选择所需的对象。

◆三维对象捕捉：三维中的对象捕捉与在二维中工作的方式类似，不同之处在于在三维中可以投影对象捕捉。

◆动态 UCS：在创建对象时，使 UCS 的 XY 平面自动与实体模型上的平面临时对齐。

◆选择过滤：根据对象特性或对象类型对“选择集”进行过滤。当按下图标后，只选择满足指定条件的对象，其他对象将被排除在“选择集”之外。

◆小控件：帮助用户沿三维轴或平面移动、旋转或缩放一组对象。

◆注释可见性：当图标亮显时，表示显示所有比例的注释性对象；当图标变暗时，表示仅显示当前比例的注释性对象。

◆自动缩放：注释比例更改时，自动将比例添加到注释对象。

◆注释比例：单击“注释比例”右下方的小三角符号，将弹出注释比例列表，如图 1-14 所示，可以根据需要选择适当的注释比例。

◆切换工作空间：用于进行工作空间转换。

◆注释监视器：打开仅用于所有事件或模型文档事件的注释监视器。

◆单位：指定线性和角度单位的格式和小数位数。

◆快捷特性：控制快捷特性面板的使用与禁用。

◆锁定用户界面：单击该按钮，锁定工具栏、面板和可固定窗口的位置和大小。

◆隔离对象：当选择“隔离对象”时，在当前视图中显示选定对象，所有其他对象都暂时隐藏；当选择“隐藏对象”时，在当前视图中暂时隐藏选定对象。所有其他对象都可见。

◆图形性能：设定图形卡的驱动程序及硬件加速的选项。

◆全屏显示：该选项可以清除 Windows 窗口中的标题栏、功能区和选项板等界面元素，使 AutoCAD 的绘图区全屏显示，如图 1-15 所示。

◆自定义：状态栏可以提供重要信息，而无须中断工作流。使用 MODEMACRO 系统变量可将应用程序所能识别的大多数数据显示在状态栏中。使用该系统变量的计算、判断和编辑功能，可以完全按照用户的要求构造状态栏。

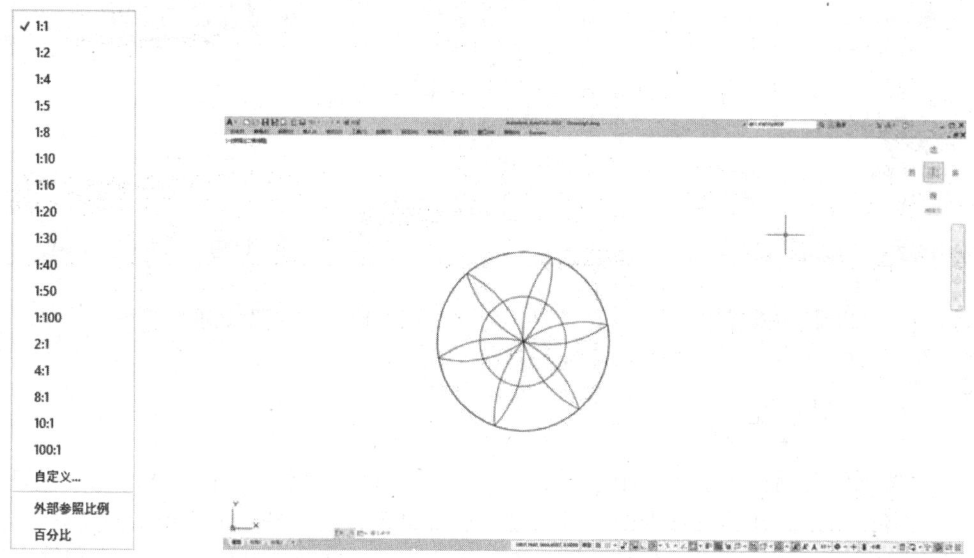

图 1-14　注释比例列表　　图 1-15　全屏显示

1.2 配置绘图系统

由于每台计算机所使用的显示器、输入设备和输出设备的类型不同，喜好的风格及计算机的目录设置也不同，所以每台计算机都是独特的。一般来讲，使用AutoCAD 2022的默认配置就可以绘图，但为了使用定点设备或打印机，提高绘图的效率，AutoCAD 2022推荐在开始作图前先进行必要的配置。

◆执行方式

命令行：preferences(或 options)

菜单栏：“工具” → “选项”

快捷菜单栏：“选项”(右击，系统打开快捷菜单，其中包括一些最常用的命令，如图 1-16 所示)

◆操作步骤

执行上述命令后，系统自动打开“选项”对话框。可以在该对话框中选择有关选项，对系统进行配置。下面就主要的几个选项卡（见图 1-17）做一下说明，其他配置选项在用到时再做说明。

图 1-16 “选项”快捷菜单

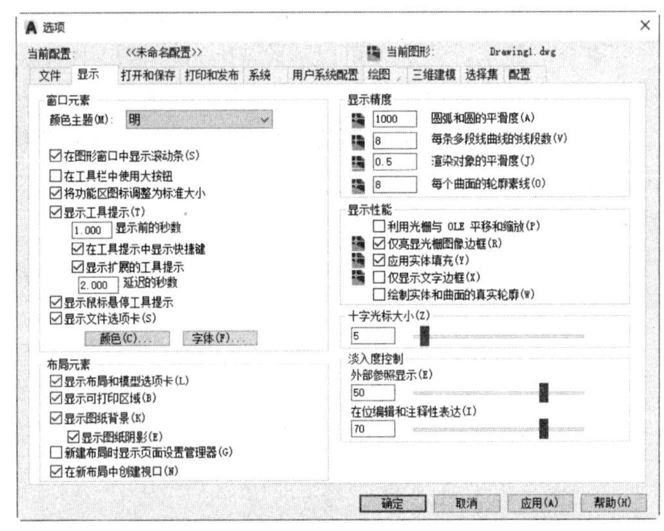

图 1-17 “显示”选项卡

1.2.1 显示配置

“选项”对话框中的第二个选项卡为“显示”，该选项卡可以控制 AutoCAD 窗口的外观。如图 1-17 所示。在该选项卡中，可以设定屏幕菜单、滚动条显示与否、固定命令行窗口中文字行数、AutoCAD 的版面布局设置、各实体的显示分辨率，以及 AutoCAD 运行时的其他各项性能参数等。前面已经讲述了屏幕菜单设定、屏幕颜色和光标大小等知识，其余有关选项的设置读者可参照“帮助”文件学习。

注意

在设置实体显示分辨率时，显示质量越高，即分辨率越高，计算机计算的时间越长，因此不要将其设置得太高。显示质量设定在一个合理的程度上是很重要的。

1.2.2 工作空间

◆执行方式

命令行：WSCURRENT

菜单栏：“工具”→“工作空间”

◆操作步骤

命令： WSCURRENT↙（在命令行输入命令，与菜单执行功能相同，命令提示如下）

输入 WSCURRENT 的新值 <"草图与注释">：（输入需要的工作空间）

可以根据需要选择初始工作空间。单击操作界面右下方的“切换工作空间”按钮⚙▾，打开“工作空间”下拉列表，从中选择所需的工作空间，系统将转换到相应的界面，如图 1-18 所示。

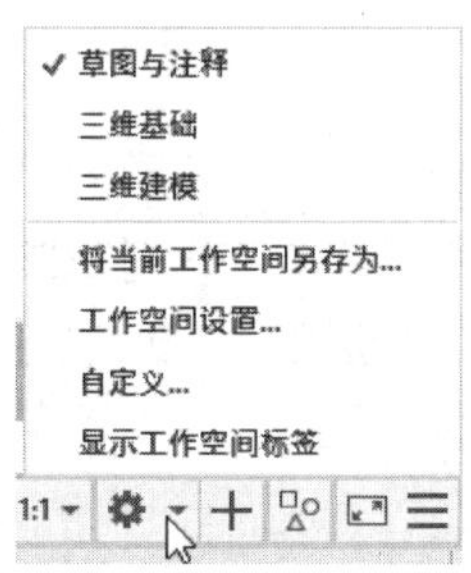

图 1-18　切换工作空间

三维建模工作空间包括新面板，可方便地访问新的三维功能。

三维建模工作空间中的绘图区可以显示渐变背景色、地平面或工作平面(UCS 的 XY 平面)以及新的矩形栅格。这将增强三维效果和三维模型的构造，如图 1-19 所示。

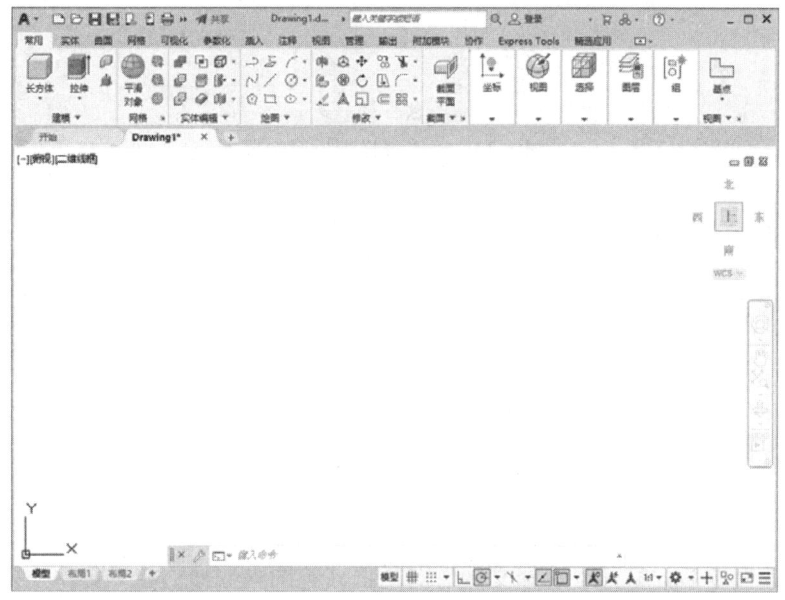

图 1-19　三维建模空间

1.3 文件管理

1.3.1　新建文件

◆执行方式

命令行：NEW 或 QNEW

菜单栏：“文件”→“新建”(或主菜单→新建)

工具栏：“标准”→“新建”

◆操作步骤

执行上述命令后，系统打开如图 1-20 所示的“选择样板”对话框。在“文件类型”下拉列表框中有 3 种格式的图形样板，扩展名分别是.dwt、.dwg 和.dws。

一般情况，.dwt 文件是标准的样板文件，通常将一些规定的标准性的样板文件设成.dwt 文件；.dwg 文件是普通的样板文件；而.dws 文件是包含标准图层、标注样式、线型和文字样式的样板文件。

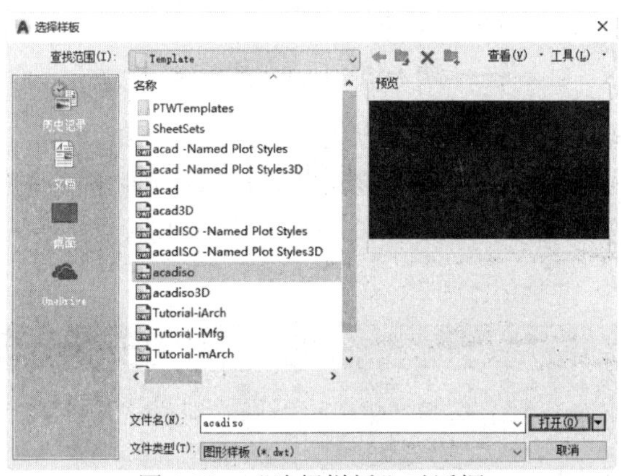

图 1-20　“选择样板”对话框

1.3.2　打开文件

◆执行方式

命令行：OPEN

菜单栏：“文件”→“打开”（或主菜单→打开）

工具栏：“标准”→“打开”

◆操作步骤

执行上述命令后，打开“选择文件”对话框（见图 1-21），在“文件类型”下拉列表框中可选择.dwg 文件、.dwt 文件、.dxf 文件和.dws 文件。.dxf 文件是用文本形式存储的图形文件，能够被其他程序读取，许多第三方应用软件都支持.dxf 格式。

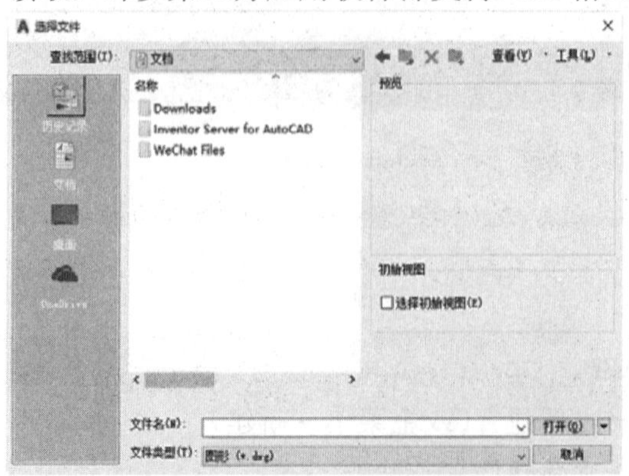

图 1-21　“选择文件”对话框

1.3.3　保存文件

◆执行方式

命令行：QSAVE（或 SAVE）
菜单栏："文件"→"保存"或"主菜单"→"保存"
工具栏："标准"→"保存"

◆操作步骤

执行上述命令后，若文件已命名，则 AutoCAD 自动保存；若文件未命名（即为默认名 Drawing1.dwg），则系统打开"图形另存为"对话框（见图 1-22），可以命名保存。在"保存于"下拉列表框中可以指定保存文件的路径；在"文件类型"下拉列表框中可以指定保存文件的类型。

为了防止因意外操作或计算机系统故障导致正在绘制的图形文件的丢失，可以对当前图形文件设置自动保存。步骤如下：

1）利用系统变量 SAVEFILEPATH 设置所有"自动保存"文件的位置，如 C：\HU\。

2）利用系统变量 SAVEFILE 存储"自动保存"文件名。该系统变量储存的文件名文件是只读文件，可以从中查询自动保存的文件名。

3）利用系统变量 SAVETIME 指定在使用"自动保存"时多长时间保存一次图形。

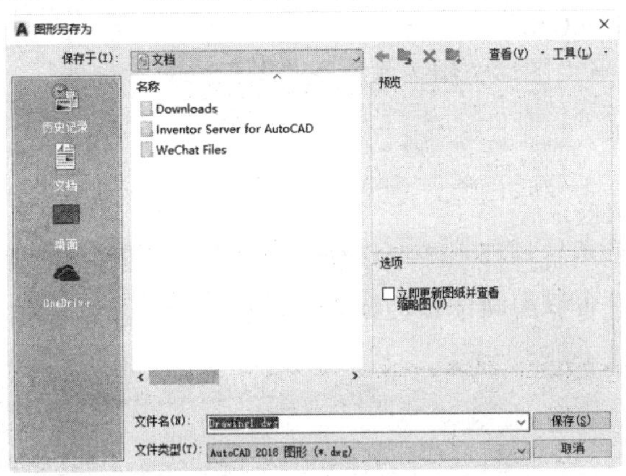

图 1-22　"图形另存为"对话框

1.3.4　另存为

◆执行方式

命令行：SAVEAS
菜单栏："文件"→"另存为"或"主菜单"→"另存为"

◆操作步骤

执行上述命令后，打开"图形另存为"对话框（见图 1-22），AutoCAD 用另存名保存，并把当前图形更名。

1.3.5 退出

◆执行方式

命令行：QUIT 或 EXIT
菜单栏："文件"→"退出"或"主菜单"→"关闭"
按钮：AutoCAD2022 操作界面右上方的"关闭"按钮✕

◆操作步骤

命令：QUIT↙（或 EXIT↙）

执行上述命令后，若对图形所做的修改尚未保存，则会出现图 1-23 所示的系统警告对话框。选择"是"按钮，系统将保存文件，然后退出；选择"否"按钮，系统将不保存文件。若对图形所做的修改已经保存，则直接退出。

1.3.6 图形修复

◆执行方式

命令行：DRAWINGRECOVERY
菜单栏："文件"→"图形实用工具"→"图形修复管理器"

◆操作步骤

命令：DRAWINGRECOVERY↙

执行上述命令后，系统打开"图形修复管理器"选项板，如图 1-24 所示。打开"备份文件"列表中的文件，可以重新保存，从而进行修复。

图 1-23　系统警告对话框

图 1-24　"图形修复管理器"选项板

1.4 基本输入操作

1.4.1 命令输入方式

AutoCAD 交互绘图必须输入必要的指令和参数。AutoCAD 命令输入方式有多种，以画直线为例。

1）在命令窗口输入命令名。命令字符可不区分大小写。例如，命令：LINE↙。执行命令时，在命令行提示中经常会出现命令选项。例如，输入绘制直线命令“LINE”后，命令行中的提示与操作如下：

命令：LINE↙

指定第一个点：（在屏幕上指定一点或输入一个点的坐标）

指定下一点或 [放弃（U）]：

选项中不带括号的提示为默认选项，因此可以直接输入直线段的起点坐标或在屏幕上指定一点。如果要选择其他选项，则应该首先输入该选项的标识字符，如“放弃”选项的标识字符“U”，然后按系统提示输入数据即可。在命令选项的后面有时候还带有尖括号，尖括号内的数值为默认数值。

2）在命令窗口输入命令缩写字。如 L（Line）、C（Circle）、A（Arc）、Z（Zoom）、R（Redraw）、M（More）、CO（Copy）、PL（Pline）、E（Erase）等。

3）选择绘图菜单直线选项。选择该选项后，在状态栏中可以看到对应的命令说明及命令名。

4）选择工具栏中的对应图标。选择该图标后，在状态栏中也可以看到对应的命令说明及命令名。

5）在绘图区打开快捷菜单栏。如果在前面刚使用过要输入的命令，可以在绘图区打开快捷菜单，在“最近的输入”子菜单中选择需要的命令，如图 1-25 所示。“最近的输入”子菜单中储存了最近使用的 6 个命令，如果经常重复使用某个操作 6 次以内的命令，这种方法就比较快速、简捷。

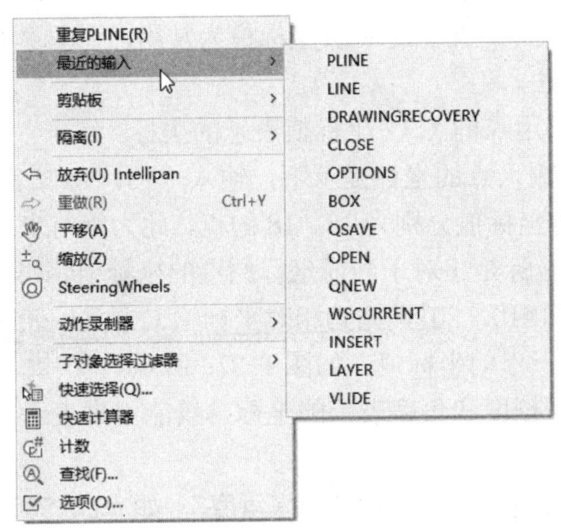

图 1-25　绘图区右键快捷菜单

6）在绘图区右击。如果要重复使用上次使用的命令，可以直接在绘图区右击，系统立即重复执行上次使用的命令，这种方法适用于重复执行某个命令。

1.4.2　命令的放弃、重做

1）命令的放弃。在命令窗口中输入 Enter，可重复调用上一个命令，不管上一个命令是完成了还是被取消了。

2）命令的撤销。命令执行可随时取消和终止。

◆执行方式

命令行：UNDO
菜单栏："编辑"→"放弃"
工具栏："标准"→"放弃"
快捷键：Esc

3）命令的重做。已被撤销的命令还可以恢复重做。仅可恢复撤销的最后的一个命令。

◆执行方式

命令行：REDO
菜单栏："编辑"→"重做"
工具栏："标准"→"重做"

该命令可以一次执行多重放弃和重做操作。单击 UNDO 或 REDO 列表箭头，可以选择要放弃或重做的操作，如图 1-26 所示。

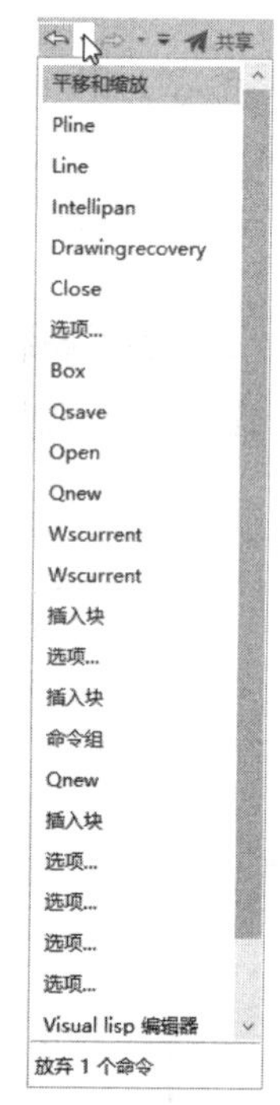

图 1-26　多重放弃

1.4.3　数据的输入方法

在 AutoCAD 中，点的坐标可以用直角坐标、极坐标、球面坐标和柱面坐标表示，每一种坐标又分别具有两种坐标输入方式，即绝对坐标和相对坐标。其中，直角坐标和极坐标最为常用，下面主要介绍一下它们的输入方法。

（1）直角坐标法：用点的 X、Y 坐标值表示的坐标。

例如，在命令行中输入点的坐标提示下，输入"15，18"，则表示输入了一个 X、Y 的坐标值分别为 15、18 的点，此为绝对坐标输入方式，表示该点的坐标是相对于当前坐标原点的坐标值，如图 1-27a 所示。如果输入"@10，20"，则为相对坐标输入方式，表示该点的坐标是相对于前一点的坐标值，如图 1-27c 所示。

（2）极坐标法：用长度和角度表示的坐标，只能用来表示二维点的坐标。

在绝对坐标输入方式下，表示为"长度<角度"，如"25<50"，其中长度表为该点到坐标原点的距离，角度为该点至原点的连线与

X 轴正向的夹角，如图 1-27b 所示。

在相对坐标输入方式下，表示为“@长度<角度”，如“@25<45”，其中长度为该点到前一点的距离，角度为该点至前一点的连线与 X 轴正向的夹角，如图 1-27d 所示。

（3）动态数据输入：单击状态栏中的“DYN”按钮，系统打开动态输入功能，可以在屏幕上动态地输入某些参数数据，例如，绘制直线时，在光标附近会动态显示“指定第一个点”，以及后面的坐标框，当前显示的是光标所在位置，可以输入数据，两个数据之间以逗号隔开，如图 1-28 所示。指定第一个点后，系统动态显示直线的角度，同时要求输入线段长度值，如图 1-29 所示，其输入效果与“@长度<角度”方式相同。

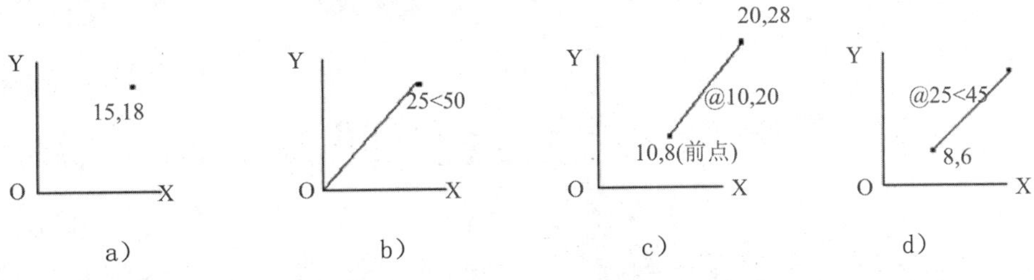

图 1-27　数据输入方法

下面分别讲述点与距离值的输入方法。

◆点的输入

绘图过程中,常需要输入点的位置，AutoCAD 提供了如下几种输入点的方式：

1）直接在命令窗口中输入点的坐标。直角坐标有两种输入方式，即 x，y（点的绝对坐标值，如 100，50）和@ x，y（相对于上一点的相对坐标值，如@ 50，-30）。坐标值均相对于当前的坐标系。

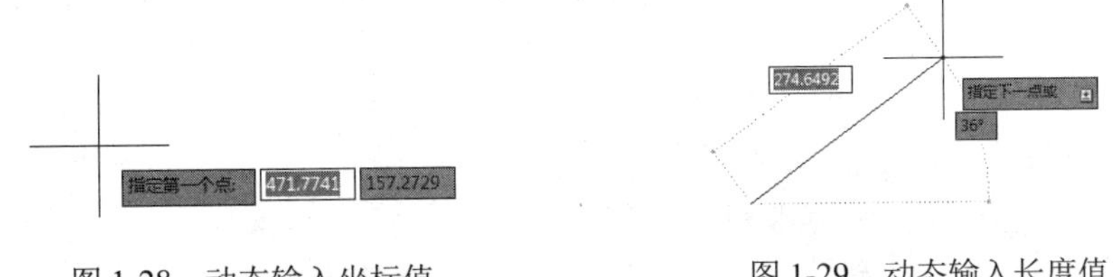

图 1-28　动态输入坐标值　　图 1-29　动态输入长度值

极坐标的输入方式为长度 < 角度 （其中，长度为点到坐标原点的距离，角度为原点至该点连线与 X 轴的正向夹角，如 20<45）或@长度 < 角度（相对于上一点的相对极坐标，例如 @ 50 < -30）。

2）用鼠标等定标设备移动光标并单击，在屏幕上直接取点。

3）用目标捕捉方式捕捉屏幕上已有图形的特殊点（如端点、中点、中心点、插入点、交点、切点、垂足点等）。

4）直接输入距离。先用光标拖拉出橡皮筋线确定方向，然后用键盘输入距离，这样有利于准确控制对象的长度等参数。

◆距离值的输入

在 AutoCAD 命令中，有时需要提供高度、宽度、半径、长度等距离值。AutoCAD 提供了两种输入距离值的方式：一种是用键盘在命令窗口中直接输入数值；另一种是在屏幕上选择两点，以两点的距离值定出所需数值。

第 2 章

三维绘图基础

AutoCAD 2022 不仅有很强的二维绘图功能，而且还有强大的创建三维模型的功能。利用 AutoCAD 2022，可以绘制实体模型，并可根据需要对三维模型进行各种处理，如对三维实体进行布尔运算、切割、生成轮廓和剖面的操作，还可以对实体模型进行着色、渲染等处理，以得到逼真的三维效果。

本章将简要介绍 AutoCAD 2022 三维绘图的相关基础知识，包括坐标系、视图的显示和观察等内容。

- 建立三维坐标系
- 设置视图的显示
- 观察模式及查看工具

2.1 三维模型的分类

利用 AutoCAD2022 创建的三维模型，按照其创建的方式和其在计算机中的存储方式，可以分为 3 种类型：

1）线型模型。是对三维对象的轮廓描述。线型模型没有表面，由描述轮廓的点、线、面组成，如图 2-1 所示。从图 2-1 中可以看出，线型模型结构简单，但由于线型模型的每个点和每条线都是单独绘制的，因此绘制线型模型最费时。此外，由于线型模型没有面和体的特征，因而不能进行消隐和渲染等处理。

2）表面模型。是用面来描述三维对象。表面模型不仅具有边界，而且还具有表面。表面模型示例如图 2-2 所示。表面模型的表面由多个小平面组成，对于曲面来讲，这些小平面组合起来即可近似构成曲面。由于表面模型具有面的特征，因此可以对它进行物理计算，以及进行渲染和着色的操作。

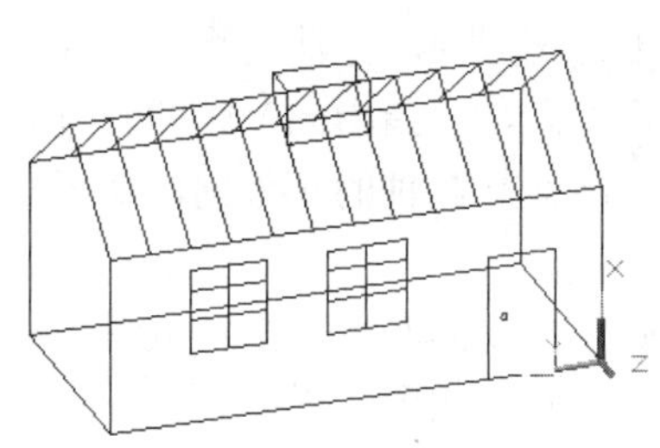

图 2-1 线型模型示例

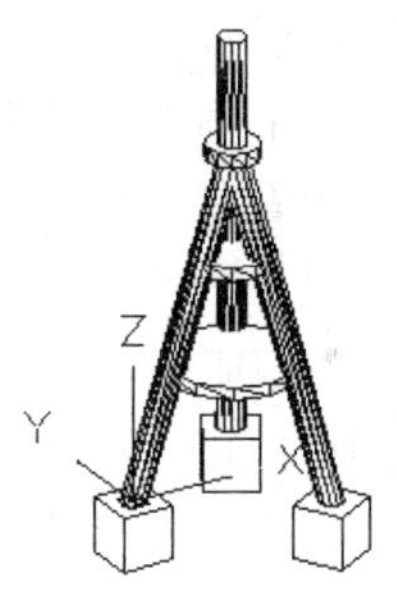

图 2-2 表面模型示例

表面模型的表面多义网络可以直接编辑和定义，它非常适合构造复杂的表面模型，如发动机的叶片、形状各异的模具、复杂的机械零件和各种实物的模拟仿真等。

3）实体模型。实体模型不仅具有线和面的特征，而且还具有实体的特征，如体积、重心和惯性矩等。实体模型示例如图 2-3 所示。

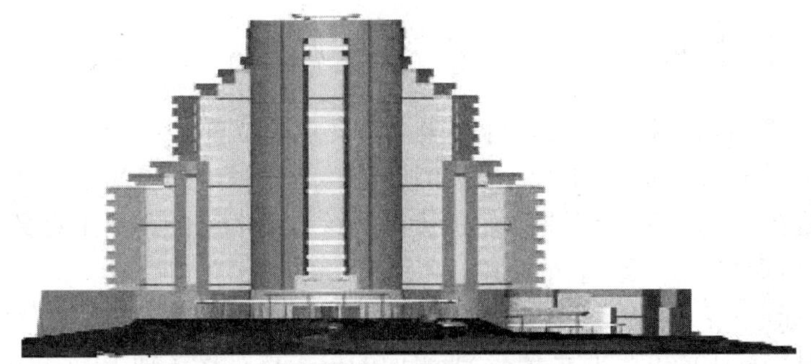

图 2-3 实体模型示例

在 AutoCAD2022 中，不仅可以建立基本的三维实体，对它进行剖切、装配、干涉、检查等操作，还可以对实体进行布尔运算，以构造复杂的三维实体。此外，由于消隐和渲染技术的运用，可以使实体具有很好的可视性，因而实体模型广泛应用于广告设计和三维动画等领域。

2.2 三维坐标系

AutoCAD 使用的是笛卡儿坐标系。AutoCAD 使用的直角坐标系有两种类型，一种是绘制二维图形时常用的坐标系，即世界坐标系（World Coordinate System，简称 WCS），由系统默认提供。世界坐标系又称通用坐标系或绝对坐标系。对于二维绘图来说，世界坐标系足以满足要求。为了方便创建三维模型，AutoCAD 允许根据自己的需要设定坐标系，即用户坐标系（User Coordinate System，简称 UCS）。合理地创建 UCS，可以方便地创建三维模型。

2.2.1 右手法则

在 AutoCAD 中，通过右手法则确定直角坐标系 Z 轴的正方向和绕轴线旋转的正方向。这是因为只需要简单地使用右手就可确定所需要的坐标信息。

1. 轴方向法则

已知 X 和 Y 的正方向，用该法则就可确定 Z 轴的正方向。方法是将右手握拳放在测试者和屏幕之间，手背朝向屏幕。将拇指指向 X 轴的正方向，食指指向 Y 轴的正方向，中指从手掌心伸出并垂直于拇指和食指，那么中指所指的方向就是 Z 轴的正方向，如图 2-4 所示。

2. 轴旋转法则

用该法则可以确定一个轴的正旋转方向。绕旋转轴卷曲右手手指握成拳头，将右拇指指向所测轴的正方向，则其余手指表示该旋转轴的正方向，如图 2-5 所示。

图 2-4　轴方向法则

图 2-5　轴旋转法则

2.2.2 柱面坐标和球面坐标

AutoCAD 2022 可以用柱面坐标和球面坐标定义点的位置。

柱面坐标类似于二维极坐标输入，是由该点在 XY 平面的投影点到 Z 轴的距离、该点与坐标原点的连线在 XY 平面的投影与 X 轴的夹角及该点沿 Z 轴的距离来定义。具体格式如下：

1）绝对坐标形式：XY 距离 < 角度，Z 距离

2）相对坐标形式：@ XY 距离 < 角度，Z 距离

例如，绝对坐标 10<60，20 表示在 XY 平面的投影点距离 Z 轴 10 个单位，该投影点与原点在 XY 平面的连线相对于 X 轴的夹角为 60°，沿 Z 轴离原点 20 个单位的一个点，如图 2-6 所示。

在球面坐标系统中，三维球面坐标的输入也类似于二维极坐标的输入。球面坐标系统由坐标点到原点的距离、该点与坐标原点的连线在 XY 平面内的投影与 X 轴的夹角，以该点与坐标原点的连线与 XY 平面的夹角来定义。具体格式如下：

1）绝对坐标形式：XYZ distance < angle in XY plane < angle from XY plane。

2）相对坐标形式：@ XYZ distance < angle in XY plane < angle from XY plane。

例如，坐标 10<60<15 表示该点距离原点为 10 个单位，与原点连线的投影在 XY 平面内与 X 轴成 60° 夹角，连线与 XY 平面成 15° 夹角，如图 2-7 所示。

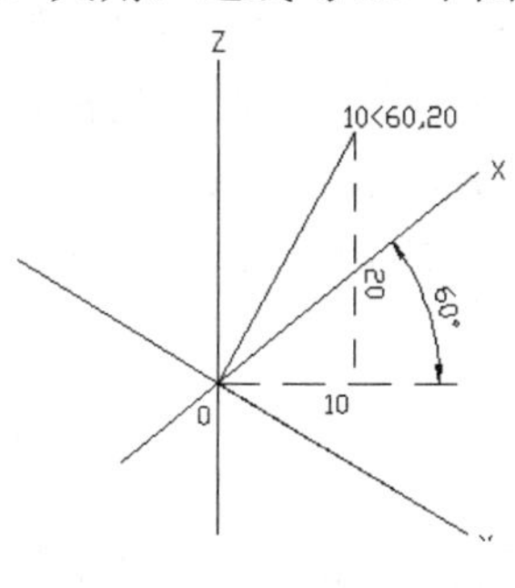

图 2-6　柱面坐标

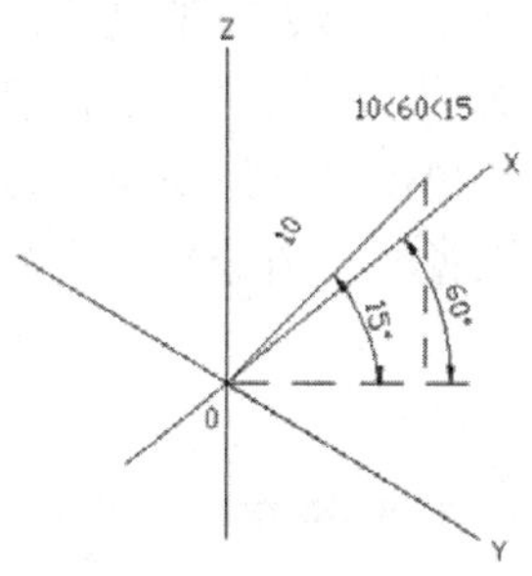

图 2-7　球面坐标

2.3 建立三维坐标系

在绘制三维图形时，对象的各个顶点在同一坐标系中的坐标值是不一样的，因此在同一坐标系中绘制三维立体图很不方便。在 AutoCAD 中，可以通过改变原点 O（0，0，0）位置、XY 平面和 Z 轴方向等方法，定义自己需要的用户坐标系统（UCS）。在绘制三维图形时，用户利用 UCS 可以方便地创建各种三维对象。可以通过下列方式之一定义一个用户坐标系：

1）定义新原点、新 XY 平面或 Z 轴。

2）使 UCS 与已有的对象对齐。

3）使新的 UCS 与当前视图方向对齐。

4）使 UCS 与实体表面对齐。

5）使当前 UCS 绕任何轴旋转。

本节将介绍利用 AutoCAD 2022 来定义三维坐标系的基本方法。

2.3.1　设置三维坐标系

在 AutoCAD2022 中，可以通过 UCS 对话框来设置需要的三维坐标系。

◆执行方式

命令行：UCSMAN（快捷命令：UC）

菜单栏："工具"→"命名 UCS"

工具栏："UCS II"工具栏中的"命名 UCS"按钮

功能区：单击"常用"选项卡的"坐标"面板中的"UCS，命名 UCS"按钮。

◆操作步骤

命令：UCSMAN↙

执行 UCSMAN 命令，AutoCAD2022 弹出图 2-8 所示的"UCS"对话框。

◆选项说明

（1）“命名 UCS”选项卡：用于显示已有的 UCS，设置当前坐标系。

在“命名 UCS”选项卡中，可以将世界坐标系、上一次使用的 UCS 或某一命名的 UCS 设置为当前坐标系。具体方法是，从列表框中选择某一坐标系，然后单击“置为当前”按钮。还可以利用选项卡中的“详细信息”按钮，了解指定坐标系相对于某一坐标系的详细信息。具体步骤为，单击“详细信息”按钮，系统弹出如图 2-9 所示的“UCS 详细信息”对话框。该对话框详细说明了所选坐标系的原点及 X 轴、Y 轴和 Z 轴的数值。

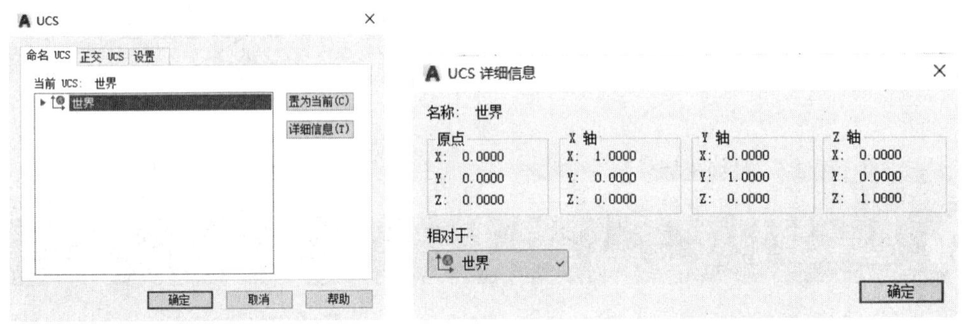

图 2-8 “UCS”对话框　　图 2-9 “UCS 详细信息”对话框

（2）“正交 UCS”选项卡：用于将 UCS 设置成某一正交模式。选择“正交 UCS”标签，系统弹出如图 2-10 所示的“正交 UCS”选项卡。各选项的功能如下：

1）当前 UCS：表示选用的当前用户坐标系的正投影类型。

2）名称：表示正投影用户坐标系的正投影类型。在该列表框中有俯视、仰视、前视、后视、左视和右视 6 种在当前图形中的正投影类型。

3）深度：用来定义用户坐标系的 XY 平面上的正投影与通过用户坐标系原点的平行平面之间的距离。

4）相对于：所选的坐标系相对于指定的基本坐标系的正投影的方向，系统默认的坐标系是世界坐标系。

（3）“设置”选项卡：用于设置 UCS 图标的显示形式、应用范围等。如果选择“设置”选项卡，系统弹出如图 2-11 所示的“设置”选项卡。各选项的功能如下：

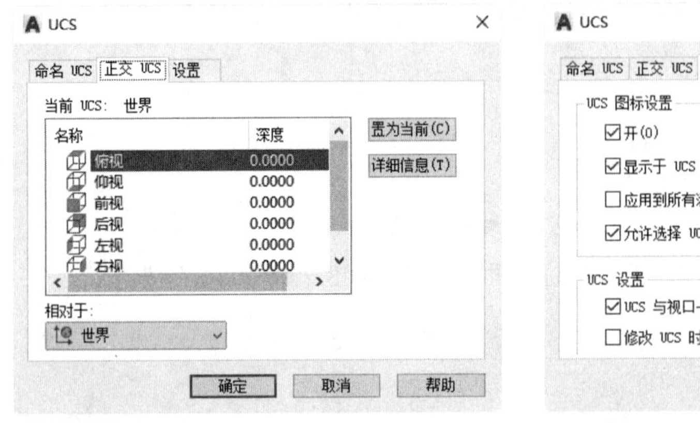

图 2-10 “正交 UCS”选项卡

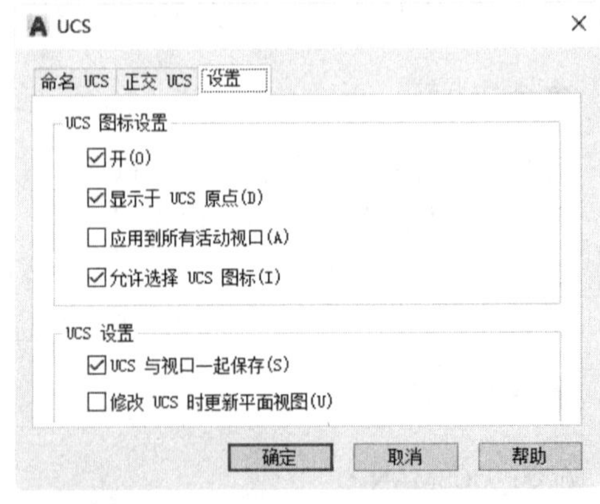

图 2-11 “设置”选项卡

- UCS 图标设置：用于设置 UCS 图标。在该设置区有 4 个选项：

1）开：表示在当前视图中显示 UCS 的图标。

2）显示于 UCS 原点：表示在 UCS 的起点显示图标。

3）应用到所有活动视口：表示在当前图形的所有活动窗口应用图标。

4）允许选择 UCS 图标。

- UCS 设置：为当前视图设置 UCS。在该设置区有两个选项：

1）UCS 与视口一起保存：表示是否与当前视图一起保存 UCS 的设置。

2）修改 UCS 时更新平面视图：表示当前视图中坐标系改变时，是否更新平面视图。

2.3.2 坐标系建立

◆执行方式

命令行：UCS

菜单栏："工具" → "新建 UCS" → "世界"

工具栏："UCS"

功能区：单击"常用"选项卡的"坐标"面板中的"UCS"按钮

◆操作步骤

命令：UCS↙

当前 UCS 名称：*世界*

指定 UCS 的原点或 [面(F)/命名(NA)/对象(OB)/上一个(P)/视图(V)/世界(W)/X/Y/Z/Z 轴(ZA)]
<世界>：↙

◆选项说明

1）指定 UCS 的原点：使用一点、两点或三点定义一个新的 UCS，如图 2-12 所示。如果指定单个点 1，当前 UCS 的原点将会移动而不会更改 X 轴、Y 轴和 Z 轴的方向。选择该项，系统提示如下：

指定 X 轴上的点或<接受>：(继续指定 X 轴通过的点 2 或直接按 Enter 键接受原坐标系 X 轴为新坐标系 X 轴)

指定 XY 平面上的点或<接受>：(继续指定 XY 平面通过的点 3 以确定 Y 轴或直接按 Enter 键接受原坐标系 XY 平面为新坐标系 XY 平面，根据右手法则，相应的 Z 轴也同时确定)

2）面（F)：将 UCS 与三维实体的选定面对齐。要选择一个面，请在此面的边界内或面的边上单击，被选择的面将亮显，UCS 的 X 轴将与找到的第一个面上的最近的边对齐。选择该项，系统提示如下：

选择实体对象的面：↙（选择面）

输入选项[下一个（N）/X 轴反向（X）/Y 轴反向（Y）] <接受>：↙（结果如图 2-13 所示）

如果选择"下一个"选项，系统将 UCS 定位于邻接的面或选定边的后向面。

3）对象（OB)：根据选定三维对象定义新的坐标系，如图 2-14 所示。新建 UCS 的拉伸方向（Z 轴正方向）与选定对象的拉伸方向相同。选择该项，系统提示如下：

选择对齐 UCS 的对象：选择对象

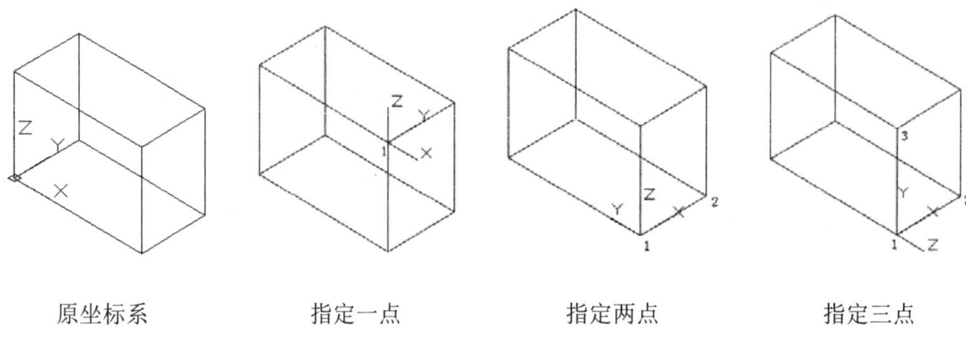

图 2-12　指定原点

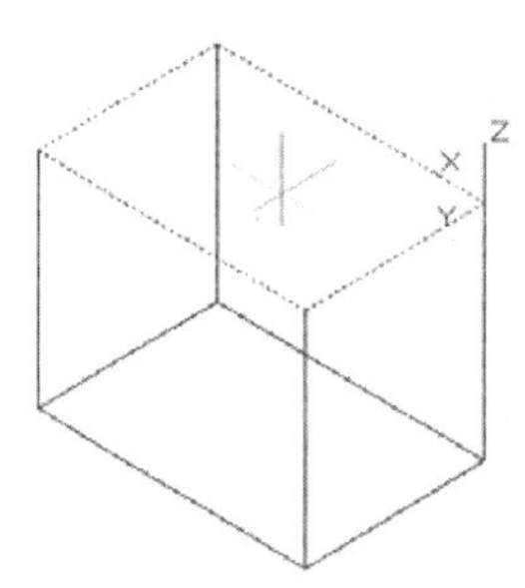

图 2-13　选择面确定坐标系

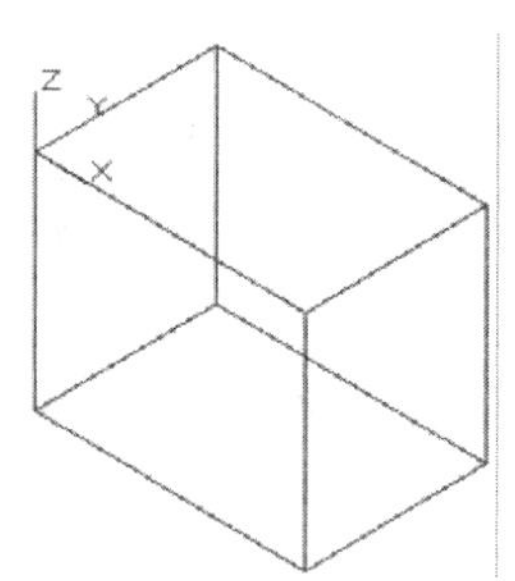

图 2-14　选择对象确定坐标系

对于大多数对象，新 UCS 的原点位于离选定对象最近的顶点处，并且 X 轴与一条边对齐或相切。对于平面对象，UCS 的 XY 平面与该对象所在的平面对齐。对于复杂对象，将重新定位原点，但是轴的当前方向保持不变。

注意

该选项不能用于下列对象：三维多段线、三维网格和构造线。

4）视图（V）：以垂直于观察方向（平行于屏幕）的平面为 XY 平面建立新的坐标系，UCS 原点保持不变。

5）世界（W）：将当前用户坐标系设置为世界坐标系。WCS 是所有用户坐标系的基准，不能被重新定义。

6）X、Y、Z ：绕指定轴旋转当前 UCS。

7）Z 轴：用指定的 Z 轴正半轴定义 UCS。

2.3.3　动态 UCS

具体操作方法是单击状态栏的“允许/禁止动态 UCS”按钮。

可以使用动态 UCS 在三维实体的平整面上创建对象，而无须手动更改 UCS 方向。

在执行命令的过程中，当将光标移动到面上方时，动态 UCS 会临时将 UCS 的 XY 平面与三维实体的平整面对齐，如图 2-15 所示。

动态 UCS 激活后，指定的点和绘图工具（如极轴追踪和栅格）都将与动态 UCS 建立的临时 UCS 相关联。

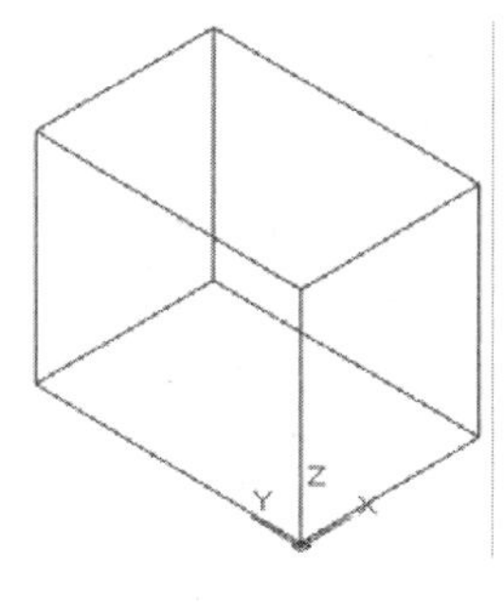

原坐标系

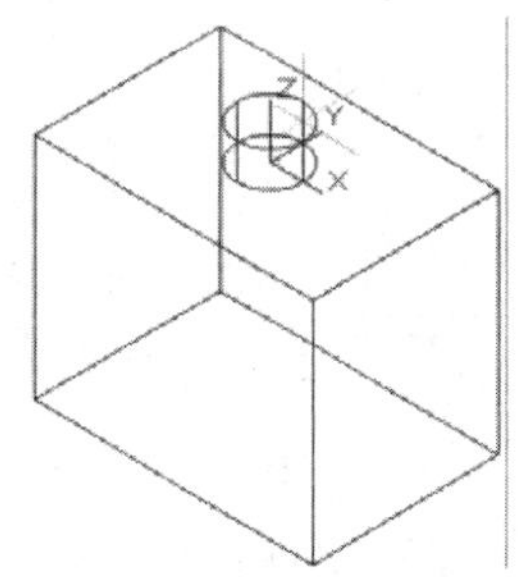

绘制圆柱体时的动态坐标系

图 2-15　动态 UCS

2.4 设置视图的显示

在 AutoCAD 中，二维设计大多是在 XY 平面中进行的，视线的默认方向是平行于 Z 轴，绘图的视点不需要改变。但是，当采用 AutoCAD 进行三维图形绘制时，为了使用户能从不同的角度观测模型的各个部位，需要经常改变视点。在 AutoCAD 中，可用下列方式设置视点：

DDVPOINT：显示“视点预设”对话框。

VPOINT：设置视点或视图旋转角。

PLAN：显示用户坐标系或世界坐标系的平面视图。

DVIEW：定义平行投影或透视图。

2.4.1　利用对话框设置视点

◆执行方式

命令行：DDVPOINT

菜单栏：“视图”→“三维视图”→“视点预设”

◆操作步骤

命令：DDVPOINT↙

执行 DDVPOINT 命令或选择相应的菜单，系统弹出“视点预设”对话框，如图 2-16 所示。

在“视点预设”对话框中，左侧的图形用于确定视点和原点的连线在 XY 平面的投影与 X 轴正方向的夹角；右侧的图形用于确定视点和原点的连线与其在 XY 平面的投影的夹角。也可以在“自：X 轴 (A)”和“自：XY 平面(P)”文本框中输入相应的角度。“设置为平面视图”按钮用于将三维视图设置为平面视图。设置好视点的角度后，单击“确定”按钮，AutoCAD 按该点显示图形。

图 2-17 所示为利用“视点预设”对话框设置视点前后三维视图的变化情况，图 2-17a 所示为在当前视图中画出的长方体，系统默认状态为平面图形；图 2-17b 所示为“自：X 轴”

120 和“自：XY 平面”60 作为新视点得到的图形。

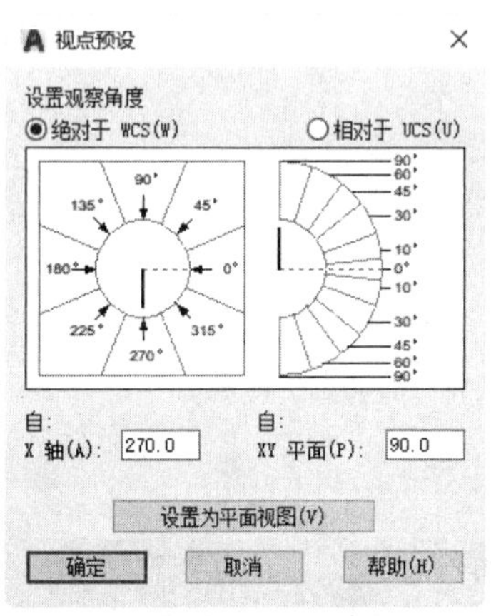

图 2-16 “视点预设”对话框

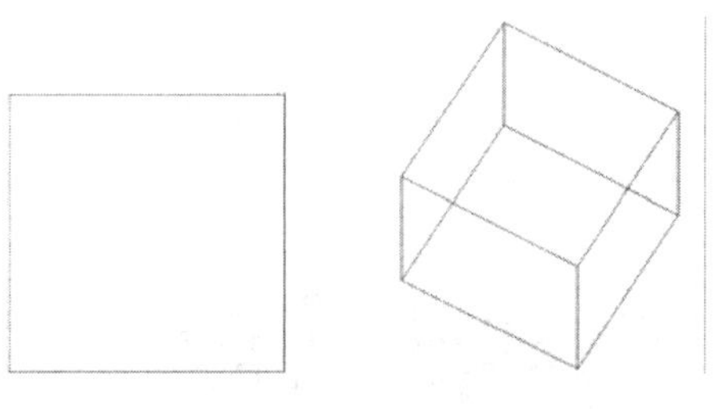

a）选择视点前　　b）选择视点后

图 2-17 利用“视点预设”对话框设置视点

🔔 注意

在“视点预设”对话框中，如果选择了“相对于 UCS”的选择项，则关闭该对话框，再执行 VPOINT 命令时，系统默认为相对于当前的 UCS 设置视点。

2.4.2 用罗盘确定视点

在 AutoCAD 中，可以通过罗盘和三轴架确定视点。选择菜单栏中的“视图”→“三维视图”→“视点”命令，系统出现如下提示：

命令：VPOINT

*** 切换至 WCS ***

当前视图方向：VIEWDIR=0.0000,0.0000,1.0000

指定视点或［旋转(R)］<显示罗盘和三轴架>:

<显示指南针和三轴架>是系统默认的选项，直接按 Enter 键，即执行<显示指南针和三轴架>命令，弹出如图 2-18 所示的罗盘和三轴架。

罗盘是以二维显示的地球仪，它的中心是北极（0，0，1），相当于视点位于 Z 轴的正方向；内部的圆环为赤道（$n,n,0$）；外部的圆环为南极（0，0，-1），相当于视点位于 Z 轴的负方向。

在图 2-18 中，罗盘相当于球体的俯视图，十字光标表示视点的位置。确定视点时，拖动鼠标使光标在坐标球移动时，三轴架的 X、Y 轴也会绕 Z 轴转动。三轴架转动的角度与光标在坐标球上的位置相对应，光标位

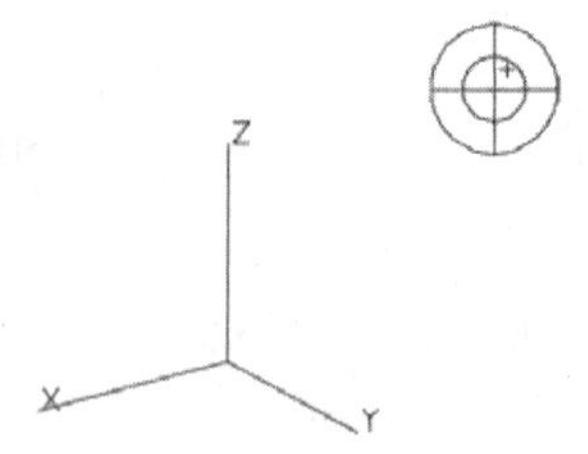

图 2-18 罗盘和三轴架

于坐标球的不同位置，对应的视点也不相同。当光标位于内环内部时，相当于视点在球体的上半球；当光标位于内环与外环之间时，相当于视点在球体的下半球。用户根据需要确定好视点的位置后按 Enter 键，AutoCAD 按该视点显示三维模型。

注意

视点只确定观察的方向，没有距离的概念。

2.4.3 设置 UCS 平面视图

在使用 AutoCAD 2022 绘制三维模型时，用户可以通过设置不同方向的平面视图对模型进行观察。

◆执行方式

命令行：PLAN
菜单栏："视图"→"三维视图"→"平面视图"→"世界 UCS"

◆操作步骤

命令：PLAN↙
输入选项 [当前 UCS（C）/ UCS（U）/ 世界（W）] <当前 UCS >：

◆选项说明

1）当前 UCS：生成当前 UCS 中的平面视图，使视图在当前视图中以最大方式显示。

2）UCS：从当前的 UCS 转换到以前命名保存的 UCS 并生成平面视图。选择该选项后，系统出现以下提示：

输入 UCS 名称或 [?]：

该选项要求输入 UCS 的名字，如果输入？，系统出现如下提示：

输入要列出的 UCS 名称<*>：

3）世界：生成相对于 WCS 的平面视图，图形以最大方式显示。

注意

如果设置了相对于当前 UCS 的平面视图，就可以在当前视图中用绘制二维图形的方法在三维对象的相应面上绘制图形。

2.4.4 用菜单设置特殊视点

利用菜单栏中的"视图"→"三维视图"中的相应选项（见图 2-19），可以快速设置特殊的视点。表 2-1 列出了与这些选项相对应的视点坐标。

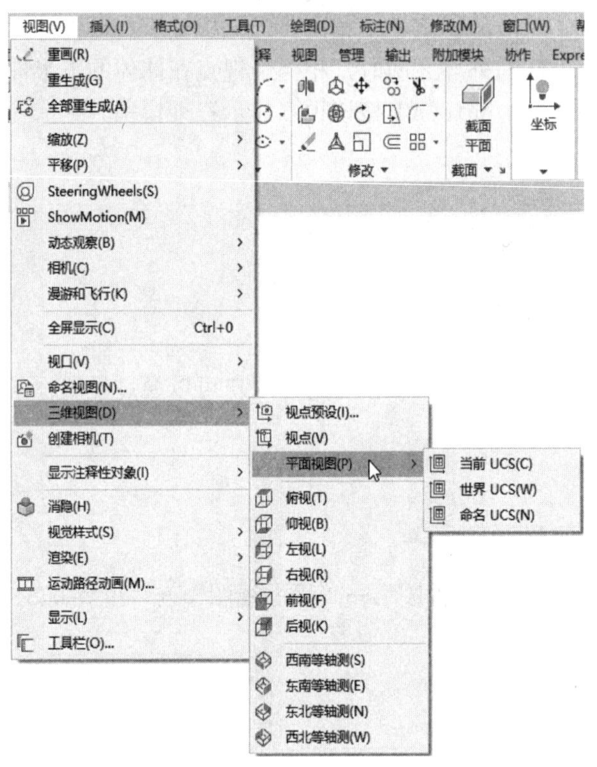

图2-19　设置视点的菜单

表 2-1　与各选项对应的视点坐标

选项	视点坐标
俯视	（0，0，1）
仰视	（0，0，-1）
左视	（-1，0，0）
右视	（1，0，0）
前视	（0，-1，0）
后视	（0，1，0）
西南等轴测	（-1，-1，1）
东南等轴测	（1，-1，1）
东北等轴测	（1，1，1）
西北等轴测	（-1，1，1）

2.5 观察模式

AutoCAD 2022 大大增强了图形的观察功能，在增强了原有的动态观察功能和相机功能的前提下，又增加了漫游和飞行以及运动路径动画功能。

2.5.1　动态观察

AutoCAD 提供了具有交互控制功能的三维动态观测器，用三维动态观测器可以实时地控制和改变当前视口中创建的三维视图，以得到预期效果。

1. 受约束的动态观察

◆执行方式

命令行：3DORBIT

菜单栏：“视图”→“动态观察”→“受约束的动态观察”

快捷菜单栏：启用交互式三维视图后，在视口中右击，弹出快捷菜单，如图 2-20 所示。选择“受约束的动态观察”选项

工具栏：“动态观察”→“受约束的动态观察”或“三维导航”→“受约束的动态观察”，如图 2-21 所示

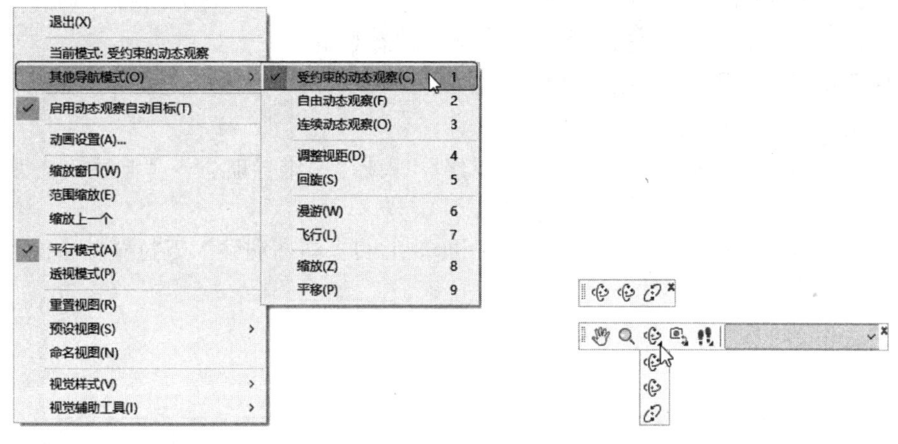

图2-20　快捷菜单　　图2-21　“动态观察”和“三维导航”工具栏

功能区：单击“视图”选项卡“导航”面板上的“动态观察”下拉菜单中的“动态观察”按钮

◆操作步骤

命令：3DORBIT↙

执行该命令后，视图的目标将保持静止，而视点将围绕目标移动。但是，从视点看起来就像三维模型正在随着光标的拖动而旋转。可以采用此方式指定模型的任意视图。

系统显示三维动态观察光标。如果水平拖动光标，相机将平行于世界坐标系（WCS）的 XY 平面移动。如果垂直拖动光标，相机将沿 Z 轴移动，如图 2-22 所示。

注意

3DORBIT 命令处于活动状态时无法编辑对象。

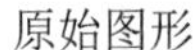
原始图形

拖动光标

图 2-22　受约束的三维动态观察

2．自由动态观察

◆执行方式

命令行：3DFORBIT
菜单栏："视图"→"动态观察"→"自由动态观察"
快捷菜单栏：启用交互式三维视图后，在视口中右击，弹出快捷菜单，如图 2-20 所示，选择"自由动态观察"选项
工具栏："动态观察"→"自由动态观察"或"三维导航"→"自由动态观察"，如图 2-21 所示
功能区：单击"视图"选项卡"导航"面板上的"动态观察"下拉菜单中的"自由动态观察"按钮

◆操作步骤

命令：3DFORBIT↙
执行该命令后，在当前视口出现一个绿色的大圆，在大圆上有 4 个绿色的小圆，如图 2-23 所示。此时通过拖动光标就可以对视图进行旋转观测。

在三维动态观测器中，查看目标的点被固定，可以利用光标控制相机位置，绕观察对象移动，得到动态的观测效果。当光标在绿色大圆的不同位置进行拖动时，光标的表现形式是不同的，视图的旋转方向也不同。视图的旋转由光标的表现形式及其位置决定。光标在不同的位置有、、、几种表现形式，拖动这些图标，分别对对象进行不同形式的旋转。

3．连续动态观察

◆执行方式

命令行：3DCORBIT
菜单栏："视图"→"动态观察"→"连续动态观察"
快捷菜单栏：启用交互式三维视图后，在视口中右击，弹出快捷菜单，如图 2-20 所示，选择"连续动态观察"选项
工具栏："动态观察"→"连续动态观察"或"三维导航"→"连续动态观察"，如图 2-21 所示

功能区：单击“视图”选项卡“导航”面板上的“动态观察”下拉菜单中的“连续动态观察”按钮

◆操作步骤

命令：3DCORBIT↙

执行该命令后，界面出现动态观察图标，按住光标左键拖动，图形按光标拖动方向旋转，旋转速度为光标的拖动速度，如图2-24所示。

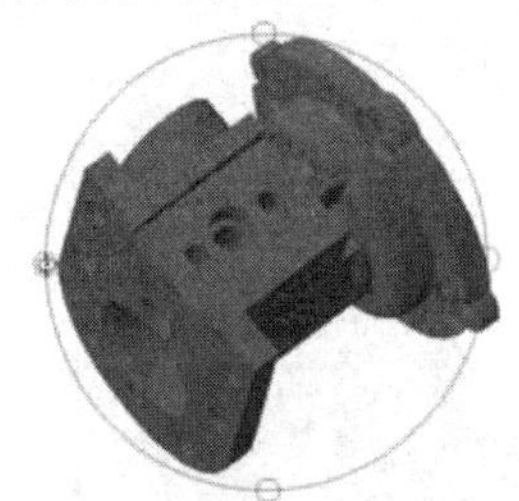

图2-23 自由动态观察

图2-24 连续动态观察

2.5.2 相机

相机是AutoCAD2022提供的另外一种三维动态观察功能。相机与动态观察不同之处在于：动态观察是视点相对对象位置发生变化，相机观察是视点相对对象位置不发生变化。

1. 创建相机

◆执行方式

命令行：CAMERA

菜单栏：“视图”→“创建相机”

功能区：单击“可视化”选项卡“相机”面板中的“创建相机”按钮

◆操作步骤

命令： CAMERA↙

当前相机设置： 高度=0 焦距=50mm

指定相机位置： ↙（指定位置）

指定目标位置： ↙（指定位置）

输入选项［?/名称（N）/位置（LO）/高度（H）/坐标（T）/镜头（LE）/剪裁（C）/视图（V）/退出（X）］<退出>：↙

设置完毕后，界面出现一个相机符号，表示创建了一个相机。

◆选项说明

位置：指定相机的位置。

高度：更改相机高度。

坐标：指定相机的坐标。

镜头：更改相机的焦距。

剪裁：定义前后剪裁平面并设置它们的值。选择该项，系统提示如下：

是否启用前向剪裁平面？[是(Y)/否(N)] <否>： y↙（指定“是”启用前向剪裁）
指定从坐标平面的后前向剪裁平面偏移 <0>：↙（输入距离）
是否启用后向剪裁平面？[是(Y)/否(N)] <否>： y↙（指定“是”启用后向剪裁）
指定从坐标平面的后向剪裁平面偏移 <0>：↙（输入距离）
输入选项[?/名称(N)/位置(LO)/高度(H)/坐标(T)/镜头(LE)/剪裁(C)/视图(V)/退出(X)]<退出>：↙

剪裁范围内的对象不可见，图 2-25 所示为设置剪裁平面后单击相机符号，系统显示对应的相机预览。

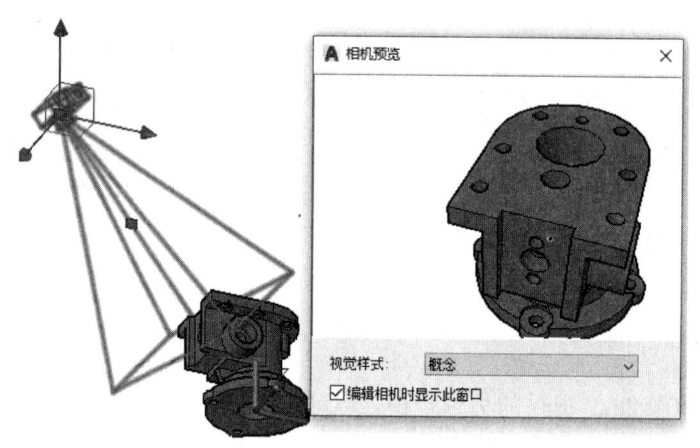

图 2-25　相机及其对应的相机预览

视图：设置当前视图以匹配相机设置。选择该项，系统提示如下：

是否切换到相机视图？［是（Y）/否（N）］<否>

2．调整视距

◆执行方式

命令行：3DDISTANCE

菜单栏：“视图”→“相机”→“调整视距”

快捷菜单栏：启用交互式三维视图后，在视口中右击，弹出快捷菜单，如图 2-20 所示，选择“调整视距”选项

工具栏：“相机调整”→“调整视距”或“三维导航”→“调整视距”，如图 2-21 所示

◆操作步骤

命令：3DDISTANCE↙

按 Esc 或 Enter 键退出，或者右击，显示快捷菜单。

执行该命令后，系统将光标更改为具有上箭头和下箭头的直线。单击并向屏幕顶部垂直拖动光标使相机靠近对象，从而使对象显示得更大。单击并向屏幕底部垂直拖动光标使相机远离对象，从而使对象显示得更小，如图 2-26 所示。

3．回旋

◆执行方式

命令行：3DSWIVEL
菜单栏："视图"→"相机"→"回旋"
快捷菜单栏：启用交互式三维视图后，在视口中右击，弹出快捷菜单，如图 2-20 所示，选择"回旋"选项
工具栏："相机调整"→"回旋" 或"三维导航"→"回旋" ，如图 2-21 所示
定点设备按住 Ctrl 键，然后单击鼠标滚轮以暂时进入 3DSWIVEL 模式。

◆操作步骤

命令： 3DSWIVEL↙
按 Esc 或 Enter 键退出，或者右击，显示快捷菜单。
执行该命令后，系统在拖动方向上模拟平移相机，查看的目标将更改。可以沿 XY 平面或 Z 轴回旋视图，如图 2-27 所示。

图 2-26　调整视距

图 2-27　回旋

2.5.3　漫游和飞行

使用漫游和飞行功能，可以产生一种在 XY 平面行走或飞越视图的观察效果。
1. 漫游

◆执行方式

命令行：3DWALK
菜单栏："视图"→"漫游和飞行"→"漫游"
快捷菜单栏：启用交互式三维视图后，在视口中右击，弹出快捷菜单，如图 2-20 所示，选择"漫游"项
工具栏："漫游和飞行"→"漫游" 或"三维导航"→"漫游" ，如图 2-21 所示
功能区：单击"可视化"选项卡的"动画"面板中的"漫游"按钮

◆操作步骤

命令：3DWALK↙
执行该命令后，系统在当前视口中激活漫游模式，在当前视图上显示一个绿色的十字形表示当前漫游位置，同时系统弹出"定位器"选项板。在键盘上，使用 4 个箭头键或 W（前）、

A（左）、S（后）和 D（右）键与鼠标来确定漫游的方向。要指定视图的方向，应沿想要进行观察的方向拖动光标。也可以直接通过定位器调节目标指示器设置漫游位置，如图 2-28 所示。

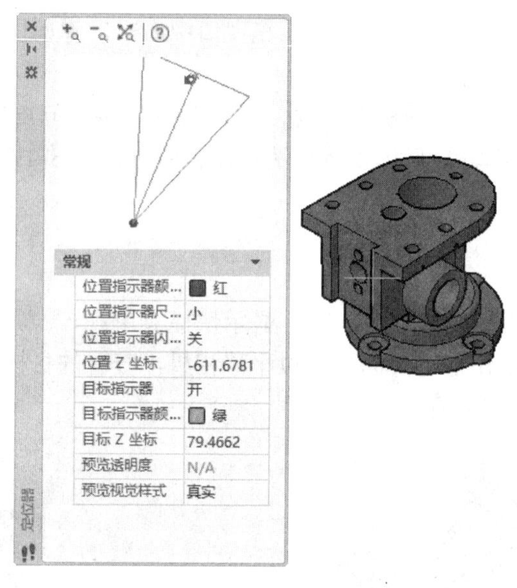

图 2-28　漫游设置

2．飞行

◆执行方式

命令行：3DFLY
菜单栏："视图" → "漫游和飞行" → "飞行"
快捷菜单栏：启用交互式三维视图后，在视口中右击，弹出快捷菜单，如图 2-20 所示。选择"飞行"选项
工具栏："漫游和飞行" → "飞行" 或"三维导航" → "飞行" 。如图 2-21 所示
功能区：单击"可视化"选项卡的"动画"面板中的"飞行"按钮

◆操作步骤

命令：3DFLY↙
执行该命令后，系统在当前视口中激活飞行模式，同时系统弹出"定位器"选项板。可以离开 XY 平面，就像在模型中飞越或环绕模型飞行一样。在键盘上，使用 4 个箭头键或 W（前）、A（左）、S（后）、D（右）键和鼠标来确定飞行的方向，如图 2-29 所示。

3．漫游和飞行设置

◆执行方式

命令行：WALKFLYSETTINGS
菜单栏："视图" → "漫游和飞行" → "飞行"

快捷菜单栏：启用交互式三维视图后，在视口中右击，弹出快捷菜单，如图 2-20 所示。选择“飞行”选项

工具栏：“漫游和飞行”→“漫游和飞行设置”或“三维导航”→“漫游和飞行设置”，如图 2-21 所示

功能区：单击“可视化”选项卡的“动画”面板中的“漫游和飞行设置”按钮

◆操作步骤

命令：WALKFLYSETTINGS↙

执行该命令后，系统弹出“漫游和飞行设置”对话框，如图 2-30 所示。可以通过该对话框设置漫游和飞行的相关参数。

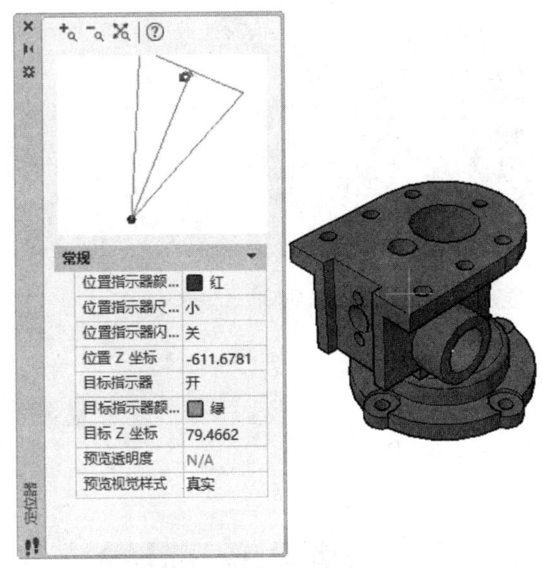

图 2-29　飞行设置

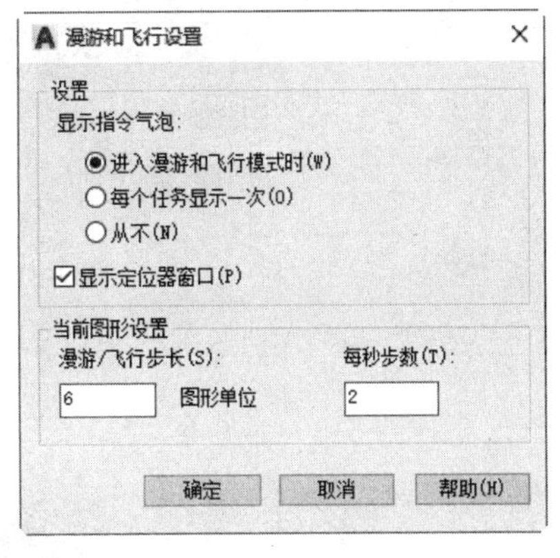

图 2-30　“漫游和飞行设置”对话框

2.5.4　运动路径动画

使用运动路径动画功能，可以设置观察的运动路径，并输出运动观察过程动画文件。

◆执行方式

命令行：ANIPATH

菜单栏：“视图”→“运动路径动画”

◆操作步骤

命令：ANIPATH↙

执行该命令后，系统弹出“运动路径动画”对话框，如图 2-31 所示。其中的“相机”和“目标”选项组分别有“点”和“路径”两个单选项，可以分别设置相机或目标为点或路径。

设置“相机”为“路径”单选项，单击按钮，选择图 2-32 中左侧的样条曲线为路径。设置“目标”为“点”单选项，单击按钮，选择图 2-32 中右侧的实体上一个目标点。在“动画设置”选项组中，“角减速”表示相机转弯时，以较低的速率移动相机，“反向”表示反转动画的方向。

设置好各个参数后，单击“确定”按钮，系统生成动画，同时给出动画预览，如图 2-33 所示。可以使用各种播放器播放生成的动画。

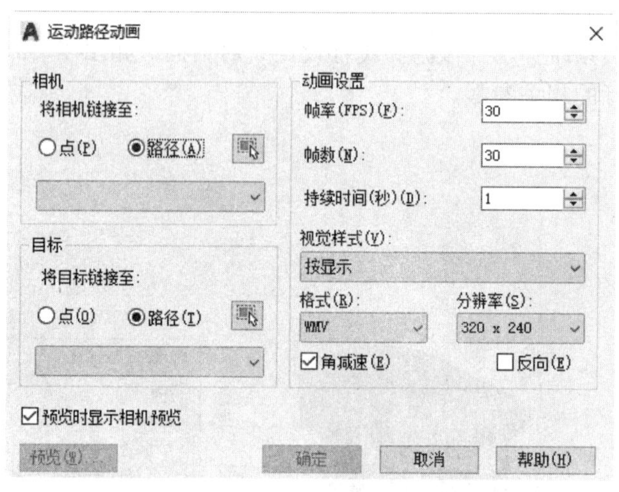

图 2-31 “运动路径动画”对话框

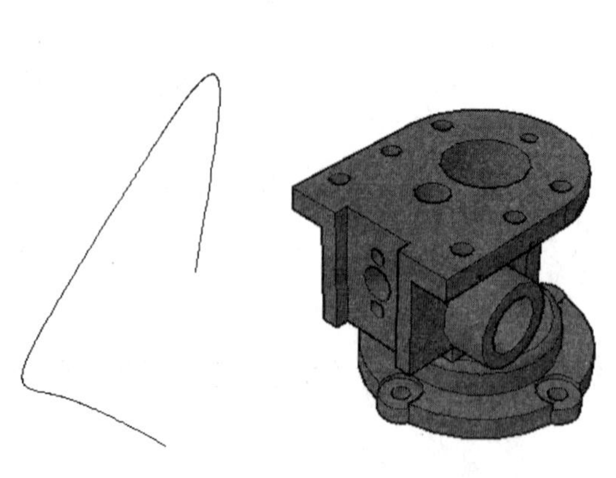

图 2-32 设置路径和目标

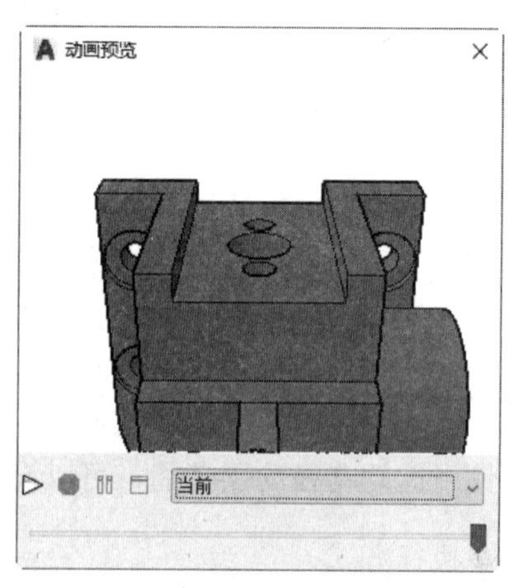

图 2-33 动画预览

2.6 查看工具

2.6.1 SteeringWheels

SteeringWheels 是追踪菜单，划分为不同部分（称作按钮）。控制盘上的每个按钮代表一种导航工具。

1. 受约束的动态观察

◆执行方式

命令行：SteeringWheels
菜单栏：“视图”→“SteeringWheels”
快捷菜单栏：在状态栏上单击“SteeringWheels”
工具栏：在图形窗口上右击，然后选择“SteeringWheels”

◆操作步骤

命令：SteeringWheels↙

SteeringWheels（也称作控制盘）将多个常用导航工具结合到一个单一界面中，从而为用户节省了时间。

2. 显示和使用控制盘

按住并拖动控制盘的按钮是交互操作的主要模式。显示控制盘后，单击其中一个按钮并按住定点设备上的按钮以激活导航工具。拖动以重新设置当前视图的方向。松开按钮可返回至控制盘。

3. 控制盘的外观

可以通过在可用的不同控制盘样式之间切换来控制控制盘的外观，也可以通过调整大小和透明度进行控制，如图 2-34 所示。控制盘（二维导航控制盘除外）具有两种不同样式，即大控制盘和小控制盘。

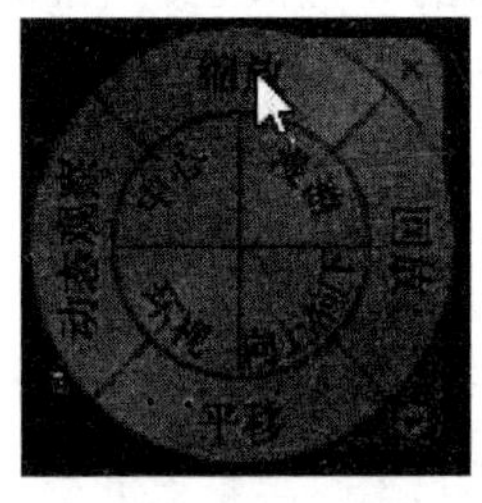

图2-34　控制盘外观

控制盘的大小控制显示在控制盘上的按钮和标签的大小；透明度级别控制被控制盘遮挡的模型中对象的可见性。

4. 控制盘工具提示、工具消息及工具光标文字

光标移动到控制盘上的每个按钮上时，系统会显示该按钮的工具提示。工具提示出现在控制盘下方，并且在单击按钮时确定将要执行的操作。

与工具提示类似，当使用控制盘中的一种导航工具时，系统会显示工具消息和工具光标文字。当导航工具处于活动状态时，系统会显示工具消息；工具消息提供有关使用工具的基本说明。工具光标文字会在光标旁边显示活动导航工具的名称。禁用工具消息和光标文字只会影响使用小控制盘或全导航控制盘（大）时所显示的消息。

2.6.2 ViewCube

ViewCube 是一个三维导航工具，在三维视觉样式中处理图形时显示。通过 ViewCube，可以在标准视图和等轴测视图间切换。

ViewCube 工具是一种可单击、可拖动的常驻界面，可以用它在模型的标准视图和等轴测视图之间进行切换。ViewCube 工具显示后，将在窗口一角以不活动状态显示在模型上方。尽管 ViewCube 工具处于不活动状态，但在视图发生更改时仍可提供有关模型当前视点的直观反映。将光标悬停在 ViewCube 工具上方时，该工具会变为活动状态；用户可以切换至其中一个可用的预设视图，滚动当前视图或更改至模型的主视图。

◆执行方式

菜单栏：“视图”→“显示”→“ViewCube”

2.6.3 ShowMotion

可以从 ShowMotion 中创建和修改快照。创建或修改快照时，会生成缩略图并将该缩略图添加到快照序列。

◆执行方式：ShowMotion

菜单栏：“视图”→“ShowMotion”
功能区：单击“视图”选项卡的“视口工具”面板中的“显示运动”按钮

◆操作步骤

命令：ShowMotion↙
执行 ShowMotion 命令。

◆选项说明

创建快照时，必须为快照指定名称和视图类型。为快照指定的视图类型用于确定用户可以更改的转场和运动选项。创建快照后，将会自动生成缩略图，并会将其放置在已指定给快照的快照序列下。快照的名称位于缩略图下方。如果需要更改快照，可以在要修改的快照上右击。

- 快照的快捷菜单具有以下选项：

1）“特性”。显示对话框以修改快照的转场和运动设置，以及其他设置中的指定快照序列。

2）“重命名”。重命名快照。

3）“删除”。删除快照。

4）“左移”和“右移”。通过向左或向右移动一个位置，以更改快照在快照序列中的位置。

5）“更新缩略图”。更新单个快照或使用模型保存的所有快照的缩略图。

创建快照可以将快照添加到默认快照序列，也可以指定应向其添加快照的快照序列。每个快照序列在 ShowMotion 中都由一个缩略图表示。缩略图与快照序列中的第一个快照相同。

快照序列的名称位于缩略图下方，如图 2-35 所示。

图2-35 快照对话框

- “快照序列”的快捷菜单具有以下选项：

1）“重命名”。重命名快照序列。

2）“删除”。删除快照序列。

3）“左移”和“右移”。通过向左或向右移动一个位置，以更改快照序列在 ShowMotion 中的位置。

4）“更新缩略图”。更新快照序列中所有快照或使用模型保存的所有快照的缩略图。

2.7 实例——观察阀体三维模型

熟悉了基本的技术之后，下面将通过实际的案例来进一步阐述三维绘图的基础。随书网盘文件 X：\源文件\第 2 章\阀体.DWG 图形，如图 2-36 所示。

本实例创建 UCS、设置视点、使用动态观察命令观察阀体都是在 AutoCAD 2022 三维造型中必须掌握和运用的基本方法和步骤。

01 打开图形文件“阀体.dwg”，选择配套资源中的“/源文件/第 2 章/”，从中选择“阀体.dwg”文件，单击“打开”按钮。（或双击该文件名，即可将该文件打开）

02 运用“视图样式”对图案进行填充。单击“可视化”选项卡“视觉样式”面板中的“隐藏”按钮，更改“阀体”的视觉样式。命令行中的提示与操作如下：

命令： _VSCURRENT

输入选项 [二维线框(2)/线框(W)/隐藏(H)/真实(R)/概念(C)/着色(S)/带边缘着色(E)/灰度(G)/勾画(SK)/X 射线(X)/其他(O)] <着色>： _H

03 执行 UCS 命令显示并创建 UCS，将 UCS 原点设置在阀体的上端顶面中心点上。选择“视图”→“显示”→“UCS 图标”→“开”，若选择“开”，则屏幕显示图标；选择“否”，则隐藏图标。执行 UCS 命令，将坐标系原点设置到阀体的上端顶面中心点上。命令行提示如下：

命令： UCS

当前 UCS 名称： ↙*没有名称*

指定 UCS 的原点或 [面(F)/命名(NA)/对象(OB)/上一个(P)/视图(V)/世界(W)/X/Y/Z/Z 轴(ZA)] <世界>：（选择阀体顶面圆的圆心）

指定 X 轴上的点或 <接受>：0，1，0↙

指定 XY 平面上的点或 <接受>：↙

结果如图 2-37 所示。

04 利用 VPOINT 设置三维视点。选择“视图”→“三维视图”→“视点”选项，打开坐标轴和三轴架（见图 2-38）。在坐标球上选择一点作为视点（在坐标球上使用鼠标移动十字光标，同时三轴架根据坐标指示的观察方向旋转）。命令行提示如下：

命令：_VPOINT↙

当前视图方向： VIEWDIR=-3.5396,2.1895,1.4380

指定视点或 [旋转(R)] <显示坐标球和三轴架>：↙（在坐标球上指定点）

单击“视图”选项卡“导航”面板上的“动态观察”下拉菜单中的“自由动态观察”按钮，使用鼠标移动视图，将阀体移动到合适的位置。

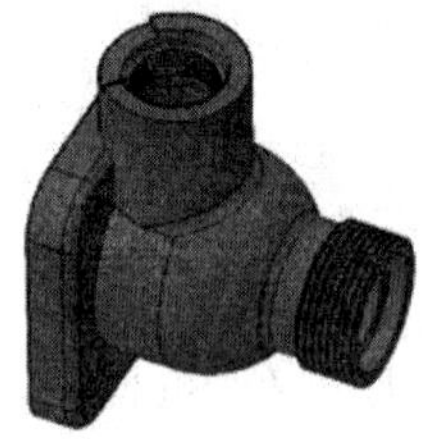

图 2-36 阀体

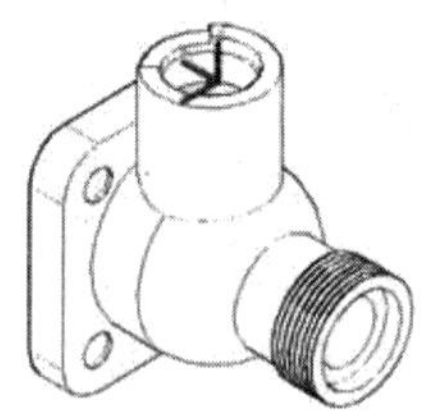

图 2-37 UCS 移到顶面结果

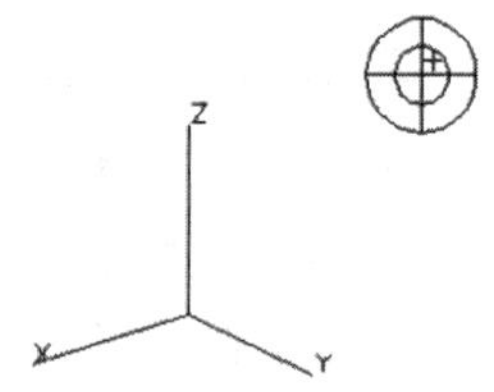

图 2-38 坐标轴和三轴架

第 3 章

绘制三维表面

在 AutoCAD 2022 中可以很方便地绘制各种表面模型。当不需要考虑模型的物理特性，如质量、重心等，对模型进行消隐、着色或渲染处理时，就可以采用表面模型。

本章将介绍线框模型和表面模型的有关内容，包括三维基本绘制、三维网格曲面、基本三维面等知识。

- 三维绘制
- 绘制三维网格曲面
- 绘制基本三维面及三维网格
- 网格编辑

3.1 三维绘制

3.1.1 绘制三维点

◆执行方式

命令行：POINT
菜单栏：绘图→点→单点或多点
工具栏：绘图→点∵
功能区：单击“默认”选项卡“绘图”面板中的“多点”按钮∵

◆操作步骤

命令：POINT↙
执行命令后，AutoCAD 提示如下：
当前点模式： PDMODE=0 PDSIZE=0.0000
指定点：

注意

在输入点的坐标时，可以采用绝对或相对坐标形式。
利用下拉菜单绘图→点→多点时，可以绘制多个三维空间点。

3.1.2 绘制三维直线

◆执行方式

命令行：LINE
菜单栏：绘图→直线
工具栏：绘图→直线
功能区：单击“默认”选项卡“绘图”面板中的“直线”按钮

◆操作步骤

命令：LINE↙
执行命令后，AutoCAD 提示：
指定第一个点：（输入第一点坐标）
指定下一点或 [退出(E)/放弃（U）]：（输入第二点坐标）
指定下一点或 [关闭(C)/退出(X)/放弃（U）]：（输入第三点坐标）
指定下一点或 [关闭(C)/退出(X)/放弃（U）]：↙

如果输入第二点后按 Enter 键，则绘制空间一条直线；如果输入多个点，则绘制空间折线。可以通过 Close 选项封闭三维多段线，也可以通过 UNDO 选项放弃上次操作。

3.1.3 绘制三维构造线

◆执行方式

命令行：XLINE
菜单栏：绘图→构造线
工具栏：绘图→构造线
功能区：单击“默认”选项卡“绘图”面板中的“构造线”按钮

◆操作步骤

命令：XLINE↙
执行命令后，AutoCAD 提示：
指定点或 [水平（H）/垂直（V）/角度（A）/二等分（B）/偏移（O）]：（指定点或输入选项）
其中各选项与二维构造线类似，不再赘述。

3.1.4 绘制三维样条曲线

◆执行方式

命令行：SPLINE
菜单栏：绘图→样条曲线
工具栏：绘图→样条曲线
功能区：单击“默认”选项卡“绘图”面板中的“样条曲线拟合”按钮或“样条曲线控制点”按钮

◆操作步骤

命令：SPLINE↙
执行命令后，AutoCAD 提示：
当前设置：方式=拟合　节点=弦
指定第一个点或 [方式（M）/节点（K）/对象（O）]：（指定一点或输入对象）
输入某一点的坐标后，AutoCAD 继续提示如下：
输入下一个点或[起点切向（T）/公差（L）]：（输入第二点的坐标）
输入点一直到完成样条曲线的定义为止。
输入两点后，AutoCAD 将显示下面的提示如下：
输入下一个点或[端点相切（T）/公差（L）/放弃（U）/闭合（C）]：（指定点、输入选项或按 Enter 键）

◆选项说明

1）方式：包括使用拟合点创建样条曲线和使用控制点创建样条曲线的选项而异。
2）节点：指定节点参数化，它会影响曲线在通过拟合点时的形状。
3）对象：选择二维或三维的二次或三次样条曲线拟合多段线，将其转换为等价的样条曲线，（根据 DELOBJ 系统变量的设置）删除该多段线。选择希望的对象后，按 Enter 键结束。
4）输入下一个点：继续输入点将添加其他样条曲线线段，直到按 Enter 键为止。

5）起点切向：定义样条曲线的第一点和最后一点的切向。如果在样条曲线的两端都指定切向，可以输入一个点或使用“切点”和“垂足”对象捕捉模式使样条曲线与已有的对象相切或垂直。如果按 Enter 键，系统将计算默认切向。

6）公差：指定样条曲线必须经过的指定拟合点的距离。公差应用于除起点和端点外的所有拟合点。

7）端点相切：停止基于切向创建曲线。可通过指定拟合点继续创建样条曲线。

8）闭合：将最后一点定义为与第一点一致，使它在连接处相切，以闭合样条曲线。

3.1.5 绘制三维面

◆执行方式

命令行：3DFACE
菜单栏：绘图→建模→网格→三维面

◆操作步骤

命令：3DFACE↙
执行命令后，AutoCAD 提示：
指定第一点或 [不可见（I）]：（指定某一点或输入 I）

◆选项说明

1）指定第一点：输入某一点的坐标或用鼠标确定某一点，以定义三维面的起点。在输入第一点后，可按顺时针或逆时针方向输入其余的点，以创建普通三维面。选择该选项后，AutoCAD 提示：

指定第二点或 [不可见（I）]：（指定第二点或输入 I）
指定第三点或 [不可见（I）] <退出>：（指定第三点、输入 I 或按 Enter 键）
指定第四点或 [不可见（I）] <创建三侧面>：（指定第四点、输入 I 或按 Enter 键）

如果在输入的四点后按 Enter 键，则以指定的四点生成一个空间三维面。如果在提示下继续输入第二个面上的第三点和第四点坐标，则生成第二个面。该面以第一个面的第三点和第四点作为第二个面的第一点和第二点，创建第二个三维面。继续输入点可以创建面，按 Enter 键结束。

2）不可见：控制三维面各边的可见性，以便建立有孔对象的正确模型。如果在输入某一边之前输入 I，则可以使该边不可见。图 3-1 所示为建立一个长方体时某一边使用 I 命令和不使用 I 命令的视图比较。

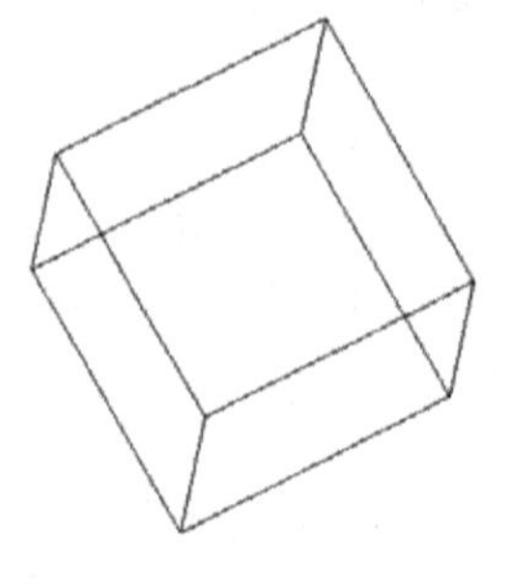
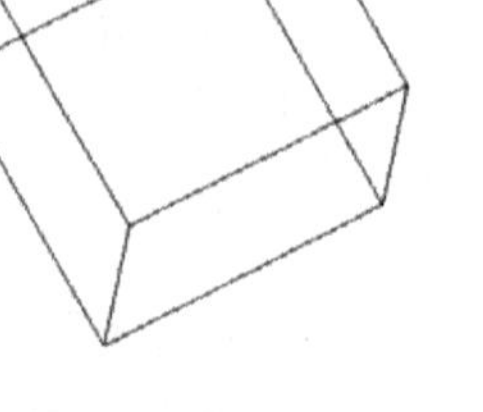

图 3-1 I 命令视图比较

3.1.6 实例——三维面的绘制

绘制如图 3-2 所示的三维面。

命令：3DFACE↙
指定第一点或 [不可见(I)]：100,100,100↙
指定第二点或 [不可见(I)]：@0,0,100↙
指定第三点或 [不可见(I)] <退出>：@100,0,0↙
指定第四点或 [不可见(I)] <创建三侧面>：@0,0,-100↙
指定第三点或 [不可见(I)] <退出>：@0,100,0↙
指定第四点或 [不可见(I)] <创建三侧面>：@0,0,100↙
指定第三点或 [不可见(I)] <退出>：I↙
指定第三点或 [不可见(I)] <退出>：@-100,0,0↙
指定第四点或 [不可见(I)] <创建三侧面>：@0,0,-100↙
指定第三点或 [不可见(I)] <退出>：@0,-100,0↙
指定第四点或 [不可见(I)] <创建三侧面>：@0,0,100↙
指定第三点或 [不可见(I)] <退出>：↙

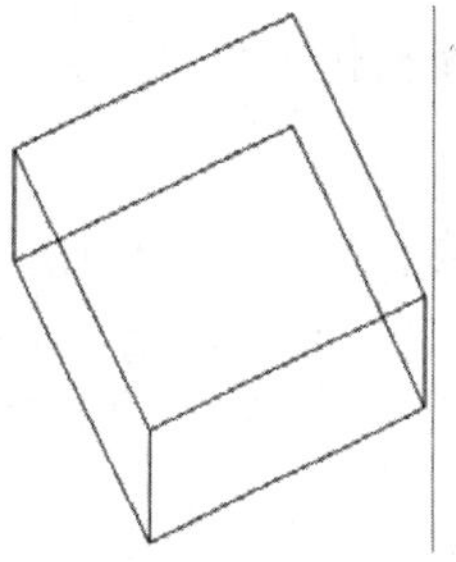

图3-2 三维面

3.1.7 控制三维面边界的可见性

◆执行方式

命令行：EDGE

◆操作步骤

命令：EDGE↙
执行命令后，AutoCAD 提示：
指定要切换可见性的三维面的边或 [显示（D）]：（选择边或输入 D）

◆选项说明

（1）指定要切换可见性的三维面的边：这是系统默认的选项。如果要选择的边是以正常亮度显示的，说明它们的当前状态是可见的，选择这些边后，它们将以虚线形式显示。此时，按 Enter 键，这些边将从屏幕上消失，变为不可见状态。如果要选择的边是以虚线显示的，说明它们的当前状态是不可见的，选择这些边后，它们将以正常形式显示。此时，按 Enter 键，这些边将会在原来的位置显示，变为可见状态。

（2）显示：将未显示的边以虚线形式显示出来，由用户决定所示边界的可见性。执行 EDGE 命令后，在选择项中输入 d，即执行显示命令。在输入 D 后，AutoCAD 提示如下：

输入用于隐藏边显示的选择方法 [选择（S）/全部选择（A）] <全部选择>：（输入选项或按 Enter 键）

上述各选项的说明如下：

1）选择：选择部分可见的三维面的隐藏边并显示它们。

2）全部选择：选择图形中所有三维面的隐藏边并显示它们。

3.1.8　绘制多边网格面

◆执行方式

命令行：PFACE

◆操作步骤

命令：PFACE↙

执行命令后，AutoCAD 提示：

为顶点 1 指定位置：（输入点 1 的坐标或指定一点）

为顶点 2 或 <定义面>指定位置：（输入点 2 的坐标或指定一点）

… …

为顶点 n 或 <定义面>指定位置：（输入点 n 的坐标或指定一点）

在输入最后一个顶点的坐标后，在提示下直接按 Enter 键，AutoCAD 出现如下提示：

输入顶点编号或 [颜色（C）/图层（L）]：（输入顶点编号或输入选项）

◆选项说明

1）顶点编号：输入平面上顶点的编号。根据指定顶点的序号，AutoCAD 会生成一个平面。当确定了这个平面上的所有顶点之后，在提示的状态下按 Enter 键，AutoCAD 则指定另外一个平面上的顶点。

2）颜色：设置图形的颜色。选择该选项后，AutoCAD 出现如下提示：

新颜色 [真彩色（T）/配色系统（CO）] <BYLAYER>：（输入标准颜色名或从 1～255 的颜色编号，输入 t，输入 CO 或按 Enter 键）

输入颜色后，AutoCAD 将返回提示：

输入顶点编号或 [颜色（C）/图层（L）]：

3）图层：设置要创建的面采用的图层和颜色。选择该选项后，AutoCAD 出现如下提示：

输入图层名 <0>：（输入图层名称或按 Enter 键）

输入图层后，AutoCAD 将返回提示：

输入顶点编号或 [颜色（C）/图层（L）]：

注意

如果在顶点的序号前加负号，则生成的多边形网格面的边界不可见。系统变量 SPLFRAME 控制不可见边界的显示。如果变量值不为 0，不可见边界变成可见，而且能够进行编辑。如果变量值为 0，则保持边界的不可见性。

3.1.9　绘制三维网格

◆执行方式

命令行：3DMESH

◆操作步骤

命令：3DMESH↙

执行命令后，AutoCAD 提示：

输入 M 方向上的网格数量：（输入 2～256 之间的值）
输入 N 方向上的网格数量：（输入 2～256 之间的值）
为顶点（0, 0）指定位置：（输入第一行第一列的顶点坐标）
为顶点（0, 1）指定位置：（输入第一行第二列的顶点坐标）
为顶点（0, 2）指定位置：（输入第一行第三列的顶点坐标）
… …
为顶点（0,N-1）指定位置：（输入第一行第 N 列的顶点坐标）
为顶点（1, 0）指定位置：（输入第二行第一列的顶点坐标）
为顶点（1, 1）指定位置：（输入第二行第二列的顶点坐标）
……
为顶点（1, N-1）指定位置：（输入第二行第 N 列的顶点坐标）
……
为顶点（M-1, N-1）指定位置：（输入第 M 行第 N 列的顶点坐标）

根据指定的顶点生成三维多边形网格。AutoCAD 用矩阵来定义多边形网格，其大小由 M 和 N 网格数决定。M×N 等于必须指定的顶点数量，如图 3-3 所示。

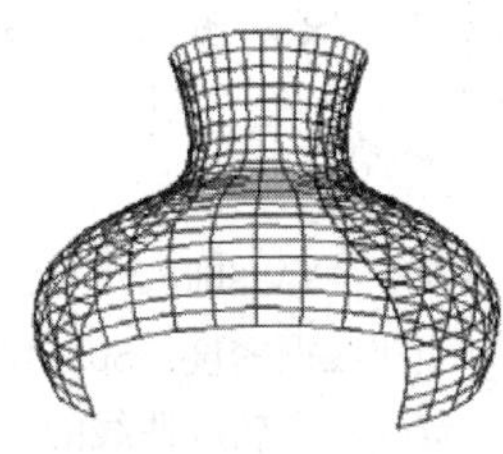

图3-3　三维网格

注意

M、N 的方向分别沿当前 UCS 的 X、Y 方向，网格面上的行和列都从 0 算起，行和列的顶点数最大为 256；用 3DMESH 命令生成的网格在 M 和 N 方向上均不封闭，如果需要封闭，可以用 PEDIT 命令对其进行编辑。

3.2 绘制三维网格曲面

3.2.1　直纹网格

◆执行方式

命令行：RULESURF
菜单栏：“绘图”→“建模”→“网格”→“直纹网格”
功能区：单击“三维工具”选项卡的“建模”面板中的“直纹曲面”按钮

◆操作步骤

命令：RULESURF↙
当前线框密度：SURFTAB1=当前值
选择第一条定义曲线：指定第一条曲线
选择第二条定义曲线：指定第二条曲线

下面生成一个简单的直纹曲面。首先单击“视图”选项卡“命名视图”面板中的“西南等轴测”按钮，将视图转换为西南等轴测视图，然后绘制如图 3-4a 所示的两个圆作为草图，执行直纹曲面命令 RULESURF，分别选择绘制的两个圆作为第一条和第二条定义曲线，最后生成的直纹曲面如图 3-4b 所示。

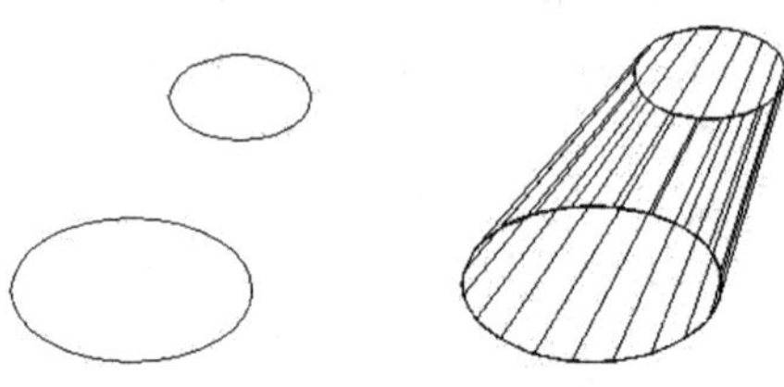

a）作为草图的圆　b）生成的直纹曲面

图 3-4　绘制直纹曲面

3.2.2　平移网格

◆执行方式

命令行：TABSURF

菜单栏："绘图" → "建模" → "网格" → "平移网格"

功能区：单击"三维工具"选项卡的"建模"面板中的"平移曲面"按钮

◆操作步骤

```
命令：TABSURF↙
当前线框密度：SURFTAB1=6
选择用作轮廓曲线的对象：选择一个已经存在的轮廓曲线
选择用作方向矢量的对象：选择一个方向线
```

◆选项说明

1）轮廓曲线：可以是直线、圆弧、圆、椭圆、二维或三维多段线。AutoCAD 默认从轮廓曲线上离选定点最近的点开始绘制曲面。

2）方向矢量：指出形状的拉伸方向和长度。在多段线或直线上选定的端点决定拉伸的方向。

图 3-5 所示为选择图 3-5a 中六边形为轮廓曲线对象，以图 3-5a 中所绘制的直线为方向矢量绘制的图形，平移后的曲面如图 3-5b 所示。

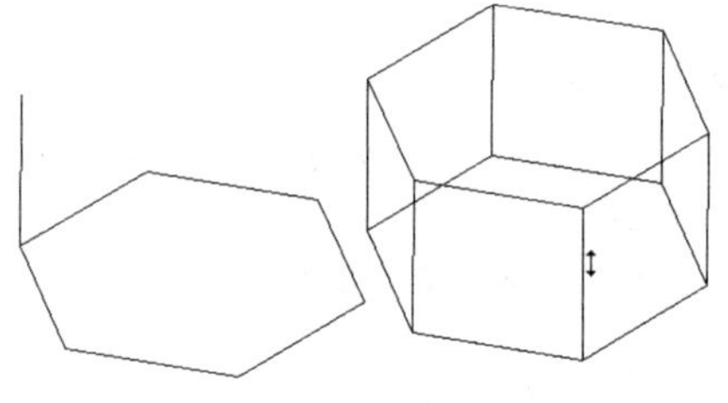

a）六边形和方向线　b）平移后的曲面

图 3-5　平移曲面

3.2.3　边界网格

◆执行方式

命令行：EDGESURF。

菜单栏："绘图" → "建模" → "网格" → "边界网格"

功能区：单击"三维工具"选项卡的"建模"面板中的"边界曲面"按钮

◆操作步骤

```
命令：EDGESURF↙
当前线框密度：SURFTAB1=6 SURFTAB2=6
选择用作曲面边界的对象 1：选择第一条边界线
选择用作曲面边界的对象 2：选择第二条边界线
```

选择用作曲面边界的对象 3：选择第三条边界线
选择用作曲面边界的对象 4：选择第四条边界线

◆选项说明

系统变量 SURFTAB1 和 SURFTAB2 分别控制 M、N 方向的线框密度或网格分段数。可通过在命令行输入 SURFTAB1 改变 M 方向的默认值，在命令行输入 SURFTAB2 改变 N 方向的默认值。

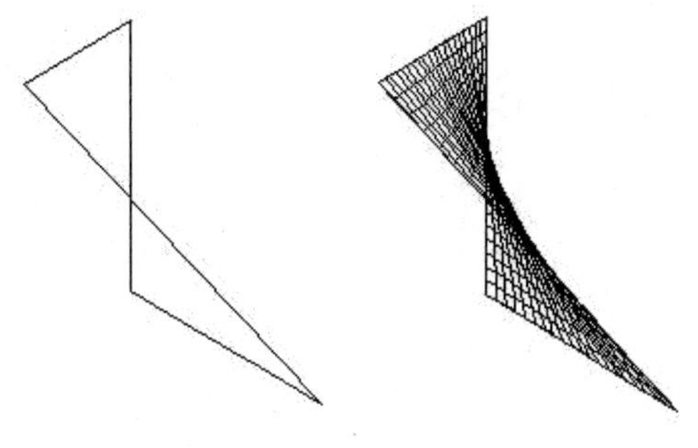
a）边界曲线　　b）生成的边界曲面

图 3-6　边界曲面

下面生成一个简单的边界曲面：选择菜单栏中“视图”→“三维视图”→“西南等轴测”命令，将视图转换为西南等轴测视图，绘制 4 条首尾相连的边界曲线，如图 3-6a 所示。在绘制边界的过程中，为了方便绘制，可以首先绘制一个基本三维表面中的立方体作为辅助立体，在它上面绘制边界，然后再将其删除。执行边界曲面命令 EDGESURF，分别选择绘制的 4 条边界，则生成如图 3-6b 所示的边界曲面。

3.2.4　实例——花篮的绘制

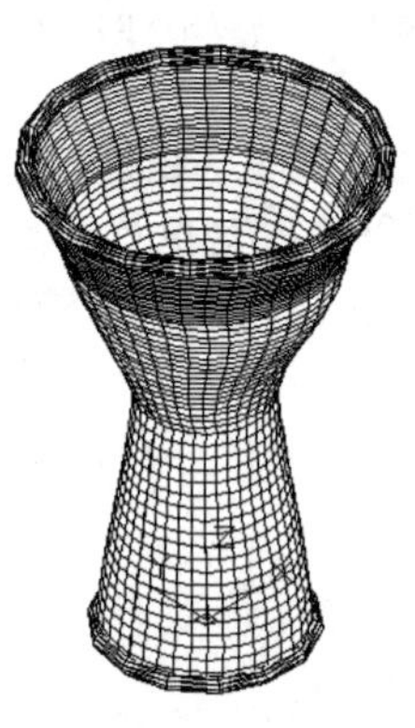
图 3-7　绘制花篮

本例绘制如图 3-7 所示的花篮。

01 单击“默认”选项卡“绘图”面板中的“圆弧”按钮，命令行提示与操作如下：

命令：_ARC
指定圆弧的起点或 [圆心(C)]：-6,0,0↙
指定圆弧的第二个点或 [圆心(C)/端点(E)]：0,-6↙
指定圆弧的端点：6,0↙
命令：_ARC
指定圆弧的起点或 [圆心(C)]：-4,0,15↙
指定圆弧的第二个点或 [圆心(C)/端点(E)]：0,-4↙
指定圆弧的端点：4,0↙
命令：_ARC
指定圆弧的起点或 [圆心(C)]：-8,0,25↙
指定圆弧的第二个点或 [圆心(C)/端点(E)]：0,-8↙
指定圆弧的端点：8,0↙
命令：_ARC
指定圆弧的起点或 [圆心(C)]：-10,0,30↙
指定圆弧的第二个点或 [圆心(C)/端点(E)]：0,-10↙
指定圆弧的端点：10,0↙

绘制圆弧如图 3-8 所示。单击“可视化”选项卡“命名视图”面板中的“西南等轴测”

按钮，将当前视图设为西南等轴测视图，结果如图 3-9 所示。

图 3-8 绘制圆弧

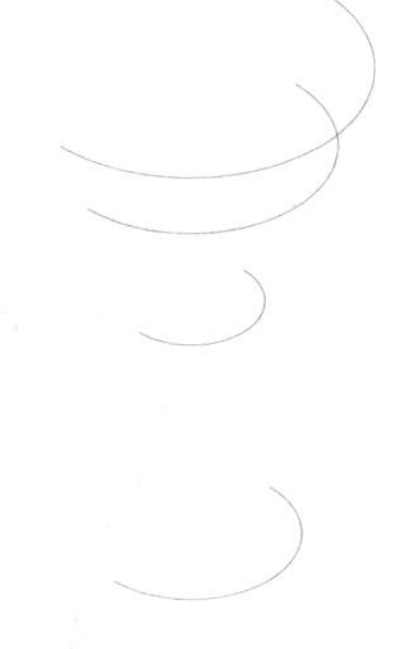

图 3-9 西南等轴测视图

02 单击“默认”选项卡“绘图”面板中的“直线”按钮，绘制起点坐标和终点坐标分别为{（-6,0,0）（-4,0,15）}、{（-8,0,25）（-10,0,30）}、{（6,0,0）（4,0,15）}、{（8,0,25）（10,0,30）}、{（-4,0,15）（-8,0,25）}、{（4,0,15）（8,0,25）}的直线，结果如图 3-10 所示。

03 设置网格数。在命令行输入 SURFTAB1 和 SURFTAB2，设置网格密度。命令行提示与操作如下：

命令：SURFTAB1↙
输入 SURFTAB1 的新值 <6>：20↙
命令：SURFTAB2↙
输入 SURFTAB2 的新值 <6>：20↙

04 在菜单栏中选择 “绘图”→“建模”→“网格”→“边界网格”，选择围成曲面的四条边，将曲面内部填充线条创建边界曲面 1，如图 3-11 所示。

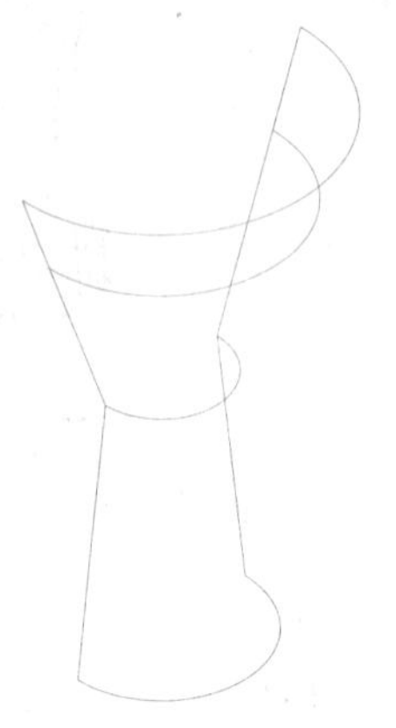

图 3-10 绘制直线

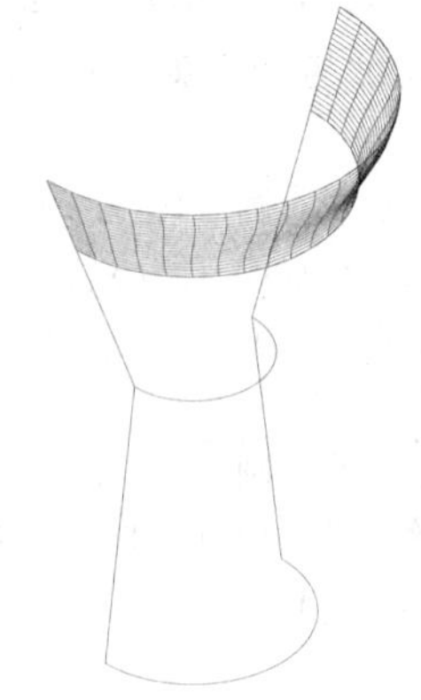

图 3-11 创建边界曲面 1

重复上述命令，创建边界曲面 2，结如图 3-12 所示。

05 在菜单栏中选择“修改”→“三维操作”→“三维镜像”，三维镜像效果如图 3-13 所示。

06 绘制圆环面。单击“三维工具”选项卡“建模”面板中的“圆环体”按钮，命令行提示如下：

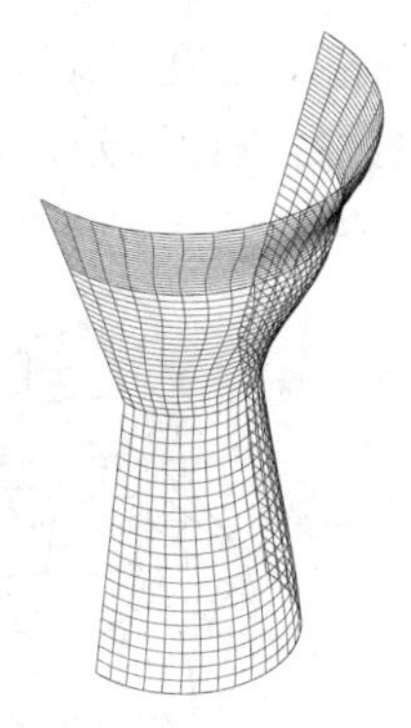

图 3-12　创建边界曲面 2

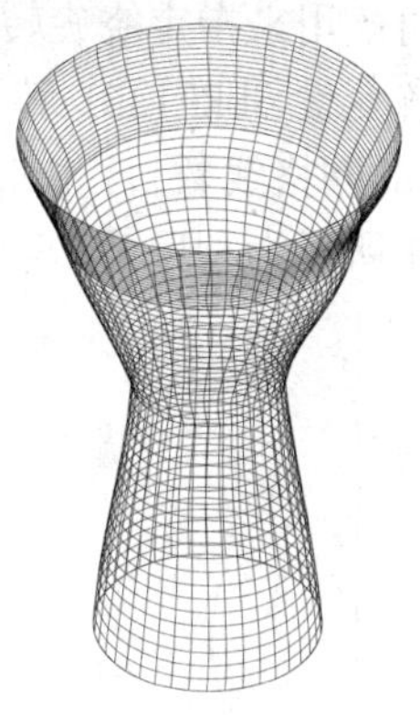

图 3-13　三维镜像效果

命令：_torus
指定中心点或 [三点(3P)/两点(2P)/切点、切点、半径(T)]：0,0,0↙
指定半径或 [直径(D)]：6↙
指定圆管半径或 [两点(2P)/直径(D)]：0.5↙
命令：↙（直接按 Enter 键表示重复执行上一个命令）
TURUS
正在初始化...　已加载三维对象。
指定中心点或 [三点(3P)/两点(2P)/切点、切点、半径(T)]：0,0,30↙
指定半径或 [直径(D)]：10↙
指定圆管半径或 [两点(2P)/直径(D)]：0.5↙

消隐处理后的花篮如图 3-7 所示。

3.2.5　旋转网格

◆执行方式

命令行：REVSURF
菜单栏："绘图"→"建模"→"网格"→"旋转网格"

◆操作步骤

命令：REVSURF↙
当前线框密度：SURFTAB1=6　SURFTAB2=6
选择要旋转的对象 1：选择已绘制好的直线、圆弧、圆或二维、三维多段线
选择定义旋转轴的对象：选择已绘制好用作旋转轴的直线或是开放的二维、三维多段线
指定起点角度<0>：输入值或直接按 Enter 键接受默认值
指定夹角（+=逆时针，-=顺时针）<360>：输入值或直接按 Enter 键接受默认值

◆选项说明

1）起点角度：如果设置为非零值，平面从生成路径曲线位置的某个偏移处开始旋转。

2）夹角：用来指定绕旋转轴旋转的角度。

3）系统变量 SURFTAB1 和 SURFTAB2：用来控制生成网格的密度。SURFTAB1 指定在旋转方向上绘制的网格线数目；SURFTAB2 指定对绘制的网格线数目进行等分。

图 3-14 所示为利用 REVSURF 命令绘制的花瓶。

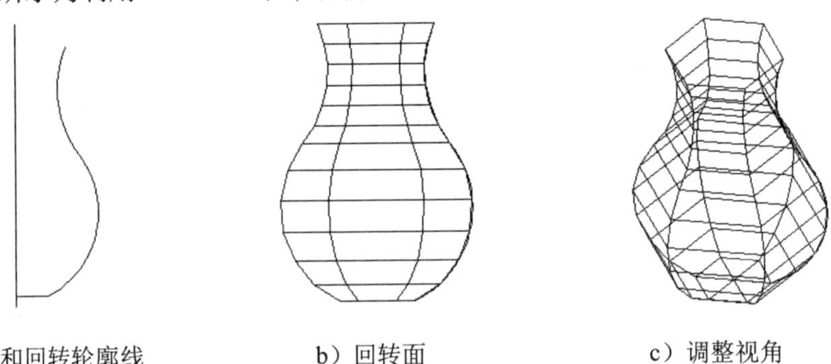

a）轴线和回转轮廓线　　b）回转面　　c）调整视角

图 3-14　利用 REVSURF 命令绘制的花瓶

3.2.6　实例——弹簧的绘制

本例绘制如图 3-15 所示的弹簧。

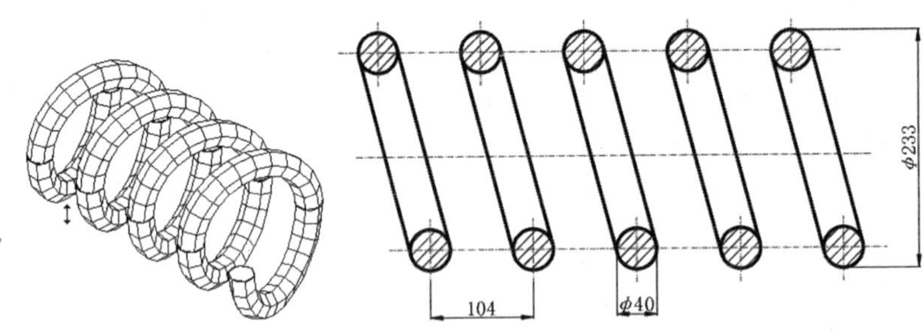

图3-15　弹簧

01 利用 UCS 命令设置用户坐标系，在命令行输入 UCS 命令，将坐标原点移动到（200,200,0）处，命令行提示如下：

命令：UCS↙

当前 UCS 名称：*世界*

指定 UCS 的原点或 [面(F)/命名(NA)/对象(OB)/上一个(P)/视图(V)/世界(W)/X/Y/Z/Z 轴(ZA)]<世界>：200,200,0↙

指定 X 轴上的点或 <接受>：↙

02 单击“默认”选项卡“绘图”面板中的“多段线”按钮，以点（0，0，0）为起点（@200<15）、（@200<165）绘制多段线。重复上述步骤，结果如图 3-16 所示。

03 单击“默认”选项卡“绘图”面板中的“圆”按钮，指定多段线的起点为圆心，半径为 20，结果如图 3-17 所示。

04 单击“默认”选项卡“修改”面板中的“复制”按钮，如图 3-18 所示。重复上述步骤，结果如图 3-19 所示。

05 单击“默认”选项卡“绘图”面板中的“直线”按钮╱，直线的起点为第一条多段线的中点，终点的坐标为（@50<105）。重复上述步骤，结果如图 3-20 所示。

06 单击“默认”选项卡“绘图”面板中的“直线”按钮╱，直线的起点为第一条多段线的中点，终点的坐标为（@50<75）。重复上述步骤，结果如图 3-21 所示。

07 利用“SURFTAB1”和“SUPFTAB2”命令修改线条密度。

命令：SURFTAB1↙

输入 SURFTAB1 的新值<6>：12↙

命令：SURFTAB2↙

输入 SURFTAB2 的新值<6>：12↙

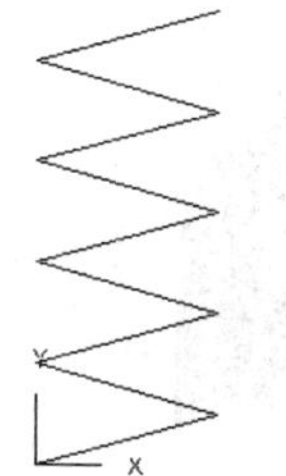

图 3-16　绘制步骤 1

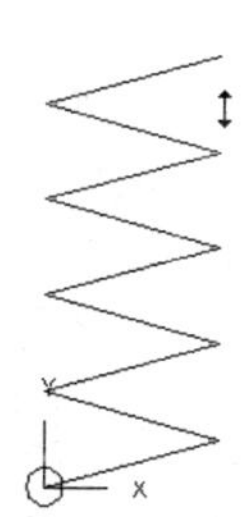

图 3-17　绘制步骤 2

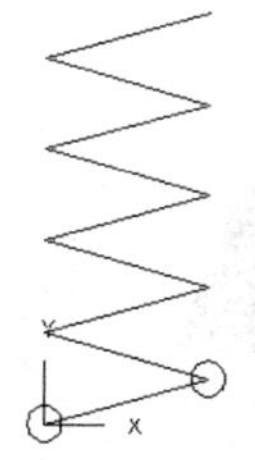

图 3-18　绘制步骤 3

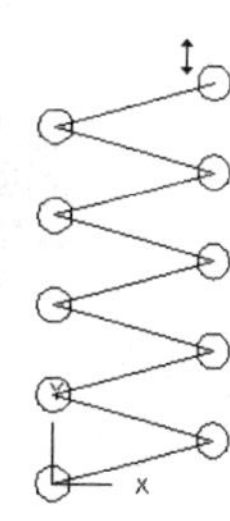

图 3-19　绘制步骤 4

08 在菜单栏中选择“绘图”→“建模”→“网格”→“旋转网格”，当前工作空间的菜单中未提供旋转上述圆旋转角度为-180°，如图 3-22 所示。重复上述步骤，结果如图 3-23 所示。

09 单击“可视化”选项卡“命名视图”面板中的“西南等轴测”按钮，切换视图。

10 单击“默认”选项卡“修改”面板中的“删除”按钮，删除多余的线条。

11 在命令行输入 HIDE，消隐处理后的弹簧如图 3-15 所示。

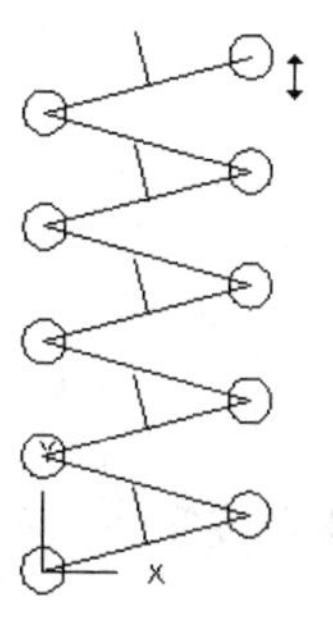

图 3-20　绘制步骤 5

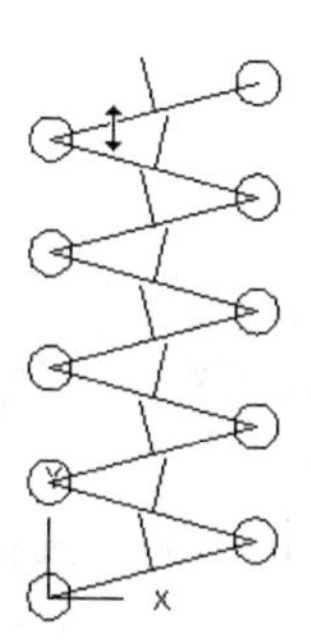

图 3-21　绘制步骤 6

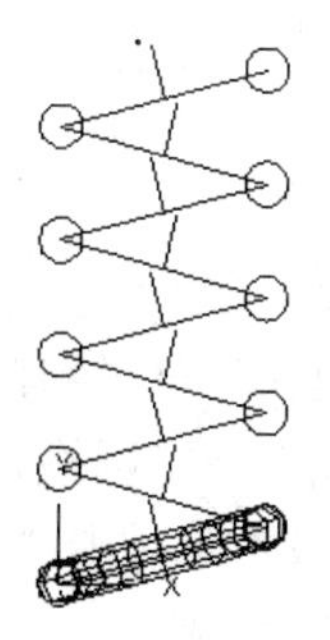

图 3-22　绘制步骤 7

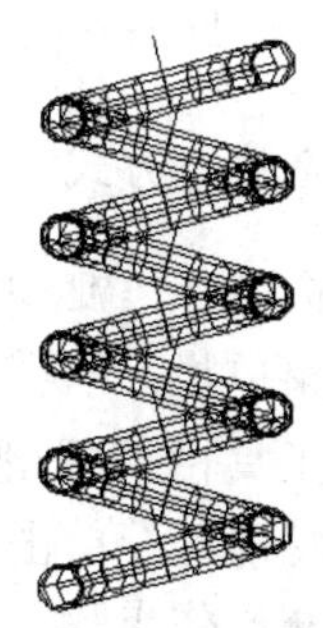

图 3-23　绘制步骤 8

3.2.7　平面曲面

◆执行方式

命令行：PLANESURF

菜单栏：“绘图”→“建模”→“平面”
单击“三维工具”选项卡的“曲面”面板中的“平面曲面”按钮

◆操作步骤

命令：PLANESURF↙
指定第一个角点或［对象(O)］〈对象〉：

◆选项说明

1）指定第一个角点：通过指定两个角点来创建矩形形状的平面曲面，如图 3-24 所示。
2）对象（O）：通过指定平面对象创建平面曲面，如图 3-25 所示。

图 3-24　矩形形状的平面曲面

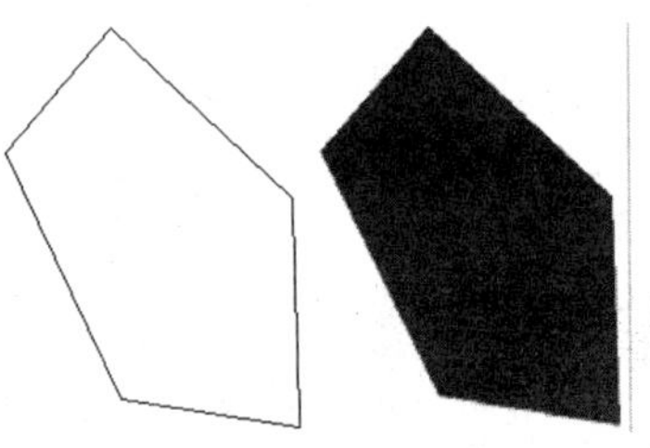
图 3-25　指定平面对象创建平面曲面

3.3 绘制基本三维网格

基本三维网格与三维面类似，有网格长方体、网格圆柱体、网格棱锥体、网格楔体、网格球体、网格圆锥体、网格圆环等。

3.3.1　绘制网格长方体

◆执行方式

命令行：MESH
菜单栏：“绘图”→“建模”→“网格”→“图元”→“长方体”
工具栏：“平滑网格单元”→“网格长方体”
功能区：单击“三维工具”选项卡“建模”面板中的“网格长方体”按钮
◆操作步骤
命令：_MESH↙
当前平滑度设置为：0
输入选项［长方体（B）/圆锥体（C）/圆柱体（CY）/棱锥体（P）/球体（S）/楔体（W）/圆环体（T）/设置（SE）］〈长方体〉：↙
指定第一个角点或［中心（C）］：↙（给出长方体角点）
指定其他角点或［立方体（C）/长度（L）］：↙（给出长方体其他角点）
指定高度或［两点（2P）］：↙（给出长方体的高度）

◆选项说明

1）指定第一角点/角点：设置网格长方体的第一个角点。

2）中心：设置网格长方体的中心。

3）立方体：将长方体的所有边设置为长度相等。

4）长度：设置网格长方体沿Y轴的宽度。

5）高度：设置网格长方体沿Z轴的高度。

6）两点（高度）：基于两点之间的距离设置高度。

其他的基本三维网格，如网格圆锥体、网格圆柱体、网格棱锥体、网格球体网格楔体、网格圆环等，其绘制方法与网格长方体类似，这里不再赘述。

3.3.2 通过转换创建网格

◆执行方式

命令行：_MESH

菜单栏："绘图"→"建模"→"网格"→"平滑网格"

工具栏："平滑网格"→"平滑对象"

功能区：单击"三维工具"选项卡"网格"面板中的"转换为网格"按钮

◆操作步骤

```
命令：_MESHSMOOTH↙
选择要转换的对象：（三维实体或曲面）↙
```

◆选项说明

1）可以转换的对象类型：将图元实体对象转换为网格时可获得最稳定的结果，即结果网格与原实体模型的形状非常相似。尽管转换结果可能与期望的有所差别，但也可转换其他类型的对象。这些对象包括扫掠曲面和实体，传统多边形和多面网格对象、面域、闭合多段线和使用创建的对象。对于上述对象，通常可以通过调整网格转换设置来改善结果。

2）调整网格转换设置：如果转换未获得预期效果，可尝试更改"网格镶嵌选项"对话框中的设置。例如，如果"平滑网格优化"网格类型致使转换不正确，可以将镶嵌形状设置为"三角形"或"主要象限点"。

还可以通过设置新面的最大距离偏移、角度、宽高比和边长来控制与原形状的相似程度。下例显示了使用不同镶嵌设置转换为网格的三维实体螺旋。已对优化后的网格版本进行平滑处理，其他两个转换的平滑度为零。请注意，镶嵌值较小的主要象限点转换会创建与原版本最相似的网格对象。对此对象进行平滑处理会进一步改善其外观。

3.3.3 实例——足球门的绘制

绘制如图3-26所示的足球门。

01 在菜单栏中选择"视图"→"三维视图"→"视点"，对视点进行设置。命令行提示如下：

命令：_VPOINT↙
当前视图方向： VIEWDIR=0.0000,0.0000,1.0000
指定视点或 [旋转(R)] <显示指南针和三轴架>：
1,0.5,-0.5↙

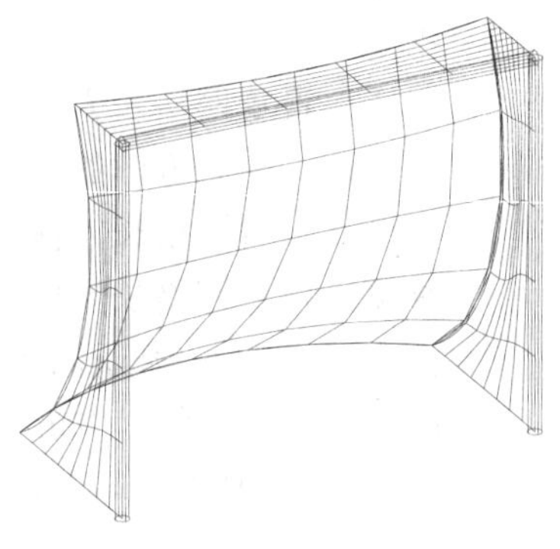

图 3-26 足球门

02 单击“默认”选项卡“绘图”面板中的“直线”按钮，命令行提示如下：

命令：_LINE
指定第一个点：150,0,0↙
指定下一点或 [放弃(U)]：@-150,0,0↙
指定下一点或 [放弃(U)]：@0,0,260↙
指定下一点或 [闭合(C)/放弃(U)]：@0,300,0↙
指定下一点或 [闭合(C)/放弃(U)]：@0,0,-260↙
指定下一点或 [闭合(C)/放弃(U)]：@150,0,0↙
指定下一点或 [闭合(C)/放弃(U)]：↙
命令：_LINE
指定第一个点：0,0,260↙
指定下一点或 [放弃(U)]：@70,0,0↙
指定下一点或 [放弃(U)]：↙
命令：_LINE
指定第一个点：0,300,260↙
指定下一点或 [放弃(U)]：@70,0,0↙
指定下一点或 [放弃(U)]：↙

绘制直线，如图 3-27 所示。

03 单击“默认”选项卡“绘图”面板中的“圆弧”按钮，命令行提示如下：

命令：_ARC ↙
指定圆弧的起点或 [圆心(C)]：150,0,0↙
指定圆弧的第二个点或 [圆心(C)/端点(E)]：200,150↙
指定圆弧的端点：150,300↙
命令：_arc ↙
指定圆弧的起点或 [圆心(C)]：70,0,260↙
指定圆弧的第二个点或 [圆心(C)/端点(E)]：50,150↙
指定圆弧的端点：70,300↙

绘制圆弧，结果如图 3-28 所示。

调整当前坐标系，选择“工具”→“新建 UCS”→“x”，命令行提示如下：

命令：_UCS↙
当前 UCS 名称：*世界*
输入选项[新建(N)/移动(M)/正交(G)/上一个(P)/恢复(R)/保存(S)/删除(D)/应用(A)/?/世界(W)]<世界>：_x↙
指定绕 X 轴的旋转角度 <90>：↙

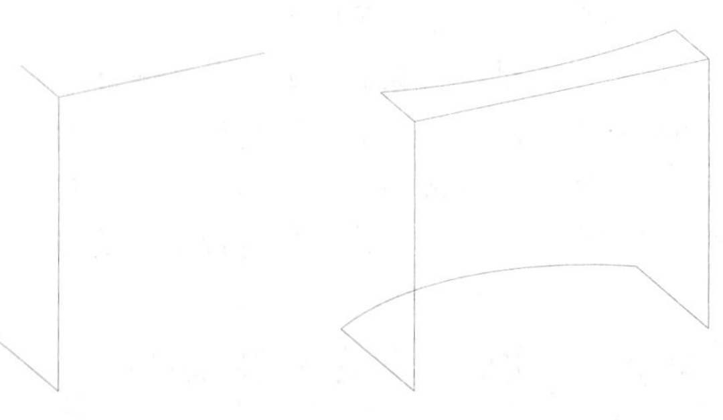

图 3-27 绘制直线　　图 3-28 绘制圆弧

单击“默认”选项卡“绘图”面板中的“圆弧”按钮⌒，命令行提示如下：

命令：_ARC 指定圆弧的起点或 [圆心(C)]：150,0,0↙

指定圆弧的第二个点或 [圆心(C)/端点(E)]：50,130↙

指定圆弧的端点：70,260↙

命令：↙

ARC 指定圆弧的起点或 [圆心(C)]：150,0,-300↙

指定圆弧的第二个点或 [圆心(C)/端点(E)]：50,130↙

指定圆弧的端点：70,260↙

绘制弧线，如图 3-29 所示。

04 绘制边界曲面并设置网格数。

命令：SURFTAB1↙

输入 SURFTAB1 的新值 <6>：8↙

命令：SURFTAB2↙

输入 SURFTAB2 的新值 <6>：5↙

选择“绘图”→“建模”→“网格”→“边界网格”。命令行提示如下：

命令：EDGESURF↙

当前线框密度：SURFTAB1=8 SURFTAB2=5

选择用作曲面边界的对象 1：选择第一条边界线

选择用作曲面边界的对象 2：选择第二条边界线

选择用作曲面边界的对象 3：选择第三条边界线

选择用作曲面边界的对象 4：选择第四条边界线

选择图形最左侧 4 条边，绘制边界曲面 1，如图 3-30 所示。

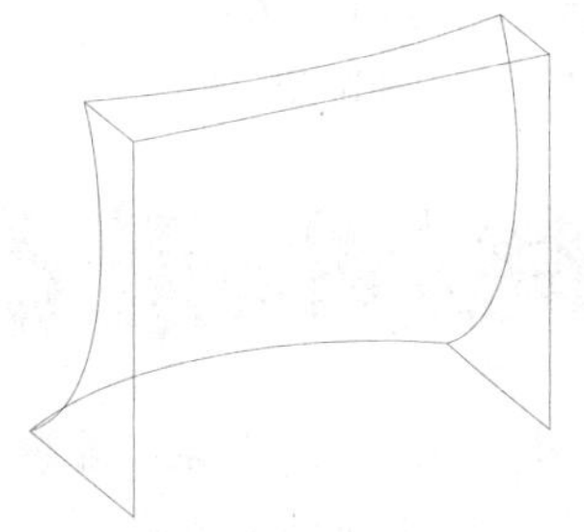

图 3-29 绘制弧线

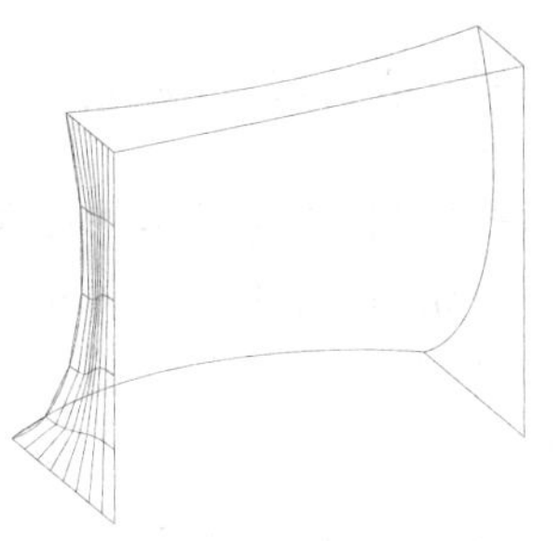

图3-30 绘制边界曲面1

05 重复上述命令，绘制边界曲面2，如图3-31所示。

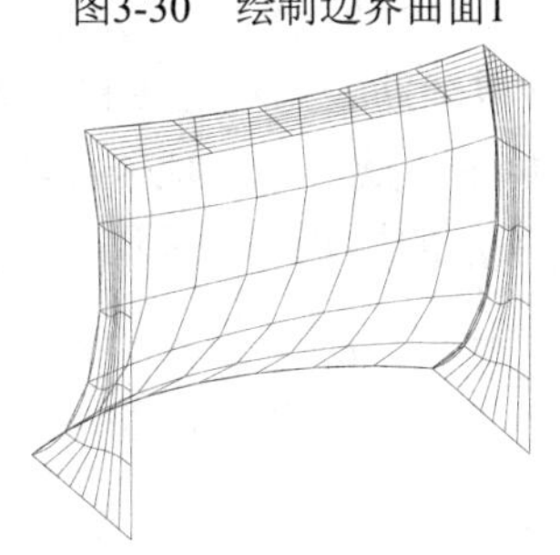

图3-31 绘制边界曲面2

06 绘制门柱。命令行提示如下：

命令：MESH↙

当前平滑度设置为：0

输入选项 [长方体(B)/圆锥体(C)/圆柱体(CY)/棱锥体(P)/球体(S)/楔体(W)/圆环体(T)/设置(SE)] <长方体>：CY↙

指定底面的中心点或 [三点(3P)/两点(2P)/切点、切点、半径(T)/椭圆(E)]：0,0,0↙

指定底面半径或 [直径(D)]：5↙

指定高度或 [两点(2P)/轴端点(A)]：a↙

指定轴端点：0,260,0↙

命令：MESH↙

当前平滑度设置为：0

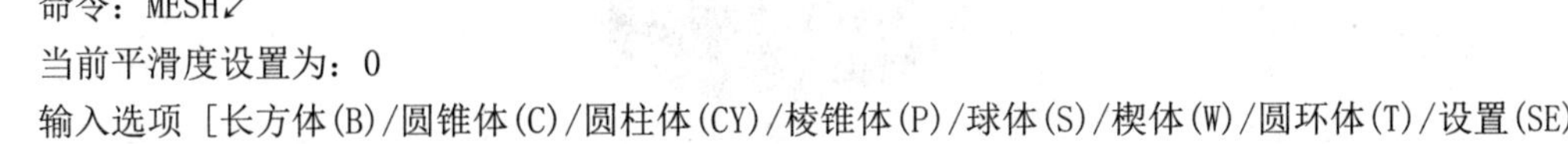

输入选项 [长方体(B)/圆锥体(C)/圆柱体(CY)/棱锥体(P)/球体(S)/楔体(W)/圆环体(T)/设置(SE)] <长方体>：CY↙

指定底面的中心点或 [三点(3P)/两点(2P)/切点、切点、半径(T)/椭圆(E)]：0,0,-300↙

指定底面半径或 [直径(D)]：5↙

指定高度或 [两点(2P)/轴端点(A)]：a↙

指定轴端点：@0,260,0↙

命令：MESH↙

当前平滑度设置为：0

输入选项 [长方体(B)/圆锥体(C)/圆柱体(CY)/棱锥体(P)/球体(S)/楔体(W)/圆环体(T)/设置(SE)]〈长方体〉：CY↙

指定底面的中心点或 [三点(3P)/两点(2P)/切点、切点、半径(T)/椭圆(E)]：0,260,0

指定底面半径或 [直径(D)]：5↙

指定高度或 [两点(2P)/轴端点(A)]：A↙

指定轴端点：@0,0,-300↙

最终效果如图 3-26 所示。

3.4 综合演练——茶壶的绘制

分析图 3-32 所示茶壶，壶嘴的建立是一个需要特别注意的地方，因为如果使用三维实体建模工具，将很难建立起图示的实体模型，因而需采用建立曲面的方法建立壶嘴的表面模型。壶把采用沿轨迹拉伸截面的方法生成，壶身则采用旋转曲面的方法生成。

3.4.1 绘制茶壶拉伸截面

01 单击“默认”选项卡“图层”面板中的“图层特性”按钮，打开“图层特性管理器”选项板，如图 3-33 所示。利用 “图层特性管理器” 创建辅助线层和茶壶层。

02 在“辅助线”层上绘制一条竖直线段，作为旋转轴，如图 3-34 所示。

03 将“茶壶”图层设置为当前图层。单击“默认”选项卡“绘图”面板中的“多段线”按钮，执行 PLINE 命令，绘制茶壶半轮廓线，如图 3-35 所示。

04 单击“默认”选项卡“修改”面板中的“镜像”按钮，执行 MIRROR 命令，将茶壶半轮廓线以辅助线为对称轴镜像到直线的另外一侧。

05 单击“默认”选项卡“绘图”面板中的“多段线”按钮，执行 PLINE 命令，按照图 3-36 所示的样式绘制壶嘴和壶把轮廓线。

图 3-32　茶壶

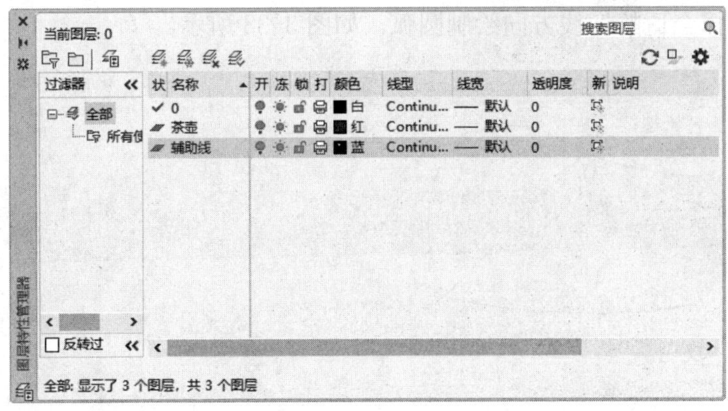

图 3-33 “图层特性管理器”选项板　　图 3-34 绘制旋转轴

06 单击“可视化”选项卡“命名视图”面板中的“西南等轴测”按钮，将当前视图切换为西南等轴测视图，如图 3-37 所示。

图 3-35 绘制茶壶半轮廓线　　图 3-36 绘制壶嘴和壶把轮廓线

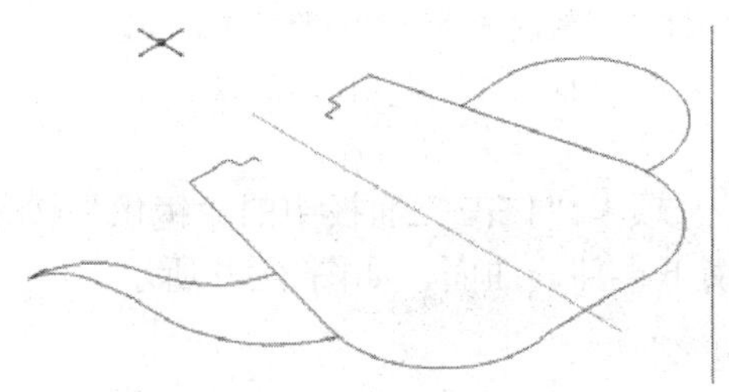

图 3-37 西南等轴测视图

07 在命令行中输入 UCS，执行坐标编辑命令，新建坐标系。新坐标以壶嘴处为新的原点，以连接处的上端点为 X 轴，Y 轴方向取默认值。

08 单击“默认”选项卡“绘图”面板中的“圆弧”按钮，以壶嘴处的两个点作为圆弧的两个端点。

09 在命令行中输入 UCS，执行坐标编辑命令新建坐标系。新坐标以壶嘴与壶体连接处的下端点为新的原点，以连接处的上端点为 X 轴，Y 轴方向取默认值。

10 单击“默认”选项卡“绘图”面板中的“圆弧”按钮，以壶嘴与壶身的两个交点作为圆弧的两个端点，选择合适的切线方向绘制圆弧，如图 3-38 所示。

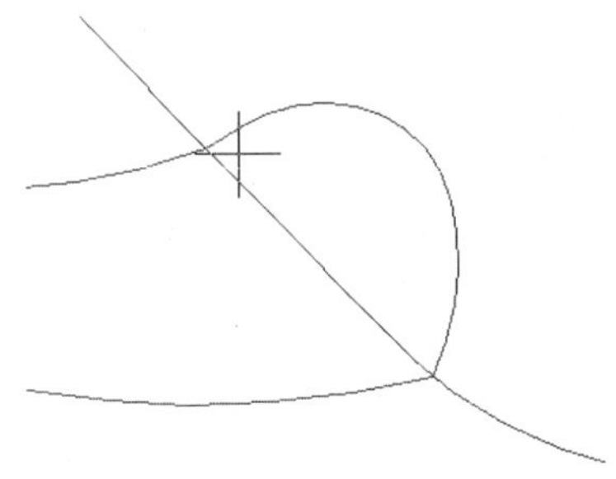

图 3-38　绘制壶嘴与壶身交接处圆弧

3.4.2　拉伸茶壶截面

01 修改三维表面的显示精度。将系统变量 SURFTAB1 和 SURFTAB2 的值设为 20。命令行提示如下：

命令：SURFTAB1↙

输入 SURFTAB1 的新值 <6>：20↙

02 单击“三维工具”选项卡“建模”面板中的“边界曲面”按钮。命令行提示如下：

命令：EDGESURF↙

当前线框密度：SURFTAB1=6 SURFTAB2=6

选择用作曲面边界的对象 1：（依次选择壶嘴的四条边界线）

选择用作曲面边界的对象 2：（依次选择壶嘴的四条边界线）

选择用作曲面边界的对象 3：（依次选择壶嘴的四条边界线）

选择用作曲面边界的对象 4：（依次选择壶嘴的四条边界线）

绘制如图 3-39 所示壶嘴上半部分曲面。

03 单击“默认”选项卡“修改”面板中的“镜像”按钮，镜像上步绘制的壶嘴上半部分曲面，绘制的壶嘴下半部分曲面，如图 3-40 所示。

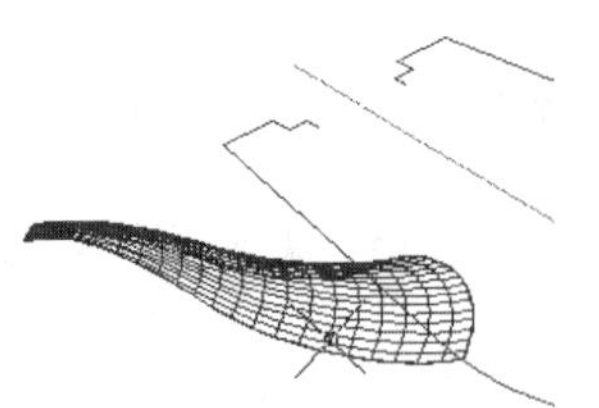

图 3-39　绘制壶嘴上半部分曲面

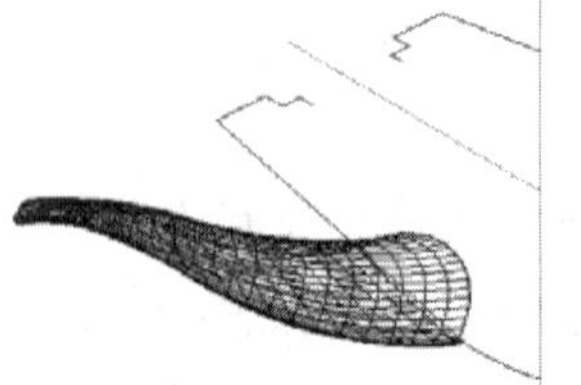

图 3-40　绘制壶嘴下半部分曲面

04 在命令行中输入 UCS，执行坐标编辑命令，新建坐标系。利用“捕捉到端点”的捕捉方式，选择壶把与壶身的上部交点作为新的原点，选择壶把与壶身的下部交点方向作为 X 轴正方向，按 Enter 键，接受 Y 轴的默认方向，创建如图 3-41 所示的新坐标系。

05 绘制壶把的椭圆截面。单击“默认”选项卡“绘图”面板中的“椭圆”按钮，执行 ELLIPSE 命令，绘制壶把的椭圆截面，如图 3-42 所示。

06 单击“三维工具”选项卡“建模”面板中的“拉伸”按钮，执行EXTRUDE命令，将椭圆截面沿壶把轮廓线进行拉伸，创建壶把，如图3-43所示。

图 3-41　新建坐标系

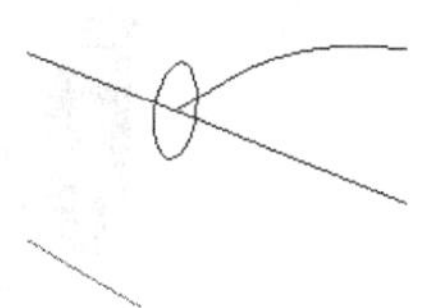

图 3-42　绘制壶把的椭圆截面

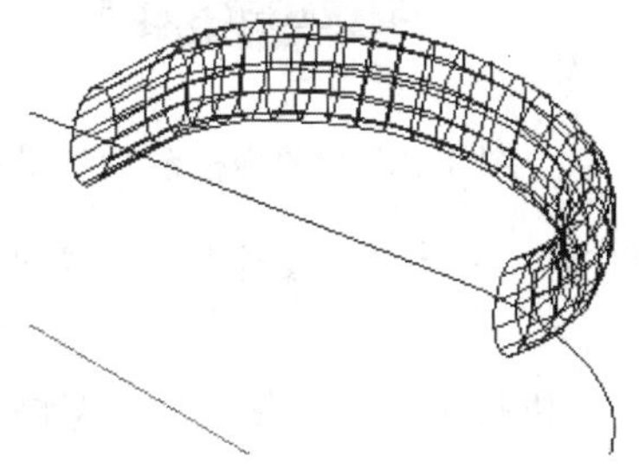

图 3-43　创建壶把

07 删除一侧的壶身轮廓线，单击“默认”选项卡“修改”面板中的“编辑多段线”按钮，将壶身轮廓线合并成一条多段线。

08 选择菜单栏中的“绘图”→“建模”→“网格”→“旋转网格”命令，命令行提示如下：

命令：REVSURF↙
当前线框密度：SURFTAB1=20　SURFTAB2=20
选择要旋转的对象 1：（指定壶体轮廓线）
选择定义旋转轴的对象：（指定已绘制好的用作旋转轴的辅助线）
指定起点角度<0>：↙
指定包含角度（+=逆时针，−=顺时针）<360>：↙

旋转壶体曲线创建壶身表面，如图 3-44 所示。

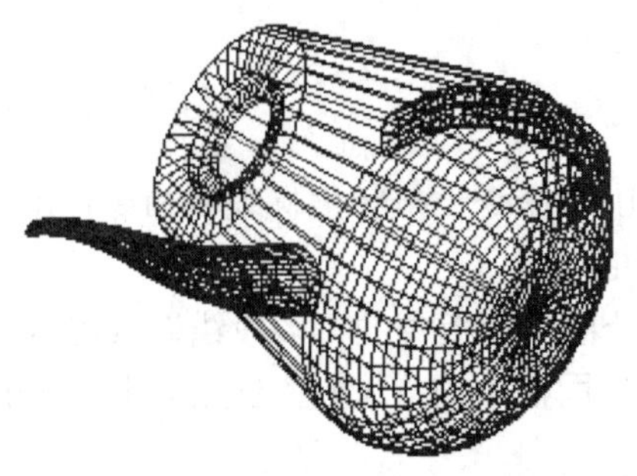

图 3-44　创建壶身表面

09 在命令行输入 UCS，执行坐标编辑命令，返回世界坐标系，然后再次执行 UCS 命令，将坐标系绕 X 轴旋转-90°，如图 3-45 所示。

图 3-45　世界坐标系下的视图

10 选择菜单栏中的“修改”→“三维操作”→“三维旋转”命令，将茶壶图形旋转 90°，如图 3-46 所示。

11 关闭“辅助线”图层。执行 HIDE 命令，对模型进行消隐处理，结果如图 3-46 所示。

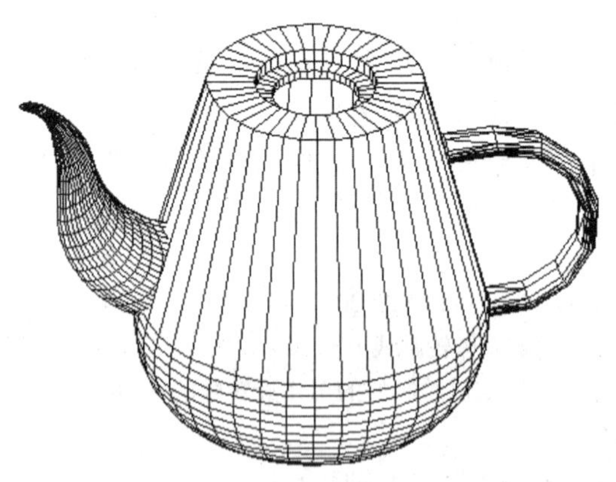

图 3-46　消隐处理后的茶壶模型

3.4.3　绘制茶壶盖

01 在命令行中输入 UCS 命令，执行坐标编辑命令，新建坐标系，将坐标系切换到世界坐标系，并将视图切换到主视图。

单击“默认”选项卡“绘图”面板中的“多段线”按钮，绘制壶盖轮廓线，然后单击“三维工具”选项卡“建模”面板中的“旋转”按钮，将绘制的壶盖轮廓线旋转 360°，绘制壶盖如图 3-47 所示。

02 单击“默认”选项卡“绘图”面板中的“多段线”按钮，执行 PLINE 命令，绘制多线段，如图 3-48 所示。

03 在菜单栏中选择“绘图”→“建模”→“网格”→“旋转网格”，或者在命令行输入 REVSURF 命令，将上步绘制的多段线绕中心线旋转 360°，如图 3-49 所示。命令行提示如下：

命令：_REVSURF
当前线框密度：SURFTAB1=20　SURFTAB2=6
选择要旋转的对象：选择上步绘制的多段线
选择定义旋转轴的对象：选择中心线
指定起点角度 <0>：↙
指定夹角（+=逆时针，-=顺时针）<360>：↙

04 单击“视图”选项卡“视觉样式”面板中的“隐藏”按钮，对实体进行消隐处理，消隐后效果如图 3-50 所示。

图 3-47　绘制并旋转壶盖轮廓线

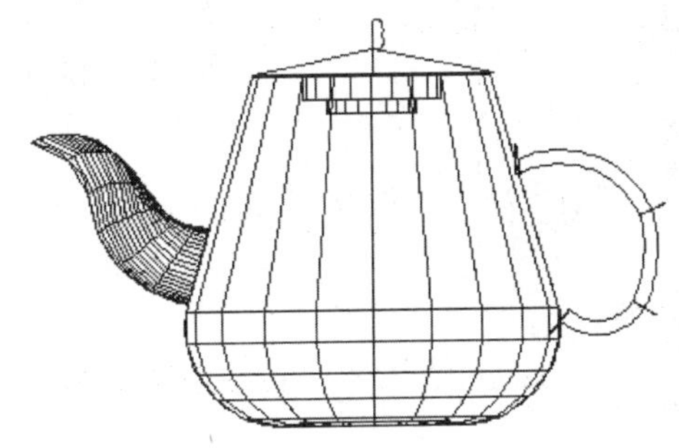

图 3-48　绘制多线段

05 单击“默认”选项卡“修改”面板中的“删除”按钮，选择视图中的多余线段并删除。

06 单击“默认”选项卡“修改”面板中的“移动”按钮，将壶盖向上移动，并进行消隐处理，如图 3-51 所示。

图 3-49　旋转多段线

图 3-50　消隐处理后的茶壶盖

图 3-51　移动壶盖并进行消隐处理

第4章

三维实体绘制

三维实体是绘图设计过程当中相当重要的一个环节。因为图形的主要作用是表达物体的立体形状，而物体的真实度则需三维建模进行绘制。因此，如果没有三维建模，绘制出的图样几乎都是平面。

学习要点

- 创建基本三维建模
- 布尔运算
- 特征操作
- 建模三维操作

4.1 创建基本三维建模

4.1.1 绘制多段体

通过 POLYSOLID 命令，用户可以将现有的直线、二维多段线、圆弧或圆转换为具有矩形轮廓的多段体。多段体可以包含曲线线段，但是在默认情况下，轮廓始终为矩形。

◆执行方式

命令行：POLYSOLID
菜单栏："绘图" → "建模" → "多段体"
工具栏："建模" → "多段体"
功能区：单击"三维工具"选项卡"建模"面板中的"多段体"按钮

◆操作步骤

```
命令：POLYSOLID ↙
高度 = 80.0000, 宽度 = 5.0000, 对正 = 居中
指定起点或 [对象(O)/高度(H)/宽度(W)/对正(J)] <对象>：（指定起点）
指定下一个点或 [圆弧(A)/放弃(U)]：（指定下一点）
指定下一个点或 [圆弧(A)/放弃(U)]：（指定下一点）
指定下一个点或 [圆弧(A)/闭合(C)/放弃(U)]：↙
```

◆选项说明

1）对象(O)：指定要转换为建模的对象。可以将直线、圆弧、二维多段线、圆等转换为多段体。

2）高度(H)：指定建模的高度。

3）宽度(W)：指定建模的宽度。

4）对正(J)：使用命令定义轮廓时，可以将建模的宽度和高度设置为左对正、右对正或居中。对正方式由轮廓的第一条线段的起始方向决定。

4.1.2 绘制螺旋

◆执行方式

命令行：HELIX
菜单栏："绘图" → "螺旋"
工具栏："建模" → "螺旋"
功能区：单击"默认"选项卡"绘图"面板中的"螺旋"按钮

◆操作步骤

命令：HELIX ↙
圈数 = 3.0000　　扭曲=CCW
指定底面的中心点：（指定点）
指定底面半径或［直径(D)］<1.0000>：（输入底面半径或直径）
指定顶面半径或［直径(D)］<26.5531>：（输入顶面半径或直径）
指定螺旋高度或［轴端点(A)/圈数(T)/圈高(H)/扭曲(W)］<1.0000>：

◆选项说明

1）轴端点：指定螺旋轴的端点位置。它定义了螺旋的长度和方向。

2）圈数：指定螺旋的圈（旋转）数。螺旋的圈数不能超过500。

3）圈高：指定螺旋内一个完整圈的高度。当指定圈高值时，螺旋中的圈数将相应地自动更新。如果已指定螺旋的圈数，则不能输入圈高的值。

4）扭曲：指定是以顺时针(CW)方向还是以逆时针方向(CCW)绘制螺旋。螺旋扭曲的默认值是逆时针。

4.1.3　绘制长方体

◆执行方式

命令行：BOX
菜单栏：“绘图”→“建模”→“长方体”
工具栏：“建模”→“长方体”
功能区：单击“三维工具”选项卡“建模”面板中的“长方体”按钮

◆操作步骤

命令：BOX↙
指定第一个角点或［中心(C)］<0,0,0>：指定第一点或按Enter键表示原点是长方体的角点，或输入“C”表示中心点

◆选项说明

1．指定第一个角点

用于确定长方体的一个顶点位置。选择该选项后，命令行提示如下：

指定其他角点或［立方体(C)/长度(L)］：指定第二点或输入选项

1）角点：用于指定长方体的其他角点。输入另一角点的数值，即可确定该长方体。如果输入的是正值，则沿着当前UCS的X轴、Y轴和Z轴的正向绘制长度。如果输入的是负值，则沿着X轴、Y轴和Z轴的负向绘制长度。图4-1所示为利用“角点”命令创建的长方体。

2）立方体（C)：用于创建一个长、宽、高相等的长方体。图4-2所示为利用“立方体”命令创建的长方体。

3）长度（L)：按要求输入长、宽、高的值。图4-3所示为利用“长、宽和高”命令创建的长方体。

2．中心点

利用指定的中心点创建长方体。图 4-4 所示为利用“中心点”命令创建的长方体。

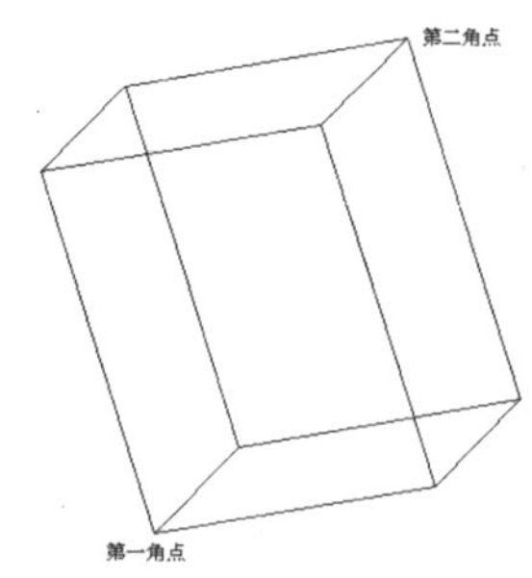

图 4-1　利用“角点”命令创建的长方体

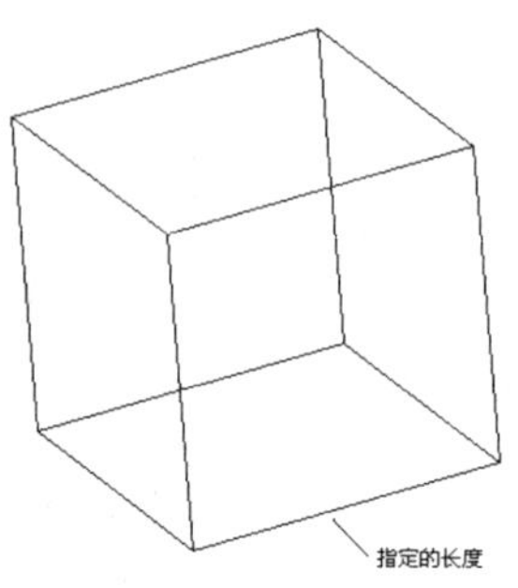

图 4-2　利用“立方体”命令创建的长方体

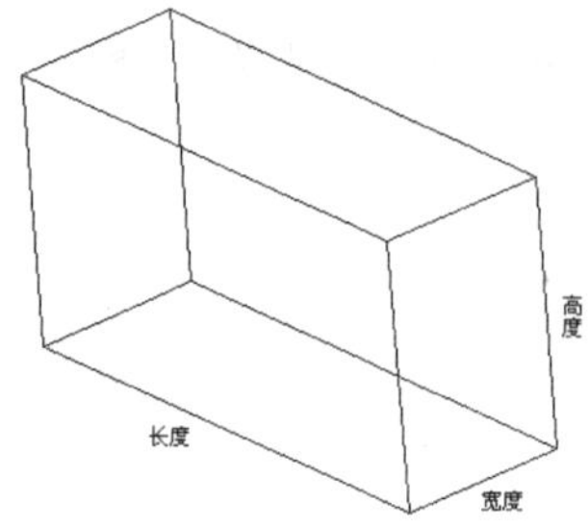

图 4-3　利用“长、宽和高”命令创建的长方体

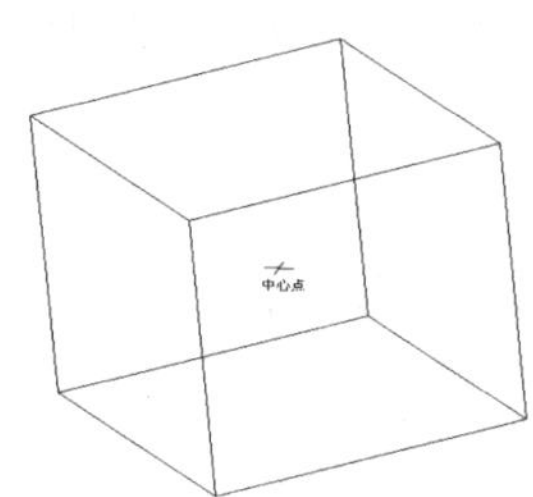

图 4-4　利用“中心点”命令创建的长方体

注意

如果在创建长方体时选择“立方体”或“长度”选项，还可以在单击以指定长度时指定长方体在 XY 平面中的旋转角度；如果选择“中心点”选项，则可以利用指定中心点来创建长方体。

4.1.4　绘制圆柱体

◆执行方式

命令行：CYLINDER（快捷命令：CYL）
菜单栏：“绘图”→“建模”→“圆柱体”
工具条：“建模”→“圆柱体”
功能区：单击“三维工具”选项卡“建模”面板中的“圆柱体”按钮

◆操作步骤

```
命令：CYLINDER↙
指定底面的中心点或[三点(3P)/两点(2P)/切点、切点、半径(T)/椭圆（E）]<0,0,0>:
```

◆选项说明

1）中心点：先输入底面圆心的坐标，然后指定底面的半径和高度，此选项为系统的默认选项。AutoCAD 按指定的高度创建圆柱体，且圆柱体的中心线与当前坐标系的 Z 轴平行，如图 4-5 所示。也可以通过指定另一个端面的圆心来指定高度，AutoCAD 根据圆柱体两个端面的中心位置来创建圆柱体，该圆柱体的中心线就是两个端面的连线，如图 4-6 所示。

2）椭圆（E）：创建椭圆柱体。椭圆端面的绘制方法与平面椭圆一样，创建的椭圆柱体如图 4-7 所示。

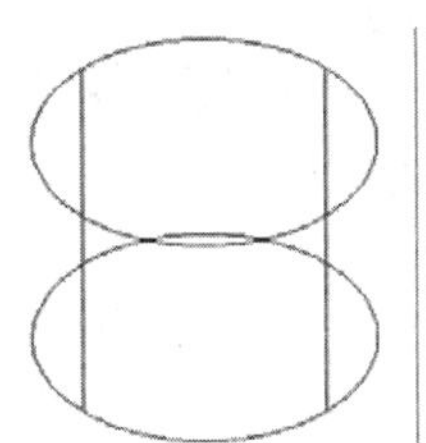

图 4-5　按指定高度创建圆柱体

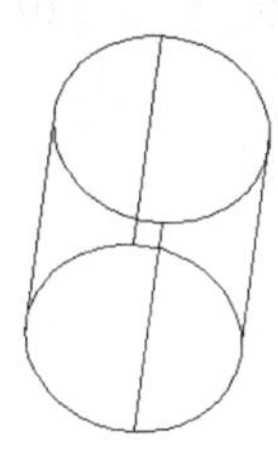

图 4-6　指定圆柱体另一个端面的中心位置

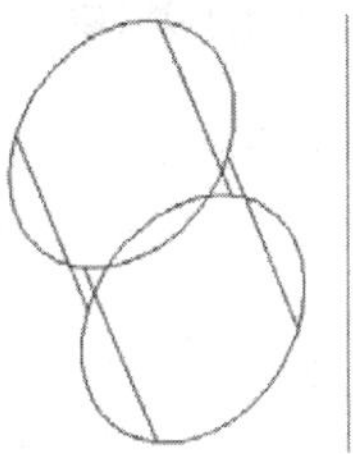

图 4-7　椭圆柱体

其他的基本建模，如楔体、圆锥体、球体、圆环体等的创建方法与长方体和圆柱体类似，不再赘述。

注意

建模模型具有边和面，还有在其表面内由计算机确定的质量。建模模型是最容易使用的三维模型，它的信息最完整，不会产生歧义。与线框模型和曲面模型相比，建模模型的信息最完整，创建方式最直接，所以在 AutoCAD 三维绘图中，建模模型应用最为广泛。

4.1.5　实例——叉拔架的绘制

绘制如图 4-8 所示的叉拔架。

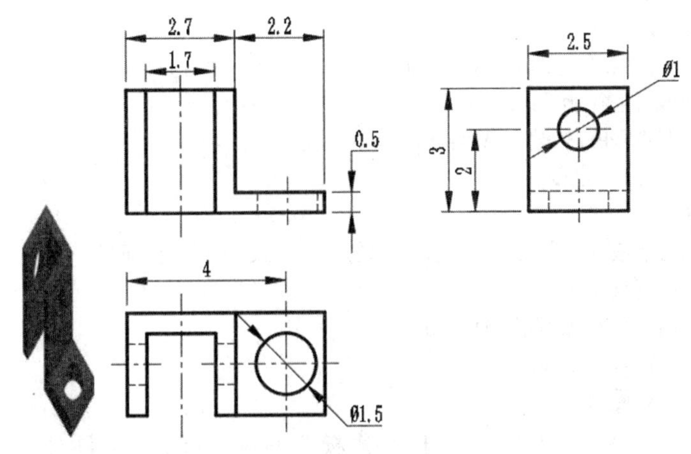

图 4-8　叉拔架

01 单击“三维工具”选项卡“建模”面板中的“长方体”按钮，绘制顶端立板长方体。命令提示如下：

```
命令：_BOX
```

指定第一个角点或［中心(C)］：0.5,2.5,0↙

指定其他角点或［立方体(C)/长度(L)］：0,0,3↙

02 单击“可视化”选项卡“视图”面板中的“东南等轴测”按钮，设置视图方向，将当前视图设为东南等轴测视图，如图 4-9 所示。

03 单击“三维工具”选项卡“建模”面板中的“长方体”按钮，以角点坐标为（0,2.5,0）（@2.72,-0.5,3），绘制连接立板长方体，如图 4-10 所示。

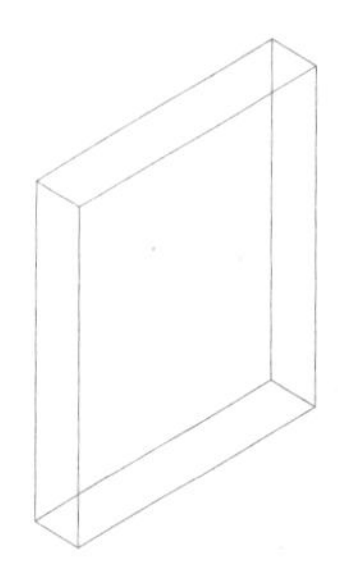

图 4-9　绘制顶端立板长方体

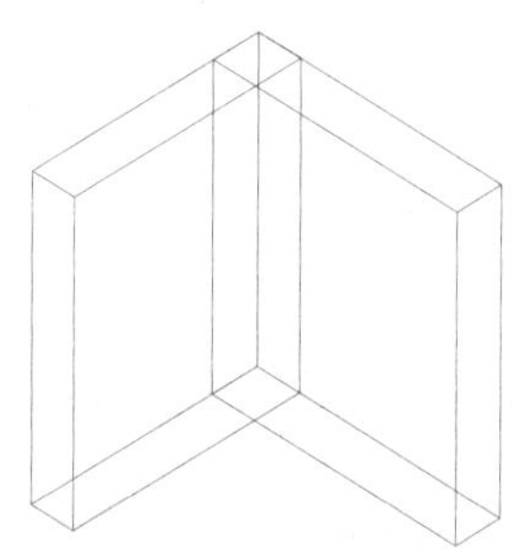

图 4-10　绘制连接立板长方体

04 单击“三维工具”选项卡“建模”面板中的“长方体”按钮，以角点坐标为（2.72,2.5,0）（@-0.5,-2.5,3）（2.22,0,0）（@2.75,2.5,0.5），绘制其他部分长方体。

05 单击“视图”选项卡“导航”面板中的“全部”按钮，缩放图形，如图 4-11 所示。

06 单击“三维工具”选项卡“实体编辑”面板中的“并集”按钮，对上步绘制的图形进行并集运算，结果如图 4-12 所示。

07 单击“三维工具”选项卡“建模”面板中的“圆柱体”按钮，绘制圆柱体 1，命令提示如下：

命令：_CYLINDER

指定底面的中心点或［三点(3P)/两点(2P)/ 切点、切点、半径(T)/椭圆(E)］：0,1.25,2↙

指定底面半径或［直径(D)］：0.5↙

指定高度或［两点(2P)/轴端点(A)］：a↙

指定轴端点：0.5,1.25,2↙

命令：_CYLINDER

指定底面的中心点或［三点(3P)/两点(2P)/切点、切点、半径(T)/椭圆(E)］：2.22,1.25,2↙

指定底面半径或［直径(D)］：0.5↙

指定高度或［两点(2P)/轴端点(A)］：a↙

指定轴端点：2.72,1.25,2↙

结果如图 4-13 所示。

08 单击“三维工具”选项卡“建模”面板中的“圆柱体”按钮，以点（3.97,1.25,0）为底面中心点，以 0.75 为底面半径，-0.5 为高度，绘制圆柱体 2，结果如图 4-14 所示。

09 单击“三维工具”选项卡“实体编辑”面板中的“差集”按钮，对轮廓建模与 3 个圆柱体进行差集运算。消隐处理后的图形如图 4-15 所示。

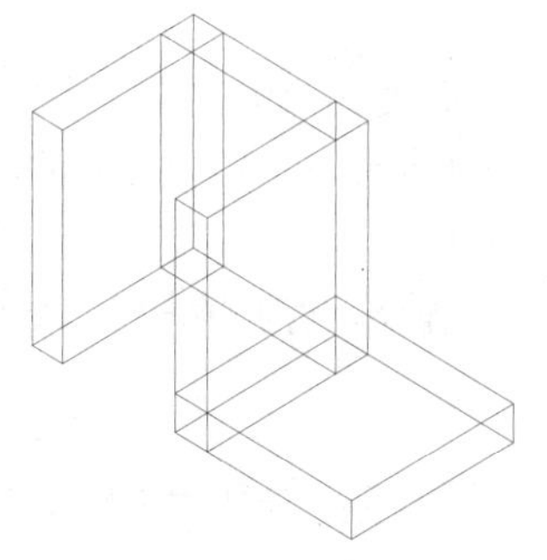

图 4-11　缩放图形

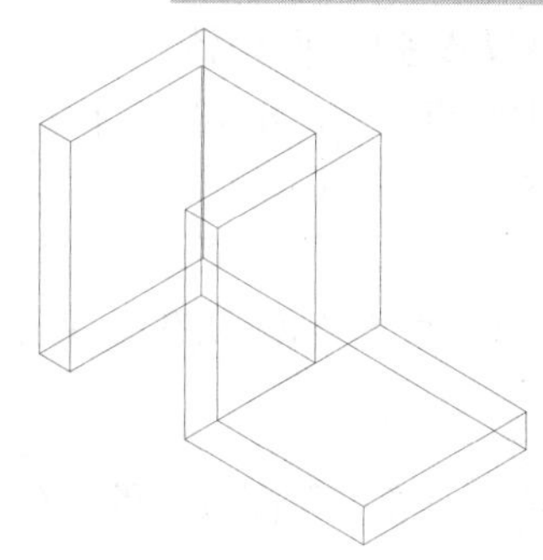

图 4-12　并集运算

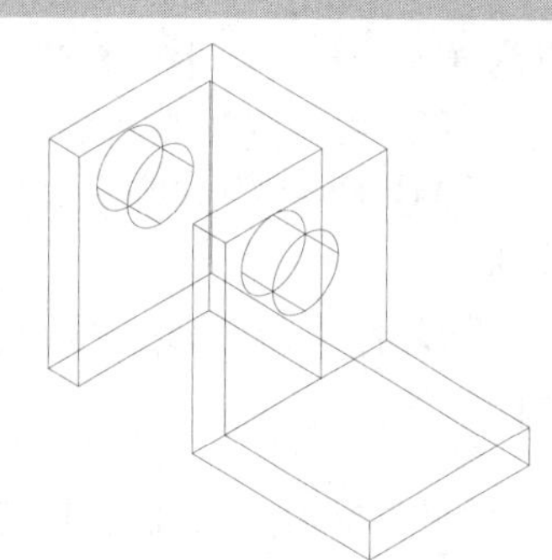

图 4-13　绘制圆柱体 1

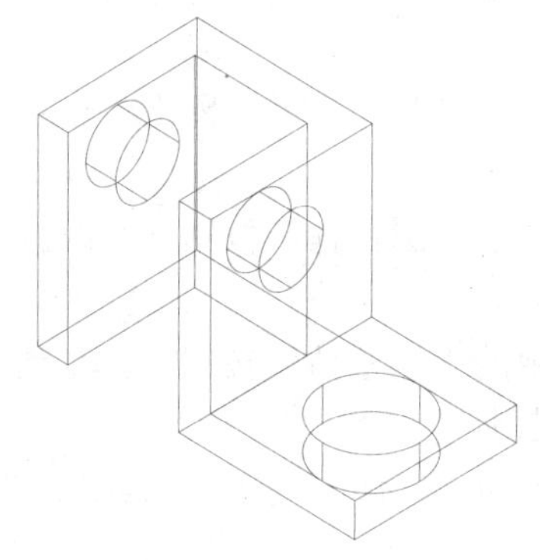

图 4-14　绘制圆柱体 2

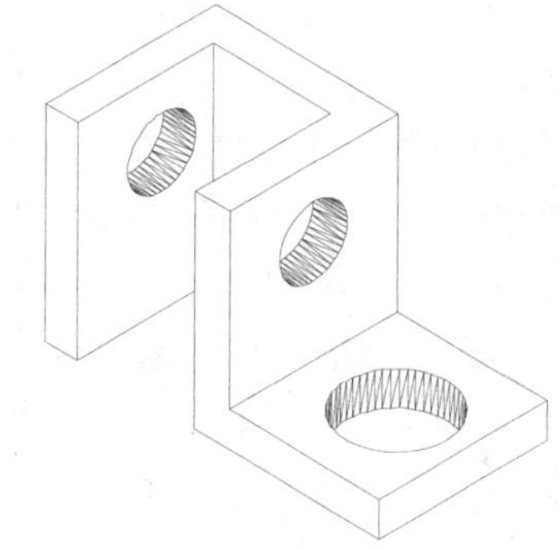

图 4-15　差集运算和消隐处理后的图形

4.1.6　实例——弯管接头的绘制

绘制如图 4-16 所示的弯管接头。

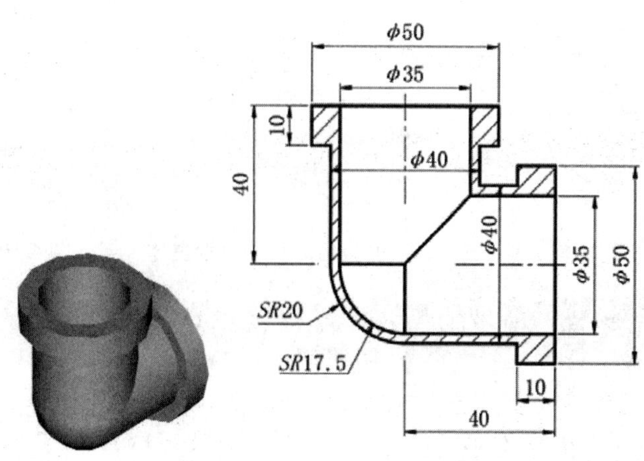

图 4-16　弯管接头

01 单击“可视化”选项卡“视图”面板中的“西南等轴测”按钮，将当前视图切换到西南等轴测视图。

02 单击“三维工具”选项卡“建模”面板中的“圆柱体”按钮，绘制底面中心点为（0，0，0）、半径为 20、高度为 40 的圆柱体。

03 按上述步骤绘制底面中心点为（0,0,40）、半径为 25、高度为-10 的圆柱体。

04 按上述步骤绘制底面中心点为（0,0,0）、半径为 20、轴端点为（40,0,0）的圆柱体。

05 按上述步骤，绘制底面中心点为（40, 0,0）、半径为 25、轴端点为（@ -10, 0,0）的圆柱体。

06 单击“三维工具”选项卡“建模”面板中的“球体”按钮，绘制一个中心点在原点，半径为 20 的球。

07 单击“视图”选项卡“视觉样式”面板中的“隐藏”按钮，对绘制好的建模进行消隐处理，如图 4-17 所示。

08 单击“三维工具”选项卡“实体编辑”面板中的“并集”按钮，将上步绘制的所有建模组合为一个整体，如图 4-18 所示。

09 单击“三维工具”选项卡“建模”面板中的“圆柱体”按钮，绘制底面中心点在原点、直径为 35、高度为 40 的圆柱体。

10 单击“三维工具”选项卡“建模”面板中的“圆柱体”按钮，绘制底面中心点在原点、直径为 35、轴端点为（@40,0,0）的圆柱体。

11 单击“三维工具”选项卡“建模”面板中的“球体”按钮，绘制一个中心点在原点、直径为 35 的球。

12 单击“三维工具”选项卡“实体编辑”面板中的“差集”按钮，对弯管和直径为 35 的圆柱体和圆环体进行差集运算。

13 单击“视图”选项卡“视觉样式”面板中的“隐藏”按钮，对绘制好的建模进行消隐处理，如图 4-19 所示。渲染后的效果如图 4-16 所示。

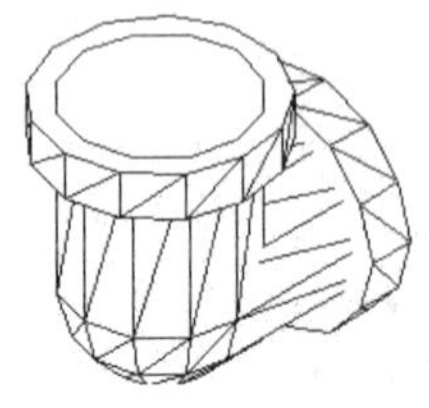

图 4-17 弯管主体

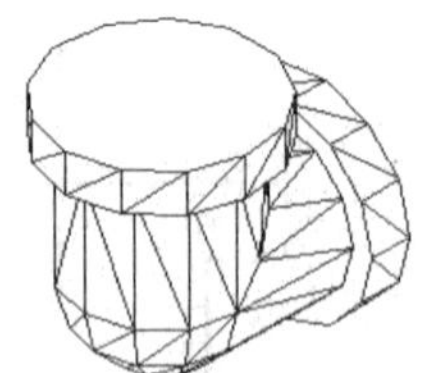

图 4-18 并集运算后的弯管主体

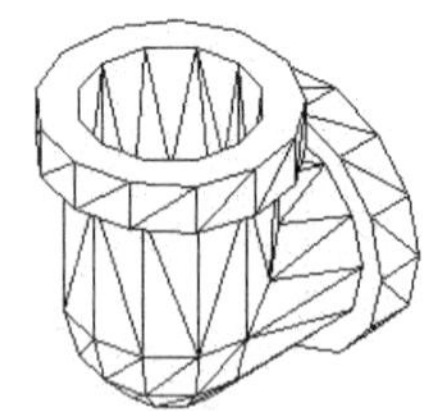

图 4-19 消隐处理后的图弯管

4.2 布尔运算

4.2.1 三维建模布尔运算

布尔运算在教学的集合运算中得到广泛应用，AutoCAD 也将该运算应用到了建模的创建过程中。用户可以对三维建模对象进行并集、交集、差集的运算。三维建模的布尔运算与平面图形类似。图 4-20 所示为 3 个圆柱体进行交集运算后的图形。

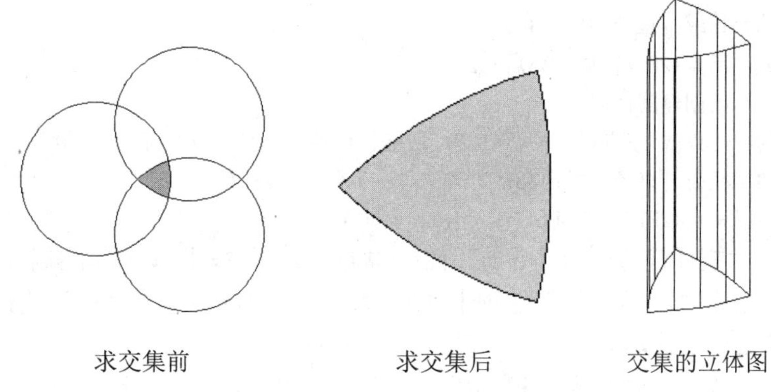

图 4-20　3 个圆柱体交集后的图形

🔔 注意

如果某些命令的第一个字母都相同，那么对于比较常用的命令，其快捷命令取第一个字母，其他命令的快捷命令可用前面两个或三个字母表示。例如，“R”表示 Redraw，“RA”表示 Redrawall；“L”表示 Line，“LT”表示 LineType，“LTS”表示 LTScale。

4.2.2　实例——深沟球轴承的绘制

绘制如图 4-21 所示的深沟球轴承。

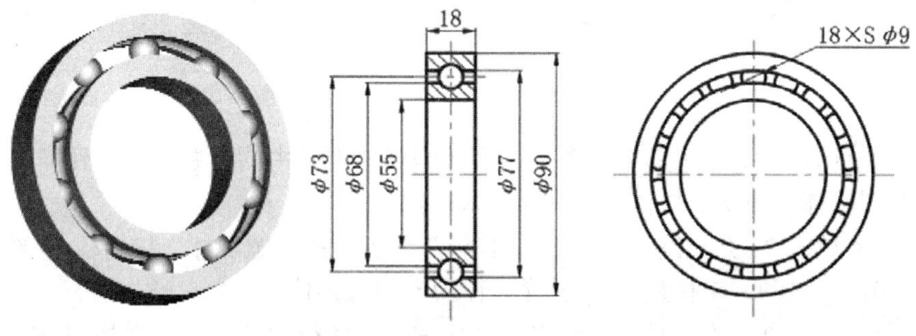

图 4-21　深沟球轴承

01 设置线框密度。命令行提示如下：

命令：ISOLINES↙

输入 ISOLINES 的新值 <4>：10↙

02 单击“可视化”选项卡“命名视图”面板中的“西南等轴测”按钮，切换到西南等轴测视图。

03 单击“三维工具”选项卡“建模”面板中的“圆柱体”按钮，命令行提示如下：

命令：_CYLINDER

指定底面的中心点或 [三点(3P)/两点(2P)/切点、切点、半径(T)/椭圆(E)] <0,0,0>：↙在绘图区

指定底面中心点位置

指定底面的半径或 [直径(D)]：45↙

指定高度或 [两点(2P)/轴端点(A)]：20↙

命令：↙（继续创建圆柱体）

指定底面的中心点或[三点(3P)/两点(2P)/切点、切点、半径(T)/椭圆(E)] <0,0,0>：↙

指定底面的半径或 [直径(D)]：38↙

指定高度或 [两点(2P)/轴端点(A)]：20↙

04 单击“视图”选项卡“导航”面板中的“实时”按钮，转动鼠标滚轮对其进行适当的放大。单击“三维工具”选项卡“实体编辑”面板中的“差集”按钮，对创建的两个圆柱体进行差集运算。

05 单击“视图”选项卡“视觉样式”面板中的“隐藏”按钮，进行消隐处理后的轴承外圈圆柱体如图 4-22 所示。

06 按上述步骤，单击“三维工具”选项卡“建模”面板中的“圆柱体”按钮，以坐标原点为底面中心点，分别创建高度为 20、半径为 32 和 25 的两个圆柱体，并单击“三维工具”选项卡“实体编辑”面板中的“差集”按钮，对其进行差集运算，创建轴承的内圈圆柱体，结果如图 4-23 所示。

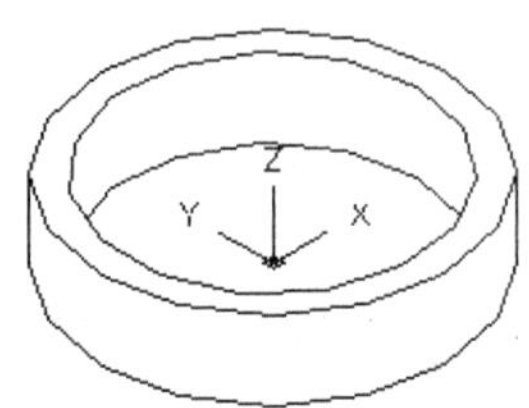

图 4-22　轴承外圈圆柱体

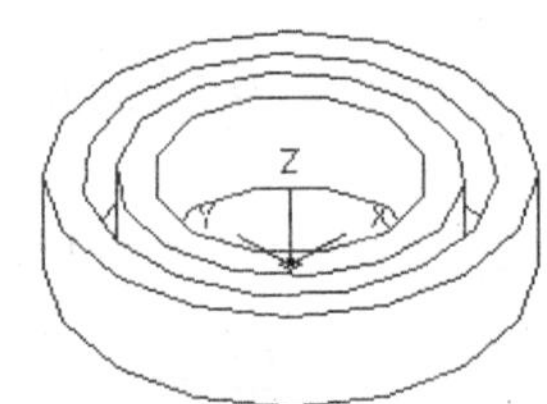

图 4-23　轴承内圈圆柱体

07 单击“三维工具”选项卡“实体编辑”面板中的“并集”按钮，对创建的轴承外圈圆柱体与内圈圆柱体进行并集运算。

08 单击“三维工具”选项卡“建模”面板中的“圆环体”按钮，绘制底面中心点为（0，0，10）、半径为 35、圆管半径为 5 的圆环体。

09 单击“三维工具”选项卡“实体编辑”面板中的“差集”按钮，对创建的圆环与轴承的内外圈进行差集运算，结果如图 4-24 所示。

10 单击“三维工具”选项卡“建模”面板中的“球体”按钮，指定中心点为（35，0，10）、半径为 5 的球体。

11 单击“默认”选项卡“修改”面板中的“环形阵列”按钮，对创建的球体进行环形阵列，阵列中心为坐标原点，项目数为 10，阵列结果如图 4-25 所示。

12 单击“三维工具”选项卡“实体编辑”面板中的“并集”按钮，对阵列的球体与轴承的内外圈进行并集运算。

13 单击“可视化”选项卡“渲染”面板中的“渲染到尺寸”按钮，选择适当的材质，渲染后的效果如图 4-21 所示。

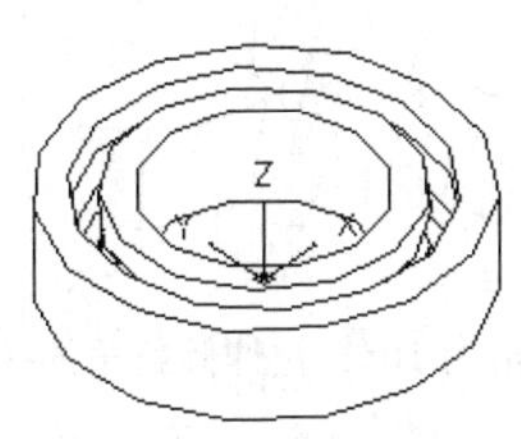

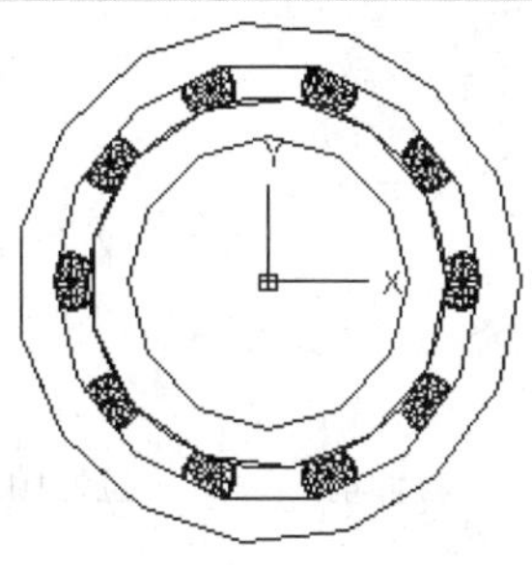

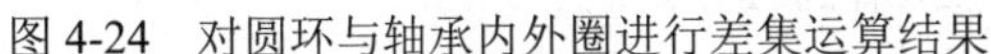

图 4-24　对圆环与轴承内外圈进行差集运算结果

图 4-25　阵列球体

4.3 特征操作

4.3.1　拉伸

◆执行方式

命令行：EXTRUDE（快捷命令：EXT）
菜单栏：“绘图”→“建模”→“拉伸”
工具栏：“建模”→“拉伸”
功能区：单击“三维工具”选项卡“建模”面板中的“拉伸”按钮

◆操作步骤

```
命令：EXTRUDE↙
当前线框密度：ISOLINES=4，闭合轮廓创建模式=实体
选择要拉伸的对象或 [模式(MO)]：（选择绘制好的二维对象）
选择要拉伸的对象或 [模式(MO)]：（可继续选择对象或按 Enter 键结束选择）
指定拉伸的高度或 [方向(D)/路径(P)/倾斜角(T)/表达式(E)] <52.0000>:
```

◆选项说明

1）拉伸高度：按指定的高度拉伸出三维建模对象。输入高度值后，根据实际需要，指定拉伸的倾斜角度。如果指定的角度为 0º，AutoCAD 则把二维对象按指定的高度拉伸成柱体；如果输入角度值，拉伸后建模截面沿拉伸方向按此角度变化，成为一个棱台或圆台体。图 4-26 所示为不同角度拉伸圆的结果。

2）路径（P）：以现有的图形对象作为拉伸创建三维建模对象。图 4-27 所示为沿圆弧曲线路径拉伸圆的结果。

注意

可以使用创建圆柱体的“轴端点”命令确定圆柱体的高度和方向。轴端点是圆柱体顶面的中心点，轴端点可以位于三维空间的任意位置。

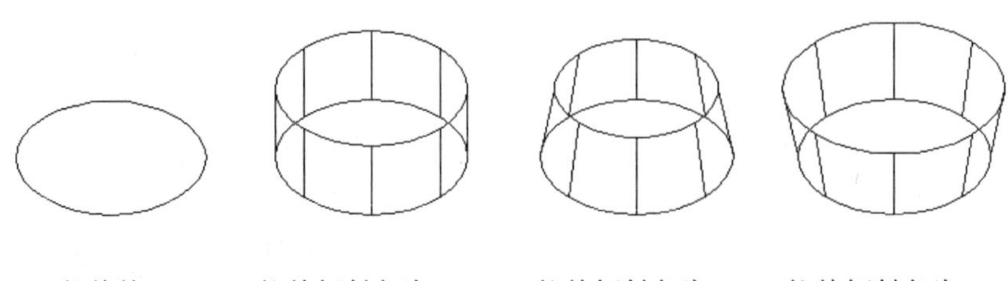

图 4-26　不同角度拉伸圆的结果

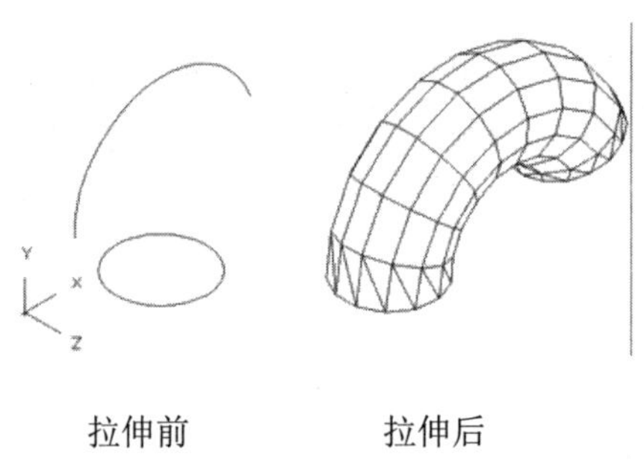

图 4-27　沿圆弧曲线路径拉伸圆的结果

4.3.2　实例——旋塞体的绘制

绘制如图 4-28 所示的旋塞体。

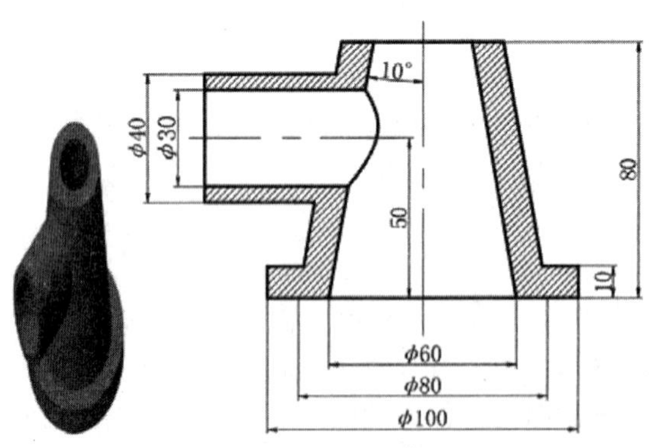

图4-28　旋塞体

01 单击“默认”选项卡“绘图”面板中的“圆”按钮，以点（0,0,0）为圆心，以 30、40 和 50 为半径绘制圆，绘制如图 4-29 所示。

单击“可视化”选项卡“命名视图”面板中的“西南等轴测”按钮，将当前视图设为西南等轴测视图。

02 单击“三维工具”选项卡“建模”面板中的“拉伸”按钮，拉伸半径 50 的圆生成圆柱体，拉伸高度为 10。

03 单击“三维工具”选项卡“建模”面板中的“拉伸”按钮，拉伸半径为 40 和 30 的圆，倾斜角度为 10，拉伸高度为 80，缩放至合适大小，重新创建圆柱体，如图 4-30 所示。

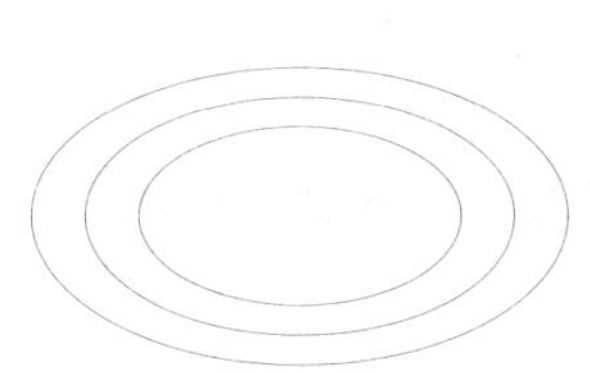

图 4-29　绘制圆

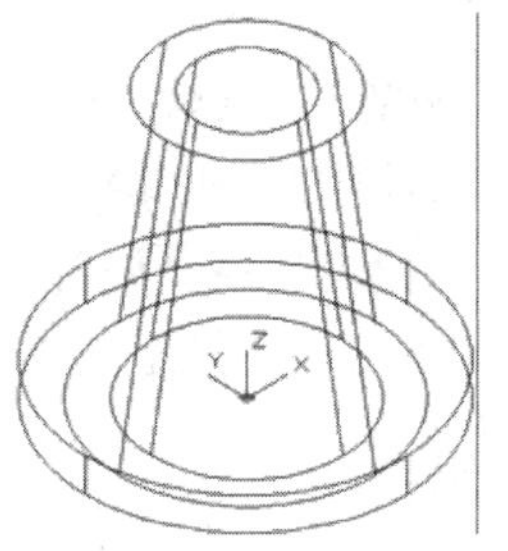

图 4-30　拉伸创建圆柱体

04 单击“三维工具”选项卡“实体编辑”面板中的“并集”按钮，对半径为 40 与 50 的圆柱体进行并集运算。

05 单击“三维工具”选项卡“实体编辑”面板中的“差集”按钮，对底座与半径为 30 的圆柱体进行差集运算，并进行消隐处理，结果如图 4-31 所示。

06 单击“三维工具”选项卡“建模”面板中的“圆柱体”按钮，命令行提示如下：

```
命令：_CYLINDER
指定底面的中心点或 [三点(3P)/两点(2P)/切点、切点、半径(--T)/椭圆(E)]：-20,0,50↙
指定底面半径或 [直径(D)]：15↙
指定高度或 [两点(2P)/轴端点(A)]：A↙
指定轴端点：@-50,0,0↙
命令：↙
_CYLINDER
指定底面的中心点或 [三点(3P)/两点(2P)/ 切点、切点、半径(T)/椭圆(E)]：-20,0,50↙
指定底面半径或 [直径(D)]：20↙
指定高度或 [两点(2P)/轴端点(A)]：A↙
指定轴端点：@-50,0,0↙
```

07 单击“三维工具”选项卡“实体编辑”面板中的“差集”按钮，对半径为 20 的圆柱体与半径为 15 的圆柱体进行差集运算。

08 单击“三维工具”选项卡“实体编辑”面板中的“并集”按钮，对所有建模进行并集运算，消隐处理后的旋塞体如图 4-32 所示。

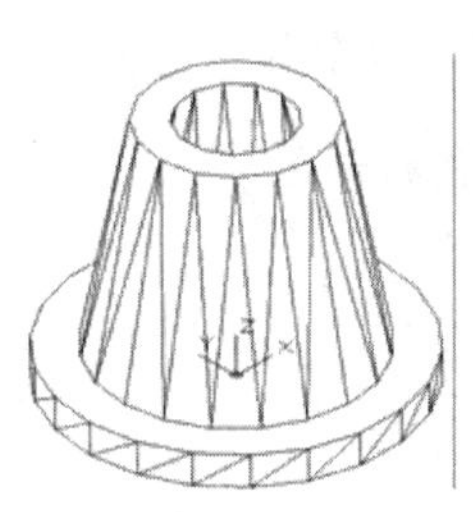

图 4-31　并集、差集运算与消隐处理

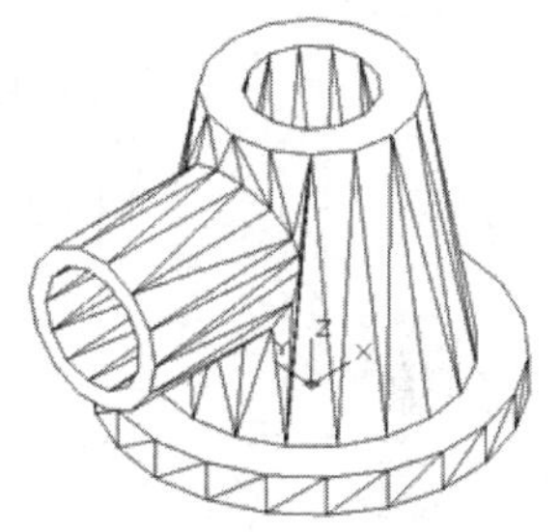

图 4-32　旋塞体

4.3.3 旋转

◆执行方式

命令行：REVOLVE（快捷命令：REV）
菜单栏："绘图"→"建模"→"旋转"
工具栏："建模"→"旋转"
功能区：单击"三维工具"选项卡"建模"面板中的"旋转"按钮

◆操作步骤

命令行提示如下：

命令：REVOLVE↙
当前线框密度： ISOLINES=4，闭合轮廓创建模式 = 实体
选择要旋转的对象或 [模式(MO)]：_MO 闭合轮廓创建模式 [实体(SO)/曲面(SU)] <实体>：_SO
选择要旋转的对象或 [模式(MO)]：找到 1 个
选择要旋转的对象或 [模式(MO)]：
指定轴起点或根据以下选项之一定义轴 [对象(O)/X/Y/Z] <对象>：X
指定旋转角度或 [起点角度(ST)/反转(R)/表达式(EX)] <360>：115

◆选项说明

1）指定轴起点：通过两个点来定义旋转轴。AutoCAD 将按指定的角度和旋转轴旋转二维对象。

2）对象（O）：选择已经绘制好的直线或用多段线命令绘制的直线段作为旋转轴线。

3）X（Y）：将二维对象绕当前坐标系（UCS）的 X（Y）轴旋转。图 4-33 所示为矩形平面绕 X 轴旋转的结果。

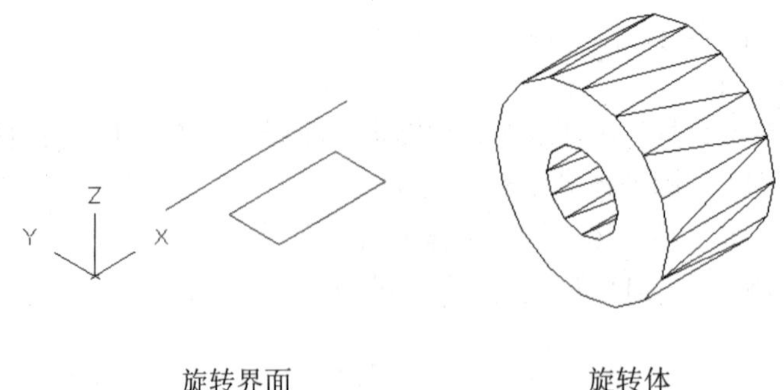

旋转界面　　　　旋转体

图 4-33　矩形平面绕 X 轴旋转的结果

4.3.4 扫掠

◆执行方式

命令行：SWEEP

菜单栏："绘图"→"建模"→"扫掠"

工具栏："建模"→"扫掠"

功能区：单击"三维工具"选项卡"建模"面板中的"扫掠"按钮

◆操作步骤

命令：SWEEP↙

当前线框密度：ISOLINES=4，闭合轮廓创建模式 = 实体

选择要扫掠的对象：选择对象，如图 4-34a 中的圆

选择要扫掠的对象：↙

选择扫掠路径或 [对齐(A)/基点(B)/比例(S)/扭曲(T)]：选择对象，如图 4-44a 中螺旋线

扫掠结果如图 4-43b 所示。

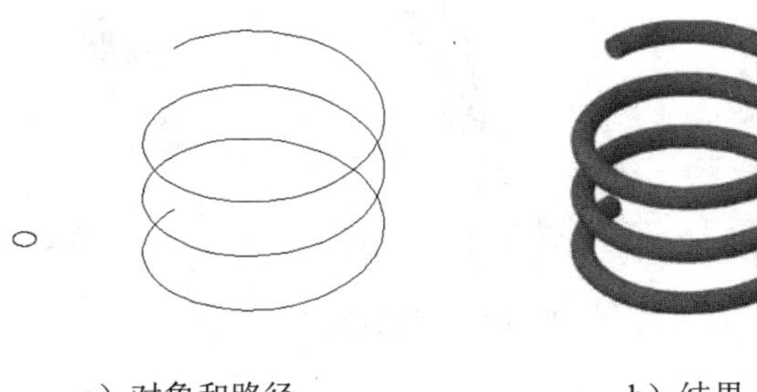

a）对象和路径　　b）结果

图 4-34　扫掠

◆选项说明

1）对齐（A）：指定是否对齐轮廓以使其作为扫掠路径切向的法向，默认情况下轮廓是对齐的。选择该选项，命令行提示如下：

扫掠前对齐垂直于路径的扫掠对象 [是(Y)/否(N)] <是>：输入 N，指定轮廓无须对齐；按 Enter 键，指定轮廓将对齐

注意

使用扫掠命令，可以通过沿开放或闭合的二维或三维路径扫掠开放或闭合的平面曲线（轮廓）来创建新建模或曲面。扫掠命令用于沿指定路径以指定轮廓的形状（扫掠对象）创建建模或曲面。可以扫掠多个对象，但是这些对象必须在同一平面内。如果沿一条路径扫掠闭合的曲线，则生成建模。

2）基点（B）：指定要扫掠对象的基点。如果指定的点不在选定对象所在的平面上，则该点将被投影到该平面上。选择该选项，命令行提示如下：

指定基点：指定选择集的基点

3）比例（S）：指定比例因子以进行扫掠操作。从扫掠路径的开始到结束，比例因子将统一应用到扫掠的对象上。选择该选项，命令行提示如下：

输入比例因子或 [参照(R)] <1.0000>：指定比例因子，输入"r"，调用参照选项；按 Enter 键，选择默认值

其中"参照（R）"选项表示通过拾取点或输入值来根据参照的长度缩放选定的对象。

（4）扭曲（T）：设置正被扫掠对象的扭曲角度。扭曲角度指定沿扫掠路径全部长度

的旋转量。选择该选项，命令行提示如下：

输入扭曲角度或允许非平面扫掠路径倾斜［倾斜(B)］<n>：指定小于360°的角度值，输入B，打开倾斜；按Enter键，选择默认角度值

其中“倾斜（B)”选项指定被扫掠的曲线是否沿三维扫掠路径（三维多线段、三维样条曲线或螺旋线）自然倾斜（旋转）。

图4-35所示为扭曲扫掠。

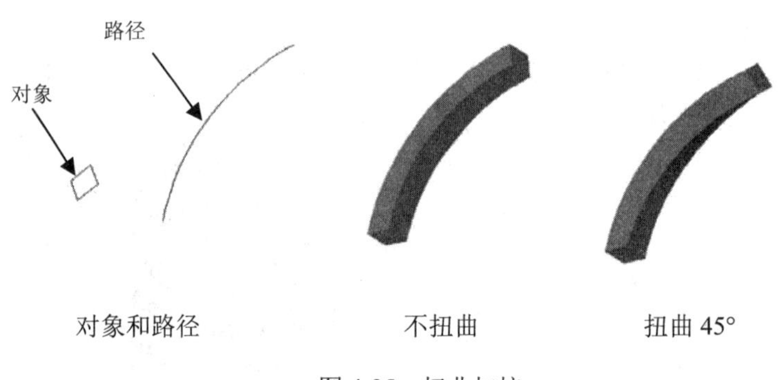

图4-35　扭曲扫掠

4.3.5　实例——锁的绘制

分析图4-36可以看出，该图形的结构简单。本例要求用户熟悉锁的结构，且能灵活运用三维表面模型的基本图形的绘制命令和编辑命令。

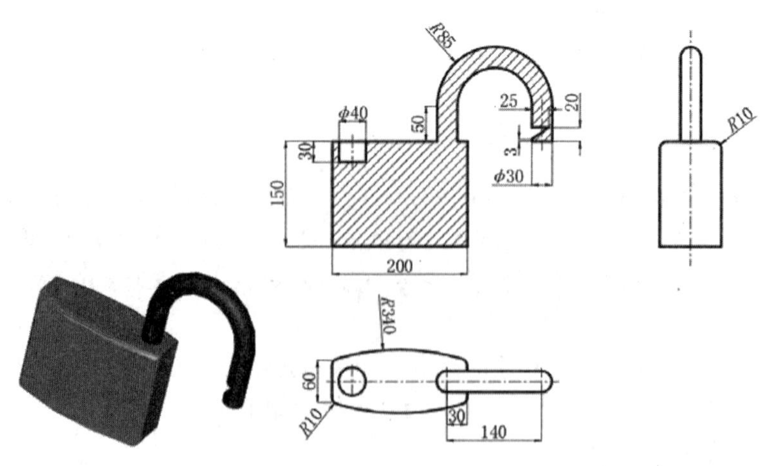

图4-36　锁头图形

01 单击“视图”选项卡“命名视图”面板中的“西南等轴测”按钮，改变视图。

02 单击“默认”选项卡“绘图”面板中的“矩形”按钮，绘制角点坐标为(-100,30)和(100,-30)的矩形。

03 单击“默认”选项卡“绘图”面板中的“圆弧”按钮，绘制起点坐标为（100,

30)、端点坐标为（-100，30）、半径为 340 的圆弧。

04 单击“默认”选项卡“绘图”面板中的“圆弧”按钮，绘制起点坐标为（-100，-30）、端点坐标为（100，-30）、半径为 340 的圆弧。利用镜像命令得到另一侧圆弧，如图 4-37 所示。

05 单击“默认”选项卡“修改”面板中的“修剪”按钮，对上述圆弧和矩形进行修剪，结果如图 4-38 所示。

06 单击“修改 II”工具栏上的“编辑多段线”按钮，将上述多段线合并为一个整体。

07 单击“三维工具”选项卡“建模”面板中的“拉伸”按钮，选择上步创建的面域，设置高度为 150，结果如图 4-39 所示。

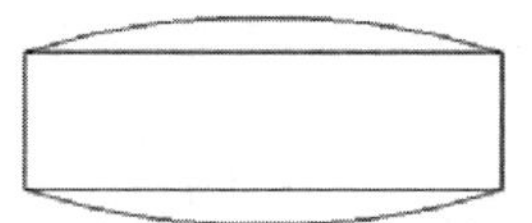

图 4-37　绘制矩形和圆弧

图 4-38　修剪矩形和圆弧

08 在命令行直接输入 UCS。将新的坐标原点移动到点（0，0，150）。切换视图。在菜单栏中选择“视图”→“三维视图”→“平面视图”→“当前 UCS”。

09 单击“默认”选项卡“绘图”面板中的“圆”按钮，指定圆心坐标（-70，0）、半径为 15，结果如图 4-40 所示。

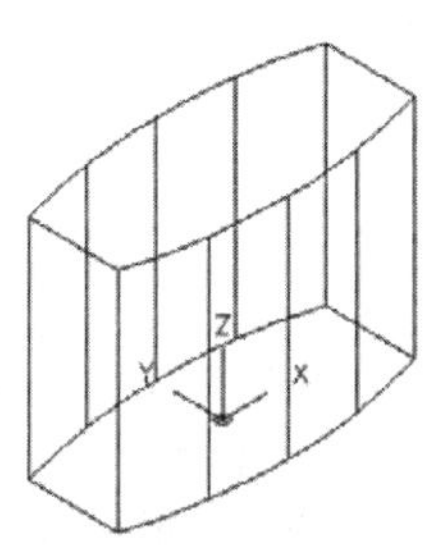

图 4-39　拉伸后的图形

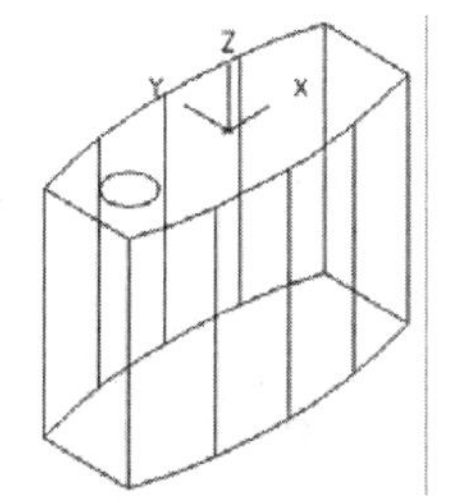

图 4-40　绘制圆

单击“可视化”选项卡“视图”面板中的“前视”按钮，切换到主视图。

10 在命令行直接输入 UCS。将新的坐标原点移动到点（0，150，0）。

11 单击“默认”选项卡“绘图”面板中的“多段线”按钮，命令行提示如下：

命令：_PLINE

指定起点：-70,0↙

当前线宽为 0.0000

指定下一个点或 [圆弧(A)/半宽(H)/长度(L)/放弃(U)/宽度(W)]：@50<90↙

指定下一点或 [圆弧(A)/闭合(C)/半宽(H)/长度(L)/放弃(U)/宽度(W)]：a↙

指定圆弧的端点(按住 Ctrl 键以切换方向)或[角度(A)/圆心(CE)/闭合(CL)/方向(D)/半宽(H)/直线(L)/半径(R)/第二个点(S)/放弃(U)/宽度(W)]：a↙

指定夹角：-180↙
指定圆弧的端点(按住 Ctrl 键以切换方向)或 [圆心(CE)/半径(R)]：r↙
指定圆弧的半径：70↙
指定圆弧的弦方向(按住 Ctrl 键以切换方向) <90>：0↙
指定圆弧的端点(按住 Ctrl 键以切换方向)或[角度(A)/圆心(CE)/闭合(CL)/方向(D)/半宽(H)/直线(L)/半径(R)/第二个点(S)/放弃(U)/宽度(W)]：1↙
指定下一点或 [圆弧(A)/闭合(C)/半宽(H)/长度(L)/放弃(U)/宽度(W)]：70,0↙
指定下一点或 [圆弧(A)/闭合(C)/半宽(H)/长度(L)/放弃(U)/宽度(W)]：↙

结果如图 4-41 所示。

单击“可视化”选项卡“视图”面板中的“西南等轴测”按钮，回到西南等轴测视图。

12 单击“三维工具”选项卡“建模”面板中的“扫掠”按钮，将绘制的圆与多段线进行扫掠处理，命令行提示如下：

命令：_SWEEP
当前线框密度： ISOLINES=4，闭合轮廓创建模式 = 实体
选择要扫掠的对象或[模式(MO)]：找到 1 个（选择圆）
选择要扫掠的对象或[模式(MO)]：按 Enter 键
选择扫掠路径或 [对齐(A)/基点(B)/比例(S)/扭曲(T)]：（选择绘制多段线）

13 单击“三维工具”选项卡“建模”面板中的“圆柱体”按钮，绘制底面中心点为（-70，0，0）、底面半径为 20、轴端点为（-70，-30，0）的圆柱体，结果如图 4-42 所示。

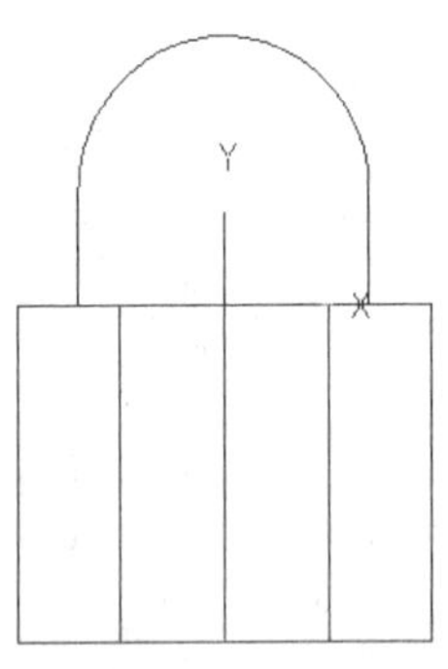

图 4-41　绘制多段线

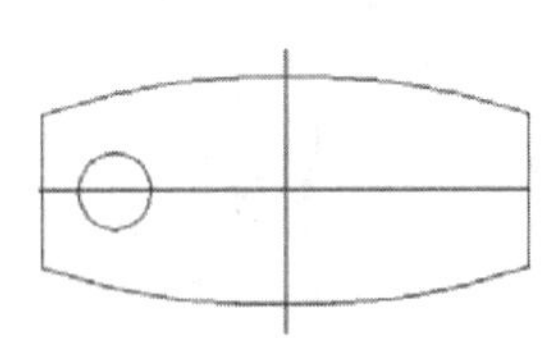
图 4-42　绘制圆柱体

14 在命令行直接输入 UCS。将新的坐标原点绕 X 轴旋转 90°。

15 单击“三维工具”选项卡“建模”面板中的“楔体”按钮，绘制楔体。命令行提示与操作如下：

命令：_WEDGE
指定第一个角点或 [中心(C)]：-50,-50,-20↙
指定其他角点或 [立方体(C)/长度(L)]：-80,50,-20↙
指定高度或 [两点(2P)] <30.0000>：20↙

16 单击“三维工具”选项卡“实体编辑”面板中的“差集”按钮，对扫掠体与楔体进行差集运算，如图 4-43 所示。

17 选择菜单栏中的“修改”→“三维操作”→“三维旋转”命令，将上述锁柄绕右侧的圆的中心垂线旋转 180°，命令行提示如下：

命令：_3DROTATE
UCS 当前的正角方向： ANGDIR=逆时针 ANGBASE=0
选择对象：（选择锁柄）
选择对象：↙
指定基点：（指定右边圆的圆心）
拾取旋转轴：（指定右侧的圆的中心垂线）
指定角的起点或键入角度：180↙

旋转的结果如图 4-44 所示。

18 单击“三维工具”选项卡“实体编辑”面板中的“差集”按钮，对左侧小圆柱体与锁体进行差集操作，在锁体上打孔。

19 单击“默认”选项卡“修改”面板中的“圆角”按钮，设置圆角半径为 10，对锁体四周的边进行圆角操作。

20 单击“视图”选项卡“视觉样式”面板中的“隐藏”按钮，或者直接在命令行输入 HIDE 后按 Enter 键，结果如图 4-45 所示。

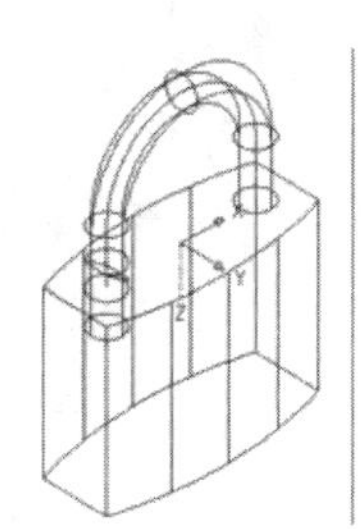

图 4-43 差集运算

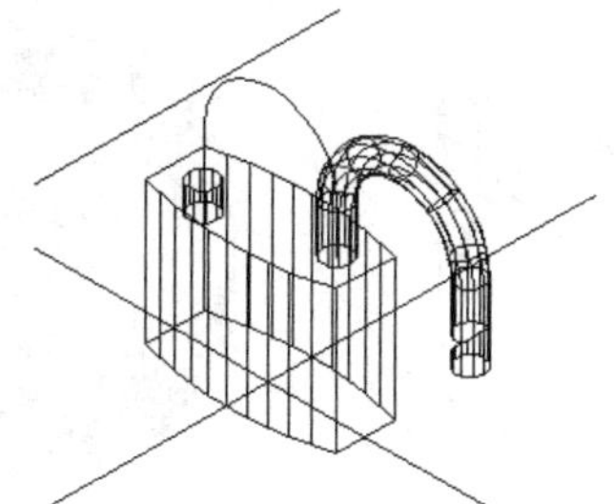

图 4-44 旋转处理

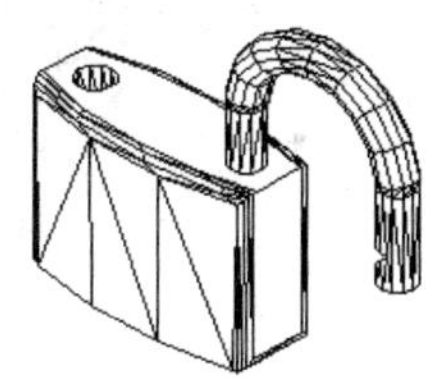

图 4-45 消隐处理

21 单击“默认”选项卡“修改”面板中的“删除”按钮，选择多段线进行删除。最终结果如图 4-36 所示。

4.3.6 放样

◆执行方式

命令行：LOFT
菜单栏：“绘图”→“建模”→“放样”
工具栏：“建模”→“放样”
功能区：单击“三维工具”选项卡“建模”面板中的“放样”按钮

◆操作步骤

命令：LOFT↙
当前线框密度： ISOLINES=4，闭合轮廓创建模式 = 实体
按放样次序选择横截面或 [点(PO)/合并多条边(J)/模式(MO)]：找到 1 个
按放样次序选择横截面或 [点(PO)/合并多条边(J)/模式(MO)]：找到 1 个，总计 2 个
按放样次序选择横截面或 [点(PO)/合并多条边(J)/模式(MO)]：找到 1 个，总计 3 个

按放样次序选择横截面或 [点(PO)/合并多条边(J)/模式(MO)]:
选中了 3 个横截面(依次选择如图 4-46 所示的 3 个截面)
输入选项 [导向(G)/路径(P)/仅横截面(C)/设置(S)/连续性(CO)/凸度幅值(B)] <仅横截面>:

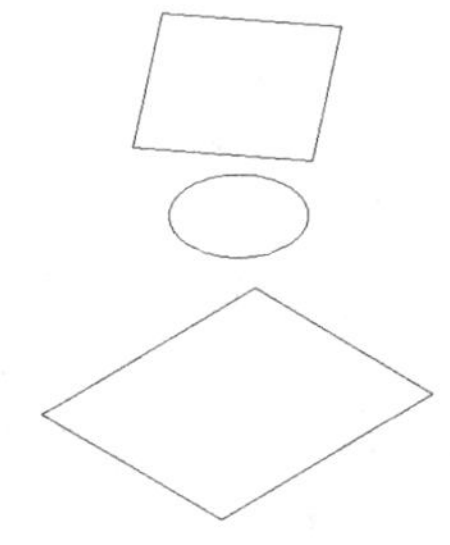

图4-46 选择截面

◆选项说明

1）导向（G）：指定控制放样实体或曲面形状的导向曲线。可以使用导向曲线来控制点如何匹配相应的横截面，以防止出现不希望看到的效果（如结果实体或曲面中的皱褶）。指定控制放样建模或曲面形状的导向曲线。导向曲线可以是直线或曲线，可通过将其他线框信息添加至对象来进一步定义建模或曲面的形状，如图 4-47 所示。选择该选项，命令行提示与操作如下：

选择导向曲线：选择放样建模或曲面的导向曲线，然后按 Enter 键

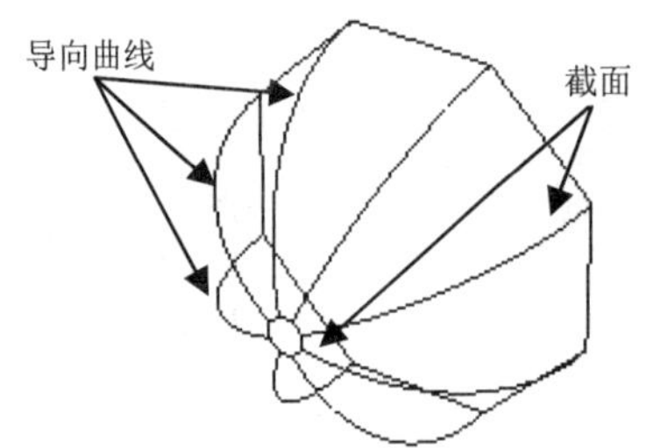

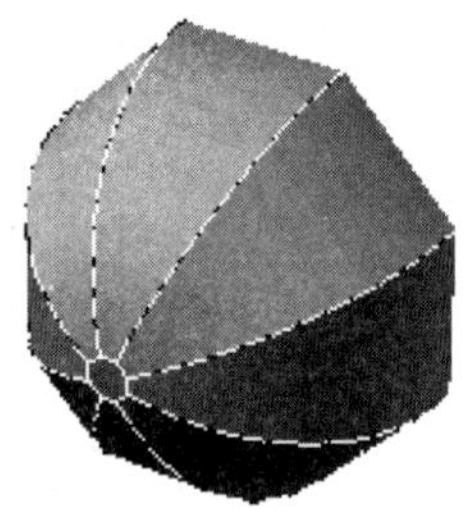

图 4-47 导向放样

2）路径（P）：指定放样实体或曲面的单一路径，如图 4-48 所示。选择该选项，命令行提示与操作如下：

选择路径：指定放样建模或曲面的单一路径

注意

路径曲线必须与横截面的所有平面相交。

3）仅横截面（C）：在不使用导向或路径的情况下，创建放样对象。

4）设置（S）：选择该选项，系统打开“放样设置”对话框，如图 4-49 所示。其中有 4 个单选按钮，图 4-50a 所示为选择“直纹”单选按钮的放样结果示意图，图 4-50b 所示为选择“平滑拟合”单选按钮的放样结果示意图，图 4-50c 所示为选择“法线指向”单选按钮并选择“所有横截面”选项的放样结果示意图，图 4-50d 所示为选择“拔模斜度”单选按钮并设置“起点角度”为 45°、“起点幅值”为 10、“端点角度”为 60°、“端点幅值”为 10 的放样结果示意图。

注意

每条导向曲线必须满足以下条件才能正常工作。

1）与每个横截面相交。
2）从第一个横截面开始。
3）到最后一个横截面结束。

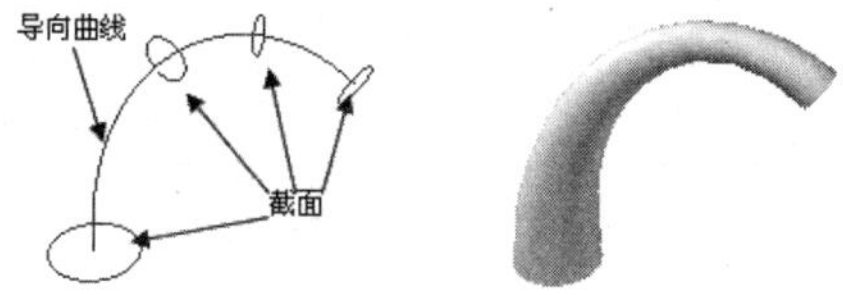

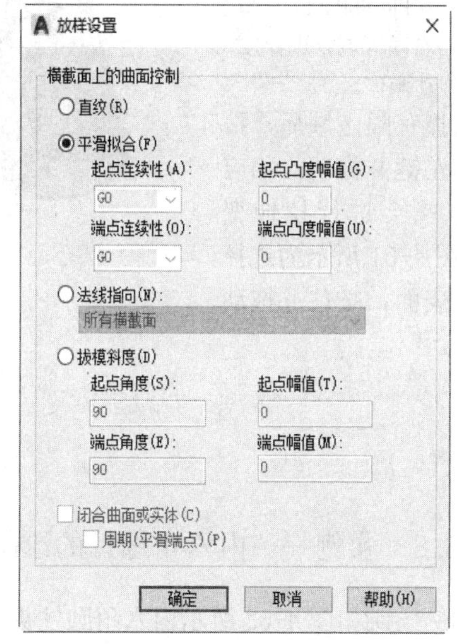

导向曲线

截面

图 4-48 路径放样

图 4-49 “放样设置”对话框

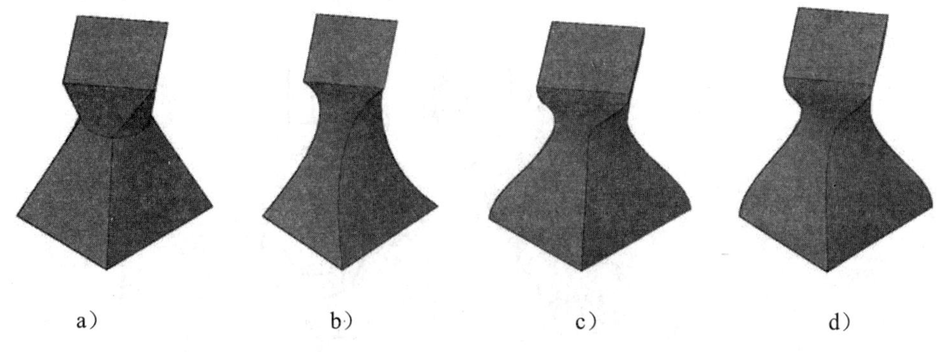

图 4-50 放样运算示意图

可以为放样曲面或建模选择任意数量的导向曲线。

4.3.7 拖拽

◆执行方式

命令行：PRESSPULL

工具栏：“建模”→“按住并拖动”

功能区：单击“三维工具”选项卡“实体编辑”面板中的“按住并拖动”按钮

◆操作步骤

命令：PRESSPULL↙
单击有限区域以进行按住或拖动操作。

选择有限区域后，按住鼠标左键并拖动，相应的区域就会进行拉伸变形。如图 4-51 所示为选择圆台上表面，按住并拖动的结果。

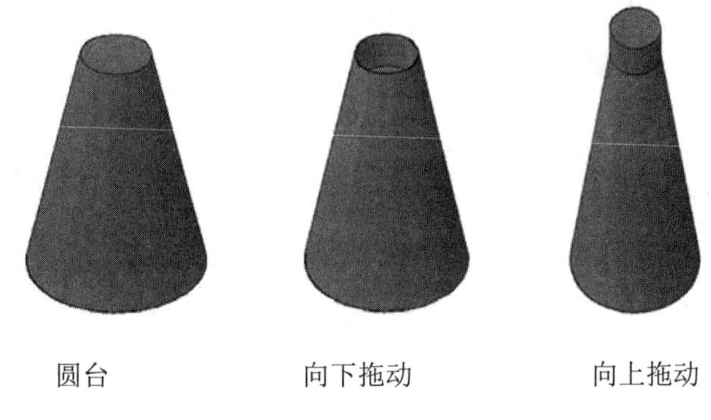

图4-51　按住并拖动的结果

4.3.8　实例——内六角螺钉的绘制

本例绘制如图 4-52 所示内六角圆柱头螺钉。

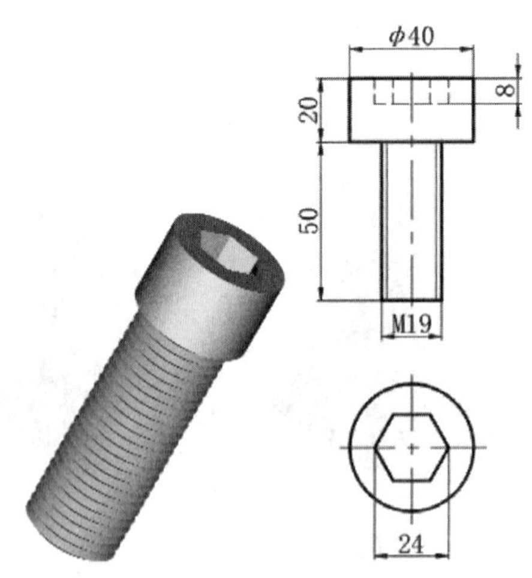

图 4-52　内六角圆柱头螺钉

01 启动系统。启动 AutoCAD2022，使用默认设置的绘图环境。

02 设置线框密度。命令行提示如下：

命令：ISOLINES↙
输入 ISOLINES 的新值 <4>：10↙

03 单击“三维工具”选项卡“建模”面板中的“圆柱体”按钮，绘制底面中心点为（0，0，0）、半径为 15、高度为 16 的圆柱体。

04 单击“可视化”选项卡“命名视图”面板中的“西南等轴测”按钮，切换到西南等轴测视图，结果如图 4-53 所示。

05 设置新的用户坐标系。将坐标原点移动到圆柱顶面的圆心。命令行提示如下：

命令：UCS↙（或者单击“UCS”工具栏中的按钮）

输入选项 [新建(N)/移动(M)/正交(G)/上一个(P)/恢复(R)/保存(S)/删除(D)/应用(A)/?/世界(W)]<世界>：M↙

指定新原点或 [Z 向深度(Z)] <0,0,0>：_cen （捕捉圆柱顶面的圆心）

06 单击“默认”选项卡“绘图”面板中的“多边形”按钮，绘制中心点为圆柱顶面圆心，内接于圆、半径为 7 的正六边形。

07 单击“三维工具”选项卡“建模”面板中的“拉伸”按钮，拉伸正六边形，设置拉伸高度为-8，结果如图 4-54 所示。

08 单击“三维工具”选项卡“实体编辑”面板中的“差集”按钮，对圆柱体和正六棱柱体进行差集运算。

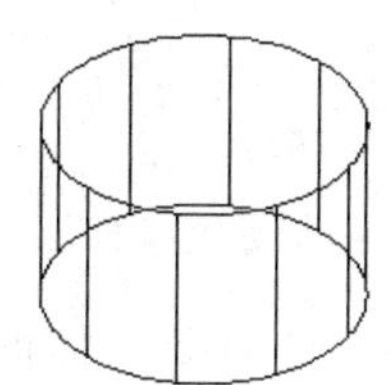

图 4-53　创建的圆柱体

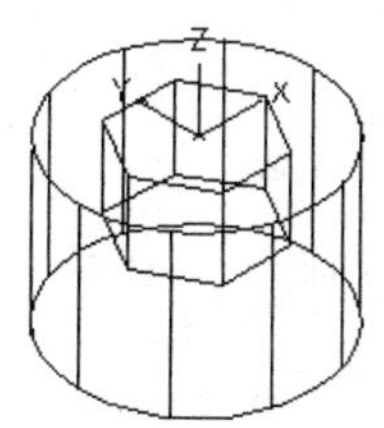

图 4-54　拉伸正六边形

09 单击“视图”选项卡“视觉样式”面板中的“隐藏”按钮，进行消隐处理，绘制螺钉头部，结果如图 4-55 所示。

10 单击“可视化”选项卡“命名视图”面板中的“前视”按钮，切换到主视图。

11 单击“默认”选项卡“绘图”面板中的“多段线”按钮，绘制螺纹牙形。命令行提示如下：

命令：_PLINE

指定起点：（单击鼠标指定一点）

当前线宽为 0.0000

指定下一个点或 [圆弧(A)/半宽(H)/长度(L)/放弃(U)/宽度(W)]：@2<-30↙

指定下一点或 [圆弧(A)/闭合(C)/半宽(H)/长度(L)/放弃(U)/宽度(W)]：@2<-150↙

指定下一点或 [圆弧(A)/闭合(C)/半宽(H)/长度(L)/放弃(U)/宽度(W)]：↙

结果如图 4-56 所示。

12 单击“默认”选项卡“修改”面板中的“矩形阵列”按钮，绘制阵列对象为螺纹牙型、行数为 2、列数为 1、行间距为 2、列间距为 2 的螺纹截面。

13 单击“默认”选项卡“绘图”面板中的“直线”按钮，绘制螺纹截面。命令行提示如下：

命令：LINE

指定第一个点：（捕捉螺纹的上端点）

指定下一点或 [放弃(U)]：@8<180↙

指定下一点或 [放弃(U)]：@50<-90↙

指定下一点或 [闭合(C)/放弃(U)]：（捕捉螺纹的下端点，然后按 Enter 键）

结果如图 4-57 所示。

14 单击“默认”选项卡“绘图”面板中的“面域”按钮，将上步绘制螺纹截面创建为面域。

15 单击“三维工具”选项卡“建模”面板中的“旋转”按钮，旋转螺纹截面 360°，绘制螺纹，结果如图 4-58 所示。

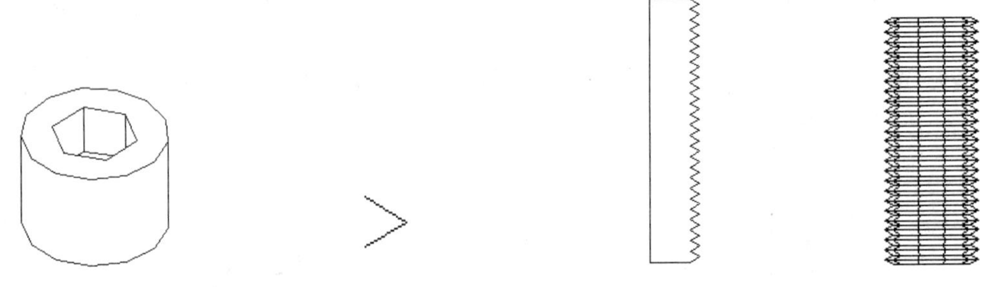

图4-55 绘制螺钉头部　　图4-56 绘制螺纹牙型　　图4-57 绘制螺纹截面　　图4-58 绘制螺纹

16 单击“默认”选项卡“修改”面板中的“移动”按钮，捕捉螺纹顶面圆心，移动圆柱底面圆心螺纹。结果如图 4-59 所示。

17 单击“三维工具”选项卡“实体编辑”面板中的“并集”按钮，对螺纹及螺钉头部并进行并集运算。

18 单击“可视化”选项卡“命名视图”面板中的“西南等轴测”按钮，切换到西南等轴测图。单击“视图”选项卡“视觉样式”面板中的“隐藏”按钮，对图形进行消隐，结果如图 4-60 所示。

19 在命令行输入 DISPSILH，将该变量的值设定为 1；然后单击“视图”选项卡“视觉样式”面板中的“隐藏”按钮，再次进行消隐处理，如图 4-61 所示。

20 单击“可视化”选项卡“材质”面板中的“材质浏览器”按钮，选择适当的材质，渲染后的效果如图 4-52 所示。

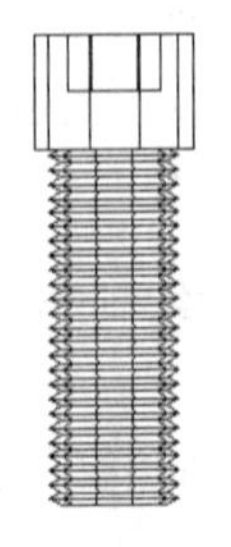

图 4-59 移动螺纹

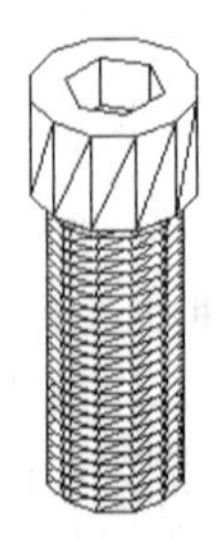

图 4-60 消隐处理后的螺钉

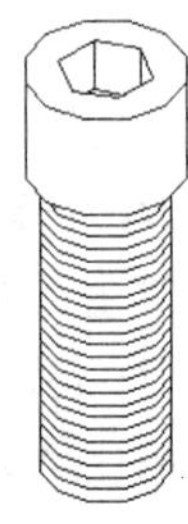

图 4-61 螺钉

4.4 建模三维操作

4.4.1 倒角

◆执行方式

命令行：CHAMFER（快捷命令：CHA）
菜单栏："修改"→"倒角"
工具栏："修改"→"倒角"按钮
功能区：单击"默认"选项卡"修改"面板中的"倒角"按钮

◆操作步骤

命令：CHAMFER↙
（"修剪"模式）当前倒角距离 1 = 0.0000，距离 2 = 0.0000
选择第一条直线或 [放弃(U)/多段线(P)/距离(D)/角度(A)/修剪(T)/方式(E)/多个(M)]：
选择第二条直线，或按住 Shift 键选择直线以应用角点或 [距离(D)/角度(A)/方法(M)]：

◆选项说明

（1）选择第一条直线。选择建模的一条边，此选项为系统的默认选项。选择某一条边以后，与此边相邻的两个面中的一个面的边框就变成虚线。选择建模上要倒角的边后，命令行提示如下：

基面选择...
输入曲面选择选项 [下一个(N)/当前(OK)] <当前(OK)>：↙

该提示要求选择基面，默认选项是当前，即以虚线表示的面作为基面。如果选择"下一个（N)"选项，则以与所选边相邻的另一个面作为基面。

选择好基面后，命令行继续出现如下提示：

指定基面的倒角距离 <2.0000>：输入基面上的倒角距离
指定其他曲面的倒角距离 <2.0000>：输入与基面相邻的另外一个面上的倒角距离
选择边或 [环(L)]：

1）选择边：确定需要进行倒角的边，此项为系统的默认选项。选择基面的某一边后，命令行提示如下：

选择边或 [环(L)]：

在此提示下，按 Enter 键对选择好的边进行倒角，也可以继续选择其他需要倒直角的边。

2）选择环：对基面上所有的边都进行倒角。

（2）其他选项.与二维斜角类似，此处不再赘述。

图 4-62 所示为对长方体棱边倒角的结果。

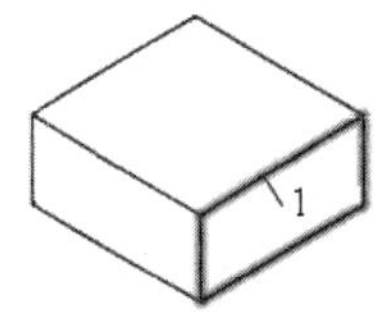

选择倒角边“1”

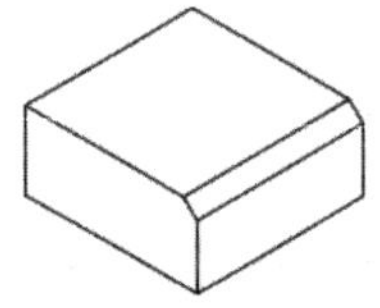
选择边倒角结果

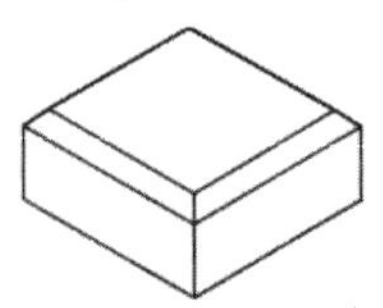
选择环倒角结果

图 4-62　对长方体棱边倒角的结果

4.4.2　实例——手柄的绘制

绘制如图 4-63 所示的手柄。

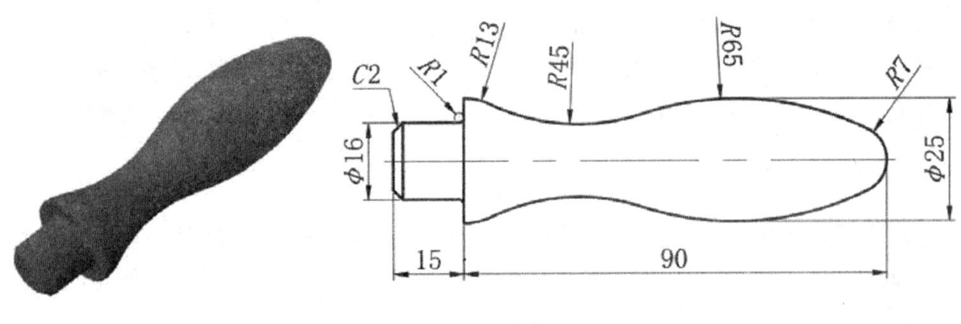

图 4-63　手柄

01 设置线框密度。命令行提示如下：

```
命令：ISOLINES↙
输入 ISOLINES 的新值 <4>：10↙
```

02 绘制手柄把截面。

❶单击“默认”选项卡“绘图”面板中的“圆”按钮，绘制半径为 13 的圆。

❷单击“默认”选项卡“绘图”面板中的“构造线”按钮，过半径为 13 的圆的圆心绘制竖直与水平辅助线，如图 4-64 所示。

❸单击“默认”选项卡“修改”面板中的“偏移”按钮，将竖直辅助线向右偏移 83。

❹单击“默认”选项卡“绘图”面板中的“圆”按钮，捕捉最右侧竖直辅助线与水平辅助线的交点，绘制半径为 7 的圆，如图 4-65 所示。

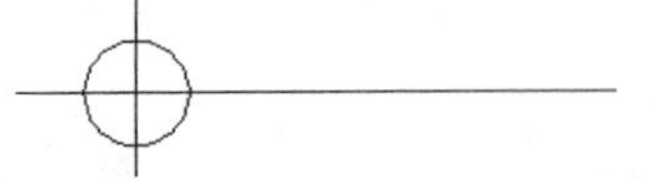
图 4-64　绘制圆及辅助线

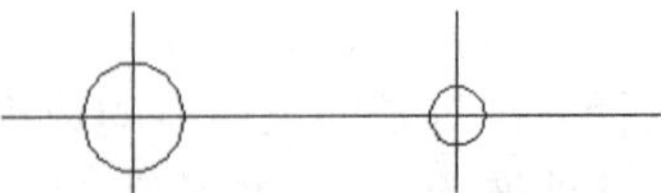
图 4-65　绘制半径为 7 的圆

❺单击“默认”选项卡“修改”面板中的“偏移”按钮⊆，将水平辅助线向上偏移13。

❻单击“默认”选项卡“绘图”面板中的“圆”按钮，绘制与半径为 7 的圆及偏移水平辅助线相切、半径为 65 的圆；继续绘制与半径为 65 的圆及半径为 13 的圆相切，半径为 45 的圆，如图 4-66 所示。

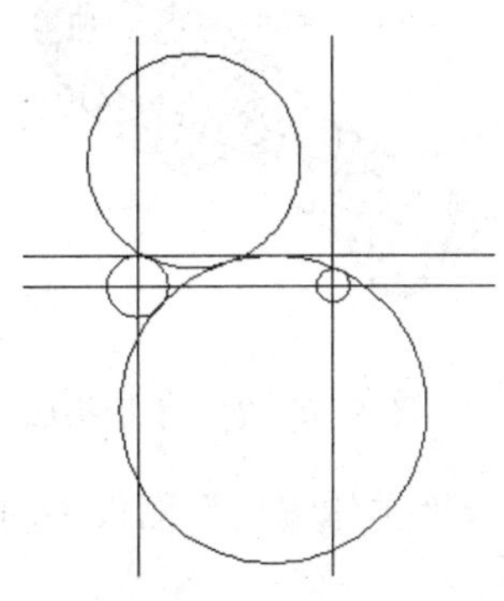

图 4-66　绘制半径为 65 和 45 的圆

❼单击“默认”选项卡“修改”面板中的“修剪”按钮，对所绘制的图形进行修剪，如图 4-67 所示。

❽单击“默认”选项卡“修改”面板中的“删除”按钮，删除辅助线。单击“默认”选项卡“绘图”面板中的“直线”按钮╱，绘制直线。

❾单击“默认”选项卡“绘图”面板中的“面域”按钮，选择全部图形创建面域，完成手柄把截面的绘制，如图 4-68 所示。

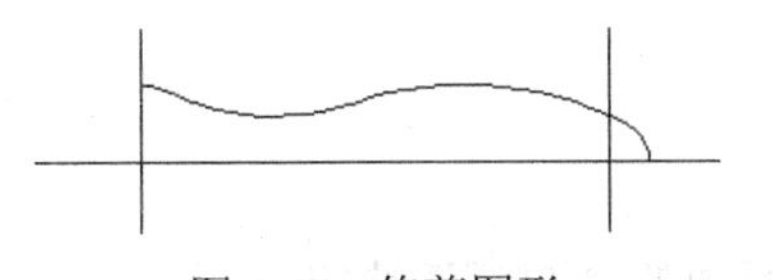

图 4-67　修剪图形

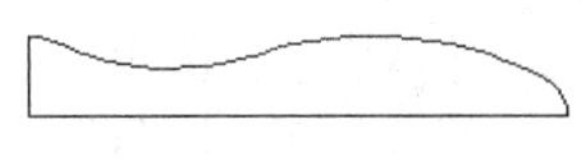

图 4-68　手柄把截面

❿单击“三维工具”选项卡“建模”面板中的“旋转”按钮，以水平线为旋转轴，旋转创建的面域。单击“可视化”选项卡“命名视图”面板中的“西南等轴测”按钮，切换到西南等轴测视图，结果如图 4-69 所示。

⓫在命令行输入 UCS，命令行提示如下：

命令：UCS↙

指定 UCS 的原点或[面(F)/命名(NA)/对象(O)/上一个(P)/视图(V)/世界(W)X/Y/Z/Z 轴（ZA）]<世界>：

命令：UCS

当前 UCS 名称：*没有名称*

指定 UCS 的原点或 [面(F)/命名(NA)/对象(OB)/上一个(P)/视图(V)/世界(W)/X/Y/Z/Z 轴(ZA)]<世界>：Y

指定绕 Y 轴的旋转角度 <90>：-90

⓬单击“三维工具”选项卡“建模”面板中的“圆柱体”按钮，以坐标原点为底

面中心点，创建高为 15、半径为 8 的圆柱体，结果如图 4-70 所示。

⓭单击“默认”选项卡“修改”面板中的“倒角”按钮，对圆柱体进行倒角操作，设置倒角距离为 2，倒角结果如图 4-71 所示。

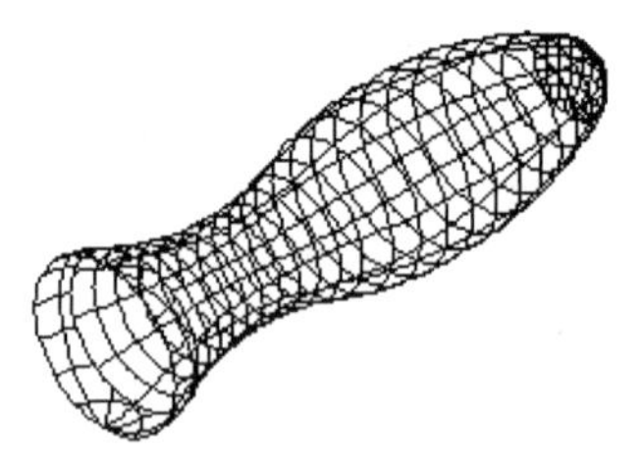

图 4-69　创建把柄

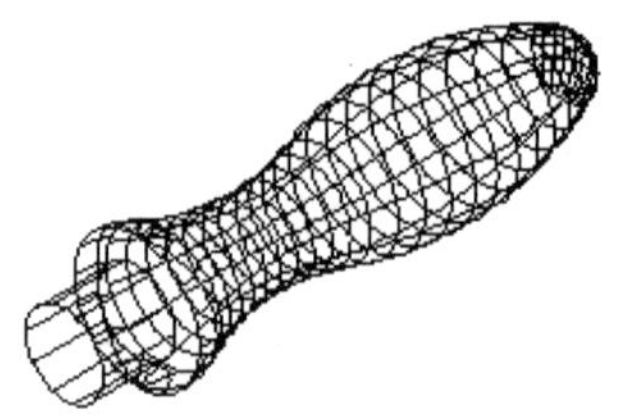

图 4-70　创建手柄头部

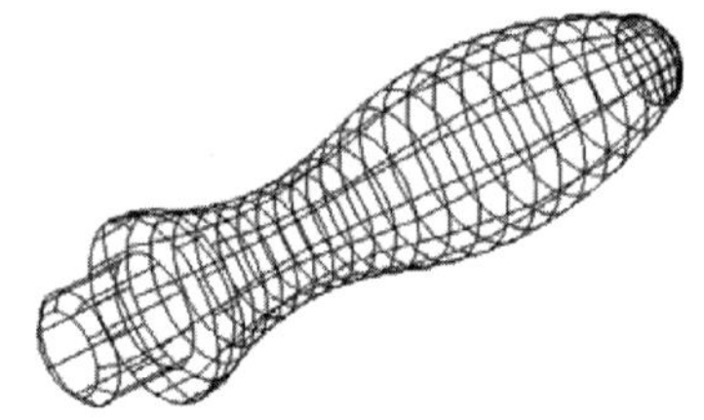

图 4-71　倒角操作

⓮单击“三维工具”选项卡“实体编辑”面板中的“并集”按钮，对手柄头部与手柄把进行并集运算。

⓯单击“默认”选项卡“修改”面板中的“圆角”按钮，对手柄头部与手柄把的交线柄体端面圆进行圆角操作，设置圆角半径为 1。

⓰单击“视图”选项卡“视觉样式”面板中的“概念”按钮，最终显示效果如图 4-63 所示。

4.4.3　圆角

◆执行方式

命令行：FILLET（快捷命令：F）
菜单栏：“修改”→“圆角”
工具栏：“修改”→“圆角”按钮
功能区：单击“默认”选项卡“修改”面板中的“圆角”按钮

◆操作步骤

```
命令：FILLET↙
当前设置：模式 = 修剪，半径 = 0.0000
选择第一个对象或 [放弃(U)/多段线(P)/半径(R)/修剪(T)/多个(M)]：选择建模上的一条边
选择第二个对象，或按住 Shift 键选择对象以应用角点或 [半径(R)]:
选择边或[链(C)/ 环（L）/半径(R)]：
```

◆选项说明

选择“链（C）”选项，表示与此边相邻的边都被选中，并进行圆角操作。图 4-72 所示为对长方体圆角的结果。

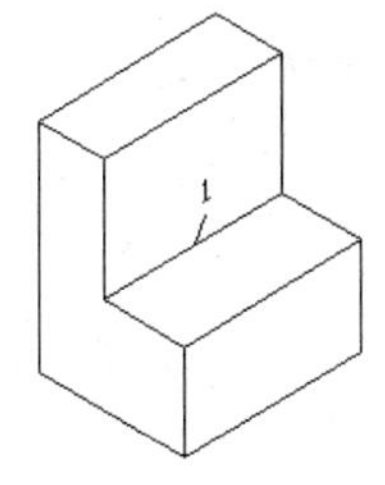

选择圆角边“1”

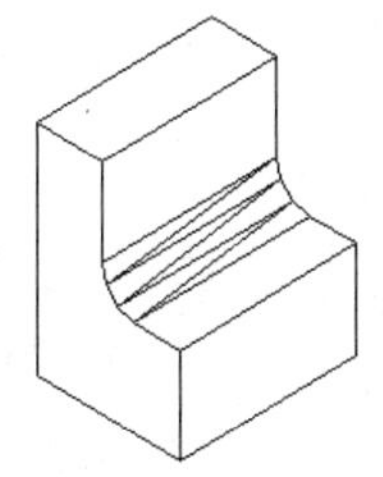
边圆角结果

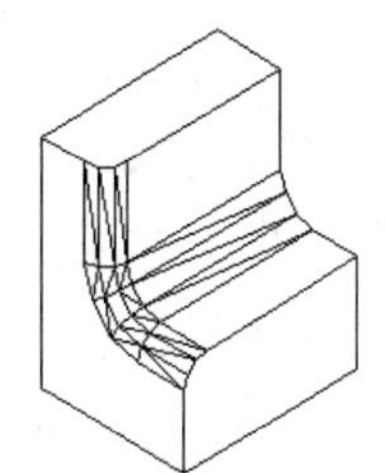
链圆角结果

图 4-72　长方体圆角

4.4.4　实例——棘轮的绘制

本例绘制如图 4-73 所示的棘轮。

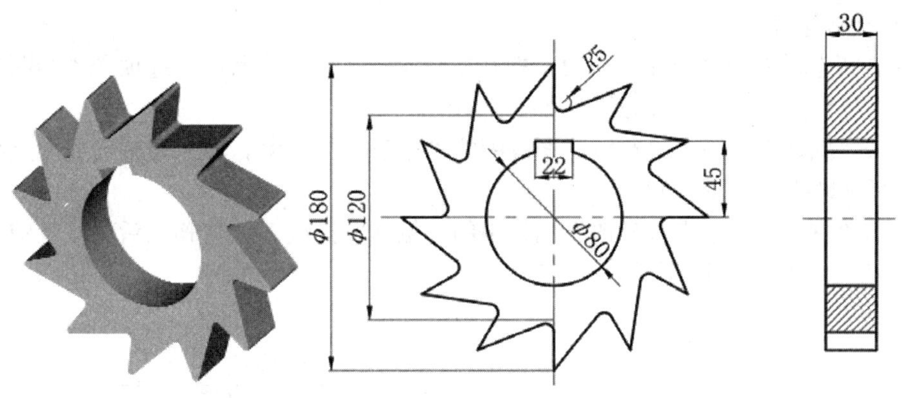

图 4-73　棘轮

01 启动系统。启动 AutoCAD2022，使用默认设置的绘图环境。

02 设置线框密度。命令行提示如下：

命令：ISOLINES↙

输入 ISOLINES 的新值 <4>：10↙

03 绘制同心圆。

❶单击“默认”选项卡“绘图”面板中的“圆”按钮，绘制 3 个半径分别为 90、60、40 的同心圆。

❷单击“默认”选项卡“实用工具”面板中的“点样式”按钮，选择点样式为“×”；然后单击“默认”选项卡“绘图”面板中的“定数等分”按钮，绘制等分点。

命令：_DIVIDE

选择要定数等分的对象：（选择半径为 90 的圆）

输入线段数目或 [块(B)]：12↙

方法相同，等分半径为 60 的圆，结果如图 4-74 所示。

❸单击“默认”选项卡“绘图”面板中的“多段线”按钮，分别捕捉内外圆的等

分点，绘制棘轮轮齿截面，结果如图 4-75 所示。

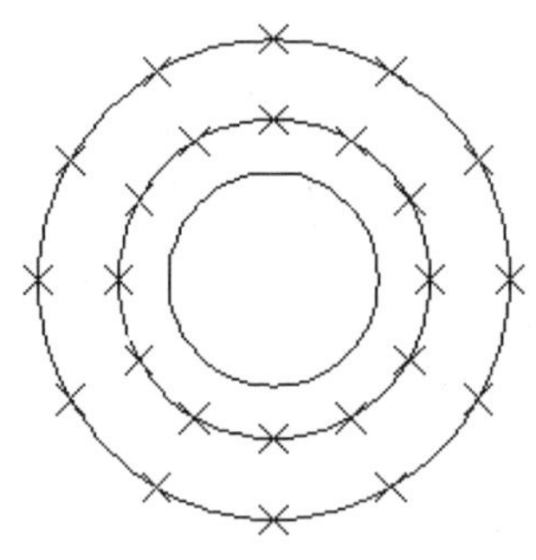
图 4-74　等分圆

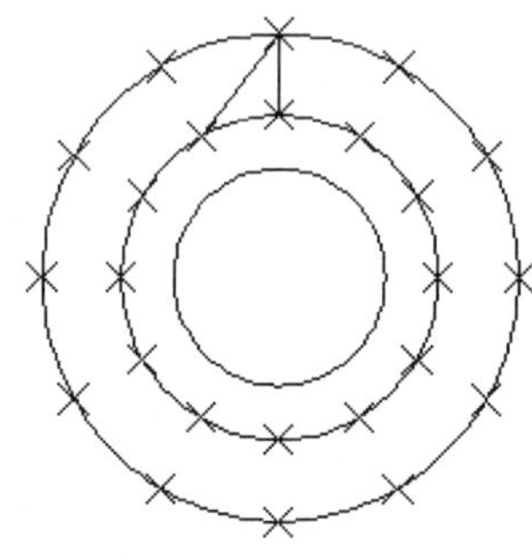
图 4-75　绘制棘轮轮齿截面

❹单击“默认”选项卡“修改”面板中的“环形阵列”按钮，对绘制的多段线进行环形阵列，阵列中心为圆心，数目为 12。

❺单击“默认”选项卡“修改”面板中的“删除”按钮，删除半径为 90 及半径为 60 的圆，并将点样式更改为无，结果如图 4-76 所示。

04 绘制键槽。

❶单击状态栏中的“正交”按钮，打开正交模式；单击“默认”选项卡“绘图”面板中的“直线”按钮，过圆心绘制两条辅助线。

❷单击“默认”选项卡“修改”面板中的“移动”按钮，将水平辅助线向上移动 45，将竖直辅助线向左移动 11。

❸单击“默认”选项卡“修改”面板中的“偏移”按钮，将移动后的竖直辅助线向右偏移 22，结果如图 4-77 所示。

图 4-76　阵列轮齿

图 4-77　绘制辅助线

❹单击“默认”选项卡“修改”面板中的“修剪”按钮，对辅助线进行剪裁，绘制键槽，如图 4-78 所示。

❺单击“默认”选项卡“绘图”面板中的“面域”按钮，选择全部图形，创建面域。

❻单击“三维工具”选项卡“建模”面板中的“拉伸”按钮，对全部图形进行拉伸操作，设置拉伸高度为 30。

❼单击“可视化”选项卡“命名视图”面板中的“西南等轴测”按钮，切换到西南等轴测视图。

❽单击“三维工具”选项卡“实体编辑”面板中的“差集”按钮，对创建的棘轮

与键槽进行差集运算。单击“视图”选项卡“视觉样式”面板中的“隐藏”按钮，进行消隐处理，结果如图 4-79 所示。

❾单击“默认”选项卡“修改”面板中的“圆角”按钮，对棘轮轮齿进行圆角操作，设置圆角半径为 5，结果如图 4-80 所示。

❿单击“可视化”选项卡“材质”面板中的“材质浏览器”按钮，选择适当的材质，渲染后的效果如图4-73所示。

图 4-78　绘制键槽

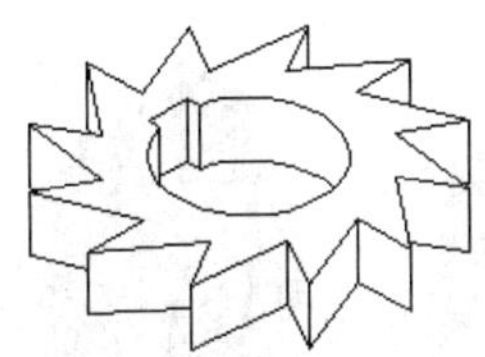

图 4-79　差集运算并消隐处理

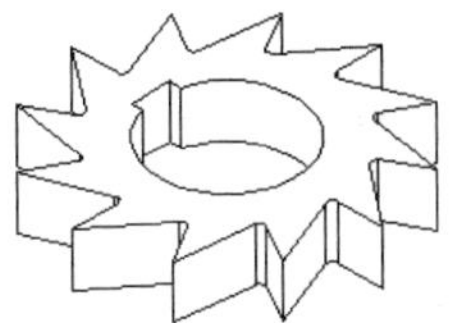

图 4-80　圆角操作

4.4.5　提取边

利用 XEDGES 命令，通过从建模、面域或曲面中提取边来创建线框几何体。

◆执行方式

命令行：XEDGES
菜单栏：“修改”→“三维操作”→“提取边”
能区：单击“三维工具”选项卡“实体编辑”面板中的“提取边”按钮

◆操作步骤

命令：XEDGES↙
选择对象：选择要提取线框几何体的对象，然后按 Enter 键
操作完成后，系统提取对象的边，形成线框几何体。

注意

也可以选择提取单个边和面。按住 Ctrl 键以选择边和面。

4.4.6　加厚

通过加厚曲面，可以从任何曲面类型中创建三维建模。

◆执行方式

命令行：THICKEN
菜单栏：“修改”→“三维操作”→“加厚”
功能区：单击“三维工具”选项卡“曲面”面板中的“加厚”按钮

◆操作步骤

命令：THICKEN↙
选择要加厚的曲面：选择曲面
选择要加厚的曲面：↙
指定厚度 <0.0000>：10↙

图 4-81 所示为将平面曲面加厚的结果。

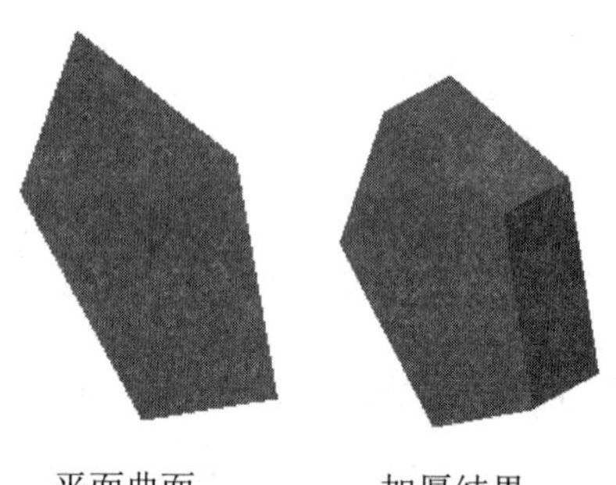

平面曲面　　加厚结果

📖4.4.7　转换为建模（曲面）

1．转换为建模

利用 CONVTOSOLID 命令，可以将具有厚度的统一宽度多段线、具有厚度的闭合零宽度多段线或具有厚度的圆对象转换为拉伸三维建模。图 4-82 所示为将厚为 1、宽为 2 的矩形框转换为拉伸建模的示例。

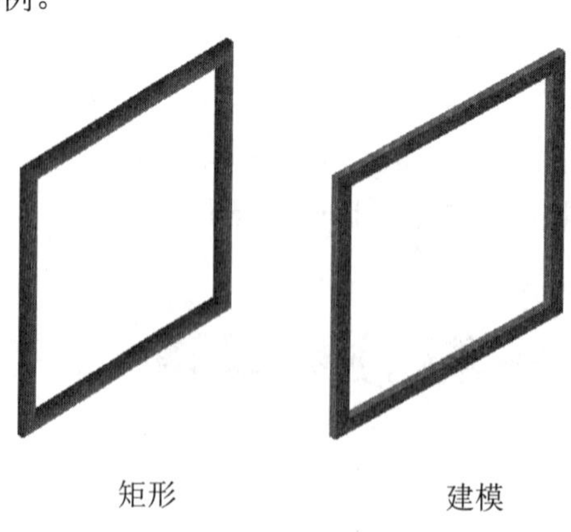

矩形　　建模

图 4-82　转换为建模

◆执行方式

命令行：CONVTOSOLID
菜单栏："修改"→"三维操作"→"转换为实体"

◆操作步骤

命令：CONVTOSOLID↙
选择对象：选择要转换为建模的对象
选择对象：↙
系统将对象转换为建模。

2．转换为曲面

利用 CONVTOSURFACE 命令，可以将二维建模、面域及具有厚度的开放零宽度多段线、直线、圆弧或三维平面转换为曲面，如图 4-83 所示。

◆执行方式

命令行：CONVTOSURFACE。
菜单栏：“修改”→“三维操作”→“转换为曲面”

◆操作步骤

命令：CONVTOSURFACE↙
选择对象：选择要转换为曲面的对象
选择对象：↙
系统将对象转换为曲面。

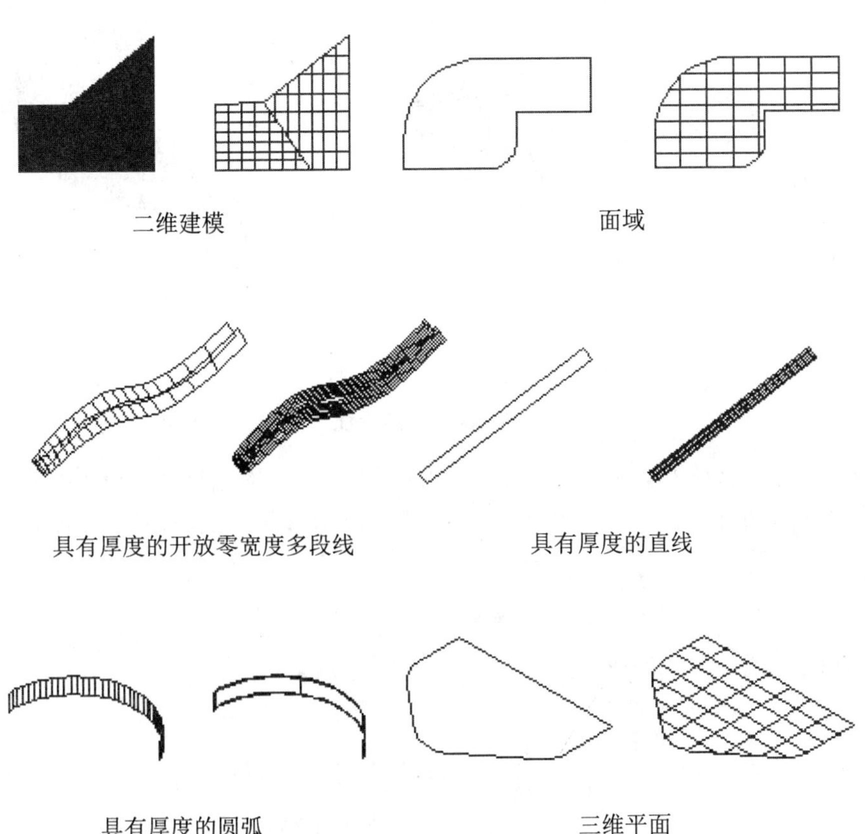

图 4-83　转换为曲面

4.4.8　干涉检查

干涉检查主要通过对比两组对象或一对一地检查所有建模来检查建模模型中的干涉（三维建模相交或重叠的区域）。系统将在建模相交处创建和亮显临时建模。

干涉检查常用于检查装配体立体图是否干涉，从而判断设计是否正确。

◆执行方式

命令行：INTERFERE（快捷命令：INF）
菜单栏：“修改”→“三维操作”→“干涉检查”
功能区：单击“三维工具”选项卡“实体编辑”面板中的“干涉检查”按钮

◆操作步骤

在此以图 4-84a 所示的零件图为例进行干涉检查。命令行提示如下：

命令：INTERFERE↙
选择第一组对象或 [嵌套选择(N)/设置(S)]：选择图 4-84b 中的手柄
选择第一组对象或 [嵌套选择(N)/设置(S)]：↙
选择第二组对象或 [嵌套选择(N)/检查第一组(K)] 〈检查〉：选择图 4-84b 中的套环
选择第二组对象或 [嵌套选择(N)/检查第一组(K)] 〈检查〉：↙

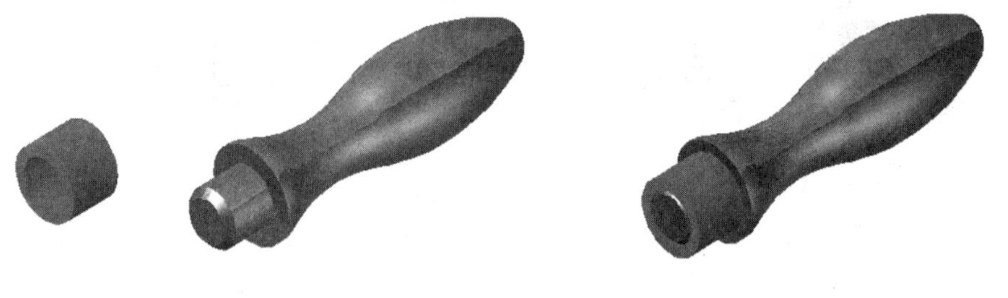

a）零件图　　　b）装配图

图 4-84　干涉检查

系统打开“干涉检查”对话框，如图 4-85 所示。在该对话框中列出了找到的干涉点对数量，并可以通过“上一个”和“下一个”按钮来亮显干涉点对，如图 4-86 所示。

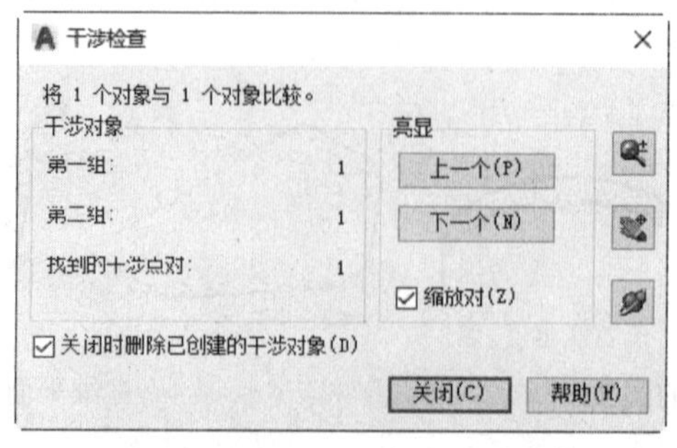

图 4-85　“干涉检查”对话框

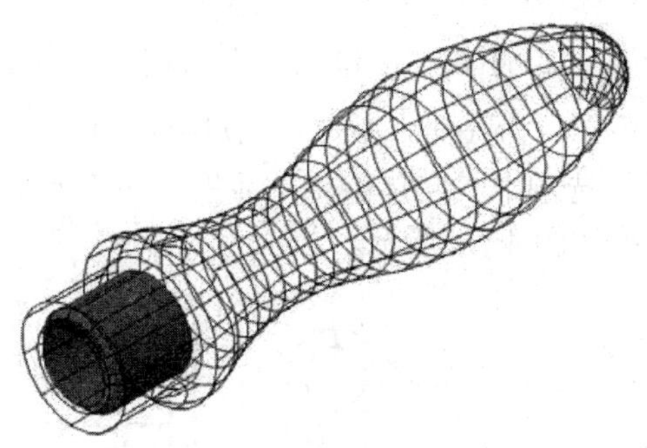

图 4-86　亮显干涉点对

◆选项说明

（1）嵌套选择（N）：选择该选项，用户可以选择嵌套在块和外部参照中的单个建模对象。

（2）设置（S）：选择该选项，系统打开“干涉设置”对话框，如图 4-87 所示。可以在其中设置干涉的相关参数。

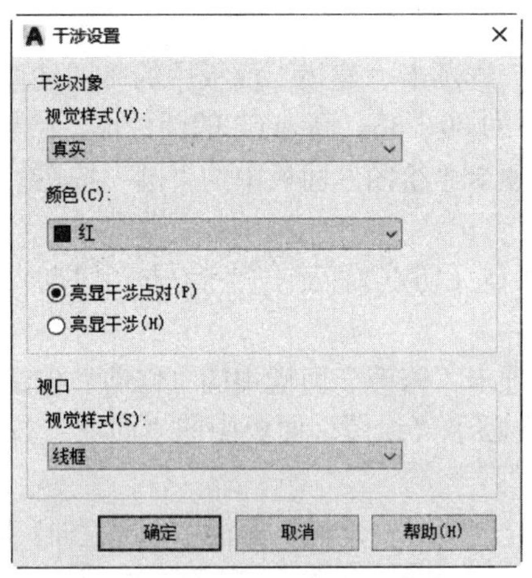

图 4-87　“干涉设置”对话框

4.5 综合演练——轴承座的绘制

本例绘制如图 4-88 所示的轴承座。

01 启动 AutoCAD2022，使用默认设置的绘图环境。

02 在命令行中输入 ISOLINES，设置线框密度为 10。单击“可视化”选项卡“命名视图”面板中的“西南等轴测”按钮，切换到西南等轴测视图。

03 单击“三维工具”选项卡“建模”面板中的“长方体”按钮，以坐标原点为角点，绘制长为 140、宽为 80、高为 15 的长方体。

04 圆角。单击“默认”选项卡“修改”面板中的“圆角”按钮，对长方体进行圆角操作，设置圆角半径为 20。单击“三维工具”选项卡“建模”面板中的“圆柱体”按钮，以长方体底面圆角中点为底面中心点，创建半径为 10、高为-15 的圆柱体。

05 单击“三维工具”选项卡“实体编辑”面板中的“差集”按钮，对长方体与圆柱体进行差集运算，结果如图 4-89 所示。

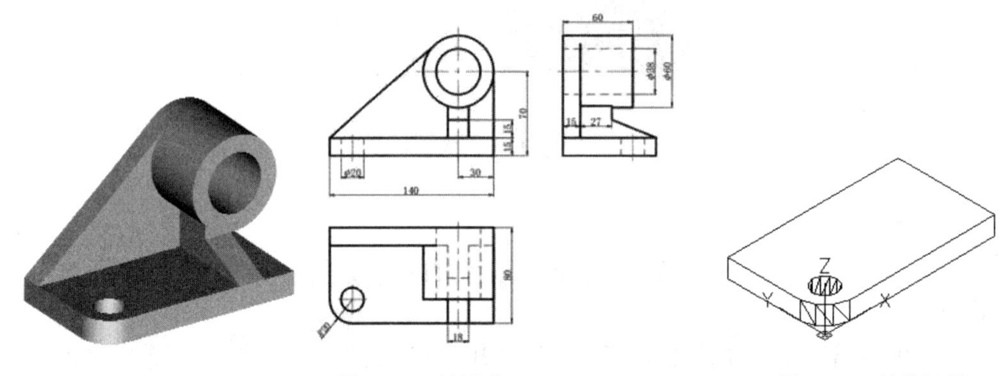

图 4-88　轴承座　　　　图 4-89　差集运算

06 在命令行输入 UCS，将坐标原点移动到点（110，80，70）处，并将其绕 X 轴旋转 90°。

07 单击“三维工具”选项卡“建模”面板中的“圆柱体”按钮，以坐标原点为底面中心点，分别创建直径为 60、38，高为 60 的圆柱体，结果如图 4-90 所示。

08 单击“默认”选项卡“绘图”面板中的“圆”按钮，以坐标原点为圆心，绘制直径为 60 的圆。

09 在 1 点→2 点→3 点（切点），及 1 点→4 点（切点）间绘制多段线，如图 4-91 所示。

10 单击“默认”选项卡“修改”面板中的“修剪”按钮，修剪直径为 60 的圆的下半部。单击“默认”选项卡“绘图”面板中的“面域”按钮，将多段线组成的区域创建为面域。

11 单击“三维工具”选项卡“建模”面板中的“拉伸”按钮，将面域拉伸 15，结果如图 4-92 所示。

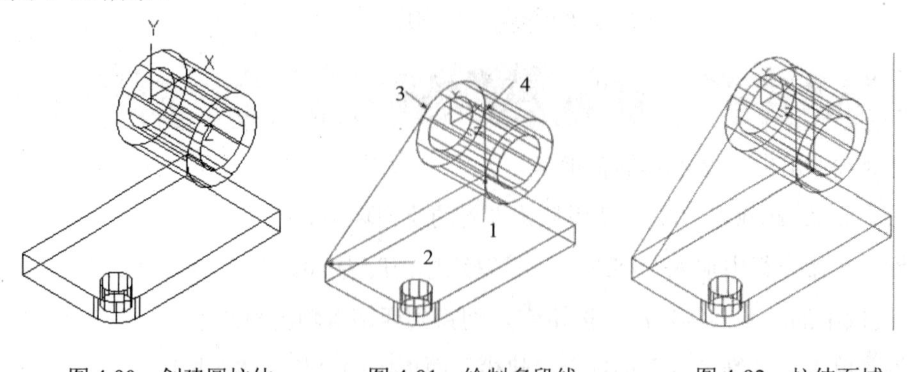

图 4-90　创建圆柱体　　　　图 4-91　绘制多段线　　　　图 4-92　拉伸面域

12 在命令行输入 UCS，将坐标原点移动到点（9，-55，15）处，并将坐标系绕 Y 轴旋转-90°。

13 单击“默认”选项卡“绘图”面板中的“多段线”按钮，在点（0，0）→（@0，30）→（@27，0）→（@0，-15）→（@38，-15）→（0，0）间绘制闭合多段线，如图 4-93 所示。

14 单击“三维工具”选项卡“建模”面板中的“拉伸”按钮，将闭合多段线拉伸-18，结果如图 4-94 所示。

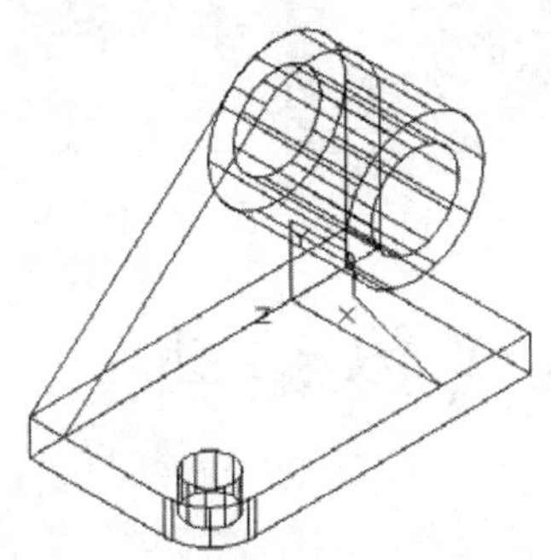

图 4-93　绘制闭合多段线

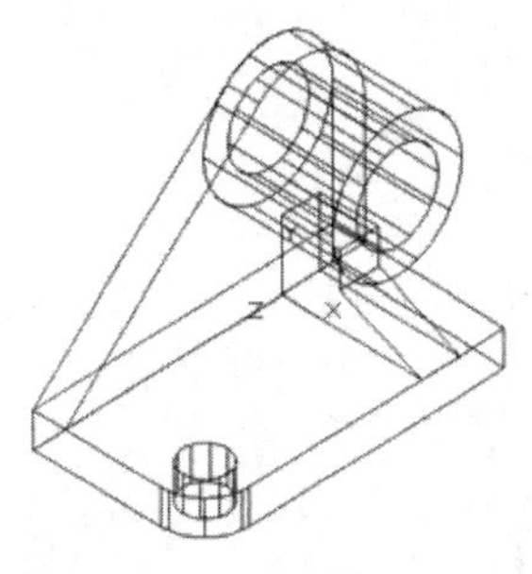

图 4-94　拉伸闭合多段线

15 单击“三维工具”选项卡“实体编辑”面板中的“并集”按钮，除去直径为 38 的圆柱体外，对所有建模进行并集运算。单击“三维工具”选项卡“实体编辑”面板中的“差集”按钮，将建模与直径为 38 的圆柱体进行差集运算。单击“视图”选项卡“视觉样式”面板中的“隐藏”按钮，进行消隐处理，结果如图 4-95 所示。

单击“可视化”选项卡“材质”面板中的“材质浏览器”按钮，选择适当的材质，结果如图 4-88 所示。

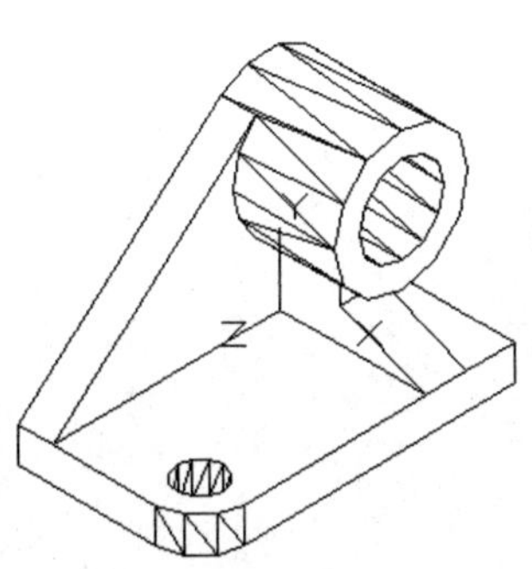

图4-95　消隐处理后的建模

第 5 章

三维实体编辑

三维实体编辑主要是对三维物体进行编辑。主要内容包括编辑三维曲面、特殊视图、编辑实体、显示形式和渲染实体，同时对消隐及渲染也进行了详细的介绍。

- 编辑三维曲面
- 特殊视图
- 编辑实体
- 显示形式
- 渲染实体

5.1 编辑三维曲面

5.1.1 三维阵列

◆执行方式

命令行：3DARRAY
菜单栏："修改"→"三维操作"→"三维阵列"
工具栏："建模"→"三维阵列"按钮

◆操作步骤

命令：_3DARRAY
选择对象：选择要阵列的对象
选择对象：选择下一个对象或按Enter键
输入阵列类型[矩形（R）/环形（P）]<矩形>：

◆选项说明

1）矩形（R）：对图形进行矩形阵列复制，是系统的默认选项。选择该选项后，命令行提示如下：

输入行数（---）<1>：输入行数
输入列数（|||）<1>：输入列数
输入层数（…）<1>：输入层数
指定行间距（---）：输入行间距
指定列间距（|||）：输入列间距
指定层间距（…）：输入层间距

2）环形（P）：对图形进行环形阵列复制。选择该选项后，命令行提示如下：

输入阵列中的项目数目：输入阵列的数目
指定要填充的角度（+=逆时针，－=顺时针）<360>：输入环形阵列的圆心角
旋转阵列对象？[是（Y）/否(N)]<是>：确定阵列上的每一个图形是否根据旋转轴线的位置进行旋转
指定阵列的中心点：输入旋转轴线上一点的坐标
指定旋转轴上的第二点：输入旋转轴线上另一点的坐标

图5-1所示为3层、3行、3列，间距分别为300的圆柱体的矩形阵列，图5-2所示为圆柱体的环形阵列。

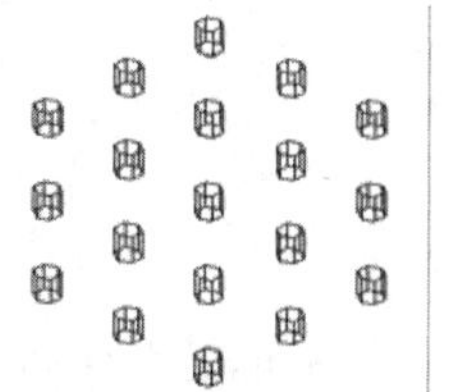

图5-1 圆柱体的矩形阵列

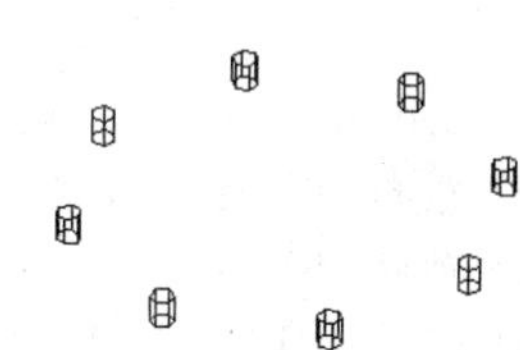

图5-2 圆柱体的环形阵列

5.1.2　实例——三脚架的绘制

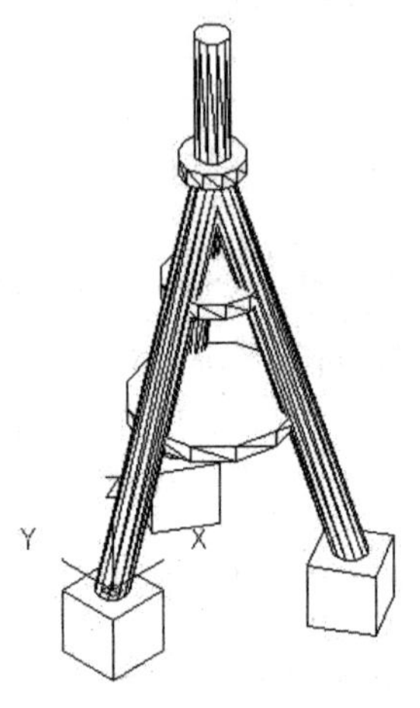

图 5-3　三脚架

绘制如图 5-3 所示的三脚架。

01 绘制三脚架的底座。

❶改变视图。单击“可视化”选项卡“命名视图”面板中的“西南等轴测”按钮。

单击“三维工具”选项卡“建模”面板中的“长方体”按钮，绘制边长为 20 的正方体，命令行提示如下：

命令：_BOX
指定第一个角点或[中心(C)]：-10,-10,-20↙
指定其他角点或[立方体(C)/长度(L)]：L↙
指定长度：20↙
指定宽度：20↙
指定高度或[两点(2P)]：20

❷选择菜单栏中的“修改”→“三维操作”→“三维阵列”命令，对三脚架的底座进行阵列。命令行提示如下：

命令：_3DARRAY
选择对象：（选择上一步绘制的正方体）↙
选择对象：↙
输入阵列类型［矩形（R）/环形（P）］〈矩形〉：P↙
输入阵列中的项目数目：3↙
指定要填充的角度（+=逆时针，-=顺时针）〈360〉：↙
旋转阵列对象？［是(Y)/否(N)］〈Y〉：↙
指定阵列的中心点：40,0,0↙
指定旋转轴上的第二点：40,0,100↙

绘制三脚架的底座，如图 5-4 所示。

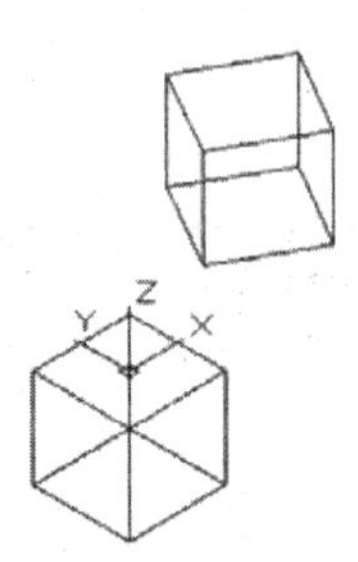

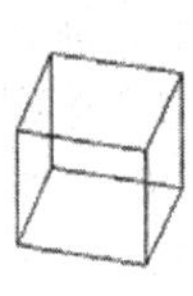
图5-4　三脚架底座图形

02 绘制三脚架的主干架。

❶单击“默认”选项卡“绘图”面板中的“圆”按钮，绘制一个圆，命令行提示如下：

命令：_CIRCLE
指定圆的圆心或［三点（3P）/两点（2P）/切点、切点、半径（T）］：0,0,0↙
指定圆的半径或［直径（D）］：5↙

❷单击“默认”选项卡“绘图”面板中的“直线”按钮，绘制一条直线，命令行提示如下：

命令：_LINE
指定第一个点：0,0,0↙
指定下一点或［放弃（U）］：40,0,120↙
指定下一点或［放弃（U）］：↙

❸单击“三维工具”选项卡“建模”面板中的“拉伸”按钮，拉伸半径为 5 的圆，命令行提示如下：

命令：_EXTRUDE

当前线框密度：ISOLINES=4，闭合轮廓创建模式 = 实体
选择要拉伸的对象或 [模式(MO)]：_MO 闭合轮廓创建模式 [实体(SO)/曲面(SU)] <实体>：_SO
选择要拉伸的对象或 [模式(MO)]：（选择半径为 5 的圆）↙
选择要拉伸的对象或 [模式(MO)]：↙
指定拉伸的高度或 [方向(D)/路径(P)/倾斜角(T)/表达式(E)]：P↙
选择拉伸路径或 [倾斜角]：（选择上一步所画的直线）

❹选择菜单栏中的“修改”→“三位操作”→“三维阵列”命令，对三脚架的主干架进行阵列，命令行提示如下：

命令：_3DARRAY
选择对象：（选择上一步拉伸创建的圆柱体） ↙
选择对象：↙
输入阵列类型 [矩形（R）/环形（P）] <矩形>：P↙
输入阵列中的项目数目：3↙
指定要填充的角度（+=逆时针，-=顺时针） <360>：↙
旋转阵列对象？ [是(Y)/否(N)] <Y>：↙
指定阵列的中心点：40,0,0↙
指定旋转轴上的第二点：40,0,100↙

绘制三脚架的主干架，如图 5-5 所示。

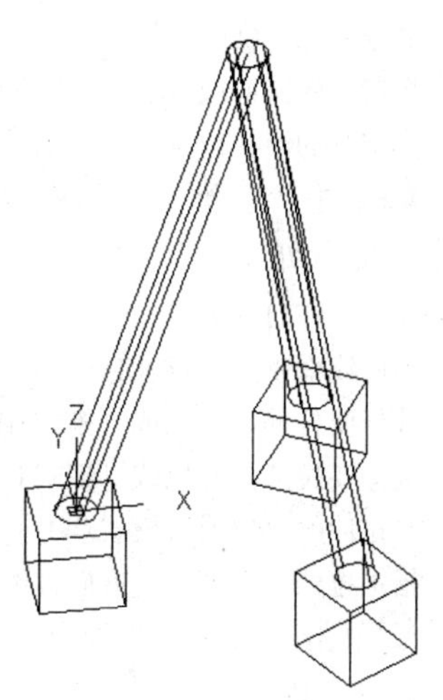

图5-5　绘制三脚架的底座

03 绘制三脚架的桁架。

❶单击“默认”选项卡“绘图”面板中的“圆”按钮，绘制一个圆，命令行提示如下：

命令：_CIRCLE
指定圆的圆心或[三点（3P）/两点（2P）/切点、切点、半径（T）]：40,0,40↙
指定圆的半径或 [直径（D）]：25↙

❷单击“三维工具”选项卡“建模”面板中的“拉伸”按钮，拉伸半径为 25 的圆，命令行提示如下：

命令：_EXTRUDE
当前线框密度：ISOLINES=4 ，闭合轮廓创建模式 = 实体
选择要拉伸的对象或 [模式(MO)]：_MO 闭合轮廓创建模式 [实体(SO)/曲面(SU)] <实体>：_SO
选择要拉伸的对象：（选择半径为 25 的圆）↙
选择要拉伸的对象：↙
指定拉伸的高度或 [方向（D）/路径（P）/倾斜角（T）]：5↙

❸单击“默认”选项卡“绘图”面板中的“圆”按钮，绘制一个圆，命令行提示如下：

命令：_CIRCLE
指定圆的圆心或 [三点（3P）/两点（2P）/切点、切点、半径（T）]：40,0,80↙
指定圆的半径或 [直径（D）]：15↙

❹单击“三维工具”选项卡“建模”面板中的“拉伸”按钮，拉伸半径为 15 的圆，命令行提示如下：

命令：_EXTRUDE
当前线框密度：ISOLINES=4，闭合轮廓创建模式 = 实体
选择要拉伸的对象或 [模式(MO)]：_MO 闭合轮廓创建模式 [实体(SO)/曲面(SU)] <实体>：_SO

选择要拉伸的对象或 [模式(MO)]：（选择半径为 15 的圆）↙
选择要拉伸的对象或 [模式(MO)]：↙
指定拉伸高度或 [方向(D)/路径(P)/倾斜角(T)/表达式(E)]<-0.8348>：5↙

结果如图 5-6 所示。

04 绘制三脚架的发射天线。

❶单击“默认”选项卡“绘图”面板中的“圆”按钮，绘制一个圆，命令行提示如下：

命令：_CIRCLE
指定圆的圆心或 [三点（3P）/两点（2P）/切点、切点、半径（T）]：40,0,120↙
指定圆的半径或 [直径（D）]：10↙

❷单击“三维工具”选项卡“建模”面板中的“拉伸”按钮，拉伸半径为 10 的圆，命令行提示如下：

命令：_EXTRUDE
当前线框密度：ISOLINES=4，闭合轮廓创建模式 = 实体
选择要拉伸的对象或 [模式(MO)]：_MO 闭合轮廓创建模式 [实体(SO)/曲面(SU)] <实体>：_SO
选择要拉伸的对象或 [模式(MO)]：（选择半径为 10 的圆）↙
要拉伸的对象或 [模式(MO)]：↙
指定拉伸的高度或 [方向（D）/路径（P）/倾斜角（T）]：5↙

❸单击“默认”选项卡“绘图”面板中的“圆”按钮，绘制一个圆，命令行提示如下：

命令：_CIRCLE
指定圆的圆心或 [三点（3P）/两点（2P）/切点、切点、半径（T）]：40,0,125↙
指定圆的半径或 [直径（D）]：5↙

❹单击“三维工具”选项卡“建模”面板中的“拉伸”按钮，拉伸半径为 5 的圆，命令行提示如下：

命令：_CIRCLE
当前线框密度：ISOLINES=4，闭合轮廓创建模式 = 实体
选择要拉伸的对象或 [模式(MO)]：_MO 闭合轮廓创建模式 [实体(SO)/曲面(SU)] <实体>：_SO
选择要拉伸的对象或 [模式(MO)]：（选择半径为 5 的圆）↙
要拉伸的对象或 [模式(MO)]：↙
拉伸的高度或 [方向(D)/路径(P)/倾斜角(T)/表达式(E)] <5.0000>：40↙

绘制三脚架的发射天线，如图 5-7 所示。

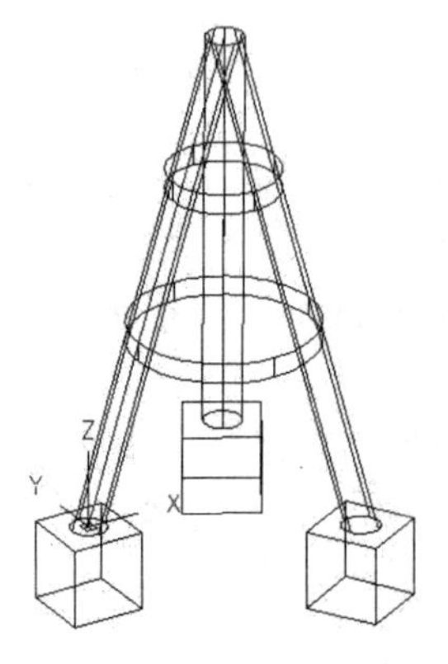

图 5-6 绘制三脚架的桁架

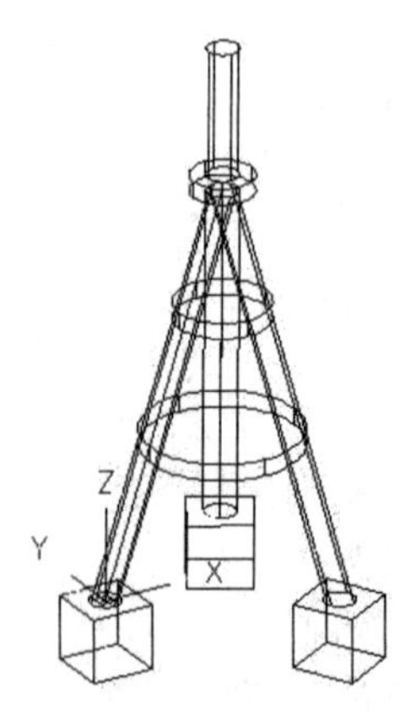

图 5-7 绘制三脚架的发射天线

05 单击“视图”选项卡“视觉样式”面板中的“隐藏”按钮，消隐上一步所做的图形，结果如图 5-7 所示。

5.1.3　三维镜像

◆执行方式

命令行：MIRROR3D
菜单栏：“修改”→“三维操作”→“三维镜像”

◆操作步骤

```
命令：_MIRROR3D
选择对象：选择要镜像的对象
选择对象：选择下一个对象或按 Enter 键
指定镜像平面 (三点) 的第一个点或[对象(O)/最近的(L)/Z 轴(Z)/视图(V)/XY 平面(XY)/YZ 平面(YZ)/ZX 平面(ZX)/三点(3)] <三点>：
在镜像平面上指定第一点：
```

◆选项说明

1）点：输入镜像平面上点的坐标。该选项通过三个点确定镜像平面，是系统的默认选项。

2）Z 轴（Z）：利用指定的平面作为镜像平面。

在镜像平面上指定第一点：输入镜像平面上第一点的坐标。

在镜像平面的 Z 轴（法向）上指定点：输入与镜像平面垂直的任意一条直线上任意一点的坐标。

是否删除源对象？[是（Y）/否（N）]：根据需要确定是否删除源对象。

3）视图（V）：指定一个平行于当前视图的平面作为镜像平面。

4）XY（YZ、ZX）平面：指定一个平行于当前坐标系 XY（YZ、ZX）的平面作为镜像平面。

5.1.4　实例——手推车小轮的绘制

绘制如图 5-8 所示的手推车小轮。

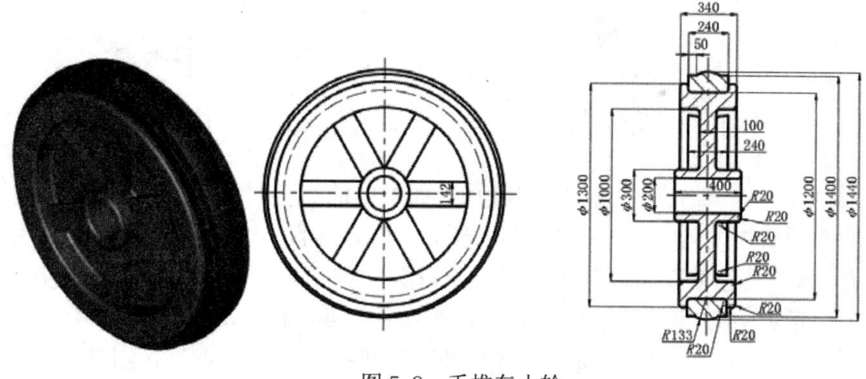

图 5-8　手推车小轮

01 单击“默认”选项卡“绘图”面板中的“直线”按钮╱，指定坐标点为（-200, 100）、（@0, 50）、（@150, 0）、（@0, 350）、（@-120, 0）、（@0, 150）、（@50, 0）、（@0, -50）、（@240, 0）、（@0, 50）、（@50, 0）、（@0, -150）、（@-120, 0）、（@0, -350）、（@150, 0）、（@0, -50），绘制连续直线，如图 5-9 所示。

02 单击“默认”选项卡“修改”面板中的“圆角”按钮，将圆角半径设为 20，进行圆角操作，如图 5-10 所示。

03 单击“默认”选项卡“修改”面板中的“编辑多段线”按钮，将连续直线合并为多段线。

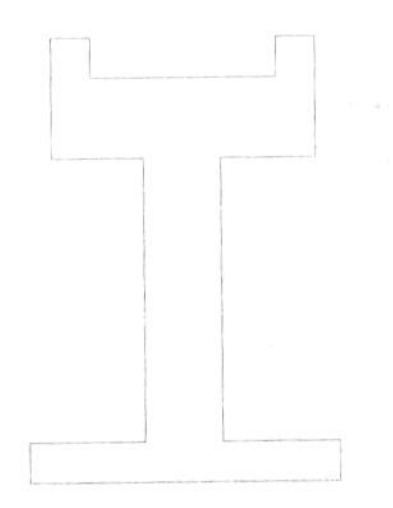

图 5-9 绘制连续直线

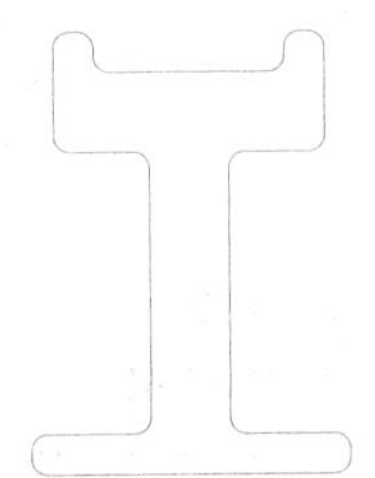

图 5-10 圆角操作

04 单击“三维工具”选项卡“建模”面板中的“旋转”按钮，选择上步合并的多段线绕 X 轴旋转 360°。将当前视图设置为西南等轴测视图，如图 5-11 所示。

05 单击“默认”选项卡“绘图”面板中的“三维多段线”按钮，命令行提示如下：

```
命令：_3DPOLY
指定多段线的起点：-150,50,140↙
指定直线的端点或 [放弃(U)]：@0,0,400↙
指定直线的端点或 [放弃(U)]：@0,-100,0↙
指定直线的端点或 [闭合(C)/放弃(U)]：@0,0,-400↙
指定直线的端点或 [闭合(C)/放弃(U)]：c↙
```

绘制三维多段线，结果如图 5-12 所示。

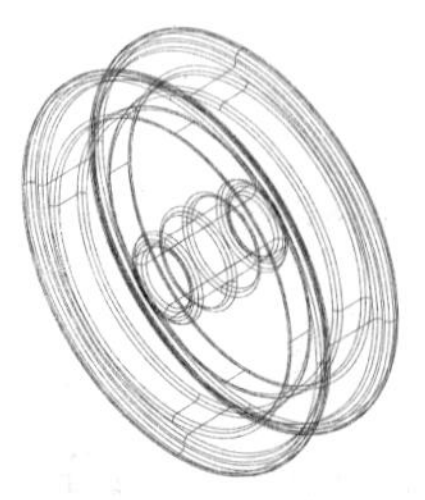

图 5-11 旋转图形

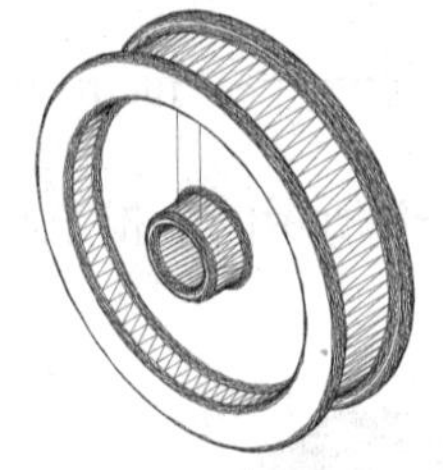

图 5-12 绘制三维多段线

06 单击“三维工具”选项卡“建模”面板中的“拉伸”按钮，选择上述绘制的图形，指定拉伸的倾斜角度为-10°，拉伸的高度为-120，如图 5-13 所示。

07 单击“建模”工具栏中的“三维阵列”按钮，选择上述拉伸创建的轮辐，矩形阵列 6 个，指定中心点（0, 0, 0），旋转轴第二点（-50, 0, 0），如图 5-14 所示。

08 单击“可视化”选项卡“命名视图”面板中的“前视”按钮，将当前视图设为主视图；再单击“默认”选项卡“修改”面板中的“移动”按钮✥，选择轮辐，指定基点{(0,0,0)(150,0,0)}进行移动并进行消隐处理如图 5-15 所示。

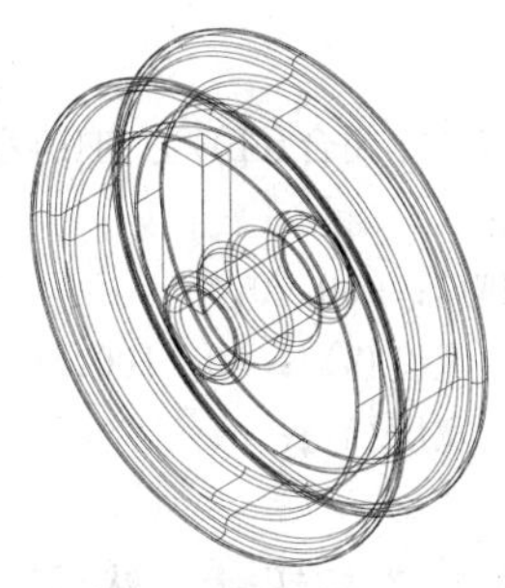

图 5-13　拉伸创建轮辐

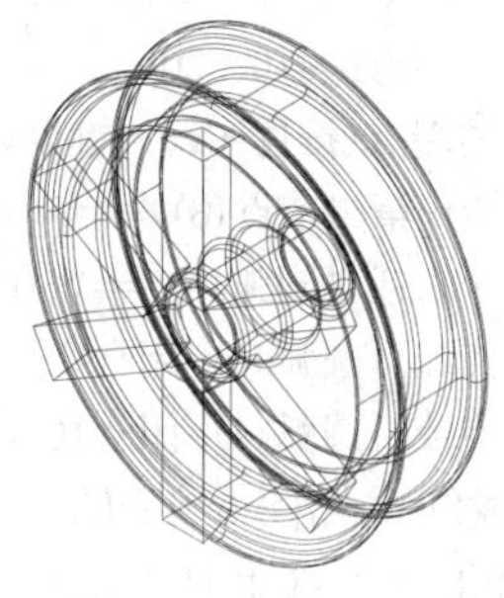

图 5-14　三维阵列轮辐

09 选择菜单中的“修改”→“三维操作”→“三维镜像”命令，命令行提示如下：

命令：_MIRROR3D

选择对象：（选择上述做了移动的轮辐）↙

选择对象：↙

指定镜像平面（三点）的第一个点或[对象(O)/最近的(L)/Z 轴(Z)/视图(V)/XY 平面(XY)/YZ 平面(YZ)/ZX 平面(ZX)/三点(3)]〈三点〉：yz↙

指定 XY 平面上的点〈0,0,0〉：↙

是否删除源对象？[是(Y)/否(N)]〈否〉：↙

镜像实体如图 5-16 所示。

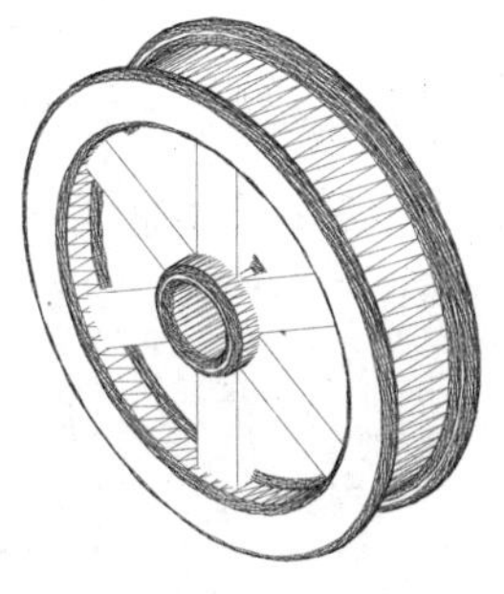

图 5-15　移动轮辐

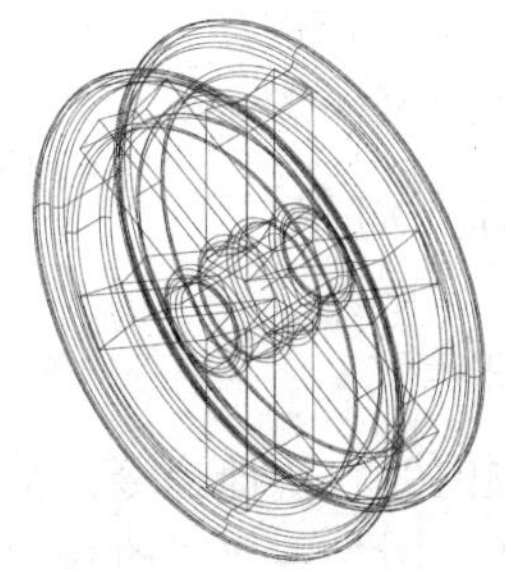

图 5-16　镜像实体

10 单击“可视化”选项卡“命名视图”面板中的“俯视”按钮，将当前视图设为俯视图。单击“默认”选项卡“绘图”面板中的“多段线”按钮，命令行提示如下：

命令：_PLINE

指定起点：220,600↙

当前线宽为 0.0000

指定下一个点或 [圆弧(A)/半宽(H)/长度(L)/放弃(U)/宽度(W)]：@0,100↙

指定下一点或 [圆弧(A)/闭合(C)/半宽(H)/长度(L)/放弃(U)/宽度(W)]：@50,0↙

指定下一点或 [圆弧(A)/闭合(C)/半宽(H)/长度(L)/放弃(U)/宽度(W)]：a↙

指定圆弧的端点(按住 Ctrl 键以切换方向)或[角度(A)/圆心(CE)/闭合(CL)/方向(D)/半宽(H)/直线(L)/半径(R)/第二个点(S)/放弃(U)/

宽度(W)]：s↙

指定圆弧上的第二个点：@70,20↙

指定圆弧的端点：@70,-20↙

指定圆弧的端点(按住 Ctrl 键以切换方向)或[角度(A)/圆心(CE)/闭合(CL)/方向(D)/半宽(H)/直线(L)/半径(R)/第二个点(S)/放弃(U)/宽度(W)]：l↙

指定下一个点或 [圆弧(A)/半宽(H)/长度(L)/放弃(U)/宽度(W)]：@50, 0↙

指定下一点或 [圆弧(A)/闭合(C)/半宽(H)/长度(L)/放弃(U)/宽度(W)]：@0,-100↙

指定下一点或 [圆弧(A)/闭合(C)/半宽(H)/长度(L)/放弃(U)/宽度(W)]：c↙

绘制多段线，如图 5-17 所示。

11 单击“三维工具”选项卡“建模”面板中的“旋转”按钮，然后选择多段线绕 X 轴旋转 360°，绘制轮胎，如图 5-18 所示。

12 单击“默认”选项卡“修改”面板中的“移动”按钮，将轮胎移动到合适位置，然后单击“可视化”选项卡“命名视图”面板中的“西南等轴测”按钮，将当前视图设为西南等轴测视图，绘制完成的手推车小轮如图 5-19 所示。

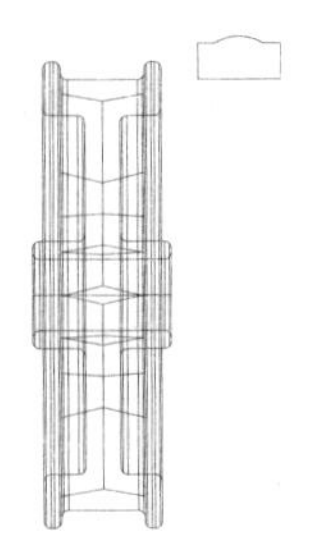

图 5-17　绘制多段线

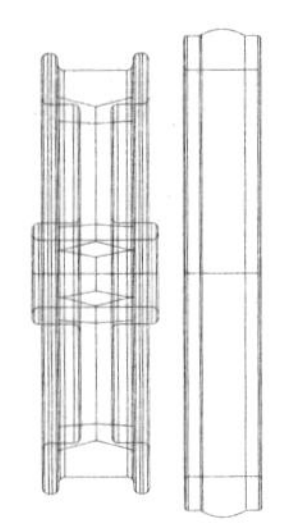

图 5-18　绘制轮胎

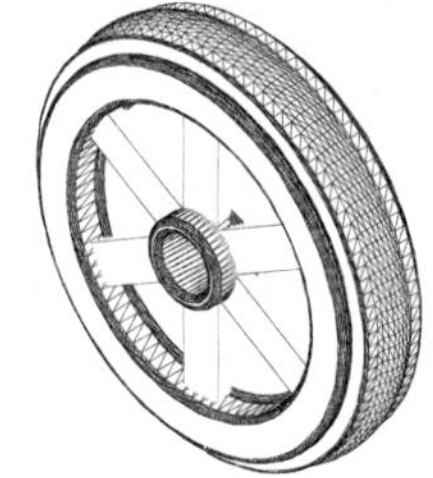

图 5-19　手推车小轮

5.1.5　对齐对象

◆执行方式

命令行：ALIGN（快捷命令：AL）

菜单栏：“修改”→“三维操作”→“对齐”

◆操作步骤

命令：_align

选择对象：选择要对齐的对象

选择对象：选择下一个对象或按 Enter 键

指定一对、两对或三对点，将选定对象对齐。

指定第一个源点：选择点 1

指定第一个目标点：选择点 2

指定第二个源点：↙

对齐结果如图 5-20 所示。两对点和三对点与一对点的情形类似。

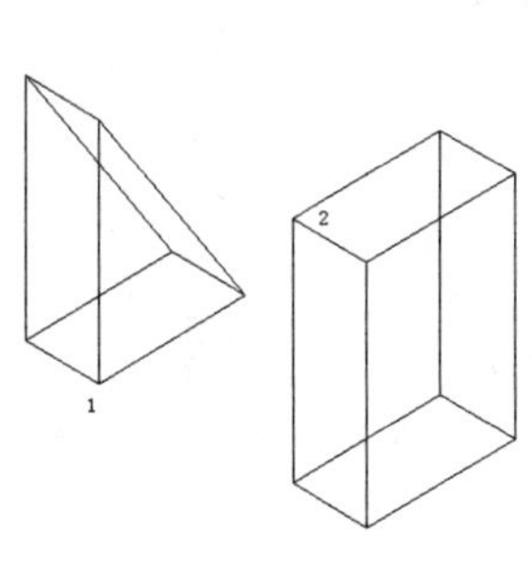

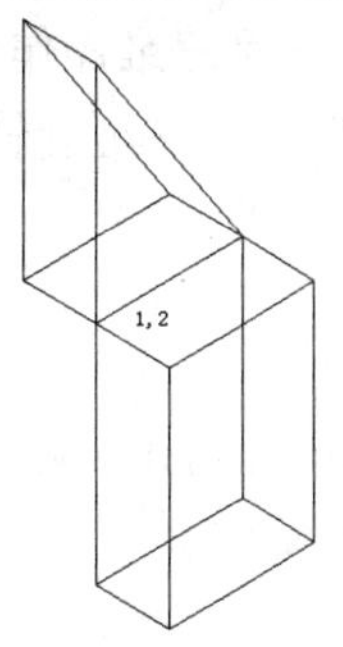

对齐前　　　　对齐后

图 5-20　一对点对齐

5.1.6　三维移动

◆执行方式

命令行：3DMOVE
菜单栏：“修改”→“三维操作”→“三维移动”
工具栏：“建模”→“三维移动”按钮

◆操作步骤

命令：_3DMOVE
选择对象：找到 1 个
选择对象：↙
指定基点或［位移(D)］〈位移〉：指定基点
指定第二个点或〈使用第一个点作为位移〉：指定第二点

其操作方法与二维移动命令类似，图 5-21 所示为将滚珠从轴承中移出的效果。

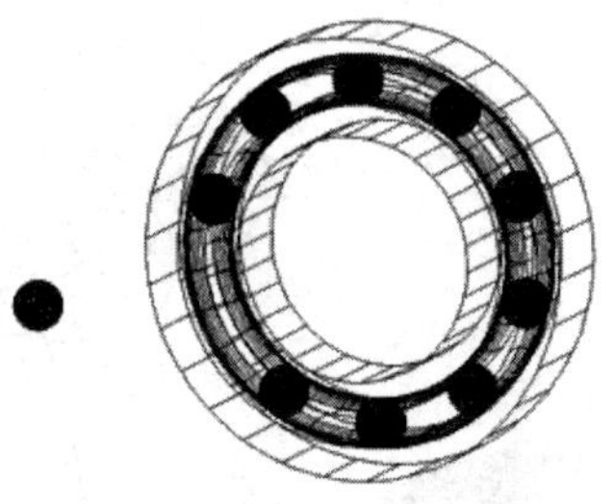

图 5-21　将滚珠从轴承中移出的效果

5.1.7　三维旋转

◆执行方式

命令行：3DROTATE

菜单栏：“修改”→“三维操作”→“三维旋转”
工具栏：“建模”→“三维旋转”按钮

◆操作步骤

```
命令：_3DROTATE
UCS 当前的正角方向： ANGDIR=逆时针  ANGBASE=0
选择对象：选择一个滚珠
选择对象：↙
指定基点：指定圆心位置
拾取旋转轴：选择如图 5-22 所示的轴
指定角的起点：选择如图 5-22 所示的中心点
指定角的端点：指定另一点
```

旋转结果如图 5-23 所示。

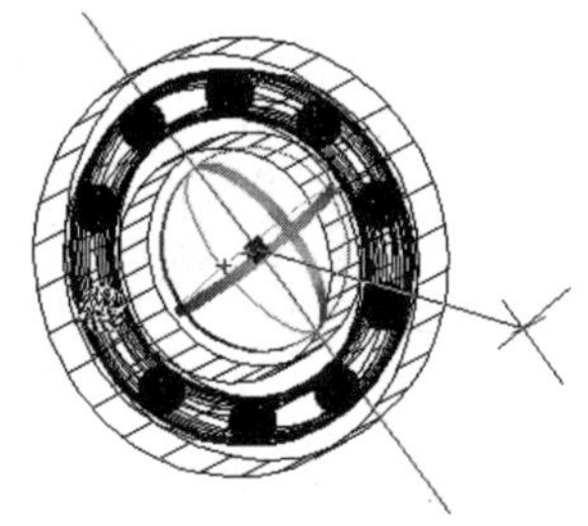

图 5-22　选择对象

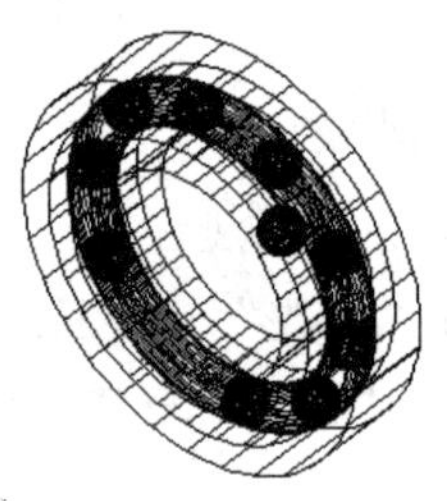

图 5-23　旋转结果

5.1.8　实例——弯管的绘制

绘制如图 5-24 所示的弯管。

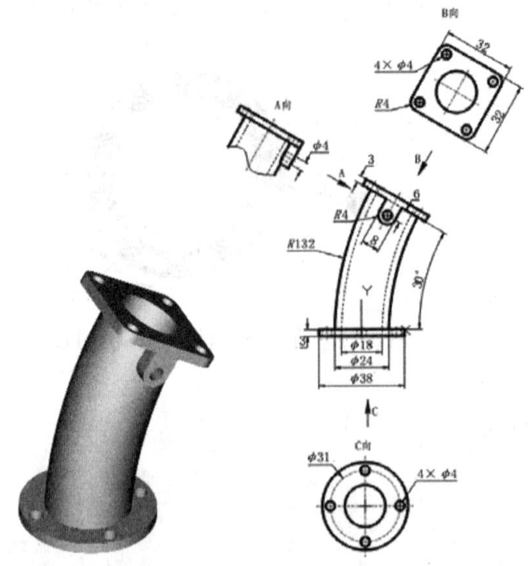

图 5-24　弯管

01 启动 AutoCAD2022，使用默认设置的绘图环境。

02 在命令行中输入 ISOLINES，设置线框密度为 10。切换视图到西南等轴测图。

03 单击“三维工具”选项卡“建模”面板中的“圆柱体”按钮，以坐标原点为圆心底面中心点，创建直径为 38、高度为 3 的圆柱体。

04 单击“默认”选项卡“绘图”面板中的“圆”按钮，以原点为圆心，分别绘制直径为 31、24、18 的圆。

05 单击“三维工具”选项卡“建模”面板中的“圆柱体”按钮，以⌀31 的象限点为圆心底面中心点，创建半径为 2、高度为 3 的圆柱体。

06 单击“默认”选项卡“修改”面板中的“环形阵列”按钮，将创建的半径为 2 的圆柱体进行环形阵列。阵列中心为坐标原点，项目数为 4，填充角度为 360°，如图 5-25 所示。

07 单击“三维工具”选项卡“实体编辑”面板中的“差集”按钮，对外形圆柱体与阵列圆柱体进行差集运算。

08 切换视图到主视图。单击“默认”选项卡“绘图”面板中的“圆弧”按钮，以坐标原点为起始点，绘制半径为 120、角度为-30 的圆弧，结果如图 5-26 所示。

09 切换视图到西南等轴测视图。单击“三维工具”选项卡“建模”面板中的“拉伸”按钮，采用路径拉伸方式，分别将直径为 24 及 18 的圆沿着绘制的圆弧拉伸，结果如图 5-27 所示。

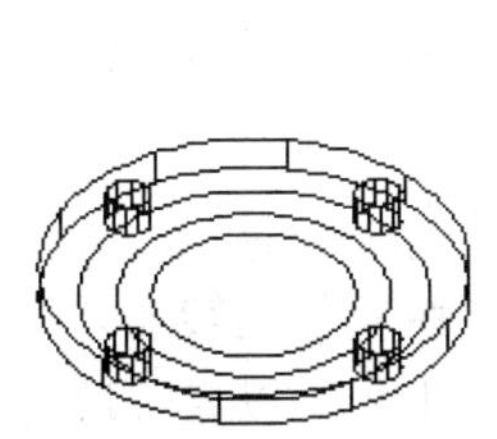

图 5-25　阵列圆柱体

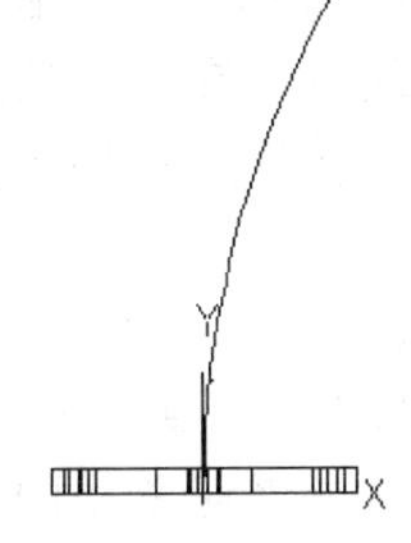

图 5-26　绘制圆弧

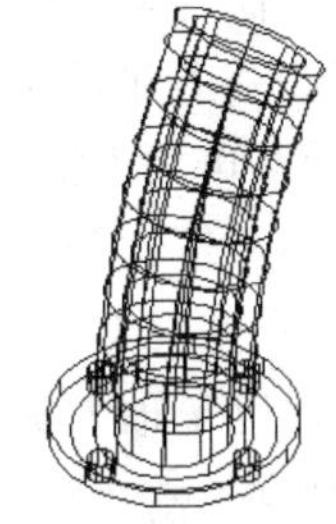

图 5-27　拉伸圆

10 单击“三维工具”选项卡“实体编辑”面板中的“并集”按钮，对底座与由直径为 24 的圆拉伸形成的实体进行并集运算。

11 单击“三维工具”选项卡“建模”面板中的“长方体”按钮，在创建的实体外部，创建长度为 32、宽度为 3、高度为 32 的长方体；接续该长方体，向下创建长度为 8、宽度为 6、高度为-16 的长方体。

12 单击“三维工具”选项卡“建模”面板中的“圆柱体”按钮，以长度为 8 的长方体前端面底边中点为底面中心点，创建半径分别为 4、2，高度为-16 的圆柱体。

13 单击“三维工具”选项卡“实体编辑”面板中的“并集”按钮，将两个长方体和半径为 4 的圆柱体进行并集运算，单击“三维工具”选项卡“实体编辑”面板中的“差集”按钮，对并集后的图形与半径为 2 的圆柱体进行差集运算，创建弯管顶面，如图 5-28 所示。

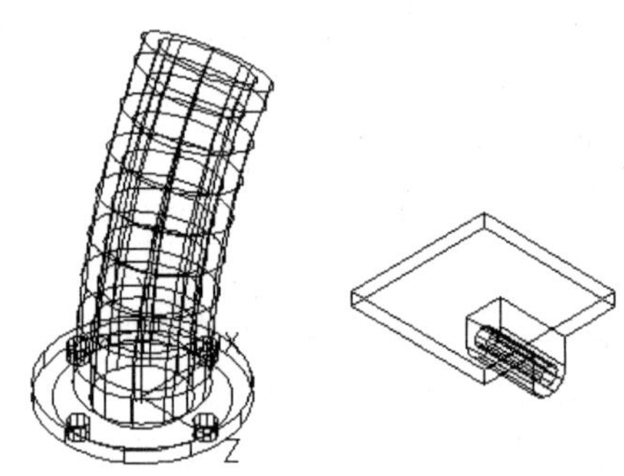

图 5-28　创建弯管顶面

14 单击“默认”选项卡“修改”面板中的“圆角”按钮，对弯管顶面长方体进行圆角操作，圆角半径为 4。

15 将用户坐标系设置为世界坐标系，创建弯管顶面圆柱孔。单击“三维工具”选项卡“建模”面板中的“圆柱体”按钮，捕捉圆角圆心为中心点，创建半径为 2、高度为-3 的圆柱体。

16 单击“默认”选项卡“修改”面板中的“复制”按钮，分别复制半径为 2 的圆柱体到圆角的中心。

17 单击“三维工具”选项卡“实体编辑”面板中的“差集”按钮，对创建的弯管顶面与半径为 2 的圆柱体进行差集运算。单击“视图”选项卡“视觉样式”面板中的“隐藏”按钮，进行消隐处理后的弯管顶面如图 5-29 所示。

18 单击“默认”选项卡“绘图”面板中的“构造线”按钮，过弯管顶面边的中点，分别绘制两条辅助线，如图 5-30 所示。

19 选择菜单栏中的“修改”→“三维操作”→“三维旋转”命令，选择弯管顶面及辅助线，以 Y 轴为旋转轴，以辅助线的交点为旋转轴上的点，将实体旋转-30°。

20 单击“默认”选项卡“修改”面板中的“移动”按钮，以弯管顶面辅助线的交点为基点，将其移动到弯管上部圆心处，结果如图 5-31 所示。

21 单击“三维工具”选项卡“实体编辑”面板中的“并集”按钮，对弯管顶面及弯管与拉伸直径为 24 的圆并集生成实体。

22 单击“三维工具”选项卡“实体编辑”面板中的“差集”按钮，对上部并集生成的实体与拉伸直径为 18 的圆进行差集运算。

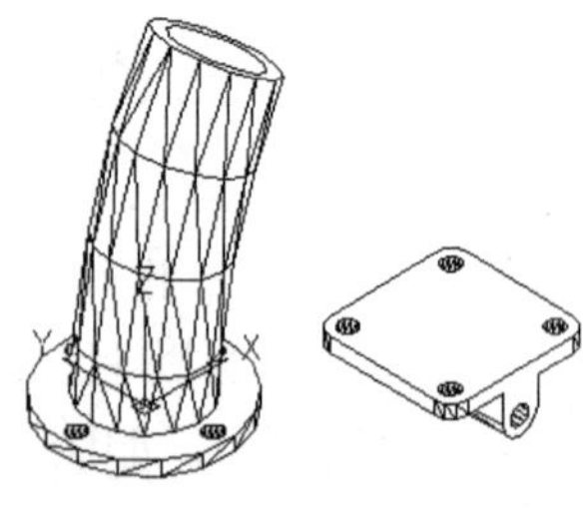

图 5-29　弯管顶面

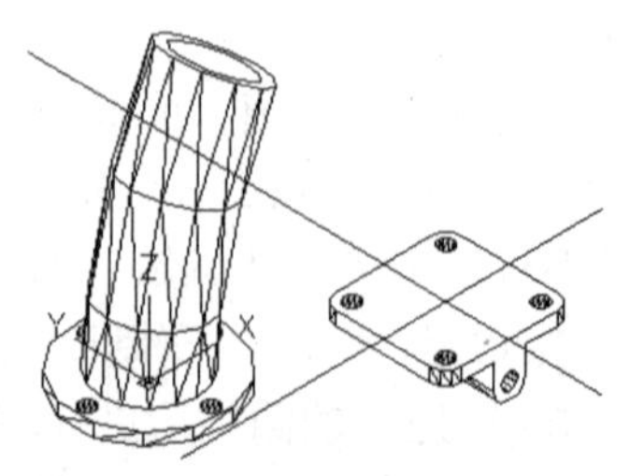

图 5-30　绘制辅助线

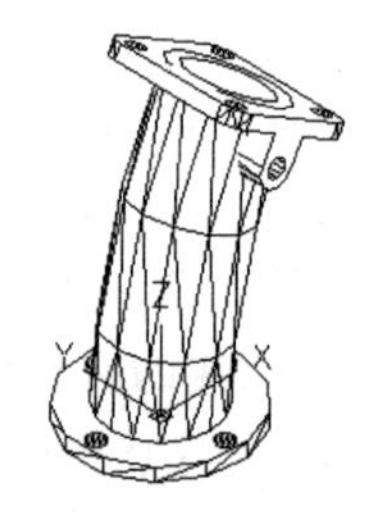

图 5-31　移动弯管顶面

23 单击“默认”选项卡“修改”面板中的“删除”按钮，删除绘制的辅助线及辅助圆。

单击“可视化”选项卡“材质”面板中的“材质浏览器”按钮，选择适当的材质对图形进行渲染；单击“可视化”选项卡“渲染”面板中的“渲染到尺寸”按钮，渲染图形，渲染后的弯管如图 5-24 所示。

5.2 特殊视图

5.2.1 剖切

◆执行方式

命令行：SLICE（快捷命令：SL）
菜单栏：“修改”→“三维操作”→“剖切”
功能区：单击“三维工具”选项卡“实体编辑”面板中的“剖切”按钮

◆操作步骤

命令：_SLICE
选择要剖切的对象：选择要剖切的实体
选择要剖切的对象：继续选择或按 Enter 键结束选择
指定切面的起点或 [平面对象(O)/曲面(S)/Z 轴(Z)/视图(V)/XY(XY)/YZ(YZ)/ZX(ZX)/三点(3)] <三点>：
指定平面上的第二个点：

◆选项说明

1）平面对象（O）：将所选对象的所在平面作为剖切面。
2）曲面（S）：将剪切平面与曲面对齐。
3）视图（V）：以平行于当前视图的平面作为剖切面。
4）XY（XY）/YZ（YZ）/ZX（ZX）：将剖切平面与当前用户坐标系（UCS）的 XY 平面/YZ 平面/ZX 平面对齐。
5）三点（3）：根据空间的 3 个点确定的平面作为剖切面。确定剖切面后，系统会提示保留一侧或两侧。

图 5-32 所示为剖切三维实体的效果。

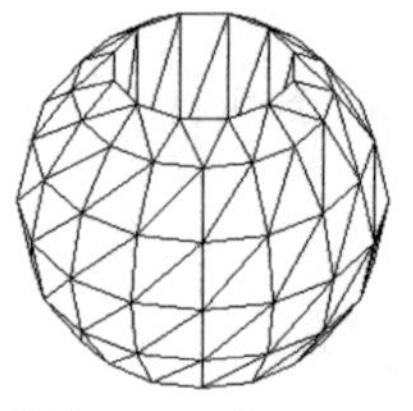
剖切前的三维实体

剖切后的实体

图 5-32 剖切三维实体的效果

5.2.2 剖切截面

◆执行方式

命令行：SECTION（快捷命令：SEC）

◆操作步骤

命令：_SECTION
选择对象：选择要剖切的实体
指定截面平面上的第一个点，依照［对象(O)/Z 轴(Z)/视图(V)/XY/YZ/ZX/三点(3)］<三点>：指定一点或输入一个选项

图 5-33 所示为断面图形。

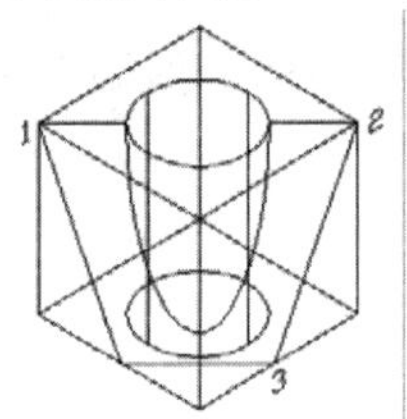

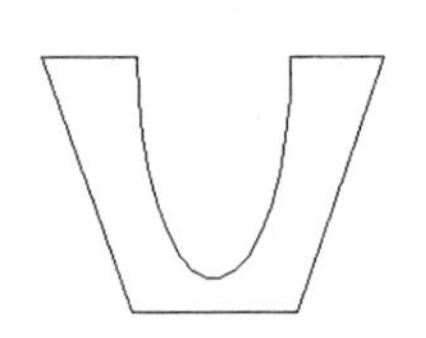
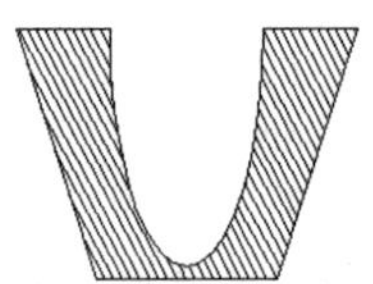

剖切平面与断面　　移出的断面图形　　填充剖面线的断面图形

图 5-33　断面图形

5.2.3 截面平面

通过截面平面功能可以创建实体对象的二维截面平面或三维截面实体。

◆执行方式

命令行：SECTIONPLANE
菜单栏：“绘图”→“建模”→“截面平面”
功能区：单击“三维工具”选项卡“截面”面板中的“截面平面”按钮

◆操作步骤

命令：_SECTIONPLANE
选择面或任意点以定位截面线或［绘制截面(D)/正交(O)/类型(T)］：

◆选项说明

1．选择面或任意点以定位截面线

选择绘图区的任意点（不在面上）可以创建独立于实体的截面对象。第一点可创建截面对象旋转所围绕的点，第二点可创建截面对象。图 5-34 所示为在手柄主视图上指

图 5-34　创建截面平面

定两点创建一个截面平面。图 5-35 所示为转换到西南等轴测视图的情形。图中半透明的平面为活动截面，实线为截面控制线。

单击活动截面，显示编辑夹点，如图 5-36 所示，其功能分别介绍如下：

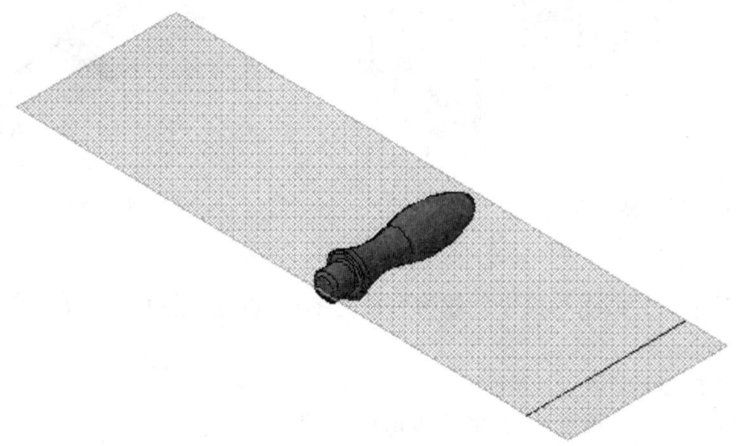

图 5-35　转换到西南等轴测视图

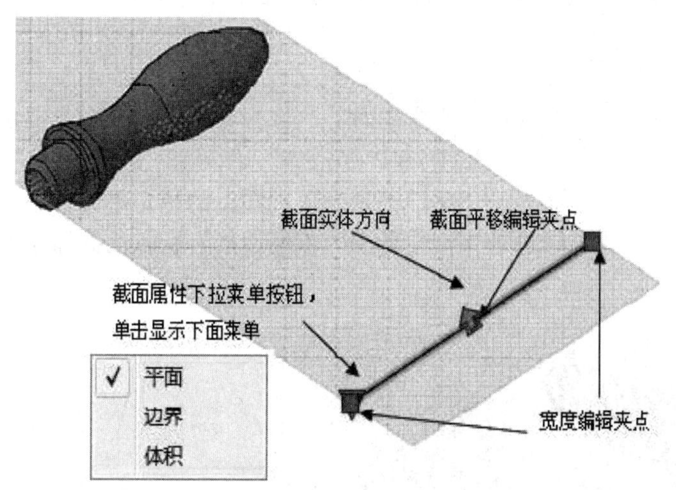

图 5-36　截面编辑夹点

1）截面实体方向：表示生成截面实体时所要保留的一侧，单击该箭头，则反向。

2）截面平移编辑夹点：选择并拖动该夹点，截面沿其法向平移。

3）宽度编辑夹点：选择并拖动该夹点，可以调节截面宽度。

4）截面属性下拉菜单按钮：单击该按钮，显示当前截面的属性，包括截面平面（见图 5-36）、截面边界（见图 5-37）、截面体积（见图 5-38）3 种，分别显示截面平面相关操作的作用范围。调节相关夹点，可以调整范围。

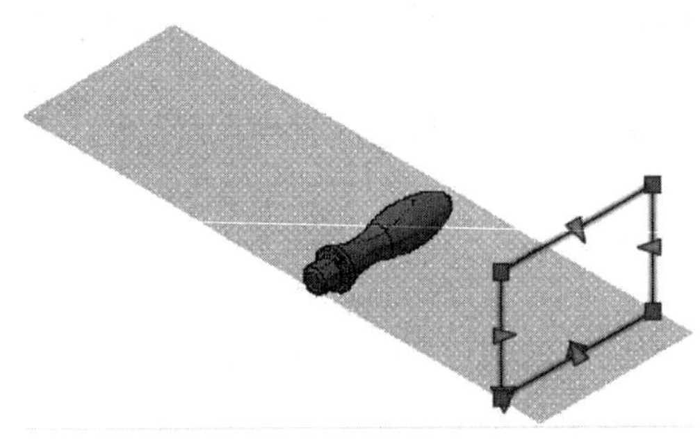

图 5-37　截面边界

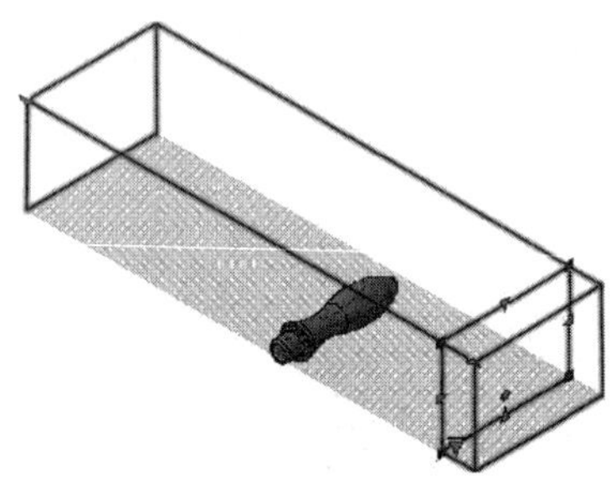

图 5-38　截面体积

2．绘制截面（D）

定义具有多个点的截面对象以创建带有折弯的截面线。选择该选项，命令行提示如下：

指定起点：指定点1

指定下一点：指定点2

指定下一点或按 Enter 键完成：指定点3或按 Enter 键

按截面视图的方向指定点:指定点以指示剪切平面的方向

该选项将创建处于“截面边界”状态的截面对象，并且活动截面会关闭，该截面线可以带有折弯，如图5-39所示。

图5-48所示为按如图5-39设置截面生成的三维截面对象，图5-40所示为对应的二维截面。

3．正交（O）

将截面对象与相对于 UCS 的正交方向对齐。选择该选项，命令行提示如下：

将截面对齐至 [前(F)/后(B)/顶部(T)/底部(B)/左(L)/右(R)]:

选择该选项后，将以相对于 UCS（不是当前视图）的指定方向创建截面对象，并且该对象将包含所有三维对象。该选项将创建处于“截面边界”状态的截面对象，并且活动截面会打开。

图 5-39　折弯截面

图 5-40　三维截面对象

选择该选项，可以很方便地创建工程制图中的剖视图。UCS 处于如图5-41所示的位置，图5-42所示为对应的左向截面。

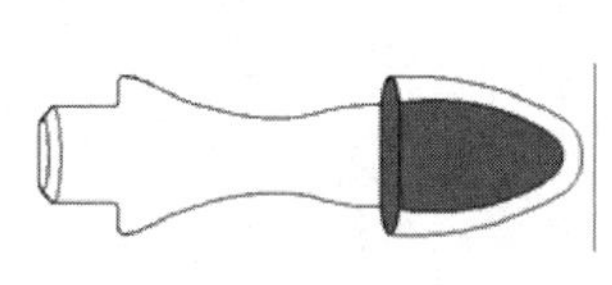
图 5-41　二维截面

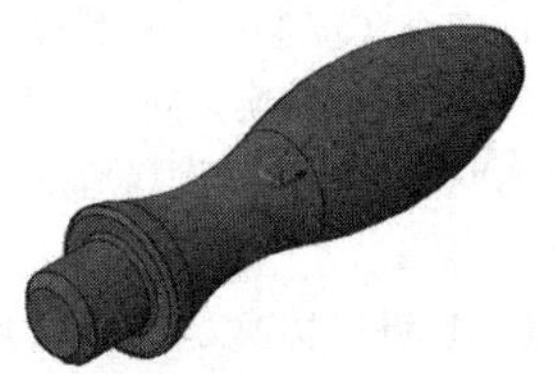
图 5-42　UCS 位置

图 5-43　左向截面

4. 类型(T)

在创建截面平面时，指定平面、切片、边界或体积作为参数。选择该选项，命令行提示与操作如下。

输入截面平面类型 [平面(P)/切片(S)/边界(B)/体积(V)] <平面(P)>：

1）平面(P)：指定三维实体的平面线段、曲面、网格或点云并放置截面平面。

2）切片(S)：选择具有三维实体深度的平面线段、曲面、网格或点云以放置截面平面。

3）边界(B)：选择三维实体的边界、曲面、网格或点云并放置截面平面。

4）体积(V)：创建有边界的体积截面平面。

5.2.4　实例——连接轴环的绘制

绘制如图 5-44 所示连接轴环。

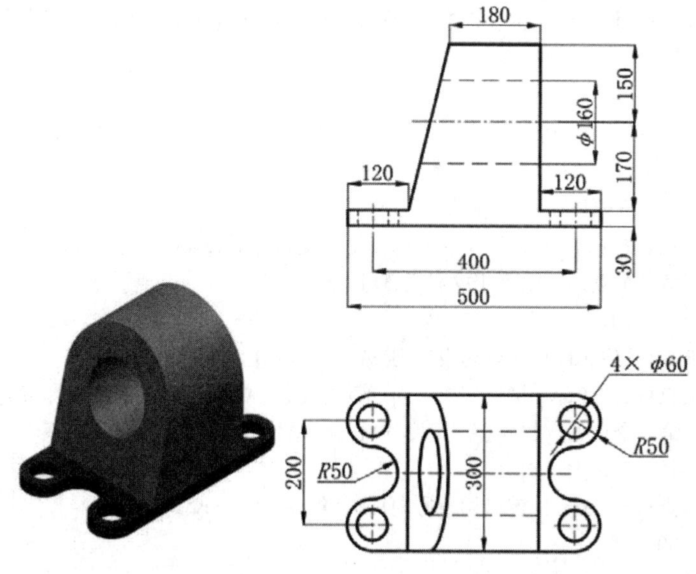

图 5-44　连接轴环

01 单击“默认”选项卡“绘图”面板中的“多段线”按钮，命令行提示如下：

命令：_pline

指定起点：-200,150↙

当前线宽为 0.0000

指定下一个点或 [圆弧(A)/半宽(H)/长度(L)/放弃(U)/宽度(W)]：@400,0↙
指定下一点或 [圆弧(A)/闭合(C)/半宽(H)/长度(L)/放弃(U)/宽度(W)]：a↙
指定圆弧的端点(按住 Ctrl 键以切换方向)或[角度(A)/圆心(CE)/闭合(CL)/方向(D)/半宽(H)/直线(L)/半径(R)/第二个点(S)/放弃(U)/宽度(W)]：r↙
指定圆弧的半径：50↙
指定圆弧的端点(按住 Ctrl 键以切换方向)或 [角度(A)]：a↙
指定夹角：-180↙
指定圆弧的弦方向(按住 Ctrl 键以切换方向) <0>：-90↙
指定圆弧的端点(按住 Ctrl 键以切换方向)或[角度(A)/圆心(CE)/闭合(CL)/方向(D)/半宽(H)/直线(L)/半径(R)/第二个点(S)/放弃(U)/宽度(W)]：r↙
指定圆弧的半径：50↙
指定圆弧的端点(按住 Ctrl 键以切换方向)或 [角度(A)]：@0,-100↙
指定圆弧的端点(按住 Ctrl 键以切换方向)或[角度(A)/圆心(CE)/闭合(CL)/方向(D)/半宽(H)/直线(L)/半径(R)/第二个点(S)/放弃(U)/宽度(W)]：r↙
指定圆弧的半径：50↙
指定圆弧的端点(按住 Ctrl 键以切换方向)或 [角度(A)]：a↙
指定夹角：-180↙
指定圆弧的弦方向(按住 Ctrl 键以切换方向) <0>：-90↙
指定圆弧的端点(按住 Ctrl 键以切换方向)或[角度(A)/圆心(CE)/闭合(CL)/方向(D)/半宽(H)/直线(L)/半径(R)/第二个点(S)/放弃(U)/宽度(W)]：l↙
指定下一点或 [圆弧(A)/闭合(C)/半宽(H)/长度(L)/放弃(U)/宽度(W)]：@-400,0↙
指定下一点或 [圆弧(A)/闭合(C)/半宽(H)/长度(L)/放弃(U)/宽度(W)]：a↙
指定圆弧的端点(按住 Ctrl 键以切换方向)或[角度(A)/圆心(CE)/闭合(CL)/方向(D)/半宽(H)/直线(L)/半径(R)/第二个点(S)/放弃(U)/宽度(W)]：r↙
指定圆弧的半径：50↙
指定圆弧的端点(按住 Ctrl 键以切换方向)或 [角度(A)]：a↙
指定夹角：-180↙
指定圆弧的弦方向(按住 Ctrl 键以切换方向)<180>：90↙
指定圆弧的端点(按住 Ctrl 键以切换方向)或[角度(A)/圆心(CE)/闭合(CL)/方向(D)/半宽(H)/直线(L)/半径(R)/第二个点(S)/放弃(U)/宽度(W)]：r↙
指定圆弧的半径：50↙
指定圆弧的端点(按住 Ctrl 键以切换方向)或 [角度(A)]：@0,100↙
指定圆弧的端点(按住 Ctrl 键以切换方向)或[角度(A)/圆心(CE)/闭合(CL)/方向(D)/半宽(H)/直线(L)/半径(R)/第二个点(S)/放弃(U)/宽度(W)]：r↙
指定圆弧的半径：50↙
指定圆弧的端点(按住 Ctrl 键以切换方向)或 [角度(A)]：a↙
指定夹角：-180↙
指定圆弧的弦方向(按住 Ctrl 键以切换方向) <180>：90↙
指定圆弧的端点(按住 Ctrl 键以切换方向)或[角度(A)/圆心(CE)/闭合(CL)/方向(D)/半宽(H)/直线(L)/半径(R)/第二个点(S)/放弃(U)/宽度(W)]：↙

绘制如图 5-45 所示多段线。

02 单击“默认”选项卡“绘图”面板中的“圆”按钮，以（-200，-100）为圆心底面中心点，以 30 为半径绘制圆。绘制结果如图 5-46 所示。

03 单击“默认”选项卡“修改”面板中的“矩形阵列”按钮，设为矩形阵列.阵列对象选择圆，设为两行两列，选择行偏移为 200，列偏移为 400，如图 5-47 所示。

04 单击“三维工具”选项卡“建模”面板中的“拉伸”按钮，拉伸高度为 30。单击“视图”选项卡“命名视图”面板中的“西南等轴测”按钮，切换视图，如图 5-48 所示。

05 单击“三维工具”选项卡“实体编辑”面板中的“差集”按钮，对多段线生成的柱体与 4 个圆柱体进行差集运算，并进行消隐处理，如图 5-49 所示。

06 单击“三维工具”选项卡“建模”面板中的“长方体”按钮，以点(-130,-150,0)和点(130,150,200)为角点绘制长方体。

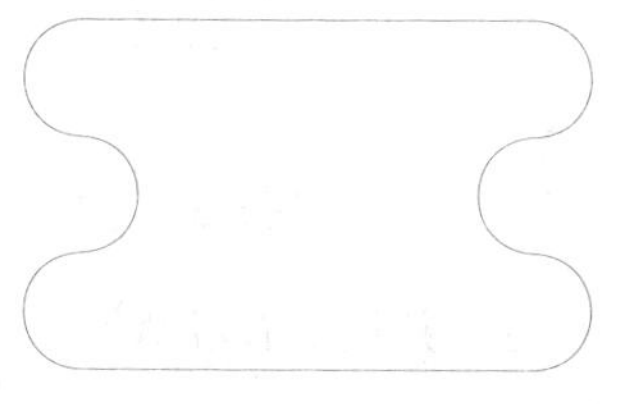

图 5-45　绘制多线段

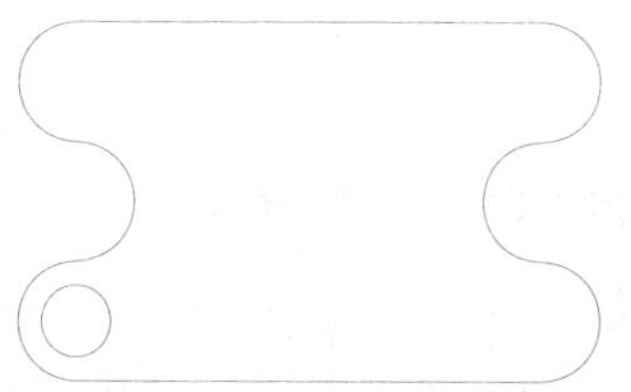

图 5-46　绘制圆

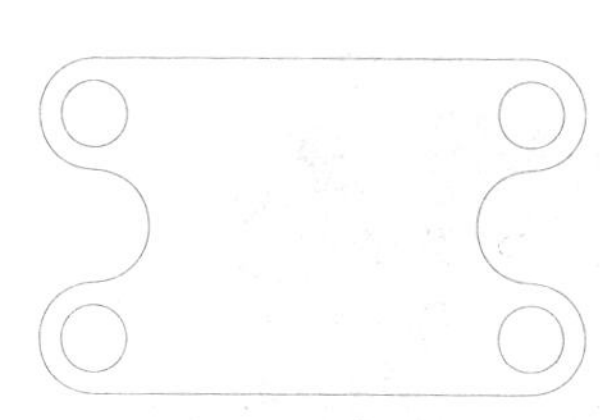

图 5-47　矩形阵列圆

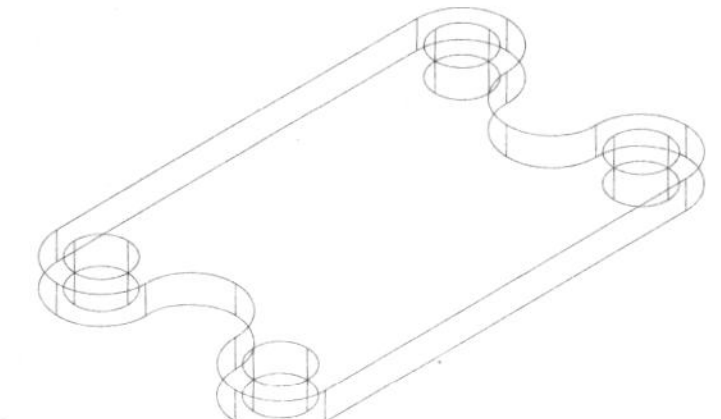

图 5-48　拉伸并切换视图

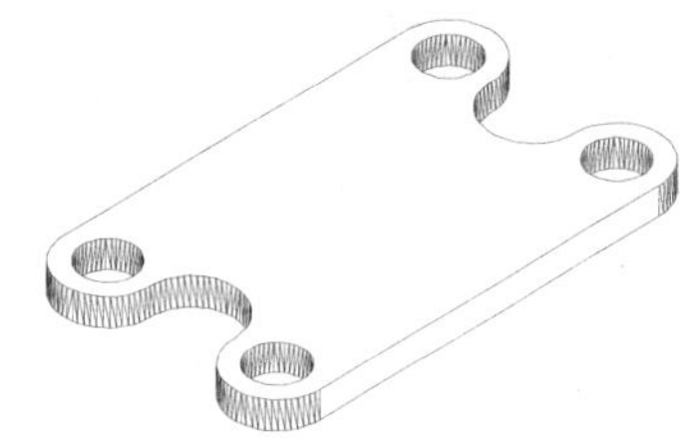

图 5-49　差集运算及消隐处理

07 单击“三维工具”选项卡“建模”面板中的“圆柱体”按钮，绘制底面中心点为（130，0，200）、底面半径为 150、轴端点为（-130，0，200）的圆柱体，如图 5-50 所示。

08 单击“三维工具”选项卡“实体编辑”面板中的“并集”按钮，对长方体和圆柱进行并集运算，并进行消隐处理，如图 5-51 所示。

09 单击“三维工具”选项卡“建模”面板中的“圆柱体”按钮，绘制底面中心点为（-130，0，200）、底面半径为 80、轴端点为（130，0，200）的圆柱体。

10 单击“三维工具”选项卡“实体编辑”面板中的“差集”按钮，将实体的轮廓与上述圆柱体进行差集运算，并进行消隐处理，如图 5-52 所示。

11 单击“三维工具”选项卡“实体编辑”面板中的“剖切”按钮，命令行提示如下：

```
命令：_SLICE
选择要剖切的对象：（选择轴环部分）↙
选择要剖切的对象：↙
指定切面的起点或 [平面对象(O)/曲面(S)/Z 轴(Z)/视图(V)/XY/YZ/ZX/三点(3)] <三点>：3↙
```

指定平面上的第一个点：-130,-150,30↙
指定平面上的第二个点：-130,150,30↙
指定平面上的第三个点：-50,0,350↙
选择要保留的剖切对象或［保留两个侧面(B)］<保留两个侧面>：（选择如图 5-52 所示的一侧）↙

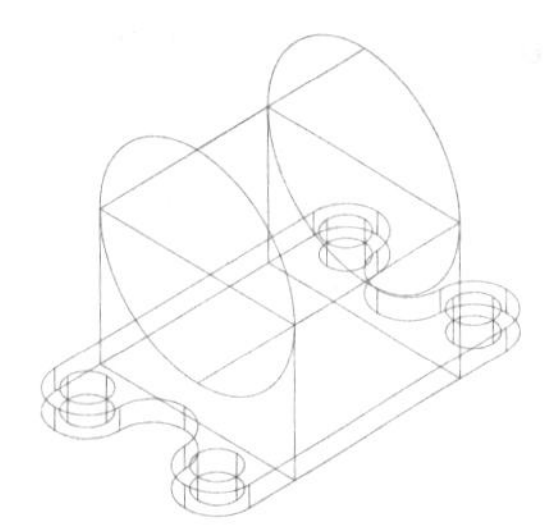

图 5-50　绘制长方体和圆柱体

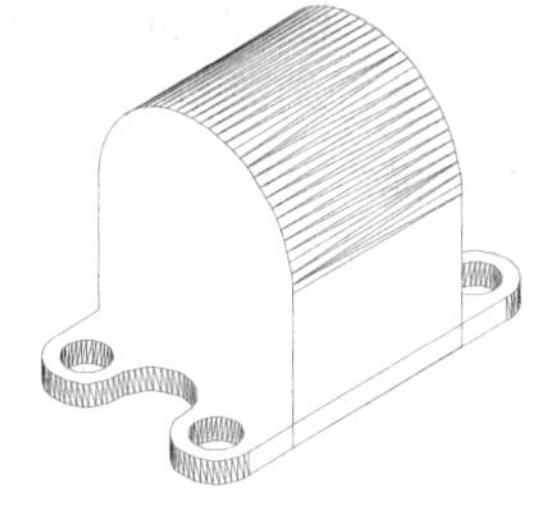

图 5-51　并集运算

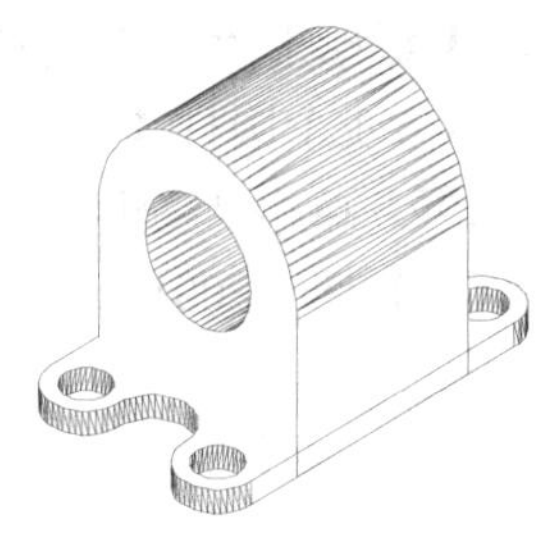

图 5-52　差集运算

12 单击“三维工具”选项卡“实体编辑”面板中的“并集”按钮，对图形进行并集运算，并进行消隐处理，绘制连接轴环，如图 5-53 所示。

13 单击“可视化”选项卡“材质”面板中的“材质浏览器”按钮，对图形赋予材质，如图 5-54 所示。

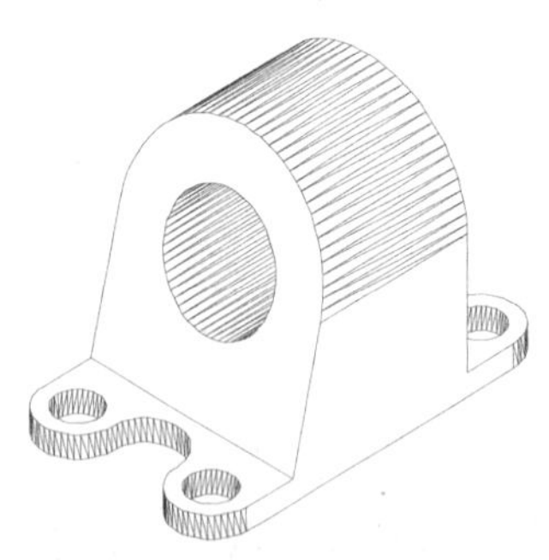

图 5-53　绘制连接轴环

图 5-54　赋予材质

5.3 编辑实体

5.3.1　拉伸面

◆执行方式

命令行：SOLIDEDIT
菜单栏：“修改”→“实体编辑”→“拉伸面”
工具栏：“实体编辑”→“拉伸面”按钮
功能区：单击“三维工具”选项卡“实体编辑”面板中的“拉伸面”按钮

◆操作步骤

命令：_SOLIDEDIT↙
实体编辑自动检查：SOLIDCHECK=1
输入实体编辑选项 [面(F)/边(E)/体(B)/放弃(U)/退出(X)] <退出>：_face
输入面编辑选项[拉伸(E)/移动(M)/旋转(R)/偏移(O)/倾斜(T)/删除(D)/复制(C)/颜色(L)/材质(A)/放弃(U)/退出(X)] <退出>：_extrude
选择面或 [放弃(U)/删除(R)]：选择要进行拉伸的面
选择面或 [放弃(U)/删除(R)/全部（ALL）]：↙
指定拉伸高度或[路径（P）]：↙

◆选项说明

1）指定拉伸高度：按指定的高度值来拉伸面。指定拉伸的倾斜角度后，完成拉伸操作。

2）路径（P)：沿指定的路径曲线拉伸面。图 5-55 所示为拉伸长方体顶面和侧面的结果。

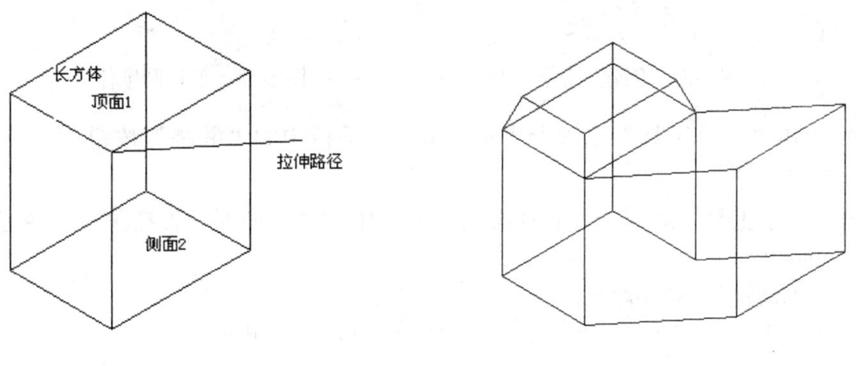

图 5-55 拉伸长方体

5.3.2 实例——顶针的绘制

绘制如图 5-56 所示的顶针。

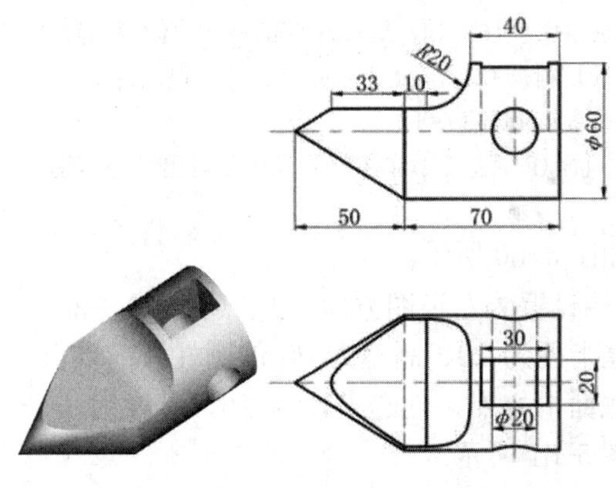

图 5-56 顶针

01 用 LIMITS 命令设置图幅：297×210。

02 设置对象上每个曲面的轮廓线数目为 10。

03 将当前视图设置为西南等轴测视图方向，将坐标系绕 X 轴旋转 90°。以坐标原点为圆锥底面中心点，创建半径为 30、高度为-50 的圆锥体。以坐标原点为底面中心点，创建半径为 30、高度为 70 的圆柱体，如图 5-57 所示。

04 单击“三维工具”选项卡“实体编辑”面板中的“剖切”按钮，选择圆锥体，以 ZX 为剖切面，指定剖切面上的点为（0，10），对圆锥体进行剖切，保留圆锥体下部，如图 5-58 所示。

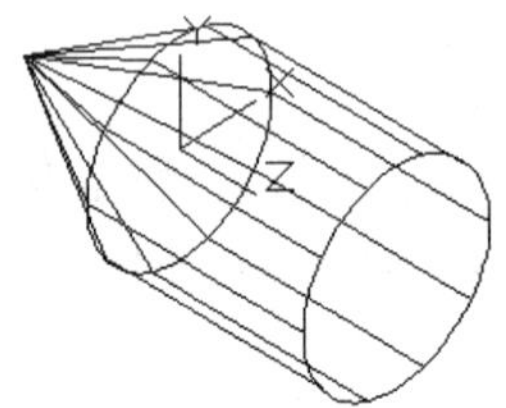

图 5-57　创建圆锥体及圆柱体

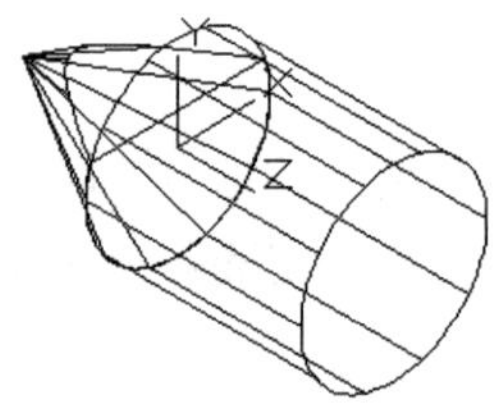

图 5-58　剖切圆锥体

05 单击“三维工具”选项卡“实体编辑”面板中的“并集”按钮，对圆锥体与圆柱体进行并集运算。

单击“三维工具”选项卡“实体编辑”面板中的“拉伸面”按钮，命令行提示如下：

命令：_SOLIDEDIT

实体编辑自动检查：SOLIDCHECK=1

输入实体编辑选项 [面(F)/边(E)/体(B)/放弃(U)/退出(X)] <退出>：_face

输入面编辑选项[拉伸(E)/移动(M)/旋转(R)/偏移(O)/倾斜(T)/删除(D)/复制(C)/颜色(L)/材质(A)/放弃(U)/退出(X)] <退出>：↙

_EXTRUDE

选择面或 [放弃(U)/删除(R)]：(选择如图 5-59 所示的实体表面)

指定拉伸高度或 [路径(P)]：-10↙

指定拉伸的倾斜角度 <0>：↙

已开始实体校验。

已完成实体校验。

输入面编辑选项[拉伸(E)/移动(M)/旋转(R)/偏移(O)/倾斜(T)/删除(D)/复制(C)/颜色(L)/材质(A)/放弃(U)/退出(X)] <退出>：↙

实体编辑自动检查：SOLIDCHECK=1

输入实体编辑选项 [面(F)/边(E)/体(B)/放弃(U)/退出(X)] <退出>：↙

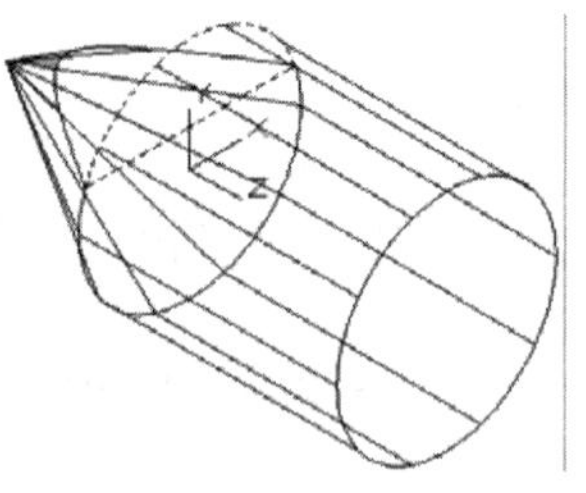

图5-59　选择实体表面

拉伸后的实体如图 5-60 所示。

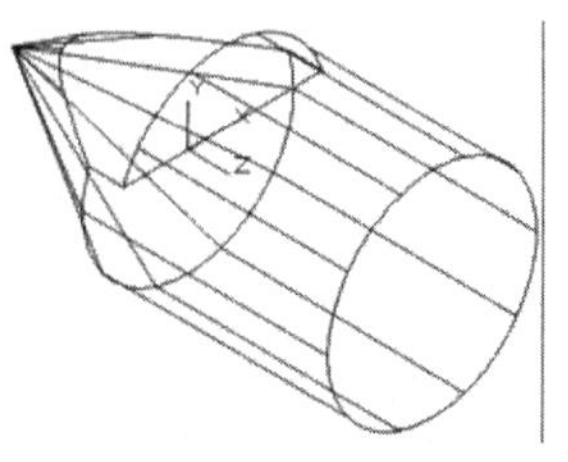

图5-60　拉伸后的实体

06 将当前视图设置为左视图方向，以点(10，30，-30)为底面中心点，创建半径为 20、高度为 60 的圆柱体；以点(50，0，-30)为底面中心点，创建半径为 10、高度为 60 的圆柱体，结果如图 5-61 所示。

07 单击“三维工具”选项卡“实体编辑”面板中的“差

集”按钮，对实体图形与两个圆柱体进行差集运算，结果如图 5-62 所示。

08 将当前视图设置为西南等轴测视图，单击“三维工具”选项卡“建模”面板中的“长方体”按钮，以点（35，0，-10）为角点，创建长度为 30、宽度为 30、高度为 20 的长方体，然后对实体与长方体进行差集运算，消隐处理后的实体如图 5-63 所示。

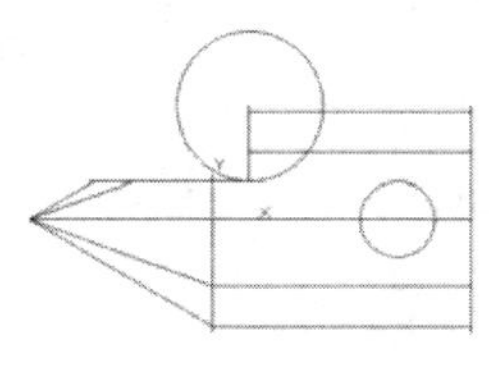
图 5-61　创建圆柱体

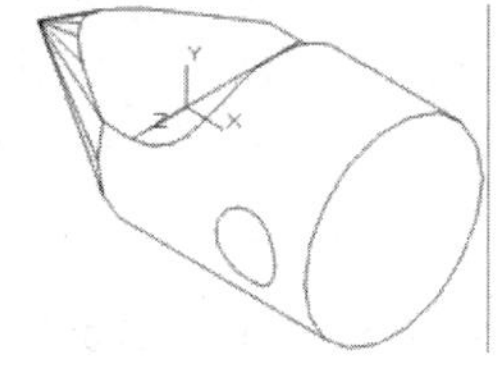
图 5-62　差集圆柱体后的实体

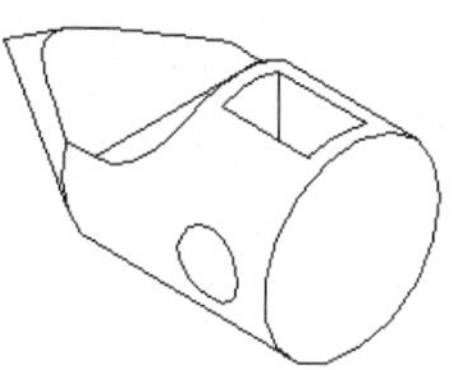
图 5-63　消隐处理后的实体

09 单击“可视化”选项卡“材质”面板中的“材质浏览器”按钮，在“材质”选项组中选择适当的材质。单击“可视化”选项卡“渲染”面板中的“渲染到尺寸”按钮，对实体进行渲染，渲染后的结果如图 5-56 所示。

10 选择菜单栏中的“文件”→“保存”。将绘制完成的图形以“顶针立体图.dwg”为文件名保存在指定的路径中。

5.3.3　移动面

◆执行方式

命令行：SOLIDEDIT

菜单栏：“修改”→“实体编辑”→“移动面”

工具栏：“实体编辑”→“移动面”按钮

功能区：单击“三维工具”选项卡“实体编辑”面板中的“移动面”按钮

◆操作步骤

命令：_SOLIDEDIT↙

实体编辑自动检查：SOLIDCHECK=1

输入实体编辑选项 [面(F)/边(E)/体(B)/放弃(U)/退出(X)] <退出>：_face

输入面编辑选项[拉伸(E)/移动(M)/旋转(R)/偏移(O)/倾斜(T)/删除(D)/复制(C)/颜色(L)/ 材质(A)/放弃(U)] <退出>：_move

选择面或 [放弃(U)/删除(R)]：选择要进行移动的面

选择面或 [放弃(U)/删除(R)/全部(ALL)]：继续选择移动面或按 Enter 键结束选择

指定基点或位移：输入具体的坐标值或选择关键点

指定位移的第二点：输入具体的坐标值或选择关键点

各选项的含义在前面介绍的命令中都有涉及，如有问题，请查询相关命令（拉伸面、移动等）。

图 5-64 所示为移动三维实体面的效果。

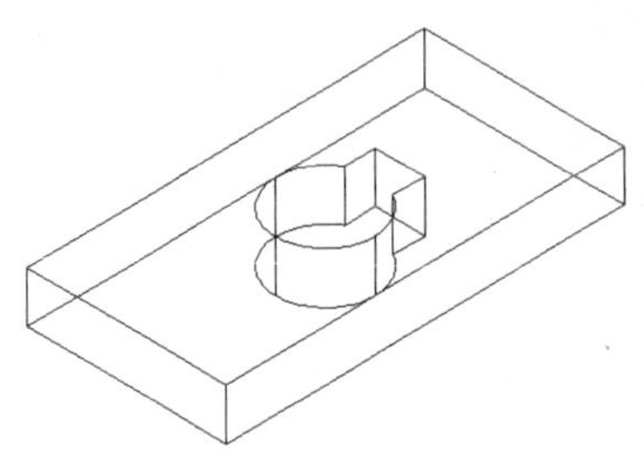

移动前

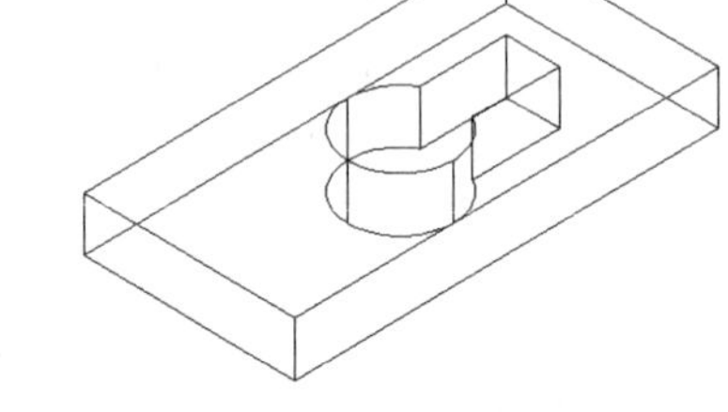

移动后

图 5-64　移动三维实体面的效果

5.3.4　偏移面

◆执行方式

命令行：SOLIDEDIT
菜单栏："修改"→"实体编辑"→"偏移面"
工具栏："实体编辑"→"偏移面"按钮
功能区：单击"三维工具"选项卡"实体编辑"面板中的"偏移面"按钮

◆操作步骤

命令行提示如下：

命令：_solidedit↙
实体编辑自动检查：SOLIDCHECK=1
输入实体编辑选项 [面(F)/边(E)/体(B)/放弃(U)/退出(X)] <退出>：_face
输入面编辑选项[拉伸(E)/移动(M)/旋转(R)/偏移(O)/倾斜(T)/删除(D)/复制(C)/颜色(L)/ 材质(A) /放弃(U)] <退出>：_offset
选择面或 [放弃(U)/删除(R)]：选择要进行偏移的面
指定偏移距离：输入要偏移的距离值

图 5-65 所示为通过"偏移"命令改变哑铃手柄大小的效果。

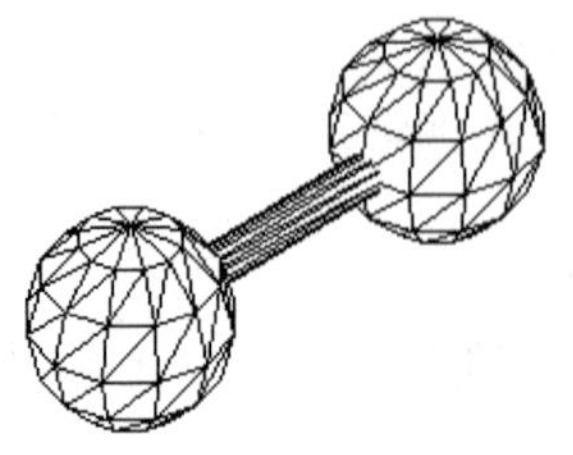

偏移前　　偏移后

图 5-73　通过"偏移"命令改变哑铃手柄大小的效果

5.3.5 删除面

◆执行方式

命令行：SOLIDEDIT
菜单栏："修改"→"实体编辑"→"删除面"
工具栏：实体编辑→删除面
功能区：单击"三维工具"选项卡"实体编辑"面板中的"删除面"按钮

◆操作步骤

命令：_SOLIDEDIT
实体编辑自动检查：SOLIDCHECK=1
输入实体编辑选项 [面(F)/边(E)/体(B)/放弃(U)/退出(X)] <退出>：_face
输入面编辑选项[拉伸(E)/移动(M)/旋转(R)/偏移(O)/倾斜(T)/删除(D)/复制(C)/颜色(L)/材质(A)/放弃(U)/退出(X)] <退出>：_delete
选择面或 [放弃(U)/删除(R)]：（选择要删除的面）

图 5-66 为删除长方体的一个倒角面后的效果。

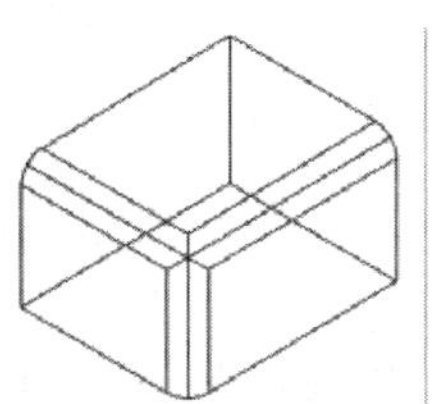

倒角后的长方体

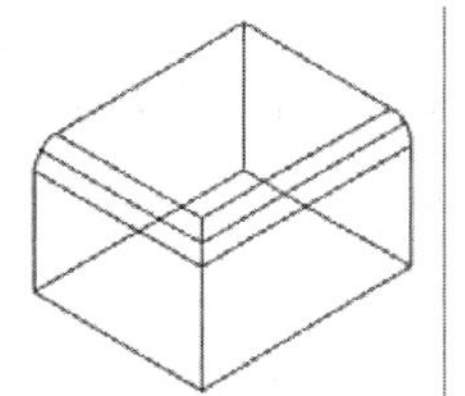

删除倒角面后的长方体

图 5-66 删除长方体的一个倒角面后的效果

5.3.6 实例——镶块的绘制

绘制如图 5-67 所示的镶块。

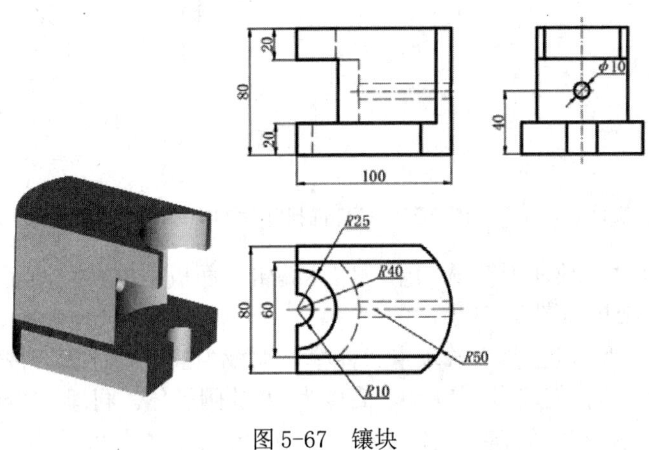

图 5-67 镶块

01 启动 AutoCAD2022，使用默认设置的绘图环境。

02 在命令行中输入 Isolines，设置线框密度为 10。单击“可视化”选项卡“命名视图”面板中的“西南等轴测”按钮，切换到西南等轴测视图。

03 单击“三维工具”选项卡“建模”面板中的“长方体”按钮，以坐标原点为角点，创建长度为 50、宽度为 100、高度为 20 的长方体。

04 单击“三维工具”选项卡“建模”面板中的“圆柱体”按钮，以长方体右侧面底边中点为底面中心点，创建半径为 50、高度为 20 的圆柱体。

05 单击“三维工具”选项卡“实体编辑”面板中的“并集”按钮，对长方体与圆柱体进行并集运算，并集后的实体如图 5-68 所示。

06 单击“三维工具”选项卡“实体编辑”面板中的“剖切”按钮，以 ZX 为剖切面，分别指定剖切面上的点为（0，10，0）及（0，90，0），对实体进行对称剖切，保留实体中部，结果如图 5-69 所示。

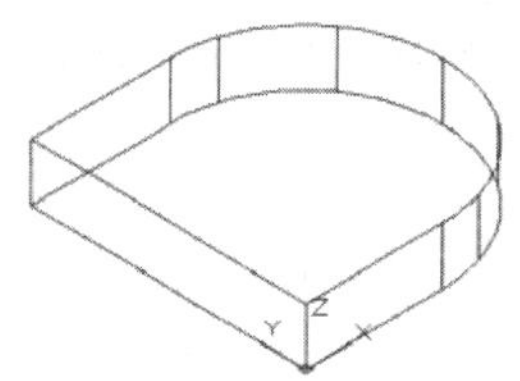

图 5-68 并集后的实体

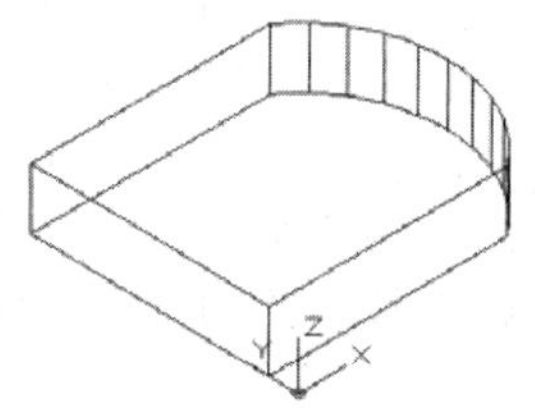

图 5-69 剖切后的实体

07 单击“默认”选项卡“修改”面板中的“复制”按钮，将剖切后的实体向上复制一个，如图 5-70 所示。

08 单击“三维工具”选项卡“实体编辑”面板中的“拉伸面”按钮，选择实体前端面，设置拉伸高度为-10；继续将实体后侧面拉伸-10，结果如图 5-71 所示。

09 单击“三维工具”选项卡“实体编辑”面板中的“删除面”按钮，删除实体上的面，继续将实体后部对称侧面删除，结果如图 5-72 所示。

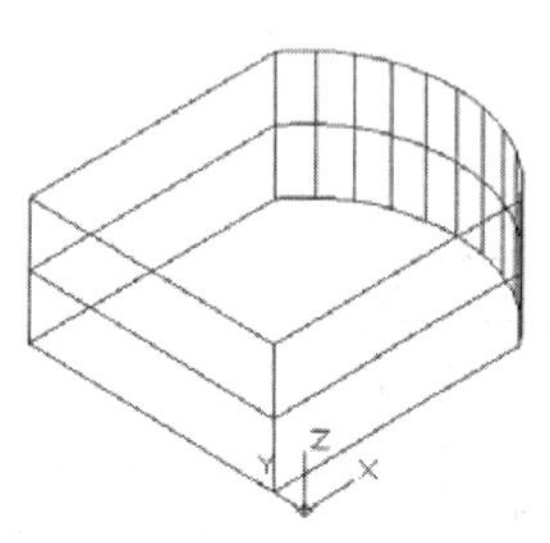

图 5-70 复制实体

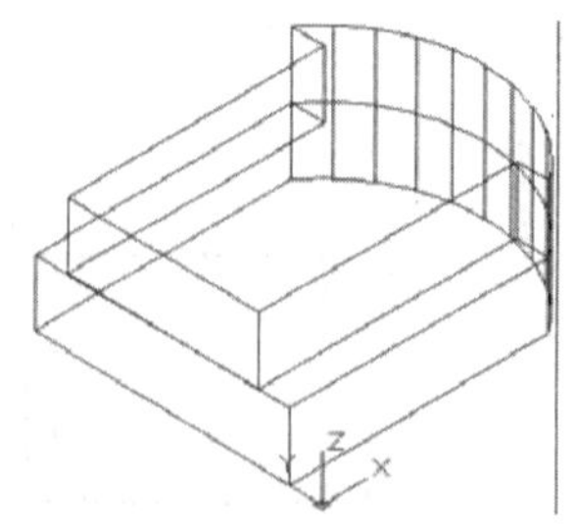

图 5-71 拉伸面操作后的实体

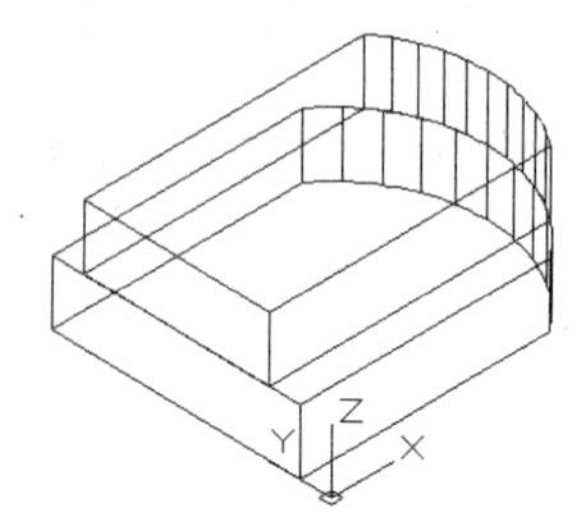

图 5-72 删除面操作后的实体

10 单击“三维工具”选项卡“实体编辑”面板中的“拉伸面”按钮，将实体顶面向上拉伸 40，结果如图 5-73 所示。

11 单击“三维工具”选项卡“建模”面板中的“圆柱体”按钮，以实体底面左侧中点为底面中心点，创建半径为 10、高度为 20 的圆柱体。同理，以半径为 10 的圆柱顶面圆心为底面中心点，继续创建半径为 40、高度为 40 及半径为 25，高度为 60 的圆柱。

12 单击“三维工具”选项卡“实体编辑”面板中的“差集”按钮，对实体与三个圆柱体进行差集运算，结果如图 5-74 所示。

13 在命令行输入 UCS，将坐标原点移动到（0，50，40），并将其绕 Y 轴旋转 90°。

14 单击“三维工具”选项卡“建模”面板中的“圆柱体”按钮，以坐标原点为底面中心点，创建半径为 5、高度为 100 的圆柱体，结果如图 5-75 所示。

15 单击“三维工具”选项卡“实体编辑”面板中的“差集”按钮，对实体与圆柱体进行差集运算。

16 单击“可视化”选项卡“渲染”面板中的“渲染到尺寸”按钮，渲染后的镶块如图 5-67 所示。

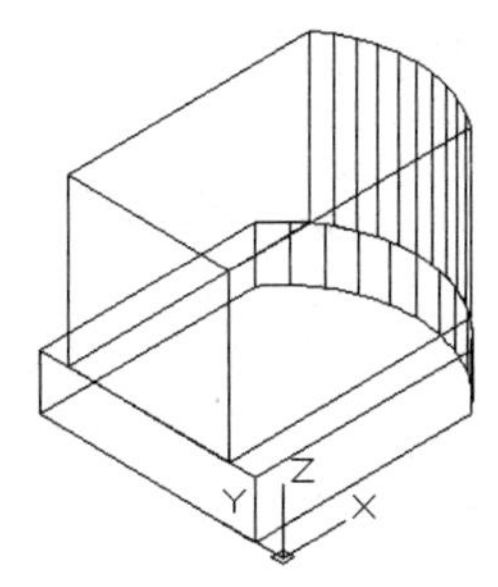

图 5-73 拉伸顶面操作后的实体

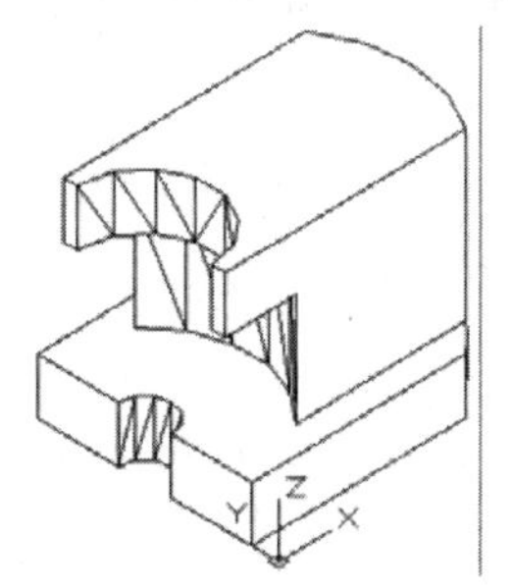

图 5-74 差集后的实体

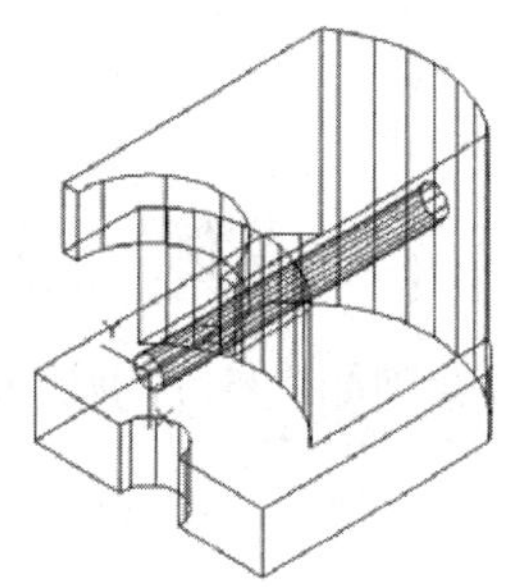

图 5-75 创建圆柱体

5.3.7 旋转面

◆执行方式

命令行：SOLIDEDIT

菜单栏：“修改”→“实体编辑”→“旋转面”

工具栏：“实体编辑”→“旋转面”

功能区：单击“三维工具”选项卡“实体编辑”面板中的“旋转面”按钮

◆操作步骤

命令：_SOLIDEDIT↙

实体编辑自动检查：SOLIDCHECK=1

输入实体编辑选项［面(F)/边(E)/体(B)/放弃(U)/退出(X)］<退出>：_face

输入面编辑选项[拉伸(E)/移动(M)/旋转(R)/偏移(O)/倾斜(T)/删除(D)/复制(C)/颜色(L)/材质(A)/放弃(U)/退出(X)］<退出>：_rotate

选择面或［放弃(U)/删除(R)］：（选择要旋转的面）

选择面或［放弃(U)/删除(R)/全部(ALL)］：（选择或按 Enter 键结束选择）

指定轴点或［经过对象的轴(A)/视图(V)/X 轴(X)/Y 轴(Y)/Z 轴(Z)］<两点>：↙（选择一种确定轴线的方式）

指定旋转角度或［参照(R)］：↙（输入旋转角度）

图 5-76 所示为开口槽的旋转 90° 前后的效果。

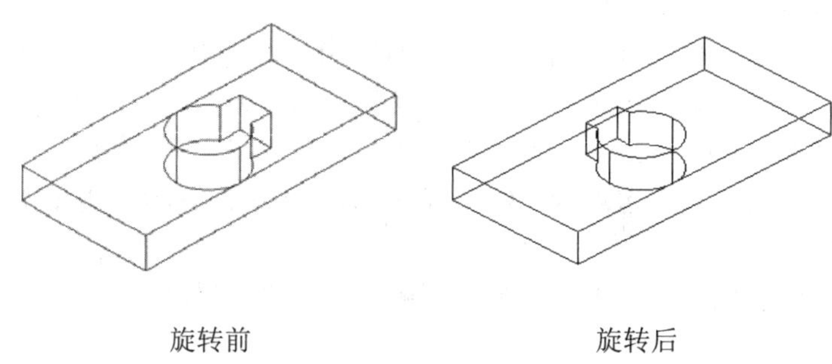

图 5-84　开口槽旋转 90º 前后的图形

5.3.8　实例——轴支架的绘制

绘制如图 5-77 所示的轴支架。

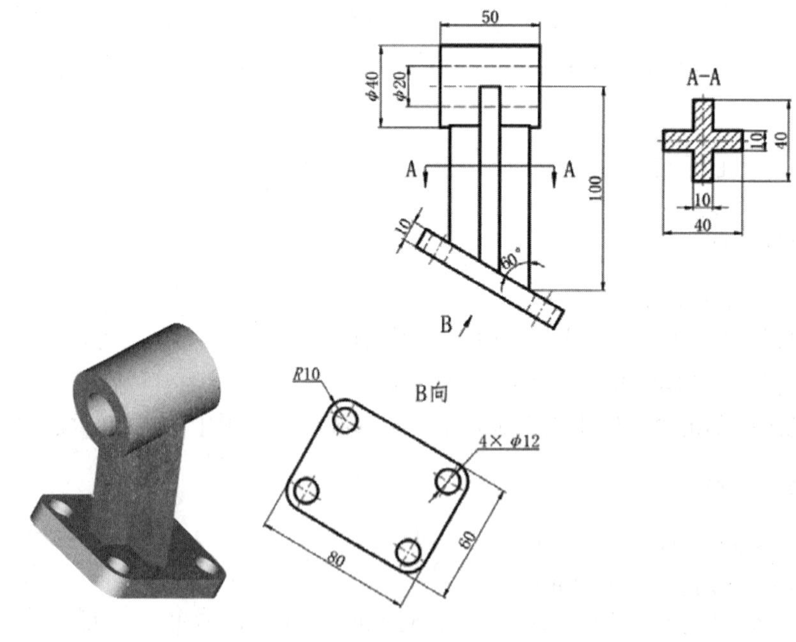

图 5-77　轴支架

01 启动 AutoCAD 2022，使用默认设置的绘图环境。

02 设置线框密度。

命令：ISOLINES↙

输入 ISOLINES 的新值 <4>：10↙

03 单击“可视化”选项卡“命名视图”面板中的“西南等轴测”按钮，将当前视图设置为西南等轴测视图。

04 单击“三维工具”选项卡“建模”面板中的“长方体”按钮，绘制角点坐标为

（0,0,0），长、宽、高分别为80、60、10的连接立板长方体。

05 单击“默认”选项卡“修改”面板中的“圆角”按钮，选择要圆角的长方体进行圆角操作，设置圆角半径为10。

06 单击“三维工具”选项卡“建模”面板中的“圆柱体”按钮，绘制底面中心点为（10，10，0）、半径为6、指定高度为10的圆柱体，如图5-78所示。

07 单击“默认”选项卡“修改”面板中的“复制”按钮，复制上一步绘制的圆柱体，如图5-79所示。

08 单击“三维工具”选项卡“实体编辑”面板中的“差集”按钮，对长方体和圆柱体进行差集运算。

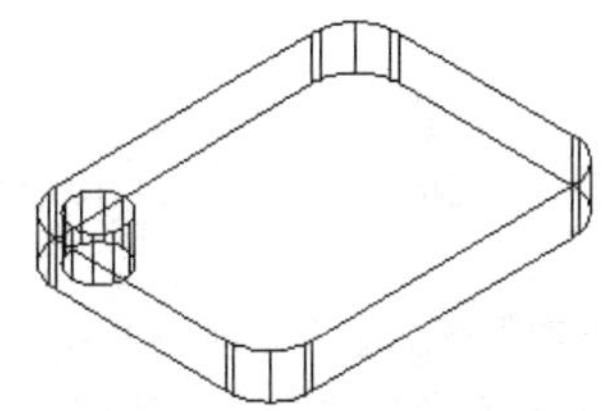

图5-78 创建圆柱体

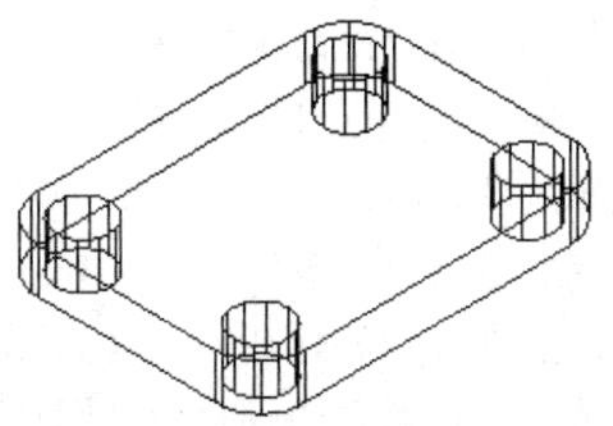

图5-79 复制圆柱体

09 设置用户坐标系。命令行提示如下：

命令：UCS↙

当前 UCS 名称：*世界*

指定 UCS 的原点或 [面(F)/命名(NA)/对象(OB)/上一个(P)/视图(V)/世界(W)/X/Y/Z/Z 轴(ZA)] <世界>：40，30，60↙

指定 X 轴上的点或 <接受>：↙

10 单击“三维工具”选项卡“建模”面板中的“长方体”按钮，以坐标原点为长方体的中心点，分别创建长度为40、宽度为10、高度为100及长度为10、宽度为40、高度为100的长方体，如图5-80所示。

11 移动坐标原点到（0，0，50），并将其绕Y轴旋转90°。

12 以坐标原点为底面中心点，创建半径为20、高度为25的圆柱体。

13 在菜单栏中选择“修改”→“三维操作”→“三维镜像”，选择圆柱体，使其沿XY平面进行镜像，结果如图5-81所示。

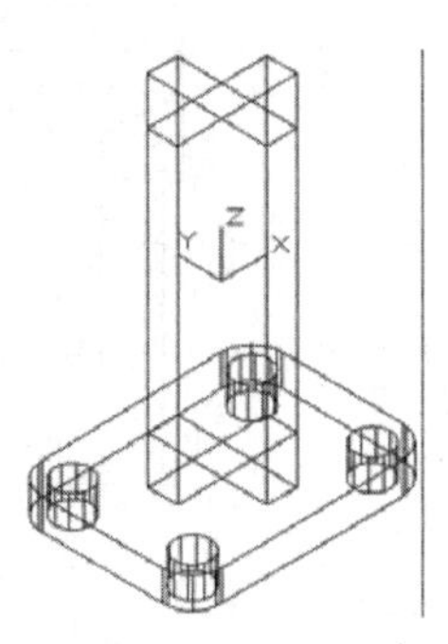

图5-80 创建两个长方体

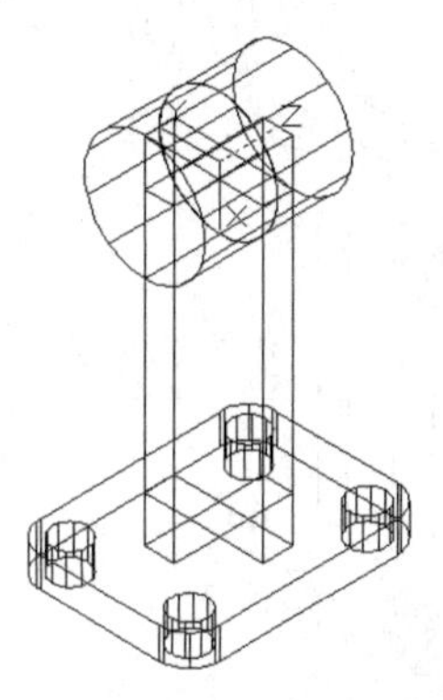

图5-81 镜像圆柱体

14 单击“三维工具”选项卡“实体编辑”面板中的“并集”按钮，对两个圆柱体与两个长方体进行并集运算。

15 单击“三维工具”选项卡“建模”面板中的“圆柱体”按钮，捕捉半径为 20 的圆柱体的端面圆心为底面中心点，创建半径为 10、高度为 50 的圆柱体。

16 单击“三维工具”选项卡“实体编辑”面板中的“差集”按钮，对并集后的实体与圆柱体进行差集运算。消隐处理后的实体如图 5-82 所示。

17 单击“三维工具”选项卡“实体编辑”面板中的“旋转面”按钮。命令行提示如下：

命令：_SOLIDEDIT

实体编辑自动检查：SOLIDCHECK=1

输入实体编辑选项 [面(F)/边(E)/体(B)/放弃(U)/退出(X)] <退出>：_face

输入面编辑选项[拉伸(E)/移动(M)/旋转(R)/偏移(O)/倾斜(T)/删除(D)/复制(C)/颜色(L)/材质(A)/放弃(U)/退出(X)] <退出> ：_rotate

选择面或 [放弃(U)/删除(R)]：（如图 5-90 所示，选择支架上部十字形底面）↙

指定轴点或 [经过对象的轴(A)/视图(V)/X 轴(X)/Y 轴(Y)/Z 轴(Z)] <两点>：Y↙

指定旋转原点 <0,0,0>：_endp 于 （捕捉十字形底面的右端点）

指定旋转角度或 [参照(R)]：30↙

旋转十字形底板，如图 5-83 所示。

18 选择菜单栏中的“修改”→“三维操作”→“三维旋转”命令，旋转底板，命令行提示与操作如下：

命令：_3DROTATE

UCS 当前的正角方向： ANGDIR=逆时针 ANGBASE=0

选择对象：（选择底板）↙

指定基点：（捕捉十字形底面的右端点）

拾取旋转轴：（拾取 Y 轴为旋转轴）

指定角的起点或键入角度：-30↙

19 设置视图方向。单击“可视化”选项卡“命名视图”面板中的“前视”按钮，将当前视图方向设置为主视图。消隐处理后的主视图，如图 5-84 所示。

20 单击“可视化”选项卡“材质”面板中的“材质浏览器”按钮，对图形进行渲染。渲染后的效果如图 5-77 所示。

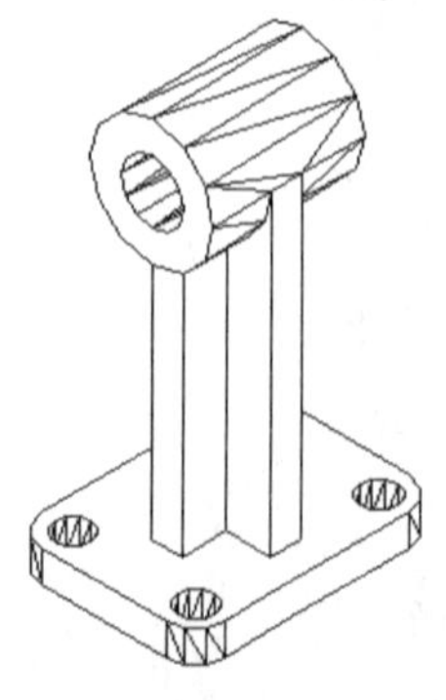

图 5-82 消隐处理后的实体

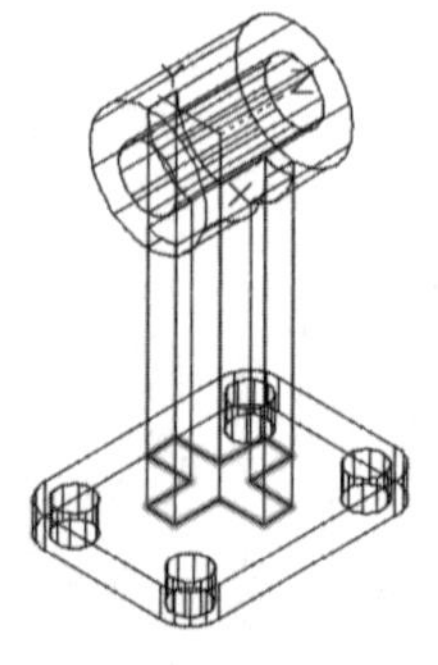

图 5-83 旋转十字形底板面

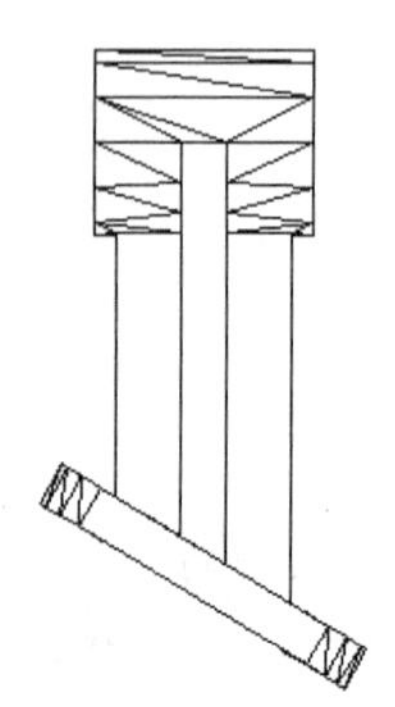

图 5-84 消隐处理后的主视图

5.3.9 倾斜面

◆执行方式

命令行：SOLIDEDIT
菜单栏："修改"→"实体编辑"→"倾斜面"
工具栏："实体编辑"→"倾斜面"
功能区：单击"三维工具"选项卡"实体编辑"面板中的"倾斜面"按钮

◆操作步骤

命令：_SOLIDEDIT↙
实体编辑自动检查：SOLIDCHECK=1
输入实体编辑选项［面(F)/边(E)/体(B)/放弃(U)/退出(X)］<退出>：_face
输入面编辑选项[拉伸(E)/移动(M)/旋转(R)/偏移(O)/倾斜(T)/删除(D)/复制(C)/颜色(L)/材质(A)/放弃(U)/退出(X)]<退出>：_taper
选择面或［放弃(U)/删除(R)］：↙（选择要倾斜的面）
选择面或［放弃(U)/删除(R)/全部(ALL)］：↙（继续选择或按 Enter 键结束选择）
指定基点：↙（选择倾斜的基点（倾斜后不动的点））
指定沿倾斜轴的另一个点：↙（选择另一点（倾斜后改变方向的点））
指定倾斜角度：↙（输入倾斜角度）

5.3.10 实例——机座的绘制

绘制如图 5-85 所示的机座。

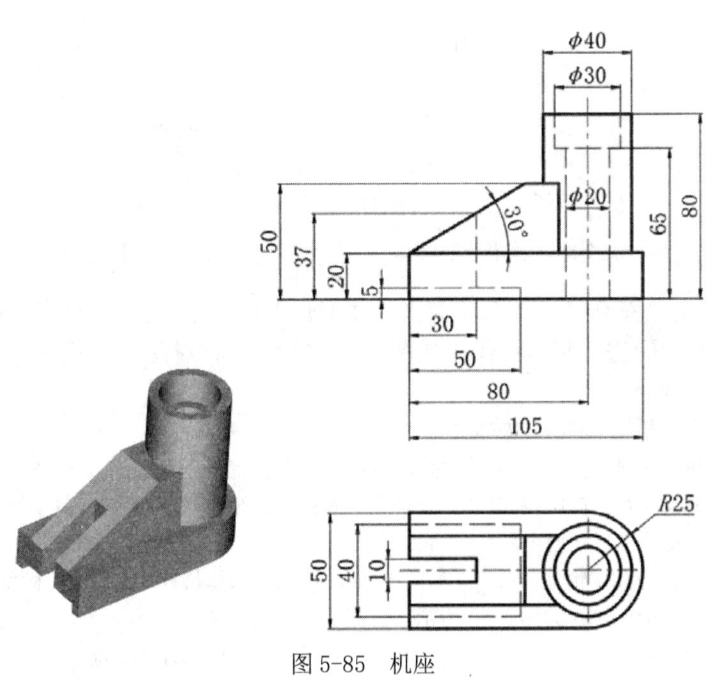

图 5-85 机座

01 启动 AutoCAD 2022，使用默认设置的绘图环境。

02 设置线框密度。命令行提示如下：

命令：ISOLINES↙

输入 ISOLINES 的新值 〈4〉：10↙

03 单击“可视化”选项卡“命名视图”面板中的“西南等轴测”按钮，将当前视图方向设置为西南等轴测视图。

04 单击“三维工具”选项卡“建模”面板中的“长方体”按钮，指定角点（0，0，0），绘制长、宽、高为 80、50、20 的长方体。

05 单击“三维工具”选项卡“建模”面板中的“圆柱体”按钮，绘制底面中心点为长方体底面右侧中点，半径为 25、高度为 20 的圆柱体。

同样方法，指定底面中心点的坐标为（80，25,0），底面半径为 20，圆柱体高度为 80，绘制圆柱体。

06 单击“三维工具”选项卡“实体编辑”面板中的“并集”按钮，对长方体与两个圆柱体进行并集运算，并集运算后的实体如图 5-94 所示。

07 设置用户坐标系。命令行提示如下：

命令：UCS↙

当前 UCS 名称：*世界*

指定 UCS 的原点或 [面(F)/命名(NA)/对象(OB)/上一个(P)/视图(V)/世界(W)/X/Y/Z/Z 轴(ZA)] 〈世界〉：（用鼠标点取实体顶面的右上顶点）

指定 X 轴上的点或 〈接受〉：↙

08 单击“三维工具”选项卡“建模”面板中的“长方体”按钮，以（0，10）为角点，创建长度为 80、宽度为 30、高度为 30 的长方体，如图 5-87 所示。

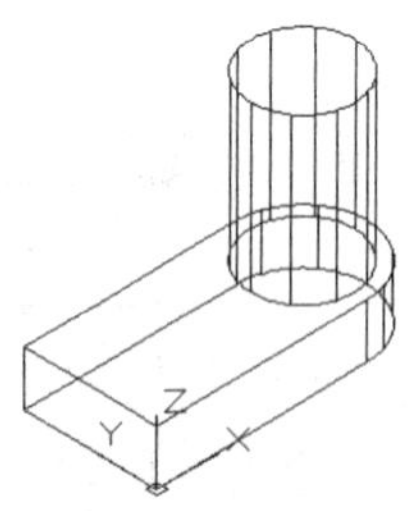

图 5-86　并集后的实体

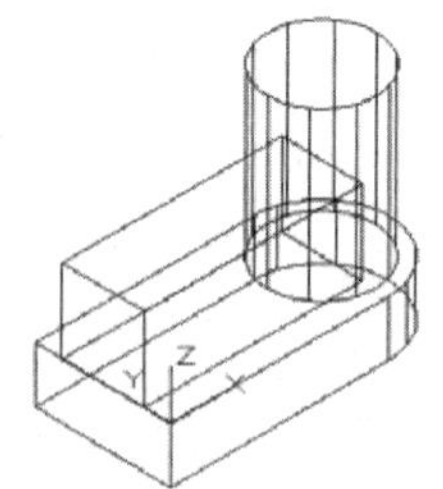

图 5-87　创建长方体

09 单击“三维工具”选项卡“实体编辑”面板中的“倾斜面”按钮，对上步创建的长方体的左侧面进行倾斜操作，如图 5-89 所示。命令行提示如下：

命令：_SOLIDEDIT

实体编辑自动检查：SOLIDCHECK=1

输入实体编辑选项 [面(F)/边(E)/体(B)/放弃(U)/退出(X)] 〈退出〉：_face

输入面编辑选项[拉伸(E)/移动(M)/旋转(R)/偏移(O)/倾斜(T)/删除(D)/复制(C)/颜色(L)/材质(A)/放弃(U)/退出(X)] 〈退出〉：_taper

选择面或 [放弃(U)/删除(R)]：（如图 5-8896 所示，选择长方体左侧面万倾斜面）

指定基点：_endp 于（如图 5-88 所示，捕捉长方体端点 2）

指定沿倾斜轴的另一个点：_endp （如图 5-88 所示，捕捉长方体端点 1）

指定倾斜角度：60↙

10 单击“三维工具”选项卡“实体编辑”面板中的“并集”按钮，对倾斜操作创建的实体与并集后的实体（见图 5-87）进行并集运算。

11 在命令行输入 UCS，将坐标原点移回实体底面的右下顶点。

12 单击“三维工具”选项卡“建模”面板中的“长方体”按钮，以点（0，5）为角点，创建长度为 50、宽度为 40、高度为 5 的长方体；继续以点（0，20）为角点，创建长度为 30、宽度为 10、高度为 50 的长方体。

13 单击“三维工具”选项卡“实体编辑”面板中的“差集”按钮，对实体与两个长方体进行差集运算，结果如图 5-90 所示。

14 单击“三维工具”选项卡“建模”面板中的“圆柱体”按钮，捕捉半径为 20 的圆柱体顶面圆心为底面中心点，分别创建半径为 15、高度为-15 及半径为 10、高度为-80 的圆柱体。

15 单击“三维工具”选项卡“实体编辑”面板中的“差集”按钮，对实体与两个圆柱进行差集运算。消隐处理后的实体，如图 5-91 所示。

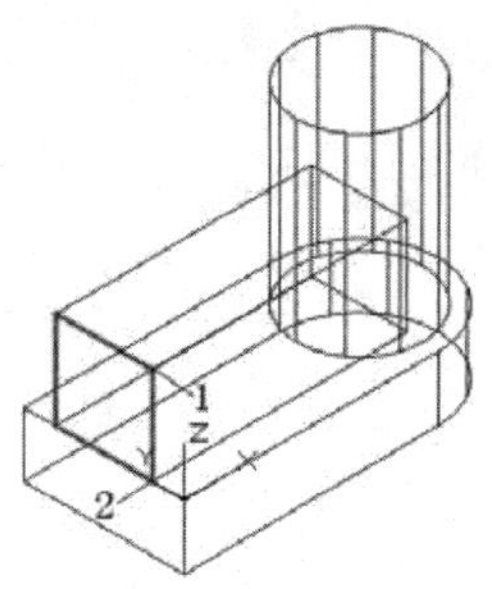

图 5-88　选择倾斜面

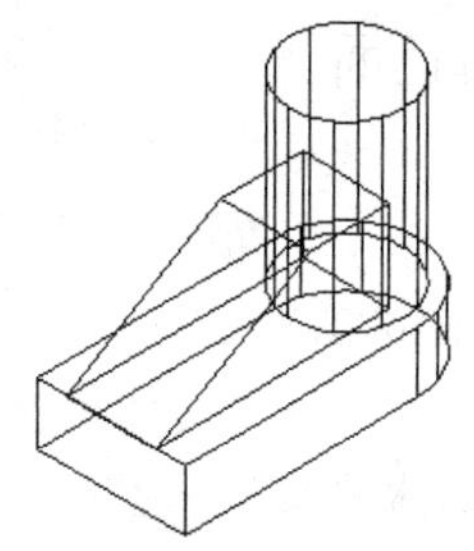

图 5-89　倾斜操作后的实体

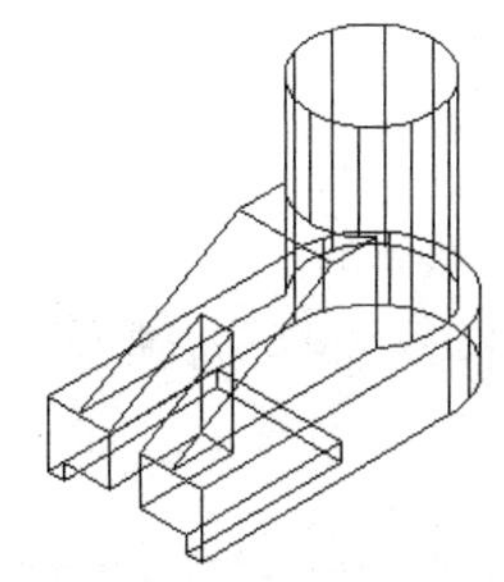

图 5-90　差集后的实体

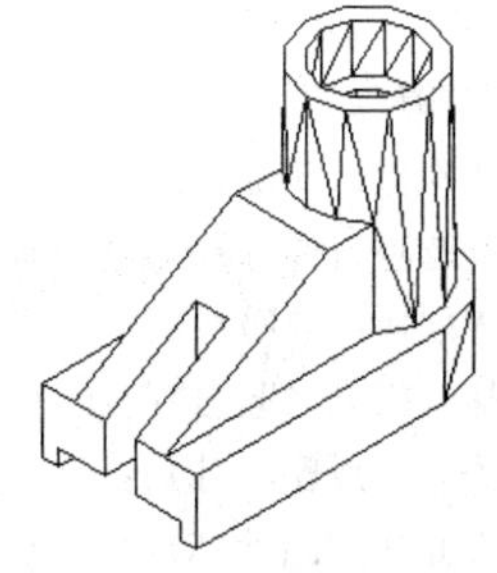

图 5-91　消隐处理后的实体

16 渲染处理。单击“可视化”选项卡“材质”面板中的“材质浏览器”按钮，选择适当的材质，然后对图形进行渲染处理。渲染后的效果如图 5-85 所示。

5.3.11　复制面

◆执行方式

命令行：SOLIDEDIT

菜单栏："修改"→"实体编辑"→"复制面"

工具栏："实体编辑"→"复制面"

功能区：单击"三维工具"选项卡"实体编辑"面板中的"复制面"按钮

◆操作步骤

命令：_SOLIDEDIT↙

实体编辑自动检查：SOLIDCHECK=1

输入实体编辑选项 [面(F)/边(E)/体(B)/放弃(U)/退出(X)] <退出>：_face

输入面编辑选项[拉伸(E)/移动(M)/旋转(R)/偏移(O)/倾斜(T)/删除(D)/复制(C)/颜色(L)/材质(A)/放弃(U)/退出(X)] <退出>：_copy

选择面或 [放弃(U)/删除(R)]：↙（选择要复制的面）

选择面或 [放弃(U)/删除(R)/全部(ALL)]：↙（继续选择或按 Enter 键结束选择）

指定基点或位移：↙（输入基点的坐标）

指定位移的第二点：↙（输入第二点的坐标）

5.3.12　着色面

◆执行方式

命令行：SOLIDEDIT

菜单栏："修改"→"实体编辑"→"着色面"

工具栏："实体编辑"→"着色面"

功能区：单击"三维工具"选项卡"实体编辑"面板中的"着色面"按钮

◆操作步骤

命令：_SOLIDEDIT↙

实体编辑自动检查：SOLIDCHECK=1

输入实体编辑选项 [面(F)/边(E)/体(B)/放弃(U)/退出(X)] <退出>：_face

输入面编辑选项[拉伸(E)/移动(M)/旋转(R)/偏移(O)/倾斜(T)/删除(D)/复制(C)/颜色(L)/材质(A)/放弃(U)/退出(X)] <退出>：_color

选择面或 [放弃(U)/删除(R)]：↙（选择要着色的面）

选择面或 [放弃(U)/删除(R)/全部(ALL)]：↙（继续选择或按 Enter 键结束选择）

选择要着色的面后，系统弹出"选择颜色"对话框。根据需要选择合适颜色作为要着色面的颜色。操作完成后，该表面将被相应的颜色覆盖。

5.3.13　复制边

◆执行方式

命令行：SOLIDEDIT

菜单栏："修改"→"实体编辑"→"复制边"

工具栏："实体编辑"→"复制边"

功能区：单击“三维工具”选项卡“实体编辑”面板中的“复制边”按钮

◆操作步骤

命令：_SOLIDEDIT↙
实体编辑自动检查： SOLIDCHECK=1
输入实体编辑选项［面（F）/边（E）/体（B）/放弃（U）/退出（×）］〈退出〉：_edge
输入边编辑选项［复制（C）/着色（L）/放弃（U）/退出（×）］〈退出〉：_copy
选择边或［放弃（U）/删除（R）］：↙（选择曲线边）
选择边或［放弃（U）/删除（R）］：↙（按 Enter 键）
指定基点或位移：↙（单击确定复制基准点）
指定位移的第二点：↙（单击确定复制目标点）

图 5-92 所示为复制边的效果。

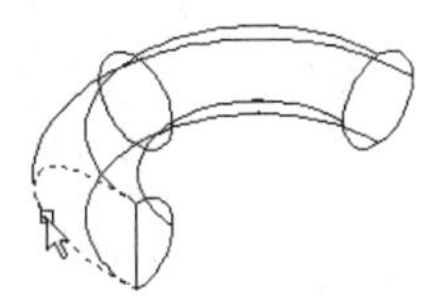

选择边

复制边

图 5-92 复制边的效果

5.3.14 实例——摇杆的绘制

绘制如图 5-93 所示的摇杆。

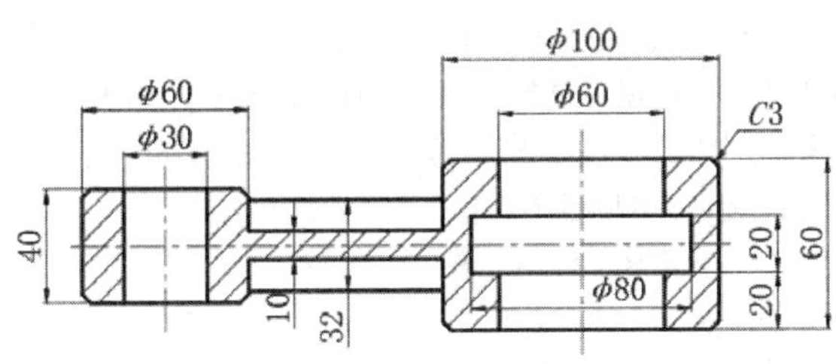

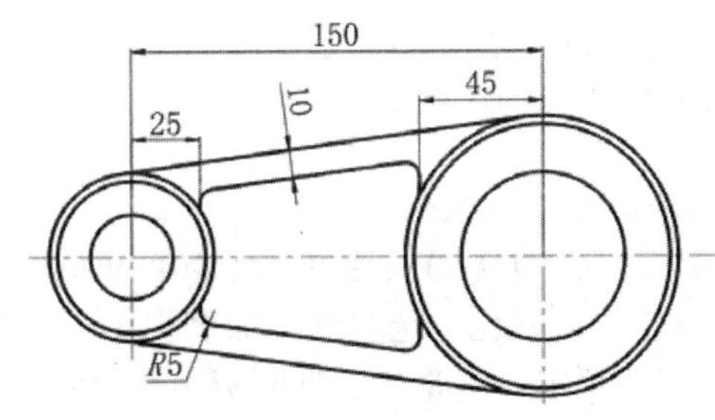

图 5-93 摇杆

01 在命令行中输入 ISOLINES，设置线框密度为 10。单击“可视化”选项卡“命名视图”面板中的“西南等轴测”按钮，切换到西南等轴测视图。

02 单击“三维工具”选项卡“建模”面板中的“圆柱体”按钮，以坐标原点为圆心底面中心点，分别创建半径为 30、15，高度为 20 的圆柱体。

03 单击“三维工具”选项卡“实体编辑”面板中的“差集”按钮，对半径为 30 的圆柱与半径为 15 的圆柱体进行差集运算。

04 单击“三维工具”选项卡“建模”面板中的“圆柱体”按钮，以（150,0,0）为圆心底面中心点，分别创建半径为 50、30，高度为 30 的圆柱体，及半径为 40、高度为 10

的圆柱体。

05 单击“三维工具”选项卡“实体编辑”面板中的“差集”按钮，对半径为 50 的圆柱体与半径为 30、40 的圆柱体进行差集运算，效果如图 5-94 所示。

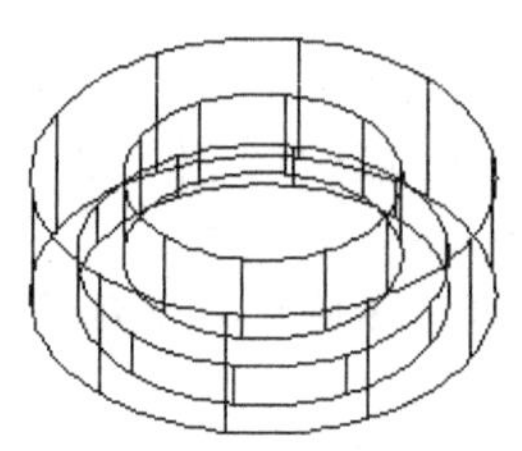

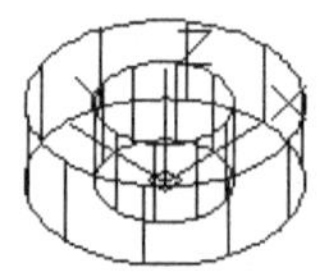

图 5-94 差集运算的效果

06 单击“三维工具”选项卡“实体编辑”面板中的“复制边”按钮，命令行提示如下：

命令：_SOLIDEDIT
实体编辑自动检查： SOLIDCHECK=1
输入实体编辑选项 [面(F)/边(E)/体(B)/放弃(U)/退出(X)] 〈退出〉：_edge
输入边编辑选项 [复制(C)/着色(L)/放弃(U)/退出(X)] 〈退出〉：_copy
选择边或 [放弃(U)/删除(R)]：如图 5-94 所示，选择左侧半径为 30 的圆柱体的底边↙
选择边或[放弃(U)/删除(R)]： ↙
指定基点或位移：0,0↙
指定位移的第二点：0,0↙
输入边编辑选项 [复制(C)/着色(L)/放弃(U)/退出(X)] 〈退出〉：C↙
选择边或 [放弃(U)/删除(R)]：方法同前，选择图 5-94 中右侧半径为 50 的圆柱体的底边
选择边或[放弃(U)/删除(R)]： ↙
指定基点或位移：0,0↙
指定位移的第二点：0,0↙
输入边编辑选项 [复制(C)/着色(L)/放弃(U)/退出(X)] 〈退出〉：↙

07 单击“可视化”选项卡“命名视图”面板中的“仰视”按钮，切换到仰视图。单击“视图”选项卡“视觉样式”面板中的“隐藏”按钮，进行消隐处理。

08 单击“默认”选项卡“绘图”面板中的“构造线”按钮，分别绘制所复制的半径为 30 及 50 的圆的外公切线，并绘制通过圆心的竖直线，如图 5-95 所示。

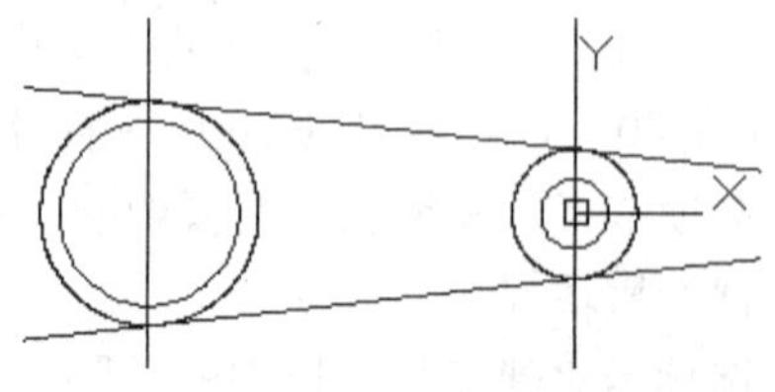

图 5-95 绘制辅助构造线

09 单击“默认”选项卡“修改”面板中的“偏移”按钮，将绘制的两条外公切线分别向内偏移 10，并将左侧竖直线向右偏移 45，将右侧竖直线向左偏移 25，如图 5-96 所示。

10 单击“默认”选项卡“修改”面板中的“修剪”按钮，对辅助线及复制的边进行修剪。在命令行输入 ERASE，或单击“默认”选项卡“修改”面板中的“删除”按钮，删除多余的辅助线及圆，如图 5-97 所示。

11 单击“可视化”选项卡“命名视图”面板中的“西南等轴测”按钮，切换到西南等轴测视图。单击“默认”选项卡“绘图”面板中的“面域”按钮，分别将辅助线与圆及辅助线之间围成的两个区域创建为面域。

12 单击“默认”选项卡“修改”面板中的“移动”按钮，将内环面域向上移动 5。

13 单击“三维工具”选项卡“建模”面板中的“拉伸”按钮，分别将外环及面域内环面域向上拉伸 16 及 11。

14 单击“三维工具”选项卡“实体编辑”面板中的“差集”按钮，对拉伸生成的两个实体进行差集运算，如图 5-98 所示。

15 单击“三维工具”选项卡“实体编辑”面板中的“并集”按钮，对所有实体进行并集运算。

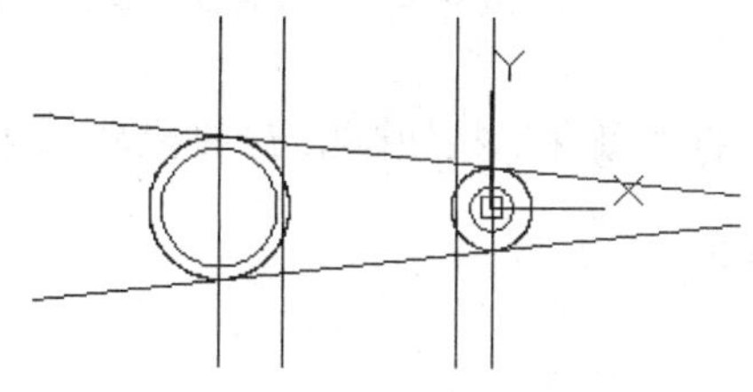

图 5-96　偏移辅助线

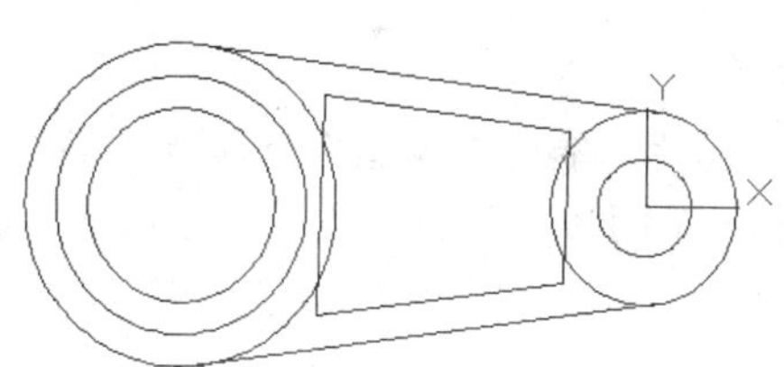

图 5-97　修剪辅助线及圆

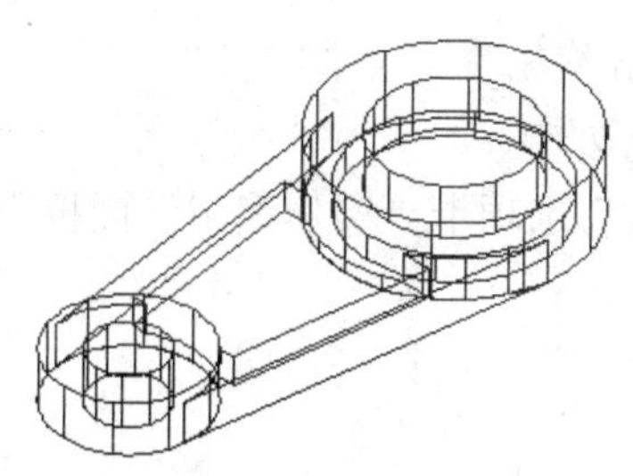

图 5-98　差集拉伸实体

16 对实体圆角。单击“默认”选项卡“修改”面板中的“圆角”按钮，对实体中间内凹处进行圆角操作，圆角半径为 5。

17 单击“默认”选项卡“修改”面板中的“倒角”按钮，对实体左右两部分顶面进行倒角操作，设置倒角距离为 3。单击“视图”选项卡“视觉样式”面板中的“隐藏”按钮，进行消隐处理，如图 5-99 所示。

18 在菜单栏中选择“修改”→“三维操作”→“三维镜像”命令，命令行提示如下：

命令：_ MIRROR3D
选择对象：选择实体↙
指定镜像平面 (三点) 的第一个点或[对象(O)/最近的(L)/Z 轴(Z)/视图(V)/XY 平面(XY)/YZ 平面(YZ)/ZX 平面(ZX)/三点(3)] <三点>：XY↙
指定 XY 平面上的点 <0,0,0>：↙
是否删除源对象？[是(Y)/否(N)] <否>：↙

镜像后的实体如图 5-100 所示。

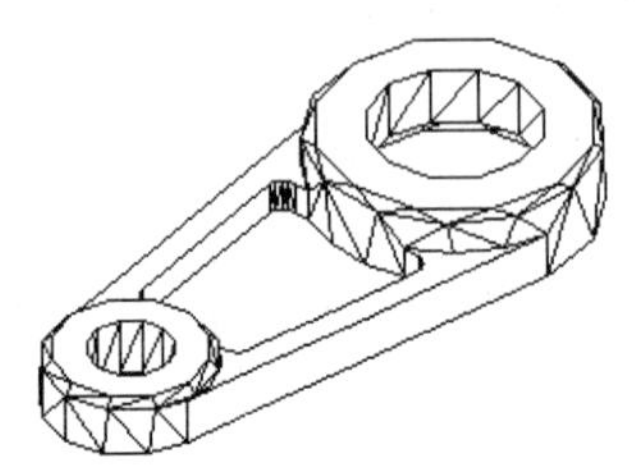

图 5-99 圆角及倒角及消隐处理后的实体

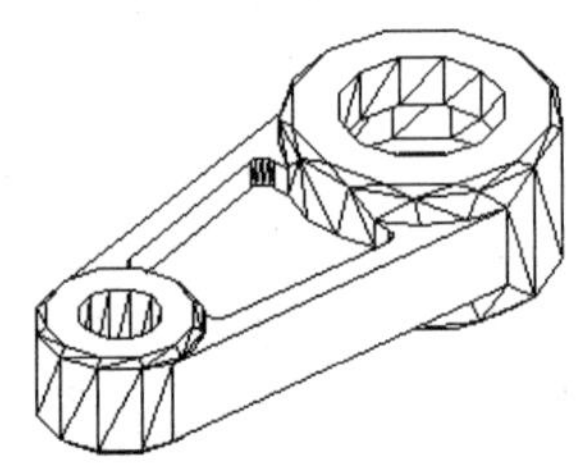

图 5-100 镜像后的实体

单击“三维工具”选项卡“实体编辑”面板中的“并集”按钮，对所有实体进行并集运算。

19 单击“视图”选项卡“视觉样式”面板中的“概念”按钮，最终显示结果如图 5-101 所示。

5.3.15 着色边

◆执行方式

命令行：SOLIDEDIT
菜单栏：“修改”→“实体编辑”→“着色边”
工具栏：实体编辑→着色边
功能区：单击“三维工具”选项卡“实体编辑”面板中的“着色边”按钮

◆操作步骤

命令：_SOLIDEDIT
实体编辑自动检查：SOLIDCHECK=1
输入实体编辑选项 [面(F)/边(E)/体(B)/放弃(U)/退出(X)] <退出>：_edge
输入边编辑选项 [复制(C)/着色(L)/放弃(U)/退出(X)] <退出>：_color
选择边或 [放弃(U)/删除(R)]：↙（选择要着色的边）
选择面或 [放弃(U)/删除(R)/全部(ALL)]：↙（继续选择或按 Enter 键结束选择）

选择好边后，系统弹出“选择颜色”对话框。根据需要选择合适的颜色作为要着色边的颜色。

5.3.16 压印边

◆执行方式

命令行：SOLIDEDIT
菜单栏："修改"→"实体编辑"→"压印边"
工具栏：实体编辑→压印
功能区：单击"三维工具"选项卡"实体编辑"面板中的"压印"按钮

◆操作步骤

命令：IMPRINT
选择三维实体或曲面：↙
选择要压印的对象：↙
是否删除源对象 [是(Y)/否(N)] <N>：↙

依次选择三维实体、要压印的对象和设置是否删除源对象。图 5-101 所示为将五角星压印在长方体上的图形。

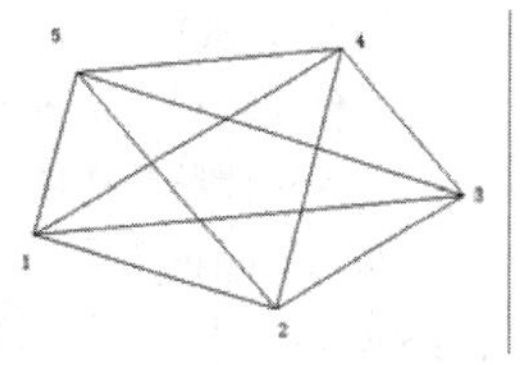

五角星和五边形

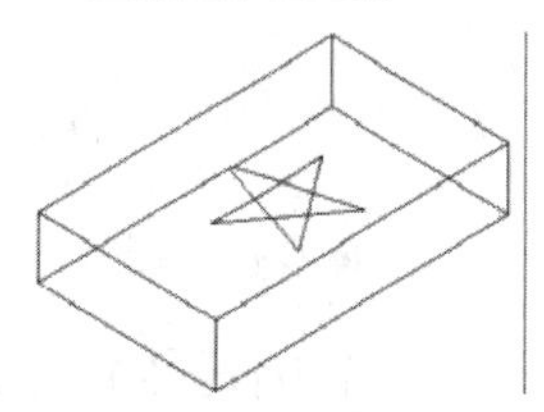
压印后的长方体和五角星

图 5-101 将五角星压印在长方体上

5.3.17 清除

◆执行方式

命令行：SOLIDEDIT
菜单栏："修改"→"实体编辑"→"清除"
工具栏："实体编辑"→"清除"
功能区：单击"三维工具"选项卡"实体编辑"面板中的"清除"按钮

◆操作步骤

命令：_SOLIDEDIT
实体编辑自动检查：SOLIDCHECK=1
输入实体编辑选项 [面(F)/边(E)/体(B)/放弃(U)/退出(X)] <退出>：_body
输入体编辑选项[压印(I)/分割实体(P)/抽壳(S)/清除(L)/检查(C)/放弃(U)/退出(X)] <退出>：_clean
选择三维实体：↙(选择要删除的对象)

5.3.18 分割

◆执行方式

命令行：SOLIDEDIT
菜单栏："修改"→"实体编辑"→"分割"
工具栏："实体编辑"→"分割"

功能区：单击“三维工具”选项卡“实体编辑”面板中的“分割”按钮

◆操作步骤

命令：_SOLIDEDIT

实体编辑自动检查：SOLIDCHECK=1

输入实体编辑选项 [面(F)/边(E)/体(B)/放弃(U)/退出(X)] <退出>：_body

输入体编辑选项[压印(I)/分割实体(P)/抽壳(S)/清除(L)/检查(C)/放弃(U)/退出(X)] <退出>：_sperate

选择三维实体：↙(选择要分割的对象)

5.3.19 抽壳

◆执行方式

命令行：SOLIDEDIT

菜单栏：“修改”→“实体编辑”→“抽壳”

工具栏：“实体编辑”→“抽壳”

功能区：单击“三维工具”选项卡“实体编辑”面板中的“抽壳”按钮

◆操作步骤

命令：_SOLIDEDIT

实体编辑自动检查：SOLIDCHECK=1

输入实体编辑选项 [面(F)/边(E)/体(B)/放弃(U)/退出(X)] <退出>：_body

输入体编辑选项[压印(I)/分割实体(P)/抽壳(S)/清除(L)/检查(C)/放弃(U)/退出(X)] <退出>：_shell

选择三维实体：↙ 选择三维实体

删除面或 [放弃(U)/添加(A)/全部(ALL)]：选择开口面

输入抽壳偏移距离：指定壳体的厚度值

图 5-102 所示为利用抽壳命令创建的花盆。

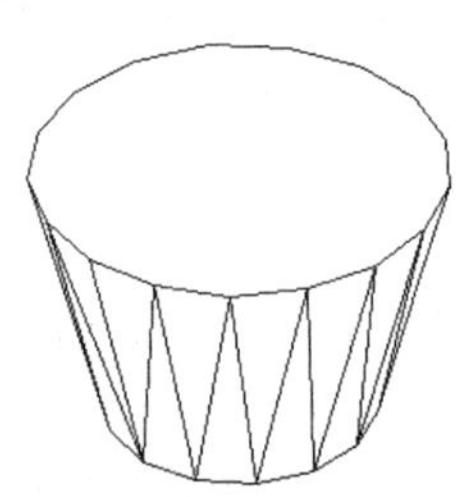

创建初步轮廓

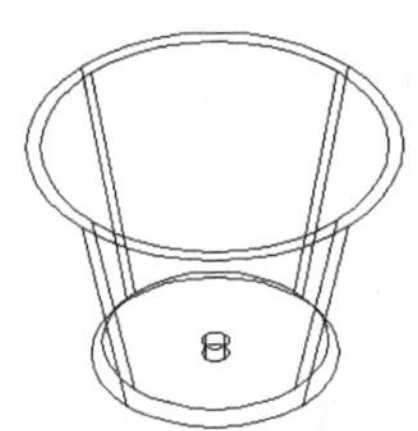

完成创建

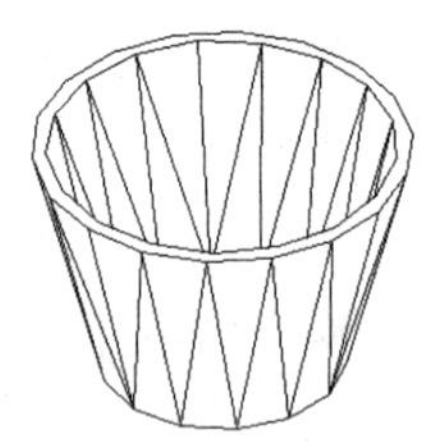

消隐结果

图5-102 花盆

注意

抽壳是用指定的厚度创建一个空的薄层。可以为所有面指定一个固定的薄层厚度，通过选择面可以将这些面排除在壳外。一个三维实体只能有一个壳，通过将现有面偏移出其原位置来创建新的面。

5.3.20 检查

◆执行方式

命令行：SOLIDEDIT

菜单栏："修改"→"实体编辑"→"检查"

工具栏：实体编辑→检查

功能区：单击"三维工具"选项卡"实体编辑"面板中的"检查"按钮

◆操作步骤

命令：_SOLIDEDIT

实体编辑自动检查：SOLIDCHECK=1

输入实体编辑选项［面(F)/边(E)/体(B)/放弃(U)/退出(X)］〈退出〉：_body↙

输入实体编辑选项[压印(I)/分割实体(P)/抽壳(S)/清除(L)/检查（C）/放弃(U)/退出(X)]〈退出〉：_check↙

选择三维实体：↙（选择要检查的三维实体）

选择实体后，系统将在命令行中显示该对象是否是有效的ACIS实体。

5.3.21 夹点编辑

利用夹点编辑功能，可以很方便地对三维实体进行编辑，这与二维对象夹点编辑功能相似。

其方法很简单，选择要编辑的对象，系统显示编辑夹点。选择某个夹点，按住鼠标拖动，则三维对象随之改变。选择不同的夹点，可以编辑对象的不同参数，红色夹点为当前编辑夹点，如图 5-103 所示。

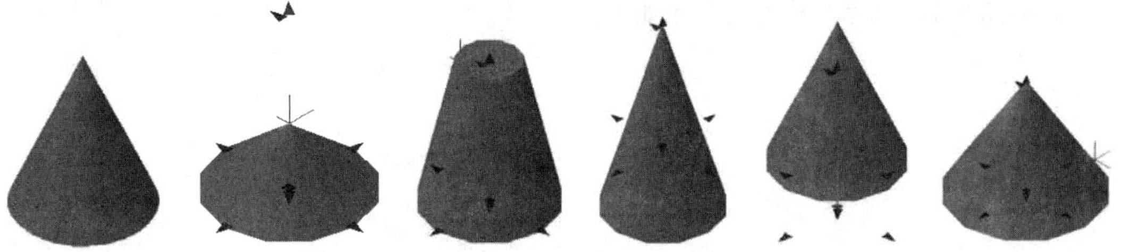

图 5-103 圆锥体及其夹点编辑

5.3.22 实例——固定板的绘制

绘制如图 5-104 所示的固定板。

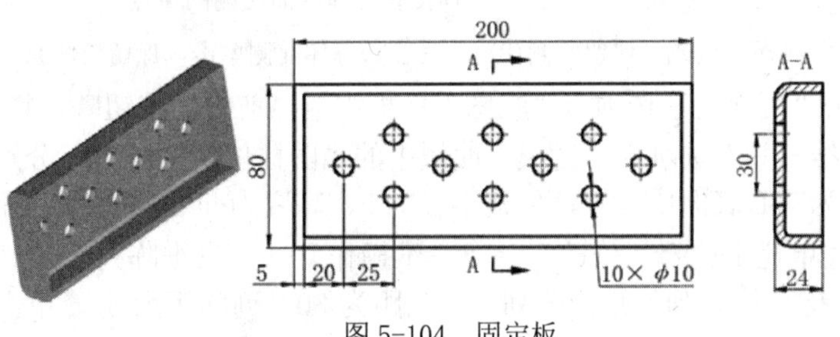

图 5-104 固定板

本例应用创建长方体命令“Box”，实体编辑命令“Solidedit”中的抽壳操作，以及剖切命令“Slice”，创建固定板的外形；用创建圆柱命令“Cylinder”、三维阵列命令“3Darray”，以及布尔运算的差集命令“Subtract”，创建固定板上的孔。

01 启动 AutoCAD 2022，使用默认设置的绘图环境。

02 在命令行中输入 ISOLINES，设置线框密度为 10。单击“视图”选项卡“命名视图”面板中的“西南等轴测”按钮，切换到西南等轴测视图。

03 单击“三维工具”选项卡“建模”面板中的“长方体”按钮，创建长度为 200、宽度为 40、高度为 80 的长方体。

04 单击“默认”选项卡“修改”面板中的“圆角”按钮，对长方体前端面进行圆角操作，圆角半径为 8，结果如图 5-105 所示。

05 单击“三维工具”选项卡“实体编辑”面板中的“抽壳”按钮，对创建的长方体进行抽壳操作，结果如图 5-106 所示。命令行提示如下：

命令：_SOLIDEDIT

实体编辑自动检查： SOLIDCHECK=1

输入实体编辑选项 [面(F)/边(E)/体(B)/放弃(U)/退出(X)] <退出>：_body

输入体编辑选项[压印(I)/分割实体(P)/抽壳(S)/清除(L)/检查(C)/放弃(U)/退出(X)] <退出>：_shell

选择三维实体：（选择创建的长方体）

删除面或 [放弃(U)/添加(A)/全部(ALL)]：↙

输入抽壳偏移距离：5↙

06 单击“三维工具”选项卡“实体编辑”面板中的“剖切”按钮，剖切创建的长方体，如图 5-107 所示。命令行提示如下：

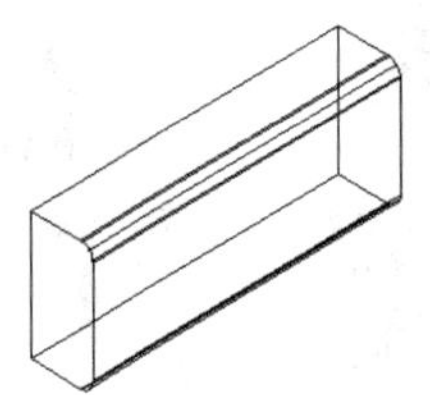

图 5-105 圆角后的长方体

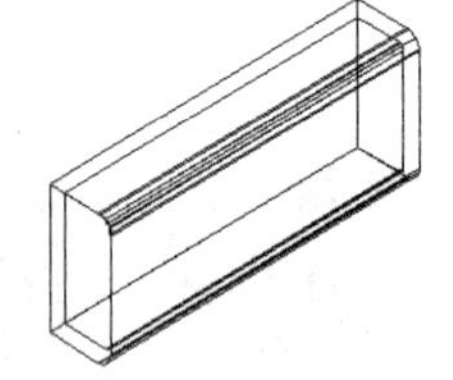

图 5-106 抽壳后的长方体

命令：_SLICE

选择要剖切的对象：（选择长方体）↙

指定切面上的第一个点，依照 [对象(O)/Z 轴(Z)/视图(V)/XY 平面(XY)/YZ 平面(YZ)/ZX 平面(ZX)/三点(3)] <三点>：ZX↙

指定 ZX 平面上的点 <0,0,0>：_mid 于（捕捉长方体顶面左侧的中点）

在要保留的一侧指定点或 [保留两侧(B)]：（在长方体前侧单击，保留前侧）

07 单击“可视化”选项卡“视图”面板中的“前视”按钮，切换到主视图。

单击“三维工具”选项卡“建模”面板中的“圆柱体”按钮，分别以点（25，40）和点（50，25）为圆心底面中心点，创建半径为 5、高度为-5 的圆柱体，如图 5-108 所示。

08 在菜单栏中选择“修改”→“三维操作”→“三维阵列”，对创建的圆柱体分别进行 1 行 4 列及 2 行 3 列的矩形阵列，行间距为 30，列间距为 50。单击“可视化”选项卡

“命名视图”面板中的“西南等轴测”按钮，切换到西南等轴测视图，结果如图 5-109 所示。

09 单击“三维工具”选项卡“实体编辑”面板中的“差集”按钮，对创建的长方体与圆柱体进行差集运算。

10 单击“视图”选项卡“视觉样式”面板中的“隐藏”按钮，进行消隐处理后的实体如图 5-110 所示。

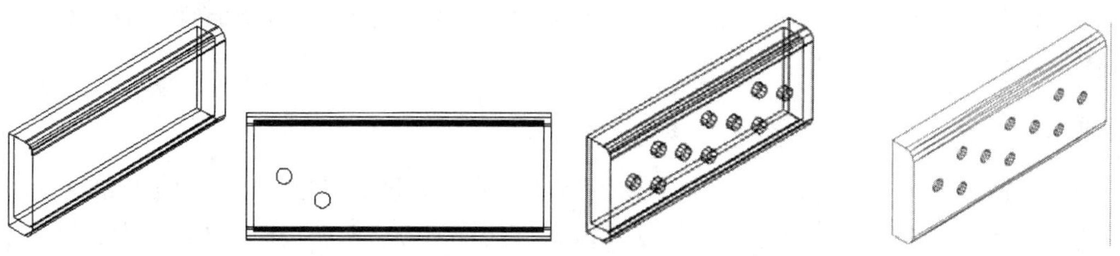

图 5-107 剖切长方体　图 5-108 创建圆柱体　图 5-109 阵列圆柱体　图 5-110 差集运算及消隐处理后的实体

11 单击“可视化”选项卡“材质”面板中的“材质浏览器”按钮，选择适当的材质，渲染后的效果如图 5-104 所示。

5.4 显示形式

在 AutoCAD 2022 中，三维实体有多种显示形式，包括二维线框、三维线框、三维消隐、真实、概念显示等。

5.4.1 消隐

◆执行方式

命令行：HIDE（快捷命令：HI）
菜单栏：“视图”→“消隐”
工具栏：“渲染”→“隐藏”
功能区：单击“视图”选项卡“视觉样式”面板中的“隐藏”按钮

执行上述操作后，系统将被其他对象挡住的图线隐藏起来，以增强三维视觉效果，如图 5-111 所示。

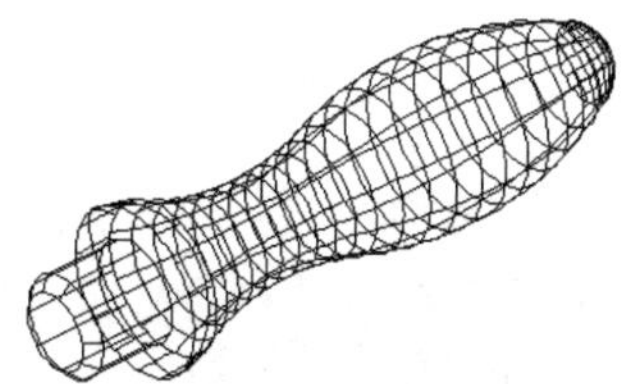

消隐前

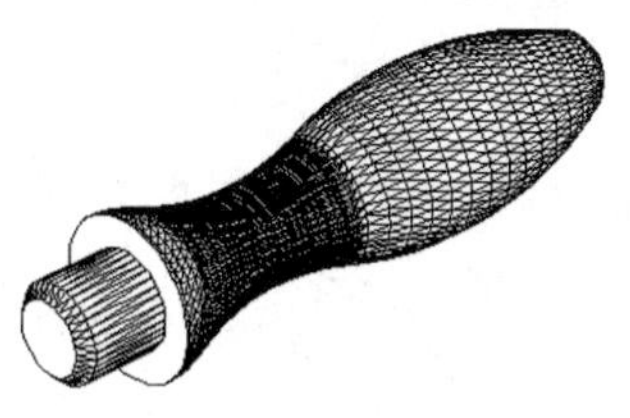

消隐后

图5-111 消隐结果

5.4.2 二维线框

◆执行方式

命令行：VSCURRENT
菜单栏："视图" → "视觉样式" → "二维线框"
工具栏："视觉样式" → "二维线框"
功能区：单击"可视化"选项卡"视觉样式"面板中的"二维线框"按钮

◆操作步骤

命令：_VSCURRENT
输入选项 [二维线框(2)/线框(W)/隐藏(H)/真实(R)/概念(C)/着色(S)/带边缘着色(E)/灰度(G)/勾画(SK)/X 射线(X)/其他(O)] <二维线框>：_2↙

◆选项说明

1）二维线框（2）：用直线和曲线表示对象的边界。光栅和 OLE 对象、线型和线宽都是可见的。即使将 COMPASS 系统变量的值设置为 1，它也不会出现在二维线框视图中。图 5-112 所示为 UCS 坐标和手柄的二维线框图。

2）线框（W）：显示用直线和曲线表示边界的对象。显示着色三维 UCS 图标。可将 COMPASS 系统变量设定为 1 来查看坐标球。图 5-113 所示为 UCS 坐标和手柄的线框图。

3）隐藏(H)：显示用线框表示的对象，并隐藏表示后向面的直线。图 5-114 所示为 UCS 坐标和手柄的消隐图。

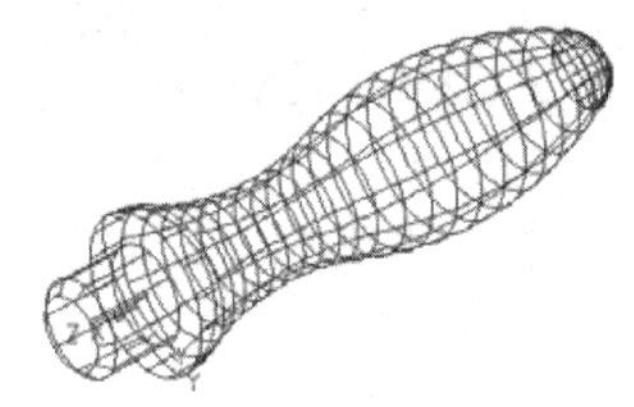

图 5-112　二维线框图

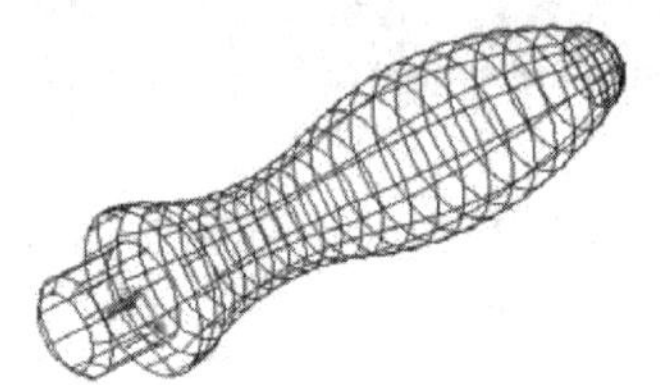

图 5-113　线框图

4）真实(R)：着色多边形平面间的对象，并使对象的边平滑化。如果已为对象附着材质，将显示已附着到对象的材质。图 5-115 所示为 UCS 坐标和手柄的真实图。

5）概念(C)：着色多边形平面间的对象，并使对象的边平滑化。着色使用冷色和暖色之间的过渡色。效果缺乏真实感，但可以更方便地查看模型的细节。图 5-116 所示为 UCS 坐标和手柄的概念图。

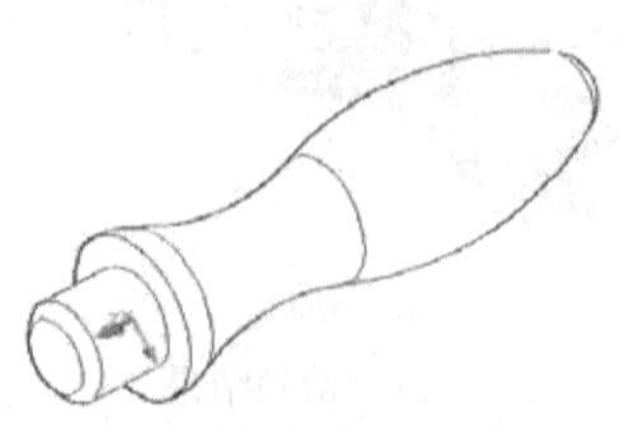

图5-114　消隐图

图5-115　真实图

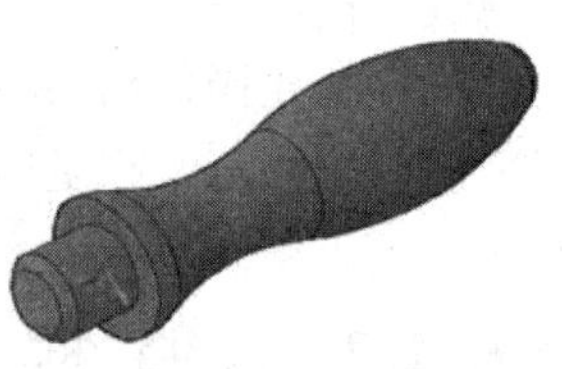

图5-116　概念图

6）着色(S)：产生平滑的着色模型。

7）带边缘着色(E)：产生平滑、带有可见边的着色模型。

8）灰度(G)：使用单色面颜色模式可以产生灰色效果。
9）勾画(SK)：使用外伸和抖动产生手绘效果。
10）X 射线(X)：更改面的不透明度使整个场景变成部分透明。

5.4.3 视觉样式管理器

◆执行方式

命令行：VISUALSTYLES
菜单栏："视图"→"视觉样式"→"视觉样式管理器"或"工具"→"选项板"→"视觉样式"
工具栏："视觉样式"→"管理视觉样式"按钮
执行上述操作后，系统打开"视觉样式管理器"选项板，可以对视觉样式的各参数进行设置，如图 5-117 所示。图 5-118 所示为按图 5-125 所示进行设置的概念显示结果。读者可以与图 5-116 进行比较，感觉它们之间的差别。

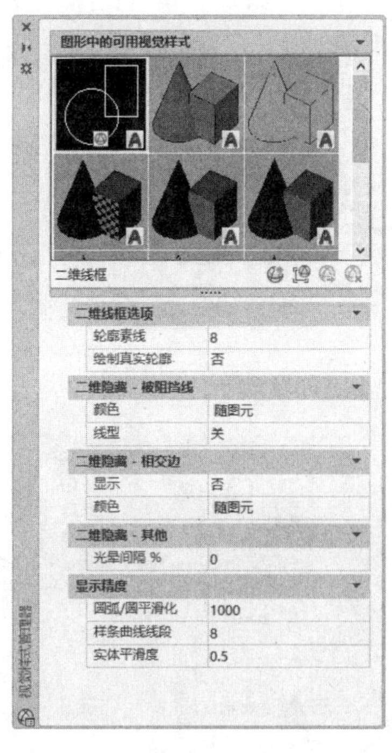

图 5-117 "视觉样式管理器"选项板

图 5-118 概念显示结果

5.5 渲染实体

渲染是对三维图形对象加上颜色和材质因素，以及灯光、背景、场景等因素的操作，能够更真实地表达图形的外观和纹理。渲染是输出图形前的关键步骤，尤其是在结果图的设计中。

5.5.1 设置光源

◆执行方式

命令行：LIGHT

菜单栏："视图"→"渲染"→"光源"（见图5-119）

工具栏：渲染→光源（见图5-120）

功能区：单击"可视化"选项卡"光源"面板中的"创建光源"下拉菜单（见图5-121）

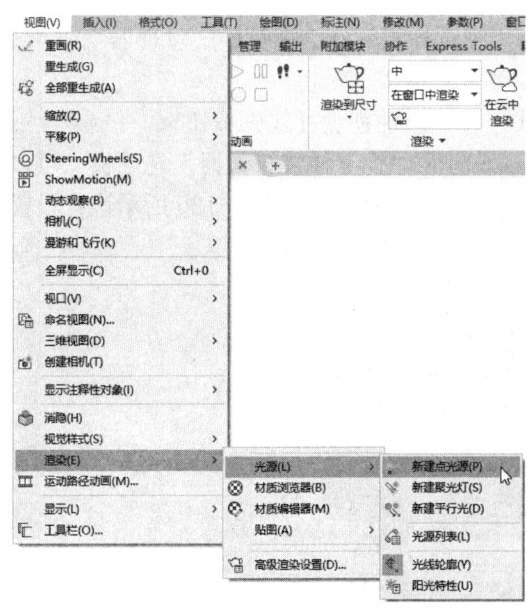

图5-119 "光源"子菜单

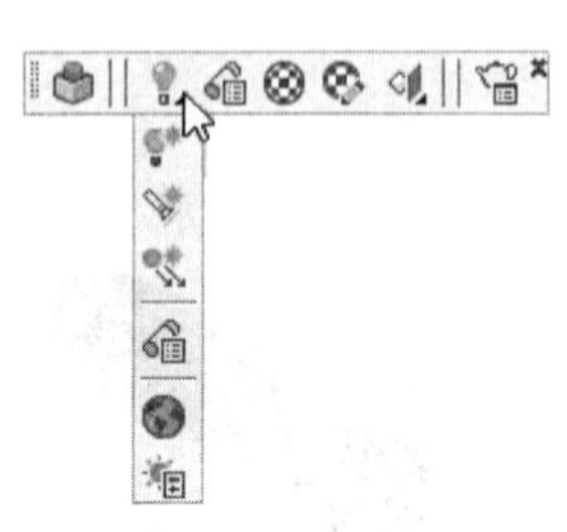

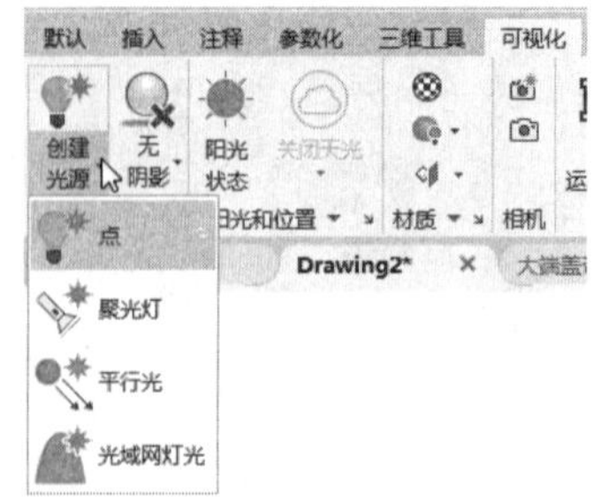

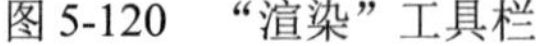

图5-120 "渲染"工具栏　　　　图5-121 "创建光源"下拉菜单

◆操作步骤

命令：LIGHT↙

输入光源类型［点光源(P)/聚光灯(S)/光域网(W)/目标点光源(T)/自由聚光灯(F)/自由光域(B)/平行光(D)］<自由聚光灯>：↙

◆选项说明

1．点光源

创建点光源(P)。选择该项，系统提示如下：

指定源位置 <0,0,0>：（指定位置）

输入要更改的选项［名称(N)/强度因子(I)/状态(S)/光度(P) /阴影(W)/衰减(A)/过滤颜色(C)/退出(X)］<退出>：

其中各项含义如下：

（1）名称（N）：指定光源的名称。可以在名称中使用大写字母和小写字母、数字、空格、连字符(-)和下划线(_)。最大长度为 256 个字符。选择该项，系统提示如下：

输入光源名称：

（2）强度因子（I）：设置光源的强度或亮度。取值范围为 0.00 到系统支持的最大值。选择该项，系统提示如下：

输入强度（0.00 – 最大浮点数）<1>：

（3）状态(S)：打开和关闭光源。如果图形中没有启用光源，则该设置没有影响。选择该项，系统提示如下：

输入状态［开(N)/关(F)］<开>：

（4）阴影(W)：使光源投影。选择该项，系统提示如下：

输入阴影设置［关(O)/鲜明(S)/柔和(F)］<鲜明>：

其中：

1）关：关闭光源的阴影显示和阴影计算。关闭阴影将提高性能。

2）鲜明：显示带有强烈边界的阴影。使用此选项可以提高性能。

3）柔和：显示带有柔和边界的真实阴影。

（5）衰减(A)：设置系统的衰减特性。选择该项，系统提示：

输入要更改的选项［衰减类型(T)/使用界限(U)/衰减起始界限(L)/衰减结束界限(E)/退出(X)］<退出>：

其中：

1）衰减类型：控制光线如何随着距离的增加而衰减。对象距点光源越远，则越暗。选择该项，系统提示如下：

输入衰减类型［无(N)/线性反比(I)/平方反比(S)］<线性反比>：↙

无：设置无衰减。此时对象不论距离点光源是远还是近，明暗程度都一样。

线性反比：将衰减设置为与距离点光源的线性距离成反比。例如，距离点光源两个单位时，光线强度是点光源的 1/2；而距离点光源 4 个单位时，光线强度是点光源的 1/4。线性反比的默认值是最大强度的 1/2。

平方反比：将衰减设置为与距离点光源的距离的平方成反比。例如，距离点光源两个单位时，光线强度是点光源的 1/4；而距离点光源 4 个单位时，光线强度是点光源的 1/16 分之一。

2）使用界限：打开和关闭衰减界限。

3）衰减起始界限：指定一个点，光线的亮度相对于光源中心的衰减于该点开始。默认值为 0。选择该项，系统提示如下：

指定起始界限偏移（0-??）或［关(O)］：↙

4）衰减结束界限：指定一个点，光线的亮度相对于光源中心的衰减于该点结束。在此点之后，将不会投射光线。在光线的结果很微弱，以致计算将浪费处理时间的位置处，设置结束界限将提高性能。选择该项，系统提示如下：

指定结束界限偏移或 [关(O)]：↙

（6）过滤颜色（C）：控制光源的颜色。选择该项，系统提示如下：

输入真彩色 (R,G,B) 或输入选项 [索引颜色(I)/HSL(H)/配色系统(B)]<255,255,255>：↙

2．聚光灯

创建聚光灯(S)。选择该项，系统提示如下：

指定源位置 <0,0,0>：↙（输入坐标值或使用定点设备）

指定目标位置 <1,1,1>：↙（输入坐标值或使用定点设备）

输入要更改的选项 [名称(N)/强度因子(I)/状态(S)/光度(P)/聚光角(H)/照射角(F)/阴影(W)/衰减(A)/过滤颜色(C)/退出(X)] <退出>：↙

其中大部分选项与点光源项相同，只对其特别的加以说明。

（1）聚光角(H)：指定定义最亮光锥的角度，也称为光束角。聚光角的取值范围为0°～160°或基于别的角度单位的等价值。选择该项，系统提示如下：

输入聚光角角度 (0.00-160.00)：↙

（2）照射角(F)：指定定义完整光锥的角度，也称为现场角。照射角的取值范围为0°～160°。默认值为45°或基于别的角度单位的等价值。

输入照射角角度 (0.00-160.00)：↙

注意

照射角角度必须大于或等于聚光角角度。

3．平行光

创建平行光(D)。选择该项，系统提示如下：

指定光源方向 FROM <0,0,0> 或 [矢量(V)]：↙（指定点或输入 v ）

指定光源方向 TO <1,1,1>：↙（指定点 ）

如果输入V选项，将显示以下提示：

指定矢量方向 <0.0000,-0.0100,1.0000>：↙（输入矢量）

指定光源方向后，将显示以下提示：

输入要更改的选项 [名称(N)/强度(I)/状态(S)/阴影(W)/颜色(C)/退出(X)] <退出>：↙

其中各项与前面所述相同，不再赘述。

有关光源设置的命令还有光源列表、地理位置和阳光特性等几项。

4．光源列表

◆执行方式

命令行：LIGHTLIST

菜单栏：视图→渲染→光源→光源列表

工具栏：渲染→光源→光源列表

功能区：单击“可视化”选项卡“光源”面板中的“对话框启动器”按钮

◆操作步骤

命令：LIGHTLIST↙

执行上述命令后，系统弹出“模型中的光源”选项板，如图 5-122 所示.可以从中看到模型中已经建立的光源。

5. 阳光特性

◆执行方式

命令行：SUNPROPERTIES

菜单栏：“视图”→“渲染”→“光源”→“阳光特性”

工具栏：“渲染”→“光源”→“阳光特性”

功能区：单击“可视化”选项卡“阳光和位置”面板中的“对话框启动器”按钮

◆操作步骤

命令：SUNPROPERTIES↙

执行上述命令后，系统弹出“阳光特性”选项板，如图 5-12331 所示.可以从中修改已经设置好的阳光特性。

图 5-122 “模型中的光源”选项板

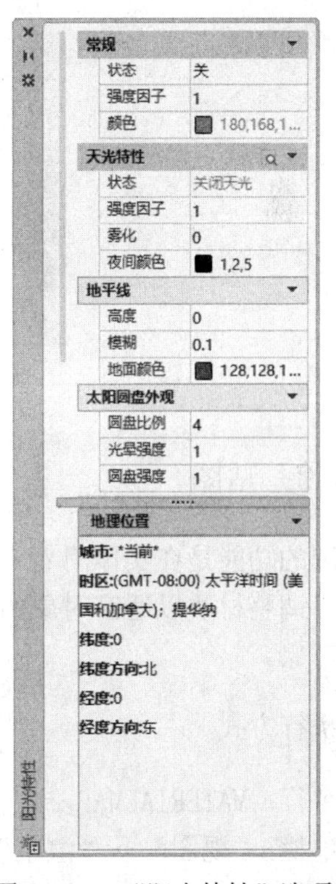

图 5-123 “阳光特性”选项板

5.5.2 渲染环境

◆执行方式

命令行：RENDERENVIRONMENT

菜单栏：“视图”→“渲染”→“渲染环境”

功能区：单击“可视化”选项卡“渲染”面板中的“渲染环境和曝光”按钮

◆操作步骤

命令：RENDERENVIRONMENT↙

执行该命令后，系统弹出如图 5-124 所示的“渲染环境和曝光” 选项板。可以从中设置渲染环境的有关参数。

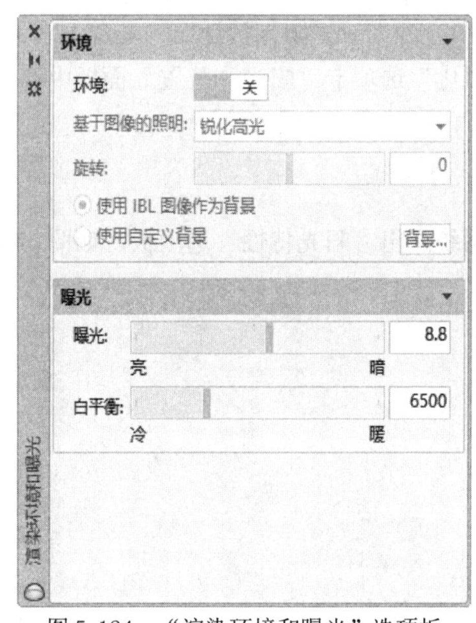

图 5-124 “渲染环境和曝光”选项板

5.5.3 贴图

贴图的功能是在实体附着带纹理的材质后，调整实体或面上纹理贴图的方向。当材质被映射后，调整材质以适应对象的形状，将合适的材质贴图类型应用到对象中，可以使之更加适合于对象。

◆执行方式

命令行：MATERIALMAP

菜单栏：“视图”→“渲染”→“贴图”（见图 5-125）

工具栏：“渲染”→“贴图”按钮（见图 5-126）或“贴图”工具栏中的按钮（见图 5-127）

◆操作步骤

命令：MATERIALMAP↙

选择选项[长方体(B)/平面(P)/球面(S)/柱面(C)/复制贴图至(Y)/重置贴图(R)]<长方体>:

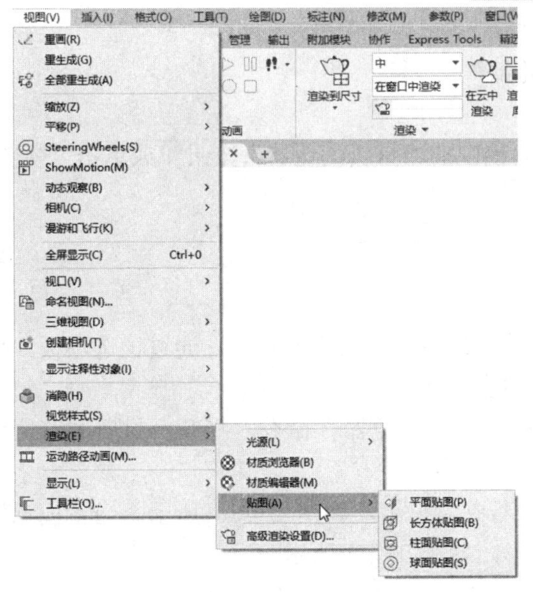

图 5-125　贴图子菜单

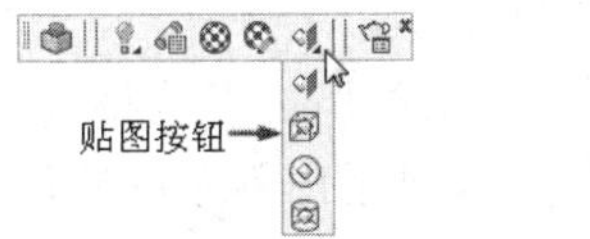

图 5-126　渲染工具栏　图 5-127　贴图工具栏

◆选项说明

1）长方体（B）：将图像映射到类似长方体的实体上。该图像将在对象的每个面上重复使用。

2）平面（P）：将图像映射到对象上，就像将其从幻灯片投影器投影到二维曲面上一样，图像不会失真，但会被缩放以适应对象。该贴图最常用于面。

3）球面（S）：在水平和垂直两个方向上同时使图像弯曲。纹理贴图的顶边在球体的“北极”压缩为一个点；同样，底边在“南极”压缩为一个点。

4）柱面（C）：将图像映射到圆柱形对象上，水平边将一起弯曲，但顶边和底边不会弯曲。图像的高度将沿圆柱体的轴进行缩放。

5）复制贴图（Y）：将贴图从原始对象或面应用到选定对象。

6）重置贴图（R）：将 UV 坐标重置为贴图的默认坐标。

图 5-128 所示为球面贴图。

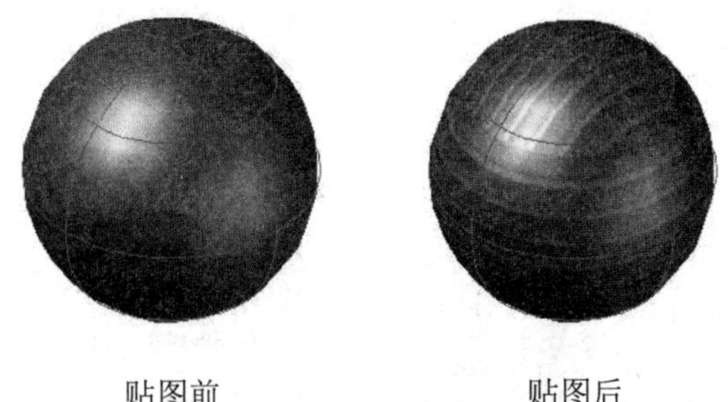

图 5-128　球面贴图

5.5.4　材质

1．附着材质

AutoCAD 2022 将常用的材质都集成到“材质浏览器”选项板中。

◆执行方式

命令行：MATBROWSEROPEN

菜单栏：“视图”→“渲染”→“材质浏览器”

工具栏：“渲染”→“材质浏览器”

功能区：单击“可视化”选项卡“材质”面板中的“材质浏览器”按钮或单击“视图”选项卡“选项板”面板中的“材质浏览器”按钮

◆操作格式

命令：MATBROWSEROPEN↙

执行该命令后，系统弹出如图 5-129 所示的“材质浏览器”选项板。通过该选项板，可以对材质的有关参数进行设置。具体附着材质的步骤是：

1）选择菜单栏中的“视图”→“渲染”→“材质浏览器”命令，打开“材质浏览器”选项板，如图 5-129 所示。

2）选择需要的材质类型，直接将其拖动附着到对象上，如图 5-130 所示。当将视觉样式转换成“真实”时，显示出附着材质后的图形，如图 5-131 所示。

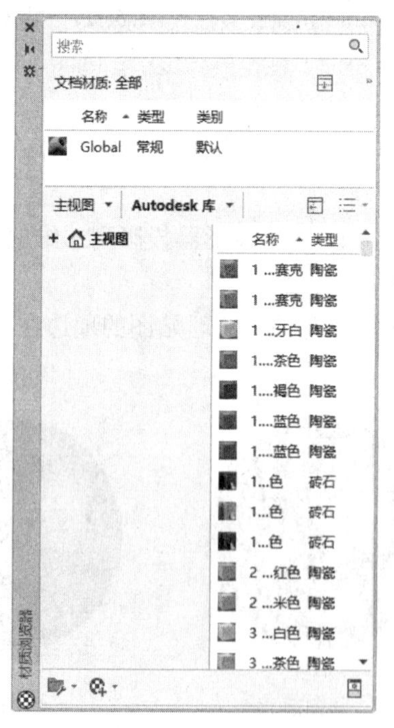

图 5-129 “材质浏览器”选项板

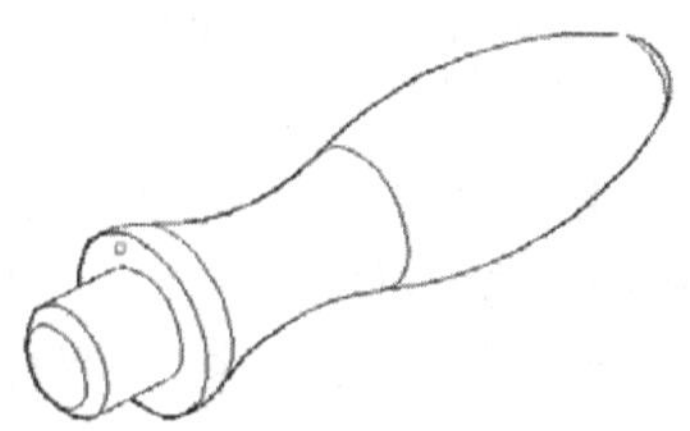

图 5-130 指定对象

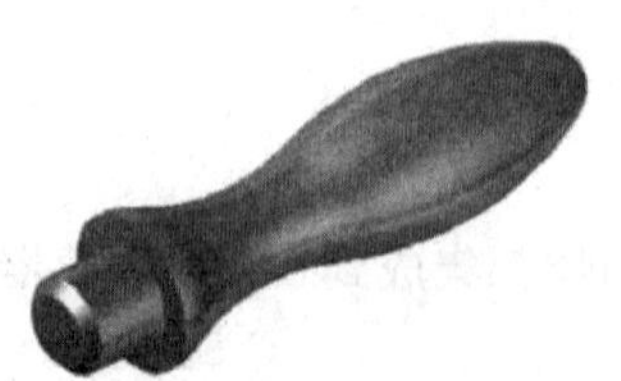

图5-131 附着材质后

2. 设置材质

◆执行方式

命令行：MATEDITOROPEN
菜单栏："视图"→"渲染"→"材质编辑器"
工具栏："渲染"→"材质编辑器"
功能区：单击"视图"选项卡"选项板"面板中的"材质编辑器"按钮

◆操作格式

命令：mateditoropen↙
执行该命令后，系统弹出如图 5-132 所示的"材质编辑器"选项板。

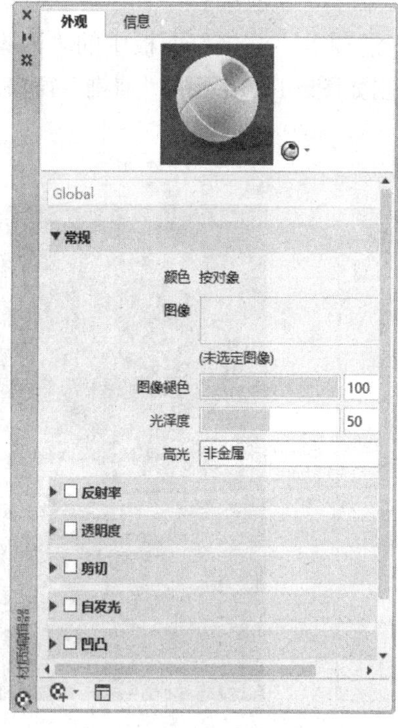

图 5-132 "材质编辑器"选项板

◆选项说明

1）"外观"选项卡：包含用于编辑材质特性的控件。可以更改材质的名称、颜色、光泽度、反射率、透明度等。

2）"信息"选项卡：包含用于编辑和查看材质的关键字信息的所有控件。

5.5.5 渲染

1. 高级渲染设置

◆执行方式

命令行：RPREF（快捷命令：RPR）
菜单栏："视图"→"渲染"→"高级渲染设置"
工具栏："渲染"→"高级渲染设置"
功能区：单击"视图"选项卡"选项板"面板中的"高级渲染设置"按钮
执行上述操作后，系统弹出如图5-133所示的"渲染预设管理器"选项板。通过该选项板，可以对渲染的有关参数进行设置。

2．渲染

◆执行方式

命令行：RENDER（快捷命令：RR）
菜单栏："视图"→"渲染"→"渲染"
功能区：单击"可视化"选项卡"渲染"面板中的"渲染到尺寸"按钮
执行上述操作后，系统弹出如图5-134所示的"渲染"窗口，显示渲染结果和相关参数。

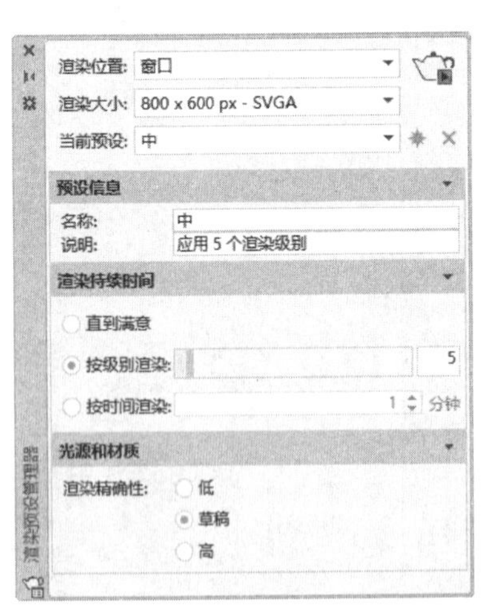

图 5-133 "渲染预设管理器"选项板

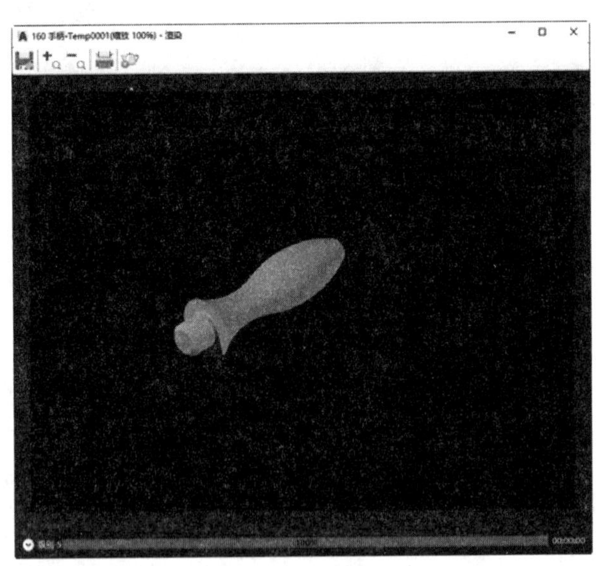

图 5-134 "渲染"窗口

注意

在 AutoCAD 2022 中，渲染代替了传统的建筑、机械和工程图形使用水彩、有色蜡笔和油墨等，生成最终演示的渲染结果图。渲染图形的过程一般分为以下 4 步：

1）准备渲染模型：包括遵从正确的绘图技术，删除消隐面，创建光滑的着色网格和设置视图的分辨率。

2）创建和放置光源以及创建阴影。

3）定义材质并建立材质与可见表面间的联系。

4）进行渲染，包括检验渲染对象的准备、照明和颜色的中间步骤。

5.6 综合演练——战斗机的绘制

战斗机由战斗机机身（包括发动机喷口和机舱）、机翼、水平尾翼、阻力伞舱、垂尾、武器挂架和导弹发射架、所携带的导弹和副油箱、天线和大气数据探头等部分组成，如图 5-135 所示。

图 5-135　战斗机模型

5.6.1　绘制机身与机翼

本例制作的战斗机机身是一个典型的旋转体，因此在绘制战斗机机身过程中，使用“多段线”命令绘制出机身的半剖面，然后执行“旋转”命令绘制机身，最后使用“多段线”和“拉伸”等命令绘制机翼和水平尾翼。

01 用“图层”命令设置图层。参照图 5-136，依次设置各图层。

02 用 SURFTAB1 和 SURFTAB2 命令，设置线框密度为 24。

03 将“中心线”设置为当前图层，单击“默认”选项卡“绘图”面板中的“直线”按钮，绘制起点和终点坐标分别为（0,-40）和（0,333）的中心线。

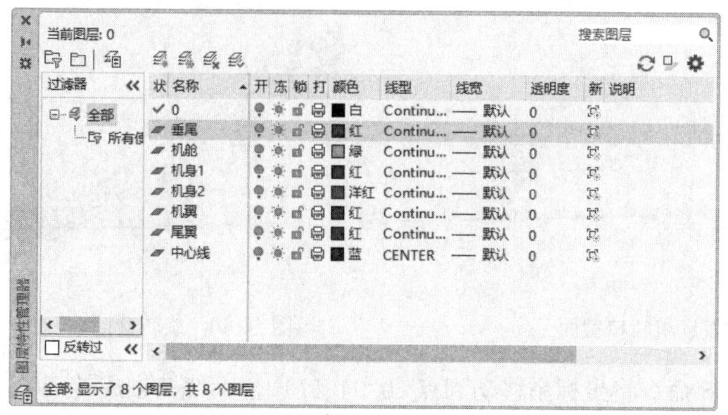

图 5-136　设置图层

04 绘制机身截面。将“机身 1”设置为当前图层，单击“默认”选项卡“绘图”面板中的“多段线”按钮，指定起点坐标为（0,0），然后依次输入点（8,0）→（11.5,-4）→（A）→（S）→（12,0）→（14,28）→（S）→（16,56）→（17,94）→（L）→（15.5,245）→（A）→（S）→（14,277）→（13,303）→（L）→（0,303）→（C），结果如图 5-137 所示。

05 绘制雷达罩截面轮廓线。单击“默认”选项卡“绘图”面板中的“多段线”按钮，指定起点坐标为（0,0），指定下两个点坐标为（8,0）和（0,-30）。最后输入（C）将图形封闭，结果如图 5-138 所示。

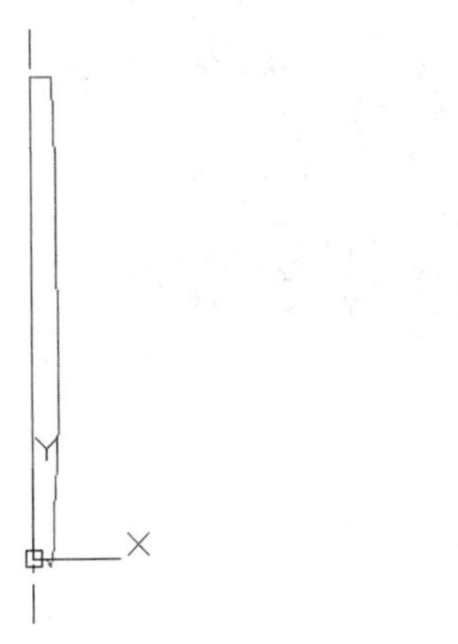

图 5-137　绘制机身截面

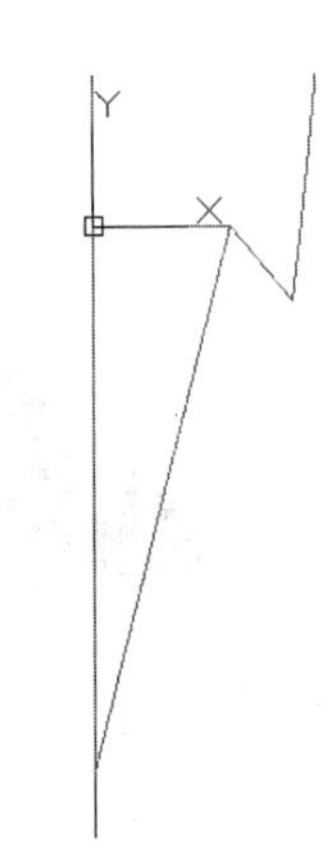

图 5-138　绘制雷达罩截面

06 绘制发动机喷口截面。单击“默认”选项卡“绘图”面板中的“多段线”按钮，指定起点坐标为（10,303），指定下三个点坐标为（13,303）（10,327）和（9,327），最后输入（C）将图形封闭，如图 5-139 所示。

07 单击“三维工具”选项卡“建模”面板中的“旋转”按钮，旋转已绘制的机身、雷达罩和发动机喷口截面，然后将视图转换成西南等轴测视图，如图 5-140 所示。

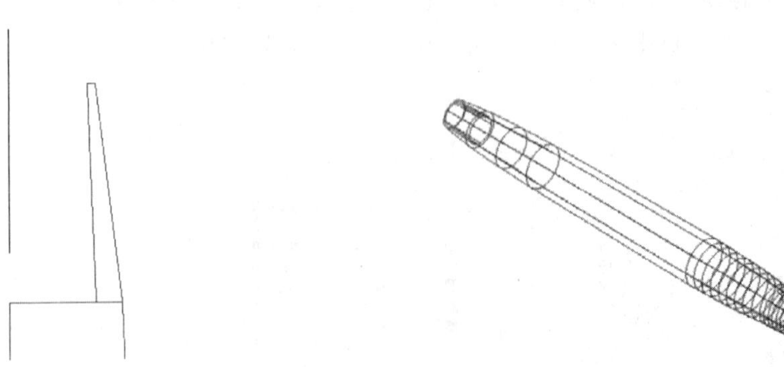

图 5-139　绘制发动机喷口截面

图 5-140　旋转截面

08 用 UCS 命令将坐标系移动到点（0,94,17），然后绕 Y 轴旋转-90°，结果如图 5-141 所示。

09 将“机身 1”图层关闭，设置“中心线”为当前图层，然后单击“默认”选项卡“绘图”面板中的“直线”按钮╱，绘制起点和终点坐标分别为（-2,-49）和（1.5,209）的旋转轴，如图5-142所示。

10 绘制机身上部截面。将“机身2”设置为当前图层，单击“默认”选项卡“绘图”面板中的“多段线”按钮，指定起点坐标为(0,0)，其余各个点坐标依次为(11,0)，(5,209)和（0，209），最后输入（C）将图形封闭，如图5-143所示。

11 绘制机舱连接处截面。单击“默认”选项卡“绘图”面板中的“多段线”按钮，指定起点坐标为（10.6,-28.5），指定下三个点坐标为（8,-27）（7,-30）和（9.8,-31）。最后，输入（C）将图形封闭，如图5-144所示。

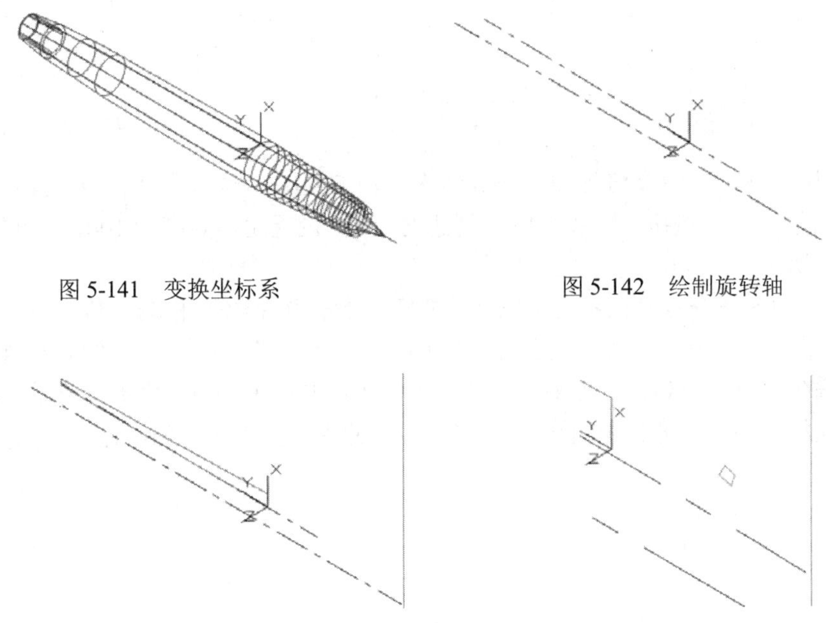

图5-141 变换坐标系

图5-142 绘制旋转轴

图5-143 绘制机身上部截面

图5-144 绘制机舱连接处截面

12 绘制机舱截面。将 机舱”设置为当前图层，单击“默认”选项卡“绘图”面板中的“多段线”按钮，指定起点坐标为（11,0），然后依次输入（A）→（S）→（10,-28.5）→（-2,-49）→L→（0,0）→（C），结果如图5-145所示。

13 使用“剪切”“直线”等命令将机身上部修剪为如图 5-146 所示的效果.将“中心线”层设置为“机身2”，然后单击“默认”选项卡“绘图”面板中的“面域”按钮，将剩下的机身上部截面轮廓线和直线封闭的区域创建成面域。单击“三维工具”选项卡“建模”面板中的“旋转”按钮，旋转机身上部截面面域、机舱截面和机舱连接处截面。

14 将“机身1”图层打开，并设置为当前图层。单击“三维工具”选项卡“实体编辑”面板中的“并集”按钮，将机身、机身上部和机舱连接处进行并集运算，然后用HIDE命令消除隐藏线，绘制的战斗机机身如图5-147所示。

15 使用UCS命令将坐标系移至点（-17,151,0）处，然后将图层“机身1”“机身2”和“机舱”关闭，设置图层“机翼”为当前图层。选择菜单栏中的“视图”→“三维视图”→“平面视图”→“当前UCS”。

16 单击“默认”选项卡“绘图”面板中的“多段线”按钮，绘制机翼侧视截面。

指定起点坐标为（0,0），然后依次输入 A→S→（2.7,-8）→（3.6,-16）→S→（2,-90）→（0,-163），最后单击“默认”选项卡“修改”面板中的“镜像”按钮，镜像出截面的左侧一半。单击“默认”选项卡“绘图”面板中的“面域”按钮，将左右两条多段线所围成的区域创建成面域，如图 5-148 所示。

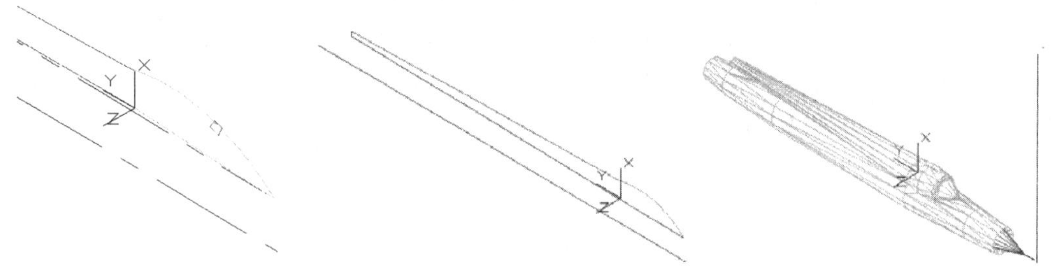

图 5-145　绘制机舱截面　　图 5-146　修剪图形　　图 5-147　战斗机机身

17 用“视图”命令将视图转换成西南等轴测视图，再单击“三维工具”选项卡“建模”面板中的“拉伸”按钮，拉伸刚才创建的面域。设置拉伸高度为 100，倾斜角度为 1.5º，如图 5-149 所示。

18 用 UCS 命令将坐标系统绕 Y 轴旋转 90°，然后沿着 Z 轴移动，其值为-3.6。

19 单击“默认”选项卡“绘图”面板中的“多段线”按钮，绘制机翼俯视截面轮廓线，然后依次输入（0,0）→（0,-163）→（-120,0）→（C）。单击“三维工具”选项卡“建模”面板中的“拉伸”按钮，将多段线拉伸为高度为 7.2 的实体，如图 5-150 所示。

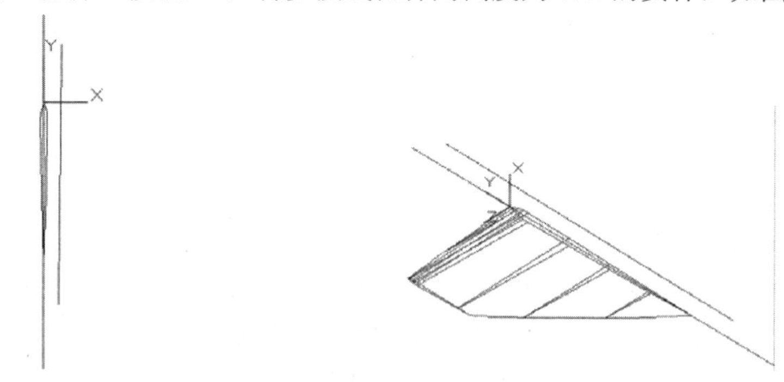

图 5-148　绘制机翼侧视截面轮廓　　图 5-149　拉伸机翼侧视截面

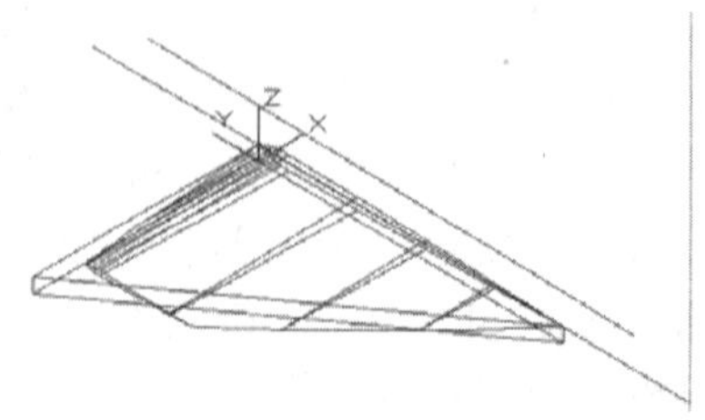

图 5-150　拉伸机翼俯视截面

20 单击“三维工具”选项卡“实体编辑”面板中的“交集”按钮，对拉伸机翼侧视截面形成的实体和拉伸机翼俯视截面形成的实体进行交集运算，结果如图 5-151 所示。

21 选择菜单栏中的“修改”→“三维操作”→“三维旋转”命令，将机翼绕 Y 轴旋转-5°。选择菜单栏中的“修改”→“三维操作”→“三维镜像”命令，镜像出另一半机翼；然后单击“三维工具”选项卡“实体编辑”面板中的“并集”按钮，合并所有实体，如图 5-152 所示。

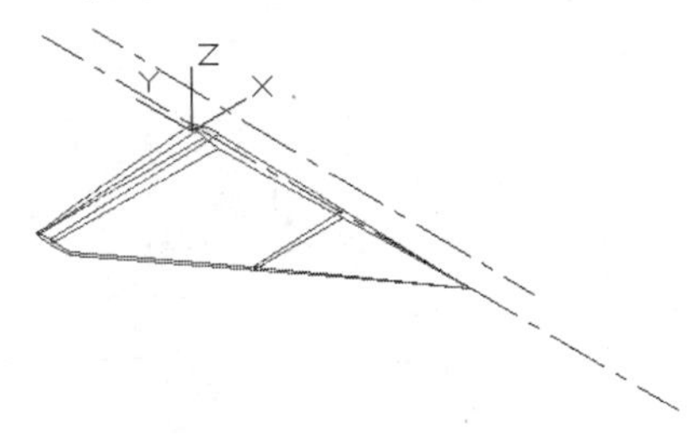

图 5-151 交集运算

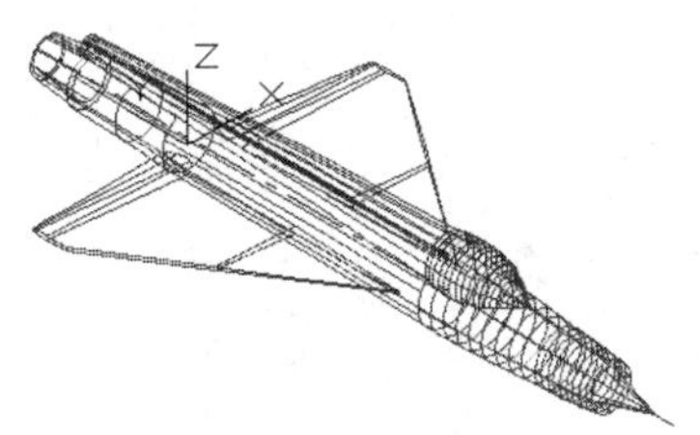

图 5-152 机翼

22 用 UCS 命令将坐标系绕 Y 轴旋转-90°，然后移至点（3.6,105,0）处，将图层“机身 1”“机身 2”“机翼”和“机舱”关闭，设置“尾翼”为当前图层。选择菜单栏中的“视图”→“三维视图”→“平面视图”→“当前 UCS”命令，将视图变成当前视图。

23 绘制尾翼侧视截面。单击“默认”选项卡“绘图”面板中的“多段线”按钮，起点坐标为（0,0），然后依次输入（A）→（S）→（2,-20）→（3.6,-55）→（S）→（2.7,-80）→（0,-95）。

24 单击“默认”选项卡“修改”面板中的“镜像”按钮，镜像出截面的左侧一半，如图 5-153 所示，单击“默认”选项卡“绘图”面板中的“面域”按钮，将刚才绘制的多段线和镜像生成的多段线所围成的区域创建成面域。

25 单击“可视化”选项卡“视图”面板上的“命名视图”下拉菜单中的“西南等轴测”按钮，再单击“三维工具”选项卡“建模”面板中的“拉伸”按钮，拉伸刚才创建的面域。设置拉伸高度为 50，倾斜角度为 3°，结果如图 5-154 所示。

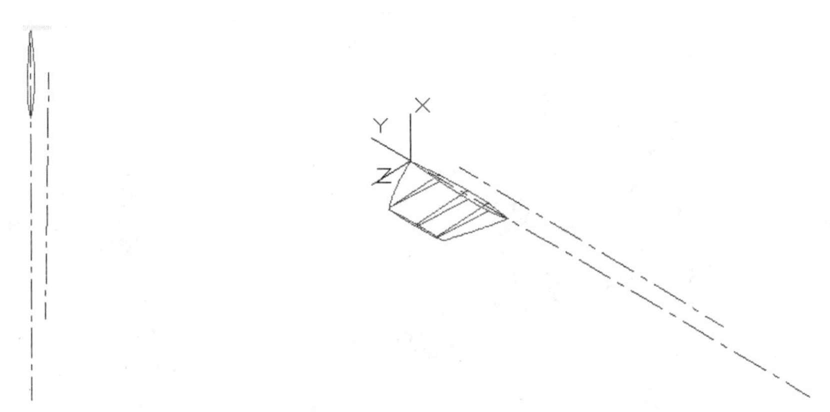

图 5-153 绘制尾翼侧视截面　　图 5-154 拉伸尾翼侧视截面

26 用 UCS 命令将坐标系绕 Y 轴旋转 90°并沿 Z 轴移动-3.6。单击“默认”选项卡“绘图”面板中的“多段线”按钮，指定起点坐标为（0,-95），其他 5 个点坐标分别为（-50,-50）→（-50,-29）→（-13,-40）→（-14,-47）→（0,-47），最后输入（C）将图形封闭。单击“三维工具”选项卡“建模”面板中的“拉伸”按钮，将多段线拉伸成高度值为 7.2 的实体，如图 5-155 所示。

27 单击“三维工具”选项卡“实体编辑”面板中的“交集”按钮，对拉伸机翼侧视截面和俯视截面形成的实体进行交集运算，然后单击“默认”选项卡“修改”面板中的“圆角”按钮，给翼缘添加圆角，圆角半径为 3，如图 5-156 所示。

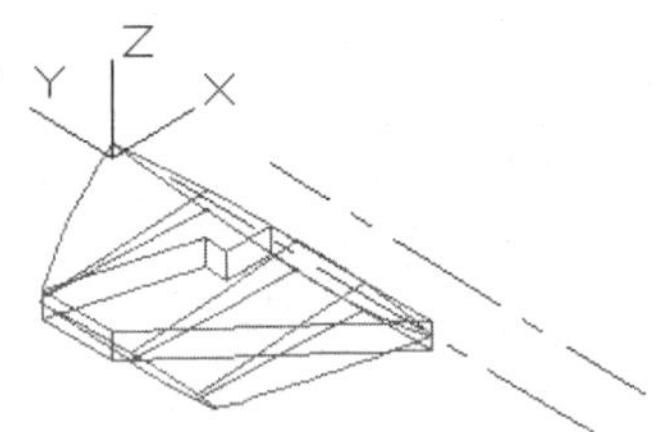

图5-155　拉伸尾翼俯视截面

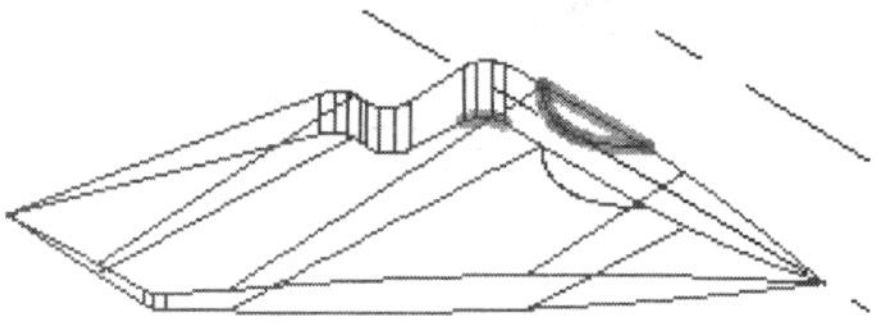

图5-156　单个尾翼结果图

28 选择菜单栏中的“修改”→“三维操作”→“三维镜像”命令，镜像出另一半机翼；然后单击“建模”工具栏中的“并集”按钮，将其与机身合并，并将其设置为“机身 1”图层。

5.6.2　绘制附件

本例制作的战斗机附件如图 5-157 所示。首先，使用“圆”和“拉伸”等命令绘制阻力伞舱；然后，使用“多段线”和“拉伸”等命令绘制垂尾；最后，使用“多段线”“拉伸”“剖切”和“三维镜像”等命令绘制武器挂架和导弹发射架。

01 单击“可视化”选项卡“命名视图”面板中的“东北等轴测”按钮，切换到东北等轴测视图，并将图层“机身 2”设置为当前图层。用“窗口缩放”命令将机身尾部截面局部放大。用 UCS 命令将坐标系移至点（0,0,3.6），然后将它绕着 X 轴旋转-90°。单击“视图”选项卡“视觉样式”面板中的“隐藏”按钮，隐藏线。单击“默认”选项卡“绘图”面板中的“圆”按钮，以机身上部的尾截面上圆心作为圆心底面中心点，选择尾截面轮廓线上的一点为半径，绘制圆，如图 5-158 所示。

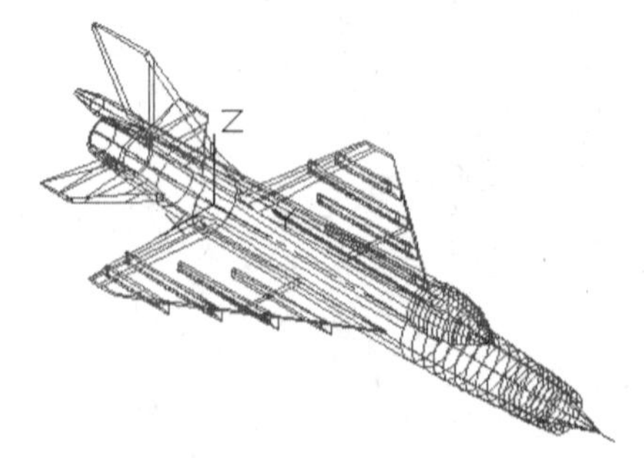

图 5-157　战斗机附件

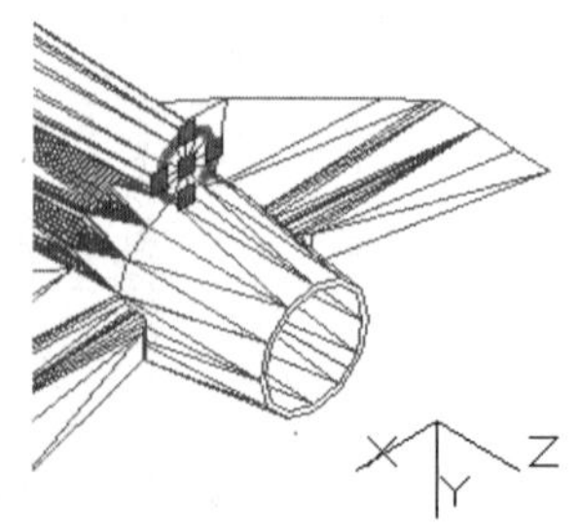

图 5-158　绘制圆

02 单击“三维工具”选项卡“建模”面板中的“拉伸”按钮，用窗口方式选择刚才绘制的圆，设置拉伸高度为 28，倾斜角度为 0°。用 HIDE 命令消除隐藏线，结果如图 5-159 所示。

03 绘制阻力伞舱舱盖。类似于步骤 01，在刚才拉伸成的实体后部截面上绘制一个圆。单击“三维工具”选项卡“建模”面板中的“拉伸”按钮，用窗口方式选择刚才绘制的圆，设置拉伸高度为 14，倾斜角度为 12°。单击“视图”选项卡“视觉样式”面板中的“隐藏”按钮，消除隐藏线，结果如图 5-160 所示。

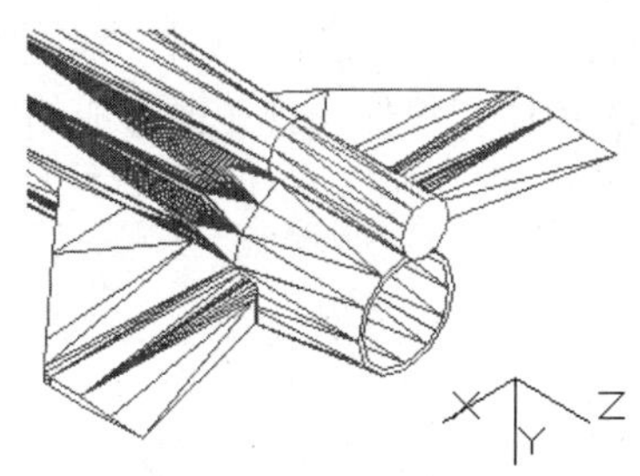

图5-159　绘制并拉伸圆

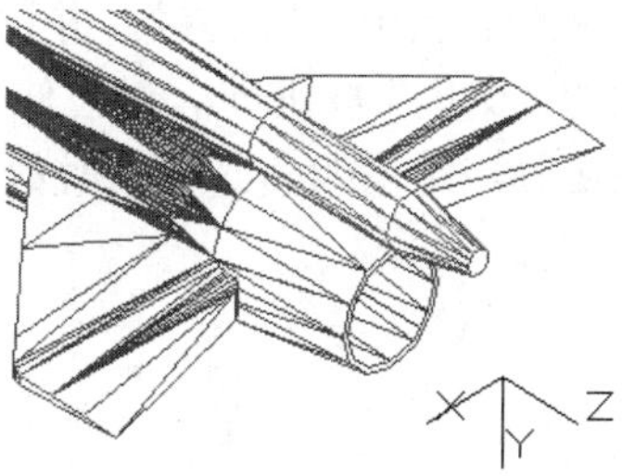

图5-160　绘制尾翼侧视截面轮廓线

04 用 UCS 命令将坐标系绕 Y 轴旋转-90°，然后移至点（0,0,-2.5），将图层“机身 1”“机身 2”和“机舱”关闭，设置图层“尾翼”为当前图层。选择菜单栏中的“视图”→“三维视图”→“三维视图”→“当前 UCS”命令，将视图变成当前视图。

05 绘制垂尾侧视截面。先用“窗口缩放”命令将飞机的尾部处局部放大，再单击“默认”选项卡“绘图”面板中的“多段线”按钮，依次指定起点坐标为（-200,0）→（-105,-30）→（-55,-65）→（-15,-65）→（-55,0），最后输入（C）将图形封闭，如图 5-169 所示。

06 单击“可视化”选项卡“命名视图”面板中的“东北等轴测”按钮，切换到东北等轴测视图；然后单击“三维工具”选项卡“建模”面板中的“拉伸”按钮，将其拉伸成高度为 5、倾斜角度为 0º 的实体。单击“默认”选项卡“修改”面板中的“圆角”按钮，在垂尾相应位置添加圆角，半径为 2，结果如图 5-162 所示。

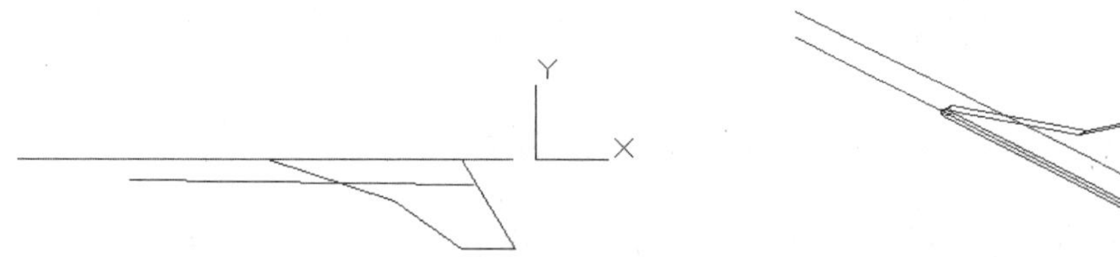

图 5-161　绘制垂尾侧视截面轮廓线

图 5-162　添加圆角后的垂尾

07 绘制垂尾俯视截面。用 UCS 命令将坐标系原点移至点（0，0，2.5），然后绕 X 轴旋转 90°。将图层“尾翼”也关闭，将图层“机翼”设置为当前图层。

08 将图形局部放大后，单击“默认”选项卡“绘图”面板中的“多段线”按钮，指定起点坐标为（30,0），然后依次输入（A）→（S）→（-35,1.8）→（-100,2.5）→（L）→（-184,2.5）→（A）→（-192,2）→（-200,0）。单击“默认”选项卡“修改”面板中的“镜像”按钮，镜像出截面的左侧一半。单击“默认”选项卡“绘图”面板中的“面域”按钮，将刚才绘制的多段线和镜像生成的多段线所围成的区域创建成面域，如图 5-163 所示。

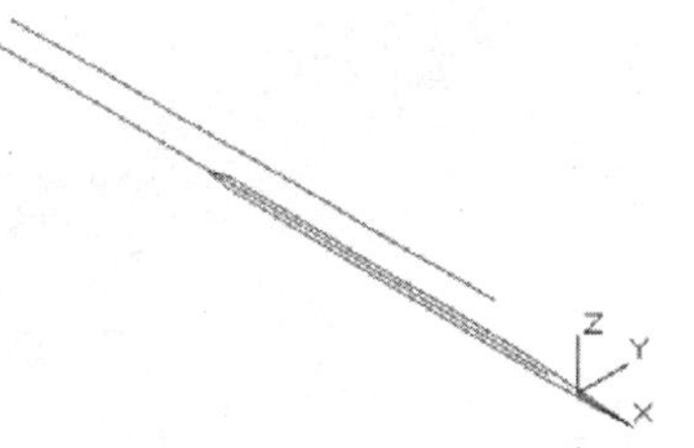

图5-163　绘制垂尾俯视截面轮廓线

09 单击“可视化”选项卡“命名视图”面板中的“东北等轴测”按钮，切换到东北等轴测视图。单击“三维工具”选项卡“建模”面板中的“拉伸”按钮，拉伸刚才创建的面域，其拉伸高度为 65，倾斜角度为 0.35°，结果如图 5-164 所示。

10 打开图层“尾翼”，并设置为当前图层。单击“三维工具”选项卡“实体编辑”面板中的“交集”按钮，对拉伸垂尾侧视截面形成的实体和拉伸俯视截面形成的实体进行交集运算，结果如图 5-165 所示。

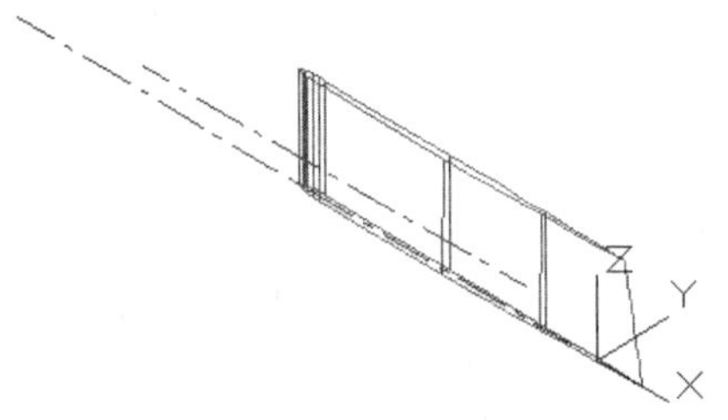

图 5-164　拉伸垂尾俯视截面

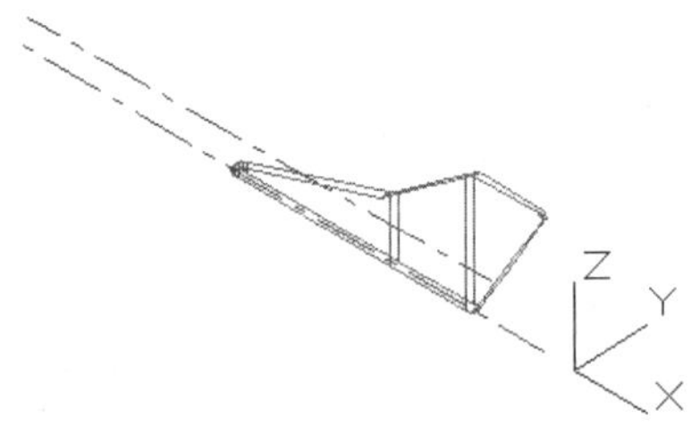

图 5-165　交集运算

11 将图层“机身 1”“机身 2”“机翼”和“机舱”打开，并将图层“机身 1”设置为当前图层。单击“三维工具”选项卡“实体编辑”面板中的“并集”按钮，对机身、垂尾和阻力伞舱体进行并集运算，然后单击“视图”选项卡“视觉样式”面板中的“隐藏”按钮，消除隐藏线，结果如图 5-166 所示。

12 用 UCS 命令将坐标系绕 Z 轴旋转 90°，然后移至点（0，105，0）处，将视图切换到西南等轴测视图，最后将图层“机身 1”“机身 2”和“机舱”关闭，将图层“机翼”设置为当前图层。

13 绘制长武器挂架。单击“默认”选项卡“绘图”面板中的“多段线”按钮，绘制一条连接点为（0,0）→（1,0）→（1,70）→（0,70）的封闭曲线；单击“三维工具”选项卡“建模”面板中的“拉伸”按钮，将其拉伸成高为 6.3 的实体，如图 5-167 所示。

14 单击“三维工具”选项卡“实体编辑”面板中的“剖切”按钮，剖切实体，如图 5-168 所示；然后使用“三维镜像”和“并集”命令，将其加工成如图 5-169 所示的实体；最后，使用“圆角”命令为挂架几条边添加圆角，圆角半径为 0.5，如图 5-170 所示。

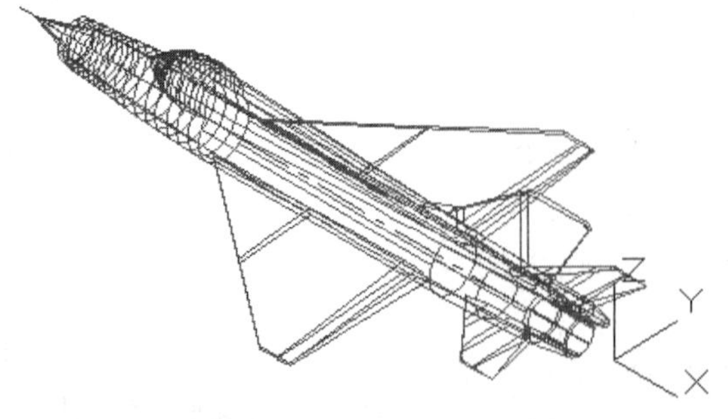

图 5-166　垂尾结果

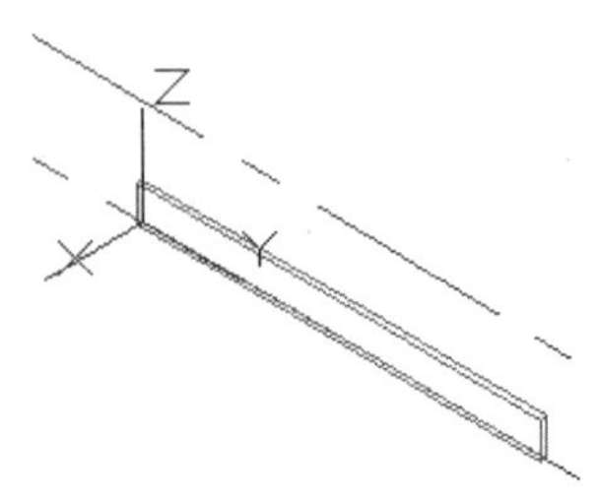

图 5-167　绘制长武器挂架

15 单击“默认”选项卡“修改”面板中的“复制”按钮，以图 5-170 中的点 1

为基点，分别以点（50, 95, 4）和点（66, 72, 5）为复制点，复制出机翼内侧长武器挂架，如图 5-171 所示，最后以图 5-170 中的点 1 为基点，分别以点(-50, 95, -5)和点(-66, 72, -6)为复制点，复制出机翼另一侧的内侧长武器挂架，如图 5-172 所示. 删除原始武器挂架，单击“三维工具”选项卡“实体编辑”面板中的“并集”按钮，对长武器挂架和机身进行并集运算，将并集运算后的实体设置为“机身 1”图层。

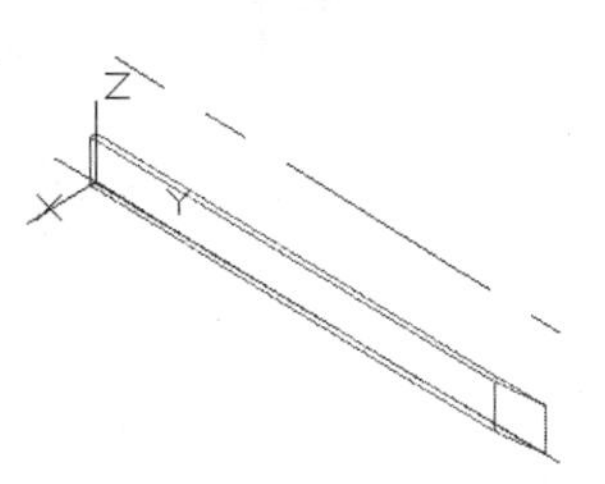

图 5-168 切分实体

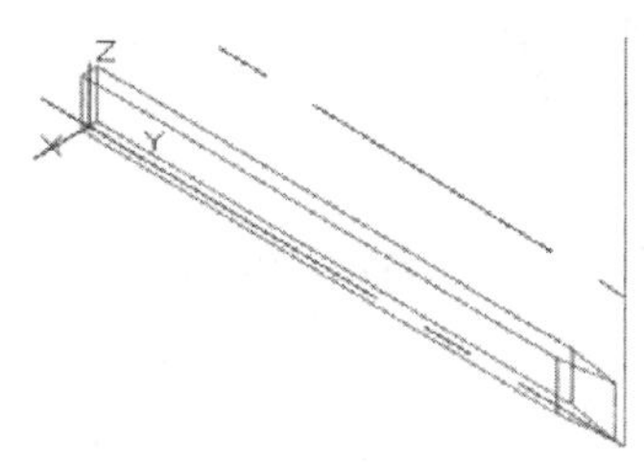

图 5-169 镜像并合并实体图

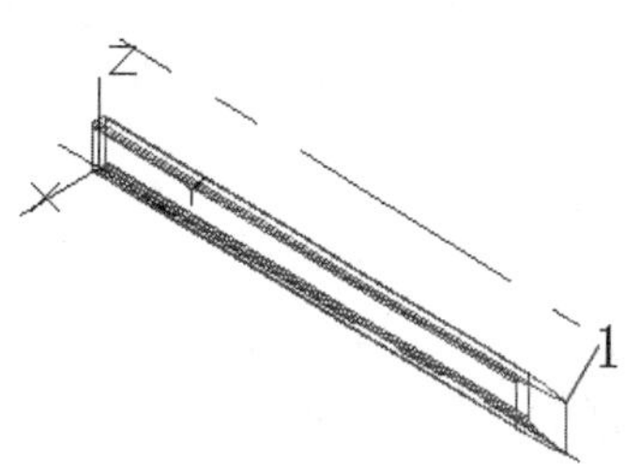

图 5-170 添加圆角

16 绘制短武器挂架，用“多段线”命令绘制一条连接点（0, 0）→（1, 0）→（1, 45）→（0, 45）的封闭曲线，单击“三维工具”选项卡“建模”面板中的“拉伸”按钮，将其拉伸成高为 6.3 的实体，绘制短武器挂架；然后使用“剖切”“三维镜像”“并集”和“圆角”命令，将其加工成如图 5-173 所示的短武器挂架. 单击“默认”选项卡“修改”面板中的“复制”按钮，以图 5-173 中的点 2 为基点，以（83, 50, 7）和（-83, 50，-8）为复制点，复制出机翼外侧短武器挂架，如图 5-174a 所示. 删除原始武器挂架，单击“三维工具”选项卡“实体编辑”面板中的“并集”按钮，将短武器挂架和机身进行并集运算，将并集运后的实体设置为“机身 1”图层。

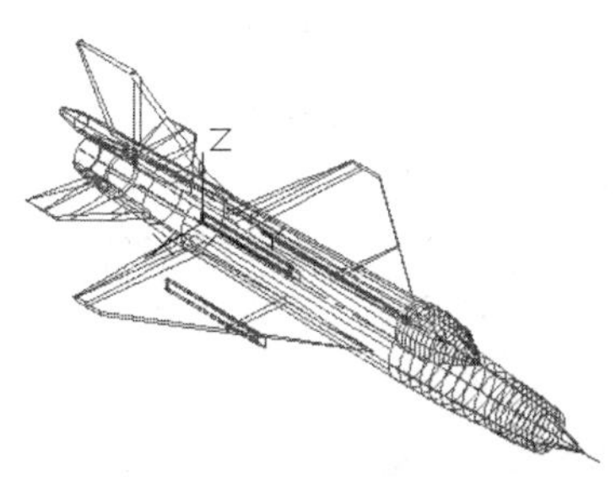

图 5-171 复制出机腹挂架

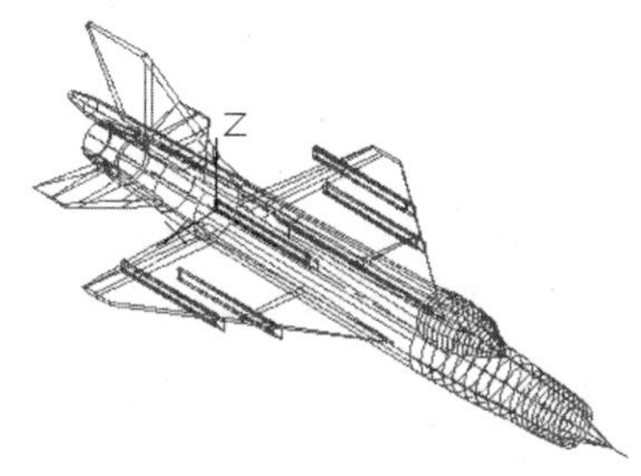

图 5-172 机翼内侧长武器挂架

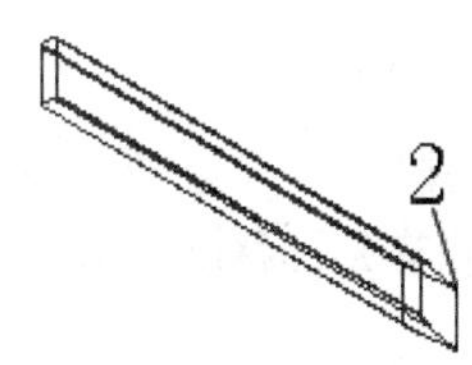

图 5-173 短武器挂架

17 绘制副油箱挂架。用“多段线”命令绘制一条连接点（0, 0）→（1, 0）→（1, 70）→（0, 70）的封闭曲线，单击“三维工具”选项卡“建模”面板中的“拉伸”按钮，将其拉伸成高为 6.3 的实体，绘制副油箱挂架；然后使用“剖切”“三维镜像”“并集”和“圆角”命令，将其加工成如图 5-174b 所示的副油箱挂架。单击“默认”选项卡“修改”面板中的“复制”按钮，以图 5-174b 中的点 3 为基点，以点（33, 117, 3）和点（-33, 117，-3）为复制点，复制机翼内侧副油箱挂架，结果如图 5-157 所示，删除原始副油箱挂架，单击“三维工具”选项卡“实体编辑”面板中的“并集”按钮，对副油箱挂架和机身进行并集运算，将并集运算后的实体设置为“机身 1” 图层。

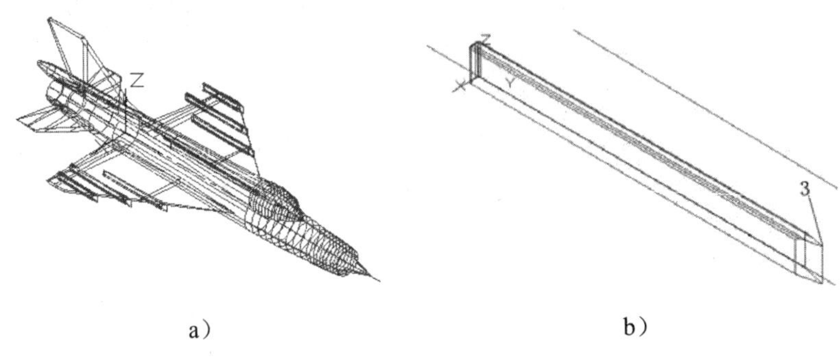

a）　　　　b）

图 5-174　短武器挂架和副油箱挂架

5.6.3　完善细节

本例制作的战斗机模型如图 5-135 所示。首先，使用“多段线”“拉伸”“差集”和“三维镜像”等命令细化发动机喷口和机舱，然后绘制导弹和副油箱。在绘制过程中，采用了“装配”的方法，即先将导弹和副油箱绘制好并分别保存成单独的文件，然后再用“插入块”命令将这些文件的图形装配到飞机上。这种方法与直接在源图中绘制的方法相比，这种方法避免了烦琐的坐标系变换，更加简单实用。在绘制导弹和副油箱时，仍需要注意坐标系的设置。最后，对其他细节进行了完善，并赋材渲染。

01 用 UCS 命令将坐标系原点移至点（0，-58，0）处，然后用 LAYER 命令将图层“尾翼”改成“发动机喷口”；将图层“机身 1”“机身 2”和“机舱”关闭，将图层“发动机喷口”设置为当前图层。

02 在西南等轴测视图状态下，用“窗口缩放”命令将图形局部放大。用 UCS 命令将坐标系沿着 Z 轴移动-0.3，然后绘制长武器挂架截面。单击“默认”选项卡“绘图”面板中的“多段线”按钮，绘制多段线，指定起点坐标为(-12.7,0)，其他各点坐标依次为(-20,0)→（-20,-24）→（-9.7,-24）→（C），将图形封闭，如图 5-175 所示。

03 单击“三维工具”选项卡“建模”面板中的“拉伸”按钮，拉伸刚才绘制的封闭多段线，设置拉伸高度为 0.6，倾斜角度为 0º，结果如图 5-176 所示。用 UCS 命令将坐标系沿着 Z 轴移动 0.3。

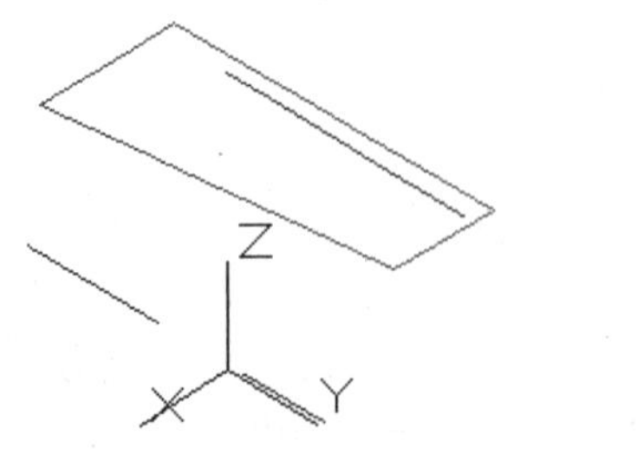

图 5-175　绘制多段线

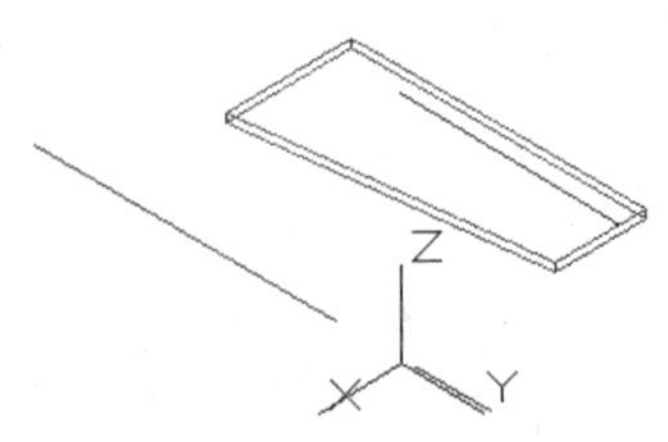

图 5-176　拉伸多段线

04 单击“默认”选项卡“修改”面板中的“复制”按钮，对刚才拉伸成的实体在原处复制一份；然后选择菜单栏中的“修改”→“三维操作”→“三维旋转”命令，设置旋转角度为 22.5°，旋转轴为 Y 轴，结果如图 5-177 所示。

05 参照步骤 **04** 所用的方法，再进行7次，结果如图5-178所示。

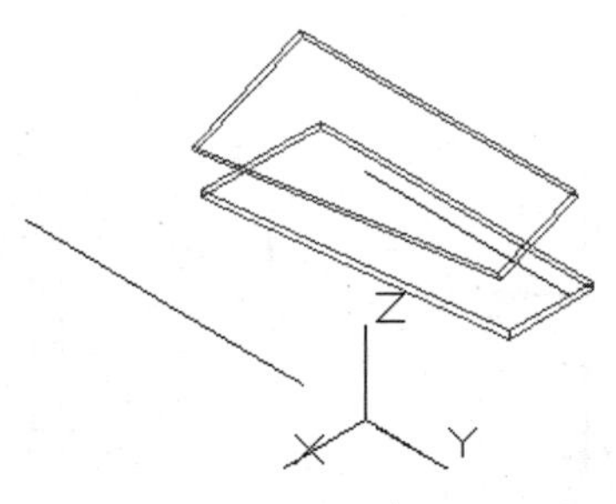

图5-177 复制并旋转

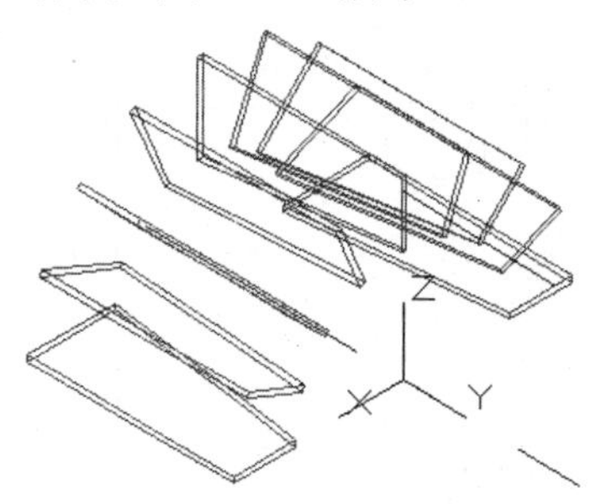

图5-178 继续复制旋转

06 选择菜单栏中的“修改”→“三维操作→三维镜像”命令，对刚才复制和旋转成的9个实体进行镜像操作，镜像面为XY平面，结果如图5-179所示。

07 单击“三维工具”选项卡“实体编辑”面板中的“差集”按钮，从发动机喷口实体中减去刚才通过复制、旋转和镜像得到的实体，结果如图5-180所示。

08 用UCS命令将坐标系原点移至点（0,209,0）处，将坐标系绕Y轴旋转-90°。选择菜单栏中的“视图”→“三维视图”→“平面视图”→“当前UCS”命令，将视图变成当前视图。用“窗口缩放”命令将机舱部分图形局部放大，此时会发现机舱前部和机身相交成如图5-181所示的尖锥形，需要进一步修改。

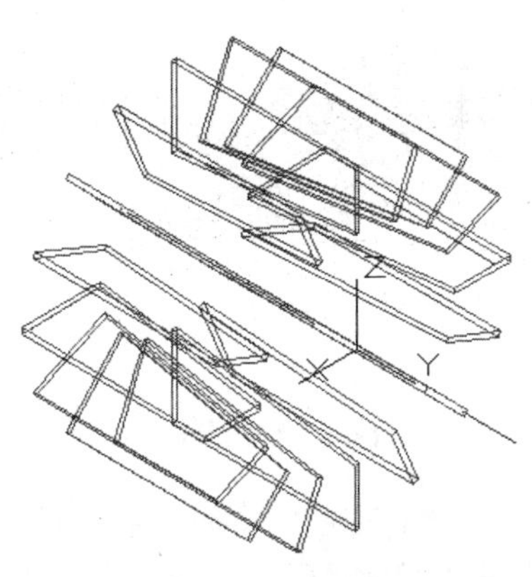

图5-179 镜像实体

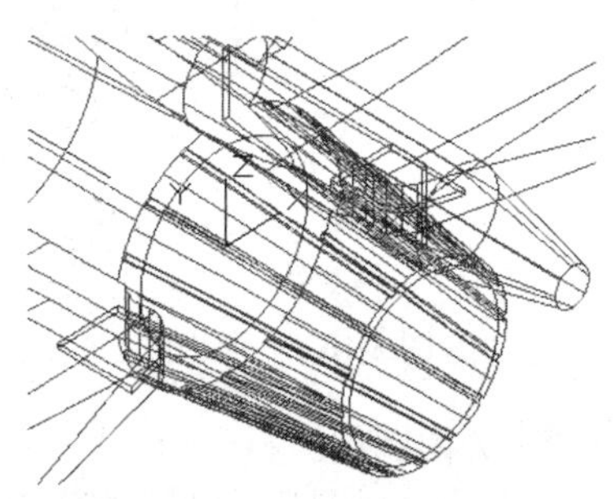

图5-180 差集运算

09 关闭图层“机身1”“机身2”和“发动机喷口”，保持“机舱”为打开状态，然后将图层“中心线”设置为当前图层。单击“默认”选项卡“绘图”面板中的“直线”按钮，绘制，起点和终点坐标分别为（15,50）和（15,-10）的旋转轴，如图5-182所示。

10 选择菜单栏中的“视图”→“三维视图”→“平面视图”→“当前UCS（C）”，将视图变成当前视图。打开图层“机身1”“机身2”，保持“机舱”为打开状态，将图层“中心线”设置为当前图层。单击“默认”选项卡“绘图”面板中的“多段线”按钮，指定起点坐标为（28，0），然后依次输入（A）→（S）→（27,28.5）→（23,42）→（S）→（19.9,46）→（15,49）→（L）→（15,0）→（C），结果如图5-183所示。

11 单击“三维工具”选项卡“建模”面板中的“旋转”按钮，将刚才绘制的封闭曲线绕着步骤 **09** 中绘制的旋转轴旋转成实体，如图5-184所示。

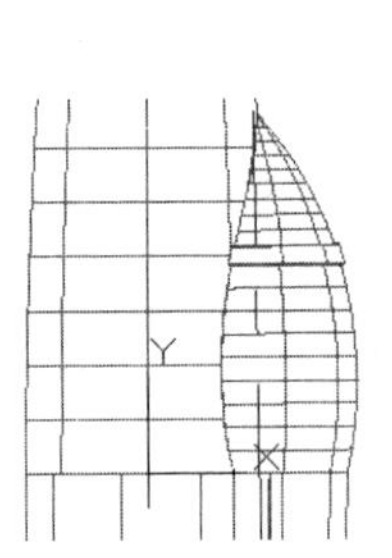

图 5-181　尖锥形

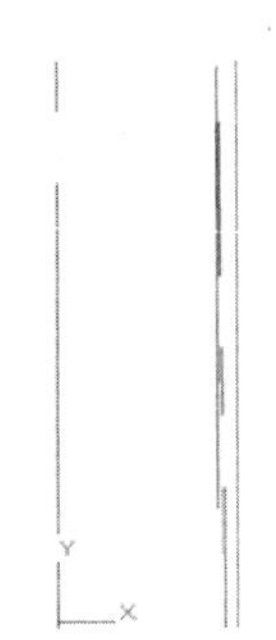

图 5-182　绘制旋转轴

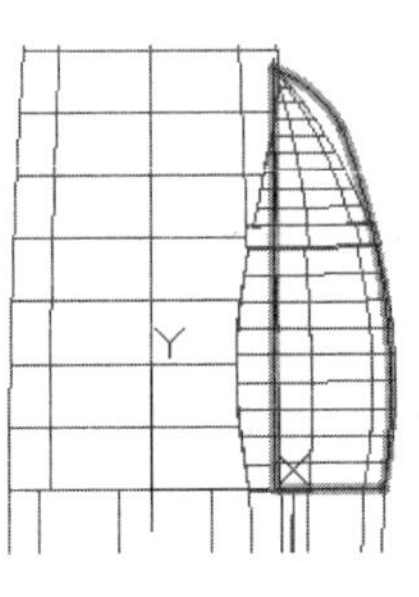

图 5-183　绘制多段线

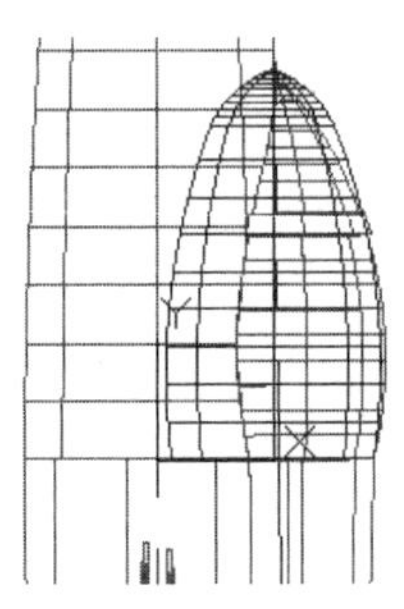

图 5-184　旋转成实体

12 打开图层“机身 1”“机身 2”“发动机喷口”，然后用“自由动态观察器”将图形调整到合适的视角，对比原来的机舱和新的机舱（红色线），如图 5-185 所示。此时会发现，机舱前部和机身相交处已经不再是尖锥形。

13 单击“三维工具”选项卡“实体编辑”面板中的“差集”按钮，从机身实体中减去机舱实体，如图 5-186 所示。

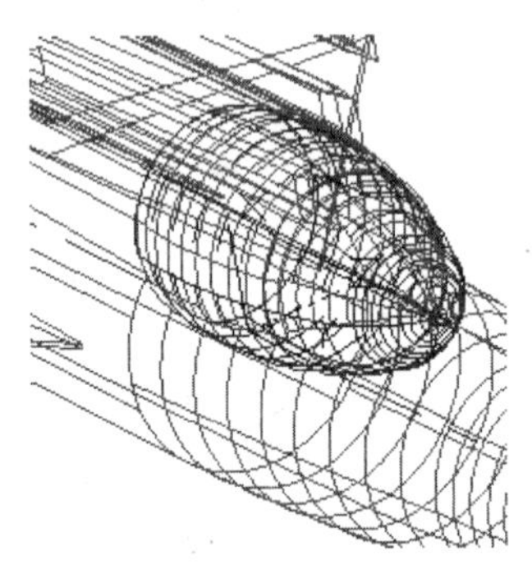

图 5-185　对比机舱形状

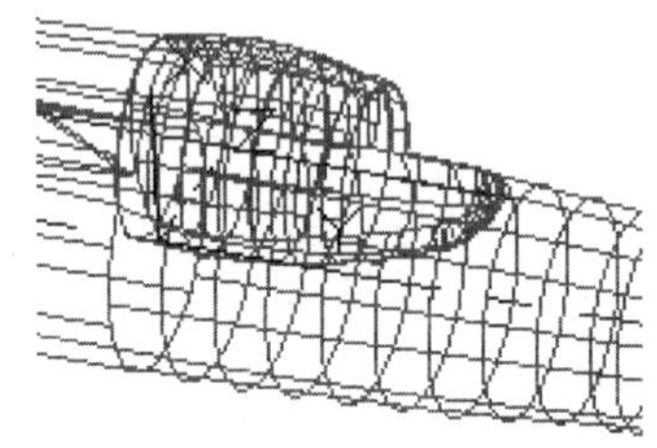

图 5-186　并集运算

14 关闭图层“机身 1”“机身 2”“发动机喷口”，设置图层“机舱”为当前图层。选择菜单栏中的“视图”→“三维视图”→“平面视图”→“当前 UCS”命令，将视图变成当前视图。

15 单击“默认”选项卡“绘图”面板中的“多段线”按钮，指定起点坐标为（28,0），然后依次输入（A）→（S）→（27,28.5）→（23,42.2）→（S）→（19.9,46.2）→（15,49），结果如图 5-187 所示。

16 单击“三维工具”选项卡“建模”面板中的“旋转”按钮，将刚才绘制的曲线绕着绘制的旋转轴旋转成曲面，如图 5-188 所示。

17 打开图层“机身 1”“机身 2”“发动机喷口”，然后用“自由动态观察器”将图形调整到合适的视角。单击“可视化”选项卡“视觉样式”面板中的“隐藏”按钮，消除隐藏线，绘制的机舱如图 5-189 所示。最后，用 UCS 命令将坐标系原点移至点（0,-151,0）处，并且绕 X 轴旋转-90°。

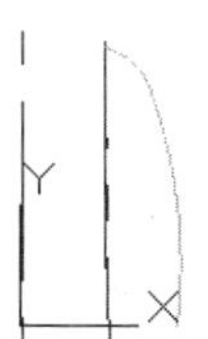
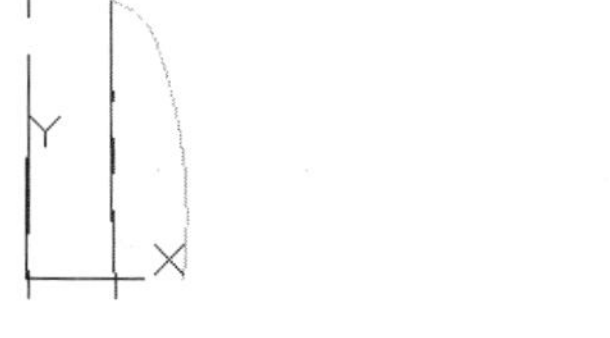

图 5-187 绘制多段线

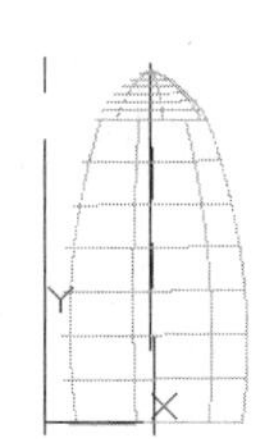

图 5-188 旋转成曲面

图 5-189 机舱结果

18 绘制导弹。新建一个文件，单击“默认”选项卡“图层”面板中的“图层特性管理器”按钮，打开“图层特性管理器”选项板，设置图层如图5-190所示。

19 将图层“导弹”设置为当前图层，然后用“ISOLINES”命令设置总网格线数为 10。单击“默认”选项卡“绘图”面板中的“圆”按钮，绘制一个圆心在原点、半径为 2.5 的圆。将视图转换成西南等轴测视图，单击“三维工具”选项卡“建模”面板中的“拉伸”按钮，拉伸刚才绘制的圆，设置拉伸高度为 70，倾斜角度为 0º，并将图形放大，结果如图 5-191 所示。

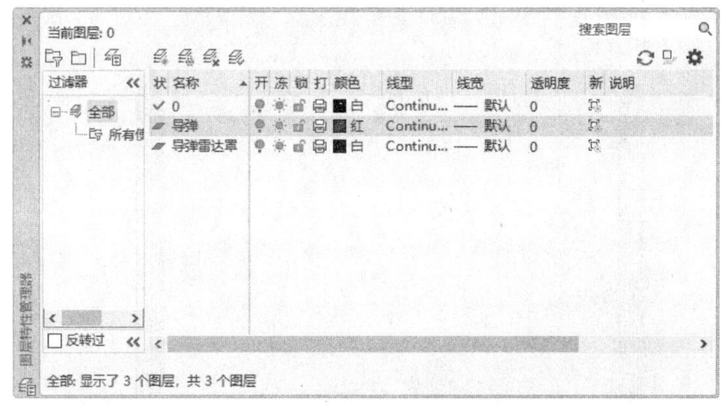

图 5-190 设置图层

20 用 UCS 命令将坐标系绕着 X 轴旋转 90° ，如图 5-192 所示。

21 将图层“导弹雷达罩”设置为当前图层后，单击“默认”选项卡“绘图”面板中的“多段线”按钮，指定起点坐标为（0,70），然后依次输入（2.5,70）→（A）→（S）→（1.8,75）→（0,80）→（L）→（C），结果如图 5-193 所示。

22 执行 SURFTAB1 和 SURFTAB2 命令，设置线框数为 30。单击“三维工具”选项卡“建模”面板中的“旋转”按钮，指定旋转轴为 Y 轴，旋转绘制多段线，如图 5-194 所示。

23 将图层“导弹”设置为当前图层，用 UCS 将坐标系沿着 Z 轴移动-0.3。放大导弹局部尾部，单击“默认”选项卡“绘图”面板中的“多段线”按钮，绘制导弹尾翼截面。指定起点坐标（7.5，0），依次输入（@0,10）→（0,20）→（-7.5,10）→（@0,-10）→（C），将图形封闭，如图 5-195 所示。

24 将导弹缩小至全部可见，然后单击“默认”选项卡“绘图”面板中的“多段线”按钮，绘制导弹中翼截面，输入起点坐标(7.5,50)，其余各个点坐标为(0,62)→(@-7.5,-12)→（C），将图形封闭，如图 5-196 所示。

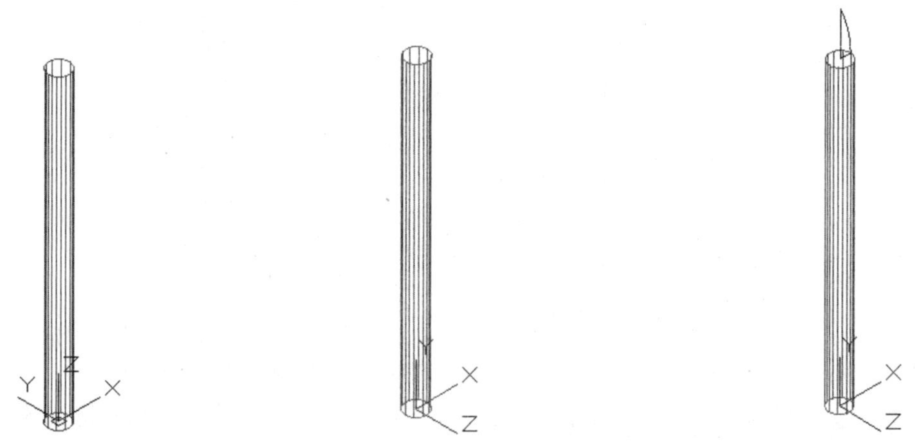

图5-191　绘制并拉伸圆　　图5-192　变换坐标系和视图　　图5-193　绘制封闭多段线

25 执行“自由动态观察器”将视图调整到合适的角度，然后单击“三维工具”选项卡“建模”面板中的“拉伸”按钮，拉伸刚才绘制的封闭多段线，设置拉伸高度为 0.6，倾斜角度为 0º，并将图形放大，如图 5-197 所示。

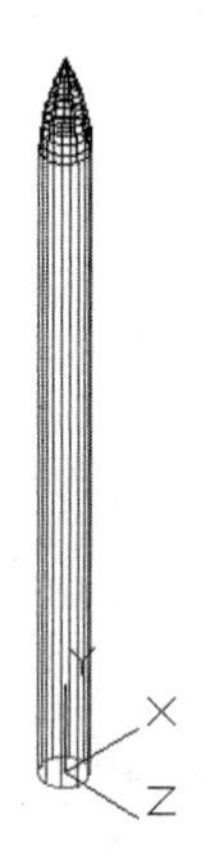

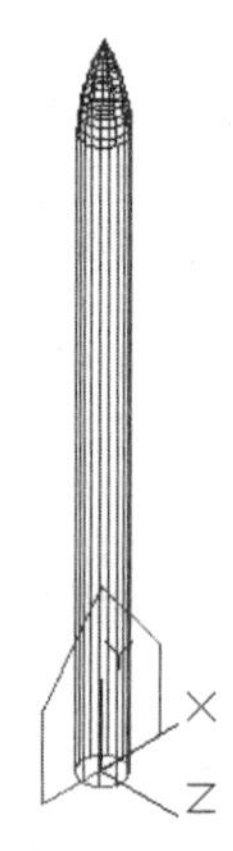

图 5-194　旋转生成曲面　　图 5-195　绘制导弹尾翼截面轮廓线

26 执行 UCS 命令，将坐标系沿着 Z 轴移动 0.3。单击“默认”选项卡“修改”面板中的“复制”按钮，对刚才拉伸创建的实体在原处复制一份，然后选择菜单栏中的“修改”→“三维操作”→“三维旋转”命令，设置旋转角度为 90°，旋转轴为 Y 轴，旋转并复制形成的实体，结果如图 5-198 所示。

27 将图层“导弹”设置为当前图层，单击“三维工具”选项卡“实体编辑”面板中的“并集”按钮，对除导弹上雷达罩以外的其他实体全部进行并集运算，如图 5-199 所示。

28 单击“默认”选项卡“修改”面板中的“圆角”按钮，给弹翼和导弹后部进行圆角操作，圆角半径为 0.2。

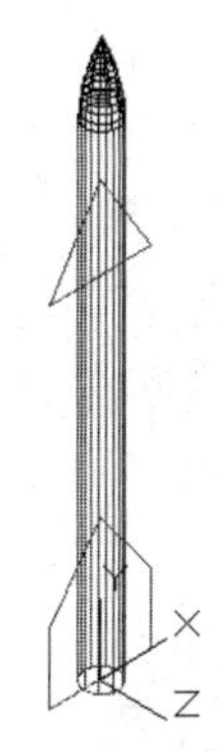

图 5-196　绘制导弹中翼截面线

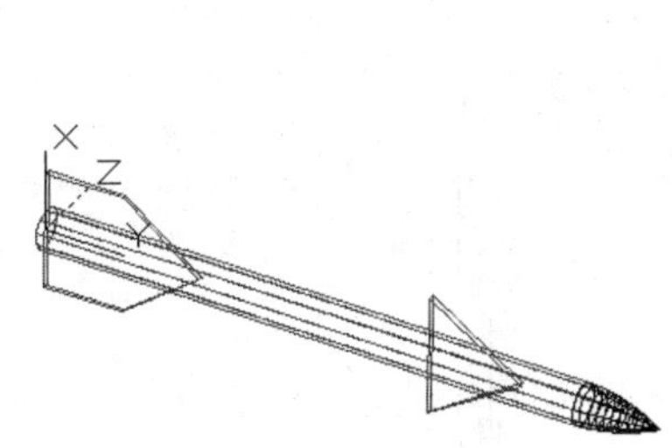

图 5-197　拉伸截面

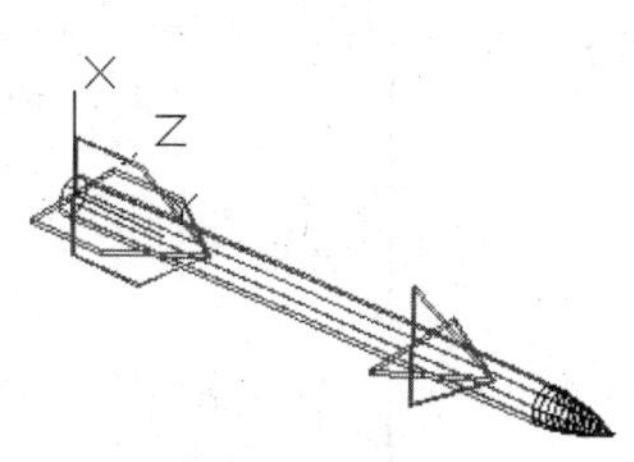

图 5-198　旋转导弹弹翼

29 选择菜单栏中的“修改”→“三维操作”→“三维旋转”命令，对整个导弹绕着 Y 轴旋转 45°，绕着 X 轴旋转 90°，如图 5-200 所示。

30 将文件保存为“导弹.dwg”图块。

31 新建一个文件，单击“默认”选项卡“图层”面板中的“图层特性管理器”按钮，新建“副油箱”图层.将图层“副油箱”设置为当前图层，然后用 SURFTAB1 和 SURFTAB2 命令设置总网格线数为 30。单击“默认”选项卡“绘图”面板中的“直线”按钮，绘制起点和终点坐标分别为（0,-50）和（0,150）的旋转轴。执行 ZOOM 命令，将图形缩小，如图 5-201 所示。

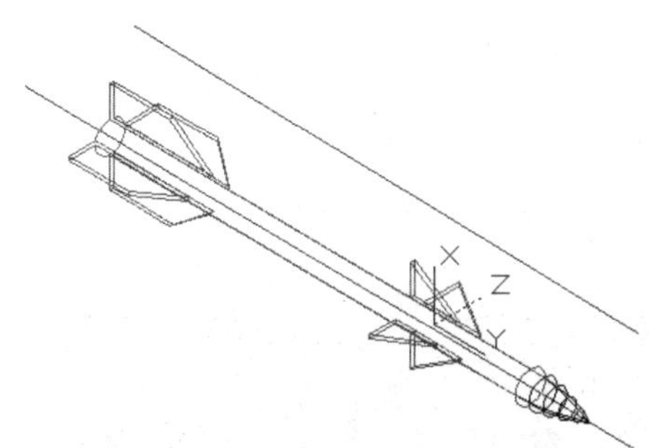

图 5-199　版集运算

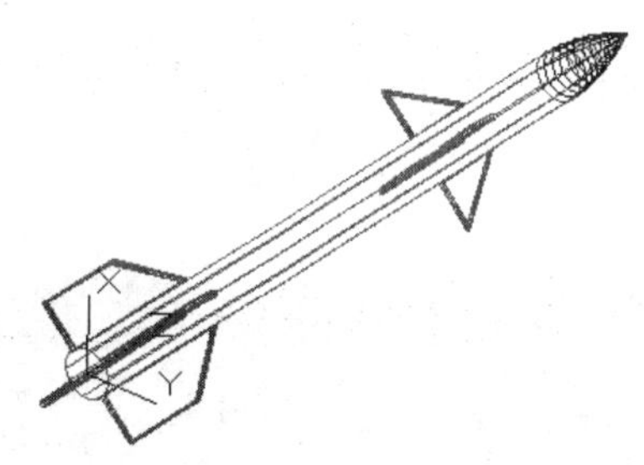

图 5-200　给一些边打上圆角

32 单击“默认”选项卡“绘图”面板中的“多段线”按钮，指定起点坐标为（0,-40），然后输入（A），绘制圆弧，接着输入（S），指定圆弧上的第二个点坐标为（5,-20），圆弧的端点为（8,0）；输入（L），输入下一点的坐标为（8,60）；输入（A），绘制圆弧，接着输入（S），指定圆弧上的第二个点坐标为（5，90），圆弧的端点坐标为（0,120）。最后将旋转轴直线删除，如图 5-202 所示。

33 单击“三维工具”选项卡“建模”面板中的“旋转”按钮，指定旋转轴为 Y 轴，旋转上一步绘制多段线，如图 5-203 所示。

34 将文件保存为“副油箱.dwg 图块”。

35 给战斗机安装导弹和副油箱。返回战斗机绘图区，单击“默认”选项卡的“块”

面板中的“插入”下拉菜单中“其他图形中的块”选项，系统弹出“块”选项板，如图5-204所示.单击选项板右上方的按钮▪▪▪，打开文件“导弹.dwg”。插入导弹图块，如图5-205所示。

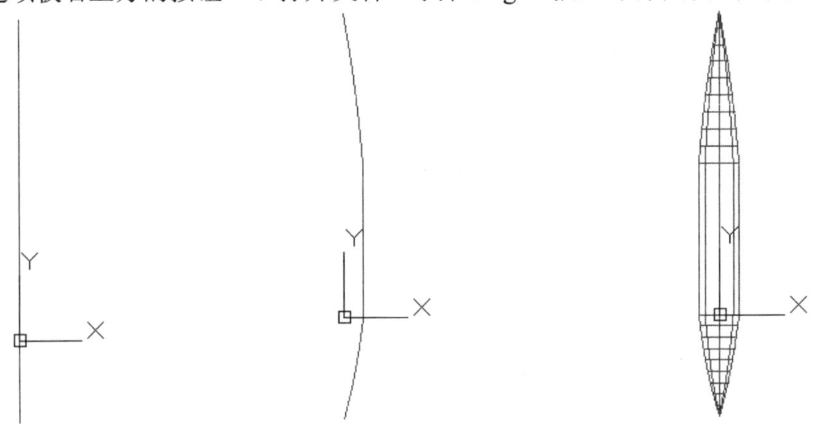

图 5-201　变换坐标系和视图　　图 5-202　绘制多段线　　图 5-203　旋转创建副油箱

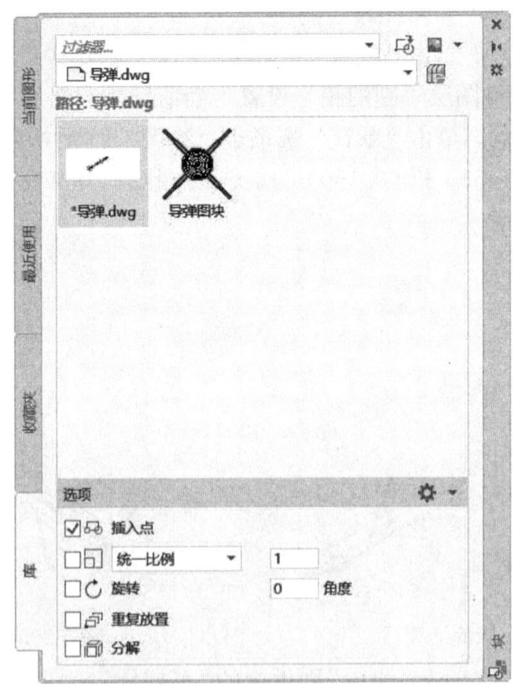

图 5-204　“块”面板

36 单击“默认”选项卡“修改”面板中的“复制”按钮，将插入的导弹图块复制到其他合适位置，结果如图 5-206 所示。

37 打开“块”选项板，单击选项板右上方的按钮▪▪▪，打开文件“副油箱.dwg”，如图 5-207 所示。选择菜单栏中的“修改”→“三维操作”→“三维旋转”命令，将“副油箱”绕 X 轴旋转 90°，然后将“副油箱”复制到适当位置。单击“视图”选项卡“视觉样式”面板中的“隐藏”按钮，进行消隐处理，结果如图 5-208 所示。

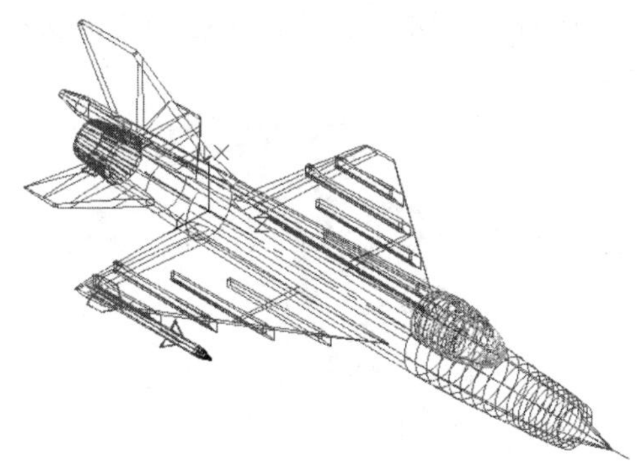

图 5-205　插入导弹图块

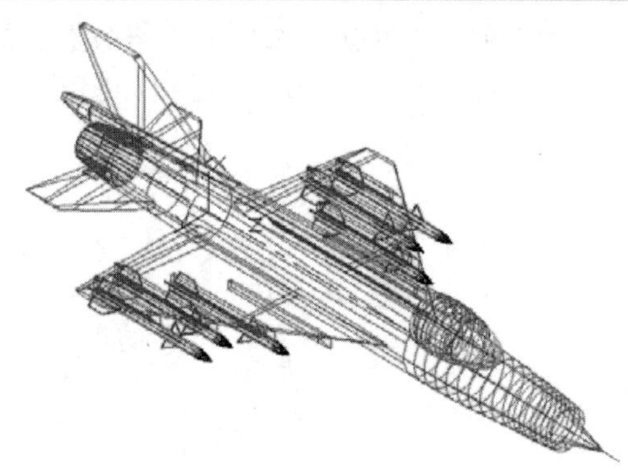

图 5-206　复制导弹图块

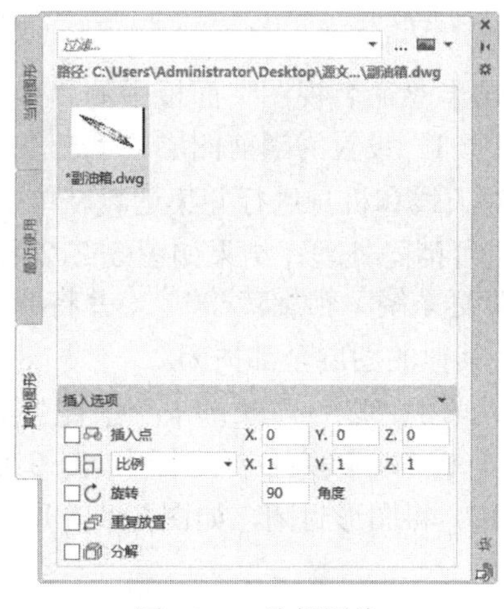

图5-207　选择图块

38 绘制天线。执行 UCS 命令，将坐标系恢复到 WCS，绕 Y 轴旋转-90°，并沿着 X 轴移动 15。将图层“机翼”设置为当前图层，其他的图层全部关闭。

39 单击“默认”选项卡“绘图”面板中的“多段线”按钮，起点坐标为（0,120），其余各点坐标为（0,117）→（23,110）→（23,112），如图 5-209 所示。

40 单击“三维工具”选项卡“建模”面板中的“拉伸”按钮，拉伸刚才绘制的封闭多段线，设置拉伸高度为 0.8，倾斜角度为 0º。执行 UCS 命令，将坐标系沿着 X 轴移动-15 后，将图形放大，结果如图 5-210 所示。

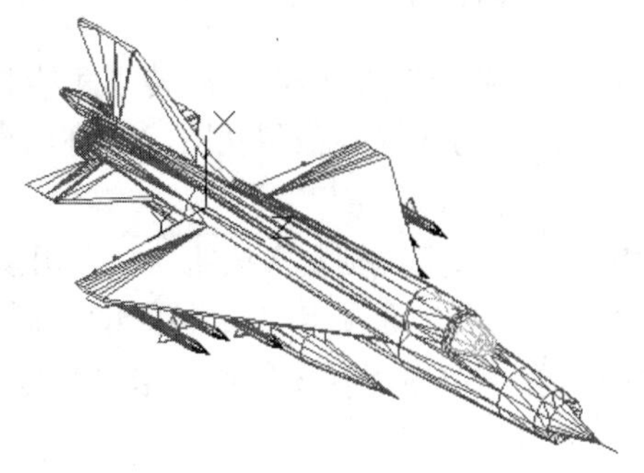

图 5-208　安装导弹和副油箱的结果

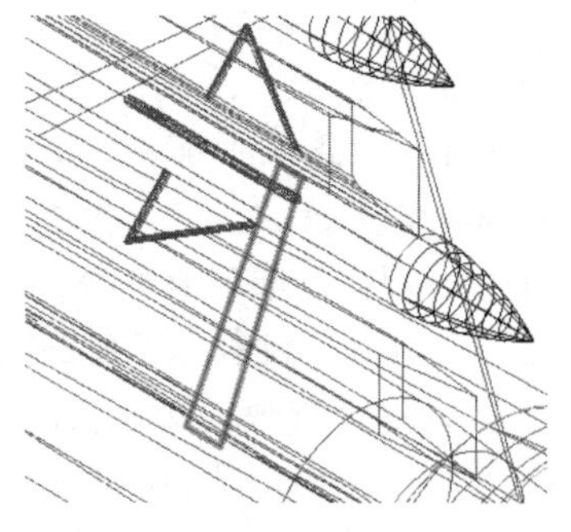

图 5-209　绘制多段线

41 单击“默认”选项卡“修改”面板中的“圆角”按钮，为刚才拉伸成的实体添加圆角，其圆角半径为 0.3，结果如图 5-211 所示。

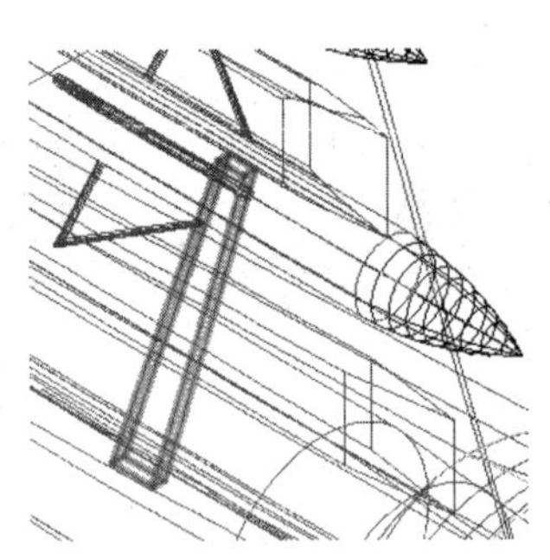

图 5-210 拉伸并放大

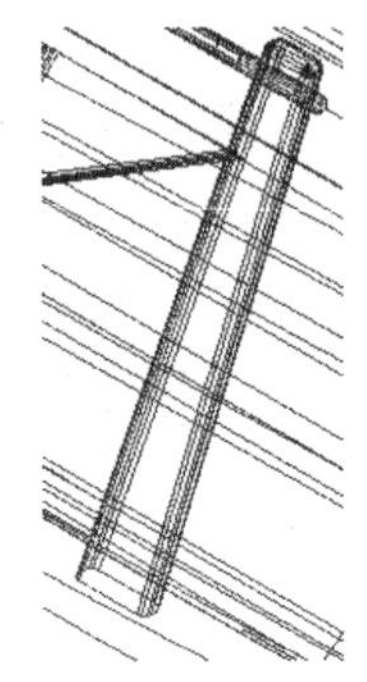

图 5-211 圆角操作

42 单击“可视化”选项卡“命名视图”面板中的“西北等轴测”按钮，切换到西北等轴测视图，并将图层“机身 1”设置为当前图层。单击“三维工具”选项卡“实体编辑”面板中的“并集”按钮，对天线和机身进行并集运算。单击“视图”选项卡“视觉样式”面板中的“隐藏”按钮，进行消隐处理，结果如图 5-212 所示。

43 执行 UCS 命令，将坐标系绕 Y 轴旋转-90°，并将原点移到点（0,0，-8）处。将图层“机翼”设置为当前图层，其他的图层全部关闭。

44 绘制大气数据探头。单击“默认”选项卡“绘图”面板中的“多段线”按钮，绘制多段线。指定起点坐标为（0,0），其余各点坐标为（0.9,0）→（@0,-20）→（@-0.3,0）→（@-0.6,-50），最后输入（C）将图形封闭，如图 5-213 所示。

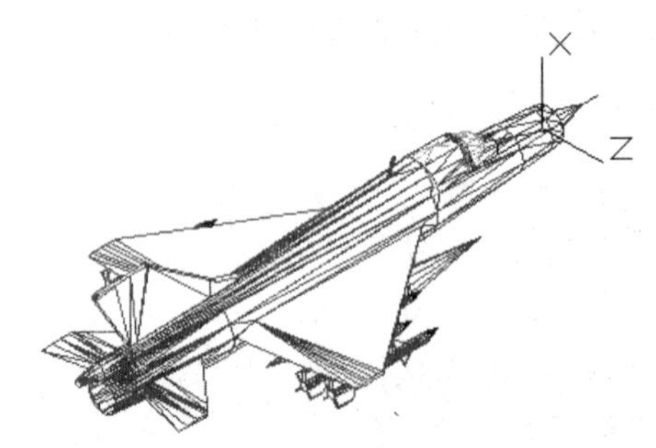

图 5-212 添加天线的效果

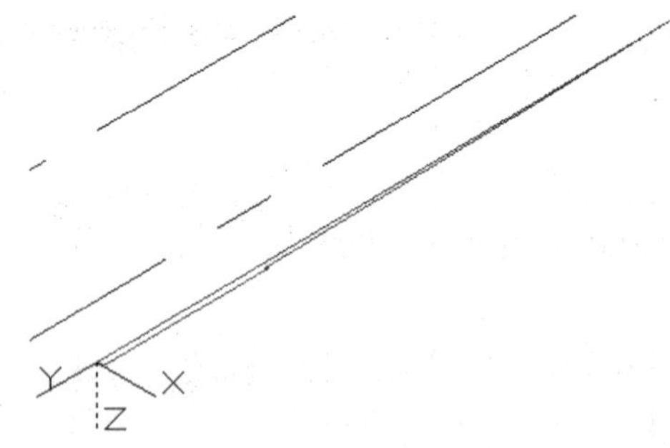

图 5-213 绘制多段线

45 单击“三维工具”选项卡“建模”面板中的“旋转”按钮，旋转刚才绘制的封闭多段线创建实体，设置旋转轴为 Y 轴；然后将视图切换为西南等轴测视图，并将机头部分放大，结果如图 5-214 所示。

46 单击“可视化”选项卡“命名视图”面板中的“东南等轴测”按钮，打开其他的图层，将图层“机身 1”设置为当前图层。单击“三维工具”选项卡“实体编辑”面板中的“并集”按钮，对大气数据探头和机身进行并集运算。单击“视图”选项卡“视觉样式”面板中的“隐藏”按钮，结果如图 5-215 所示。

47 机舱连接处圆角处理。将图层“机舱”置为当前图层，单击“默认”选项卡“修改”面板中的“圆角”按钮，对机舱连接处前端进行圆角操作，设置圆角半径为 0.3，结果如

图 5-216 所示。

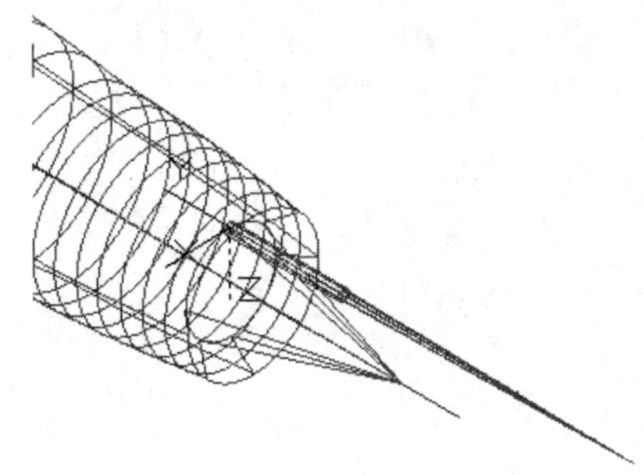

图 5-214 旋转创建实体并变换视图

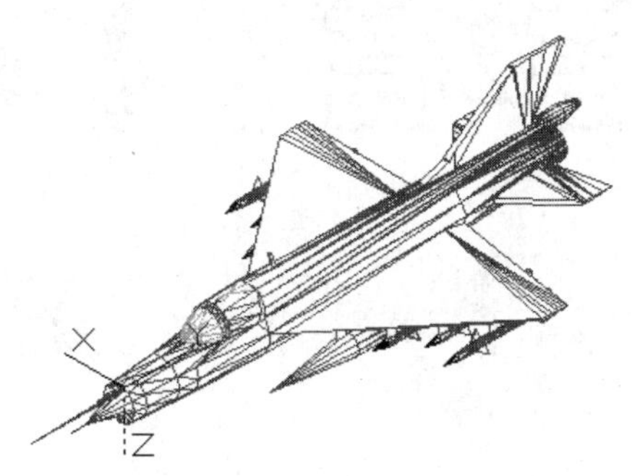

图 5-215 添加大气数据探头的效果

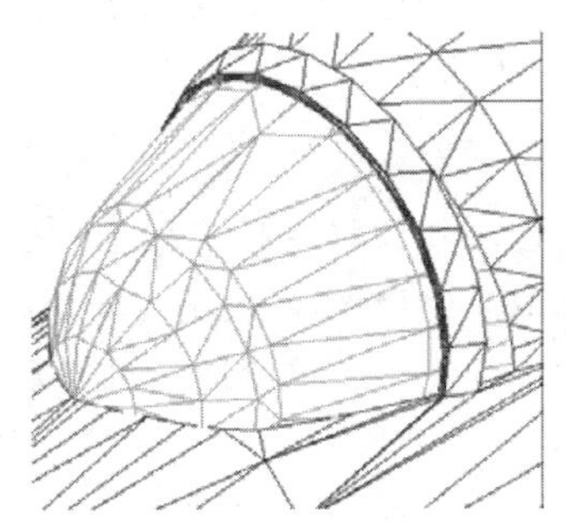

图 5-216 圆角操作

关闭除“中心线”以外的图层，单击“默认”选项卡“修改”面板中的“删除”按钮，删除所有的中心线。打开其他所有的图层，将图形调整到合适的大小和角度。选择菜单栏中的“视图”→“显示”→“UCS 图标”→“开”命令，将坐标系图标关闭。单击“视图”选项卡“视觉样式”面板中的“隐藏”按钮，进行消隐处理。

48 渲染处理。单击“可视化”选项卡“材质”面板中的“材质浏览器”按钮，为战斗机各部件赋予适当的材质。选择“Autodesk 库”→“陶瓷”→“马赛克-绿色玫瑰花色”，再单击“可视化”选项卡“渲染”面板中的“渲染的尺寸”按钮，渲染后的结果如图 5-135 所示。

第2篇 专业设计实例

第 6 章

简单造型设计实例

在介绍了 AutoCAD 2022 的三维绘图功能以后，本章将在此基础上，通过设计一些简单的造型，使读者对 Auto CAD 有更详细的认识，并能逐步掌握三维绘图的过程和设计思路。

- 擦写板的绘制
- 法兰的设计
- 小闹钟、台灯及其他简单造型实例的绘制

6.1 擦写板的绘制

本例绘制的擦写板如图 6-1 所示。本例主要用到了将平面二维图形拉伸为三维实体的方法，以及三维实体布尔运算的差集命令。

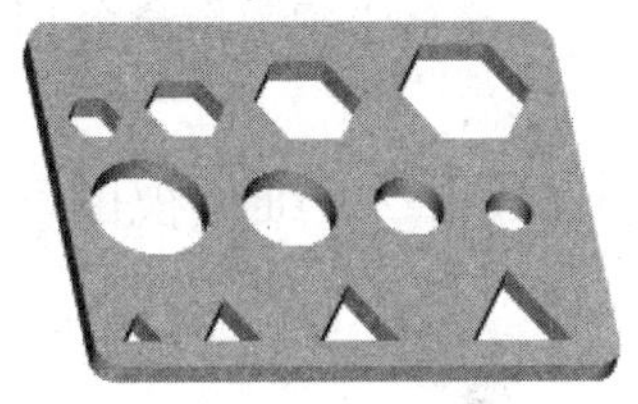

图 6-1 擦写板

6.1.1 绘制擦写板主体

01 启动系统。启动 AutoCAD，使用默认设置的绘图环境。

02 设置线框密度。命令行提示如下：

命令：ISOLINES↙
输入 ISOLINES 的新值 <4>：10↙

03 创建长方体。命令行提示如下：

命令：_BOX
指定第一个角点或 [中心(C)]：（在绘图区中任意选择一点）
指定其他角点或 [立方体(C)/长度(L)]：L↙
指定长度：100↙
指定宽度：80↙
指定高度：5↙

单击“视图”选项卡“导航”面板中“实时”按钮，拖动鼠标对其进行适当的放大，如图 6-2 所示。

04 绘制平面图形。如图 6-3 所示，绘制不同大小的正六边形、圆及正三角形（也可以将其定义为块，然后设置不同的比例进行插入。需要注意的是，在插入后，还要将块分解，否则无法进行后续的拉伸操作）。

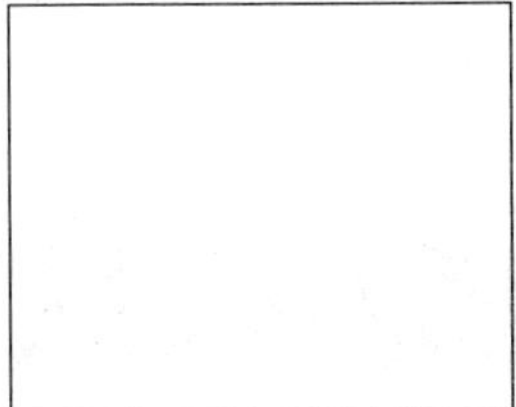

图 6-2 创建长方体

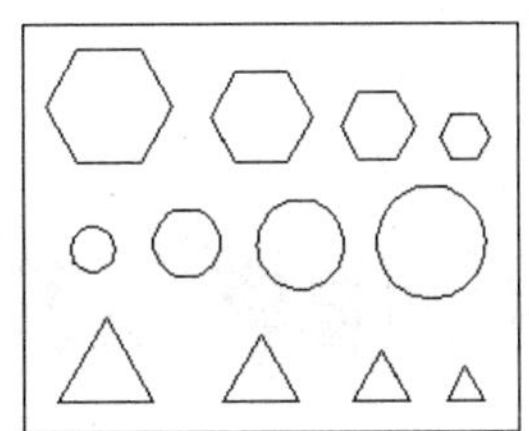

图 6-3 绘制二维图形

05 单击“三维工具”选项卡“建模”面板中的“拉伸”按钮，拉伸绘制的二维图形，命令行提示如下：

命令：_EXTRUDE
当前线框密度：ISOLINES=10，闭合轮廓创建模式=实体
选择要拉伸的对象或[模式（MO）]：（选择绘制的二维图形，然后按 Enter 键）

06 切换到西南等轴测视图。单击“可视化”选项卡“命名视图”面板中的“西南等轴测”按钮，拉伸二维图形，结果如图 6-4 所示。

07 差集运算。命令行提示如下：

命令：_SUBTRACT
选择要从中减去的实体、曲面或面域...
选择对象：（选择长方体，然后按 Enter 键）
选择要减去的实体、曲面或面域 ..
选择对象：（选择拉伸的实体，然后按 Enter 键）

执行“消隐”命令 Hide 后的实体如图 6-5 所示。

6.1.2 细化视图

01 进行圆角操作。命令行提示如下：

命令：_FILLET
选择第一个对象或[放弃(U)/多段线(P)/半径(R)/修剪(T)/多个(M)]：（选择长方体的一条边，如图 6-6 所示的边 1）
输入圆角半径或 [表达式(E)]：5↙
选择边或 [链(C)/环(L)/半径(R)]：（选择其余 3 条边，然后按 Enter 键）

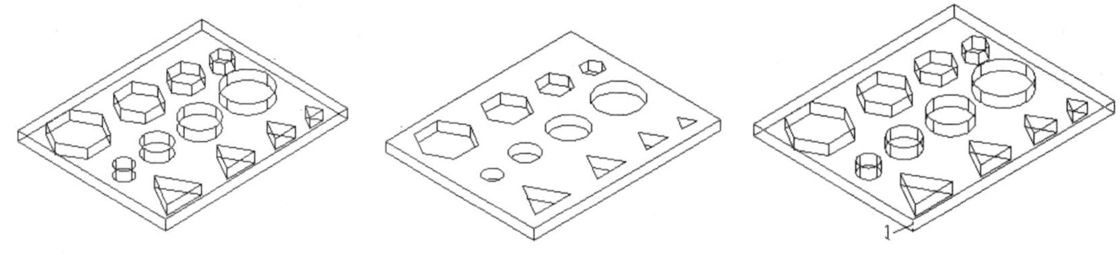

图 6-4 拉伸二维图形　　图 6-5 消隐后的实体　　图 6-6 选择长方体的一条边

02 单击“可视化”选项卡“渲染”面板中的“渲染到尺寸”按钮，进行渲染处理。命令行提示如下：

命令：_RENDER

渲染后的效果如图 6-1 所示。

6.2 法兰的设计

分析图 6-7 所示的立体法兰，可以看出该图形的结构简单。该例具体实现过程为：①绘制立体法兰的主体结构；②绘制立体法兰的螺孔。要求熟悉立体法兰的结构，且能灵活运用三维实体的基本图形的绘制命令和编辑命令。

6.2.1 绘制立体法兰的主体结构

01 用“多段线”命令（PLINE）绘制立体法兰的主体结构的轮廓线。命令行提示如下：

命令：_PLINE
当前线宽为 0.0000
指定起点：40,0↙

当前线宽为 0.0000
指定下一个点或 [圆弧(A)/半宽(H)/长度(L)/放弃(U)/宽度(W)]：@60,0↙
指定下一点或 [圆弧(A)/闭合(C)/半宽(H)/长度(L)/放弃(U)/宽度(W)]：@0,20↙
指定下一点或 [圆弧(A)/闭合(C)/半宽(H)/长度(L)/放弃(U)/宽度(W)]：@-40,0↙
指定下一点或 [圆弧(A)/闭合(C)/半宽(H)/长度(L)/放弃(U)/宽度(W)]：@0,40↙
指定下一点或 [圆弧(A)/闭合(C)/半宽(H)/长度(L)/放弃(U)/宽度(W)]：@-20,0↙
指定下一点或 [圆弧(A)/闭合(C)/半宽(H)/长度(L)/放弃(U)/宽度(W)]：C↙

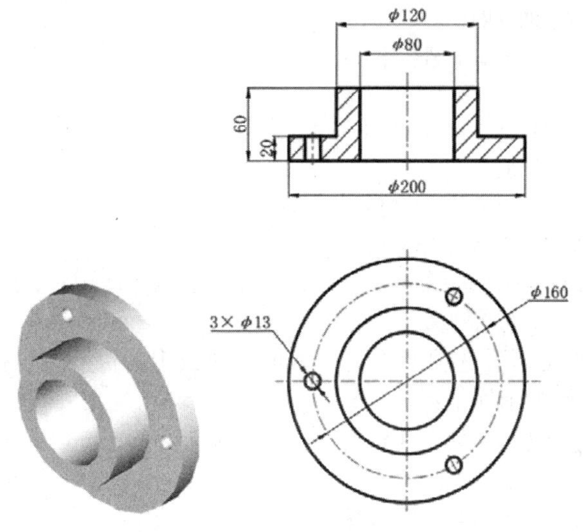

图 6-7　立体法兰

02 单击“三维工具”选项卡“建模”面板中的“旋转”按钮，将上一步的轮廓线旋转成立体法兰主体结构的体轮廓。命令行提示如下：

命令：_REVOLVE
当前线框密度：ISOLINES=8，闭合轮廓创建模式=实体
选择要旋转的对象或[模式（MO）]：（选择上一步所绘制的轮廓线）↙
选择要旋转的对象或[模式（MO）]：↙
指定轴起点或根据以下选项之一定义轴 [对象(O)/X/Y/Z] <对象>：Y↙
指定旋转角度或[起点角度（ST）/反转（R）/表达式（EX）] <360>：↙

03 改变视图。单击“可视化”选项卡“命名视图”面板中的“西北等轴测”按钮，旋转后的图形如图 6-8 所示。

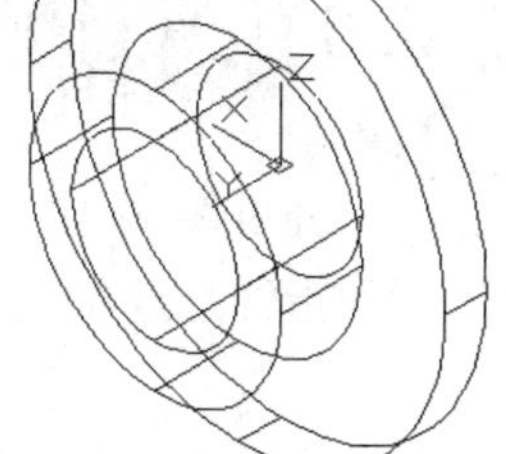

图 6-8　旋转后的图形

6.2.2　绘制立体法兰的螺孔

01 用“坐标变换”命令(UCS)变换坐标系。命令行提示如下：

命令：UCS↙
指定 UCS 的原点或 [面(F)/命名(NA)/对象(OB)/上一个(P)/视图(V)/世界(W)/X/Y/Z/Z 轴(ZA)] <世界>：X↙
指定绕 X 轴的旋转角度 <90>：↙

02 单击“三维工具”选项卡“建模”面板中的“圆柱体”按钮，画一个圆柱体。

命令：_CYLINDER
指定底面的中心点或 [三点(3P)/两点(2P)/切点、切点、半径(T)/椭圆(E)]：-80,0,0↙
指定底面半径或 [直径(D)]：6.5↙
指定高度或 [两点(2P)/轴端点(A)]：-20↙

03 选择菜单栏中的“修改”→“三维操作”→“三维阵列”命令，复制上一步绘制的圆柱体。命令行提示如下：

命令：_3DARRAY
正在初始化… 已加载 3DARRAY
选择对象：（选择上一步绘制的圆柱体）↙
选择对象：↙
输入阵列类型 [矩形(R)/环形(P)] <矩形>：P↙
输入阵列中的项目数目：3↙
指定要填充的角度 (+=逆时针，-=顺时针) <360>：↙
旋转阵列对象？ [是(Y)/否(N)] <Y>：↙
指定阵列的中心点：0,0,0↙
指定旋转轴上的第二点：0,0,-100↙

04 单击“三维工具”选项卡“实体编辑”面板中的“差集”按钮，减去上一步所复制的圆柱体。命令行提示如下：

命令：_SUBTRACT 选择要从中减去的实体、曲面和面域...
选择要从中减去的实体、曲面或面域...
选择对象：(选择法兰盘的主体结构的体轮廓)
选择要减去的实体、曲面或面域...
选择对象：（依次选择所复制的三个圆柱体）↙
选择对象：↙

差集运算后的图形如图 6-9 所示。

05 渲染。单击“可视化”选项卡“渲染”面板中的“渲染到尺寸”按钮，渲染图形。最终结果如图 6-7 所示。

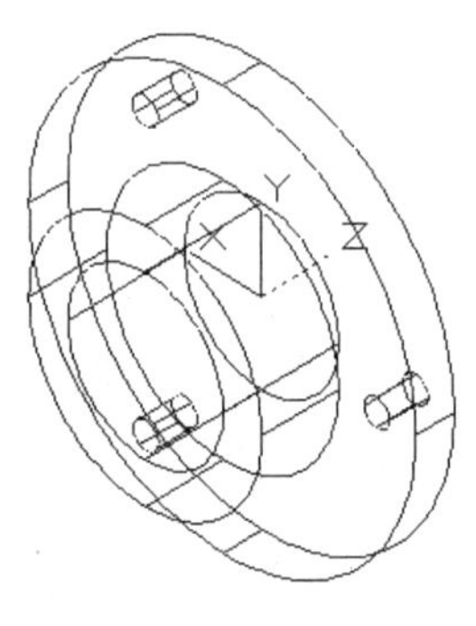

图 6-9 差集运算后的图形

6.3 小闹钟的绘制

分析图 6-10 所示的小闹钟，它可以分 4 步来绘制：绘制闹钟主体、绘制闹钟的时间刻度和指针、绘制底座和渲染实体。

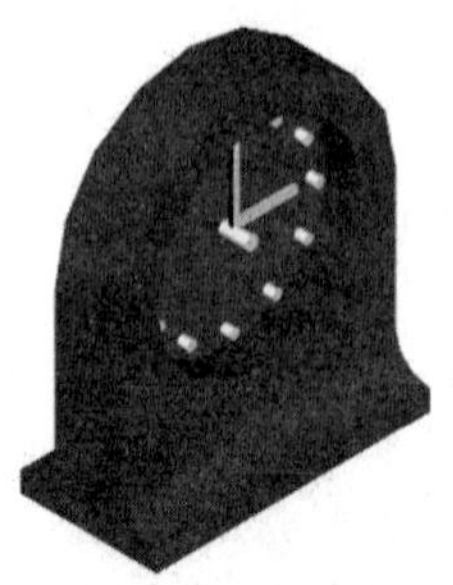

图 6-10 小闹钟

6.3.1 绘制闹钟主体

01 设置视图方向。单击“可视化”选项卡“命名视图”面板中的“西南等轴测”按钮。

02 单击“三维工具”选项卡“建模”面板中的“长方体”按钮，绘制中心在原点、长度为 80、宽度为 80、高度为 20 的长方体。

03 单击“三维工具”选项卡“实体编辑”面板中的“剖切”按钮，对长方体进行剖切。命令行提示如下：

```
命令：_SLICE
选择要剖切的对象：（选择长方体）↙
选择要剖切的对象：↙
指定切面的起点或 [平面对象(O)/曲面(S)/Z 轴(Z)/视图(V)/XY/YZ/ZX/三点(3)] <三点>：ZX↙
指定 ZX 平面上的点 <0,0,0>：↙
在要保留的一侧指定点或 [保留两侧(B)]：(选择长方体的下半部分)↙
```

04 单击“三维工具”选项卡“建模”面板中的“圆柱体”按钮，绘制底面中心点位于（0,0,-10），直径为 80、高度为 20 的圆柱体。

05 单击“三维工具”选项卡“实体编辑”面板中的“并集”按钮，对上面两个实体进行并集运算。

06 单击“视图”选项卡“视觉样式”面板中的“隐藏”按钮，对实体进行消隐处理，如图 6-11 所示。

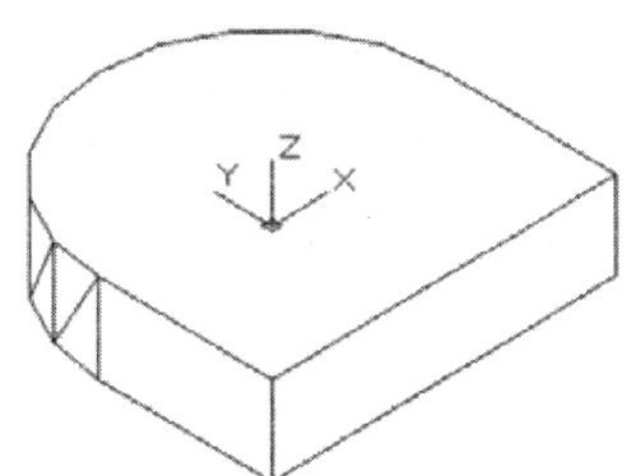

图 6-11 并集运算及消隐处理

07 单击“三维工具”选项卡“建模”面板中的“圆柱体”按钮，绘制底面中心点位于（0,0,10）、直径为 60、高度为-10 的圆柱体。

08 单击“三维工具”选项卡“实体编辑”面板中的“差集”按钮，对直径为 60 的圆柱体和并集运算后所得实体进行差集运算。

6.3.2 绘制时间刻度和指针

01 单击“三维工具”选项卡“建模”面板中的“圆柱体”按钮，绘制底面中心点位于（0,0,0），直径为 4、高度为 8 的圆柱体。

02 单击“三维工具”选项卡“建模”面板中的“圆柱体”按钮，绘制底面中心点位于（0,25,0），直径为 3、高度为 3 的圆柱体，如图 6-12 所示。

03 选择菜单栏中的“修改”→“三维操作”→“三维阵列”命令，对直径为 3 的圆柱体进行阵列，设置项目数为 12，填充角度为 360°，如图 6-13 所示。

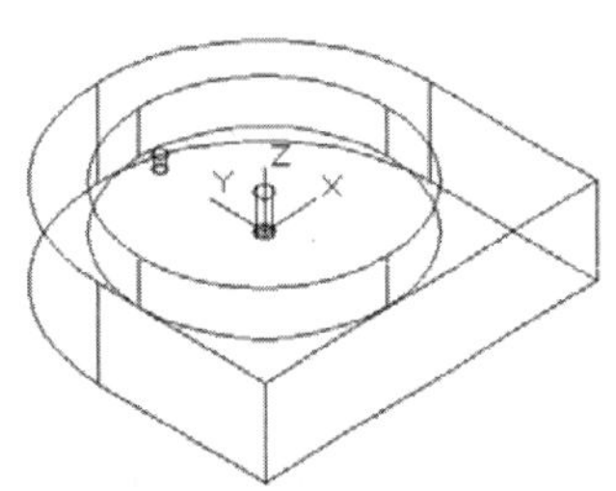

图 6-12　绘制圆柱体

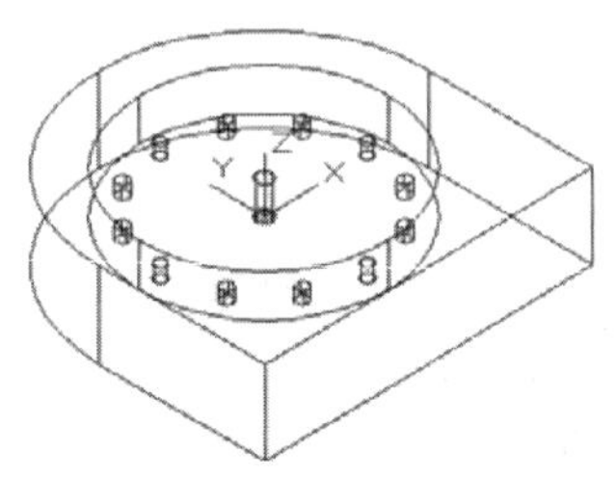

图 6-13　阵列后的实体

04 单击“三维工具”选项卡“建模”面板中的“长方体”按钮，绘制小闹钟的时针。命令行提示如下：

```
命令：_BOX
指定第一个角点或［中心(C)］：0,-1,0↙
指定其他角点或［立方体(C)/长度(L)］：L↙
指定长度：20↙
指定宽度：2↙
指定高度或[两点(2P)]：1.5↙
```

05 单击“三维工具”选项卡“建模”面板中的“长方体”按钮，在点（-1,0,2）处绘制长度为 2、宽度为 23、高度为 1.5 的长方体，作为小闹钟的分针，如图 6-14 所示。

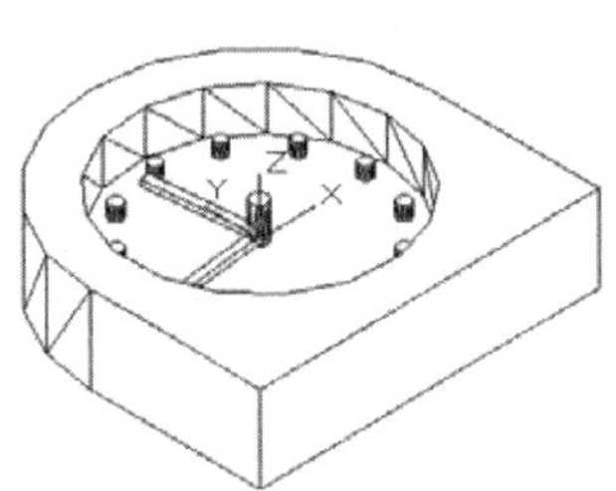

图 6-14　绘制时针和分针

06 单击“视图”选项卡“视觉样式”面板中的“隐藏”按钮，对实体进行消隐处理。最终结果如图 6-10 所示。

6.3.3　绘制闹钟底座

01 单击“三维工具”选项卡“建模”面板中的“长方体”按钮，在以（-40，-40，20）为第一角点，以点（40，-56，-20）为第二角点绘制长方体，作为闹钟的底座。

02 单击“三维工具”选项卡“建模”面板中的“圆柱体”按钮，绘制底面中心点在(-40,-40,20)，直径为 20、顶圆轴端点为(@80,0,0)的圆柱体。

03 单击“默认”选项卡“修改”面板中的“复制”按钮，对刚绘制的直径为 20 的圆柱体进行复制。命令行提示如下：

```
命令：_COPY
选择对象：(选择直径为 20 的圆柱体）↙
```

选择对象：↙

当前设置：复制模式=多个

指定基点或 [位移(D)] <位移>：-40,-40,20↙

指定第二个点或[阵列（A）] <使用第一个点作为位移>：@0,0,-40↙

指定第二个点或 [阵列（A）/退出(E)/放弃(U)] <退出>：↙.

绘制的闹钟底座如图 6-15 所示。

04 单击“三维工具”选项卡“实体编辑”面板中的“差集”按钮，对长方体和两个直径为 20 的圆柱体进行差集运算。

05 单击“三维工具”选项卡“实体编辑”面板中的“并集”按钮，将差集运算后得到的实体与闹钟主体进行并集运算。

06 单击“视图”选项卡“视觉样式”面板中的“隐藏”按钮，对实体进行消隐处理，如图 6-16 所示。

07 设置视图方向。单击“可视化”选项卡“命名视图”面板中的“左视”按钮。

08 单击“默认”选项卡“修改”面板中的“旋转”按钮，将小闹钟顺时针旋转 90°。

09 设置视图方向。单击“可视化”选项卡“命名视图”面板中的“前视”按钮。

10 设置视图方向。单击“可视化”选项卡“命名视图”面板中的“西南等轴测”按钮。

11 单击“视图”选项卡“视觉样式”面板中的“隐藏”按钮，对实体进行消隐处理。

旋转后的小闹钟如图 6-17 所示。

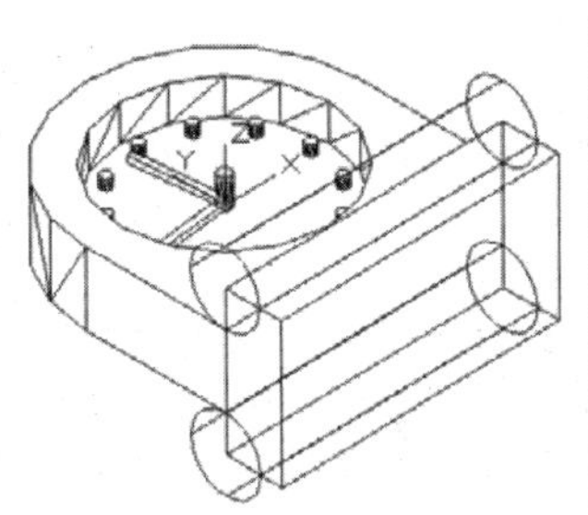

图 6-15 绘制闹钟底座

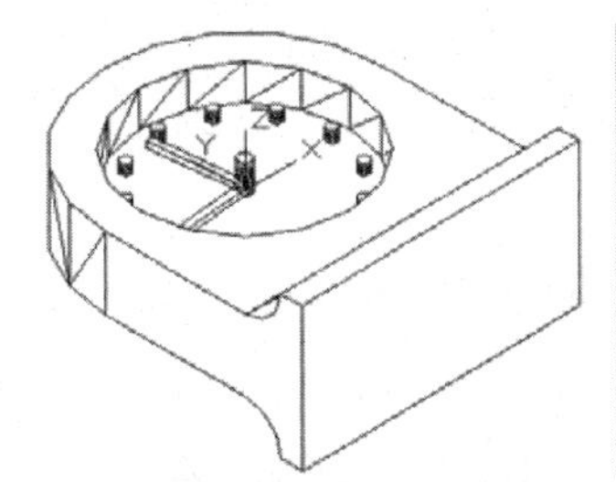

图 6-16 并集运算后的消隐图

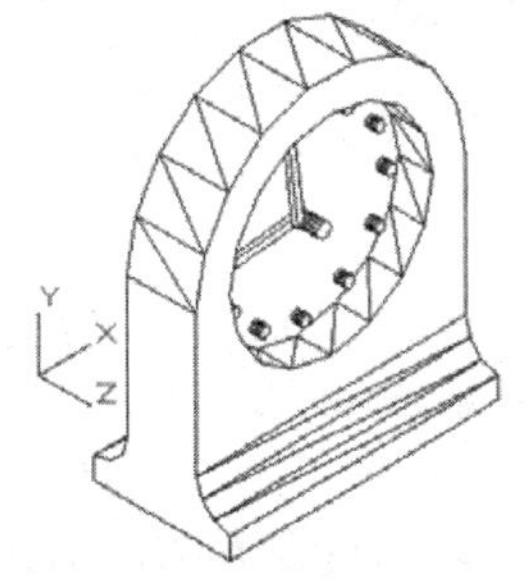

图 6-17 旋转后的小闹钟

6.3.4 着色与渲染

01 将小闹钟的不同部分着上不同的颜色。用指针直接单击“实体编辑”工具栏中的“着色面”图标，根据命令行的提示，将小闹钟外表面着上棕色，钟面着上红色，时针和分针着上白色。

02 单击“三维工具”选项卡“实体编辑”面板中的“着色面”按钮，对小闹钟进行渲染。渲染结果如图 6-10 所示。

6.4 台灯的绘制

图 6-18 所示的台灯主要有 4 部分组成：底座、开关旋钮、支撑杆和灯头。底座和开关

旋钮相对比较简单。支撑杆和灯头的难点在于它们需要先用多段线分别绘制出路径曲线和截面轮廓线，这是完成台灯绘制的关键。

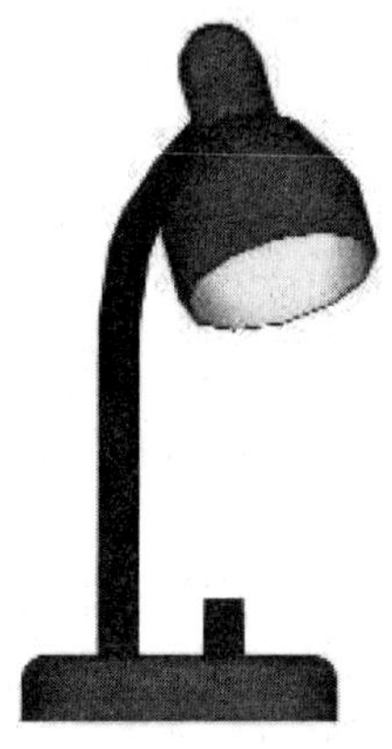

图 6-18　台灯

6.4.1　绘制台灯底座

01 设置视图方向：单击“可视化”选项卡“命名视图”面板中的“西南等轴测”按钮。

02 单击“三维工具”选项卡“建模”面板中的“圆柱体”按钮，绘制一个圆柱体。命令行提示如下：

命令：_CYLINDER
指定底面的中心点或 [三点(3P)/两点(2P)/切点、切点、半径(T)/椭圆(E)]：0，0，0↙
指定底面半径或 [直径(D)]：D↙
指定底面直径：150↙
指定高度或 [两点(2P)/轴端点(A)]：30↙

03 单击“三维工具”选项卡“建模”面板中的“圆柱体”按钮，绘制底面中心点在原点，直径为 10、轴端点为(15,0,0)的圆柱体。

04 单击“三维工具”选项卡“建模”面板中的“圆柱体”按钮，绘制底面中心点在原点、直径为 5、轴端点为(15,0,0)的圆柱体作为底座雏形，如图 6-19 所示。

05 单击“三维工具”选项卡“实体编辑”面板中的“差集”按钮，对直径为 10 和 5 的两个圆柱体进行差集运算。

06 单击“默认”选项卡“修改”面板中的“移动”按钮，将差集运算所得的实体导线孔从点（0,0,0）移动到点（-85,0,15）。

绘制导线孔，如图 6-20 所示。

07 单击“默认”选项卡“修改”面板中的“圆角”按钮，对底座的上边缘进行半径 12 的圆角操作。

08 单击“视图”选项卡“视觉样式”面板中的“隐藏”按钮，对实体进行消隐处理。

圆角后的底座如图 6-21 所示。

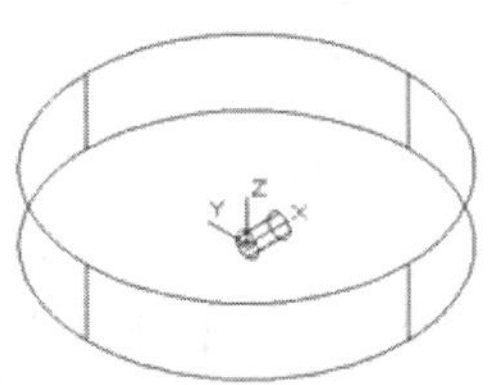
图6-19　绘制底座锥形

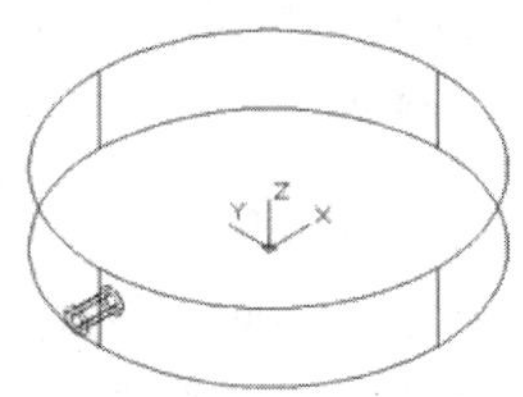
图6-20　绘制导线孔

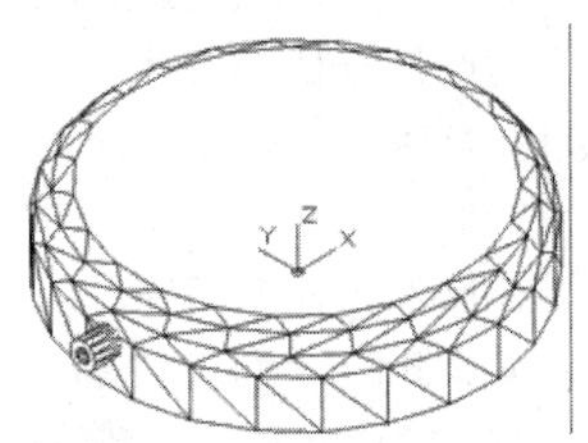
图6-21　圆角后的底座

6.4.2　绘制开关旋钮

01 单击“三维工具”选项卡“建模”面板中的“圆柱体”按钮，绘制底面中心点为(40,0,30)、直径为 20、高度为 25 的圆柱体。

02 单击“三维工具”选项卡“实体编辑”面板中的“倾斜面”按钮，将刚绘制的直径为 20 的圆柱体外表面倾斜 2°。

03 单击“视图”选项卡“视觉样式”面板中的“隐藏”按钮，对实体进行消隐处理。绘制开关旋钮，如图 6-22 所示。

6.4.3　绘制支撑杆

01 改变视图方向。单击“可视化”选项卡“命名视图”面板中的“前视”按钮。

02 单击“默认”选项卡“修改”面板中的“旋转”按钮，将绘制的所有实体顺时针旋转-90°，如图 6-23 所示。

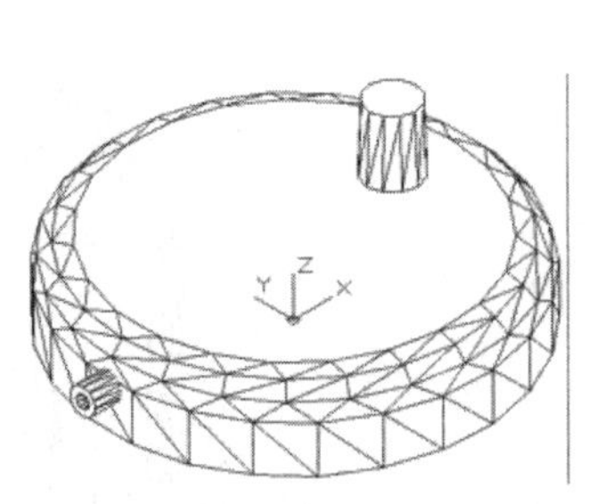
图 6-22　绘制开关旋钮

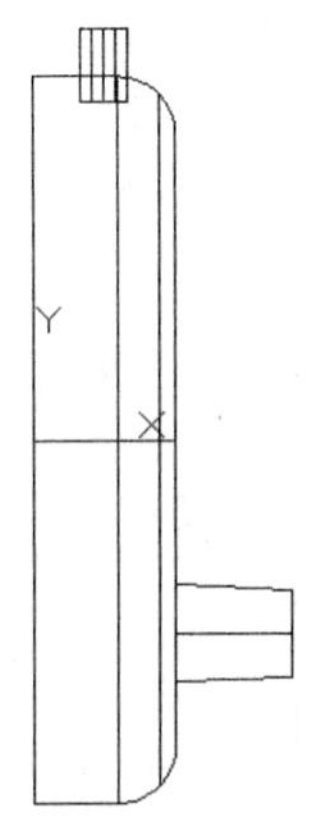
图 6-23　旋转实体

03 单击“默认”选项卡“绘图”面板中的“多段线”按钮，绘制支撑杆的路径曲线，如图 6-24 所示。命令行提示如下：

```
命令：_PLINE
指定起点：30,55↙
当前线宽为 0.0000
指定下一个点或 [圆弧(A)/半宽(H)/长度(L)/放弃(U)/宽度(W)]：@150,0↙
```

指定下一点或 [圆弧(A)/闭合(C)/半宽(H)/长度(L)/放弃(U)/宽度(W)]：A↙

指定圆弧的端点(按住 Ctrl 键以切换方向)或[角度(A)/圆心(CE)/闭合(CL)/方向(D)/半宽(H)/直线(L)/半径(R)/第二个点(S)/放弃(U)/宽度(W)]：S↙

指定圆弧上的第二个点：203.5,50.7↙

指定圆弧的端点：224,38↙

指定圆弧的端点(按住 Ctrl 键以切换方向)或[角度(A)/圆心(CE)/闭合(CL)/方向(D)/半宽(H)/直线(L)/半径(R)/第二个点(S)/放弃(U)/宽度(W)]：248,8↙

指定圆弧的端点(按住 Ctrl 键以切换方向)或[角度(A)/圆心(CE)/闭合(CL)/方向(D)/半宽(H)/直线(L)/半径(R)/第二个点(S)/放弃(U)/宽度(W)]：L↙

指定下一点或 [圆弧(A)/闭合(C)/半宽(H)/长度(L)/放弃(U)/宽度(W)]：269,-28.8↙

指定下一点或 [圆弧(A)/闭合(C)/半宽(H)/长度(L)/放弃(U)/宽度(W)]：↙

04 选择菜单栏中的“修改”→“三维操作”→“三维旋转”命令，将图中的所有实体逆时针旋转 90°。

05 改变视图方向。单击“可视化”选项卡“命名视图”面板中的“西南等轴测”按钮。

06 改变视图方向。单击“可视化”选项卡“命名视图”面板中的“俯视”按钮。

07 绘制直径为 20 的圆。命令行提示如下：

命令：_CIRCLE

指定圆的圆心或 [三点(3P)/两点(2P)/切点、切点、半径(T)]：-55,0,30↙

指定圆的半径或 [直径(D)]：D↙

指定圆的直径：20↙

08 改变视图方向。单击“可视化”选项卡“命名视图”面板中的“西南等轴测”按钮。单击“三维工具”选项卡“建模”面板中的“拉伸”按钮，沿支撑杆的路径曲线拉伸直径为 20 的圆。

09 单击“视图”选项卡“视觉样式”面板中的“隐藏”按钮，对实体进行消隐处理。绘制支撑杆，如图 6-25 所示。

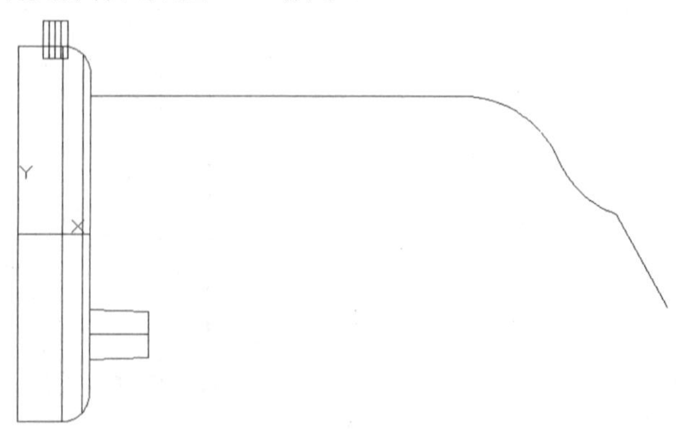

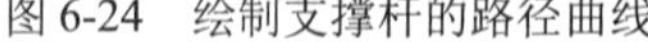

图 6-24　绘制支撑杆的路径曲线

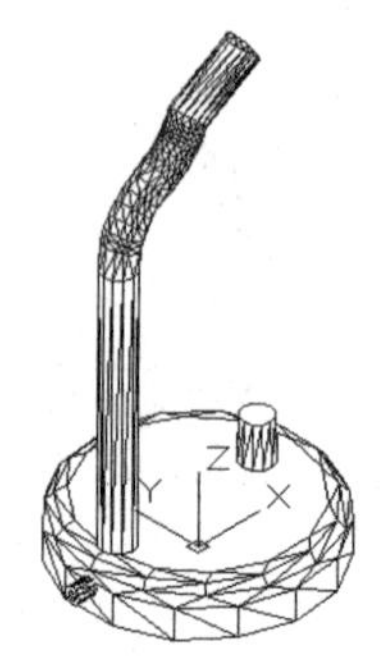

图 6-25　绘制支撑杆

6.4.4　绘制灯头

01 改变视图方向。单击“可视化”选项卡“命名视图”面板中的“前视”按钮。

02 单击“默认”选项卡“修改”面板中的“旋转”按钮，将绘制的所有实体逆时针旋转-90°。

03 单击“默认”选项卡“绘图”面板中的“多段线”按钮，绘制灯头截面轮廓，如图 6-26 所示。命令行提示如下：

命令：_PLINE
指定起点：(选择支撑杆路径曲线的上端点) ↙
当前线宽为 0.0000
指定下一个点或 [圆弧(A)/半宽(H)/长度(L)/放弃(U)/宽度(W)]：@20<30↙
指定下一点或 [圆弧(A)/闭合(C)/半宽(H)/长度(L)/放弃(U)/宽度(W)]：A↙
指定圆弧的端点(按住 Ctrl 键以切换方向)或[角度(A)/圆心(CE)/闭合(CL)/方向(D)/半宽(H)/直线(L)/半径(R)/第二个点(S)/放弃(U)/宽度(W)]：316,-25↙
指定圆弧的端点(按住 Ctrl 键以切换方向)或[角度(A)/圆心(CE)/闭合(CL)/方向(D)/半宽(H)/直线(L)/半径(R)/第二个点(S)/放弃(U)/宽度(W)]：L↙
指定下一点或 [圆弧(A)/闭合(C)/半宽(H)/长度(L)/放弃(U)/宽度(W)]：200,-90↙
指定下一点或 [圆弧(A)/闭合(C)/半宽(H)/长度(L)/放弃(U)/宽度(W)]：177,-48.66↙
指定下一点或 [圆弧(A)/闭合(C)/半宽(H)/长度(L)/放弃(U)/宽度(W)]：A↙
指定圆弧的端点(按住 Ctrl 键以切换方向)或[角度(A)/圆心(CE)/闭合(CL)/方向(D)/半宽(H)/直线(L)/半径(R)/第二个点(S)/放弃(U)/宽度(W)]：S↙
指定圆弧上的第二个点：216,-28↙
指定圆弧的端点：257.5,-34.5↙
指定圆弧的端点(按住 Ctrl 键以切换方向)或[角度(A)/圆心(CE)/闭合(CL)/方向(D)/半宽(H)/直线(L)/半径(R)/第二个点(S)/放弃(U)/宽度(W)]：L↙
指定下一点或 [圆弧(A)/闭合(C)/半宽(H)/长度(L)/放弃(U)/宽度(W)]：C↙

04 单击“三维工具”选项卡“建模”面板中的“旋转”按钮，旋转灯头截面轮廓。命令行提示如下：

命令：_REVOLVE
当前线框密度：ISOLINES=8，闭合轮廓创建模式 = 实体
选择要旋转的对象：（选择截面轮廓）
选择要旋转的对象：↙
指定轴起点或根据以下选项之一定义轴 [对象(O)/X/Y/Z] <对象>：
指定轴端点：
指定旋转角度 <360>：↙

05 选择菜单栏中的“修改”→“三维操作”→“三维旋转”命令，将绘制的所有实体逆时针旋转 90°。

06 改变视图方向。单击“可视化”选项卡“命名视图”面板中的“西南等轴测”按钮。

07 单击“视图”选项卡“视觉样式”面板中的“隐藏”按钮，对实体进行消隐处理，如图 6-27 所示。

08 用三维动态观察旋转实体，使灯头的大端面朝外。单击“三维动态观察器”工具栏的“三维动态观察”图标或单击“视图”选项卡“导航”面板上的“动态观察”下拉菜单中的“自由动态观察”按钮。

09 对灯头进行抽壳。单击实体编辑工具栏的抽壳图标，根据命令行的提示完成抽壳操作。命令行提示如下：

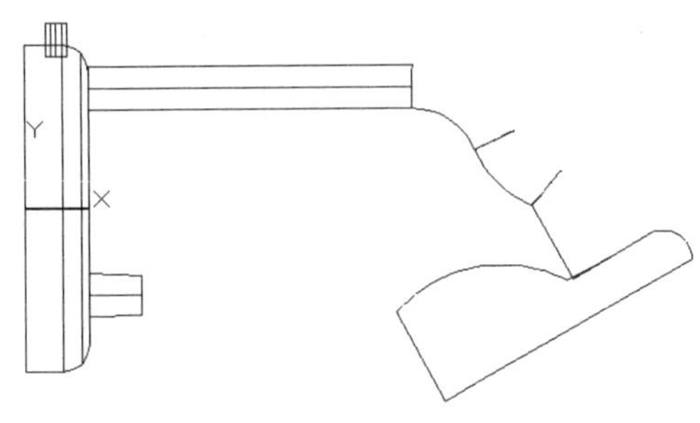

图 6-26　绘制灯头的截面轮廓

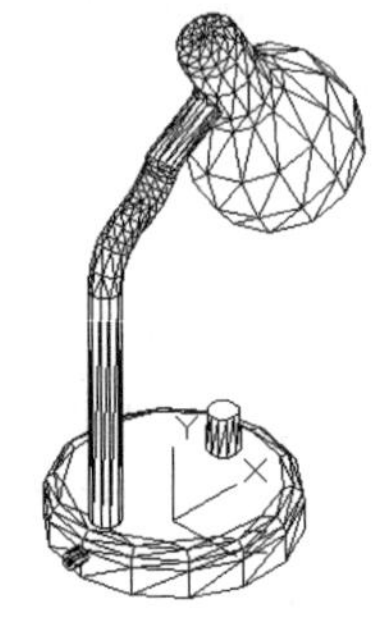

图 6-27　消隐处理

命令：_SOLIDEDIT
实体编辑自动检查：SOLIDCHECK=1
输入实体编辑选项 [面(F)/边(E)/体(B)/放弃(U)/退出(X)] <退出>：_body
输入体编辑选项[压印(I)/分割实体(P)/抽壳(S)/清除(L)/检查(C)/放弃(U)/退出(X)] <退出>：_shell
选择三维实体：(选择灯头) ↙
删除面或 [放弃(U)/添加(A)/全部(ALL)]：（选择灯头的大端面）
找到一个面，已删除 1 个
删除面或 [放弃(U)/添加(A)/全部(ALL)]：↙
输入抽壳偏移距离：2↙
已开始实体校验。
已完成实体校验。
输入体编辑选项[压印(I)/分割实体(P)/抽壳(S)/清除(L)/检查(C)/放弃(U)/退出(X)] <退出>：X↙
实体编辑自动检查：SOLIDCHECK=1
输入实体编辑选项 [面(F)/边(E)/体(B)/放弃(U)/退出(X)] <退出>：X↙

10 将台灯的不同部分着上不同的颜色。单击“三维工具”选项卡“实体编辑”面板中的“着色面”按钮，根据命令行的提示，将灯头和底座着上红色，灯头内壁着上黄色，其余部分着上蓝色。

11 单击“可视化”选项卡“渲染”面板中的“渲染到尺寸”按钮，对台灯进行渲染。不同角度的台灯效果图如图 6-28 所示。

西南等轴测

某个角度

图 6-28　不同角度的台灯效果图

6.5 小水桶的绘制

图 6-29 所示的小水桶主要由 3 部分组成：储水部分、提手孔和提手。小水桶的绘制难点是提手孔和提手的绘制。提手孔的实体通过布尔运算获得，位置由小水桶的结构决定。提手需先绘制出路径曲线，然后通过拉伸截面圆而成。在确定提手的尺寸时，要保证它能够在提手孔中旋转。

图 6-29 小水桶

6.5.1 绘制水桶储水部分

01 设置视图方向。单击“可视化”选项卡“命名视图”面板中的“西南等轴测”按钮。

02 单击“三维工具”选项卡“建模”面板中的“圆柱体”按钮，绘制底面中心点为原点、半径为 125、高度为-300 的圆柱体。

03 单击“三维工具”选项卡“实体编辑”面板中的“倾斜面”按钮，将刚绘制的直径为 250 的圆柱体外表面倾斜 8°，命令行提示如下：

命令：_SOLIDEDIT
实体编辑自动检查： SOLIDCHECK=1
输入实体编辑选项 [面(F)/边(E)/体(B)/放弃(U)/退出(X)] <退出>：_face
输入面编辑选项[拉伸(E)/移动(M)/旋转(R)/偏移(O)/倾斜(T)/删除(D)/复制(C)/颜色(L)/材质(A)/放弃(U)/退出(X)] <退出>：_taper
选择面或 [放弃(U)/删除(R)]：(选择圆柱体) ↙
选择面或 [放弃(U)/删除(R)/全部(ALL)]：↙
指定基点：（选择圆柱体的顶面圆心）
指定沿倾斜轴的另一个点：（选择圆柱体的底面圆心）
指定倾斜角度：8↙
已开始实体校验。
已完成实体校验。
输入面编辑选项[拉伸(E)/移动(M)/旋转(R)/偏移(O)/倾斜(T)/删除(D)/复制(C)/颜色(L)/材质(A)/放弃(U)/退出(X)] <退出>：X↙
实体编辑自动检查：SOLIDCHECK=1
输入实体编辑选项 [面(F)/边(E)/体(B)/放弃(U)/退出(X)] <退出>：X↙

04 单击“视图”选项卡“视觉样式”面板中的“隐藏”按钮，对实体进行消隐处理。绘制倾斜圆柱体，如图 6-30 所示。

05 对倾斜后的实体进行抽壳，抽壳距离为 5。单击“实体编辑”工具栏的“抽壳”图标，根据命令行的提示完成抽壳操作。

06 单击“视图”选项卡“视觉样式”面板中的“隐藏”按钮，对实体进行消隐。抽壳后的实体如图 6-31 所示。

07 单击“三维工具”选项卡“建模”面板中的“圆柱体”按钮，在原点分别绘制直径为 240 和 300、高度均为 10 的两个圆柱体。

08 单击“三维工具”选项卡“实体编辑”面板中的“差集”按钮，对直径为 240 和 300 两个圆柱体进行差集运算。

09 单击“视图”选项卡“视觉样式”面板中的“隐藏”按钮，对实体进行消隐处理。绘制水桶边缘如图 6-32 所示。

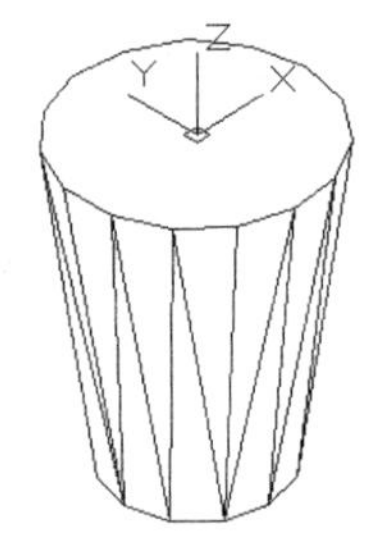

图 6-30　绘制倾斜圆柱体

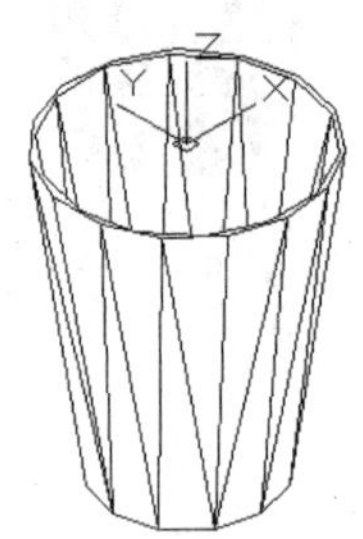

图 6-31　抽壳后的实体

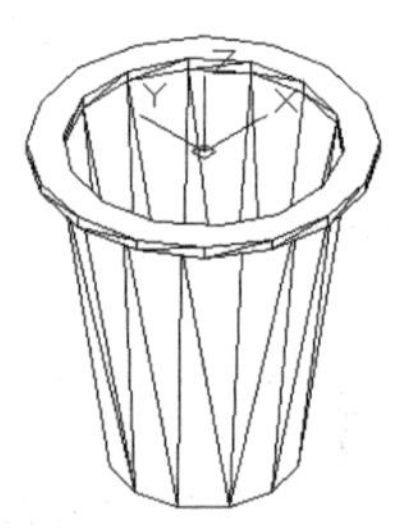

图 6-32　绘制水桶边缘

6.5.2　绘制水桶提手孔

01 单击“三维工具”选项卡“建模”面板中的“长方体”按钮，以原点为中心点，绘制长度为 18、宽度为 20、高度为 30 的长方体。

02 单击“三维工具”选项卡“建模”面板中的“圆柱体”按钮，绘制底面中心点为(2,0,0)、半径为 5、轴端点为(-10,0,0)的圆柱体。

03 单击“三维工具”选项卡“实体编辑”面板中的“差集”按钮，对长方体和直径为 10 的圆柱体进行差集运算，绘制提手孔，如图 6-33 所示。

04 单击“默认”选项卡“修改”面板中的“移动”按钮，将差集运算后的实体从点(0,0,0)移动到点(130,0,-10)。

05 改变视图方向。单击“可视化”选项卡“命名视图”面板中的“前视”按钮，此时的主视图如图 6-34 所示。

06 单击“默认”选项卡“修改”面板中的“镜像”按钮，对提手孔进行镜像操作。命令行提示如下：

```
命令：_MIRROR
选择对象：(选择刚移动的提手孔) ↙
选择对象：↙
指定镜像线的第一点：0,0↙
指定镜像线的第二点：0,-40↙
是否删除源对象？[是(Y)/否(N)] <N>：↙
```

07 改变视图方向。单击“可视化”选项卡“命名视图”面板中的“西南等轴测”按钮。

08 单击“三维工具”选项卡“实体编辑”面板中的“并集”按钮，对上面所有的实体进行并集运算。

09 单击“可视化”选项卡“渲染”面板中的“渲染到尺寸”按钮，对实体进行渲染。绘制水桶储水部分，如图 6-35 所示。

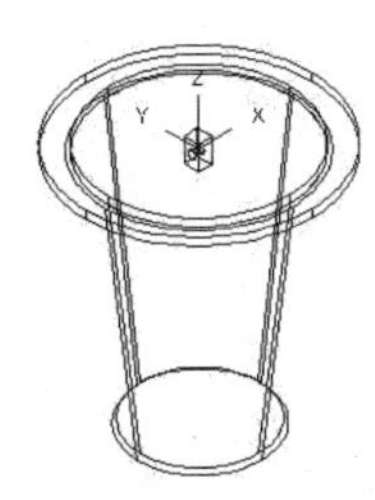

图 6-33 绘制提手孔

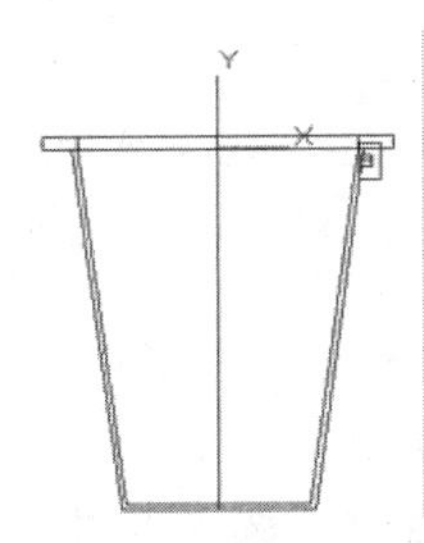

图 6-34 主视图

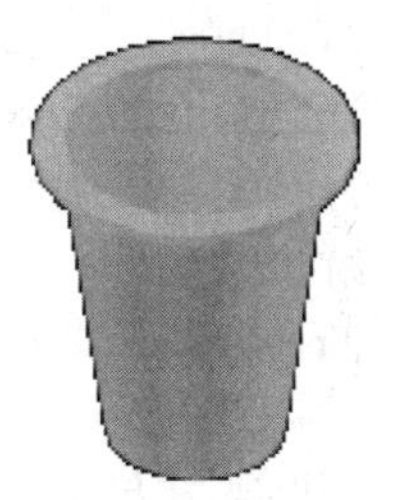

图 6-35 绘制水桶储水部分

6.5.3 绘制水桶提手

01 改变视图方向。单击“可视化”选项卡“命名视图”面板中的“前视”按钮。

02 单击“默认”选项卡“绘图”面板中的“多段线”按钮，绘制提手的路径曲线，如图 6-36 所示。命令行提示如下：

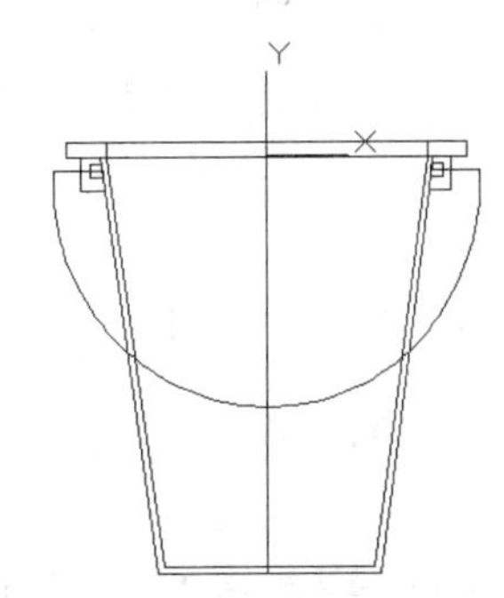

图 6-36 绘制提手的路径曲线

命令：_PLINE

指定起点：-130,-10↙

当前线宽为 0.0000

指定下一个点或 [圆弧(A)/半宽(H)/长度(L)/放弃(U)/宽度(W)]：@-30,0↙

指定下一点或 [圆弧(A)/闭合(C)/半宽(H)/长度(L)/放弃(U)/宽度(W)]：@0,-10↙

指定下一点或 [圆弧(A)/闭合(C)/半宽(H)/长度(L)/放弃(U)/宽度(W)]：A↙

指定圆弧的端点(按住 Ctrl 键以切换方向)或[角度(A)/圆心(CE)/闭合(CL)/方向(D)/半宽(H)/直线(L)/半径(R)/第二个点(S)/放弃(U)/宽度(W)]：CE↙

指定圆弧的圆心：0,-20↙

指定圆弧的端点(按住 Ctrl 键以切换方向)或 [角度(A)/长度(L)]：A↙

指定夹角(按住 Ctrl 键以切换方向)：180↙

指定圆弧的端点(按住 Ctrl 键以切换方向)或[角度(A)/圆心(CE)/闭合(CL)/方向(D)/半宽(H)/直线(L)/半径(R)/第二个点(S)/放弃(U)/宽度(W)]：L↙

指定下一点或 [圆弧(A)/闭合(C)/半宽(H)/长度(L)/放弃(U)/宽度(W)]：@0,10↙

指定下一点或 [圆弧(A)/闭合(C)/半宽(H)/长度(L)/放弃(U)/宽度(W)]：@-30,0↙

指定下一点或 [圆弧(A)/闭合(C)/半宽(H)/长度(L)/放弃(U)/宽度(W)]：↙

03 改变视图方向。单击“可视化”选项卡“命名视图”面板中的“左视”按钮。

04 单击“默认”选项卡“绘图”面板中的“圆”按钮，在左视图的点（0，-10）

处画一个半径为 4 的圆。

05 改变视图方向。单击“可视化”选项卡“命名视图”面板中的“西南等轴测”按钮。

06 单击“默认”选项卡“修改”面板中的“移动”按钮，移动绘制的半径为 4 的圆到提手最左端。

07 单击“三维工具”选项卡“建模”面板中的“拉伸”按钮，拉伸半径为 4 的圆。命令行提示如下：

```
命令：_EXTRUDE
当前线框密度：ISOLINES=8，闭合轮廓创建模式 = 实体
选择要拉伸的对象：(选择半径为 4 的圆) ↙
选择要拉伸的对象：↙
指定拉伸的高度或 [方向(D)/路径(P)/倾斜角(T)]：P↙
选择拉伸路径或 [倾斜角]：(选择路径曲线)↙
```

08 改变视图方向。单击“可视化”选项卡“命名视图”面板中的“左视”按钮。

09 单击“默认”选项卡“修改”面板中的“旋转”按钮，旋转提手，如图 6-37 所示。命令行提示如下：

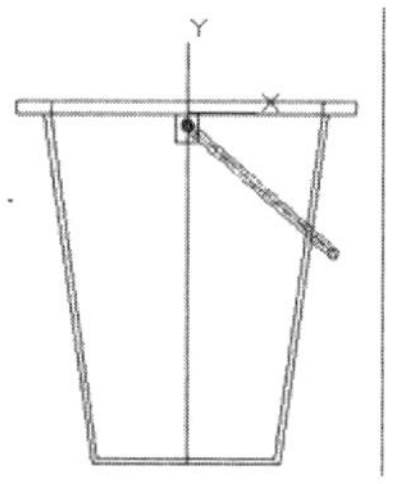

图 6-37 旋转提手

```
命令：_ROTATE
UCS 当前的正角方向： ANGDIR=逆时针  ANGBASE=0
选择对象：(选择提手) ↙
选择对象：↙
指定基点：（选择提手孔的中心点）↙
指定旋转角度，或 [复制(C)/参照(R)] <0>：50↙
```

6.5.4 圆角和着色处理

01 改变视图方向。单击“可视化”选项卡“命名视图”面板中的“西南等轴测”按钮。

02 单击“默认”选项卡“修改”面板中的“圆角”按钮，对小水桶的上边缘进行圆角操作，圆角半径为 2。

03 将水桶的不同部分着上不同的颜色。单击“三维工具”选项卡“实体编辑”面板中的“着色面”按钮，根据命令行的提示，将水桶的外表面着上红色，提手着上蓝色，其他面是系统默认色。

04 单击“可视化”选项卡“渲染”面板中的“渲染到尺寸”按钮，对小水桶进行渲染。渲染结果如图 6-29 所示。

6.6 小纽扣的绘制

图 6-38 所示小纽扣的结构比较简单，通过绘制基本的球体和圆柱体，并对它们进行抽壳和布尔运算即可实现。本例的重点在于如何对绘制好的实体选择材质。

6.6.1 绘制纽扣主体

01 设置视图方向。单击“可视化”选项卡“命名视图”面板中的“西南等轴测”按钮。

02 单击“三维工具”选项卡“建模”面板中的“球体”按钮，绘制一个圆心在原点、直径为 40 的球体。

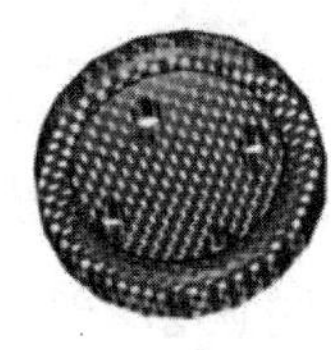

图 6-38 小纽扣

03 单击“三维工具”选项卡“实体编辑”面板中的“抽壳”按钮，对球体进行抽壳，抽壳距离是 2mm。根据命令行的提示完成抽壳操作。命令行提示如下：

命令：_SOLIDEDIT

实体编辑自动检查： SOLIDCHECK=1

输入实体编辑选项 [面(F)/边(E)/体(B)/放弃(U)/退出(X)] <退出>：_body

输入体编辑选项[压印(I)/分割实体(P)/抽壳(S)/清除(L)/检查(C)/放弃(U)/退出(X)] <退出>：_shell

选择三维实体：（选择球体）↙

删除面或 [放弃(U)/添加(A)/全部(ALL)]：↙

输入抽壳偏移距离：2↙

已完成实体校验。

输入体编辑选项[压印(I)/分割实体(P)/抽壳(S)/清除(L)/检查(C)/放弃(U)/退出(X)] <退出>：X↙

实体编辑自动检查： SOLIDCHECK=1

输入实体编辑选项 [面(F)/边(E)/体(B)/放弃(U)/退出(X)] <退出>：X↙

抽壳后的球体如图 6-39 所示。

04 单击“三维工具”选项卡“建模”面板中的“圆柱体”按钮，绘制底面中心点为原点，直径为 15、高度为-30 的圆柱体。

05 单击“三维工具”选项卡“实体编辑”面板中的“交集”按钮，对抽壳后的球体和圆柱体进行交集运算。

06 单击“视图”选项卡“视觉样式”面板中的“隐藏”按钮，对实体进行消隐处理。交集运算后的实体如图 6-40 所示。

07 单击“三维工具”选项卡“建模”面板中的“圆环体”按钮，绘制一个圆环体作为纽扣的边缘，命令行提示如下：

命令：_TORUS

当前线框密度： ISOLINES=4

指定中心点或 [三点(3P)/两点(2P)/切点、切点、半径(T)]：0，0，-16↙

指定半径或 [直径(D)]：D↙

指定直径：13↙

指定圆管半径或 [两点(2P)/直径(D)]：D↙

指定直径：2↙

08 单击“三维工具”选项卡“实体编辑”面板中的“并集”按钮，对上面绘制的所有实体进行并集运算。

09 单击“视图”选项卡“视觉样式”面板中的“隐藏”按钮，对实体进行消隐处理理。小纽扣的主体如图 6-41 所示。

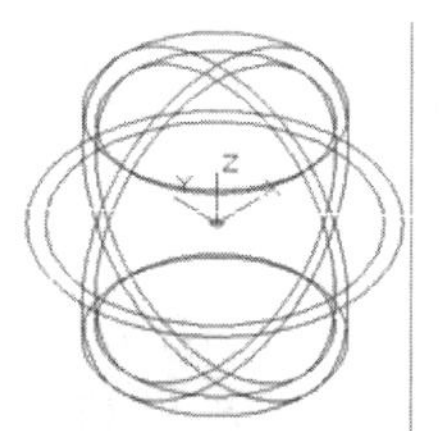
图 6-39　抽壳后的球体

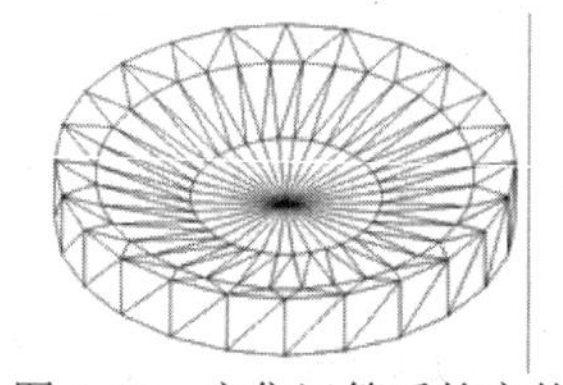
图 6-40　交集运算后的实体

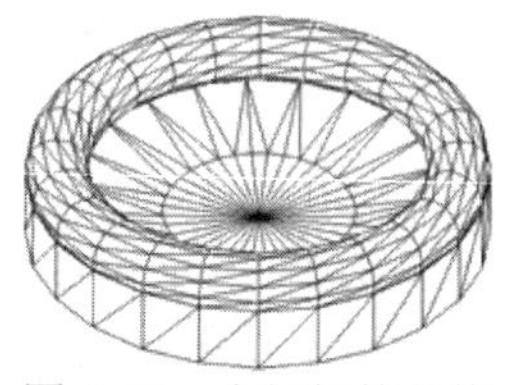
图 6-41　小纽扣的主体

6.6.2　绘制穿针孔

01 单击“三维工具”选项卡“建模”面板中的“圆柱体”按钮，绘制底面中心位于点（3,0,0），直径为 1.5、高度为-30 的圆柱体。

02 单击“默认”选项卡“修改”面板中的“环形阵列”按钮，对直径为 1.5 的圆柱体进行项目数为 4，填充角度为 360° 的环形阵列。

03 改变视图观察方向。视图→三维动态观察器或直接单击“三维动态观察器”工具栏的“三维动态观察”图标，将视图旋转到易于观察的角度。

04 单击“视图”选项卡“视觉样式”面板中的“隐藏”按钮，对实体进行消隐处理，阵列圆柱体，如图 6-42 所示。

05 单击“三维工具”选项卡“实体编辑”面板中的“差集”按钮，将 4 个圆柱体从纽扣主体中减去。

06 单击“视图”选项卡“视觉样式”面板中的“隐藏”按钮，对实体进行消隐处理。此时窗口图形如图 6-43 所示。

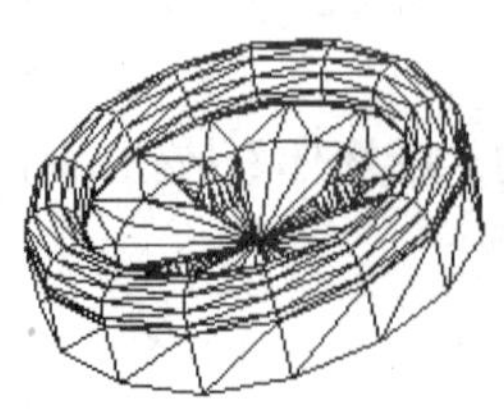
图 6-42　阵列圆柱体

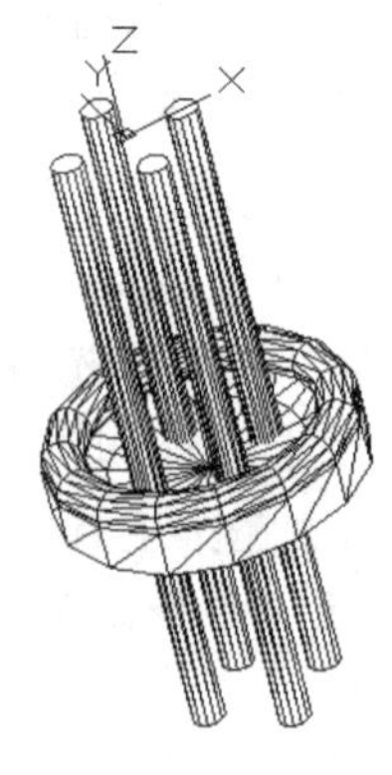
图 6-43　绘制穿针孔

6.6.3　选择材质并进行渲染

01 设置材质。单击“可视化”选项卡“材质”面板中的“材质浏览器”按钮，打开“材质浏览器”选项板，如图 6-44 所示。

单击样品下的按钮条中的“在文档中创建新材质”按钮，在下拉列表中选择“新建常规材质”，同时弹出如图 6-45 所示的“材质编辑器”选项板。

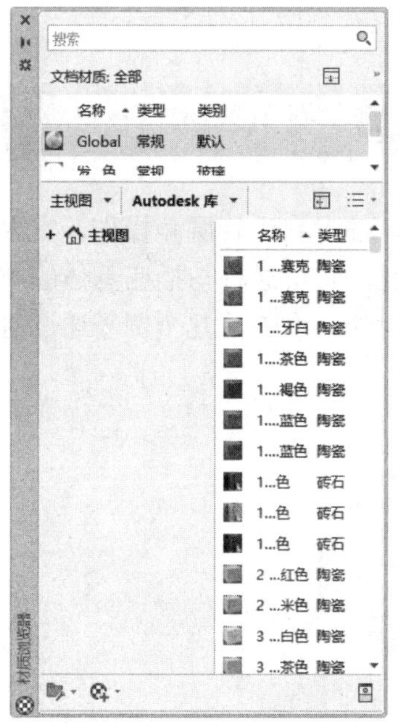

图 6-44　“材质浏览器”选项板

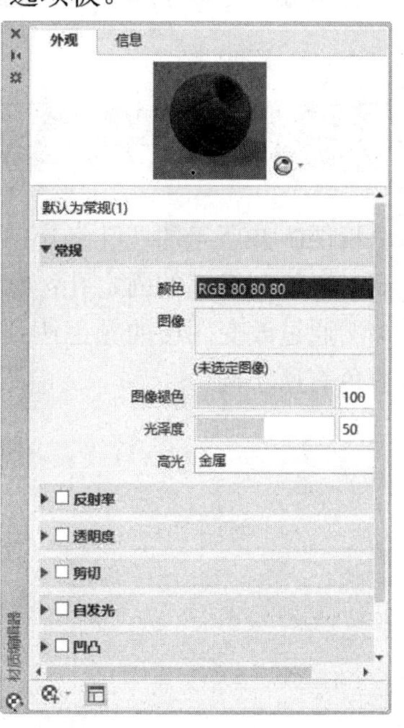

图 6-45　“材质编辑器”选项板

在 “常规”菜单下，“高光”下拉列表中选择“金属”材质。在“颜色”下拉列表中单击，弹出“选择颜色”对话框，如图 6-46 所示。关闭“材质编辑器”选项。在“材质浏览器”选项板中右击“默认为常规”图标，在弹出的快捷菜单中选择“选择要应用到对象”，在系统提示下选择绘制的对象“纽扣”。按 Enter 键，关闭“材质浏览器”选项板。

02 渲染设置。单击“视图”选项卡“选项板”面板中的“高级渲染设置”按钮，打开“渲染预设管理器”选项板，如图 6-47 所示。在其中设置相关的渲染参数。

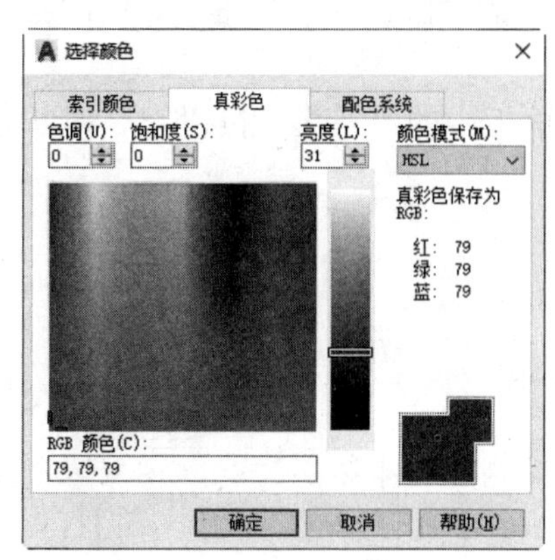

图 6-46　“选择颜色”对话框

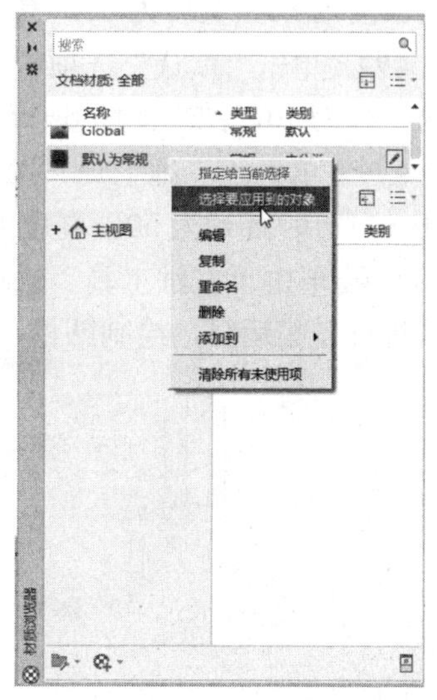

图 6-47　“渲染预设管理器”选项板

03 图形渲染。单击“可视化”选项卡“渲染”面板中的“渲染到尺寸”按钮，对实体进行渲染，完成小纽扣的绘制，如图 6-38 所示。

6.7 四孔插座的绘制

分析图6-48所示的四孔插座，首先绘制长方体，并对它进行圆角操作，实现插座的基体绘制，再绘制插座的固定孔；然后绘制插座的插孔，它可通过与插座基体的布尔运算实现。该例通过改变图层的颜色达到设置实体颜色的目的，这与前几个例子通过对实体的面进行着色有所不同。

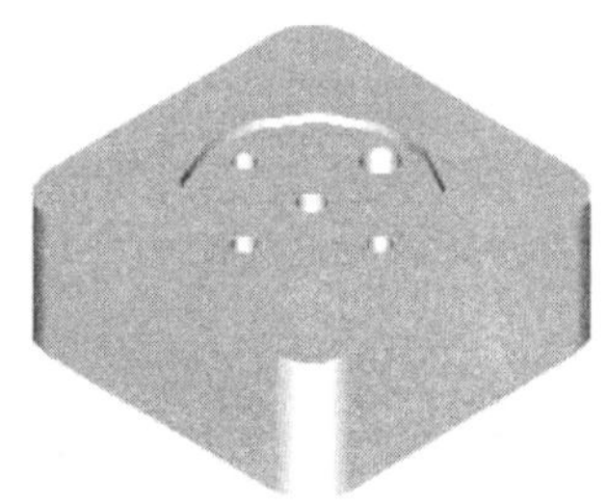

图 6-48 四孔插座

6.7.1 绘制四孔插座

01 设置视图方向。单击“可视化”选项卡“命名视图”面板中的“西南等轴测”按钮。

02 单击“三维工具”选项卡“建模”面板中的“长方体”按钮，以原点为中心点绘制长度为 80、宽度为 80、高度为 30 的长方体。

03 单击“默认”选项卡“修改”面板中的“圆角”按钮，对长方体进行圆角操作，圆角半径为 10，图形如图 6-49 所示。

04 单击“三维工具”选项卡“建模”面板中的“圆柱体”按钮，绘制底面中心点为(0, 0, 15)、直径为 50、高度为-2 的圆柱体。

05 单击“三维工具”选项卡“实体编辑”面板中的“差集”按钮，对长方体和圆柱体进行差集运算，绘制凹槽，如图 6-50 所示。

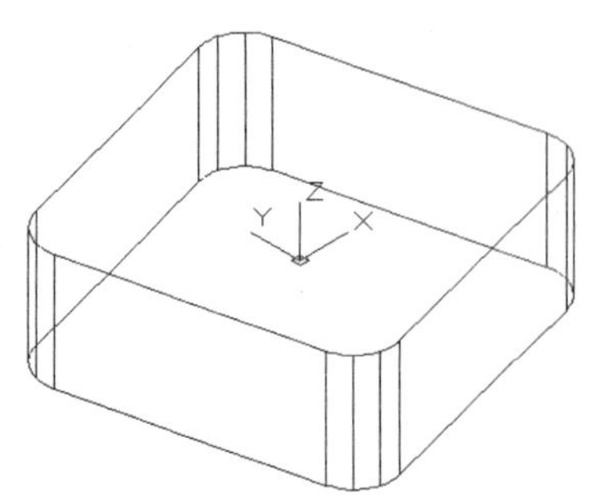

图 6-49 圆角后的长方体

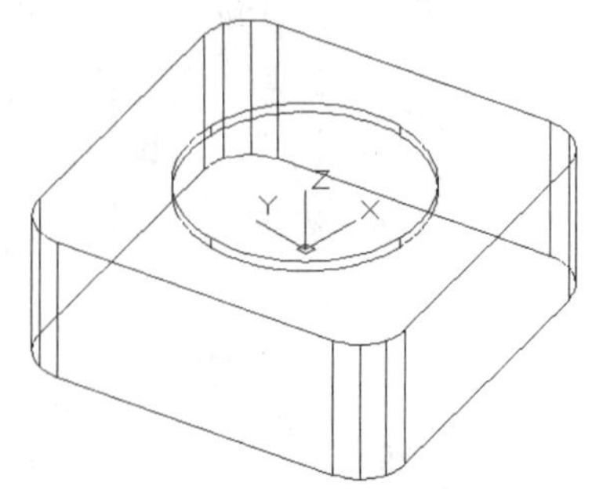

图 6-50 绘制凹槽

06 单击“三维工具”选项卡“建模”面板中的“圆柱体”按钮，绘制底面中心点为(0,0,13)、直径为4、高度为-28的圆柱体。

07 单击“三维工具”选项卡“建模”面板中的“圆柱体”按钮，绘制直径为6、高度为-8，其他参数与步骤**06**相同的圆柱体。

08 单击“三维工具”选项卡“实体编辑”面板中的“并集”按钮，将直径为4和6的两个圆柱体合并在一起。

09 单击“三维工具”选项卡“实体编辑”面板中的“差集”按钮，将合并后的实体从长方体中减去，绘制插座固定孔，如图6-51所示。

10 单击“三维工具”选项卡“建模”面板中的“圆柱体”按钮，绘制底面中心点为(18,0,13)、直径为8、高度为-20的圆柱体。

11 单击“三维工具”选项卡“建模”面板中的“圆柱体”按钮，绘制底面中心点为(0,18,13)、直径为5、高度为-20的圆柱体。

12 单击“三维工具”选项卡“建模”面板中的“圆柱体”按钮，分别在点（-18，0，13）和点（0，-18，13）绘制其他参数与步骤**11**相同两个圆柱体。

13 单击“三维工具”选项卡“实体编辑”面板中的“差集”按钮，将直径为8和3个直径为5的圆柱体从主体中减去。

14 单击“视图”选项卡“视觉样式”面板中的“隐藏”按钮，对实体进行消隐处理，如图6-52所示。

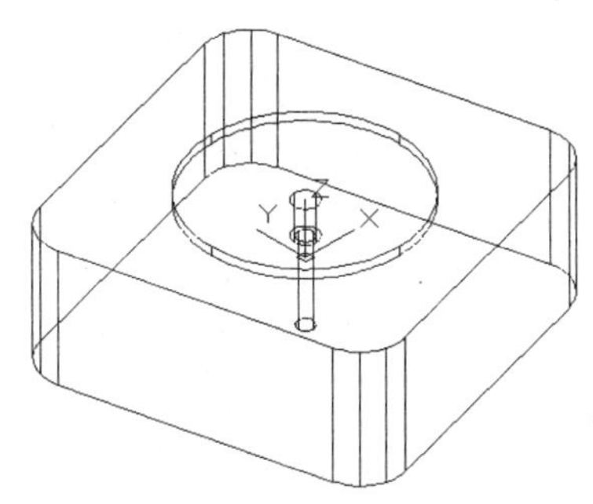

图6-51 绘制插座固定孔

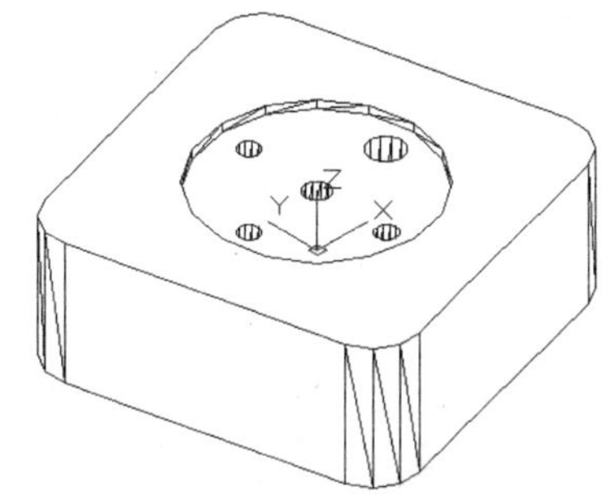

图6-52 插座消隐图

6.7.2 渲染

单击“可视化”选项卡“渲染”面板中的“渲染到尺寸”按钮，对实体进行渲染，完成四孔插座的绘制，如图6-48所示。

6.8 饮水机的绘制

图6-53所示的饮水机的绘制思路是：先利用“长方体”“圆角”“布尔运算”等命令绘制饮水机主体及水龙头放置口，利用“平移曲面”“楔形表面体”等命令绘制放置台，然后利用“长方体”“圆柱体”“剖切”“拉伸”和“三维镜像”等命令绘制水龙头，再利用“圆

锥体”命令绘制水桶接口，利用“旋转网格”命令绘制水桶，最后进行渲染。

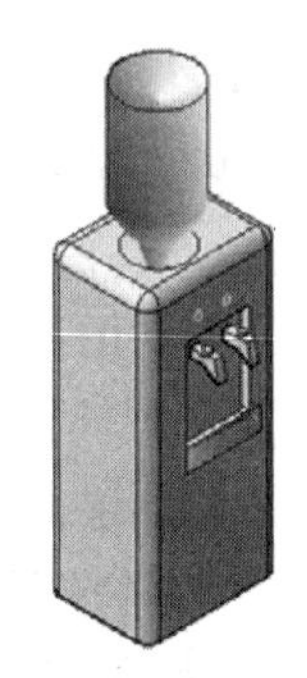

图 6-53　饮水机

6.8.1　绘制饮水机机座

01 启动 AutoCAD，新建一个空白图形文件。

02 单击“三维工具”选项卡“建模”面板中的“长方体”按钮，输入起始点（100,100,0）。在命令行中输入 L，然后输入长方体的长、宽和高，分别为 450、350 和 1000。

03 单击“可视化”选项卡“命名视图”面板中的“西南等轴测”按钮，将视图方向设定为西南等轴测视图。绘制饮水机主体，如图 6-54 所示。

04 单击“默认”选项卡“修改”面板中的“圆角”按钮，执行倒圆角命令 fillet。设置圆角半径为 40，然后选择除地面四条边之外要圆角的各条边，进行圆角操作，如图 6-55 所示。

05 单击“视图”选项卡“视觉样式”面板中的“隐藏”按钮，对实体进行消隐处理，消隐后的效果如图 6-56 所示。

06 单击“三维工具”选项卡“建模”面板中的“长方体”按钮，执行长方体绘制命令 BOX，绘制一个长、宽、高分别为 220、20 和 300 的长方体。

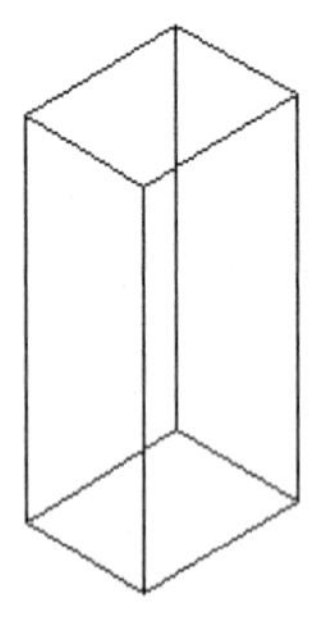

图 6-54　绘制饮水机主体

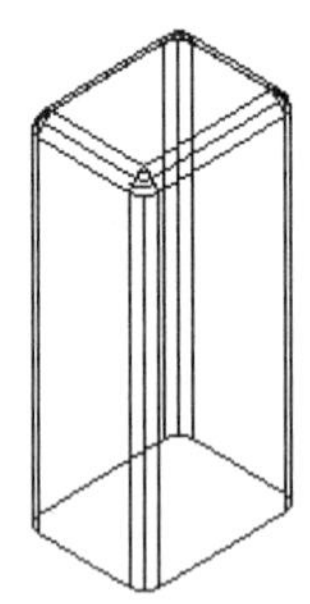

图 6-55　圆角操作

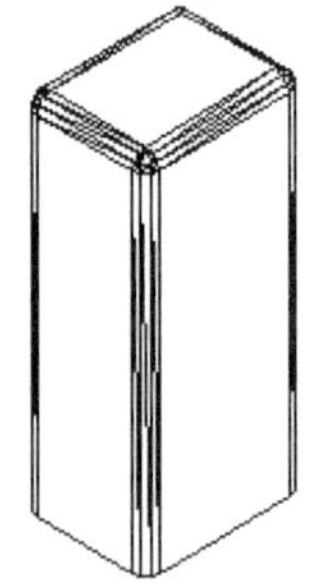

图 6-56　消隐后的效果

07 单击“默认”选项卡“修改”面板中的“倒角”按钮，设置倒角距离为 10，然后选择倒角的各条边。倒角后的长方体如图 6-57 所示。

08 打开状态栏上“对象捕捉”按钮，单击“默认”选项卡“修改”面板中的“移动”按钮，用“对象捕捉”命令选择刚生成的长方体的前表面上端中点为移动的基点，将长方体移动至点(325,100,810)处，如图 6-58 所示。

09 单击“三维工具”选项卡“实体编辑”面板中的“差集”按钮，选择大长方体为“从中减去的对象”，小长方体为“减去对象”，生成饮水机放置水龙头的空间。

10 单击“视图”选项卡“视觉样式”面板中的“隐藏”按钮，对实体进行消隐处理，如图 6-59 所示。

11 单击“默认”选项卡“绘图”面板中的“多段线”按钮，绘制长度分别为 64、

260 和 64 的 3 段直线。

12 单击“默认”选项卡“绘图”面板中的“直线”按钮╱，绘制长度为 75 的直线。如图 6-60 所示。

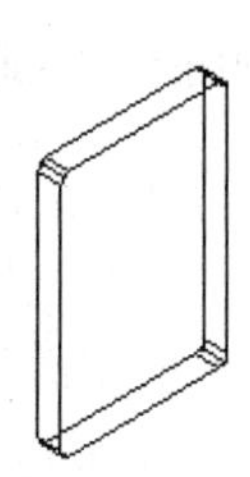

图 6-57 倒角后的长方体

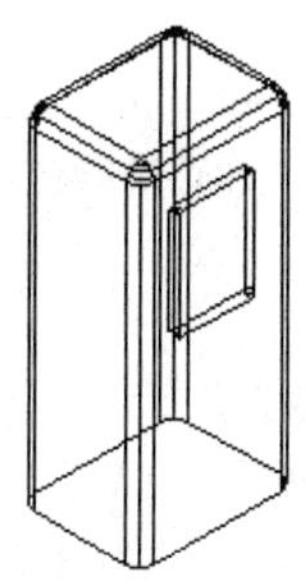

图 6-58 移动长方体到合适位置

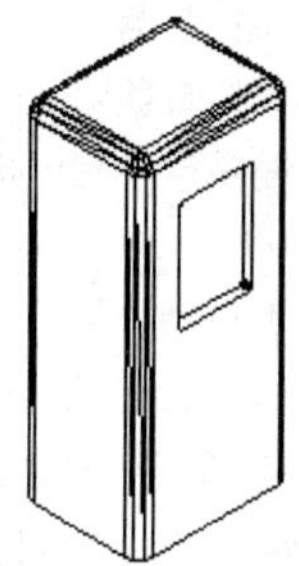

图 6-59 生成放置水龙头的空间

13 单击“三维工具”选项卡“建模”面板中的“平移曲面”按钮，将绘制的图形生成曲面，命令行提示如下：

命令：_TABSURF

当前线框密度：SURFTAB1=6

选择用作轮廓曲线的对象：（选择绘制的多段线）

选择用作方向矢量的对象：（选择绘制的直线）

平移曲面，如图 6-61 所示。

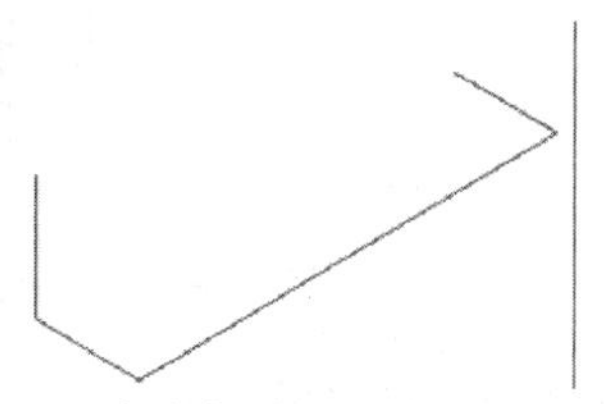

图 6-60 生成曲面及平移方向矢量

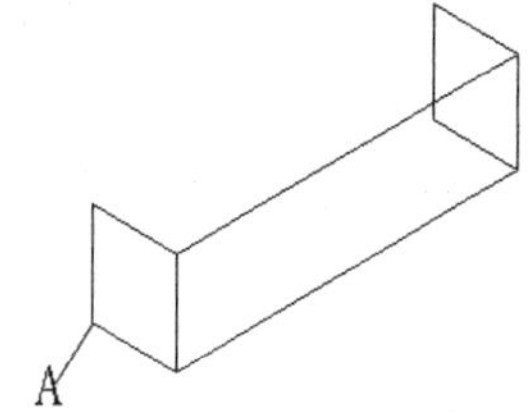

图 6-61 平移曲面

14 单击“默认”选项卡“修改”面板中的“删除”按钮，删除多段线和直线。

15 在命令行输入 UCS，将坐标系绕 Z 轴旋转 90°，然后绘制楔体。命令行提示如下：

命令：_WEDGE

指定第一个角点或[中心(C)]：（选择图 6-61 中的点 A 处）

指定其他角点或[立方体(C)/长度(L)]：L

指定长度：-64↙

指定宽度：-260↙

指定高度或[两点(2P)]：-150↙

然后再对图形进行抽壳处理，抽壳距离为 1。

16 单击“三维工具”选项卡“建模”面板中的“抽壳”按钮，对楔体进行抽壳处理，如图 6-62 所示。命令行提示如下：

命令：_SOLIDEDIT

实体编辑自动检查：SOLIDCHECK=1

输入实体编辑选项 [面(F)/边(E)/体(B)/放弃(U)/退出(X)] <退出>：_body

输入体编辑选项[压印(I)/分割实体(P)/抽壳(S)/清除(L)/检查(C)/放弃(U)/退出(X)] <退出>：_shell

选择三维实体：（选择上步绘制的楔体）

删除面或 [放弃(U)/添加(A)/全部(ALL)]：↙

输入抽壳偏移距离：1↙

已开始实体校验。

已完成实体校验。

输入体编辑选项[压印(I)/分割实体(P)/抽壳(S)/清除(L)/检查(C)/放弃(U)/退出(X)] <退出>：x ↙

实体编辑自动检查： SOLIDCHECK=1

输入实体编辑选项 [面(F)/边(E)/体(B)/放弃(U)/退出(X)] <退出>：↙

17 在命令行输入 UCS，将坐标系恢复到 UCS，单击“默认”选项卡“修改”面板中的“移动”按钮✥，将图 6-62 所示的楔体移至点（325,100,410）处，如图 6-63 所示。

18 单击“视图”选项卡“视觉样式”面板中的“隐藏”按钮，对实体进行消隐处理，效果如图 6-64 所示。

19 单击“三维工具”选项卡“建模”面板中的“圆柱体”按钮，绘制直径为 25、高度为 12 的圆柱体，作为饮水机水龙头开关。

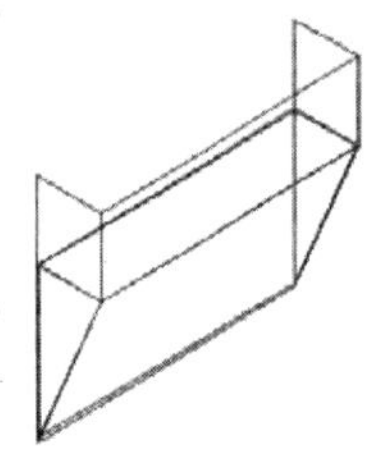

图 6-62 抽壳后的楔体

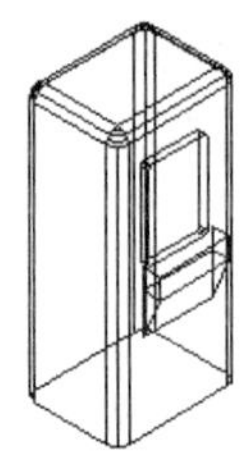

图 6-63 安装楔体

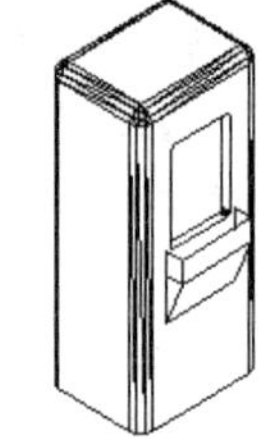

图 6-64 消隐处理后的效果

20 单击“三维工具”选项卡“建模”面板中的“长方体”按钮，绘制一个长、宽、高分别为 30、80 和 30 的长方体，然后用“直线”命令绘制通过长方体上表面中点的直线，如图 6-65 所示。

21 单击“默认”选项卡“修改”面板中的“移动”按钮✥，将步骤 19 绘制的圆柱体以下表面圆心为基点，移至长方体上表面中心处，删除上步绘制的直线，如图 6-66 所示。

22 单击“三维工具”选项卡“实体编辑”面板中的“剖切”按钮，将长方体剖切，使剖切面与长方体表面成 45º 角，并且剖切面经过长方体的一条边。剖切水管，如图 6-67 所示。命令行提示如下：

命令：_SLICE

选择要剖切的对象：（选择长方体）↙

选择要剖切的对象：↙

指定切面的起点或 [平面对象(O)/曲面(S)/z 轴(Z)/视图(V)/xy(XY)/yz(YZ)/zx(ZX)/三点(3)] <三点>：3↙

指定平面上的第一个点：（选择长方体前表面右上顶点）

指定平面上的第二个点：（选择长方体前表面左上顶点）

指定平面上的第三个点：@0,80,-80↙

在所需的侧面上指定点或［保留两个侧面(B)］<保留两个侧面>：选择长方体的左侧任意角点。

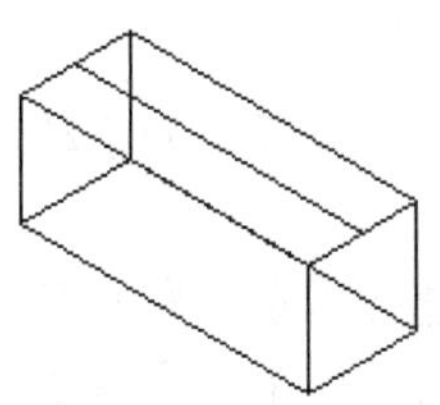

图 6-65　绘制水管

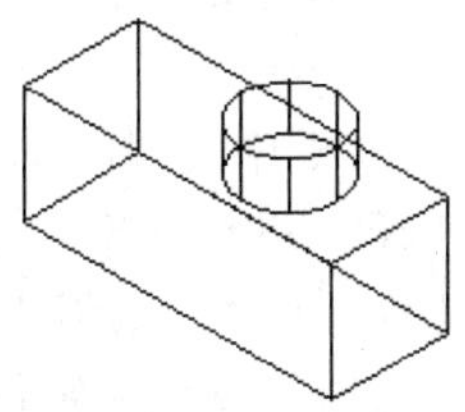
图 6-66　绘制水管开关

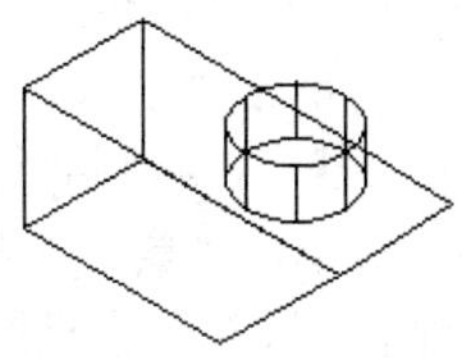
图 6-67　剖切水管

23 将视图切换到左视图，单击“默认”选项卡“绘图”面板中的“多段线”按钮，执行 PLINE 命令，绘制拉伸曲面。命令行提示如下：

命令：_PLINE
指定起点：（选择水管斜边的下点）
当前线宽为 0.0000
指定下一个点或［圆弧(A)/半宽(H)/长度(L)/放弃(U)/宽度(W)］：@15,-25↙
指定下一点或［圆弧(A)/闭合(C)/半宽(H)/长度(L)/放弃(U)/宽度(W)］：@30,0↙
指定下一点或［圆弧(A)/闭合(C)/半宽(H)/长度(L)/放弃(U)/宽度(W)］：@-15,55↙
指定下一点或［圆弧(A)/闭合(C)/半宽(H)/长度(L)/放弃(U)/宽度(W)］：C↙

绘制拉伸曲面，如图 6-68 所示。

24 将视图切换到西南等轴测视图，利用 UCS 命令将坐标系恢复到 WCS。单击“三维工具”选项卡“建模”面板中的“拉伸”按钮，指定拉伸高度 30，也可以使用拉伸路径，用指针在垂直于多边形所在平面的方向上指定距离为 30 的两点。指定拉伸的倾斜角度为 0º，绘制水龙头嘴，如图 6-69 所示。

25 单击“三维工具”选项卡“实体编辑”面板中的“并集”按钮，对水龙头所有的图形进行并集运算。单击“默认”选项卡“修改”面板中的“移动”按钮，选择水龙头嘴作为移动对象，选择图 6-69 的点 1 为基点，移动至坐标点（365,120,740）处，如图 6-70 所示。

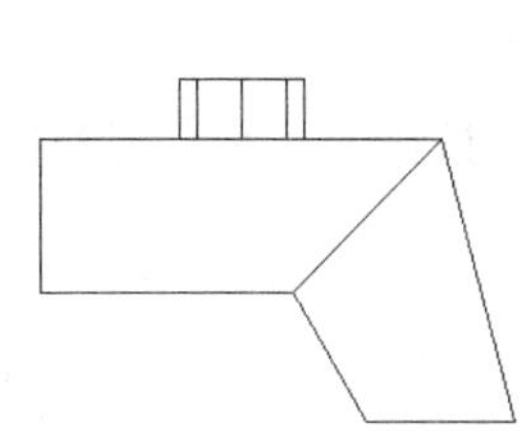
图 6-68　绘制拉伸曲面

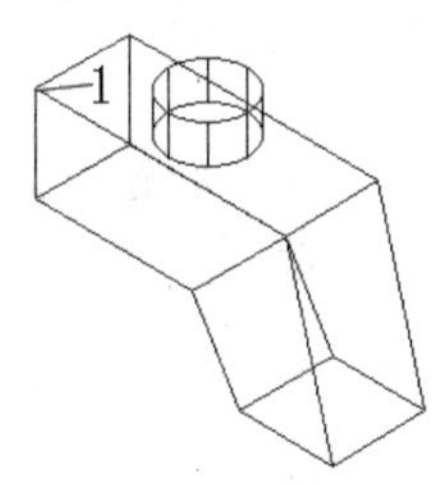

图 6-69　绘制水龙头嘴

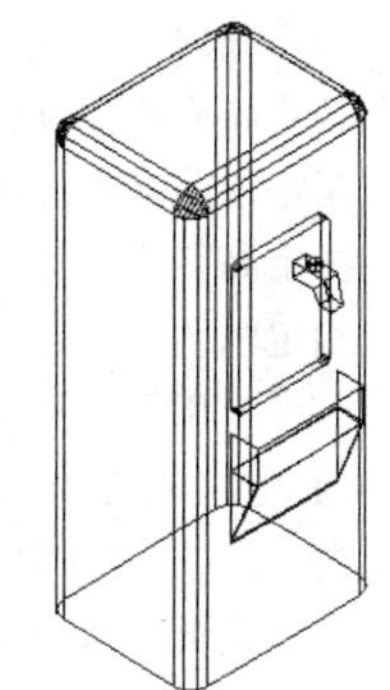
图 6-70　安装水龙头后效果

26 单击“视图”选项卡“视觉样式”面板中的“隐藏”按钮，对实体进行消隐处理，如图 6-71 所示。

27 单击“视图”选项卡“命名视图”面板中的“前视”按钮，将视图切换到主视图。

28 单击“默认”选项卡“绘图”面板中的“圆”按钮，绘制一个半径为 12 的圆，作为饮水机水开的指示灯。

29 单击“默认”选项卡“修改”面板中的“移动”按钮，选择圆作为移动对象，以圆心为基点，将圆心移动到坐标点（360,880,-100）处。

30 单击“默认”选项卡“修改”面板中的“镜像”按钮，选择指示灯和水龙头作为镜像对象，选择饮水机前面两条边的中点所在直线为镜像线。创建另外一个表示饮水机正在加热的指示灯和水龙头，如图 6-72 所示。

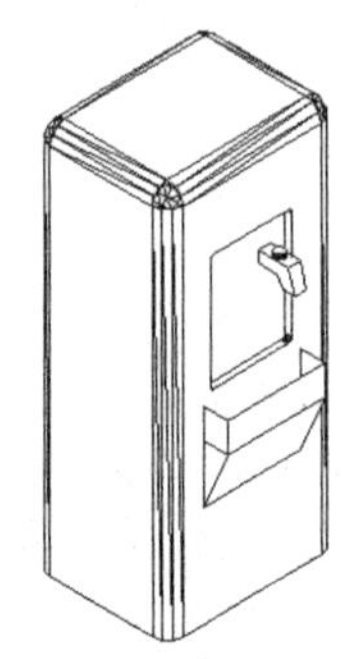

图 6-71　消隐处理后的效果

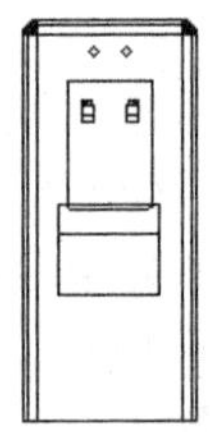

图 6-72　镜像创建指示灯和水龙头

6.8.2　绘制水桶

01 将视图切换到西南等轴测视图，在命令行输入 ISOLINES，设置线密度为 12。

02 单击“三维工具”选项卡“建模”面板中的“圆锥体”按钮，绘制安装水桶的椎体。命令行提示如下：

命令：_CONE
指定底面的中心点或[三点(3P)/两点(2P)/切点、切点、半径(T)/椭圆(E)]：（适当指定一点）
指定底面半径或[直径(D)]：50↙
指定高度或[两点(2P)/轴端点(A)/顶面半径(T)]：T↙
指定顶面半径：100↙
指定高度或 [两点(2P)/轴端点(A)] <1803.8171>：A↙
指定轴端点：@0,64,0↙

03 单击“三维工具”选项卡“实体编辑”面板中的“抽壳”按钮，对绘制的锥体抽壳。命令行提示如下：

命令：_SOLIDEDIT
实体编辑自动检查：SOLIDCHECK=1
输入实体编辑选项 [面(F)/边(E)/体(B)/放弃(U)/退出(X)] <退出>：_body
输入体编辑选项[压印(I)/分割实体(P)/抽壳(S)/清除(L)/检查(C)/放弃(U)/退出(X)] <退出>：_shell
选择三维实体：（选择绘制的圆锥体）
删除面或 [放弃(U)/添加(A)/全部(ALL)]：（选择圆锥体的大端面）
删除面或 [放弃(U)/添加(A)/全部(ALL)]：↙

输入抽壳偏移距离：1↙

已开始实体校验。

已完成实体校验。

输入体编辑选项[压印(I)/分割实体(P)/抽壳(S)/清除(L)/检查(C)/放弃(U)/退出(X)] <退出>：X↙

实体编辑自动检查： SOLIDCHECK=1

输入实体编辑选项 [面(F)/边(E)/体(B)/放弃(U)/退出(X)] <退出>：↙

04 单击“默认”选项卡“修改”面板中的“移动”按钮✣，选择圆锥体作为移动对象，将圆锥体移到饮水机上。以圆锥体的底面圆心为基点，将其移动到点（325,1000，-275）处。如图 6-73 所示。

05 将视图切换到主视图，单击“默认”选项卡“绘图”面板中的“直线”按钮╱，绘制一条垂直于 XY 平面的直线。单击“默认”选项卡“绘图”面板中的“多段线”按钮⊐，绘制一条多段线，如图 6-74 所示。命令行提示如下：

命令：_PLINE

指定起点：（选择竖直直线的上端点为起点）

当前线宽为 0.0000

指定下一个点或 [圆弧(A)/半宽(H)/长度(L)/放弃(U)/宽度(W)]：@140,0↙

指定下一点或 [圆弧(A)/闭合(C)/半宽(H)/长度(L)/放弃(U)/宽度(W)]：@0,-340↙

指定下一点或 [圆弧(A)/闭合(C)/半宽(H)/长度(L)/放弃(U)/宽度(W)]：A↙

指定圆弧的端点(按住 Ctrl 键以切换方向)或[角度(A)/圆心(CE)/闭合(CL)/方向(D)/半宽(H)/直线(L)/半径(R)/第二个点(S)/放弃(U)/宽度(W)]：A↙

指定夹角：-90↙

指定圆弧的端点(按住 Ctrl 键以切换方向)或 [圆心(CE)/半径(R)]：@-55,-60↙

指定圆弧的端点(按住 Ctrl 键以切换方向)或[角度(A)/圆心(CE)/闭合(CL)/方向(D)/半宽(H)/直线(L)/半径(R)/第二个点(S)/放弃(U)/宽度(W)]：L↙

指定下一点或 [圆弧(A)/闭合(C)/半宽(H)/长度(L)/放弃(U)/宽度(W)]：@-60,-60↙

指定下一点或 [圆弧(A)/闭合(C)/半宽(H)/长度(L)/放弃(U)/宽度(W)]：@-25,0↙

指定下一点或 [圆弧(A)/闭合(C)/半宽(H)/长度(L)/放弃(U)/宽度(W)]：C↙

06 选择菜单栏中的“绘图”→“建模”→“网格”→“旋转网格”命令，指定多段线为旋转对象，指定直线为旋转轴对象。指定起点角度为 0º，包含角为 360º，旋转生成水桶，如图 6-75 所示。

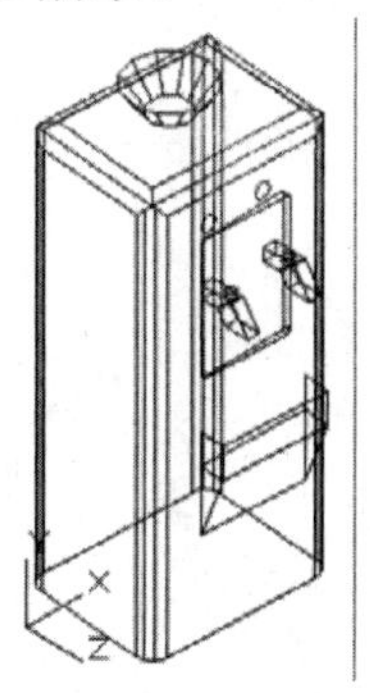

图 6-73　绘制饮水机与水桶的接口

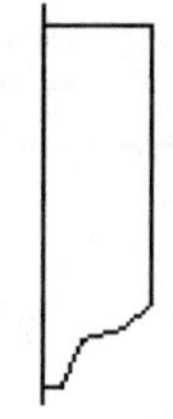

图 6-74　绘制多段线

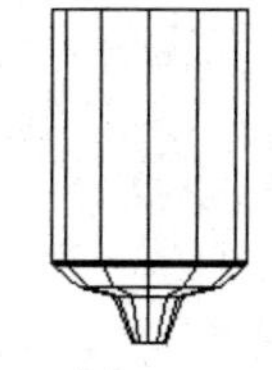

图 6-75　绘制水桶

07 将视图切换到西南等轴测视图，单击“默认”选项卡“修改”面板中的“移动”

按钮✥，选择水桶作为移动对象，选择水桶的下底中点为基点。移动至水桶接口锥面下底中点位置，删除多余的图形。

08 单击“视图”选项卡“视觉样式”面板中的“隐藏”按钮，对实体进行消隐处理，如图 6-76 所示。

09 单击“可视化”选项卡“材质”面板中的“材质浏览器”按钮，系统弹出“材质浏览器”选项板，选择适当的材质赋给饮水机。

10 单击“可视化”选项卡“渲染”面板中的“渲染到尺寸”按钮，进行渲染，绘制完成的饮水机如图 6-53 所示。

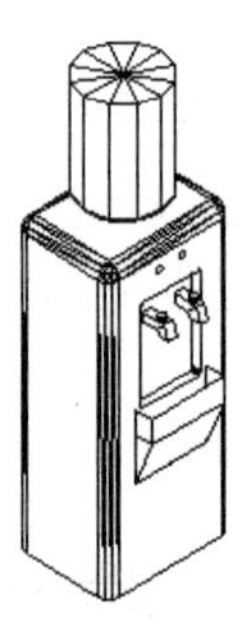

图6-76　消隐处理后的饮水机

第 7 章

电子产品造型设计实例

Auto CAD 不仅适用于机械零件、日常用品的造型设计，还可以对电子产品进行造型设计。本章将主要介绍常用电子产品造型的设计，通过对它们的造型设计，加深对三维绘图方法的认识与了解。

本章介绍的电子产品主要有计算机、闪盘、芯片。

学习要点

- 计算机的绘制
- 闪盘的绘制
- 芯片的绘制

7.1 计算机的绘制

图 7-1 所示的计算机图形的结构是比较复杂的。该例的具体实现过程为：绘制计算机的显示器、绘制计算机的机箱、绘制计算机的键盘。要求对计算机的结构比较熟悉，且能灵活运用三维实体的基本图形的绘制命令和编辑命令。

7.1.1　绘制计算机的显示器

01 单击“可视化”选项卡“命名视图”面板中的“西南等轴测”按钮，单击“三维工具”选项卡“建模”面板中的“圆柱体”按钮，绘制一个圆柱体。命令行提示如下：

命令：_CYLINDER
指定底面的中心点或［三点(3P)/两点(2P)/切点、切点、半径(T)/椭圆(E)］:0，0，0↙
指定底面半径或［直径(D)］：150↙
指定高度或［两点(2P)/轴端点(A)］：30↙

02 单击“三维工具”选项卡“建模”面板中的“圆柱体”按钮，绘制底面中心点在点（0,0,30），半径为 100、高度为 50 的圆柱体。

03 单击“三维工具”选项卡“实体编辑”面板中的“并集”按钮，合并圆柱体。命令行提示如下：

命令：UNION
选择对象：（选择第一步绘制的圆柱体）
选择对象：（选择第二步绘制的圆柱体）
选择对象:↙

04 单击“默认”选项卡“修改”面板中的“圆角”按钮，绘制圆角。命令行提示如下：

命令：_fillet
当前设置：模式 = 修剪，半径 = 0.0000
选择第一个对象或[放弃(U)/多段线(P)/半径(R)/修剪(T)/多个(M)]：（选择第一步绘制的圆柱体的上边）
输入圆角半径：40↙
选择边或［链(C)/半径(R)］：↙

绘制的显示器底座如图 7-2 所示。

05 单击“三维工具”选项卡“建模”面板中的“长方体”按钮，绘制一个长方体。命令行提示如下：

命令：_BOX
指定第一个角点或［中心(C)］：-130,210,80↙
指定其他角点或［立方体(C)/长度(L)］：@260,-300,300↙

06 单击“三维工具”选项卡“建模”面板中的“长方体”按钮，绘制角点分别为（-200,-90,55）和（@400，-160,350）的长方体。

07 单击“默认”选项卡“修改”面板中的“圆角”按钮，绘制圆角。

命令：FILLET
当前设置：模式 = 修剪，半径 = 0.0000

选择第一个对象或[放弃(U)/多段线(P)/半径(R)/修剪(T)/多个(M)]:（选择上一步绘制的长方体后面的一边）↙

输入圆角半径: 40↙

选择边或 [链(C)/半径(R)]:（选择上一步绘制的长方体后面的另一边）↙

选择边或 [链(C)/半径(R)]: （选择上一步绘制的长方体后面的第三边）↙

选择边或 [链(C)/半径(R)]: （选择上一步绘制的长方体后面的第四边）↙

选择边或 [链(C)/半径(R)]: ↙

08 单击“三维工具”选项卡“建模”面板中的“长方体”按钮，绘制一长方体，角点分别为（-160,-250,75）和（@320,10, 310）的长方体。

09 单击“三维工具”选项卡“实体编辑”面板中的“差集”按钮，减去上一步所作的长方体。命令行提示如下：

命令: SUBTRACT↙

选择要从中减去的实体、曲面或面域...

选择对象:（选择第六步绘制的长方体）↙

选择要减去的实体、曲面或面域...

选择对象:（选择第八步绘制的长方体）↙

绘制的显示器如图7-3所示。

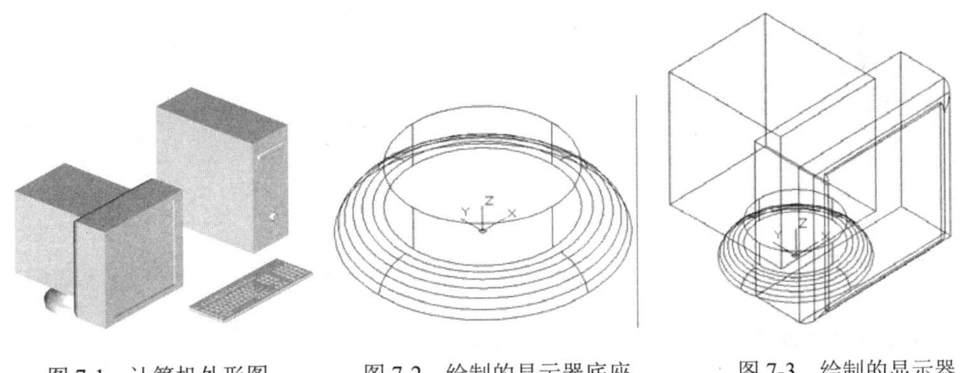

图 7-1 计算机外形图　　图 7-2 绘制的显示器底座　　图 7-3 绘制的显示器

7.1.2 绘制计算机的机箱

01 单击“三维工具”选项卡“建模”面板中的“长方体”按钮，绘制角点分别为（600,210,0）和（@180,-420,400）的长方体。

02 单击“三维工具”选项卡“建模”面板中的“长方体”按钮，绘制角点分别为（625,-210,350）和（@130,-5,-20）的长方体。

03 单击“默认”选项卡“修改”面板中的“圆角”按钮，绘制圆角。

命令: fillet

当前设置: 模式 = 修剪，半径 = 0.0000

选择第一个对象或[放弃(U)/多段线(P)/半径(R)/修剪(T)/多个(M)]:（选择上一步绘制的长方体前面的一边）↙

输入圆角半径: 5↙

选择边或 [链(C)/半径(R)]:（选择上一步绘制的长方体后面的另一边）↙
选择边或 [链(C)/半径(R)]:（选择上一步绘制的长方体后面的第三边）↙
选择边或 [链(C)/半径(R)]:（选择上一步绘制的长方体后面的第四边）↙
选择边或 [链(C)/半径(R)]: ↙

04 用并集命令（UNION）合并第一步与第二步绘制的长方体。

05 用“坐标变换”命令(UCS)变换坐标系。命令行提示如下：

命令: UCS↙
指定 UCS 的原点或 [面(F)/命名(NA)/对象(OB)/上一个(P)/视图(V)/世界(W)/X/Y/Z/Z 轴(ZA)] <世界>: X↙
指定绕 X 轴的旋转角度 <90>:↙

06 单击“三维工具”选项卡“建模”面板中的“圆柱体”按钮，绘制一个底面中心点在（700,100,210）、半径为 15、高度为 10 的圆柱体。

07 单击“默认”选项卡“修改”面板中的“圆角”按钮，绘制圆角。

命令: FILLET
当前设置: 模式 = 修剪，半径 = 5.0000
选择第一个对象或[放弃(U)/多段线(P)/半径(R)/修剪(T)/多个(M)]: （选择上一步绘制的圆柱体外面的边）↙
输入圆角半径 <5.0000>:↙
选择边或 [链(C)/半径(R)]:↙

绘制机箱，如图 7-4 所示。

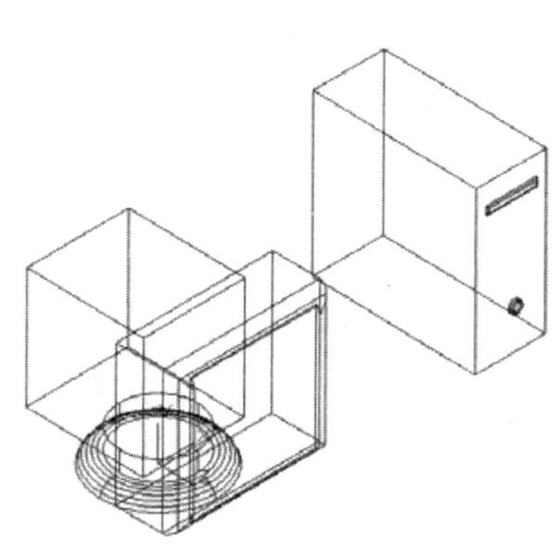

图 7-4 绘制机箱

7.1.3 绘制计算机的键盘

01 用“坐标变换”命令(UCS)变换坐标系。命令行提示如下：

命令: UCS↙
指定 UCS 的原点或 [面(F)/命名(NA)/对象(OB)/上一个(P)/视图(V)/世界(W)/X/Y/Z/Z 轴(ZA)] <世界>: X↙
指定绕 X 轴的旋转角度 <90>:-90↙

02 单击“三维工具”选项卡“建模”面板中的“长方体”按钮，绘制角点分别为（165,-300,0）和（@450,-160,30）的长方体。

03 单击“三维工具”选项卡“建模”面板中的“长方体”按钮，绘制角点分别为（171,-315,30）和（@15,-15,10）的长方体。

绘制一个键，如图 7-5 所示。

04 单击“默认”选项卡“修改”面板中的“复制”按钮，复制上一步绘制的长方体。命令行提示如下：

命令: _COPY
选择对象:(选择上一步绘制的长方体)
选择对象: ↙
指定基点或 [位移(D) 模式(O)] <位移>: 171,-315,30↙
指定第二个点或 [阵列(A)]<使用第一个点作为位移>:@35,0,0↙

指定第二个点或 [阵列(A)] [退出(E)/放弃(U)] 〈退出〉:↙

复制一个键，如图 7-6 所示。

05 选择菜单栏中的“修改”→“三位操作”→“三维阵列”命令，阵列上一步所作的长方体。命令行提示如下：

命令: _3DARRAY

正在初始化...　已加载 3DARRAY。

选择对象: (选择上一步所复制的长方体) ↙

选择对象: ↙

输入阵列类型 [矩形(R)/环形(P)] 〈矩形〉:↙

输入行数 (---) 〈1〉: 1↙

输入列数 (|||) 〈1〉:4↙

输入层数 (...) 〈1〉:↙

指定列间距 (|||): 80↙

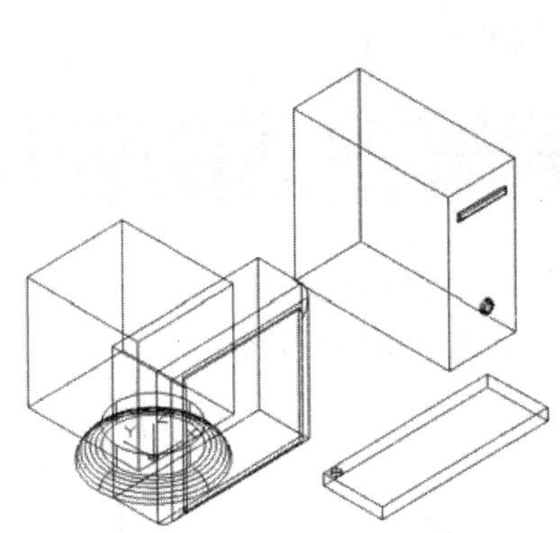

图 7-5　绘制一个键

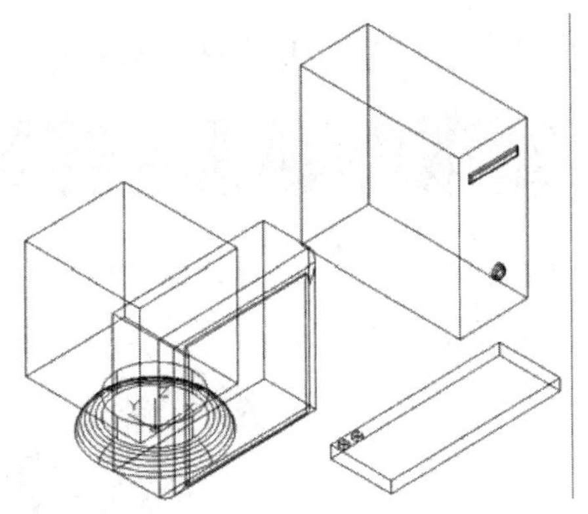

图 7-6　复制一个键

06 选择菜单栏中的“修改”→“三维操作”→“三维阵列”命令，复制阵列上一步形成的 4 个长方体。命令行提示如下：

命令: _3DARRAY

正在初始化...　已加载 3DARRAY。

选择对象: (选择上一步阵列形成的 4 个长方体) ↙

选择对象: ↙

输入阵列类型 [矩形(R)/环形(P)] 〈矩形〉:↙

输入行数 (---) 〈1〉: 1↙

输入列数 (|||) 〈1〉: 4↙

输入层数 (...) 〈1〉:↙

指定列间距 (|||): 15↙

07 删除多余键阵列键，如图 7-7 所示。

08 重复执行“三维阵列”命令 (3DARRAY) 复，阵列键盘上其余的键，完成键盘的绘制，如图 7-8 所示。

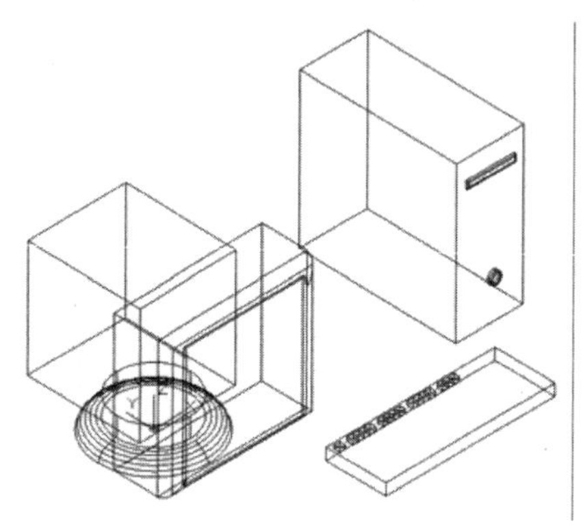

图 7-7　阵列键后的图形

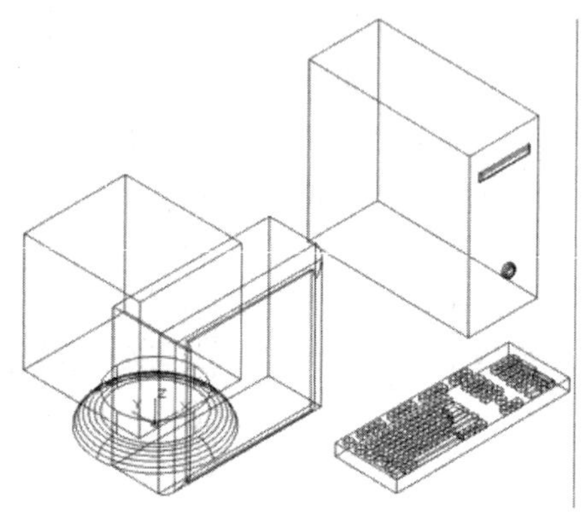

图 7-8　绘制键盘

7.1.4　渲染

用“渲染”命令（RENDER）渲染图形，最终结果如图 7-1 所示。

7.2　闪盘的绘制

图 7-9 所示的闪盘具体实现过程为：绘制闪盘主体、绘制闪盘盖、对绘制好的实体进行颜色处理。要求能灵活运用三维实体的基本图形的绘制命令和编辑命令。

图 7-9　闪盘

7.2.1　绘制闪盘的主体

01 转换视图。单击“可视化”选项卡“命名视图”面板中的“西南等轴测”按钮。

02 单击“三维工具”选项卡“建模”面板中的“长方体”按钮，以原点为角点，绘制长度为 50、宽度为 20、高度为 9 的长方体。

03 单击“默认”选项卡“修改”面板中的“圆角”按钮，绘制圆角，圆角半径为 3，如图 7-10 所示。

04 单击“三维工具”选项卡“建模”面板中的“长方体”按钮，以（50,1.5,1）为角点，绘制长度为 3、宽度为 17、高度为 7 的长方体。

05 单击“三维工具”选项卡“实体编辑”面板中的“并集”按钮，将上面绘制的两个长方体合并在一起。

06 单击“三维工具”选项卡“实体编辑”面板中的“剖切”按钮，对合并后的实体进行剖切。命令行提示如下：

命令: _SLICE
选择要剖切的对象: (选择合并的实体)
选择要剖切的对象: ↙
指定 切面 的起点或 [平面对象(O)/曲面(S)/Z 轴(Z)/视图(V)/XY/YZ/ZX/三点(3)] <三点>: XY↙
指定 XY 平面上的点 <0,0,0>: 0,0,4.5↙
在要保留的一侧指定点或 [保留两侧(B)]: B↙

此时窗口图形如图 7-11 所示。

07 单击“三维工具”选项卡“建模”面板中的“长方体”按钮，绘制长度为 12、宽度为 13、高度为 4 的长方体。

08 改变视图方向。单击“可视化”选项卡“命名视图”面板中的“东南等轴测”按钮。

09 对 **07** 步绘制的长方体进行抽壳。单击“三维工具”选项卡“实体编辑”面板中的“抽壳”按钮，根据 AutoCAD 命令行提示完成抽壳操作。命令行提示如下：

命令: _SOLIDEDIT
实体编辑自动检查: SOLIDCHECK=1
输入实体编辑选项 [面(F)/边(E)/体(B)/放弃(U)/退出(X)] <退出>: _body
输入体编辑选项[压印(I)/分割实体(P)/抽壳(S)/清除(L)/检查(C)/放弃(U)/退出(X)] <退出>: _shell
选择三维实体: (选择第 7 步绘制的长方体)
删除面或 [放弃(U)/添加(A)/全部(ALL)]: (选择长方体的右顶面作为删除面)
删除面或 [放弃(U)/添加(A)/全部(ALL)]: ↙
输入抽壳偏移距离: 0.5↙
已开始实体校验。
已完成实体校验。
输入体编辑选项[压印(I)/分割实体(P)/抽壳(S)/清除(L)/检查(C)/放弃(U)/退出(X)] <退出>:X↙
实体编辑自动检查: SOLIDCHECK=1
输入实体编辑选项 [面(F)/边(E)/体(B)/放弃(U)/退出(X)] <退出>: X↙

抽壳后的实体如图 7-12 所示。

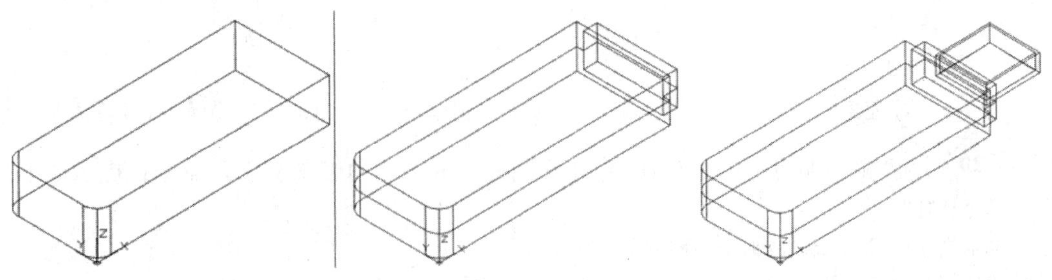

图 7-10 圆角后的长方体　　图 7-11 剖切后的实体　　图 7-12 抽壳后的实体

10 单击“三维工具”选项卡“建模”面板中的“长方体”按钮，以（60,7,4.5）为中心点，绘制长度为 2、宽度为 2.5、高度为 10 的长方体。

11 单击“默认”选项卡“修改”面板中的“复制”按钮，对 **09** 步绘制的长方体从点（60,7,4.5）处复制到点(@0,6,0)处。

12 单击“三维工具”选项卡“实体编辑”面板中的“差集”按钮，将 **09** 步和 **10** 步的两个长方体从抽壳后的实体中减去，如图 7-13 所示。

13 单击“三维工具”选项卡“建模”面板中的“长方体”按钮，以（53.5,4.5,3）为角点，绘制长度为 12.5、宽度为 11、高度为 1.5 的长方体。

14 改变视图方向。单击“视图”选项卡“导航”面板上的“动态观察”下拉菜单中的“自由动态观察”按钮，将实体调整到易于观察的角度。

15 单击“视图”选项卡“视觉样式”面板中的“隐藏”按钮，对实体进行消隐处理，如图 7-14 所示。

16 改变视图方向。单击“可视化”选项卡“命名视图”面板中的“西南等轴测”按钮。

17 单击“三维工具”选项卡“建模”面板中的“圆柱体”按钮，绘制一个椭圆柱体。命令行提示如下：

```
命令: _CYLINDER
指定底面的中心点或 [三点(3P)/两点(2P)/切点、切点、半径(T)/椭圆(E)]: E↙
指定第一个轴的端点或 [中心(C)]: C↙
指定中心点: 25,10,8↙
指定到第一个轴的距离: @0,15,0↙
指定第二个轴的端点: 8↙
指定高度或 [两点(2P)/轴端点(A)]: 2↙
```

18 单击“默认”选项卡“修改”面板中的“圆角”按钮，对椭圆柱体的上表面进行圆角操作，圆角半径为 1。

19 单击“视图”选项卡“视觉样式”面板中的“隐藏”按钮，对实体进行消隐处理，如图 7-15 所示。

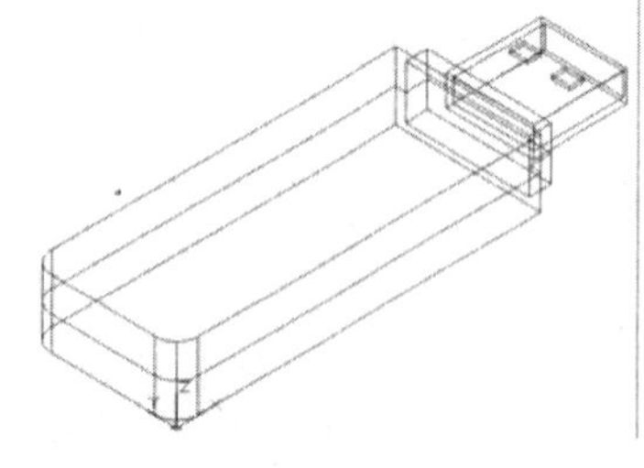

图 7-13　求差集后的实体

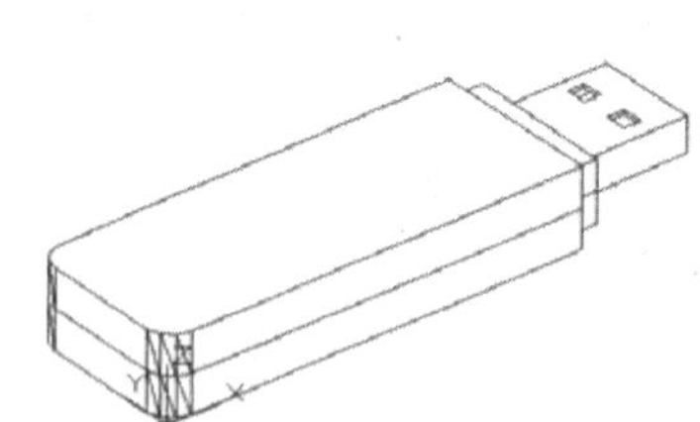

图 7-14　旋转并消隐处理

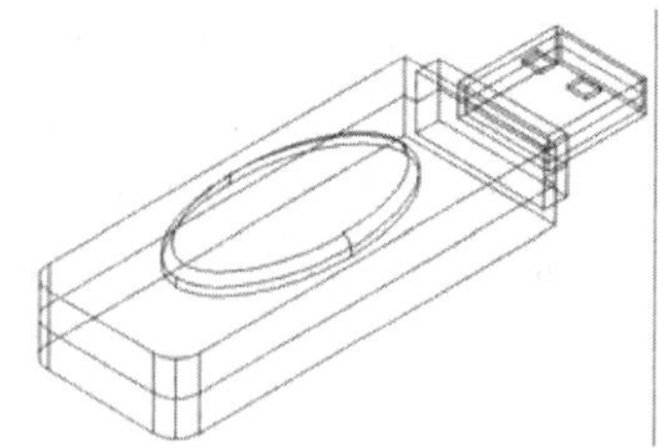

图 7-15　圆角后的椭圆柱体

20 用“文字编辑”命令(MTEXT)在椭圆柱体的上表面编辑文字。命令行提示如下：

```
命令:MTEXT↙
当前文字样式:"Standard"  当前文字高度:2.5
指定第一角点: 15,20,10↙
指定对角点或 [高度(H)/对正(J)/行距(L)/旋转(R)/样式(S)/宽度(W)]: 40,-16↙
```

AutoCAD2022 弹出“文字编辑”对话框，其中“闪盘”的字体是宋体，文字高度是 2.5，“V.128M”的字体是 TXT ，文字高度是 1.5。

21 改变视图方向。单击“可视化”选项卡“命名视图”面板中的“俯视”按钮。

22 单击“视图”选项卡“视觉样式”面板中的“隐藏”按钮，对实体进行消隐处理，如图 7-16 所示。

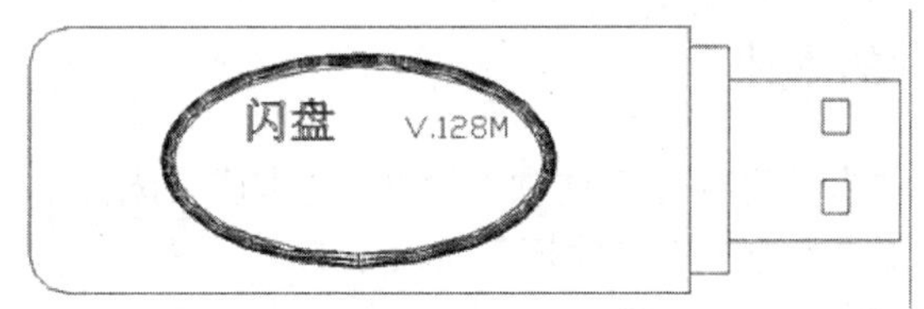

图7-16 闪盘俯视图

7.2.2 绘制闪盘盖

01 改变视图方向。单击“可视化”选项卡“命名视图”面板中的“西南等轴测”按钮。

02 用“坐标系”命令（UCS）创建新的坐标系。命令行提示如下：

命令:UCS↙

当前 UCS 名称: *俯视*

指定 UCS 的原点或 [面(F)/命名(NA)/对象(OB)/上一个(P)/视图(V)/世界(W)/X/Y/Z/Z 轴(ZA)] <世界>: 80,30,0↙

指定 X 轴上的点或 <接受>:↙

03 单击“三维工具”选项卡“建模”面板中的“长方体”按钮，绘制一个长度为20、宽度为20、高度为9的长方体。

04 单击“默认”选项卡“修改”面板中的“圆角”按钮，对 03 步绘制的长方体进行圆角，圆角半径为2.5。

05 单击“三维工具”选项卡“实体编辑”面板中的“抽壳”按钮，对圆角后的长方体再进行抽壳，删除面为长方体的前顶面，抽壳距离为1。

06 单击“视图”选项卡“视觉样式”面板中的“隐藏”按钮，对实体进行消隐处理，如图7-17所示。

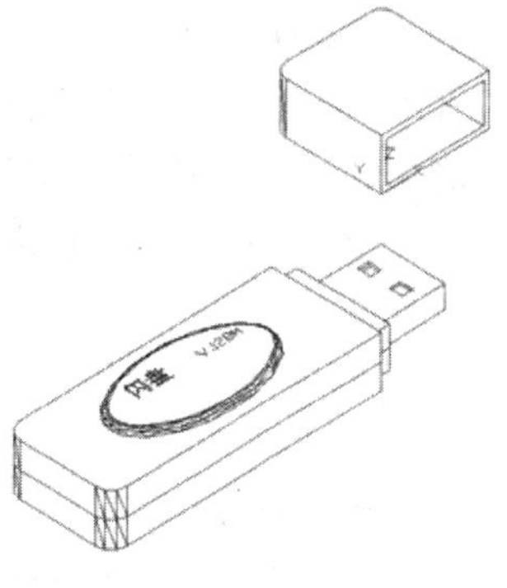

图7-17 绘制闪盘盖

7.2.3 颜色处理

01 对闪盘的不同部分着上不同的颜色。单击“实体编辑”工具栏的“着色面”，根据AutoCAD的提示完成对面的着色操作。

02 用“渲染”命令（RENDER）渲染全部实体。

03 改变视图方向。单击“可视化”选项卡“命名视图”面板中的“东南等轴测”按钮，完成闪盘的绘制如图7-9所示。

7.3 芯片的绘制

图 7-18 所示的芯片的结构简单。该例的具体实现过程为：绘制芯片的本体、绘制芯片的文字。要求能灵活运用三维表面模型的基本图形的绘制命令和编辑命令。

7.3.1 绘制芯片的本体

01 改变视图。单击“可视化”选项卡“命名视图”面板中的“西南等轴测”按钮。

02 单击“三维工具”选项卡“建模”面板中的“长方体”按钮，绘制一个长方体。命令行提示如下：

命令：_BOX
指定第一个角点或[中心(C)]：0，0，0↙
指定其他角点或[立方体(C)/长度(L)]:L
指定长度：100↙
指定宽度：60↙
指定高度或[两点(2P)]：30

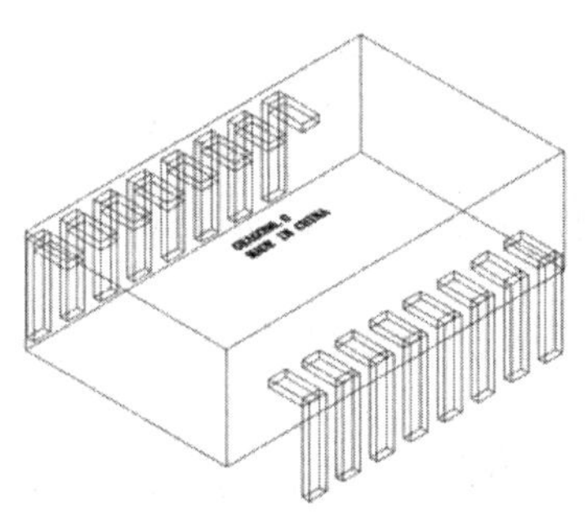

图 7-18 芯片

03 单击“三维工具”选项卡“建模”面板中的“长方体”按钮，以（12.5,-10,14）为角点，绘制一个长度为 5、宽度为 10、高度为 2 的长方体。

04 单击“三维工具”选项卡“建模”面板中的“长方体”按钮，以（12.5,-12,-9）为角点，绘制一个长度为 5、宽度为 2、高度为 25 的长方体，如图 7-19 所示。

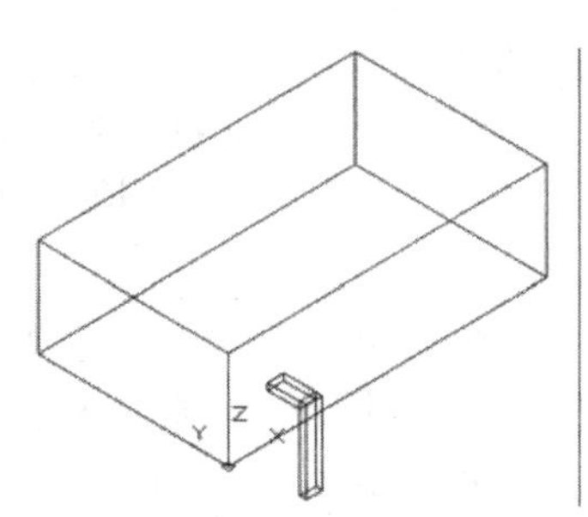

图7-19 绘制长方体

05 选择菜单栏中的“修改”→“三位操作”→“三维阵列”命令，阵列步骤 **03** 和 **04** 所绘制的长方体，如图 7-20 所示。命令行提示如下：

命令：_3DARRAY
正在初始化... 已加载 3DARRAY。
选择对象：（选择第三步和第四步所绘制的长方体表面）↙
选择对象：↙
输入阵列类型 [矩形(R)/环形(P)] <矩形>:↙
输入行数 (---) <1>:↙
输入列数 (|||) <1>：8↙
输入层数 (...) <1>:↙
指定列间距 (|||)：10↙

06 选择菜单栏中的“修改”→“三维操作”→“三维镜像”命令，镜像上一步阵列的 8 个长方体，如图 7-21 所示。命令行提示如下：

命令：_MIRROR3D
选择对象：（依次选择上一步所阵列的 8 个长方体）↙
选择对象：↙
指定镜像平面 (三点) 的第一个点或[对象(O)/最近的(L)/Z 轴(Z)/视图(V)/XY 平面(XY)/YZ 平面(YZ)/ZX 平面(ZX)/三点(3)] <三点>：0,30,0↙
在镜像平面上指定第二点：0,30,30↙
在镜像平面上指定第三点：100,30,30↙
是否删除源对象？[是(Y)/否(N)] <否>:↙

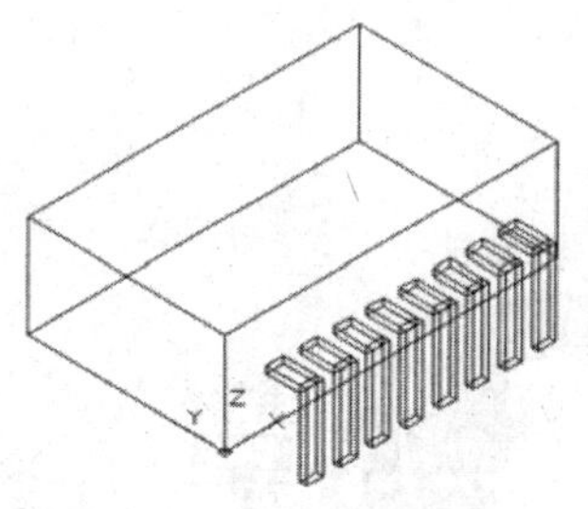

图7-20　三维阵列操作后的图形

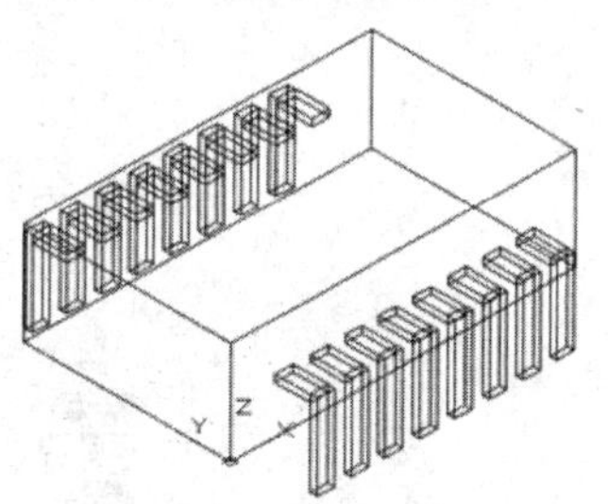

图7-21　三维镜像操作

7.3.2　绘制芯片的文字

01 单击“默认”选项卡“注释”面板中的“多行文字”按钮A，在芯片的表面上写文字。命令行提示如下：

命令：_MTEXT

当前文字样式："Standard"　文字高度：2.5　注释性：否

指定第一角点：0,60,30↙

指定对角点或 [高度(H)/对正(J)/行距(L)/旋转(R)/样式(S)/宽度(W)]：100,30↙

输入后弹出如图 7-22 所示的选项卡，按图 7-22 所示进行设置。按 Enter 键结束，结果如图 7-23 所示。

02 用“移动”命令（MOVE）把上一步输入的文字移动到合适的位置。最后结果如图 7-18 所示。

图 7-22　“文字编辑器”选项卡

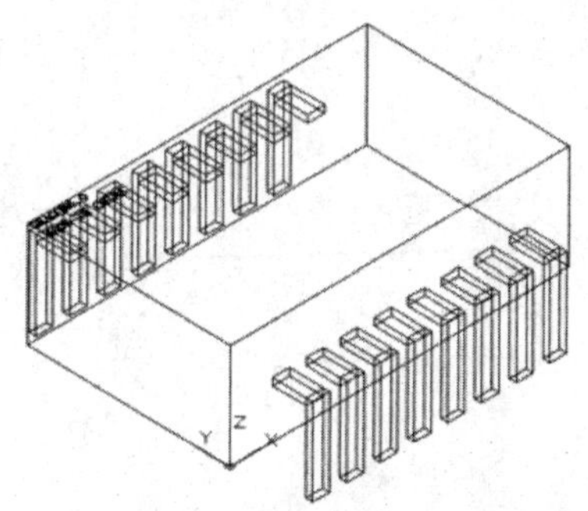

图 7-23　输入多行文字

第 8 章

机械零件造型设计实例

Auto CAD 的平面绘图功能在机械零件的造型设计中得到了广泛的应用，而且三维绘图功能对于常用零件的三维造型设计更加有用。本章将详细介绍一些常用机械零件，如齿轮、带轮、轴、六角螺母、壳体的绘制方法与技巧。

- 带轮的设计
- 轴、六角螺母、壳体的绘制

8.1 带轮的绘制

图 8-1 所示的带轮除了有比较规则的实体部分外，还有不规则的部分，如弧形孔。通过绘制图 8-1 的带轮，应该学会创建复杂实体的思路，如何从简单到复杂，如何从规则图形到不规则图形。本例可通过如下几步实现：①绘制截面轮廓线；②绘制轮毂；③绘制弧形孔。

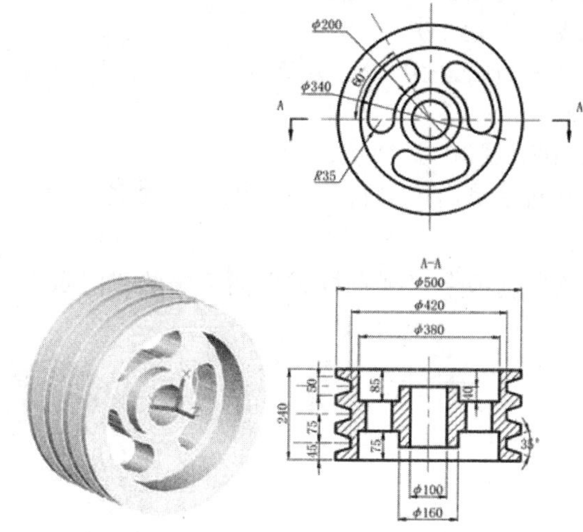

图 8-1　带轮

8.1.1　绘制带轮截面

01 单击“默认”选项卡“绘图”面板中的“多段线”按钮，绘制带轮截面，如图 8-2 所示。命令行提示如下：

命令：PLINE
指定起点：0,0↙
当前线宽为 0.0000
指定下一个点或 [圆弧(A)/半宽(H)/长度(L)/放弃(U)/宽度(W)]：0,240↙
指定下一点或 [圆弧(A)/闭合(C)/半宽(H)/长度(L)/放弃(U)/宽度(W)]：250,240↙
指定下一点或 [圆弧(A)/闭合(C)/半宽(H)/长度(L)/放弃(U)/宽度(W)]：250,220↙
指定下一点或 [圆弧(A)/闭合(C)/半宽(H)/长度(L)/放弃(U)/宽度(W)]：210,207.5↙
指定下一点或 [圆弧(A)/闭合(C)/半宽(H)/长度(L)/放弃(U)/宽度(W)]：210,182.5↙
指定下一点或 [圆弧(A)/闭合(C)/半宽(H)/长度(L)/放弃(U)/宽度(W)]：250,170↙
指定下一点或 [圆弧(A)/闭合(C)/半宽(H)/长度(L)/放弃(U)/宽度(W)]：250,145↙
指定下一点或 [圆弧(A)/闭合(C)/半宽(H)/长度(L)/放弃(U)/宽度(W)]：210,132.5↙
指定下一点或 [圆弧(A)/闭合(C)/半宽(H)/长度(L)/放弃(U)/宽度(W)]：210,107.5↙
指定下一点或 [圆弧(A)/闭合(C)/半宽(H)/长度(L)/放弃(U)/宽度(W)]：250,95↙
指定下一点或 [圆弧(A)/闭合(C)/半宽(H)/长度(L)/放弃(U)/宽度(W)]：250,70↙
指定下一点或 [圆弧(A)/闭合(C)/半宽(H)/长度(L)/放弃(U)/宽度(W)]：210,57.5↙
指定下一点或 [圆弧(A)/闭合(C)/半宽(H)/长度(L)/放弃(U)/宽度(W)]：210,32.5↙

指定下一点或 [圆弧(A)/闭合(C)/半宽(H)/长度(L)/放弃(U)/宽度(W)]：250,20↙
指定下一点或 [圆弧(A)/闭合(C)/半宽(H)/长度(L)/放弃(U)/宽度(W)]：250,0↙
指定下一点或 [圆弧(A)/闭合(C)/半宽(H)/长度(L)/放弃(U)/宽度(W)]：C↙

02 单击“三维工具”选项卡“建模”面板中的“旋转”按钮，旋转带轮截面，命令行提示如下：

命令：_REVOLVE
当前线框密度：ISOLINES=4，闭合轮廓创建模式=实体
选择要旋转的对象或[模式（MO）]：(选择截面)
选择要旋转的对象或[模式（MO）]：↙
指定轴起点或根据以下选项之一定义轴 [对象(O)/X/Y/Z] <对象>：0，0↙
指定轴端点：0,240↙
指定旋转角度或 [起点角度(ST)] <360>：↙

03 改变视图方向。单击“可视化”选项卡“命名视图”面板中的“西南等轴测”按钮。

04 单击“视图”选项卡“视觉样式”面板中的“隐藏”按钮，对实体进行消隐处理，如图 8-3 所示。

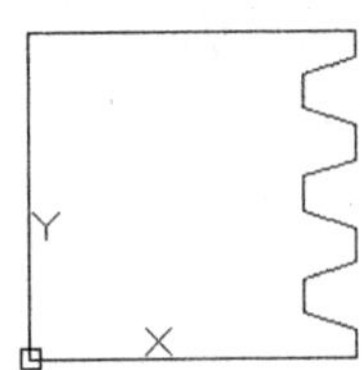

图 8-2　绘制带轮截面

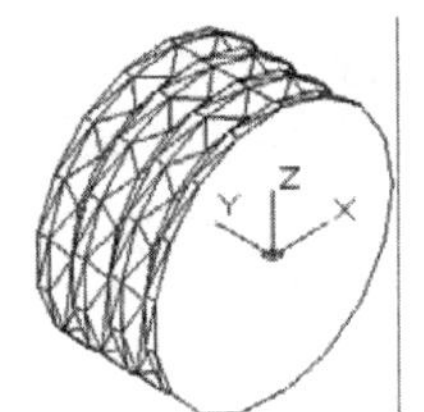

图 8-3　旋转后的带轮

8.1.2　绘制轮毂

01 执行命令 UCS，设置新的坐标系。命令行提示如下：

命令：UCS↙
当前 UCS 名称：*世界*
指定 UCS 的原点或 [面(F)/命名(NA)/对象(OB)/上一个(P)/视图(V)/世界(W)/X/Y/Z/Z 轴(ZA)] <世界>：X↙
指定绕 X 轴的旋转角度<90>：↙

02 单击“默认”选项卡“绘图”面板中的“圆”按钮，绘制一个圆心在原点、半径为 190 的圆。

03 单击“默认”选项卡“绘图”面板中的“圆”按钮，绘制一个圆心在(0,0,-250)、半径为 190 的圆。

04 单击“默认”选项卡“绘图”面板中的“圆”按钮，绘制一个圆心在(0,0,-45)、半径为 50 的圆。

05 单击“默认”选项卡“绘图”面板中的“圆”按钮，绘制一个圆心在(0,0,-45)、半径为 80 的圆，如图 8-4 所示。

06 单击“三维工具”选项卡“建模”面板中的“拉伸”按钮，拉伸绘制好的圆，

命令行提示如下：

命令：_EXTRUDE

当前线框密度： ISOLINES=4，闭合轮廓创建模式=实体

选择要拉伸的对象或[模式（MO）]：(选择离原点较远的半径为 190 的圆)

选择要拉伸的对象或[模式（MO）]：↙

指定拉伸的高度或 [方向(D)/路径(P)/倾斜角(T)/表达式（E）]：-85↙

单击“三维工具”选项卡“建模”面板中的“拉伸”按钮，将离原点较远的半径为 190 的圆拉伸，高度为 85。将半径为 50 和 80 的圆拉伸，高度为-160，如图 8-5 所示。

07 对拉伸后的实体进行布尔运算。单击“三维工具”选项卡“实体编辑”面板中的“差集”按钮，从带轮主体中减去半径为 190 的圆经拉伸后得到的实体。命令行提示如下：

命令：_SUBTRACT

选择要从中减去的实体、曲面或面域

选择对象：（选择带轮主体）

选择对象：↙

选择要减去的实体、曲面或面域...

选择对象：（选择由半径为 190 的圆拉伸后所得的两个实体）

选择对象：↙

单击“三维工具”选项卡“实体编辑”面板中的“并集”按钮，对带轮主体与半径为 80 的圆经拉伸后得到的的实体进行并集计算，单击“三维工具”选项卡“实体编辑”面板中的“差集”按钮，从带轮主体中减去半径为 50 的圆经拉伸后得到的实体。

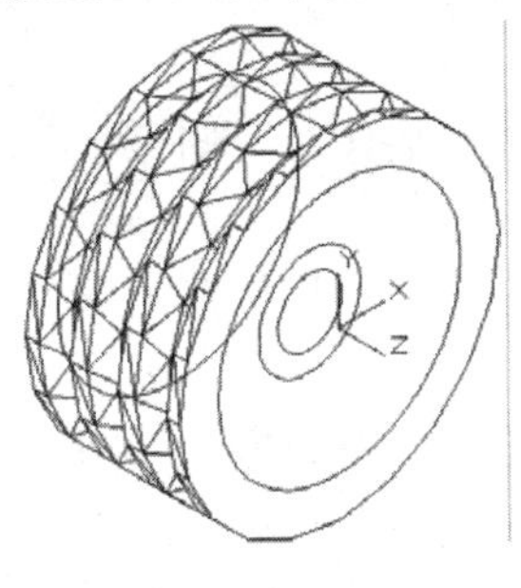

图 8-4 绘制圆

图 8-5 拉伸后的实体

8.1.3 绘制孔

01 改变视图的观察方向。在菜单栏中选择“视图”→“三维视图”→“平面视图”→“当前 UCS”。

02 单击“默认”选项卡“绘图”面板中的“圆”按钮，绘制 3 个圆心在原点，半径分别为 170、100 和 135 的圆。

03 单击“默认”选项卡“绘图”面板中的“圆”按钮，绘制 1 个圆心在（135，0)、半径为 35 的圆。

04 单击“默认”选项卡“修改”面板中的“复制”按钮，复制半径为 35 的圆，并将它放在原点。

05 单击“默认”选项卡“修改”面板中的“移动”按钮，移动半径为 35 的圆，移

动位移为@135<60。

06 单击“默认”选项卡“修改”面板中的“修剪”按钮，修剪线段，并删除多余的线段，如图 8-6 所示。

07 单击“默认”选项卡“修改”面板中的“编辑多段线”按钮，将弧形孔的边界编辑成一条封闭的多段线。

08 单击“默认”选项卡“修改”面板中的“环形阵列”按钮，阵列弧形面。中心点：(0，0)，项目总数为 3，如图 8-7 所示。

09 单击“三维工具”选项卡“建模”面板中的“拉伸”按钮，拉伸绘制的 3 个弧形面，拉伸高度为-240。

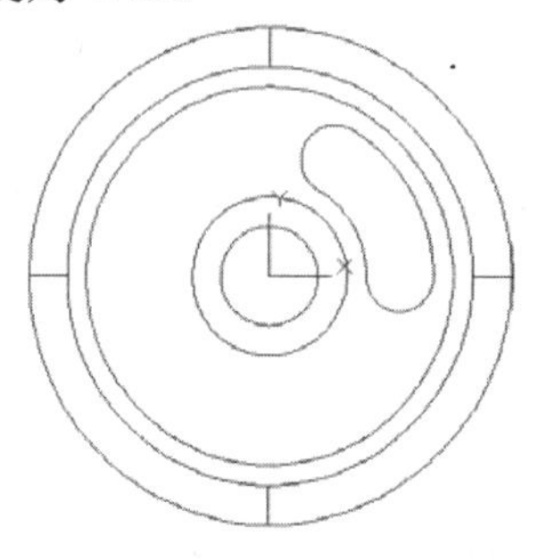

图 8-6　绘制弧形的边界

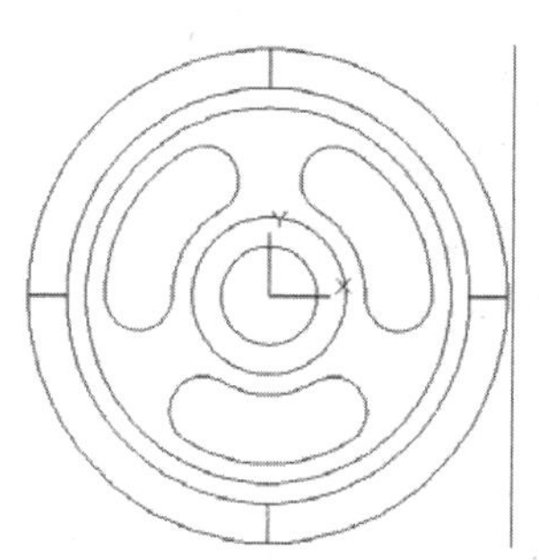

图 8-7　阵列弧形面

10 改变视图的观察方向。单击“可视化”选项卡“命名视图”面板中的“西南等轴测”按钮。

11 对实体进行带边框的体着色。单击“三维工具”选项卡“实体编辑”面板中的“着色面”按钮，如图 8-8 所示。

12 单击“三维工具”选项卡“实体编辑”面板中的“差集”按钮，将 3 个弧形实体从带轮实体中减去。

13 为便于观看，用“三维动态观察器”将带轮旋转一个角度，如图 8-9 所示。

图 8-8　着色后的带轮

图 8-9　差集运算后的带轮

8.2 轴的绘制

本例制作的轴如图 8-10 所示。本例主要应用了圆柱体绘制实体的方法，介绍了螺纹的绘制方法。本例的设计思路：先创建轴的实体，以及孔和螺纹，利用布尔运算减去孔，与螺纹进行并集运算。

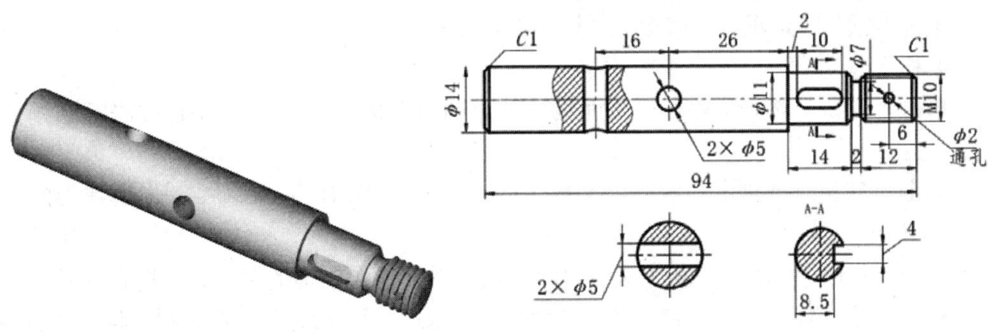

图 8-10 轴

8.2.1 绘制轴的主体

01 启动系统。启动 AutoCAD 2022，使用默认设置的绘图环境。

02 设置线框密度。在命令行中输入 ISOLINES，设置线框密度为 10。

03 设置用户坐标系。在命令行中输入 UCS，将坐标系统绕 X 轴旋转 90°。

04 创建外形圆柱。单击“三维工具”选项卡“建模”面板中的“圆柱体”按钮，以坐标原点为底面中心点，创建直径为 14、高度为 66 的圆柱体；接着该圆柱体依次创建直径为 11 和高度为 14、直径为 7.5 和高度为 2、直径为 10 和高度为 12 的圆柱体。

05 并集运算。单击“三维工具”选项卡“实体编辑”面板中的“并集”按钮，对创建的圆柱进行并集运算。单击“视图”选项卡“视觉样式”面板中的“隐藏”按钮，进行消隐处理，如图 8-11 所示。

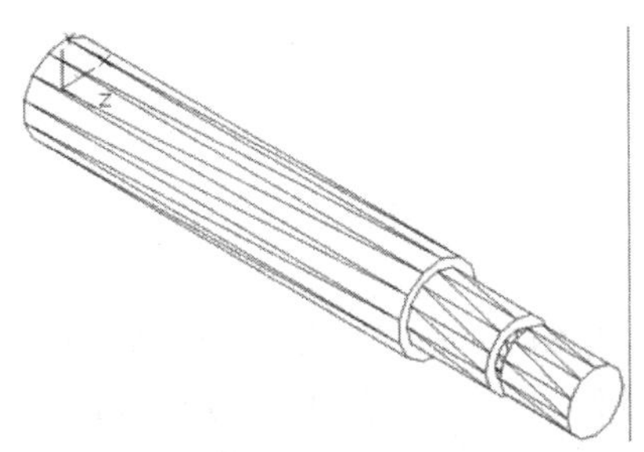

图 8-11 创建外形圆柱

8.2.2 绘制键槽和孔

01 创建内形圆柱。切换到左视图，单击“视图”选项卡“视觉样式”面板中的“隐藏”按钮，进行消隐处理，创建内形圆柱。单击“三维工具”选项卡“建模”面板中的“圆柱体”按钮，以点（40，0）为底面中心点，创建直径为 5、高度为 7 的圆柱体；以点（88，0）为底面中心点，创建直径为 2、高度为 5 的圆柱体。

02 绘制二维图形，并创建为面域。

单击“默认”选项卡“绘图”面板中的“直线”按钮，绘制从点（70，0）到点（@6，0）的直线。

单击“默认”选项卡“修改”面板中的“偏移”按钮⊆，将上一步绘制的直线分别向上、向下偏移2。

单击“默认”选项卡“修改”面板中的“圆角”按钮⌒，对两条直线进行圆角操作，圆角半径为2。

单击“默认”选项卡“绘图”面板中的“面域”按钮◎，将二维图形创建为面域。如图8-12所示。

03 镜像圆柱体。切换视图到西南等轴测图，镜像创建的圆柱体。选择菜单栏中的“修改”→“三维操作”→“三维镜像”命令，对直径为5及直径为2的圆柱体以当前XY面为镜像面，进行镜像操作。

04 拉伸面域。单击“三维工具”选项卡“建模”面板中的“拉伸”按钮，将创建的面域拉伸2.5。

05 移动拉伸实体。单击“默认”选项卡“修改”面板中的“移动”按钮✥，将拉伸实体移动到点（@0,0,3）。

06 差集运算。单击“三维工具”选项卡“实体编辑”面板中的“差集”按钮，对外形圆柱与内形圆柱及拉伸实体进行差集运算，如图8-13所示。

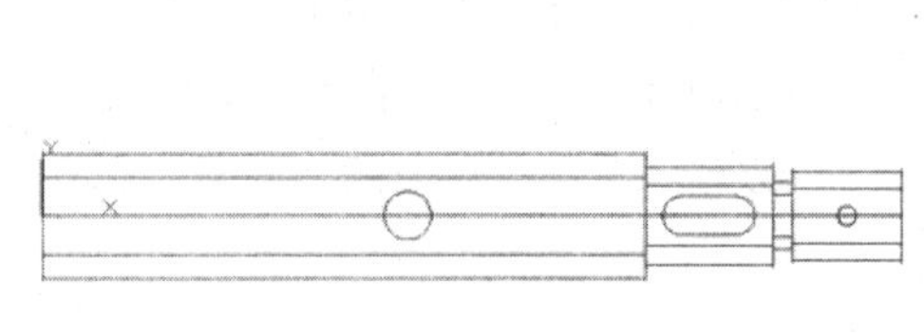

图8-12　创建面域

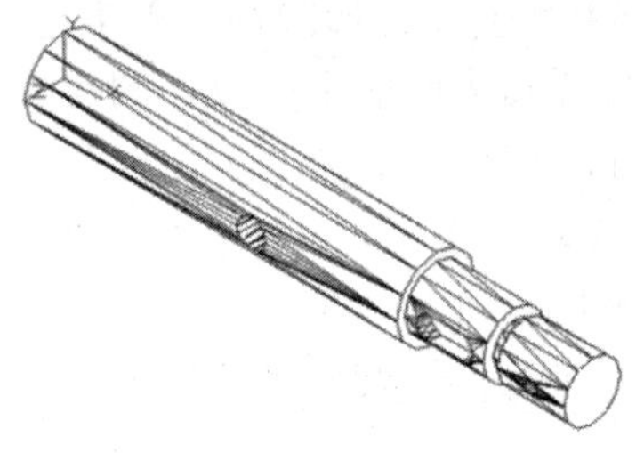

图8-13　差集后的实体

8.2.3　绘制螺纹

01 创建螺纹截面。将视图切换到左视图，单击“默认”选项卡“绘图”面板中的“多边形”按钮⬠，在实体旁边绘制一个正三角形，其边长为1.5。

单击“默认”选项卡“绘图”面板中的“构造线”按钮，过正三角形底边绘制水平辅助线。

单击“默认”选项卡“修改”面板中的“偏移”按钮⊆，将水平辅助线向上偏移5。

创建螺纹截面及辅助线，如图8-14所示。

02 旋转螺纹截面。单击“三维工具”选项卡“建模”面板中的“旋转”按钮，以偏移后的水平辅助线为旋转轴，选择螺纹截面，将其旋转360°。

03 删除辅助线。

04 阵列旋转实体，创建螺纹。选择菜单栏中的“修改”→“三维操作”→“三维阵列”命令，将旋转形成的实体进行1行、8列的矩形阵列，列间距为1.5，结果如图8-15所示。

05 并集运算。单击“三维工具”选项卡“实体编辑”面板中的“并集”按钮，对螺纹进行并集运算，并移动螺纹。单击“默认”选项卡“修改”面板中的“移动”按钮✥，以螺纹右端面圆心为基点，将其移动到轴右端圆心处，如图 8-16 所示。

图 8-14　创建螺纹截面及辅助线　　图 8-15　创建螺纹

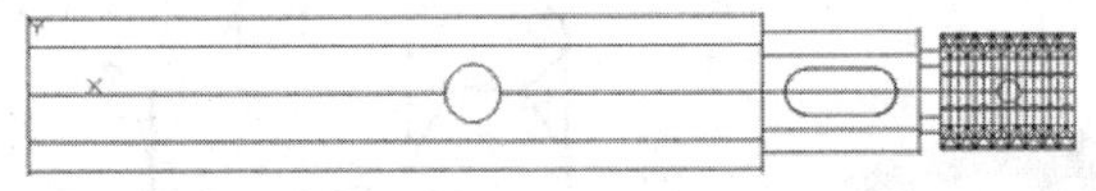

图 8-16　移动螺纹

06 差集运算。切换视图到西南等轴测视图。单击“三维工具”选项卡“实体编辑”面板中的“差集”按钮，对轴与螺纹进行差集运算，如图 8-17 所示。

07 执行 UCS 命令，将坐标系统 X 轴旋转-90°。

08 创建圆柱体。单击“三维工具”选项卡“建模”面板中的“圆柱体”按钮，以点（24，0，0）为底面中心点，创建直径为 5、高度为 7 的圆柱体。

09 镜像圆柱体。选择菜单栏中的“修改”→“三维操作”→“三维镜像”命令，将上一步绘制的圆柱体以当前 XY 面为镜像面，进行镜像操作，如图 8-18 所示。

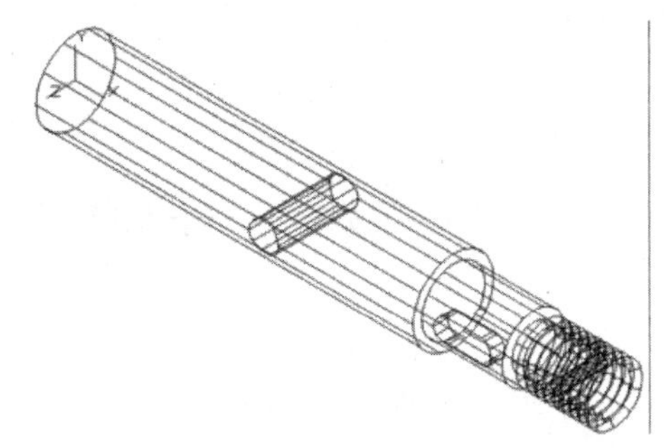

图 8-17　差集运算后的实体

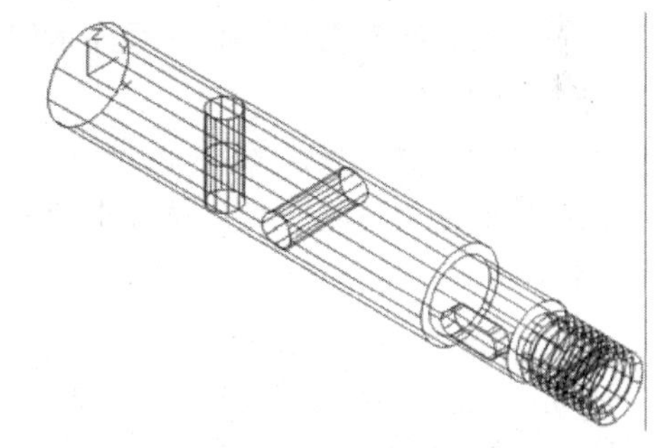

图 8-18　镜像圆柱体

8.2.4　倒角和渲染

01 倒角操作。单击“三维工具”选项卡“实体编辑”面板中的“差集”按钮，将轴与镜像的圆柱体进行差集运算，对轴倒角。单击“默认”选项卡“修改”面板中的“倒角”按钮，对左轴端及直径为 11、10 的轴径进行倒角操作，倒角距离为 1。利用“隐藏”命令对宋体进行消隐处理，如图 8-19 所示。

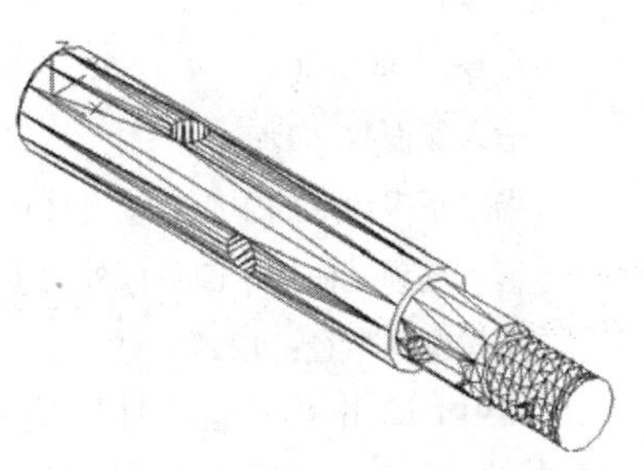

图 8-19　消隐处理后的实体

02 渲染处理。单击“可视化”选项卡“材质”面板中的“材质浏览器”按钮，为实现赋予适当的材质对。单击“可视化”选项卡“渲染”面板中的“渲染到尺寸”按钮，渲染宋体。

8.3 六角螺母的绘制

本例绘制六角螺母，如图 8-20 所示。本例的设计思路：首先建立六角螺母的主体外形部分和螺纹部分的实体，通过布尔运算中的差集运算，从主体外形部分中减去螺纹实体。

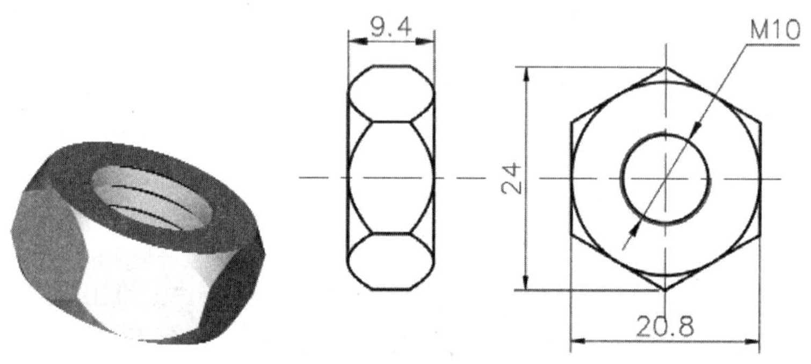

图8-20　六角螺母

8.3.1　绘制螺母外形

01 启动系统。启动 AutoCAD 2022，使用默认设置的绘图环境。

02 设置线框密度。命令行提示如下：

命令：ISOLINES↙

输入 ISOLINES 的新值 〈4〉：10↙

03 单击“三维工具”选项卡“建模”面板中的“圆锥体”按钮，创建圆锥体。命令行提示如下：

命令：CONE

指定底面的中心点或 [三点(3P)/两点(2P)/切点、切点、半径(T)/椭圆(E)]：0,0,0↙

指定底面半径或 [直径(D)]：12↙

指定高度或 [两点(2P)/轴端点(A)/顶面半径(T)]：20↙

切换视图为西南等轴测视图，如图 8-21 所示。

04 单击“默认”选项卡“绘图”面板中的“多边形”按钮，绘制正六边形。命令行提示如下：

命令：_POLYGON

输入侧面数 〈4〉：6↙

指定正多边形的中心点或 [边(E)]：_cen （捕捉圆锥圆心）

输入选项 [内接于圆(I)/外切于圆(C)] 〈I〉：↙

指定圆的半径：12↙

05 单击“三维工具”选项卡“建模”面板中的“拉伸”按钮，拉伸正六边形，如图 8-22 所示。命令行提示如下：

命令：_EXTRUDE

选择要拉伸的对象：（选择正六边形，然后按 Enter 键）

指定拉伸的高度或 [方向(D)/路径(P)/倾斜角(T)]：7↙

06 单击“三维工具”选项卡“实体编辑”面板中的“交集”按钮，对创建的圆锥体和拉伸的正六边形进行交集运算，如图 8-23 所示。命令行提示如下：

命令：_INTERSECT

选择对象：（分别选取圆锥及正六棱柱，然后按 Enter 键）

07 单击“三维工具”选项卡“实体编辑”面板中的“剖切”按钮，对形成的实体进行剖切，如图 8-25 所示。命令行提示如下：

命令：_SLICE

选择要剖切的对象：（选取交集运算形成的实体）↙

指定 切面 的起点或 [平面对象(O)/曲面(S)/Z 轴(Z)/视图(V)/XY/YZ/ZX/三点(3)] <三点>：XY↙

指定 XY 平面上的点 <0,0,0>：_mid 于（捕捉曲线的中点，如图 8-24 所示，1 点）

在要保留的一侧指定点或 [保留两侧(B)]：（在 1 点下点取一点，保留下部）

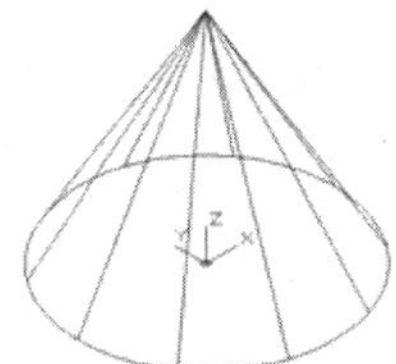

图 8-21 创建圆锥体

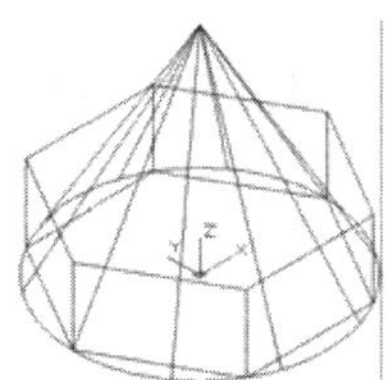

图 8-22 拉伸正六边形

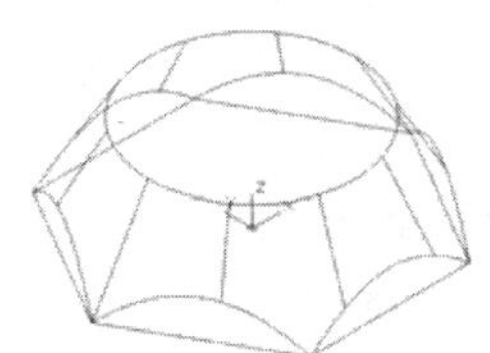

图 8-23 交集运算后的实体

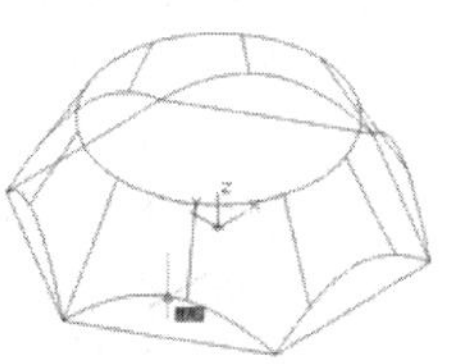

图 8-24 捕捉曲线中点

08 拉伸实体底面。单击“三维工具”选项卡“建模”面板中的“拉伸”按钮，对实体底面进行拉伸，拉伸高度为 2，如图 8-26 所示。

09 镜像实体，选择菜单栏中的“修改”→“三维操作”→“三维镜像”命令，指定拉伸后的平面上的三点镜像实体，如图 8-27 所示。

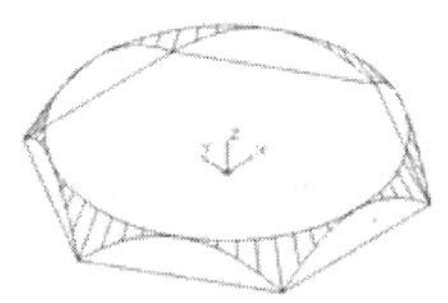

图 8-25 剖切后的实体

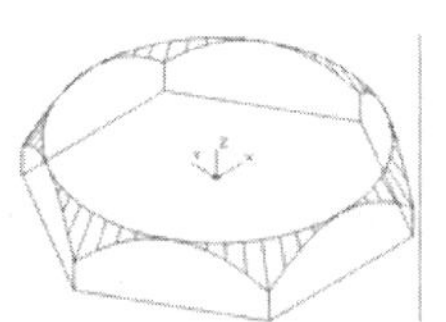

图 8-26 拉伸底面

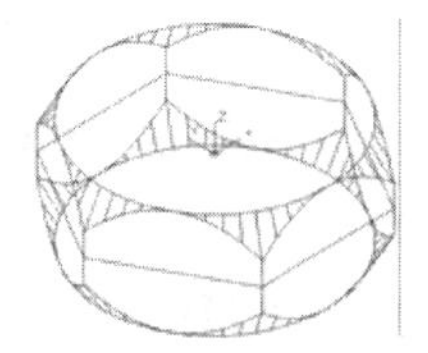

图 8-27 镜像实体

10 并集运算。单击“三维工具”选项卡“实体编辑”面板中的“并集”按钮，将镜像后的两个实体进行并集运算。

8.3.2 绘制螺纹

切换视图到前视图。

01 创建螺纹。

❶单击“默认”选项卡“绘图”面板中的“多段线”按钮，绘制螺纹牙型，如图 8-28 所示。命令行提示如下：

命令：_PLINE

指定起点：（单击鼠标指定一点）

当前线宽为 0.0000

指定下一点或 [圆弧(A)/半宽(H)/长度(L)/放弃(U)/宽度(W)]：@2<-30↙
指定下一点或 [圆弧(A)/闭合(C)/半宽(H)/长度(L)/放弃(U)/宽度(W)]：@2<-150↙
指定下一点或 [圆弧(A)/闭合(C)/半宽(H)/长度(L)/放弃(U)/宽度(W)]：↙

❷阵列螺纹牙型，选择菜单栏中的“修改”→“三维操作”→“三维阵列”命令，将绘制的螺纹牙型进行 25 行、1 列的矩形阵列，行间距为 2，绘制螺纹截面，命令行提示如下：

命令：_3DARRAY
正在初始化... 已加载 3DARRAY。
选择对象：（选择上步绘制的牙型轮廓）
输入阵列类型 [矩形(R)/环形(P)] <矩形>：↙
输入行数 (---) <1>：25↙
输入列数 (|||) <1>：1↙
输入层数 (...) <1>：↙
输入行间距或指定单位单元 (---)：2↙

单击“默认”选项卡“绘图”面板中的“直线”按钮╱，绘制直线，命令行提示如下：

命令：LINE
指定第一个点：（捕捉螺纹的上端点）
指定下一点或 [放弃(U)]：@8<180↙
指定下一点或 [放弃(U)]：@50<-90↙
指定下一点或 [闭合(C)/放弃(U)]：（捕捉螺纹的下端点，然后按 Enter 键）

如图 8-29 所示。

❸绘制螺纹。单击“默认”选项卡“绘图”面板中的“面域”按钮，将绘制的螺纹截面转换成面域，然后单击“三维工具”选项卡“建模”面板中的“旋转”按钮，旋转面域，命令行提示如下：

命令：_REGION
当前线框密度：ISOLINES=4，闭合轮廓创建模式=实体
选择要旋转的对象或[模式（MO）]：(选择螺纹截面)
指定旋转轴的起点或定义轴依照 [对象(O)/X 轴(X)/Y 轴(Y)]：(捕捉螺纹截面左边线的端点)
指定旋转角度或 [起点角度(ST)/反转（R）/表达式（EX）] <360>：↙

结果如图 8-30 所示。

02 差集运算。将绘制的螺纹移动到螺母处，单击“三维工具”选项卡“实体编辑”面板中的“差集”按钮，对螺母与螺纹进行差集运算，创建螺母，如图 8-31 所示。

03 消隐处理。切换视图到西南等轴测图，单击“视图”选项卡“视觉样式”面板中的“隐藏”按钮，对实体进行消隐处理，如图 8-32 所示。

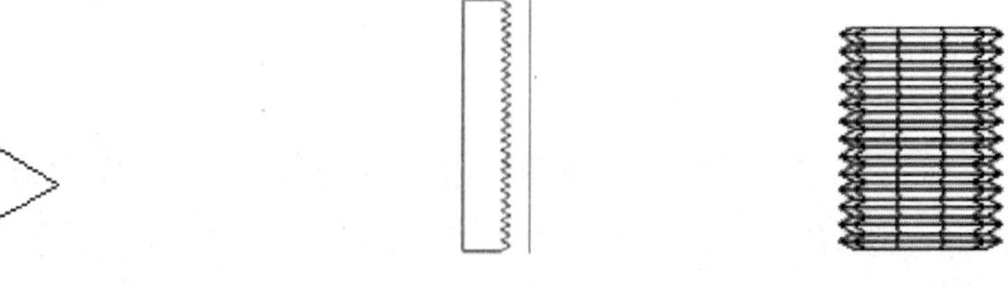

图 8-28 绘制螺纹牙型　　图 8-29 绘制螺纹截面　　图 8-30 绘制螺纹

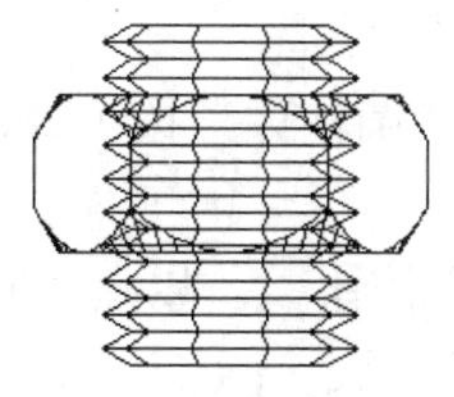

图 8-31　创建螺纹

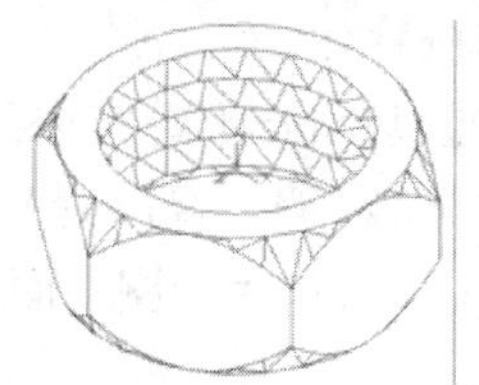

图 8-32　消隐处理后的螺母

8.3.3　渲染

执行“渲染”命令对实体进行渲染处理，并选择适当的材质，效果如图 8-20 所示。

8.4　壳体的绘制

本例制作的壳体如图 8-33 所示。本例主要采用的绘制方法是拉伸绘制实体的方法与直接利用三维实体绘制实体的方法。本例设计思路：先通过上述两种方法建立壳体的主体部分，然后逐一建立壳体上的其他部分，最后对壳体进行圆角处理。要求读者对前几节介绍的绘制实体的方法有明确的认识。

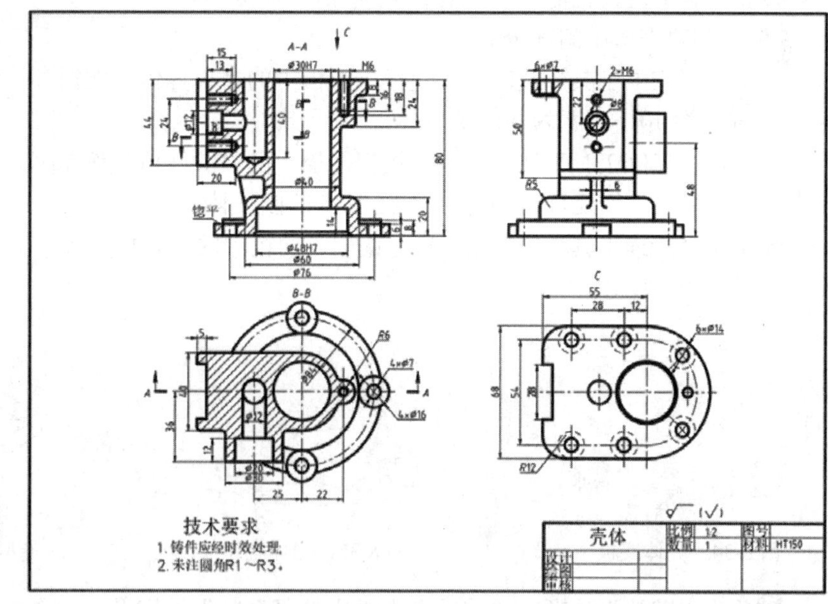

图 8-33　壳体

8.4.1　绘制壳体主体

01 启动系统。启动 AutoCAD 2022，使用默认设置的绘图环境。

02 设置线框密度。在命令行中输入 ISOLINES，设置线框密度为 10。切换视图到西南等轴测图。

03 创建底座圆柱体。

❶单击“三维工具”选项卡“建模”面板中的“圆柱体”按钮，以点（0，0，0）为底面中心点，创建直径为 84、高度为 8 的圆柱体。

❷单击“默认”选项卡“绘图”面板中的“圆”按钮，以点（0，0）为圆心，绘制直径为 76 的辅助圆。

❸单击“三维工具”选项卡“建模”面板中的“圆柱体”按钮，捕捉直径为 76 的圆的象限点为底面中心点，创建直径为 16、高度为 8 及直径为 7、高度为 6 的圆柱体，捕捉直径为 16 的圆柱体顶面圆心为底面中心点，创建直径为 16、高度为-2 的圆柱。

❹选择菜单栏中的“修改”→“三维操作”→“三维阵列”命令，对创建的 3 个圆柱体进行环形阵列，阵列角度为 360°，阵列数目为 4，阵列中心为坐标原点。

❺单击“三维工具”选项卡“实体编辑”面板中的“并集”按钮，将直径为 84 与高 8 的直径为 16 的圆柱体进行并集运算；单击“三维工具”选项卡“实体编辑”面板中的“差集”按钮，将实体与其余圆柱体进行差集运算。消隐处理的壳体底板如图 8-34 所示。

❻单击“三维工具”选项卡“建模”面板中的“圆柱体”按钮，以点（0，0，0）为底面中心点，分别创建直径为 60、高度为 20 及直径为 40、高度为 30 的圆柱体。

❼单击“三维工具”选项卡“实体编辑”面板中的“并集”按钮，对所有实体进行并集运算。

❽删除辅助圆，消隐处理的壳体底板如图 8-35 所示。

04 创建壳体中间部分。

❶单击“三维工具”选项卡“建模”面板中的“长方体”按钮，在实体旁边创建长度为 35、宽度为 40、高度为 6 的长方体。

❷单击“三维工具”选项卡“建模”面板中的“圆柱体”按钮，以长方体底面右边中点为底面中心点，创建直径为 40、高度为-6 的圆柱体。

❸单击“三维工具”选项卡“实体编辑”面板中的“并集”按钮，对实体进行并集运算，如图 8-36 所示。

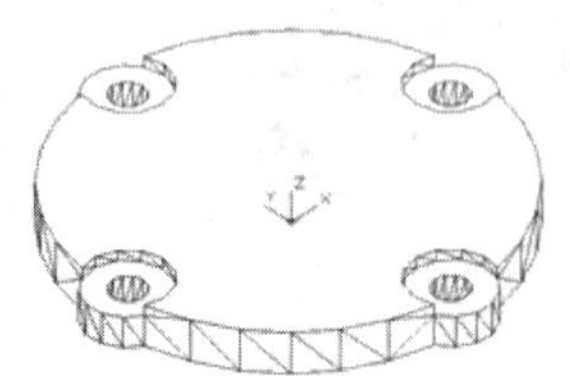

图 8-34　壳体底板

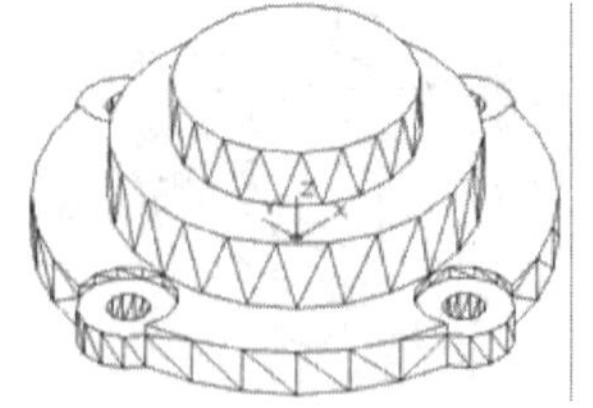

图 8-35　壳体底座

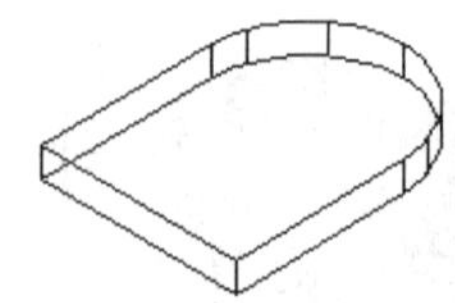

图 8-36　壳体中部

❹单击“默认”选项卡“修改”面板中的“复制”按钮，以创建的壳体中部实体底面圆心为基点，将其复制到壳体底座顶面的圆心处。

❺单击“三维工具”选项卡“实体编辑”面板中的“并集”按钮，对壳体底座与复制的壳体中部进行并集运算，如图 8-37 所示。

05 创建壳体上部。

❶单击“三维工具”选项卡“建模”面板中的“拉伸”按钮，将创建的壳体中部顶面拉伸 30，左侧面拉伸 20，结果如图 8-38 所示。

❷单击“三维工具”选项卡“建模”面板中的“长方体”按钮，以实体左下角点为角点，创建长度为 5、宽度为 28、高度为 36 的长方体。

❸单击“默认”选项卡“修改”面板中的“移动”按钮，以长方体下边中点为基点，将其移动到实体下边中点处，结果如图 8-39 所示。

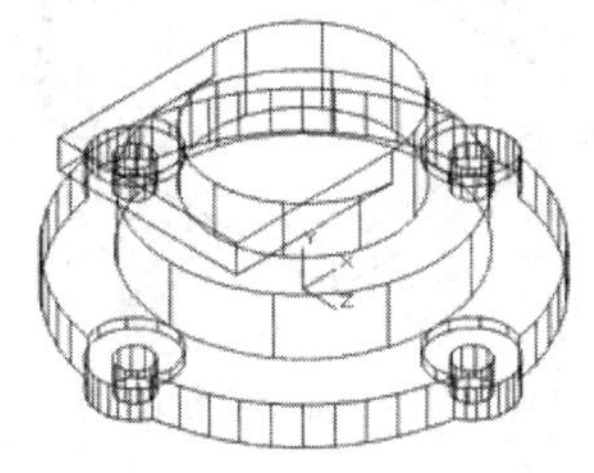

图 8-37　并集壳体中部后的实体

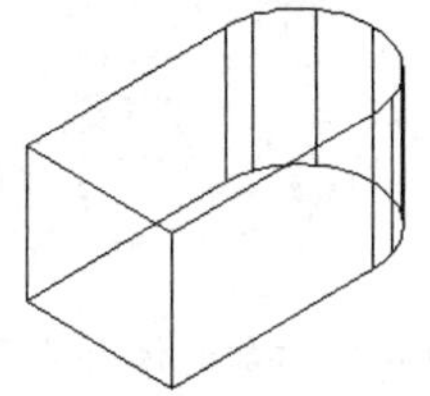

图 8-38　拉伸面操作后的实体

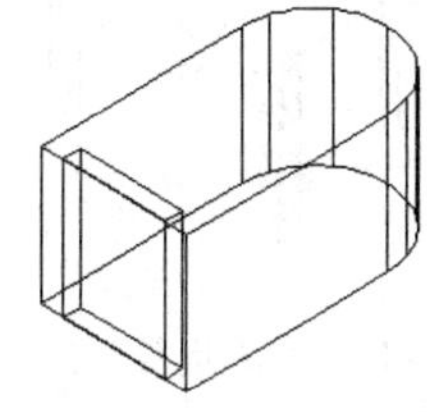

图 8-39　移动长方体

❹单击“三维工具”选项卡“实体编辑”面板中的“差集”按钮，对实体与长方体进行差集运算。

❺单击“默认”选项卡“绘图”面板中的“圆”按钮，捕捉实体顶面圆心为圆心，绘制半径为 22 的辅助圆。

❻单击“三维工具”选项卡“建模”面板中的“圆柱体”按钮，捕捉半径为 22 的圆的右象限点为底面中心点，创建半径为 6、高度为-16 的圆柱体。

❼单击“三维工具”选项卡“实体编辑”面板中的“并集”按钮，对实体进行并集运算，如图 8-40 所示。

❽删除辅助圆。

❾单击“默认”选项卡“修改”面板中的“移动”按钮，以实体底面圆心为基点，将其移动到壳体顶面圆心处。

❿单击“三维工具”选项卡“实体编辑”面板中的“并集”按钮，将实体进行并集运算，如图 8-41 所示。

06 创建壳体顶板。

❶单击“三维工具”选项卡“建模”面板中的“长方体”按钮，在实体旁边创建长度为 55、宽度为 68、高度为 8 的长方体。

❷单击“三维工具”选项卡“建模”面板中的“圆柱体”按钮，以长方体底面右边中点为底面中心点，创建直径为 68、高度为 8 的圆柱。

❸单击“三维工具”选项卡“实体编辑”面板中的“并集”按钮，对实体进行并集运算。

❹单击“三维工具”选项卡“实体编辑”面板中的“复制边”按钮，选择实体底边，如图 8-42 所示，在原位置进行复制。

❺单击“默认”选项卡“修改”面板中的“偏移”按钮，将复制的边向内偏移 7。

❻单击“默认”选项卡“绘图”面板中的“构造线”按钮，过偏移线的圆心绘制竖直辅助线及水平辅助线。

❼单击“默认”选项卡“修改”面板中的“偏移”按钮，将水平辅助线分别向左偏移 12 及 40，然后将原来的水平直线旋转 45°，如图 8-43 所示。

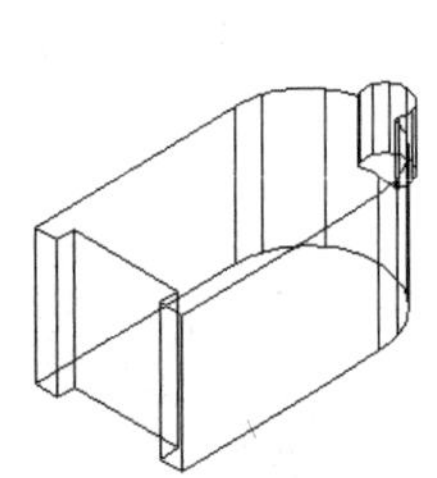

图 8-40　并集运算后的实体

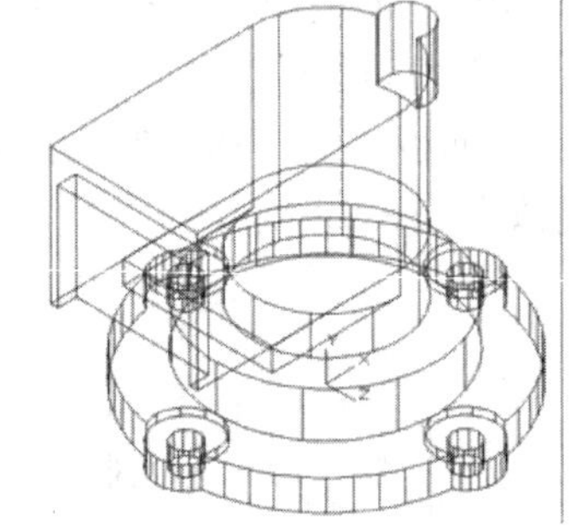

图 8-41　并集壳体上部后的实体

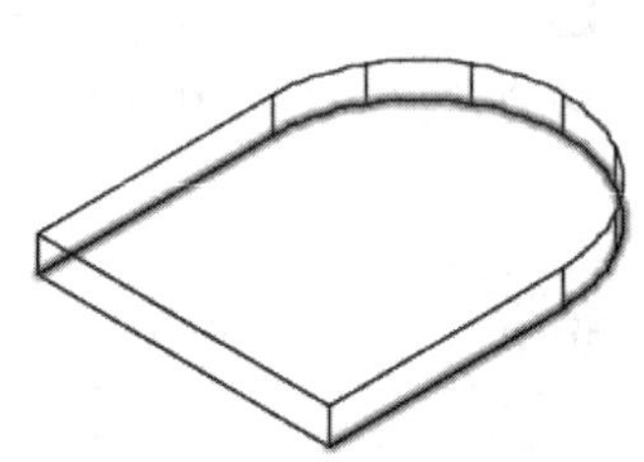

图 8-42　选择复制的边

❽单击“三维工具”选项卡“建模”面板中的“圆柱体”按钮，捕捉辅助线与偏移线的交点为底面中心点，分别创建直径为 7、高度为 8 及直径为 14、高度为 2 的圆柱题；然后将绘制的圆柱体复制到水平构造线与偏移线的交点处；选择菜单栏中的“修改”→“三维操作”→“三维镜像”命令，将圆柱体以 ZX 面为镜像面，以底面圆心为 ZX 面上的点，进行镜像操作；单击“三维工具”选项卡“实体编辑”面板中的“差集”按钮，对实体与镜像后的圆柱体进行差集运算。

❾删除所有辅助线。单击“默认”选项卡“修改”面板中的“移动”按钮，以壳体顶板底面圆心为基点，将其移动到壳体顶面圆心处。

❿单击“三维工具”选项卡“实体编辑”面板中的“并集”按钮，对实体进行并集运算，如图 8-44 所示。

07 拉伸壳体面。单击“三维工具”选项卡“实体编辑”面板中的“拉伸面”按钮，选取壳体表面作为拉伸面，如图 8-45 所示。设置拉伸高度为-8，拉伸面后的壳体如图 8-46 所示。

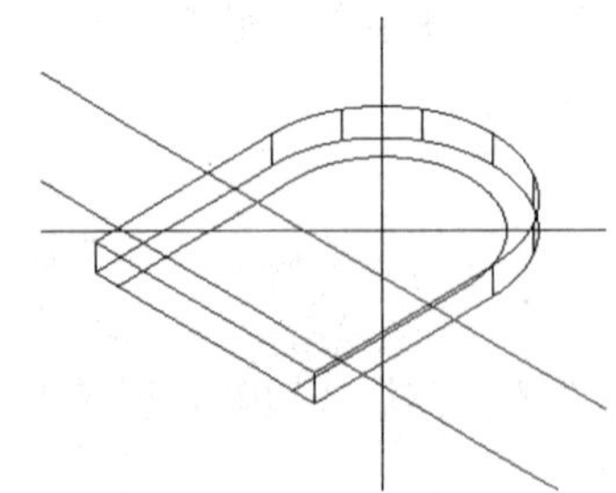

图 8-43　偏移辅助线

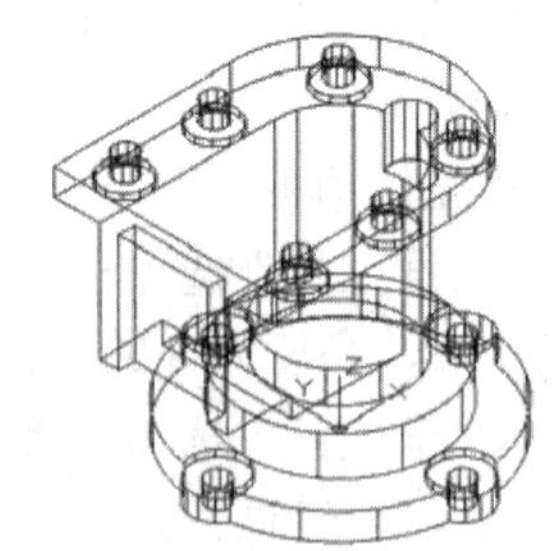

图 8-44　并集壳体顶板后的实体

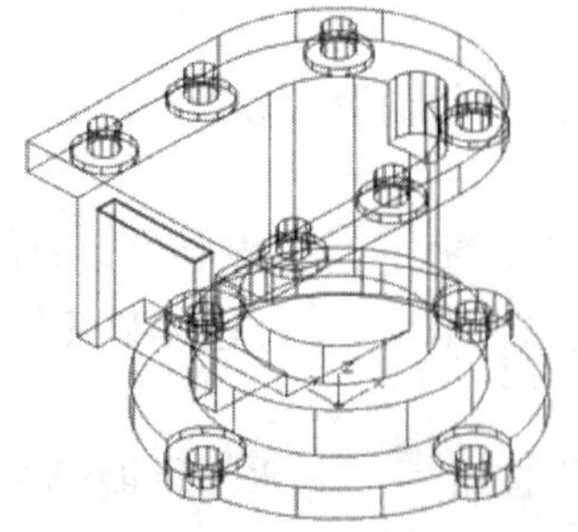

图 8-45　选取拉伸面

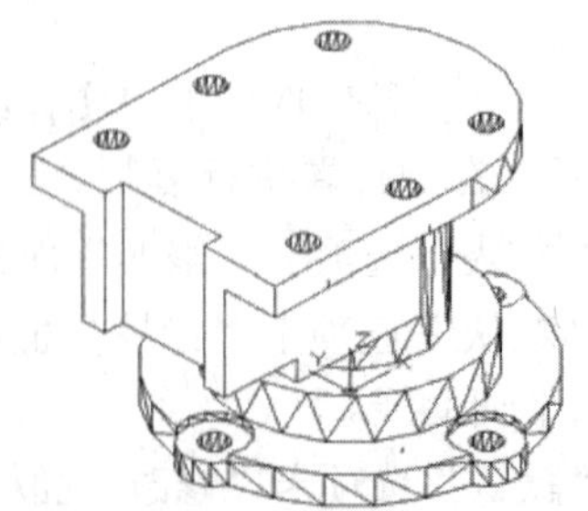

图 8-46　拉伸面后的壳体

8.4.2 绘制壳体的其他部分

01 创建壳体竖直内孔。

❶单击“三维工具”选项卡“建模”面板中的“圆柱体”按钮，以点（0，0，0）为底面中心点，分别创建直径为18、高度为14及直径为30、高度为80的圆柱体；以点（-25，0，80）为底面中心点，创建直径为12、高度为-40的圆柱体；以点（22，0，80）为底面中心点，创建直径为6，高度为-18的圆柱体。

❷单击“三维工具”选项卡“实体编辑”面板中的“差集”按钮，对壳体与内形圆柱进行差集运算。

02 创建壳体前部凸台及孔。

❶设置用户坐标系。在命令行输入UCS，将坐标原点移动到点（-25，-36，48），并将其绕X轴旋转90°。

❷单击“三维工具”选项卡“建模”面板中的“圆柱体”按钮，以点（0，0，0）为底面中心点，分别创建直径为30、高度为-16，直径为20、高度为-12及直径为12、高度为-36的圆柱体。

❸单击“三维工具”选项卡“实体编辑”面板中的“并集”按钮，对壳体与直径为30的圆柱体进行并集运算。

❹单击“三维工具”选项卡“实体编辑”面板中的“差集”按钮，对壳体与其余圆柱体进行差集运算。创建壳体前部凸台及孔，如图8-47所示。

03 创建壳体水平内孔。

❶设置用户坐标系。将坐标原点移动到点（-25，10，-36），并绕Y轴旋转90°。

❷单击“三维工具”选项卡“建模”面板中的“圆柱体”按钮，以点（0，0，0）为底面中心点，分别创建直径为12、高度为8及直径为8、高度为25的圆柱；以点（0，10，0）为底面中心点，创建直径为6、高度为15的圆柱体。

❸选择菜单栏中的“修改”→“三维操作”→“三维镜像”命令，将直径为6的圆柱体以当前ZX面为镜像面，进行镜像操作。

❹单击“三维工具”选项卡“实体编辑”面板中的“差集”按钮，对壳体与内形圆柱体进行差集运算,结果如图8-48所示。

04 创建壳体肋板。

❶切换视图到前视图。

❷单击“默认”选项卡“绘图”面板中的“多段线”按钮，按点1（中点）→点2（垂足）→点3（垂足）→点4（垂足）→点5(@0,-4)→点1的顺序，绘制闭合多段线，如图8-49所示。

❸单击“三维工具”选项卡“建模”面板中的“拉伸”按钮，将闭合的多段线拉伸3。

❹选择菜单栏中的“修改”→“三维操作”→“三维镜像”命令，将拉伸实体以当前XY面为镜像面，进行镜像操作。

❺单击“三维工具”选项卡“实体编辑”面板中的“并集”按钮，对壳体与肋板进行并集运算。

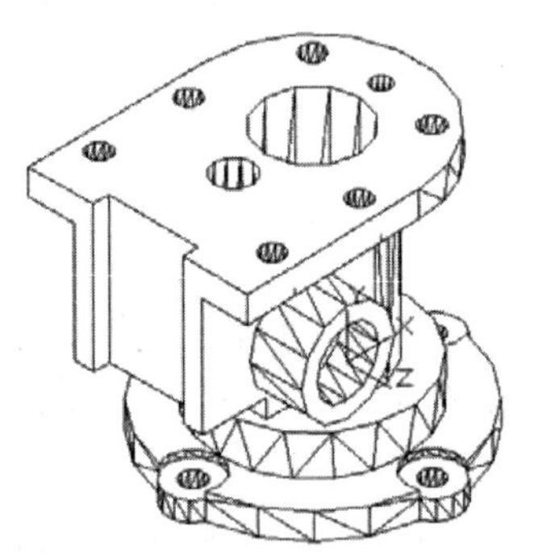

图 8-47　创建壳体前部凸台及孔

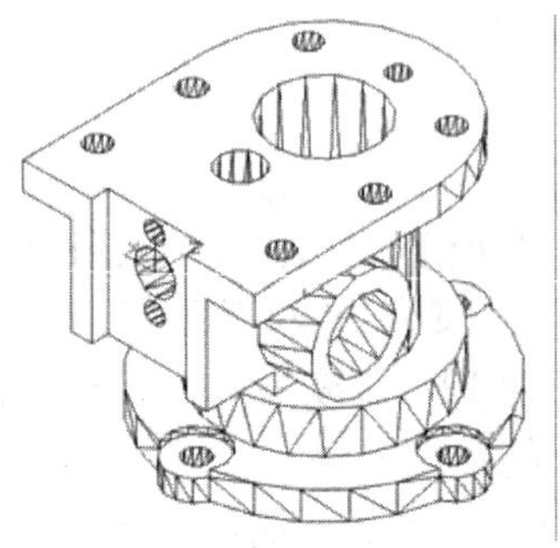

图 8-48　差集水平内孔后的壳体

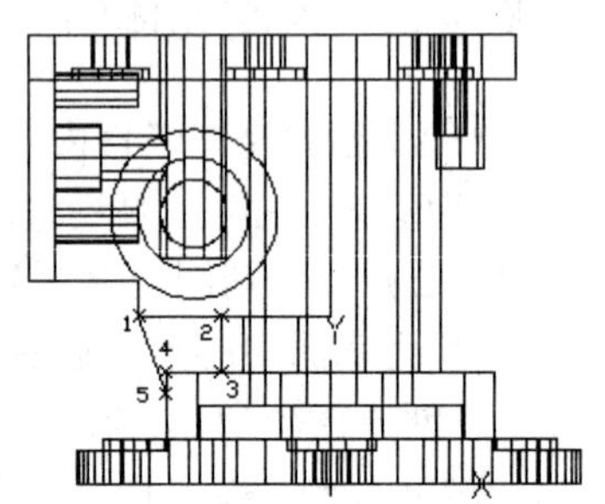

图 8-49　绘制多段线

8.4.3　渲染

执行“渲染”命令，并为实体赋予选择适当的材质，渲染后的效果如图 8-33 所示。

第 9 章

基本建筑单元设计实例

二维图形编辑操作配合绘图命令的使用可以进一步完成复杂图形对象的绘制工作，并可方便用户合理安排和组织图形，保证作图准确，减少重复工作，因此对编辑命令的熟练掌握和使用有助于提高设计和绘图的效率。本章主要介绍以下内容：复制类命令，改变位置类命令，删除、恢复类命令，改变几何特性类编辑命令和对象编辑命令等。

- 办公桌的绘制
- 沙发、石桌、石凳的绘制
- 回形窗、石栏杆、坐便器的绘制

9.1 办公桌的绘制

图 9-1 所示的办公桌的绘制过程为：首先绘制办公桌的主体；然后绘制办公桌的抽屉和柜门。要求用户熟悉办公桌的结构，且能灵活运用三维实体的基本图形的绘制命令和编辑命令。通过绘制此图，用户对此类三维实体的绘制过程有全面的了解，会熟悉一些常用的图形处理和绘制技巧。

图 9-1　办公桌

9.1.1　绘制办公桌的主体

01 改变视图。单击“可视化”选项卡“命名视图”面板中的“东南等轴测”按钮。

02 单击“三维工具”选项卡“建模”面板中的“长方体”按钮，绘制长方体。命令行提示如下：

命令：_BOX

指定第一个角点或 [中心(C)]：0，0，0↙

指定其他角点或 [立方体(C)/长度(L)]：@500,30,900↙

03 选择菜单栏中的“修改”→“三维操作”→“三维阵列”命令，命令行提示如下：

命令：_3DARRAY

选择对象：（选择上一步所绘制的长方体）↙

选择对象：↙

输入阵列类型 [矩形(R)/环形(P)] <矩形>：↙

输入行数 (---) <1>：2↙

输入列数 (|||) <1>：1↙

输入层数 (...) <1>：1↙

指定列间距 (|||)：730↙

三维阵列后的图形如图 9-2 所示。

04 单击“默认”选项卡“修改”面板中的“复制”按钮，复制上一步所作的长方体，命令行提示如下：

命令：_COPY

选择对象(选择上一步所做的长方体) ↙

选择对象：↙

当前设置：复制模式=多个

指定基点或 [位移(D)/模式(O)] <位移>：0,730,0↙

指定第二个点或 [阵列(A)]<使用第一个点作为位移>：@0,430,0↙

指定第二个点或 [阵列(A)/退出(E)/放弃(U)] <退出>：↙

复制后的图形如图 9-3 所示。

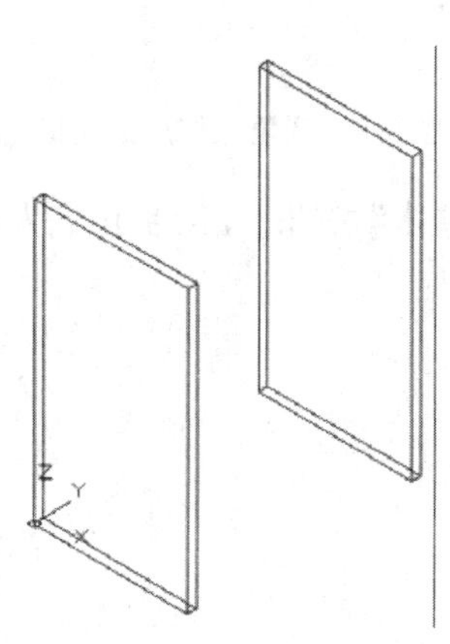

图 9-2 三维阵列后的图形

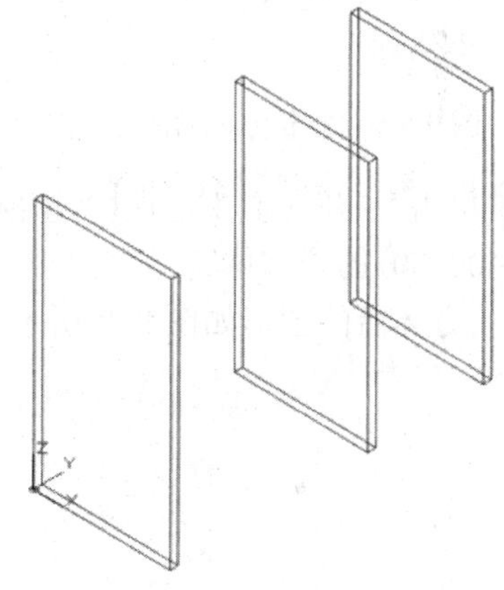

图 9-3 复制后的图形

05 单击“三维工具”选项卡“建模”面板中的“长方体”按钮，绘制角点为(0, -30, 900）和（@530, 1250, 30）的长方体，如图 9-4 所示。

06 单击“默认”选项卡“修改”面板中的“圆角”按钮，对图形倒圆角。命令行提示如下：

命令：_FILLET

当前设置：模式=修剪，半径=0.0000

选择第一个对象或[放弃(U)/多段线(P)/半径(R)/修剪(T)/多个(M)]：(选择上一步绘制的长方体前面的一边）↙

输入圆角半径：15↙

选择边或 [链(C)/半径(R)]：（依次选择上一步绘制的长方体的另外七条边）↙

选择边或 [链(C)/半径(R)]：↙

此步骤结果如图 9-5 所示。

07 单击“三维工具”选项卡“建模”面板中的“长方体”按钮，绘制角点为(0, 30, 630)和(@500, 700, 30)的长方体。

08 单击“三维工具”选项卡“建模”面板中的“长方体”按钮，绘制角点为(0, 760, 630)和(@500, 400, 30)的长方体。

绘制长方体后的图形如图 9-6 所示。

09 单击“三维工具”选项卡“建模”面板中的“长方体”按钮，绘制角点为(0, 30, 50)和(@220, 700, 30)的长方体。

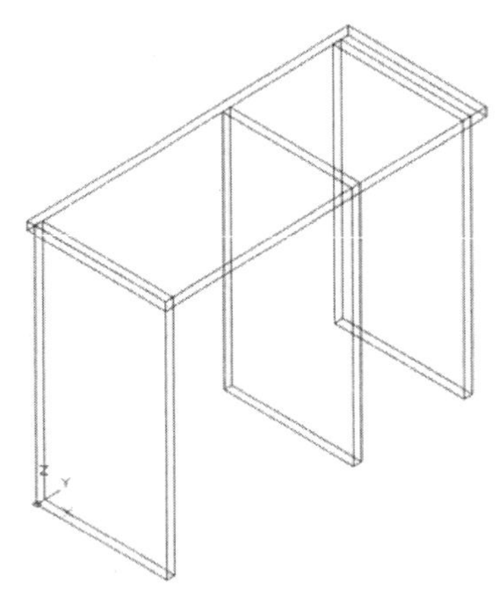

图 9-4　绘制长方体后的图形

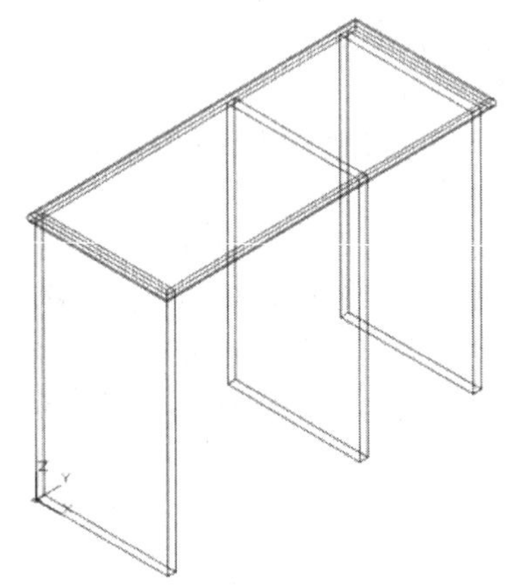

图 9-5　圆角操作后的图形

10 单击“三维工具”选项卡“建模”面板中的“长方体”按钮，绘制角点为(0, 760, 50)和(@500, 400, 30)的长方体。

绘制长方体后的图形如图 9-7 所示。

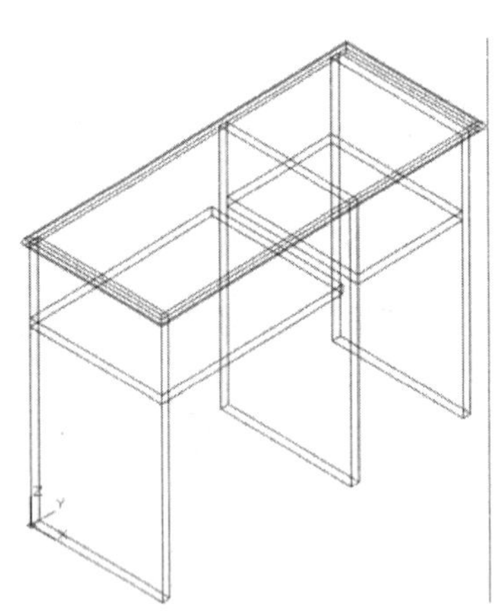

图 9-6　绘制长方体后的图形 1

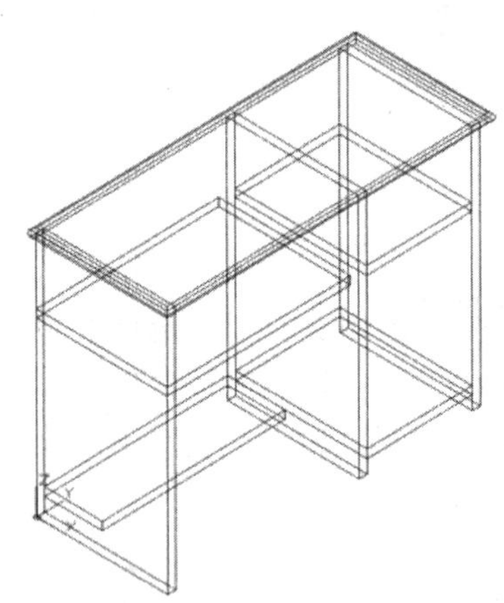

图 9-7　绘制长方体后的图形 2

9.1.2　绘制办公桌的抽屉和柜门

01 单击“三维工具”选项卡“建模”面板中的“长方体”按钮，绘制角点为(500, 760, 660)和(@-30, 400, 240)的长方体。

02 单击“三维工具”选项卡“建模”面板中的“楔体”按钮，命令行提示如下：

命令：_WEDGE

指定第一个角点或 [中心(C)]：500, 900, 735↙

指定其他角点或 [立方体(C)/长度(L)]：@-25, 120, 30↙

03 单击“三维工具”选项卡“实体编辑”面板中的“差集”按钮，减去上一步所作的楔体，命令行提示如下：

命令：_SUBTRACT

选择要从中减去的实体、曲面和面域...
选择对象：(选择步骤 01 绘制的长方体) ↙
选择要从中减去的实体、曲面和面域...
选择对象：（选择步骤 02 绘制的楔体）↙

差集运算后的图形如图 9-8 所示。

04 单击"三维工具"选项卡"建模"面板中的"长方体"按钮，绘制角点为(500, 760, 80)和(@-30, 400, 550)的长方体。

05 单击"三维工具"选项卡"建模"面板中的"楔体"按钮，绘制角点为(500, 860, 295)和(@-25, 30, 120)的楔体。

06 单击"三维工具"选项卡"实体编辑"面板中的"差集"按钮，在步骤 04 绘制的长方体中减去步骤 05 所作的楔体，如图 9-9 所示。

07 单击"三维工具"选项卡"建模"面板中的"长方体"按钮，绘制角点为(500, 30, 600)和(@-30, 700, 300)。

08 单击"三维工具"选项卡"建模"面板中的"楔体"按钮，绘制角点为(500, 300, 735)和(@-25, 120, 30)的楔体。

09 单击"三维工具"选项卡"实体编辑"面板中的"差集"按钮，在步骤 07 绘制的长方体中减去步骤 08 所作的楔体，如图 9-10 所示。

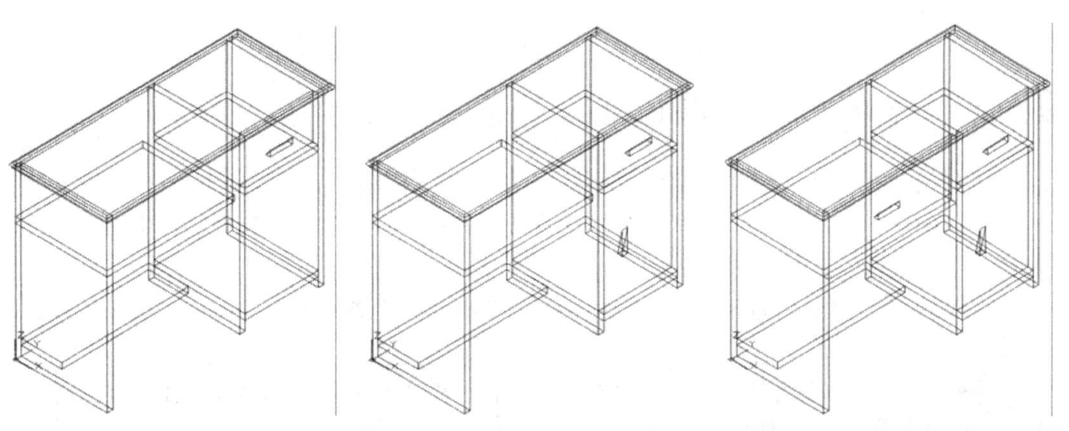

图 9-8　差集运算后的图形 1　　图 9-9　差集运算后的图形 2　　图 9-10　差集运算后的图形 3

9.1.3　渲染

单击"可视化"选项卡"渲染"面板中的"渲染到尺寸"按钮，渲染图形。最终结果如图 9-1 所示。

9.2　沙发的绘制

图 9-11 所示的沙发的绘制过程为：首先绘制长方体作为沙发的主体，然后绘制多段线，拉伸得到扶手，将长方体旋转得到沙发的靠背。

图 9-11　沙发

9.2.1　绘制沙发的主体

01 设置绘图环境。用 LIMITS 命令设置图幅：297×210。设置线框密度（ISOLINES）。设置对象上每个曲面的轮廓线数目为 10。

02 单击“三维工具”选项卡“建模”面板中的“长方体”按钮，以点(0, 0, 5)为角点，创建长度为 150、宽度为 60、高度为 10 的长方体；以点(0, 0, 15)和点(@75, 60, 20)为角点创建长方体；以点(75, 0, 15)和点(@75, 60, 20)为角点，创建长方体，如图 9-12 所示。

9.2.2　绘制沙发的扶手和靠背

01 单击“默认”选项卡“绘图”面板中的“直线”按钮，过点(0, 0, 5)→(@0, 0, 55)→(@-20, 0, 0)→(@0, 0, -10)→(@10, 0, 0)→(@0, 0, -45)→(c)绘制多段线，结果如图 9-13 所示。

02 单击“默认”选项卡“绘图”面板中的“面域”按钮，将所绘多段线创建为面域。

03 单击“三维工具”选项卡“建模”面板中的“拉伸”按钮，对面域进行拉伸操作，拉伸高度为 60，如图 9-14 所示。

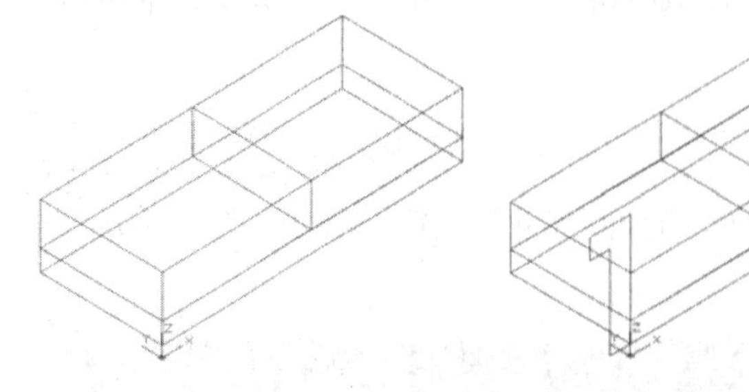

图 9-12　创建长方体

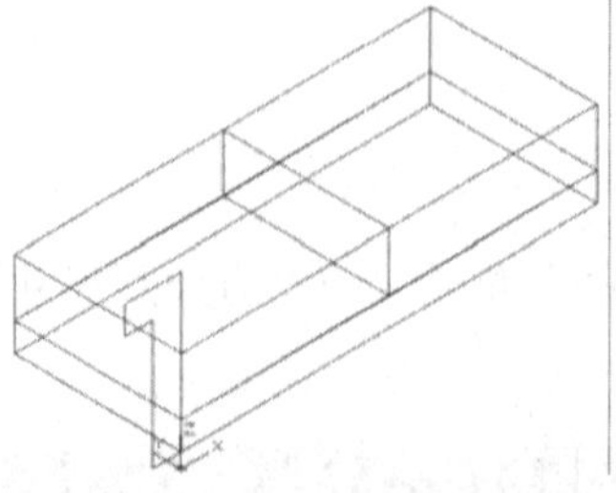

图 9-13　绘制多段线

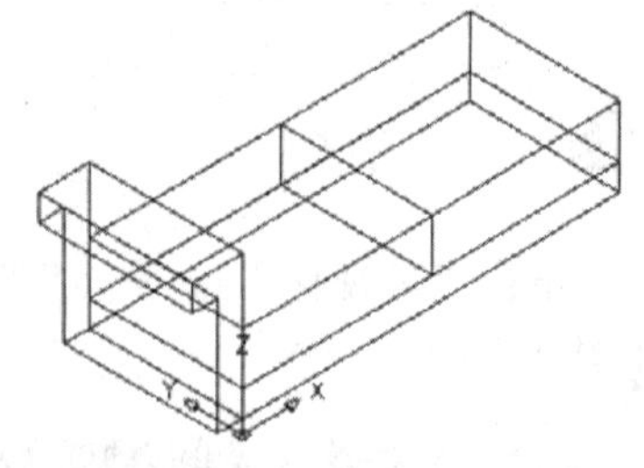

图 9-14　拉伸创建实体

04 单击“默认”选项卡“修改”面板中的“圆角”按钮，对拉伸实体的边进行圆角操作，圆角半径为 5，创建沙发扶手，如图 9-15 所示。

05 单击“三维工具”选项卡“建模”面板中的“长方体”按钮，以点(0,60,5)和点(@75,-10,75)为角点创建长方体，如图9-16所示。

06 选择菜单栏中的“修改”→“三维操作”→“三维旋转”命令，命令行提示如下：

```
命令：_3DROTATE
当前正向角度： ANGDIR=逆时针 ANGBASE=0
选择对象：（选择长方体）
选择对象：↙
指定基点：（选择创建的长方体的底面后边线中点）
拾取旋转轴：（选择X轴为旋转轴）
指定角的起点或键入角度：-10↙
```

三维旋转长方体，创建沙发靠背，如图9-17所示。

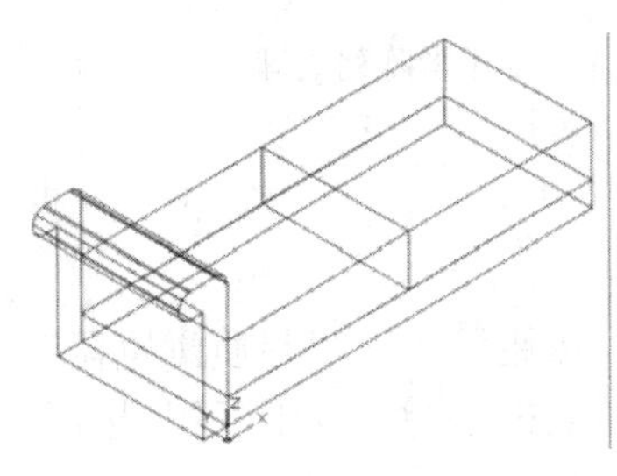

图9-15 创建沙发扶手

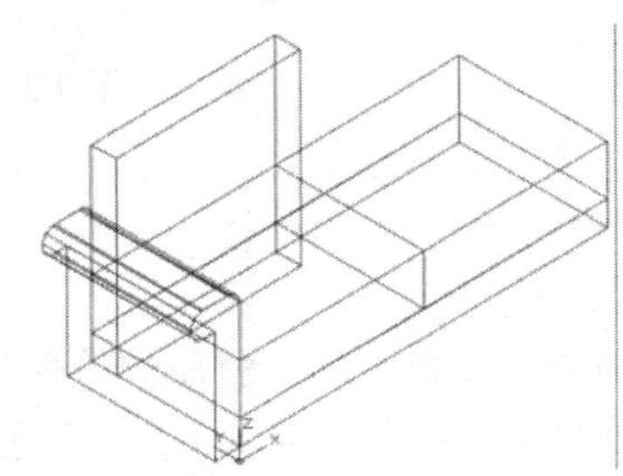

图9-16 创建长方体

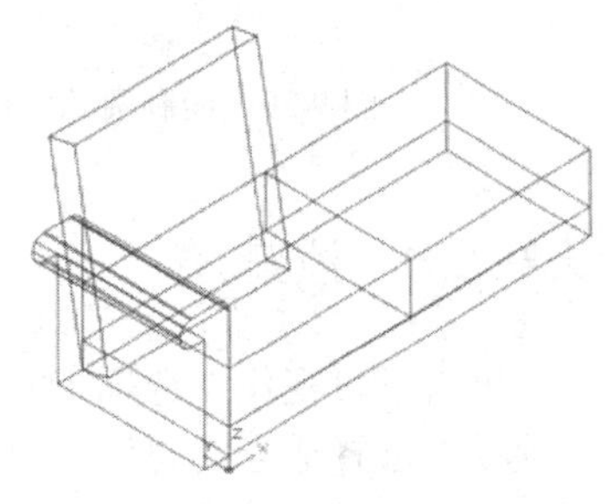

图9-17 创建沙发靠背

07 选择菜单栏中的“修改”→“三维操作”→“三维镜像”命令，旋转沙发扶手和沙发靠背，以过点(75,0,15)、点(75,0,35)、点(75,60,35)的平面为镜像面，进行镜像操作，如图9-18所示。

08 单击“默认”选项卡“修改”面板中的“圆角”按钮，进行圆角操作；坐垫的圆角半径为10，靠背的圆角半径为3，其他边的圆角半径为1，如图9-19所示。

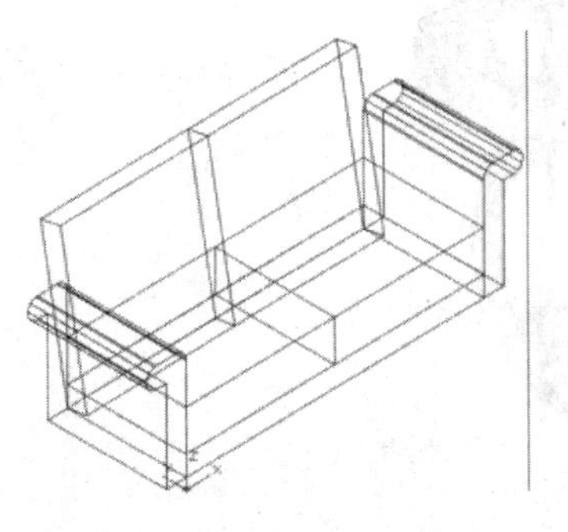

图9-18 三维镜像处理操作

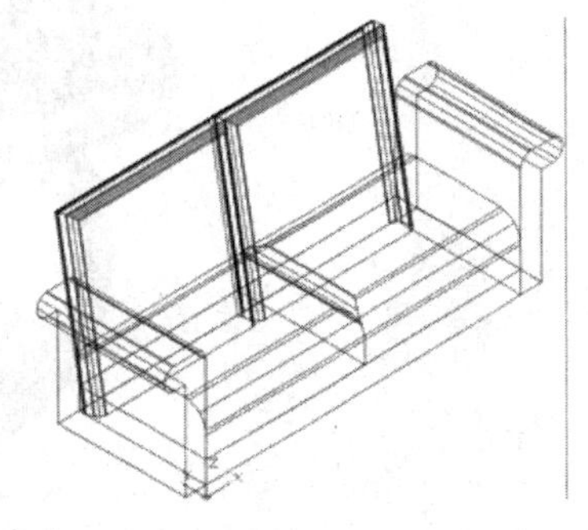

图9-19 圆角处理操作

9.2.3 绘制沙发脚

01 单击“默认”选项卡“修改”面板中的“圆角”按钮，以点(11,9,-9)为圆心，绘制半径为 5 的圆。单击“三维工具”选项卡“建模”面板中的“拉伸”按钮，指定拉伸高度为 15，拉伸角度为 5º，结果如图 9-20 所示。

02 选择菜单栏中的“修改”→“三维操作”→“三维阵列”命令，将拉伸后的实体进行矩形阵列，阵列行数为 2、列数为、行偏移为 42、列偏移为 128，结果如图 9-21 所示。

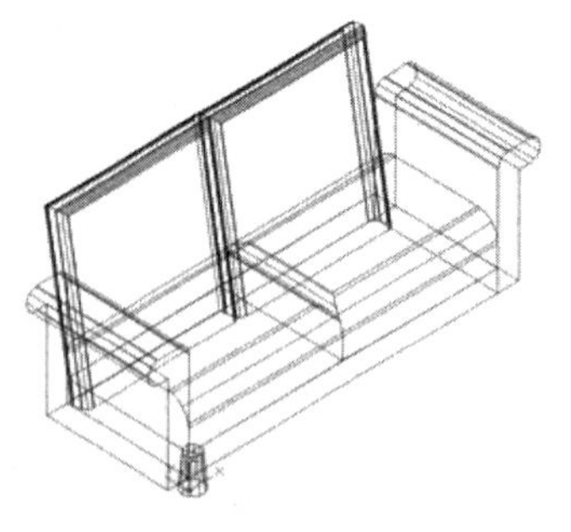

图 9-20　绘制圆并拉伸

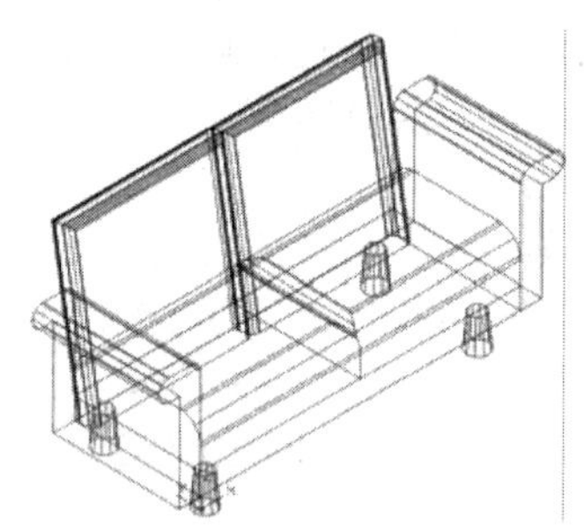

图 9-21　三维矩形阵列处理

9.2.4　渲染

单击“可视化”选项卡“材质”面板中的“材质浏览器”按钮，在“材质浏览器”选项板中选择适当的材质。单击“可视化”选项卡“渲染”面板中的“渲染到尺寸”按钮，对实体进行渲染，渲染后的效果如图 9-11 所示。

9.3　石桌的绘制

图 9-22 所示的石桌的绘制过程为：首先利用“球”命令绘制球体，将其剖切并抽壳得到石桌的主体；然后利用圆柱体命令绘制桌面。本例的难点在于“剖切”命令和实体编辑中“抽壳”的综合使用。

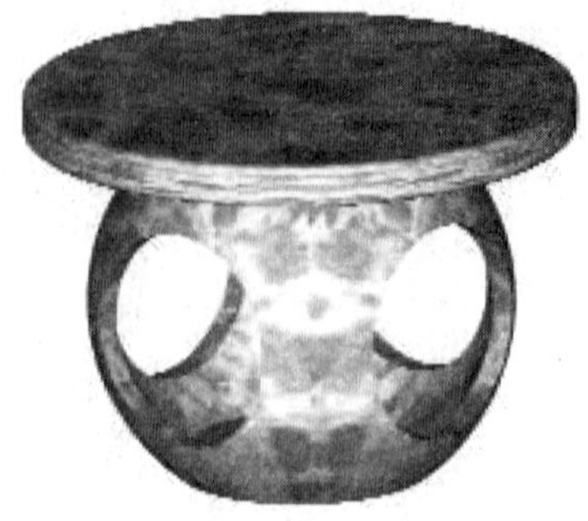

图 9-22　石桌

9.3.1　绘制石桌的主体

01 用 LIMITS 命令设置图幅：297×210。用 ISOLINES 命令设置对象上每个曲面的轮廓线数目为 10。

02 单击“三维工具”选项卡“建模”面板中的“球体”按钮，绘制半径为50的球体。命令行提示如下：

命令：_SPHERE

指定中心点或［三点(3P)/两点(2P)/切点、切点、半径(T)］：0，0，0↙

指定半径或［直径(D)］：50↙

切换到西南等轴测视图，结果如图9-23所示。

03 单击“默认”选项卡“绘图”面板中的“矩形”按钮，以点(-60,-60,-40)和点(@120,120)为角点绘制矩形；再以点(-60,-60,40)和点(@120,120)为角点绘制矩形，结果如图9-24所示。

04 单击“三维工具”选项卡“实体编辑”面板中的“剖切”按钮，分别选择两个矩形作为剖切面，保留球体中间部分，如图9-25所示。

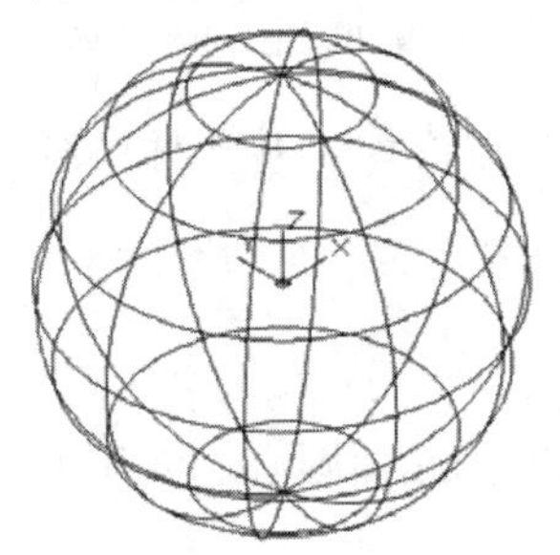

图9-23 创建球体

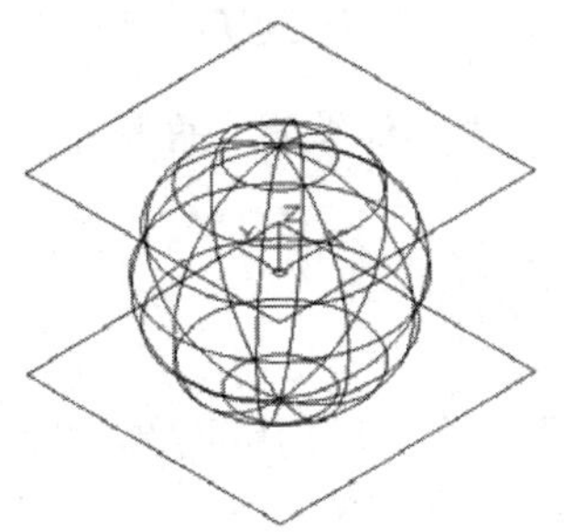

图9-24 绘制矩形

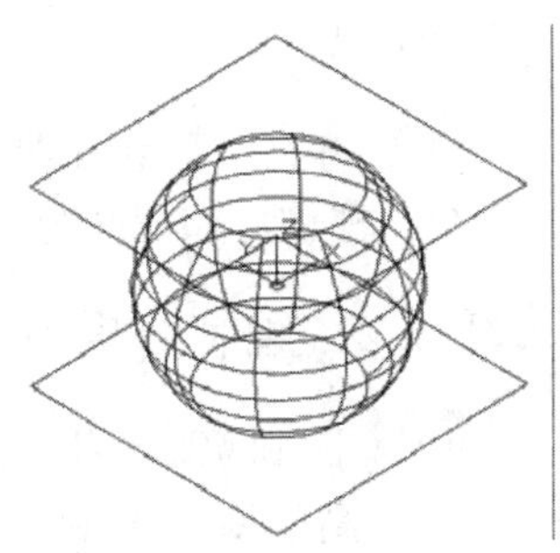

图9-25 剖切处理

05 单击“默认”选项卡“修改”面板中的“删除”按钮，将矩形删除，如图9-26所示。

06 单击“三维工具”选项卡“实体编辑”面板中的“抽壳”按钮，对上步剖切后的球体进行抽壳处理。命令行提示如下：

命令：_SOLIDEDIT

实体编辑自动检查：SOLIDCHECK=1

输入实体编辑选项［面(F)/边(E)/体(B)/放弃(U)/退出(X)］〈退出〉：_body

输入体编辑选项[压印(I)/分割实体(P)/抽壳(S)/清除(L)/检查(C)/放弃(U)/退出(X)]〈退出〉：_shell

选择三维实体：（选择剖切后的球体）↙

删除面或［放弃(U)/添加(A)/全部(ALL)］：↙

输入抽壳偏移距离：5↙

已开始实体校验。

已完成实体校验。

输入体编辑选项[压印(I)/分割实体(P)/抽壳(S)/清除(L)/检查(C)/放弃(U)/退出(X)]〈退出〉：X↙

实体编辑自动检查：SOLIDCHECK=1

输入实体编辑选项［面(F)/边(E)/体(B)/放弃(U)/退出(X)］〈退出〉：x↙

抽壳处理后的实体如图9-27所示。

07 创建新坐标系，绕X轴旋转-90°。

08 单击“三维工具”选项卡“建模”面板中的“圆柱体”按钮，以点(0,0,-50)

为底面中心点和轴端点为点(@0,0,100)，创建半径为 25 的圆柱体；切换到 WCS，绕 Y 轴旋转 90°，再以点(0，0，-50) 为底面中心点和轴端点为(@0,0,100)，创建半径为 25 的圆柱体，如图 9-28 所示。

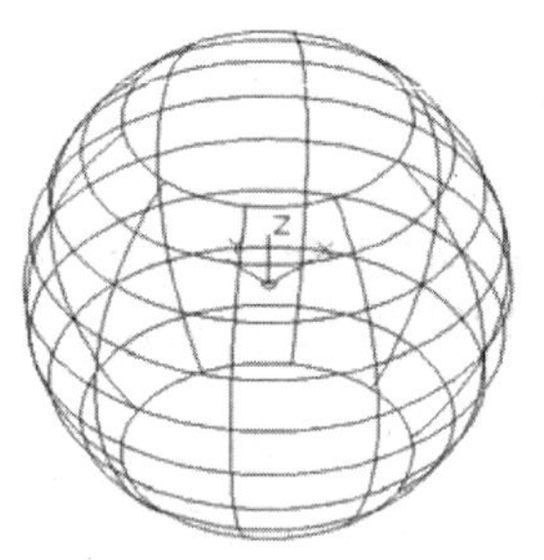
图 9-26　删除矩形

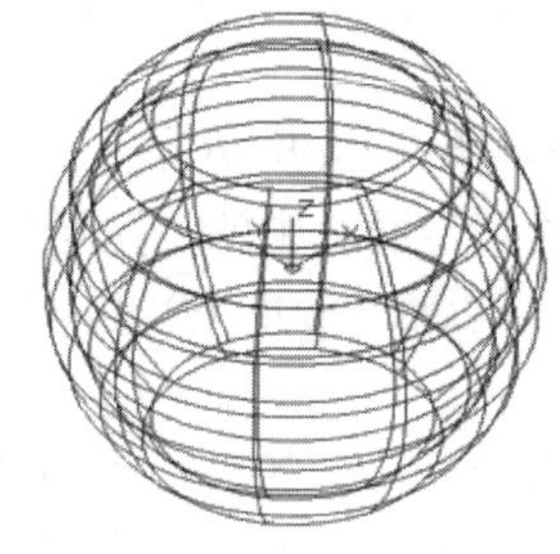
图 9-27　抽壳处理后的实体

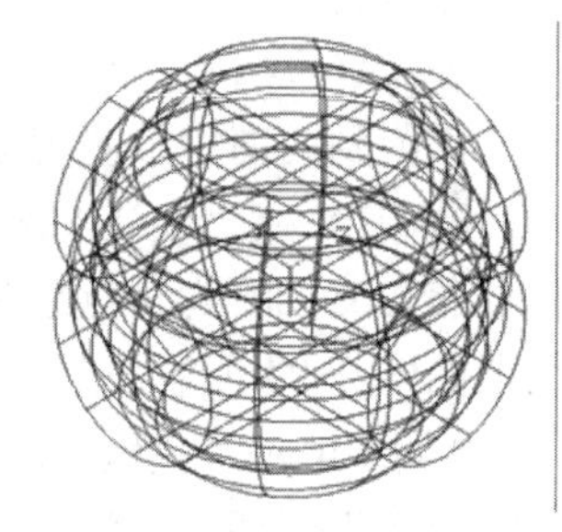
图 9-28　创建圆柱体

09 单击“三维工具”选项卡“实体编辑”面板中的“差集”按钮，从实体中减去两个圆柱体，如图 9-29 所示。

9.3.2　绘制石桌的桌面

01 回到 WCS，用“圆柱体”命令（CYLINDER)，以点(0,0,40)为底面圆心，创建半径为 65、高度为 10 的圆柱体，如图 9-30 所示。

02 单击“三维工具”选项卡“实体编辑”面板中的“圆角边”按钮，进行圆角操作。圆角半径为 2，如图 9-31 所示。

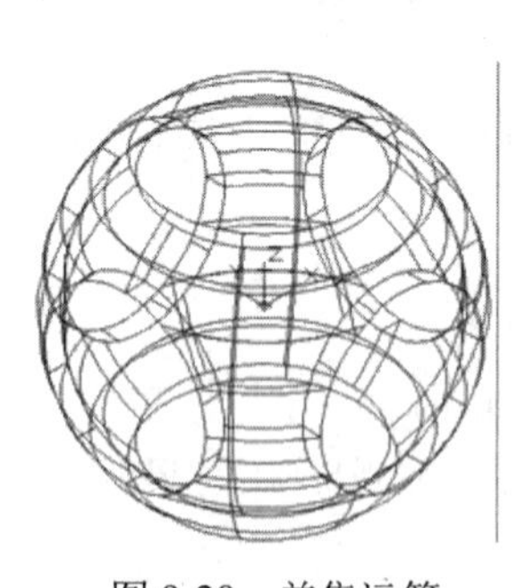
图 9-29　差集运算

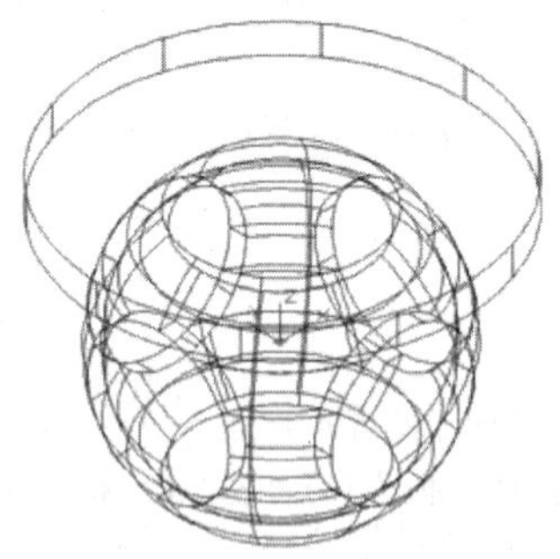
图 9-30　创建圆柱体

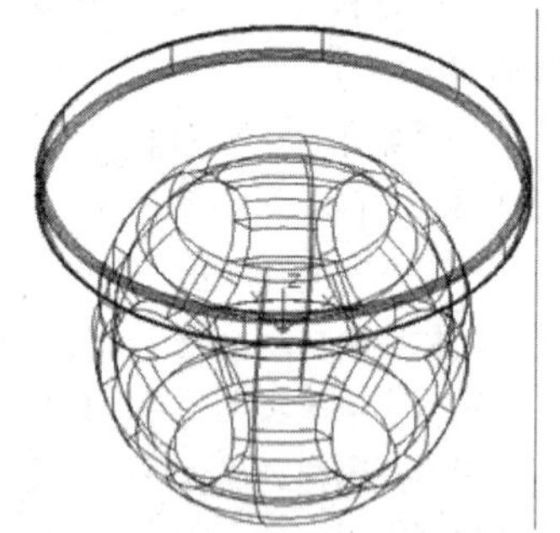
图 9-31　圆角操作

9.3.3　渲染

单击“可视化”选项卡“材质”面板中的“材质浏览器”按钮，在“材质浏览器”选项板中选择适当的材质。单击“可视化”选项卡“渲染”面板中的“渲染到尺寸”按钮，对实体进行渲染，渲染后的效果如图 9-22 所示。

9.4　石凳的绘制

图 9-32 所示的石凳的绘制过程为：首先利用“圆锥面”命令绘制石凳主体，然后利

用“圆柱体”命令绘制石凳的凳面，最后选择适当的材质对石凳进行渲染处理。

图 9-32　石凳

9.4.1　绘制石凳的主体

01 单击“三维工具”选项卡“建模”面板中的“圆锥体”按钮，绘制圆台面，在命令行输入 ISOLINES，设置线密度为 115。命令行提示如下：

命令：_CONE
指定底面的中心点或[三点(3P)/两点(2P)/切点、切点、半径(T)/椭圆(E)]：0,0,0↙
指定底面半径或[直径(D)]：10↙
指定高度或[两点(2P)/轴端点(A)/顶面半径(T)]：T↙
指定顶面半径：5↙
指定高度或[两点(2P)/轴端点(A)]：20↙

02 改变视图。单击“可视化”选项卡“命名视图”面板中的“西南等轴测”按钮。绘制结果如图 9-33 所示。

03 单击“三维工具”选项卡“建模”面板中的“圆锥体”按钮，以点（0，0，20）为底面中心点，绘制底面半径为 5、顶面半径为 10、高度为 20 的圆台面，绘制结果如图 9-34 所示。

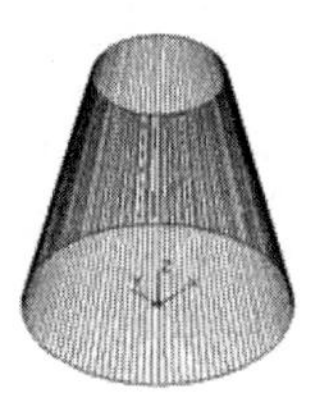

图 9-33　绘制圆台 1

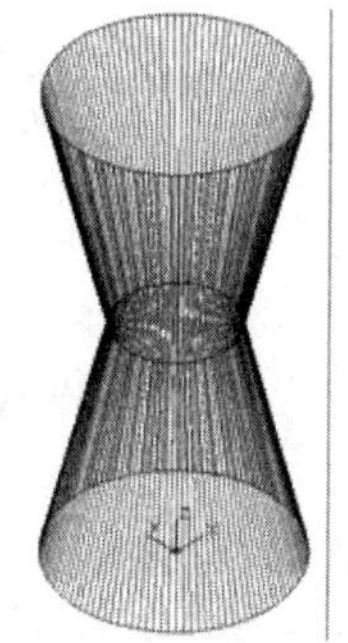

图 9-34　绘制圆台 2

9.4.2　绘制石凳的凳面

单击“三维工具”选项卡“建模”面板中的“圆柱体”按钮，绘制以（0，0，40）

为底面中心点、半径为 20、高度为 5 的圆柱体，如图 9-35 所示。

9.4.3 渲染

单击“可视化”选项卡“材质”面板中的“材质浏览器”按钮，在“材质浏览器”选项板中选择适当的材质。单击“可视化”选项卡“渲染”面板中的“渲染到尺寸”按钮，对实体进行渲染，绘制石凳，如图 9-36 所示。

打开 9.3 节绘制的石桌图形，单击“编辑”→“复制”，并且用环形阵列命令（ARRAYPOLAR）将石凳放在石桌周围适当的位置，创建的石桌凳如图 9-37 所示。

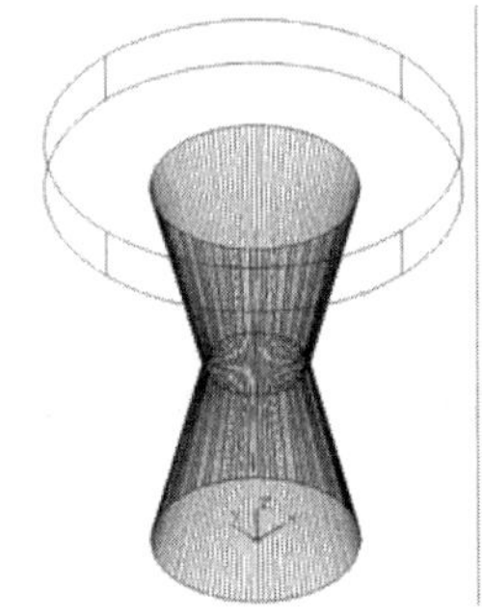

图 9-35 绘制圆柱

图 9-36 绘制石凳

图 9-37 石桌凳

9.5 回形窗的绘制

分析图 9-38 所示的回形窗，该例具体实现过程为：首先利用“矩形”“拉伸”“差集”和“实体编辑”命令创建回形窗的主体，然后利用“长方体”“复制”和“旋转”命令创建回形窗的窗棂。

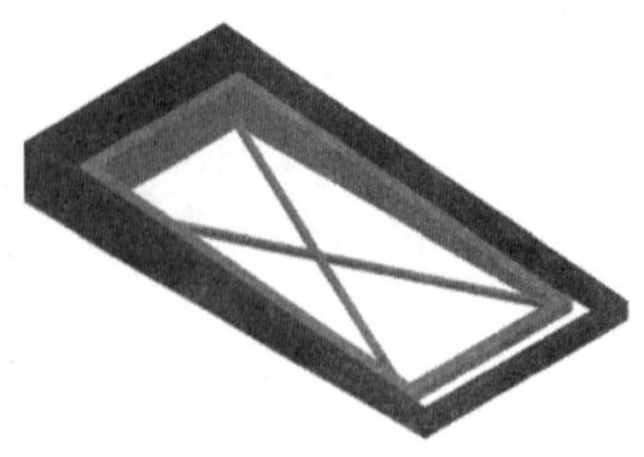

图 9-38 回形窗

9.5.1 绘制回形窗的主体

01 用 LIMITS 命令设置图幅：297×210。用 ISOLINES 命令设置对象上每个曲面的轮廓线数目为 10。

02 单击“默认”选项卡“绘图”面板中的“矩形”按钮，以点(0,0)和点(@40,80)为角点绘制矩形，再以点(2,2)和点(@36,76)为角点绘制矩形，将视图切换到西南等轴测视图，结果如图 9-39 所示。

03 单击“三维工具”选项卡“建模”面板中的“拉伸”按钮，拉伸矩形，拉伸高度为 10，结果如图 9-40 所示。

04 单击“三维工具”选项卡“实体编辑”面板中的“差集”按钮，将两个拉伸实体进行差集运算；然后单击“默认”选项卡“绘图”面板中的“直线”按钮，过(20,2)和(20,78)绘制直线，结果如图 9-41 所示。

05 单击“三维工具”选项卡“实体编辑”面板中的“倾斜面”按钮，对第三步拉伸的实体进行倾斜面处理。命令行提示如下：

命令：_SOLIDEDIT

实体编辑自动检查：SOLIDCHECK=1

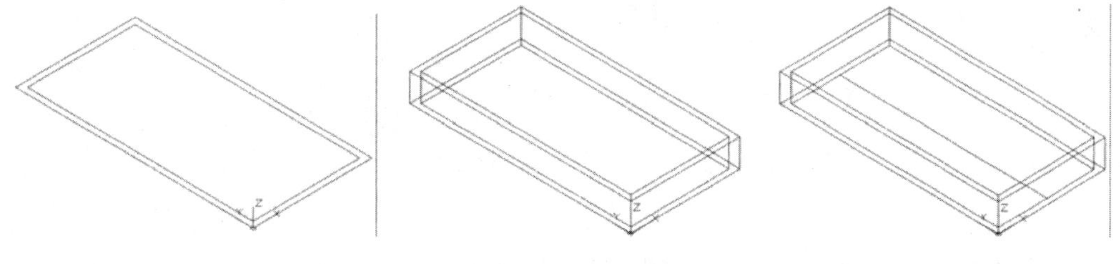

图 9-39　绘制矩形　　图 9-40　拉伸矩形　　图 9-41　绘制直线

输入实体编辑选项 [面(F)/边(E)/体(B)/放弃(U)/退出(X)] <退出>：_face

输入面编辑选项[拉伸(E)/移动(M)/旋转(R)/偏移(O)/倾斜(T)/删除(D)/复制(C)/颜色(L)/材质(A)/放弃(U)/退出(X)] <退出>：_taper

选择面或 [放弃(U)/删除(R)]：（选择如图 9-42 所示的阴影面）

选择面或 [放弃(U)/删除(R)/全部(ALL)]：↙

指定基点：（选择上述绘制直线的左上方的角点）↙

指定沿倾斜轴的另一个点：（选择直线右下方角点）↙

指定倾斜角度：5↙

已开始实体校验。

已完成实体校验。

输入面编辑选项

[拉伸(E)/移动(M)/旋转(R)/偏移(O)/倾斜(T)/删除(D)/复制(C)/颜色(L)/材质(A)/放弃(U)/退出(X)] <退出>：↙

实体编辑自动检查：SOLIDCHECK=1

输入实体编辑选项 [面(F)/边(E)/体(B)/放弃(U)/退出(X)] <退出>：↙

倾斜面处理如图 9-43 所示。

06 单击“默认”选项卡“绘图”面板中的“矩形”按钮，以点(4,7)和点(@32,66)为角点绘制矩形；以点(6,9)和点(@28,62)为角点绘制矩形，结果如图 9-44 所示。

07 单击“三维工具”选项卡“建模”面板中的“拉伸”按钮，拉伸矩形，拉伸高度为 8，如图 9-45 所示。

08 单击“三维工具”选项卡“实体编辑”面板中的“差集”按钮，对拉伸创建的长方体进行差集运算。

09 单击“三维工具”选项卡“实体编辑”面板中的“倾斜面”按钮，将差集运算后的实体倾斜 5°，然后删除辅助直线，绘制回形窗的主体如图 9-46 所示。

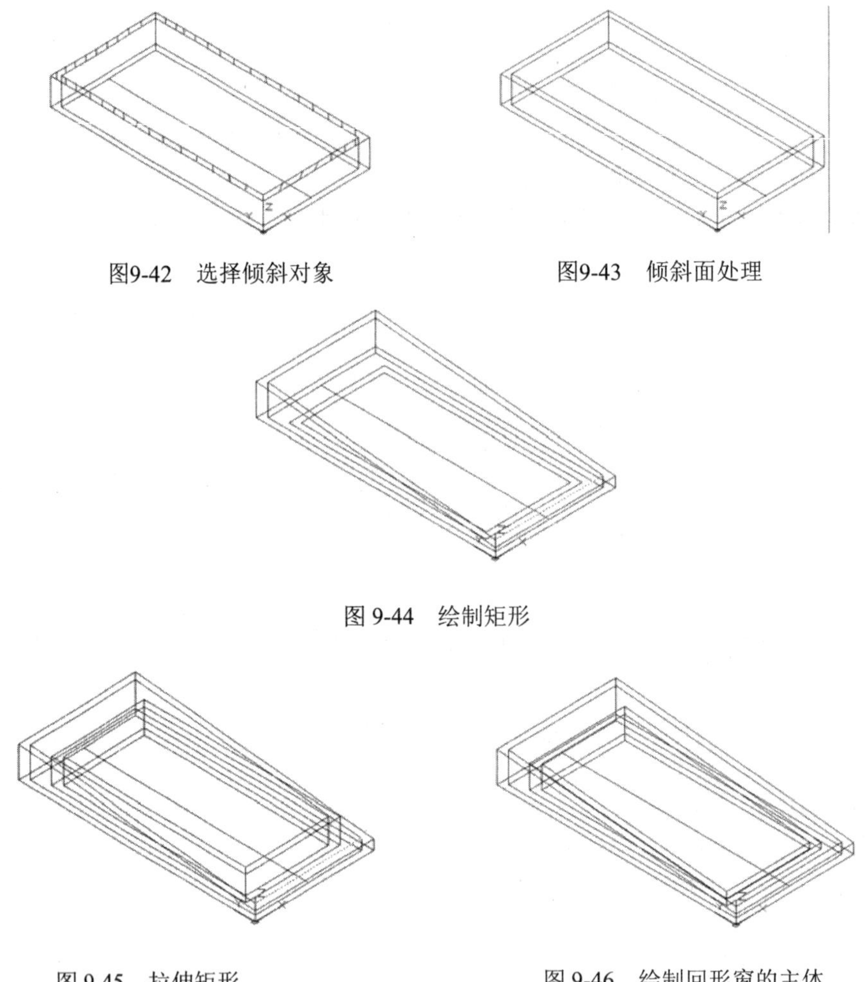

图9-42　选择倾斜对象

图9-43　倾斜面处理

图 9-44　绘制矩形

图 9-45　拉伸矩形

图 9-46　绘制回形窗的主体

9.5.2　绘制回形窗的窗棂

01 单击“三维工具”选项卡“建模”面板中的“长方体”按钮，以点(0,0,15)和点(@1,72,1)为角点创建长方体，如图 9-47 所示。

02 单击“默认”选项卡“修改”面板中的“复制”按钮，复制长方体；调用三维旋转命令（3DROTATE），分别将两个长方体旋转 25°和-25°；单击“默认”选项卡“修改”面板中的“移动”按钮，将旋转后的长方体移动到合适的位置，如图 9-48 所示。

9.5.3　渲染

单击“可视化”选项卡“材质”面板中的“材质浏览器”按钮，在“材质浏览器”选项板中选择适当的材质。单击“可视化”选项卡“渲染”面板中的“渲染到尺寸”按钮，对实体进行渲染，渲染后的效果如图 9-38 所示。

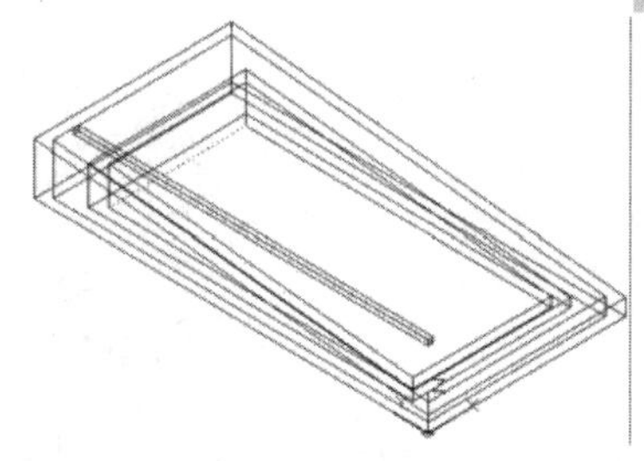
图 9-47 创建长方体

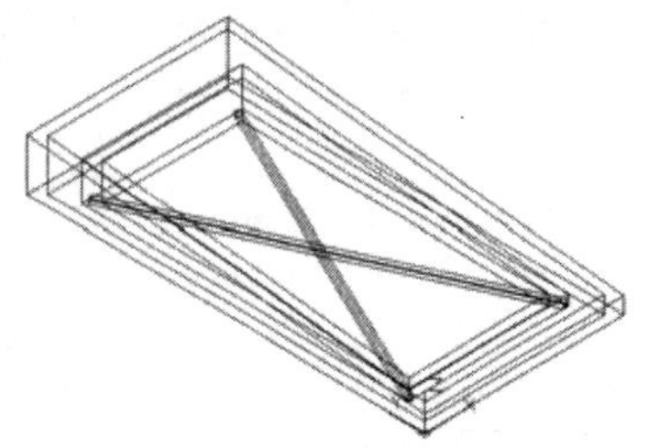
图 9-48 复制并旋转长方体

9.6 石栏杆的绘制

图 9-49 所示的石栏杆绘制过程为：首先利用“长方体”命令绘制柱子，然后利用“多段线”“面域”命令和“拉伸”命令绘制栏杆，最后利用“复制”命令添加石栏杆。

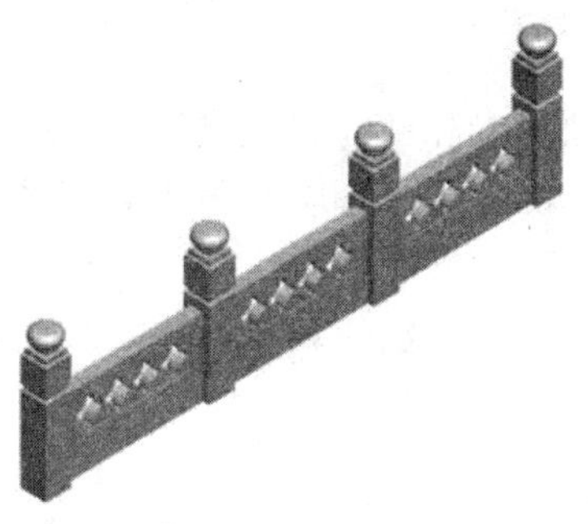
图 9-49 石栏杆

9.6.1 绘制石栏杆的柱子

01 设置绘图环境。用 LIMITS 命令设置图幅：297×210。用 ISOLINES 命令设置对象上每个曲面的轮廓线数目为 10。

02 单击“三维工具”选项卡“建模”面板中的“长方体”按钮，以点(0,0,0)和点(@20,20,110)为角点绘制长方体；以点(-2,-2,0)和点(@24,24,78)为角点绘制长方体；以点(-2,-2,82)和点(@24,24,24)为角点绘制长方体，如图 9-50 所示。

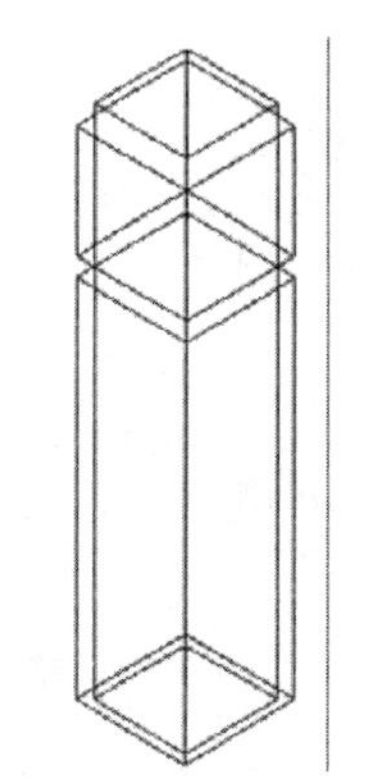
图9-50 创建长方体

03 将视图切换到主视图，单击“默认”选项卡“绘图”面板中的“多段线”按钮，绘制如图 9-51 所示的图形；单击“默认”选项卡“绘图”面板中的“面域”按钮，将其创建为面域。

04 单击“三维工具”选项卡“建模”面板中的“旋转”按钮，将创建的面域绕长度为 16 的边旋转；单击“默认”选项卡“修改”面板中的“移动”按钮，将旋转后的实体移动到长方体的顶端，如图 9-52 所示。

05 单击“默认”选项卡“修改”面板中的“圆角”按钮，对长方体的边进行圆角操作，圆角半径为 1，绘制柱子如图 9-53 所示。

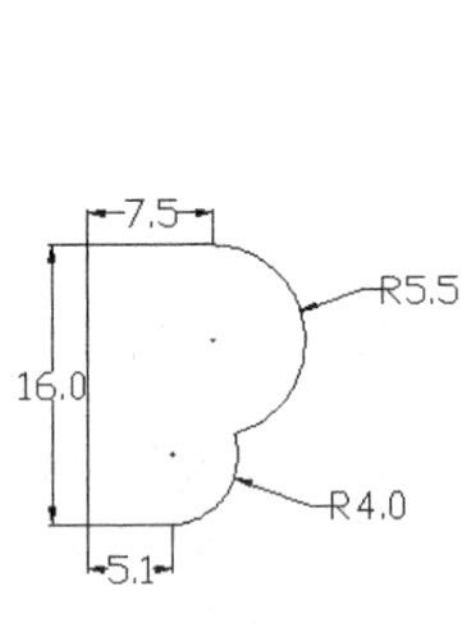

图 9-51　创建面域

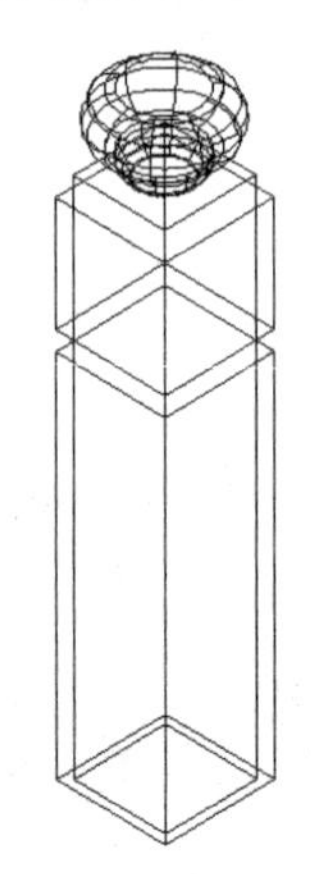

图 9-52　移动实体

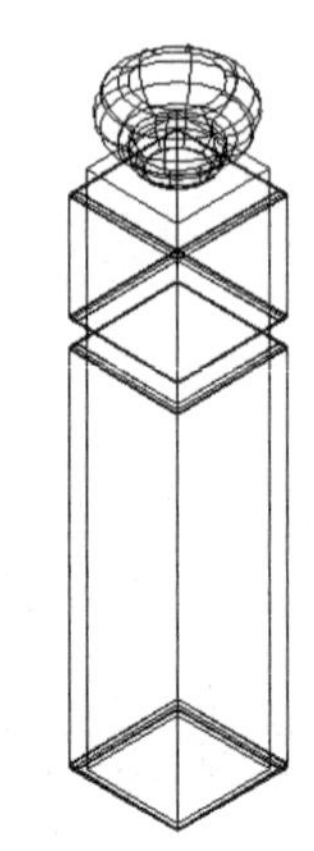

图 9-53　绘制柱子

9.6.2　绘制石栏杆的栏杆

01 将坐标系转换为 WCS，单击“三维工具”选项卡“建模”面板中的“长方体”按钮，以点(22,4,0)和点(@130,12,70)为角点创建长方体；以点(32,4,30)和点(@110,12,30)为角点创建长方体。

02 单击“三维工具”选项卡“实体编辑”面板中的“差集”按钮，对两个长方体进行差集运算，结果如图 9-54 所示。

03 切换到主视图。

04 单击“默认”选项卡“绘图”面板中的“矩形”按钮，以点(34.5,32.5)和点(@25,25)为角点绘制矩形；单击“默认”选项卡“修改”面板中的“圆角”按钮，分别以矩形的 4 个角点为圆心，绘制半径为 10 的圆，如图 9-55 所示。

05 单击“默认”选项卡“修改”面板中的“修剪”按钮，修剪图形，如图 9-56 所示。

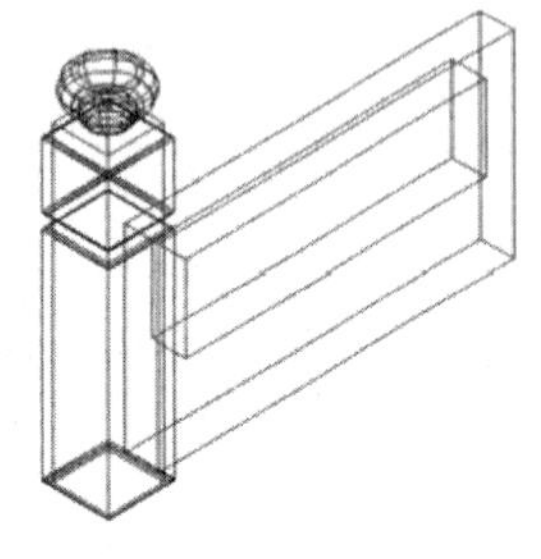

图 9-54　差集运算

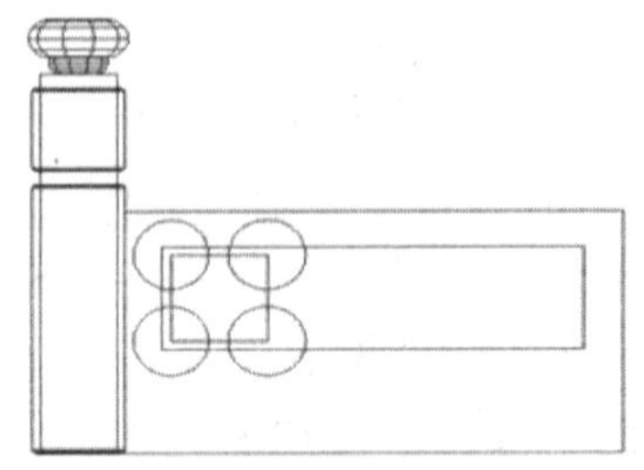

图 9-55　绘制矩形和圆

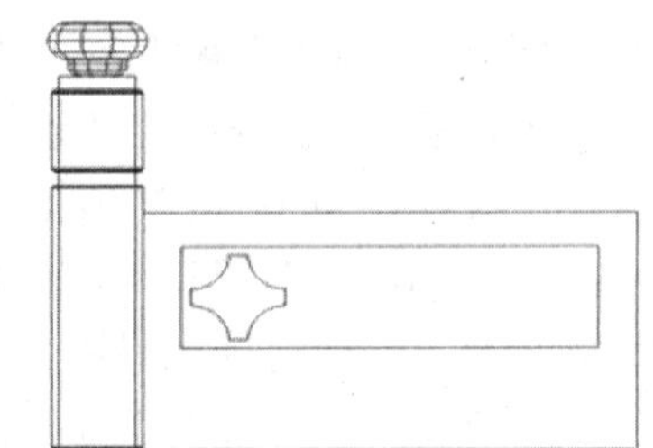

图 9-56　修剪图形

06 选择菜单栏中的“修改”→“三维操作”→“三维阵列”命令，将修剪后的图形进行矩形阵列，指定行数为 1，列数为 4，列间距为 26.5，结果如图 9-57 所示。

07 单击“默认”选项卡“绘图”面板中的“面域”按钮，将阵列后的图形创建面域；单击“三维工具”选项卡“建模”面板中的“拉伸”按钮，拉伸面域，指定拉伸高度为-10；将视图切换到西南等轴测视图，如图 9-58 所示。

08 将坐标系转换为 WCS，单击“三维工具”选项卡“建模”面板中的“长方体”按钮，以点(32, 5, 30)和点(@110, 10, 30)为角点创建长方体，如图 9-59 所示。

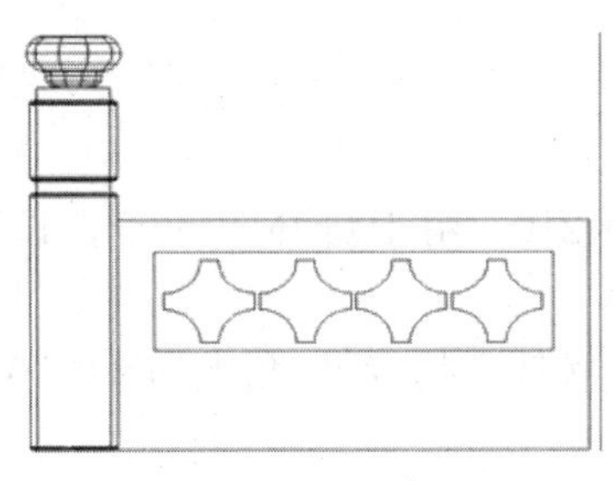

图 9-57　矩形阵列

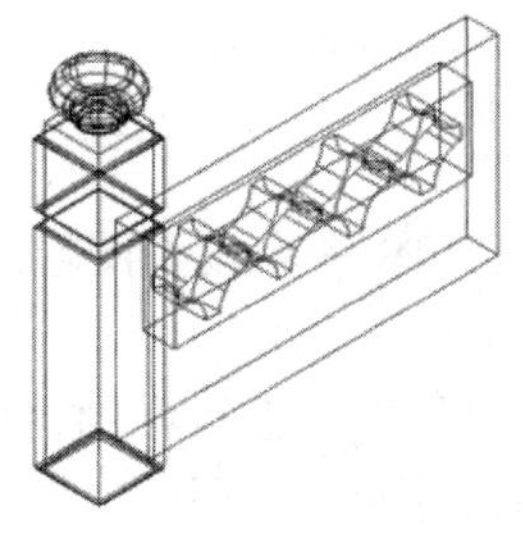

图 9-58　拉伸面域

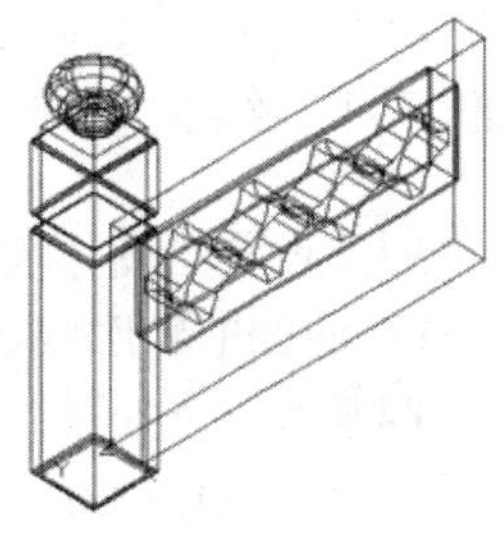

图 9-59　创建长方体

09 单击“三维工具”选项卡“实体编辑”面板中的“差集”按钮，从长方体中减去拉伸面域创建的实体。

10 单击“默认”选项卡“修改”面板中的“复制”按钮，命令行提示如下：

命令：_COPY
选择对象：（选择图形的左侧部分）
选择对象：↙
当前设置：复制模式=多个
指定基点或 [位移(D)/模式(O)] <位移>：0, 0, 0↙
指定第二个点或[阵列(A)] <使用第一个点作为位移>：@154, 0, 0↙
指定第二个点或 [阵列(A)/退出(E)/放弃(U)] <退出>：↙

复制图形，如图 9-60 所示。重复复制图形，删除多余图形，如图 9-61 所示。

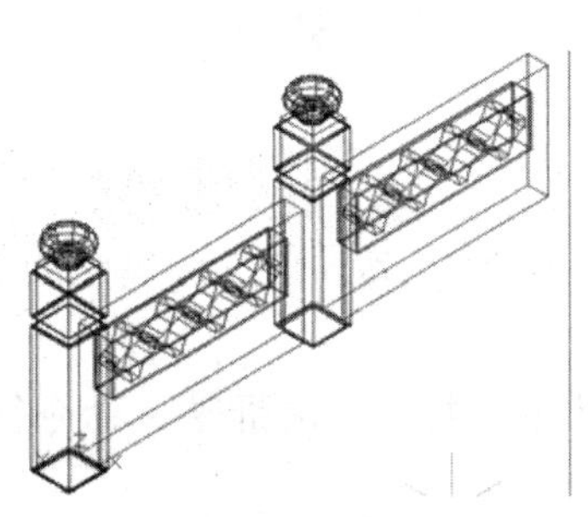

图 9-60　复制图形

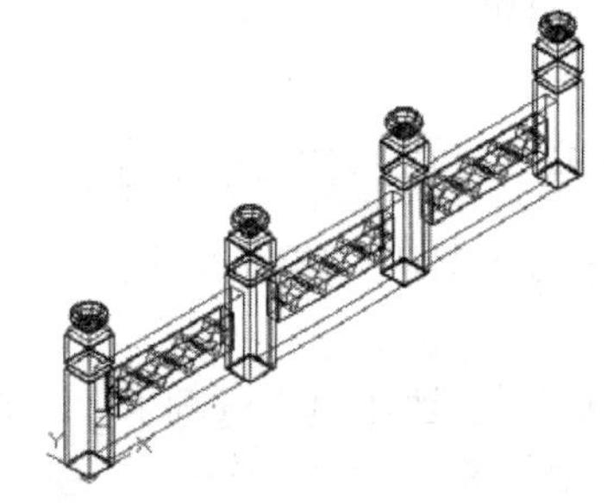

图 9-61　重复复制图形并删除多余图形

9.6.3　渲染

单击“可视化”选项卡“材质”面板中的“材质浏览器”按钮，在“材质浏览器”选项板中选择适当的材质。单击“可视化”选项卡“渲染”面板中的“渲染到尺寸”按钮，对实体进行渲染，渲染后的效果如图 9-49 所示。

9.7　坐便器的绘制

图 9-62 所示的坐便器的绘制过程为：首先利用“矩形”“圆弧”“面域”和“拉伸”

命令绘制坐便器的主体，然后利用“圆柱体”“差集”“交集”绘制水箱，最后利用“椭圆”和“拉伸”命令绘制坐便器盖。

9.7.1　绘制坐便器的主体

01 设置绘图环境。用 LIMITS 命令设置图幅：297×210。用 ISOLINES 命令，设置对象上每个曲面的轮廓线数目为 10。

02 单击“默认”选项卡“绘图”面板中的“矩形”按钮，绘制角点为（0，0）（560，260）的矩形，绘制结果如图 9-63 所示。

03 单击“默认”选项卡“绘图”面板中的“圆弧”按钮，命令行提示如下：

```
命令：_ARC
指定圆弧的起点或 [圆心(C)]：400,0↙
指定圆弧的第二个点或 [圆心(C)/端点(E)]：500,130↙
指定圆弧的端点：400,260↙
```

单击“默认”选项卡“修改”面板中的“修剪”按钮，将多余的线段剪去，修剪之后结果如图 9-64 所示。

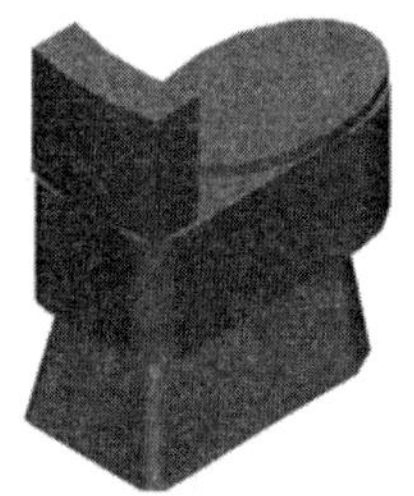

图 9-62　坐便器

图 9-63　绘制矩形

图 9-64　绘制并修剪圆弧

04 单击“默认”选项卡“绘图”面板中的“面域”按钮，将绘制的矩形和圆弧进行面域处理。

05 单击“三维工具”选项卡“建模”面板中的“拉伸”按钮，命令行提示如下：

```
命令：_EXTRUDE
当前线框密度： ISOLINES=10，闭合轮廓创建模式 = 实体
选择要拉伸的对象或 [模式(MO)]：_MO 闭合轮廓创建模式 [实体(SO)/曲面(SU)] <实体>：_SO↙
选择要拉伸的对象或 [模式(MO)]：↙ 找到 1 个
选择要拉伸的对象或 [模式(MO)]：↙
指定拉伸的高度或 [方向(D)/路径(P)/倾斜角(T)/表达式(E)] <30.0000>：L↙
指定拉伸的倾斜角度或 [表达式(E)] <0>：10↙
指定拉伸的高度或 [方向(D)/路径(P)/倾斜角(T)/表达式(E)] <30.0000>：200↙
```

将视图切换到西南等轴测视图，如图 9-65 所示。

06 单击“默认”选项卡“修改”面板中的“圆角”按钮，圆角半径设为 20，将坐便器底座的直角边改为圆角边，如图 9-66 所示。

07 单击“三维工具”选项卡“建模”面板中的“长方体”按钮，命令行提示如下：

```
命令：_BOX
```

指定第一个角点或 [中心(C)]：0,0,200↙
指定其他角点或 [立方体(C)/长度(L)]：550,260,400↙
绘制长方体，如图 9-67 所示。

08 单击“默认”选项卡“修改”面板中的“圆角”按钮，将圆角半径设为 130，将长方体右侧的两条边进行圆角操作；左侧的两条边的圆角半径为 50，绘制坐便器主体，如图 9-68 所示。

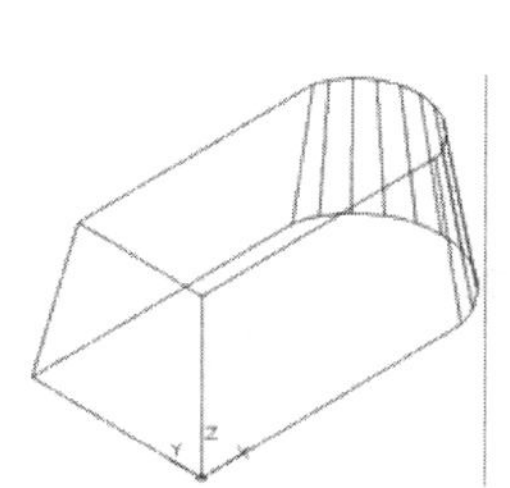
图 9-65 拉伸面域

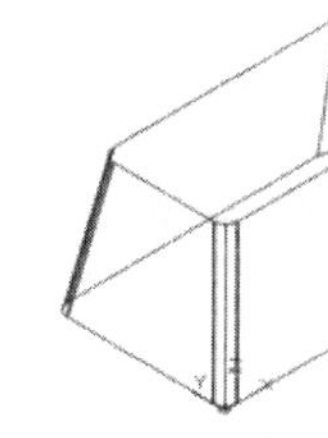
图 9-66 圆角操作

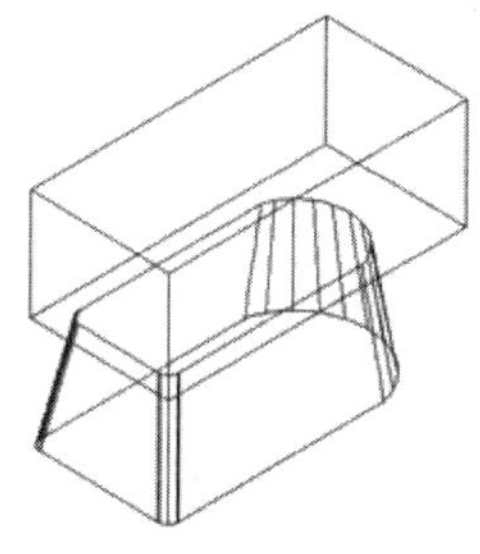
图 9-67 绘制长方体

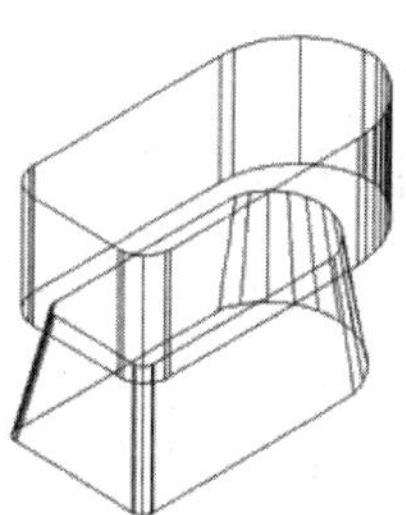
图 9-68 绘制坐便器主体

9.7.2 绘制坐便器的水箱

01 单击“三维工具”选项卡“建模”面板中的“长方体”按钮，命令行提示如下：
命令：_BOX
指定第一个角点或 [中心(C)]：C ↙
指定中心：50,130,500↙
指定角点或 [立方体(C)/长度(L)]：L↙
指定长度：100↙
指定宽度：240↙
指定高度：200↙

02 单击“三维工具”选项卡“建模”面板中的“圆柱体”按钮，命令行提示如下：
命令：_CYLINDER
指定底面的中心点或 [三点(3P)/两点(2P)/切点、切点、半径(T)/椭圆(E)]：500,130,400↙
指定底面半径或 [直径(D)]：500↙
指定高度或 [两点(2P)/轴端点(A)]：200↙
命令：_cylinder
指定底面的中心点或 [三点(3P)/两点(2P)/切点、切点、半径(T)/椭圆(E)]：500,130,400↙
指定底面半径或 [直径(D)]：420↙
指定高度或 [两点(2P)/轴端点(A)]：200↙
绘制圆柱体，如图 9-69 所示。

03 单击“三维工具”选项卡“实体编辑”面板中的“差集”按钮，对上步绘制的大圆柱体与小圆柱体进行差集运算。用“消隐”命令（HIDE）对实体进行消隐处理，如图 9-70 所示。

04 单击“三维工具”选项卡“实体编辑”面板中的“交集”按钮，选择长方体和圆柱环，对其进行交集运算，绘制坐便器水箱如图 9-71 所示。

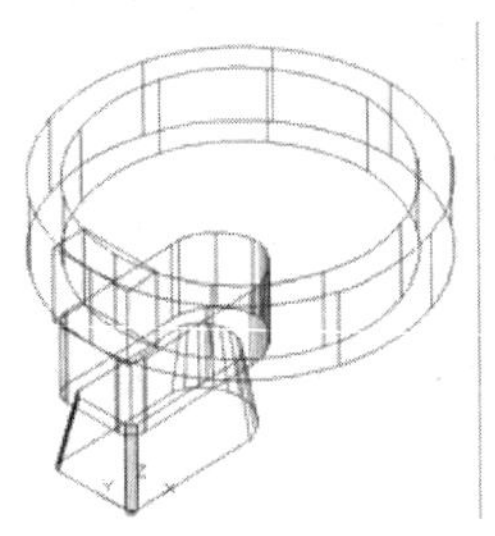

图 9-69　绘制圆柱体

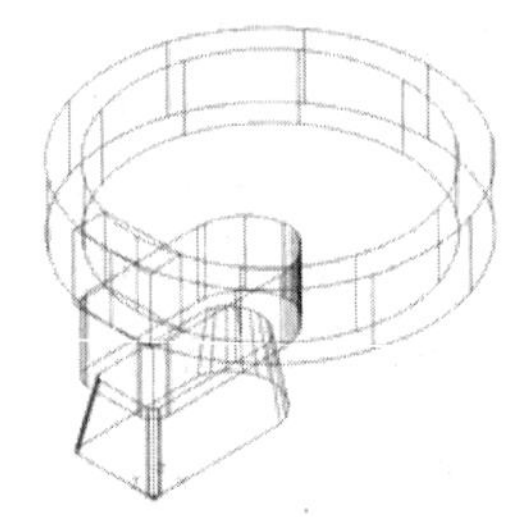

图 9-70　差集运算及消隐处理

9.7.3　绘制坐便器盖

01 单击“默认”选项卡“绘图”面板中的“椭圆”按钮，命令行提示如下：

命令：_ELLIPSE
指定椭圆的轴端点或 [圆弧(A)/中心点(C)]：c↙
指定椭圆的中心点：300,130,400↙
指定轴的端点：500,130↙
指定另一条半轴长度或 [旋转(R)]：130↙

02 单击“三维工具”选项卡“建模”面板中的“拉伸”按钮，设置拉伸高度为 10，将椭圆拉伸成为坐便器盖，绘制结果如图 9-72 所示。

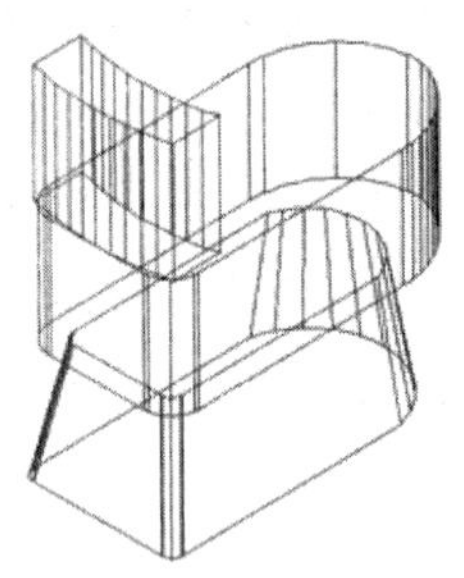

图 9-71　绘制坐便器水箱

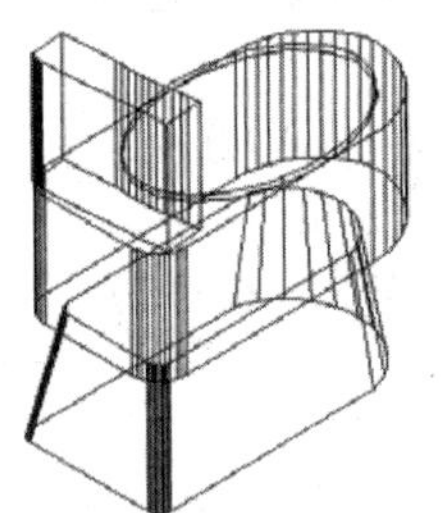

图 9-72　绘制坐便器盖

9.7.4　渲染

单击“可视化”选项卡“材质”面板中的“材质浏览器”按钮，在“材质浏览器”选项板中选择适当的材质。单击“可视化”选项卡“渲染”面板中的“渲染到尺寸”按钮，对实体进行渲染，渲染后的效果如图 9-62 所示。

三维建筑模型设计实例

通过前面对建筑基本单元的介绍，我们对三维建筑设计有了初步的了解，这一章将主要介绍复杂建筑模型的造型方法和技巧。

- 教堂的绘制
- 凉亭的绘制
- 建筑三维透视图

10.1 教堂的绘制

图 10-1 所示的教堂的绘制思路是：先利用“长方体”“多段线”和“三维镜像”命令绘制教堂主体，然后利用“球体”“长方体”和“旋转”命令绘制穹顶，再利用“ELEV”“直线”“圆弧”和“三维阵列”命令绘制门，最后进行赋材渲染。

图 10-1 教堂

10.1.1 绘制教堂主体

01 启动系统，新建一个空白图形文件，在命令行输入 LIMITS。输入图纸的左下角的坐标（0,0），然后输入图纸的右上角点（200,200），最后执行 zoom/all 命令。

02 单击“可视化”选项卡“命名视图”面板中的“西南等轴测”按钮，将视图方向设定为西南等轴测视图方向。

03 单击“三维工具”选项卡“建模”面板中的“长方体”按钮，绘制一个长度为 100、宽度为 100、高度为 50 的长方体，如图 10-2 所示。

04 将视图切换到主视图，单击“默认”选项卡“绘图”面板中的“直线”按钮，在长方体表面上绘制出如图 10-3 所示的多段线。

05 单击“默认”选项卡“绘图”面板中的“面域”按钮，将上步绘制的多段线创建为面域。

06 单击“三维工具”选项卡“建模”面板中的“拉伸”按钮，将上步创建的面域拉伸成高度为-120 的实体，如图 10-4 所示。

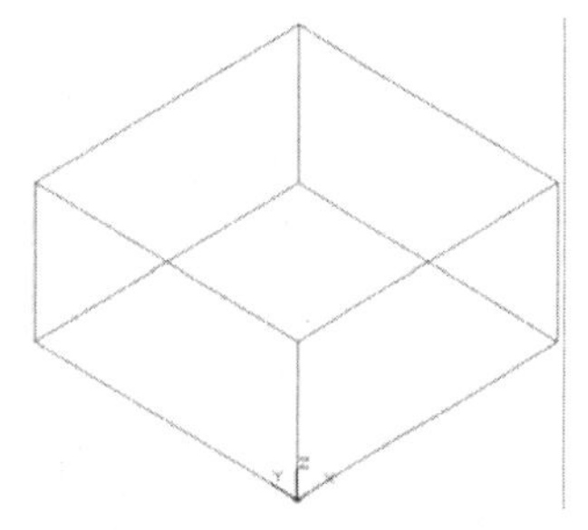

图 10-2 绘制长方体

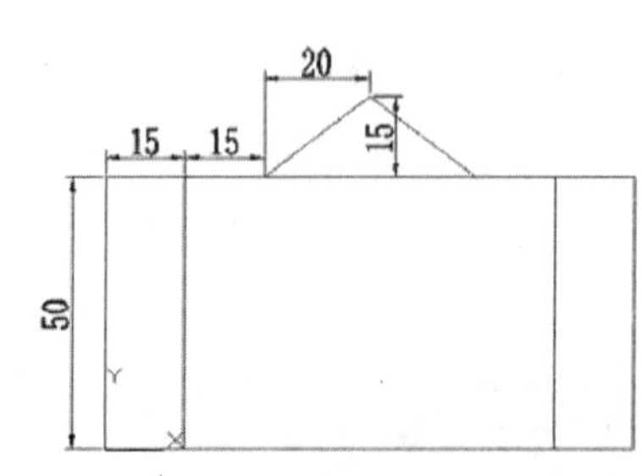

图 10-3 绘制多段线

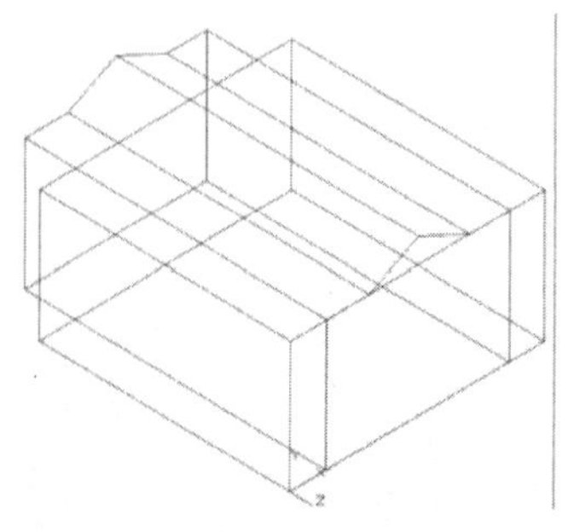

图 10-4 拉伸创建实体

07 单击“默认”选项卡“修改”面板中的“移动”按钮，将拉伸创建的实体向 Z 轴正方向移动 10，如图 10-5 所示。

08 将视图切换到俯视图，将拉伸创建的实体镜像到长方体的另外一个方向。单击“默认”选项卡“修改”面板中的“镜像”按钮，选择长方体的对角面作为镜像平面。镜像实体，如图 10-6 所示。

09 单击“默认”选项卡“绘图”面板中的“直线”按钮，在长方体底面绘制一条对角线作为辅助线，如图 10-7 所示。

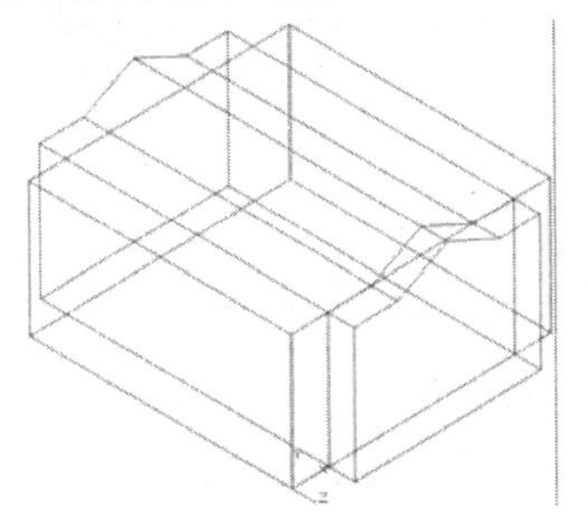

图 10-5 移动实体

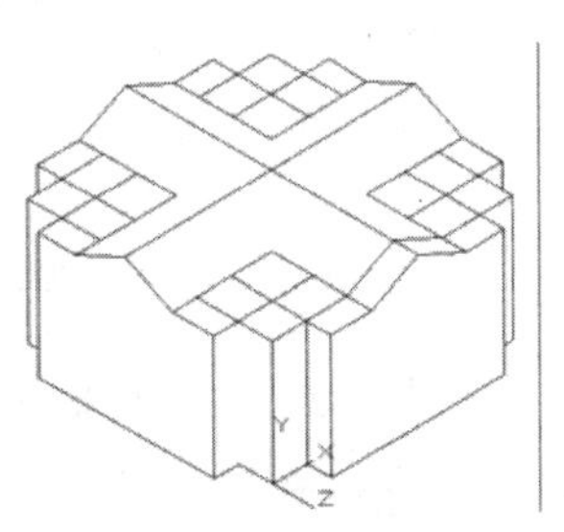

图 10-6 镜像实体

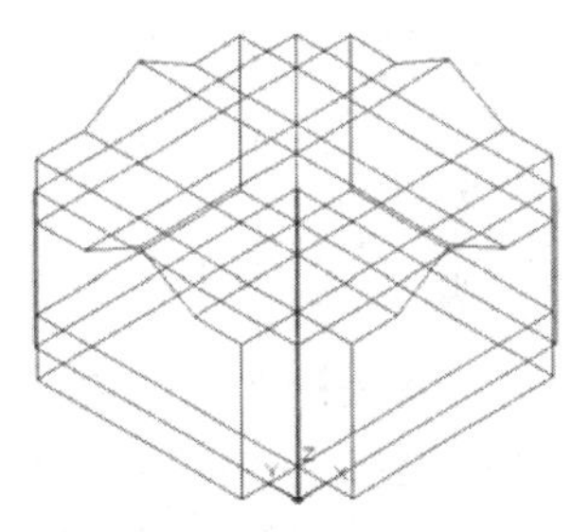

图 10-7 绘制辅助线

10 单击“默认”选项卡“绘图”面板中的“圆”按钮，绘制一个底面半径为 80、中心在长方体底面形心的圆。

11 单击“三维工具”选项卡“建模”面板中的“拉伸”按钮，将圆向下拉伸成高度为 10 的实体，删去辅助线，如图 10-8 所示。

12 利用 UCS 命令将坐标系绕 X 轴旋转 90°，新建如图 10-9 所示的坐标系。

13 单击“三维工具”选项卡“建模”面板中的“长方体”按钮，在台阶位置绘制一个与台阶大小相等的长方体，角点坐标分别为（15,10,10）、（85，-10,130）。

14 利用 UCS 命令将坐标系移动到坐标点（50，-10，-50）处，然后利用“阵列”命令（ARRAY）将长方体阵列到教堂的另外三个侧面，如图 10-10 所示。

15 单击“三维工具”选项卡“实体编辑”面板中的“差集”按钮，求底座与 4 个小长方体的差集，如图 10-11 所示。

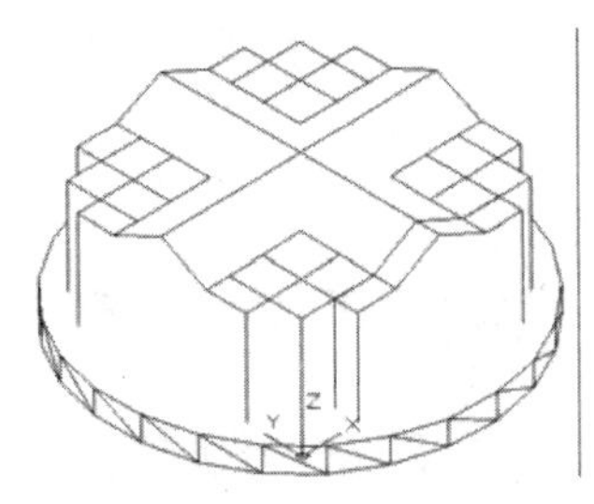

图 10-8 绘制圆形底座

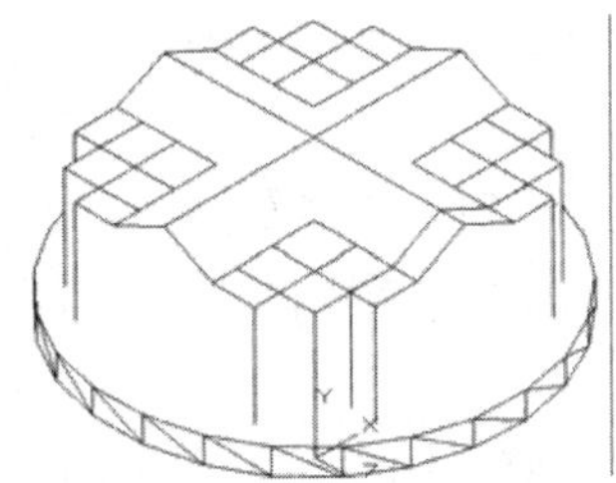

图 10-9 新建坐标系

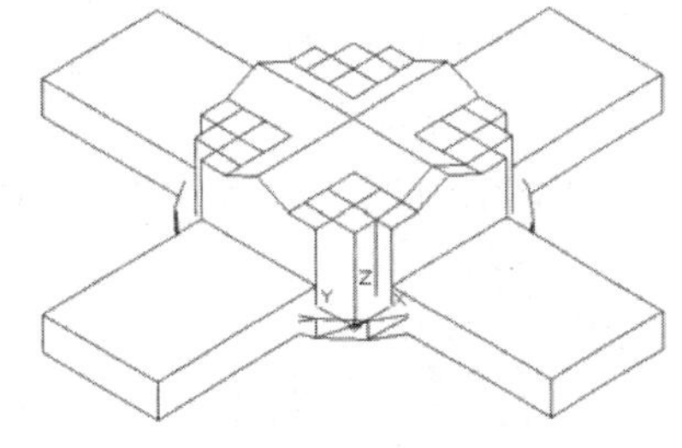

图 10-10 绘制并镜像小长方体

16 利用 UCS 命令将坐标系移动到点（35，0，60）处，并将其绕 Y 轴旋转-90°。单击“默认”选项卡“绘图”面板中的“多段线”按钮，绘制多处闭合的台阶截面，台阶高和宽为 2，如图 10-12 所示。

17 单击“三维工具”选项卡“建模”面板中的“拉伸”按钮，将绘制的台阶截面拉伸成宽度为 70 的实体，如图 10-13 所示。

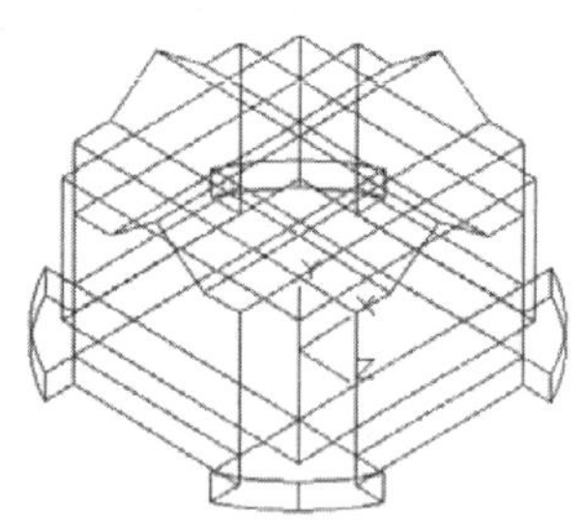

图 10-11　求差集

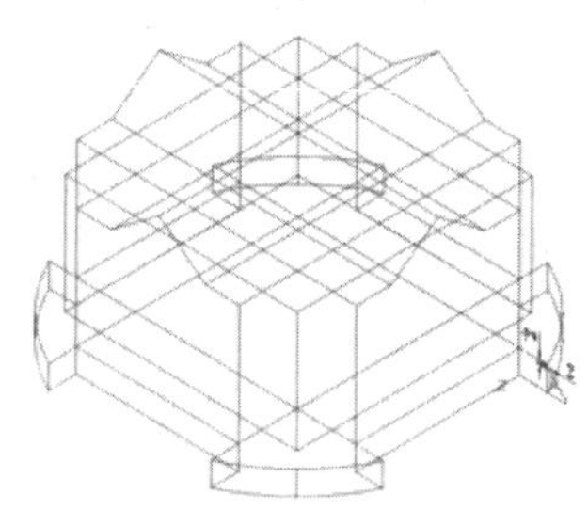

图 10-12　绘制台阶截面

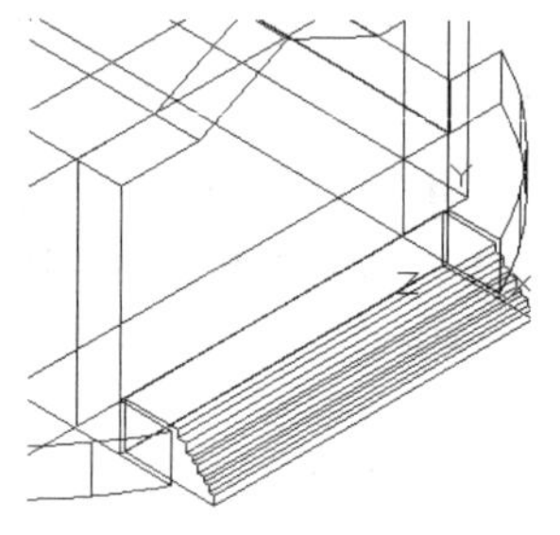

图 10-13　绘制长方体

18 单击“三维工具”选项卡“建模”面板中的“长方体”按钮，在台阶两侧绘制两个小长方体，长方体高度为 2，然后利用“并集”命令（UNION）将其与台阶合并成一个整体，如图 10-14 所示。

19 单击“默认”选项卡“绘图”面板中的“直线”按钮，在教堂主体长方体顶面绘制两条对角线作为辅助线。

20 切换到俯视图，选择菜单栏中的“修改”→“三维操作”→“三维阵列”命令，将台阶阵列到教堂的另三个侧面，返回东南等轴测视图，如图 10-15 所示。

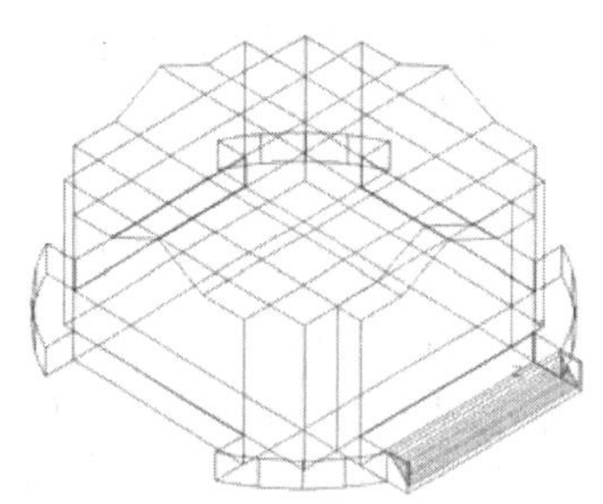

图 10-14　合并台阶

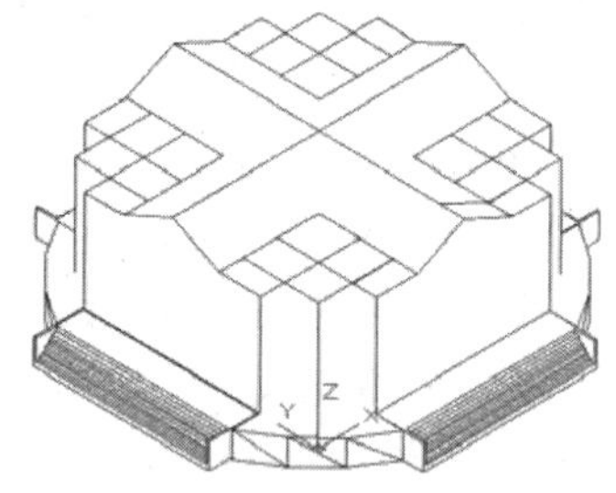

图 10-15　阵列台阶

21 单击“可视化”选项卡“命名视图”面板中的“俯视”按钮，将视图方向设定为俯视图方向。

22 利用 UCS 命令将坐标系移动到辅助线交点处，如图 10-16 所示。

23 单击“默认”选项卡“绘图”面板中的“多边形”按钮，在顶面上绘制一个正八边形。

24 单击“可视化”选项卡“命名视图”面板中的“西南等轴测”按钮，将视图方向设定为西南等轴测视图方向。

25 单击“三维工具”选项卡“建模”面板中的“拉伸”按钮，将正八边形向上拉伸成高度为 20 的实体，如图 10-17 所示。

26 利用 UCS 命令将坐标系移动到点（0,0,20）处，利用“删除”命令（ERASE）删除辅助线。

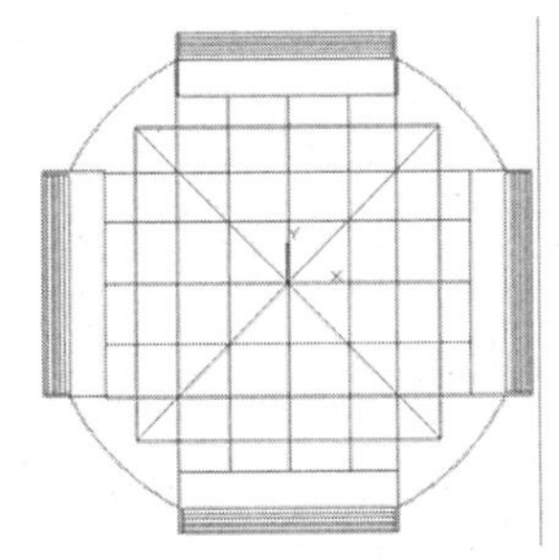

图 10-16 俯视图及平移后的坐标系

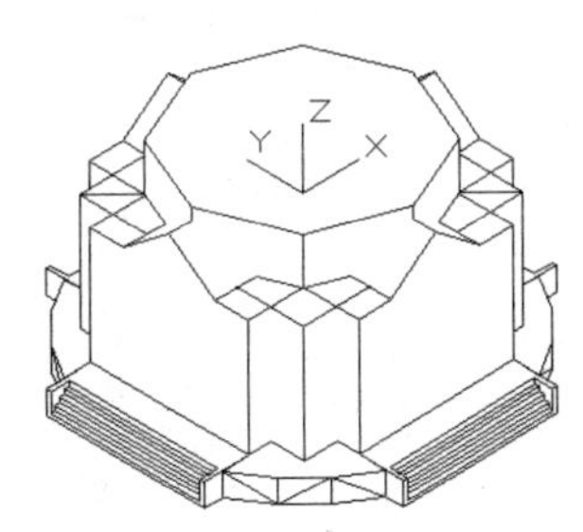

图 10-17 绘制棱柱体

10.1.2 绘制穹顶

01 单击“三维工具”选项卡“建模”面板中的“球体”按钮，在原点处绘制一个半径为 40 的球体。

02 单击“三维工具”选项卡“实体编辑”面板中的“并集”按钮，将教堂合并成一个整体，如图 10-18 所示。

03 单击“可视化”选项卡“命名视图”面板中的“前视”按钮，将视图方向设定为主视图方向。

04 单击“默认”选项卡“绘图”面板中的“多段线”按钮，在穹顶上方绘制顶缨的半截面，如图 10-19 所示。

05 单击“三维工具”选项卡“建模”面板中的“旋转”按钮，将顶缨半截面绕中轴线旋转得到实体，然后用“UNION”命令将其与教堂合并成一个整体。

06 单击“可视化”选项卡“命名视图”面板中的“西南等轴测”按钮，将视图方向设定为西南等轴测视图方向，如图 10-20 所示。

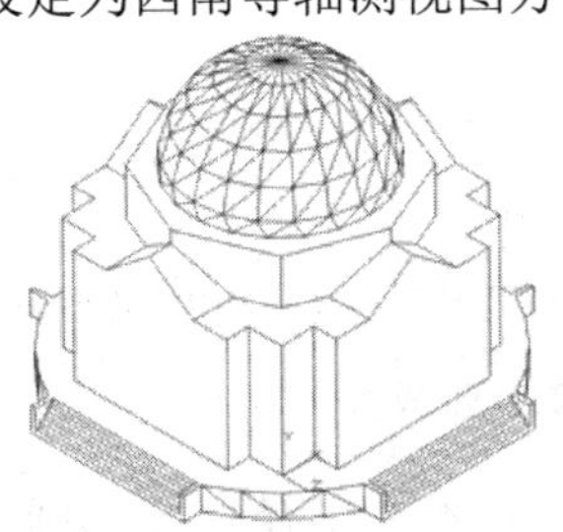

图 10-18 绘制穹顶

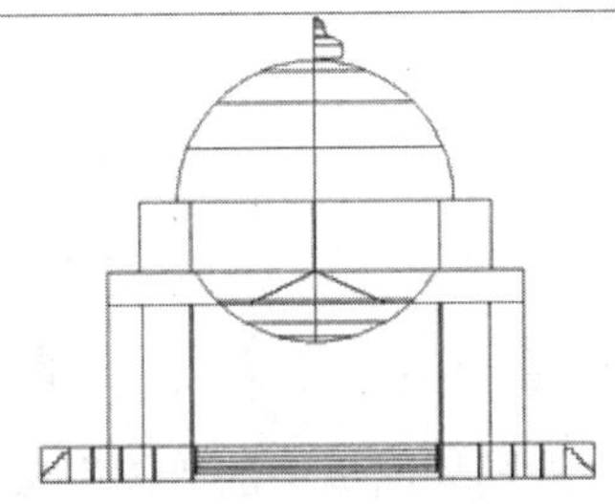

图 10-19 绘制顶缨半截面

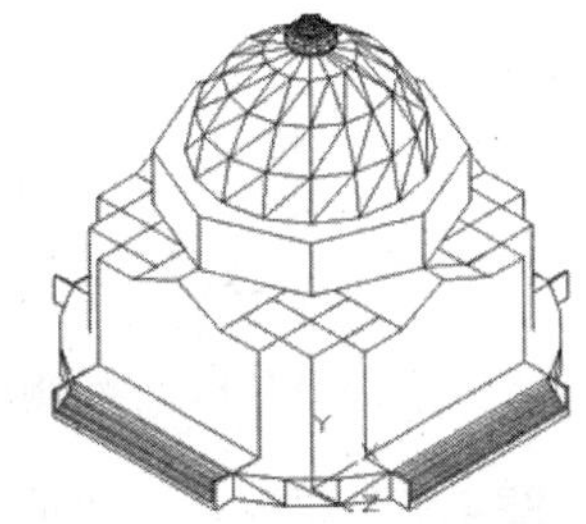

图 10-20 绘制顶缨

10.1.3 绘制门

01 单击“可视化”选项卡“命名视图”面板中的“前视”按钮，将视图方向设定为主视图方向，如图 10-21 所示。

02 利用“ELEV”命令将图元标高和厚度分别设为 2 和 5，命令行提示如下：

命令：ELEV↙

指定新的默认标高 <0.0000>：2↙

指定新的默认厚度 <0.0000>：5↙

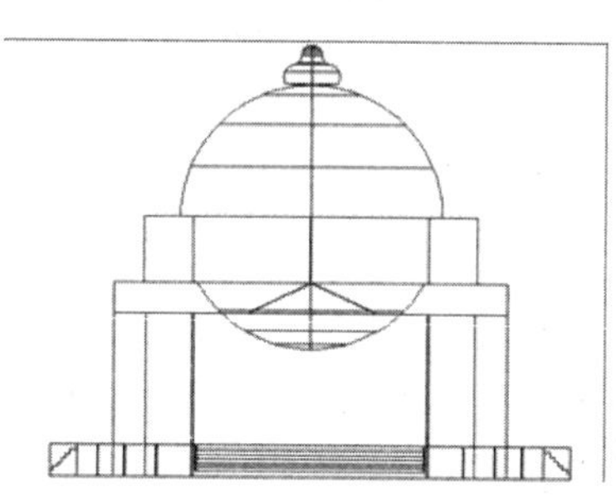

图 10-21　主视图及坐标系

03 单击“默认”选项卡“绘图”面板中的“直线”按钮╱，过台阶水平线的中点向上绘制长度为 50 的直线。

04 单击“默认”选项卡“修改”面板中的“偏移”按钮⊆，偏移直线，偏移距离为 10，绘制矩形作为装饰柱廊，如图 10-22 所示。

05 单击“默认”选项卡“绘图”面板中的“直线”按钮╱，过装饰柱廊两侧的顶端绘制一条水平直线，单击“默认”选项卡“修改”面板中的“偏移”按钮⊆，将水平直线向下偏移 10。

06 单击“默认”选项卡“绘图”面板中的“圆弧”按钮⌒，在柱子上方绘制圆弧。单击“默认”选项卡“修改”面板中的“复制”按钮，将圆弧复制到立面的其他位置。

07 单击“默认”选项卡“修改”面板中的“移动”按钮✥，将圆弧和水平直线向下移动，偏移距离设为 10。

08 单击“默认”选项卡“修改”面板中的“修剪”按钮，将弧线相交部分裁去形成拱，如图 10-23 所示。

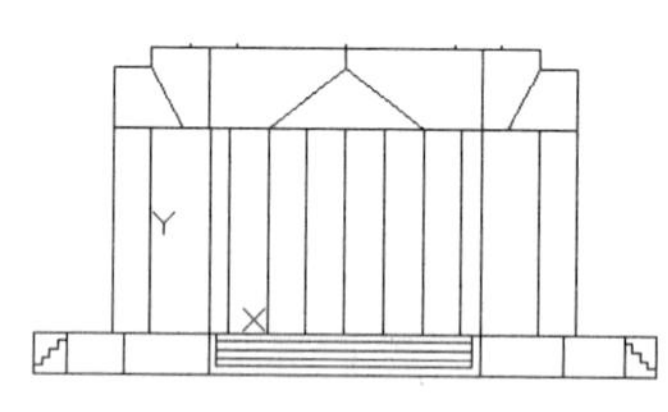

图 10-22　绘制柱廊

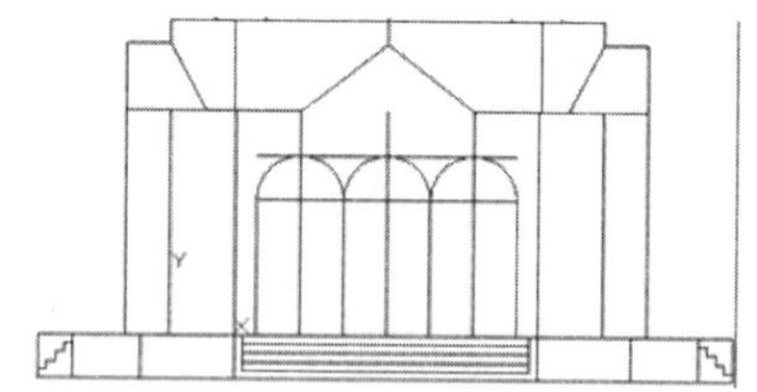

图 10-23　生成拱

09 单击“默认”选项卡“绘图”面板中的“圆”按钮⊙，绘制半径为 2 的圆，单击“默认”选项卡“修改”面板中的“删除”按钮，删除辅助线，如图 10-24 所示。

10 单击“可视化”选项卡“命名视图”面板中的“西南等轴测”按钮，将视图方向设定为西南等轴测视图方向。

11 选择菜单栏中的“修改”→“三维操作”→“三维阵列”命令，将装饰图案阵列到教堂的其他侧面，如图 10-25 所示。

12 单击“可视化”选项卡“材质”面板中的“材质浏览器”按钮，系统弹出“材质浏览器”选项板，为各个单元添加适当的材质。

13 单击“可视化”选项卡“渲染”面板中的“渲染到尺寸”按钮，执行“渲染”命令。渲染结果如图 10-1 所示。

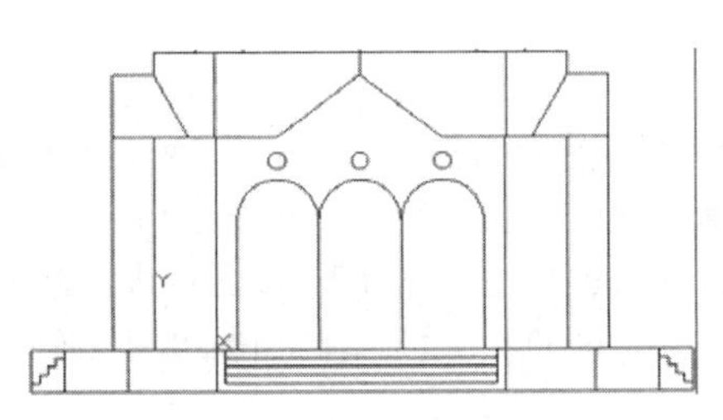

图 10-24 绘制其他装饰图案

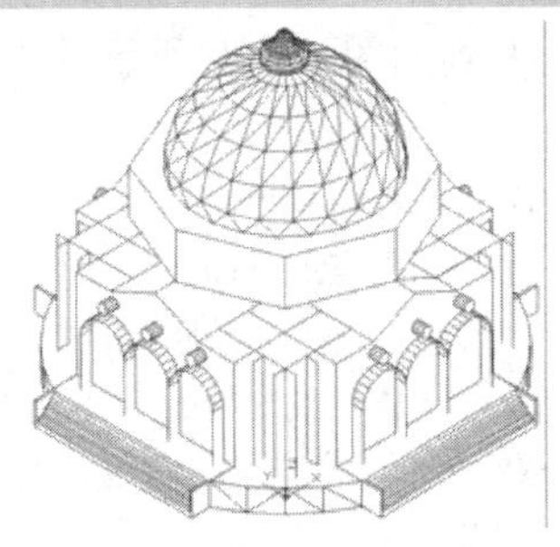

图 10-25 阵列装饰图案

10.2 凉亭的绘制

图 10-26 所示的凉亭的绘制思路是：利用“正多边形”命令和“拉伸”命令生成亭基，利用“多段线”和“拉伸”命令生成台阶；再利用“圆柱体”和“三维阵列”命令绘制立柱；然后利用“多段线”和“拉伸”命令生成连梁；接下来利用“长方体”“多行文字”“边界网格”“旋转”“拉伸”“三维阵列”等命令生成牌匾和亭顶；利用“圆柱体”“并集”“多段线”“旋转”和“三维阵列命令生成桌椅；利用“长方体”和“三维阵列”命令绘制长凳；最后进行赋材渲染。

图 10-26 凉亭

10.2.1 绘制凉亭外体

01 打开 AutoCAD 2022 并新建一个文件，单击“快速访问”工具栏中的“保存”按钮，将文件保存为“凉亭.dwg”。

02 单击“默认”选项卡“绘图”面板中的“多边形”按钮，绘制一个边长为 120 的正六边形。

03 将视图切换到东南等轴测视图，然后单击“三维工具”选项卡“建模”面板中的“拉伸”按钮，将正六边形拉伸成高度为 30 的棱柱体，此时的亭基视图如图 10-27 所示。

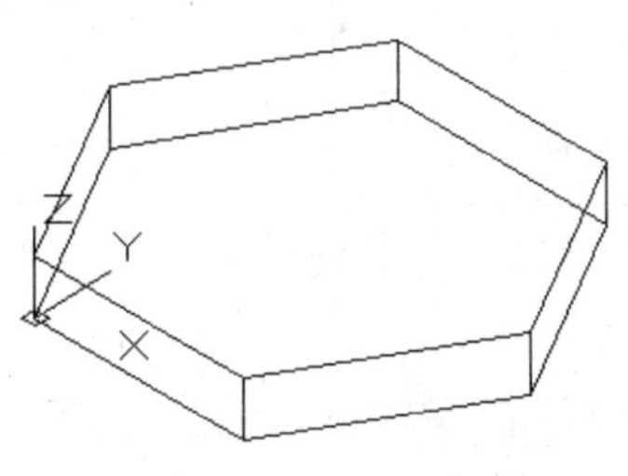

图 10-27 亭基视图

04 使用 UCS 命令建立如图 10-28 所示的新坐标系，再次使用 UCS 将坐标系绕 Y 轴旋转-90º，得到如图 10-29 所示的坐标系，命令行提示如下：

命令：UCS ↙

当前 UCS 名称：*世界*

指定 UCS 的原点或 [面(F)/命名(NA)/对象(OB)/上一个(P)/视图(V)/世界(W)/X/Y/Z/Z 轴(ZA)] <世界>：↙（输入新坐标系原点，打开目标捕捉功能，选择图 10-28 中所示的角点 1）

指定 X 轴上的点或 <接受> <309.8549,44.5770,0.0000>：↙（选择图 10-28 中所示的角点 2）

指定 XY 平面上的点或 <接受><307.1689,45.0770,0.0000>：↙（选择图 10-28 中所示的角点 3）

命令：UCS ↙

当前 UCS 名称：*没有名称*

指定 UCS 的原点或 [面(F)/命名(NA)/对象(OB)/上一个(P)/视图(V)/世界(W)/X/Y/Z/Z 轴(ZA)] <世界>：y ↙

指定绕 Y 轴的旋转角度 <90>：-90 ↙

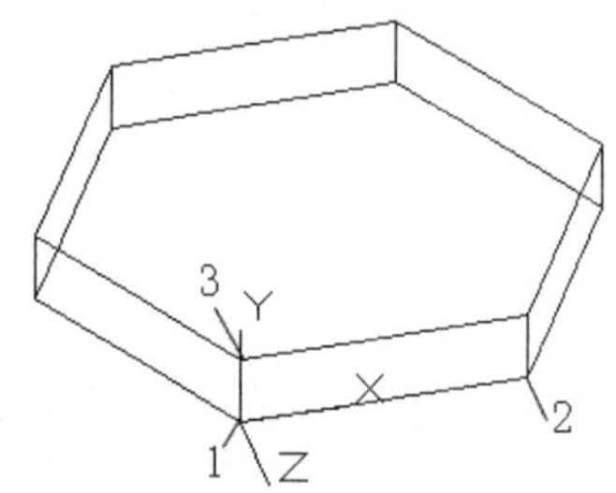

图 10-28　三点方式建立新坐标系

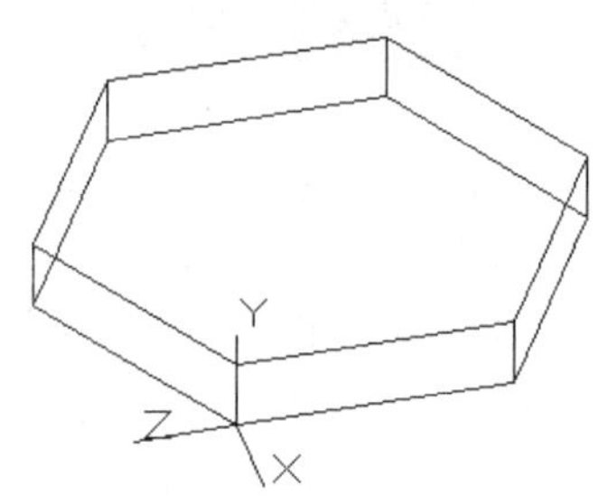

图 10-29　旋转变换后的新坐标系

05 单击“默认”选项卡“绘图”面板中的“多段线”按钮，绘制台阶横截面。多段线起点坐标为(0,0)，其余各点坐标依次为(0,30)、(20,30)、(20,20)、(40,20)、(40,10)、(60,10)、(60,0)和(0,0)，接着单击“三维工具”选项卡“建模”面板中的“拉伸”按钮，将多段线沿 Z 轴负方向拉伸成宽度为-80 的台阶模型。使用三维动态观察工具将视点稍做偏移，拉伸前后的模型分别如图 10-30 和图 10-31 所示。

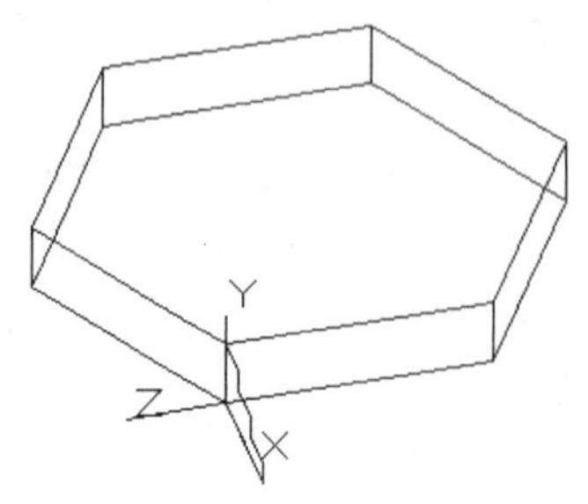

图 10-30　台阶横截面

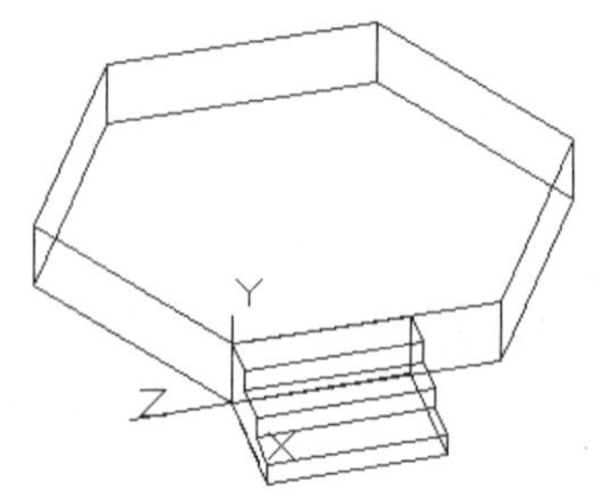

图 10-31　台阶模型

06 单击“默认”选项卡“修改”面板中的“移动”按钮，将台阶移动到与其所在边的中心位置（见图 10-32）。

07 建立台阶两侧的滑台模型。单击“默认”选项卡“绘图”面板中的“多段线”按钮，绘制出滑台横截面，然后单击“三维工具”选项卡“建模”面板中的“拉伸”按钮，将其拉伸成高度为 20 的三维实体，最后单击“默认”选项卡“修改”面板中的“复制”按钮，将滑台复制到台阶的另一侧。

08 单击“三维工具”选项卡“实体编辑”面板中的“并集”按钮，将亭基、台阶和滑台合并成一个整体，结果如图 10-33 所示。

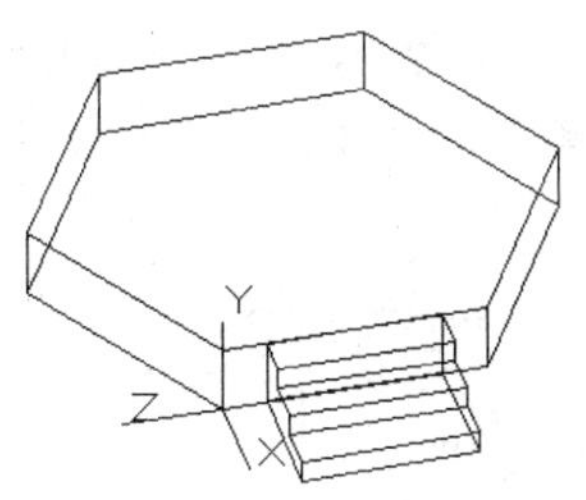

图 10-32 移动后的台阶模型

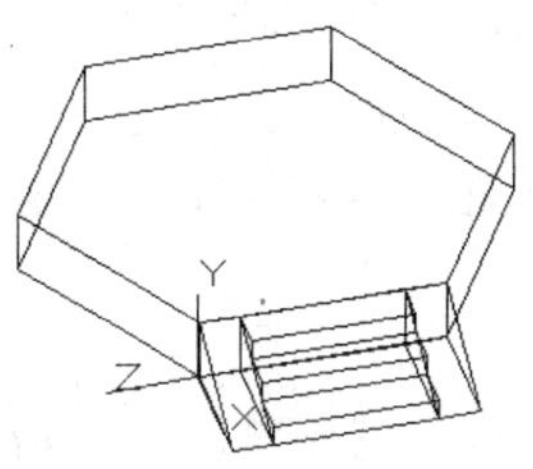

图 10-33 制作完成的亭基和台阶模型

09 单击“默认”选项卡“绘图”面板中的“直线”按钮，连接正六边形亭基顶面的三条对角线作为辅助线。

10 使用 UCS 命令的三点方式建立新坐标系，如图 10-34 所示。

11 绘制凉亭立柱。单击“三维工具”选项卡“建模”面板中的“圆柱体”按钮，绘制一个底面中心坐标在坐标（20,0,0）、底面半径为 8、高度为 200 的圆柱体。

12 选择菜单栏中的“修改”→“三维操作”→“三维阵列”命令，阵列凉亭的六根立柱，阵列中心点为前面绘制的辅助线交点，Z 轴为旋转轴。

13 利用“ZOOM”命令使模型全部可见。单击“视图”选项卡“视觉样式”面板中的“隐藏”按钮，对模型进行消隐，结果如图 10-35 所示。

14 绘制连梁。打开圆心捕捉功能，单击“默认”选项卡“绘图”面板中的“多段线”按钮，连接六根立柱的顶面中心，然后单击“默认”选项卡“修改”面板中的“偏移”按钮，将多段线分别向内和向外偏移 3。单击“默认”选项卡“修改”面板中的“删除”按钮，删除中间的多段线。单击“三维工具”选项卡“建模”面板中的“拉伸”按钮，将两条多段线分别拉伸成高度为-15 的实体；然后单击“三维工具”选项卡“实体编辑”面板中的“差集”按钮，求差集生成连梁。

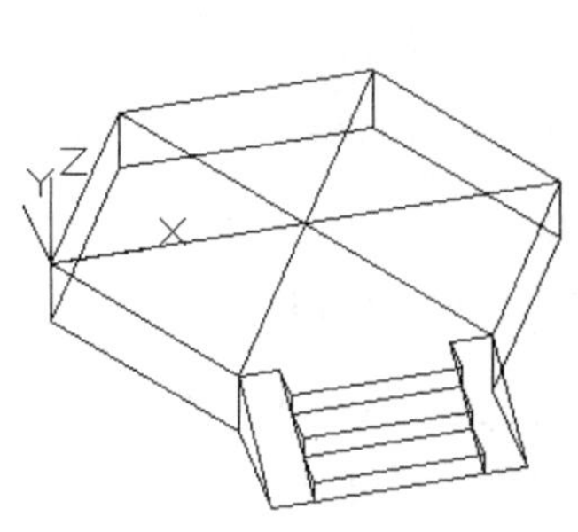

图 10-34 用三点方式建立的新坐标系

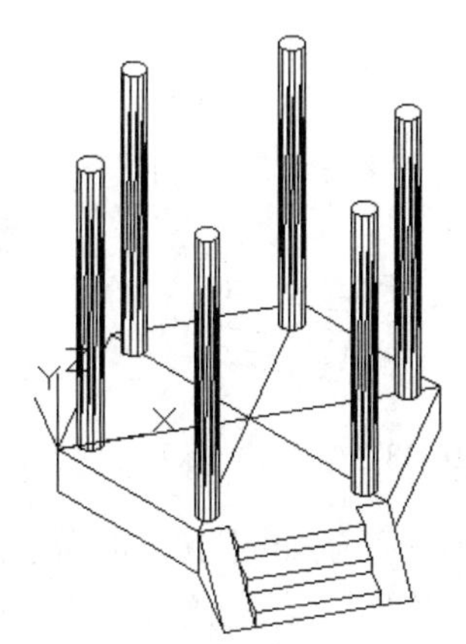

图 10-35 三维阵列后的立柱模型

15 单击“默认”选项卡“修改”面板中的“复制”按钮，将连梁向下复制 25。完成连梁后的凉亭模型如图 10-36 所示。

16 绘制牌匾。使用 UCS 命令的三点方式建立一个坐标原点在凉亭台阶所在边的连梁外表面的顶部左上角点，X 轴与连梁长度方向相同的新坐标系，然后单击“三维工具”选项卡“建模”面板中的“长方体”按钮，以点（31，-10,0）为角点，绘制一个长度为 40、高度为-20、厚度为 3 的长方体，如图 10-37 所示。执行 UCS 命令，将坐标系移动到绘制的长方体的外表面左上点处，最后单击“默认”选项卡“注释”面板中的“多行文字”按钮A，在牌匾上题上亭名（如“东庭”），字体大小为 8。

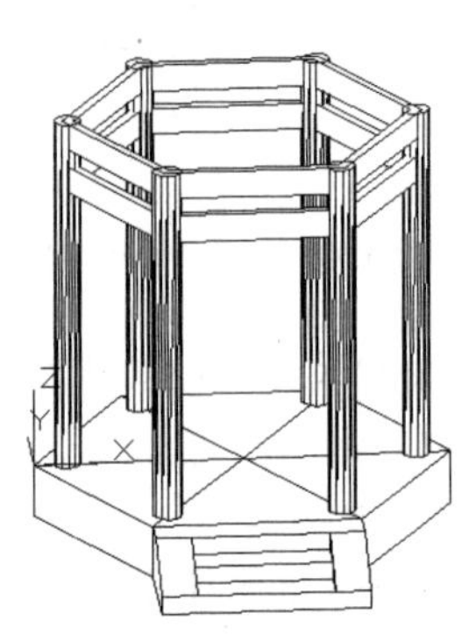

图 10-36　完成连梁后的凉亭模型

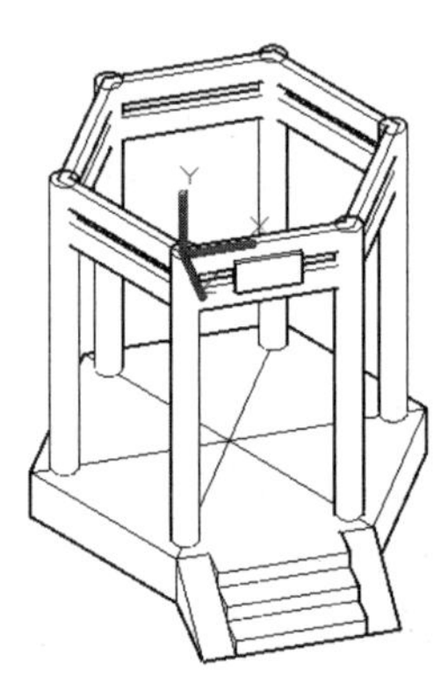

图 10-37　加上牌匾的凉亭模型

17 使用 UCS 命令的三点方式建立一个坐标原点在凉亭台阶所在边的连梁外表面的顶部左上角点，X 轴与连梁长度方向相同的新坐标系；然后将坐标系绕 X 轴旋转-90°，如图 10-38 所示。

18 单击“绘图”选项卡“图层”面板中的“图层特性”按钮，打开“图层特性管理器”选项板，新建图层“1”，并将其设置为当前图层，如图 10-39 所示。

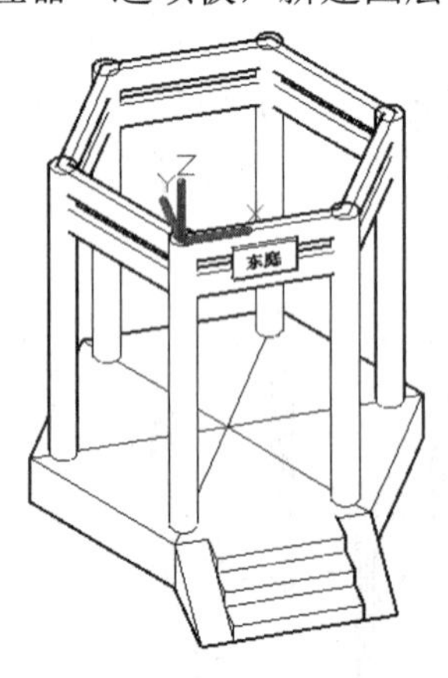

图 10-38　建立新坐标系

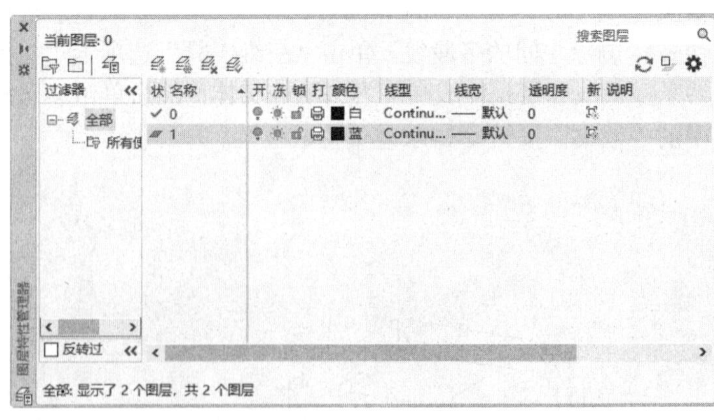

图 10-39　新建图层

19 绘制如图 10-40 所示的亭顶辅助线。单击“默认”选项卡“绘图”面板中的“多段线”按钮，绘制连接柱顶中心的封闭多段线；单击“默认”选项卡“绘图”面板中的“直线”按钮，连接柱顶面正六边形的对角线。关闭“0”层，接着单击“默认”选项卡“修改”面板中的“偏移”按钮，将封闭多段线向外偏移 80。单击“默认”选项卡“绘图”面板中的“直线”按钮，绘制一条起点在柱上顶面中心、高度为 70 的竖线，并在竖线顶端绘制一个外切圆半径为 10 的正六边形。

单击“默认”选项卡“绘图”面板中的“直线”按钮，按图 10-41 所示连接亭顶辅助线，并移动坐标系到点 1、点 2、点 3 所构成的平面上。

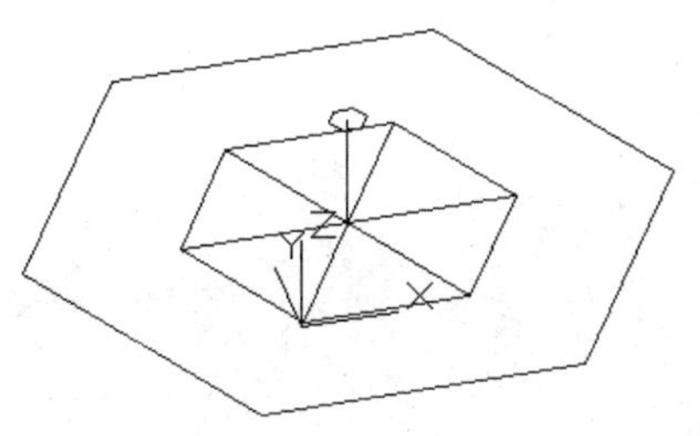

图 10-40 绘制亭顶辅助线

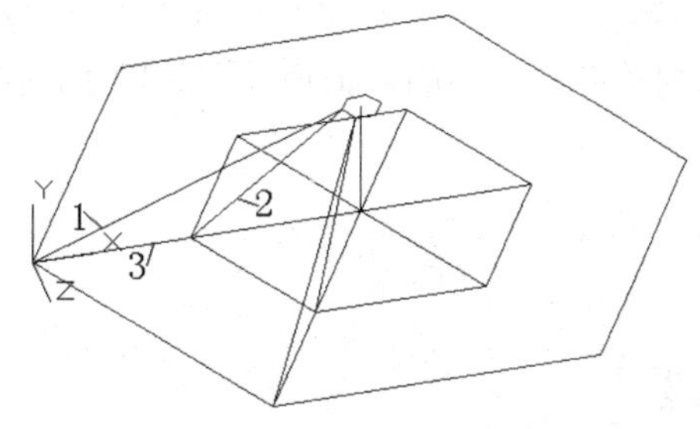

图 10-41 连接亭顶辅助线

20 单击“默认”选项卡“绘图”面板中的“圆弧”按钮，在点 1、点 2、点 3 所构成的平面内绘制一条弧线作为亭顶的一条轮廓线；然后选择菜单栏中的“修改”→“三维操作”→“三维镜像”命令，将其镜像到另一侧。镜像时，选择图 10-42 中边 1、边 2、边 3 的中点作为镜像平面上的 3 点。

21 将坐标系绕 X 轴旋转 90°，单击“默认”选项卡“绘图”面板中的“圆弧”按钮，在亭顶的底面上绘制弧线，然后将坐标系恢复到先前状态。绘制处的亭顶轮廓如图 10-43 所示。

22 单击“默认”选项卡“绘图”面板中的“直线”按钮，连接两条弧线的顶部。利用 EDGESURF 命令生成曲面（见图 10-43）。4 条边界线为上面绘制的 3 条圆弧线及连接两条弧线顶部的直线。

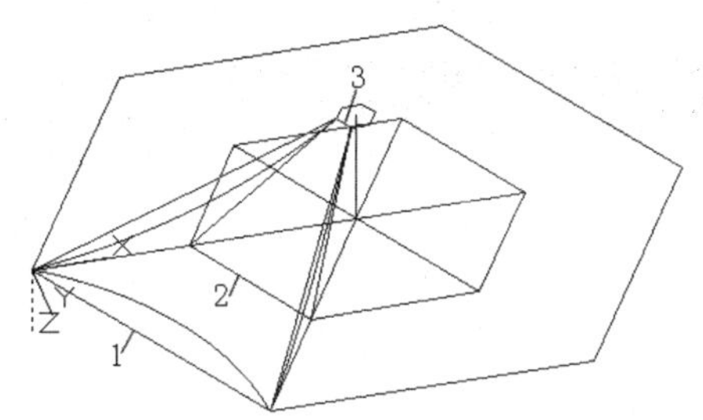

图 10-42 亭顶轮廓线

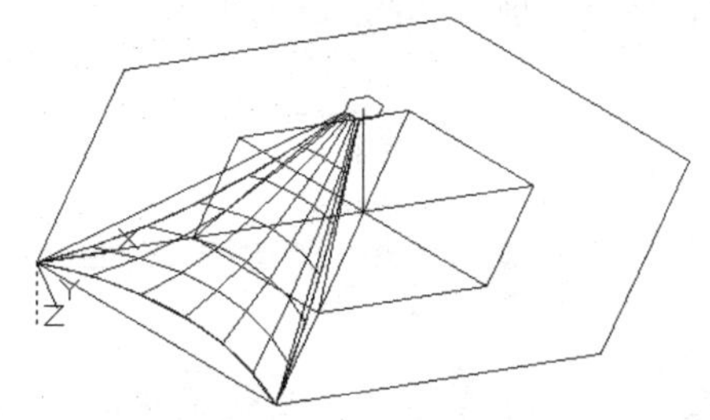

图 10-43 亭顶曲面（部分）

23 绘制亭顶边缘。单击“默认”选项卡“修改”面板中的“复制”按钮，将下边缘轮廓线向下复制；然后单击“默认”选项卡“绘图”面板中的“直线”按钮，连接两条弧线的端点，并选择菜单栏中的“绘图”→“建模”→“网格”→“边界网格”命令，生成边缘曲面。

24 绘制亭顶脊线。使用三点方式建立新坐标系，使坐标原点位于脊线的一个端点，且 Z 轴方向与弧线相切；然后单击“默认”选项卡“绘图”面板中的“圆”按钮，在其一个端点绘制一半径为 5 的圆；最后使用拉伸工具将圆按弧线拉伸成实体。

25 绘制挑角。将坐标系绕 Y 轴旋转 90°，然后按照步骤 **24** 的方法在其一端绘制半径为 5 的圆并将其拉伸成实体。单击“三维工具”选项卡“建模”面板中的“球体”按钮，在挑角的末端绘制一半径为 5 的球体。单击“三维工具”选项卡“实体编辑”面板中的“并集”按钮，将脊线和挑角连成一个实体。单击“视图”选项卡“视觉样式”面板中的“隐藏”按钮，得到如图 10-44 所示的亭顶脊线和挑角。

26 选择菜单栏中的“修改”→“三维操作”→“三维阵列”命令，将图 10-44 所示图形阵列，得到完整的亭顶顶面，如图 10-45 所示。

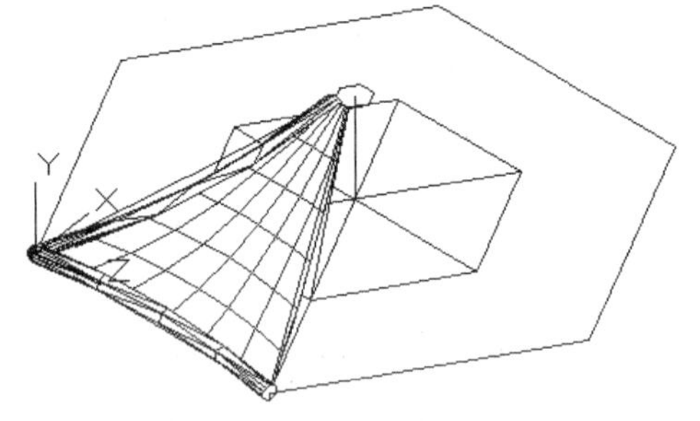

图 10-44　亭顶脊线和挑角

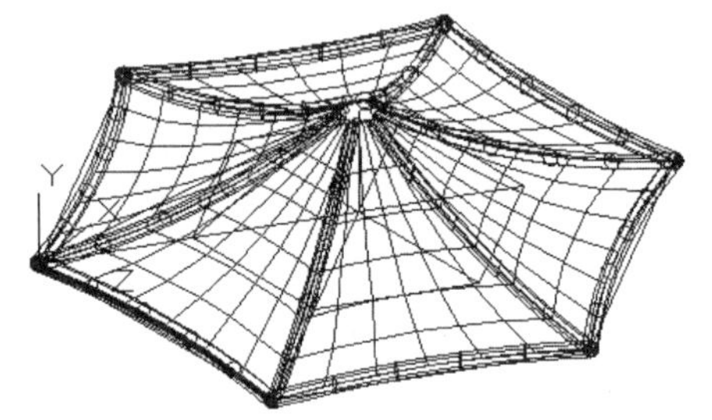

图 10-45　阵列后的亭顶顶面

27 绘制顶缨。将坐标系移动到顶部中心位置，且使 XY 平面在竖直面内。选择菜单栏中的“视图”→“三维视图”→“平面视图”→“当前 UCS”命令，设置视图方向。单击“默认”选项卡“绘图”面板中的“多段线”按钮，绘制顶缨半截面；然后利用“旋转”命令（REVOLVE）绕中轴线旋转生成实体。完成的亭顶外表面如图 10-46 所示。

28 单击“绘图”选项卡“图层”面板中的“图层特性”按钮，打开“图层特性管理器”选项板，新建图层“2”，设置颜色为红色，并将其设置为当前图层；将辅助线设置为图层“2”，关闭图层“1”，绘制内表面。利用“边界网络”命令（EDGESURF）生成图 10-47 所示的亭顶内表面，并选择菜单栏中的“修改”→“三维操作”→“三维阵列”命令，将其阵列到整个亭顶，如图 10-48 所示。

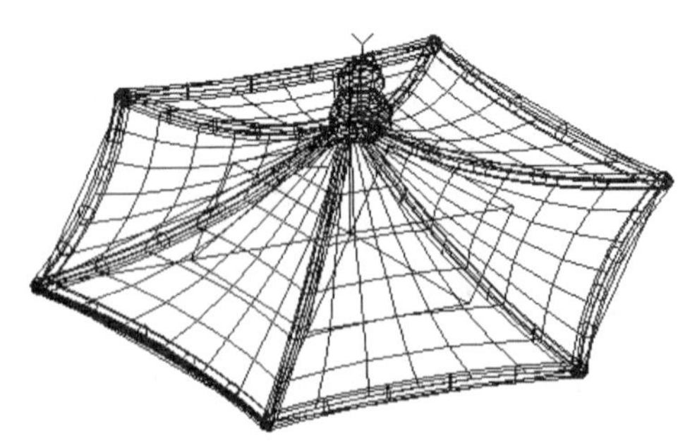

图 10-46　完成的亭顶外表面

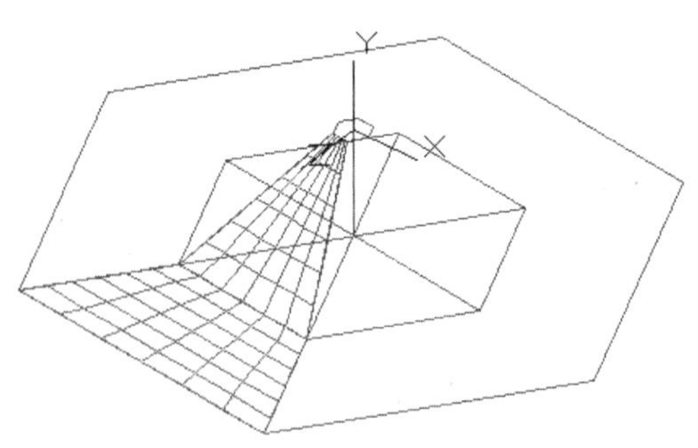

图 10-47　亭顶内表面（局部）

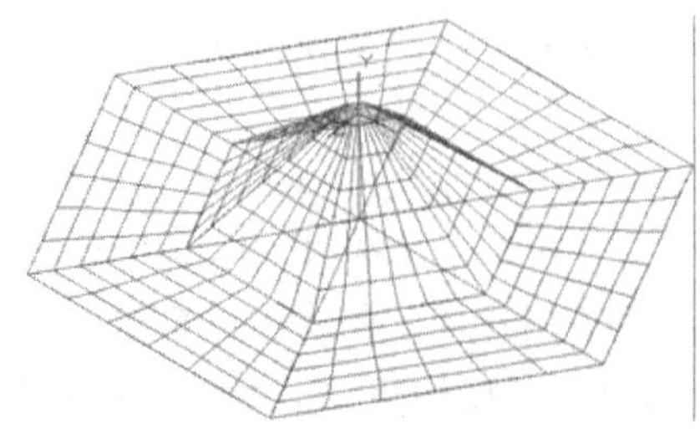

图10-48　亭顶内表面（全部）

29 打开“0”图层和“1”图层，单击“视图”选项卡“视觉样式”面板中的“隐藏”

按钮，消隐模型，效果如图 10-49 所示。

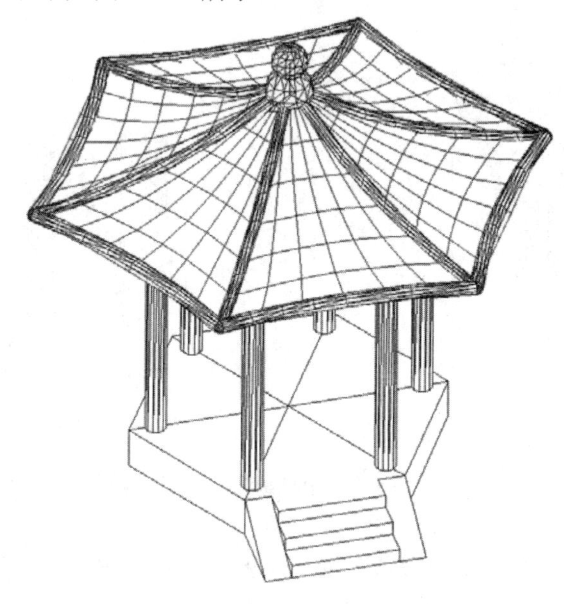

图 10-49 凉亭外体效果

10.2.2 绘制凉亭桌椅

01 调用 UCS 命令，将坐标系移至亭基的中心点处。

02 绘制桌脚，单击“三维工具”选项卡“建模”面板中的“圆柱体”按钮，绘制一个底面中心在亭基上表面中心位置、底面半径为 5、高度为 40 的圆柱体。执行“ZOOM”命令，选择桌脚部分放大视图。调用 UCS 命令将坐标系移动到桌脚顶面圆心处。

03 绘制桌面。单击“三维工具”选项卡“建模”面板中的“圆柱体”按钮，绘制一个底面中心在点（0，0，0）、底面半径为 40、高度为 3 的圆柱体。

04 单击“三维工具”选项卡“实体编辑”面板中的“并集”按钮，将桌脚和桌面合并一个整体。

05 单击“视图”选项卡“视觉样式”面板中的“隐藏”按钮，对图形进行消隐处理，如图 10-50 所示。

06 调用 UCS 命令，移动坐标系至桌脚底部中心处。

07 单击“默认”选项卡“绘图”面板中的“圆”按钮，绘制一个中心在点（0，0）、半径为 50 的辅助圆。

08 调用 UCS 命令，将坐标系移动到辅助圆的某一个四分点上，并将其绕 X 轴旋转 90°。得到如图 10-51 所示的坐标系。

09 单击“默认”选项卡“绘图”面板中的“多段线”按钮，绘制凳子的半剖面。过点(0, 0)→(0, 25)→(10, 25)→(10, 24)→(a)→(6, 0)→(l)→(c)绘制多段线。

10 生成凳子实体。单击“三维工具”选项卡“建模”面板中的“旋转”按钮，旋转步骤 **09** 绘制的多段线。

11 单击“视图”选项卡“视觉样式”面板中的“隐藏”按钮，观察选择生成的凳子，如图 10-52 所示。

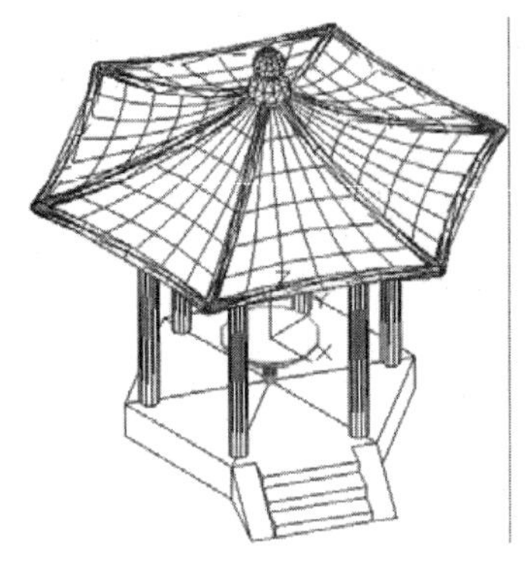

图 10-50　消隐处理后的桌子模型

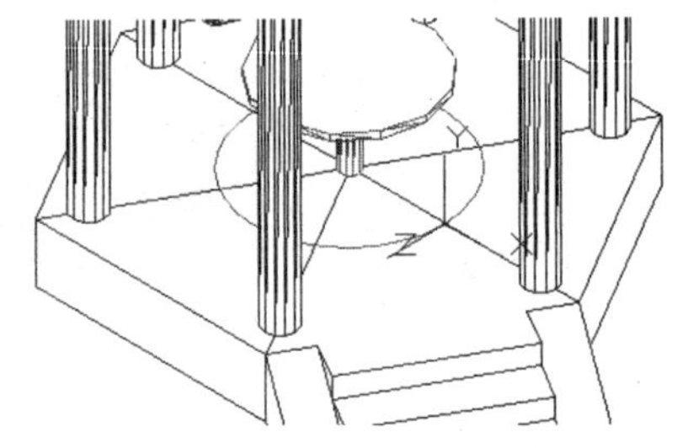

图 10-51　经平移和旋转后的新坐标系

12 选择菜单栏中的“修改”→“三维操作”→“三维阵列”命令，在桌子四周阵列 4 把凳子。

13 单击“默认”选项卡“修改”面板中的“删除”按钮，删除辅助圆。

14 单击“视图”选项卡“视觉样式”面板中的“隐藏”按钮，观看建立的凳子模型，如图 10-53 所示。

15 调用UCS命令，将坐标系绕X轴旋转90º。单击“三维工具”选项卡“建模”面板中的“长方体”按钮，绘制一长方体[两个对角顶点分别为（0,0,0）(100,24,3)]，然后调用“移动”命令，将绘制的长方体以地面短边中心点为基点移动到立柱圆心处，并将其向上平移20。

16 单击“三维工具”选项卡“建模”面板中的“长方体”按钮，绘制高度为 20、厚度为 3、宽度为 16 的凳脚；然后利用“移动”命令将其以顶面中心点为基点移动到步骤 **15** 绘制的长方体的下表面中心点处；最后用“复制”命令将该长方体向两侧复制，距离为 30。调用“并集”命令（UNION）将凳子脚和凳子面合并成一个实体，结果如图 10-54 所示。

17 选择菜单栏中的“修改”→“三维操作”→“三维阵列”命令，将长凳阵列到其他边，然后删除台阶所在边的长凳，如图 10-55 所示。

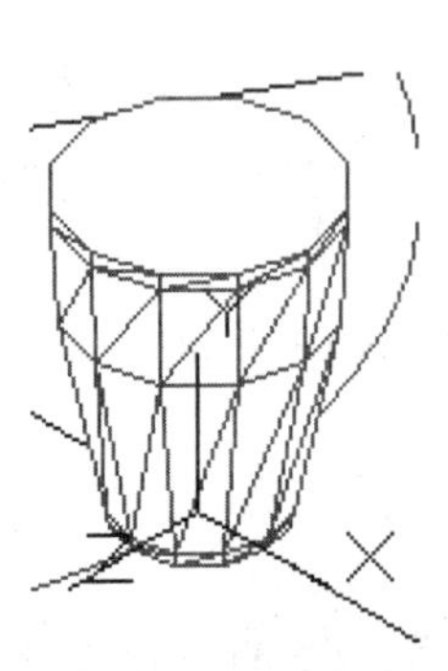

图 10-52　旋转生成的凳子实体

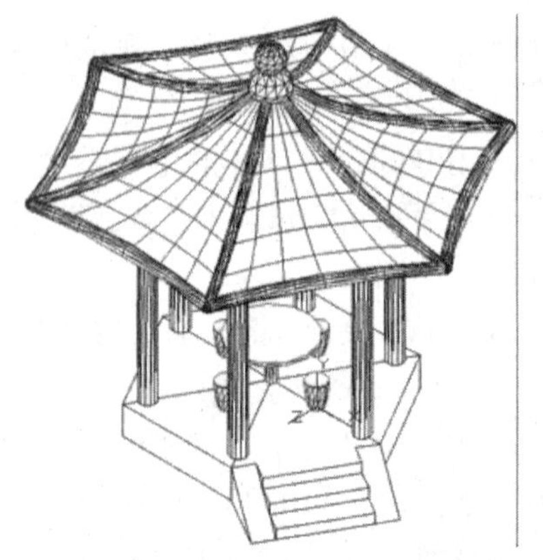

图 10-53　消隐处理后的凳子模型

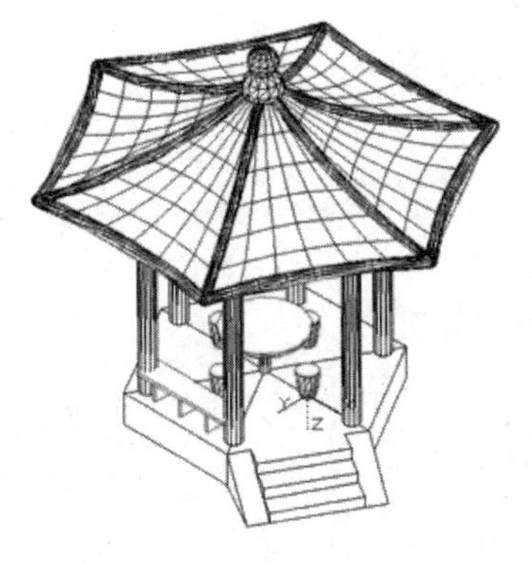

图 10-54 绘制的长凳

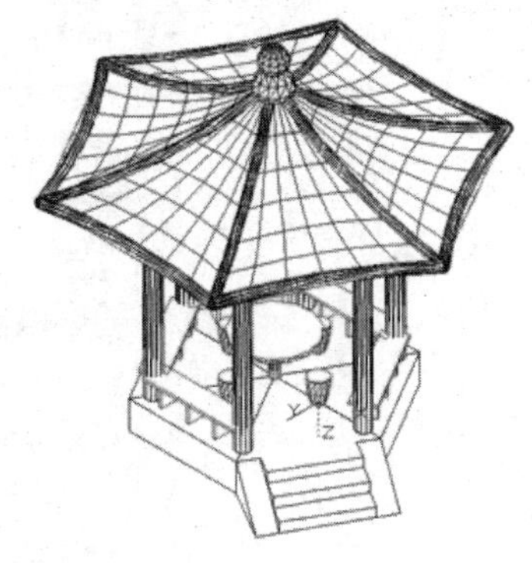

图 10-55 阵列后的长凳

10.2.3 渲染

01 为柱子赋予材质。单击“可视化”选项卡“材质”面板中的“材质浏览器”按钮，打开“材质浏览器”选项板，如图 10-56 所示。选择“木材-木材材质库”选项卡，在其中选择一种材质，将其拖动到绘制的柱子实体上。用同样的方法为凉亭其他部分赋予合适的材质。

02 单击“可视化”选项卡“渲染”面板中的“渲染环境和曝光”按钮，系统打开“渲染环境和曝光”选项板，如图 10-57 所示。在其中可以进行相关参数设置。

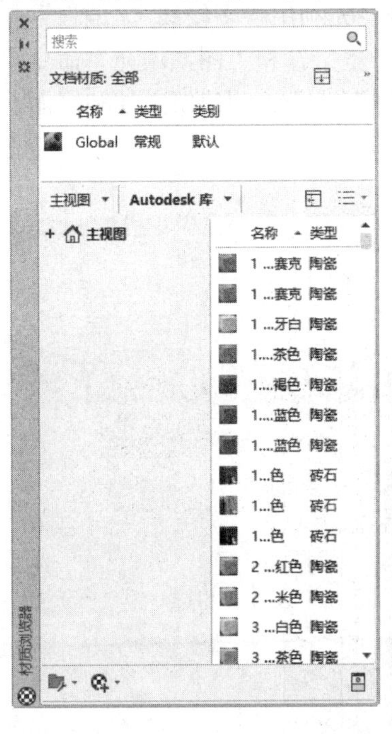

图 10-56 “材质浏览器”选项板

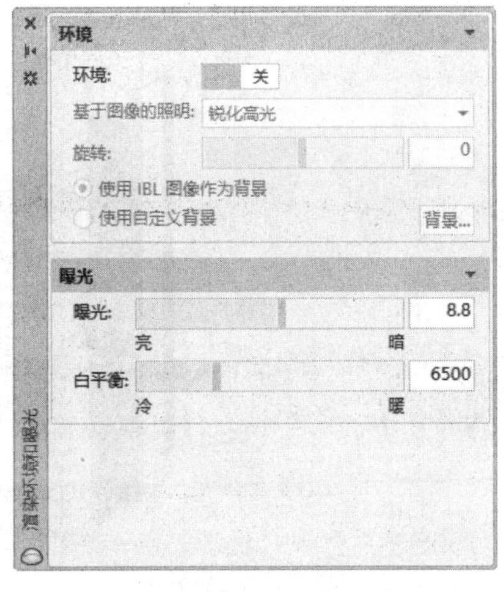

图 10-57 “渲染环境和曝光”选项板

03 选择菜单栏中的“视图”→“渲染”→“高级渲染设置”命令，系统打开“渲染预设管理器”选项板，如图 10-58 所示。在其中可以进行相关参数设置。

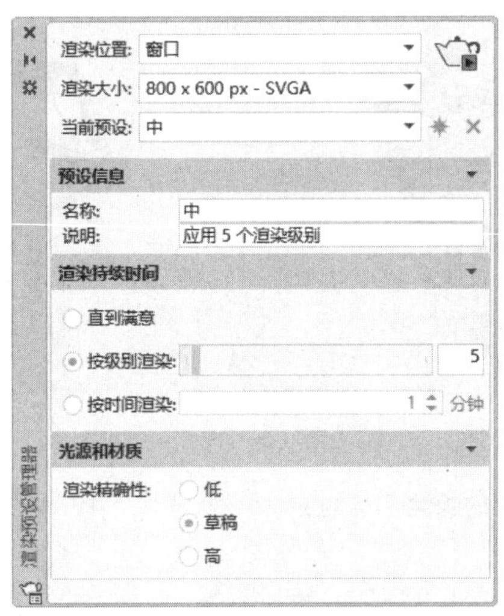

图 10-58 “渲染预设管理器”选项板

04 单击“可视化”选项卡“渲染-MentalRay”面板中的“渲染”按钮，对实体进行渲染，渲染后的效果如图 10-26 所示。

10.3 建筑三维透视图

图 10-59 所示的建筑三维透视图的绘制思路是：先利用“多段线”“偏移”和“拉伸”命令绘制标准层图形，然后利用“球体”“多段线”“差集”和“图案填充”命令绘制门和窗台，最后利用“复制”“多段线”“拉伸”和“圆环体”命令绘制建筑主体和屋面。

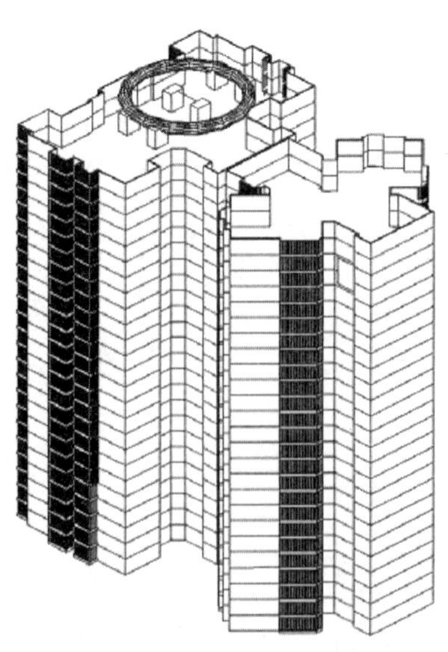

图 10-59 建筑三维透视图

打开网盘中“源文件/第 10 章/标准层三维图形绘制. dwg”。

10.3.1 标准层三维图形绘制

01 单击“默认”选项卡“绘图”面板中的“多段线”按钮，按照高级公寓的平面图，沿着外墙边线勾画其外墙轮廓线，完成整个建筑外墙平面轮廓线绘制，如图 10-60 所示。

02 单击“默认”选项卡“修改”面板中的“偏移”按钮，将上步绘制外墙轮廓线向内偏移 0.2 生成外墙双轮廓线，如图 10-61 所示。

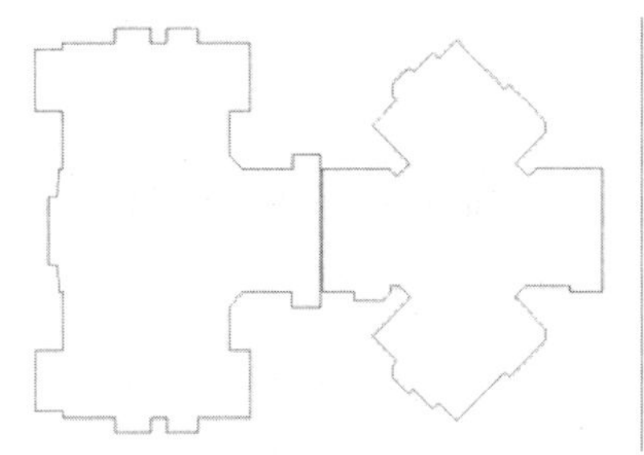
图 10-60 绘制外墙平面轮廓线

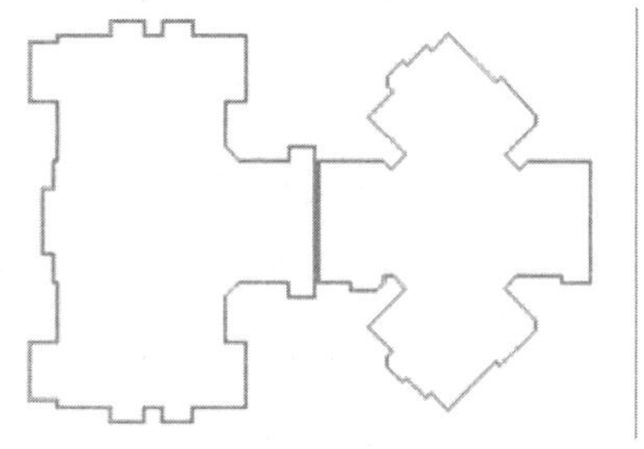
图 10-61 生成外墙双轮廓线

03 将视图切换到东南等轴测视图，如图 10-62 所示。

04 单击“三维工具”选项卡“建模”面板中的“拉伸”按钮，按照楼层的高度，拉伸外墙轮廓线，拉伸高度为 3，如图 10-63 所示。

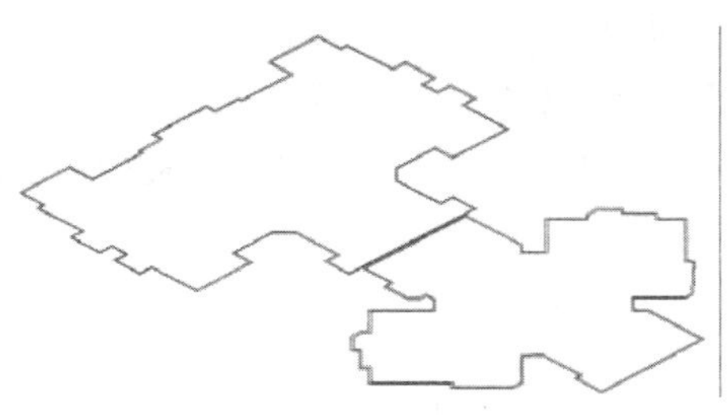
图 10-62 改变视图方向

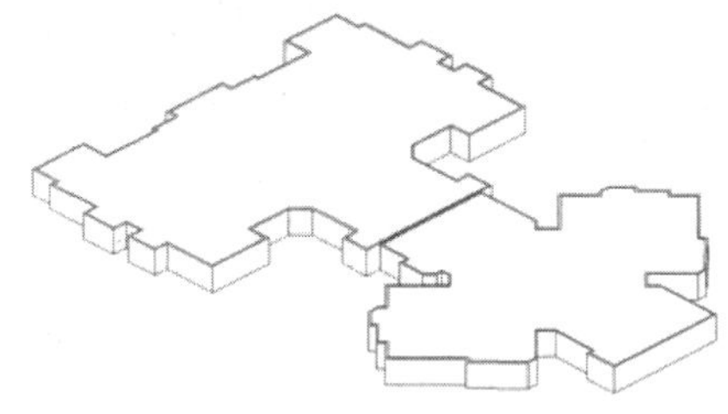
图 10-63 拉伸外墙轮廓线

05 单击“三维工具”选项卡“实体编辑”面板中的“差集”按钮，对外侧墙体和内侧墙体进行差集运算，得到外墙三维图形，如图 10-64 所示。

10.3.2 标准层局部三维造型绘制

01 在三维外墙体上部设置 UCS，如图 10-65 所示。选择菜单栏中的“视图”→“三维视图”→“平面视图”→“当前 UCS”命令，切换视角，然后单击“默认”选项卡“绘图”面板中的“多段线”按钮，绘制如图 10-66 所示的闭合多段线。

02 将视图切换到东南等轴测视图，单击“三维工具”选项卡“建模”面板中的“拉伸”按钮，对上步绘制的闭合多段线进行拉伸操作，拉伸高度为-2.5。然后改变视角位置，观察拉伸效果，如图 10-67 所示。

🔔 注意

拉伸方向及其拉伸高度要小于楼层高度。

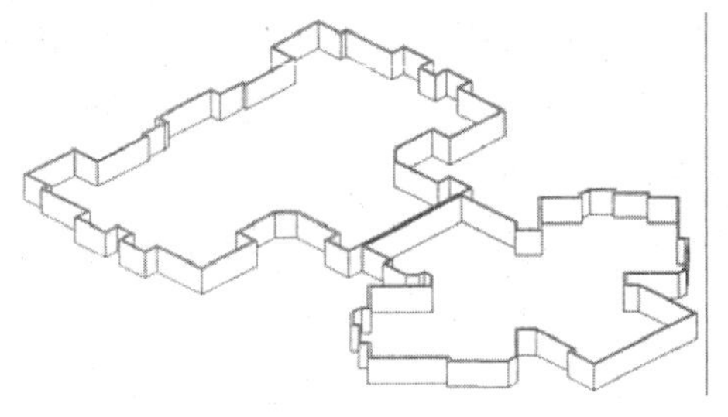

图 10-64　进行差集运算

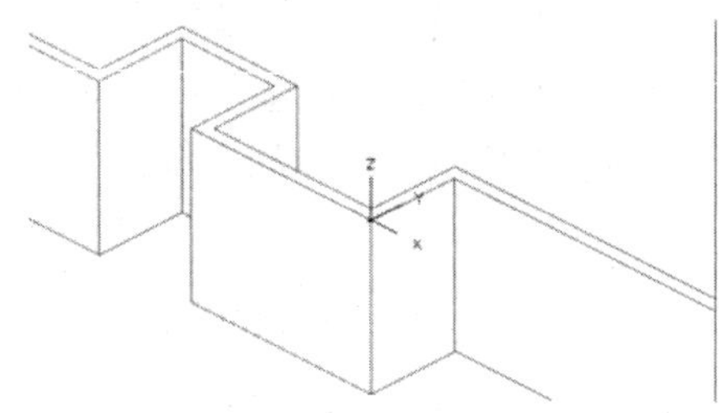

图 10-65　设置三维 UCS

图 10-66　绘制闭合多段线

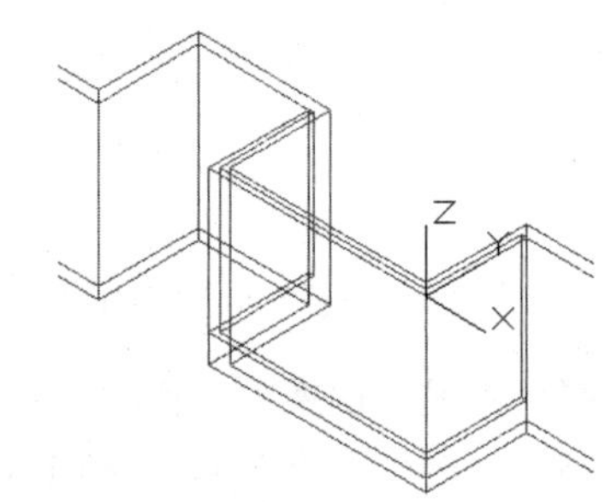

图 10-67　拉伸创建阳台

03 单击“三维工具”选项卡“实体编辑”面板中的“差集”按钮，将外侧墙体实体与上步拉伸的实体进行差集运算，生成封闭阳台，如图10-68所示。

04 将坐标系绕 X 轴旋转 90°，然后单击“默认”选项卡“绘图”面板中的“图案填充”按钮，选择适当的图案对实体外侧进行图案填充，如图 10-69 所示。

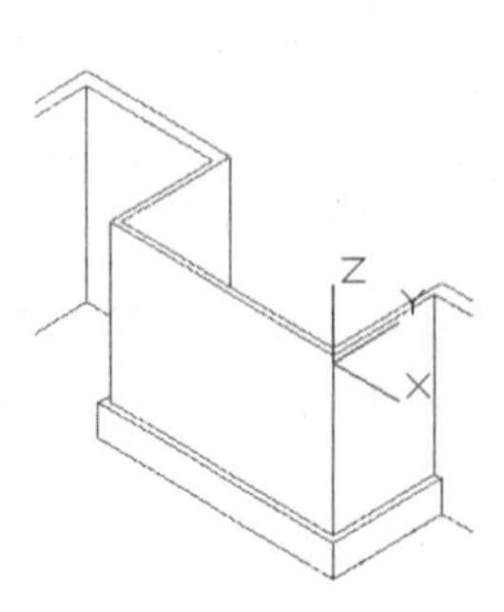

图 10-68　生成封闭阳台效果

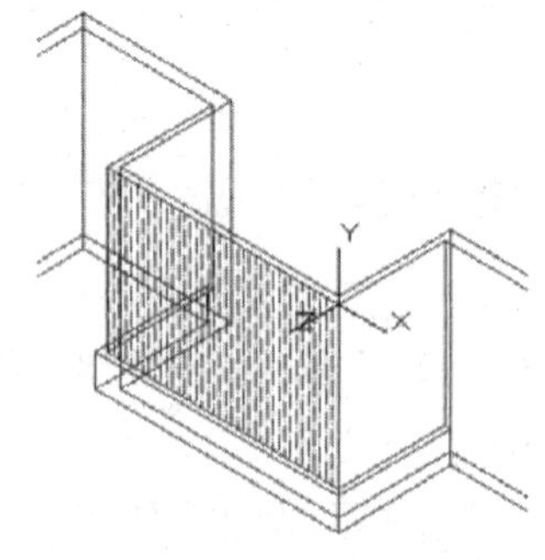

图 10-69　填充外侧图案

05 将坐标系绕 Y 轴旋转 90°，然后单击“默认”选项卡“绘图”面板中的“图案填充”按钮，选择适当的图案对实体外侧进行图案填充；将坐标系移动到另一侧，然后单击“默认”选项卡“绘图”面板中的“图案填充”按钮，选择适当的图案对实体外侧进行图案填充，如图 10-70 所示。

06 其他位置的阳台和窗户造型，可以按上述方法进行创建，如图 10-71 所示。

🔔 **注意**

最后根据高级公寓的平面布置图中设置的阳台和窗户数量，完成所有阳台与窗户三维造型绘制，具体操作从略。

07 调用 ZOOM 命令缩放视图，观察整个三维图形绘制情况，如图 10-72 所示。

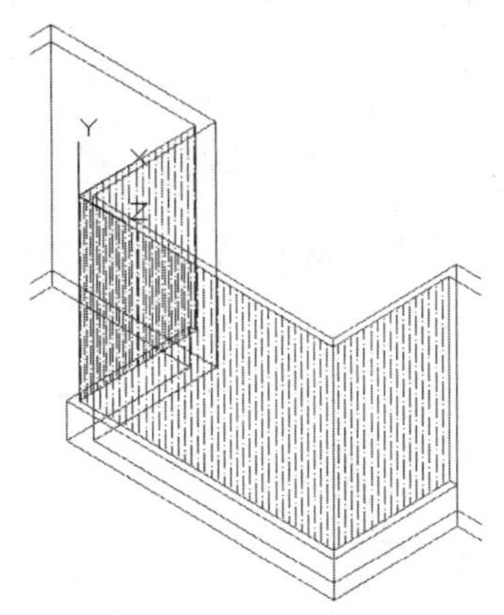

图 10-70 填充其他外侧图案

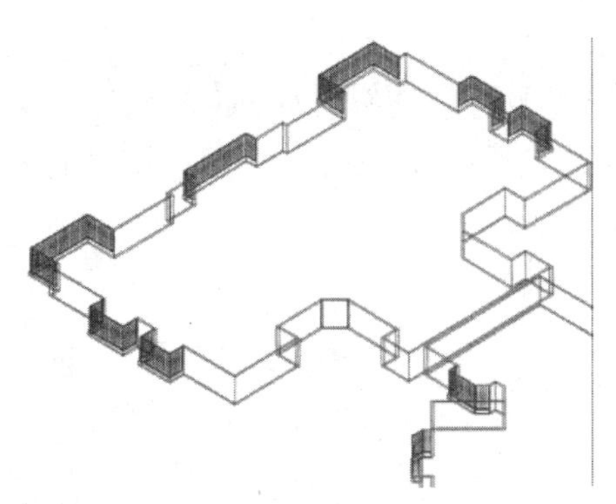

图 10-71 创建其他位置的阳台和窗户

10.3.3 建筑主体及屋面三维图形绘制

01 单击“默认”选项卡“修改”面板中的“复制”按钮，进行楼层复制，形成高级公寓建筑主体结构，如图 10-73 所示。命令行提示如下：

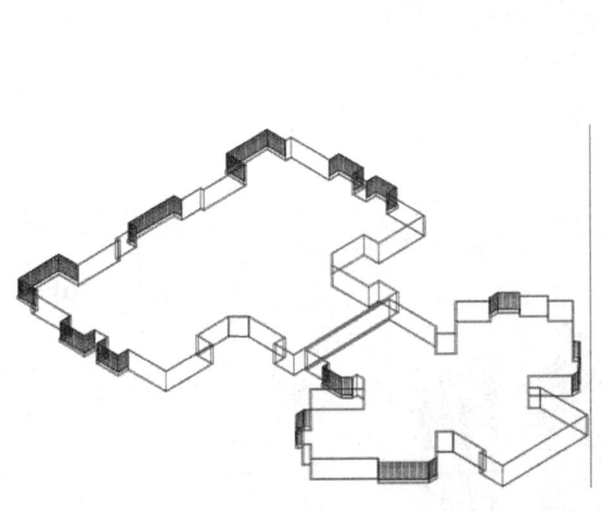

图 10-72 缩放视图

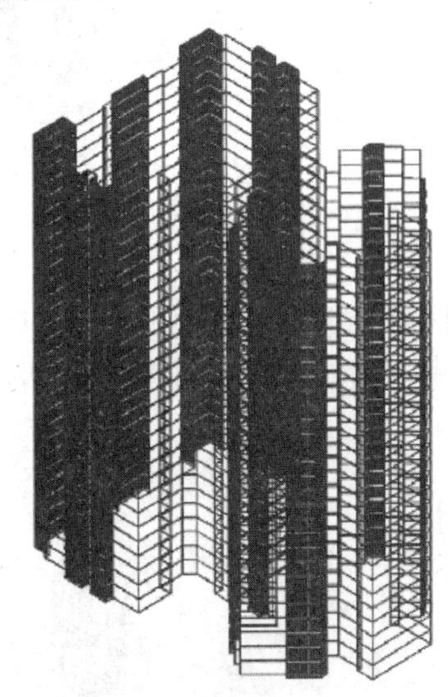

图 10-73 复制楼层

命令： COPY ↙找到 320 个

当前设置： 复制模式 = 多个

指定基点或 [位移(D)/模式(O)] <位移>：指定第二个点或{阵列} <使用第一个点作为位移>：@0,0,15（指定下一个复制对象距离位置）↙

指定第二个点或{阵列} [退出(E)/放弃(U)] <退出>: ↙（指定下一个复制对象距离位置）
指定第二个点或{阵列} [退出(E)/放弃(U)] <退出>: ↙（指定下一个复制对象距离位置）
指定第二个点或{阵列} [退出(E)/放弃(U)] <退出>: ↙（指定下一个复制对象距离位置）
指定第二个点或{阵列} [退出(E)/放弃(U)] <退出>: *取消*

注意

在进行复制时可以选择拐角位置点作为复制基点以便操作。

02 调用 ZOOM 命令，以观察窗口的方式局部放大视图，以了解细部的绘制效果，如图 10-74 所示。

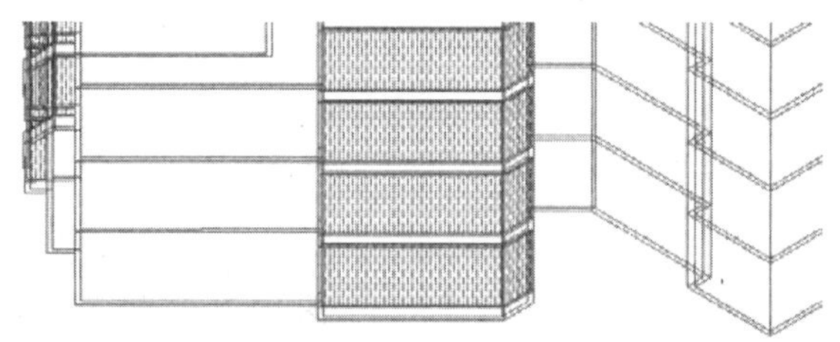

图 10-74　局部观察

03 调用 UCS 命令，将坐标系设置在屋面墙体顶部位置，如图 10-75 所示。

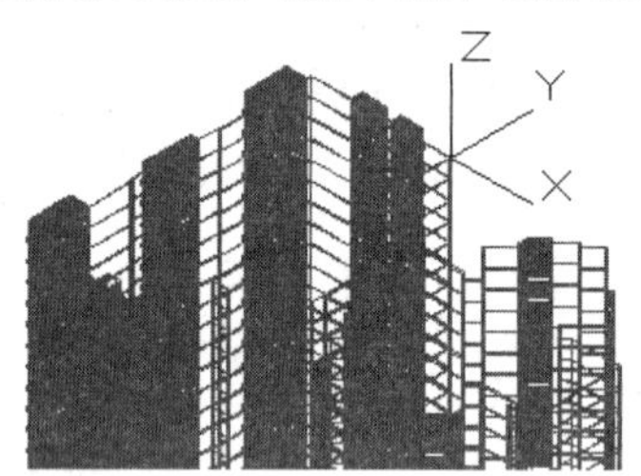

图 10-75　建立屋面 UCS

04 单击“默认”选项卡“绘图”面板中的“多段线”按钮，顺着外墙的内边沿勾画一个闭合的轮廓线，准备绘制屋面楼板，如图 10-76 所示。

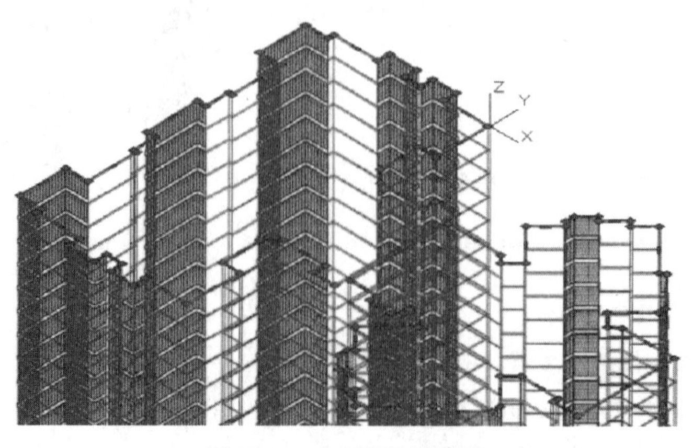

图 10-76　勾画屋面轮廓线

注意

在绘制时可以捕捉外墙的角点进行勾画。

05 单击“三维工具”选项卡“建模”面板中的“拉伸”按钮，将屋面轮廓线拉伸为高度-0.5 的三维实体，创建屋面楼板，如图 10-77 所示。

06 单击“默认”选项卡“修改”面板中的“移动”按钮，将屋面楼板下移，移动距离为 6，形成女儿墙效果，如图 10-78 所示。

将 UCS 设置于屋面楼板上，如图 10-79 所示。

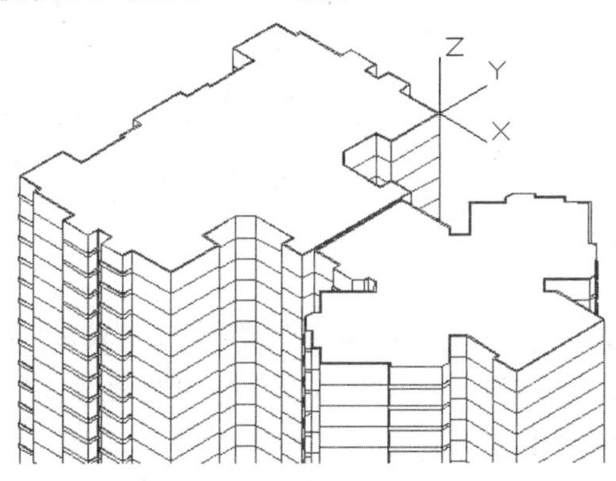

图 10-77　创建屋面楼板

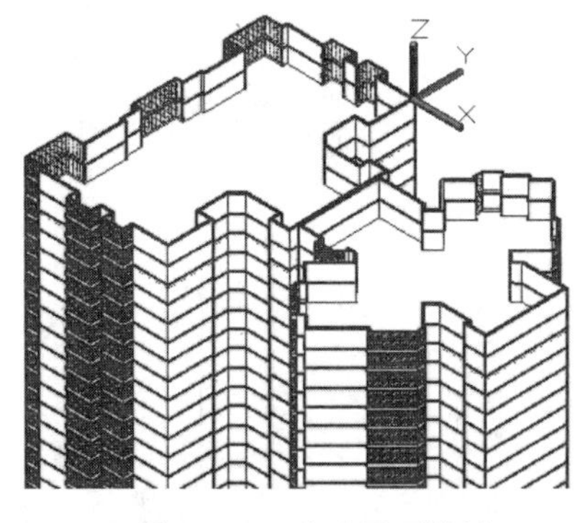

图 10-78　移动屋面楼板

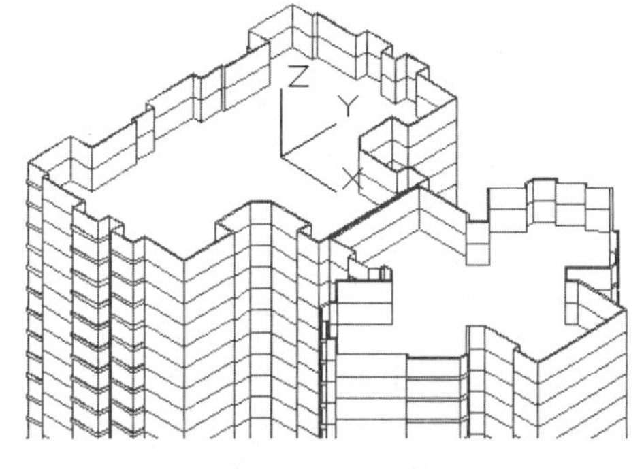

图 10-79　在屋面设置 UCS

07 设置视图为当前 UCS 的平面视图，然后单击“三维工具”选项卡“建模”面板中的“拉伸”按钮，绘制屋面凉棚架子柱。单击“默认”选项卡“修改”面板中的“复制”按钮，复制得到多个相同的三维造型，如图 10-80 所示。命令行提示如下：

命令：PLAN↙（设置当前 UCS 坐标系下的平面视图）
输入选项［当前 UCS(C)/UCS(U)/世界(W)］<当前 UCS>：↙（按 Enter 键）
正在重生成模型。
命令：_box（绘制长方体柱子）
指定第一个角点或［中心(C)］：↙（指定长方体的角点位置）
指定其他角点或［立方体(C)/长度(L)］：L↙（输入 L 指定长方体的长度、宽度和高度）
指定长度：3↙（依次输入长方体的长度、宽度和高度）
指定宽度：2↙

指定高度：3.5↙

命令：_copy↙

选择对象：↙找到 1 个（选择要复制图形）

选择对象：↙（按 Enter 键）

当前设置： 复制模式 = 多个

指定基点或 [位移(D)/模式(O)] 〈位移〉：指定第二个点或 〈使用第一个点作为位移〉：↙

指定第二个点或 [阵列(A)] 〈使用第一个点作为位移〉：↙

指定第二个点或 [阵列(A)/退出(E)/放弃(U)] 〈退出〉：↙

指定第二个点或 [阵列(A)/退出(E)/放弃(U)] 〈退出〉：↙

指定第二个点或 [阵列(A)/退出(E)/放弃(U)] 〈退出〉：↙

指定第二个点或 [阵列(A)/退出(E)/放弃(U)] 〈退出〉： *取消*

注意

设置为当前屋面结构 UCS 的平面视图，以确保所绘制屋面凉棚架子柱在屋面上。

08 将视图切换到西南等轴测视图，以便观察屋面造型，，如图 10-81 所示。

09 将 UCS 设置于架子柱上端，如图 10-82 所示。

10 单击“默认”选项卡“绘图”面板中的“直线”按钮╱，在两根柱子之间绘制一条直线，如图 10-83 所示。

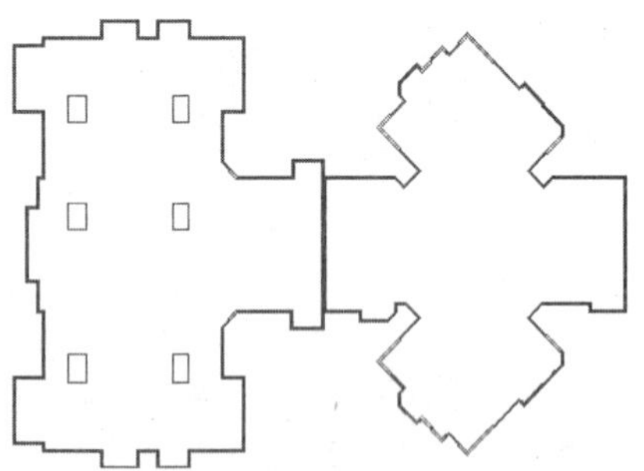

图 10-80 绘制屋面架子柱

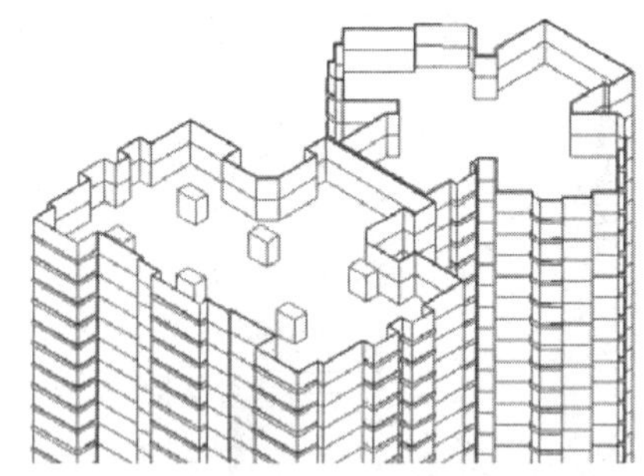

图 10-81 观察屋面造型

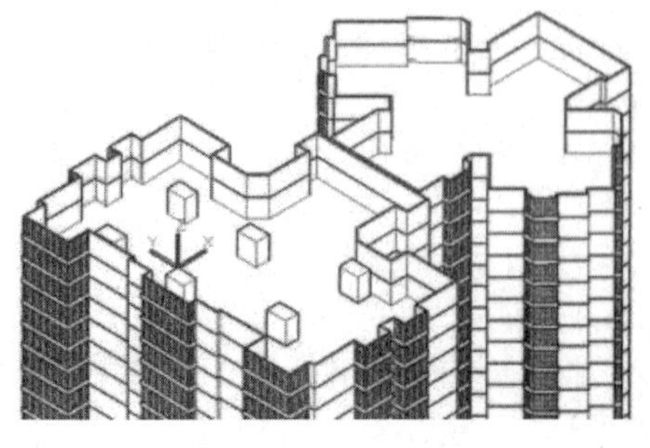

图 10-82 在柱子上部设置 UCS

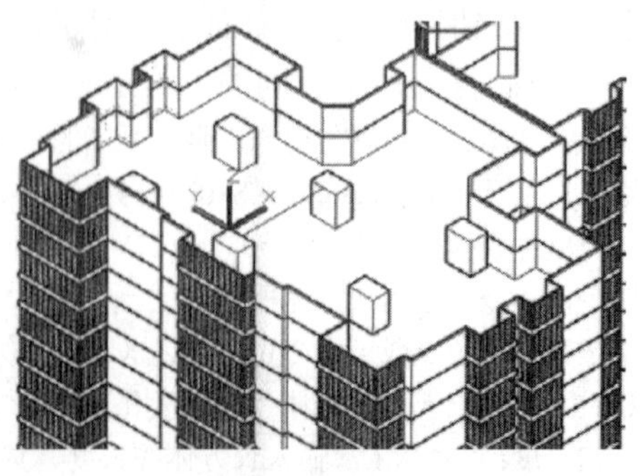

图 10-83 绘制一条直线

11 单击“三维工具”选项卡“建模”面板中的“圆环体”按钮，绘制一个大圆环体，如图 10-84 所示。

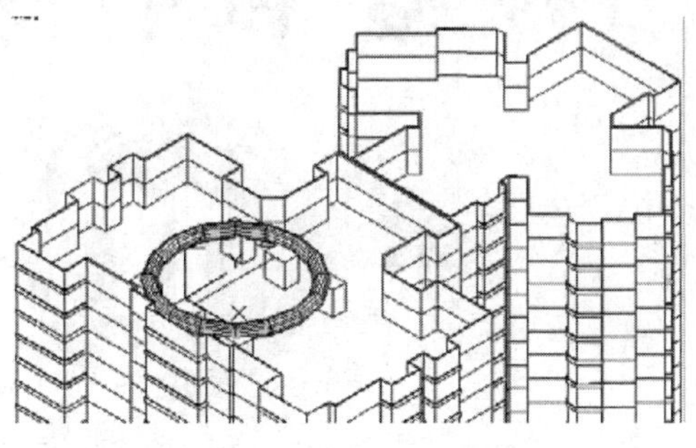

图 10-84　绘制大圆环体

注意

以直线的中心位置作为圆环体的中心绘制大圆环体。

第3篇 综合设计实例

第11章

球阀零件设计

球阀是工程中经常用到的机械装置，它由双头螺柱、螺母、密封圈、扳手、阀杆、阀芯、压紧套、阀体和阀盖等组成，本章主要介绍球阀装配立体图中各个零件的绘制。

阀体与阀盖的绘制过程比较复杂，希望读者根据介绍的方法按步骤完成绘制。

- 标准件立体图的绘制
- 非标准件立体图的绘制
- 阀体与阀盖立体图的绘制

11.1 标准件立体图的绘制

本节介绍球阀中几个标准件的绘制方法。通过本节的介绍，主要学习一些基本三维绘制与编辑命令的使用方法。

11.1.1 双头螺柱立体图的绘制

本例绘制的双头螺柱的型号为 AM12×30（GB/T 898），其表示为公称直径 *d*=12mm，长度 *L*=30mm，性能等级为 4.8 级，不经表面处理，A 型的双头螺柱，如图 11-1 所示。本实例的制作思路：首先绘制单个螺纹，然后使用阵列命令阵列所用的螺纹，再绘制中间的连接圆柱体，最后再绘制另一端的螺纹。

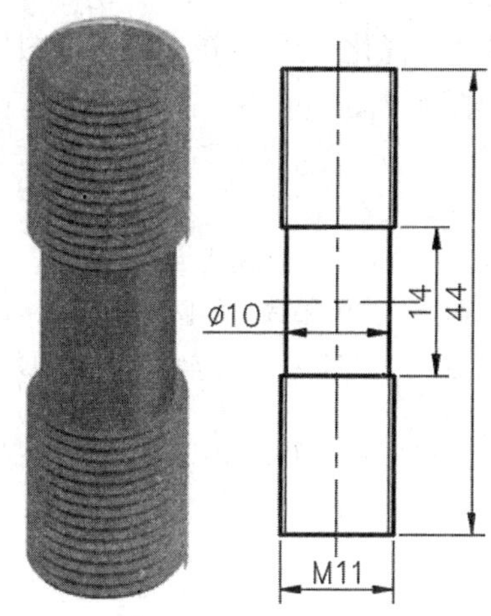

图 11-1　双头螺柱

01 启动 AutoCAD 2022，使用默认设置的绘图环境。

02 建立新文件。单击“快速访问”工具栏中的“新建”按钮，弹出“选择样板”对话框。单击“打开”按钮右侧的下三角形按钮，以“无样板打开－公制（M）”方式建立新文件，将新文件命名为“双头螺柱立体图.dwg”并保存。

03 设置线框密度。默认设置是 8，有效值的范围为 0～2047。设置对象上每个曲面的轮廓线数目，命令行提示如下：

```
命令：ISOLINES↙
输入 ISOLINES 的新值 <8>：10↙
```

04 设置视图方向。单击“可视化”选项卡“命名视图”面板中的“西南等轴测”按钮，将当前视图方向设置为西南等轴测视图。

05 创建螺纹。

❶绘制螺旋线。单击“默认”选项卡“绘图”面板中的“螺旋”按钮，命令行提示如下：

```
命令：_HELIX
```

圈数 = 3.0000　　扭曲=CCW
指定底面的中心点：0,0,-1↙
指定底面半径或［直径(D)］<1.0000>：5↙
指定顶面半径或［直径(D)］<5.0000>：↙
指定螺旋高度或［轴端点(A)/圈数(T)/圈高(H)/扭曲(W)］<1.0000>：T↙
输入圈数 <3.0000>：17
指定螺旋高度或［轴端点(A)/圈数(T)/圈高(H)/扭曲(W)］<1.0000>：17

如图 11-2 所示。

❷切换视图方向。单击“可视化”选项卡“命名视图”面板中的“后视”按钮，将视图切换到后视方向。

❸绘制牙型截面。单击“默认”选项卡“绘图”面板中的“直线”按钮，捕捉螺旋线的上端点绘制牙型截面，尺寸参照图 11-3。单击“默认”选项卡“绘图”面板中的“面域”按钮，将其创建成面域，结果如图 11-4 所示。

❹扫掠创建实体。单击“可视化”选项卡“命名视图”面板中的“西南等轴测”按钮，将视图切换到西南等轴测视图。单击“三维工具”选项卡“建模”面板中的“扫掠”按钮，命令行提示如下：

命令：_SWEEP
当前线框密度：ISOLINES=10，闭合轮廓创建模式 = 实体
选择要扫掠的对象或［模式(MO)］：_MO 闭合轮廓创建模式［实体(SO)/曲面(SU)］<实体>：_SO↙
选择要扫掠的对象或［模式(MO)］：找到 1 个（选择牙型截面）↙
选择要扫掠的对象或［模式(MO)］：↙
选择扫掠路径或［对齐(A)/基点(B)/比例(S)/扭曲(T)］：（选择螺旋线）↙

创建螺纹如图 11-5 所示。

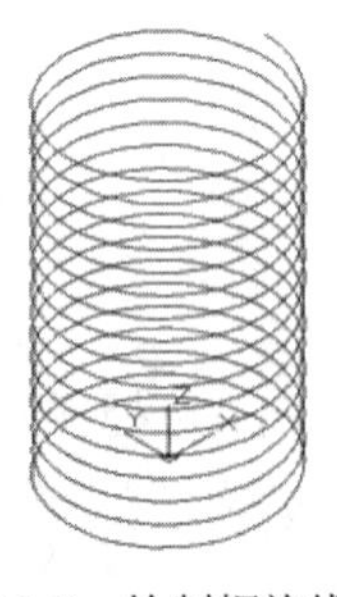
图11-2　绘制螺旋线

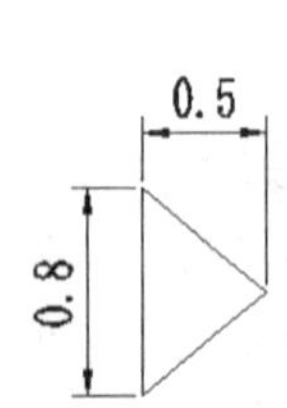

图11-3　牙型尺寸

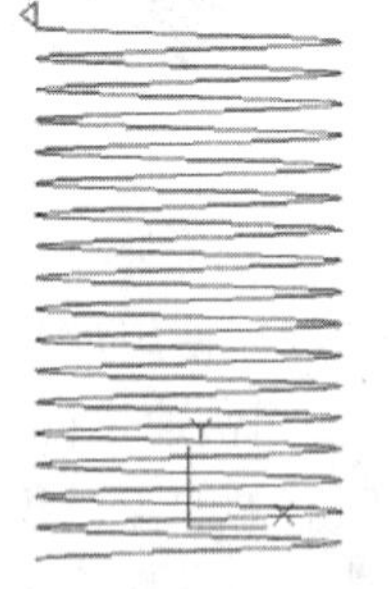
图11-4　绘制牙型截面

图11-5　创建螺纹

❺创建圆柱体。单击“三维工具”选项卡“建模”面板中的“圆柱体”按钮，以坐标点（0，0，0）为底面中心点，创建半径为 5、轴端点为（@0,15,0）的圆柱体；以坐标点（0，0，0）为底面中心点，创建半径为 6、轴端点为（@0，-3，0）的圆柱体；以坐标点（0，15，0）为底面中心点，创建半径为 6、轴端点为（@0，3，0）的圆柱体，如图 11-6 所示。

❻布尔运算。单击“三维工具”选项卡“实体编辑”面板中的“并集”按钮，对螺纹与半径为 5 的圆柱体进行并集运算，然后单击“三维工具”选项卡“实体编辑”面板中的“差集”按钮，从主体中减去半径为 6 的两个圆柱体，单击“视图”选项卡“视觉样式”面板中的“隐藏”按钮，对实体进行消隐处理，效果如图 11-7 所示。

06 绘制中间圆柱体。单击“三维工具”选项卡“建模”面板中的“圆柱体”按钮，绘制底面中心点为（0,0,0）、半径为 5、轴端点为（@0,-14,0）的圆柱体，并进行消隐处理，如图 11-8 所示。

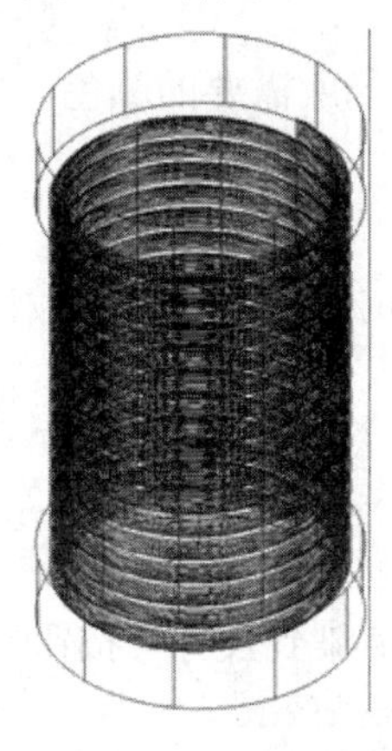

图 11-6 创建圆柱体

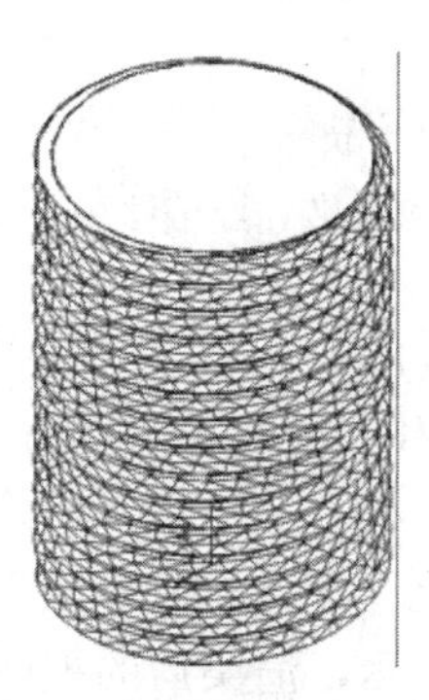

图 11-7 消隐处理结果

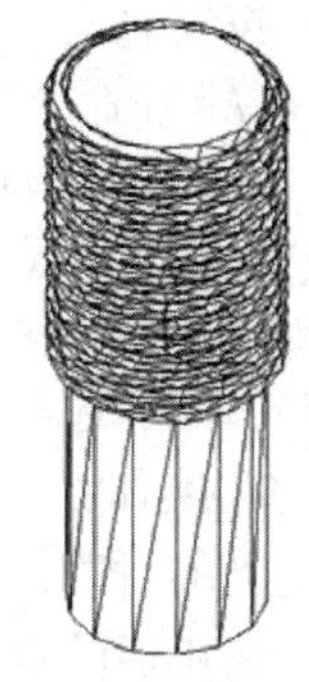

图 11-8 绘制中间圆柱体

07 绘制另一端螺纹。

❶复制螺纹。单击“默认”选项卡“修改”面板中的“复制”按钮，将最下面的一个螺纹从（0,15,0）复制到（0,-14,0），如图11-9所示。

❷并集运算。单击“三维工具”选项卡“实体编辑”面板中的“并集”按钮，将所绘制的图形进行并集运算，并进行消隐处理，如图11-10所示。

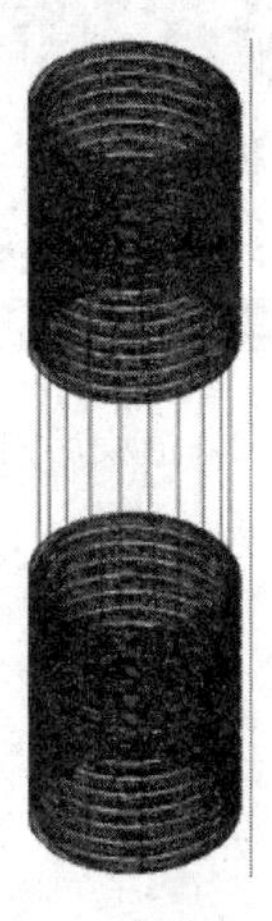

图 11-9 复制螺纹

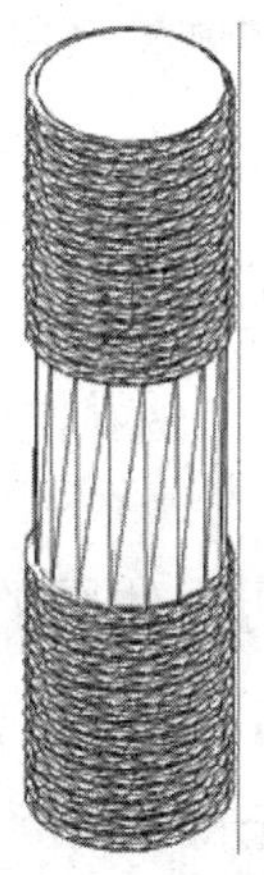

图 11-10 并集后的图形

08 渲染视图。

❶着色面。单击“三维工具”选项卡“实体编辑”面板中的“着色面”按钮，命令行提示如下：

命令：_SOLIDEDIT

实体编辑自动检查：SOLIDCHECK=1

输入实体编辑选项 [面(F)/边(E)/体(B)/放弃(U)/退出(X)] <退出>：_face

输入面编辑选项[拉伸(E)/移动(M)/旋转(R)/偏移(O)/倾斜(T)/删除(D)/复制(C)/颜色(L)/材质

(A)/放弃(U)/退出(X)] <退出>: _color

选择面或 [放弃(U)/删除(R)/全部(ALL)]: (选择实体上任意一个面)

选择面或 [放弃(U)/删除(R)/全部(ALL)]: ALL↙

选择面或 [放弃(U)/删除(R)/全部(ALL)]: ↙

此时弹出“选择颜色”对话框，如图 11-11 所示，在其中选择所需要的颜色，然后单击“确定”按钮。

AutoCAD 在命令行继续出现如下提示：

输入面编辑选项[拉伸(E)/移动(M)/旋转(R)/偏移(O)/倾斜(T)/删除(D)/复制(C)/颜色(L)/材质(A)/放弃(U)/退出(X)] <退出>: X↙

实体编辑自动检查： SOLIDCHECK=1

输入实体编辑选项 [面(F)/边(E)/体(B)/放弃(U)/退出(X)] <退出>: X↙

❷渲染实体。单击“可视化”选项卡“材质”面板中的“材质浏览器”按钮，为实体赋予适当的材质，单击“可视化”选项卡“渲染”面板中的“渲染到尺寸”按钮，渲染图形，渲染后的效果如图11-1所示，渲染后的视图如图11-12所示。

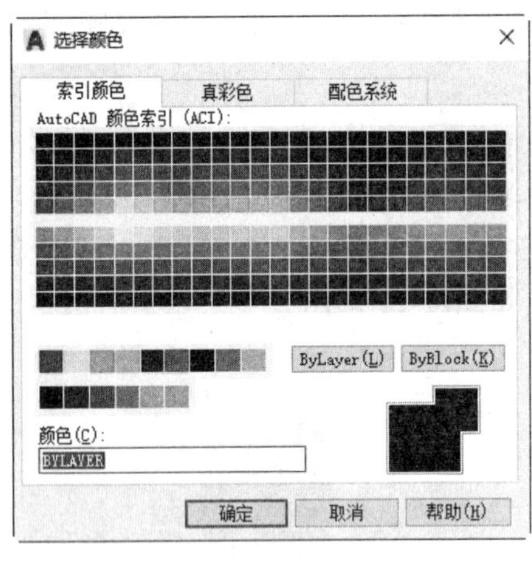

图 11-11 “选择颜色”对话框

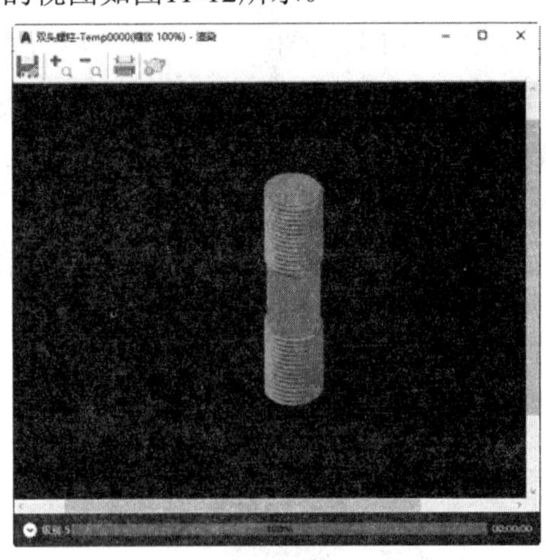

图 11-12 渲染后的视图

11.1.2 螺母立体图的绘制

本例创建的螺母型号为 M6 GB/T6170-2015，螺纹孔直径为 5，外六角外切圆直径为 10，如图 11-13 所示。

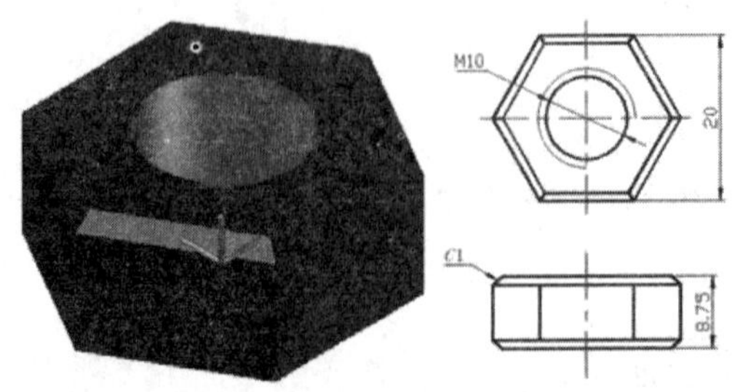

图 11-13 螺母

本实例的创建思路：首先绘制一条多段线，然后扫掠生成螺纹，再绘制正六边形，拉伸生成实体，最后进行差集运算。

01 启动 AutoCAD 2022，使用默认设置绘图环境。

02 建立新文件。单击“快速访问”工具栏中的“新建”按钮，弹出“选择样板”对话框。单击“打开”按钮右侧的下三角按钮，以“无样板打开一公制（M）”方式建立新文件，将新文件命名为“螺母.dwg”并保存。

03 设置线框密度。默认设置是 8，有效值的范围为 0～2047。设置对象上每个曲面的轮廓线数目，命令行提示如下：

命令：ISOLINES↙

输入 ISOLINES 的新值 <8>：10↙

04 设置视图方向。单击“可视化”选项卡“命名视图”面板中的“西南等轴测”按钮，将当前视图设置为西南等轴测视图。

05 创建螺纹。

❶绘制螺旋线。单击“默认”选项卡“绘图”面板中的“螺旋”按钮，命令行提示如下：

命令：_HELIX

圈数 = 8.0000　　扭曲=CCW

指定底面的中心点：0,0,-1.75↙

指定底面半径或 [直径(D)] <1.000>：5↙

指定顶面半径或 [直径(D)] <5.000>：↙

指定螺旋高度或 [轴端点(A)/圈数(T)/圈高(H)/扭曲(W)] <12.2000>：T↙

输入圈数 <3.0000>：7↙

指定螺旋高度或 [轴端点(A)/圈数(T)/圈高(H)/扭曲(W)] <12.2000>：12.5↙

如图 11-14 所示。

❷切换坐标系。在命令行中输入 UCS 命令，命令行提示如下：

命令：UCS↙

当前 UCS 名称：*世界*

指定 UCS 的原点或 [面(F)/命名(NA)/对象(OB)/上一个(P)/视图(V)/世界(W)/X/Y/Z/Z 轴(ZA)] <世界>：↙（捕捉螺旋线的上端点）

指定 X 轴上的点或 <接受>：↙（捕捉螺旋线上一点）

指定 XY 平面上的点或 <接受>：↙

如图 11-15 所示。

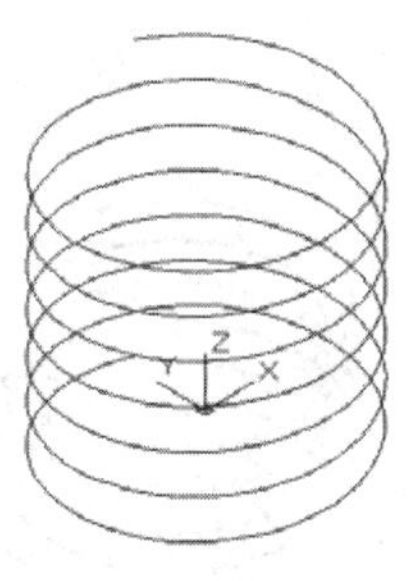

图 11-14　绘制螺旋线

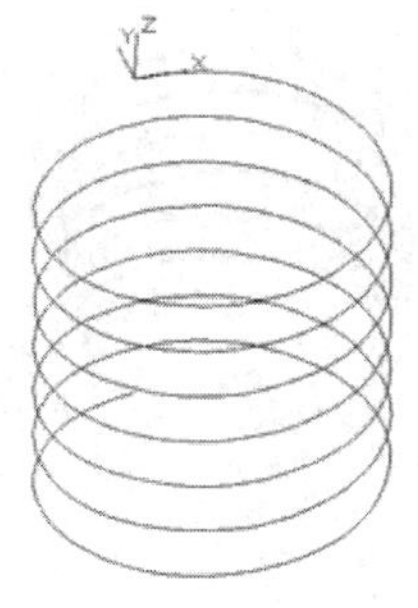

图 11-15　切换坐标系

❸绘制牙型截面。单击“默认”选项卡“绘图”面板中的“直线”按钮╱，捕捉螺旋线的上端点绘制牙型截面，尺寸参照图 11-16。单击“默认”选项卡“绘图”面板中的“面域”按钮，将其创建成面域，如图 11-17 所示。

❹扫掠形成实体。单击“三维工具”选项卡“建模”面板中的“扫掠”按钮，命令行提示如下：

```
命令：_SWEEP
当前线框密度： ISOLINES=4，闭合轮廓创建模式 = 实体
选择要扫掠的对象或 [模式(MO)]：_MO 闭合轮廓创建模式 [实体(SO)/曲面(SU)] <实体>：_SO↙
选择要扫掠的对象或 [模式(MO)]：↙（选择牙型截面）
选择要扫掠的对象或 [模式(MO)]：↙
选择扫掠路径或 [对齐(A)/基点(B)/比例(S)/扭曲(T)]：↙（选择螺旋线）
```

创建螺纹，如图 11-18 所示。

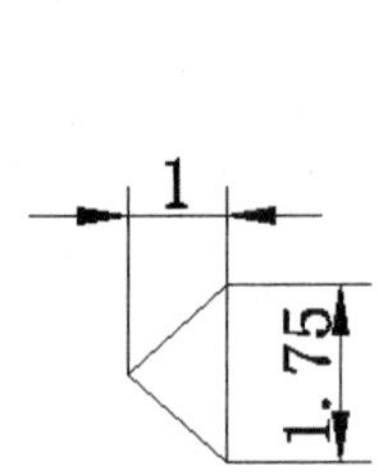

图 11-16　牙型尺寸

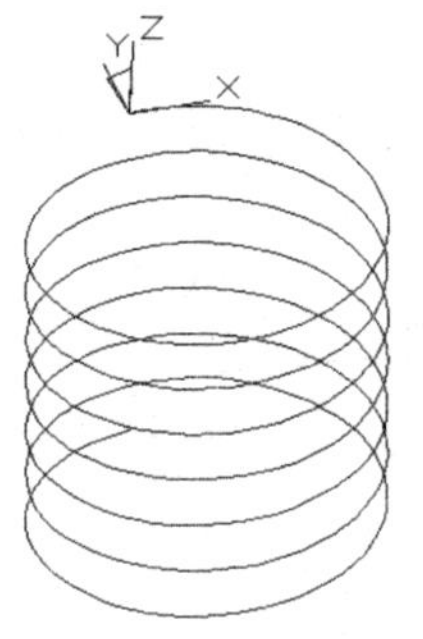

图 11-17　绘制牙型截面

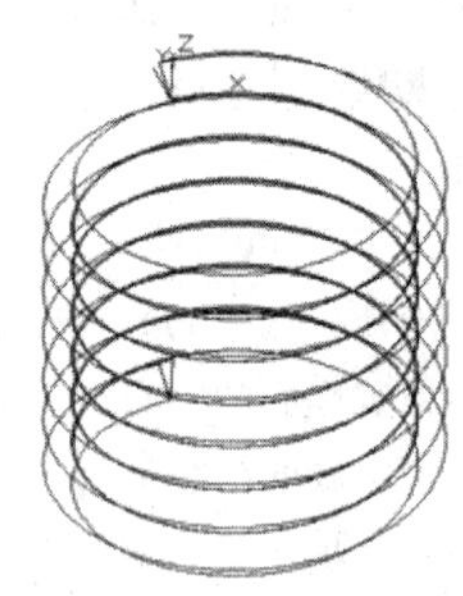

图 11-18　创建螺纹

❺创建圆柱体。将坐标系切换到 WCS，单击“三维工具”选项卡“建模”面板中的“圆柱体”按钮，以点（0，0，0）为底面中心点，创建半径为 5、轴端点为（@0，0，8.75）的圆柱体；以点（0，0，0）为底面中心点，创建半径为 8、轴端点为（@0，0，-5）的圆柱体；以点（0，0，8.75）为底面中心点，创建半径为 8、轴端点为（@0，0，5）的圆柱体，结果如图 11-19 所示。

❻布尔运算。单击“三维工具”选项卡“实体编辑”面板中的“并集”按钮，对螺纹与半径为 5 的圆柱体进行并集运算，然后单击“三维工具”选项卡“实体编辑”面板中的“差集”按钮，从螺纹主体中减去半径为 8 的两个圆柱体，结果如图 11-20 所示。

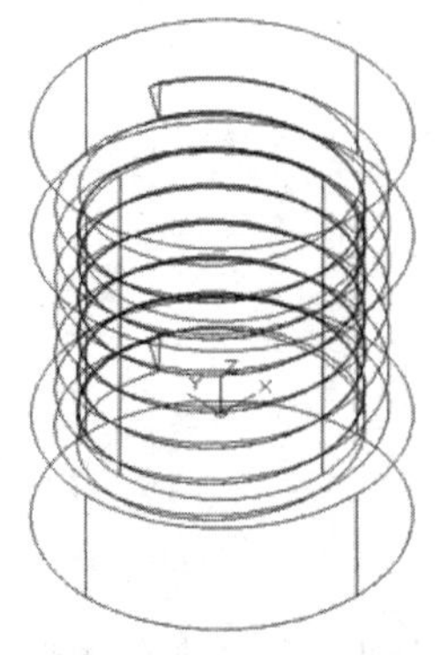

图 11-19　创建圆柱体

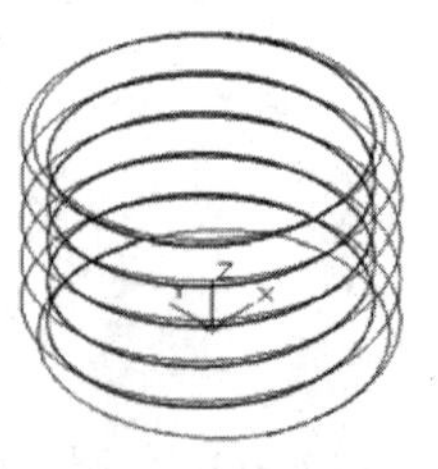

图 11-20　布尔运算处理

06 绘制外形轮廓。

❶绘制六边形。单击“默认”选项卡“绘图”面板中的“多边形”按钮，以点（0，0，0）为中心，绘制外切圆半径为10的正六边形。

❷拉伸正多边形。单击“三维工具”选项卡“建模”面板中的“拉伸”按钮，对移动后的正多边形进行拉伸操作，拉伸距离为8.75，如图11-21所示。

❸差集运算。单击“三维工具”选项卡“实体编辑”面板中的“差集”按钮，对拉伸创建的正六边体和螺纹进行差集运算，如图11-22所示。

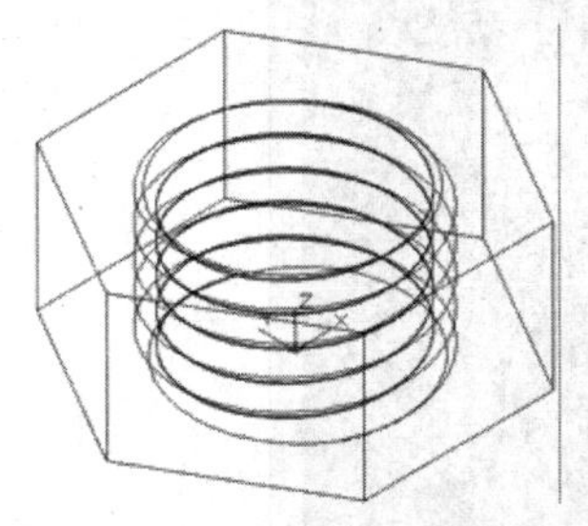

图11-21　拉伸正多边形

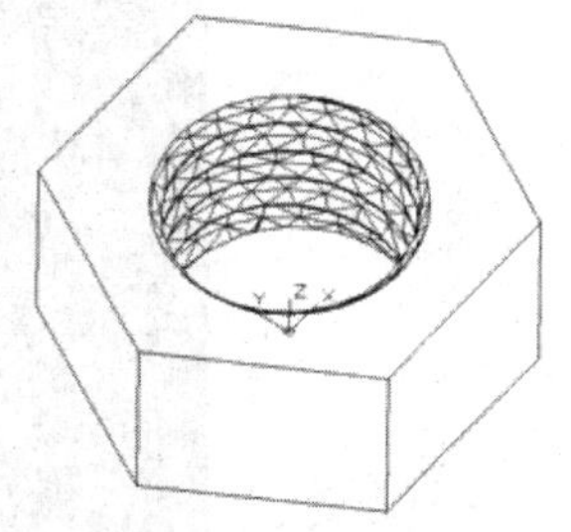

图11-22　差集运算

❹倒角操作。单击“默认”选项卡“修改”面板中的“倒角”按钮，对拉伸创建的六边体的上、下两边进行倒角操作，倒角距离为1，命令行提示如下：

命令：_CHAMFER

（“修剪”模式）当前倒角距离 1 = 0.0000，距离 2 = 0.0000

选择第一条直线或［多段线(P)/距离(D)/角度(A)/修剪(T)/方式(M)/多个(U)］：D↙

指定第一个倒角距离〈0.0000〉：1↙

指定第二个倒角距离〈1.0000〉：↙

选择第一条直线或［多段线(P)/距离(D)/角度(A)/修剪(T)/方式(M)/多个(U)］：（用鼠标选择正六边体上面的一边）

输入曲面选择选项［下一个(N)/当前(OK)］〈当前(OK)〉：↙

指定基面倒角距离或［表达式(E)］〈1.0000〉：↙

指定其他曲面倒角距离或［表达式(E)］〈1.0000〉：↙

选择边或［环(L)］：（依次用鼠标选择要倒角的边）

选择边或［环(L)］：↙

重复执行“倒角”命令，对正六边体上下两面的各边依次进行倒角，如图11-23所示。

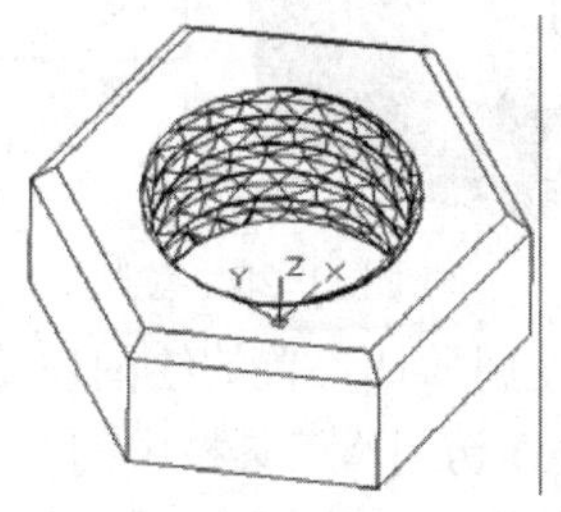

图11-23　倒角操作

07 渲染视图。

❶着色面。单击“三维工具”选项卡“实体编辑”面板中的“着色面”按钮，对

螺母的相应面进行着色处理。

❷渲染实体。单击“可视化”选项卡“渲染”面板中的“渲染到尺寸”按钮，弹出“渲染”对话框，如图 11-24 所示。对螺母进行渲染，渲染后的视图如图 11-13 所示。

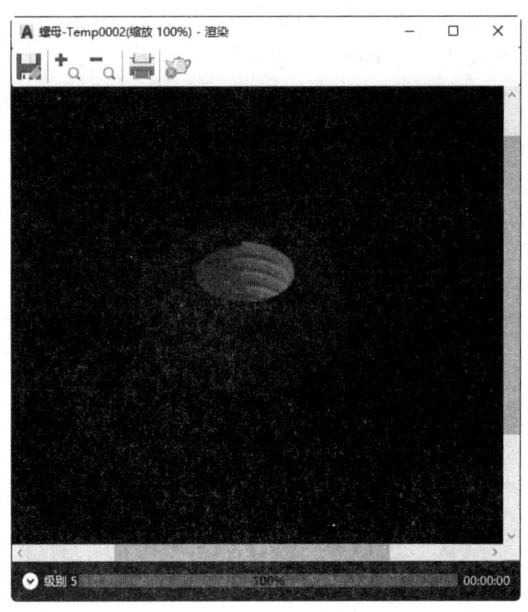

图 11-24 “渲染”对话框

11.1.3 密封圈立体图的绘制

本例绘制的密封圈主要是对阀芯起密封作用，在实际应用中，其材料一般为填充聚四氟乙烯。本实例的制作思路：首先绘制圆柱体作为外形轮廓，然后再绘制一圆柱体和一球体，进行差集运算，得出该密封圈，如图 11-25 所示。

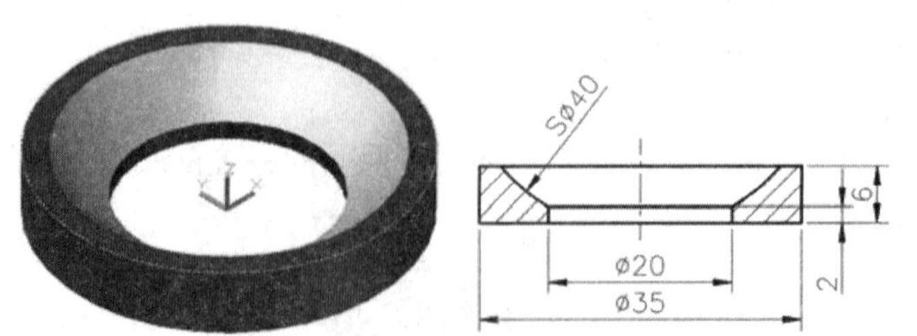

图 11-25 密封圈

01 启动 AutoCAD 2022，使用默认设置的绘图环境。

02 建立新文件。单击“快速访问”工具栏中的“新建”按钮，弹出“选择样板”对话框。单击“打开”按钮右侧的下三角按钮，以“无样板打开－公制（M）”方式建立新文件，将新文件命名为“密封圈立体图.dwg”并保存。

03 设置线框密度。默认设置是 8，有效值的范围为 0～2047。设置对象上每个曲面的轮廓线数目，命令行提示如下：

命令：ISOLINES↙

输入 ISOLINES 的新值 〈8〉：10↙

04 设置视图方向。单击“可视化”选项卡“命名视图”面板中的“西南等轴测”按钮，将当前视图设置为西南等轴测视图。

05 绘制外形轮廓。单击“三维工具”选项卡“建模”面板中的“圆柱体”按钮，绘制底面中心点位于原点、直径为 35、高度为 6 的圆柱体，如图 11-26 所示。

06 绘制内部轮廓。

❶单击“三维工具”选项卡“建模”面板中的“圆柱体”按钮，绘制底面中心点位于原点、直径为 20、高度为 2 的圆柱体，如图 11-27 所示。

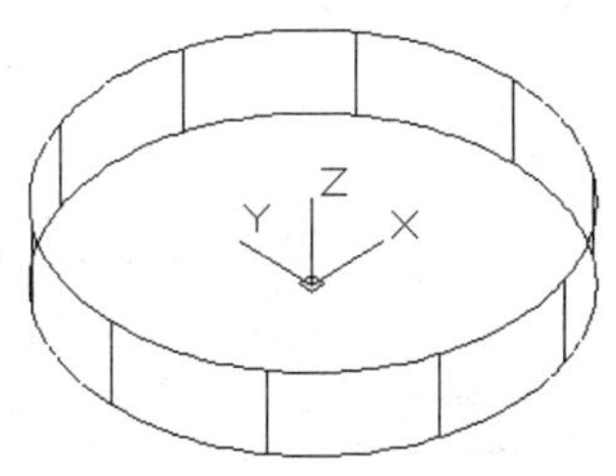

图 11-26　绘制外形轮廓

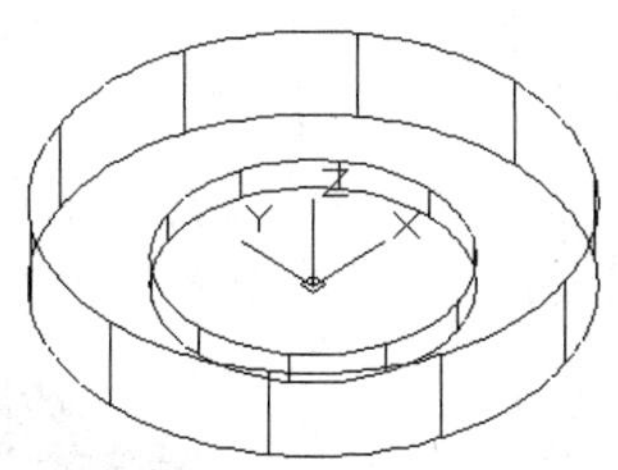

图 11-27　绘制圆柱体

❷绘制球体。单击“三维工具”选项卡“建模”面板中的“球体”按钮，球心为（0,0,19），半径为 20，绘制密封圈的内部轮廓，如图 11-28 所示。

❸差集运算。单击“三维工具”选项卡“实体编辑”面板中的“差集”按钮，对外形轮廓和内部轮廓进行差集运算， 如图11-29所示。

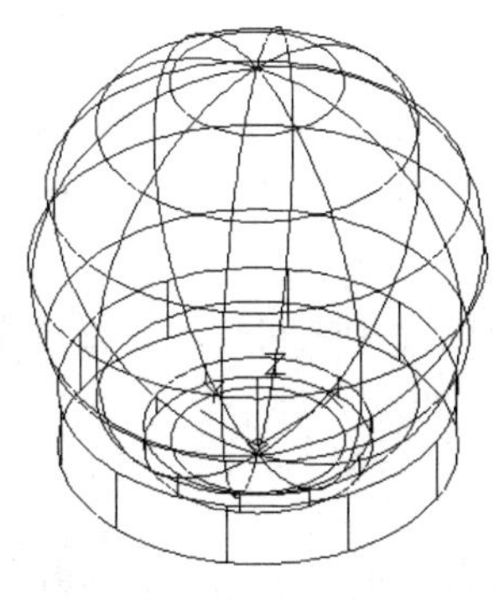

图 11-28　绘制内部轮廓

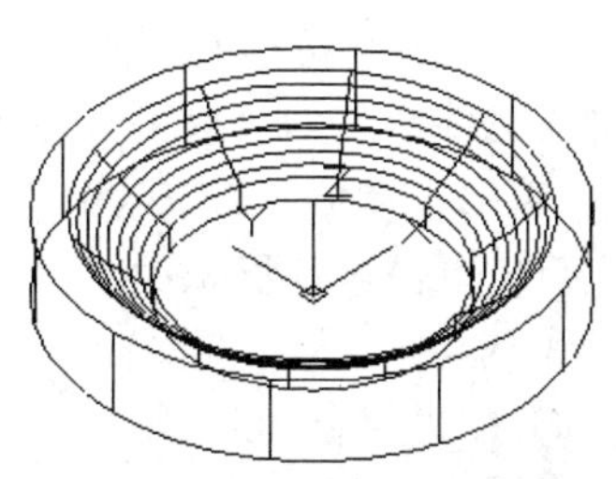

图 11-29　差集运算

07 渲染视图。

❶着色面。单击“三维工具”选项卡“实体编辑”面板中的“着色面”按钮，对相应的面进行着色。

❷渲染实体。单击“可视化”选项卡“材质”面板中的“材质浏览器”按钮，为实体赋予适当的材质。击“可视化”选项卡“渲染”面板中的“渲染到尺寸”按钮，渲染图形，渲染后的效果如图11-25所示。

11.2 非标准件立体图的绘制

本节将介绍组成球阀的几个非标准件的绘制方法。通过这些实例，读者可以进一步熟悉各种三维绘制与编辑命令。

11.2.1 扳手立体图的绘制

本例绘制的扳手（见图 11-30）通过端部的方孔套与阀杆相连，从而完成对球阀中的阀杆施力。本实例的制作思路：首先绘制端部，然后绘制手柄，最后通过并集完成整个实体的绘制。

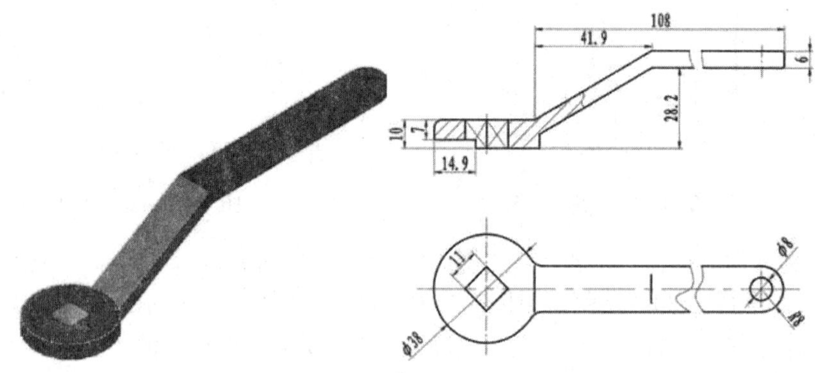

图 11-30 扳手

01 启动 AutoCAD 2022，使用默认设置的绘图环境。

02 建立新文件。单击“快速访问”工具栏中的“新建”按钮，弹出“选择样板”对话框。单击“打开”按钮右侧的下三角按钮，以“无样板打开－公制（M）”方式建立新文件，将新文件命名为“扳手立体图.dwg”并保存。

03 设置线框密度。默认设置是 8，有效值的范围为 0～2047。设置对象上每个曲面的轮廓线数目，命令行提示如下：

```
命令：ISOLINES↙
输入 ISOLINES 的新值 <8>：10↙
```

04 设置视图方向。单击“可视化”选项卡“命名视图”面板中的“西南等轴测”按钮，将当前视图设置为西南等轴测视图。

05 绘制端部。

❶绘制圆柱体。单击“三维工具”选项卡“建模”面板中的“圆柱体”按钮，绘制底面中心点位于原点、半径为 19、高度为 10 的圆柱体。

❷复制圆柱体底边。单击“三维工具”选项卡“实体编辑”面板中的“复制边”按钮，选择圆柱底面边线，在原位置进行复制。命令行提示如下：

```
命令：_SOLIDEDIT
实体编辑自动检查：SOLIDCHECK=1
```

输入实体编辑选项 [面(F)/边(E)/体(B)/放弃(U)/退出(X)] 〈退出〉: _edge

输入边编辑选项 [复制(C)/着色(L)/放弃(U)/退出(X)] 〈退出〉: _copy

选择边或 [放弃(U)/删除(R)]: ↙（选择圆柱体的底边）

选择边或 [放弃(U)/删除(R)]: ↙

指定基点或位移：0,0,0↙

指定位移的第二点：0,0,0↙

输入边编辑选项 [复制(C)/着色(L)/放弃(U)/退出(X)] 〈退出〉: X↙

实体编辑自动检查：SOLIDCHECK=1

输入实体编辑选项 [面(F)/边(E)/体(B)/放弃(U)/退出(X)] 〈退出〉: X↙

❸绘制辅助线。单击“默认”选项卡“绘图”面板中的“构造线”按钮，绘制一条过原点的与水平成 135° 的辅助线，如图 11-31 所示。

❹修剪对象。单击“默认”选项卡“修改”面板中的“修剪”按钮，对图形中相应的部分进行修剪。修剪辅助线内侧的圆柱体底边的部分，以及辅助线在圆柱底边外侧的部分。

❺创建面域。单击“默认”选项卡“绘图”面板中的“面域”按钮，对修剪后的图形创建为面域，如图 11-32 所示。

❻拉伸面域。单击“三维工具”选项卡“建模”面板中的“拉伸”按钮，对上一步创建的面域进行拉伸操作。

❼差集运算。单击“三维工具”选项卡“实体编辑”面板中的“差集”按钮，对创建的面域拉伸与圆柱体进行差集运算，结果如图 11-33 所示。

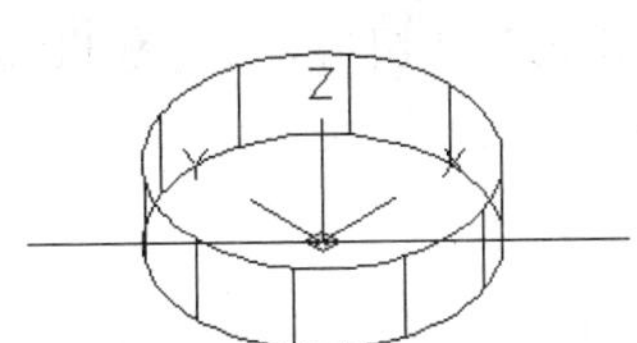

图 11-31　绘制辅助线后的图形

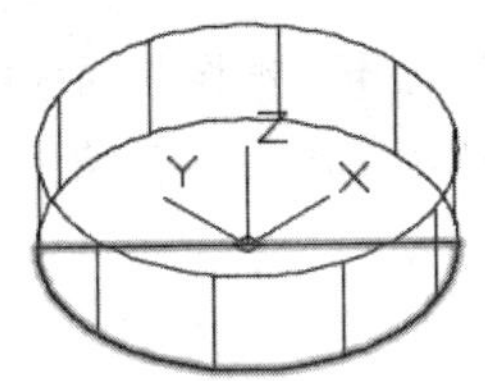

图 11-32　创建的面域

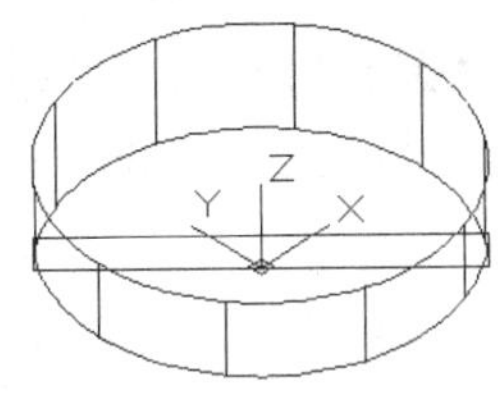

图 11-33　差集运算

❽绘制圆柱体。单击“三维工具”选项卡“建模”面板中的“圆柱体”按钮，绘制以坐标原点（0,0,0）为底面中心点、直径为 14、高度为 10 的圆柱体。

❾绘制长方体。单击“三维工具”选项卡“建模”面板中的“长方体”按钮，以点（0,0,5）为中心点，绘制长度为 11、宽度为 11、高度为 10 的长方体，结果如图 11-34 所示。

❿交集运算。单击“三维工具”选项卡“实体编辑”面板中的“交集”按钮，将上两步绘制的圆柱体和长方体进行交集运算。

⓫差集运算。单击“三维工具”选项卡“实体编辑”面板中的“差集”按钮，将绘制的圆柱体外形轮廓和交集后的图形进行差集运算，如图 11-35 所示。

06 设置视图方向。将当前视图设置为俯视图方向，结果如图 11-36 所示。

❶绘制直线。单击“默认”选项卡“绘图”面板中的“直线”按钮，绘制一条线段，作为辅助线。直线的起点为(0,-8)，终点为（@20,0），如图11-37所示。

注意

此处绘制直线，是为下一步绘制矩形做准备，因为矩形的坐标不是一整数坐标。这种绘制方法在 AutoCAD2022 中比较常用。

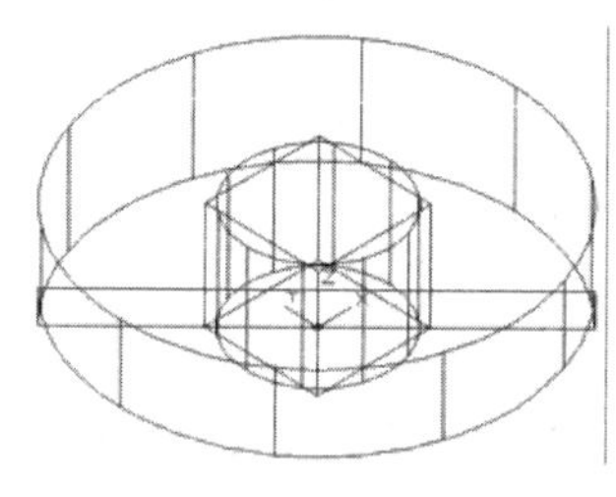

图 11-34　绘制长方体

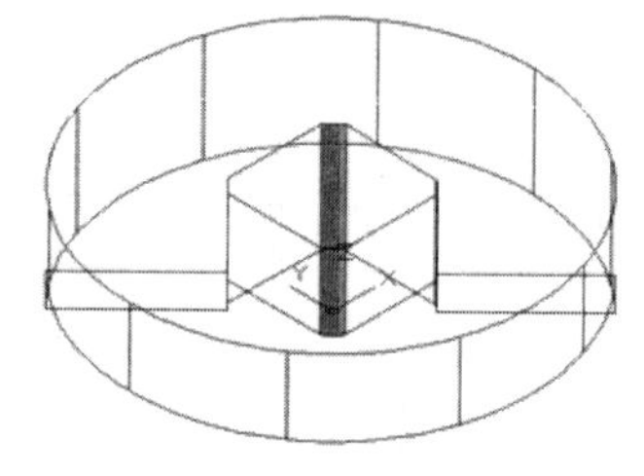

图 11-35　差集运算

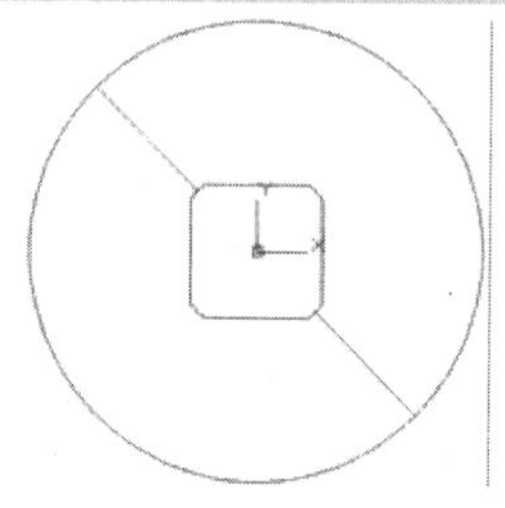

图 11-36　俯视图

❷绘制矩形1。单击“默认”选项卡“绘图”面板中的“矩形”按钮，在图11-37中的点1以及点（@60,16）之间绘制一个矩形，如图11-38所示。

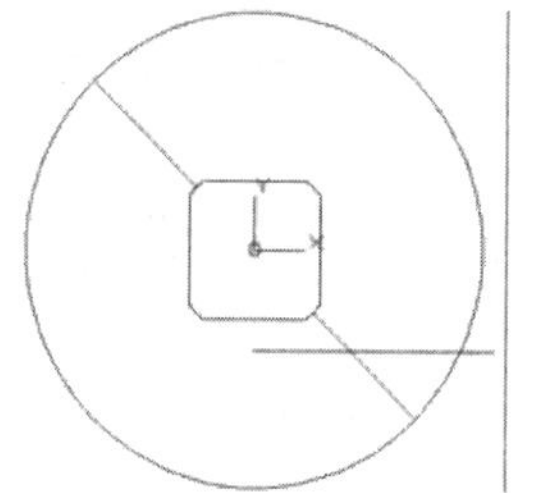

图 11-37　绘制直线

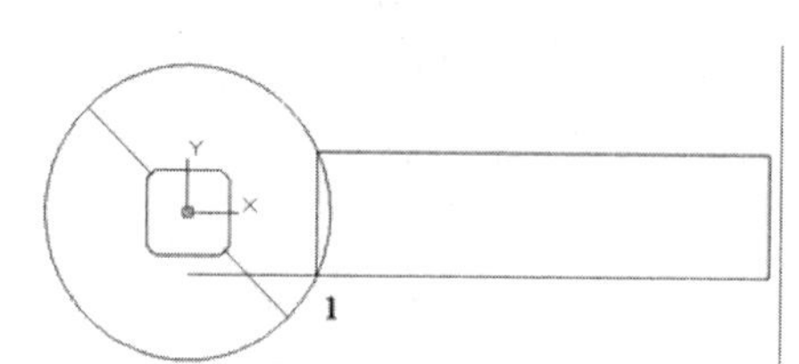

图 11-38　绘制矩形 1

❸绘制矩形 2。单击“默认”选项卡“绘图”面板中的“矩形”按钮，在图 11-39 的点 2 以及点（@100, 16）之间绘制一个矩形，如图 11-39 所示。

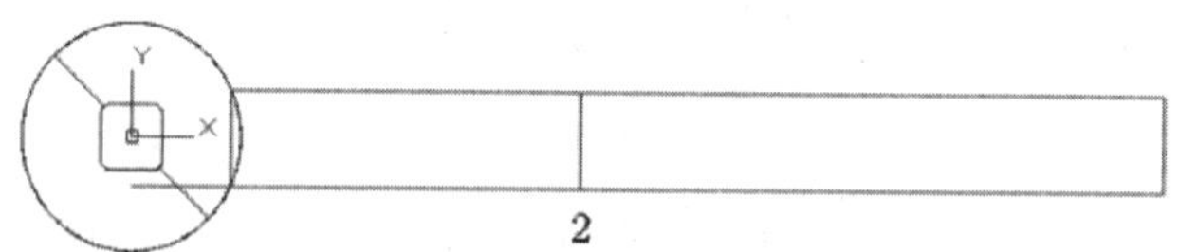

图 11-39　绘制矩形 2

❹删除辅助线。单击“默认”选项卡“修改”面板中的“删除”按钮，删除作为辅助线的直线。

❺分解图形。单击“默认”选项卡“修改”面板中的“分解”按钮，将右侧绘制的矩形分解。

❻圆角操作。单击“默认”选项卡“修改”面板中的“圆角”按钮，对右侧矩形的两边进行圆角操作，圆角半径为8。

❼创建面域。单击“默认”选项卡“绘图”面板中的“面域”按钮，将左、右两个矩形创建为面域，如图 11-40 所示。

❽拉伸面域。单击“三维工具”选项卡“建模”面板中的“拉伸”按钮，分别将两个面域拉伸 6。

❾设置视图方向。将当前视图设置为主视图方向，如图 11-41 所示。

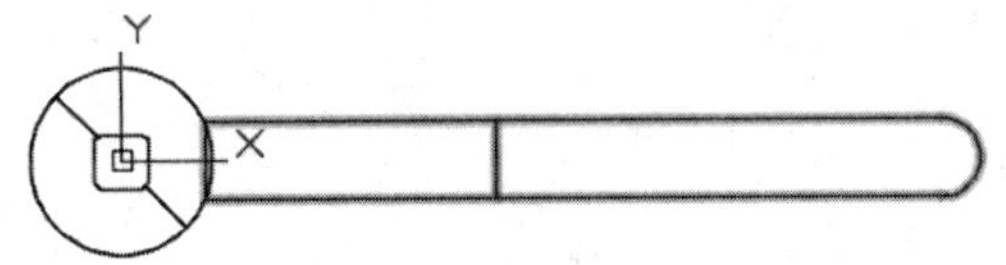

图 11-40　创建面域

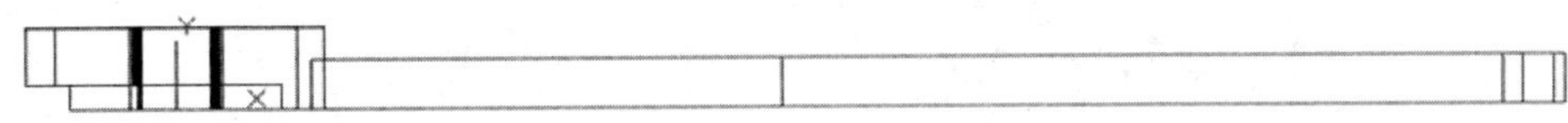

图 11-41　主视图

❿三维旋转。选择菜单栏中的“修改”→“三维操作”→“三维旋转”命令，将图中矩形绕 Z 轴上的原点旋转 30°，如图 11-42 所示。

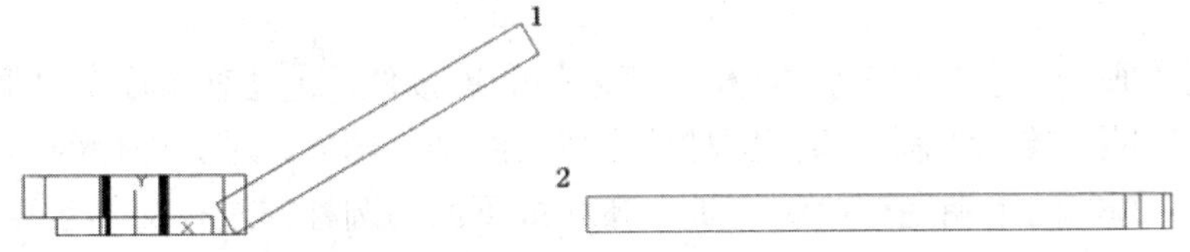

图 11-42　旋转矩形

⓫移动矩形。单击“默认”选项卡“修改”面板中的“移动”按钮，将右侧的矩形从图11-42中的点2移动到点1，如图11-43所示。

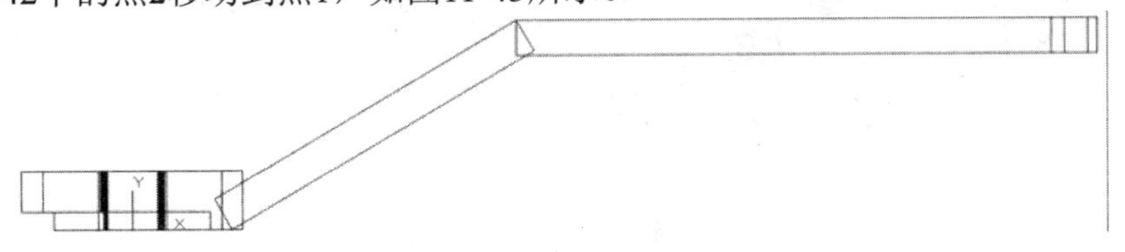

图 11-43　移动矩形

⓬并集运算。单击“三维工具”选项卡“实体编辑”面板中的“并集”按钮，对视图中的所用图形进行并集运算。

⓭设置视图方向。将当前视图设置为西南等轴测视图。

⓮绘制圆柱体。单击“可视化”选项卡“视图”面板中的“西南等轴测”按钮，返回 WCS。以右端圆弧圆心为中心点，绘制直径为 8、高为 6 的圆柱体。

⓯差集运算。单击“三维工具”选项卡“实体编辑”面板中的“差集”按钮，对实体与圆柱体进行差集运算，如图 11-44 所示。

07 渲染视图。

❶着色面。单击“三维工具”选项卡“实体编辑”面板中的“着色面”按钮，对相应的面进行着色。

❷渲染实体。单击“可视化”选项卡“材质”面板中的“材质浏览器”按钮，为实体赋予适当的材质。单击“可视化”选项卡“渲染”面板中的“渲染到尺寸”按钮，渲染图形，渲染后的效果如图11-30所示。

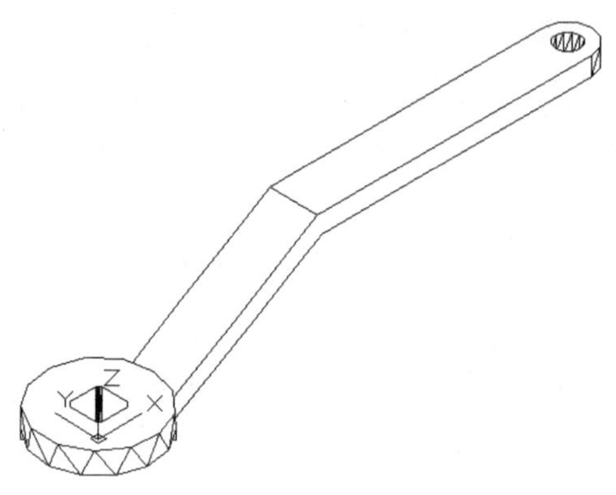

图 11-44　差集运算

11.2.2　阀杆立体图的绘制

本例绘制的阀杆（见图 11-45）是和阀芯之间的连接件，通过对阀芯作用来开关球阀。本实例的制作思路：首先绘制一系列圆柱体，然后绘制一球体，对其进行剖切处理，绘制出阀芯的上端；阀芯的下端通过绘制一长方体和最下面的圆柱体进行交集运算获得；最后对整个视图进行并集运算，得到阀芯实体。

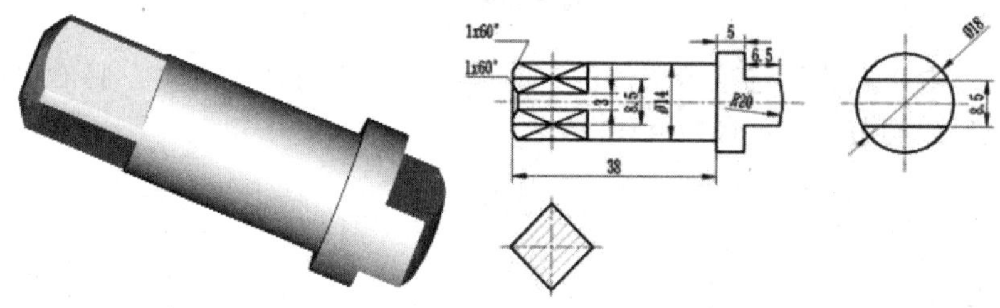

图 11-45　阀杆

01 设置线框密度。在命令行中输入 ISOLINES，设置线框密度为 10。单击“可视化”选项卡“命名视图”面板中的“西南等轴测”按钮，切换到西南等轴测视图。

02 设置用户坐标系。命令行提示如下：

命令：UCS ↙

当前 UCS 名称：*西南等轴测*

UCS 的原点或 [面(F)/命名(NA)/对象(OB)/上一个(P)/视图(V)/世界(W)/X/Y/Z/Z 轴(ZA)] <世界>：X↙

指定绕 X 轴的旋转角度 <90>：↙

03 绘制阀杆主体。

❶创建圆柱体。单击“三维工具”选项卡“建模”面板中的“圆柱体”按钮，采用指定底面中心点、底面半径和高度的模式，创建以原点为底面中心点、半径为 7、高度为 14 的圆柱体。

继续以原点为底面中心点，分别创建直径为 14、高度为 24 和两个直径为 18、高度为 5 的圆柱体，如图 11-46 所示。

❷创建球体。单击“三维工具”选项卡“建模”面板中的“球体”按钮，在点(0,0,30)

处创建半径为 20 的球体，如图 11-47 所示。

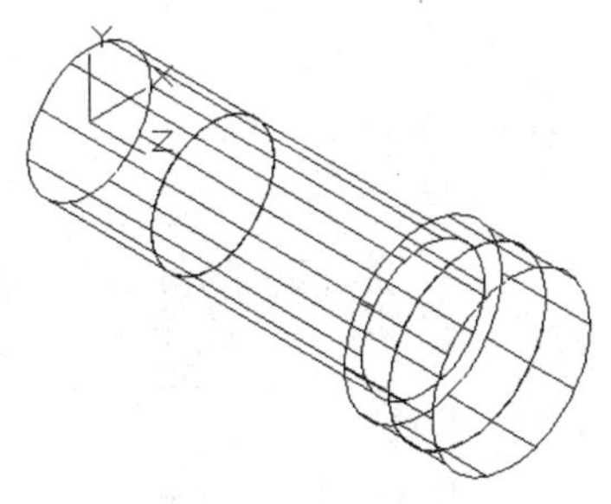

图 11-46　创建圆柱体

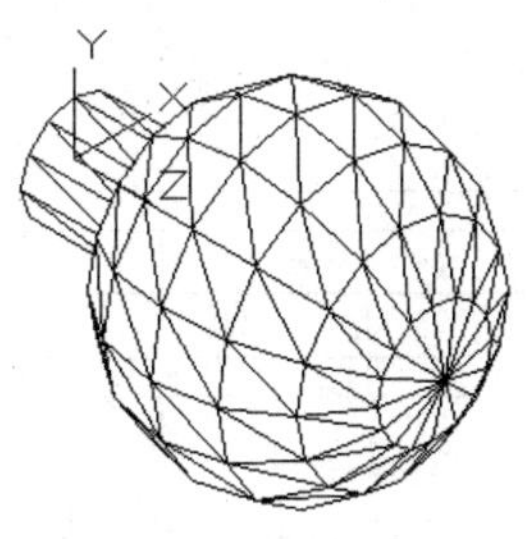

图 11-47　创建球体

❸剖切球体及直径为 18 的圆柱体。将视图切换到左视图，单击“三维工具”选项卡“实体编辑”面板中的“剖切”按钮，选择球体及右部的圆柱体，以 ZX 为剖切面，分别指定剖切面上的点为（0，4.25）及（0，-4.25），对实体进行对称剖切，保留实体中部，如图 11-48 所示。

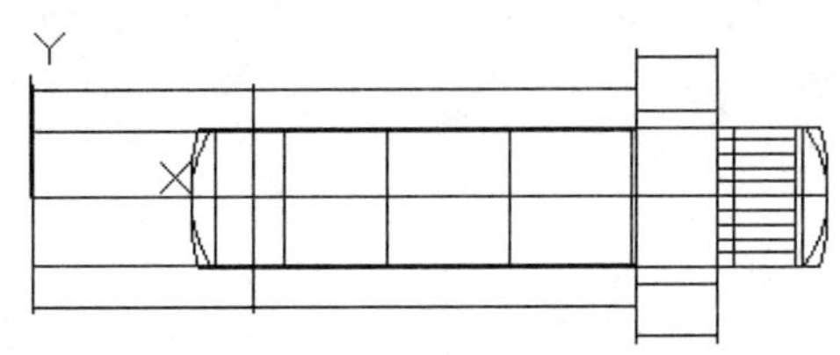

图 11-48　剖切后的实体

❹剖切球体。单击“三维工具”选项卡“实体编辑”面板中的“剖切”按钮，选择球体，以 YZ 为剖切面，指定剖切面上的点为（48，0），对球体进行剖切，保留球体的右部，如图 11-49 所示。

04 绘制细部特征。

❶对左端直径为 14 的圆柱体进行倒角操作。单击“可视化”选项卡“命名视图”面板中的“西南等轴测”按钮，切换到西南等轴测视图。单击“默认”选项卡“修改”面板中的“倒角”按钮，对圆柱体的边进行倒直角操作，如图 11-50 所示。命令行提示如下：

命令：CHAMFER ↙

（“修剪”模式）当前倒角距离 1=0.0000，距离 2=0.0000

选择第一条直线或 [放弃(U)/多段线(P)/距离(D)/角度(A)/修剪(T)/方式(E)/多个(M)]：(选择圆柱体的边)基面选择...

输入曲面选择选项 [下一个(N)/当前(OK)] <当前>：(选择圆柱体侧面)

指定 基面 倒角距离或 [表达式(E)]：3.0↙

指定 其他曲面 倒角距离或 [表达式(E)] <3.0000>：2↙

选择边或 [环(L)]：↙(左端直径为 14 的圆柱左端面)

选择边或 [环(L)]：↙(完成倒角操作)

❷创建长方体，将视图切换到后视图。单击“三维工具”选项卡“建模”面板中的“长方体”按钮，采用角点、长度的模式，绘制以坐标点(0,0,-7)为中心、长度为 11、

宽度为 11、高度为 14 的长方体，结果如图 11-51 所示。

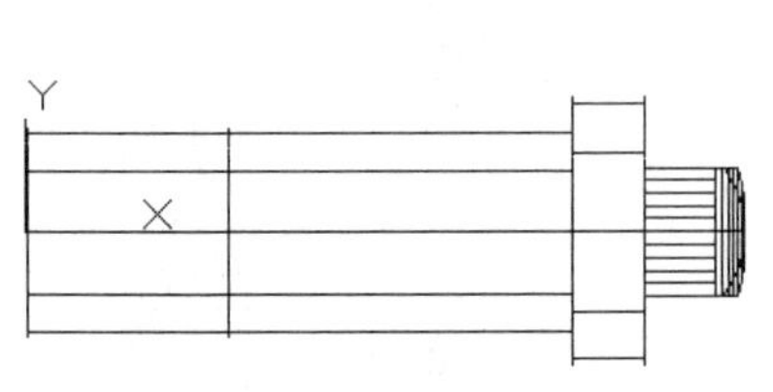

图 11-49　剖切球体

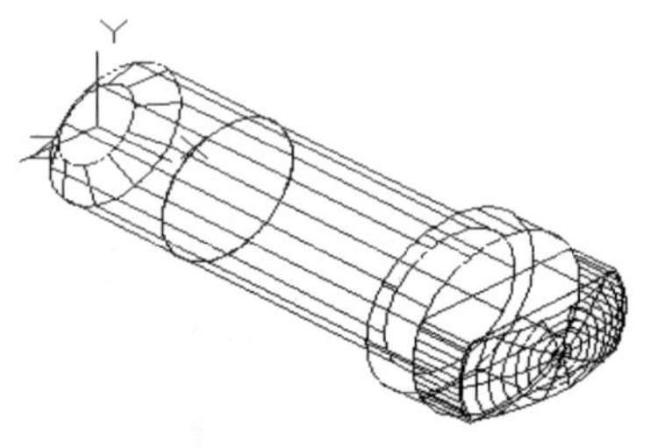

图 11-50　倒角操作

❸旋转长方体。选择菜单栏中的“修改”→“三维操作”→“三维旋转”命令，将上一步绘制的长方体以Z轴为旋转轴，以坐标原点为旋转轴上的点，旋转45°，如图11-52所示。

❹交集运算，将视图切换到西南等轴测视图。单击“三维工具”选项卡“实体编辑”面板中的“交集”按钮，对直径为 14 的圆柱体与长方体进行交集运算。

❺并集运算。单击“三维工具”选项卡“实体编辑”面板中的“并集”按钮，对实体进行并集运算。单击“视图”选项卡“视觉样式”面板中的“隐藏”按钮，进行消隐处理，如图 11-53 所示。

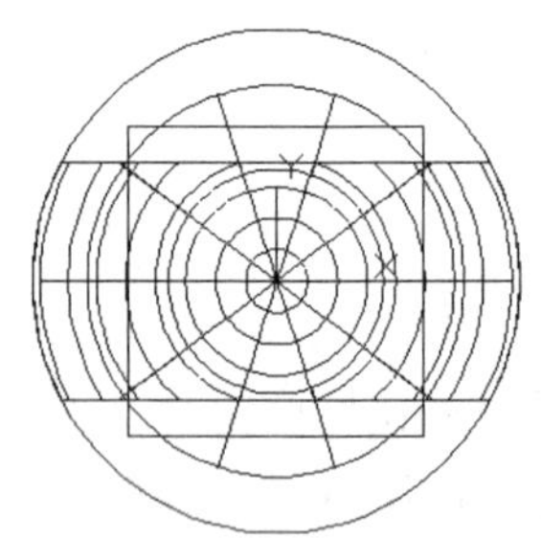

图 11-51　创建长方体

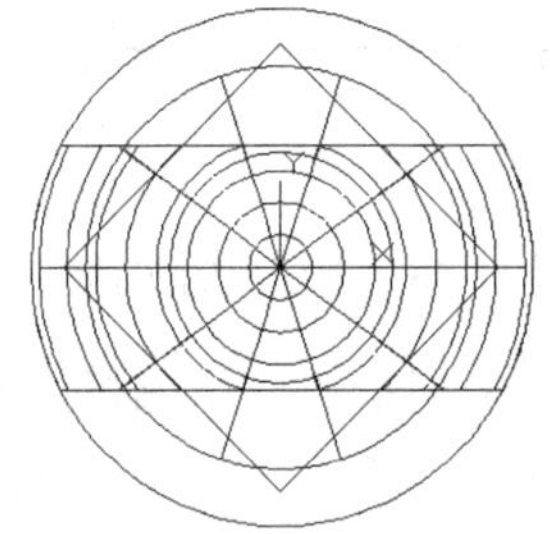

图 11-52　旋转长方体

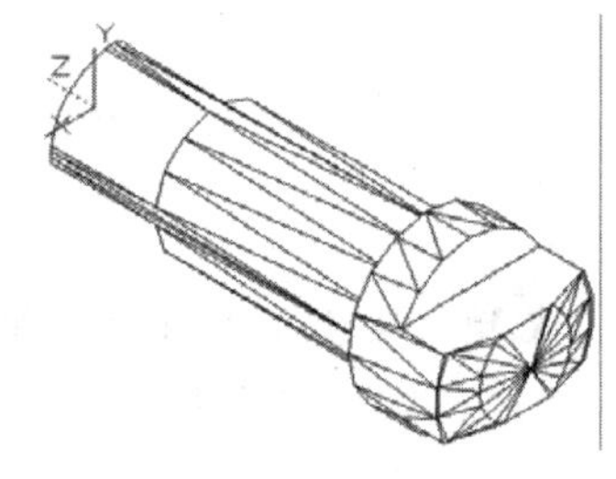

图 11-53　并集运算及消隐处理

11.2.3　阀芯立体图的绘制

本例绘制的阀芯主要起开关球阀的作用。本实例的制作思路：首先绘制球体作为外形轮廓，然后再绘制圆柱体，对圆柱体进行镜像操作，最后进行差集运算，得出该阀芯立体图，如图 11-54 所示。

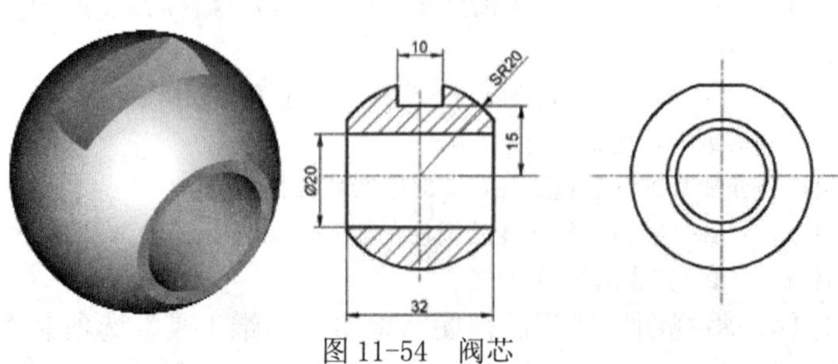

图 11-54　阀芯

01 建立新文件。启动 AutoCAD 2022，使用默认设置的绘图环境。单击“快速访问”工具栏中的“新建”按钮，弹出“选择样板”对话框，单击“打开”按钮右侧的下三角按钮，以“无样板打开－公制(M)”方式建立新文件，将新文件命名为“阀芯立体图.dwg”并保存。

02 设置线框密度，默认值是 4，更改设定值为 10。

03 设置视图方向，将当前视图设置为西南等轴测视图。

04 绘制视图。

❶绘制球体。单击“三维工具”选项卡“建模”面板中的“球体”按钮，绘制球心在原点、半径为20的球体，如图11-55所示。

❷剖切球体。单击“三维工具”选项卡“实体编辑”面板中的“剖切”按钮，将上一步绘制的球体沿过点（16,0,0）和点（-16,0,0）的 YZ 轴方向进行剖切处理，并对实体进行消隐处理，如图 11-56 所示。

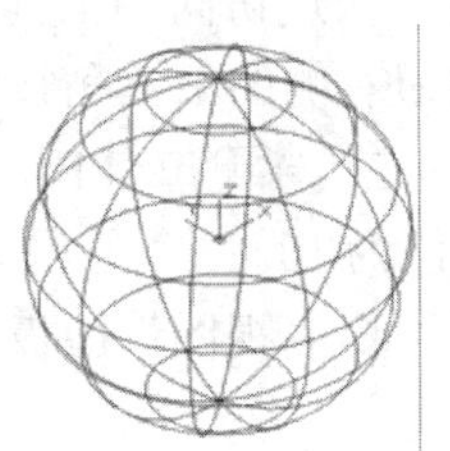

图 11-55　绘制球体

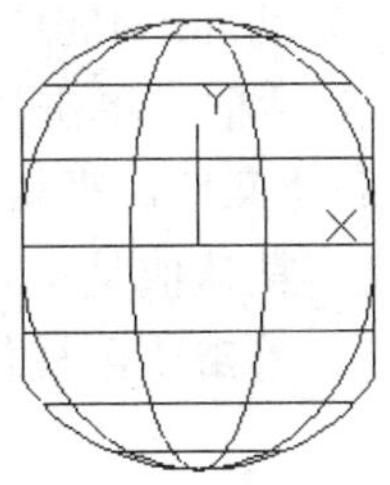

图 11-56　剖切球体

❸绘制圆柱体。将视图切换到左视图，单击“三维工具”选项卡“建模”面板中的“圆柱体”按钮，分别绘制两个圆柱体：一个是底面中心点是原点，半径为 10 高度为 16；一个是底面中心点是（0,48,0），半径为 34、高度为 5，如图 11-57 所示。

❹三维镜像。调用“三维镜向”命令（MIRROR3D），将上一步绘制的两个圆柱体沿过原点的 XY 轴进行镜像操作，如图 11-58 所示。

❺差集运算。单击“三维工具”选项卡“实体编辑”面板中的“差集”按钮，对球体和 4 个圆柱体进行差集运算，单击“视图”选项卡“视觉样式”面板中的“隐藏”按钮，进行消隐处理，如图 11-59 所示。

05 渲染视图。

❶着色面。单击“三维工具”选项卡“实体编辑”面板中的“着色面”按钮，对相应的面进行着色。

❷渲染实体。单击“可视化”选项卡“材质”面板中的“材质浏览器”按钮，为实体赋予适当的材质。单击“可视化”选项卡“渲染”面板中的“渲染到尺寸”按钮，渲染图形，渲染后的效果如图11-54所示。

11.2.4　压紧套立体图的绘制

本例绘制的压紧套与阀体相连，在球阀中通过它对阀体施力，其通过端部的方孔套与阀体相连。本实例的制作思路：首先绘制端部，然后绘制手柄，最后通过并集运算完成整个实体的绘制，如图 11-60 所示。

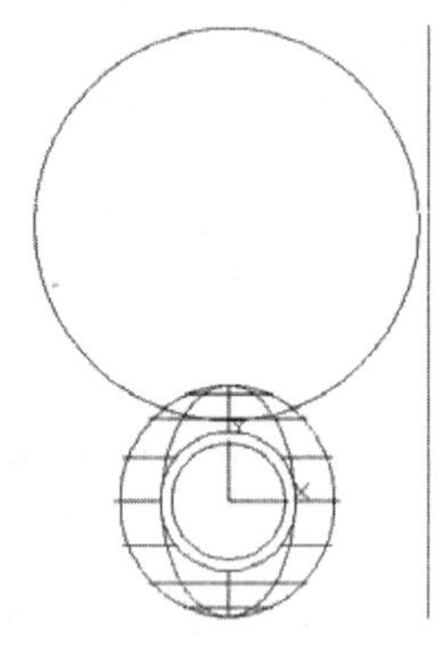

图 11-57　绘制圆柱体后的图形

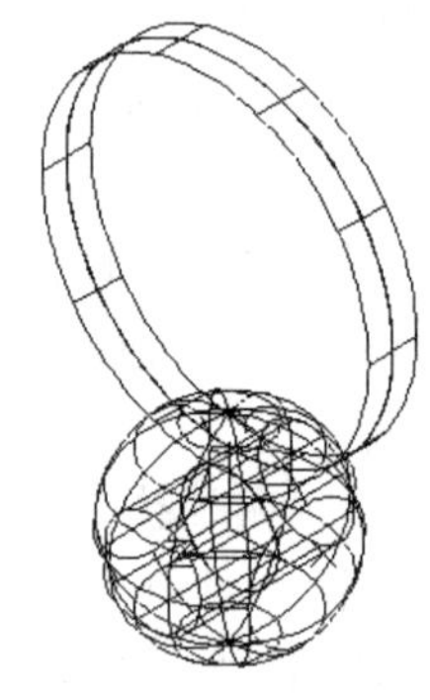

图 11-58　三维镜像操作

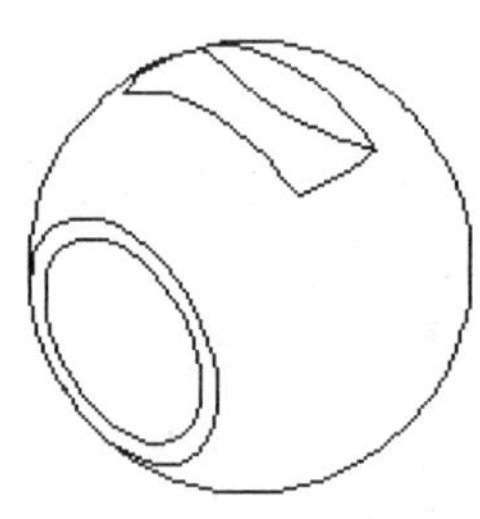

图 11-59　差集运算

01 建立新文件。启动 AutoCAD 2022，单击“快速访问”工具栏中的“新建”按钮，弹出“选择样板”对话框。单击“打开”按钮右侧的下三角按钮，以“无样板打开一公制（M）”方式建立新文件，将新文件命名为“压紧套立体图.dwg”并保存。

02 设置线框密度。默认值是 4，更改设定值为 10。

03 设置视图方向。单击“可视化”选项卡“命名视图”面板中的“西南等轴测”按钮。

04 绘制螺纹。

❶绘制多段线。单击“默认”选项卡“绘图”面板中的“多段线”按钮，为绘制螺纹做准备。连接点（0,0）、（11,0）、（@1,0.75）、（@-1,0.75）、（@-11,0），形成封闭多段线，如图 11-61 所示。

❷旋转多段线。单击“三维工具”选项卡“建模”面板中的“旋转”按钮，将上一步绘制的多段线绕Y轴旋转一周，如图11-62所示。

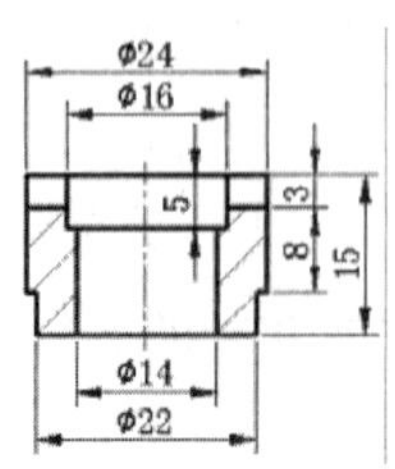

图 11-60　压紧套

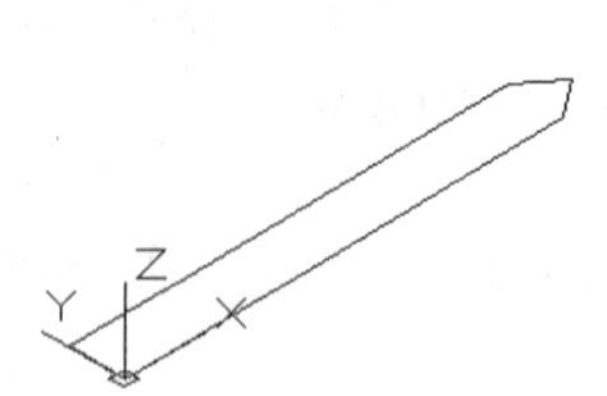

图 11-61　绘制多段线

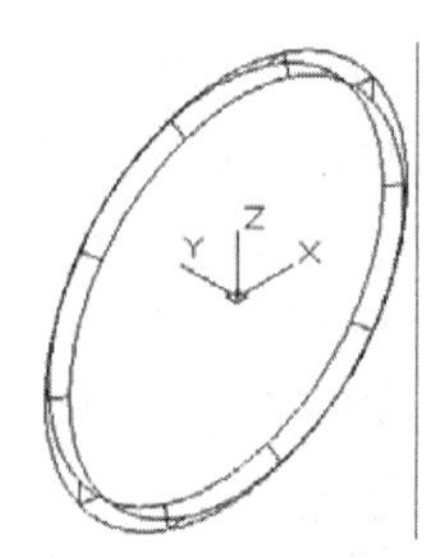

图 11-62　旋转多段线

❸三维阵旋转的实体。选择“菜单栏”中的“修改”→“三维操作”→“三维阵列”按钮，按照矩形阵列旋转多段线创建的实体。设置行数为 7、列数为 1、层数为 1、行间距为 1.5，并进行消隐处理，如图 11-63 所示。

05 绘制其他图形。

❶绘制圆柱体。单击“三维工具”选项卡“建模”面板中的“圆柱体”按钮，绘制底面中心点为（0,10.5,0），半径为 12，顶圆圆心为（0,14.5,0）的圆柱体。

❷并集运算。单击“三维工具”选项卡“实体编辑”面板中的“并集”按钮，对

视图中所有的图形进行并集运算，并进行消隐处理，如图 11-64 所示。

❸绘制长方体。单击“三维工具”选项卡“建模”面板中的“长方体”按钮，在角点（-15,0,-1.5）和（@30,3,3）之间绘制一个长方体，为另一端的松紧刀口做准备，并进行消隐处理，如图 11-65 所示。

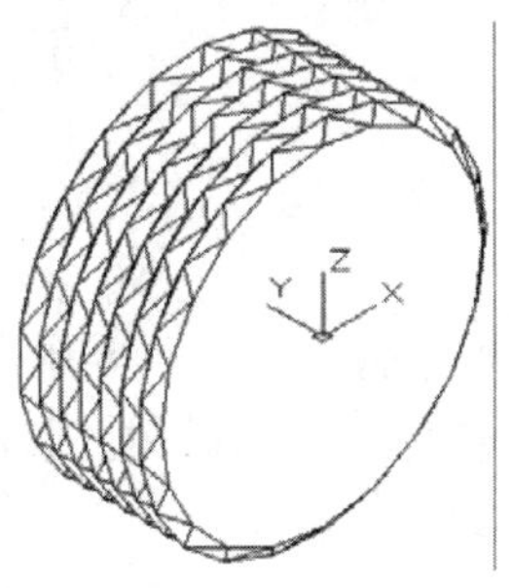
图 11-63 矩形阵列实体

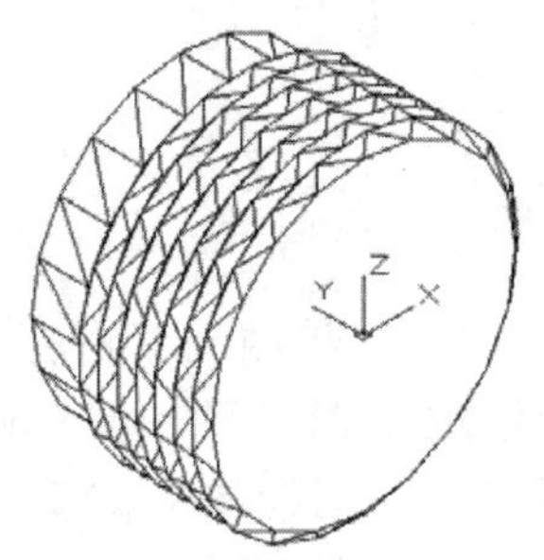
图 11-64 并集运算

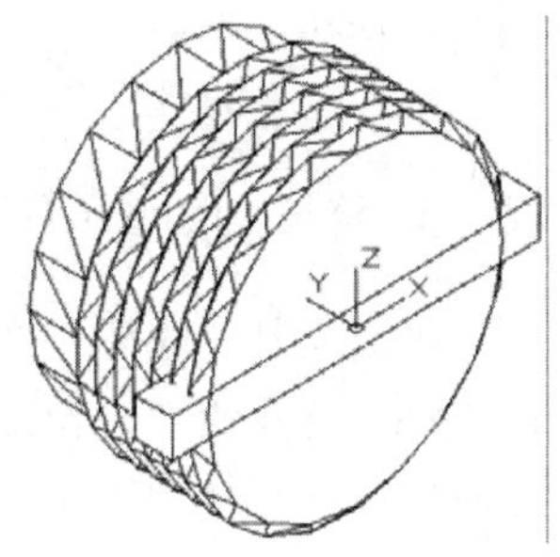
图 11-65 绘制长方体

❹差集运算 1。单击“三维工具”选项卡“实体编辑”面板中的“差集”按钮，对并集运算后的图形与长方体进行差集运算，并进行消隐处理，如图 11-66 所示。

❺绘制圆柱体。单击“三维工具”选项卡“建模”面板中的“圆柱体”按钮，绘制两个圆柱体：一个是底面中心点为底面中心点，半径为 8，顶圆圆心为（0,5,0）；另一个是底面中心点为原点，半径为 7，顶圆圆心为（0,14.5,0）。

❻差集运算 2。单击“三维工具”选项卡“实体编辑”面板中的“差集”按钮，对并集运算后的图形与上一步绘制的两个圆柱体进行差集运算，并进行消隐处理，如图 11-67 所示。

06 渲染视图。

❶设置视图方向。单击“视图”选项卡“导航”面板中的“自由动态观察”按钮，将视图调整到合适的位置，并进行消隐处理，如图 11-68 所示。

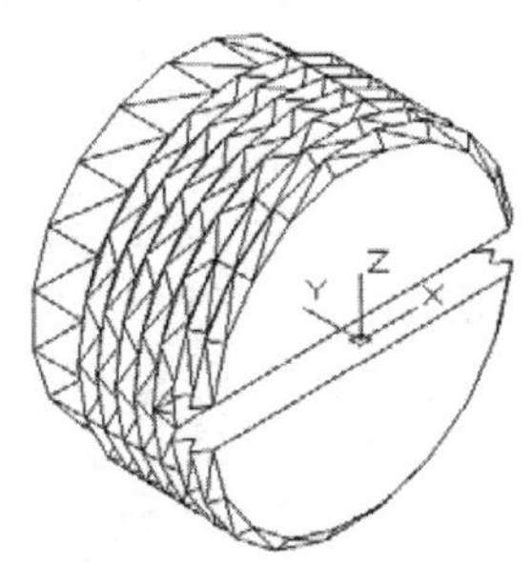
图 11-66 差集运算 1

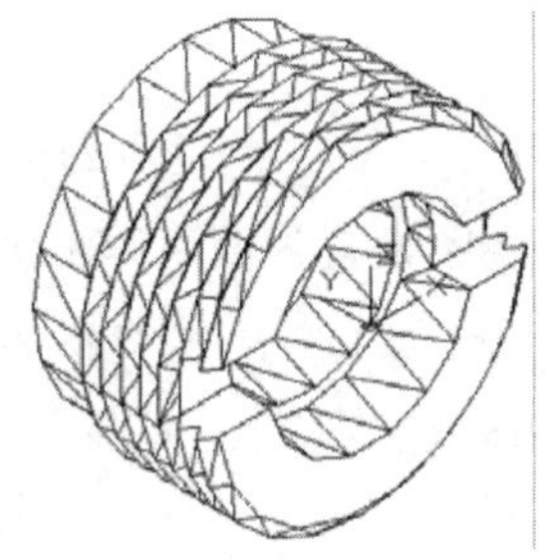
图 11-67 差集运算 2

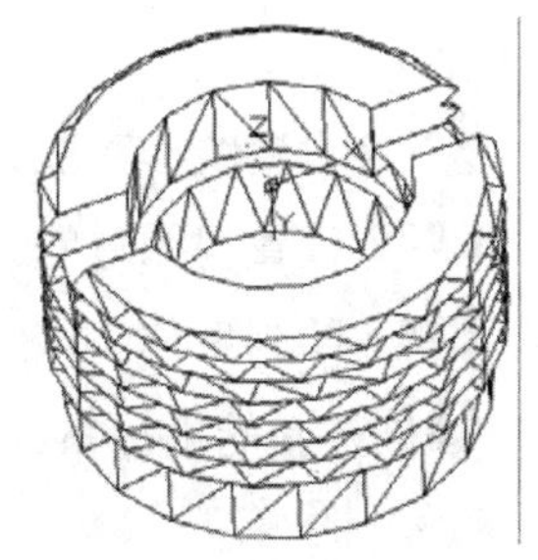
图 11-68 改变视图方向

❷着色面。单击“三维工具”选项卡“实体编辑”面板中的“着色面”按钮，对相应的面进行着色。

❸渲染实体。单击“视图”选项卡“导航”面板上的“动态观察”下拉菜单中的“自由动态观察”按钮，单击“可视化”选项卡“材质”面板中的“材质浏览器”按钮，为实体赋予适当的材质。单击“可视化”选项卡“渲染”面板中的“渲染到尺寸”按钮，渲染图形，渲染后的效果如图 11-60 所示。

11.3 阀体与阀盖立体图的绘制

阀体与阀盖是球阀零件中两个最复杂的零件，通过本节学习，读者可以掌握复杂零件的绘制技巧。

11.3.1 阀体立体图的绘制

本例绘制的阀体（见图 11-69）是球阀的箱体，阀杆和阀盖装配在其中。本实例的制作思路：首先绘制一长方体，作为阀体的左端部，绘制圆柱体和球体，作为阀体的腔体，然后再绘制阀体的右端和阀体的上部；最后绘制左端部的连接螺纹。

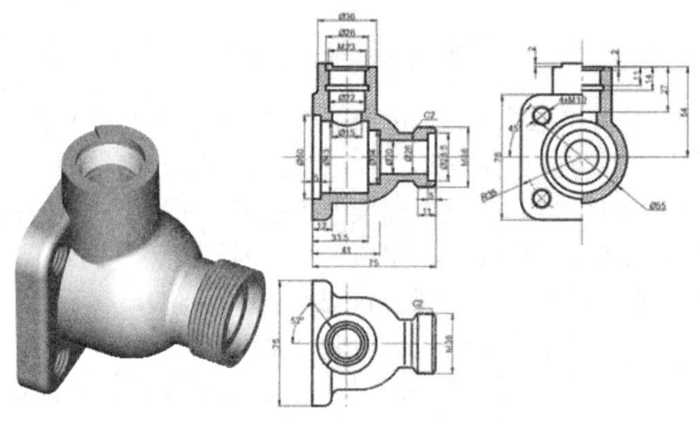

图 11-69 阀体

01 建立新文件。启动 AutoCAD 2022，使用默认设置的绘图环境。单击“快速访问”工具栏中的“新建”按钮，弹出“选择样板”对话框，单击“打开”按钮右侧的下三角按钮，以“无样板打开一公制(M)”方式建立新文件，将新文件命名为“阀体立体图.dwg”并保存。

02 设置线框密度。默认值是 4，更改设定值为 10。

03 设置视图方向。将当前视图设置为西南等轴测视图。

04 绘制主体。

❶创建新的坐标系。命令行提示如下：

命令：UCS↙

当前 UCS 名称：*世界*

指定 UCS 的原点或 [面(F)/命名(NA)/对象(OB)/上一个(P)/视图(V)/世界(W)/X/Y/Z/Z 轴(ZA)] <世界>：X↙

指定绕 X 轴的旋转角度 <90>：↙

❷绘制长方体。单击“三维工具”选项卡“建模”面板中的“长方体”按钮，以（0，0，0）为中心点，绘制长度为 75、宽度为 75、高度为 12 的长方体，如图 11-70 所示。

❸圆角操作。单击“默认”选项卡“修改”面板中的“圆角边”按钮，对上一步

绘制的长方体 1 的 4 个竖直边进行圆角操作，圆角的半径为 12.5，如图 11-71 所示。

❹绘制圆柱体。利用 UCS 命令，将坐标原点移动到点（0，0，6）。单击“三维工具”选项卡“建模”面板中的“圆柱体”按钮，绘制以点（0,0,0）为底面中心点、直径为 55、高度为 17 的圆柱体，如图 11-72 所示。

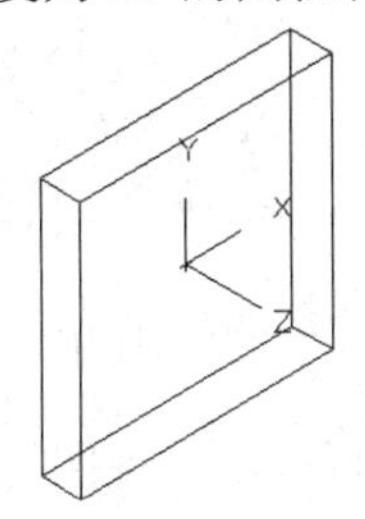

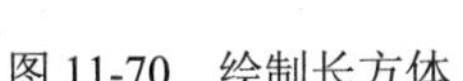

图 11-70　绘制长方体

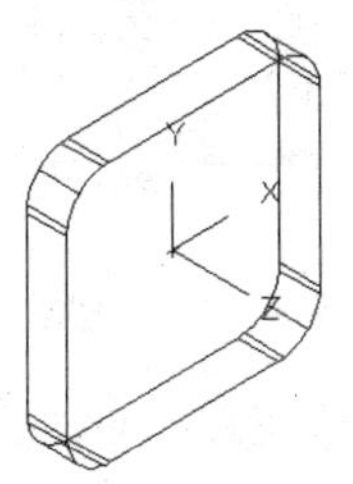

图 11-71　圆角操作

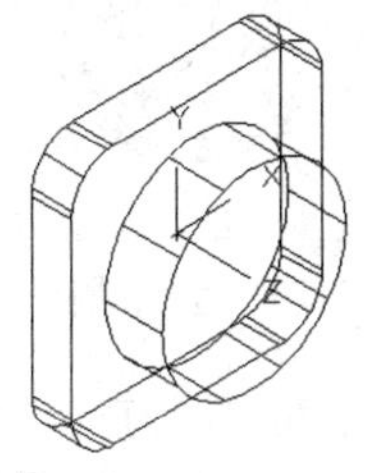

图 11-72　绘制圆柱体

❺绘制球体。单击“三维工具”选项卡“建模”面板中的“球体”按钮，绘制以点（0,0,17）为球心、直径为 55 的球体，并进行消隐处理，如图 11-73 所示。

❻绘制圆柱体。利用 UCS 命令，将坐标原点移动到点（0，0，63）。单击“三维工具”选项卡“建模”面板中的“圆柱体”按钮，绘制以点（0,0,0）为底面中心点的两个圆柱体：一个半径为 18、高度为-15；另一个半径为 16、高度为-34。

❼并集运算。利用布尔运算中的“并集”运算命令（UNION），将视图中所用的图形合并为一个实体，并进行消隐处理，如图 11-74 所示。

❽绘制圆柱体。单击“三维工具”选项卡“建模”面板中的“圆柱体”按钮，从左到右绘制 5 个内部圆柱体：

底面中心点为（0,0,0），直径为 28.5，高度为-5。

底面中心点为（0,0,0），直径为 20，高度为-34。

底面中心点为（0,0,-34），直径为 35，高度为-7。

底面中心点为（0,0,-41），直径为 43，高度为-29。

底面中心点为（0,0,-70），直径为 50，高度为-5。

❾创建新的坐标系。坐标原点为（0,56,-54），并将其绕 X 轴旋转 90°。

❿绘制圆柱体。单击“三维工具”选项卡“建模”面板中的“圆柱体”按钮，绘制以原点为底面中心点，直径为 36、高度为 50 的上端圆柱体。

⓫绘制圆柱体。单击“三维工具”选项卡“实体编辑”面板中的“并集”按钮，将实体与直径为 36 的外形圆柱体进行并集运算。单击“三维工具”选项卡“实体编辑”面板中的“差集”按钮，将实体与内部圆柱体进行差集运算。

单击“三维工具”选项卡“建模”面板中的“圆柱体”按钮，以点（0，0，0）为底面中心点，绘制直径为 26、高度为 4 的圆柱体；以点（0，0，4）为底面中心点，绘制直径为 24、高度为 9 的圆柱体；以点（0，0，13）为底面中心点，绘制直径为 24.3、高度为 3 的圆柱体；以点（0，0，16）为底面中心点，绘制直径为 22、高度为 13 的圆柱体；以点（0，0，29）为底面中心点，绘制直径为 18、高度为 27 的圆柱体。

⓬差集运算。单击“三维工具”选项卡“实体编辑”面板中的“差集”按钮，将图形进行差集运算，并进行消隐处理，如图 11-75 所示。

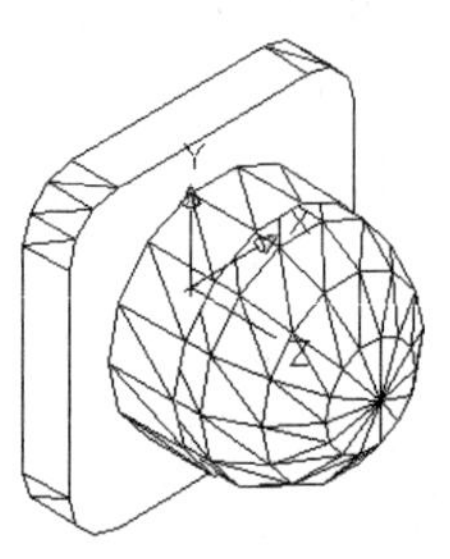

图 11-73　绘制球体

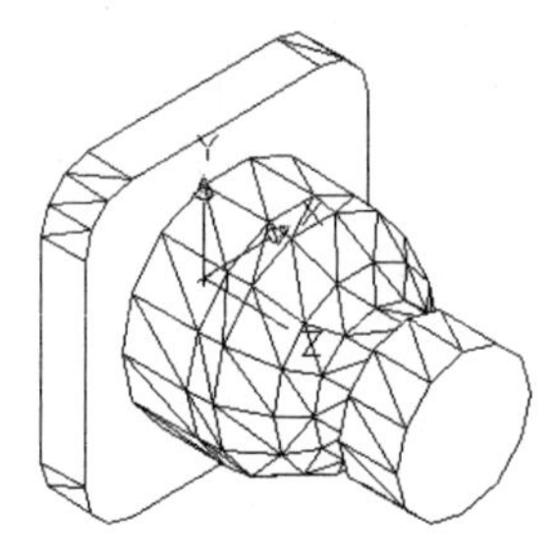
图 11-74　并集运算

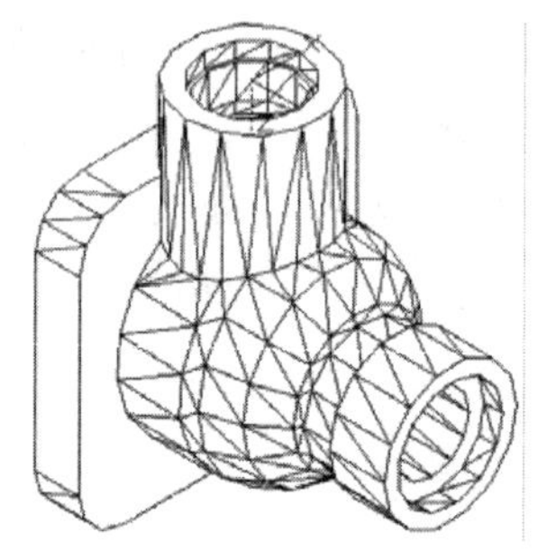
图 11-75　绘制圆柱体并求差集

⑬设置视图方向。创建新的坐标系，绕 X 轴 180°。选择菜单栏中的“视图”→“三维视图”→“平面视图”→“当前 UCS”命令，设置视图方向。

⑭绘制圆。单击“默认”选项卡“绘图”面板中的“圆”按钮，以点（0，0）为底面中心点，分别绘制直径为 36 及 26 的圆。

⑮绘制直线。单击“默认”选项卡“绘图”面板中的“直线”按钮，从点（0，0）→（@18<45）及从点（0，0）→（@18<135），分别绘制直线。

⑯修剪图形。单击“默认”选项卡“修改”面板中的“修剪”按钮，对上两步绘制的两个圆和两条直线进行修剪。

⑰面域处理。单击“默认”选项卡“绘图”面板中的“面域”按钮，将上一步修剪后的图形创建为面域，如图 11-76 所示。

⑱拉伸面域。将当前视图设置为西南等轴测视图。单击“三维工具”选项卡“建模”面板中的“拉伸”按钮，将上一步创建的面域拉伸为实体，拉伸高度为-2，结果如图 11-77 所示。

⑲差集运算。单击“三维工具”选项卡“实体编辑”面板中的“差集”按钮，对实体与拉伸后的面域进行差集运算，并刺激性消隐处理，绘制主体，如图 11-78 所示。

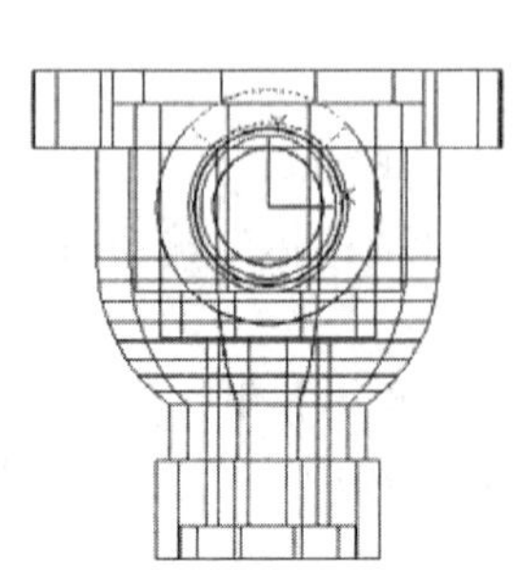
图 11-76　创建面域

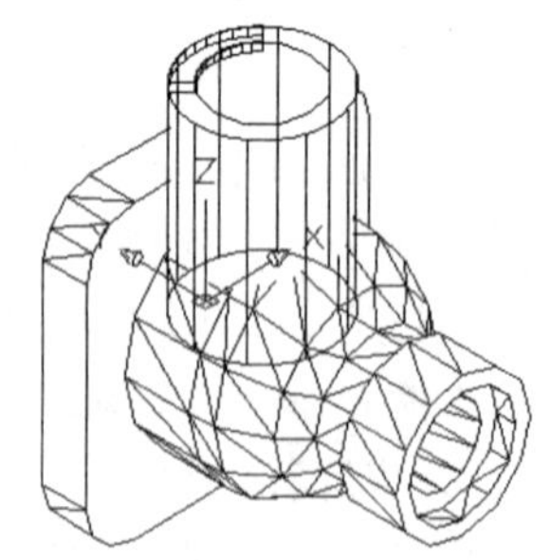
图 11-77　拉伸面域

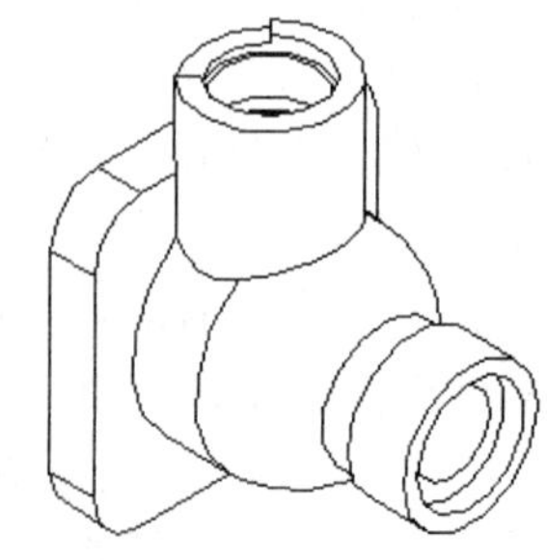
图 11-78　绘制主体

05 绘制右端螺纹。

❶设置视图方向。将视图设置为左视图方向。

❷绘制正三角形。单击“默认”选项卡“绘图”面板中的“多边形”按钮，绘制一边长为 2 的正三角形。

❸绘制辅助线。单击“默认”选项卡“绘图”面板中的“构造线”按钮，过正三角形底边绘制水平辅助线。

❹偏移直线。单击“默认”选项卡“修改”面板中的“偏移”按钮⊆，将水平辅助线向上偏移 18。

❺旋转对象。单击“三维工具”选项卡“建模”面板中的“旋转”按钮，以偏移后的水平辅助线为旋转轴，选择正三角形，将其旋转 360° 。

❻删除辅助线。单击“默认”选项卡“修改”面板中的“删除”按钮，删除绘制的辅助线。

❼三维阵列处理。选择菜单栏中的“修改”→“三维操作”→“三维阵列”命令，将旋转形成的实体进行 1 行、8 列的矩形阵列，列间距为 2。

❽并集运算。单击“三维工具”选项卡“实体编辑”面板中的“并集”按钮，将阵列后的实体进行并集运算。

❾移动对象。单击“默认”选项卡“修改”面板中的“移动”按钮✥，以螺纹右端面圆心为基点，将其移动到阀体右端圆心处。

❿差集运算。单击“三维工具”选项卡“实体编辑”面板中的“差集”按钮，将阀体与螺纹进行差集运算，并进行消隐处理，如图 11-79 所示。

⓫将视图切换到西南等轴测，单击“三维工具”选项卡“建模”面板中的“圆柱体”按钮，以点（-6,25,25）为底面中心点，绘制半径为 5、轴端点为（12,0,0）的圆柱体；然后调用“复制”命令（COPY），将绘制的圆柱体复制到其他角点处，最后对实体与圆柱体进行差集运算，如图 11-80 所示。

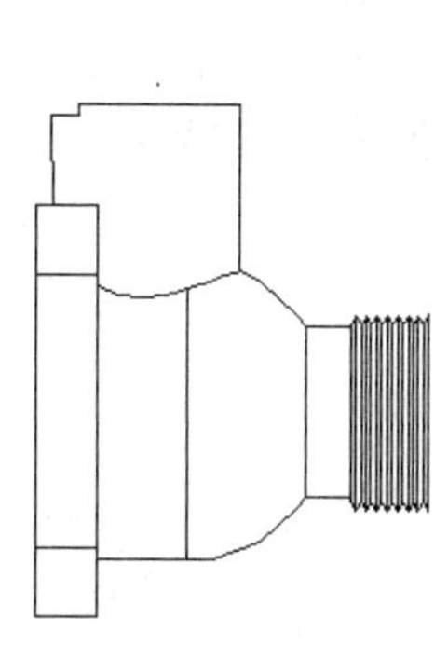

图 11-79　绘制螺纹

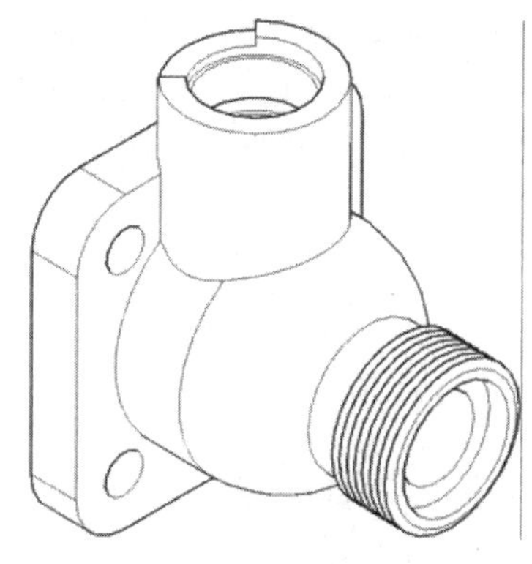

图 11-80　创建阀体螺纹孔

⓬渲染实体。单击“可视化”选项卡“材质”面板中的“材质浏览器”按钮，选择适当的材质进行添加；单击“可视化”选项卡“渲染”面板中的“渲染到尺寸”按钮，渲染图形，渲染后的效果如图 11-69 所示。

11.3.2　阀盖立体图的绘制

本例绘制的阀盖（见图 11-81）主要起定位和密封的作用。本实例的制作思路：首先绘制阀盖左端的螺纹；然后依次绘制其他外形轮廓，再绘制阀盖的内部轮廓，进行差集运算；最后绘制连接螺纹孔，即可完成阀盖的绘制。

01 建立新文件。启动AutoCAD 2022，使用默认设置的绘图环境。利用“文件”中的 “新建”命令，打开“选择样板”对话框。单击“打开”按钮右侧的下三角按钮，以“无样板打开－公制（M）”方式建立新文件，将新文件命名为“阀盖立体图.dwg”并保存。

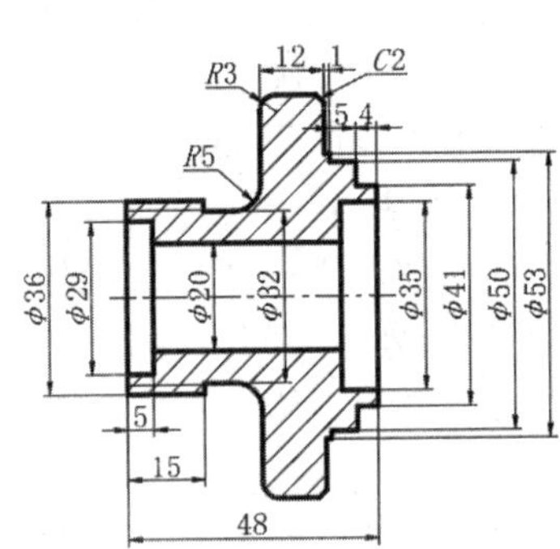

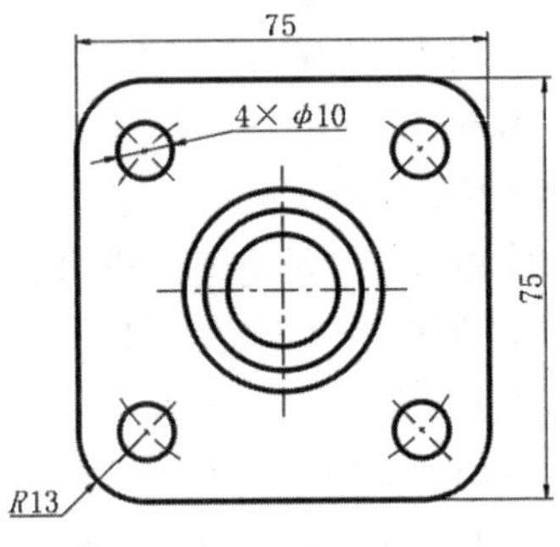

图 11-81　阀盖

02 设置线框密度。在命令行中输入ISOLINES，更改设定值为10。

03 设置视图方向。将当前视图设置为西南等轴测视图。

04 绘制外部轮廓。

❶改变坐标系。在命令行中输入UCS命令，将坐标原点绕X轴旋转90°。

❷单击“默认”选项卡“绘图”面板中的“螺旋”按钮，指定底面的中心点为（0,0,0），底面半径为17，顶面半径为17，圈数为8，螺旋高度为16，绘制螺旋线，如图11-82所示。

❸单击“默认”选项卡“绘图”面板中的“直线”按钮，捕捉螺旋线的上端点绘制牙型截面轮廓，尺寸如图11-83所示，绘制的牙型截面如图11-84所示。

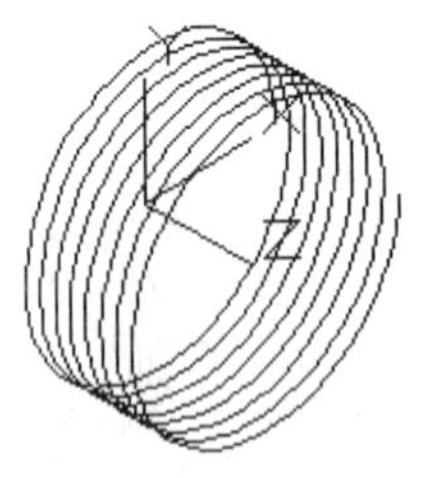

图 11-82　螺纹螺旋线

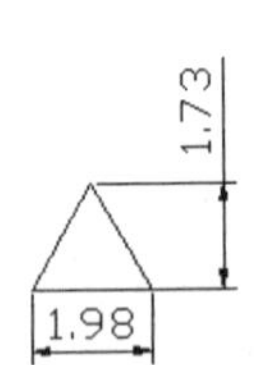

图 11-83　牙型截面尺寸

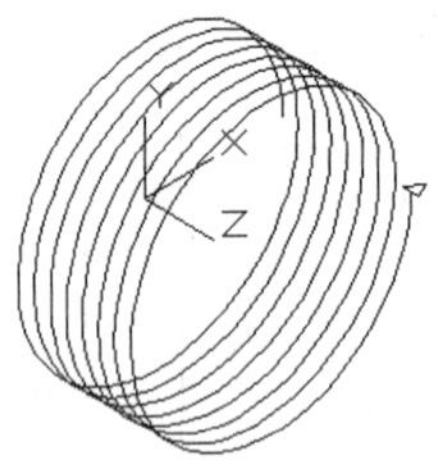

图 11-84　绘制牙型截面

❹单击“默认”选项卡“绘图”面板中的“面域”按钮，将其创建成面域。

❺单击“三维工具”选项卡“建模”面板中的“扫掠”按钮，命令行提示如下：

```
命令：_SWEEP
当前线框密度：ISOLINES=8，闭合轮廓创建模式 = 实体
选择要扫掠的对象或［模式(MO)］：选择牙型截面
选择要扫掠的对象或［模式(MO)］：按Enter键
选择扫掠路径或［对齐(A)/基点(B)/比例(S)/扭曲(T)］：选择螺旋线
选择要扫掠的对象或［模式(MO)］：_MO 闭合轮廓创建模式[实体(SO)/曲面(SU)]〈实体〉：_SO
```

创建螺纹，如图11-85所示。

❻改变坐标系。在命令行输入UCS，将当前坐标系绕X轴旋转-90°。

❼绘制圆柱体。单击“三维工具”选项卡“建模”面板中的“圆柱体”按钮，绘制

以点（0,0,0）为底面圆心、半径为17、轴端点为（@0,-16,0）的圆柱体，并进行消隐处理，如图11-86所示。

❽绘制长方体。单击“三维工具”选项卡“建模”面板中的“长方体”按钮，绘制以点（0,-32,0）为中心点、长度为75、宽度为12、高度为75的长方体，如图11-87所示。

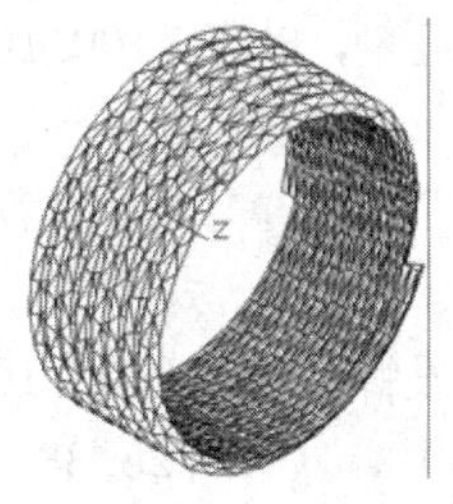

图 11-85　创建螺纹

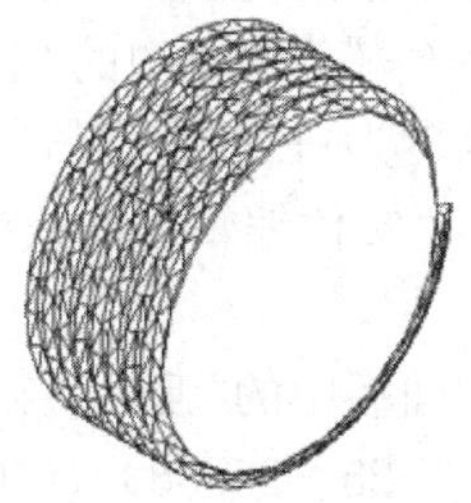

图 11-86　绘制圆柱体

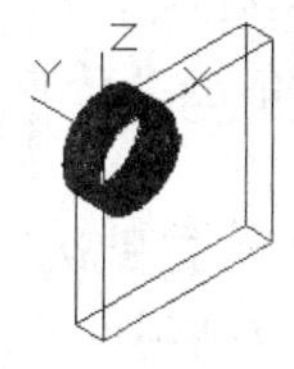

图 11-87　绘制长方体

❾圆角操作。单击“默认”选项卡“修改”面板中的“圆角”按钮，对上一步绘制的长方体的4个竖直边进行圆角操作，圆角的半径为12.5，如图11-88所示。

❿绘制圆柱体。单击“三维工具”选项卡“建模”面板中的“圆柱体”按钮，绘制一系列圆柱体：

底面中心点为（0,-16,0），半径为14，顶圆中心点为（0,-26,0）。

底面中心点为（0,-38,0），半径为26.5，顶圆中心点为（@0,-1,0）。

底面中心点为（0,-39,0），半径为25，顶圆中心点为（@0,-5,0）。

底面中心点为（0,-44,0），半径为20.5，顶圆中心点为（@0,-4,0）。

⓫并集运算。单击“三维工具”选项卡“实体编辑”面板中的“并集”按钮，将视图中所有的图形合并为一个实体，并进行消隐处理，如图11-89所示。

05 绘制内部轮廓。

❶绘制圆柱体。单击“三维工具”选项卡“建模”面板中的“圆柱体”按钮，绘制内部一系列圆柱体。

底面中心点为（0,0,0），半径为14.25，顶圆中心点为（@0,-5,0）。

底面中心点为（0,-5,0），半径为10，顶圆中心点为（@0,-36,0）。

底面中心点为（0,-41,0），半径为17.5，顶圆中心点为（@0,-7,0）。

❷差集运算。单击“三维工具”选项卡“实体编辑”面板中的“差集”按钮，对实体和上一步绘制的三个圆柱体进行差集运算，并进行消隐处理，如图11-90所示。

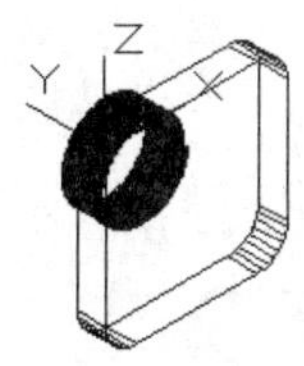

图 11-88　圆角操作

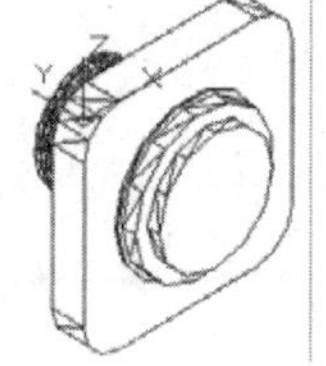

图 11-89　绘制外部轮廓

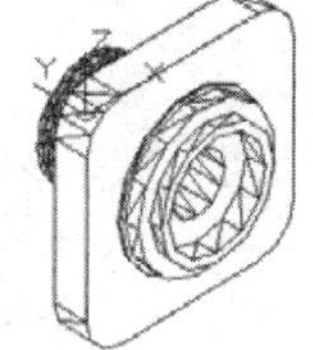

图 11-90　绘制内部轮廓

06 绘制连接螺纹孔。

❶在上一节中已经提到螺纹孔的绘制，本节不再做详细介绍，只针对本图做相应的调整。

❷调用UCS命令，将坐标系绕X轴旋转90°。单击“默认”选项卡“绘图”面板中的“螺旋”按钮，以点（100,100,100）为中心点，绘制半径为5、圈数为12、高度为-12的螺旋线。绘制边长为0.98、高为0.85的三角形。

❸单击“三维工具”选项卡“建模”面板中的“扫掠”按钮，创建螺纹。

❹单击“三维工具”选项卡“建模”面板中的“圆柱体”按钮，以点（100,100,100）为底面中心点，创建半径为5、高度为-12的圆柱体。

❺单击“三维工具”选项卡“实体编辑”面板中的“并集”按钮，对两者进行并集运算。

❻单击“默认”选项卡“修改”面板中的“复制”按钮，将这段螺纹从点（100,100,100）点分别复制到点（25,25,38）、（-25,-25,38）、（25,-25,38）、（-25,25,38）。

❼将初始的螺纹删除后，单击“三维工具”选项卡“实体编辑”面板中的“差集”按钮，与实体进行差集运算，并进行消隐处理，如图11-91所示。

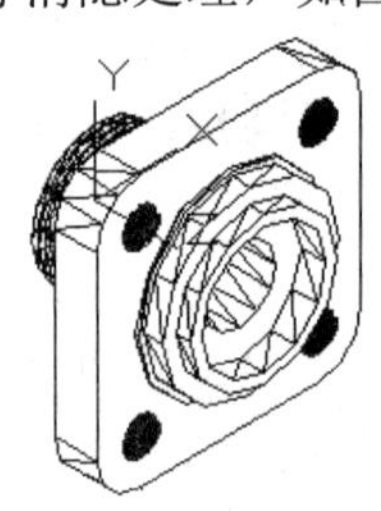

图 11-91　绘制螺纹连接孔

07 着色实体。单击“三维工具”选项卡“实体编辑”面板中的“着色面”按钮，对实体进行着色，结果如图 11-81 所示。

第 12 章

球阀装配立体图的绘制

本章绘制的球阀装配立体图，由双头螺柱、螺母、密封圈、扳手、阀杆、阀芯、压紧套、阀体和阀盖等立体图组成。绘制思路：首先打开基准零件图，将其变为平面视图；然后打开要装配的零件，将其变为平面视图，将要装配的零件图复制粘贴到基准零件视图中；再通过确定合适的点，将要装配的零件图装配到基准零件图，并进行干涉检查；最后，通过着色及变换视图方向将装配图设置为合理的位置和颜色，然后渲染处理，如图 12-1 所示。

- 球阀装配图的设计
- 剖切球阀装配立体图

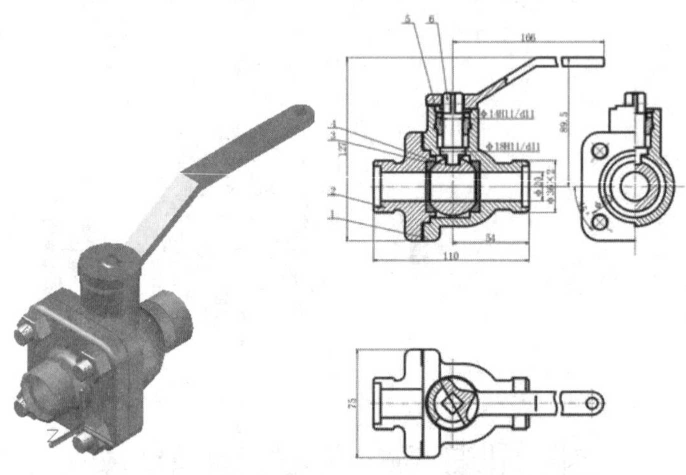

图 12-1　球阀装配立体图

12.1 配置绘图环境

01 建立新文件。启动 AutoCAD 2022，使用默认设置的绘图环境。单击“快速访问”工具栏中的“新建”按钮，弹出“选择样板”对话框，单击“打开”按钮右侧的下三角按钮，以“无样板打开－公制（M）”方式建立新文件，将新文件命名为“球阀装配立体图.dwg”并保存。

02 设置线框密度。在命令行中输入 ISOLINES，设置线框密度为 10。

03 设置视图方向。单击“可视化”选项卡“命名视图”面板中的“左视”按钮，将当前视图方向设置为左视图方向。

12.2 球阀装配图的设计

01 打开阀体立体图。单击“快速访问”工具栏中的“打开”按钮，打开“阀体立体图.dwg”。

02 设置视图方向。将当前视图方向设置为左视图方向。

03 复制“阀体立体图”。选择菜单栏中的“编辑”→“带基点复制”命令，将“阀体立体图”以（0,0,0）为基点复制到“球阀装配立体图”中。指定的插入点为“0,0”，如图 12-2 所示。图 12-3 所示为西北等轴测方向的阀体装配立体图的渲染视图。

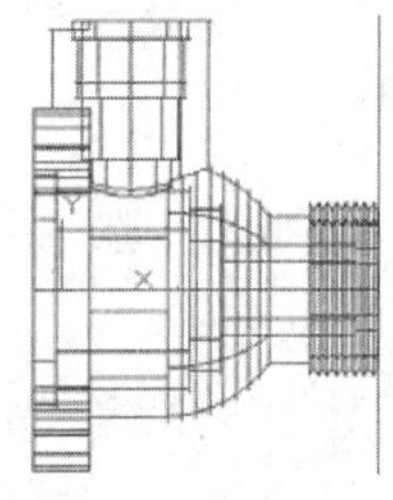

图 12-2　插入“阀体立体图”

图 12-3　渲染视图

12.2.1 装配阀盖

01 打开“阀盖立体图”。单击“快速访问”工具栏中的“打开”按钮，打开“阀盖立体图.dwg”，如图 12-4 所示。

02 设置视图方向。将当前视图方向设置为左视图方向，如图 12-5 所示。

03 复制“阀盖立体图”。选择菜单栏中的“编辑”→“复制”命令，将“阀盖立体图”图形复制到“球阀装配立体图”中。指定合适的位置为插入点，如图 12-6 所示。

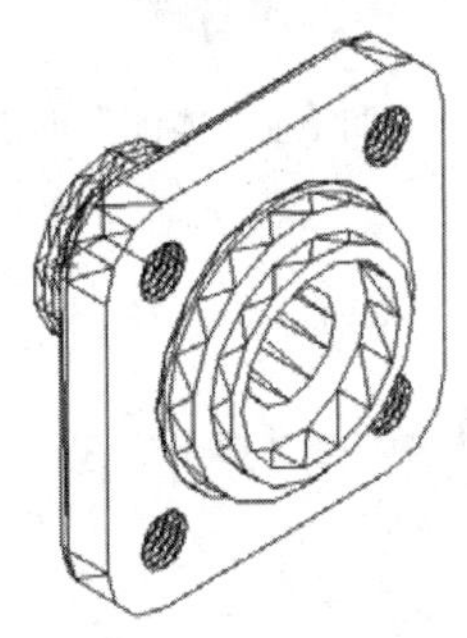

图 12-4 打开“阀盖立体图”

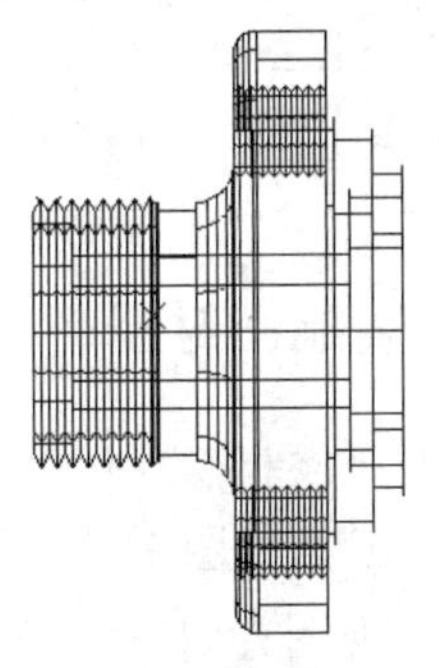

图 12-5 左视图方向图形

04 移动“阀盖立体图”。单击“默认”选项卡“修改”面板中的“移动”按钮，将“阀盖立体图”以图 12-6 中的点 1 为基点移动到图 12-6 中的点 2 位置，如图 12-7 所示。

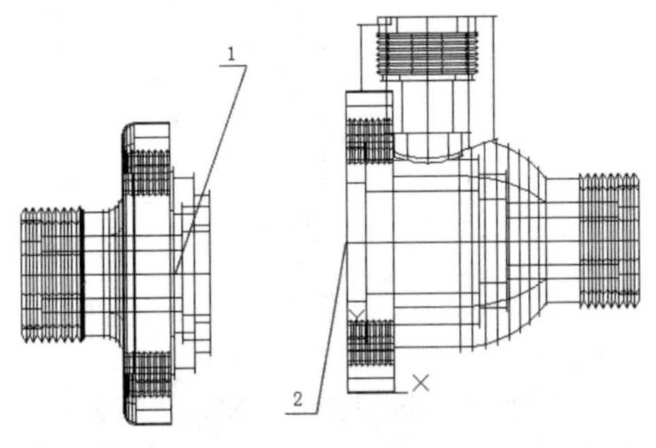

图 12-6 插入“阀盖立体图”

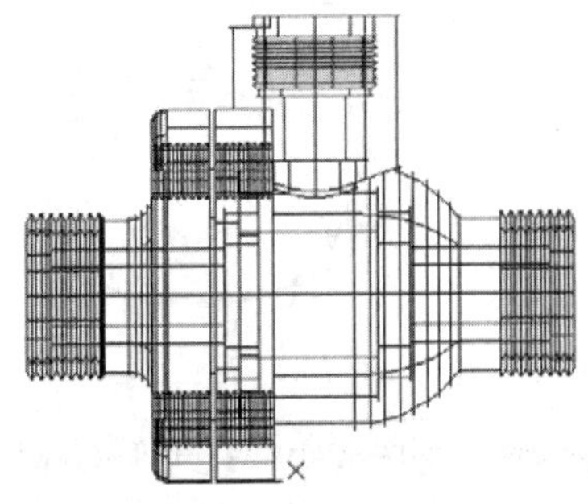

图 12-7 移动“阀盖立体图”

05 干涉检查。选择菜单栏中的“修改”→“三维操作”→“干涉检查”命令，命令行提示如下：

命令：INTERFERE
选择第一组对象或 [嵌套选择(N)/设置(S)]：（选择阀体立体图）
选择第一组对象或 [嵌套选择(N)/设置(S)]：↙
选择第二组对象或 [嵌套选择(N)/检查第一组(K)] ‹检查›：（选择阀盖立体图）
选择第二组对象或 [嵌套选择(N)/检查第一组(K)] ‹检查›：↙

系统弹出“干涉检查”对话框，如图 12-8 所示。该对话框显示检查结果，如果存在干涉，则装配图上会亮显干涉区域，这时就要检查装配是否到位，调整相应的装配位置，直到不发生干涉为止。图 12-9 所示为装配后的“阀盖立体图”西北等轴测方向的渲染视图。

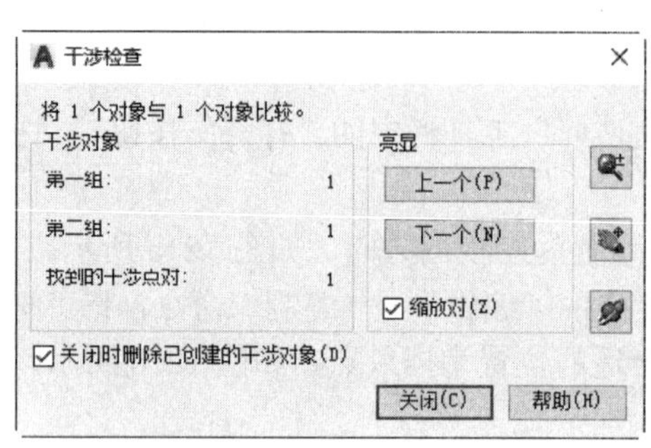

图 12-8 “干涉检查”对话框

图 12-9 “阀盖立体图”的渲染视图

12.2.2 装配密封圈

01 打开“密封圈立体图”。单击“快速访问”工具栏中的“打开”按钮，打开“密封圈立体图.dwg”，如图 12-10 所示。

02 设置视图方向。将当前视图方向设置为左视图方向。

03 三维旋转视图。选择菜单栏中的“修改”→“三维操作”→“三维旋转”命令，将“密封圈立体图”沿 Z 轴旋转 90°，如图 12-11 所示。

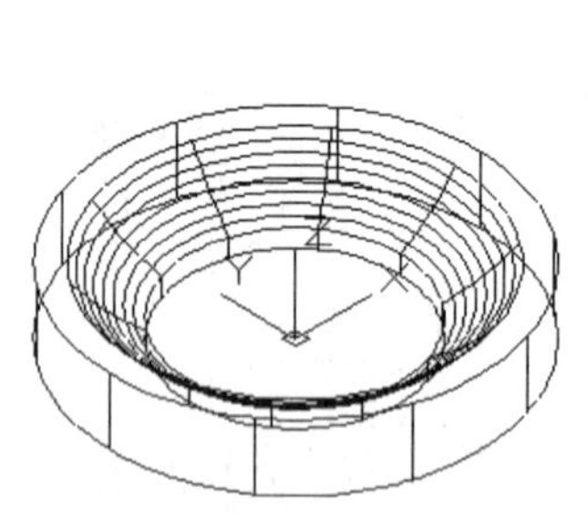

图 12-10 打开“密封圈立体图”

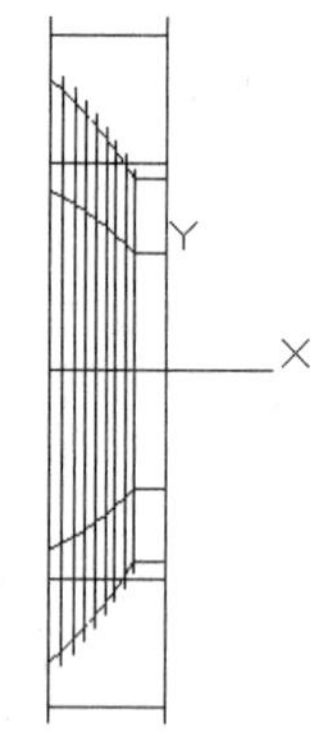

图 12-11 三维旋转的图形

04 复制“密封圈立体图”。选择菜单栏中的“编辑”→“复制”命令，复制两个“密封圈立体图”到“阀体装配立体图”中，指定合适的位置为插入点，如图 12-12 所示。

05 三维旋转对象。选择菜单栏中的“修改”→“三维操作”→“三维旋转”命令，将左边的“密封圈立体图”沿 Z 轴旋转 180°，如图 12-13 所示。

06 移动“密封圈立体图”。单击“默认”选项卡“修改”面板中的“移动”按钮，将图 12-13 中左侧的“密封圈立体图”以图 12-13 中的点 3 为基点移动到图 12-13 中的点 1 位置，将图 12-13 中右侧的“密封圈立体图”以图 12-13 中的点 4 为基点移动到图 12-13 中的点 2 位置，如图 12-14 所示。

07 干涉检查。选择菜单栏中的“修改”→“三维操作”→“干涉检查”命令，对“阀体立体图”和“密封圈立体图”进行干涉检查。如果发生干涉，则检查装配是否到位，调整相应的装配位置，直到不发生干涉为止。图 12-15 所示为消隐后的西北等轴测视图。

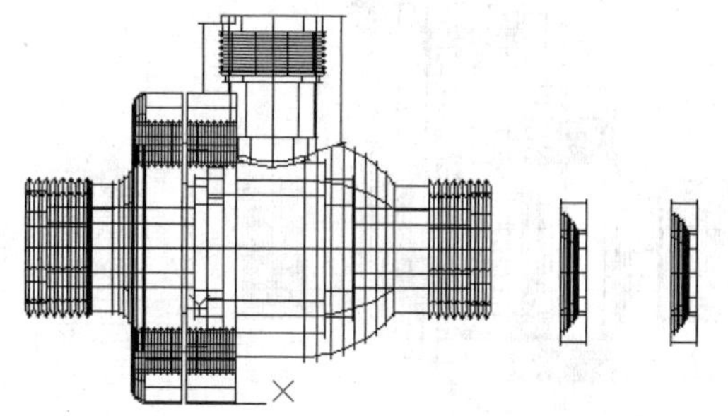

图 12-12 “密封圈立体图”

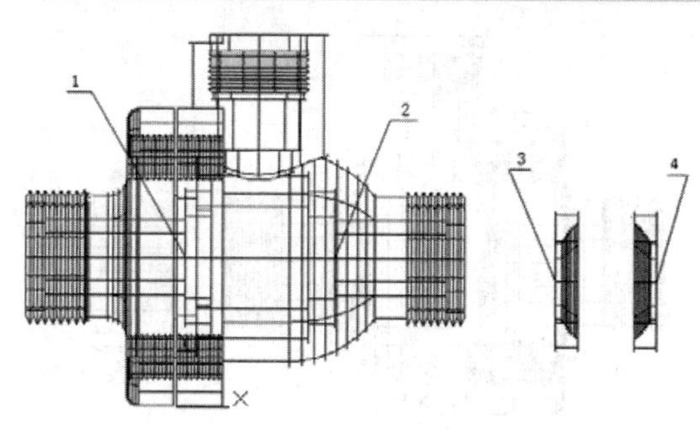

图 12-13 旋转“密封圈立体图”

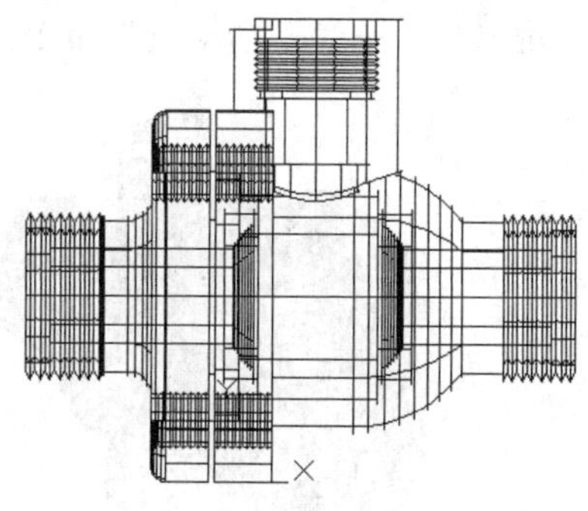

图 12-14 移动“密封圈立体图”

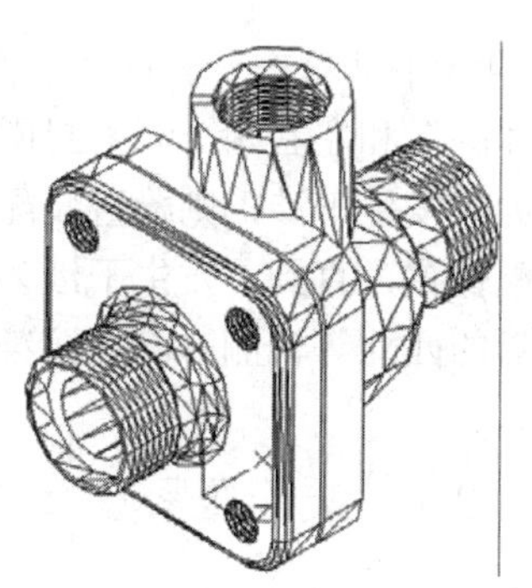

图 12-15 西北等轴测视图

12.2.3 装配阀芯

01 打开“阀芯立体图”。单击“快速访问”工具栏中的“打开”按钮，打开“阀芯立体图.dwg”。图 12-16 所示为“阀芯立体图”的渲染视图。

02 设置视图方向。将当前视图方向设置为主视图方向，如图 12-17 所示。

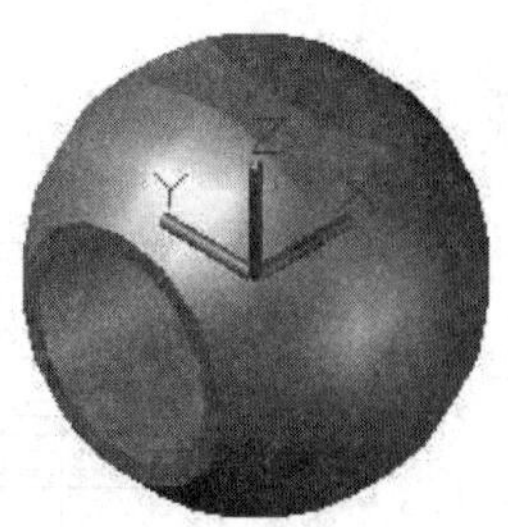

图 12-16 “阀芯立体图”的渲染视图

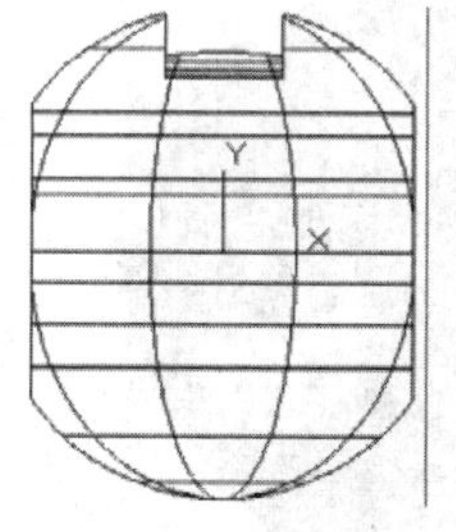

图 12-17 主视图方向图形

03 复制“阀芯立体图”。选择菜单栏中的“编辑”→“复制”命令，将“阀芯立体图”图形复制到“球阀装配立体图”中。指定合适的位置为插入点，如图 12-18 所示。

04 移动“阀芯立体图”。单击“默认”选项卡“修改”面板中的“移动”按钮，将“阀芯立体图” 以图 12-19 中阀芯的圆心为基点移动到图 12-19 中密封圈的圆心位置，如图 12-19 所示。

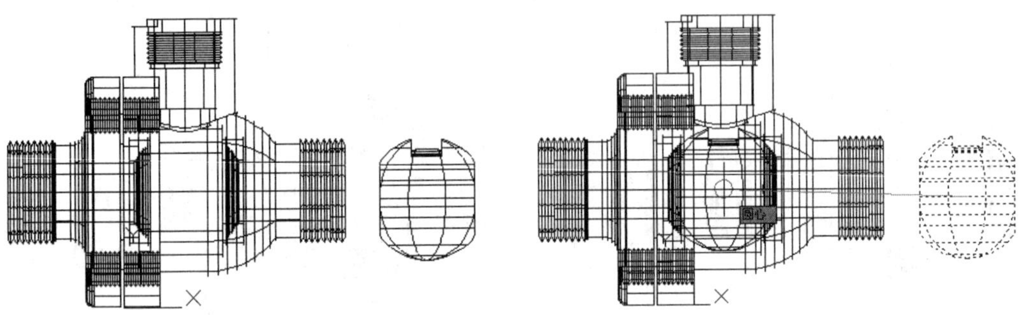

图 12-18　插入“阀芯立体图”　　图 12-19　移动“阀芯立体图”

05 干涉检查。选择菜单栏中的“修改”→“三维操作”→“干涉检查”命令，对“阀芯立体图”和左右两个“密封圈立体图”进行干涉检查。如果发生干涉，则检查装配是否到位，调整相应的装配位置，直到不发生干涉为止。图 12-20 所示为装配后的西北等轴测方向的渲染视图。

图12-20　西北等轴测方向的渲染视图

12. 2. 4　装配压紧套

01 打开“压紧套立体图”。单击“快速访问”工具栏中的“打开”按钮，打开“压紧套立体图. dwg”。图 12-21 所示为渲染后的“压紧套立体图”。

02 设置视图方向。将当前视图方向设置为左视图方向，如图 12-22 所示。

03 三维旋转视图。选择菜单栏中的“修改”→“三维操作”→“三维旋转”命令，将“压紧套立体图”沿 Z 轴旋转 90°，如图 12-23 所示。

图 12-21　渲染后的“压紧套立体图”

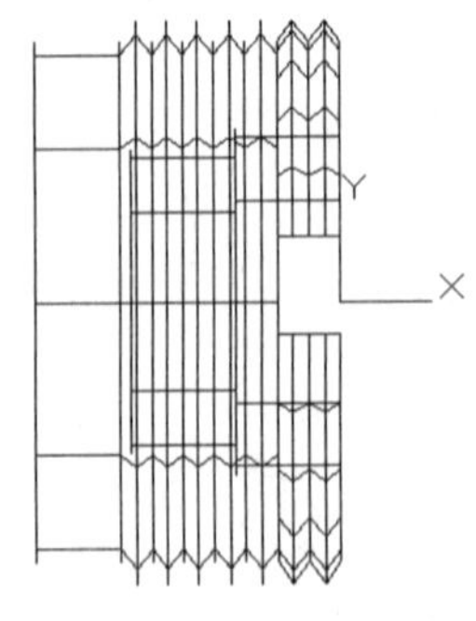

图 12-22　左视图方向图形

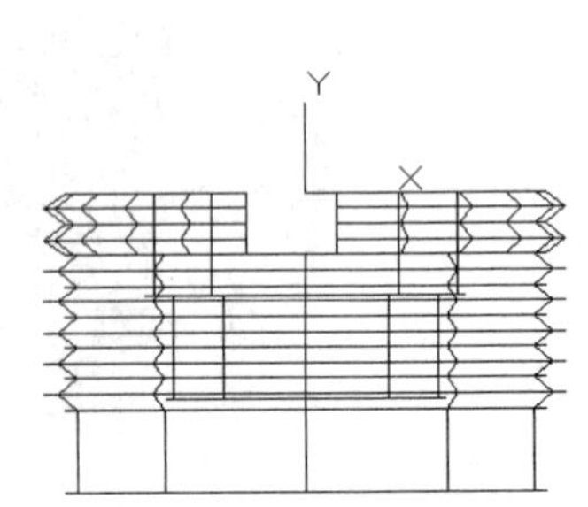

图 12-23　旋转后的图形

04 复制“压紧套立体图”。选择菜单栏中的“编辑”→“复制”命令，将“压紧套立体图”复制并插入到“阀体装配立体图”中，如图 12-24 所示。

05 移动“压紧套立体图”。单击“默认”选项卡“修改”面板中的“移动”按钮，将“压紧套立体图”以图 12-24 中的点 1 为基点移动到图 12-24 中的点 2 位置，如图 12-25 所示。

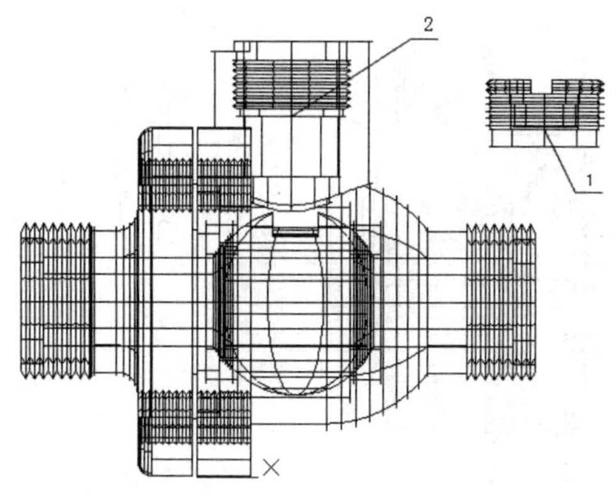

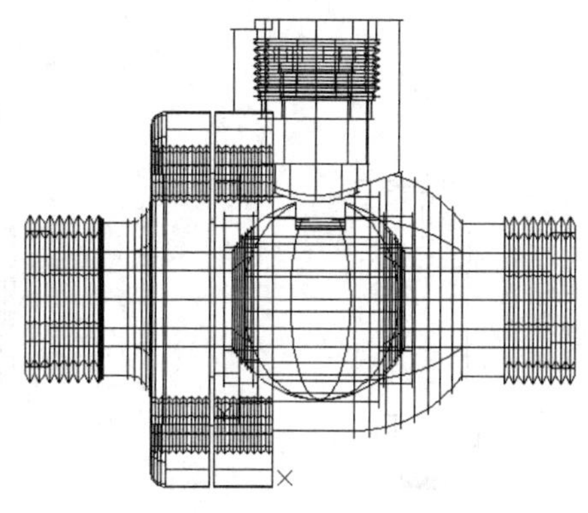

图 12-24　复制并插入“压紧套立体图”　　图 12-25　移动“压紧套立体图”

12.2.5　装配阀杆

01 打开“阀杆立体图”。单击“快速访问”工具栏中的“打开”按钮，打开“阀杆立体图.dwg”。图 12-26 所示为渲染后的“阀杆立体图”。

02 设置视图方向。将当前视图方向设置为左视图方向，如图 12-27 所示。

图 12-26　渲染后的“阀杆立体图”

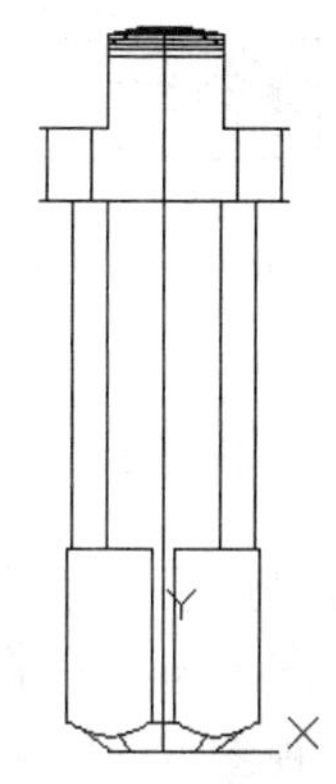

图 12-27　左视图方向图形

03 三维旋转视图。选择菜单栏中的“修改”→“三维操作”→“三维旋转”命令，将“阀杆立体图”沿 Z 轴旋转 180°，如图 12-28 所示。

04 复制“阀杆立体图”。选择菜单栏中的“编辑”→“复制”命令，将“阀杆立体图”图形复制到“球阀装配立体图”中。指定合适的位置为插入点，如图 12-29 所示。

05 移动“阀杆立体图”。单击“默认”选项卡“修改”面板中的“移动”按钮，将“阀杆立体图”以图 12-29 中的点 2 为基点移动到图 12-29 中的点 1 位置，如图 12-30 所示。

06 干涉检查。选择菜单栏中的“修改”→“三维操作”→“干涉检查”命令，对“阀杆立体图”和“阀芯立体图”进行干涉检查。如果发生干涉，则检查装配是否到位，调整相应的装配位置，直到不发生干涉为止。图 12-31 所示为装配后的西南等轴测视图。

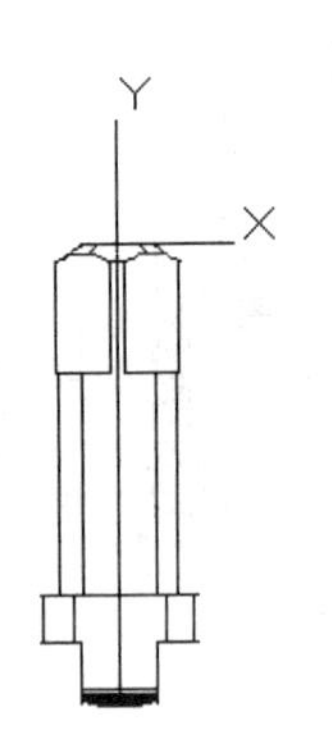

图 12-28　旋转后的图形

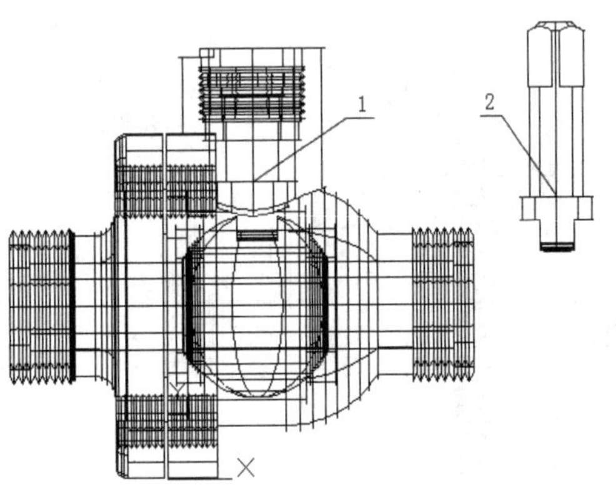

图 12-29　插入“阀杆立体图”

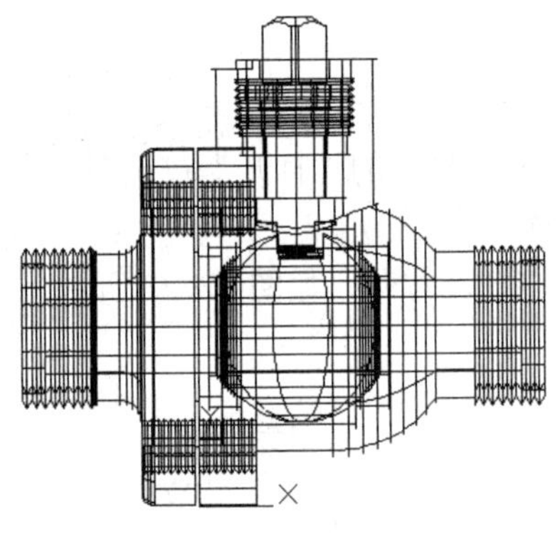

图 12-30　移动“阀杆立体图”

图 12-31　西南等轴测视图

12.2.6　装配扳手

01 打开“扳手立体图”。单击“快速访问”工具栏中的“打开”按钮，打开“扳手立体图.dwg”。图 12-32 所示为渲染后的“扳手立体图”。

02 设置视图方向。将当前视图方向设置为主视图方向，如图 12-33 所示。

图 12-32　渲染后的“扳手立体图”

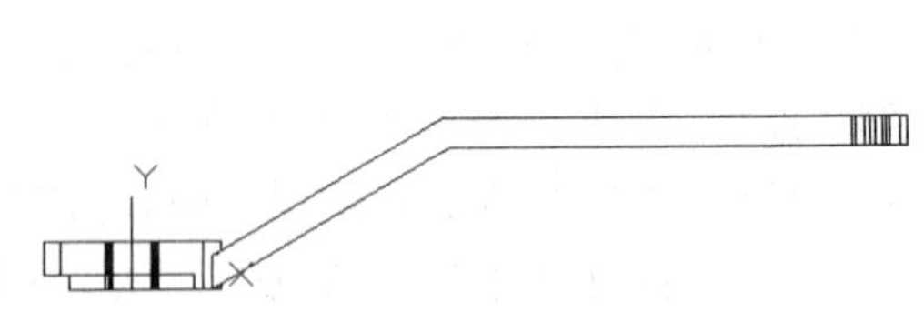

图 12-33　主视图方向图形

03 复制“扳手立体图”。选择菜单栏中的“编辑”→“复制”命令，将“扳手立体图”图形复制并插入到“阀体装配立体图”中，如图 12-34 所示。

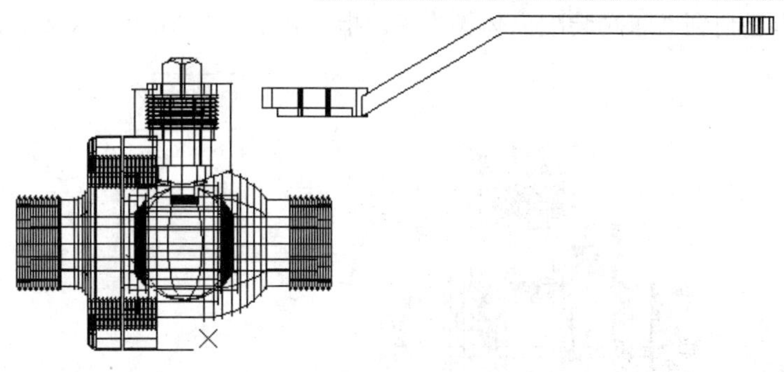

图 12-34　插入“扳手立体图”

04 移动“扳手立体图”。单击“默认”选项卡“修改”面板中的“移动”按钮✥，将“扳手立体图”以图 12-34 中扳手左上部的圆心为基点移动到图 12-34 中阀杆上部的圆心位置，结果如图 12-35 所示。

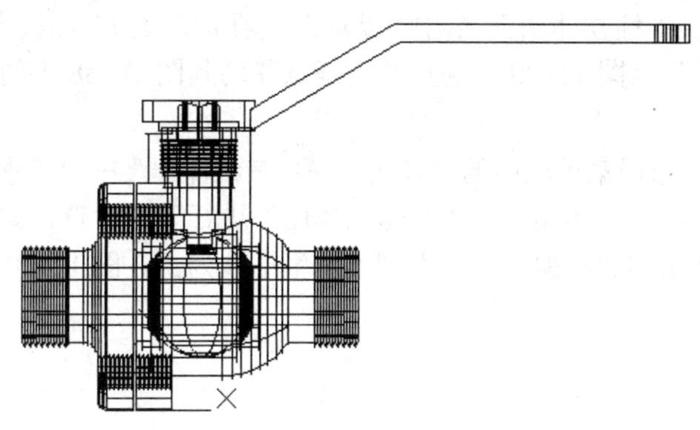

图 12-35　移动“扳手立体图”

12.2.7　装配双头螺柱

01 打开“双头螺柱立体图”。单击“快速访问”工具栏中的“打开”按钮，打开“双头螺柱立体图.dwg”。图 12-36 所示为渲染后的“双头螺柱立体图”。

02 设置视图方向。将当前视图方向设置为左视图方向，结果如图 12-37 所示。

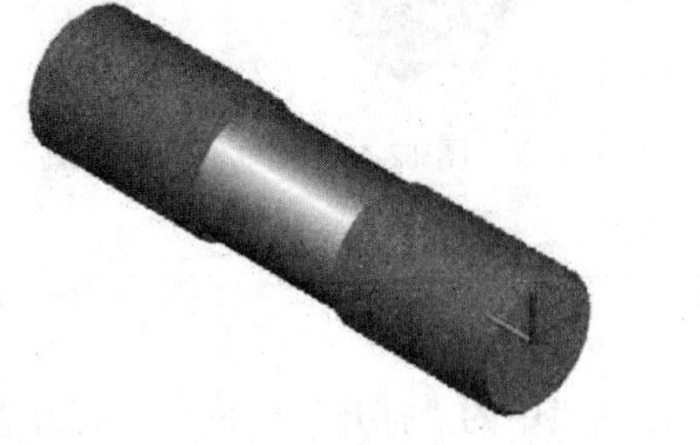

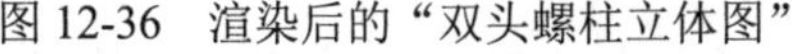

图 12-36　渲染后的“双头螺柱立体图”

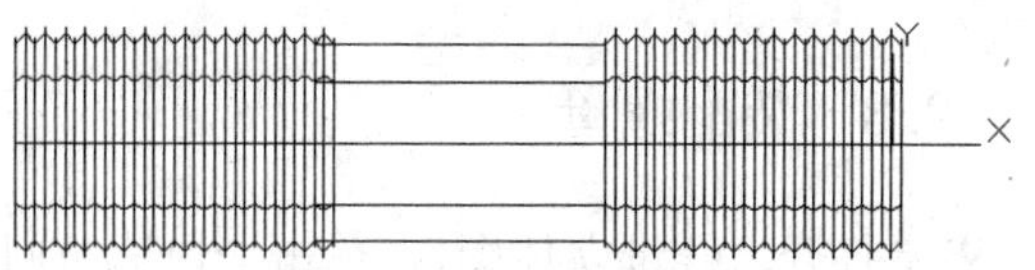

图 12-37　左视图方向图形

03 复制“双头螺柱立体图”。选择菜单栏中的“编辑”→“复制”命令，将“双头螺柱立体图”图形复制到“球阀装配立体图”中。指定合适的位置为插入点，如图 12-38 所示。

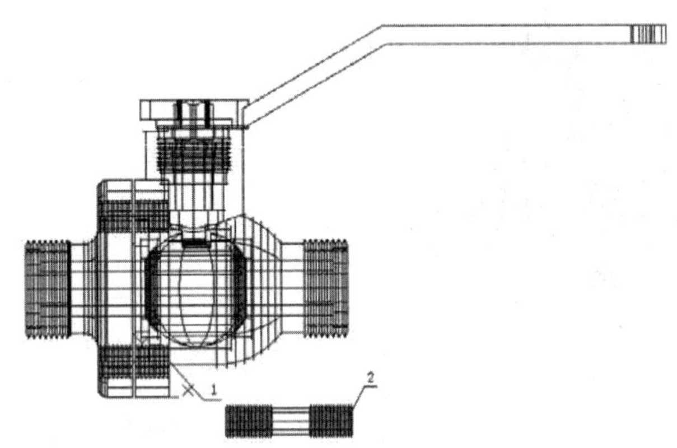

图 12-38 插入“双头螺柱立体图”

04 移动“双头螺柱立体图”。单击“默认”选项卡“修改”面板中的“移动”按钮✥，将“双头螺柱立体图”以图 12-38 中的点 2 为基点移动到图 12-38 中的点 1 位置，结果如图 12-39 所示。

05 干涉检查。选择菜单栏中的“修改”→“三维操作”→“干涉检查”命令，对“双头螺柱立体图”和“阀盖立体图”及“阀体立体图”进行干涉检查，如果发生干涉，则检查装配是否到位，调整相应的装配位置，直到不发生干涉为止。图 12-40 所示为装配后的西北等轴测视图。

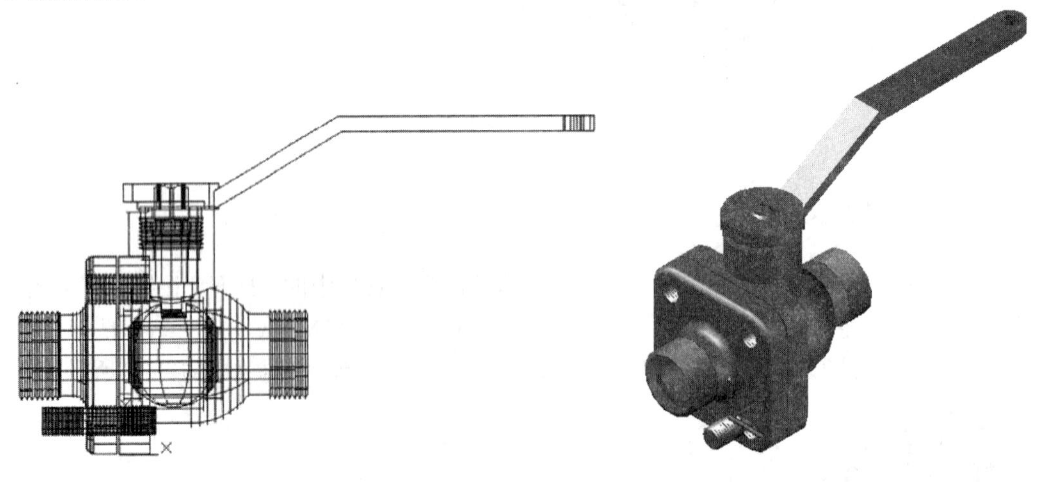

图 12-39 移动“双头螺柱立体图”　　图 12-40 西北等轴测视图

12.2.8 装配螺母

01 打开“螺母立体图”。单击“快速访问”工具栏中的“打开”按钮，打开“螺母立体图.dwg”。图 12-41 所示为渲染后的“螺母立体图”。

02 设置视图方向。将当前视图方向设置为右视图方向，如图 12-42 所示。

03 复制“螺母立体图”。选择菜单栏中的“编辑”→“复制”命令，将“螺母立体图”图形复制并插入到“阀体装配立体图”中，如图 12-43 所示。

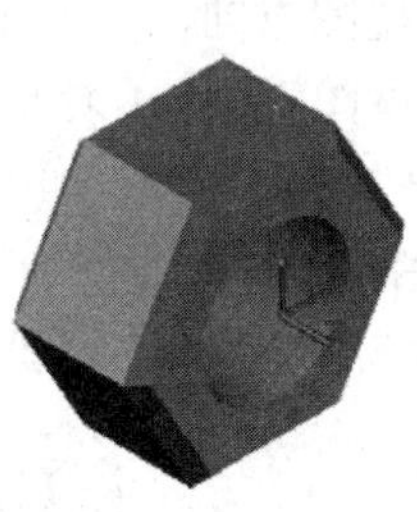

图12-41　渲染后的“螺母立体图”

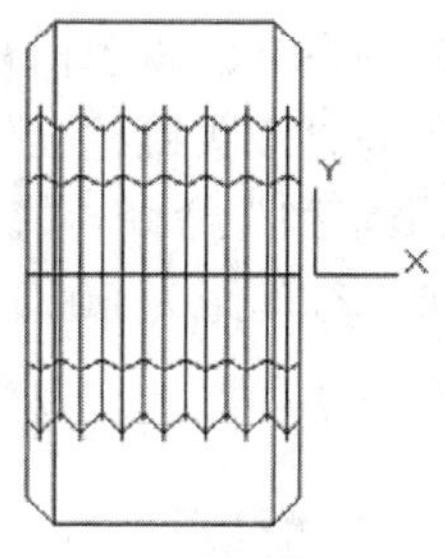

图12-42　右视图方向图形

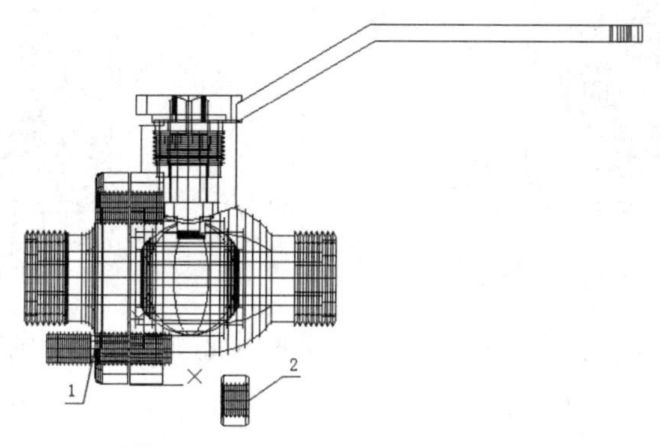

图12-43　插入“螺母立体图”

04 移动“螺母立体图”。单击“默认”选项卡“修改”面板中的“移动”按钮✥，将“螺母立体图”以图 12-43 中的点 2 为基点移动到图 12-43 中的点 1 位置，如图 12-44 所示。

05 干涉检查。选择菜单栏中的“修改”→“三维操作”→“干涉检查”命令，对“螺母立体图”和“双头螺柱立体图”进行干涉检查。如果发生干涉，则检查装配是否到位，调整相应的装配位置，直到不发生干涉为止。图 12-45 所示为消隐后的西北等轴测方向的装配图。

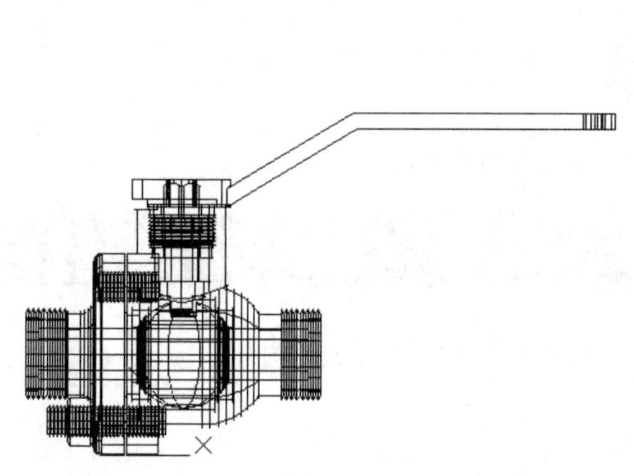

图 12-44　移动“螺母立体图”

图 12-45　西北等轴测方向的装配图

12.2.9 阵列双头螺柱和螺母

01 设置视图方向。将当前视图方向设置为后视图方向，如图 12-46 所示。

02 三维阵列“双头螺柱立体图”和“螺母立体图”。选择菜单栏中的“修改”→“三维操作”→“三维阵列”命令，将“双头螺柱立体图”和“螺母立体图”进行行数为 2、，列数为 2、层数为 1、行间距为 50、列间距为-50 的三维矩形阵列操作，如图 12-47 所示。

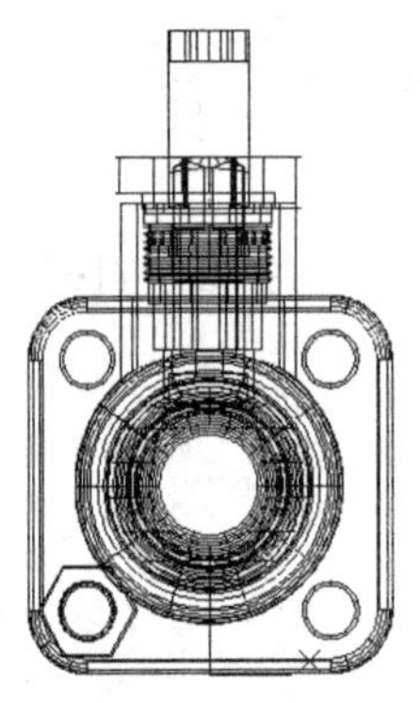

图 12-46　后视图方向图形

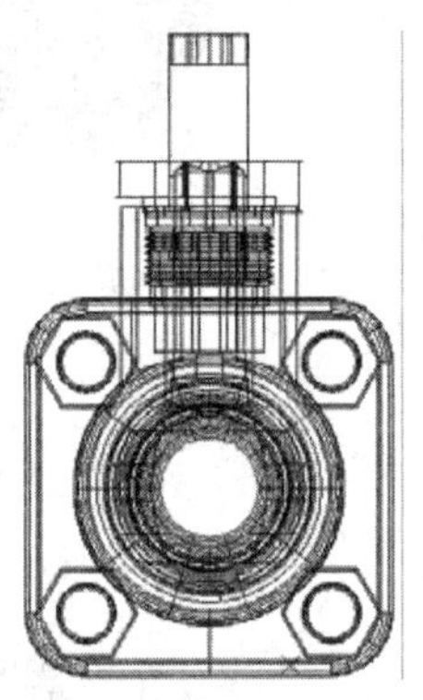

图 12-47　三维矩形阵列后的图形

03 设置视图方向。将视图设置为西北等轴测视图，并进行消隐处理，如图 12-48 所示。

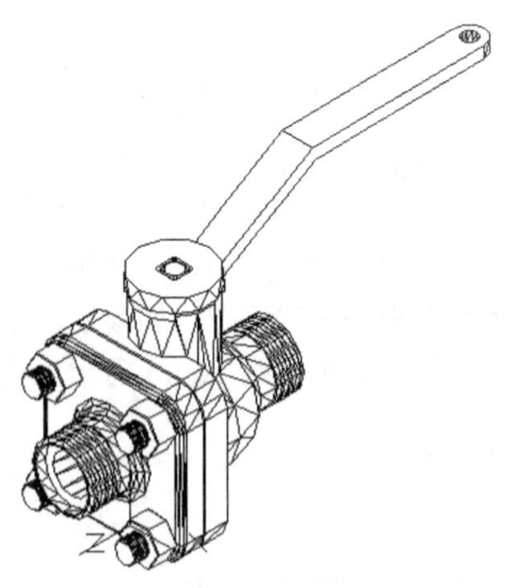

图 12-48　西北等轴测视图

12.3 剖切球阀装配图的绘制

剖切图是一种特殊视图，既可以表达外部形状，也可以表达内部结构。

12.3.1 绘制 1/2 剖切视图

01 打开“球阀装配立体图”。单击“快速访问”工具栏中的“打开”按钮，打开“球阀装配立体图. dwg”，如图 12-48 所示。

02 1/2 剖切视图。单击“三维工具”选项卡“实体编辑”面板中的“剖切”按钮，命令行提示如下：

命令：_SLICE

选择要剖切的对象：（选择阀盖、阀体、左边的密封圈和阀芯立体图）

选择要剖切的对象：↙

指定切面的起点或 [平面对象(O)/曲面(S)/Z 轴(Z)/视图(V)/XY 平面(XY)/YZ 平面(YZ)/ZX 平面(ZX)/三点(3)] <三点>：YZ↙

指定 YZ 平面上的点 <0,0,0>：↙

在要保留的一侧指定点或 [保留两个侧面(B)]<保留两个侧面>：-1,0,0↙

03 删除对象。单击“默认”选项卡“修改”面板中的“删除”按钮，将 YZ 平面右侧的两个“双头螺柱立体图”和两个“螺母立体图”删除，并进行消隐处理，如图 12-49 所示。

12.3.2 绘制 1/4 剖切视图

01 打开“球阀装配立体图”。单击“快速访问”工具栏中的“打开”按钮，打开“球阀装配立体图. dwg”，如图 12-48 所示。

02 1/4 剖切视图。单击“三维工具”选项卡“实体编辑”面板中的“剖切”按钮，对“球阀装配立体图”进行 1/4 剖切处理。采用相同方法连续进行两次剖切。

注意

执行第二次“剖切”命令时，AutoCAD 2022 会提示“剖切平面不与 1 个选定实体相交。”执行该命令后，将多余的图形删除即可。

03 删除对象。单击“默认”选项卡“修改”面板中的“删除”按钮，将视图中相应的图形删除，并进行渲染处理，如图 12-50 所示。

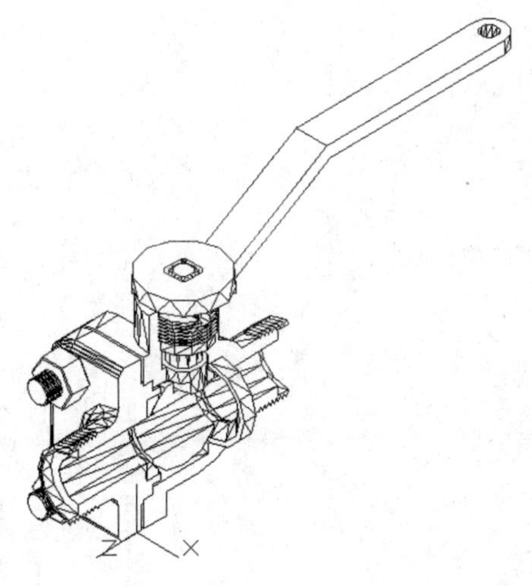

图 12-49 1/2 剖切视图

图 12-50 1/4 剖切视图

第13章

齿轮泵零件设计

齿轮泵是由一对啮合的齿轮、壳体以及一些连接件组成的。本章将详细介绍各个零件的绘制方法，包括标准件、连接件、齿轮、壳体等的绘制。在学习本章的过程中，齿轮与壳体的绘制比较复杂，希望读者在绘图的过程中，按照介绍的方法，逐步了解齿轮的绘制方法。

- 标准件立体图的绘制
- 连接件立体图的绘制
- 齿轮轴与锥齿轮的绘制
- 齿轮泵壳体的绘制

13.1 标准件立体图的绘制

13.1.1 销立体图的绘制

本节绘制的销型号为 A5×18，其公称直径 *d*=5，长度 *L*=30，材料为 45 钢，热处理硬度为 28～38HRC；表面氧化处理的 A 型圆柱销为圆柱结构，一端倒角，一端为球头，如图 13-1 所示。本实例的制作思路：首先绘制一个圆柱体，然后在其一端绘制一个球体，在另一端进行倒角操作，最后通过“并集”命令，将其合并为一个整体。

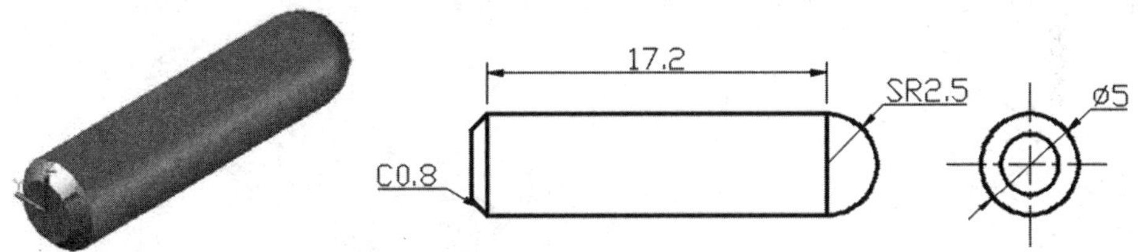

图 13-1　销的立体图

01 启动 AutoCAD 2022，使用默认设置的绘图环境。

02 建立新文件。单击“快速访问”工具栏中的“新建”按钮，打开“选择样板”对话框，单击“打开”按钮右侧的下三角按钮，以“无样板打开－公制（M）”方式建立新文件，将新文件命名为“销.dwg”并保存。

03 设置线框密度。默认设置是 8，有效值的范围为 0～2047。设置对象上每个曲面的轮廓线数目，命令行提示如下：

```
命令：ISOLINES↙
输入 ISOLINES 的新值 <8>：10↙
```

04 设置视图方向。单击“可视化”选项卡“命名视图”面板中的“西南等轴测”按钮，将当前视图方向设置为西南等轴测视图方向。

05 创建圆柱体。单击“三维工具”选项卡“建模”面板中的“圆柱体”按钮，创建圆柱体，命令行提示如下：

```
命令：CYLINDER ↙
指定底面的中心点或 [三点(3P)/两点(2P)/切点、切点、半径(T)/椭圆(E)]：0,0,0↙
指定底面半径或 [直径(D)]：2.5↙
指定高度或 [两点(2P)/轴端点(A)]：A↙
指定轴端点：@18,0,0↙
```

如图 13-2 所示。

注意

由于绘制的圆柱体尺寸比较小，观看不太方便，可以单击“可视化”选项卡“命名视图”面板中的“西南等轴测”按钮，使视图充满绘图区，当然也可以使用“缩放”命令，但没有“西南等轴测”命令简便，而且不会改变视图方向。

06 创建球体。单击“三维工具”选项卡“建模”面板中的“球体”按钮，命令行提示如下：

命令：SPHERE↙

指定中心点或 [三点(3P)/两点(2P)/切点、切点、半径(T)]：[在对象捕捉模式下捕捉圆柱体右侧面的圆心或输入坐标（18,0,0）]↙

指定半径或 [直径(D)]：2.5↙

07 并集运算。单击“三维工具”选项卡“实体编辑”面板中的“并集”按钮，命令行提示如下：

命令：_UNION

选择对象：↙ （选择视图中的所有图形）

选择对象：↙

创建球体并进行并集运算后的实体如图 13-3 所示。

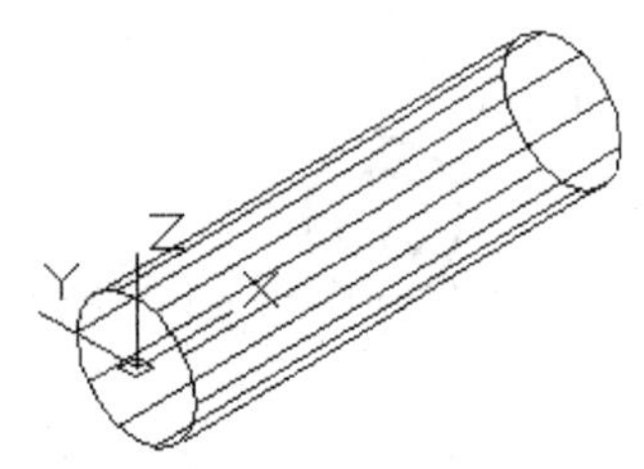

图 13-2　创建圆柱体

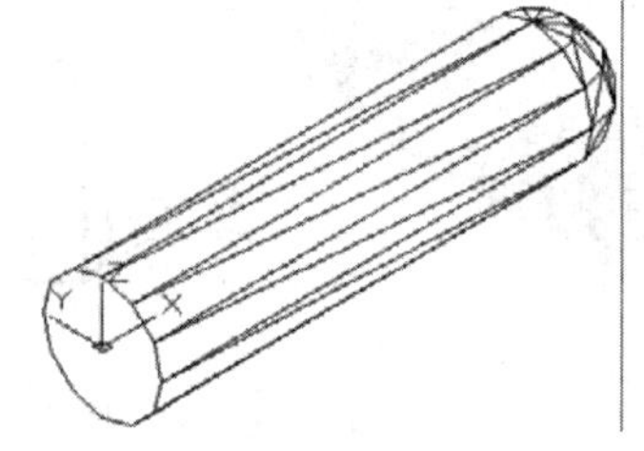

图 13-3　创建球体并进行并集运算后的实体

08 倒角操作。单击“默认”选项卡“修改”面板中的“倒角”按钮，命令行提示如下：

命令：_CHAMFER

（“修剪”模式）当前倒角距离 1 = 0.8000，距离 2 = 0.8000

选择第一条直线或 [放弃(U)/多段线(P)/距离(D)/角度(A)/修剪(T)/方式(E)/多个(M)]：(选择圆柱体左端的边)↙

输入曲面选择选项 [下一个(N)/当前(OK)] <当前>：↙

指定基面倒角距离或[表达式(E)] 0.8↙

指定其他曲面倒角距离或[表达式(E)] 0.8↙

选择边或 [环(L)]：(选择圆柱体左端的边)

选择边或 [环(L)]：↙

倒角后的销如图 13-4 所示。

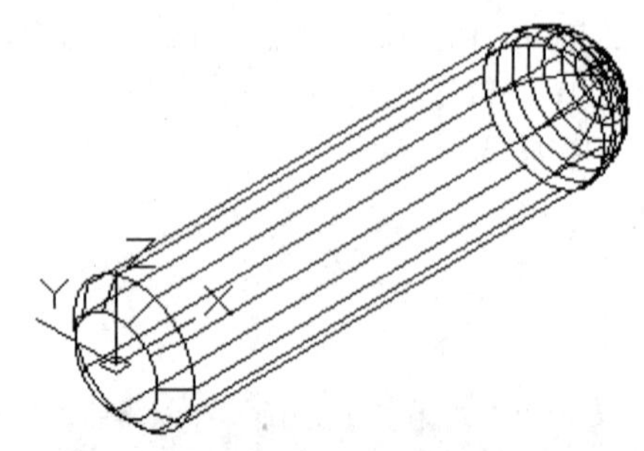

图 13-4　倒角后的销

09 设置视觉样式。单击“视图”选项卡“视觉样式”面板中的“真实”按钮，结果如图 13-1 所示。

13.1.2　键立体图的绘制

本节绘制的键型号为 A5×10，其长度为 $L=10$，宽度 $b=5$，高度 $h=5$，表示材料为 45 钢，热处理硬度为 28～38HRC。A 型为普通平键，如图 13-5 所示。本实例的制作思路：首先绘制一多段线，然后进行拉伸操作，最后再进行相应的倒角操作。

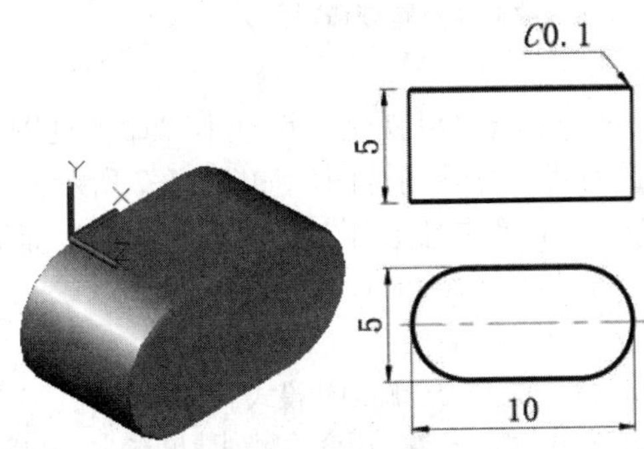

图 13-5　普通平键

01 启动 AutoCAD 2022，使用默认设置绘图环境。

02 建立新文件。单击“快速访问”工具栏中的“新建”按钮，弹出“选择样板”对话框。单击“打开”按钮右侧的下三角按钮，以“无样板打开－公制（M）”方式建立新文件，将新文件命名为“键.dwg”并保存。

03 设置线框密度。默认设置是 8，有效值的范围为 0～2047。设置对象上每个曲面的轮廓线数目，命令行提示如下：

```
命令：ISOLINES↙
输入 ISOLINES 的新值 <8>：10↙
```

04 设置视图方向。单击“视图”选项卡“命名视图”面板中的“前视”按钮，将当前视图方向设置为主视图方向。

05 绘制多段线。单击“默认”选项卡“绘图”面板中的“多段线”按钮，命令行提示如下：

```
命令：_PLINE
指定起点：0,0↙
当前线宽为 0.0000
指定下一个点或 [圆弧(A)/半宽(H)/长度(L)/放弃(U)/宽度(W)]：@5,0↙
指定下一点或 [圆弧(A)/闭合(C)/半宽(H)/长度(L)/放弃(U)/宽度(W)]：A↙
指定圆弧的端点(按住 Ctrl 键以切换方向)或[角度(A)/圆心(CE)/闭合(CL)/方向(D)/半宽(H)/直线(L)/半径(R)/第二个点(S)/放弃(U)/宽度(W)]：A↙
指定夹角：-180↙
指定圆弧的端点(按住 Ctrl 键以切换方向)或 [圆心(CE)/半径(R)]：@0, -5↙
指定圆弧的端点(按住 Ctrl 键以切换方向)或[角度(A)/圆心(CE)/闭合(CL)/方向(D)/半宽(H)/直线(L)/半径(R)/第二个点(S)/放弃(U)/宽度(W)]：L↙
指定下一点或 [圆弧(A)/闭合(C)/半宽(H)/长度(L)/放弃(U)/宽度(W)]：@-5,0↙
```

指定下一点或 [圆弧(A)/闭合(C)/半宽(H)/长度(L)/放弃(U)/宽度(W)]：A↙

指定圆弧的端点(按住 Ctrl 键以切换方向)或[角度(A)/圆心(CE)/闭合(CL)/方向(D)/半宽(H)/直线(L)/半径(R)/第二个点(S)/放弃(U)/宽度(W)]：A↙

指定夹角：-180↙

指定圆弧的端点(按住 Ctrl 键以切换方向)或 [圆心(CE)/半径(R)]：@0,5↙

指定圆弧的端点(按住 Ctrl 键以切换方向)或[角度(A)/圆心(CE)/闭合(CL)/方向(D)/半宽(H)/直线(L)/半径(R)/第二个点(S)/放弃(U)/宽度(W)]：↙

结果如图 13-6 所示。

06 设置视图方向。单击“可视化”选项卡“命名视图”面板中的“西南等轴测”按钮，将当前视图设置为西南等轴测视图，如图 13-7 所示。

07 拉伸多段线。单击“三维工具”选项卡“建模”面板中的“拉伸”按钮，命令行提示如下：

命令：_EXTRUDE

当前线框密度：ISOLINES=10，闭合轮廓创建模式 = 实体

选择要拉伸的对象或 [模式(MO)]：_MO 闭合轮廓创建模式 [实体(SO)/曲面(SU)]<实体>：_SO（选择绘制的多段线）

选择要拉伸的对象或 [模式(MO)]：↙

指定拉伸的高度或 [方向(D)/路径(P)/倾斜角(T)/表达式(E)]：5↙

如图 13-8 所示。

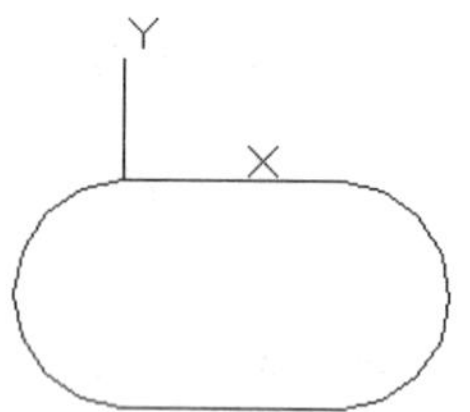

图 13-6　绘制多段线

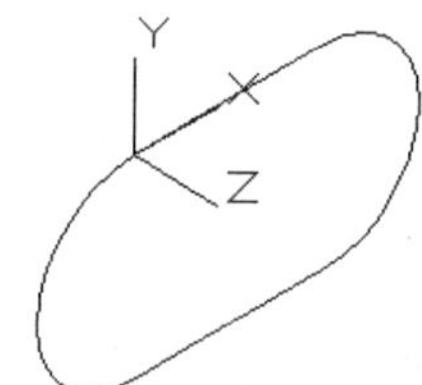

图 13-7　设置视图方向

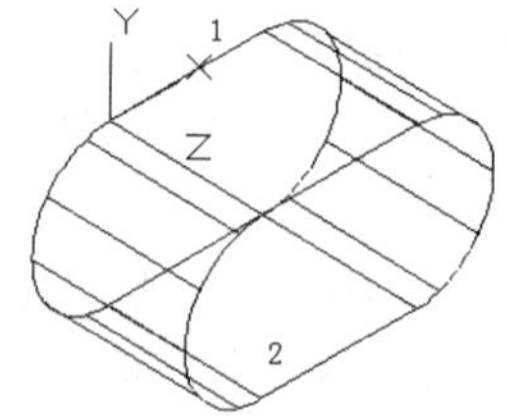

图 13-8　拉伸多段线

08 倒角操作。单击“默认”选项卡“修改”面板中的“倒角”按钮，命令行提示如下：

命令：_CHAMFER

(“修剪”模式) 当前倒角距离 1 = 0.0000，距离 2 = 0.0000

选择第一条直线或 [选择第一条直线或 [放弃(U)/多段线(P)/距离(D)/角度(A)/修剪(T)/方式(E)/多个(M)]]：D↙

指定第一个倒角距离 <0.0000>：0.1↙

指定第二个倒角距离 <0.1000>：↙

选择第一条直线或选择第一条直线或 [放弃(U)/多段线(P)/距离(D)/角度(A)/修剪(T)/方式(E)/多个(M)]：（选择图 13-8 所示的 1 处）

基面选择...

输入曲面选择选项 [下一个(N)/当前(OK)] <当前>：↙（此时如图 13-9 所示）

指定基面倒角距离或[表达式(E)] <0.1000>：↙

指定其他曲面倒角距离或[表达式(E)] <0.1000>：↙

选择边或 [环(L)]：（依次选择1处基面的四个边）

选择边或 [环(L)]：↙

倒角后的图形如图13-10所示。

重复执行“倒角”命令，将图13-8所示的2处倒角，倒角参数设置与上面相同，结果如图13-5所示。请读者练习，熟悉立体图倒角中基面的选择。

注意

立体图的倒角与平面图形的倒角是不同的，立体图中要选择倒角的基面，然后再选择在基面中需要倒角的边，而在平面图形中倒角需要选择两个相交的边。在立体图中倒角的关键是选择正确的基面，这点非常重要。

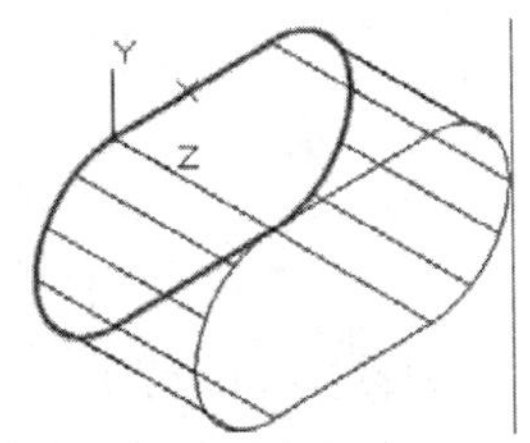

图13-9 选择下一基面后的图形

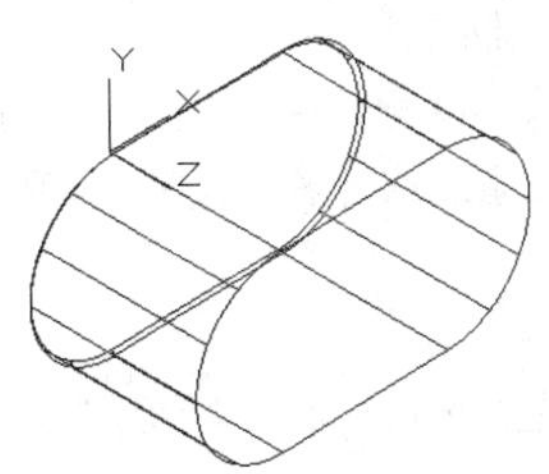

图13-10 倒角后的图形

09 设置视觉样式。单击“视图”选项卡“视觉样式”面板中的“真实”按钮，结果如图13-5所示。

13.1.3 轴套立体图的绘制

本节绘制的轴套是机械工程中常用的零件，如图13-11所示。本实例的制作思路：首先绘制两个圆柱体，然后进行差集运算，再在需要的部位进行倒角操作。

01 启动AutoCAD 2022，使用默认设置的绘图环境。

02 建立新文件。单击“快速访问”工具栏中的“新建”按钮，弹出“选择样板”对话框。单击“打开”按钮右侧的下三角按钮，以“无样板打开一公制（M）”方式建立新文件，将新文件命名为“轴套.dwg”并保存。

03 设置线框密度。默认设置是8，有效值的范围为0～2047。设置对象上每个曲面的轮廓线数目，命令行提示如下：

命令：ISOLINES↙

输入 ISOLINES 的新值 〈8〉：10↙

04 设置视图方向。单击“可视化”选项卡“命名视图”面板中的“西南等轴测”按钮，将当前视图方向设置为西南等轴测视图方向。

05 创建圆柱体。单击“三维工具”选项卡“建模”面板中的“圆柱体”按钮，以坐标原点（0，0，0）为底面中心点，创建两个半径分别为6和10、轴端点为（@11，0，0）的圆柱体，并进行消隐处理，如图13-12所示。

06 差集运算。单击“三维工具”选项卡“实体编辑”面板中的“差集”按钮，对创建的两个圆柱体进行差集运算，结果如图13-13所示。

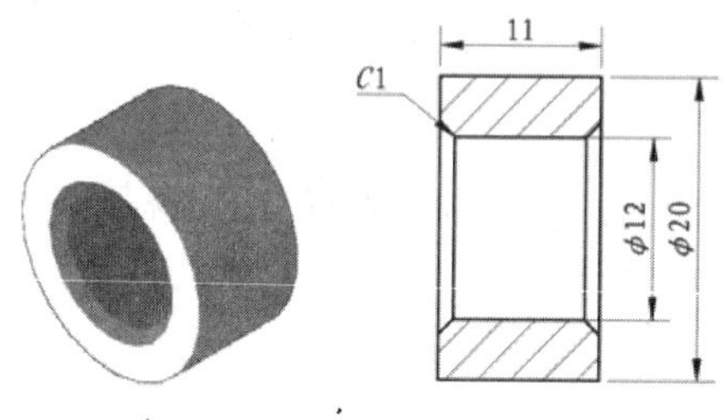

图 13-11　轴套

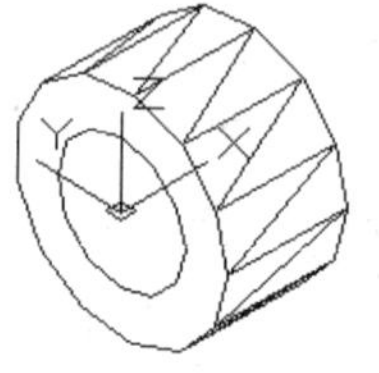

图 13-12　创建圆柱体

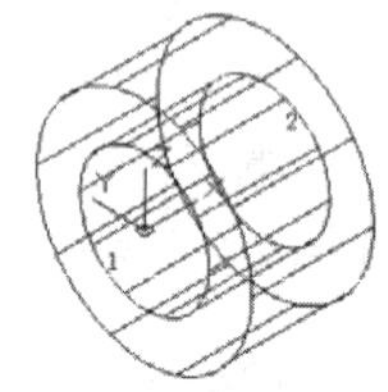

图 13-13　差集运算

07 倒角操作。单击“默认”选项卡“修改”面板中的“倒角”按钮，命令行提示如下：

命令：_CHAMFER

（“修剪”模式）当前倒角距离 1 = 0.0000，距离 2 = 0.0000

选择第一条直线或 [多段线(P)/距离(D)/角度(A)/修剪(T)/方式(M)/多个(U)]：（选择图 13-13 中的边 1）

基面选择...

输入曲面选择选项 [下一个(N)/当前(OK)] <当前>：N↙（此时如图 13-14 所示）

输入曲面选择选项 [下一个(N)/当前(OK)] <当前>：↙（此时如图 13-15 所示）

指定基面倒角距离或 [表达式(E)]：1↙

指定其他曲面倒角距离或 [表达式(E)] <1.0000>：↙

选择边或 [环(L)]：（选择图 13-13 中的边 1）

选择边或 [环(L)]：（选择图 13-13 中的边 2）

选择边或 [环(L)]：↙

倒角后的图形如图 13-16 所示。

08 设置视图方向。单击“视图”选项卡“导航”面板上的“动态观察”下拉菜单中的“自由动态观察”按钮，将当前视图调整到能够看到轴孔的位置，如图 13-17 所示。

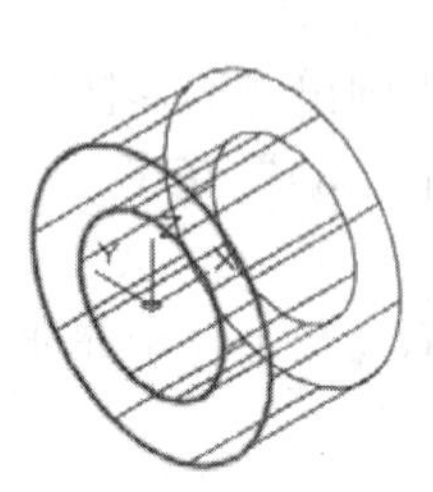

图 13-14　选择基面

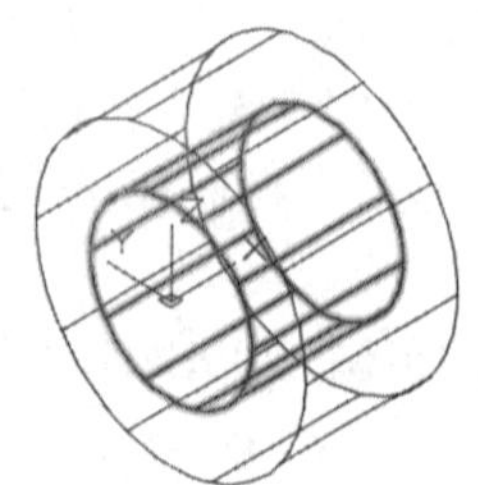

图 13-15　选择另一基面

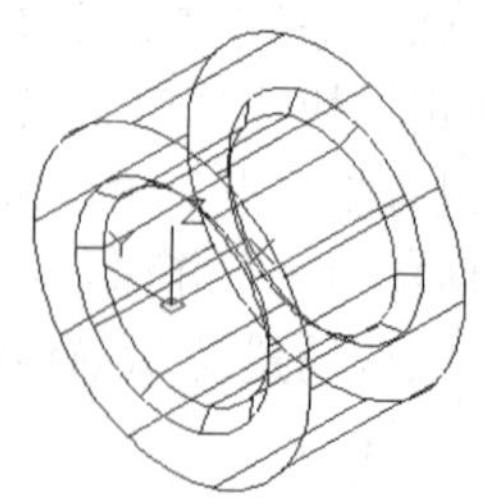

图 13-16　倒角后的图形

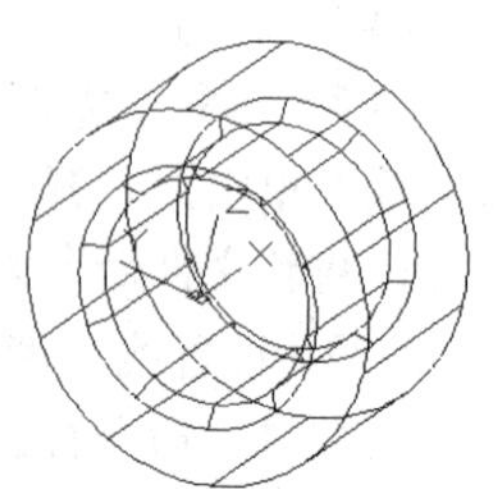

图 13-17　调整视图方向

09 着色处理。单击“三维工具”选项卡“实体编辑”面板中的“着色面”按钮，命令行提示如下：

命令：_SOLIDEDIT

实体编辑自动检查：SOLIDCHECK=1

输入实体编辑选项 [面(F)/边(E)/体(B)/放弃(U)/退出(X)] <退出>：_face

输入面编辑选项[拉伸(E)/移动(M)/旋转(R)/偏移(O)/倾斜(T)/删除(D)/复制(C)/颜色(L)/材质

(A)/放弃(U)/退出(X)] <退出>: _color

选择面或 [放弃(U)/删除(R)]:（拾取倒角面，弹出如图 13-18 所示的“选择颜色”对话框，在该对话框中选择红色为倒角面颜色）。

选择面或 [放弃(U)/删除(R)/全部(ALL)]: ↙

输入面编辑选项[拉伸(E)/移动(M)/旋转(R)/偏移(O)/倾斜(T)/删除(D)/复制(C)/颜色(L)/材质(A)/放弃(U)/退出(X)] <退出>: ↙

实体编辑自动检查: SOLIDCHECK=1

输入实体编辑选项 [面(F)/边(E)/体(B)/放弃(U)/退出(X)] <退出>: ↙

重复执行“着色面”命令，对其他面进行着色处理。

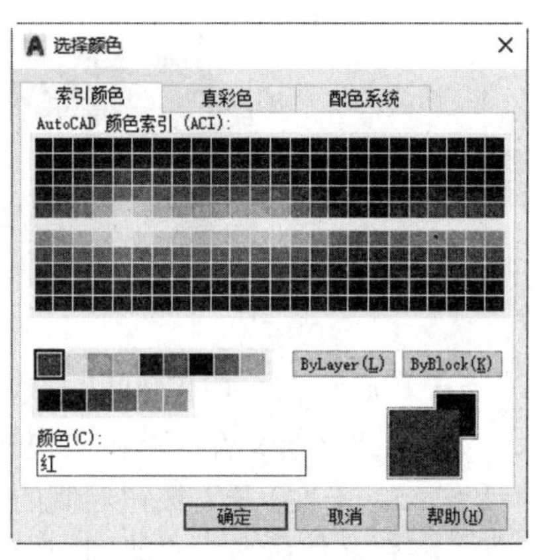

图 13-18 “选择颜色”对话框

注意

着色处理在图形渲染中有着很重要的用途，尤其是在绘制效果图时，这个命令的具体运用将在后面章节中重点介绍。

10 渲染视图。单击“可视化”选项卡“渲染”面板中的“渲染到尺寸”按钮，弹出“渲染”对话框，如图 13-19 所示，对轴套进行渲染处理。

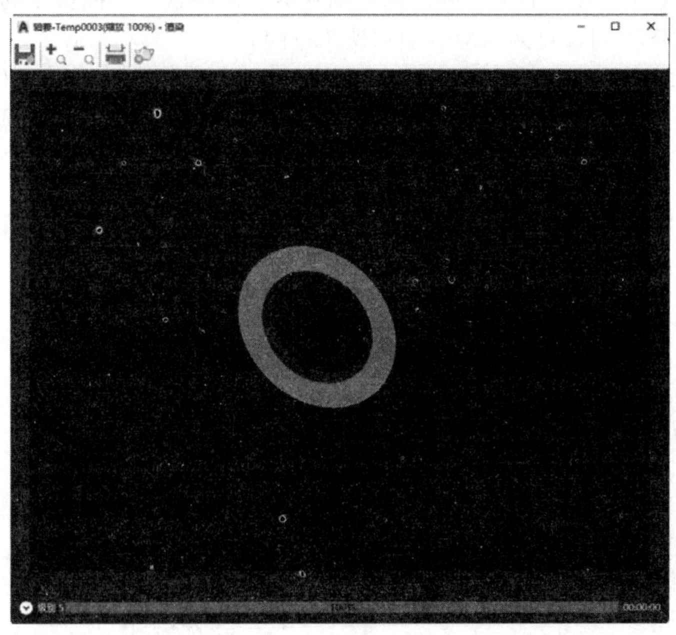

图 13-19 “渲染”对话框

13.1.4 垫圈立体图的绘制

本节绘制的弹簧垫圈型号为键 12，其内径为 $\Phi=12.2$mm，宽度 $b=3$mm，厚度 $s=5$mm，材料为 65Mn，表面氧化的标准型弹簧垫圈，如图 13-20 所示。本实例的制作思路：首先绘制两个圆柱体，然后进行差集运算，再绘制一个长方体进行差集运算（说明：本例绘制的弹簧垫圈为装配图中的垫圈，即受力状态下的垫圈）。

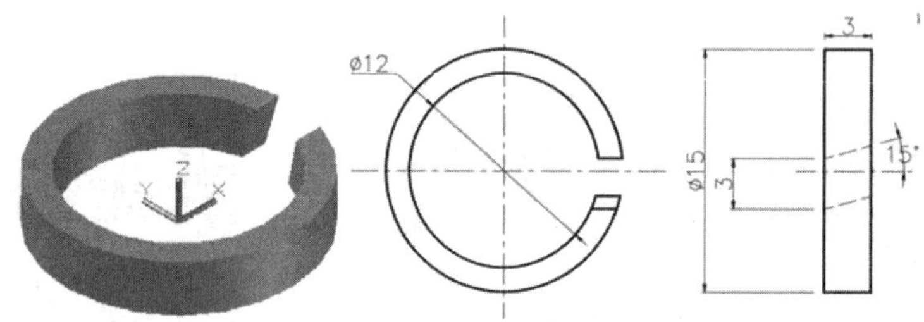

图 13-20　垫圈

01 启动 AutoCAD 2022，使用默认设置绘图环境。

02 建立新文件。单击“快速访问”工具栏中的“新建”按钮，弹出“选择样板”对话框，单击“打开”按钮右侧的下三角按钮，以“无样板打开－公制（M）”方式建立新文件，将新文件命名为“垫圈.dwg”并保存。

03 设置线框密度。默认设置是 8，有效值的范围为 0～2047。设置对象上每个曲面的轮廓线数目，该设置保存在图形中。命令行提示如下：

命令：ISOLINES↙

输入 ISOLINES 的新值 <8>：10↙

04 设置视图方向。单击“可视化”选项卡“命名视图”面板中的“西南等轴测”按钮，将当前视图方向设置为西南等轴测视图方向。

05 创建圆柱体。单击“三维工具”选项卡“建模”面板中的“圆柱体”按钮，以（0，0，0）为底面中心点，创建两个半径分别为 6 和 7.5、高度为 3 的同轴圆柱体，并进行消隐处理，如图 13-21 所示。

06 差集运算。单击“三维工具”选项卡“实体编辑”面板中的“差集”按钮，命令行提示如下：

命令：_SUBTRACT

选择要从中减去的实体、曲面和面域...

选择对象：（选择创建的外面的圆柱体）

选择对象：↙

选择要减去的实体、曲面和面域...

选择对象：（选择创建的里面的圆柱体）

选择对象：↙

结果如图 13-22 所示。

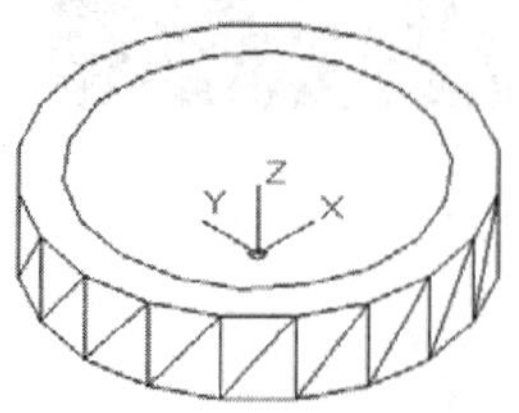

图 13-21　创建圆柱体

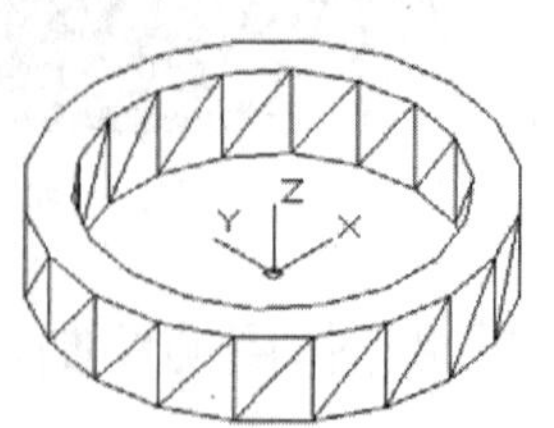

图 13-22　差集运算 1

07 创建长方体。单击“三维工具”选项卡“建模”面板中的“长方体”按钮，命令行提示如下：

命令：_box

指定第一个角点或 [中心(C)]：0, -1.5, -2↙

指定其他角点或 [立方体(C)/长度(L)]：@10,3,7↙

结果如图 13-23 所示。

08 三维旋转长方体。选择菜单栏中的“修改”→“三维操作”→“三维旋转”命令，命令行提示如下：

命令：_3DROTATE

UCS 当前的正角方向： ANGDIR=逆时针 ANGBASE=0

选择对象：（选择上一步创建的长方体）

选择对象：↙

指定基点：（拾取坐标原点）

拾取旋转轴：X↙

指定角的起点或键入角度：15↙

如图 13-24 所示。

09 差集运算。单击“三维工具”选项卡“实体编辑”面板中的“差集”按钮，对创建的图形与三维旋转创建的长方体进行差集运算 2，结果如图 13-25 所示。

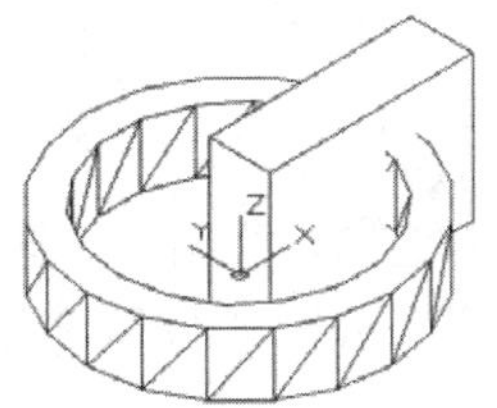

图 13-23 创建长方体

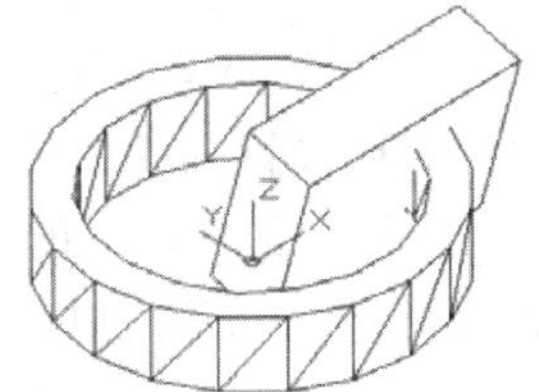

图 13-24 三维旋转长方体

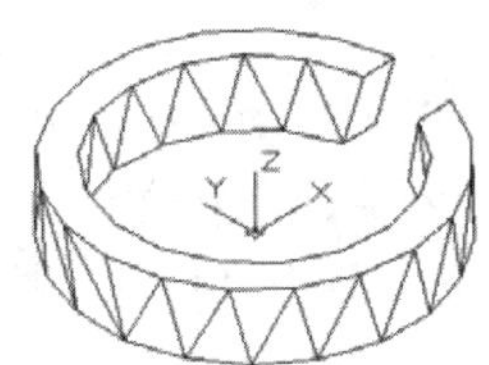

图 13-25 差集运算 2

10 渲染视图。单击“可视化”选项卡“渲染”面板中的“渲染到尺寸”按钮，弹出“渲染”对话框，如图 13-26 所示。渲染后的视图如图 13-20 所示。

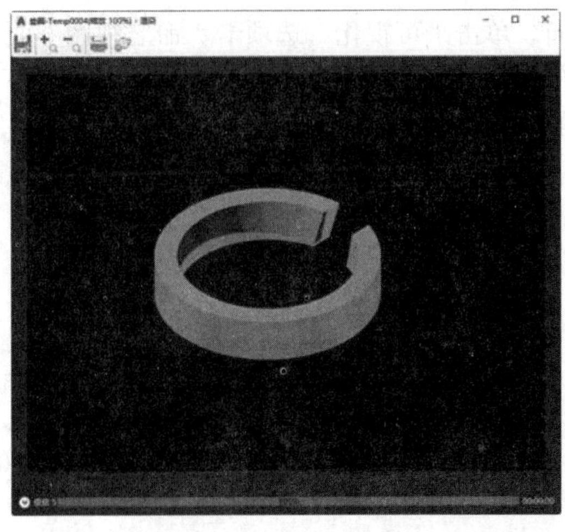

图 13-26 “渲染”对话框

13.1.5　垫片立体图的绘制

本节绘制的垫片（见图 13-27）是机械工程中常用的零件，几乎在任何装配体中都要用到，它在装配体中起密封作用。本实例的制作思路：首先绘制两条多段线，拉伸后再进行差集运算；然后在需要的部位绘制圆柱体，进行差集运算，绘制出孔。

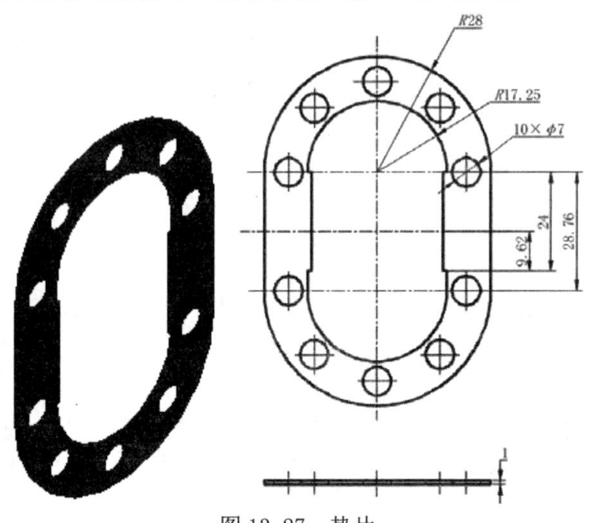

图 13-27　垫片

01 启动 AutoCAD 2022，使用默认设置的绘图环境。

02 建立新文件。单击“快速访问”工具栏中的“新建”按钮，弹出“选择样板”对话框，单击“打开”按钮右侧的下三角按钮，以“无样板打开－公制（M）”方式建立新文件，将新文件命名为“垫片.dwg”并保存。

03 设置线框密度。默认设置是 8，有效值的范围为 0～2047。设置对象上每个曲面的轮廓线数目，命令行提示如下：

命令：ISOLINES↙
输入 ISOLINES 的新值 <8>：10↙

04 设置视图方向。单击“可视化”选项卡“命名视图”面板中的“前视”按钮，将当前视图方向设置为主视图方向。

05 绘制外形轮廓。

❶绘制多段线 1。单击“默认”选项卡“绘图”面板中的“多段线”按钮，命令行提示如下：

命令：_PLINE
指定起点：-28, -28.76↙
当前线宽为 0.0000
指定下一个点或 [圆弧(A)/半宽(H)/长度(L)/放弃(U)/宽度(W)]：@0,28.76↙
指定下一点或 [圆弧(A)/闭合(C)/半宽(H)/长度(L)/放弃(U)/宽度(W)]：A↙
指定圆弧的端点(按住 Ctrl 键以切换方向)或[角度(A)/圆心(CE)/闭合(CL)/方向(D)/半宽(H)/直线(L)/半径(R)/第二个点(S)/放弃(U)/宽度(W)]：A↙
指定夹角：-180↙
指定圆弧的端点(按住 Ctrl 键以切换方向)或 [圆心(CE)/半径(R)]：@56,0↙

指定圆弧的端点(按住 Ctrl 键以切换方向)或[角度(A)/圆心(CE)/闭合(CL)/方向(D)/半宽(H)/直线(L)/半径(R)/第二个点(S)/放弃(U)/宽度(W)]：L↙

指定下一点或 [圆弧(A)/闭合(C)/半宽(H)/长度(L)/放弃(U)/宽度(W)]：@0,-28.76↙

指定下一点或 [圆弧(A)/闭合(C)/半宽(H)/长度(L)/放弃(U)/宽度(W)]：A↙

指定圆弧的端点(按住 Ctrl 键以切换方向)或[角度(A)/圆心(CE)/闭合(CL)/方向(D)/半宽(H)/直线(L)/半径(R)/第二个点(S)/放弃(U)/宽度(W)]：A↙

指定夹角：-180↙

指定圆弧的端点(按住 Ctrl 键以切换方向)或 [圆心(CE)/半径(R)]：@-56,0↙

指定圆弧的端点(按住 Ctrl 键以切换方向)或[角度(A)/圆心(CE)/闭合(CL)/方向(D)/半宽(H)/直线(L)/半径(R)/第二个点(S)/放弃(U)/宽度(W)]：↙

如图 13-28 所示。

❷设置视图方向。单击“可视化”选项卡“命名视图”面板中的“西南等轴测”按钮，将当前视图设置为西南等轴测视图。

❸拉伸多段线 1。单击“三维工具”选项卡“建模”面板中的“拉伸”按钮，拉伸绘制的多段线 1，拉伸距离为 1，结果如图 13-29 所示。

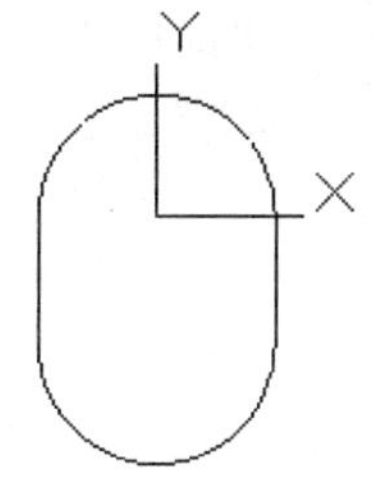

图 13-28 绘制多段线 1

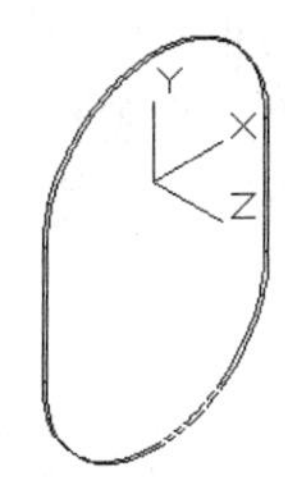

图 13-29 拉伸多段线 1

❹设置视图方向。单击“可视化”选项卡“命名视图”面板中的“前视”按钮，将当前视图设置为主视图。

❺绘制多段线 2。单击“默认”选项卡“绘图”面板中的“多段线”按钮，命令行提示如下：

命令：_PLINE

指定起点：-16.25,-28.76↙

当前线宽为 0.0000

指定下一个点或 [圆弧(A)/半宽(H)/长度(L)/放弃(U)/宽度(W)]：@0,24↙

指定下一点或 [圆弧(A)/闭合(C)/半宽(H)/长度(L)/放弃(U)/宽度(W)]：@-1,0↙

指定下一点或 [圆弧(A)/闭合(C)/半宽(H)/长度(L)/放弃(U)/宽度(W)]：@0,4.76↙

指定下一点或 [圆弧(A)/闭合(C)/半宽(H)/长度(L)/放弃(U)/宽度(W)]：A↙

指定圆弧的端点(按住 Ctrl 键以切换方向)或[角度(A)/圆心(CE)/闭合(CL)/方向(D)/半宽(H)/直线(L)/半径(R)/第二个点(S)/放弃(U)/宽度(W)]：A↙

指定夹角：-180↙

指定圆弧的端点(按住 Ctrl 键以切换方向)或 [圆心(CE)/半径(R)]：@34.5,0↙

指定圆弧的端点(按住 Ctrl 键以切换方向)或[角度(A)/圆心(CE)/闭合(CL)/方向(D)/半宽(H)/直线(L)/半径(R)/第二个点(S)/放弃(U)/宽度(W)]：L↙

指定下一点或 [圆弧(A)/闭合(C)/半宽(H)/长度(L)/放弃(U)/宽度(W)]：@0,-4.76↙

指定下一点或 [圆弧(A)/闭合(C)/半宽(H)/长度(L)/放弃(U)/宽度(W)]：@-1,0↙

指定下一点或 [圆弧(A)/闭合(C)/半宽(H)/长度(L)/放弃(U)/宽度(W)]：@0, -24↙
指定下一点或 [圆弧(A)/闭合(C)/半宽(H)/长度(L)/放弃(U)/宽度(W)]：@1,0↙
指定下一点或 [圆弧(A)/闭合(C)/半宽(H)/长度(L)/放弃(U)/宽度(W)]：A↙
指定圆弧的端点(按住 Ctrl 键以切换方向)或[角度(A)/圆心(CE)/闭合(CL)/方向(D)/半宽(H)/直线(L)/半径(R)/第二个点(S)/放弃(U)/宽度(W)]：A↙
指定夹角：-180↙
指定圆弧的端点(按住 Ctrl 键以切换方向)或 [圆心(CE)/半径(R)]：@-34.5,0↙
指定圆弧的端点(按住 Ctrl 键以切换方向)或[角度(A)/圆心(CE)/闭合(CL)/方向(D)/半宽(H)/直线(L)/半径(R)/第二个点(S)/放弃(U)/宽度(W)]：L↙
指定下一点或 [圆弧(A)/闭合(C)/半宽(H)/长度(L)/放弃(U)/宽度(W)]：@1,0↙
指定下一点或 [圆弧(A)/闭合(C)/半宽(H)/长度(L)/放弃(U)/宽度(W)]：↙
如图 13-30 所示。

❻设置视图方向。单击“可视化”选项卡“命名视图”面板中的“西南等轴测”按钮，将当前视图设置为西南等轴测视图。

❼拉伸多段线 2。单击“三维工具”选项卡“建模”面板中的“拉伸”按钮，对步骤❺中绘制的多段线 2 进行拉伸操作，拉伸距离为 1，结果如图 13-31 所示。

❽差集运算。单击“三维工具”选项卡“实体编辑”面板中的“差集”按钮，对创建的两个拉伸实体进行差集运算，如图 13-32 所示。

注意

在绘制垫片外形轮廓时，也可以先绘制内部和外部的轮廓线，然后再拉伸，此时拉伸的效果是两个多段线一起拉伸，并且其拉伸的高度是相等的。

06 创建孔。

❶绘制圆。单击“默认”选项卡“绘图”面板中的“圆”按钮，以坐标原点（0，0，0）为圆心，绘制半径为 3.5 的圆。

❷复制圆。单击“默认”选项卡“修改”面板中的“复制”按钮，将上步绘制的圆进行复制，命令行提示如下：

命令：_COPY
选择对象：（选择上一步绘制的圆）
选择对象：↙
当前设置： 复制模式 = 多个
指定基点或 [位移(D)/模式(O)] <位移>：[在对象捕捉模式下选择上一步绘制的圆的圆心，或者输入坐标（0，0）]
指定第二个点或 [阵列(A)] <使用第一个点作为位移>：@22<0↙
指定第二个点或 [阵列(A)/退出(E)/放弃(U)] <退出>：@22<45↙
指定第二个点或 [阵列(A)/退出(E)/放弃(U)] <退出>：@22<90↙
指定第二个点或 [阵列(A)/退出(E)/放弃(U)] <退出>：@22<135↙
指定第二个点或 [阵列(A)/退出(E)/放弃(U)] <退出>：@22<180↙
指定第二个点或 [阵列(A)/退出(E)/放弃(U)] <退出>：@0,-28.76↙
指定第二个点或 [阵列(A)/退出(E)/放弃(U)] <退出>：↙
复制圆 1，如图 13-33 所示。

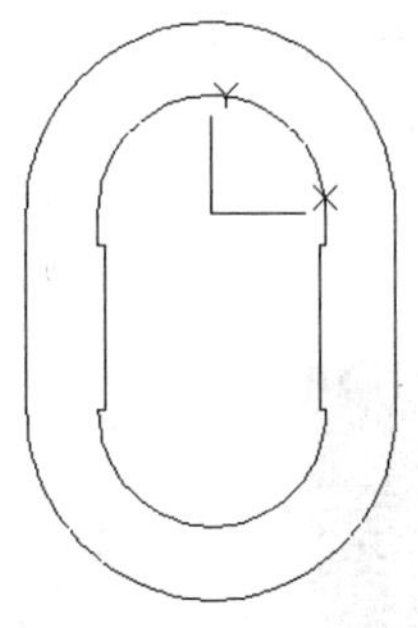

图 13-30　绘制多段线 2

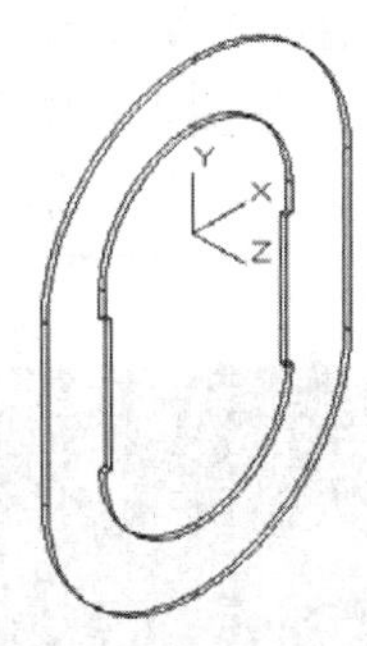

图 13-31　拉伸多段线 2

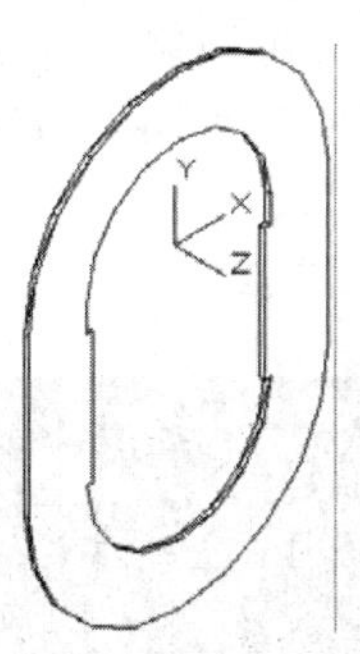

图 13-32　差集运算 1

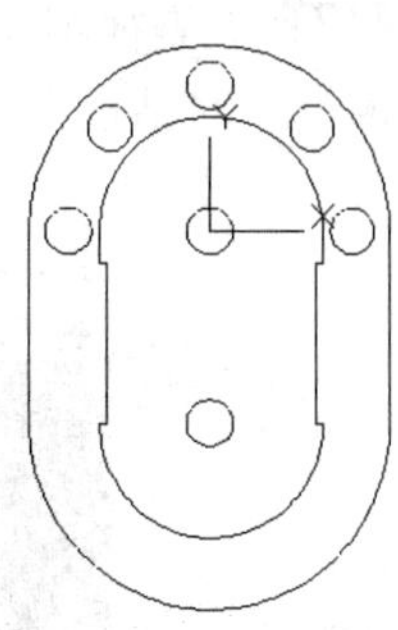
图 13-33　复制圆 1

重复执行“复制”命令，命令行提示如下：

命令：_COPY

选择对象：（选择图 13-33 中下侧的圆）

选择对象：↙

当前设置：　复制模式 = 多个

指定基点或［位移(D)/模式(O)］〈位移〉：（在对象捕捉模式下选择图 13-33 中下侧圆的圆心，或者输入坐标（0，-28.76）

指定第二个点或［阵列(A)］〈使用第一个点作为位移〉：@22<0↙

指定第二个点或［阵列(A)/退出(E)/放弃(U)］〈退出〉：@22<-45↙

指定第二个点或［阵列(A)/退出(E)/放弃(U)］〈退出〉：@22<-90↙

指定第二个点或［阵列(A)/退出(E)/放弃(U)］〈退出〉：@22<-135↙

指定第二个点或［阵列(A)/退出(E)/放弃(U)］〈退出〉：@22<-180↙

指定第二个点或［阵列(A)/退出(E)/放弃(U)］〈退出〉：↙

复制圆 2，如图 13-34 所示。

❸删除圆。单击“默认”选项卡“修改”面板中的“删除”按钮，删除图 13-34 中内侧轮廓线内的两个圆，如图 13-35 所示。

❹设置视图方向。单击“可视化”选项卡“命名视图”面板中的“西南等轴测”按钮，将当前视图设置为西南等轴测视图。

❺拉伸圆。单击“三维工具”选项卡“建模”面板中的“拉伸”按钮，将前面复制的 8 个圆进行拉伸操作，拉伸距离为 1，如图 13-36 所示。

❻差集运算。单击“三维工具”选项卡“实体编辑”面板中的“差集”按钮，将垫片视图和上步创建的圆柱体进行差集运算，如图 13-37 所示。

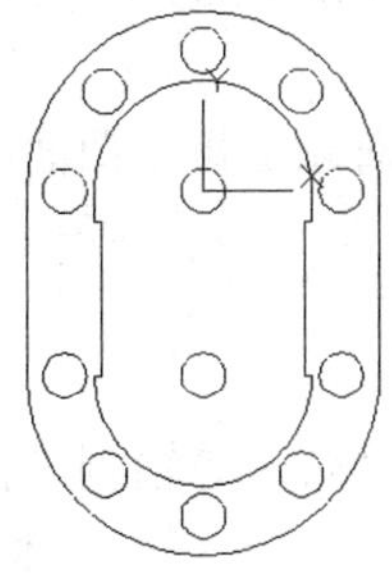
图13-34　复制圆2

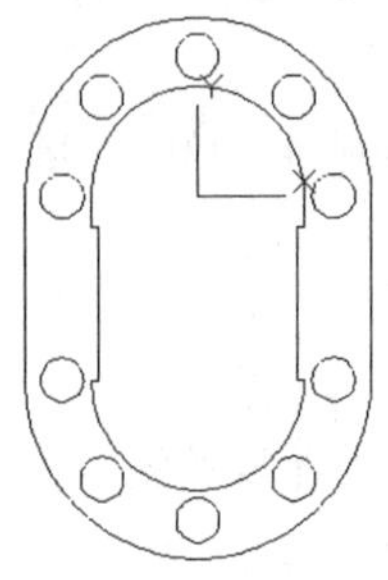
图13-35　删除圆

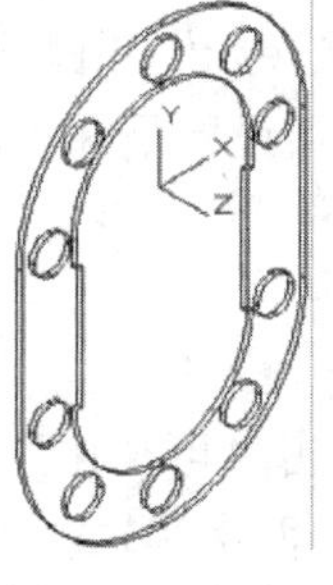

图13-36　拉伸圆

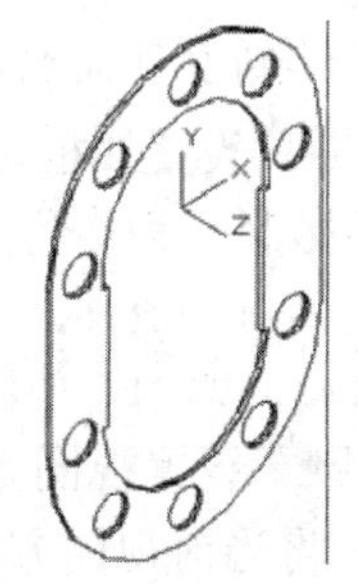

图13-37　差集运算2

07 渲染视图。单击“可视化”选项卡“渲染”面板中的“渲染到尺寸”按钮，弹出“渲染”对话框，如图 13-38 所示。渲染垫片，如图 13-27 所示。

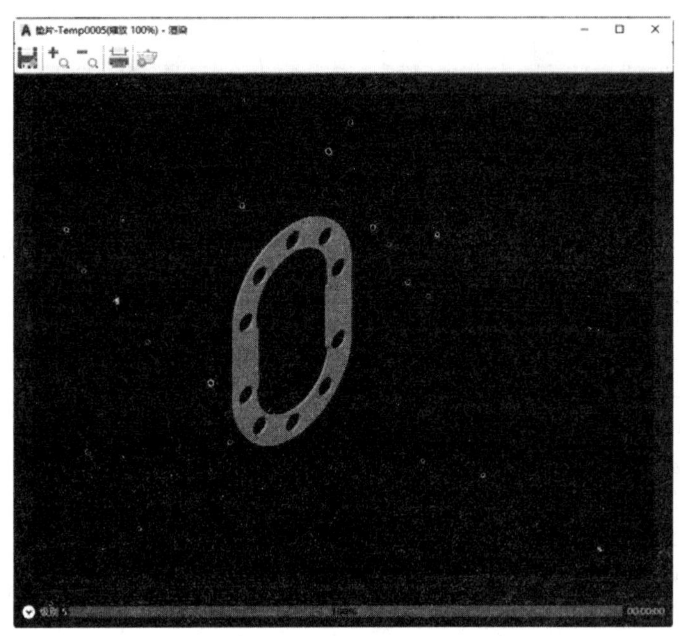

图 13-38 “渲染”对话框

13.2 连接件立体图的绘制

13.2.1 螺栓立体图的绘制

本节绘制的螺栓型号为 M6×16，其螺纹规格 d=M12，公称长度 L=16mm，性能等级为 8.8 级，表面氧化，A 级的六角头螺栓，如图 13-39 所示。本实例的制作思路：首先绘制单个螺纹，然后使用“阵列”命令绘制全部螺纹，再绘制螺栓的柱头，最后在需要的位置进行圆角操作。

01 启动 AutoCAD 2022，使用默认绘图环境。

02 建立新文件。单击“快速访问”工具栏中的“新建”按钮，弹出“选择样板”对话框，单击“打开”按钮右侧的下三角按钮，以“无样板打开－公制（M)”方式建立新文件，将新文件命名为“螺栓.dwg”并保存。

03 设置线框密度。默认设置是 8，有效值的范围为 0～2047。设置对象上每个曲面的轮廓线数目，命令行提示如下：

命令：ISOLINES↙

输入 ISOLINES 的新值 <8>：10↙

04 设置视图方向。单击“可视化”选项卡“命名视图”面板中的“西南等轴测”按钮，将当前视图方向设置为西南等轴测视图方向。

05 创建螺纹。

❶绘制螺旋线。单击“默认”选项卡“绘图”面板中的“螺旋”按钮，命令行提示如下：

命令：_HELIX
圈数 = 8.0000　　扭曲=CCW
指定底面的中心点：0,0,-1↙
指定底面半径或［直径(D)］<1.000>：2.2↙
指定顶面半径或［直径(D)］<2.2000>：↙
指定螺旋高度或［轴端点(A)/圈数(T)/圈高(H)/扭曲(W)］<12.2000>：T↙
输入圈数<3.0000>：18↙
指定螺旋高度或［轴端点(A)/圈数(T)/圈高(H)/扭曲(W)］<12.2000>：18.2↙

如图13-40所示。

❷切换视图方向。单击“可视化”选项卡“命名视图”面板中的“前视”按钮，将视图切换到主视图。

❸绘制牙型截面轮廓。单击“默认”选项卡“绘图”面板中的“直线”按钮，捕捉螺旋线的上端点绘制牙型截面，尺寸参照图13-41；单击“默认”选项卡“绘图”面板中的“面域”按钮，将其创建为面域，如图13-42所示。

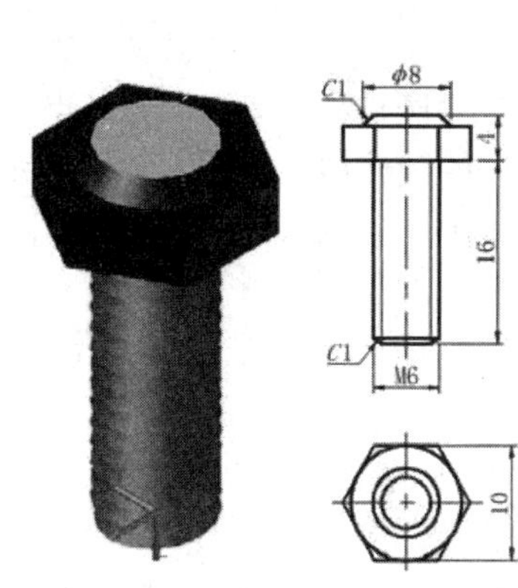

图13-39　螺栓

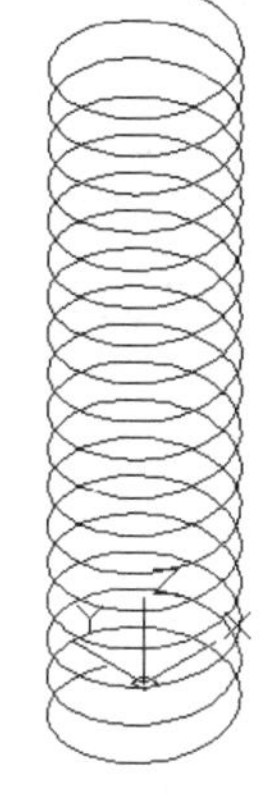

图13-40　绘制螺旋线

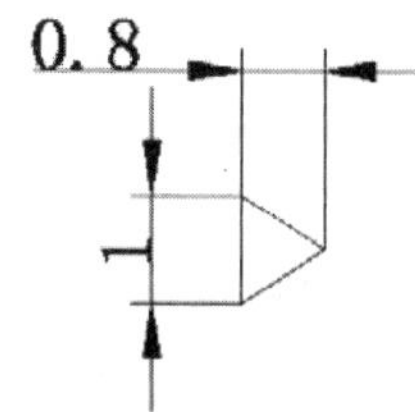

图13-41　牙型截面尺寸

❹扫掠创建实体。单击“可视化”选项卡“命名视图”面板中的“西南等轴测”按钮，将视图切换到西南等轴测视图。单击“三维工具”选项卡“建模”面板中的“扫掠”按钮，命令行提示如下：

命令：_SWEEP
当前线框密度：　ISOLINES=4，闭合轮廓创建模式 = 实体
选择要扫掠的对象或［模式(MO)］：_MO 闭合轮廓创建模式［实体(SO)/曲面(SU)］<实体>：_SO
选择要扫掠的对象或［模式(MO)］：（选择三角牙型截面）
选择要扫掠的对象或［模式(MO)］：↙
选择扫掠路径或［对齐(A)/基点(B)/比例(S)/扭曲(T)］：（选择螺旋线）

如图13-43所示。

❺创建圆柱体。单击“三维工具”选项卡“建模”面板中的“圆柱体”按钮，以点（0，0，0）为底面中心点，创建半径为2.2，轴端点为（@0，16，0）的圆柱体；以点（0，0，0）为底面中心点，创建半径为4、轴端点为（@0，-3，0）的圆柱体；以点（0，16，0）为底面

中心点，创建半径为4、轴端点为（@0，3，0）的圆柱体，如图13-44所示。

❻布尔运算。单击“三维工具”选项卡“实体编辑”面板中的“并集”按钮，对螺纹与半径为2.2的圆柱体进行并集运算；然后单击“三维工具”选项卡“实体编辑”面板中的“差集”按钮，从主体中减去半径为4的两个圆柱体，如图13-45所示。

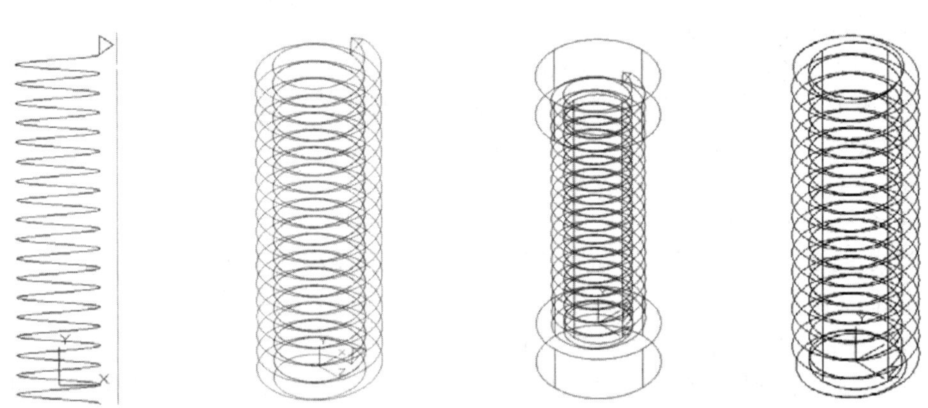

图13-42　绘制牙型截面　图13-43　扫掠创建实体　图13-44　创建3个圆柱体　图13-45　布尔运算

06 创建柱头。

❶创建圆柱体。单击“三维工具”选项卡“建模”面板中的“圆柱体”按钮，以点（0，16，0）为底面中心点，创建半径为4、轴端点为（@0，4，0）的圆柱体，如图13-46所示。

❷设置视图方向。单击“可视化”选项卡“命名视图”面板中的“仰视”按钮，将当前视图方向设置为仰视图方向。

❸绘制六边形。单击“默认”选项卡“绘图”面板中的“多边形”按钮，以点（0，0，0）为中心点，绘制外切圆半径为5的正六边形，如图13-47所示。

❹设置视图方向。单击“可视化”选项卡“命名视图”面板中的“西南等轴测”按钮，将当前视图方向设置为西南等轴测视图方向，将坐标系设置为世界坐标系。

❺移动正多边形。单击“默认”选项卡“修改”面板中的“移动”按钮，将正六边形从坐标点（0，0，0）移动到点（@0，0，16），如图13-48所示。

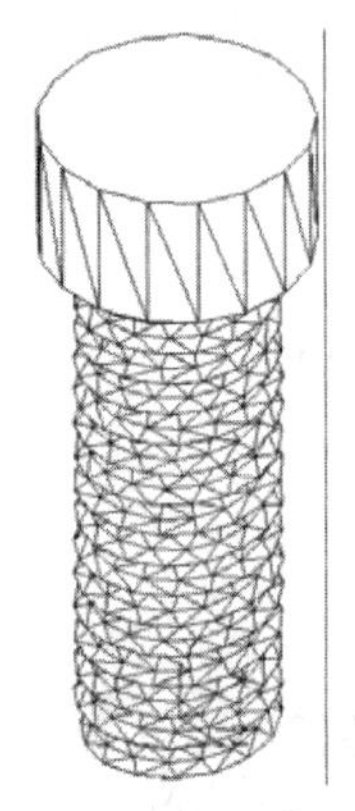

图13-46　创建圆柱体

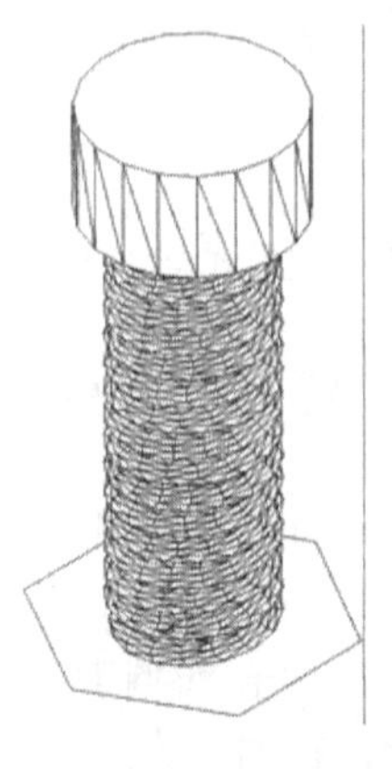

图13-47　绘制正六边形

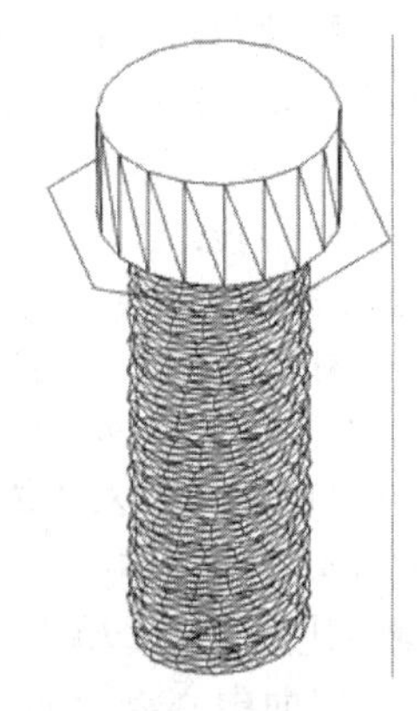

图13-48　移动六多边形

❻拉伸正多边形。单击“三维工具”选项卡“建模”面板中的“拉伸”按钮，将移动后的正多边形进行拉伸，拉伸距离为 3，如图 13-49 所示。

❼并集运算。单击“三维工具”选项卡“实体编辑”面板中的“并集”按钮，将视图中的所有图形合并在一起。

❽倒角操作。单击“默认”选项卡“修改”面板中的“倒角”按钮，对图 13-49 中的边 1 进行倒角操作，倒角距离为 1，如图 13-50 所示。

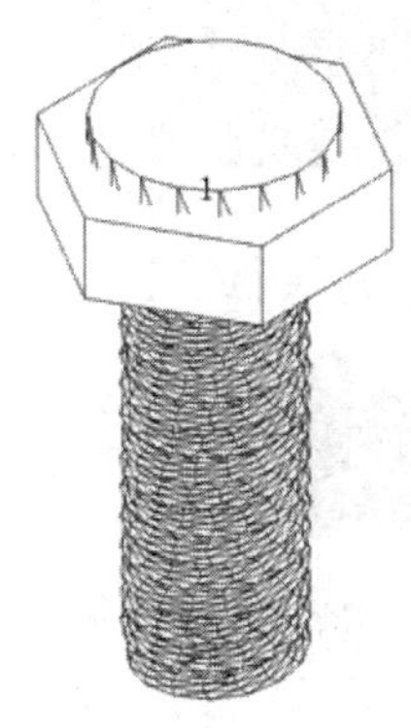

图 13-49　拉伸正六边形

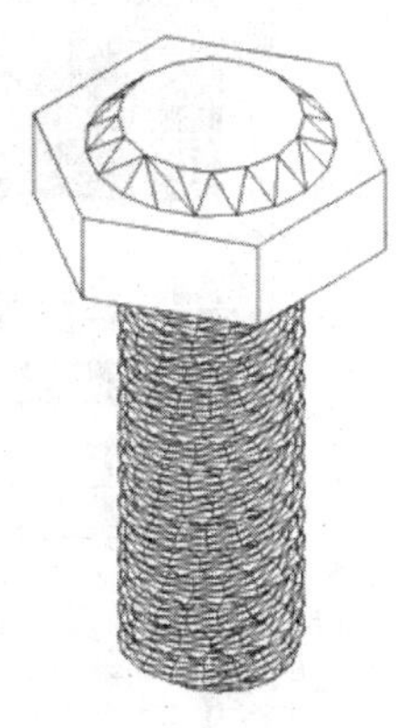

图 13-50　倒角操作

07 渲染视图。

❶着色面。单击“三维工具”选项卡“实体编辑”面板中的“着色面”按钮，命令行提示如下：

命令：_SOLIDEDIT

实体编辑自动检查：　SOLIDCHECK=1

输入实体编辑选项 [面(F)/边(E)/体(B)/放弃(U)/退出(X)] <退出>：_face

输入面编辑选项[拉伸(E)/移动(M)/旋转(R)/偏移(O)/倾斜(T)/删除(D)/复制(C)/颜色(L)/材质(A)/放弃(U)/退出(X)] <退出>：　_color

选择面或 [放弃(U)/删除(R)]：（选择实体上任意一个面）

选择面或 [放弃(U)/删除(R)/全部(ALL)]：↙（此时弹出“选择颜色”对话框，如图 13-51 所示，在其中选择所需的颜色，然后单击“确定”按钮）

输入面编辑选项[拉伸(E)/移动(M)/旋转(R)/偏移(O)/倾斜(T)/删除(D)/复制(C)/颜色(L)/材质(A)/放弃(U)/退出(X)] <退出>：X↙

实体编辑自动检查：　SOLIDCHECK=1

输入实体编辑选项 [面(F)/边(E)/体(B)/放弃(U)/退出(X)] <退出>：X↙

注意

单击“三维工具”选项卡“实体编辑”面板中的“着色面”按钮，可以给不同的面设置不同的颜色，这样可以增加立体图的渲染效果，增强视觉效果。

❷渲染实体。单击“可视化”选项卡“渲染”面板中的“渲染到尺寸”按钮，弹出“渲染”对话框，如图 13-52 所示。渲染螺栓，如图 13-39 所示。

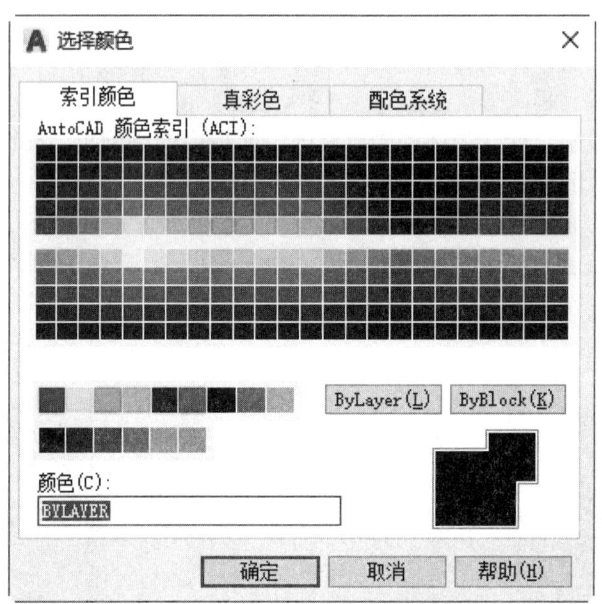

图 13-51 “选择颜色”对话框

图 13-52 “渲染”对话框

13.2.2 压紧螺母立体图的绘制

本例绘制的压紧螺母（见图 13-53），在机械设计中是比较常用的零件，主要起密封及固定作用。在绘制的装配体中，与右端盖螺纹连接。本实例的绘制思路：首先绘制螺纹形状，然后绘制圆柱体，再进行差集运算，绘制压紧螺母的外形轮廓，最后进行倒角操作。

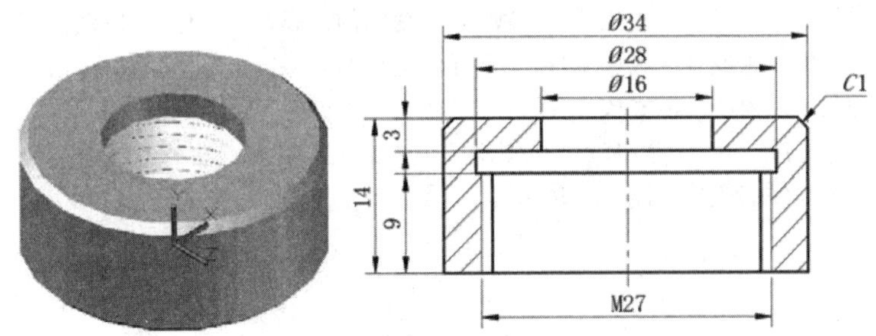

图 13-53　压紧螺母

01 启动 AutoCAD 2022，使用默认设置的绘图环境。

02 建立新文件。单击“快速访问”工具栏中的“新建”按钮，弹出“选择样板”对话框，单击“打开”按钮右侧的下三角按钮，以“无样板打开一公制（M）”方式建立新文件，将新文件命名为“压紧螺母.dwg”并保存。

03 设置线框密度。默认设置是 8，有效值的范围为 0～2047。设置对象上每个曲面的轮廓线数目，命令行提示如下：

```
命令：ISOLINES↙
输入 ISOLINES 的新值 <8>：10↙
```

04 设置视图方向。单击“可视化”选项卡“命名视图”面板中的“西南等轴测”按钮，将当前视图方向设置为西南等轴测视图方向。

05 创建连接螺纹。

❶绘制螺纹线。单击“默认”选项卡“绘图”面板中的“螺旋”按钮，命令行提示如下：

```
命令：_HELIX
圈数 = 8.0000 扭曲=CCW
指定底面的中心点：0,0,-1.5↙
指定底面半径或 [直径(D)] <1.000>：13.5↙
指定顶面半径或 [直径(D)] <13.5000>：↙
指定螺旋高度或 [轴端点(A)/圈数(T)/圈高(H)/扭曲(W)] <12.2000>：T↙
输入圈数 <3.0000>：8↙
指定螺旋高度或 [轴端点(A)/圈数(T)/圈高(H)/扭曲(W)] <12.2000>：12.2↙
```

如图 13-54 所示。

❷切换视图方向。单击“可视化”选项卡“命名视图”面板中的“前视”按钮，将视图切换到主视图。

❸绘制牙型截面。单击“默认”选项卡“绘图”面板中的“直线”按钮，捕捉螺旋线的上端点，绘制牙型截面，尺寸参照图 13-55。单击“默认”选项卡“绘图”面板中的“面域”按钮，将其创建成面域，绘制牙型截面，如图 13-56 所示。

❹扫掠创建实体。单击“可视化”选项卡“命名视图”面板中的“西南等轴测”按钮，将视图切换到西南等轴测视图。单击“三维工具”选项卡“建模”面板中的“扫掠”按钮，命令行提示如下：

```
命令：_SWEEP
当前线框密度： ISOLINES=4，闭合轮廓创建模式 = 实体
选择要扫掠的对象或 [模式(MO)]：_MO 闭合轮廓创建模式 [实体(SO)/曲面(SU)] <实体>：_SO
选择要扫掠的对象或 [模式(MO)]：（选择牙型截面）
选择要扫掠的对象或 [模式(MO)]：↙
选择扫掠路径或 [对齐(A)/基点(B)/比例(S)/扭曲(T)]：（选择螺旋线）
```

扫掠创建实体，如图 13-57 所示。

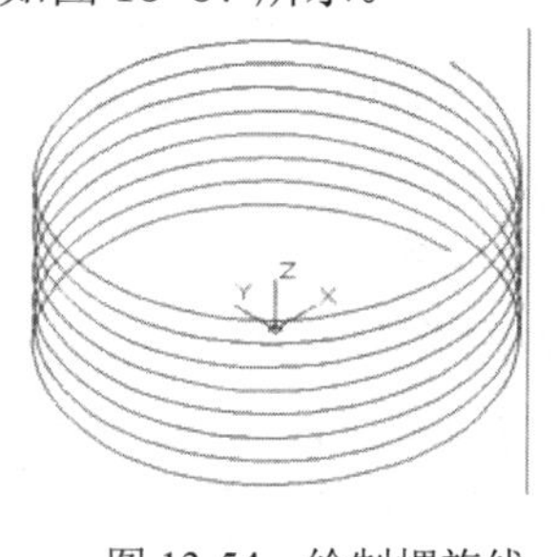

图 13-54 绘制螺旋线

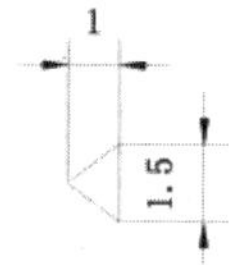

图 13-55 牙型尺寸

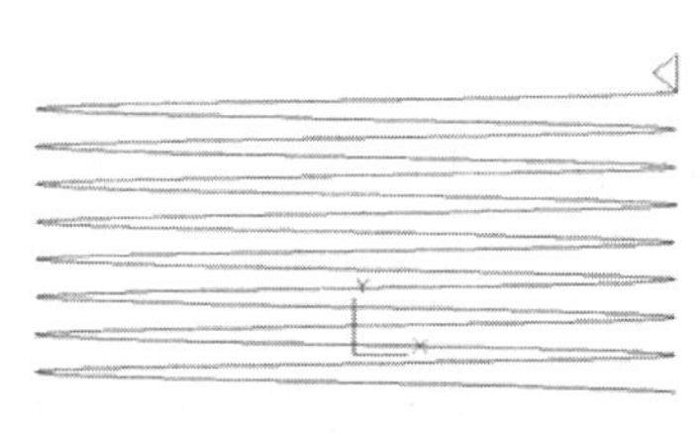

图 13-56 绘制牙型截面轮廓

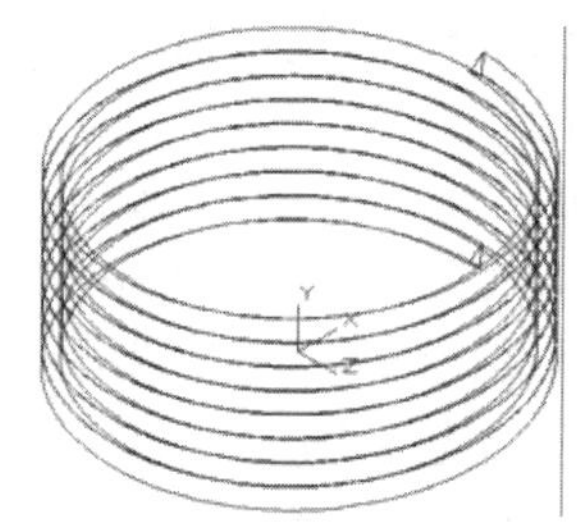

图 13-57 扫掠创建实体

❺创建圆柱体。单击“三维工具”选项卡“建模”面板中的“圆柱体”按钮，以点（0，0，0）为底面中心点，分别创建半径为 17、轴端点为（@0，11，0）的圆柱体和半径为 13.5、轴端点为（@0，11，0）的圆柱体，结果如图 13-58 所示。

❻布尔运算。单击“三维工具”选项卡“实体编辑”面板中的“差集”按钮，从大圆柱体中减去小圆柱体，然后单击“三维工具”选项卡“实体编辑”面板中的“并集”按钮，将所有实体进行并集运算，如图 13-59 所示。

❼创建圆柱体。单击“三维工具”选项卡“建模”面板中的“圆柱体”按钮，以点（0，0，0）为底面中心点，创建半径为 20、轴端点为（@0，-5，0）的圆柱体；以点（0，11，0）为底面中心点，创建半径为 20、轴端点为（@0，5，0）的圆柱体，结果如图 13-60 所示。

❽差集运算。单击“三维工具”选项卡“实体编辑”面板中的“差集”按钮，从实体中减去刚创建的圆柱体，并进行消隐处理，如图 13-61 所示。

06 创建退刀槽。

❶创建圆柱体。单击“三维工具”选项卡“建模”面板中的“圆柱体”按钮，以点（0，9，0）为底面中心点，创建半径为 14、轴端点为（0，11，0）的圆柱体，如图 13-62 所示。

❷差集运算。单击“三维工具”选项卡“实体编辑”面板中的“差集”按钮，从差集运算后的实体 1 减去上一步创建的圆柱体，如图 13-63 所示。

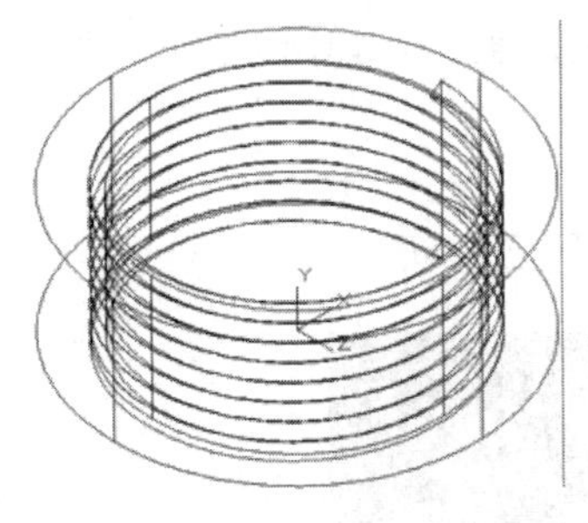
图 13-58 创建圆柱体 1

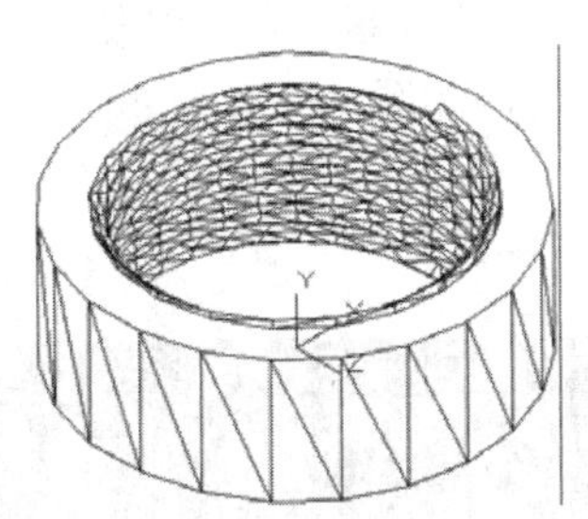
图 13-59 布尔运算处理

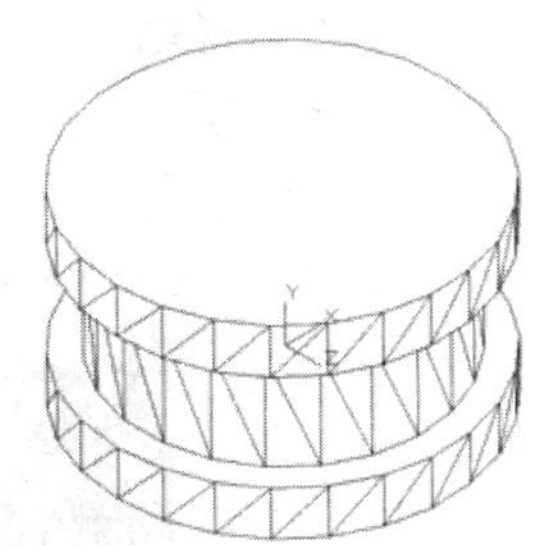
图 13-60 创建圆柱体 2

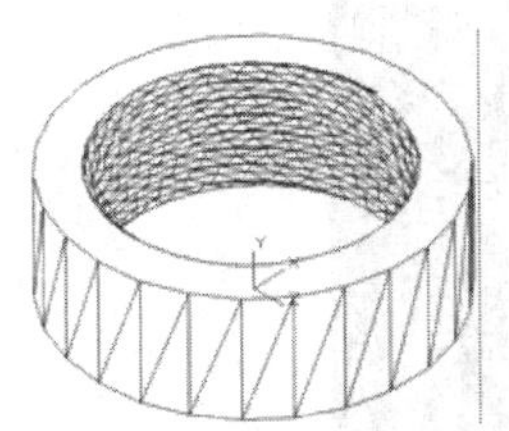
图 13-61 差集运算后的实体 1

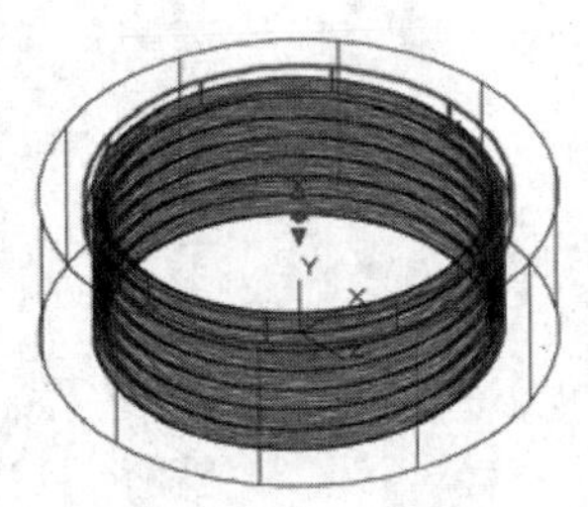
图 13-62 创建圆柱体 3

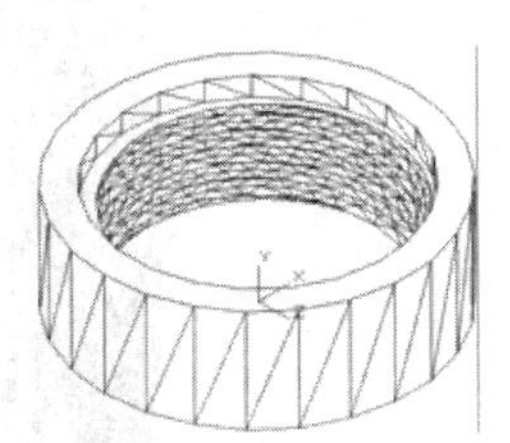
图 13-63 创建退刀槽

07 绘制外形轮廓。

❶创建圆柱体。单击“三维工具”选项卡“建模”面板中的“圆柱体”按钮，以坐标点（0，11，0）为底面中心点，绘制半径为 17、轴端点为（@0，3，0）的圆柱体。

❷并集运算。单击“三维工具”选项卡“实体编辑”面板中的“并集”按钮，对视图中所有的图形合并为一个实体，如图 13-64 所示。

❸创建圆柱体。单击“三维工具”选项卡“建模”面板中的“圆柱体”按钮，以点（0，11，0）为底面中心点，创建半径为 8、轴端点为（@0，3，0）的圆柱体。

❹差集运算。单击“三维工具”选项卡“实体编辑”面板中的“差集”按钮，将创建的两个圆柱体进行差集运算，如图 13-65 所示。

❺倒角操作。单击“默认”选项卡“修改”面板中的“倒角”按钮，在图 13-65 所示的 1 处进行倒角操作，倒角距离为 1。重复执行“倒角”命令，在图 13-65 所示的 2 处进行倒角操作，距离为 1，倒角后的视图如图 13-66 所示。

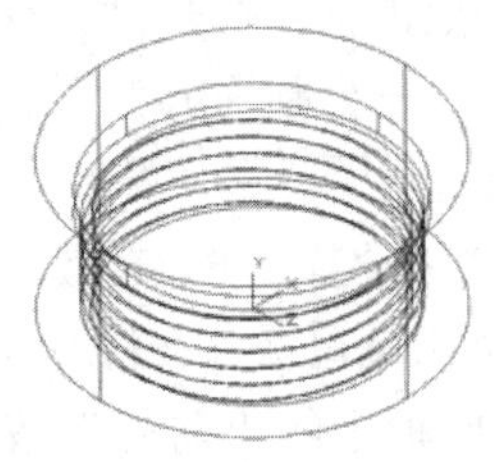
图 13-64 并集运算

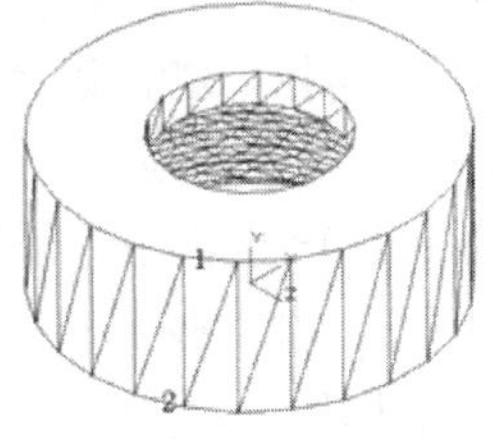

图 13-65 差集运算 3

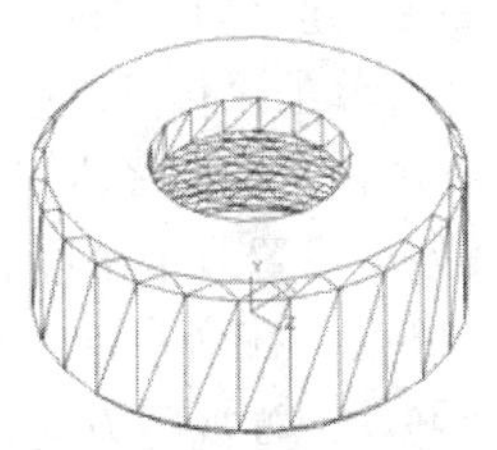
图 13-66 倒角后的视图

08 渲染视图。

单击“可视化”选项卡“渲染”面板中的“渲染到尺寸”按钮，弹出“渲染”对话框，如图 13-67 所示。渲染压紧螺母，如图 13-53 所示。

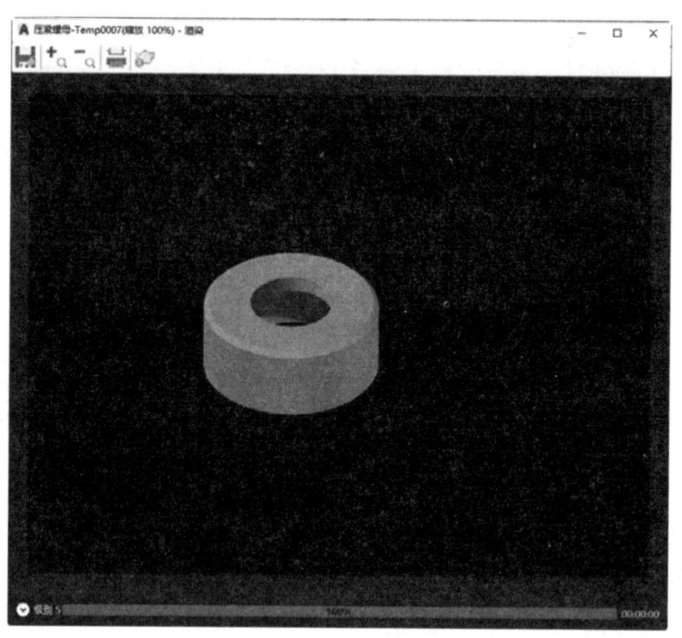

图 13-67 “渲染”对话框

13.3 齿轮轴与锥齿轮的绘制

齿轮类零件属于一种比较特殊的零件，其绘制方法也比较复杂。

13.3.1 短齿轮轴的绘制

短齿轮轴（见图 13-68）由齿轮和轴两部分组成，另外还需要绘制倒角。本实例的制作思路：由于该图具有对称结构，因此首先绘制齿轮，在齿轮的一边绘制轴及倒角，然后再使用“镜像”命令镜像另一边。最后通过“并集”命令将全部图形合并为一个整体。

01 启动系统。启动 AutoCAD 2022，使用默认设置的绘图环境。

02 建立新文件。单击“快速访问”工具栏中的“新建”按钮，打开“选择样板”对话框，单击“打开”按钮右侧的下三角按钮，以“无样板打开－公制（M)”方式建立新文件，将新文件命名为“短齿轮轴.dwg”并保存。

03 设置线框密度。设置对象上每个曲面的轮廓线数目。默认设置是 8，有效值的范围为 0～2047。在命令行中输入 ISOLINES，设置线框密度为 10，将该设置保存在图形中。

04 设置视图方向。单击“可视化”选项卡“命名视图”面板中的“前视”按钮，将当前视图方向设置为主视图方向。

05 绘制齿轮。

❶绘制圆。单击“默认”选项卡“绘图”面板中的“圆”按钮⊙，分别以坐标原点（0，0）为圆心，绘制两个半径为 12 和 17 的同心圆，如图 13-69 所示。

❷绘制直线。单击“默认”选项卡“绘图”面板中的“直线”按钮╱，分别以坐标原点（0，0）为起点，绘制端点坐标为（@20<95）和（@20<101）的两条直线，如图 13-70 所示。

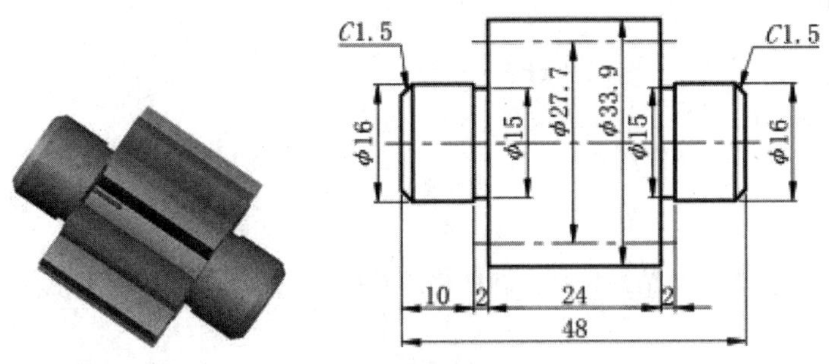

图 13-68　短齿轮轴

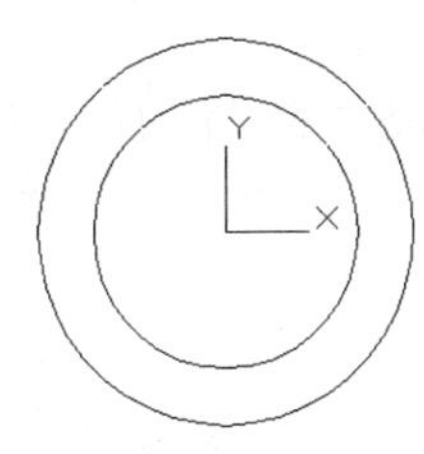

图 13-69　绘制圆

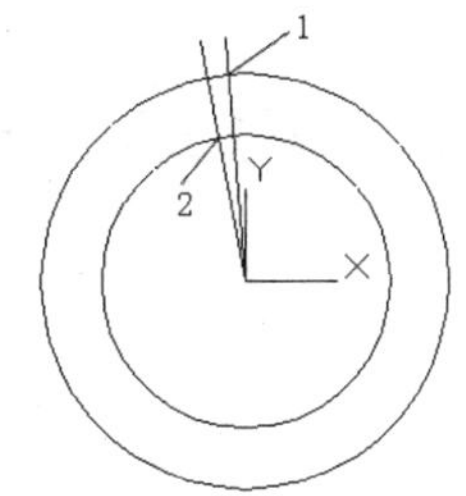

图 13-70　绘制直线

❸绘制圆弧。单击“默认”选项卡“绘图”面板中的“圆弧”按钮⌒，以图 13-70 中的点 1 为起点，点 2 为端点，绘制半径为 15.28 的圆弧，如图 13-71 所示。

❹删除直线。单击“默认”选项卡“修改”面板中的“删除”按钮，删除绘制的两条直线，如图 13-72 所示。

❺镜像圆弧。单击“默认”选项卡“修改”面板中的“镜像”按钮⚠，将图 13-72 中的圆弧，以点（0，0）和（@0，10）为镜像线进行镜像，如图 13-73 所示。

❻修剪对象。单击“默认”选项卡“修改”面板中的“修剪”按钮，修剪多余的线段 1，如图 13-74 所示。

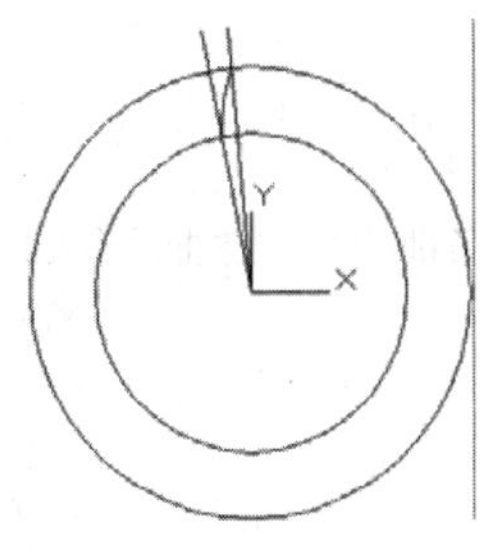

图 13-71　绘制圆弧

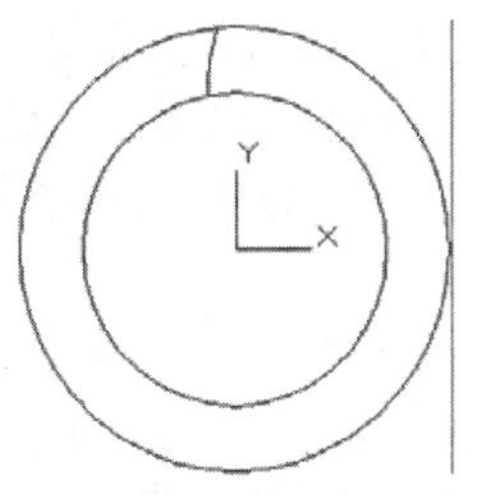

图 13-72　删除直线

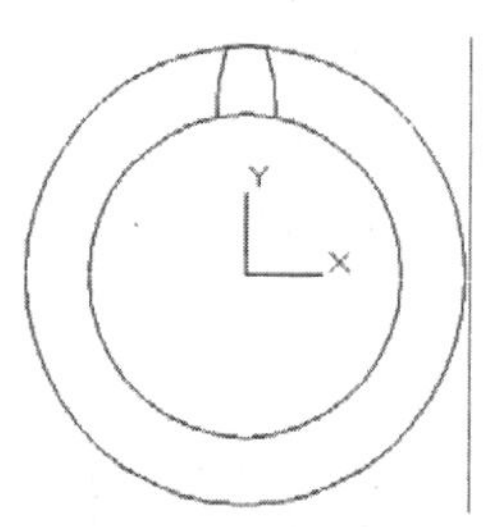

图 13-73　镜像圆弧

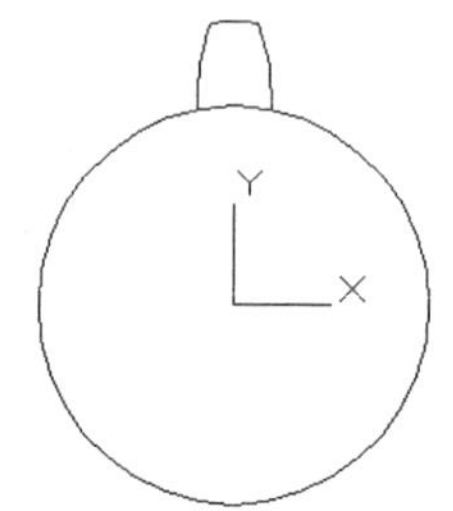

图 13-74　修剪多余的线段 1

注意

绘制齿轮时，首先要绘制单个轮齿，再使用阵列命令绘制全部齿，然后把整个轮廓线拉伸为一个齿轮立体图。

❼阵列绘制的轮齿。单击“默认”选项卡“修改”面板中的“环形阵列”按钮，选择上步创建的对象为阵列对象，以坐标原点（0，0）为中心点，项目数为 9，填充角度为 360º，如图 13-75 所示。

❽修剪对象。单击“默认”选项卡“修改”面板中的“修剪”按钮，修剪多余的线段 2，如图 13-76 所示。

图 13-75　阵列轮齿

图 13-76　修剪多余的线段 2

❾设置视图方向。单击“可视化”选项卡“命名视图”面板中的“西南等轴测”按钮，将当前视图设置为西南等轴测视图，如图 13-77 所示。

❿编辑多段线。单击 “修改”工具栏中的“编辑多段线”按钮，命令行提示如下：

命令：PEDIT

选择多段线或 [多条(M)]：M↙

选择对象：(选择图 13-76 中所有的线段)

是否将直线、圆弧和样条曲线转换为多段线？[是(Y)/否(N)]? <Y>↙

输入选项 [闭合(C)/打开(O)/合并(J)/宽度(W)/拟合(F)/样条曲线(S)/非曲线化(D)/线型生成(L)/反转(R)/放弃(U)]：J

合并类型 = 延伸

输入模糊距离或 [合并类型(J)] <0.0000>：↙

35 条线段已添加到多段线

输入选项 [闭合(C)/打开(O)/合并(J)/宽度(W)/拟合(F)/样条曲线(S)/非曲线化(D)/线型生成(L)/反转(R)/放弃(U)]：↙

注意

当执行“拉伸”命令时，拉伸的对象必须是一个连续的线段；当拉伸齿轮时，由于外形轮廓不是一个连续的线段，所以要将其合并为一个连续的多段线。

⑪拉伸多段线。单击“三维工具”选项卡“建模”面板中的“拉伸”按钮，对上步创建的多段线进行拉伸操作，拉伸高度为 24，如图 13-78 所示。

06 绘制齿轮轴。

❶绘制圆柱体。单击“三维工具”选项卡“建模”面板中的“圆柱体”按钮，以点（0，0，24）为底面中心点，绘制半径为 7.5、轴端点为（@0，0，2）的圆柱体。重复执行“圆柱体”命令，以点（0，0，26）为底面中心点，绘制半径为 8、轴端点为（@0，0，10）的圆柱体，并进行消隐处理，如图 13-79 所示。

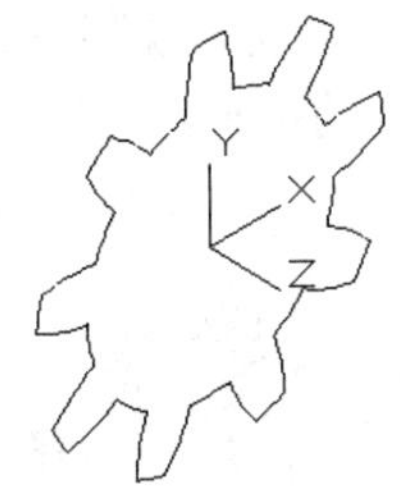

图 13-77 西南等轴测视图

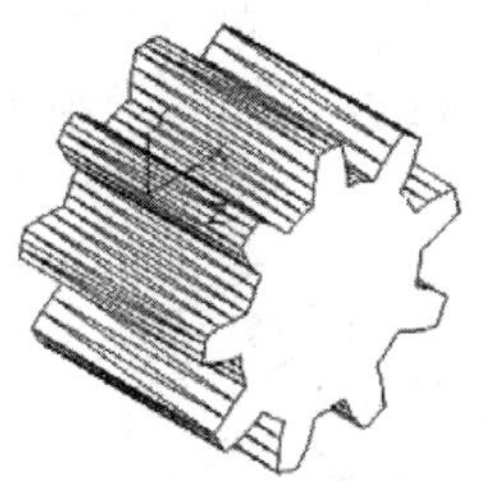

图 13-78 拉伸多段线

❷倒角操作。单击“默认”选项卡“修改”面板中的“倒角”按钮，对图 13-79 所示的边 1 进行倒角操作，倒角距离为 1.5，并进行消隐处理，如图 13-80 所示。

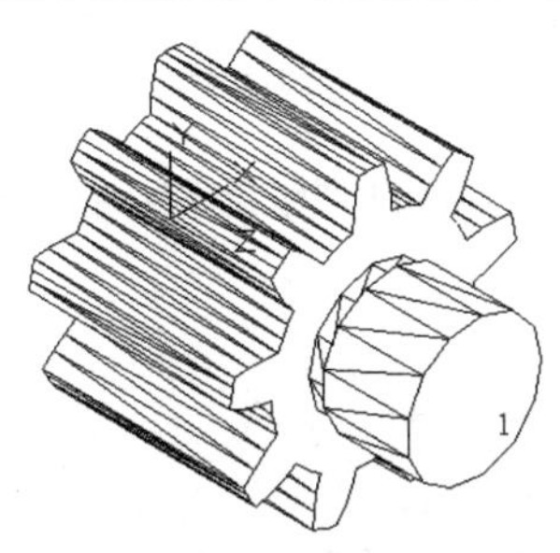

图 13-79 绘制后的图形

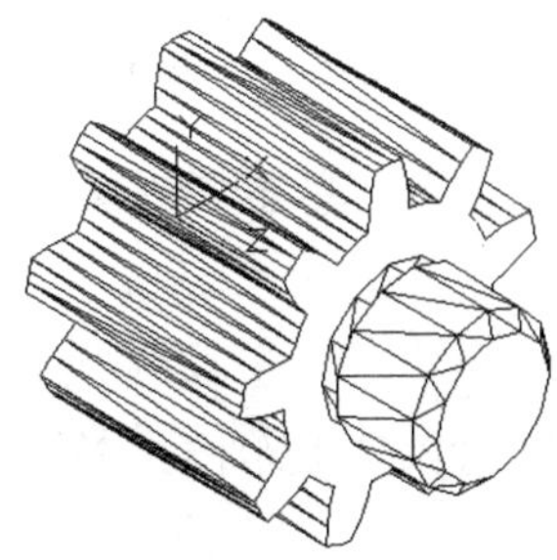

图 13-80 倒角操作

❸设置视图方向。单击“可视化”选项卡“命名视图”面板中的“左视”按钮，将当前视图方向设置为左视图方向，并进行消隐处理，如图 13-81 所示。

❹镜像对象。单击“默认”选项卡“修改”面板中的“镜像”按钮，将图 13-81 中右侧的两个圆柱体沿坐标点（12，17）和点（12，-17）进行镜像操作，并进行消隐处理，如图 13-82 所示。

注意

在三维绘图中，执行“镜像”操作时，要尽量使用 MIRROR 命令。当使用此命令时，要将视图设置为平面视图，这样可使三维镜像操作简单。

❺设置视图方向。单击“可视化”选项卡“命名视图”面板中的“西南等轴测” 按钮，将当前视图设置为西南等轴测视图。

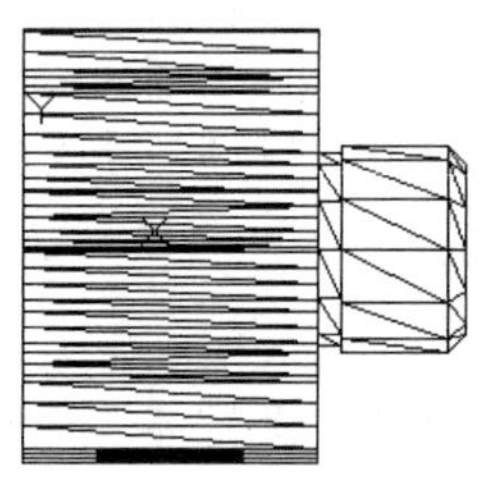
图 13-81 左视图

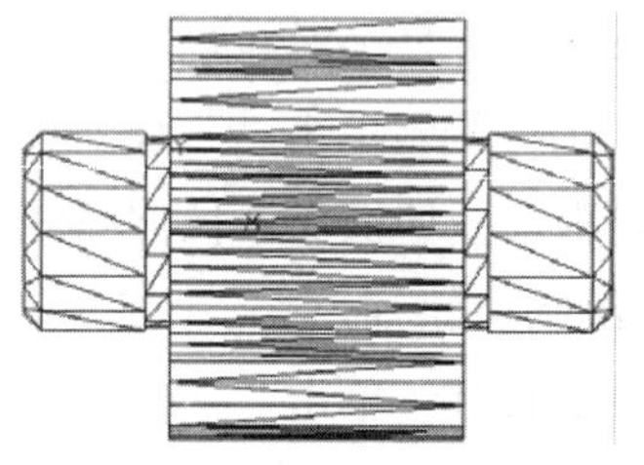
图 13-82 镜像操作

❻并集运算。单击“三维工具”选项卡“实体编辑”面板中的“并集”按钮，对视图中的所有图形进行并集运算，如图 13-83 所示。

❼设置视图方向。单击“视图”选项卡“导航”面板上的“动态观察”下拉菜单中的“自由动态观察”按钮，将当前视图调整到能够看到另一侧轴的位置，并进行消隐处理，如图 13-84 所示。

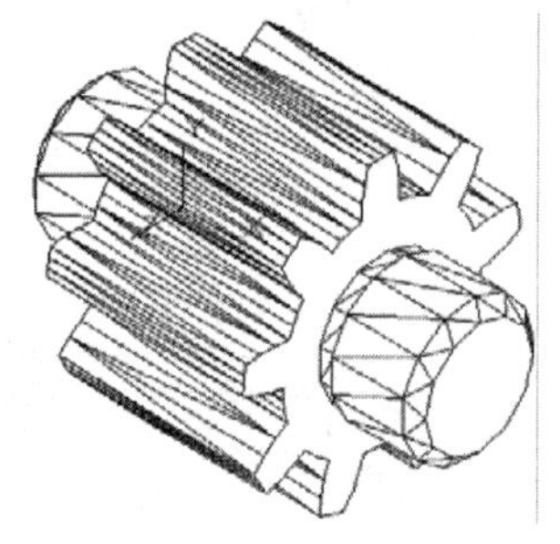
图 13-83 并集运算

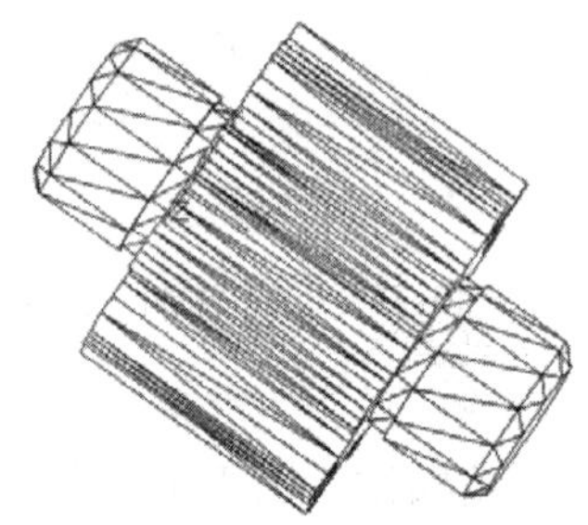
图 13-84 设置视图方向后的图形

❽显示视图。单击“视图”选项卡“视觉样式”面板中的“概念”按钮，结果如图 13-68 所示。

13.3.2 长齿轮轴的绘制

长齿轮轴（见图 13-85）由齿轮和轴两部分组成，还需要绘制键槽及锁紧螺纹。本实例的制作思路：首先绘制齿轮，然后绘制轴，再绘制键槽及锁紧螺纹，最后通过“并集”命令将全部图形合并为一个整体。

01 启动系统。启动 AutoCAD 2022，使用默认设置的绘图环境。

02 建立新文件。单击“快速访问”工具栏中的“新建”按钮，打开“选择样板”对话框，单击“打开”按钮右侧的下三角按钮，以“无样板打开一公制（M）”方式建立新文件，将新文件命名为“长齿轮轴.dwg”并保存。

03 设置线框密度。设置对象上每个曲面的轮廓线数目。默认设置是 8，有效值的范围为 0～2047。在命令行中输入“ISOLINES”，设置线框密度为 10。将该设置保存在图形中。

04 设置视图方向。单击“可视化”选项卡“命名视图”面板中的“前视”按钮，将当前视图方向设置为主视图方向。

05 重复齿轮的创建步骤创建齿轮。

06 创建齿轮轴。

❶设置视图方向。单击“可视化”选项卡“命名视图”面板中的“西北等轴测”按钮，将当前视图方向设置为西北等轴测视图方向，如图 13-86 所示。

❷创建圆柱体 1。单击“三维工具”选项卡“建模”面板中的“圆柱体”按钮，以点（0，0，0）为底面中心点，创建半径为 7.5、轴端点为（@0，0，-2）的圆柱体。重复执行“圆柱体”命令，以点（0，0，-2）为底面中心点，创建半径为 8、轴端点为（@0，0，-10）的圆柱体，如图 13-87 所示。

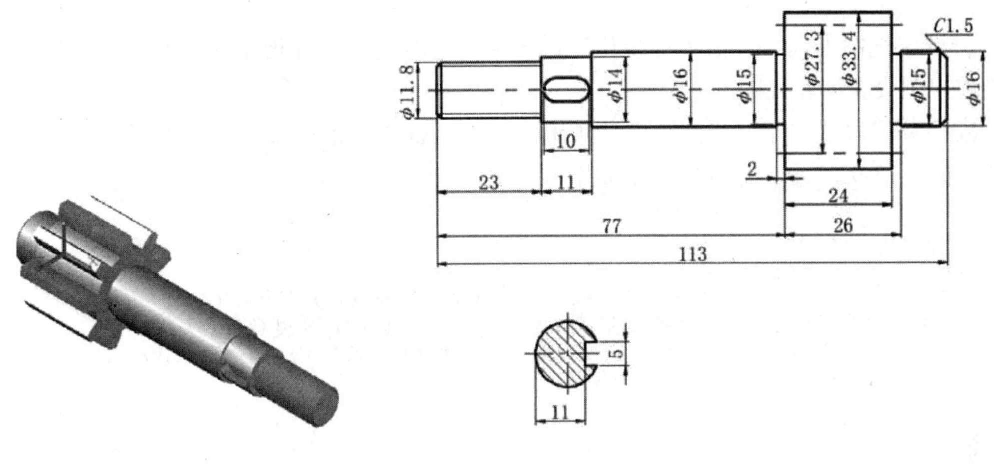

图 13-85　长齿轮轴

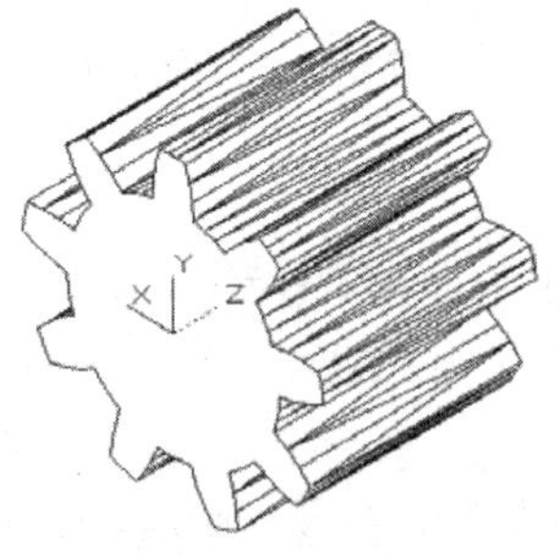

图 13-86　设置视图方向 1

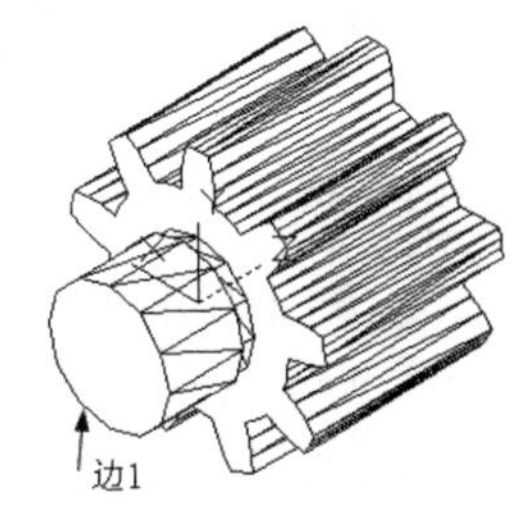

图 13-87　创建圆柱体 1

❸倒角操作。单击“默认”选项卡“修改”面板中的“倒角”按钮，对图 13-87 所示的边 1 进行倒角操作，倒角距离为 1.5，如图 13-88 所示。

❹设置视图方向。单击“可视化”选项卡“命名视图”面板中的“西南等轴测”按钮，将当前视图方向设置为西南等轴测视图方向，如图 13-89 所示。

❺创建圆柱体 2。单击“三维工具”选项卡“建模”面板中的“圆柱体”按钮，以点（0，0，24）为底面中心点，创建半径为 7.5、轴端点为（@0，0，2）的圆柱体。重复执行“圆柱体”命令，以点（0，0，26）为底面中心点，创建半径为 8、轴端点为（@0，0，41）的圆柱体；以点（0，0，67）为底面中心点，创建半径为 7、轴端点为（@0，0，11）的圆柱体，如图 13-90 所示。

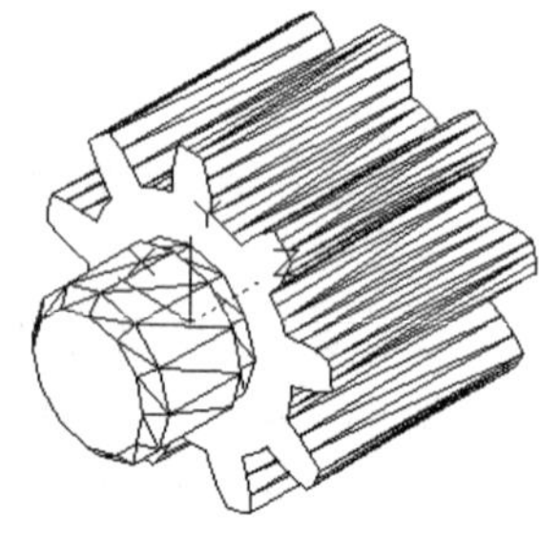
图 13-88　倒角操作

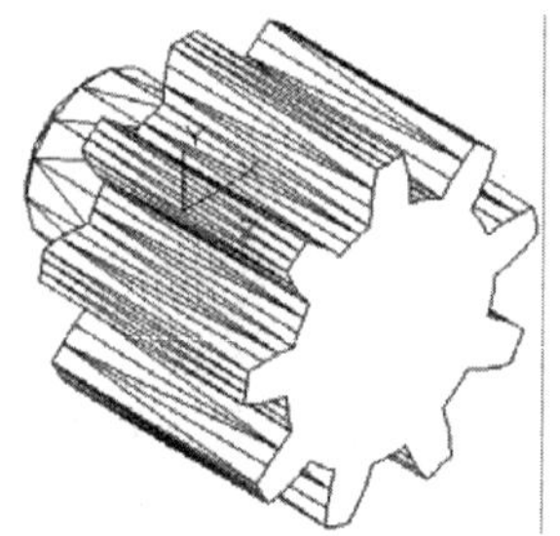
图 13-89　设置视图方向 2

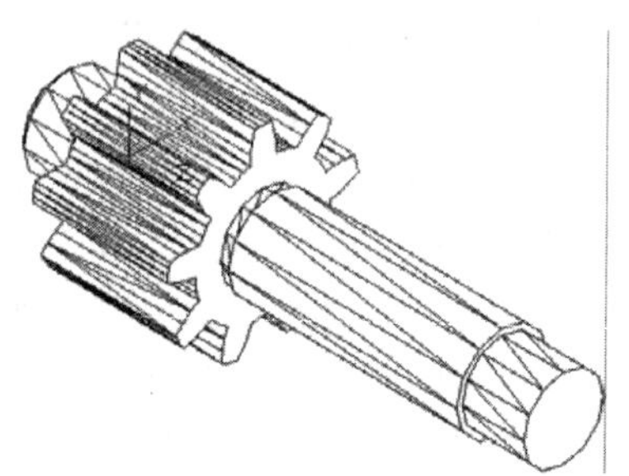
图 13-90　创建圆柱体 2

❻设置视图方向。单击“可视化”选项卡“命名视图”面板中的“左视”按钮，将当前视图设置为左视图。

❼绘制多段线。单击“默认”选项卡“绘图”面板中的“多段线”按钮，绘制多线段，如图13-91所示。命令行提示如下：

命令：_PLINE
指定起点：70,2.5↙
当前线宽为 0.0000
指定下一个点或 [圆弧(A)/半宽(H)/长度(L)/放弃(U)/宽度(W)]：@5,0↙
指定下一点或 [圆弧(A)/闭合(C)/半宽(H)/长度(L)/放弃(U)/宽度(W)]：A↙
指定圆弧的端点(按住 Ctrl 键以切换方向)或[角度(A)/圆心(CE)/闭合(CL)/方向(D)/半宽(H)/直线(L)/半径(R)/第二个点(S)/放弃(U)/
宽度(W)]：A↙
指定夹角：-180↙
指定圆弧的端点(按住 Ctrl 键以切换方向)或 [圆心(CE)/半径(R)]：R↙
指定圆弧的半径：2.5↙
指定圆弧的弦方向(按住 Ctrl 键以切换方向) <0>：270↙
指定圆弧的端点(按住 Ctrl 键以切换方向)或[角度(A)/圆心(CE)/闭合(CL)/方向(D)/半宽(H)/直线(L)/半径(R)/第二个点(S)/放弃(U)/
宽度(W)]：L↙
指定下一点或 [圆弧(A)/闭合(C)/半宽(H)/长度(L)/放弃(U)/宽度(W)]：@-5,0↙
指定下一点或 [圆弧(A)/闭合(C)/半宽(H)/长度(L)/放弃(U)/宽度(W)]：A↙
指定圆弧的端点(按住 Ctrl 键以切换方向)或[角度(A)/圆心(CE)/闭合(CL)/方向(D)/半宽(H)/直线(L)/半径(R)/第二个点(S)/放弃(U)/
宽度(W)]：A↙
指定夹角：-180↙
指定圆弧的端点(按住 Ctrl 键以切换方向)或 [圆心(CE)/半径(R)]：70,2.5↙指定圆弧的端点(按住 Ctrl 键以切换方向)或
[角度(A)/圆心(CE)/闭合(CL)/方向(D)/半宽(H)/直线(L)/半径(R)/第二个点(S)/放弃(U)/宽度(W)]：*取消*

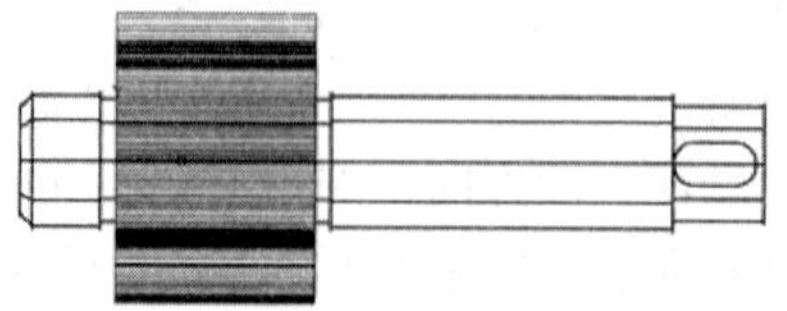
图 13-91　绘制多段线

❽设置视图方向。单击“可视化”选项卡“命名视图”面板中的“西南等轴测”按钮，将当前视图设置为西南等轴测视图，如图13-92所示。

❾拉伸多段线。单击“三维工具”选项卡“建模”面板中的“拉伸”按钮，将步

骤❼中绘制的多段线进行拉伸，拉伸高度为10，如图13-93所示。

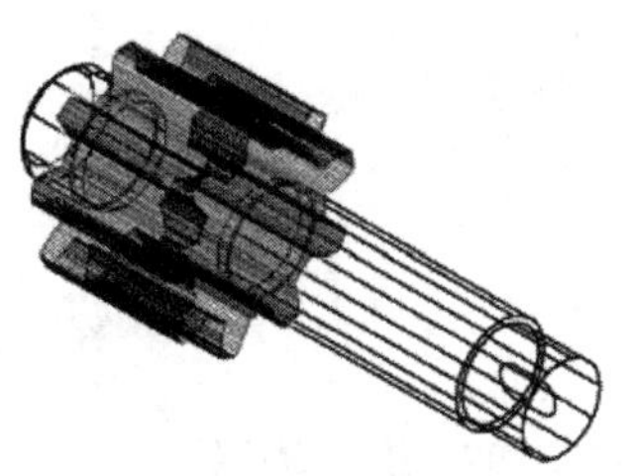
图 13-92 西南等轴测视图

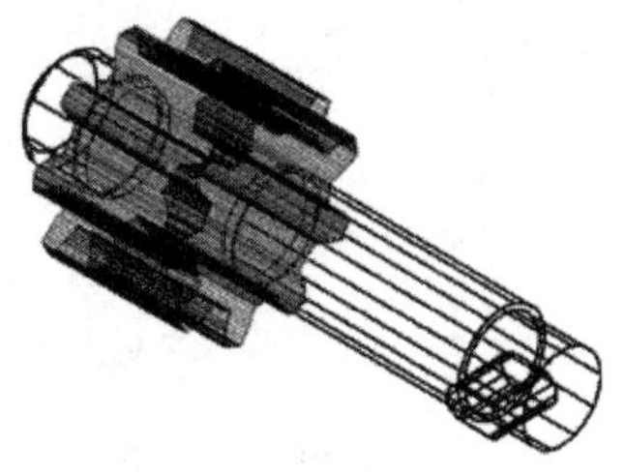
图 13-93 拉伸多段线

⓾设置视图方向。单击“可视化”选项卡“命名视图”面板中的“前视”按钮，将当前视图设置为主视图，如图13-94所示。

⓫移动对象。单击“默认”选项卡“修改”面板中的“移动”按钮，将拉伸后的实体向左移动，距离为4，如图13-95所示。

⓬设置视图方向。单击“可视化”选项卡“命名视图”面板中的“西南等轴测”按钮，将当前视图设置为西南等轴测视图。

⓭差集运算。单击“三维工具”选项卡“实体编辑”面板中的“差集”按钮，分别对绘制的圆柱体与拉伸后的多段线进行差集运算，如图13-96所示。

07 绘制压紧螺纹。

❶绘制螺旋线。单击“默认”选项卡“绘图”面板中的“螺旋”按钮，命令行提示如下：

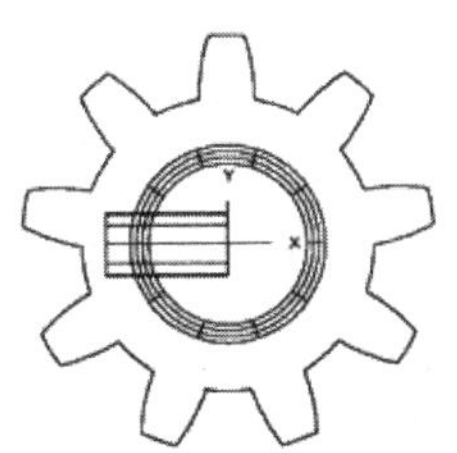
图 13-94 主视图

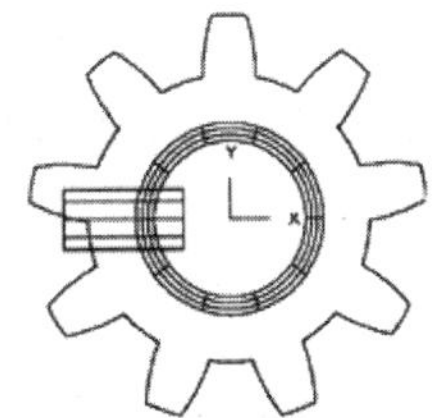
图 13-95 移动对象

```
命令：_HELIX
圈数 = 3.0000      扭曲=CCW
指定底面的中心点：0,0,76.25↙
指定底面半径或 [直径(D)] <1.0000>：5↙
指定顶面半径或 [直径(D)] <5.0000>：5↙
指定螺旋高度或 [轴端点(A)/圈数(T)/圈高(H)/扭曲(W)] <1.0000>：T↙
输入圈数 <3.0000>：14↙
指定螺旋高度或 [轴端点(A)/圈数(T)/圈高(H)/扭曲(W)] <1.0000>：25↙
```

如图 13-97 所示。

❷改变坐标系。调用UCS命令，将坐标系移动到螺旋线的右端点，如图13-98所示。

❸绘制牙型截面。单击“默认”选项卡“绘图”面板中的“直线”按钮，捕捉螺旋线的右端点，绘制牙型截面，尺寸参照图13-99。单击“默认”选项卡“绘图”面板中的“面域”按钮，将其创建成面域，如图13-100所示。

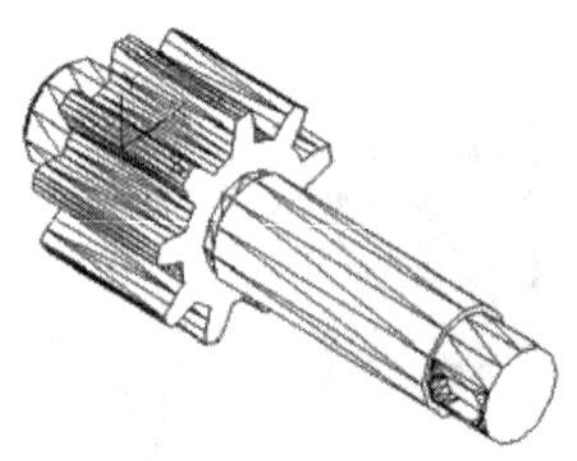

图 13-96　差集运算

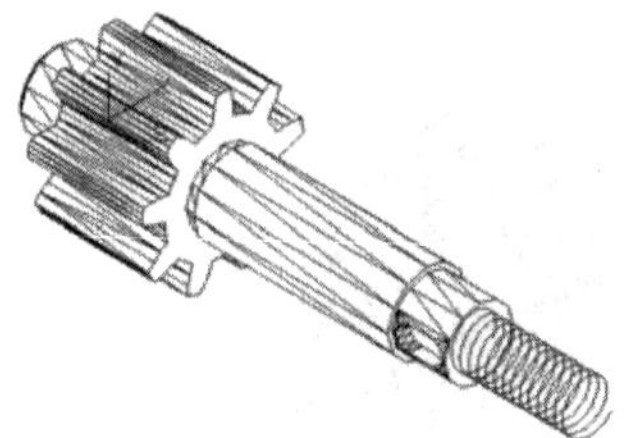

图 13-97　绘制螺旋线

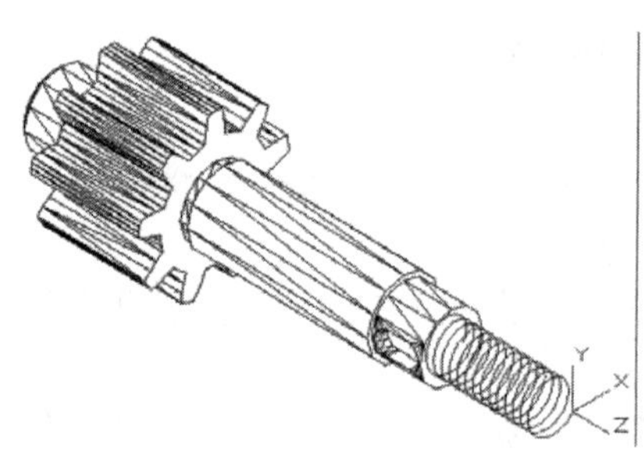

图 13-98　改变坐标系

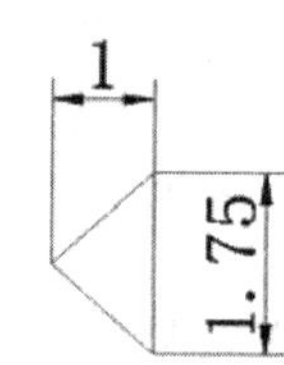

图 13-99　牙型截面尺寸

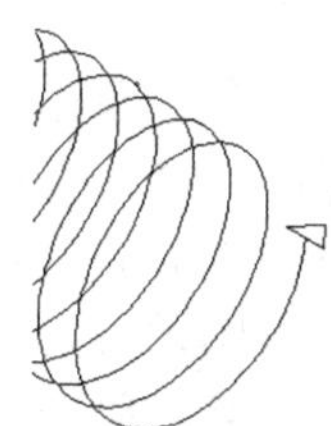

图 13-100　绘制牙型截面轮廓

❹扫掠形成实体。单击“三维工具”选项卡“建模”面板中的“扫掠”按钮，将牙型截面沿螺旋线进行扫掠，创建实体，如图13-101所示。

❺改变坐标系。调用UCS命令，将坐标系恢复到WCS，并绕X轴旋转90°。

❻创建圆柱体。单击“三维工具”选项卡“建模”面板中的“圆柱体”按钮，以点(0, 0, 78)为底面中心点，创建半径为5、高度为25的圆柱体；以点(0, 0, 100. 75)为底面中心点，创建半径为8、高度为10的圆柱体，如图13-102所示。

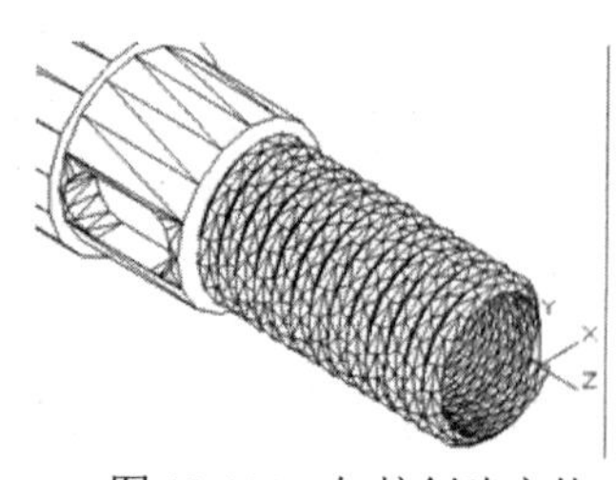

图 13-101　扫掠创建实体

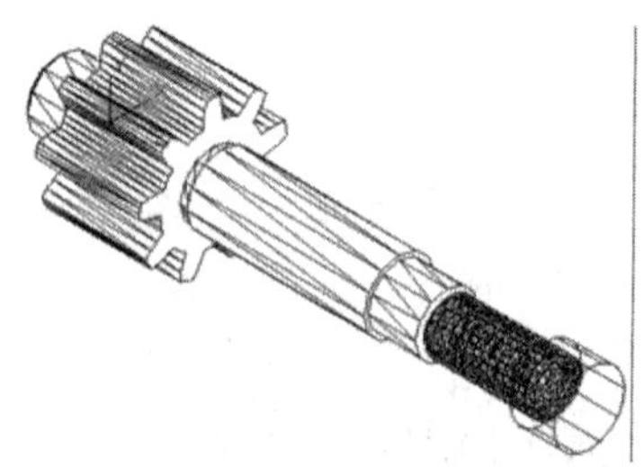

图 13-102　创建圆柱体

❼布尔运算。单击“三维工具”选项卡“实体编辑”面板中的“并集”按钮，除半径为8的圆柱，对其余部分全部进行并集运算；然后单击“三维工具”选项卡“实体编辑”面板中的“差集”按钮，从螺纹主体中减去半径为8的圆柱体，如图13-103所示。

❽着色面。单击“三维工具”选项卡“实体编辑”面板中的“着色面”按钮，命令行提示与操作如下。

```
命令：_SOLIDEDIT
实体编辑自动检查： SOLIDCHECK=1
输入实体编辑选项 [面(F)/边(E)/体(B)/放弃(U)/退出(X)] <退出>：_face
```

```
输入面编辑选项[拉伸(E)/移动(M)/旋转(R)/偏移(O)/倾斜(T)/删除(D)/复制(C)/颜色(L)/材质(A)/放弃(U)/退出(X)] <退出>: _color
选择面或 [放弃(U)/删除(R)]: 找到一个面
选择面或 [放弃(U)/删除(R)/全部(ALL)]: ALL↙
找到 65 个面
选择面或 [放弃(U)/删除(R)/全部(ALL)]: ↙
```

此时弹出“选择颜色”对话框，如图13-104所示。在其中选择需要的颜色，然后单击“确定”按钮。命令行继续出现如下提示。

```
输入面编辑选项[拉伸(E)/移动(M)/旋转(R)/偏移(O)/倾斜(T)/删除(D)/复制(C)/颜色(L)/材质(A)/放弃(U)/退出(X)] <退出>:
实体编辑自动检查: SOLIDCHECK=1
输入实体编辑选项 [面(F)/边(E)/体(B)/放弃(U)/退出(X)] <退出>: ↙
```

着色后的图形如图 13-105 所示。

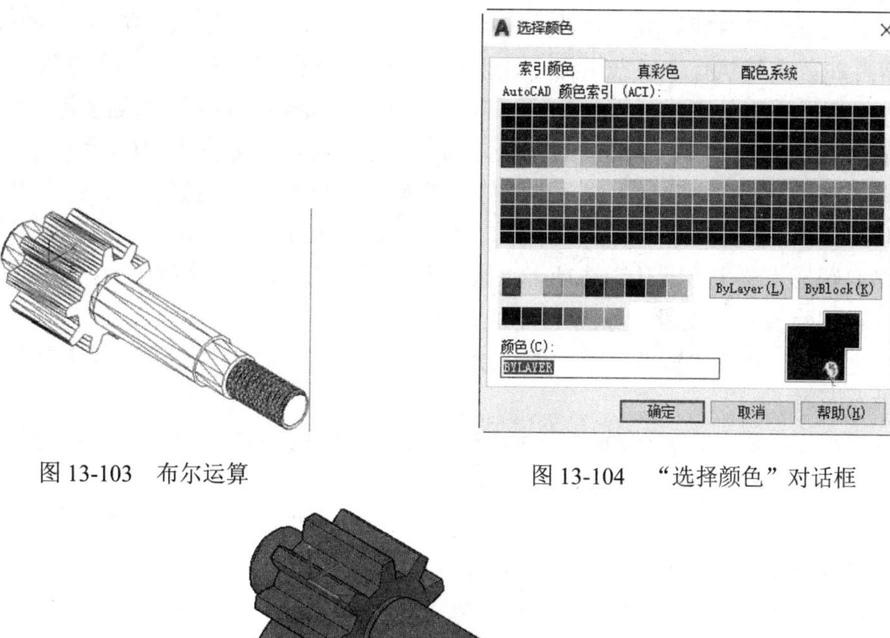

图 13-103 布尔运算

图 13-104 “选择颜色”对话框

图 13-105 着色后的图形

13.3.3 锥齿轮立体图的绘制

本例绘制的锥齿轮由轮毂、轮齿、轴孔及键槽等部分组成。锥齿轮通常用于垂直相交两轴之间的传动，由于锥齿轮的轮齿位于圆锥面上，所以齿厚是变化的。本实例的绘制思路：首先使用“多段线”命令绘制轮毂的轮廓，再使用“旋转”命令绘制轮毂，然后绘制轮齿，最后绘制轴孔及键槽。本例涉及的知识点比较多，下面将详细介绍。

01 启动系统。启动 AutoCAD 2022，使用默认设置的绘图环境。

02 建立新文件。单击“快速访问”工具栏中的“新建”按钮，打开“选择样板”

对话框。单击“打开”按钮右侧的下三角按钮▾，以“无样板打开－公制（M）”方式建立新文件，将新文件命名为“锥齿轮.dwg”并保存。

03 设置线框密度。设置对象上每个曲面的轮廓线数目，默认设置是 8，有效值的范围为 0～2047。在命令行中输入 ISOLINES，设置线框密度为 10，并将该设置保存在图形中。

04 设置视图方向。单击“可视化”选项卡“命名视图”面板中的“前视”按钮，将当前视图方向设置为主视图方向。

05 创建锥齿轮轮毂。

❶绘制圆。单击“默认”选项卡“绘图”面板中的“圆”按钮，在坐标原点绘制三个直径分别为 65.72、70.72 和 74.72 的圆。

❷绘制直线。单击“默认”选项卡“绘图”面板中的“直线”按钮，以坐标原点为起点，绘制一条水平直线和竖直直线。重复执行“直线”命令，绘制一条与 X 轴成 45° 夹角的斜直线。重复执行“直线”命令，以直径为 70.72 的圆与斜直线的交点为起点，绘制一条与斜直线垂直的直线。重复执行“直线”命令，以竖直线与斜直线的交点为起点，以 45° 斜直线与直径为 74.72 的圆的交点为端点，绘制直线，如图 13-106 所示。

❸偏移直线。单击“默认”选项卡“修改”面板中的“偏移”按钮，将水平直线向上偏移 19 和 29。重复执行“偏移”命令，将 45° 斜线向上偏移 10，如图 13-107 所示。

❹修剪图形。单击“默认”选项卡“修改”面板中的“修剪”按钮和“删除”按钮，修剪和删除多余的线段，如图 13-108 所示。

❺创建面域。单击“默认”选项卡“绘图”面板中的“面域”按钮，将上步绘制的线段创建为面域。

❻设置视图方向。选择菜单栏中的“视图”→“三维视图”→“西南等轴测”命令，将当前视图方向设置为西南等轴测视图方向。

❼三维旋转多段线。单击“三维工具”选项卡“建模”面板中的“旋转”按钮，将上创建的面域绕 Y 轴旋转 360°，如图 13-109 所示。

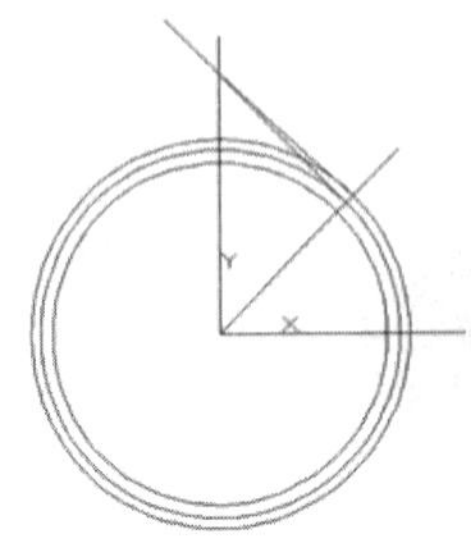

图 13-106 绘制直线

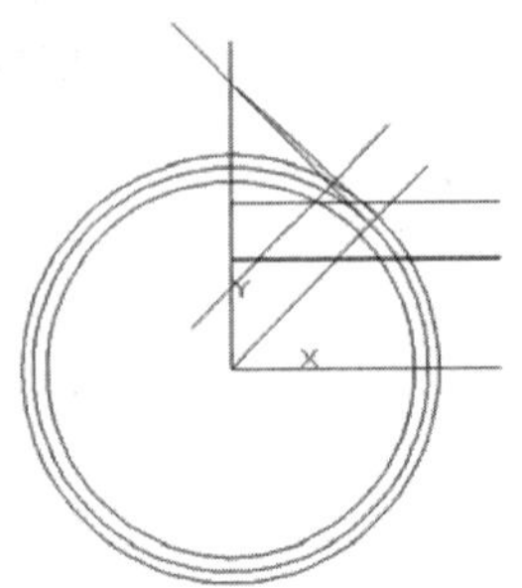

图 13-107 偏移直线

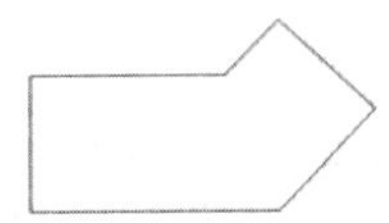

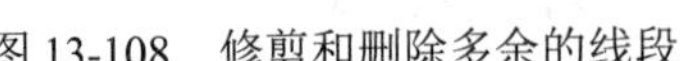

图 13-108 修剪和删除多余的线段

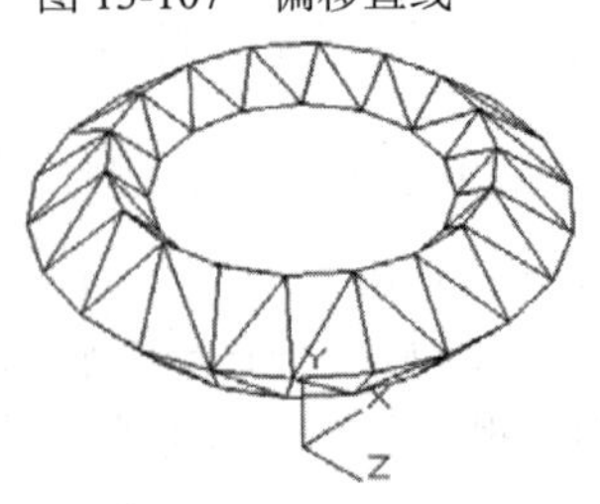

图 13-109 旋转面域

06 绘制锥齿轮的轮齿。

❶切换坐标系。在命令行中输入 UCS，将坐标系切换到 WCS；重复执行 UCS 命令，将坐标系绕 X 轴旋转 45°。

❷切换视图方向。选择菜单栏中的“视图”→“三维视图”→“平面视图”→“当前 UCS”命令，将视图方向切换到当前 UCS 视图方向，如图 13-110 所示。

❸新建图层。单击“默认”选项卡“图层”面板中的“图层特性”按钮，打开“图层特性管理器”选项板。新建“轮齿”图层并设置为当前图层，隐藏 0 层。

❹绘制圆。单击“默认”选项卡“绘图”面板中的“圆”按钮，在坐标原点绘制三个直径分别为 65.72、70.72 和 75 的圆，如图 13-111 所示。

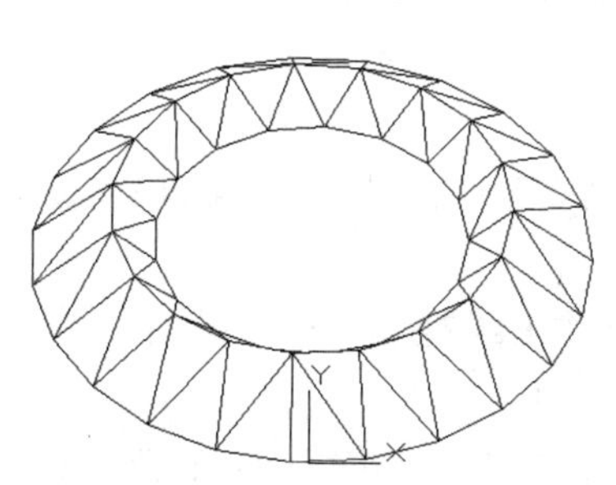

图 13-110 切换视图方向

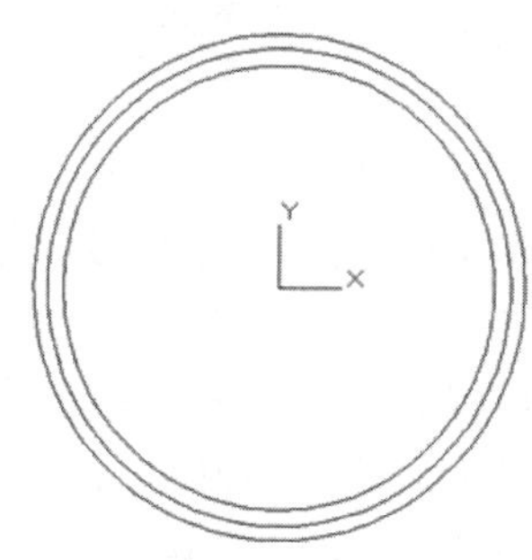

图 13-111 绘制圆

❺绘制直线。单击“默认”选项卡“绘图”面板中的“直线”按钮，以坐标原点为起点，分别绘制一条竖直直线和一条与 X 轴成 92.57° 的斜直线，如图 13-112 所示。

❻偏移直线。单击“默认”选项卡“修改”面板中的“偏移”按钮，将竖直直线向左偏移 0.55 和 2.7，如图 13-113 所示。

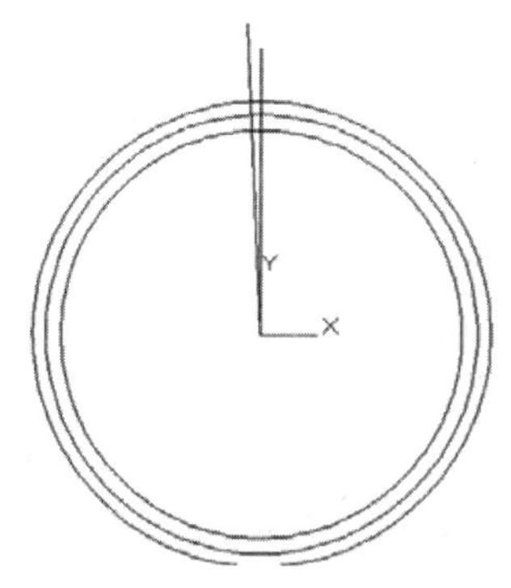

图 13-112 绘制直线

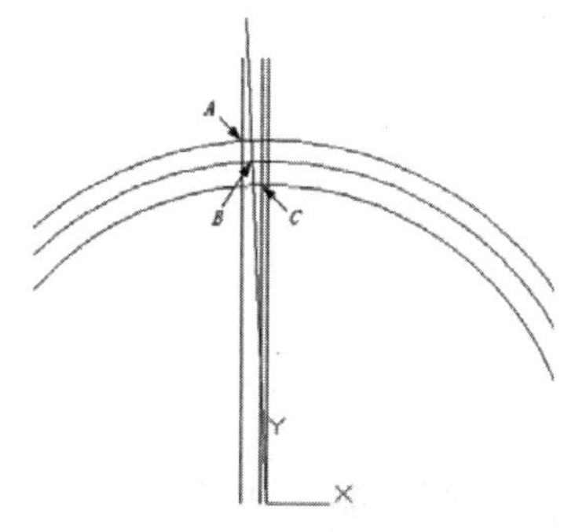

图 13-113 偏移直线

❼绘制圆弧。单击“默认”选项卡“绘图”面板中的“圆弧”按钮，捕捉图 13-113 中的 A、B 和 C 三点绘制圆弧，如图 13-114 所示。

❽单击“默认”选项卡“修改”面板中的“镜像”按钮，将上步绘制的圆弧以第❺步绘制的竖直线为中心线进行镜像操作，如图 13-115 所示。

❾单击“默认”选项卡“修改”面板中的“修剪”按钮和“删除”按钮，修剪和删除多余的线段，如图 13-116 所示。

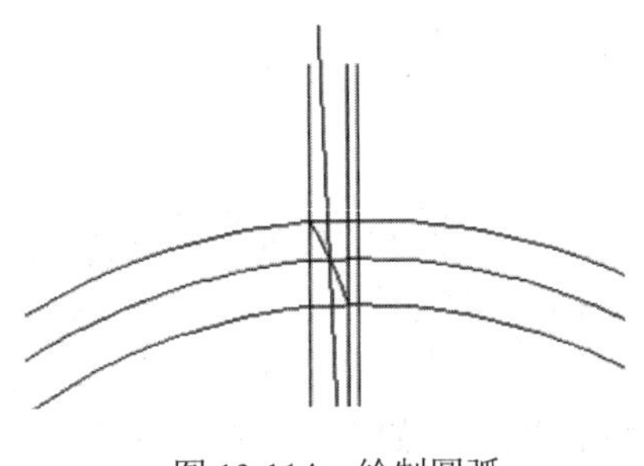

图 13-114　绘制圆弧

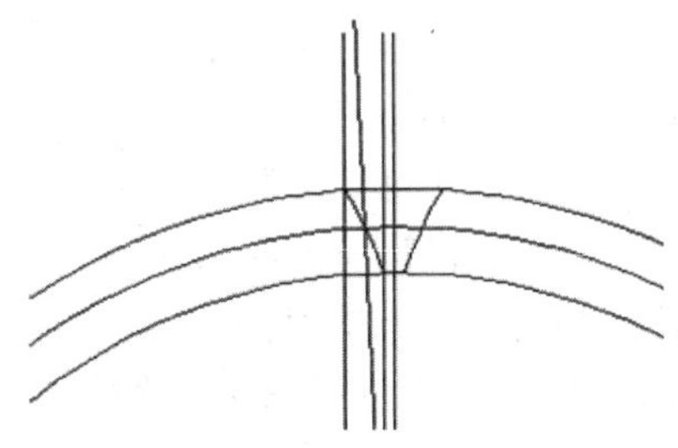

图 13-115　镜像圆弧

⑩创建面域。单击“默认”选项卡“绘图”面板中的“面域”按钮，将上步绘制的线段创建为面域。

07 创建轮齿。

❶切换坐标系。将 0 层显示，在命令行中输入 UCS，将坐标系切换到 WCS 并绕 Y 轴旋转 90°。

❷切换视图方向。选择菜单栏中的“视图”→“三维视图”→“平面视图”→“当前 UCS”命令，将视图方向切换到当前 UCS 视图方向。

❸绘制圆。单击“默认”选项卡“绘图”面板中的“圆”按钮，在坐标原点处绘制直径为 70.72 的圆。

❹绘制直线。单击“默认”选项卡“绘图”面板中的“直线”按钮，以坐标原点为起点，绘制一条水平直线和与 X 轴成 135° 的斜直线。重复执行“直线”命令，绘制一条以斜直线与圆的交点为起点且与斜直线相垂直的直线，如图 13-117 所示。

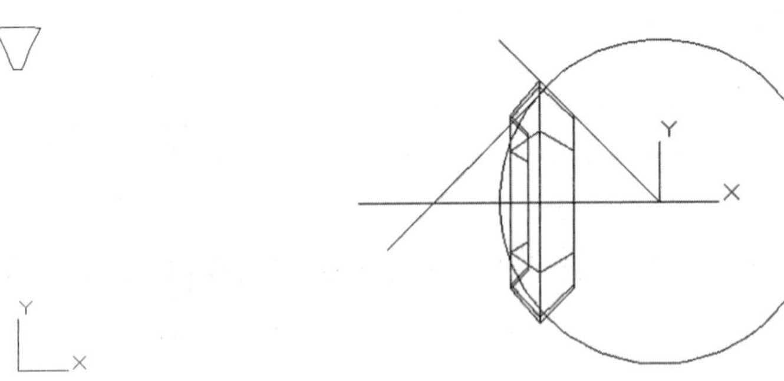

图 13-116　修剪和删除多余的线段　　图 13-117　绘制直线

❺删除线段。单击“默认”选项卡“修改”面板中的“删除”按钮，删除多余的线段，如图 13-118 所示。

❻设置视图方向。选择菜单栏中的“视图”→“三维视图”→“西北等轴测”命令，将当前视图方向设置为西北等轴测视图方向。

❼扫掠创建轮齿。单击“三维工具”选项卡“建模”面板中的“扫掠”按钮，选择轮齿为扫掠对象，选择斜直线为扫掠路径，如图 13-119 所示。

❽阵列轮齿。选择菜单栏中的“修改”→“三维操作”→“三维阵列”命令，将上步创建的轮齿绕 X 轴进行环形阵列，阵列个数为 20。

❾差集运算。单击“三维工具”选项卡“实体编辑”面板中的“差集”按钮，将齿轮主体与轮齿进行差集运算，创建齿轮主体，如图 13-120 所示。

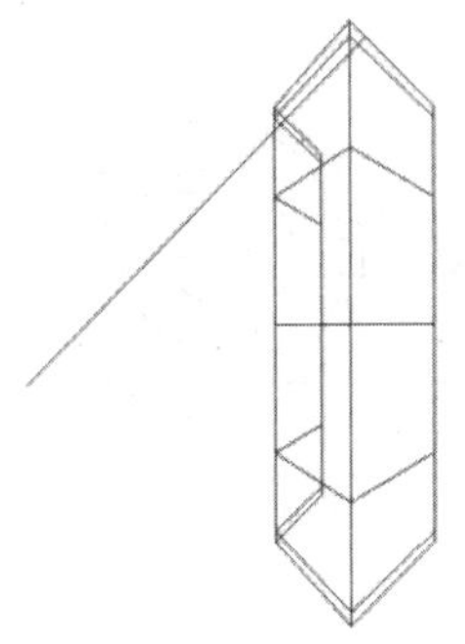

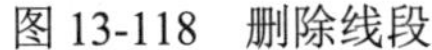

图 13-118　删除线段

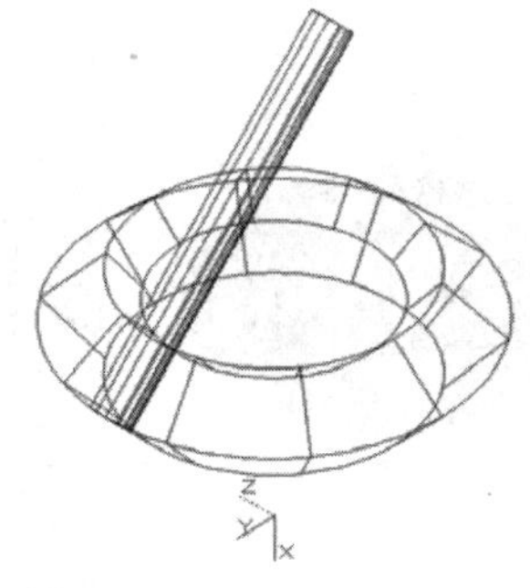

图 13-119　扫掠创建轮齿

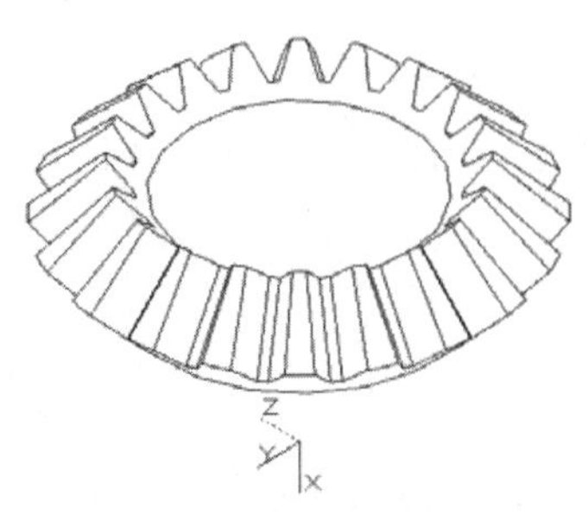

图 13-120　创建齿轮主体

08 创建键槽轴孔。

❶切换坐标系。在命令行中输入 UCS，将坐标系切换到 WCS。

❷创建圆柱体。单击“三维工具”选项卡“建模”面板中的“圆柱体”按钮，分别以坐标点（0，0，16）为底面中心点，创建半径为 12.5 和 7、高度为 3 和 15 的圆柱体。

❸布尔运算。单击“三维工具”选项卡“实体编辑”面板中的“并集”按钮，将半径为 12.5 的圆柱体和齿轮主体合并为一体。单击“三维工具”选项卡“实体编辑”面板中的“差集”按钮，将齿轮主体与半径为 7 的圆柱体进行布尔运算，如图 13-121 所示。

❹切换视图方向。选择菜单栏中的“视图”→“三维视图”→“平面视图” →“当前 UCS”命令，将视图方向切换到当前 UCS 视图方向。

❺绘制直线。单击“默认”选项卡“绘图”面板中的“直线”按钮，绘制高度为 9.3，宽度为 5 的矩形，如图 13-122 所示。

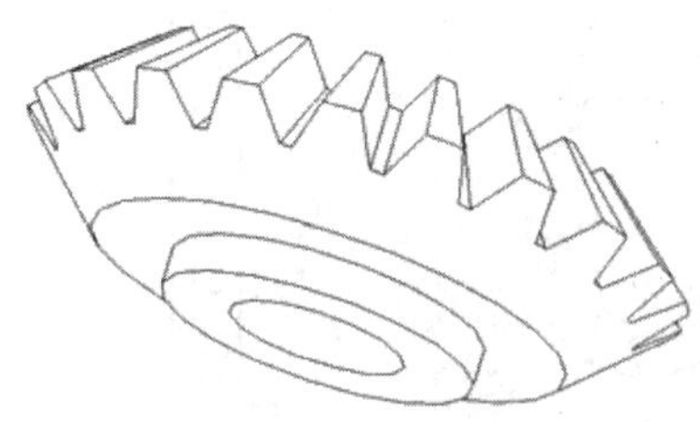

图 13-121　布尔运算

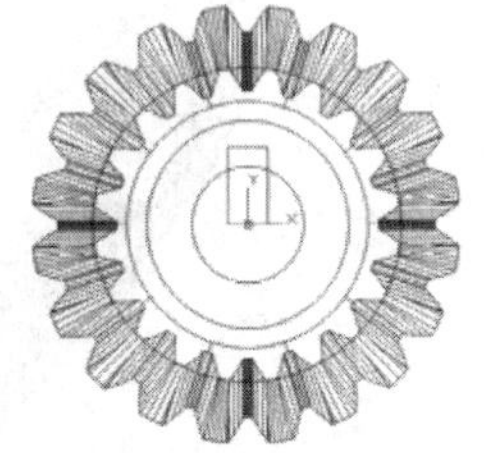

图 13-122　绘制矩形

❻创建面域。单击“默认”选项卡“绘图”面板中的“面域”按钮，将上步绘制的矩形创建为面域。

❼设置视图方向。选择菜单栏中的“视图”→“三维视图”→“西南等轴测”命令，将当前视图方向设置为西南等轴测视图方向。

❽拉伸操作。单击“三维工具”选项卡“建模”面板中的“拉伸”按钮，对创建的面域进行拉伸操作，拉伸高度为 30。

❾差集运算。单击“三维工具”选项卡“实体编辑”面板中的“差集”按钮，对齿

轮主体与拉伸体进行差集运算，如图 13-123 所示。

⑩渲染视图。单击“视图”选项卡“视觉样式”面板中的“灰度”按钮，对实体进行渲染，完成锥齿轮的绘制，如图 13-124 所示。

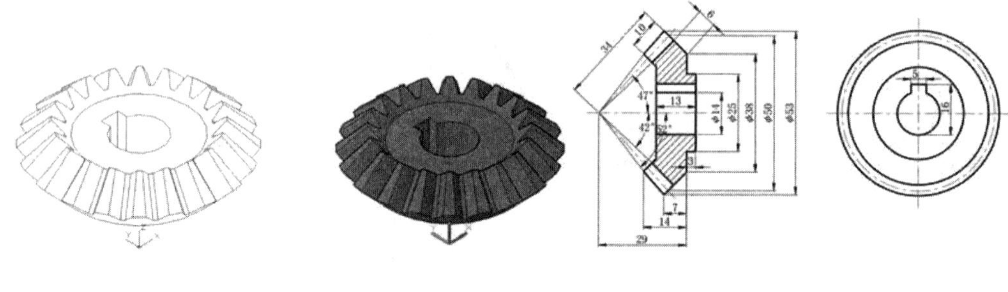

图 13-123　差集运算

图 13-124　锥齿轮

13.4 齿轮泵壳体的绘制

13.4.1　左端盖立体图的绘制

本例的制作思路：依次绘制左端盖的下部和上部，然后通过“并集”命令，将其合并为一个整体。在本例中，左端盖的下部和上部图形相似，但本例中采用了两种不同的绘制方法，即左端盖的下部通过绘制立体图，然后合并而成；左端盖的上部通过绘制外形轮廓线，然后拉伸而成。希望读者灵活利用。对于绘制定位孔和连接孔，本例采用在所需要的位置绘制圆柱体，通过“差集”命令来形成。左端盖如图13-125所示。

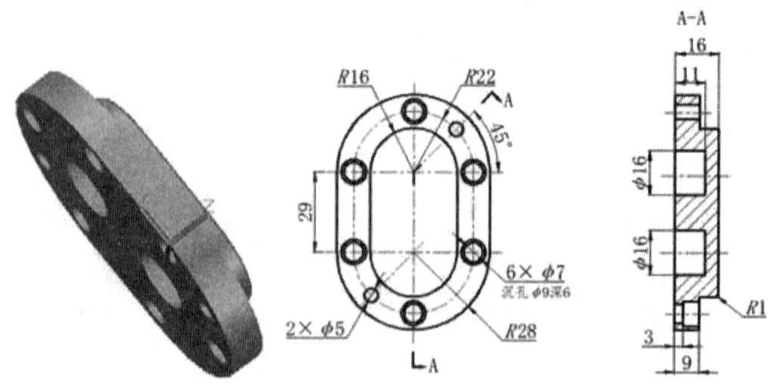

图 13-125　左端盖设计

01 启动系统。启动 AutoCAD 2022，使用默认设置的绘图环境。

02 建立新文件。单击“快速访问”工具栏中的“新建”按钮，打开“选择样板”对话框，单击“打开”按钮右侧的下三角按钮，以“无样板打开一公制（M）”方式建立新文件；将新文件命名为“左端盖.dwg”并保存。

03 设置线框密度。设置对象上每个曲面的轮廓线数目。默认设置是 8，有效值的范围为 0～2047。命令行提示如下：

命令：ISOLINES↙
输入 ISOLINES 的新值 <8>：10↙
将该设置保存在图形中。

04 设置视图方向。单击“可视化”选项卡“命名视图”面板中的“西南等轴测”按钮，将当前视图方向设置为西南等轴测视图方向。

05 绘制左端盖下部。

❶绘制长方体。单击“三维工具”选项卡“建模”面板中的“长方体”按钮，以坐标点（0，0，0）为角点，绘制长度为 56、宽度为 28.76、高度为 9 的长方体，结果如图 13-126 所示。

❷绘制圆柱体。单击“三维工具”选项卡“建模”面板中的“圆柱体”按钮，以点（28，0，0）为底面中心点，绘制半径为 28、高度为 9 的圆柱体。重复“圆柱体”命令，以点（28，28.76，0）为底面中心点，绘制半径为 28、高度为 9 的圆柱体，如图 13-127 所示。

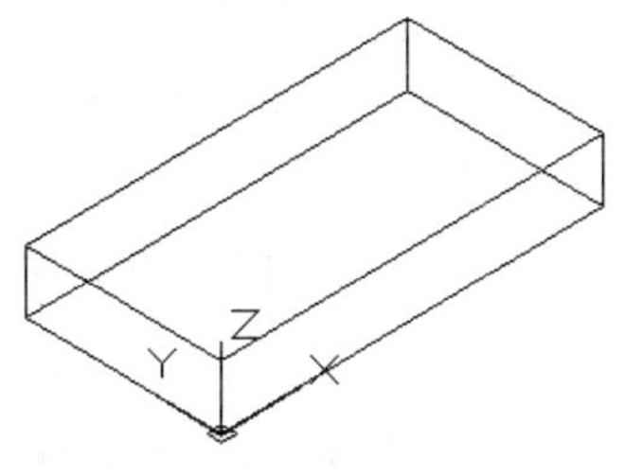

图 13-126　绘制长方体

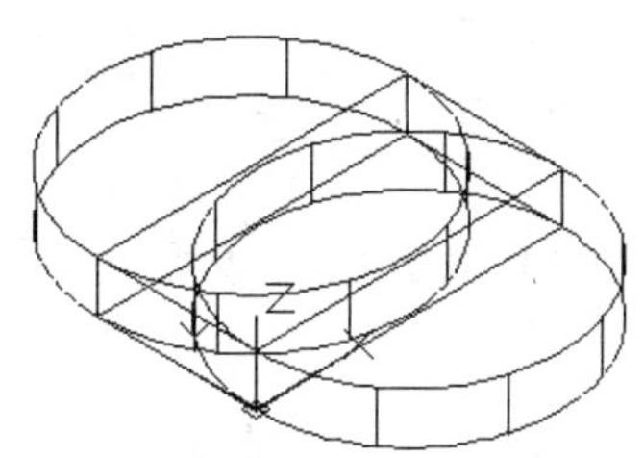

图 13-127　绘制圆柱体

❸并集运算。单击“三维工具”选项卡“实体编辑”面板中的“并集”按钮，对前两步绘制的长方体和圆柱体进行并集运算，绘制左端盖下部，如图13-128所示。

06 绘制左端盖上部。

❶设置视图方向。单击“可视化”选项卡“命名视图”面板中的“俯视”按钮，将当前视图设置为俯视图方向。

❷绘制多段线。单击“默认”选项卡“绘图”面板中的“多段线”按钮，命令行提示如下：

命令：_PLINE
指定起点：12,0↙
当前线宽为 0.0000
指定下一个点或 [圆弧(A)/半宽(H)/长度(L)/放弃(U)/宽度(W)]：@0,28.76↙
指定下一点或 [圆弧(A)/闭合(C)/半宽(H)/长度(L)/放弃(U)/宽度(W)]：A↙
指定圆弧的端点(按住 Ctrl 键以切换方向)或[角度(A)/圆心(CE)/闭合(CL)/方向(D)/半宽(H)/直线(L)/半径(R)/第二个点(S)/放弃(U)/宽度(W)]：A↙
指定夹角：-180↙
指定圆弧的端点或 [圆心(CE)/半径(R)]：CE↙
指定圆弧的圆心：@16,0↙
指定圆弧的端点(按住 Ctrl 键以切换方向)或[角度(A)/圆心(CE)/闭合(CL)/方向(D)/半宽(H)/直线(L)/半径(R)/第二个点(S)/放弃(U)/宽度(W)]：L↙
指定下一点或 [圆弧(A)/闭合(C)/半宽(H)/长度(L)/放弃(U)/宽度(W)]：@0, -28.76↙

指定下一点或 [圆弧(A)/闭合(C)/半宽(H)/长度(L)/放弃(U)/宽度(W)]：A↙

指定圆弧的端点(按住 Ctrl 键以切换方向)或[角度(A)/圆心(CE)/闭合(CL)/方向(D)/半宽(H)/直线(L)/半径(R)/第二个点(S)/放弃(U)/宽度(W)]：A↙

指定夹角：-180↙

指定圆弧的端点或 [圆心(CE)/半径(R)]：CE↙

指定圆弧的圆心：@-16,0↙

指定圆弧的端点(按住 Ctrl 键以切换方向)或[角度(A)/圆心(CE)/闭合(CL)/方向(D)/半宽(H)/直线(L)/半径(R)/第二个点(S)/放弃(U)/宽度(W)]：↙

如图 13-129 所示。

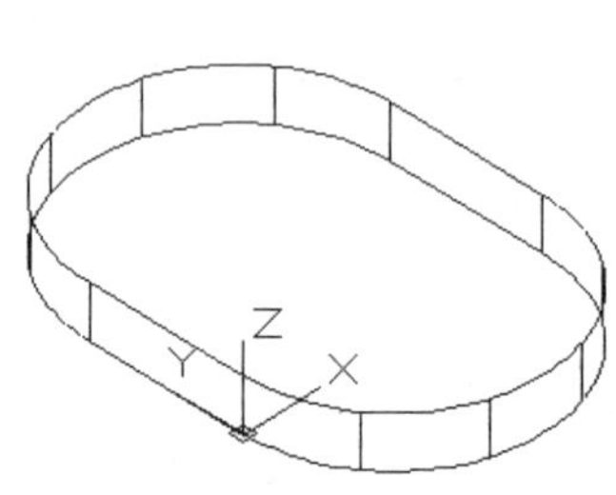

图 13-128　绘制左端盖下部

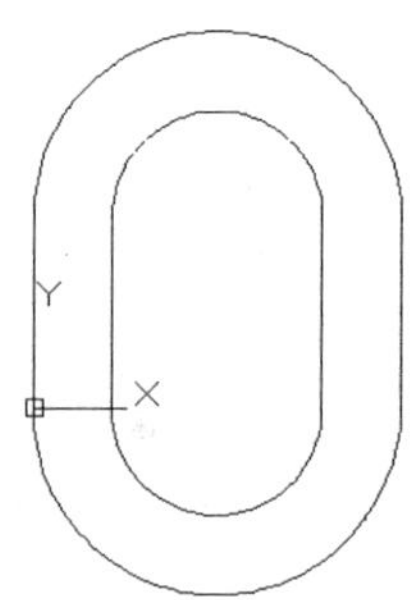

图 13-129 绘制多段线

注意

当绘制立体图的草图时，可以在不同方向的视图中绘制。但在某些方向的视图中绘制时，草图不直观，而且输入数据也比较烦琐，所以建议通过变换视图方向，将要绘制的草图设置在某一平面视图中。

❸设置视图方向。单击“可视化”选项卡“命名视图”面板中的“西南等轴测”按钮，将当前视图设置为西南等轴测视图，结果如图 13-130 所示。

❹拉伸多段线。单击“三维工具”选项卡“建模”面板中的“拉伸”按钮，将上步绘制的多段线进行拉伸操作，拉伸距离为 16，绘制左端盖上部如图 13-131 所示。

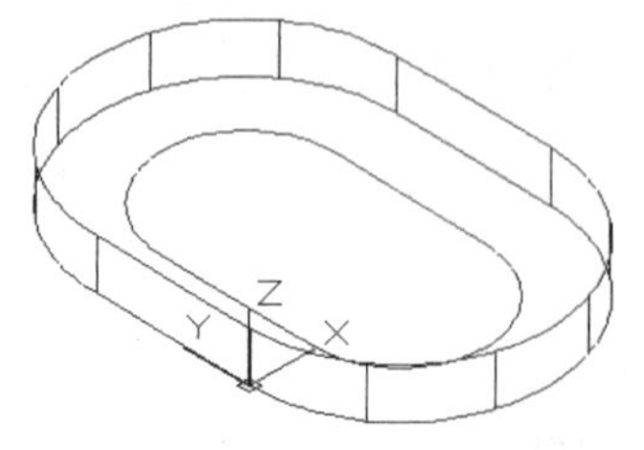

图 13-130　西南等轴测视图

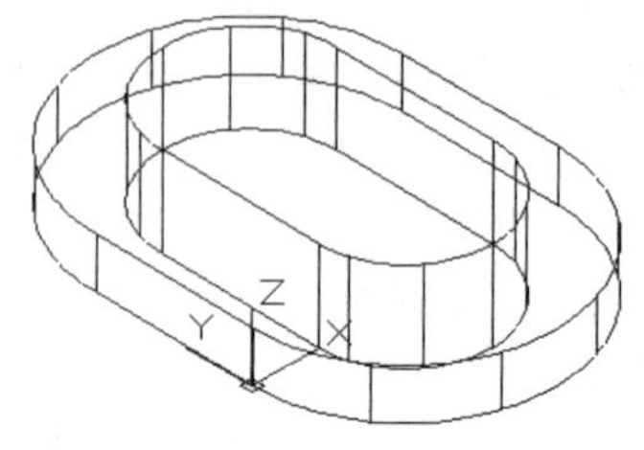

图 13-131　绘制左端盖上部

❺并集运算。单击“三维工具”选项卡“实体编辑”面板中的“并集”按钮，分别对左端盖的下部和上部进行并集运算，如图 13-132 所示。

❻圆角操作。单击“默认”选项卡“修改”面板中的“圆角”按钮，对左端盖上部的边进行圆角操作，圆角半径为 1，如图 13-133 所示。

❼消隐处理。单击“视图”选项卡“视觉样式”面板中的“隐藏”按钮，对上步创建的图形进行消隐处理，如图 13-134 所示。

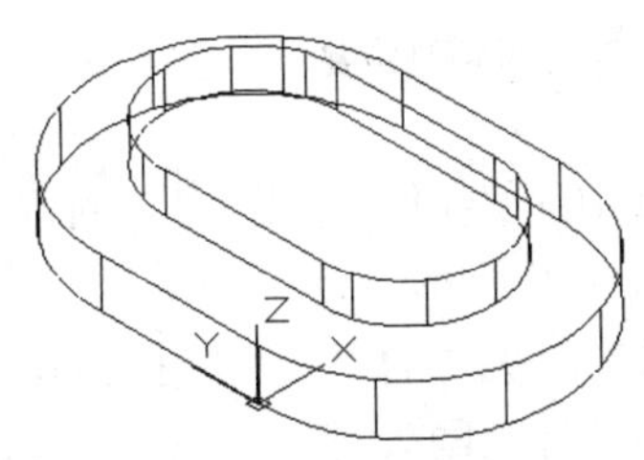

图 13-132 并集运算

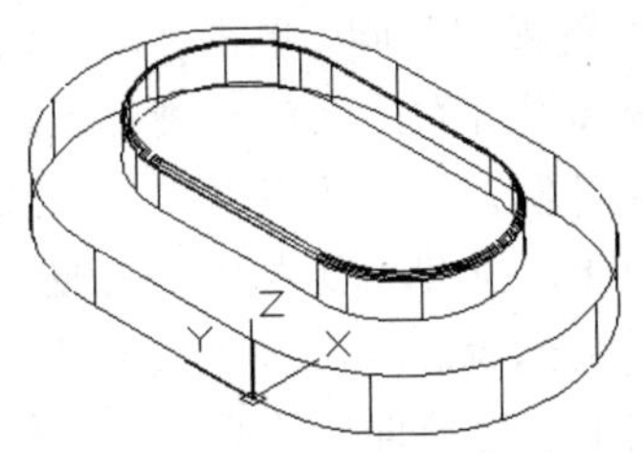

图 13-133 圆角操作

注意

消隐处理主要是为了更清晰地看清视图，适当地消隐背景线可使图形显示更加清晰，但该命令不能编辑消隐或渲染的视图。

07 绘制连接孔。

❶设置视图方向。单击“可视化”选项卡“命名视图”面板中的“俯视”按钮，将当前视图设置为俯视图。

❷绘制圆。单击“默认”选项卡“绘图”面板中的“圆”按钮，以点（6，0）为圆心，绘制半径为 3.5 的圆。

❸复制圆。单击“默认”选项卡“修改”面板中的“复制”按钮，命令行提示如下：

命令：_COPY

选择对象：（选择上一步绘制的圆）

选择对象：↙

当前设置： 复制模式 = 多个

指定基点或 [位移(D)/模式(O)] 〈位移〉：[在对象捕捉模式下选择上一步绘制的圆的圆心，或者输入坐标（6，0）]

指定第二个点或 [阵列(A)] 〈使用第一个点作为位移〉：28, -22↙

指定第二个点或 [阵列(A)/退出(E)/放弃(U)] 〈退出〉：50,0↙

指定第二个点或 [阵列(A)/退出(E)/放弃(U)] 〈退出〉：50,28.76↙

指定第二个点或 [阵列(A)/退出(E)/放弃(U)] 〈退出〉：28,50.76↙

指定第二个点或 [阵列(A)/退出(E)/放弃(U)] 〈退出〉：6,28.76↙

指定第二个点或 [阵列(A)/退出(E)/放弃(U)] 〈退出〉：↙

如图 13-135 所示。

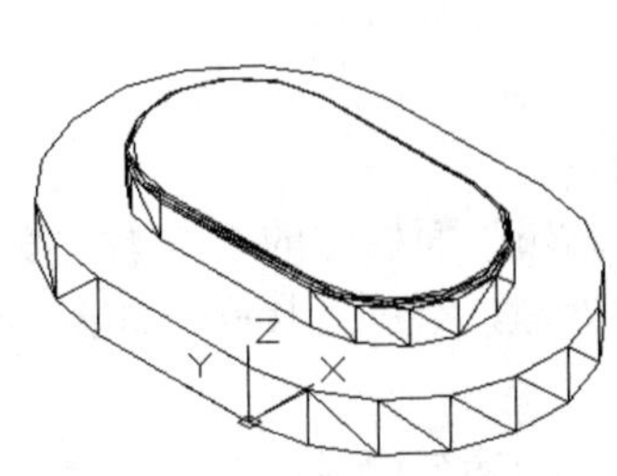

图 13-134 消隐处理后的图形

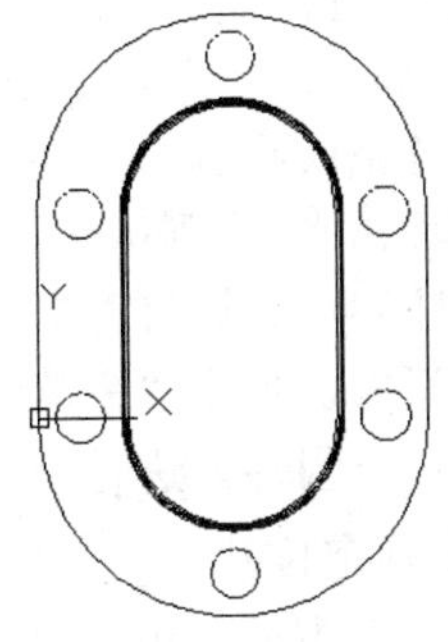

图 13-135 复制圆

❹设置视图方向。单击“可视化”选项卡“命名视图”面板中的“西南等轴测”按钮，将当前视图设置为西南等轴测视图。

❺拉伸圆。单击“三维工具”选项卡“建模”面板中的“拉伸”按钮，对复制的圆进行拉伸操作，拉伸高度为9，并进行消隐处理，如图13-136所示。

❻差集运算。单击“三维工具”选项卡“实体编辑”面板中的“差集”按钮，分别将绘制的左端盖与拉伸后的6个圆柱体进行差集运算，并进行消隐处理，如图13-137所示。

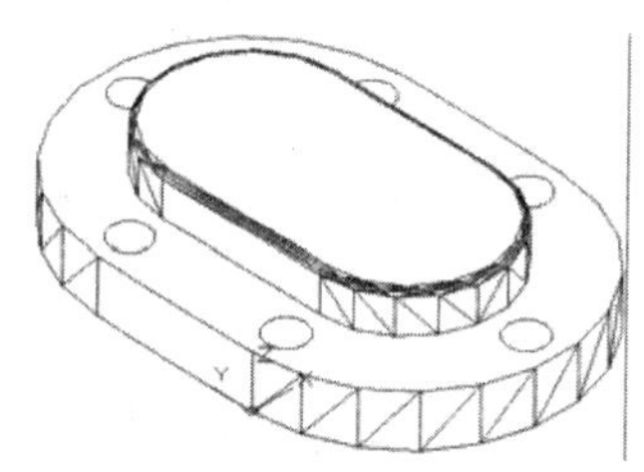

图13-136　拉伸圆

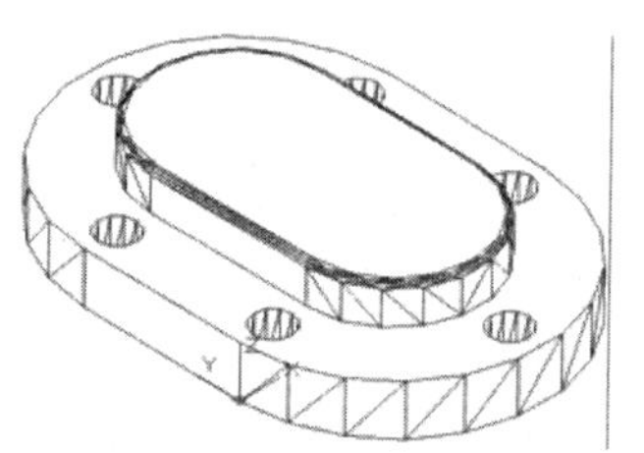

图13-137　差集运算

注意

上述绘制圆柱体时，首先绘制平面图形，然后拉伸为圆柱体。为了让用户熟悉AutoCAD2022命令，熟练掌握图形不同的生成方式，下面将采用“圆柱体”命令直接绘制圆柱体。

❼绘制圆柱体。单击“三维工具”选项卡“建模”面板中的“圆柱体”按钮，以点（6，0，9）为底面中心点，创建半径为4.5、高度为-6的圆柱体，如图13-138所示。

❽复制圆柱体。单击“默认”选项卡“修改”面板中的“复制”按钮，命令行提示如下：

命令：_COPY
选择对象：（选择上一步绘制的圆柱体）
选择对象：↙
当前设置：复制模式 = 多个
指定基点或 [位移(D)/模式(O)] <位移>：[在对象捕捉模式下选择上一步绘制的圆柱体的上面的圆心，或者输入坐标（6，0，9）]
指定第二个点或 [阵列(A)] <使用第一个点作为位移>：28，-22,9↙
指定第二个点或 [阵列(A)/退出(E)/放弃(U)] <退出>：50,0,9↙
指定第二个点或 [阵列(A)/退出(E)/放弃(U)] <退出>：50,28.76,9↙
指定第二个点或 [阵列(A)/退出(E)/放弃(U)] <退出>：28,50.76,9↙
指定第二个点或 [阵列(A)/退出(E)/放弃(U)] <退出>：6,28.76,9↙
指定第二个点或 [阵列(A)/退出(E)/放弃(U)] <退出>：↙

绘制圆柱体，并进行消隐处理，如图13-139所示。

❾差集运算。单击“三维工具”选项卡“实体编辑”面板中的“差集”按钮，对绘制的左端盖与6个圆柱体进行差集运算，并进行消隐处理，绘制连接孔，如图13-140所示。

08 绘制定位孔。

❶设置视图方向。单击“可视化”选项卡“命名视图”面板中的“俯视”按钮，将当前视图设置为俯视图，如图13-141所示。

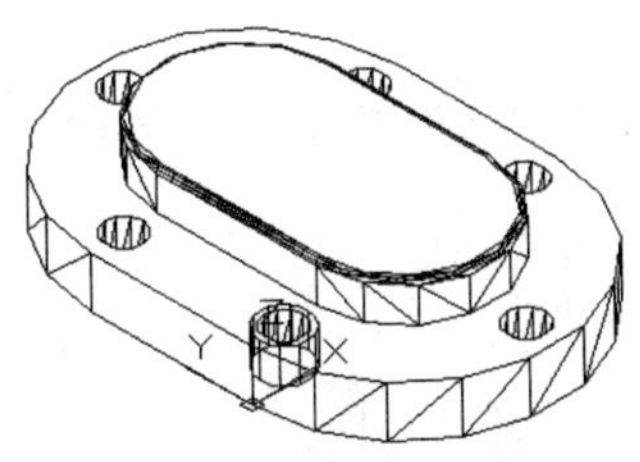

图 13-138　绘制圆柱体

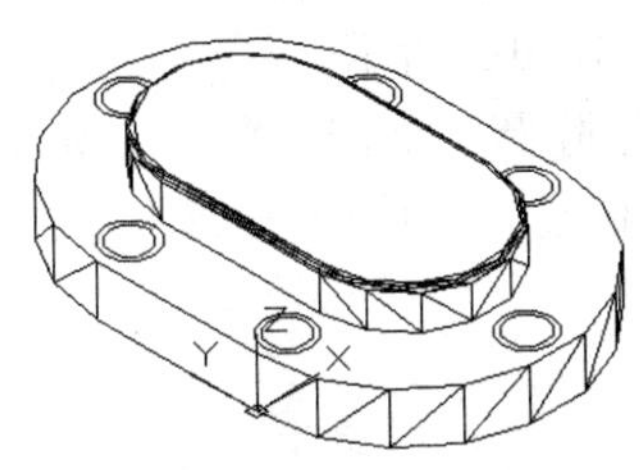

图 13-139　复制圆柱体并进行消隐处理

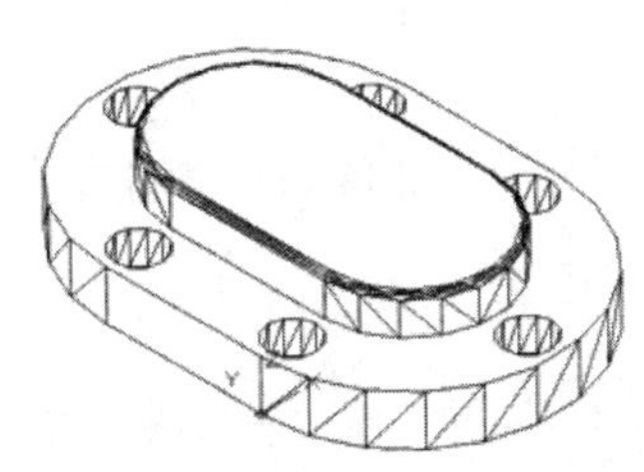

图 13-140　绘制连接孔

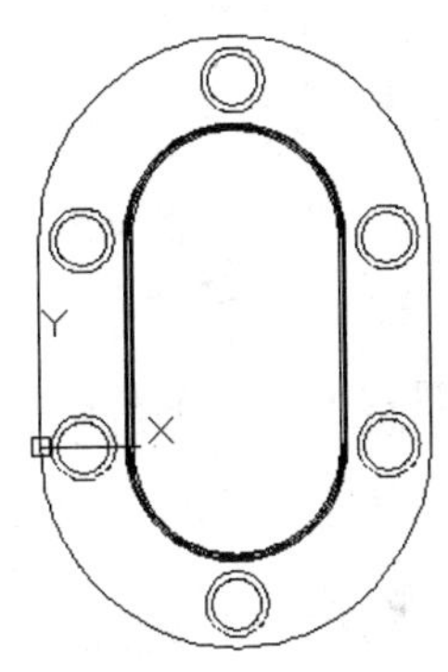

图 13-141　俯视图

❷绘制圆。单击“默认”选项卡“绘图”面板中的“圆”按钮，以点（28，0）为圆心，绘制半径为 2.5 的圆。

❸复制圆。单击“默认”选项卡“修改”面板中的“复制”按钮，命令行提示如下：

命令：_COPY

选择对象：（选择上一步绘制的圆）

选择对象：↙

当前设置：复制模式 = 多个

指定基点或［位移(D)/模式(O)］〈位移〉：［在对象捕捉模式下选择上一步绘制的圆的圆心，或者输入坐标（28，0）］

指定第二个点或［阵列(A)］〈使用第一个点作为位移〉：@22<-45↙

指定第二个点或［阵列(A)/退出(E)/放弃(U)］〈退出〉：@0,28.76↙

指定第二个点或［阵列(A)/退出(E)/放弃(U)］〈退出〉：↙

命令：_copy

选择对象：（选择图13-142中的圆3）

选择对象：↙

当前设置：复制模式 = 多个

指定基点或［位移(D)/模式(O)］〈位移〉：［在对象捕捉模式下选择图13-142中的圆3的圆心，或者输入坐标（28，28.76）］

指定第二个点或［阵列(A)］〈使用第一个点作为位移〉：@22<135↙

指定第二个点或 [阵列(A)/退出(E)/放弃(U)] <退出>：↙

如图13-142所示。

❹删除圆。单击“默认”选项卡“修改”面板中的“删除”按钮，删除图13-142中的圆1和圆3，如图13-143所示。

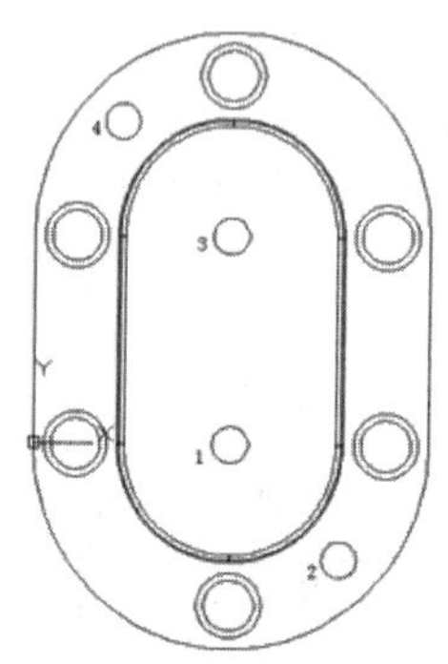

图 13-142　复制圆后的图形

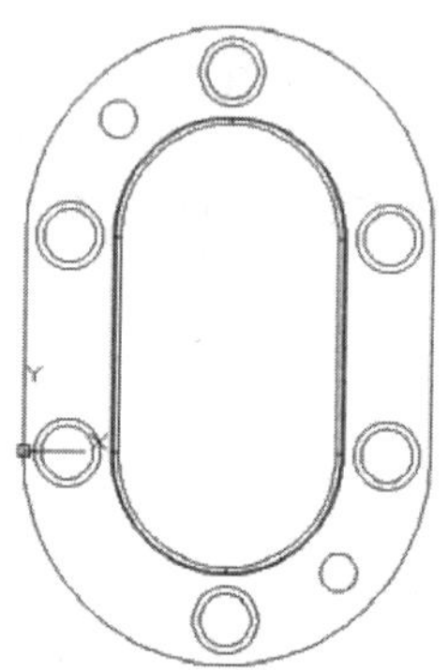

图 13-143　删除圆

注意

在本例中采用了间接的方法绘制圆 2 和圆 4 这两个圆，并且采用了极坐标的输入形式。如果直接输入这两个圆的坐标，因为其坐标不为整数，定位不精确，所以在绘制图形时，要灵活掌握坐标的输入形式。

❺设置视图方向。单击“可视化”选项卡“命名视图”面板中的“西南等轴测”按钮，将当前视图设置为西南等轴测视图。

❻拉伸圆。单击“三维工具”选项卡“建模”面板中的“拉伸”按钮，对图13-142所示的圆2和圆4进行拉伸操作，拉伸距离为9，如图13-144所示。

❼差集运算。单击“三维工具”选项卡“实体编辑”面板中的“差集”按钮，对绘制的左端盖与拉伸后的两个圆柱体进行差集运算，绘制定位孔，如图13-145所示。

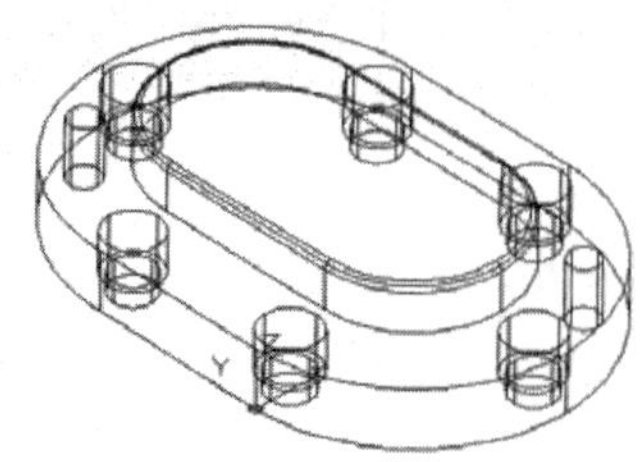

图 13-144　拉伸圆

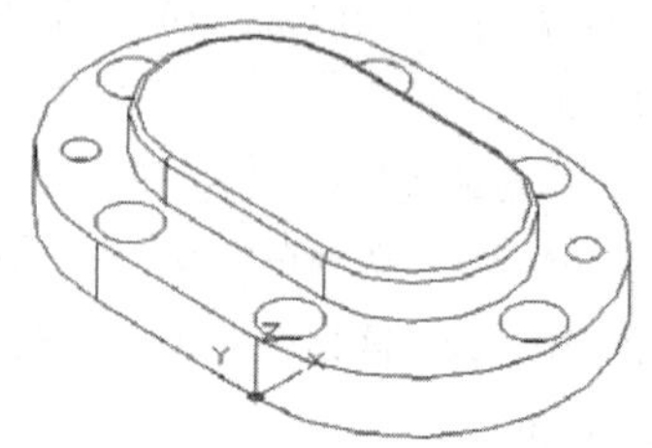

图 13-145　绘制定位孔

09 绘制轴孔。

❶创建圆柱体。单击“三维工具”选项卡“建模”面板中的“圆柱体”按钮，以点（28，0，0）为底面中心点，创建半径为8、高度为11的圆柱体，如图13-146所示。

❷复制圆柱体。单击“默认”选项卡“修改”面板中的“复制”按钮，将上步创建

的圆柱体从点（28，0，0）复制到（@0，28.76，0），如图13-147所示。

❸差集运算。单击“三维工具”选项卡“实体编辑”面板中的“差集”按钮，对创建的左端盖与两个圆柱体进行差集运算。

❹设置视图方向。单击“视图”选项卡“导航”面板上的“动态观察”下拉菜单中的“自由动态观察”按钮，将当前视图调整到能够看到轴孔的位置，结果如图13-148所示。

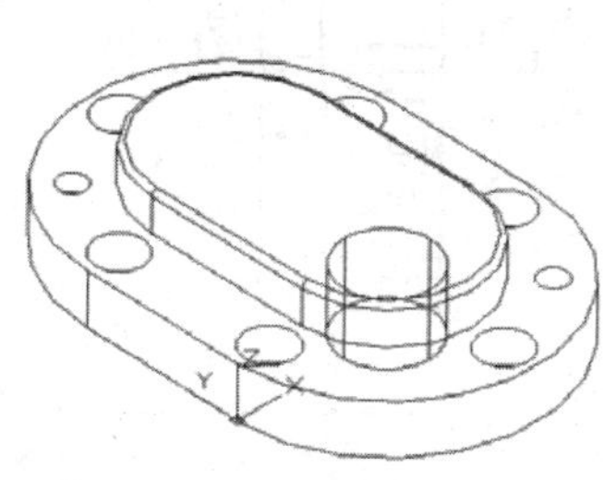

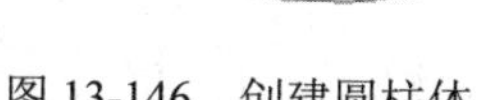

图 13-146　创建圆柱体

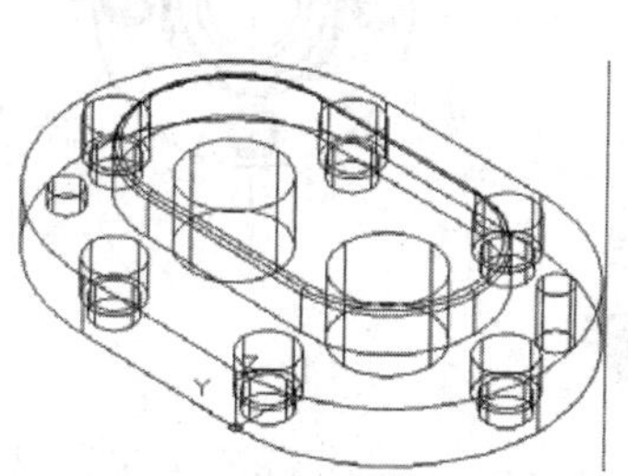

图 13-147　复制圆柱体

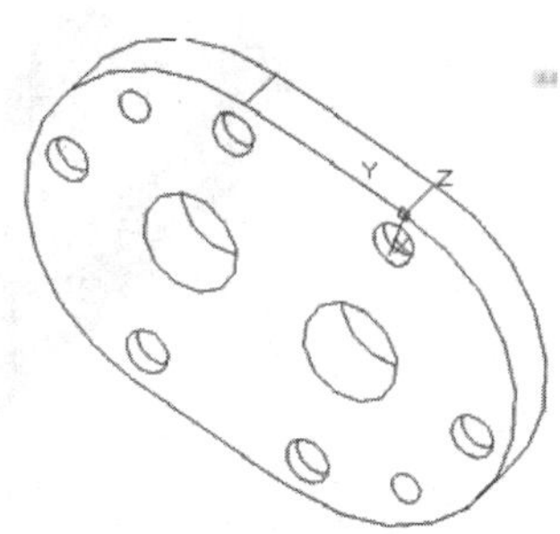

图 13-148　设置视图方向

❺显示视图。单击“视图”选项卡“视觉样式”面板中的“灰度”按钮，完成左端盖的绘制，如图13-125所示。

注意

在本例中显示视图时，采用了 AutoCAD2022 系统默认的参数，用户可以在其中设置材料及光源等，使其效果更加逼真。

13.4.2　右端盖立体图的绘制

右端盖（见图 13-149）由下部、上部和连接部等部分组成。另外，上面还有定位孔、连接孔和轴孔。本实例的制作思路：依次绘制右端盖的下部、上部和连接部，然后通过“并集”命令，将其合并为一个整体。在本例中，右端盖的下部和上部图形相似，本例中采用了两种不同的绘制方法，即右端盖的下部通过绘制立体图，然后合并而成；右端盖的上部通过绘制外形轮廓线，拉伸而成。希望读者灵活运用。对于定位孔、连接孔和轴孔的绘制，本例采用在所需要的位置绘制圆柱体，通过“差集”命令来形成。

01 启动系统。启动 AutoCAD 2022，使用默认设置的绘图环境。

02 建立新文件。单击“快速访问”工具栏中的“新建”按钮，打开“选择样板”对话框，单击“打开”按钮右侧的下三角按钮，以“无样板打开一公制（M)”方式建立新文件；将新文件命名为“右端盖.dwg”并保存。

03 设置线框密度。设置对象上每个曲面的轮廓线数目。默认设置是 8，有效值的范围为 0～2047，将该设置保存在图形中。命令行提示如下：

命令：ISOLINES↙

输入 ISOLINES 的新值 <8>：10↙

04 设置视图方向。单击“可视化”选项卡“命名视图”面板中的“西南等轴测”按钮，将当前视图设置为西南等轴测视图。

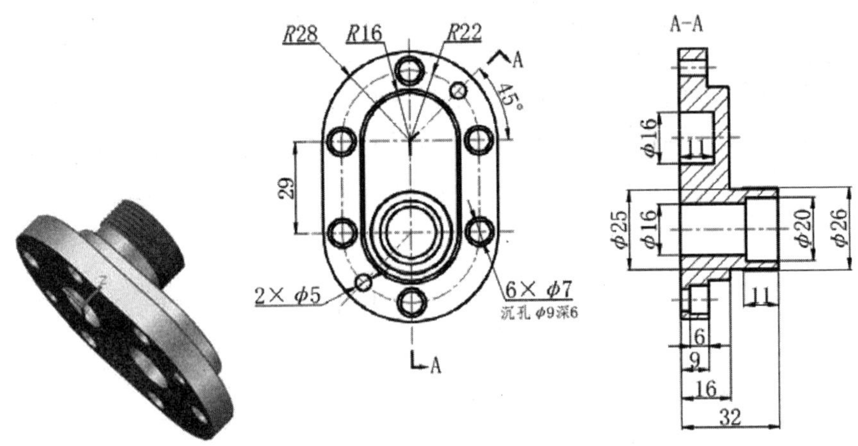

图 13-149　右端盖

05 创建右端盖下部实体。

❶创建长方体。单击“三维工具”选项卡“建模”面板中的“长方体”按钮，以点（-28，0，0）为角点，创建长度为 56、宽度为-28.76、高度为 9 的长方体，如图 13-150 所示。

注意

输入的宽度值带有符号，此处的符号表示方向，不表示大小，负号表示与所示的坐标的正方向相反。另外，在本例中，绘制的原点与左端盖不同，主要是为了方便绘制连接部的螺纹。

❷创建圆柱体。单击“三维工具”选项卡“建模”面板中的“圆柱体”按钮，以点（0，0，0）为底面中心点，创建半径为 28、高度为 9 的圆柱体。重复执行“圆柱体”命令，以点（0，-28.76，0）为底面中心点，创建半径为 28、高度为 9 的圆柱体，如图 13-151 所示。

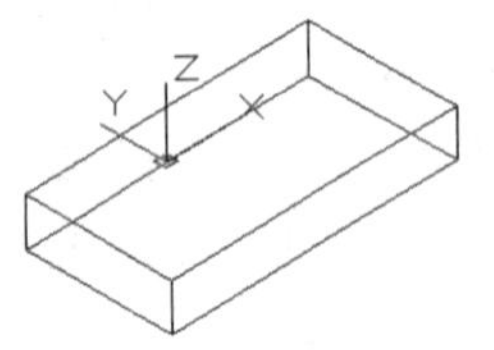

图 13-150　创建长方体

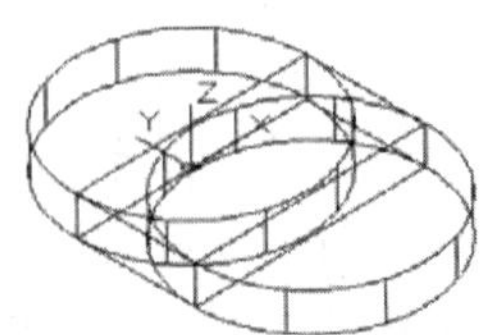

图 13-151　创建圆柱体

❸并集运算。单击“三维工具”选项卡“实体编辑”面板中的“并集”按钮，将刚刚创建的长方体和圆柱体进行并集运算，创建右端盖下部实体，如图 13-152 所示。

06 创建右端盖上部实体。

❶设置视图方向。单击“可视化”选项卡“命名视图”面板中的“俯视”按钮，将当前视图设置为俯视图。

❷绘制多段线。单击“默认”选项卡“绘图”面板中的“多段线”按钮，命令行提示如下：

```
命令：_PLINE
指定起点：-16,-28.76↙
```

当前线宽为 0.0000

指定下一个点或 [圆弧(A)/半宽(H)/长度(L)/放弃(U)/宽度(W)]：@0,28.76↙

指定下一点或 [圆弧(A)/闭合(C)/半宽(H)/长度(L)/放弃(U)/宽度(W)]：A↙

指定圆弧的端点(按住 Ctrl 键以切换方向)或[角度(A)/圆心(CE)/闭合(CL)/方向(D)/半宽(H)/直线(L)/半径(R)/第二个点(S)/放弃(U)/宽度(W)]：A↙

指定夹角：-180↙

指定圆弧的端点(按住 Ctrl 键以切换方向)或 [圆心(CE)/半径(R)]：@32,0↙

指定圆弧的端点(按住 Ctrl 键以切换方向)或[角度(A)/圆心(CE)/闭合(CL)/方向(D)/半宽(H)/直线(L)/半径(R)/第二个点(S)/放弃(U)/宽度(W)]：L↙

指定下一点或 [圆弧(A)/闭合(C)/半宽(H)/长度(L)/放弃(U)/宽度(W)]：@0,-28.76

指定下一点或 [圆弧(A)/闭合(C)/半宽(H)/长度(L)/放弃(U)/宽度(W)]：A↙

指定圆弧的端点(按住 Ctrl 键以切换方向)或[角度(A)/圆心(CE)/闭合(CL)/方向(D)/半宽(H)/直线(L)/半径(R)/第二个点(S)/放弃(U)/宽度(W)]：A↙

指定夹角：-180↙

指定圆弧的端点或 [圆心(CE)/半径(R)]：@-32,0↙

指定圆弧的端点(按住 Ctrl 键以切换方向)或[角度(A)/圆心(CE)/闭合(CL)/方向(D)/半宽(H)/直线(L)/半径(R)/第二个点(S)/放弃(U)/宽度(W)]：↙

如图 13-153 所示。

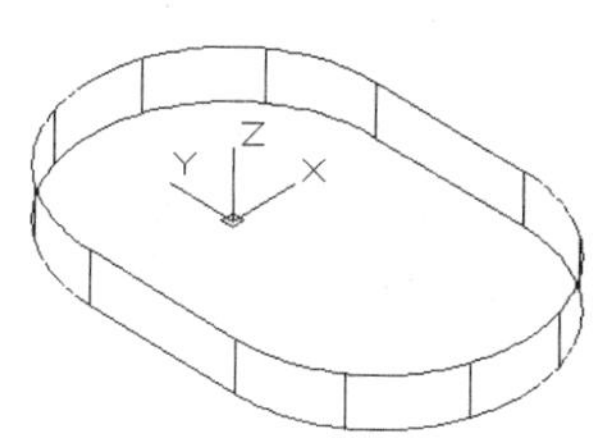

图 13-152　创建右端盖下部实体

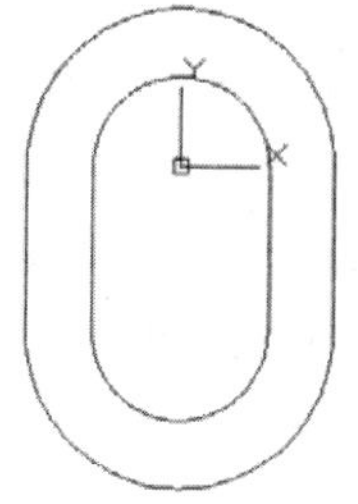

图 13-153　绘制多段线

注意

绘制图形时，通过输入极坐标来绘制图形，可以减少绘图过程中的计算量，提高绘图的效率及精度。

❸设置视图方向。单击“可视化”选项卡“命名视图”面板中的“西南等轴测”按钮，将当前视图设置为西南等轴测视图，如图 13-154 所示。

❹拉伸多段线。单击“三维工具”选项卡“建模”面板中的“拉伸”按钮，将步骤❷中绘制的多段线进行拉伸操作，拉伸距离为 16，结果如图 13-155 所示。

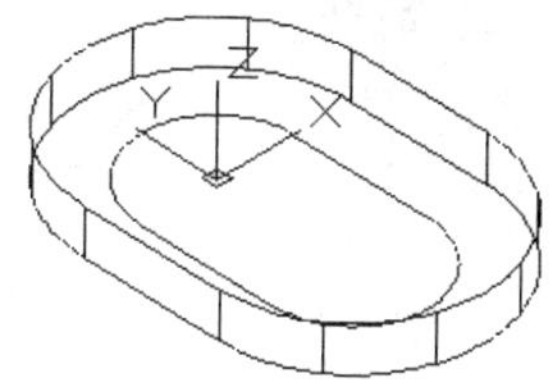

图 13-154　设置视图方向

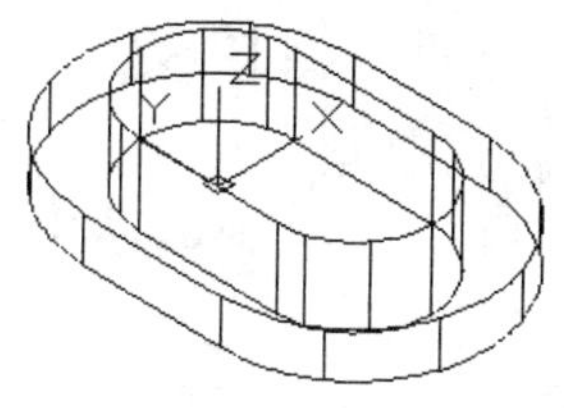

图 13-155　创建右端盖下部实体

❺并集运算。单击“三维工具”选项卡“实体编辑”面板中的“并集”按钮，将创建的右端盖的下部实体和上部实体进行并集运算，如图 13-156 所示。

❻圆角。单击“默认”选项卡“修改”面板中的“圆角”按钮，对并集运算后的实体边缘进行圆角操作，圆角半径为 1，如图 13-157 所示。

注意

连续执行相同的命令时，不必在命令行中输入相同的命令，直接按 Enter 键即可。这样可以提高绘图的效率。如果在连续相同的命令中执行了其他的命令操作，则只能再次输入命令。

❼消隐处理。单击“视图”选项卡“视觉样式”面板中的“隐藏”按钮，对实体进行消隐处理，如图 13-158 所示。

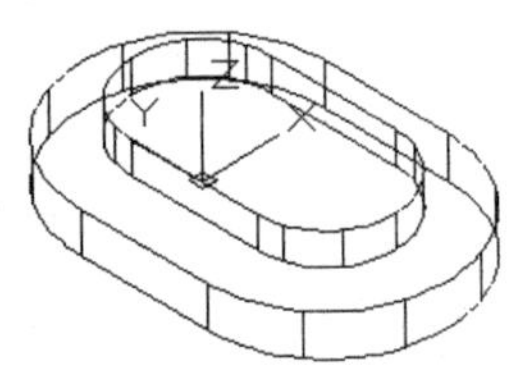

图 13-156　并集运算

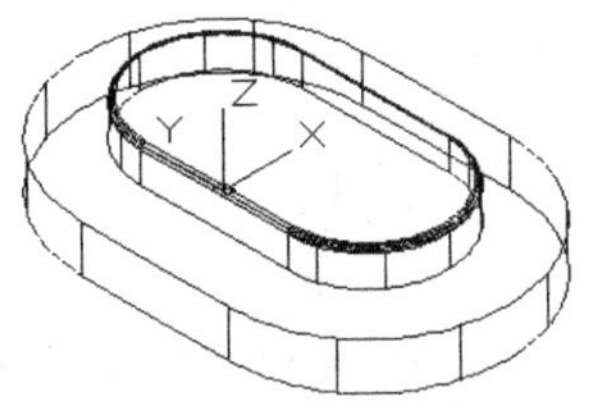

图 13-157　圆角操作

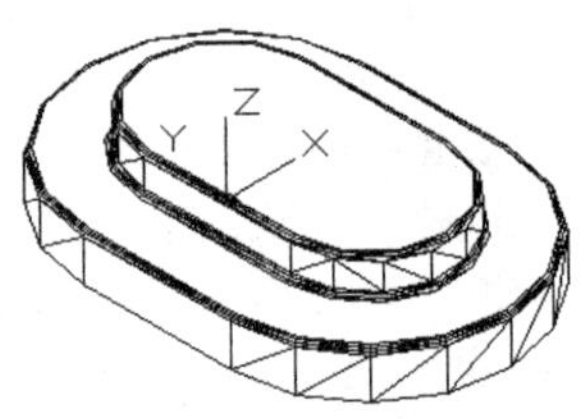

图 13-158　消隐处理

07 创建连接部实体。

❶创建圆柱体。单击“三维工具”选项卡“建模”面板中的“圆柱体”按钮，以点（0，0，16）为底面中心点，创建半径为 12.5、高度为 15.5 的圆柱体，如图 13-159 所示。

❷绘制螺旋线。单击“默认”选项卡“绘图”面板中的“螺旋”按钮，命令行提示如下：

```
命令：_HELIX
圈数 = 8.0000      扭曲=CCW
指定底面的中心点：0,0,19.5↙
指定底面半径或 [直径(D)] <1.000>：12.5↙
指定顶面半径或 [直径(D)] <12.5000>：↙
指定螺旋高度或 [轴端点(A)/圈数(T)/圈高(H)/扭曲(W)] <12.2000>：T↙
输入圈数 <3.0000>：9↙
指定螺旋高度或 [轴端点(A)/圈数(T)/圈高(H)/扭曲(W)] <12.2000>：13.7↙
```

如图 13-160 所示。

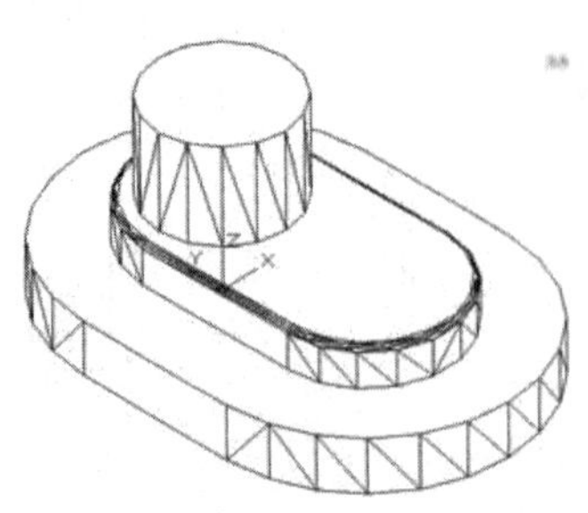

图 13-159　创建圆柱体

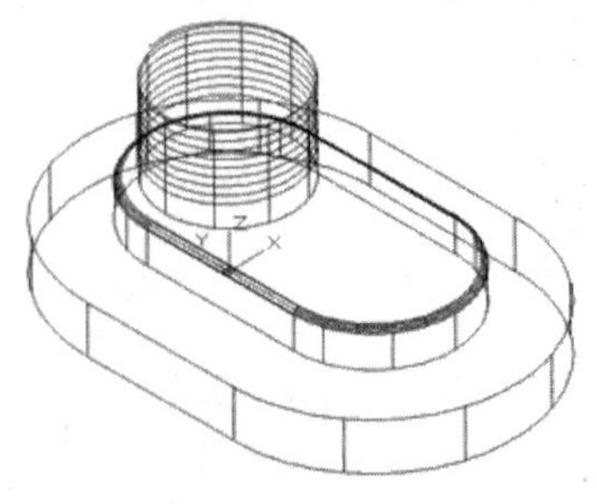

图 13-160　绘制螺旋线

❸切换坐标系。在命令行中输入 UCS，命令行提示如下：

命令：UCS↙

当前 UCS 名称：*世界*

指定 UCS 的原点或 [面(F)/命名(NA)/对象(OB)/上一个(P)/视图(V)/世界(W)/X/Y/Z/Z 轴(ZA)] <世界>：（捕捉螺旋线的上端点）

指定 X 轴上的点或 <接受>：（捕捉螺旋线上一点）

指定 XY 平面上的点或 <接受>：↙

结果如图 13-161 所示。

❹绘制牙型截面。单击“默认”选项卡“绘图”面板中的“直线”按钮╱，捕捉螺旋线的上端点绘制牙型截面，尺寸参照图 13-162，单击“默认”选项卡“绘图”面板中的“面域”按钮◙，将其创建成面域，绘制牙型截面，如图 13-163 所示。

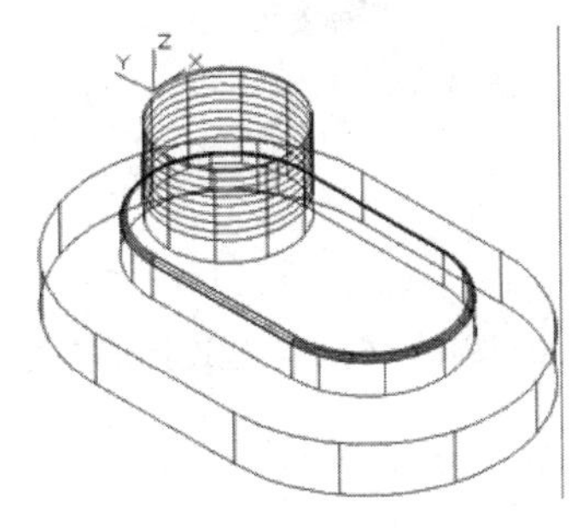

图 13-161　切换坐标系

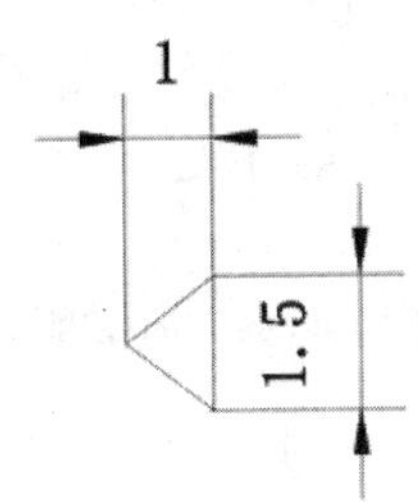

图 13-162　牙型截面尺寸

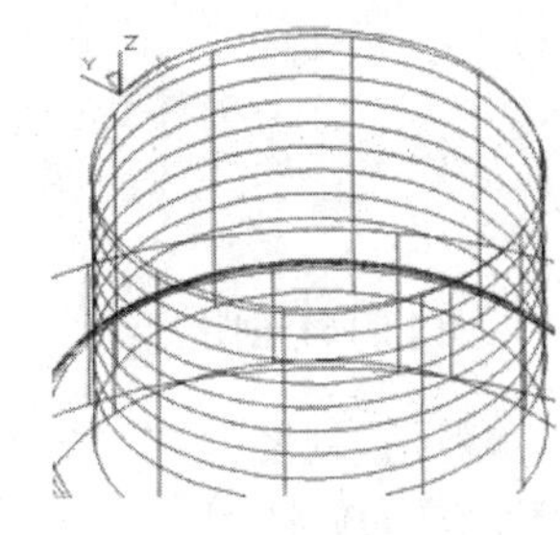
图 13-163　绘制牙型截面

❺扫掠创建实体。单击“三维工具”选项卡“建模”面板中的“扫掠”按钮，命令行提示如下：

命令：_SWEEP

当前线框密度： ISOLINES=4，闭合轮廓创建模式 = 实体

选择要扫掠的对象或 [模式(MO)]：_MO 闭合轮廓创建模式 [实体(SO)/曲面(SU)] <实体>：_SO

选择要扫掠的对象或 [模式(MO)]：（选择三角牙型截面）

选择要扫掠的对象或 [模式(MO)]：↙

选择扫掠路径或 [对齐(A)/基点(B)/比例(S)/扭曲(T)]：（选择螺旋线）

创建螺纹，如图 13-164 所示。

❻并集运算。单击“三维工具”选项卡“实体编辑”面板中的“并集”按钮，对螺纹与半径为 12.5 的圆柱体进行并集运算。

❼创建圆柱体。将坐标系切换到 WCS，单击“三维工具”选项卡“建模”面板中的“圆柱体”按钮，以点（0，0，31.5）为底面中心点，创建半径为 20、轴端点为（@0，0，10）的圆柱体；以点（0，0，21）为底面中心点，创建半径为 12.5、轴端点为（@0，0，-5）的圆柱体；以点（0，0，21）为底面中心点，创建半径为 20、轴端点为（@0，0，-5）的圆柱体，如图 13-165 所示。

❽布尔运算。单击“三维工具”选项卡“实体编辑”面板中的“差集”按钮，从半径为 20 的圆柱体中减去半径为 12.5 的圆柱体，然后再从螺纹中减去两个圆柱体，创建连接部实体，如图 13-166 所示。

❾并集运算。单击“三维工具”选项卡“实体编辑”面板中的“并集”按钮，将视图中所有的图形合并为一个实体。

注意

绘制图形时，由于视图方向的变换，使坐标的方向也同时发生了变换，为了方便绘制图形，要实时地变换坐标系，最常用的就是世界坐标系（WCS）。

08 创建连接孔。

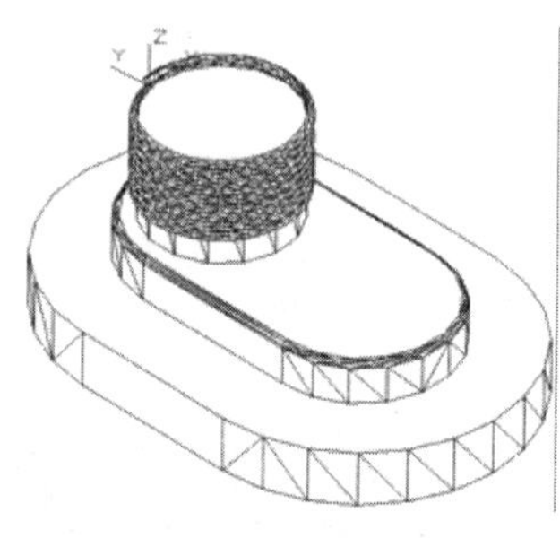

图 13-164 创建螺纹

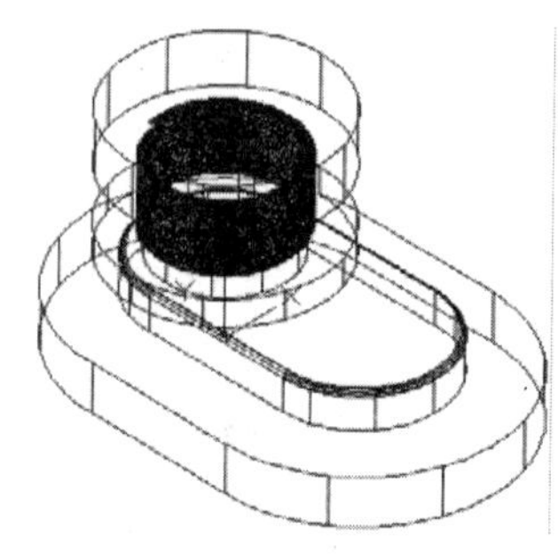

图 13-165 创建圆柱体

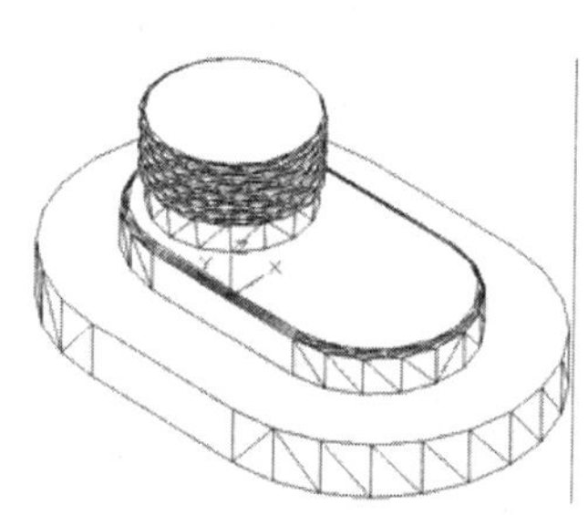

图 13-166 创建连接部实体

❶设置视图方向。单击“视图”选项卡“命名视图”面板中的“俯视”按钮，将当前视图设置为俯视图。

❷绘制圆。单击“默认”选项卡“绘图”面板中的“圆”按钮，以点（-22，0）为底面中心点，绘制半径为 3.5 的圆，如图 13-167 所示。

❸复制圆。单击“默认”选项卡“修改”面板中的“复制”按钮，命令行提示如下：

命令：_COPY

选择对象：↙（选择上一步绘制的圆）

选择对象：↙

当前设置：复制模式 = 多个

指定基点或 [位移(D)/模式(O)] <位移>：[在对象捕捉模式下选择上一步绘制的圆的圆心，或者输入坐标（-22，0）]↙

指定第二个点或 [阵列(A)] <使用第一个点作为位移>：@0，-28.76↙

指定第二个点或 [阵列(A)/退出(E)/放弃(U)] <退出>：@22，-50.76↙

指定第二个点或 [阵列(A)/退出(E)/放弃(U)] <退出>：@44，-28.76↙

指定第二个点或 [阵列(A)/退出(E)/放弃(U)] <退出>：@44,0↙

指定第二个点或 [阵列(A)/退出(E)/放弃(U)] <退出>：@22,22↙

指定第二个点或 [阵列(A)/退出(E)/放弃(U)] <退出>：↙

如图 13-168 所示。

注意

用户可能会发现，在执行“复制”命令时，命令行中一直在提示输入位移的第二点，直到按 Enter 键结束为止，这样可避免重复操作，提高了绘图的效率。另外，需要注意的是，指定的第二个点的位移是针对基点而言的，而不是指上一点。

❹设置视图方向。单击“可视化”选项卡“命名视图”面板中的“西南等轴测”按钮，

将当前视图设置为西南等轴测视图，如图 13-169 所示。

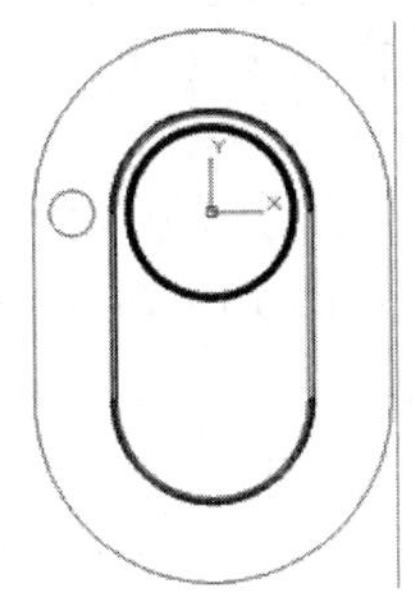

图 13-167　绘制圆

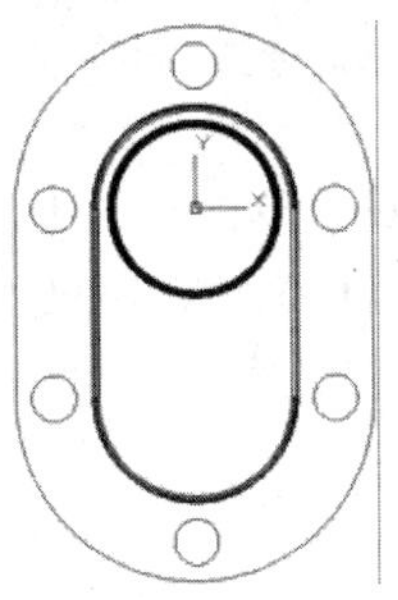

图 13-168　复制圆

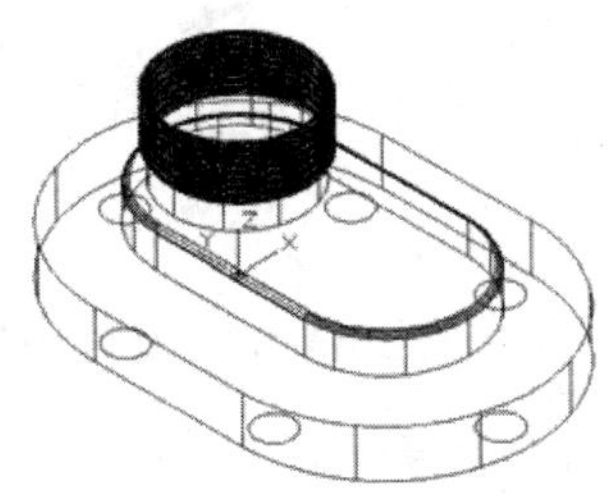

图 13-169　设置视图方向

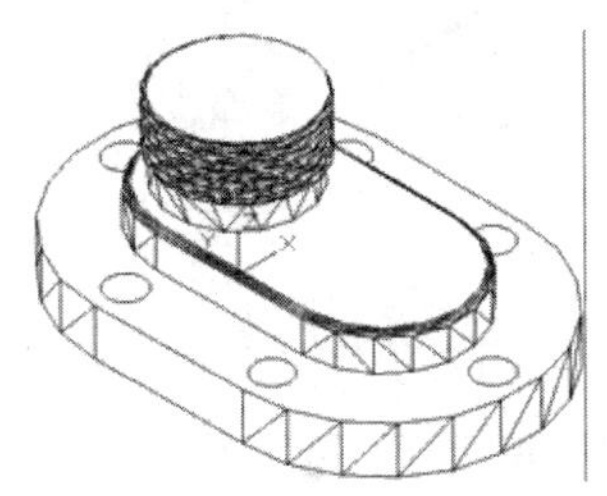

图 13-170　拉伸圆创建圆柱体

❺拉伸圆。单击“三维工具”选项卡“建模”面板中的“拉伸”按钮，将复制后的圆进行拉伸操作，拉伸距离为 9，创建圆柱体，如图 13-170 所示。

❻差集运算。单击“三维工具”选项卡“实体编辑”面板中的“差集”按钮，将创建右端盖与拉伸圆创建的 6 个圆柱体进行差集运算，如图 13-171 所示。

❼创建圆柱体。单击“三维工具”选项卡“建模”面板中的“圆柱体”按钮，以点（-22，0，9）为底面中心点，创建半径为 4.5、高度为-6 的圆柱体，如图 13-172 所示。

❽复制圆柱体。单击“默认”选项卡“修改”面板中的“复制”按钮，命令行提示如下：

命令：_COPY

选择对象：↙（选择上一步创建的圆柱体）

选择对象：↙

当前设置：　复制模式 = 多个

指定基点或 [位移(D)/模式(O)] <位移>：[在对象捕捉模式下选择上一步创建的圆柱体的上面的圆心，或者输入坐标（-22，0，9）]

指定第二个点或 [阵列(A)] <使用第一个点作为位移>：-22, -28.76,9↙

指定第二个点或 [阵列(A)/退出(E)/放弃(U)] <退出>：0, -50.76,9↙

指定第二个点或 [阵列(A)/退出(E)/放弃(U)] <退出>：22, -28.76,9↙

指定第二个点或 [阵列(A)/退出(E)/放弃(U)] <退出>：22,0,9↙

指定第二个点或 [阵列(A)/退出(E)/放弃(U)] <退出>：0,22,9↙

指定第二个点或 [阵列(A)/退出(E)/放弃(U)] <退出>：↙

如图 13-173 所示。

🔔 注意

当输入坐标时，既可以输入相对坐标，也可以输入绝对坐标。在上面的例子中，以绝对坐标为例，主要是为了让读者灵活运用 AutoCAD2022，但推荐使用相对坐标，这样可以减少计算量，提高绘图效率。

❾差集运算。单击“三维工具”选项卡“实体编辑”面板中的“差集”按钮，将创建的右端盖与 6 个圆柱体进行差集运算，创建连接孔，如图 13-174 所示。

09 创建定位孔。

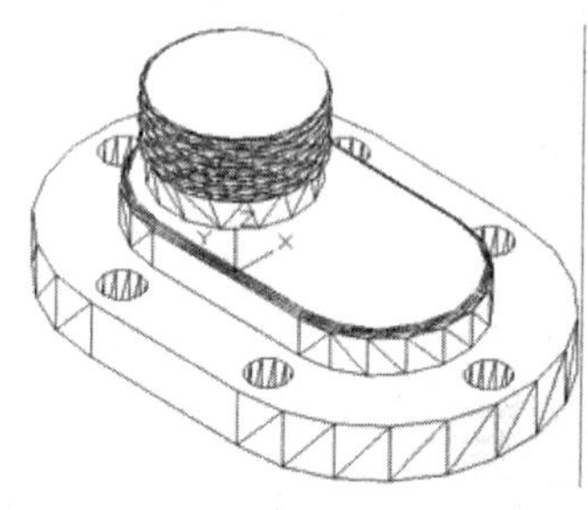

图 13-171　差集运算

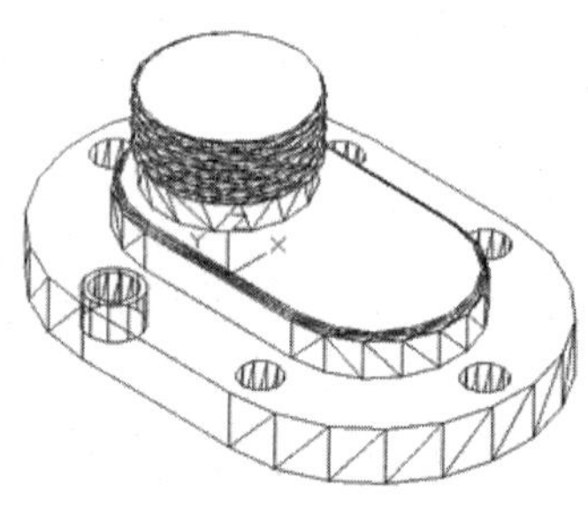

图 13-172　创建圆柱体

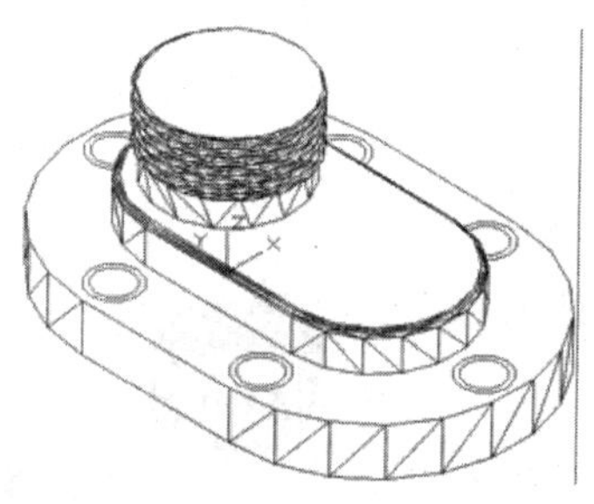

图 13-173　复制圆柱体

❶设置视图方向。单击“可视化”选项卡“命名视图”面板中的“俯视”按钮，将当前视图设置为俯视方向，结果如图 13-175 所示。

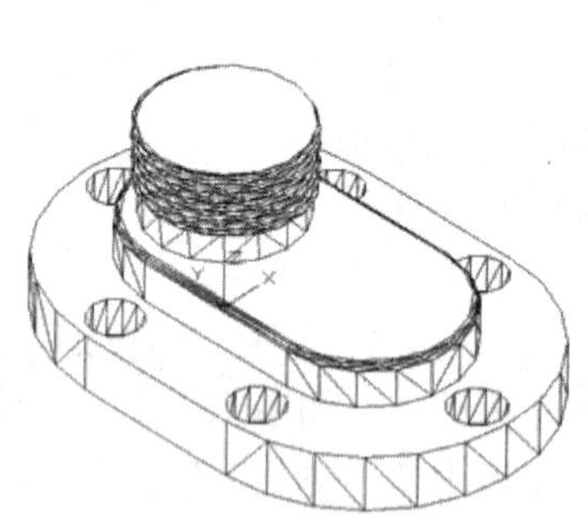

图 13-174　创建连接孔

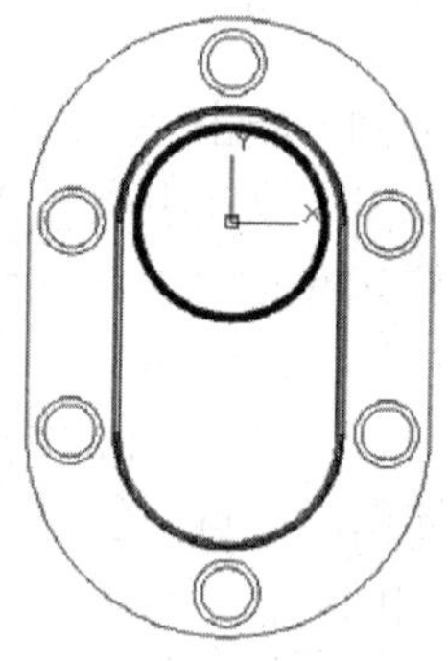

图 13-175　设置视图方向

❷绘制圆。单击“默认”选项卡“绘图”面板中的“圆”按钮，以坐标原点（0，0）为圆心，绘制半径为 2.5 的圆。

❸复制圆。单击“默认”选项卡“修改”面板中的“复制”按钮，命令行提示如下：

命令：_COPY

选择对象：↙（选择上一步绘制的圆）

选择对象：↙

当前设置：复制模式 = 多个

指定基点或［位移(D)/模式(O)］〈位移〉：［在对象捕捉模式下选择上一步绘制的圆的圆心，或者输入坐标（0，0）］↙

指定第二个点或［阵列(A)］〈使用第一个点作为位移〉：@22<45↙

指定第二个点或［阵列(A)/退出(E)/放弃(U)］〈退出〉：@0，-28.76↙

指定第二个点或 [阵列(A)/退出(E)/放弃(U)] 〈退出〉：↙

命令：_copy

选择对象：↙（选择图 13-176 中的圆 3）

选择对象：↙

当前设置：复制模式 = 多个

指定基点或 [位移(D)/模式(O)] 〈位移〉：[在对象捕捉模式下选择图 13-176 中的圆 3 的圆心，或者输入坐标（0，-28.76）]

指定第二个点或 [阵列(A)] 〈使用第一个点作为位移〉：@22<-135↙

指定第二个点或 [阵列(A)/退出(E)/放弃(U)] 〈退出〉：↙

如图 13-176 所示。

❹删除圆。单击“默认”选项卡“修改”面板中的“删除”按钮，删除图 13-176 中的圆 1 和圆 3，如图 13-177 所示。

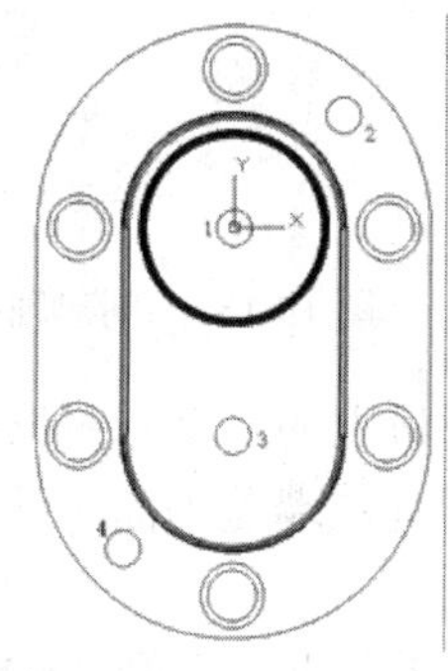

图 13-176　复制圆

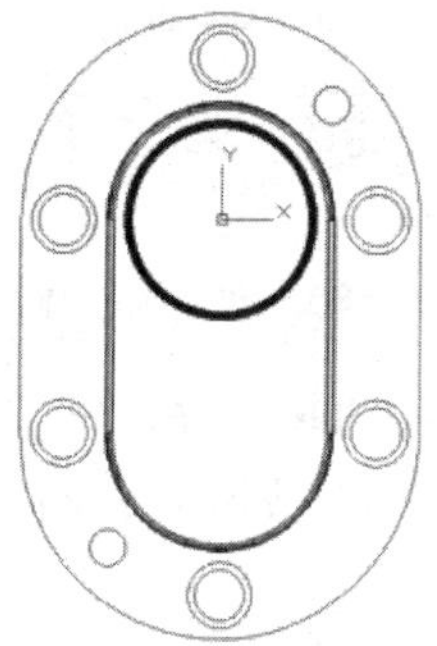

图 13-177　删除圆

注意

在图 13-176 中采用的是间接法绘制圆 2 和圆 4，并且采用了极坐标的输入形式。如果直接输入这两个圆的坐标，其坐标不为整数，定位不精确，所以在绘制图形时，要灵活掌握坐标的输入形式。

❺设置视图方向。单击“可视化”选项卡“命名视图”面板中的“西南等轴测”按钮，将当前视图设置为西南等轴测视图。

❻拉伸圆。单击“三维工具”选项卡“建模”面板中的“拉伸”按钮，对图 13-176 中的圆 2 和圆 4 进行拉伸操作，拉伸距离为 9，创建圆柱体，如图 13-178 所示。

❼差集运算。单击“三维工具”选项卡“实体编辑”面板中的“差集”按钮，将创建的右端盖与拉伸圆创建的两个圆柱体进行差集运算，创建定位孔，如图 13-179 所示。

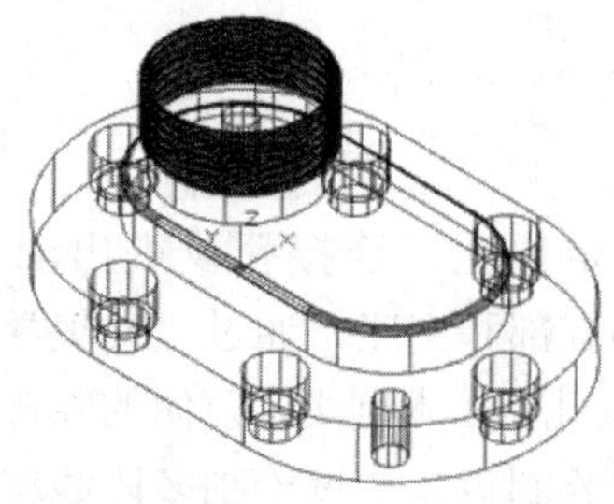

图 13-178　拉伸圆创建圆柱体

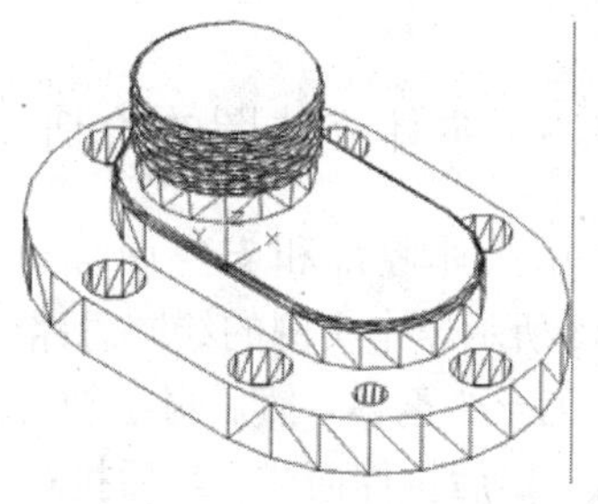

图 13-179　创建定位孔

10 创建轴孔。

❶创建圆柱体。单击“三维工具”选项卡“建模”面板中的“圆柱体”按钮，以点（0，-28.76，0）为底面中心点，创建半径为 8、高度为 11 的圆柱体。重复执行“圆柱体”命令，以点（0，0，0）为底面中心点，创建半径为 8、高度为 21 的圆柱体。以点（0，0，21）为底面中心点，创建半径为 10、高度为 11.5 的圆柱体，如图 13-180 所示。

❷差集运算。单击“三维工具”选项卡“实体编辑”面板中的“差集”按钮，将创建的右端盖与 3 个圆柱体进行差集运算，创建轴孔，如图 13-181 所示。

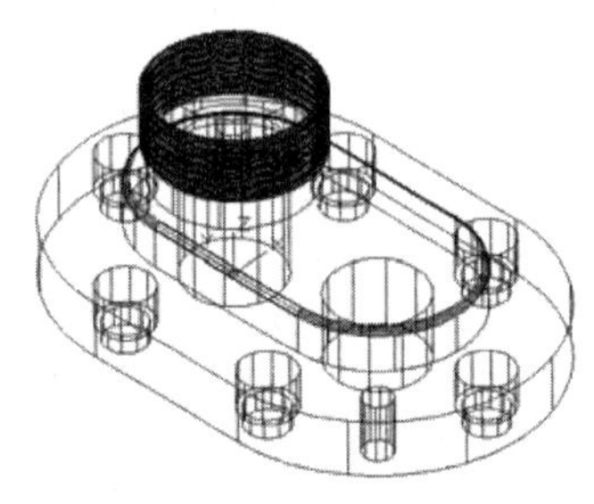

图 13-180　创建圆柱体

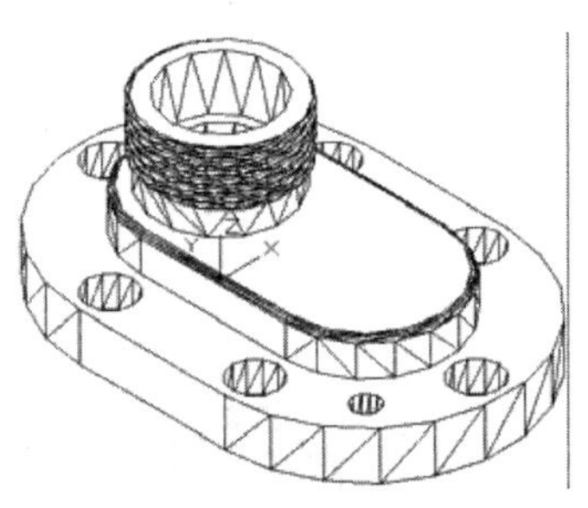

图 13-181　创建轴孔

❸设置视图方向。单击“视图”选项卡“导航”面板上的“动态观察”下拉菜单中的“自由动态观察”按钮，将当前视图调整到能够看到右端盖下面轴孔的位置，如图 13-182 所示。

❹显示图形。单击“视图”选项卡“视图”面板中的“概念”命令，对实体进行概念显示，如图 13-183 所示。

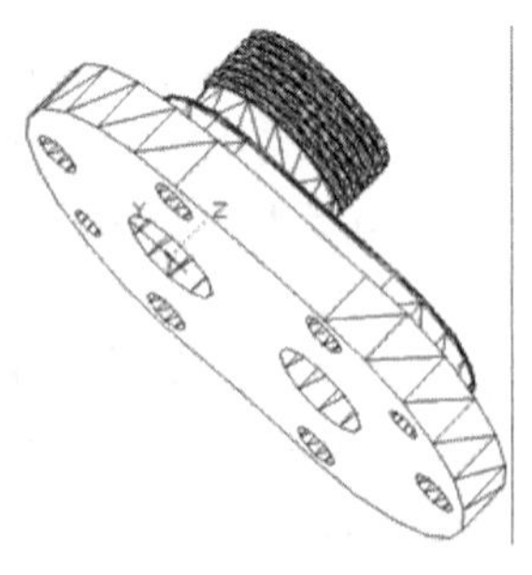

图 13-182　设置视图方向

图 13-183　概念显示图形

13.4.3　泵体立体图的绘制

泵体由泵体腔部和支座两部分组成，上面还有定位孔、连接孔及进出油口，如图 13-184 所示。本实例的绘制思路：依次绘制泵体的腔部和支座，通过“并集”命令，将其合并为一个整体，然后再绘制上面的定位孔和连接孔。在本例中，泵体的腔部通过绘制多段线，然后拉伸而成，最后执行差集运算。支座的绘制也是通过绘制多段线然后拉伸而成。对于绘制定位孔、连接孔和进出油口的绘制，本例采用在所需要的位置绘制圆柱体，通过“差集”命令来形成。

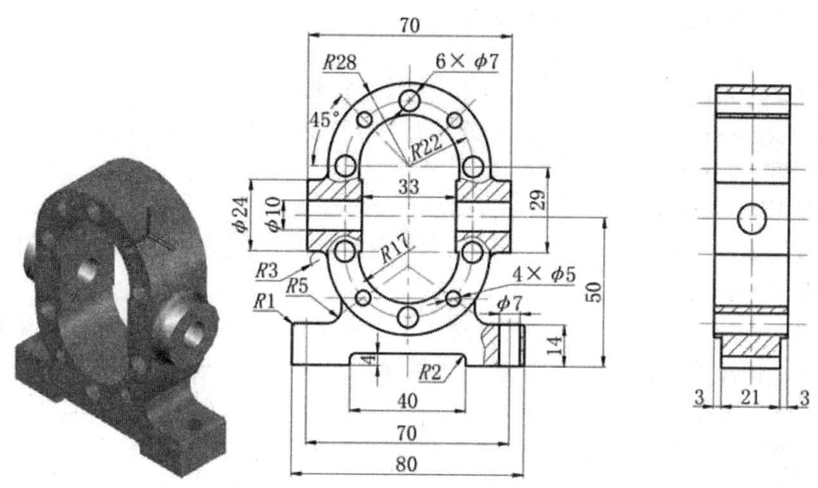

图 13-184 泵体

01 启动系统。启动 AutoCAD 2022，使用默认设置的绘图环境。

02 建立新文件。单击“快速访问”工具栏中的“新建”按钮，打开“选择样板”对话框，单击“打开”按钮右侧的下三角按钮，以“无样板打开一公制（M）”方式建立新文件，将新文件命名为“泵体.dwg”并保存。

03 设置线框密度。设置对象上每个曲面的轮廓线数目。默认设置是 8，有效值的范围为 0～2047。将该设置保存在图形中。命令行提示如下：

命令：ISOLINES↙

输入 ISOLINES 的新值 <8>：10↙

04 设置视图方向。单击“可视化”选项卡“命名视图”面板中的“前视”按钮，将当前视图方向设置为主视图方向。

05 绘制泵体腔部。

❶绘制多段线 1。单击“默认”选项卡“绘图”面板中的“多段线”按钮，命令行提示如下：

命令：_PLINE

指定起点：-28, -28.76↙

当前线宽为 0.0000

指定下一个点或 [圆弧(A)/半宽(H)/长度(L)/放弃(U)/宽度(W)]：@0,28.76↙

指定下一点或 [圆弧(A)/闭合(C)/半宽(H)/长度(L)/放弃(U)/宽度(W)]：A↙

指定圆弧的端点(按住 Ctrl 键以切换方向)或[角度(A)/圆心(CE)/闭合(CL)/方向(D)/半宽(H)/直线(L)/半径(R)/第二个点(S)/放弃(U)/宽度(W)]：A↙

指定夹角：-180↙

指定圆弧的端点(按住 Ctrl 键以切换方向)或 [圆心(CE)/半径(R)]：@56,0↙

指定圆弧的端点(按住 Ctrl 键以切换方向)或[角度(A)/圆心(CE)/闭合(CL)/方向(D)/半宽(H)/直线(L)/半径(R)/第二个点(S)/放弃(U)/宽度(W)]：L↙

指定下一点或 [圆弧(A)/闭合(C)/半宽(H)/长度(L)/放弃(U)/宽度(W)]：@0, -28.76↙

指定下一点或 [圆弧(A)/闭合(C)/半宽(H)/长度(L)/放弃(U)/宽度(W)]：A↙

指定圆弧的端点(按住 Ctrl 键以切换方向)或[角度(A)/圆心(CE)/闭合(CL)/方向(D)/半宽(H)/直线(L)/半径(R)/第二个点(S)/放弃(U)/宽度(W)]：A↙

指定夹角：-180↙

指定圆弧的端点(按住 Ctrl 键以切换方向)或 [圆心(CE)/半径(R)]：@-56,0↙

指定圆弧的端点(按住 Ctrl 键以切换方向)或[角度(A)/圆心(CE)/闭合(CL)/方向(D)/半宽(H)/直线(L)/半径(R)/第二个点(S)/放弃(U)/宽度(W)]：↙

结果如图 13-185 所示。

❷设置视图方向。单击“可视化”选项卡“命名视图”面板中的“西南等轴测”按钮，将当前视图设置为西南等轴测视图。

❸拉伸多段线 1。单击“三维工具”选项卡“建模”面板中的“拉伸”按钮，对绘制的多段线进行拉伸操作，拉伸高度为 26，结果如图 13-186 所示。

❹设置视图方向。单击“可视化”选项卡“命名视图”面板中的“前视”按钮，将当前视图方向设置为主视图方向。

❺绘制多段线 2。单击“默认”选项卡“绘图”面板中的“多段线”按钮，命令行提示如下：

命令：_PLINE

指定起点：-16.25, -28.76↙

当前线宽为 0.0000

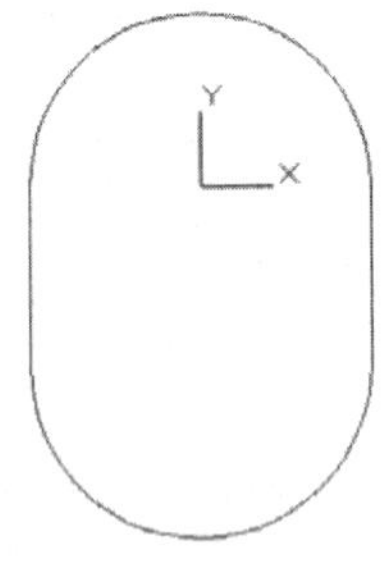

图 13-185　绘制多段线 1

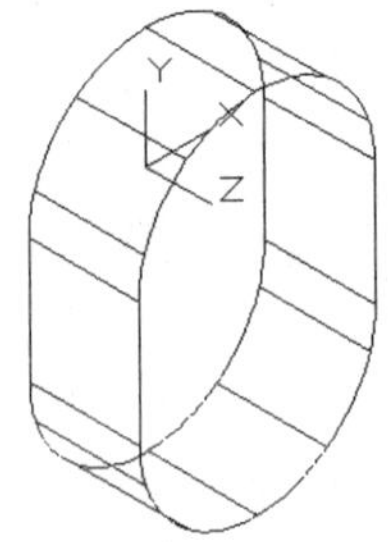

图 13-186　拉伸多段线 1

指定下一个点或 [圆弧(A)/半宽(H)/长度(L)/放弃(U)/宽度(W)]：@0,24↙

指定下一点或 [圆弧(A)/闭合(C)/半宽(H)/长度(L)/放弃(U)/宽度(W)]：@-1,0↙

指定下一点或 [圆弧(A)/闭合(C)/半宽(H)/长度(L)/放弃(U)/宽度(W)]：@0,4.76↙

指定下一点或 [圆弧(A)/闭合(C)/半宽(H)/长度(L)/放弃(U)/宽度(W)]：A↙

指定圆弧的端点(按住 Ctrl 键以切换方向)或[角度(A)/圆心(CE)/闭合(CL)/方向(D)/半宽(H)/直线(L)/半径(R)/第二个点(S)/放弃(U)/宽度(W)]：A↙

指定夹角：-180↙

指定圆弧的端点(按住 Ctrl 键以切换方向)或 [圆心(CE)/半径(R)]：@34.5,0↙

指定圆弧的端点(按住 Ctrl 键以切换方向)或[角度(A)/圆心(CE)/闭合(CL)/方向(D)/半宽(H)/直线(L)/半径(R)/第二个点(S)/放弃(U)/宽度(W)]：L↙

指定下一点或 [圆弧(A)/闭合(C)/半宽(H)/长度(L)/放弃(U)/宽度(W)]：@0, -4.76↙

指定下一点或 [圆弧(A)/闭合(C)/半宽(H)/长度(L)/放弃(U)/宽度(W)]：@-1,0↙

指定下一点或 [圆弧(A)/闭合(C)/半宽(H)/长度(L)/放弃(U)/宽度(W)]：@0, -24↙

指定下一点或 [圆弧(A)/闭合(C)/半宽(H)/长度(L)/放弃(U)/宽度(W)]：@1,0↙

指定下一点或 [圆弧(A)/闭合(C)/半宽(H)/长度(L)/放弃(U)/宽度(W)]：A↙

指定圆弧的端点(按住 Ctrl 键以切换方向)或[角度(A)/圆心(CE)/闭合(CL)/方向(D)/半宽(H)/直线(L)/半径(R)/第二个点(S)/放弃(U)/宽度(W)]：A↙

指定夹角：-180↙

指定圆弧的端点(按住 Ctrl 键以切换方向)或 [圆心(CE)/半径(R)]：@-34.5,0↙

指定圆弧的端点(按住 Ctrl 键以切换方向)或[角度(A)/圆心(CE)/闭合(CL)/方向(D)/半宽(H)/直线(L)/半径(R)/第二个点(S)/放弃(U)/宽度(W)]：L↙

指定下一点或 [圆弧(A)/闭合(C)/半宽(H)/长度(L)/放弃(U)/宽度(W)]：@1,0↙

指定下一点或 [圆弧(A)/闭合(C)/半宽(H)/长度(L)/放弃(U)/宽度(W)]：↙

如图 13-187 所示。

❻设置视图方向。单击“可视化”选项卡“命名视图”面板中的“西南等轴测”按钮，将当前视图设置为西南等轴测视图。

❼拉伸多段线 2。单击“三维工具”选项卡“建模”面板中的“拉伸”按钮，对步骤❺绘制的多段线进行拉伸操作，拉伸高度为 26，如图 13-188 所示。

❽差集运算。单击“三维工具”选项卡“实体编辑”面板中的“差集”按钮，分别对绘制的外部拉伸面和内部拉伸面进行差集运算，并进行消隐处理，如图 13-189 所示。

注意

在绘制泵体腔部的过程中，我们采用了先绘制多段线，然后拉伸图形的方式，这是因为该腔部的形状比较复杂，如果图形比较简单，则可以直接绘制实体。

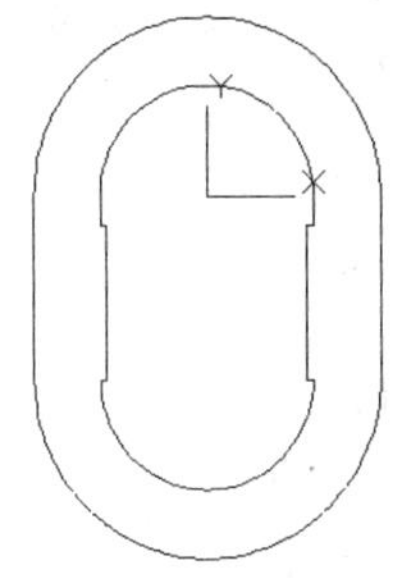

图 13-187　绘制多段线 2

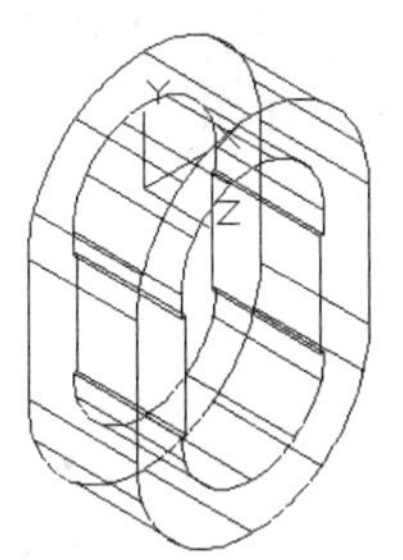

图 13-188　拉伸多段线 2

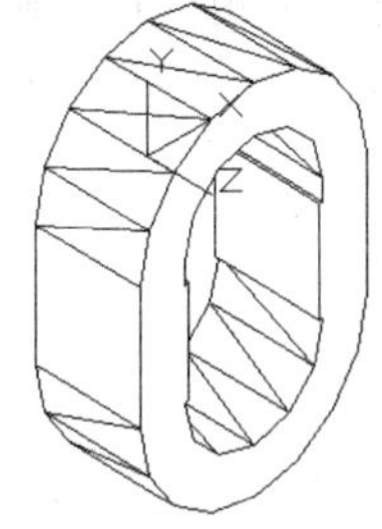

图 13-189　差集运算及消隐处理

❾绘制圆柱体。单击“三维工具”选项卡“建模”面板中的“圆柱体”按钮，以点（-28，-16.76，13）为底面中心点，绘制半径为 12、轴端点为（@-7，0，0）的圆柱体；重复执行“圆柱体”命令，以点（28，-16.76，13）为底面中心点，绘制半径为 12、轴端点为（@7，0，0）的圆柱体，如图 13-190 所示。

❿并集运算。单击“三维工具”选项卡“实体编辑”面板中的“并集”按钮，将视图中所有的图形合并。

⓫圆角。单击“默认”选项卡“修改”面板中的“圆角”按钮，对图 13-190 的边线 1 和边线 2 进行圆角操作，圆角半径为 3，绘制泵体腔部，如图 13-191 所示。

06 绘制泵体支座。

❶绘制长方体 1。单击“三维工具”选项卡“建模”面板中的“长方体”按钮，以点（-40，-67，2.6）和点（@80，14，20.8）为两角点创建长方体；重复执行“长方体”命令，

以点（-23，-53，2.6）和点（@46，10，20.8）为两角点创建长方体，如图 13-192 所示。

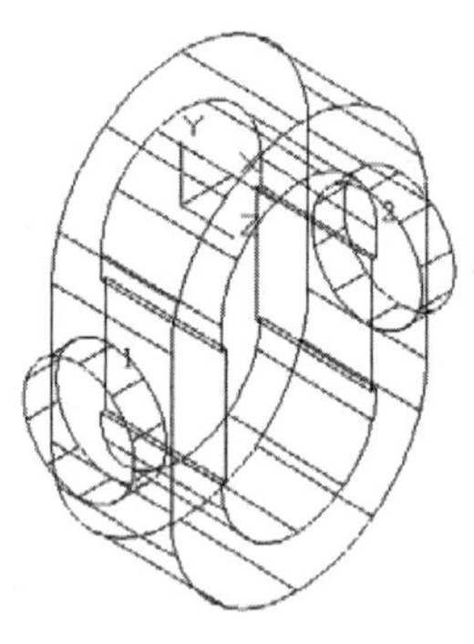

图 13-190　绘制圆柱体

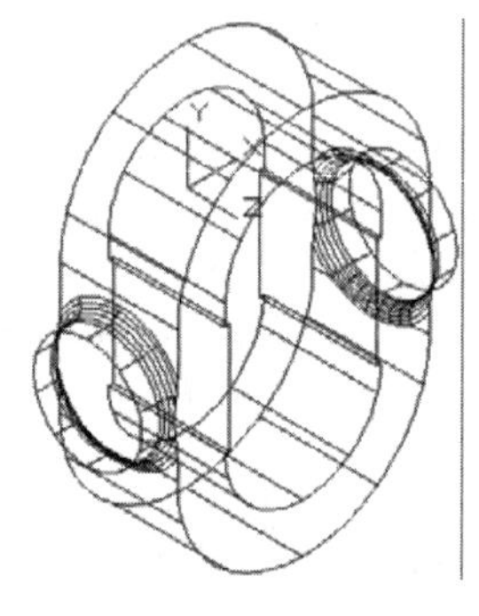

图 13-191　绘制泵体腔部

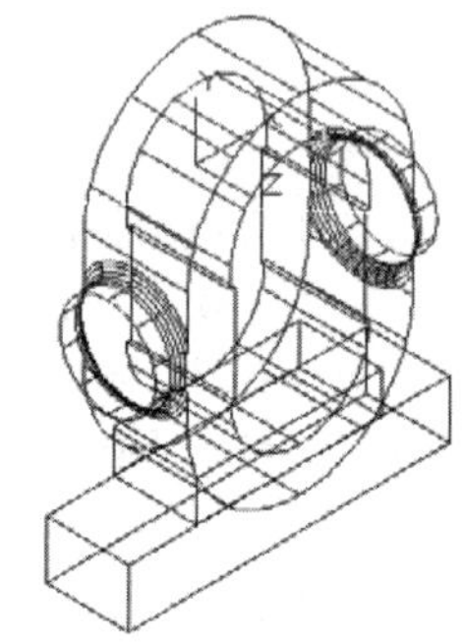

图 13-192　绘制长方体 1

注意

在绘制立体图形时，要注意输入坐标值的技巧。例如，长方体角点的输入值为（@46,10,20.8），其实与 Y 轴的相对坐标小于 10，而且不为整数，但为了绘图方便，可以取一个简单的数字，多余的部分将在并集运算后消失。需要注意的是，这种绘图方式不能应用在平面绘图中，因为平面图形不能做并集运算。

❷并集运算。单击“三维工具”选项卡“实体编辑”面板中的“并集”按钮，将视图中所有的图形进行并集运算，并进行消隐处理，如图 13-193 所示。

❸圆角。单击“默认”选项卡“修改”面板中的“圆角”按钮，对图 13-193 中的边 3 和边 4 进行圆角操作，圆角半径为 5。重复执行“圆角”命令，将图 13-193 中的边 5 和边 6 进行圆角操作，圆角半径为 1，如图 13-194 所示。

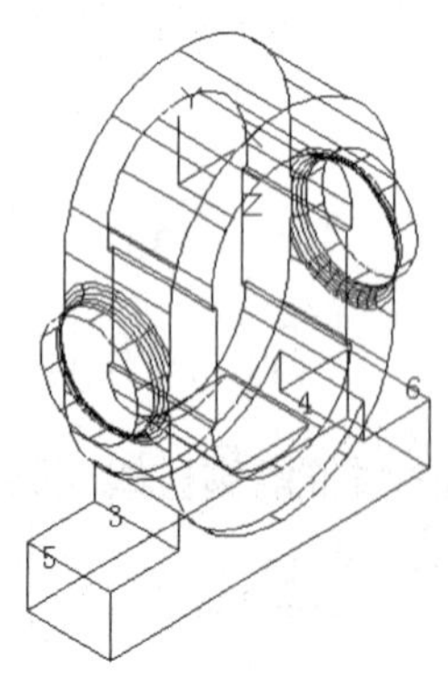

图 13-193　并集运算及消隐处理

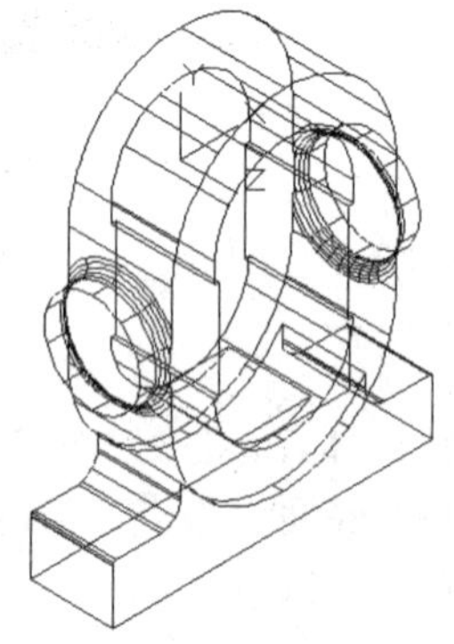

图 13-194　圆角操作

❹绘制多段线。将当前视图切换到主视图，单击“默认”选项卡“绘图”面板中的“多段线”按钮，命令行提示如下：

命令：_PLINE
指定起点：-17.25，-28.76↙
当前线宽为 0.0000
指定下一个点或［圆弧(A)/半宽(H)/长度(L)/放弃(U)/宽度(W)］：@34.5,0↙

指定下一点或 [圆弧(A)/闭合(C)/半宽(H)/长度(L)/放弃(U)/宽度(W)]：A↙

指定圆弧的端点(按住 Ctrl 键以切换方向)或[角度(A)/圆心(CE)/闭合(CL)/方向(D)/半宽(H)/直线(L)/半径(R)/第二个点(S)/放弃(U)/宽度(W)]：A↙

指定夹角：-180↙

指定圆弧的端点(按住 Ctrl 键以切换方向)或 [圆心(CE)/半径(R)]：@-34.5,0↙

指定圆弧的端点(按住 Ctrl 键以切换方向)或[角度(A)/圆心(CE)/闭合(CL)/方向(D)/半宽(H)/直线(L)/半径(R)/第二个点(S)/放弃(U)/宽度(W)]：↙

结果如图 13-195 所示。

❺设置视图方向。单击“可视化”选项卡“命名视图”面板中的“西南等轴测”按钮，将当前视图设置为西南等轴测视图。

❻拉伸多段线。单击“三维工具”选项卡“建模”面板中的“拉伸”按钮，将步骤❹绘制的多段线拉伸操作，拉伸高度为 26，并对拉伸创建的实体进行消隐处理，如图 13-196 所示。

❼差集运算。单击“三维工具”选项卡“实体编辑”面板中的“差集”按钮，分别对绘制的外部拉伸面和内部拉伸面进行差集运算，并进行消隐处理，如图 13-197 所示。

注意

从上面的绘图过程可以看出，对于形状不规则的图形，可以采用先绘制规则图形，然后进行并集和差集运算的方式，这样可以提高绘制图形的效率。

❽绘制长方体 2。单击“三维工具”选项卡“建模”面板中的“长方体”按钮，以点（-20，-67，2.6）和点（@40，4，20.8）为角点绘制长方体 2，如图 13-198 所示。

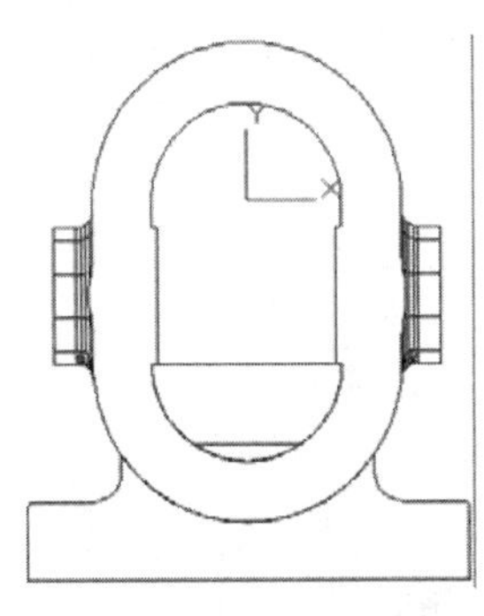

图 13-195　绘制多段线 3

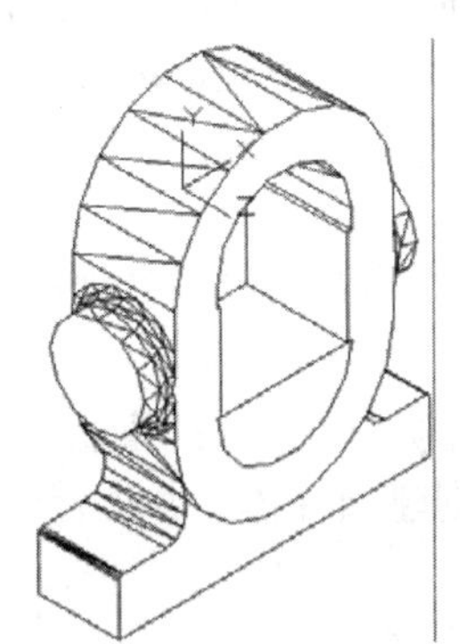

图 13-196　拉伸及消隐处理

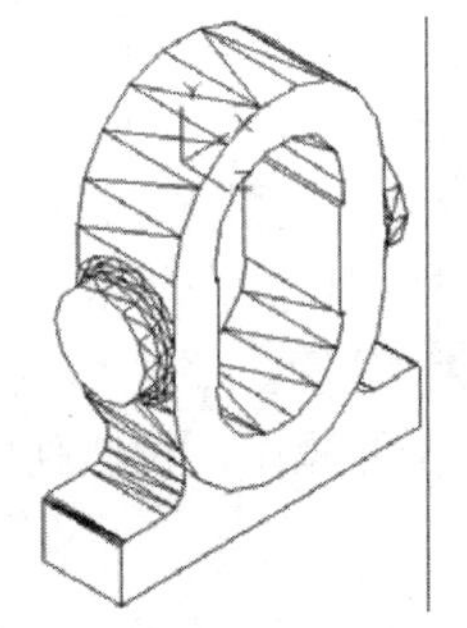

图 13-197　差集运算及消隐处理

❾差集运算。单击“三维工具”选项卡“实体编辑”面板中的“差集”按钮，分别对绘制的外部拉伸面和内部拉伸面进行差集运算，如图 13-199 所示。

❿圆角。单击“默认”选项卡“修改”面板中的“圆角”按钮，对图 13-199 的边 1 和边 2 进行圆角操作，圆角半径为 2。对实体进行消隐处理，绘制泵体支座，如图 13-200 所示。

07 绘制连接孔。

❶设置视图方向。单击“可视化”选项卡“命名视图”面板中的“前视”按钮，将当前视图方向设置为主视图方向。

❷绘制圆。单击“默认”选项卡“绘图”面板中的“圆”按钮，以点（-22，0）为圆心，绘制半径为3.5的圆。

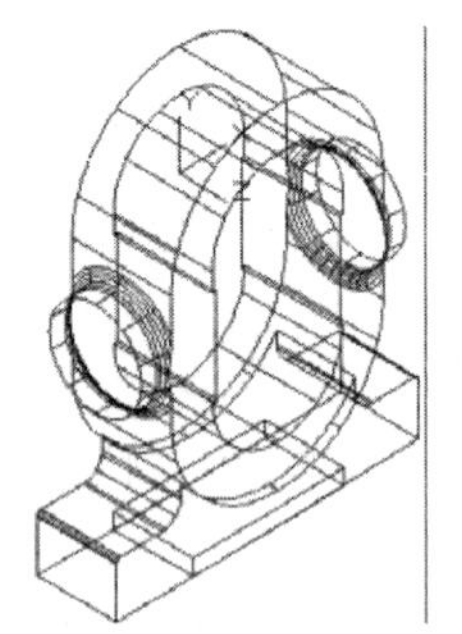
图 13-198　绘制长方体 2

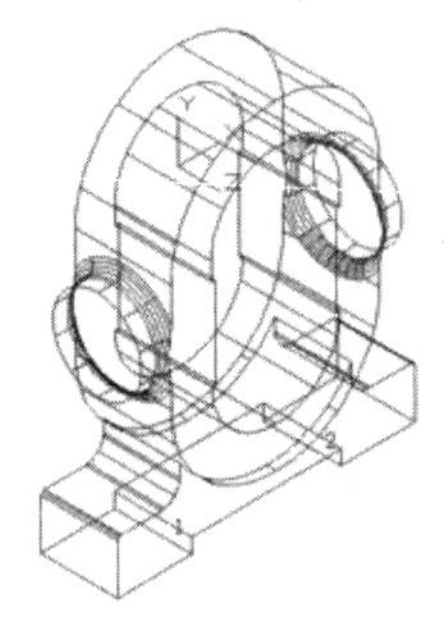
图 13-199　差集运算

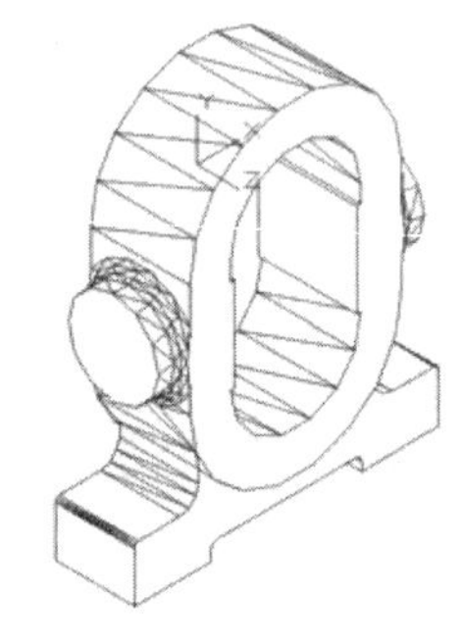
图 13-200　绘制泵体支座

❸复制圆。单击“默认”选项卡“修改”面板中的“复制”按钮，命令行提示如下：

命令：_COPY
选择对象：（选择上一步绘制的圆）
选择对象：↙
当前设置：　复制模式 = 多个
指定基点或［位移(D)/模式(O)］〈位移〉：［在对象捕捉模式下选择上一步绘制的圆的圆心，或者输入坐标（-22，0）］
指定第二个点或［阵列(A)］〈使用第一个点作为位移〉：@0，-28.76↙
指定第二个点或［阵列(A)/退出(E)/放弃(U)］〈退出〉：0，-50.76↙
指定第二个点或［阵列(A)/退出(E)/放弃(U)］〈退出〉：22，-28.76↙
指定第二个点或［阵列(A)/退出(E)/放弃(U)］〈退出〉：22,0↙
指定第二个点或［阵列(A)/退出(E)/放弃(U)］〈退出〉：0,22↙
指定第二个点或［阵列(A)/退出(E)/放弃(U)］〈退出〉：↙

如图 13-201 所示。

❹设置视图方向。单击“可视化”选项卡“命名视图”面板中的“西南等轴测”按钮，将当前视图设置为西南等轴测视图。

❺拉伸圆。单击“三维工具”选项卡“建模”面板中的“拉伸”按钮，对复制的6个圆进行拉伸操作，拉伸高度为26，创建圆柱体，并进行消隐处理，如图 13-202 所示。

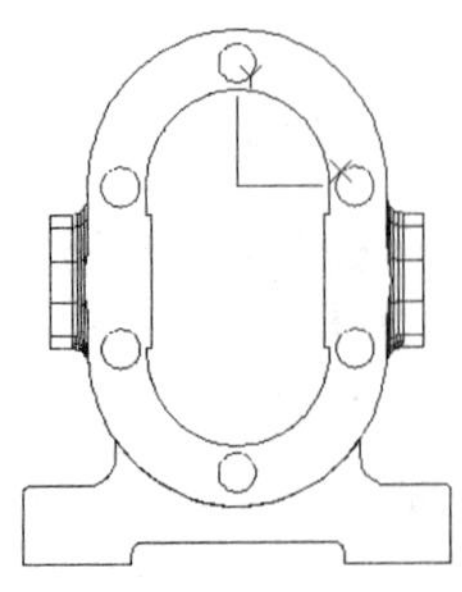
图 13-201　复制圆

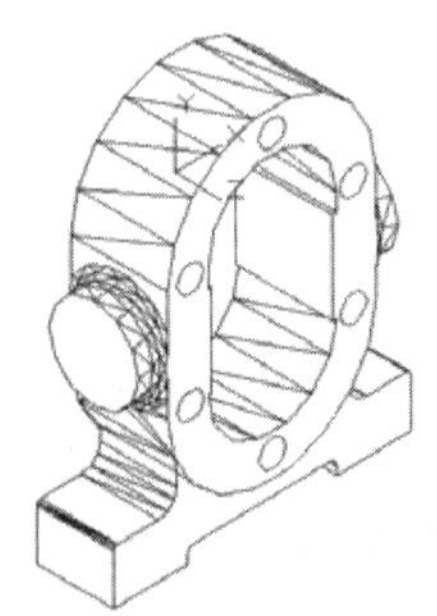
图 13-202　拉伸圆创建圆柱体

❻差集运算。单击“三维工具”选项卡“实体编辑”面板中的“差集”按钮，分别对绘制的泵体与拉伸创建的6个圆柱体进行差集运算，绘制泵体腔部连接孔，并进行消隐处理，

如图 13-203 所示。

❼绘制圆柱体。单击“三维工具”选项卡“建模”面板中的“圆柱体”按钮，分别以点（-35，-67，13）和点（35，-67，13）为端面中心，绘制半径为 3.5、轴端点为（@0，14，0）的圆柱体，并进行消隐处理，如图 13-204 所示。

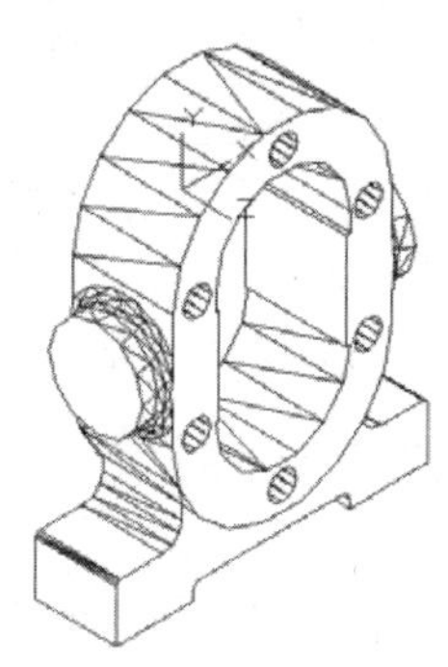

图 13-203　差集运算后的图形

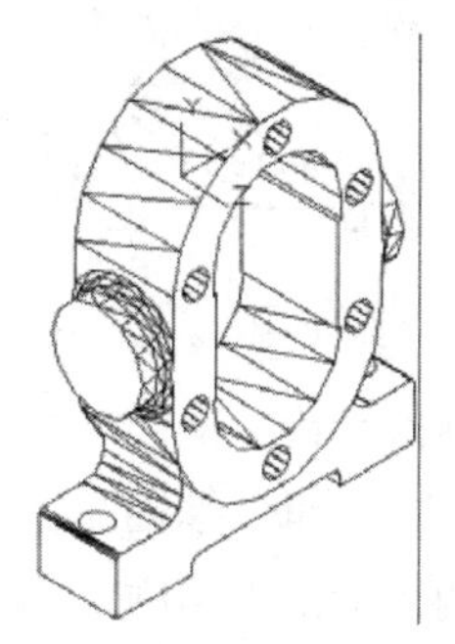

图 13-204　绘制圆柱体后的图形

❽差集运算。单击“三维工具”选项卡“实体编辑”面板中的“差集”按钮，分别对绘制的泵体与两个圆柱体进行差集运算，绘制泵体支座，并进行消隐处理，如图 13-205 所示。

08 绘制定位孔。

❶设置视图方向。单击“可视化”选项卡“命名视图”面板中的“前视”按钮，将当前视图方向设置为主视图方向，如图 13-206 所示。

❷绘制圆。单击“默认”选项卡“绘图”面板中的“圆”按钮，以坐标原点（0，0）为圆心，绘制半径为 2.5 的圆。

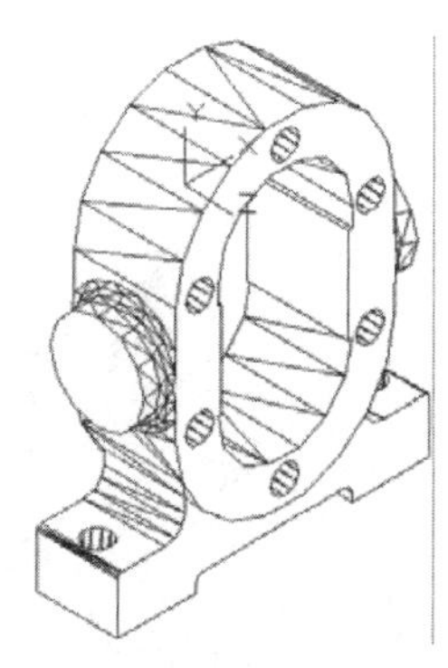

图 13-205　绘制泵体支座连接孔

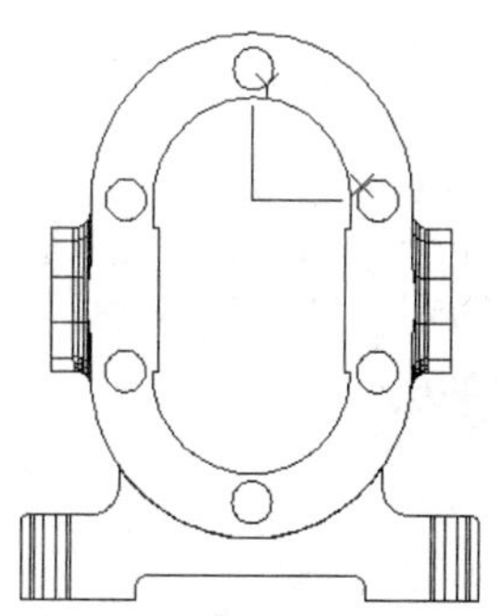

图 13-206　设置视图方向

❸复制圆。单击“默认”选项卡“修改”面板中的“复制”按钮，将上步绘制的圆以圆心为基点，分别复制到点（@22<45）、（@22<135）和点（@0，-28.76）。重复执行“复制”命令，将图 13-207 中的圆 4 以圆心为基点，分别复制到点（@22<-45）和点（@22<-135），如图 13-207 所示。

❹删除圆。单击“默认”选项卡“修改”面板中的“删除”按钮，删除图 13-207 中

的圆 1 和圆 4，如图 13-208 所示。

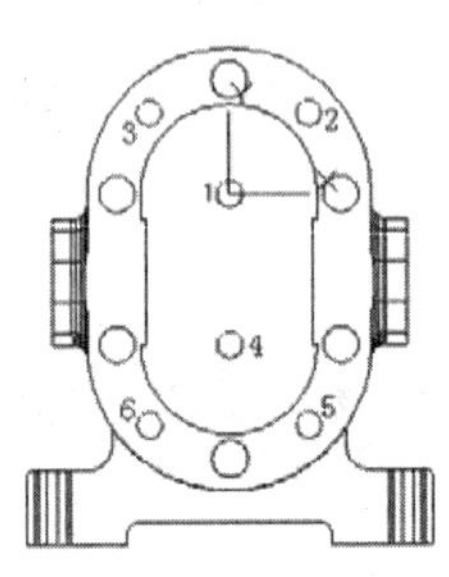

图 13-207　复制圆

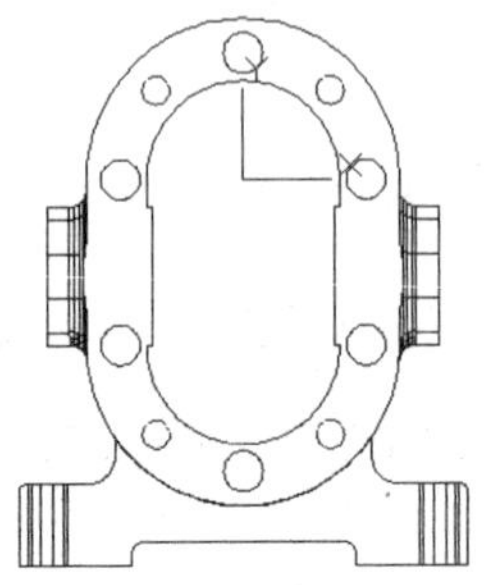
图 13-208　删除圆

❺设置视图方向。单击“可视化”选项卡“命名视图”面板中的“西南等轴测”按钮，将当前视图设置为西南等轴测视图。

❻拉伸圆。单击“三维工具”选项卡“建模”面板中的“拉伸”按钮，对 4 个圆进行拉伸操作，拉伸高度为 26，创建圆柱体，并进行消隐处理，如图 13-209 所示。

❼差集运算。单击“三维工具”选项卡“实体编辑”面板中的“差集”按钮，分别对绘制的泵体与拉伸创建的 4 个圆柱体进行差集运算，绘制泵体腔部定位孔，并进行消隐处理，如图 13-210 所示。

09 绘制进出油口。

❶绘制圆柱体。单击“三维工具”选项卡“建模”面板中的“圆柱体”按钮，分别以坐标点（-35,-16.76,13）和点（0,-16.76,13）为底面中心点，绘制半径为 5、轴端点为（@35，0，0）的两个圆柱体，并进行消隐处理，如图 13-211 所示。

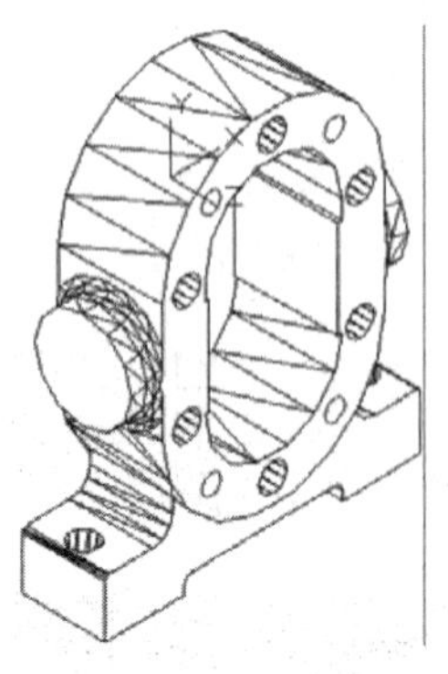
图 13-209　拉伸圆创建圆柱体

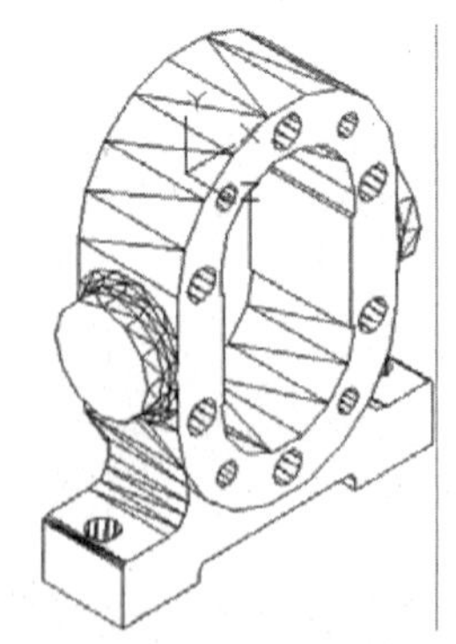
图 13-210　绘制泵体腔部定位孔

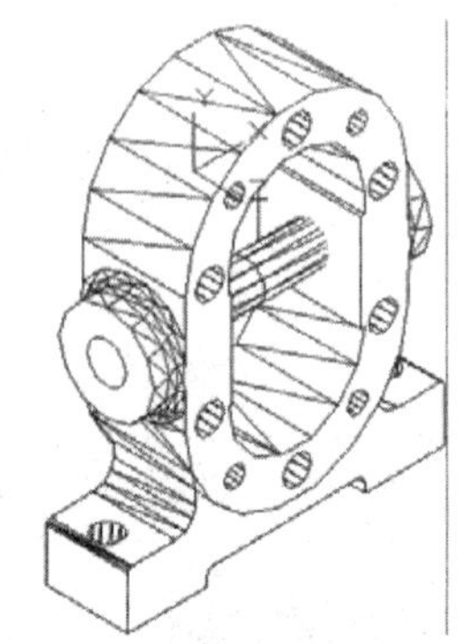
图 13-211　绘制圆柱体

注意

由于进出油口大小不同，所以需要先绘制两个圆柱体，然后使用“差集”运算命令来完成出油口的绘制。

❷差集运算。单击“三维工具”选项卡“实体编辑”面板中的“差集”按钮，分别对绘制的泵体与两个圆柱体进行差集运算，绘制进出油口，并进行消隐处理，如图 13-212 所示。

❸设置视图方向。单击“可视化”选项卡“命名视图”面板中的“东南等轴测”按钮，

将当前视图设置为东南等轴测视图，如图 13-213 所示。

❹显示视图。单击“视图”选项卡“视觉样式”面板中的“概念”按钮，结果如图 13-214 所示。

注意

在 AutoCAD 中可以通过“视图”→“渲染”菜单来设置视图的颜色，以满足用户对彩色输出的需要，增加视觉效果。

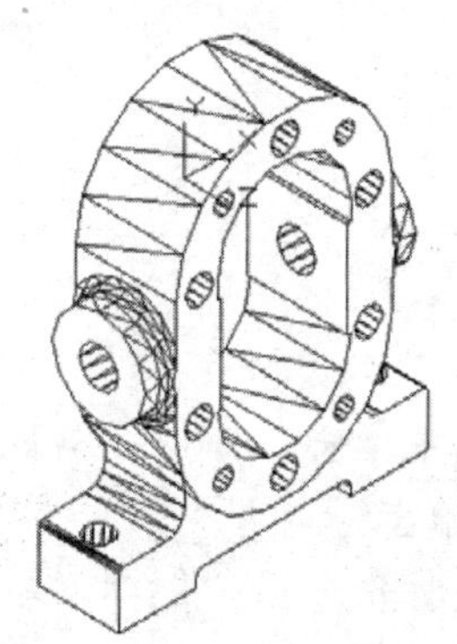

图13-212　绘制进出油口

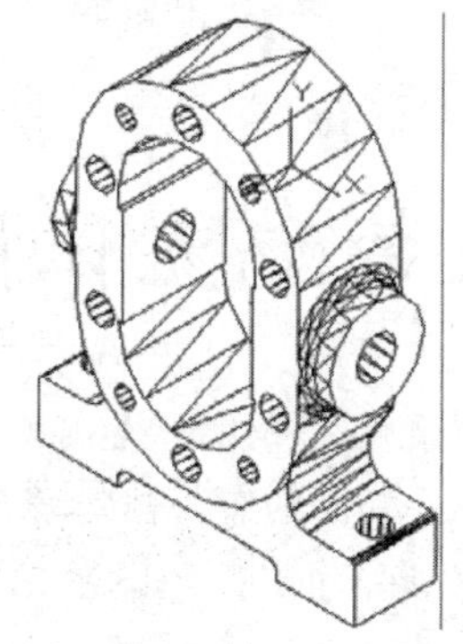

图13-213　东南等轴测视图

图13-214　渲染后的图形效果

第 14 章

齿轮泵装配立体图设计

齿轮泵由泵体、垫片、左端盖、右端盖、长齿轮轴、短齿轮轴、轴套、锁紧螺母、键锥齿轮、垫圈、压紧螺母等组成。绘制思路：首先打开基准零件图，将其变为平面视图；然后打开要装配的零件，将其变为平面视图，将要装配的零件图复制粘贴到基准零件视图中；再通过合适的点，将要装配的零件图装配到基准零件图中；最后，通过着色及变换视图方向将装配图设置为合理的位置和颜色，然后渲染处理。

- 绘制齿轮泵装配图
- 绘制剖切齿轮泵装配图

14.1 绘制齿轮泵装配图

14.1.1 配置绘图环境

01 启动系统。启动 AutoCAD 2022，使用默认设置的绘图环境。

02 建立新文件。单击“快速访问”工具栏中的“新建”按钮，打开“选择样板”对话框。单击“打开”按钮右侧的下三角按钮，以“无样板打开一公制（M）”方式建立新文件，将新文件命名为“齿轮泵装配图. dwg”并保存，如图 14-1 所示。

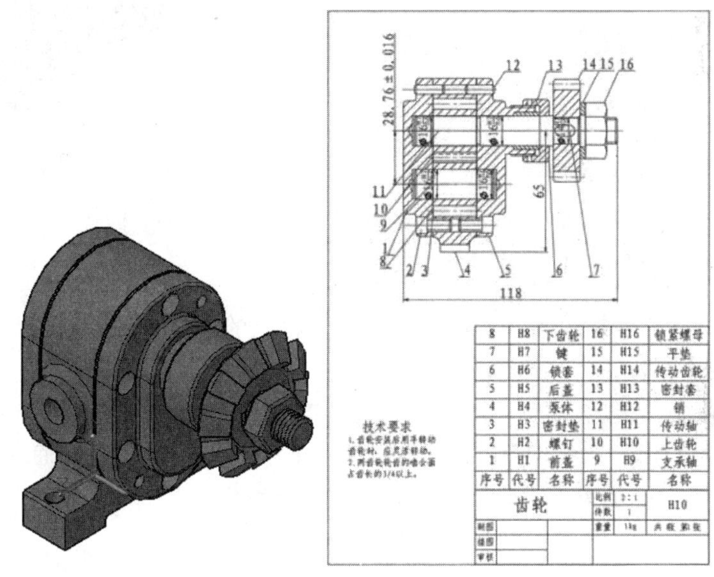

图14-1　齿轮泵

03 设置线框密度。设置对象上每个曲面的轮廓线数目。默认设置是 8，有效值的范围为 0～2047，将该设置保存在图形中。在命令行中输入 ISOLINES，设置线框密度为 10。

04 设置视图方向。单击“视图”选项卡“命名视图”面板中的“前视”按钮，将当前视图方向设置为主视图方向。

14.1.2 装配泵体

01 打开文件。单击“快速访问”工具栏上的“打开”按钮，打开随书资源中的\源文件\第 14 章\立体图\泵体. dwg。

02 设置视图方向。单击“可视化”选项卡“命名视图”面板中的“左视”按钮，将当前视图方向设置为左视图方向。

03 复制并装配泵体。选择菜单栏中的“编辑”→“带基点复制”命令，以点（0,0）为基点，将“泵体”图形复制到“齿轮泵装配图”中。指定的插入点为“0,0”，装配泵体，如图 14-2 所示。

04 设置视图方向。单击“可视化”选项卡“命名视图”面板中的“西南等轴测”按钮，将当前视图设置为西南等轴测视图。

05 单击“视图”选项卡“视觉样式”面板中的“概念”按钮，如图 14-3 所示。

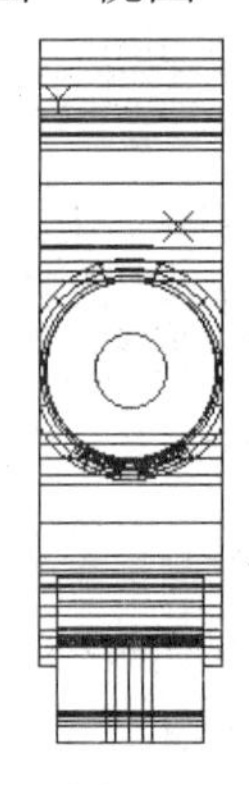

图 14-2　装配泵体

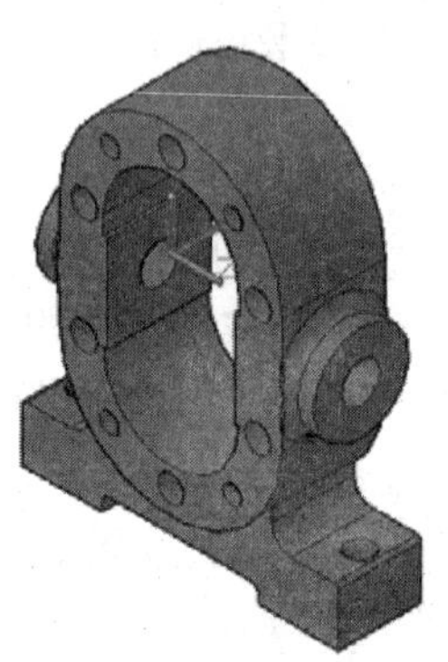

图 14-3 概念显示泵体

14.1.3　装配垫片

01 打开文件。单击“快速访问”工具栏上的“打开”按钮，打开随书资源中的\源文件\第 13 章\立体图\垫片.DWG。

02 复制并装配。选择菜单栏中的“编辑”→“带基点复制”命令，以点（0,0）为基点，将“垫片”图形复制到“齿轮泵装配图”中。如图 14-4 所示，插入点为(0,0)和(26,0)。重复执行此命令，将两个“垫片”图形复制并装配到“齿轮泵装配图”中，如图 14-5 所示。

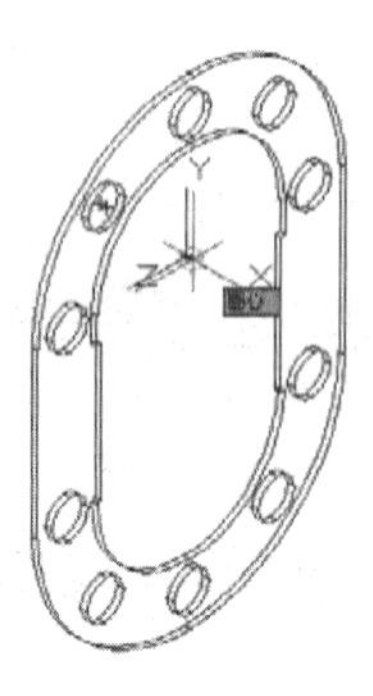

图 14-4　指定插入点

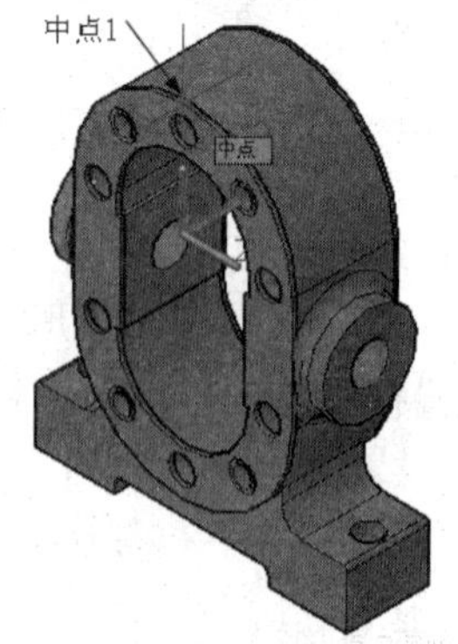

图 14-5　装配垫片

注意

该装配图中有两个垫片，分别位于左、右端盖和泵体之间，起密封作用。

14.1.4　装配左端盖

01 打开文件。单击“快速访问”工具栏中的“打开”按钮，打开随书资源中的\源文件\第 13 章\立体图\左端盖.dwg。

02 设置视图方向。单击“可视化”选项卡“命名视图”面板中的“右视”按钮，将当前视图方向设置为右视图方向。

03 旋转视图。单击“默认”选项卡“修改”面板中的“旋转”按钮，将左端盖视图旋转 90°，并将视图转换为西南等轴测视图，如图 14-6 所示。

注意

左端盖视图方向的变换可以参考右端盖视图方向的变换。在装配图形时，要适当地变换装配零件图的视图方向，使其有利于图形的装配。

04 复制并装配左端盖。选择菜单栏中的“编辑”→“复制”命令，将“左端盖”图形复制到“齿轮泵装配图”中，使图 14-6 中的中点 2 与图 14-5 中的中点 1 重合，装配左端盖，如图 14-7 所示。

05 着色面。单击“三维工具”选项卡“实体编辑”面板中的“着色面”按钮，对左端盖进行着色处理，如图14-8所示。

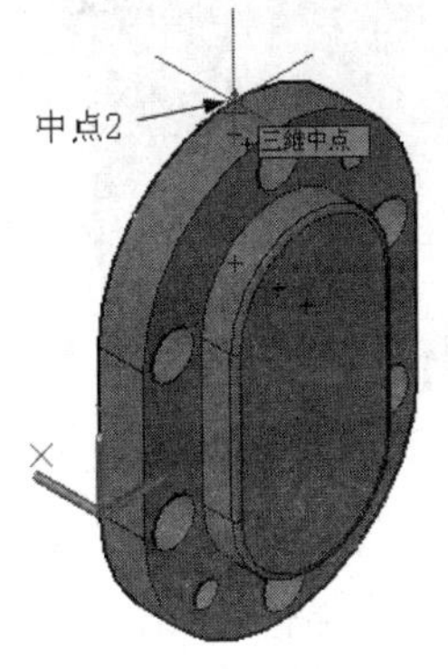

图 14-6　旋转左端盖

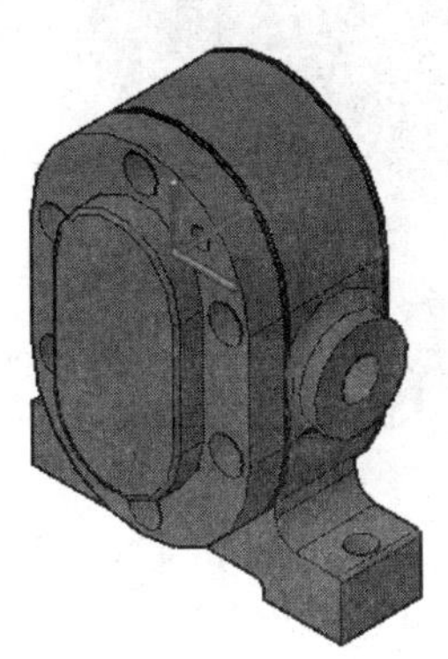

图 14-7　装配左端盖

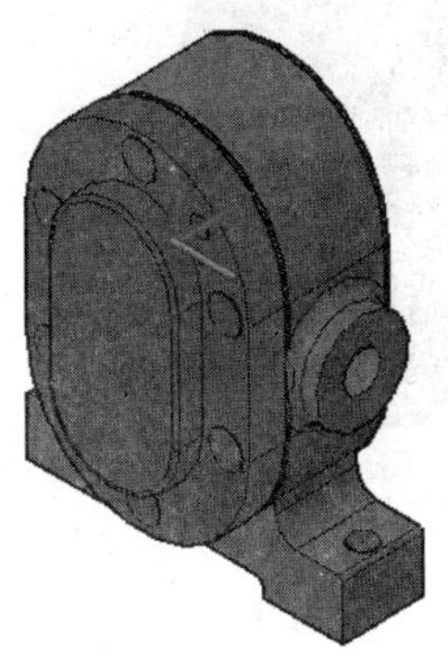

图 14-8　着色处理左端盖

14.1.5　装配右端盖

01 打开文件。单击“快速访问”工具栏中的“打开”按钮，打开随书资源中的\源文件\第 13 章\立体图\右端盖.dwg，如图 14-9 所示。

02 设置视图方向。单击“可视化”选项卡“命名视图”面板中的“左视”按钮，将当前视图方向设置为左视图方向。

03 旋转视图。单击“默认”选项卡“修改”面板中“旋转”按钮，将右端盖绕坐标原点进行旋转，旋转角度为-90°，如图 14-10 所示。

04 设置视图方向。单击“可视化”选项卡“命名视图”面板中的“西南等轴测”按钮，将当前视图方向设置为西南等轴测视图方向，如图14-11所示。

05 复制并装配右端盖。选择菜单栏中的“编辑”→“复制”命令，将“右端盖”图形复制到“齿轮泵装配图”中，使图 14-11 中的中点 3 与图 14-12 中的中点 4 重合，装配右端盖，如图 14-13 所示。

06 着色面。单击“三维工具”选项卡“实体编辑”面板中的“着色面”命令，对右端盖进行着色处理，如图 14-14 所示。

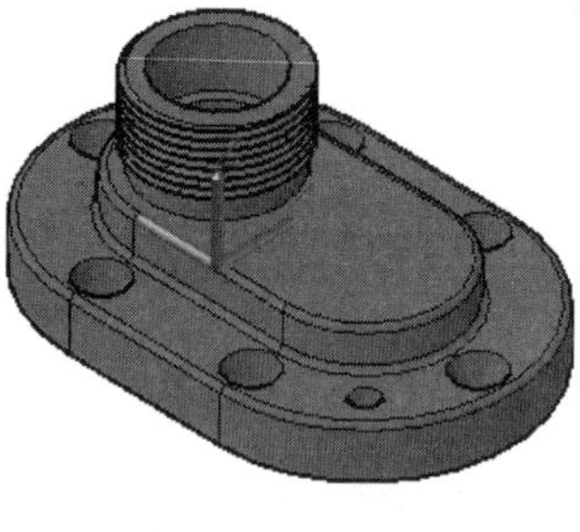

图 14-9　打开的右端盖 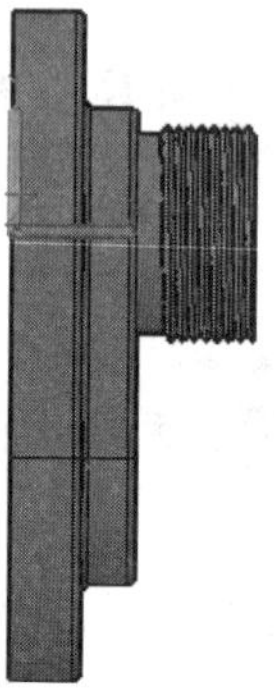　　图 14-10　旋转右端盖 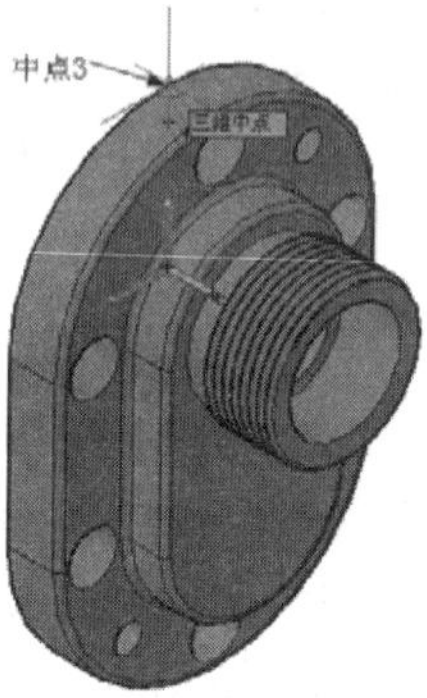　　图 14-11　西南等轴测视图

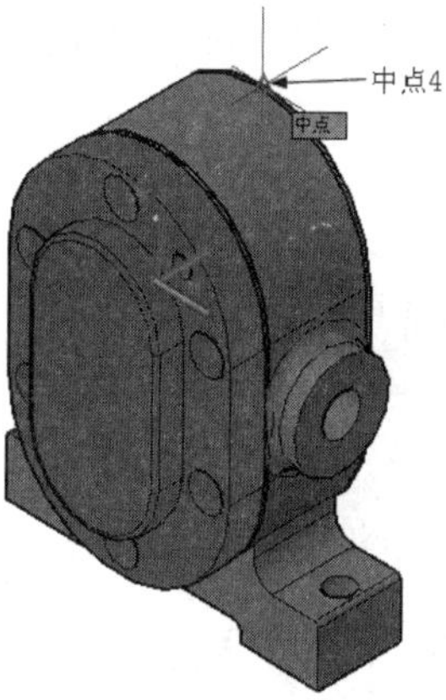

图 14-12　选择重合点 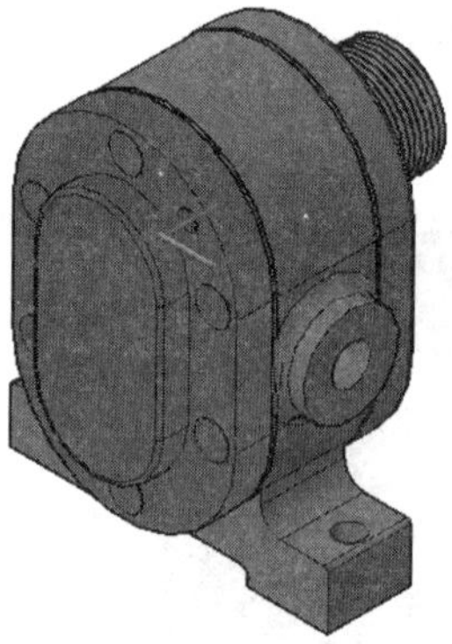　　图 14-13　装配右端盖 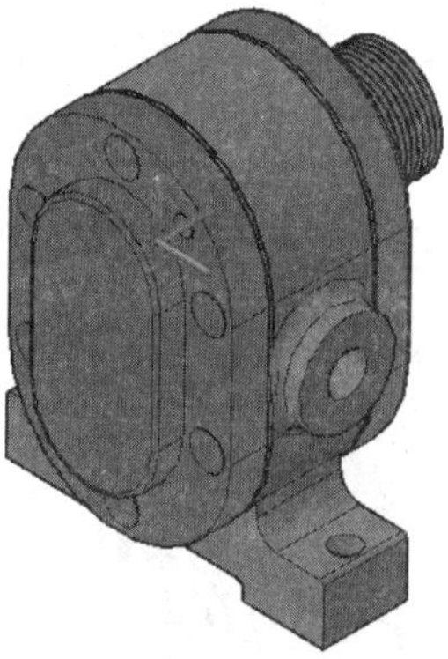　　图 14-14　着色处理右端盖

14.1.6　装配长齿轮轴

01 设置视图方向。单击“可视化”选项卡“命名视图”面板中的“前视”按钮，将装配图的当前视图方向设置为主视图方向。

02 打开文件。单击“快速访问”工具栏中的“打开”按钮，打开随书资源中的\源文件\第 13 章\立体图\长齿轮轴.dwg，如图 14-15 所示。

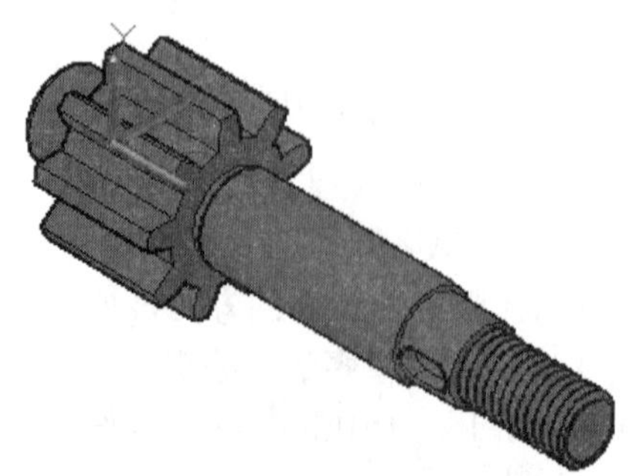

图 14-15　打开的长齿轮轴

03 设置视图方向。单击“可视化”选项卡“命名视图”面板中的“左视”按钮，将当前视图方向设置为左视图方向。对图形进行线框显示，如图 14-16 所示。

04 复制并装配长齿轮轴。选择菜单栏中的“编辑”→“复制”命令，将“长齿轮轴”图形复制到“齿轮泵装配图”中，使图 14-16 中的点 5 和点 6 重合，结果如图 14-17 所示。

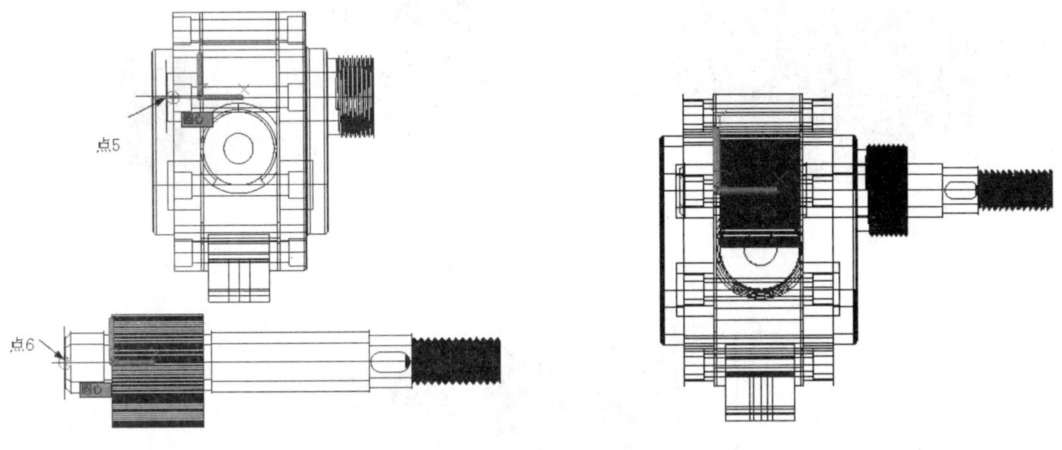

图 14-16　线框显示长齿轮轴　　图 14-17　装配长齿轮轴

05 单击“视图”选项卡“视觉样式”面板中的“概念”按钮，并将视图转换为西南等轴测视图，如图 14-18 所示。

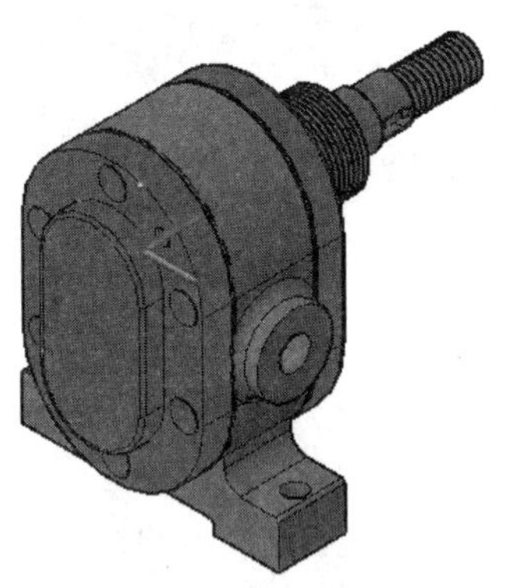

图14-18　概念显示长齿轮轴

14.1.7　装配短齿轮轴

01 设置视图方向。单击“可视化”选项卡“命名视图”面板中的“前视”按钮，将装配图的当前视图方向设置为主视图方向。

02 打开文件。单击“快速访问”工具栏中的“打开”按钮，打开随书资源中的\源文件\第 13 章\立体图\短齿轮轴. dwg，如图 14-19 所示。

03 复制并装配短齿轮轴。选择菜单栏中的“编辑”→“复制”命令，将“短齿轮轴”图形复制到“齿轮泵装配图”中，使图 14-20 中的点 7 和点 8 重合，装配短齿轮轴，如图 14-21 所示。

04 单击“视图”选项卡“视觉样式”面板中的“概念”按钮，并将视图转换为西南等轴测视图，如图 14-22 所示。

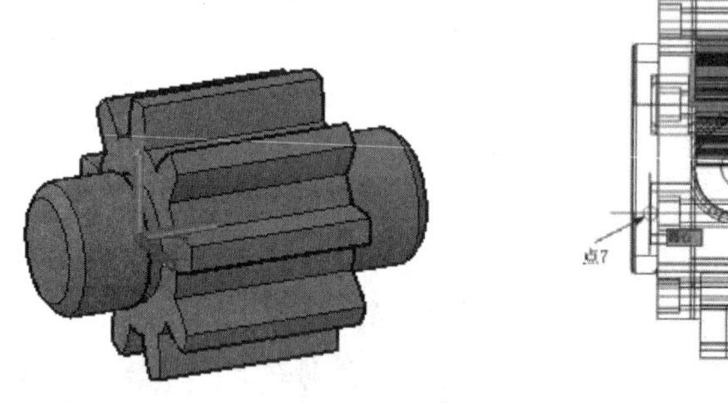

图 14-19 打开的短齿轮轴

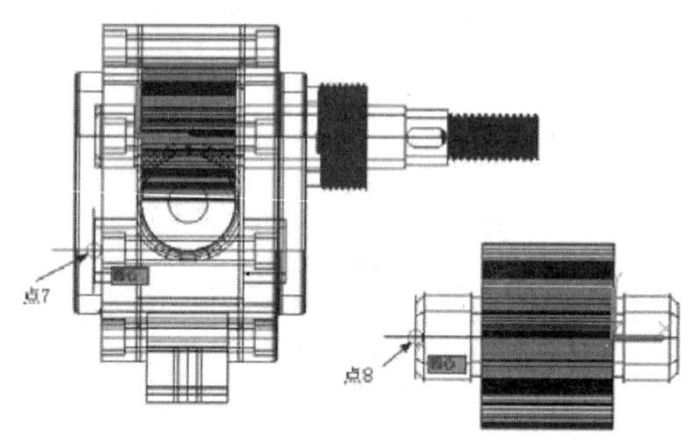

图 14-20 选择重合点

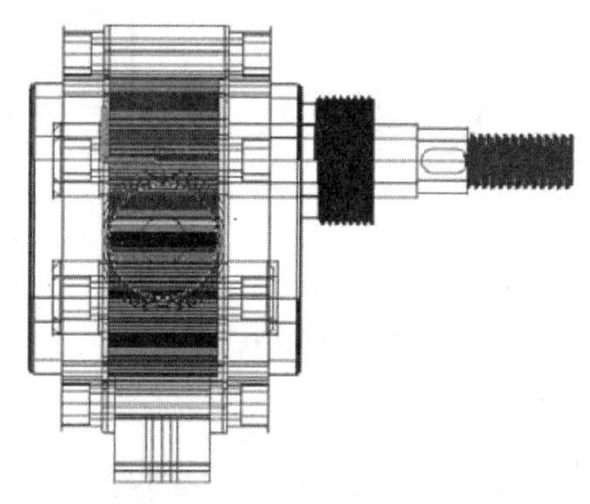

图 14-21 装配短齿轮轴

14.1.8 装配轴套

01 设置视图方向。单击“可视化”选项卡“命名视图”面板中的“前视”按钮，将装配图的当前视图方向设置为主视图方向。

02 打开文件。单击“快速访问”工具栏中的“打开”按钮，打开随书资源文件 X:\源文件\立体图\轴套.dwg，如图 14-23 所示。

图 14-22 概念显示短齿轮轴

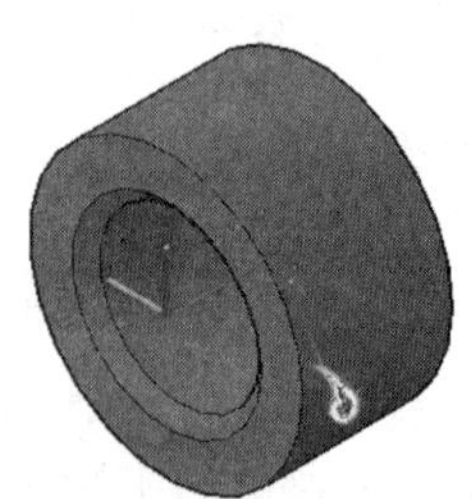

图 14-23 打开的轴套

03 复制轴套。选择菜单栏中的“编辑”→“复制”命令，将“轴套”图形复制到“齿轮泵装配图”中，使图14-24中的点9和点10重合。线框显示后的结果如图14-25所示。

04 单击“视图”选项卡“视觉样式”面板中的“概念”按钮，东北等轴测视图中的轴套装配立体图如图14-26所示。

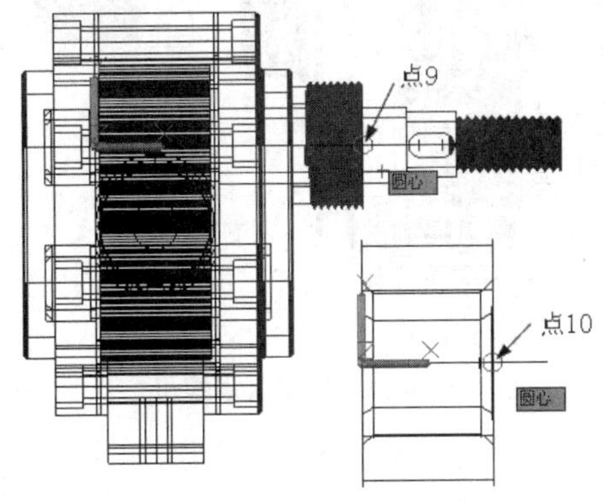

图 14-24 轴套放置位置

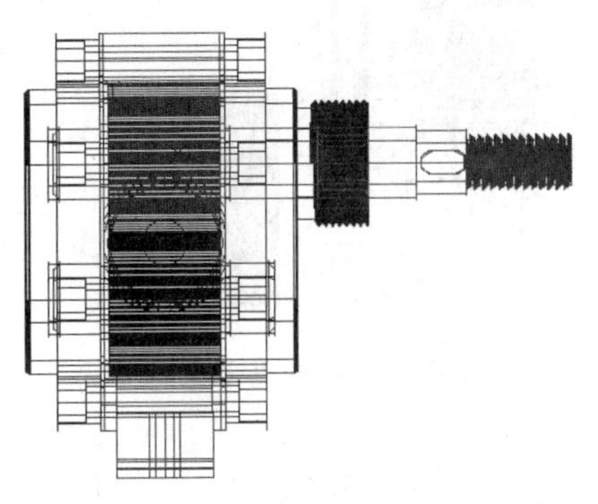
图 14-25 复制轴套后的图形

14.1.9 装配压紧螺母

01 设置视图方向。单击“可视化”选项卡“命名视图”面板中的“前视”按钮，将装配图的当前视图方向设置为主视图。

02 打开文件。单击“快速访问”工具栏中的“打开”按钮，打开随书资源中的\源文件\第 13 章\立体图\压紧螺母.dwg，如图 14-27 所示。

03 设置视图方向。单击“视图”选项卡“命名视图”面板中的“右视”按钮，将当前视图设置为右视图。单击“默认”选项卡“修改”面板中的“旋转”按钮，将压紧螺母绕坐标原点进行旋转，旋转角度为-90°，如图14-28所示。

04 复制并装配压紧螺母。选择菜单栏中的“编辑”→“复制”命令，将“压紧螺母”图形复制到“齿轮泵装配图”中，使图14-28中的点11和点12重合，并线框显示，如图14-29所示。

05 单击“视图”选项卡“视觉样式”面板中的“概念”按钮，并将视图转换为东南等轴测视图，如图14-30所示。

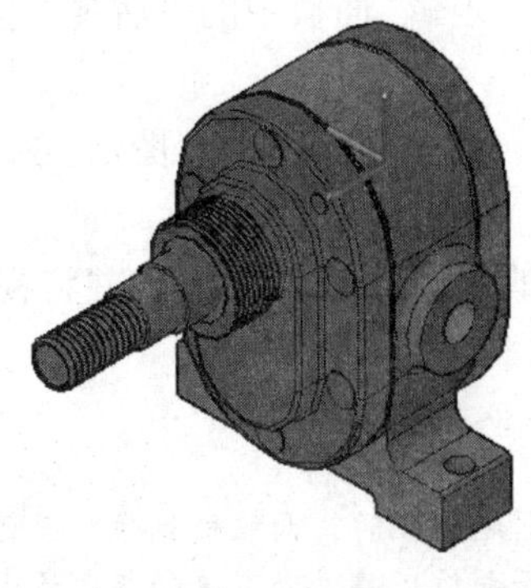
图 14-26 概念显示轴套

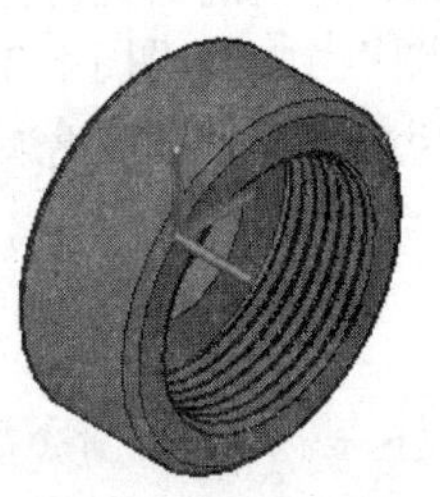
图 14-27 打开的压紧螺母

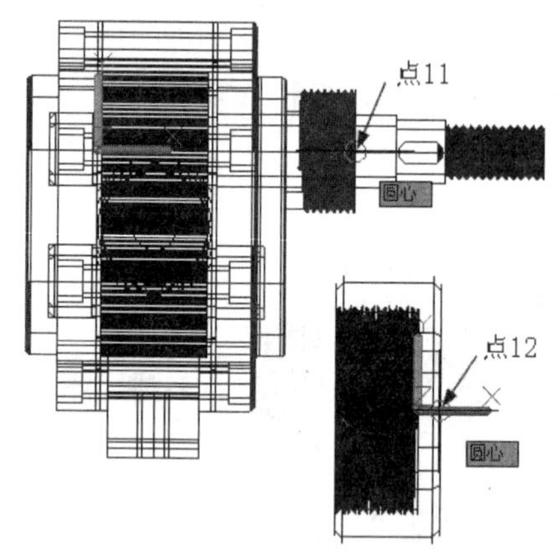

图 14-28 选择重合点

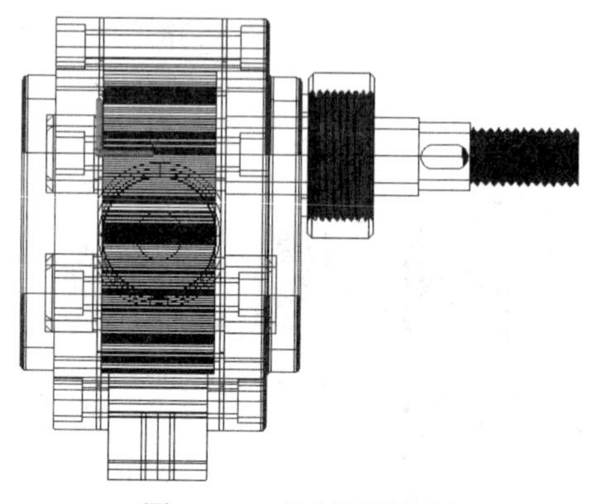

图 14-29 装配压紧螺母

14.1.10 装配键

01 设置视图方向。单击“可视化”选项卡“命名视图”面板中的“前视”按钮，将装配图的当前视图方向设置为主视图方向。

02 打开文件。单击“快速访问”工具栏中的“打开”按钮，打开随书资源中的\源文件\第 13 章\立体图\键.dwg，如图 14-31 所示。

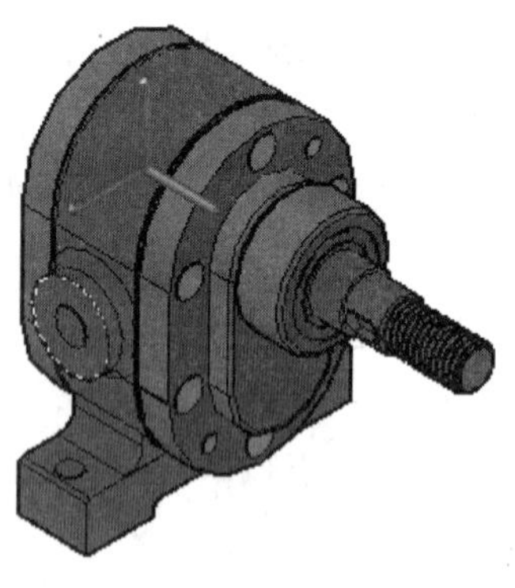

图 14-30 概念显示压紧螺母

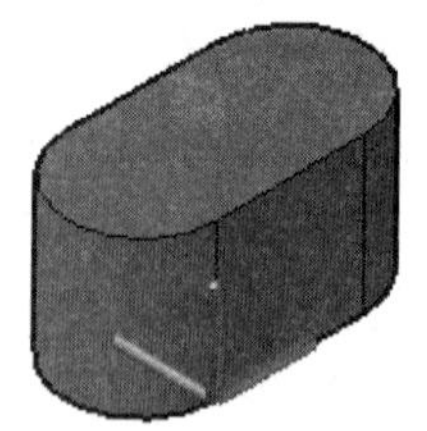

图 14-31 打开的键

03 设置视图方向。单击“可视化”选项卡“命名视图”面板中的“后视”按钮，将键立体图的当前视图设置为后视图。

04 复制键。选择菜单栏中的“编辑”→“复制”命令，将“键”图形复制到“齿轮泵装配图”中，使图 14-32 中的点 13 和点 14 重合。

05 单击“可视化”选项卡“视觉样式”面板中的“概念”按钮，并将视图转换为东南等轴测视图，如图 14-33 所示。

注意

在装配立体图时，通常使用平面视图来装配，这就可能引起装配时，面装配到位，而体装配不到位的情况。所以，要适当地变换视图方向，看看装配体是否到位，并借助变换的视图方向再进行二次装配。

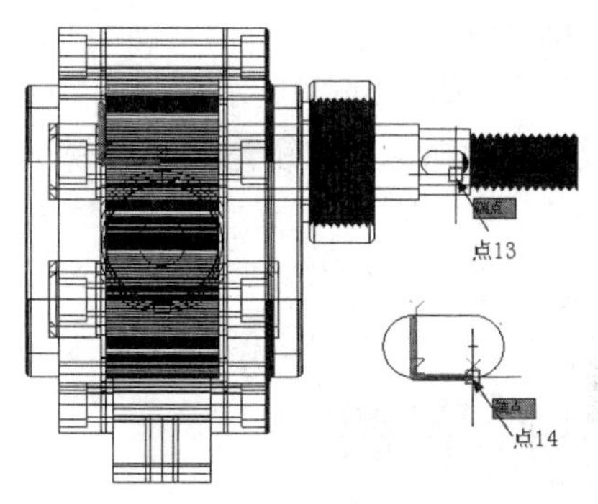

图 14-32　选择重合点

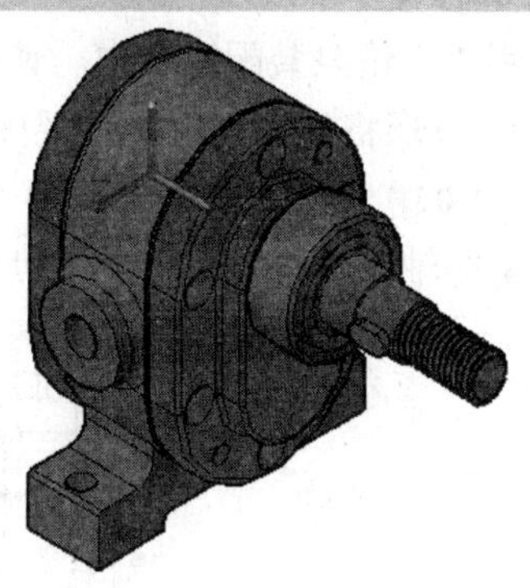

图 14-33　概念显示键

14.1.11　装配锥齿轮

01 设置视图方向。单击“可视化”选项卡“命名视图”面板中的“前视”按钮，将装配图的当前视图方向设置为主视图方向，如图 14-34 所示。

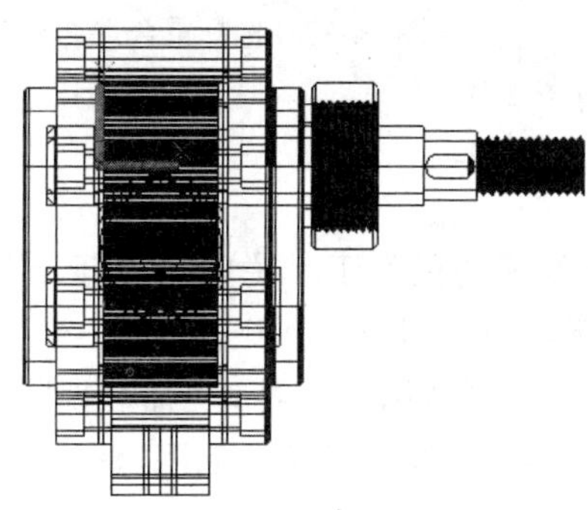

图 14-34　主视图

02 打开文件。单击“快速访问”工具栏中的“打开”按钮，打开随书资源中的\源文件\第 13 章\立体图\锥齿轮.dwg，如图 14-35 所示。

03 设置视图方向。使用三维视图及旋转命令，将锥齿轮视图设置为如图 14-36 所示方向。

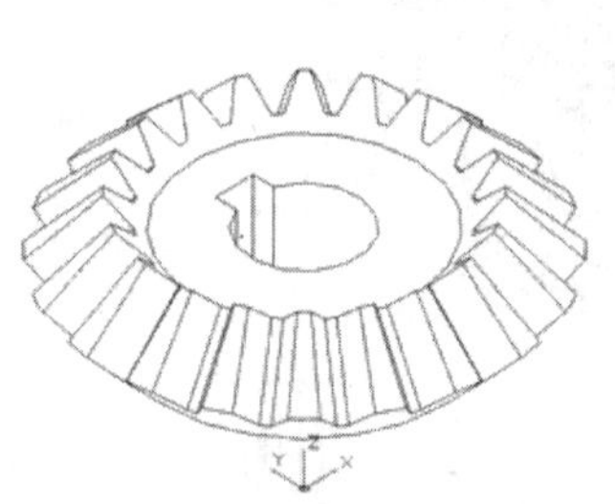

图 14-35　打开的锥齿轮

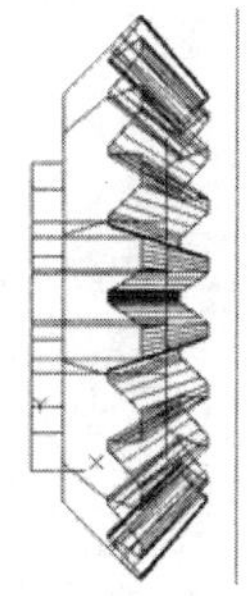

图 14-36　锥齿轮的右视图

04 复制锥齿轮。选择菜单栏中的“编辑”→“复制”命令，将“锥齿轮”图形复制到“齿轮泵装配图”中，使图14-37中的点A和点B重合。

05 将视图切换为左视图，移动锥齿轮到轴心处，如图14-38所示。

06 单击“视图”选项卡“视觉样式”面板中的“概念”按钮，并将视图转换为东南等轴测视图，如图14-39所示。

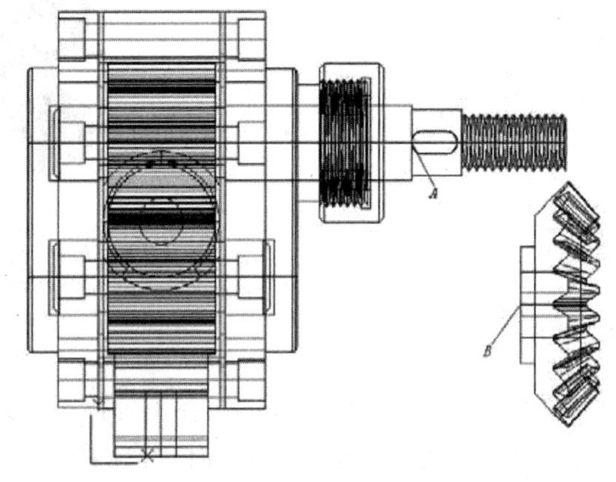

图 14-37 选择重合点

14.1.12 装配垫圈

01 打开文件。单击“快速访问”工具栏中的“打开”按钮，打开随书资源中的\源文件\第 13 章\立体图\垫圈.dwg，如图 14-40 所示。

02 设置视图方向。单击“可视化”选项卡“命名视图”面板中的“前视”按钮，将垫圈的当前视图设置为主视图，并线框显示，如图14-41所示。

03 旋转垫圈。单击“默认”选项卡“修改”面板中的“旋转”按钮，将主视图中的垫圈旋转-90°，如图 14-42 所示。

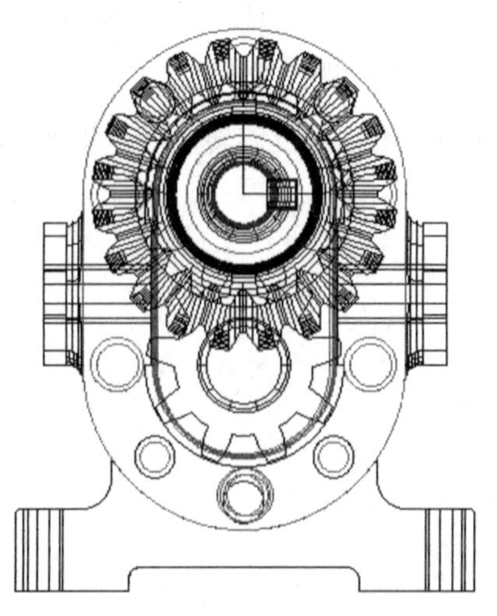

图 14-38 装配锥齿轮

图 14-39 概念显示锥齿轮

图 14-40 打开的垫圈

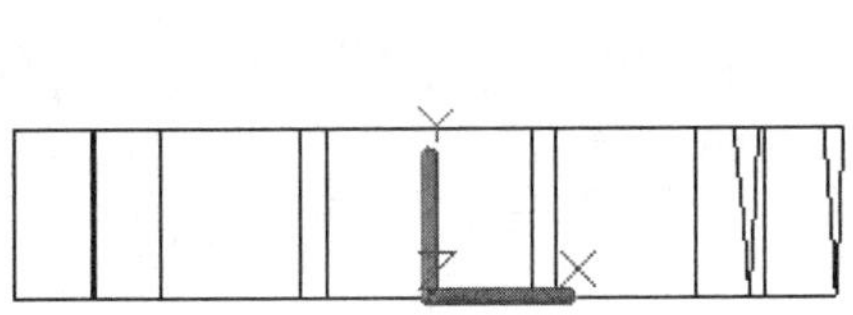

图 14-41 垫圈的主视图

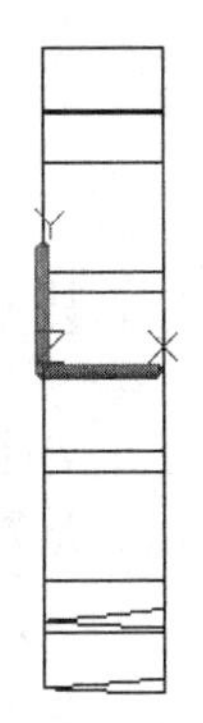

图 14-42 旋转垫圈

04 复制垫圈。选择菜单栏中的“编辑”→“复制”命令，将“垫圈”图形复制到“齿轮泵装配图”中，使图14-43中的点*A*和点*B*重合。

05 单击“视图”选项卡“视觉样式”面板中的“概念”按钮，并将视图转换为东南等轴测视图，如图14-44所示。

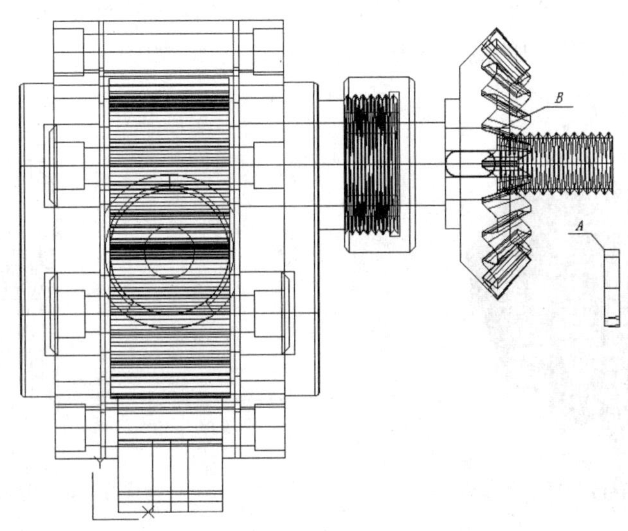

图 14-43 选择重合点

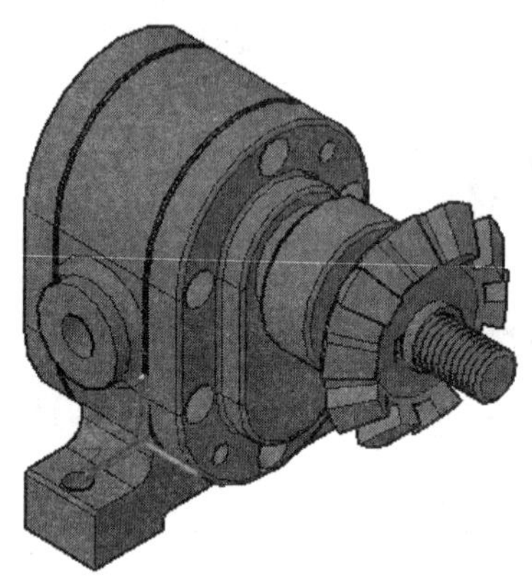

图 14-44　概念显示垫圈

14.1.13　装配长齿轮轴螺母

01 打开文件。单击“快速访问”工具栏中的“打开”按钮，打开随书资源中的\源文件\第 14 章\立体图\螺母.DWG，如图 14-45 所示。

注意

此螺母的绘制方式与压紧螺母的绘制方式是一样的，它的具体尺寸可以参考《机械设计手册》，在本书中没有做介绍，读者可以参考螺母的绘制方式进行绘制。

02 设置视图方向。单击“可视化”选项卡“命名视图”面板中的“左视”按钮，将“螺母”的当前视图方向设置为左视图方向，如图 14-46 所示。

03 复制长齿轮轴螺母。选择菜单栏中的“编辑”→“复制”命令，将“螺母”图形复制到“齿轮泵装配图”中，使图 14-47 中的点 A 和点 B 重合。

04 移动长齿轮轴螺母。单击“默认”选项卡“修改”面板中的“移动”按钮，将长齿轮轴螺母以图 14-47 中的点 B 为基点，移动到点 A，如图 14-48 所示。

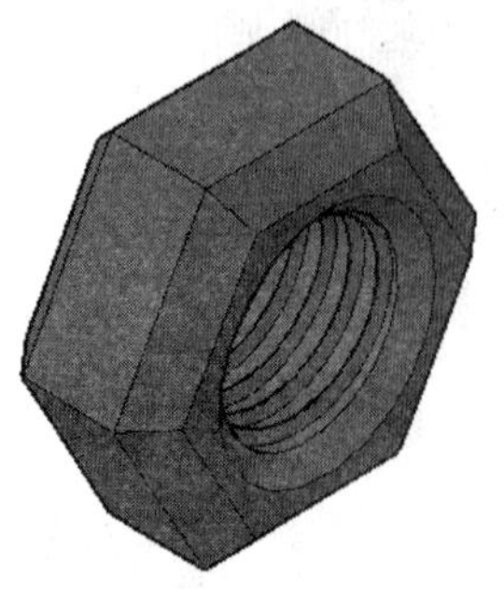

图 14-45　打开的螺母

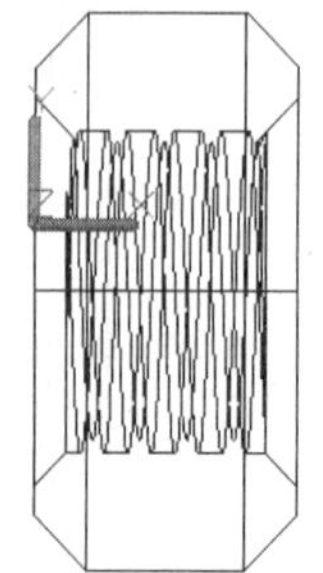

图 14-46　螺母的左视图

05 设置视图方向。单击“可视化”选项卡“命名视图”面板中的“东南等轴测”按钮，将装配后的当前视图设置为东南等轴测视图，并进行渲染处理，如图 14-49 所示。

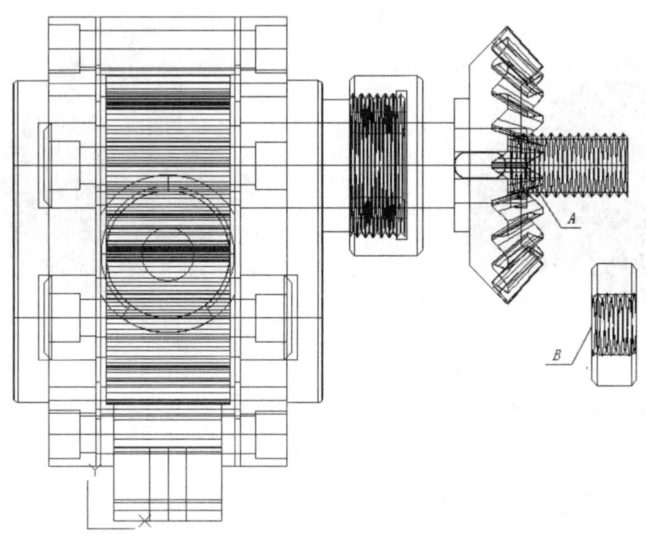

图 14-47　选择重合点

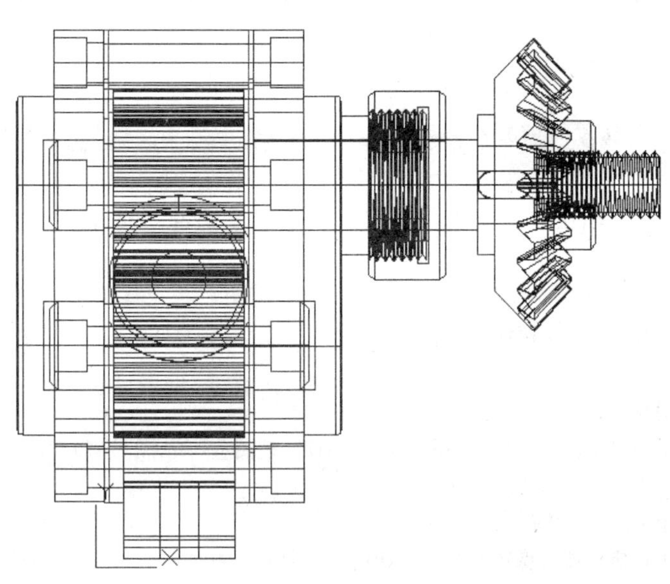

图 14-48　移动螺母

14.2 绘制剖切齿轮泵装配图

本实例的制作思路：打开齿轮泵装配图，然后使用“剖切”命令对装配体进行剖切处理，最后进行着色渲染处理，如图 14-50 所示。

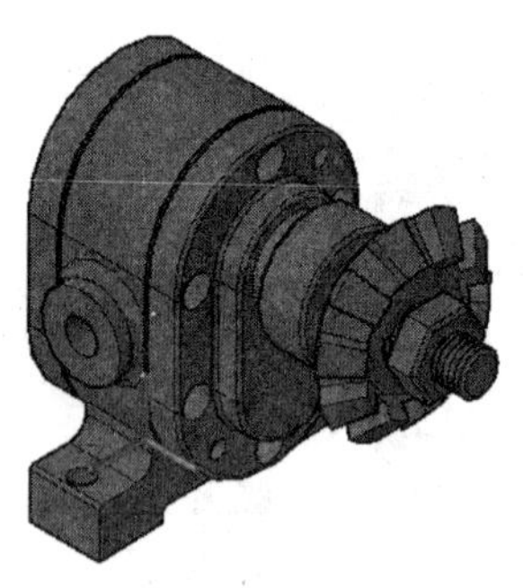

图 14-49　渲染处理螺母

图 14-50　剖切齿轮泵

14.2.1　绘制 1/4 剖视图

01 打开文件。单击“快速访问”工具栏中的“打开”按钮，打开随书资源中的\源文件\第 14 章\立体图\齿轮泵装配图.dwg。

02 消隐视图。单击“视图”选项卡“视觉样式”面板中的“隐藏”按钮，对视图进行消隐处理。

注意

此处使用“消隐”命令，是为了方便地选择剖切对象。如果是普通视图，则在选择剖切对象时容易错选。

03 剖切视图。单击“三维工具”选项卡“实体编辑”面板中的“剖切”按钮，命令行提示如下：

命令: _SLICE

选择要剖切的对象: （依次选择左端盖、两个垫片、右端盖、泵体、压紧螺母 6 个零件，如图 14-51 所示）

选择要剖切的对象: ↙

指定切面的起点或 [平面对象(O)/曲面(S)/Z 轴(Z)/视图(V)/XY(XY)/YZ(YZ)/ZX(ZX)/三点(3)] <三点>: XY↙

指定 XY 平面上的点 <0,0,0>:↙

在所需的侧面上指定点或 [保留两个侧面(B)] <保留两个侧面>: B↙

命令: _SLICE

选择对象: （依次选择视图左侧的左端盖、两个垫片、右端盖、泵体、压紧螺母 6 个零件，如图 14-52 所示）

选择对象: ↙

指定切面的起点或 [平面对象(O)/曲面(S)/Z 轴(Z)/视图(V)/XY(XY)/YZ(YZ)/ZX(ZX)/三点(3)] <三点>: ZX↙

指定 ZX 平面上的点 <0,0,0>:↙ （捕捉泵体左端面圆心，如图 14-52 的点 A）

在所需的侧面上指定点或 [保留两个侧面(B)] <保留两个侧面>:@0,-10, 0↙

消隐处理后的 1/4 剖视图如图 14-53 所示。

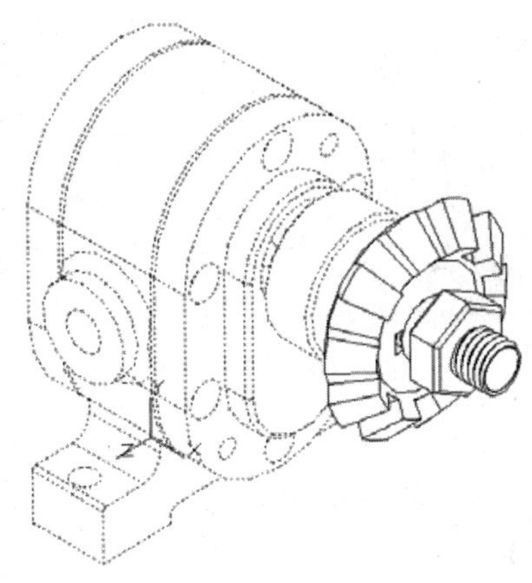

图 14-51　选择要剖切的对象

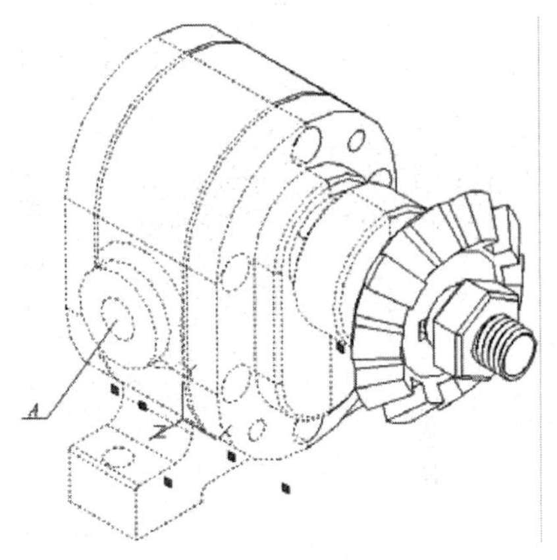

图 14-52　选择对象

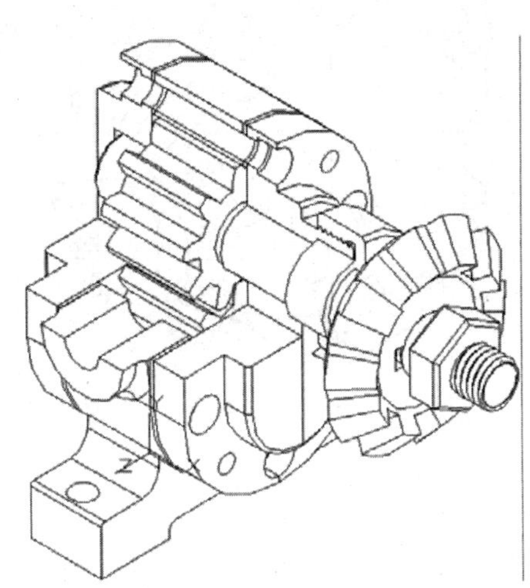

图 14-53　消隐处理后的 1/4 剖视图

14.2.2　绘制 1/2 剖视图

01 打开文件。单击“快速访问”工具栏中的“打开”按钮，打开随书资源中的\源文件\第 14 章\立体图\齿轮泵装配图.dwg。

02 消隐视图。单击“视图”选项卡“视觉样式”面板中的“隐藏”按钮，对视图进行消隐处理。

03 剖切视图。单击“三维工具”选项卡“实体编辑”面板中的“剖切”按钮，选择左端盖、两个垫片、右端盖、泵体和压紧螺母 6 个零件为要剖切的对象，如图 14-54 所示。以 XY 平面为剖切面，保留一侧上的点为（0，0，-10），消隐处理后的 1/2 剖视图，如图 14-55 所示。

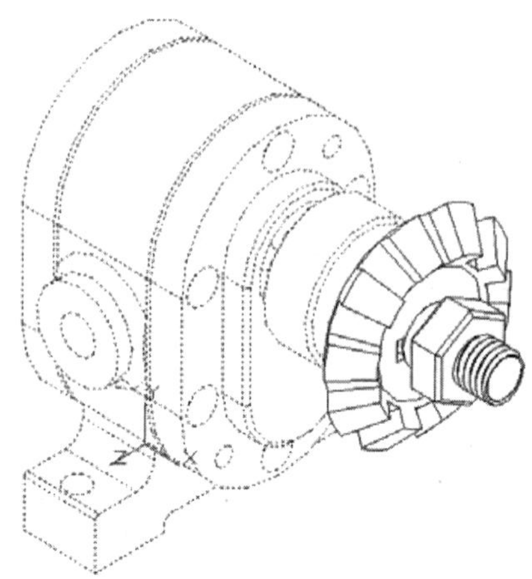

图14-54　选择要剖切的对象

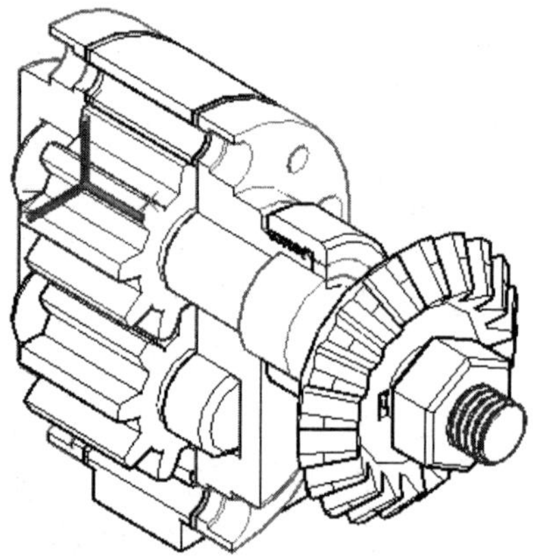

图14-55　消隐处理后的1/2剖视图

第15章

减速器零件设计

减速器是工程机械中广泛运用的机械装置，它的主要功能是通过齿轮的啮合改变转速，减速器的传动形式主要有锥齿轮传动、圆柱齿轮传动和蜗杆传动。本章主要介绍圆柱齿轮传动。圆柱齿轮传动箱主要由一对啮合的齿轮、壳体、轴承以及各种连接件和附件组成，本章中将详细介绍各部分的绘制过程。

- 通用标准件立体图的绘制
- 螺纹连接件立体图的绘制
- 附件设计
- 轴承、圆柱齿轮及齿轮轴的绘制
- 箱体与箱盖设计

15.1 通用标准件立体图的绘制

15.1.1 销立体图的绘制

销为标准件，本例绘制的为圆锥销 GB/T 117 50×300。

01 建立新文件。启动 AutoCAD 2022，使用默认设置的绘图环境。单击“快速访问”工具栏中的“新建”按钮，打开“选择样板”对话框，单击“打开”按钮右侧的下三角按钮，以“无样板打开一公制（M）”方式建立新文件，将新文件命名为“销.dwg”并保存。

02 设置线框密度。默认值是 8，更改设定值为 10。

03 绘制直线。单击“默认”选项卡“绘图”面板中的“直线”按钮，以坐标原点为起点，绘制长度为 60 的水平直线。重复执行“直线”命令，以坐标原点为起点，绘制长度为 5 的竖直直线，如图 15-1 所示。

04 偏移直线。单击“默认”选项卡“修改”面板中的“偏移”按钮，将竖直直线向右偏移，偏移距离为 1.2、57.6、1.2，如图 15-2 所示。

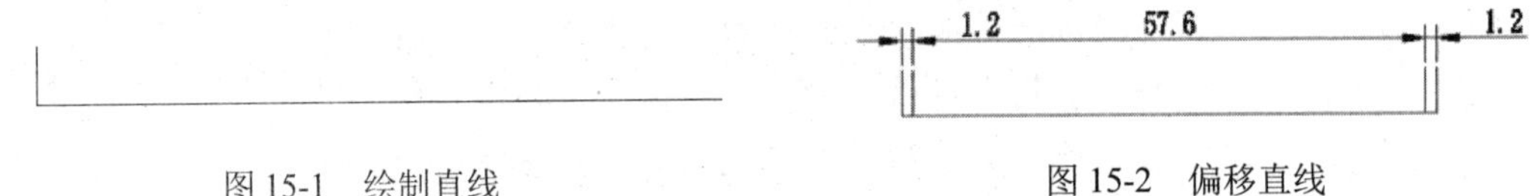

图 15-1 绘制直线　　图 15-2 偏移直线

05 绘制并修剪直线。以最左端的直线端点为起点，绘制另一点坐标为（@62<1）的斜直线。单击“默认”选项卡“修改”面板中的“延伸”按钮，将竖直直线延伸至斜直线，单击“默认”选项卡“修改”面板中的“修剪”按钮，将多余的线段修剪，如图 15-3 所示。

06 镜像图形。单击“默认”选项卡“修改”面板中的“镜像”按钮，对上步创建的图形，以水平直线为镜像线进行镜像操作，如图 15-4 所示。

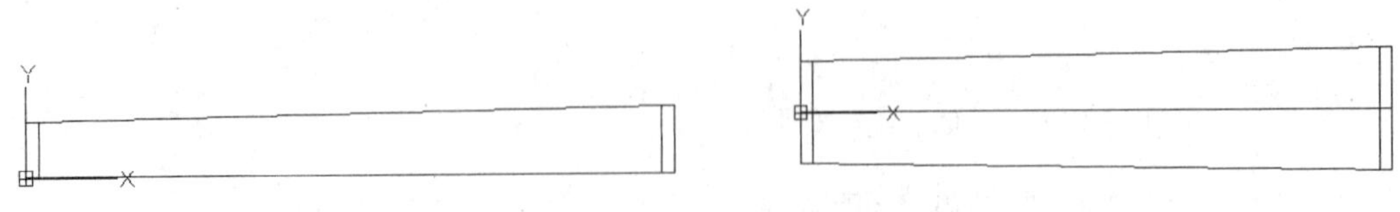

图 15-3 绘制并修剪直线　　图 15-4 镜像图形

07 绘制圆弧。单击“默认”选项卡“绘图”面板中的“圆弧”按钮，采用三点圆弧的绘制方式绘制圆弧，如图 15-5 所示。

08 整理图形。单击“默认”选项卡“修改”面板中的“修剪”按钮和“删除”按钮，修剪和删除多余的线段，如图 15-6 所示。

如果已经绘制好了销的平面图，可以直接打开销平面图，将其整理为如图 15-6 所示的图形，这样可以节省很多时间。

09 创建面域。单击“默认”选项卡“绘图”面板中的“面域”按钮，将绘制的图形创建为面域，命令行提示如下：

命令：_REGION

选择对象：（选择视图中所有的线段，如图 15-7 所示）

选择对象：↙

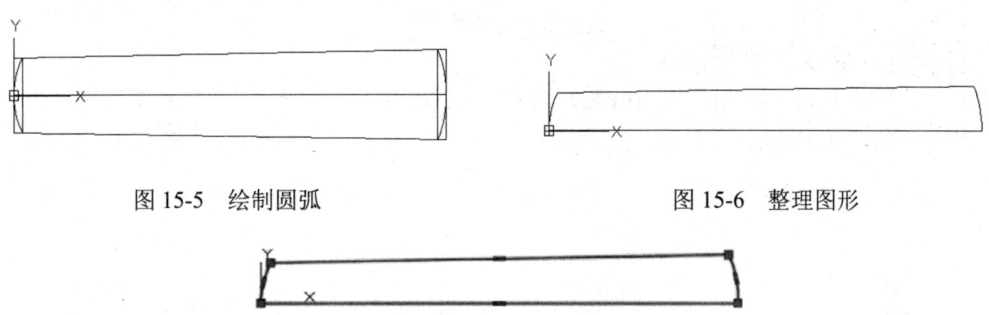

图 15-5　绘制圆弧　　图 15-6　整理图形

图15-7　选择线段创建面域

10 旋转图形。单击“三维工具”选项卡“建模”面板中的“旋转”按钮，将上步创建的面域绕 X 轴旋转 360°，将视图切换到西南等轴测视图，并进行消隐处理，如图 15-8 所示。命令行提示如下：

命令：_REVOLVE

当前线框密度： ISOLINES=10，闭合轮廓创建模式=实体

选择要旋转的对象或[模式(MO)]：↙（选择面域）

选择要旋转的对象或[模式(MO)]：↙

指定轴起点或根据以下选项之一定义轴 [对象(O)/X/Y/Z] <对象>：X↙

指定旋转角度或 [起点角度(ST)/反转(R)/表达式(EX)] <360>：↙

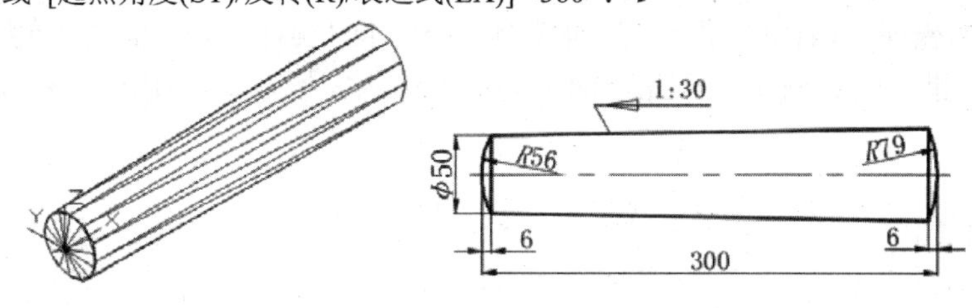

图 15-8　旋转图形

15.1.2　平键立体图的绘制

平键（见图 15-9）的绘制，采用先绘制二维轮廓线，再通过“拉伸”命令生成三维实体，最后利用“三维实体倒角”命令对平键实体进行倒角操作。

01 建立新文件。启动 AutoCAD 2022，使用默认设置的绘图环境。单击“快速访问”工具栏中的“新建”按钮，打开“选择样板”对话框，单击“打开”按钮右侧的下三角按钮，以“无样板打开一公制（M）”方式建立新文件；将新文件命名为“平键.dwg”并保存。

02 设置线框密度。默认值是 8，更改设定值为 10。

03 绘制轮廓线。单击“默认”选项卡“绘图”面板中的“矩形”按钮，指定矩形圆角半径为 6，两个角点为{(0,0),(32,12)}，如图 15-10 所示。

04 拉伸实体。将视图切换到西南轴测视图，单击“三维工具”选项卡“建模”面板中的“拉伸”按钮，对圆角过的长方体拉伸 8，并进行消隐处理，如图 15-11 所示。命令行

提示如下：

命令：_EXTRUDE
当前线框密度： ISOLINES=10，闭合轮廓创建模式=实体
选择要拉伸的对象或[模式(MO)]：（选择上步绘制的图形）
选择要拉伸的对象或[模式(MO)]：↙
指定拉伸的高度或 [方向(D)/路径(P)/倾斜角(T)/表达式(E)]：8↙

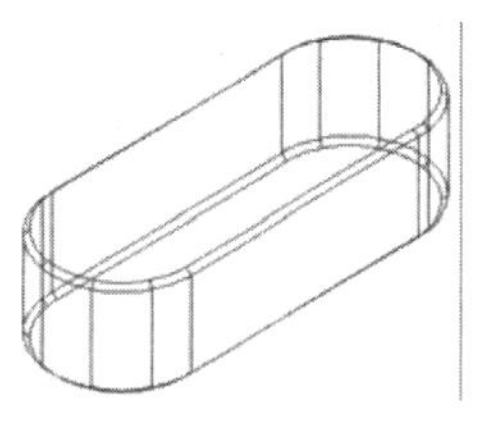
图 15-9　平键

图 15-10　绘制轮廓线

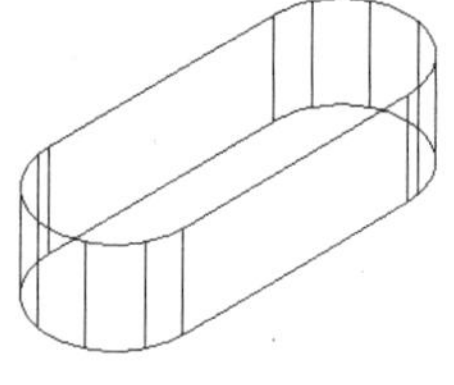
图 15-11　拉伸实体

05 实体倒角。单击“三维工具”选项卡“实体编辑”面板中的“倒角边”按钮，对图 15-12 中的上表面的边进行倒角，倒角距离为 0.4，如图 15-13 所示。命令行提示如下：

命令：_CHAMFEREDGE 距离 1 = 1.0000，距离 2 = 1.0000
选择一条边或 [环(L)/距离(D)]：D↙
指定距离 1 或 [表达式(E)] <1.0000>：0.4↙
指定距离 2 或 [表达式(E)] <1.0000>：0.4↙
选择一条边或 [环(L)/距离(D)]：（选择图 15-12 所示上表面的各个边）
按 Enter 键接受倒角或 [距离(D)]：↙

06 平键底面倒角。单击“三维工具”选项卡“实体编辑”面板中的“倒角边”按钮，对平键底面进行倒角操作。至此，简单的平键绘制完毕，如图 15-14 所示。

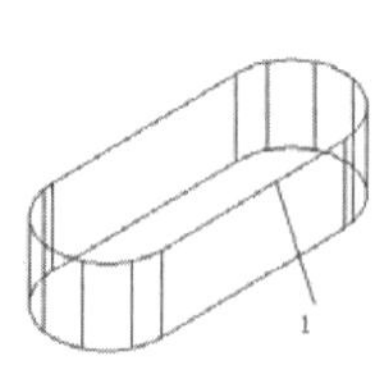

图 15-12　选择倒角基面

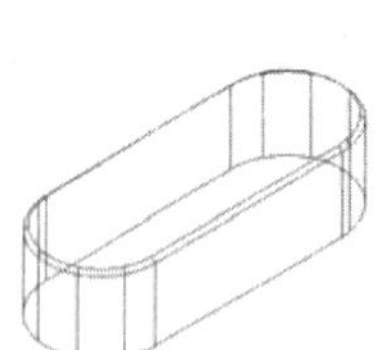
图 15-13　倒角上表面的边

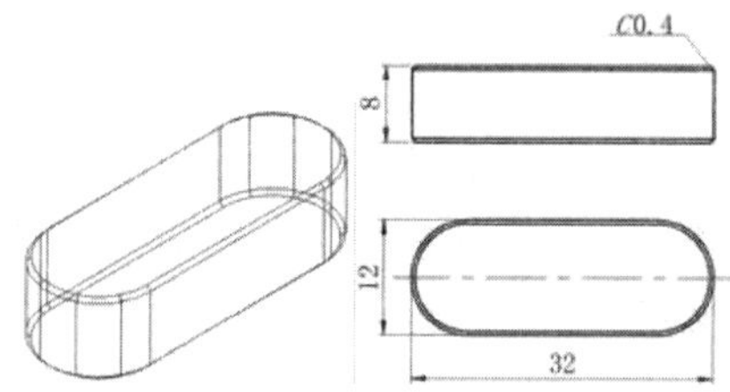

图 15-14　绘制的平键

15.2 螺纹连接件立体图的绘制

15.2.1　螺母立体图的绘制

本例绘制 M10 的薄螺母，其公称直径 d=10，性能等级为 10 级，是不经表面处理的六角螺母。本实例的制作思路：首先绘制单个螺纹，然后使用“阵列”命令创建所用的螺纹，再绘制外形轮廓，最后做差集运算，如图 15-15 所示。

01 建立新文件。启动 AutoCAD 2022，使用默认设置的绘图环境。单击“快速访问”

工具栏中的“新建”按钮，打开“选择样板”对话框，单击“打开”按钮右侧的下三角按钮，以“无样板打开－公制（M）”方式建立新文件，将新文件命名为“螺母立体图.dwg”并保存。

02 设置线框密度。默认值是 8，更改设定值为 10。

03 设置视图方向。将当前视图方向设置为西南等轴测视图。

04 绘制一段螺纹。

❶绘制多段线。单击“默认”选项卡“绘图”面板中的“多段线”按钮，绘制各点分别为（0,-0.5）、（@5,0）、（@-0.5,0.5）、（@0.5,0.5）、（@-5,0）的闭合多段线。如图 15-16 所示。

❷三维旋转多段线。单击“三维工具”选项卡“建模”面板中的“旋转”按钮，将上一步绘制的多段线绕 Y 轴旋转 360º，如图 15-17 所示。

❸阵列旋转创建的实体。选择菜单栏中的“修改”→“三维操作”→“三维阵列”命令，阵列上一步旋转创建的实体，设置行数为 6，列数和层数都是 1，行间距为 1，并进行消隐处理，如图 15-18 所示。命令行提示如下：

```
命令：_3DARRAY
正在初始化...  已加载 3DARRAY。
选择对象：（选择旋转创建的实体）
选择对象：↙
输入阵列类型 [矩形(R)/环形(P)] <矩形>：↙
输入行数 (---) <1>：6↙
输入列数 (→→→) <1>：↙
输入层数 (...) <1>：↙
指定行间距 (---)：1↙
```

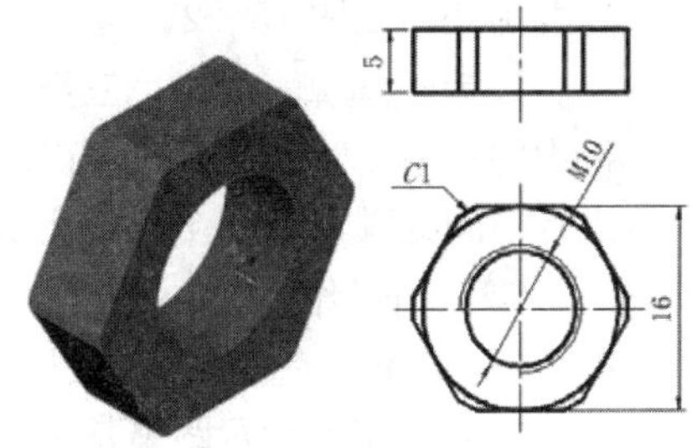

图 15-15 螺母

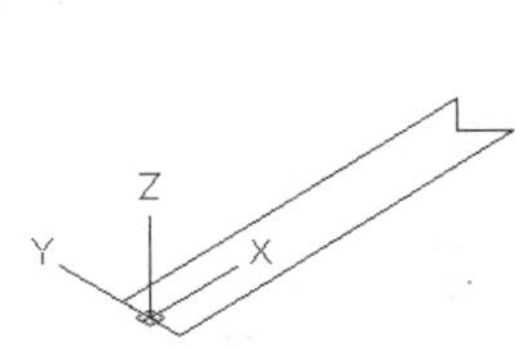

图 15-16 绘制闭合多段线

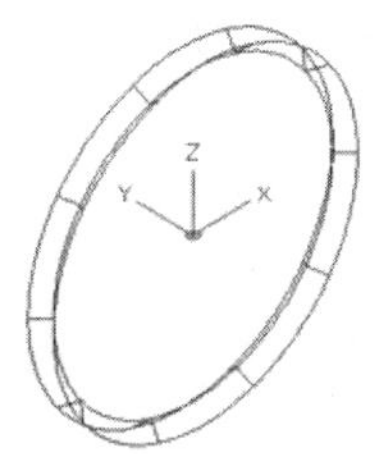

图 15-17 旋转创建实体

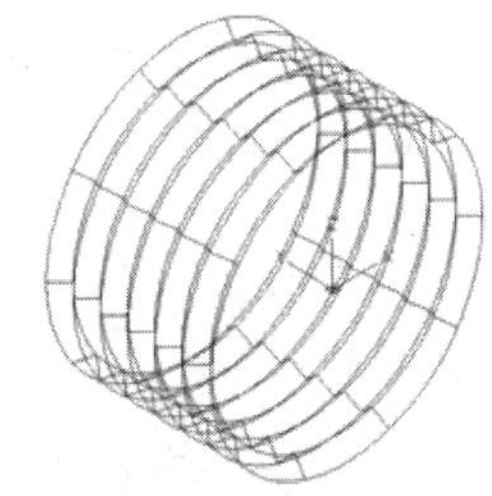
图 15-18 绘制螺纹

❹单击“三维工具”选项卡“实体编辑”面板中的“并集”按钮，对绘制的螺纹进行并集运算。命令行提示如下：

```
命令：_UNION
选择对象：（选择绘制的螺纹）
选择对象：↙
```

05 绘制外形轮廓。

❶将视图方向切换到前视图方向。

❷绘制六边形。单击“默认”选项卡“绘图”面板中的“多边形”按钮，命令行提示

如下：

命令：_POLYGON
输入侧面数 〈4〉：6↙
指定正多边形的中心点或 [边(E)]：0,0↙
输入选项 [内接于圆(I)/外切于圆(C)] 〈I〉：C↙
指定圆的半径：8↙

如图 15-19 所示。

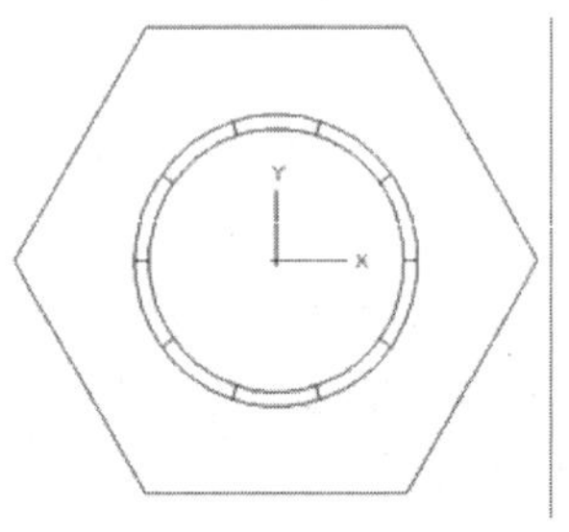

图15-19　绘制正六边形

❸设置视图方向。将当前视图设置为西南等轴测视图，如图 15-20 所示。

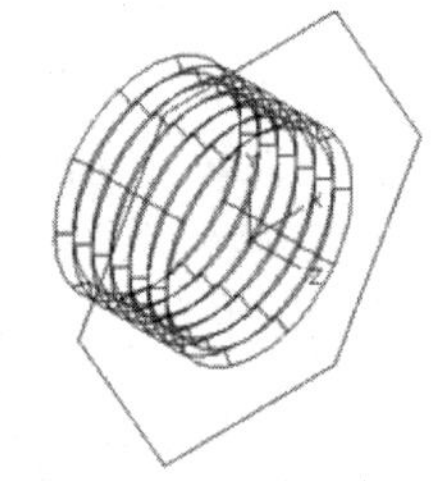
图15-20　西南等轴测视图

❹移动正多边形。单击“默认”选项卡“修改”面板中的“移动”按钮✥，将正六边形的中心从原点移动到点（0,0,-0.5），如图 15-21 所示。

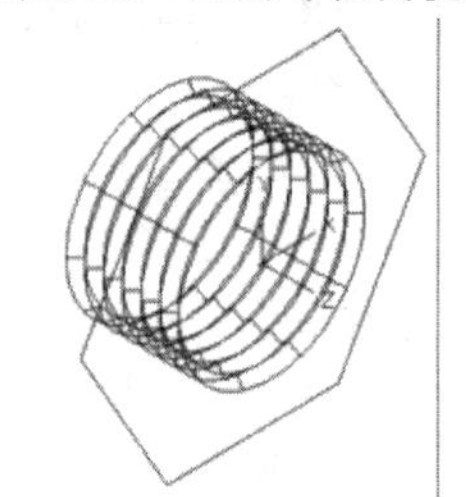
图15-21　移动正六边形

❺拉伸正多边形。单击“三维工具”选项卡“建模”面板中的“拉伸”按钮，将正六边形拉伸为正六面体。拉伸高度为-5，如图 15-22 所示。

❻差集运算。单击“三维工具”选项卡“实体编辑”面板中的“差集”按钮，对正六面体螺纹进行差集运算，并进行消隐处理，如图 15-23 所示。

❼倒角操作。单击“三维工具”选项卡“三维编辑”面板中的“倒角边”按钮，对正六面体上下两个面相应的边进行倒角操作，倒角距离是 1。重复执行“倒角”命令，对正六面体上下两面的各边依次进行倒角操作，并进行消隐处理，如图 15-24 所示。

06 渲染视图。对实体赋予适当的材质；单击“可视化”选项卡“渲染”面板中的“渲染到尺寸”按钮，进行渲染处理，如图 15-15 所示。

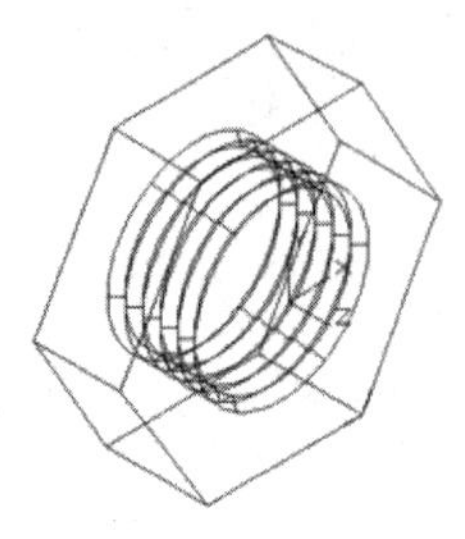
图 15-22　创建正六面体

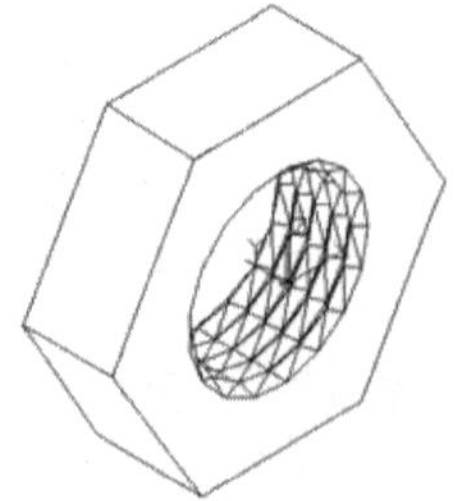
图 15-23　差集运算

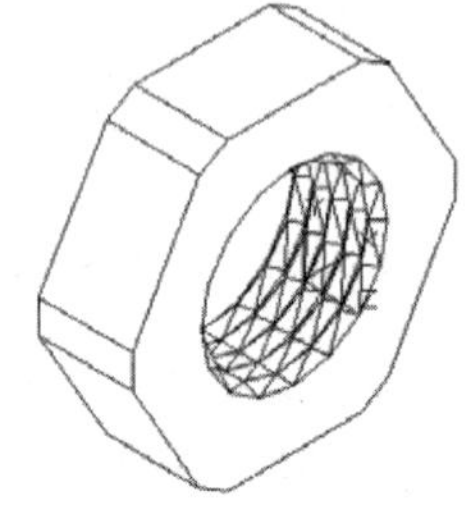
图 15-24　倒角并消隐

15.2.2　螺栓立体图的绘制

本例绘制的螺栓型号为 M10×80，其公称直径 d=10，长度 L=80，性能等级为 8.8 级，是表面经氧化的 A 级六角螺栓，如图 15-25 所示。本实例的制作思路：首先绘制单个螺纹，然后使用“阵列”命令绘制所用的螺纹，再绘制中间的连接圆柱体，最后再绘制另一端的螺纹。

01 建立新文件。启动 AutoCAD 2022，使用默认设置的绘图环境。单击“快速访问”工具栏中的“新建”按钮，打开“选择样板”对话框，单击“打开”按钮右侧的下三角按钮，以“无样板打开一公制（M）”方式建立新文件，将新文件命名为“螺栓.dwg”并保存。

02 设置线框密度。默认值是 8，更改设定值为 10。

03 设置视图方向。将当前视图方向设置为西南等轴测视图。

04 变换坐标系。调用 UCS 命令，将坐标系绕 X 轴旋转 90°，命令行提示如下：

命令：UCS↙
当前 UCS 名称：*世界*
指定 UCS 的原点或 [面(F)/命名(NA)/对象(OB)/上一个(P)/视图(V)/世界(W)/X/Y/Z/Z 轴(ZA)] <世界>：X↙
指定绕 X 轴的旋转角度 <90>：↙

05 绘制正六边形。单击“默认”选项卡“绘图”面板中的“多边形”按钮，以坐标原点为中心点，绘制内接圆半径为 8 的正六边形，如图 15-26 所示。

06 拉伸图形。单击“三维工具”选项卡“建模”面板中的“拉伸”按钮，对上步绘制的正六边形进行拉伸操作，拉伸距离为 6，结果如图 15-27 所示。

图 15-25 六角螺栓

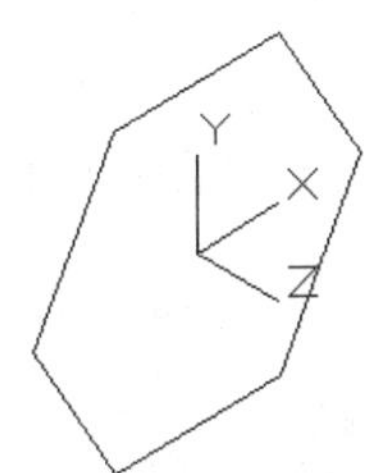

图 15-26 绘制正六边形

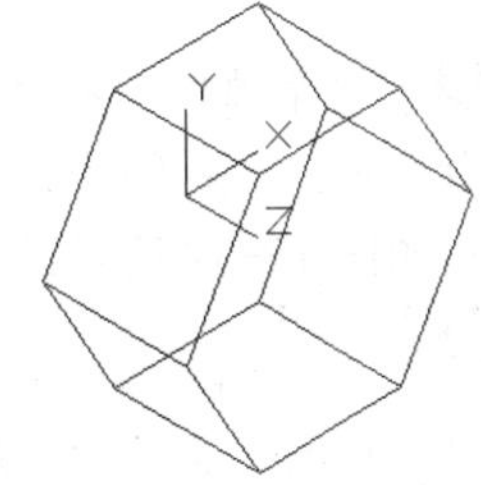

图 15-27 拉伸正六边形

07 绘制圆柱体。单击“三维工具”选项卡“建模”面板中的“圆柱体”按钮，以点（0，0，6）为底面中心点，绘制半径为 5、高度为 54 的圆柱体，如图 15-28 所示。命令行提示如下：

命令：_CYLINDER
指定底面的中心点或 [三点(3P)/两点(2P)/切点、切点、半径(T)/椭圆(E)]：0,0,6↙
指定底面半径或 [直径(D)] <5.0000>：5↙
指定高度或 [两点(2P)/轴端点(A)] <6.0000>：54↙

08 绘制螺纹。

❶绘制多段线。将视图切换到俯视图。单击“默认”选项卡“绘图”面板中的“多段线”按钮，绘制各点分别为（0，-60）、（@5,0）、（@-0.5,-0.5）、（@-4.5,0）、（C）闭合多段线，如图 15-29 所示。

❷三维旋转多段线。将视图切换到西南等轴测视图，单击“三维工具”选项卡“建模”面板中的“旋转”按钮，将上一步绘制的多段线绕 Y 轴旋转 360º，如图 15-30 所示。

❸并集运算。单击“三维工具”选项卡“实体编辑”面板中的“并集”按钮，对所绘制的图形作并集运算。

❹将视图切换到俯视图。单击“默认”选项卡“绘图”面板中的“多段线”按钮，绘制各点分别为（5，-60）、（@0,1）、（@-0.5,-0.5）、（C）的闭合多段线。

❺将视图切换到西南等轴测视图，单击“三维工具”选项卡“建模”面板中的“旋转”按钮，将上一步绘制的多段线绕 Y 轴旋转 360º，绘制单条螺纹，如图 15-31 所示。

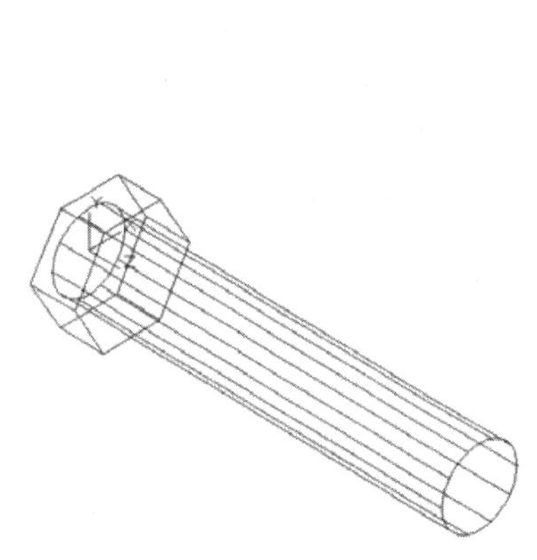

图 15-28　绘制圆柱体

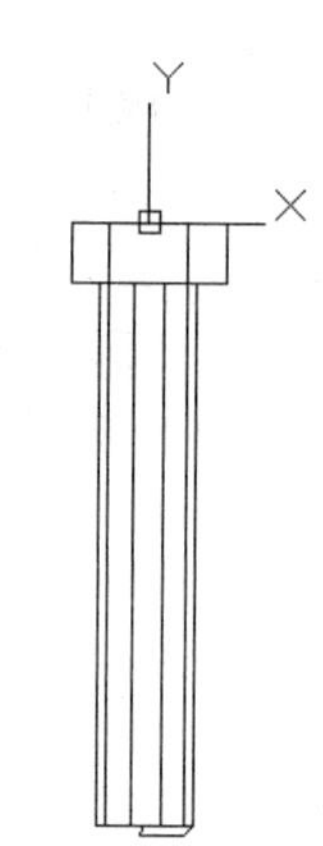

图 15-29　绘制多段线

❻选择菜单栏中的“修改”→“三维操作”→“三维阵列”命令，设置行数为 20，列数和层数都是 1，行间距为 1，阵列上步绘制的单条螺纹。对所有的图形进行并集运算和消隐处理，如图 15-32 所示。

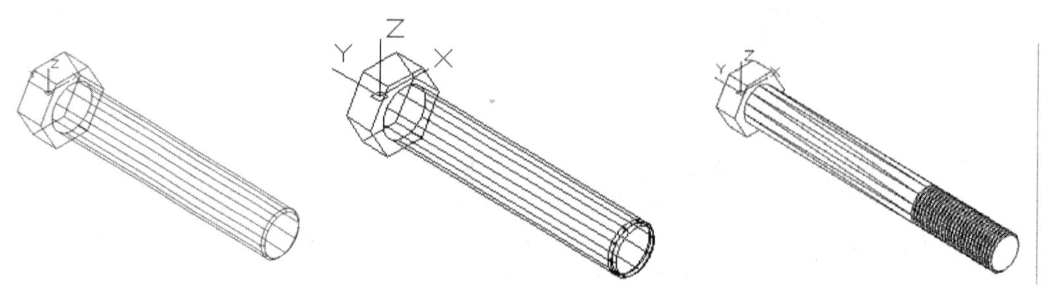

图 15-30　三维旋转多段线　　图 15-31　绘制单条螺纹　　图 15-32　并集后的图形

09 显示螺纹。单击“视图”选项卡“视觉样式”面板中的“概念”按钮，效果如图 15-25 所示。

15.3 附件设计

15.3.1 端盖立体图的绘制

绘制箱体端盖的基本思路：从二维曲面通过旋转操作生成三维基本实体，再通过“圆柱体”“三维阵列”等命令绘制圆柱孔和凹槽，绘制如图 15-33 所示箱体端盖。

01 建立新文件。启动 AutoCAD 2022，使用默认设置的绘图环境。单击“快速访问”工具栏中的“新建”按钮，打开“选择样板”对话框，单击“打开”按钮右侧的下三角按钮，以“无样板打开一公制（M）”方式建立新文件，将新文件命名为“端盖.dwg”并保存。

02 设置线框密度。默认值是 4，更改设定值为 10。

03 打开绘制的端盖平面图，将端盖平面图复制到“端盖”文件处，如图 15-34 所示。

04 整理图形。删除尺寸和多余的线段，整理后的图形如图 15-35 所示。

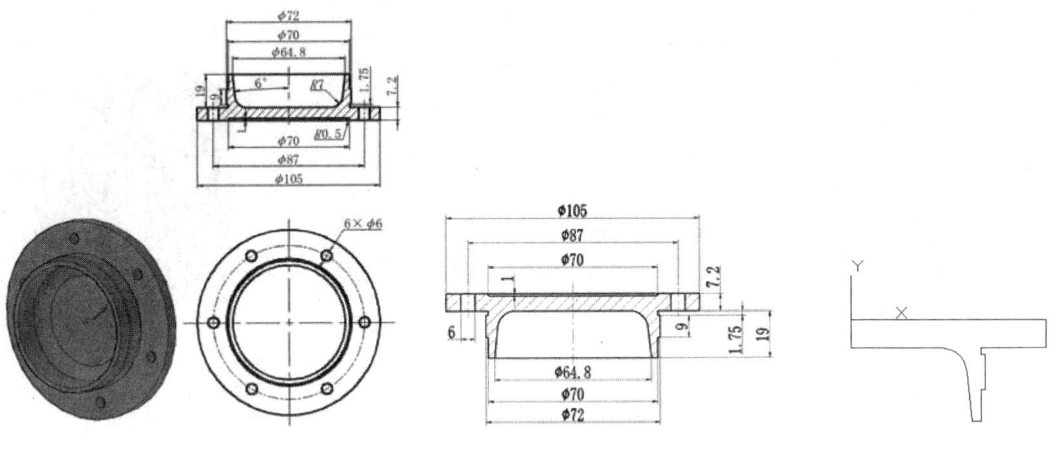

图 15-33 箱体端盖　　图 15-34 端盖平面图　　图 15-35 整理后的图形

05 创建面域。执行“面域”命令，将整理后的图形创建成面域。

06 旋转创建实体。将视图切换到西南轴测视图，单击“三维工具”选项卡“建模”面板中的“旋转”按钮，将创建的面域绕 Y 轴旋转 360º，如图 15-36 所示。

07 绘制圆柱体。执行 UCS 命令，将坐标系统绕 X 轴旋转 90º。单击“三维工具”选项卡“建模”面板中的“圆柱体”按钮，采用指定底面中心点和底面半径的模式，绘制底面中心点为（43.5，0，0）、半径为 3、高度为 7.2 的圆柱体，如图 15-37 所示。

选择菜单栏中的“修改”→“三维操作”→“三维阵列”命令，将上步创建的圆柱体绕 Z 轴进行环形阵列，阵列个数为 6，如图 15-38 所示。

08 单击“三维工具”选项卡“实体编辑”面板中的“差集”按钮，从旋转创建的实体中减去 6 个圆柱体，并进行消隐处理，消隐后如图 15-39 所示。

09 绘制端盖凹槽。单击“三维工具”选项卡“建模”面板中的“圆柱体”按钮，以坐标原点为底面中心点，绘制半径为 35，高度为 1 的圆柱体。单击“三维工具”选项卡“实体编辑”面板中的“差集”按钮，对端盖与圆柱体进行差集运算。单击“三维工具”选项卡“实体编辑”面板中的“圆角边”按钮，对差集后的凹槽底边进行圆角操作，圆角半径为 0.5。利用自由动态观察器，调整到适当位置，并进行消隐处理，如图 15-40 所示。选择“视觉样式”工具栏中的“概念”命令，概念显示端盖，如图 15-41 所示。

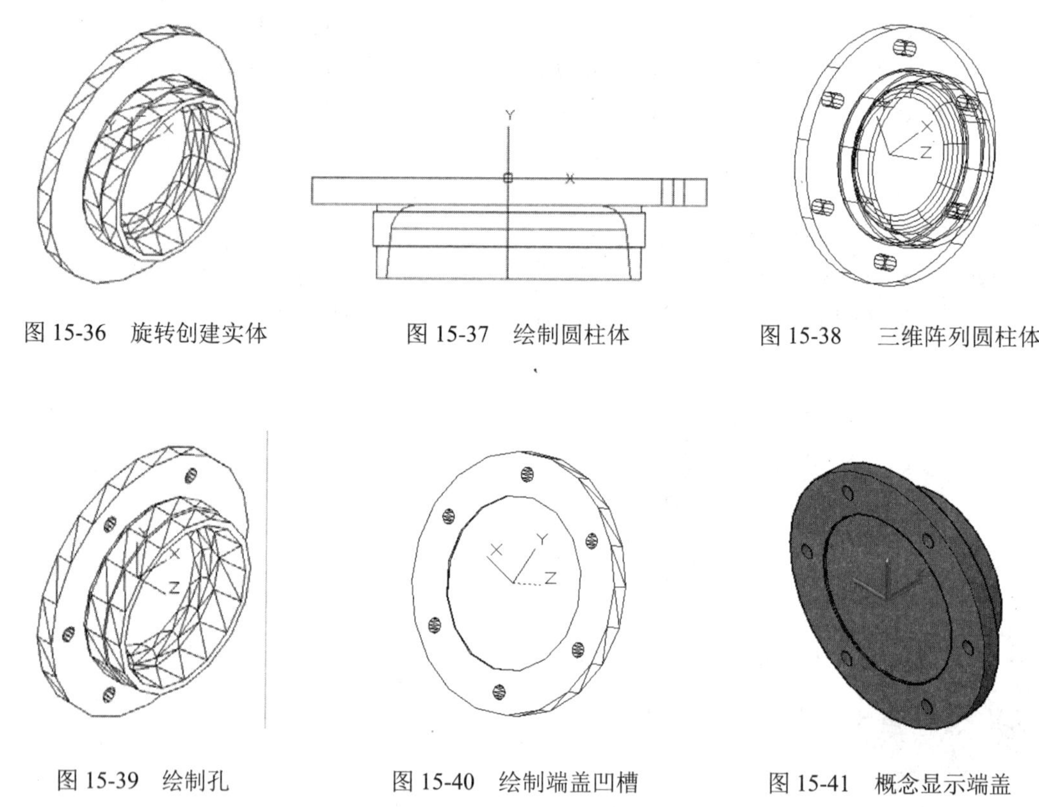

图 15-36　旋转创建实体　　图 15-37　绘制圆柱体　　图 15-38　三维阵列圆柱体

图 15-39　绘制孔　　图 15-40　绘制端盖凹槽　　图 15-41　概念显示端盖

15.3.2　油标尺立体图的绘制

油标尺由一系列同轴的圆柱体组成，从下到上分为标尺、连接螺纹、密封环和油标尺帽 4 个部分，因此绘制过程中，可以首先绘制一组同心的二维圆，调用“拉伸”命令绘制出相应的圆柱体，调用“圆环体”和“球体”命令，细化油标尺，最终完成油标尺绘制，如图 15-42 所示。

01 建立新文件。启动 AutoCAD 2022，使用默认设置的绘图环境。单击“快速访问”工具栏中的“新建”按钮，打开“选择样板”对话框，单击“打开”按钮右侧的下三角按钮，以“无样板打开－公制（M）”方式建立新文件；将新文件命名为“油标尺.dwg”并保存。

02 设置线框密度。默认值是 8，更改设定值为 10。

03 调整坐标系。调用 UCS 命令，将坐标系统绕 X 轴旋转 90°。将视图切换到西南等轴测视图。

04 绘制油标尺。

❶绘制圆柱体。单击“三维工具”选项卡“建模”面板中的“圆柱体”按钮，以坐标原点为底面中心点，绘制半径为 13、高度为 8 的圆柱体 1；然后以圆柱体 1 的端点圆心为底面中心点，绘制半径为 11、高度为 15 的圆柱体 2；以圆柱体 2 的端点圆心为圆心绘制半径为 6、高度为 2 的圆柱体 3，以圆柱体 3 的端点圆心为底面中心点，绘制半径为 8、高度为 10 的圆柱体 4；以圆柱体 4 的端点圆心为底面中心点，绘制半径为 3、高度为 55 的圆柱体 5，如图 15-43 所示。

❷绘制圆环体。单击“三维工具”选项卡“建模”面板中的“圆环体”按钮，绘制以（0,0,13）为中心，圆环半径为 11、圆管半径为 5 的圆环体，如图 15-44 所示。

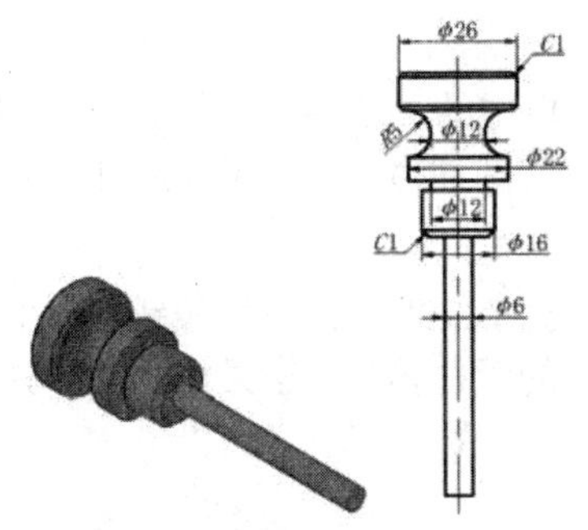

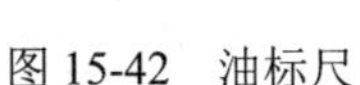
图 15-42 油标尺

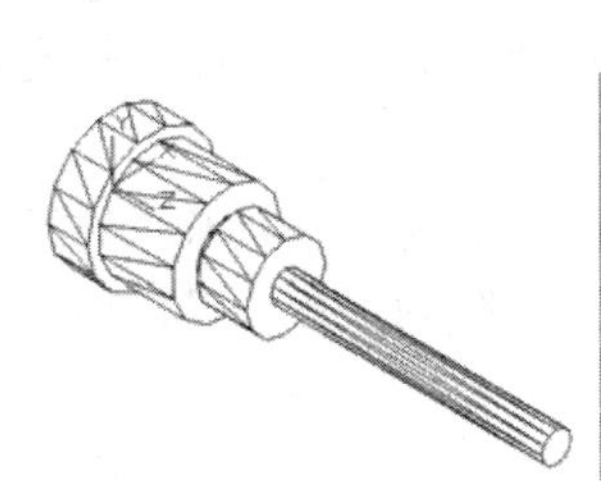
图 15-43 绘制圆柱体

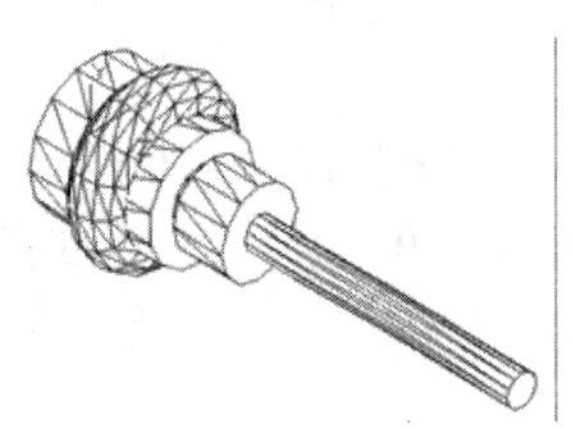
图 15-44 绘制圆环体

❸差集运算。单击“三维工具”选项卡“实体编辑”面板中的“差集”按钮，从圆柱体 2 中减去圆环体，并进行消隐处理，如图 15-45 所示。

❹倒角操作。单击“三维工具”选项卡“实体编辑”面板中的“倒角边”按钮，对圆柱体 1 的两端面进行倒角，倒角距离为 1。对圆柱体 4 的下端面进行倒角，倒角距离为 1.5，并进行消隐处理，如图 15-46 所示。

❺并集运算。单击“三维工具”选项卡“实体编辑”面板中的“并集”按钮，将图中的所有实体合并为一个实体，并调整视图，如图 15-47 所示。

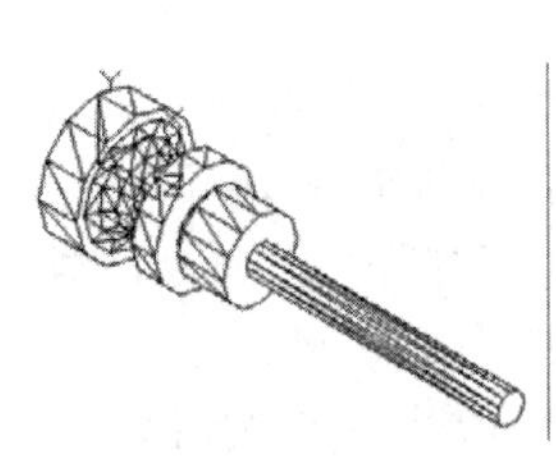
图 15-45 差集运算

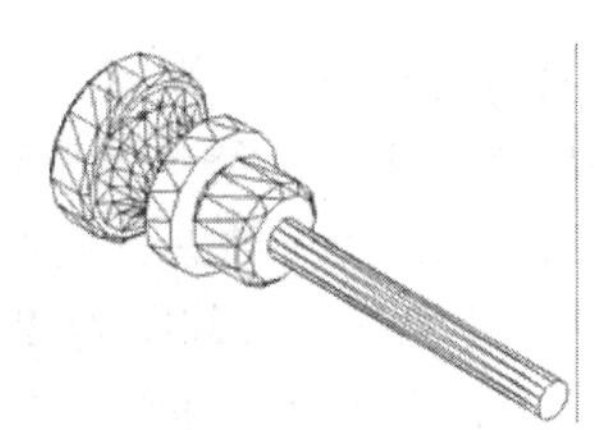
图 15-46 倒角操作

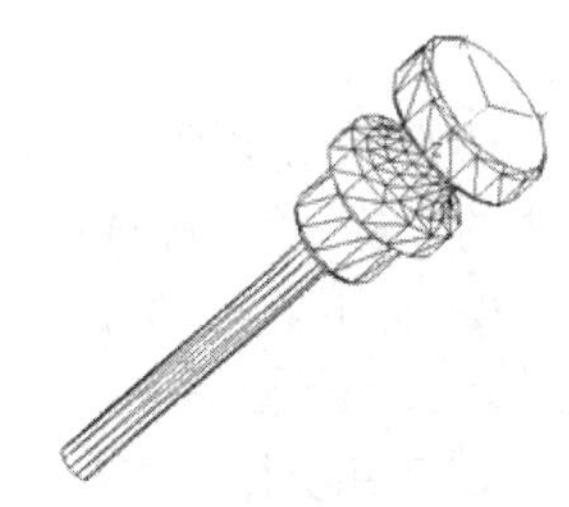
图 15-47 并集运算

05 显示油标尺。单击“视图”选项卡“视觉样式”面板中的“概念”按钮，效果如图 15-42 所示。

15.3.3 通气器立体图的绘制

01 建立新文件。启动 AutoCAD 2022，使用默认设置的绘图环境。单击“快速访问”工具栏中的“新建”按钮，打开“选择样板”对话框。单击“打开”按钮右侧的下三角按钮▼，以“无样板打开一公制（M)”方式建立新文件；将新文件命名为“通气器.dwg”并保存。

02 设置线框密度。默认值是 8，更改设定值为 10。

03 调整坐标系。调用 UCS 命令，将坐标系绕 X 轴旋转 90°。将视图切换到西南等轴测视图。

❶绘制六边形。单击“默认”选项卡“绘图”面板中的“多边形”按钮，以坐标原点为中心点，绘制内接圆半径为 8.5 的正六边形，如图 15-48 所示。

❷拉伸六边形。单击“三维工具”选项卡“建模”面板中的“拉伸”按钮，拉伸上步绘制的正六边形，拉伸高度为 9，结果如图 15-49 所示。

❸绘制圆柱体 1。单击“三维工具”选项卡“建模”面板中的“圆柱体”按钮，以坐标点（0，0，9）为底面中心点，绘制半径为 11、高度为 2 的圆柱体 1，结果如图 15-50 所示。

❹绘制圆柱体 2。单击“三维工具”选项卡“建模”面板中的“圆柱体”按钮，以坐标点（0，0，11）为底面中心点，绘制半径为 7、高度为 2 的圆柱体 2，结果如图 15-51 所示。

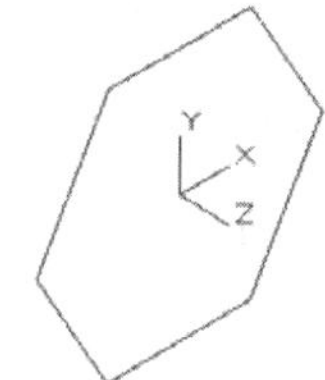

图 15-48 绘制正六边形

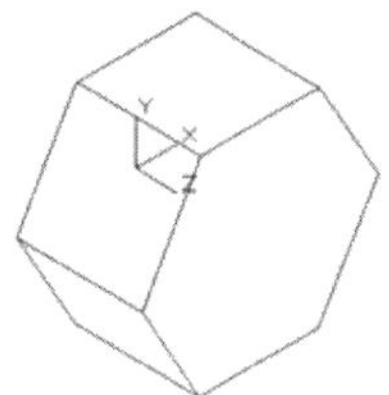

图 15-49 拉伸正六边形

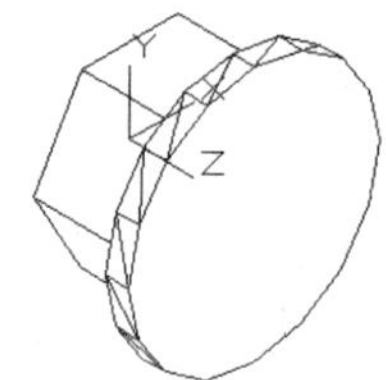

图 15-50 绘制圆柱体 1

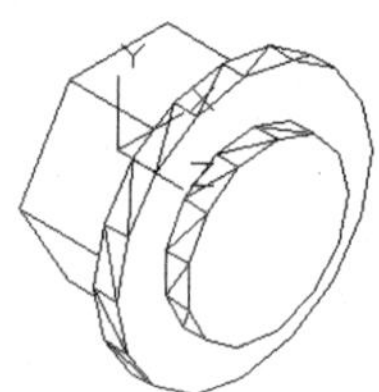

图 15-51 绘制圆柱体 2

❺绘制多段线。将视图切换到俯视图。单击“默认”选项卡“绘图”面板中的“多段线”按钮，绘制点的坐标为（0，-13）、（@7，0）、（@1，-1）、（@-1，-1）、（@-7,0）、(C)的多段线，如图 15-52 所示。

❻旋转创建螺纹。将视图切换到西南等轴测视图。单击“三维工具”选项卡“建模”面板中的“旋转”按钮，将上步绘制的多段线绕 Y 轴旋转 360°，结果如图 15-53 所示。

❼阵列螺纹。选择菜单栏中的“修改”→“三维操作”→“三维阵列”命令，对上步创建的螺纹进行矩形阵列，设置阵列行数为 5，行间距为-2，结果如图 15-54 所示。

❽合并实体。单击“三维工具”选项卡“实体编辑”面板中的“并集”按钮，对视图中所有的实体进行并集运算，结果如图 15-55 所示。

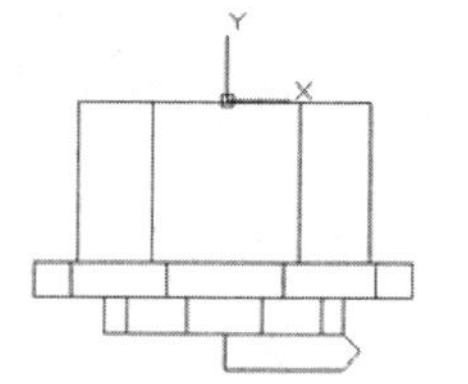

图 15-52 绘制多段线

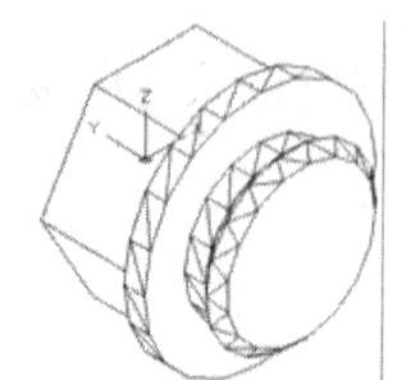

图 15-53 旋转创建螺纹

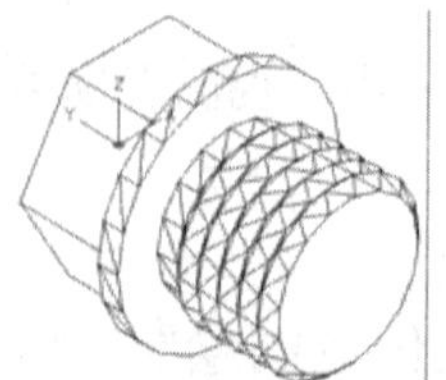

图 15-54 阵列螺纹

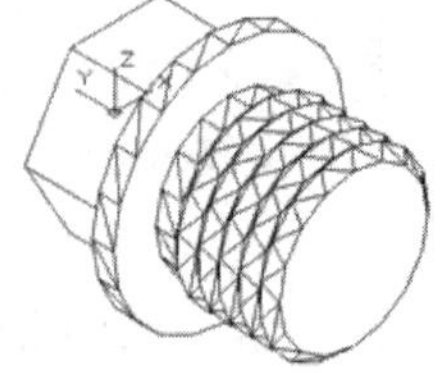

图 15-55 并集运算

❾绘制圆柱体。单击“三维工具”选项卡“建模”面板中的“圆柱体”按钮，绘制以

（0，-4.5，-10）为底面中心点，半径为 2.5、高度为 20 的圆柱体 3，如图 15-56 所示。

❿绘制圆柱体 4。调用 UCS 命令，将坐标系绕 X 轴旋转 90°。单击“三维工具”选项卡“建模”面板中的“圆柱体”按钮，绘制以（0，0，23）为底面中心点，半径为 2.5，高度为-21 的圆柱体 4，如图 15-57 所示。

⓫差集运算。单击“三维工具”选项卡“实体编辑”面板中的“差集”按钮，对合并后的实体与圆柱体进行差集运算，结果如图 15-58 所示。

04 显示通气器。利用自由动态观察器将通气器调整到适当位置，单击“视图”选项卡“视觉样式”面板中的“概念”按钮，效果如图 15-59 所示。

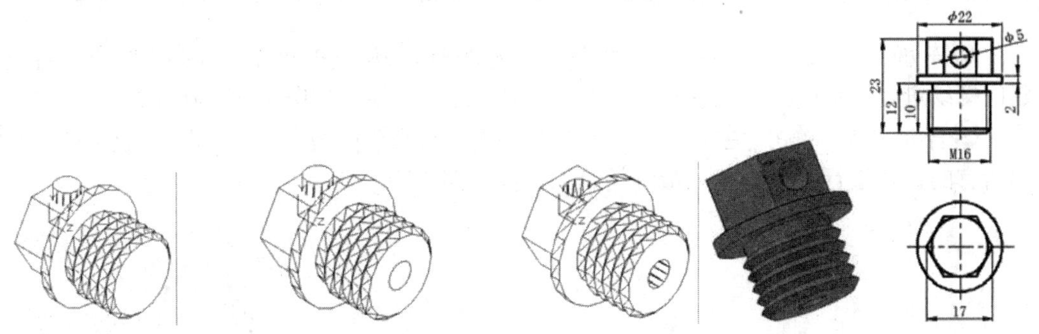

图 15-56 绘制圆柱体 3 图 15-57 绘制圆柱体 4 图 15-58 差集运算 图 15-59 通气器

15.3.4 螺塞立体图的绘制

01 建立新文件。启动 AutoCAD 2022，使用默认设置的绘图环境。单击“快速访问”工具栏中的“新建”按钮，打开“选择样板”对话框，单击“打开”按钮右侧的下三角按钮，以“无样板打开一公制（M）”方式建立新文件；将新文件命名为“螺塞.dwg”并保存。

02 设置线框密度。默认值是 8，更改设定值为 10。

03 调整坐标系。调用 UCS 命令，将坐标系绕 X 轴旋转 90° 。将视图切换到西南等轴测视图。

❶绘制六边形。单击“默认”选项卡“绘图”面板中的“多边形”按钮，以坐标原点为中心点，绘制内接圆半径为 8.5 的正六边形，如图 15-60 所示。

❷拉伸六边形。单击“三维工具”选项卡“建模”面板中的“拉伸”按钮，拉伸上步绘制的正六边形，拉伸高度为 9，结果如图 15-61 所示。

❸绘制圆柱体 1。单击“三维工具”选项卡“建模”面板中的“圆柱体”按钮，以点（0，0，9）为底面中心点，绘制半径为 11、高度为 2 的圆柱体 1，结果如图 15-62 所示。

❹绘制圆柱体 2。单击“三维工具”选项卡“建模”面板中的“圆柱体”按钮，以坐标点（0，0，11）为底面中心点，绘制半径为 7、高度为 2 的圆柱体 2，结果如图 15-63 所示。

❺绘制多段线。将视图切换到俯视图。单击“默认”选项卡“绘图”面板中的“多段线”按钮，绘制点的坐标为（0，-13）、（@7，0）、（@1，-1）、（@-1，-1）、（@-7,0）、(C)的多段线，如图 15-64 所示。

❻旋转创建螺纹。将视图切换到西南等轴测视图。单击“三维工具”选项卡“建模”面

板中的“旋转”按钮，将上步绘制的多段线绕 Y 轴旋转 360º，结果如图 15-65 所示。

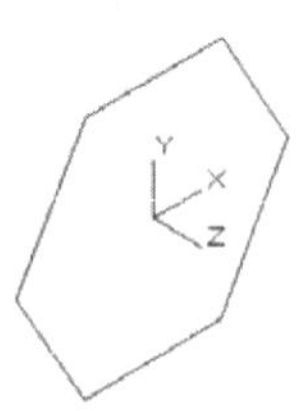
图 15-60　绘制正六边形

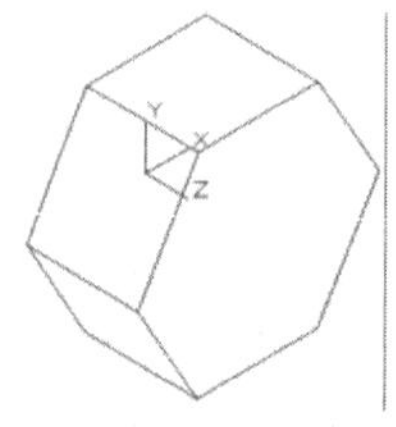
图 15-61　拉伸正六边形

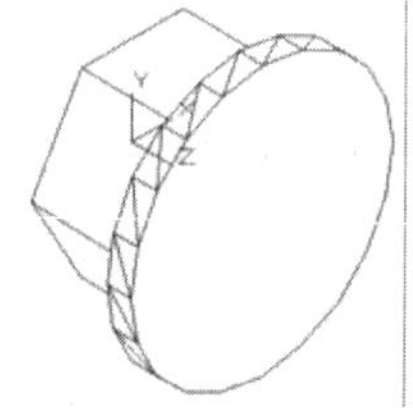
图 15-62　绘制圆柱体 1

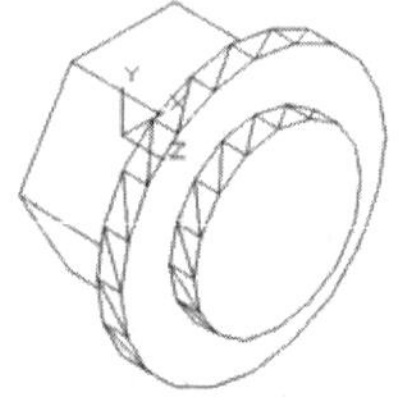
图 15-63　绘制圆柱体 2

❼阵列螺纹。选择菜单栏中的“修改”→“三维操作”→“三维阵列”命令，对上步创建的螺纹进行矩形阵列，设置行数为 5，行间距为-2，结果如图 15-66 所示。

❽合并实体。单击“三维工具”选项卡“实体编辑”面板中的“并集”按钮，对视图中所有的实体进行并集运算，最终绘制的螺纹如图 15-67 所示。

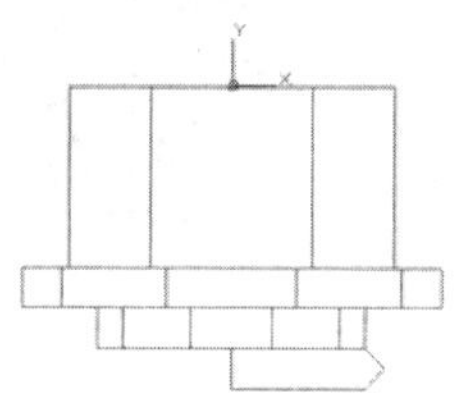
图 15-64　绘制多段线

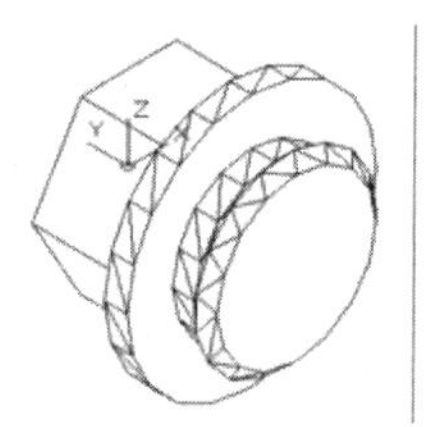
图 15-65　旋转创建螺纹

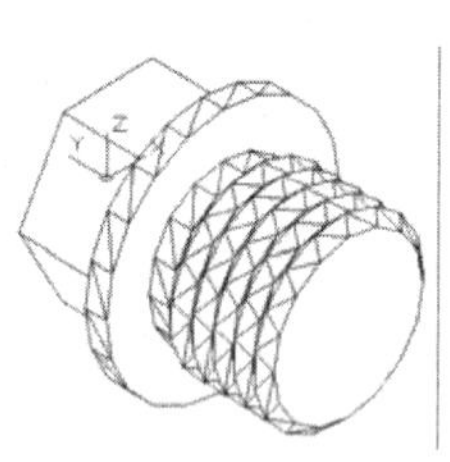
图 15-66　阵列螺纹

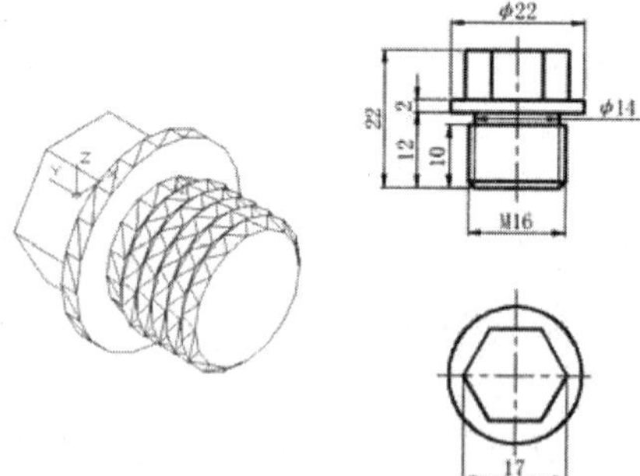

图 15-67　螺塞

15.4 轴承的绘制

15.4.1　圆柱滚子轴承（30207）的绘制

本例绘制的圆柱滚子轴承如图 15-68 所示。绘制的基本思路：创建轴承的内圈、外圈及滚动体，并用“阵列”命令对滚动体进行环形阵列操作后，再用“并集”命令完成实体创建。

01 启动系统。启动 AutoCAD 2022，使用默认设置的绘图环境。

02 设置线框密度。命令行提示如下：

命令：ISOLINES↙

输入 ISOLINES 的新值 <4>：10↙

03 绘制闭合曲线 1。单击“默认”选项卡“绘图”面板中的“直线”按钮╱，绘制点的坐标为（0，17.5）、（0，26.57）、（3，26.57）、（2.3，23.5）、（11.55，21）、（11.84，22）、（17，22）、（17，17.5）、（C）的闭合曲线 1，如图 15-69 所示。

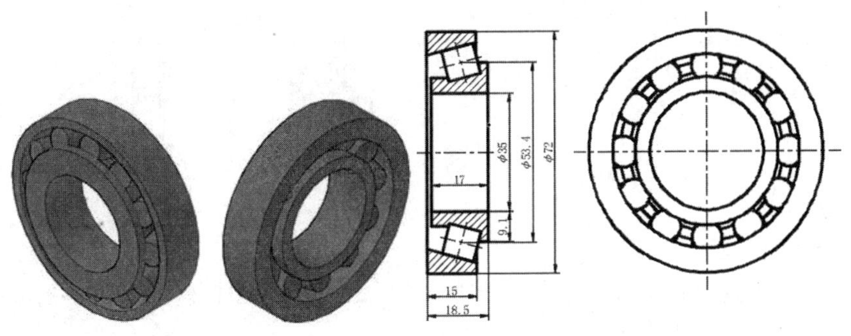

图 15-68 圆柱滚子轴承（30207）

04 绘制闭合曲线 2。单击“默认”选项卡“绘图”面板中的“直线”按钮╱，绘制点的坐标为（3.5，32.7）、（3.5，36）、（18.5，36）、（18.5，28.75）、（C）的闭合曲线 2，如图 15-70 所示。

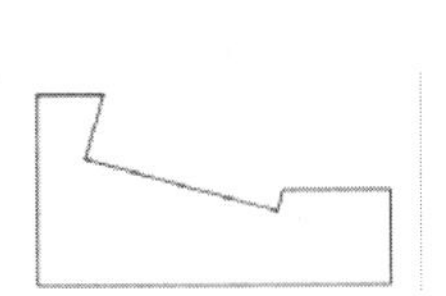

图 15-69 绘制闭合曲线 1

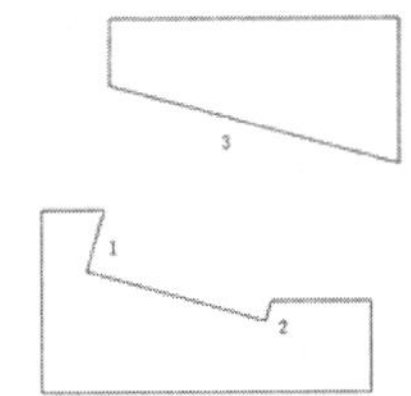

图 15-70 绘制闭合曲线 2

05 延伸直线。单击“默认”选项卡“修改”面板中的“延伸”按钮→|，对直线 1 和直线 2 进行延伸。单击“默认”选项卡“绘图”面板中的“直线”按钮╱，打开对象捕捉功能，捕捉延伸后的两直线中点；单击“默认”选项卡“修改”面板中的“修剪”按钮，将多余的线段修剪，结果如图 15-71 所示。

06 创建面域。单击“默认”选项卡“绘图”面板中的“直线”按钮╱，将重合线段重新绘制。单击“默认”选项卡“绘图”面板中的“面域”按钮，分别将 3 个平面图形创建为 3 个面域。

07 旋转面域，创建轴承内外圈。单击“三维工具”选项卡“建模”面板中的“旋转”按钮，将面域 a、b 绕 X 轴旋转 360°。

08 旋转面域，创建轴承滚动体。单击“三维工具”选项卡“建模”面板中的“旋转”按钮，将面域 c 绕面域的上边线旋转 360°，结果如图 15-72 所示。

09 切换到左视图。单击“可视化”选项卡“命名视图”面板中的“左视”按钮，将视图转换为左视图，如图 15-73 所示

10 阵列滚动体。选择菜单栏中的“修改”→“三维操作”→“三维阵列”命令，将绘制的一个滚子绕 Z 轴环形阵列 12 个，环形阵列结果如图 15-74 所示。

11 切换到西南等轴测视图。

12 并集运算。单击“三维工具”选项卡“实体编辑”面板中的“并集”按钮，对阵列后的滚动体与轴承的内外圈进行并集运算。

13 单击“视图”选项卡“视觉样式”面板中的“隐藏”按钮，进行消隐处理后的图形如图 15-75 所示。

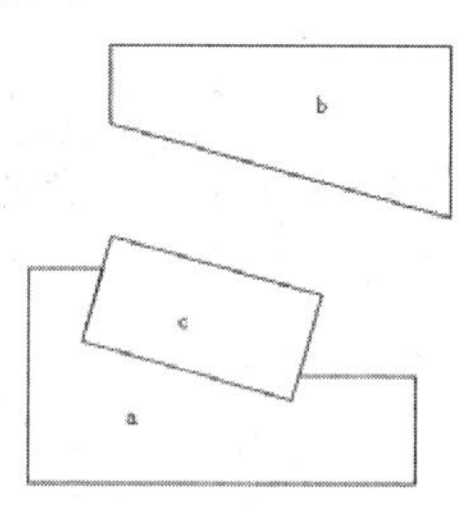

图 15-71 绘制二维图形

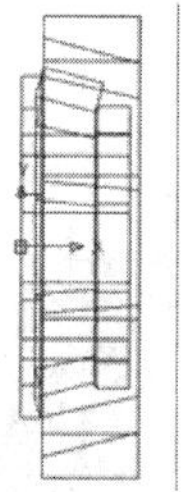

图 15-72 创建轴承的内外圈和滚动体

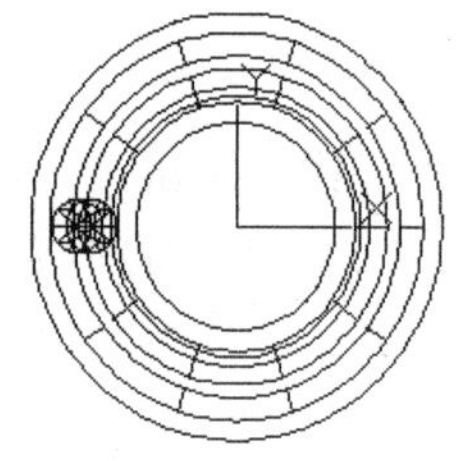

图 15-73 创建滚动体后的左视图

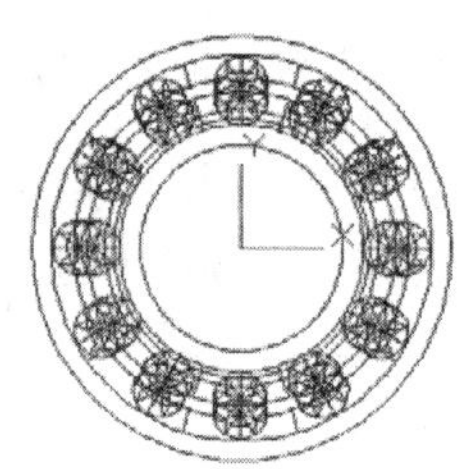

图 15-74 阵列滚动体

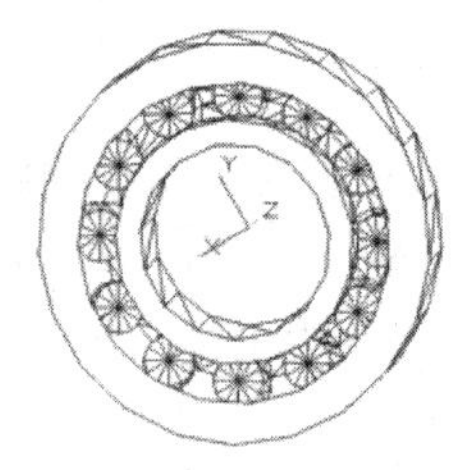

图 15-75 消隐处理后的轴承

14 单击“视图”选项卡“视觉样式”面板中的“概念”按钮，并将视图切换到东南等轴测视图，如图 15-68 所示。

15.4.2 圆柱滚子轴承（30205）的绘制

01 建立新文件。启动 AutoCAD 2022，使用默认设置的绘图环境。单击“快速访问”工具栏中的“新建”按钮，打开“选择样板”对话框，单击“打开”按钮右侧的下三角按钮，以“无样板打开一公制（M）”方式建立新文件，将新文件命名为“圆柱滚子轴承.dwg”并保存。

02 设置线框密度。默认值是 4，更改设定值为 10。

03 打开已绘制的轴承平面图，如图 15-76 所示。将其复制到新打开的文件中，以坐标原点为基点进行粘贴，如图 15-77 所示。

04 整理图形。删除尺寸和多余的线段，整理后的图形如图 15-78 所示。

05 单击“默认”选项卡“绘图”面板中的“直线”按钮，连接直线 1 和直线 3 的端点。单击“默认”选项卡“绘图”面板中的“多段线”按钮，以直线 1 与左边水平直线的交点为起点，绘制直线 1、直线 2、直线 3，以直线 3 与右边水平直线的交点为终点，绘制多段线，结果如图 15-79 所示。

06 创建面域。单击“默认”选项卡“绘图”面板中的“面域”按钮，将整理后的图形创建成面域。

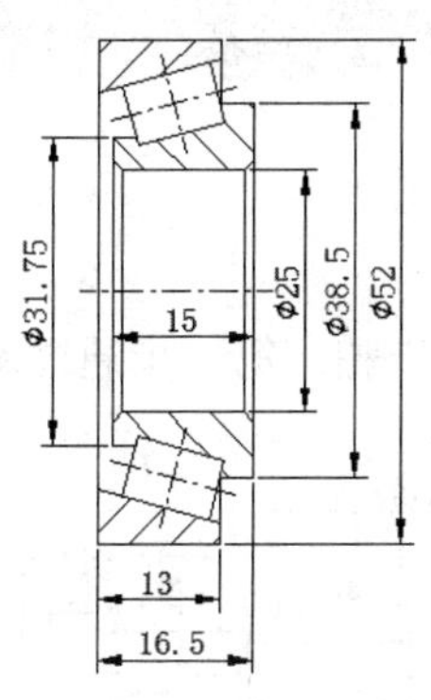

图 15-76　轴承平面图

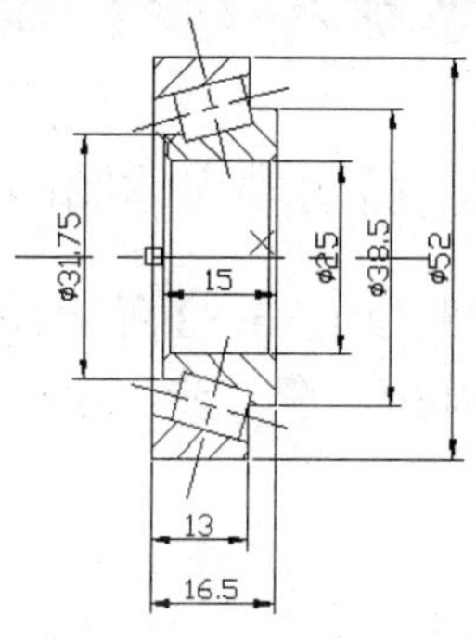

图 15-77　复制粘贴图形

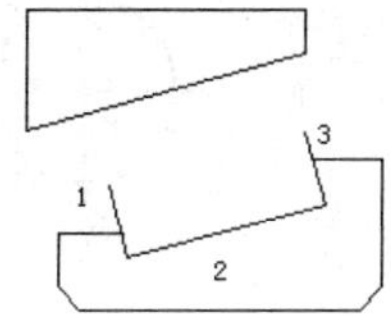

图 15-78　整理后的平面图

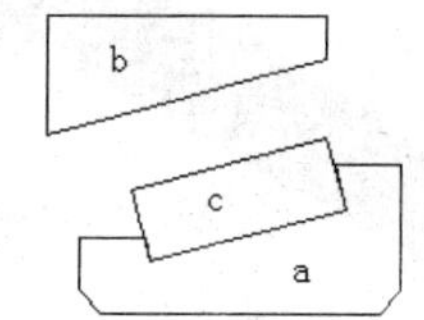

图 15-79　绘制多段线

07 旋转面域，创建轴承内外圈。单击“三维工具”选项卡“建模”面板中的“旋转”按钮，将面域 a、b 绕 X 轴旋转 360°，结果如图 15-80 所示。

08 旋转面域，创建轴承滚动体。单击“三维工具”选项卡“建模”面板中的“旋转”按钮，将面域 c 绕面域上边线旋转 360°，并将视图切换到左视图，结果如图 15-81 所示。

09 阵列滚动体。选择“菜单栏”中的“修改”→“三维操作”→“三维阵列”命令，将绘制的一个滚子绕 Z 轴环形阵列 12 个。

10 切换视图西南等轴测视图。

11 并集运算。单击“三维工具”选项卡“实体编辑”面板中的“并集”按钮，将阵列后的滚动体与轴承的内外圈进行并集运算。

12 单击“视图”选项卡“视觉样式”面板中的“隐藏”按钮，进行消隐处理后的图形如图 15-82 所示。

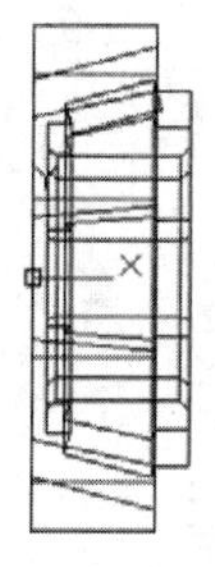

图 15-80　创建轴承内外圈

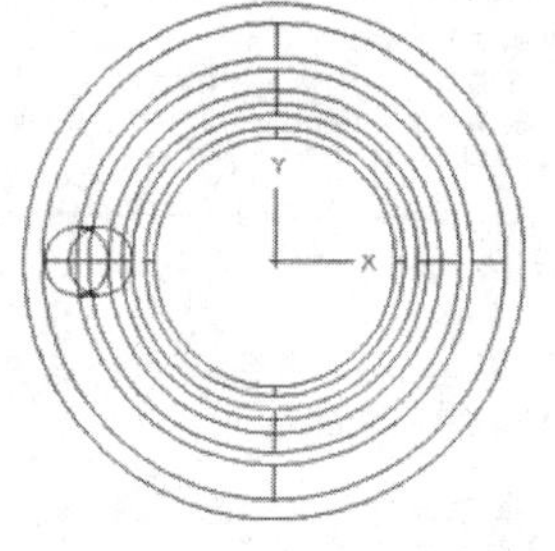

图 15-81　创建滚动体后的左视图

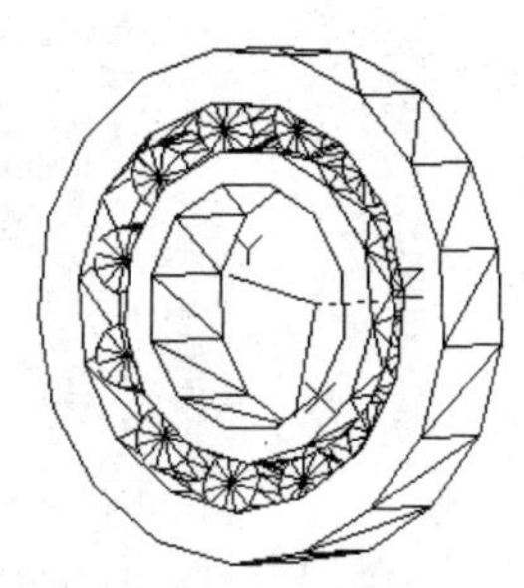

图 15-82　消隐处理后的轴承

15.5 圆柱齿轮与齿轮轴的绘制

15.5.1 传动轴立体图的绘制

本节绘制如图 15-83 所示的传动轴。轴的绘制分为两个步骤：第一步通过旋转的方法绘制轴的外部轮廓，第二步利用拉伸的方法绘制两个键槽。

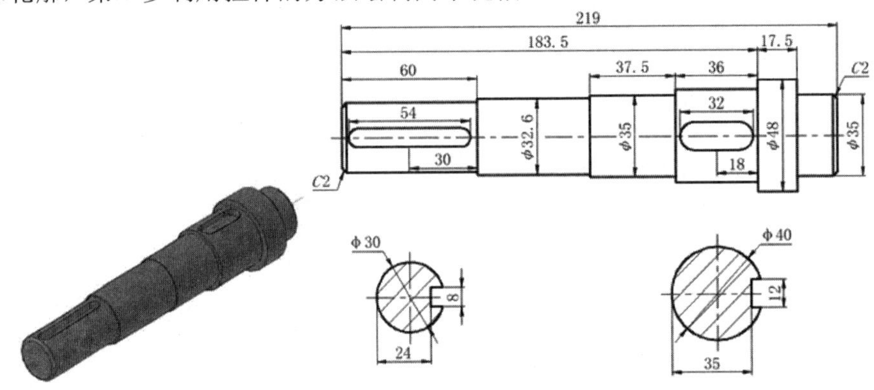

图 15-83 传动轴

01 建立新文件。启动 AutoCAD 2022，使用默认设置的绘图环境。单击“快速访问”工具栏中的“新建”按钮，打开“选择样板”对话框。单击“打开”按钮右侧的下三角按钮，以“无样板打开—公制（M）”方式建立新文件，将新文件命名为“传动轴.dwg”并保存。

02 设置线框密度。默认值是 8，更改设定值为 10。

03 创建新图层。单击“默认”选项卡“图层”面板中的“图层特性”按钮，打开“图层特性管理器”选项板。单击“新建”按钮，新建两个图层即实体层和中心线层，修改图层的颜色、线型和线宽属性，如图 15-84 所示。

04 绘制外轮廓。

❶绘制中心线。将“中心线层”设定为当前图层；单击“默认”选项卡“绘图”面板中的“直线”按钮，绘制直线{(0,0)，(250,0)}。

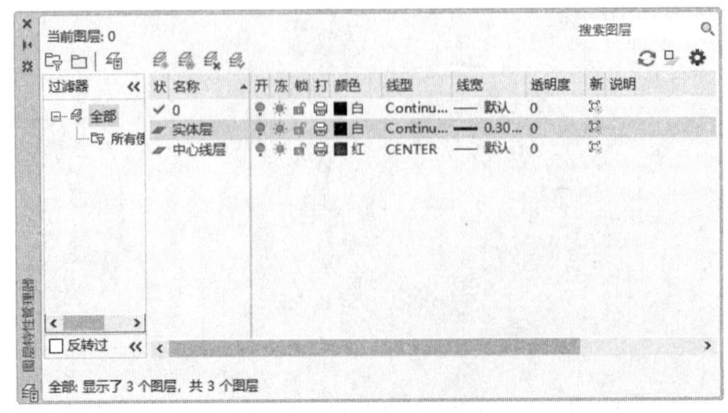

图 15-84 新建图层

❷绘制边界线。将当前图层从“中心线层”切换到“实体层”，单击“默认”选项卡“绘图”面板中的“直线”按钮╱，绘制直线{(10,0),(10,24)}，如图 15-85 所示的直线 1；单击“默认”选项卡“修改”面板中的“偏移”按钮⊆，以直线 1 为起始，依次向右偏移直线 2 至直线 7，偏移量依次为 60、50、37.5、36、17.5 和 18，如图 15-85 所示。

❸偏移中心线。单击“默认”选项卡“修改”面板中的“偏移”按钮⊆，偏移中心线，向上偏移量分别为 15、16.3、17.5、20 和 24，并更改其图层属性为实体层，如图 15-86 所示。

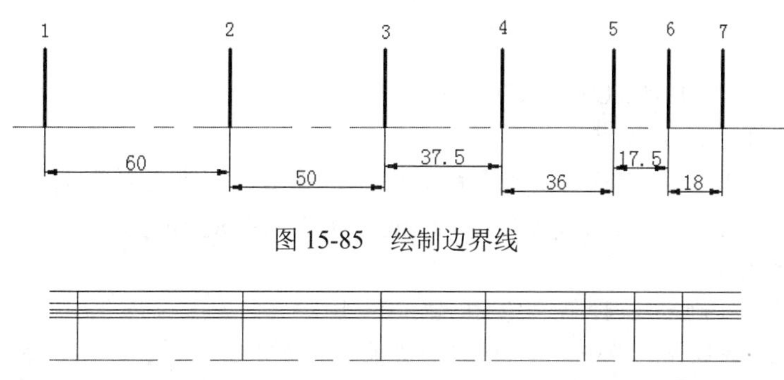

图 15-85　绘制边界线

图 15-86　偏移中心线

❹修剪纵向直线。单击“默认”选项卡“修改”面板中的“修剪”按钮✂，以 5 条横向直线作为剪切边，对 7 条纵向直线进行修剪，结果如图 15-87a 所示。

❺修剪横向直线。单击“默认”选项卡“修改”面板中的“修剪”按钮✂，以 7 条纵向直线作为剪切边，对 5 条横向直线进行修剪，结果如图 15-87b 所示。

❻绘制旋转体轮廓线。修剪纵向直线，连接轴的左右两端点，最终形成旋转体轮廓线，如图 15-88 所示。

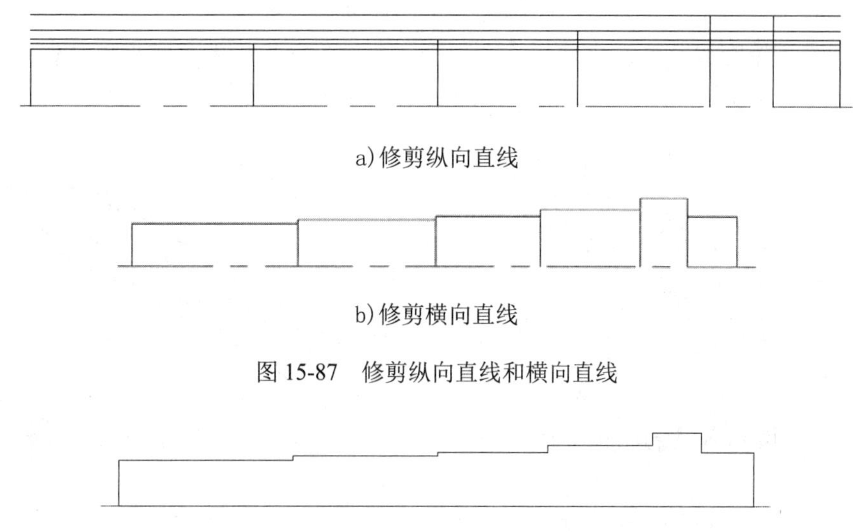

a) 修剪纵向直线

b) 修剪横向直线

图 15-87　修剪纵向直线和横向直线

图 15-88　绘制旋转体轮廓线

❼合并轮廓线。调用编辑“多段线”命令（PEDIT），将旋转体轮廓线合并为一条多段线，满足“旋转实体”命令的要求。命令行提示如下：

命令：PEDIT
选择多段线或 [多条(M)]：M↙
选择对象：↙（选择图中所有的实体线）
选择对象：↙找到 1 个，总计 14 个
选择对象：↙
是否将直线和圆弧转换为多段线？[是(Y)/否(N)]？<Y>↙
输入选项 [闭合(C)/打开(O)/合并(J)/宽度(W)/拟合(F)/样条曲线(S)/非曲线化(D)/线型生成(L)/放弃(U)]：J↙
合并类型 = 延伸
输入模糊距离或 [合并类型(J)] <0.0000>：↙
多段线已增加 13 条线段。

❽旋转创建实体。将视图切换到西南等轴测，单击“三维工具”选项卡“建模”面板中的“旋转”按钮，将轮廓线绕 X 轴旋转 360º，如图 15-89 所示。命令行提示如下：

命令：_REVOLVE
当前线框密度： ISOLINES=4，闭合轮廓创建模式=实体
选择要旋转的对象或[模式(MO)]：↙（选择上步合并后的线段）
选择要旋转的对象或[模式(MO)]：↙
指定轴起点或根据以下选项之一定义轴 [对象(O)/X/Y/Z] <对象>：X↙
指定旋转角度或 [起点角度(ST)/反转(R)/表达式(EX)] <360>：↙

❾消隐视图。

❿轴端面倒角。单击“默认”选项卡“修改”面板中的“倒角”按钮，选择端面的圆环线作为“第一条直线”，指定倒角距离为 2。重复执行“倒角”命令，对传动轴的另一端面以同样参数进行倒角操作，并进行消隐处理，如图 15-90 所示。

05 绘制键槽。

❶切换视角。将当前视角从西南等轴测视图切换为俯视图。

❷绘制键槽轮廓线。单击“默认”选项卡“绘图”面板中的“矩形”按钮，指定矩形的两个角点{(159.5,6),(191.5,-6)}，圆角半径为 6，如图 15-91 所示。

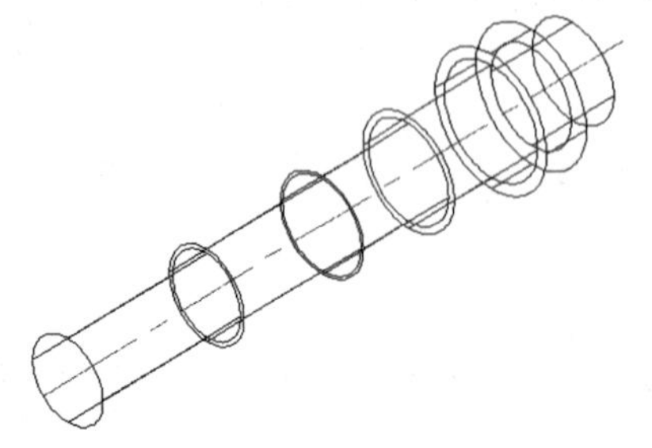

图 15-89 旋转创建实体

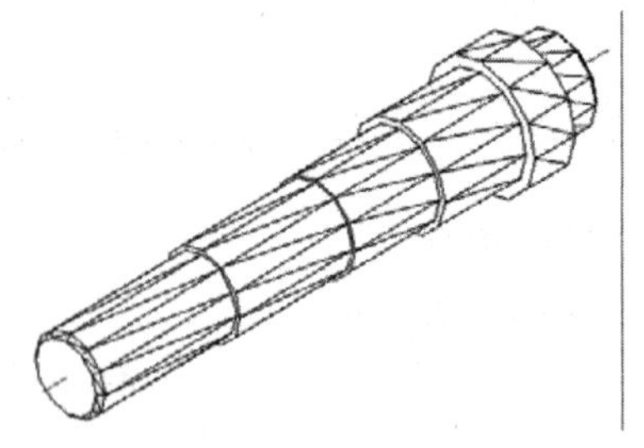

图 15-90 轴端面倒角

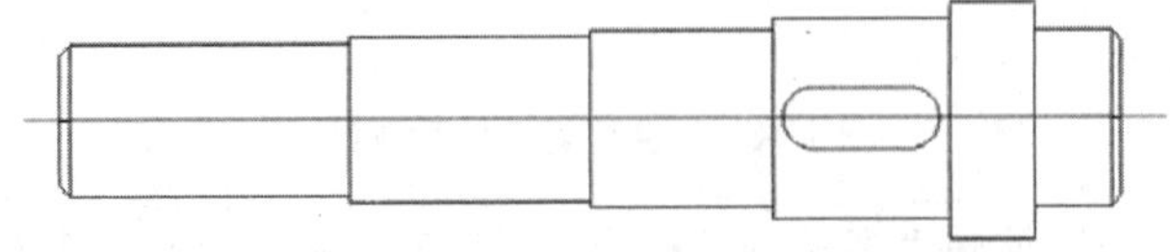

图 15-91 绘制键槽轮廓线

❸拉伸创建实体。单击“三维工具”选项卡“建模”面板中的“拉伸”按钮，将键槽轮廓线拉伸 8，拉伸结果如图 15-92 所示。

❹移动实体。单击“默认”选项卡“修改”面板中的“移动”按钮，选择拉伸创建的实体为移动对象，位移为（@0, 0, 15），移动后进行消隐处理，如图 15-93 所示。

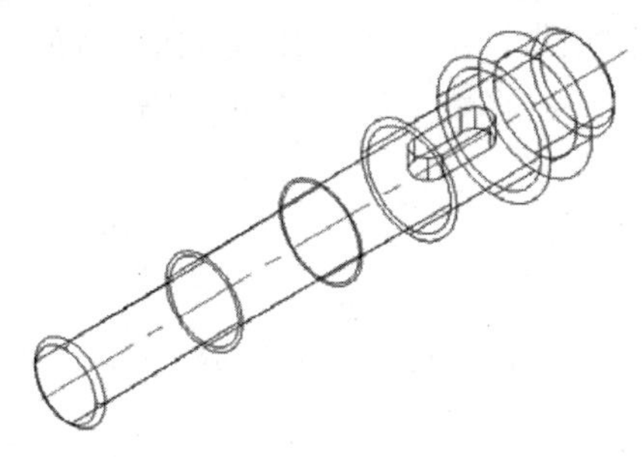

图 15-92　拉伸创建实体

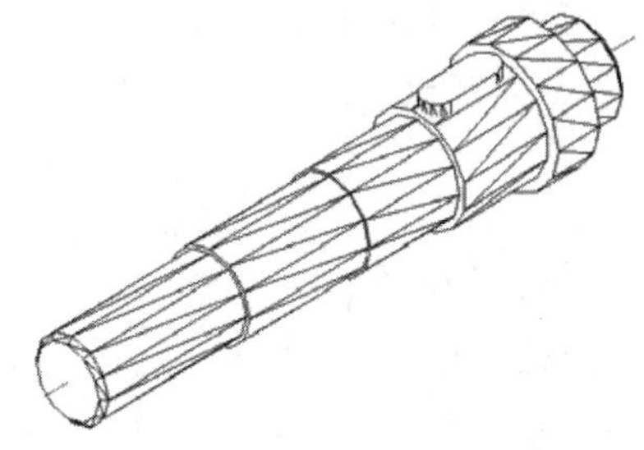

图 15-93　移动实体

❺绘制另一键槽。使用同样的方法绘制矩形——两角点坐标为{(13, 4)、(@54, -8)}，倒圆半径为 4，拉伸高度为 7，向上移动所选基点，相对位移为（@0, 0, 9），并进行消隐处理，如图 15-94 所示。

❻差集运算。单击“三维工具”选项卡“实体编辑”面板中的“差集”按钮，执行命令后，选择传动轴和两个平键实体，绘制键槽，如图 15-95 所示。命令行提示如下：

```
命令：_SUBTRACT
选择要从中减去的实体、曲面或面域...
选择对象：↙（选择旋转实体）
选择对象：↙
选择要减去的实体、曲面或面域...
选择对象：↙（选择两平键实体）
选择对象：↙找到 1 个，总计 2 个
选择对象：↙
```

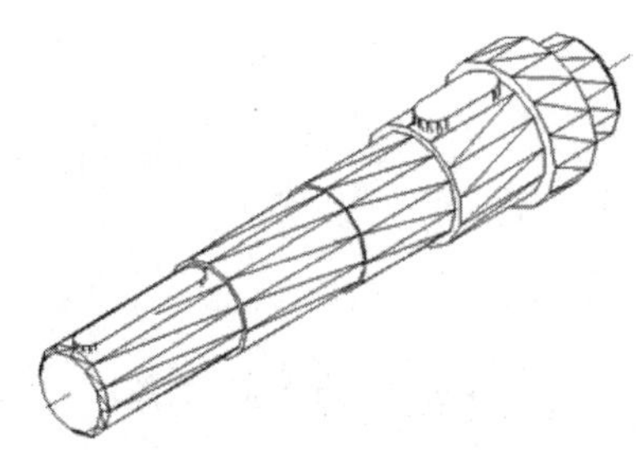

图 15-94　绘制轴上的平键

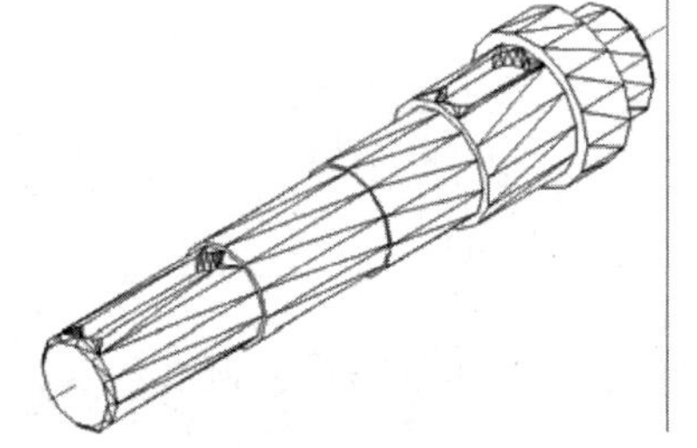

图 15-95　绘制键槽

06 显示传动轴。选择“视觉样式”工具栏中的“概念”命令，效果如图 15-83 所示。

15.5.2　大齿轮立体图的绘制

绘制基本思路，首先绘制齿轮二维剖切面轮廓线，再使用通过旋转操作从二维曲面生成三维实体的方法绘制齿轮基体；绘制渐开线轮齿的二维轮廓线，使用从二维曲面通过拉伸操作生成三维实体的方法绘制齿轮轮齿；然后调用“圆柱体”命令和“长方体”命令，利用布尔运算“求差”命令绘制齿轮的键槽和轴孔以及减轻孔。最后利用渲染操作对齿轮进行渲染，学习图形渲染的基本操作过程和方法。绘制完成的大齿轮如图 15-96 所示。

01 建立新文件。启动 AutoCAD 2022，使用默认设置的绘图环境。单击“快速访问”工具栏中的“新建”按钮，打开“选择样板”对话框，单击“打开”按钮右侧的下三角按钮，以“无样板打开－公制（M)”方式建立新文件，将新文件命名为“大齿轮.dwg”并保存。

02 设置线框密度。默认值是 4，更改设定值为 10。

03 绘制齿轮基体。

❶绘制水平直线。单击“默认”选项卡“绘图”面板中的“直线”按钮，在点（0，0）（40，0）之间绘制一条水平直线，如图 15-97 所示。

❷偏移水平直线。单击“默认”选项卡“修改”面板中的“偏移”按钮，将水平直线向上偏移 20、32、86、93.5，结果如图 15-98 所示。

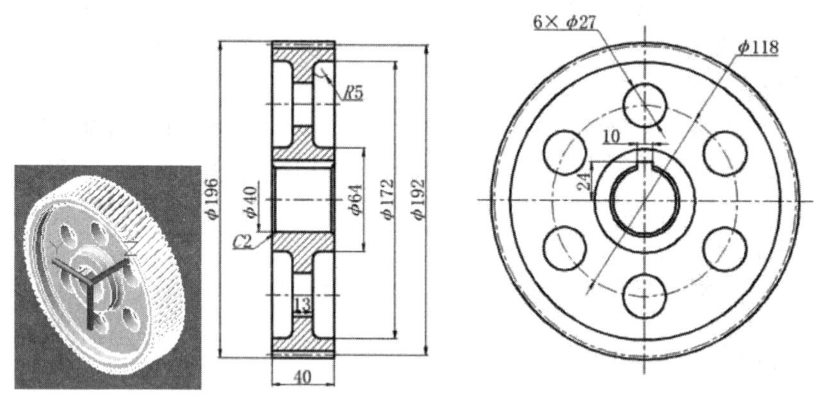

图 15-96　大齿轮

图 15-97　绘制水平直线

图 15-98　偏移水平直线

❸绘制竖直直线。单击“默认”选项卡“绘图”面板中的“直线”按钮，打开“对象捕捉”功能，捕捉第一条直线的中点和最上边直线的中点，如图 15-99 所示。

❹偏移竖直直线。单击“默认”选项卡“修改”面板中的“偏移”按钮，将上步绘制的竖直直线分别向两侧偏移，偏移距离为 6.5 和 20，结果如图 15-100 所示。

❺修剪图形。单击“默认”选项卡“修改”面板中的“修剪”按钮，对图形进行修剪，然后将多余的线段删除，结果如图 15-101 所示。

❻合并轮廓线。调用“多段线编辑”命令（PEDIT），将齿轮基体轮廓线合并为一条多段线，满足“旋转实体”命令的要求，如图 15-102 所示。

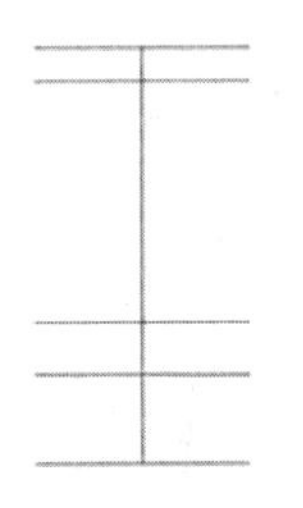
图 15-99　绘制竖直直线

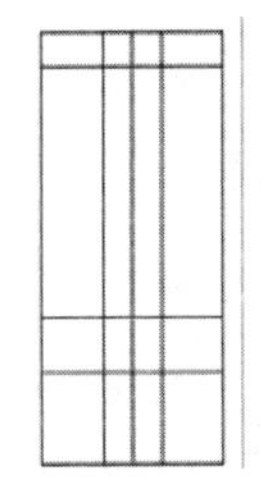
图 15-100　偏移竖直直线

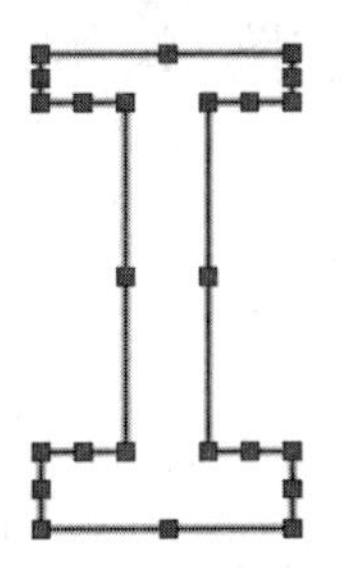
图 15-101　修剪图形

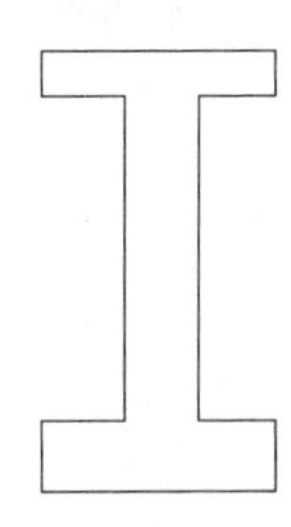
图 15-102　合并齿轮基体轮廓线

❼旋转创建实体。单击“三维工具”选项卡“建模”面板中的“旋转”按钮，将齿轮基体轮廓线绕 X 轴旋转 360°。切换视图为西南等轴测视图，并进行消隐处理，如图 15-103 所示。

❽实体圆角。单击“默认”选项卡“修改”面板中的“圆角”按钮，在齿轮内凹槽的轮廓线处绘制齿轮的铸造圆角，圆角半径为 5，如图 15-104 所示。

❾实体倒角。单击“默认”选项卡“修改”面板中的“倒角”按钮，对轴孔边缘进行倒角操作，倒角距离为 2，结果如图 15-105 所示。

04 绘制齿轮轮齿。

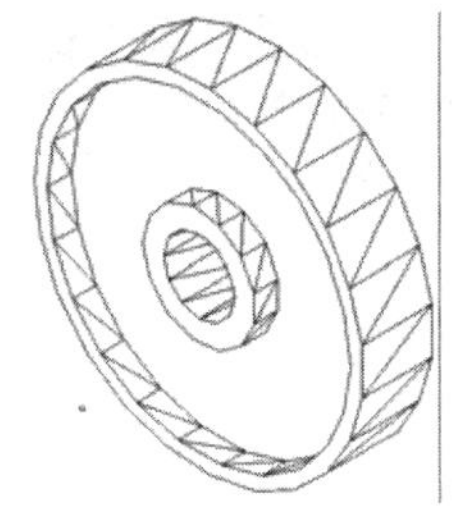
图 15-103　旋转创建实体

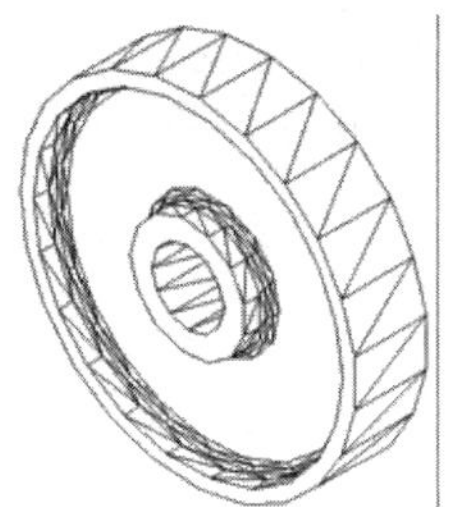
图 15-104　实体圆角

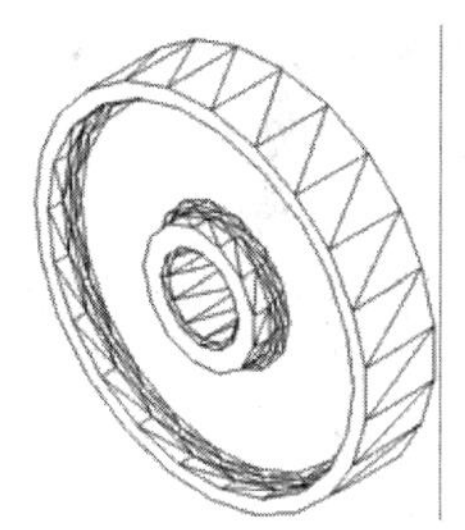
图 15-105　实体倒角

❶切换视角。将当前视图切换为俯视图。

❷创建新图层。单击“默认”选项卡“图层”面板中的“图层特性”按钮，打开“图层特性管理器”选项板。单击“新建”按钮，新建新图层“图层 1”，将齿轮基体图形对象的图层属性更改为“图层 1”。

❸隐藏图层。打开“图层特性管理器” 选项板，单击“图层 1”的“打开/关闭”按钮，使之变为黯淡色，关闭并隐藏“图层 1”。

❹绘制圆弧。单击“默认”选项卡“绘图”面板中的“圆弧”按钮，在点（-1,4.5）和点（-2,0）之间绘制半径为 10 的圆弧，如图 15-106 所示。

❺镜像圆弧。单击“默认”选项卡“修改”面板中的“镜像”按钮，对绘制的圆弧以 Y 轴为镜像轴进行镜像操作，如图 15-107 所示。

❻连接圆弧。单击“默认”选项卡“绘图”面板中的“直线”按钮，利用“对象捕捉”功能绘制两段圆弧端点的连接直线，如图 15-108 所示。

❼合并轮廓线。单击“默认”选项卡“绘图”面板中的“多段线”按钮，将两段圆弧和两段直线合并为一条多段线，满足“拉伸实体”命令的要求。

❽切换视角。将当前视图切换为西南等轴测视图。

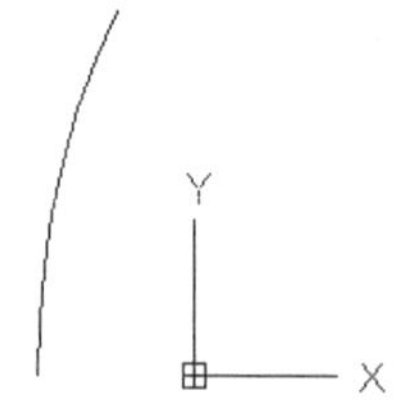

图 15-106　绘制圆弧

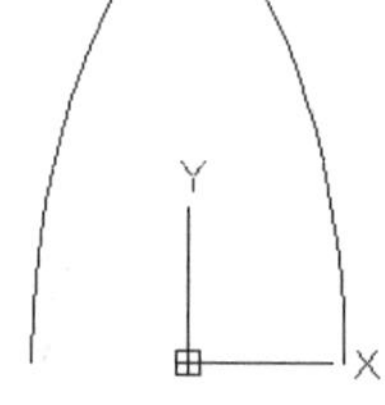

图 15-107　镜像圆弧

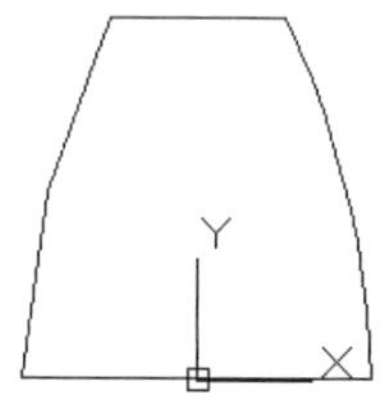

图 15-108　连接圆弧

❾绘制直线。调用“新建坐标系”命令（UCS），将坐标系绕 X 轴旋转 90°。单击“默认”选项卡“绘图”面板中的“直线”按钮╱，在点（0，0）和点（8，40）之间绘制一条直线，作为生成轮齿的拉伸路径。

❿拉伸实体。单击“三维工具”选项卡“建模”面板中的“拉伸”按钮，以刚才绘制的直线为路径，对合并的多段线进行拉伸，拉伸结果如图 15-109 所示。

⓫移动实体。调用“新建坐标系”命令（UCS），返回到世界坐标系。单击“默认”选项卡“修改”面板中的“移动”按钮✥，选择轮齿实体作为“移动对象”，在轮齿实体上任意选择一点作为“移动基点”，“移动第二点”相对坐标为“@0, 93. 5, 0”。

⓬环形阵列轮齿。选择菜单栏中的“修改”→“三维操作”→“三维阵列”命令，将绘制的一个轮齿绕 Z 轴环形阵列 86 个，如图 15-110 所示。命令行提示如下：

命令：_3DARRAY
正在初始化...　已加载 3DARRAY。
选择对象：↙（选择上步创建的拉伸体）
选择对象：↙
输入阵列类型 [矩形(R)/环形(P)] <矩形>：P↙
输入阵列中的项目数目：86↙
指定要填充的角度（+=逆时针，-=顺时针）<360>：↙
旋转阵列对象？［是(Y)/否(N)］<Y>：↙
指定阵列的中心点：0,0,0
指定旋转轴上的第二点：0,0,100

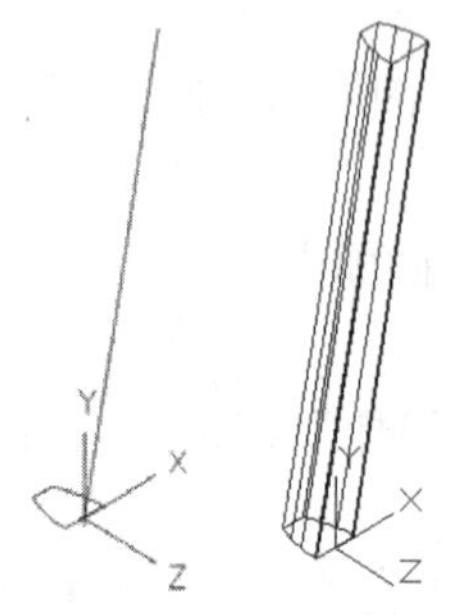

图 15-109　拉伸实体路径及拉伸后图形

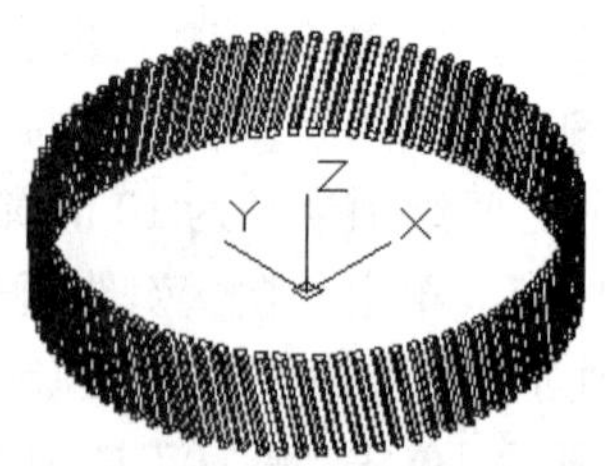

图 15-110　环形阵列轮齿

⓭旋转实体。选择菜单栏中的“修改”→“三维操作”→“三维旋转”命令，将所有轮齿绕 Y 轴旋转-90º。旋转结果如图 15-111 所示。

⓮打开图层 1。单击“默认”选项卡“图层”面板中的“图层特性”按钮，打开“图层特性管理器”选项板，单击“图层 1”的“打开/关闭”按钮，使之变为鲜亮色，打开并显示“图层 1”。

⓯并集运算。单击“三维工具”选项卡“实体编辑”面板中的“并集”按钮，执行命令后选择图 15-112 中的所有实体，进行并集运算，使之成为一个三维实体。

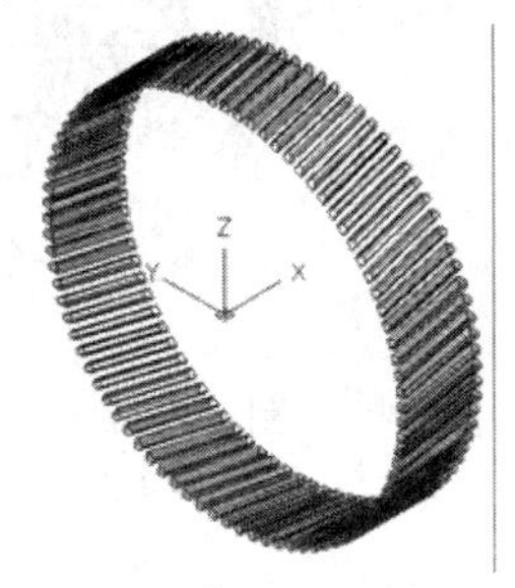

图 15-111　旋转三维实体

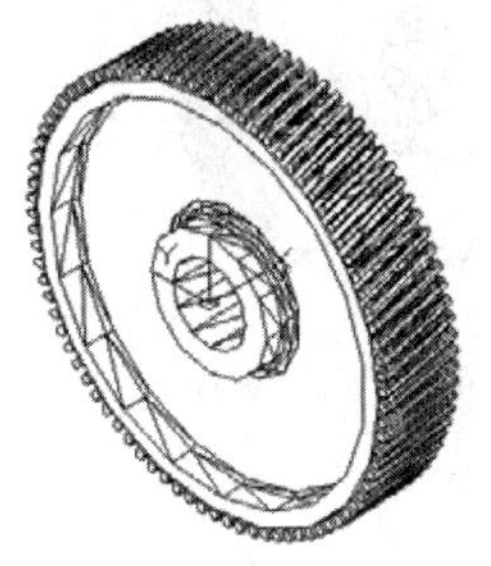

图 15-112　打开并显示图层

05 绘制键槽和减轻孔。

❶绘制长方体。单击“三维工具”选项卡“建模”面板中的“长方体”按钮，采用两个角点模式，绘制第一个角点为（-20,12,-5），第二个角点为（@40，12，10）的长方体，如图 15-113 所示。

❷绘制键槽。单击“三维工具”选项卡“实体编辑”面板中的“差集”按钮，执行命令后从齿轮基体中减去长方体，在齿轮轴孔中形成键槽，如图 15-114 所示。

❸绘制圆柱体。调用“新建坐标系”命令（UCS），将坐标系绕 Y 轴旋转 90°。单击“三维工具”选项卡“建模”面板中的“圆柱体”按钮，采用指定底面中心点和底面半径的模式，绘制以点（54，0，0）为底面中心点，半径为 13.5、高度为 40 的圆柱体，如图 15-115 所示。命令行提示如下：

```
命令：_CYLINDER
指定底面的中心点或 [三点(3P)/两点(2P)/切点、切点、半径(T)/椭圆(E)]：54,0,0↙
指定底面半径或 [直径(D)]：13.5↙
指定高度或 [两点(2P)/轴端点(A)]：40↙
```

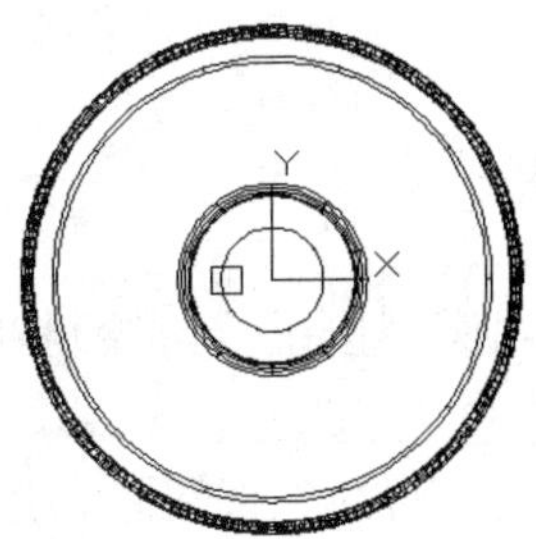

图 15-113　绘制长方体

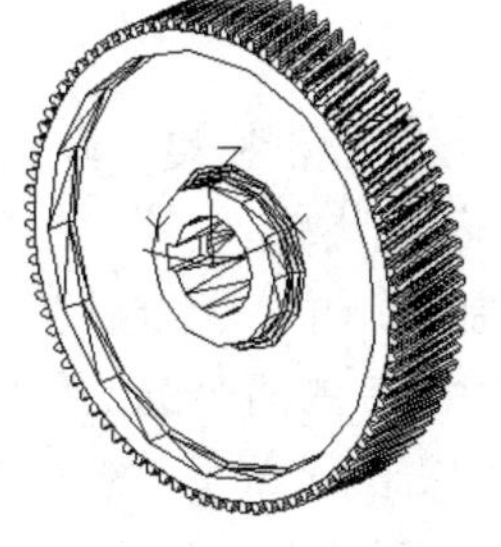

图 15-114　绘制键槽

❹环形阵列圆柱体。选择菜单栏中的“修改”→“三维操作”→“三维阵列”命令，环形阵列圆柱体，绕 Z 轴阵列 6 个，结果如图 15-116 所示。

❺绘制减轻孔。单击“三维工具”选项卡“实体编辑”面板中的“差集”按钮，执行

命令后从齿轮基体中减去 6 个圆柱体，在齿轮凹槽内形成 6 个减轻孔，如图 15-117 所示。

选择“视觉样式”工具栏中的“概念”命令，结果如图 15-96 所示。

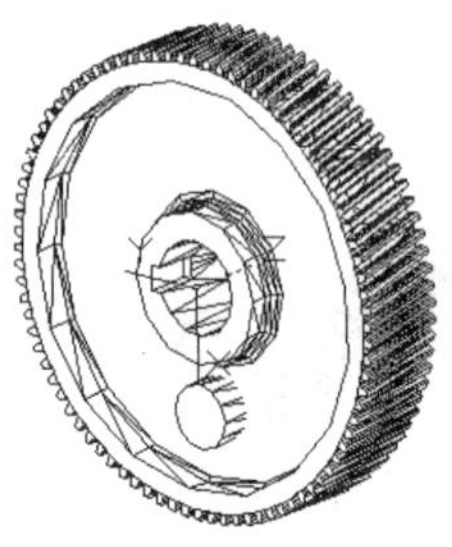

图 15-115　绘制圆柱体

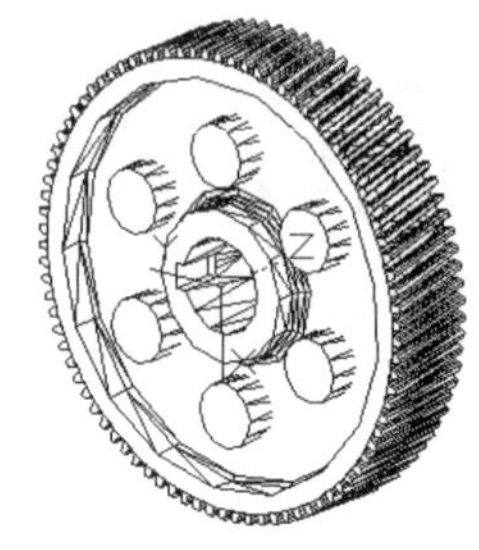

图 15-116　环形阵列圆柱体

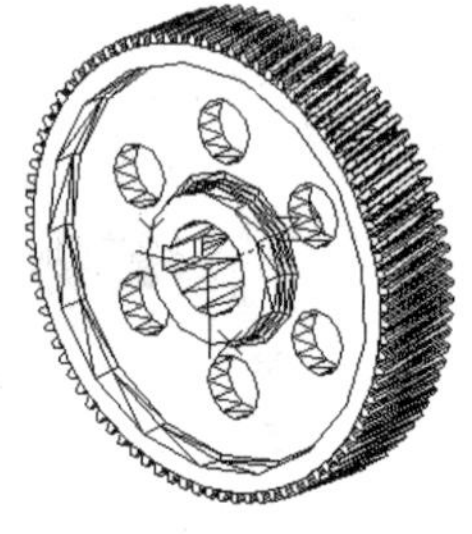

图 15-117　绘制减轻孔

15.5.3　齿轮轴的绘制

齿轮轴由齿轮和轴两部分组成，还需要绘制键槽。本实例的制作思路：首先绘制齿轮，然后绘制轴，再绘制键槽，最后通过“并集”命令将全部图形合并为一个整体，如图 15-118 所示。

01 建立新文件。启动 AutoCAD 2022，使用默认设置的绘图环境。单击“快速访问”工具栏中的“新建”按钮，打开“选择样板”对话框，单击“打开”按钮右侧的下三角按钮，以“无样板打开－公制（M）”方式建立新文件，将新文件命名为“齿轮轴立体图.dwg”并保存。

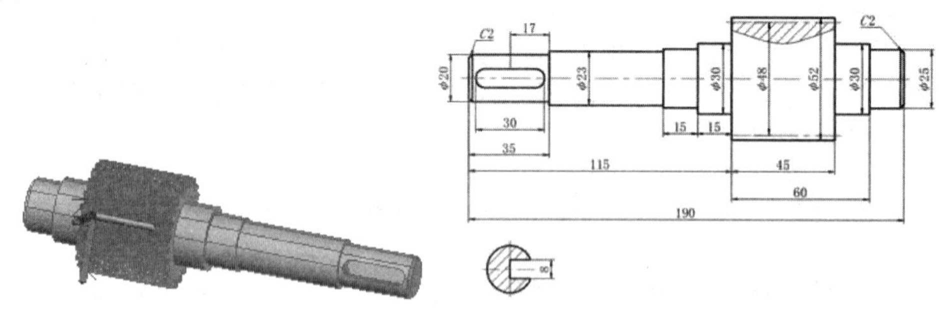

图 15-118　齿轮轴

02 设置线框密度。默认值是 4，更改设定值为 10。

03 绘制齿轮。

❶绘制圆。单击“默认”选项卡“绘图”面板中的“圆”按钮，绘制以原点为圆心、直径为 43 和 52 的两个圆，如图 15-119 所示。

❷绘制直线。单击“默认”选项卡“绘图”面板中的“直线”按钮，绘制两条直线：

直线 1，起点为（0，0），长度为 30、角度为 92°。

直线 2，起点为（0，0），长度为 30、角度为 95°。

结果如图 15-120 所示。

❸绘制圆弧。单击“默认”选项卡“绘图”面板中的“圆弧”按钮，在图 15-120 所示的点 1 和点 2 之间绘制一条半径为 10 的圆弧，如图 15-121 所示。

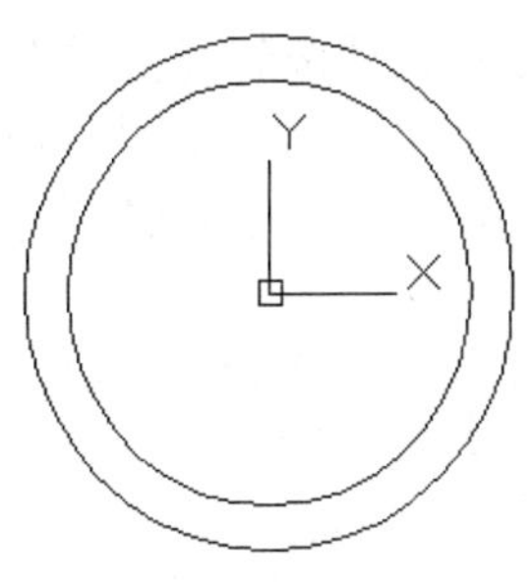

图 15-119　绘制圆

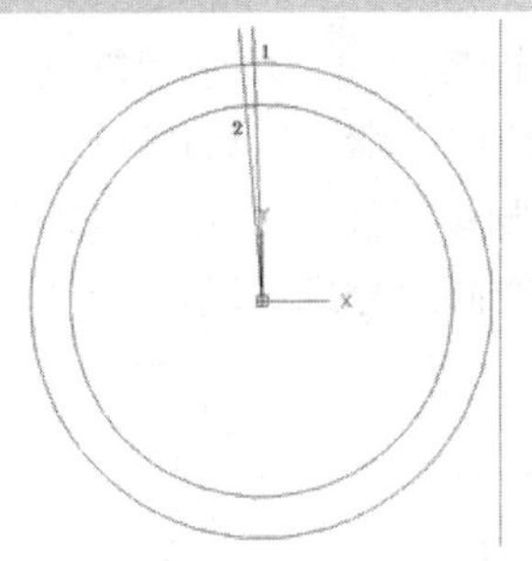

图 15-120　绘制直线

❹删除直线。单击“默认”选项卡“修改”面板中的“删除”按钮，删除图 15-121 中所示的两条直线，如图 15-122 所示。

❺镜像圆弧。单击“默认”选项卡“修改”面板中的“镜像”按钮，将所绘制的圆弧沿点（0,0）和点（0,10）形成的直线进行镜像操作，如图 15-123 所示。

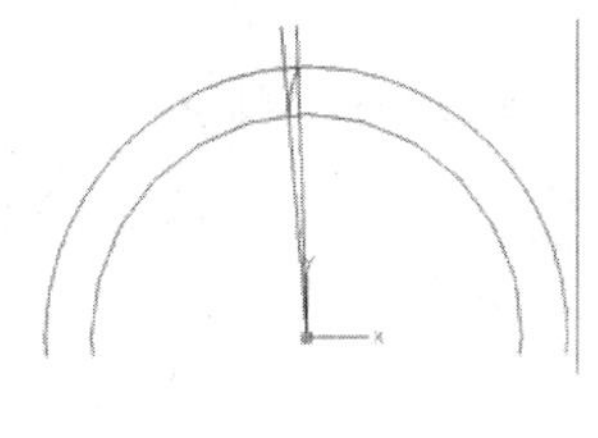

图 15-121　绘制圆弧

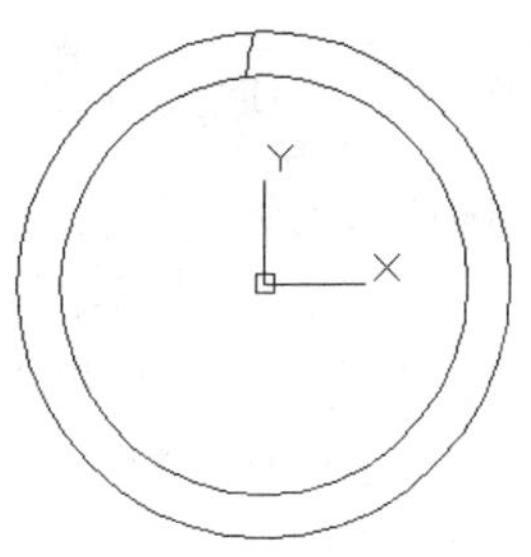

图 15-122　删除直线

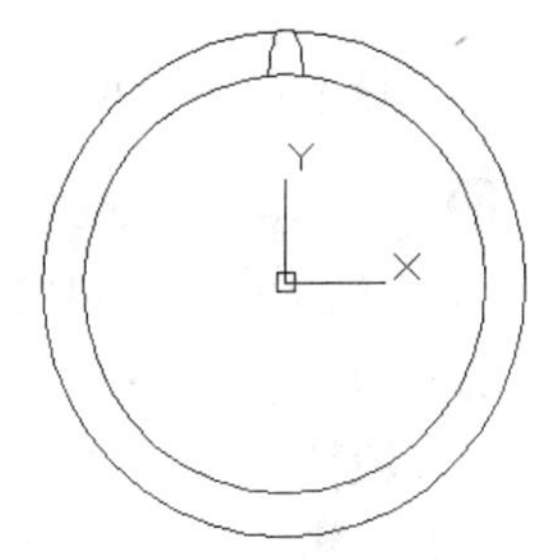

图 15-123　镜像圆弧

❻修剪对象。单击“默认”选项卡“修改”面板中的“修剪”按钮，对图 15-123 中的图形进行修剪，绘制轮齿，如图 15-124 所示。

❼阵列绘制的轮齿。单击“默认”选项卡“修改”面板中的“环形阵列”按钮，设置项目数为 24，填充角度为 360°，对绘制的轮齿进行阵列，结果如图 15-125 所示。

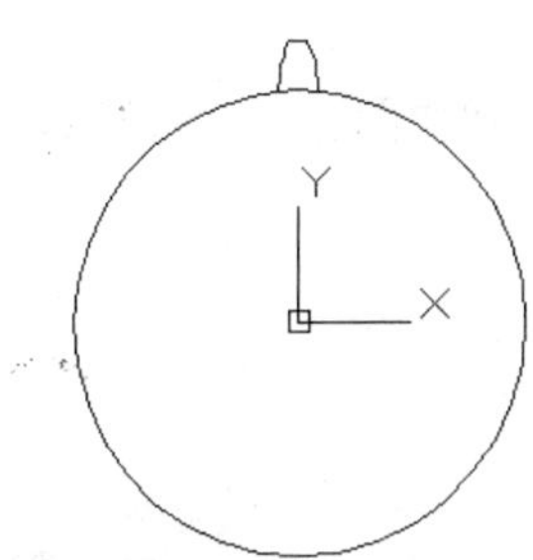

图 15-124　绘制轮齿

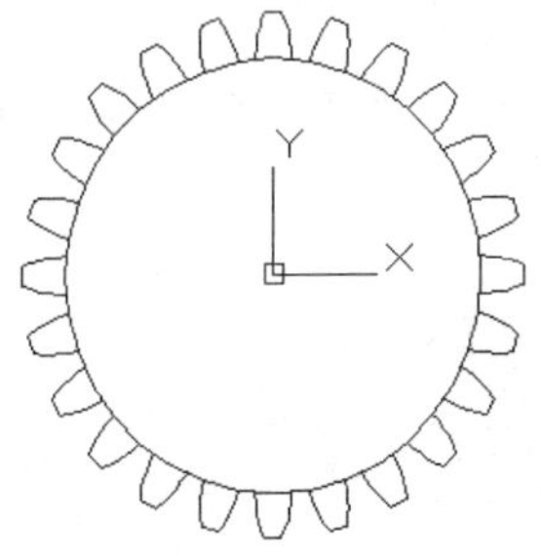

图 15-125　阵列轮齿

❽修剪对象。单击“默认”选项卡“修改”面板中的“修剪”按钮，将图 15-125 中的图形修剪成如图 15-126 所示。

❾设置视图方向。将当前视图方向设置为西南等轴测视图，并利用自由动态观察器将视图切换到如图 15-127 所示。

⑩编辑多段线。单击“默认”选项卡“修改”面板中的“编辑多段线”按钮，利用“编辑多段线”命令（PEDIT）将图示中的 96 条线编辑成一条多段线，为后面拉伸做准备。

⑪复制多段线。单击“默认”选项卡“修改”面板中的“复制”按钮，将上一步所绘制的多段线向上分别移动 22.5 和 45，如图 15-128 所示。

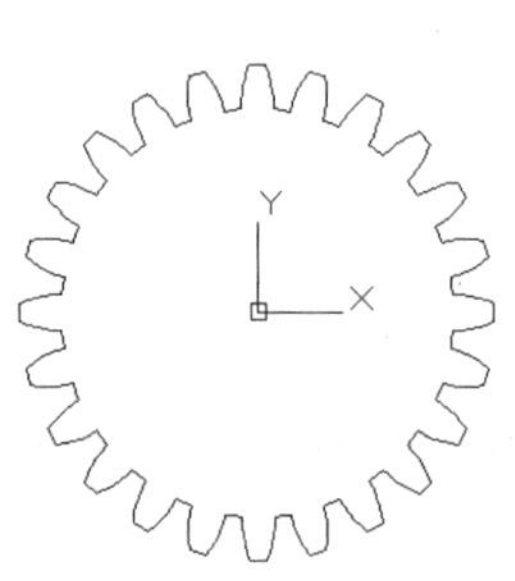

图 15-126　修剪图形

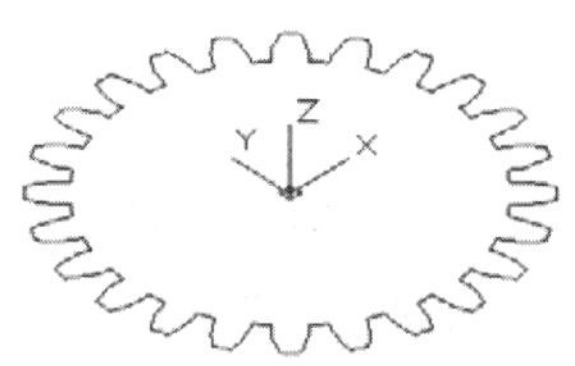

图 15-127　西南等轴测视图

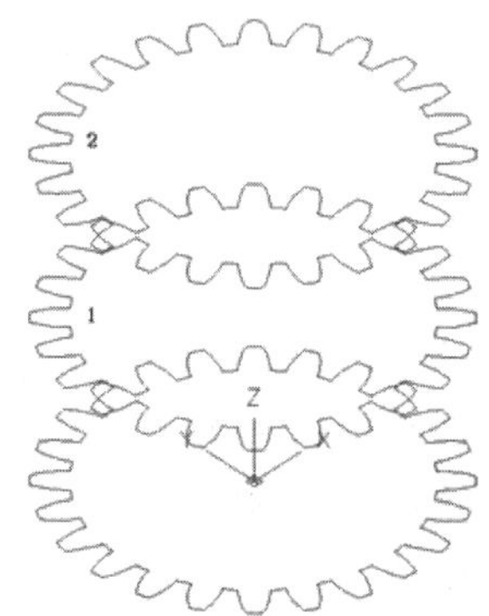

图 15-128　复制多段线

⑫旋转多段线。单击“默认”选项卡“修改”面板中的“旋转”按钮，分别将多段线 1 和多段线 2 绕 Z 轴逆时针旋转 4° 和 8° ，旋转后结果如图 15-129 所示。

⑬放样多段线。单击“三维工具”选项卡“建模”面板中的“放样”按钮，依次选择各个多段线，按照“仅横截面”方式生成放样特征。在“放样设置”对话框中选择“平滑拟合”并单击“确定”按钮。结果如图 15-130 所示。

04 绘制齿轮轴。

❶设置视图方向。利用自由动态观察器将视图切换到如图 15-131 所示。

❷绘制圆柱体。单击“三维工具”选项卡“建模”面板中的“圆柱体”按钮，绘制两个圆柱体：以（0,0,0）为底面中心点，直径为 30、高度为-15；以（0,0,-15）为底面中心点，直径为 25、高度为-15，并进行消隐处理，如图 15-132 所示。

❸倒角操作。单击“默认”选项卡“修改”面板中的“倒角”按钮，设置倒角距离为 1.5，并进行消隐处理，如图 15-133 所示。

❹设置视图方向。利用自由动态观察器，将视图切换到如图 15-134 所示。

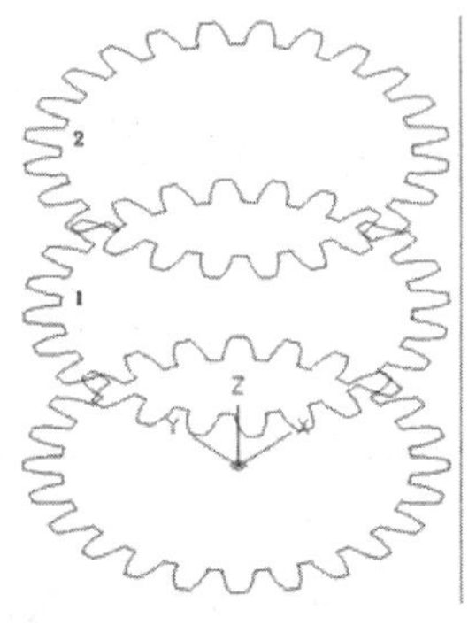

图 15-129　旋转多段线

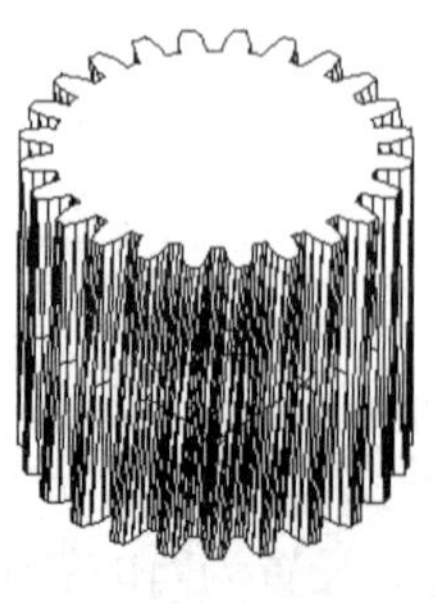

图 15-130　放样多段线

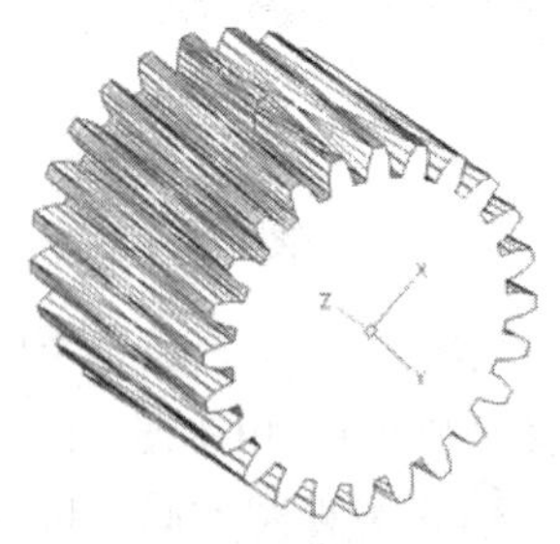

图 15-131　设置视图方向

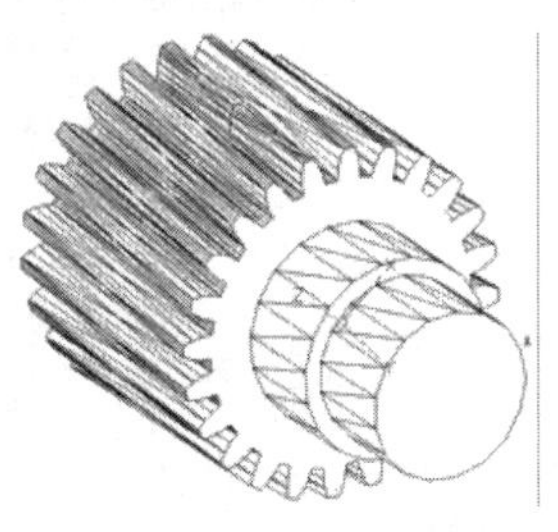

图 15-132 绘制圆柱体

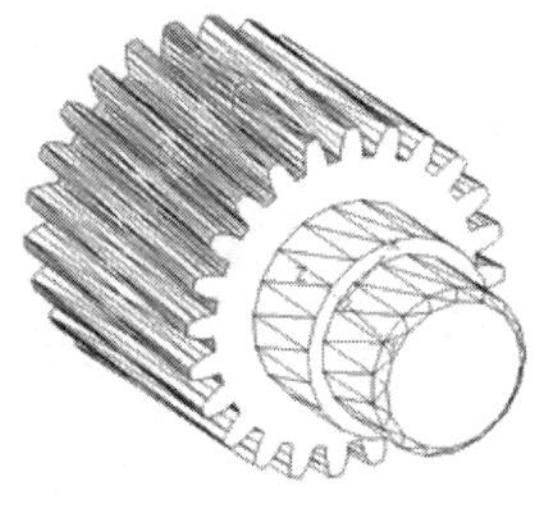

图 15-133 倒角操作

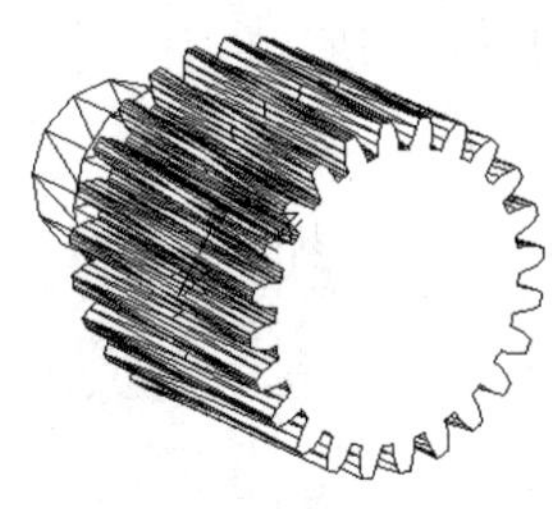

图 15-134 切换视图

❺绘制圆柱体。单击“三维工具”选项卡“建模”面板中的“圆柱体”按钮，绘制圆柱体：以（0,0,45）为底面中心点，直径为 30、高度为 15；以（0,0,60）为底面中心点，直径为 25、高度为 15；以（0,0,75）为底面中心点，直径为 23、高度为 50；以（0,0,125）为底面中心点，直径为 20、高度为 35，并进行消隐处理，如图 15-135 所示。

❻倒角操作。单击“默认”选项卡“修改”面板中的“倒角”按钮，对最小的圆柱体边进行倒角操作，设置倒角距离为 1.5，并进行消隐处理，如图 15-136 所示。

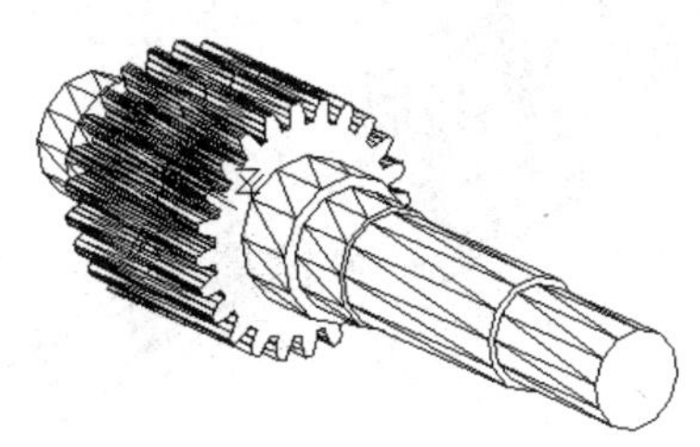

图 15-135 消隐处理

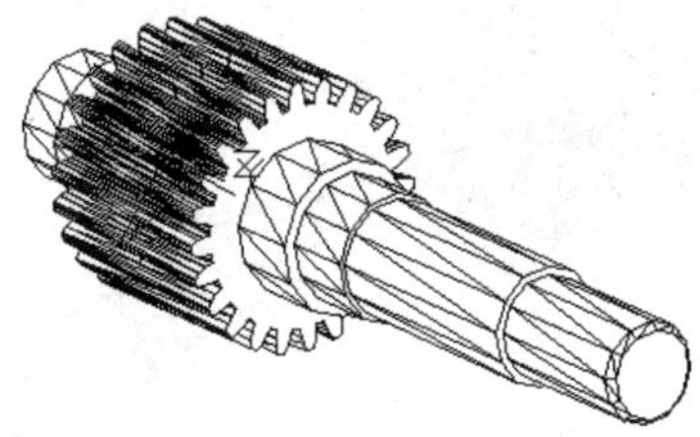

图 15-136 倒角及消隐处理

❼移动坐标系。调用“新建坐标系”命令（UCS），平移坐标系原点到点（0，0，6），建立新的用户坐标系。命令行提示如下：

命令：UCS↙

当前 UCS 名称：*左视*

指定 UCS 的原点或 [面(F)/命名(NA)/对象(OB)/上一个(P)/视图(V)/世界(W)/X/Y/Z/Z 轴(ZA)] <世界>：0,0,6↙

指定 X 轴上的点或 <接受>：↙

❽设置视图方向。将当前视图方向设置为左视图方向。

❾单击“默认”选项卡“绘图”面板中的“矩形”按钮，绘制圆角半径为 4，第一角点为（-4，157），以点（@8，-30）为第二角点的矩形，如图 15-137 所示。

❿设置视图方向。利用自由动态观察器调整视图，如图 15-138 所示。拉伸多段线。单击“三维工具”选项卡“建模”面板中的“拉伸”按钮，将上一步绘制的多段线拉伸 14，如图 15-139 所示。

⓫设置视图方向。将当前视图方向设置为西南等轴测视图。

⓬差集运算。单击“三维工具”选项卡“实体编辑”面板中的“差集”按钮，分别对绘制的圆柱体与拉伸后的图形进行差集运算，然后单击“三维工具”选项卡“实体编辑”面

板中的“并集”按钮，对图中所有的实体进行并集运算，并进行消隐处理，绘制齿轮轴，如图 15-140 所示。

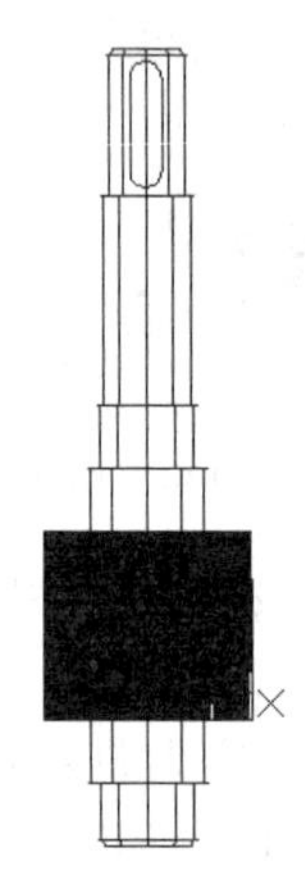

图15-137　绘制矩形

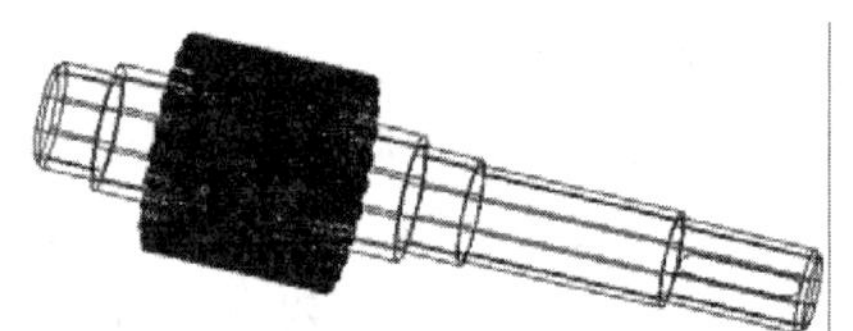

图15-138　西南等轴测视图

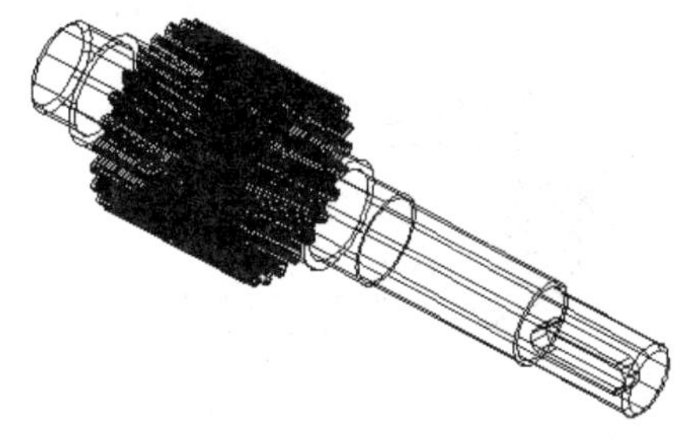

图 15-139　拉伸多段线

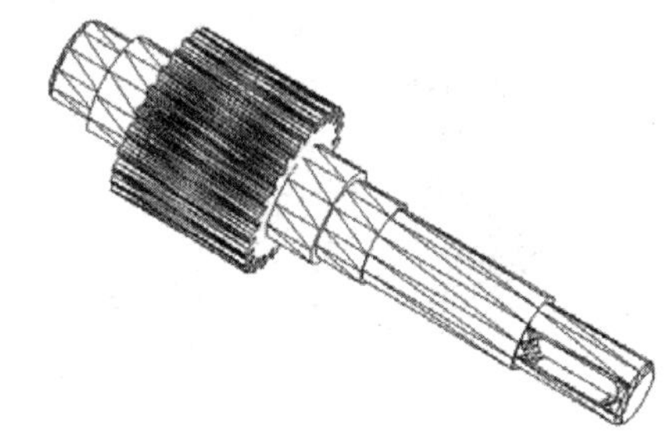

图 15-140　绘制齿轮轴

05 显示齿轮轴。单击“视图”选项卡“视觉样式”面板中的“概念”按钮，效果如图 15-118 所示。

15.6 箱体与箱盖的绘制

15.6.1　箱体立体图的绘制

减速器箱体的绘制过程可以说是三维图形制作中比较经典的实例，从绘图环境的设置、多种三维实体绘制命令、用户坐标系的建立到剖切实体都得到了充分的使用，是系统使用 AutoCAD 2022 三维绘图功能的综合实例。本实例的制作思路：首先绘制减速器箱体的主体部分，从底向上依次绘制减速器箱体底板、中间膛体和顶板，绘制箱体的轴承通孔、螺栓肋板和侧面肋板，调用布尔运算完成箱体主体设计和绘制；然后绘制箱体底板和顶板上的螺纹、销等孔系；最后绘制箱体上的耳片实体和油标尺插孔实体，对实体进行渲染，得到最终的箱体，如图 15-141 所示。

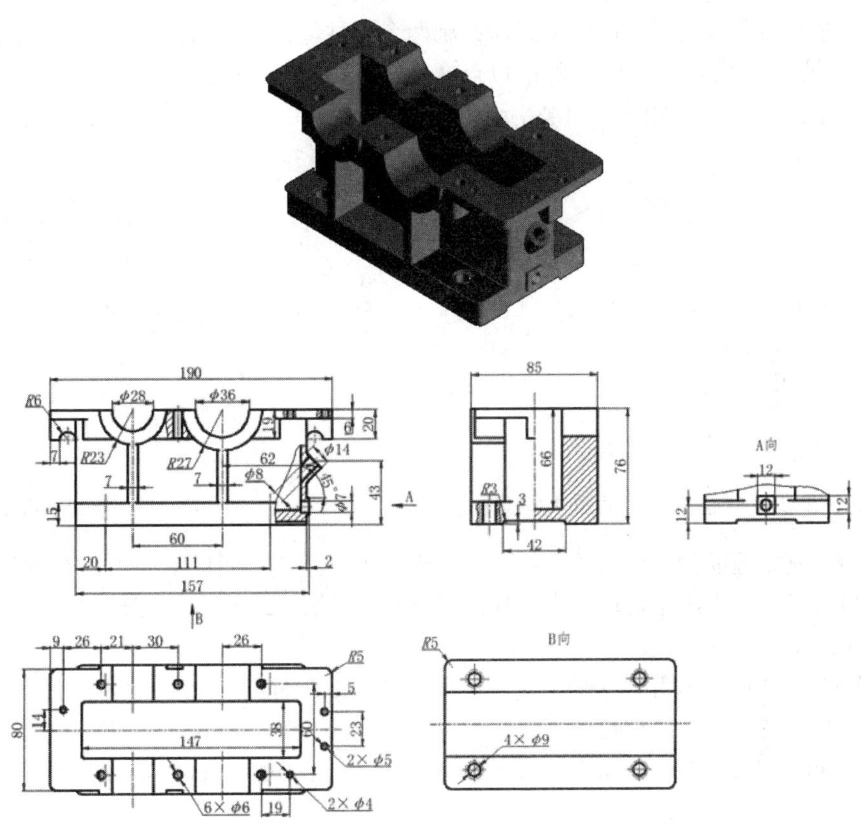

图 15-141 减速器箱体

01 建立新文件。启动 AutoCAD 2022，使用默认设置的绘图环境。单击“快速访问”工具栏中的“新建”按钮，打开“选择样板”对话框，单击“打开”按钮右侧的下三角按钮，以“无样板打开一公制（M）”方式建立新文件，将新文件命名为“减速器箱体.dwg”并保存。

02 设置线框密度。默认值是 8，更改设定值为 10。

03 设置视图方向。将当前视图方向设置为西南等轴测视图方向。

04 绘制箱体主体。

❶绘制底板、中间膛体和顶面。单击“三维工具”选项卡“建模”面板中的“长方体”按钮，采用角点和长、宽、高模式，绘制 3 个长方体：以（0,0,0）为角点，长度为 310、宽度为 170、高度为 30；以（0,45,30）为角点，长度为 310、宽度为 80、高度为 110；以（-35,5,140）为角点，长度为 380、宽度为 160、高度为 12，如图 15-142 所示。

注意

绘制三维实体造型时，若需使用视图的切换功能，如使用“俯视图”“东南等轴测视图”等，试图的切换也可能导致空间三维坐标系的暂时旋转，即使没有执行 UCS 命令。长方体的长、宽、高分别对应 X、Y、Z 方向上的长度，所以坐标系的不同会导致长方体的形状大不相同。因此，若采用角点和长、宽、高模式绘制长方体，一定要注意观察当前所提示的坐标系。

❷绘制轴承支座。单击“三维工具”选项卡“建模”面板中的“圆柱体”按钮，采用指定底面中心点和底面半径的模式，绘制两个圆柱体：点（77, 0, 152）为底面中心点，半径为 45，轴端点为（77, 170, 152）；以点（197, 0, 152）为底面中心点，半径为 53.5，轴端点为（197, 170, 152），如图 15-143 所示。

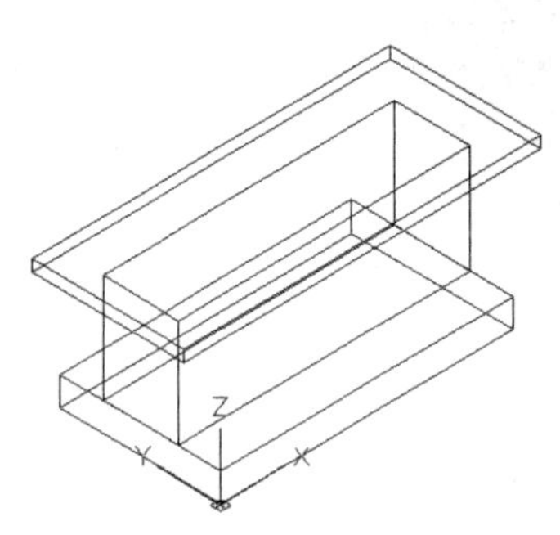

图 15-142　绘制底板、中间膛体和顶面

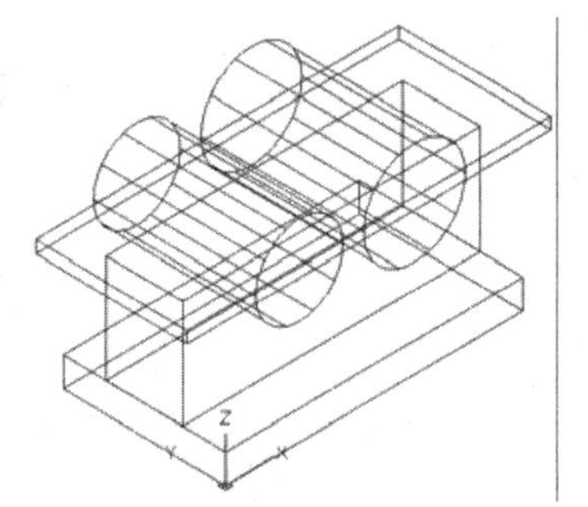

图 15-143　绘制轴承支座

❸绘制螺栓肋板。单击“三维工具”选项卡“建模”面板中的“长方体”按钮，采用角点和长宽高模式，绘制角点为（10, 5, 114）、长度为 264、宽度为 160、高度为 38 的长方体，如图 15-144 所示。

❹绘制肋板。单击“三维工具”选项卡“建模”面板中的“长方体”按钮，采用角点和长、宽、高模式，绘制两个长方体：以点（70, 0, 30）为角点，长度为 14、宽度为 160、高度为 80；以点（190, 0, 30）为角点，长度为 14、宽度为 160、高度为 80，如图 15-144 所示。

❺布尔运算求并集。单击“三维工具”选项卡“实体编辑”面板中的“并集”按钮，将现有的所有实体合并，使之成为一个三维实体，结果如图 15-145 所示。

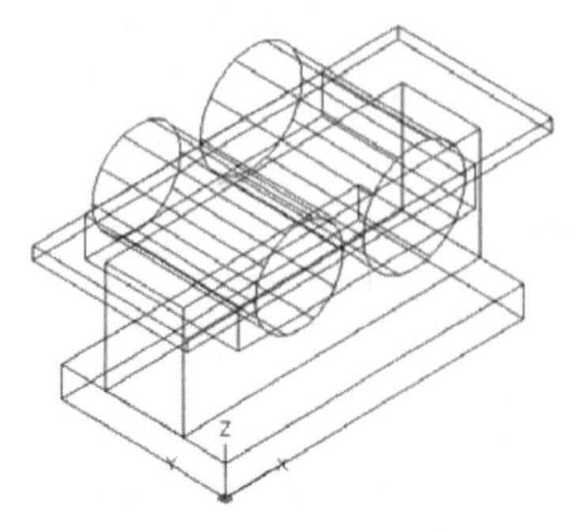

图 15-144　绘制螺栓肋板和肋板

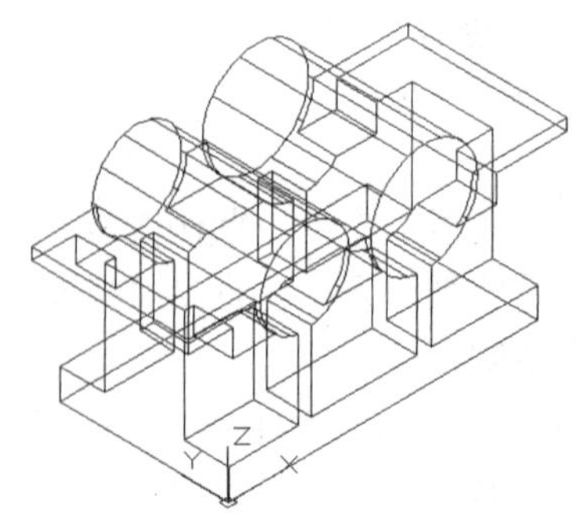

图 15-145　布尔运算求并集

❻绘制膛体。单击“三维工具”选项卡“建模”面板中的“长方体”按钮，采用角点和长、宽、高模式，绘制角点为（8, 47.5，20），长度为 294、宽度为 65、高度为 152 的长方体，如图 15-146 所示。

❼绘制轴承通孔。单击“三维工具”选项卡“建模”面板中的“圆柱体”按钮，采用指定底面中心点和底面半径的模式，绘制两个圆柱体：以点（77, 0, 152）为底面中心点，半径为 27.5、轴端点为（77, 170, 152）；以点（197, 0, 152）为底面中心点，半径为 36、轴端

点为（197,170,152），如图 15-147 所示。

❽布尔运算求差集。单击“三维工具”选项卡“实体编辑”面板中的“差集”按钮，从箱体主体中减去膛体长方体和两个轴承通孔，并进行消隐处理，如图 15-148 所示。

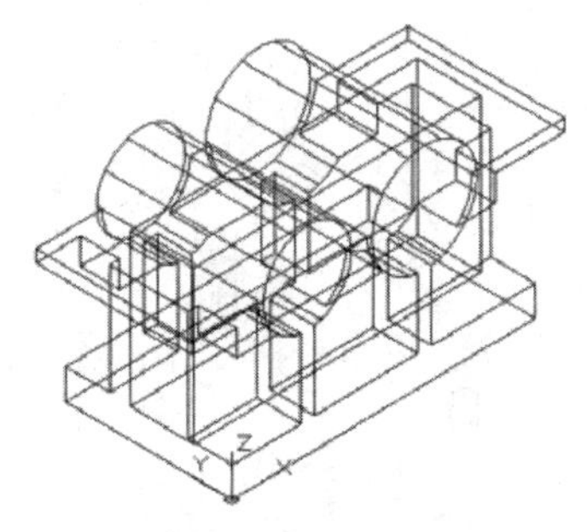

图 15-146 绘制膛体

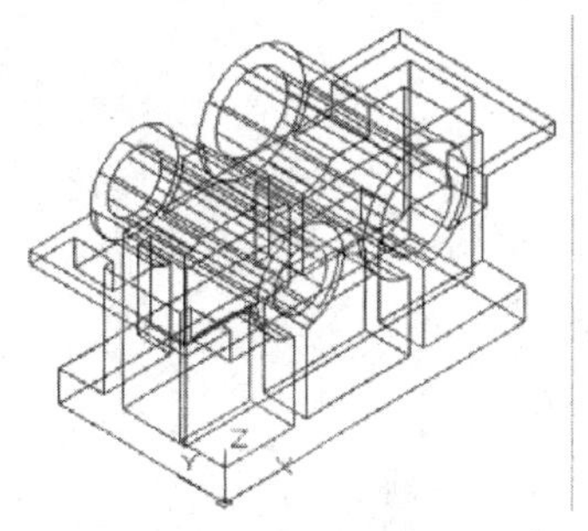

图 15-147 绘制轴承通孔

❾剖切实体。单击“三维工具”选项卡“实体编辑”面板中的“剖切”按钮，从箱体主体中剖切掉顶面上多余的实体，沿由点（0,0,152）（100,0,152）（0,100,152）组成的平面将图形剖切开，保留箱体下方，如图 15-149 所示。命令行提示如下：

命令：SLICE

选择要剖切的对象：↙找到 1 个

选择要剖切的对象：↙

指定切面的起点或 [平面对象(O)/曲面(S)/Z 轴(Z)/视图(V)/XY(XY)/YZ(YZ)/ZX(ZX)/三点(3)] <三点>：3↙

指定平面上的第一个点：0,0,152↙

指定平面上的第二个点：100,0,152↙

指定平面上的第三个点：0,100,152↙

在所需的侧面上指定点或 [保留两个侧面(B)] <保留两个侧面>：↙（选择箱体下半部分）

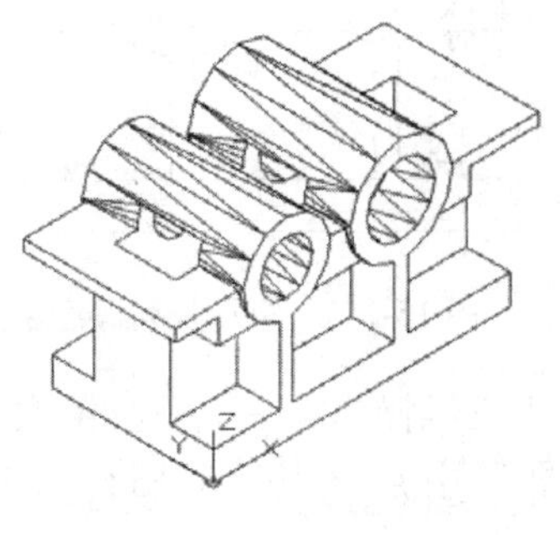

图 15-148 布尔运算求差集

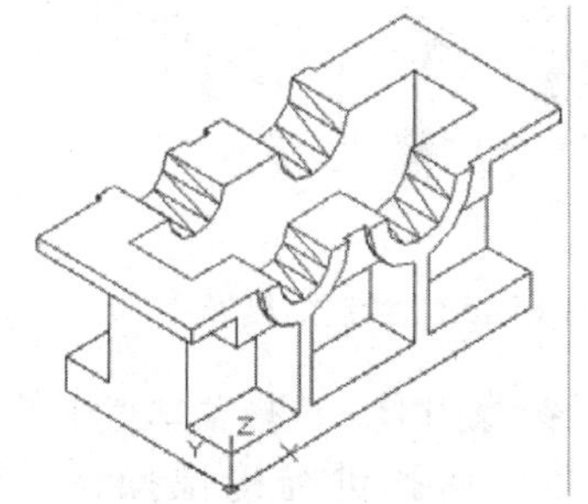

图 15-149 剖切实体图

05 绘制箱体孔系。

❶绘制底座沉孔。单击“三维工具”选项卡“建模”面板中的“圆柱体”按钮，采用指定底面中心点、底面半径和圆柱高度的模式，绘制底面中心点为（40,25,0）、半径为 8.5、高度为 40 的圆柱体。

❷单击“三维工具”选项卡“建模”面板中的“圆柱体”按钮，绘制底面中心点为

(40,25,28.4)、半径为 12、高度为 10 的圆柱体，完成底座沉孔的绘制，如图 15-150 所示。

❸矩形阵列底座沉孔。选择菜单栏中的“修改”→“三维操作”→“三维阵列”命令，将上一步绘制的底座沉孔，阵列 2 行、2 列，行间距为 120，列间距为 221，结果如图 15-151 所示。

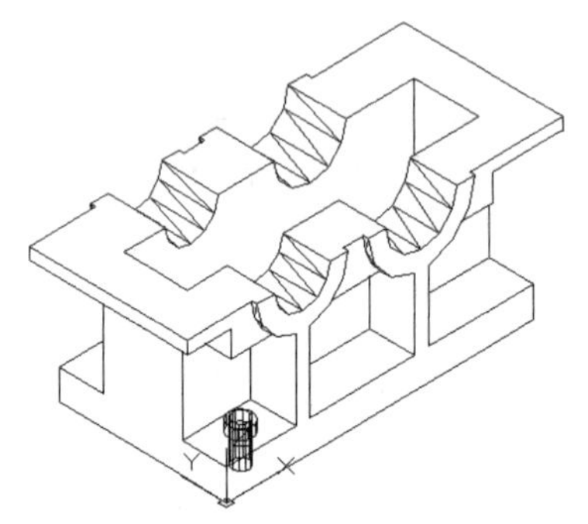

图 15-150　绘制底座沉孔

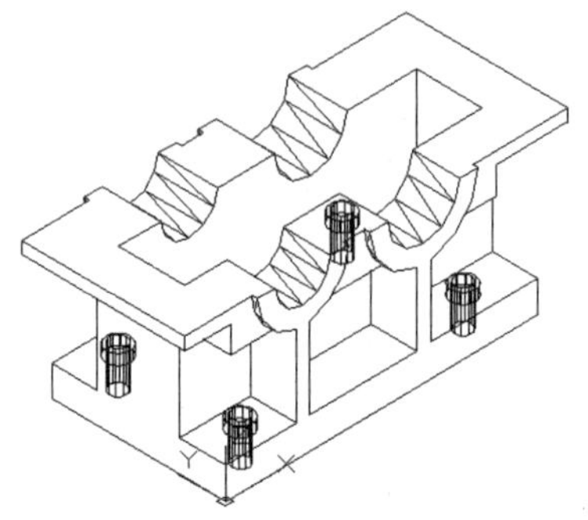

图 15-151　矩形阵列底座沉孔

❹绘制螺栓通孔。单击“三维工具”选项卡“建模”面板中的“圆柱体”按钮，采用指定底面中心点、底面半径和圆柱高度的模式，绘制两个圆柱体：底面中心点为（34.5,25,100），半径为 5.5、高度为 80；底面中心点为（34.5,25,110），半径为 9、高度为 5，如图 15-152 所示。

❺矩形阵列螺栓通孔。选择菜单栏中的“修改”→“三维操作”→“三维阵列”命令，将上一步绘制螺栓通孔阵列 2 行、，2 列，行间距为 120，列间距为 103，结果如图 15-153 所示。

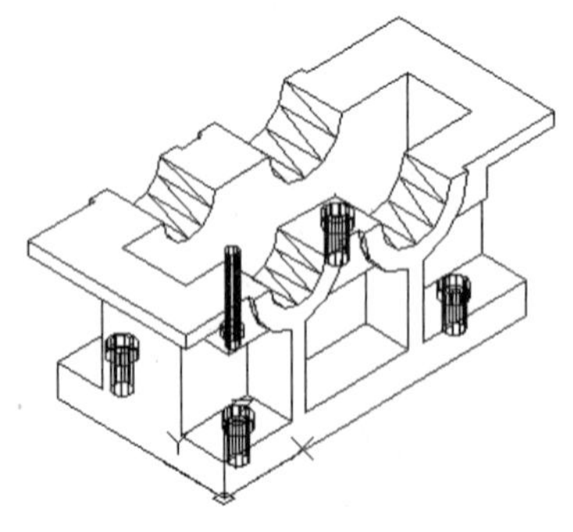

图 15-152　绘制螺栓通孔

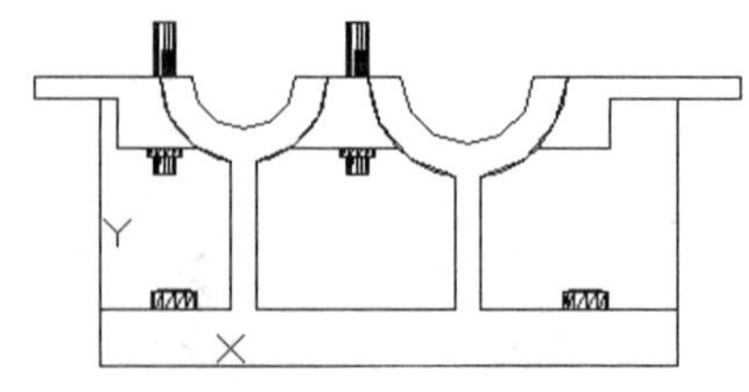

图 15-153　矩形阵列螺栓通孔

❻三维镜像图形。选择菜单栏中的“修改”→“三维操作”→“三维镜像”命令，将上步创建的螺栓通孔进行镜像操作，镜像的平面为由点（197,0,152）（197,100,152）（197,50,50）组成的平面，如图 15-154 所示。

❼绘制小螺栓通孔。调用“新建坐标系”命令（UCS），返回到世界坐标系，单击“三维工具”选项卡“建模”面板中的“圆柱体”按钮，采用指定底面中心点、底面半径和圆柱高度的模式，绘制底面中心点为（335,62,120）、半径为 4.5、高度为 40 的圆柱体。

❽绘制小螺栓通孔。单击“三维工具”选项卡“建模”面板中的“圆柱体”按钮，采用指定底面中心点、底面半径和圆柱高度的模式，绘制底面中心点为（335,62,130）、半径为 7.5、高度为 11 的圆柱体，完成小螺栓通孔的绘制，如图 15-155 所示。

❾三维镜像图形。选择菜单栏中的“修改”→“三维操作”→“三维镜像”命令，镜像对象为刚绘制的小螺栓通孔，镜像平面上的 3 点是(0,85,0)，(100,85,0)，(0,85,100)，切换到东南等轴测视图，三维镜像结果如图 15-156 所示。

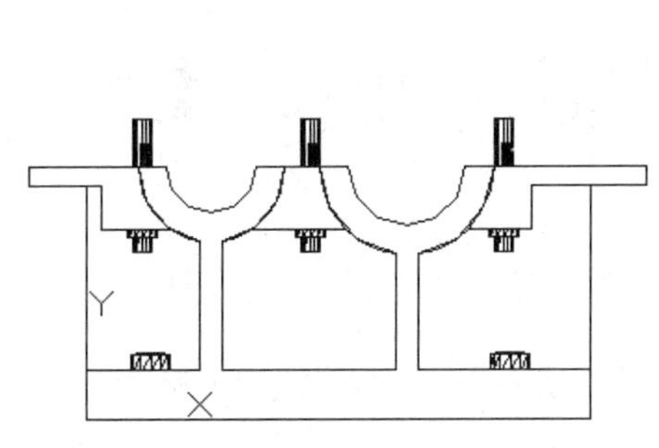

图 15-154　三维小螺栓通孔

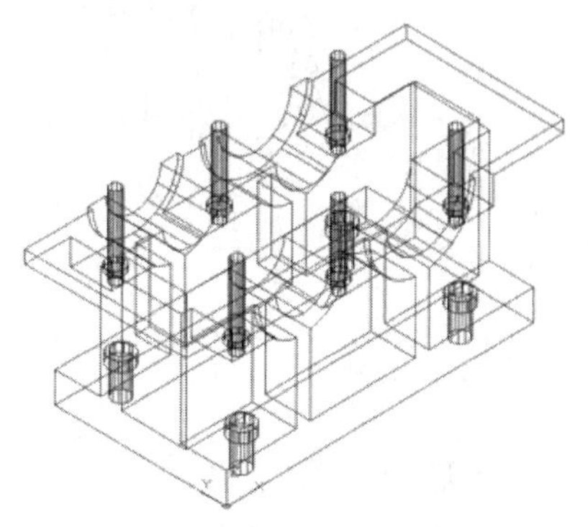

图 15-155　绘制小螺栓通孔

❿绘制销孔。单击“三维工具”选项卡“建模”面板中的“圆柱体”按钮，采用指定底面中心点、底面半径和圆柱高度的模式，绘制底面中心点为（288,25,130）、半径为 4、高度为 30 的圆柱体。

⓫单击“三维工具”选项卡“建模”面板中的“圆柱体”按钮，绘制另一圆柱体，底面中心点为（-17,112,130）、底面半径为 4 和高度为 30 的圆柱体，完成销孔的绘制，如图 15-157 所示。

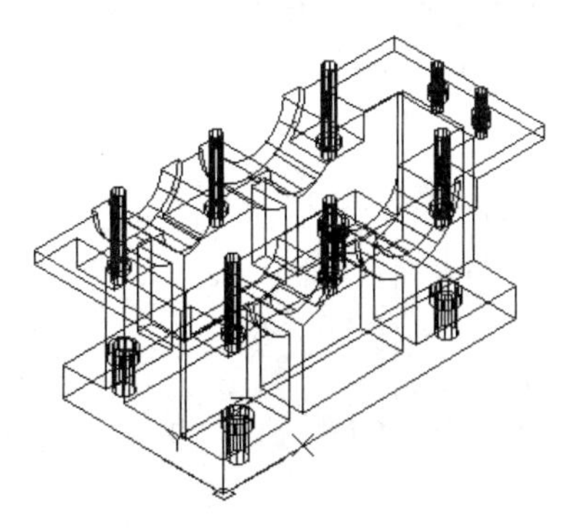

图 15-156　三维小螺栓通孔

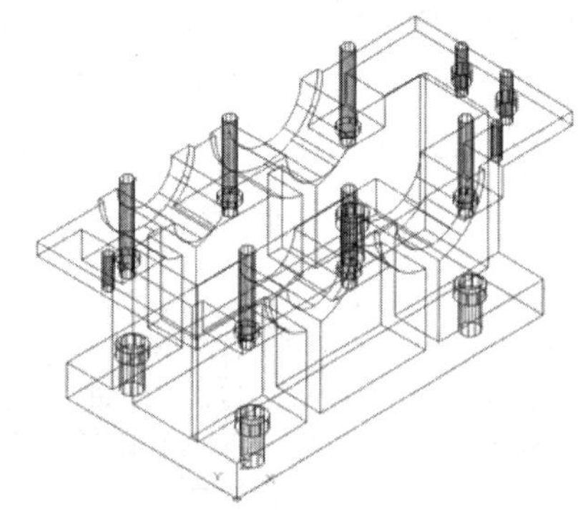

图 15-157　绘制销孔

⓬布尔运算求差集。单击“三维工具”选项卡“实体编辑”面板中的“差集”按钮，从箱体主体中减去所有圆柱体，形成箱体孔系，如图 15-158 所示。

06 绘制箱体其他部件。

❶绘制长方体。单击“三维工具”选项卡“建模”面板中的“长方体”按钮，采用角点和长、宽、高模式，绘制两个长方体：以点（-35,75,113）为角点，长度为 35、宽度为 20、高度为 27；以点（310,75,113）为角点，长度为 35、宽度为 20、高度为 27，如图 15-159 所示。

❷绘制圆柱体。单击“三维工具”选项卡“建模”面板中的“圆柱体”按钮，采用指定底面中心点和底面半径的模式，绘制两个圆柱体：以点（-11,75,113）为底面中心点，半

径为 11、轴端点为（-11, 95, 113）；以点（321, 75, 113）为底面中心点，半径为 11、轴端点为（321, 95, 113），如图 15-159 所示。

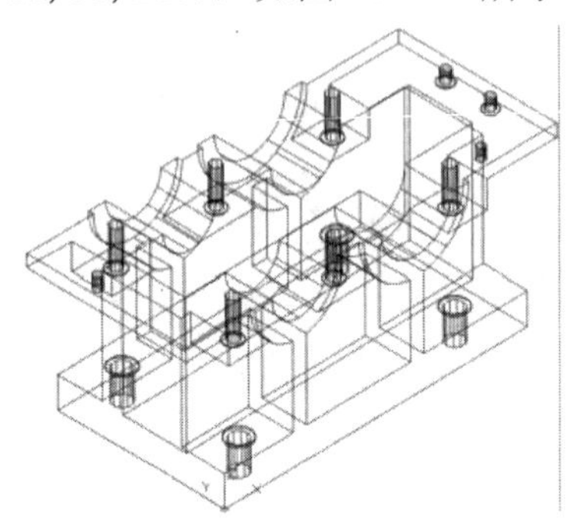

图 15-158 绘制箱体孔系

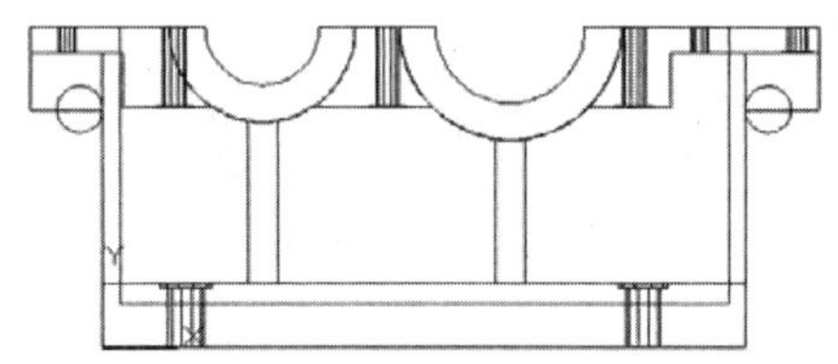

图 15-159 绘制长方体和圆柱体

❸布尔运算求差集。单击“三维工具”选项卡“实体编辑”面板中的“差集”按钮，从左右两个大长方体中减去圆柱体，形成左右耳片。

❹绘制耳片。单击“三维工具”选项卡“实体编辑”面板中的“并集”按钮，将现有的左右耳片与箱体主体合并，使之成为一个三维实体，如图 15-160 所示。

❺绘制圆柱体。将视图切换到主视图，单击“三维工具”选项卡“建模”面板中的“圆柱体”按钮，采用指定底面中心点和底面半径的模式，绘制两个圆柱体：以点（320, 85, -85）为底面中心点，半径为 14、轴端点为（@-50<45）。以点（320, 85, -85）为底面中心点，半径为 8、轴端点为（@-50<45），如图 15-161 所示。

❻剖切圆柱体。单击“三维工具”选项卡“实体编辑”面板中的“剖切”按钮，剖切掉两个圆柱体左侧实体，剖切平面上的 3 点为（302, 0, 0）（302, 0, 100）（302, 100, 0），保留两个圆柱体右侧实体，剖切结果如图 15-162 所示。

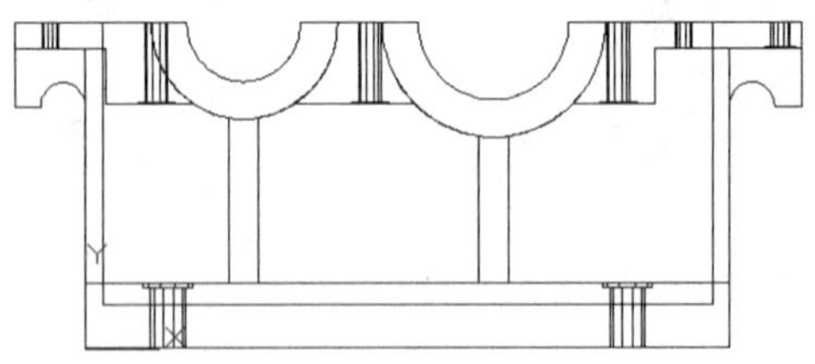

图 15-160 绘制耳片

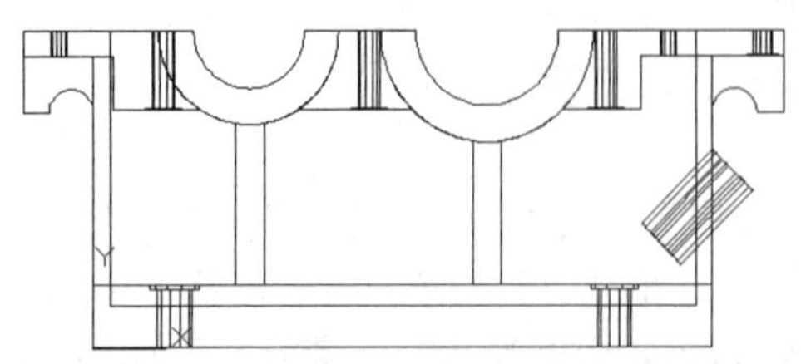

图 15-161 绘制圆柱体

图 15-162 剖切圆柱体

❼布尔运算求并集。单击“三维工具”选项卡“实体编辑”面板中的“并集”按钮，

将箱体和步骤❺绘制的半径为 14 的圆柱体合并为一个整体。

❽绘制油标尺插孔。单击“三维工具”选项卡“实体编辑”面板中的“差集”按钮，从箱体中减去步骤❺绘制的半径为 8 的圆柱体，形成油标尺插孔，如图 15-163 所示。

❾绘制圆柱体。将视图切换到东南等轴测视图，然后将坐标系恢复到世界坐标。单击“三维工具”选项卡“建模”面板中的“圆柱体”按钮，采用指定两个底面圆心点和底面半径的模式，以点（302,85,24）为底面中心点，绘制半径为 7，轴端点为（330,85,24）的圆柱体，如图 15-164 所示。

❿绘制长方体。单击“三维工具”选项卡“建模”面板中的“长方体”按钮，采用角点和长、宽、高模式，绘制角点为（310,72.5,13）、长度为 4、宽度为 23、高度为 23 的长方体，如图 15-164 所示。

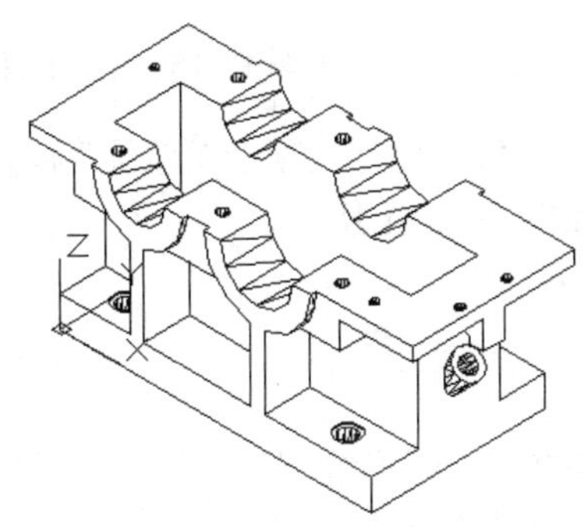

图 15-163　绘制油标尺插孔

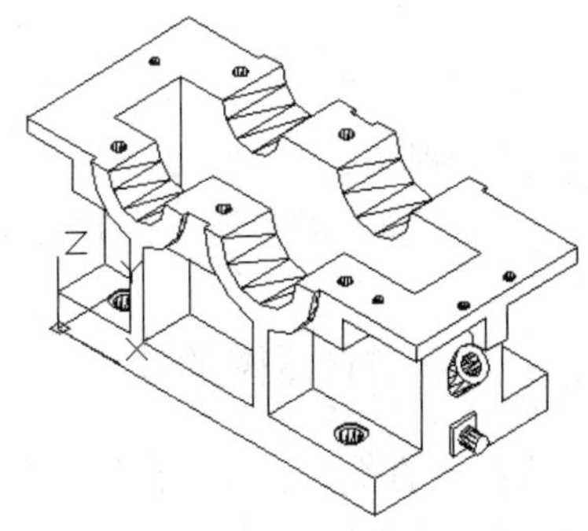

图 15-164　绘制圆柱体和长方体

⓫布尔运算求并集。单击“三维工具”选项卡“实体编辑”面板中的“并集”按钮，将箱体和长方体合并为一个整体。

⓬绘制放油孔。单击“三维工具”选项卡“实体编辑”面板中的“差集”按钮，从箱体中减去圆柱体，如图 15-165 所示。

07 细化箱体。

❶箱体外侧圆角。单击“三维工具”选项卡“实体编辑”面板中的“圆角边”按钮，对箱体底板、中间膛体和顶板的各自 4 个直角外边进行圆角操作，圆角半径为 10。

❷膛体内壁圆角。单击“三维工具”选项卡“实体编辑”面板中的“圆角边”按钮，对箱体膛体 4 个直角内边进行圆角操作，圆角半径为 5。

❸肋板圆角。单击“三维工具”选项卡“实体编辑”面板中的“圆角边”按钮，对箱体前后肋板的各自直角边进行圆角操作，圆角半径为 3。

❹耳片圆角。单击“三维工具”选项卡“实体编辑”面板中的“圆角边”按钮，对箱体左右两个耳片直角边进行圆角操作，圆角半径为 5。

❺螺栓肋板圆角。单击“三维工具”选项卡“实体编辑”面板中的“圆角边”按钮，对箱体顶板下方的螺栓筋板的直角边进行圆角操作，圆角半径为 10，结果如图 15-166 所示。

❻绘制底板凹槽。单击“三维工具”选项卡“建模”面板中的“长方体”按钮，采用角点和长、宽、高模式绘制角点为（0,43,0），长度为 310、宽度为 84，高度为 5 的长方体。

❼布尔运算求差集。单击“三维工具”选项卡“实体编辑”面板中的“差集”按钮，从箱体中减去长方体。

❽凹槽圆角。单击“三维工具”选项卡“实体编辑”面板中的“圆角边”按钮，对凹槽的直角内边进行圆角操作，圆角半径为 5，如图 15-167 所示。

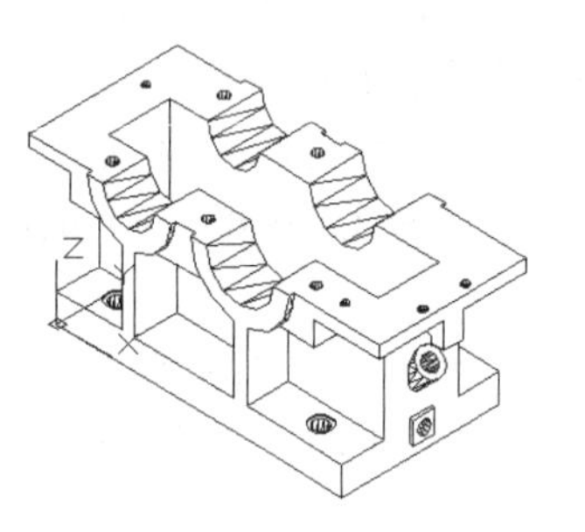

图 15-165　绘制放油孔

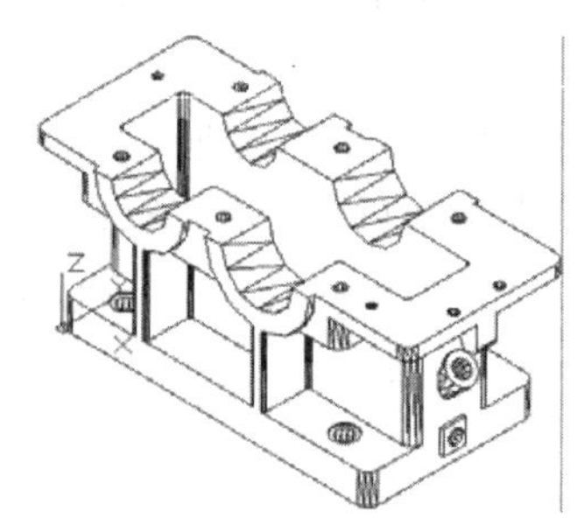

图 15-166　箱体直角边圆角操作

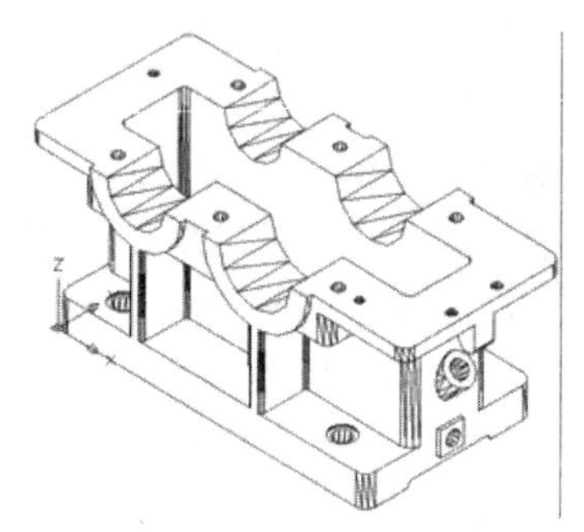

图 15-167　绘制底板凹槽

08 渲染视图。为实体赋予适当的材质；单击“可视化”选项卡“渲染”面板中的“渲染到尺寸”按钮，对实体进行渲染处理，效果如图 15-141 所示。

15.6.2　箱盖立体图的绘制

减速器箱盖的绘制过程与箱体相似，均为箱体类三维图形绘制，从绘图环境的设置、多种三维实体绘制命令、用户坐标系的建立到剖切实体都得到了充分的使用，是系统使用 AutoCAD 2022 三维绘图功能的综合实例。本实例的制作思路：首先绘制减速器箱盖的主体部分，绘制箱盖的轴承通孔、筋板和侧面肋板，调用布尔运算完成箱盖主体设计和绘制；然后绘制箱盖底板上的螺纹、销等孔系；最后对实体进行渲染，得到最终的减速箱箱盖，如图 15-168 所示。

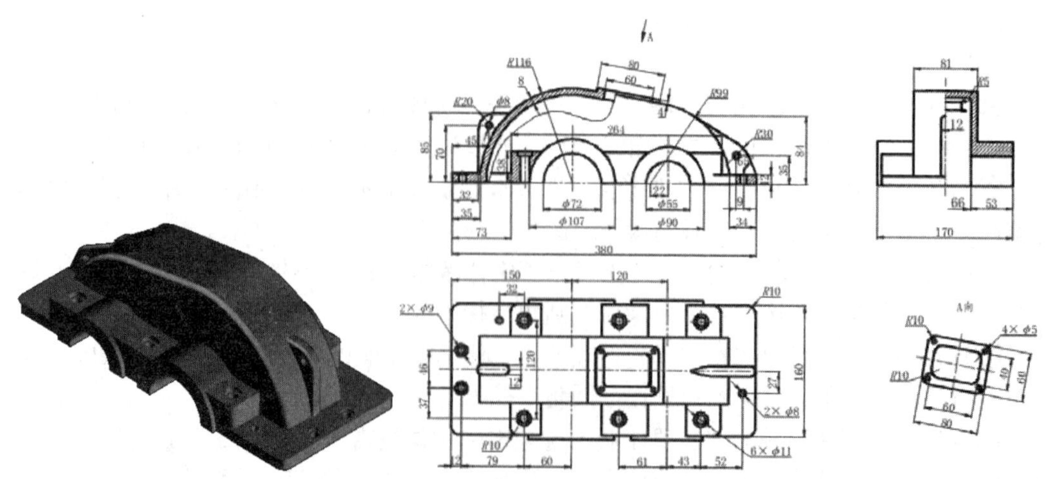

图 15-168　减速箱箱盖

01 建立新文件。启动 AutoCAD 2022，使用默认设置的绘图环境。单击“快速访问”工具栏中的“新建”按钮，打开“选择样板”对话框，单击“打开”按钮右侧的下三角按钮，以“无样板打开－公制（M）”方式建立新文件，将新文件命名为“减速箱箱盖.dwg”

并保存。

02 设置线框密度。默认值是 4，更改设定值为 10。

03 设置视图方向。将当前视图设置为西南等轴测视图。

04 绘制箱盖主体。

❶绘制草图。调用“新建坐标系”命令（UCS），将坐标系绕 Y 轴旋转 90°。单击“默认”选项卡“绘图”面板中的“直线”按钮，在点（0，-116）和点（0，197）之间绘制一条直线。单击“默认”选项卡“绘图”面板中的“圆弧”按钮，分别以（0，0）为圆心，点（0，-116）为一端点绘制-120° 的圆弧和以点（0，98）为圆心，点（0，197）为一端点绘制夹角 120° 的圆弧，单击“默认”选项卡“绘图”面板中的“直线”按钮，做两个圆弧的切线，如图 15-169 所示。

❷修剪图形。单击“默认”选项卡“修改”面板中的“修剪”按钮，对图形进行修剪，然后将多余的线段删除，如图 15-170 所示。

❸合并轮廓线。调用“多段线编辑”命令（PEDIT），将两段圆弧和两段直线合并为一条多段线，满足“拉伸实体”命令的要求。

❹拉伸多段线。单击“三维工具”选项卡“建模”面板中的“拉伸”按钮，将上一步绘制的多段线拉伸 40.5，如图 15-171 所示。

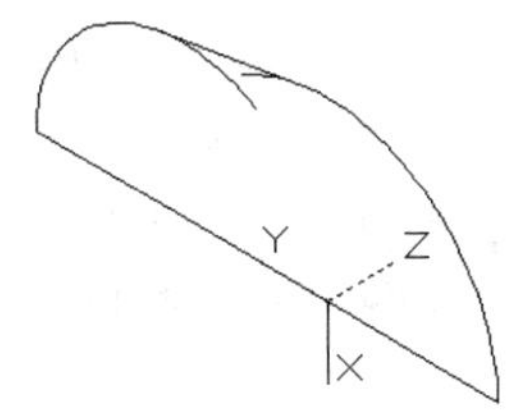

图 15-169　绘制草图

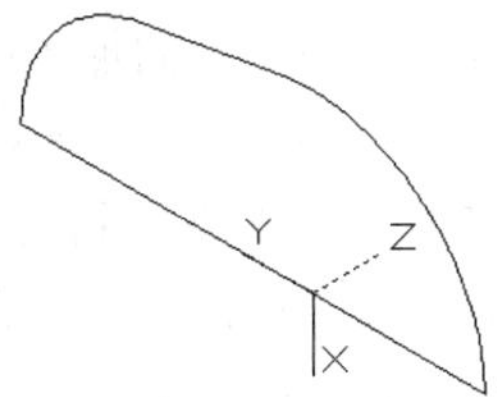

图 15-170　修剪图形

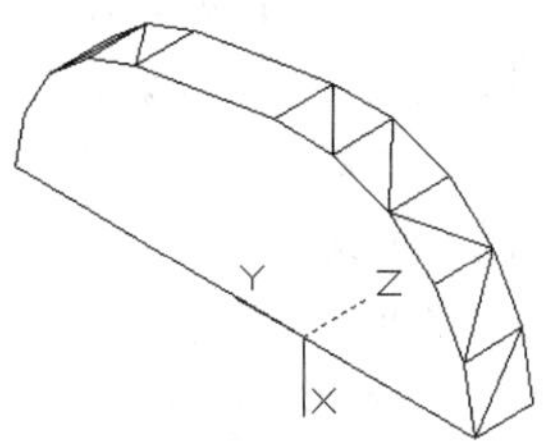

图 15-171　拉伸多段线

❺绘制箱盖拉伸轮廓。单击“默认”选项卡“绘图”面板中的“直线”按钮，依次连接点（0，-150）（0，230）（-12，230）（-12，187）（-38，187）（-38，-77）（-12，-77）（-12，-150）（0，-150），绘制箱盖拉伸轮廓，如图 15-172 所示。

❻合并轮廓线。调用“多段线编辑”命令（PEDIT），将箱盖拉伸轮廓合并为一条多段线，满足“拉伸实体”命令的要求。

❼拉伸多段线。单击“三维工具”选项卡“建模”面板中的“拉伸”按钮，将上一步绘制的多段线拉伸 80，如图 15-173 所示。

❽绘制轴承支座。单击“三维工具”选项卡“建模”面板中的“圆柱体”按钮，采用指定底面中心点和底面半径的模式，绘制两个圆柱体：以点（0,120,0）为底面中心点，半径为 45、高度为 85；以点（0,0,0）为底面中心点，半径为 53.5、高度为 85，如图 15-174 所示。

❾绘制肋板。与上几步骤类似，绘制箱盖两侧的肋板，肋板厚度为 3，结果如图 15-175 所示。

❿布尔运算求并集。单击“三维工具”选项卡“实体编辑”面板中的“并集”按钮，将现有的所有实体合并，使之成为一个三维实体，如图 15-176 所示。

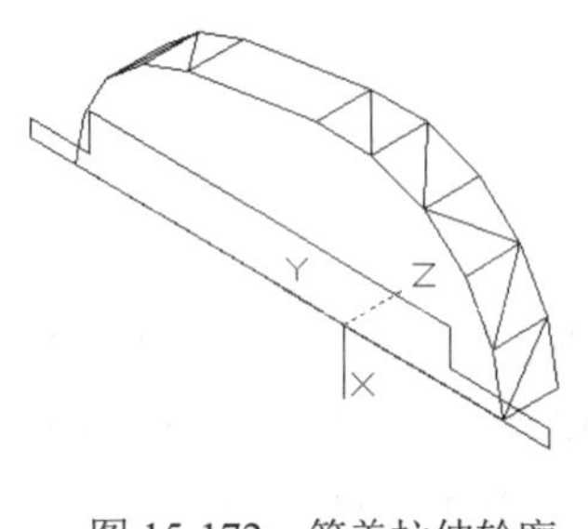

图 15-172　箱盖拉伸轮廓

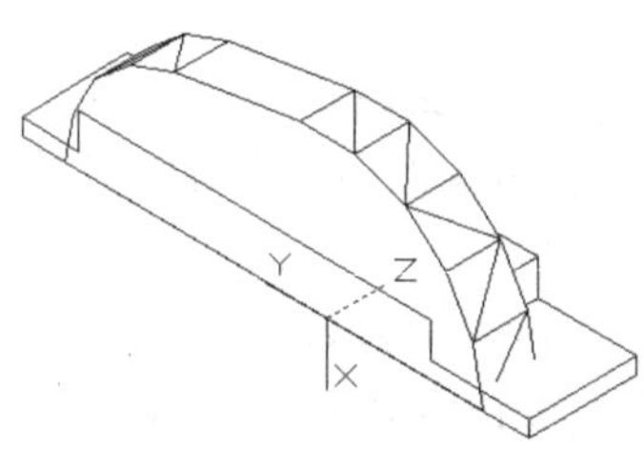

图 15-173　拉伸后的图形

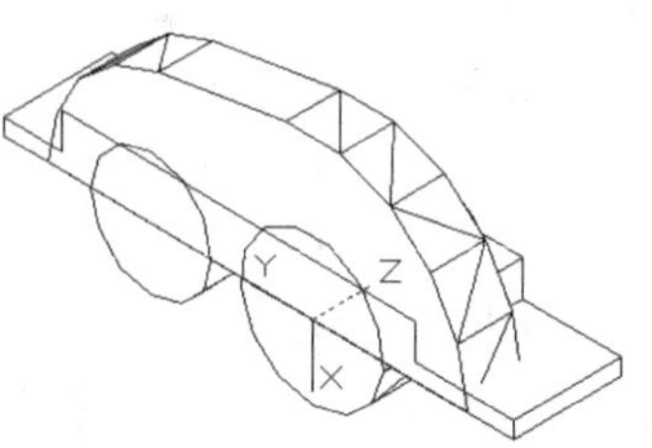

图 15-174　绘制圆柱体

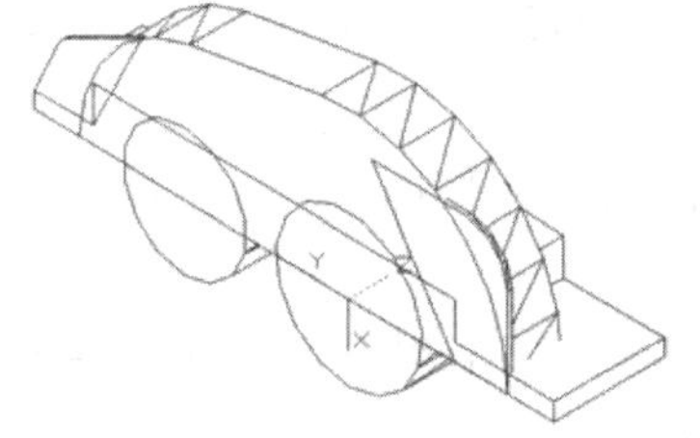
图 15-175　绘制肋板

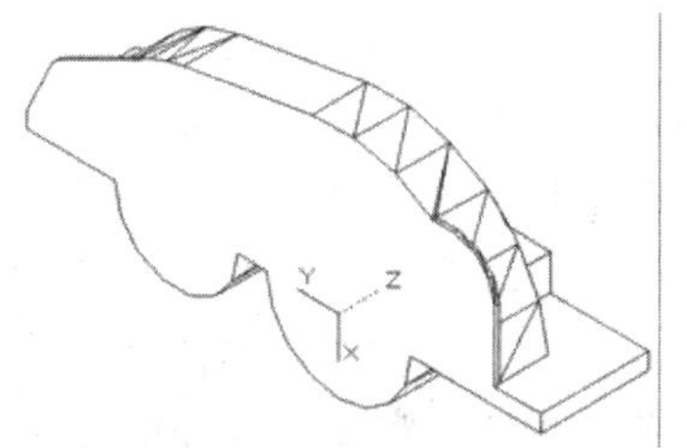

图 15-176　布尔运算求并集

05 绘制剖切部分。

❶绘制草图。单击“默认”选项卡“绘图”面板中的“直线”按钮，在点（0，-108）和点（0，189）之间绘制一条直线。单击“默认”选项卡“绘图”面板中的“圆弧”按钮，分别以（0，0）为圆心，点（0，-108）为一端点绘制-120°的圆弧和以点（0，98）为圆心，点（0，189）为一端点绘制 120°的圆弧，单击“默认”选项卡“绘图”面板中的“直线”按钮，做两圆弧的切线，结果如图 15-177 所示。

❷修剪图形。单击“默认”选项卡“修改”面板中的“修剪”按钮，对图形进行修剪，然后将多余的线段删除，如图 15-178 所示。

❸合并轮廓线。调用“多段线编辑”命令（PEDIT），将两段圆弧和两条段直线合并为一条多段线，满足“拉伸实体”命令的要求。

❹拉伸多段线。单击“三维工具”选项卡“建模”面板中的“拉伸”按钮，将上一步绘制的多段线拉伸 32.5，如图 15-179 所示。

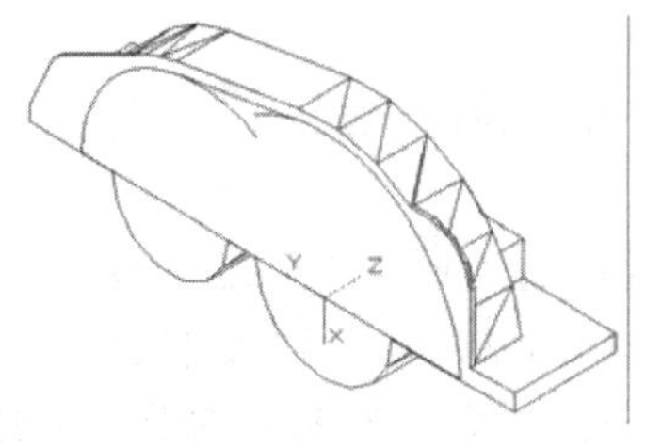

图 15-177　绘制草图

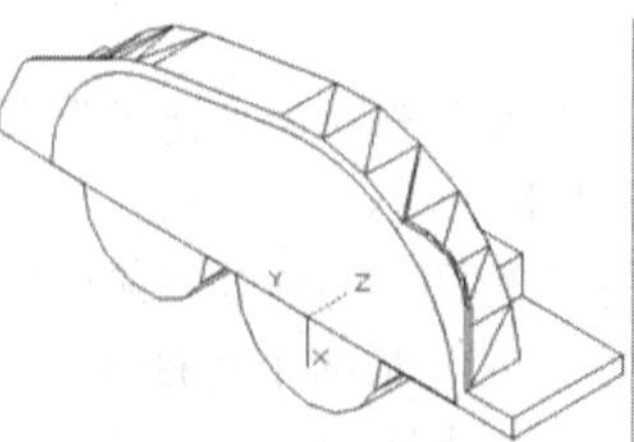

图 15-178　修剪图形

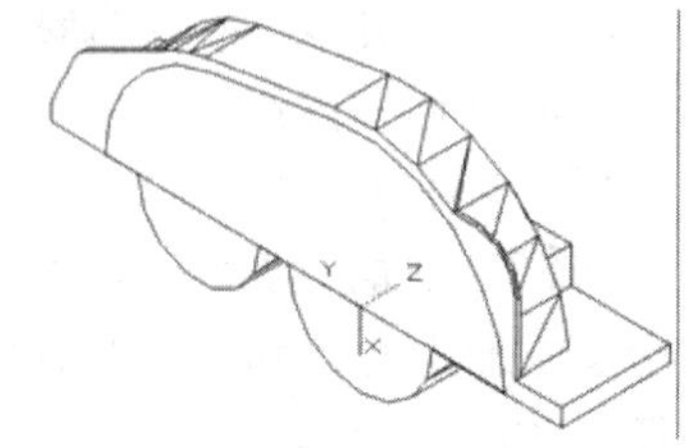

图 15-179　拉伸多段线

❺绘制轴承通孔。单击“三维工具”选项卡“建模”面板中的“圆柱体”按钮，采用指定底面中心点和底面半径的模式，绘制两个圆柱体：以点（0,120,0）为底面中心点，半径为 27.5、高度为 85；以点（0,0,0）为底面中心点，半径为 36、高度为 85，如图 15-180 所示。

❻布尔运算求差集。单击“三维工具”选项卡“实体编辑”面板中的“差集”按钮，从箱盖主体中减去剖切部分和两个轴承通孔，并进行消隐处理，如图 15-181 所示。

❼剖切实体。单击“三维工具”选项卡“实体编辑”面板中的“剖切”按钮，从箱盖主体中剖切掉顶面上多余的实体，沿 YZ 平面将图形剖切开，保留箱盖上方，结果如图 15-182 所示。

❽三维镜像图形。选择菜单栏中的“修改”→“三维操作”→“三维镜像”命令，对上步创建的箱盖部分进行镜像操作，镜像的平面为由 XY 组成的平面，三维镜像结果如图 15-183 所示。

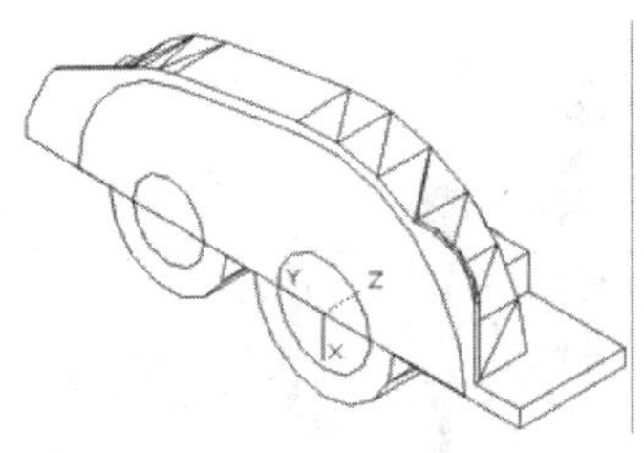

图 15-180　绘制轴承通孔

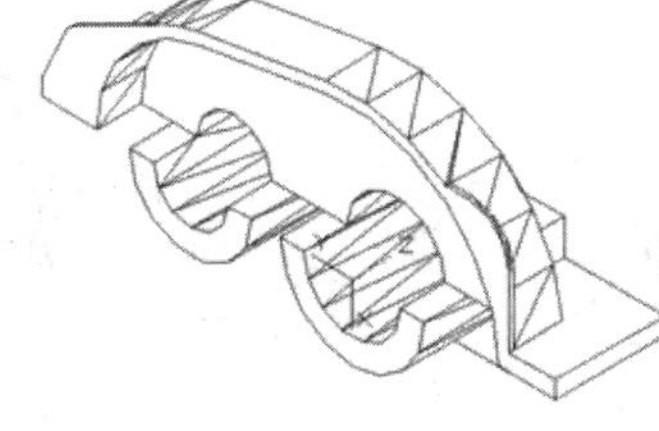

图 15-181　布尔运算求差集

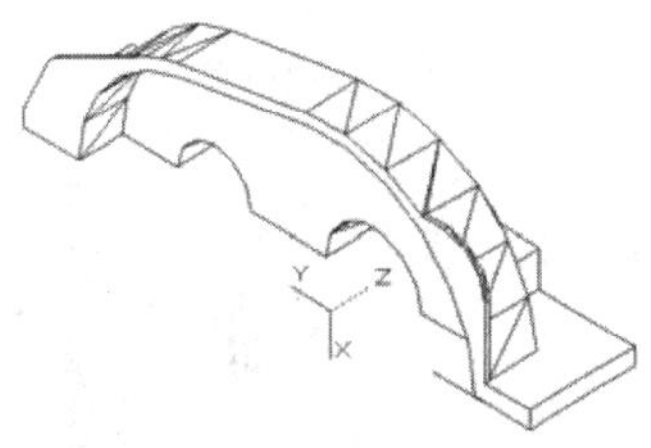

图 15-182　剖切实体图

❾布尔运算求并集。单击“三维工具”选项卡“实体编辑”面板中的“并集”按钮，将两个实体合并，使之成为一个三维实体，结果如图 15-184 所示。

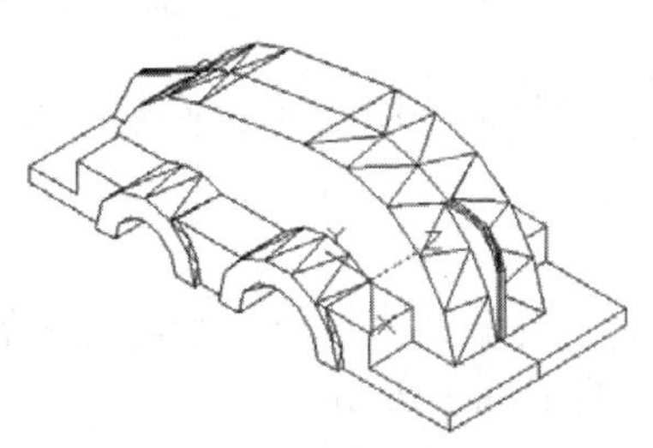

图 15-183　三维镜像图形

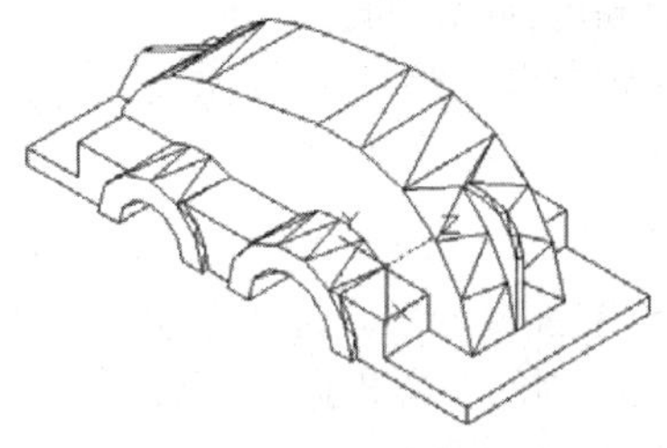

图 15-184　布尔运算求并集

06 绘制箱盖孔系。

❶绘制螺栓通孔。调用 UCS 命令，将坐标系恢复到世界坐标系。单击“三维工具”选项卡“建模”面板中的“圆柱体”按钮，采用指定底面中心点、底面半径和圆柱高度的模式，绘制两个圆柱体：底面中心点为（-60,-59.5,48），半径为 5.5、高度为-80；底面中心点为（-60,-59.5,38），半径为 9、高度为-5，如图 15-185 所示。

❷三维镜像图形 1。选择菜单栏中的“修改”→“三维操作”→“三维镜像”命令，对上步创建的螺栓通孔进行镜像操作，镜像的平面为 YZ 平面，如图 15-186 所示。

❸三维镜像图形 2。选择菜单栏中的“修改”→“三维操作”→“三维镜像”命令，对上步创建的 4 个圆柱体镜像操作后的实体进行镜像操作，镜像的平面为 ZX 平面，如图 15-187 所示。

❹矩形阵列实体。单击“建模”工具栏中的“三维阵列”按钮，对上一步创建的实体阵列 2 行、1 列、1 层，行间距为 103，如图 15-188 所示。

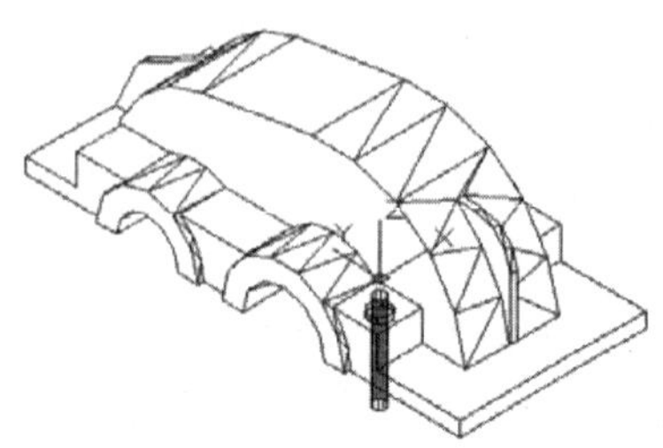

图 15-185　绘制螺栓通孔

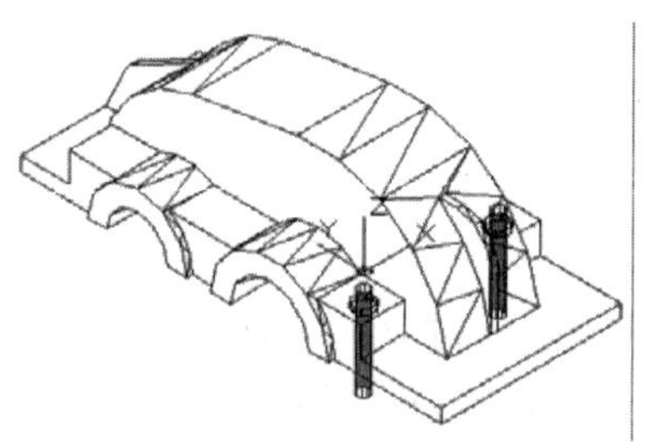

图 15-186　沿 YZ 平面镜像螺栓通孔

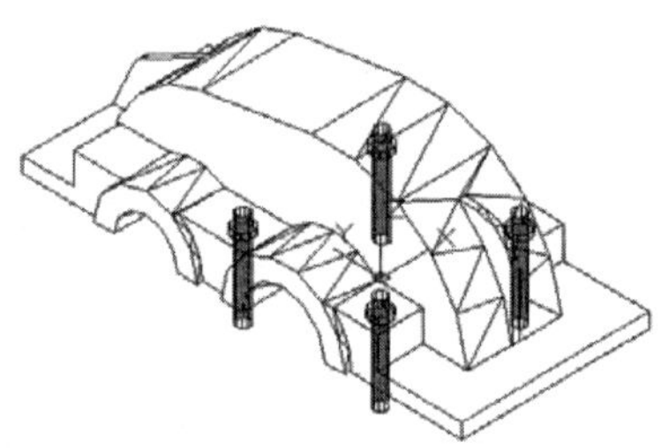

图 15-187　沿 ZX 平面镜像实体后的图形

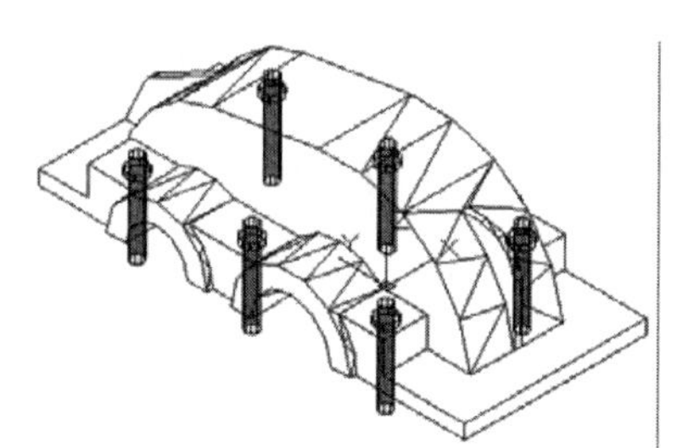

图 15-188　矩形阵列实体

❺绘制小螺栓通孔。单击“三维工具”选项卡“建模”面板中的“圆柱体”按钮，采用指定底面中心点、底面半径和圆柱高度的模式，绘制底面中心点为（-23,-138,22），半径为 4.5、高度为-40 的圆柱体。

❻单击“三维工具”选项卡“建模”面板中的“圆柱体”按钮，采用指定底面中圆心点、底面半径和圆柱高度的模式，绘制底面中心点为（-23,-138,12），半径为 7.5、高度为-2 的圆柱体，完成小螺栓通孔的绘制，如图 15-189 所示。

❼三维镜像图形。选择菜单栏中的“修改”→“三维操作”→“三维镜像”命令，镜像对象为刚绘制的小螺栓通孔，镜像平面为 YZ 面，如图 15-190 所示。

❽绘制销孔。单击“三维工具”选项卡“建模”面板中的“圆柱体”按钮，采用指定底面中心点、底面半径和圆柱高度的模式，绘制底面中心点为（-60,-91,22），半径为 4、高度为-30 的圆柱体。

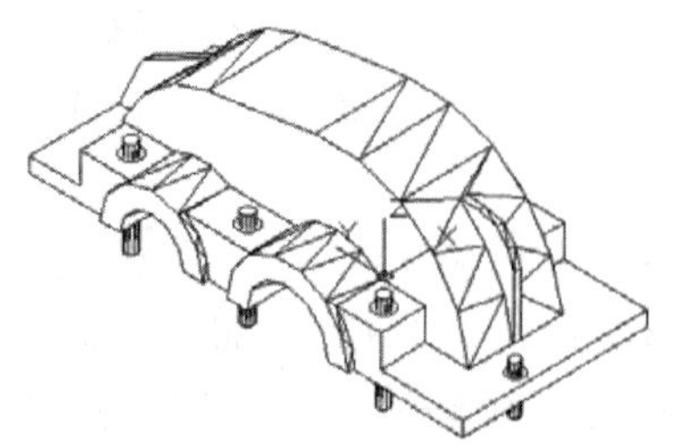

图 15-189　绘制小螺栓通孔

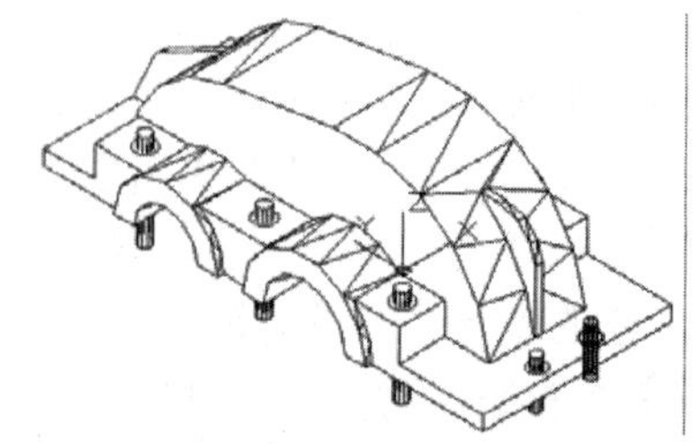

图 15-190　三维镜像小螺栓通孔

❾单击“三维工具”选项卡“建模”面板中的“圆柱体”按钮，绘制另一圆柱体，底面中心点（27, 214, 22）、底面半径为 4、高度为-30 的圆柱体，完成销孔的绘制，如图 15-191

所示。

❿布尔运算求差集。单击“三维工具”选项卡“实体编辑”面板中的“差集”按钮，从箱盖主体中减去所有圆柱体，形成箱盖孔系，如图 15-192 所示。

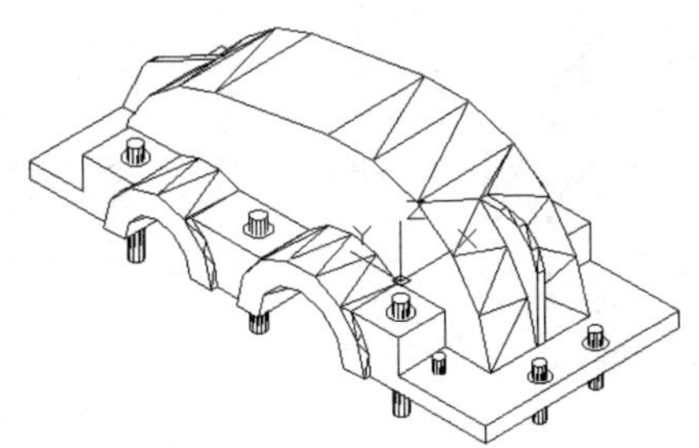

图 15-191 绘制销孔

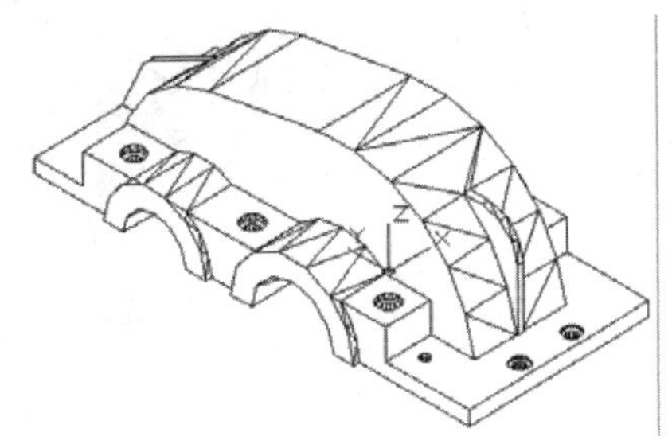

图 15-192 绘制箱盖孔系

07 绘制箱盖其他部件。

❶绘制圆柱体。调用“新建坐标系”命令（UCS），将坐标系绕 Y 轴旋转 90°。单击“三维工具”选项卡“建模”面板中的“圆柱体”按钮，采用指定底面中心点和底面半径的模式，绘制两个圆柱体：以点（-35,205,20）为底面中心点，半径为 4、圆柱高为-40；以点（-70,-105,20）为底面中心点，半径为 4、圆柱高为-40，如图 15-193 所示。

❷布尔运算求差集。单击“三维工具”选项卡“实体编辑”面板中的“差集”按钮，从箱盖主体中减去两个圆柱体，形成左右耳孔，如图 15-194 所示。

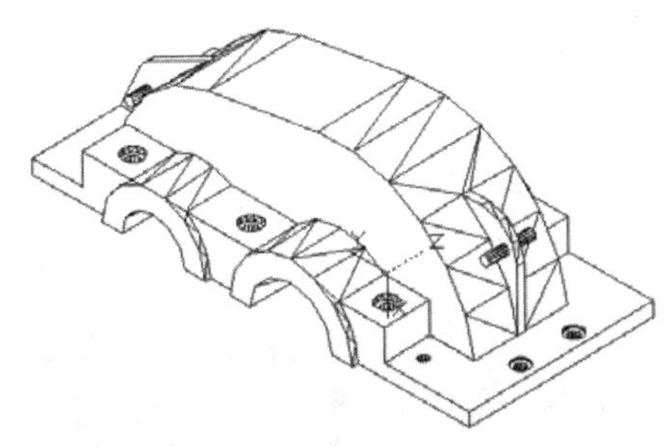

图 15-193 绘制圆柱体

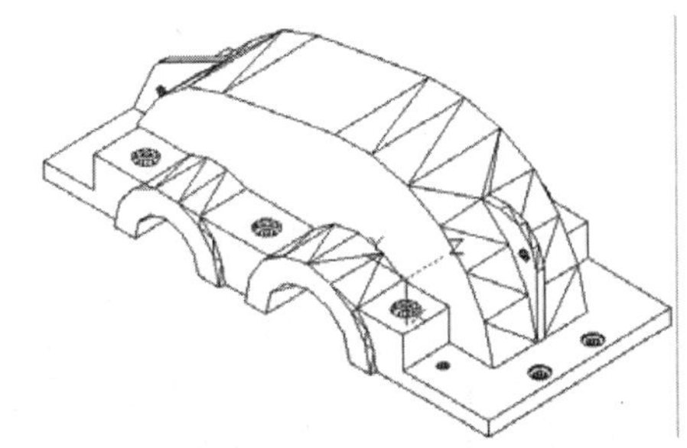

图 15-194 绘制耳孔

08 细化箱盖。

❶箱盖外侧圆角。单击“三维工具”选项卡“实体编辑”面板中的“圆角边”按钮，对箱盖底板和中间膛体顶板的各自 4 个直角外边进行圆角操作，圆角半径为 10。

❷膛体内壁圆角。单击“三维工具”选项卡“实体编辑”面板中的“圆角边”按钮，对箱盖膛体 4 个直角内边进行圆角操作，圆角半径为 5。

❸耳片圆角。单击“三维工具”选项卡“实体编辑”面板中的“圆角边”按钮，对箱盖左右两个耳片直角边进行圆角操作，圆角半径为 3。

❹螺栓肋板圆角。单击“三维工具”选项卡“实体编辑”面板中的“圆角边”按钮，对箱盖顶板上方的螺栓肋板的直角边进行圆角操作，圆角半径为 10，如图 15-195 所示。

09 渲染视图。为箱盖实体赋予适当的材质。单击“可视化”选项卡“渲染”面板中的“渲染到尺寸”按钮，对实体进行渲染处理，效果如图 15-168 所示。

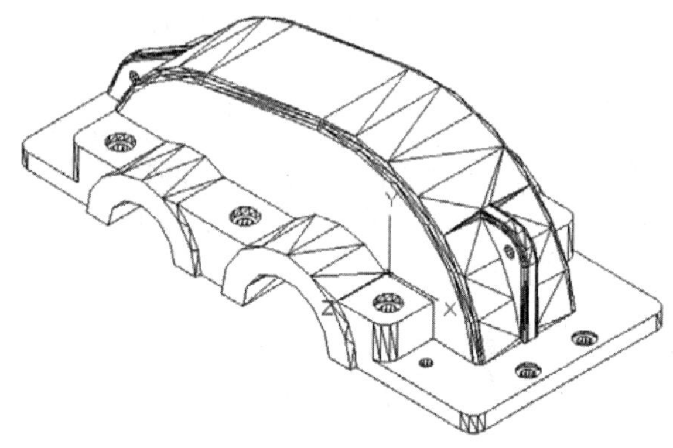

图 15-195　箱盖圆角

第 16 章

减速器装配立体图的绘制

装配图的绘制是 AutoCAD 的一种综合设计应用。在设计过程中，需要运用前一章所介绍过的各种零件的绘制方法，但又有新的内容：如何在装配图中拼装零件，如何在多个用户坐标系间转换等。在这一章中，第一部分讲述大、小齿轮两套组件装配图的绘制，第二部分讲述整个减速器总装立体图的绘制。

- 减速器齿轮组件装配图的绘制
- 减速器总装立体图的绘制

16.1 减速器齿轮组件装配图的绘制

16.1.1 创建齿轮轴图块

01 打开文件。单击“快速访问”工具栏中的“打开”按钮，找到“齿轮轴立体图.dwg”文件，如图 16-1 所示。

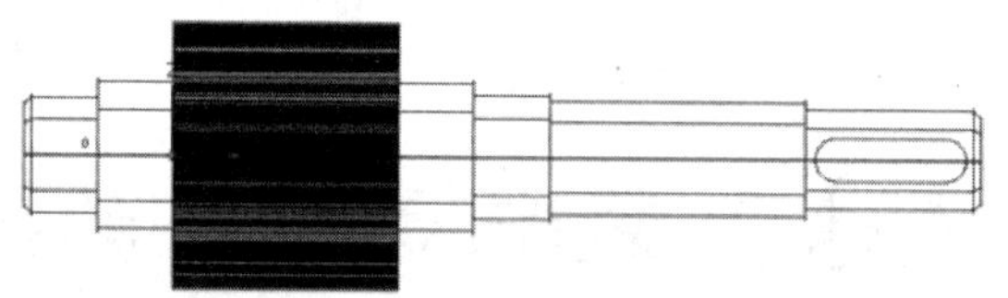

图 16-1 齿轮轴立体图

02 创建零件图块。单击“默认”选项卡“块”面板中的“创建”按钮，打开“块定义”对话框，如图 16-2 所示。单击“选择对象”按钮，回到绘图窗口，选择小齿轮及其轴，回到“块定义”对话框。在“名称”文本框中输入“齿轮轴立体图块”，“基点”设置为图 16-1 中的 0 点，其他选项使用默认设置，完成创建零件图块的操作。

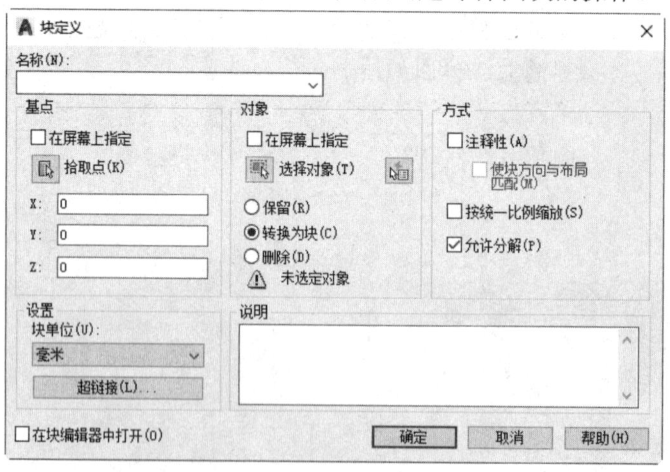

图 16-2 “块定义”对话框

03 保存零件图块。在命令行中输入 WBLOCK 命令，打开“写块”对话框，如图 16-3 所示。在“源”选项组中选择“块”模式，从下拉列表中选择“齿轮轴立体图块”。在“目标”选项组中选择“文件名和路径”，完成零件图块的保存。至此，在以后使用小齿轮及其轴零件时，可以直接以块的形式插入目标文件中。

16.1.2 创建大齿轮图块

01 打开文件。单击“快速访问”工具栏中的“打开”按钮，找到“大齿轮立体图.dwg”

文件。

02 创建并保存大齿轮图块。按照前面创建与保存图块的操作方法，依次调用 BLOCK 和 WBLOCK 命令，将图 16-4 所示的点 A 设置为“基点”，其他选项使用默认设置，创建并保存“大齿轮立体图块”，如图 16-4 所示。

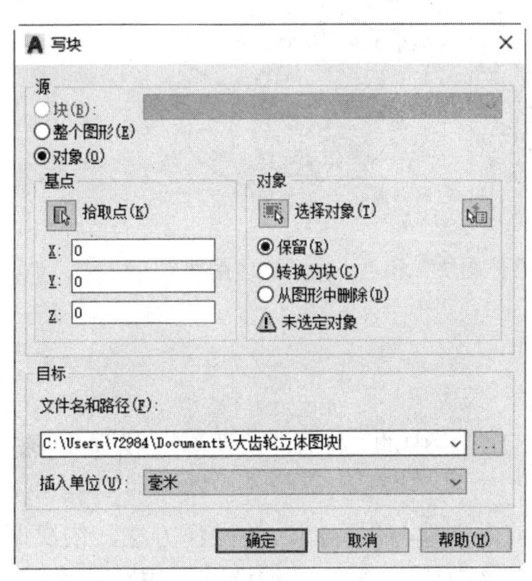

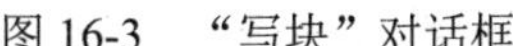
图 16-3 “写块”对话框

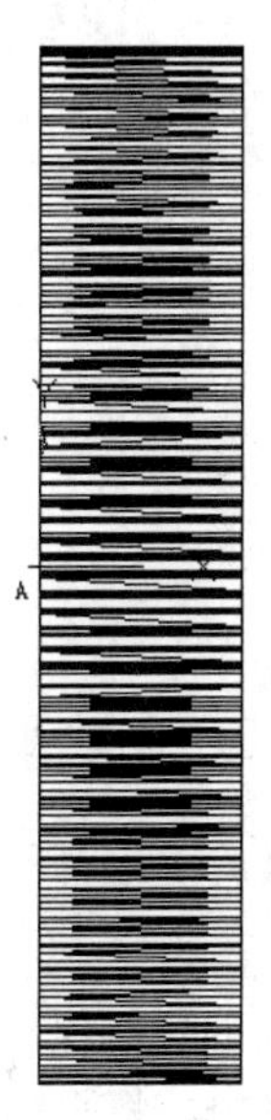

图 16-4 大齿轮立体图块

16.1.3 创建传动轴图块

01 打开文件。单击“快速访问”工具栏中的“打开”按钮，找到“传动轴立体图.dwg”文件。

02 创建并保存传动轴图块。按照前面创建与保存图块的操作方法，依次调用 BLOCK 和 WBLOCK 命令，将图 16-5 所示的点 B 设置为“基点”，其他选项使用默认设置，创建并保存“传动轴立体图块”，如图 16-5 所示。

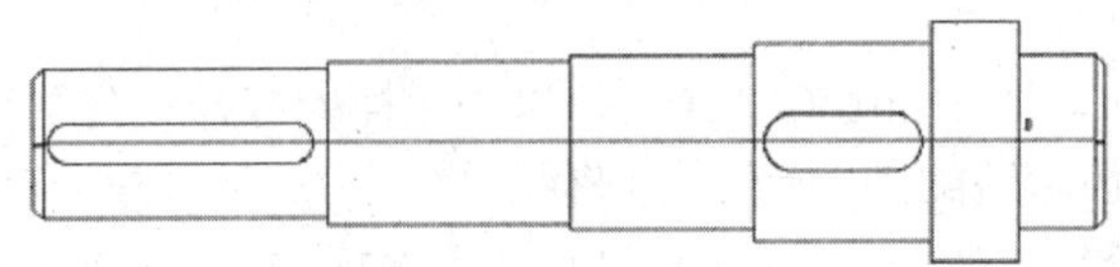

图 16-5 传动轴立体图块

16.1.4 创建轴承图块

01 打开文件。单击“快速访问”工具栏中的“打开”按钮，分别打开圆柱滚子轴承（30207）、圆柱滚子轴承（30205）文件。

02 创建并保存大、小轴承图块。按照前面创建与保存图块的操作方法，依次调用 BLOCK 和 WBLOCK 命令，将大轴承图块的“基点”设置为(0,0,0)，小轴承图块的“基点”设置为(0,0,0)，其他选项使用默认设置，创建并保存“大轴承立体图块”和“小轴承立体图块”，结果如图 16-6 所示。

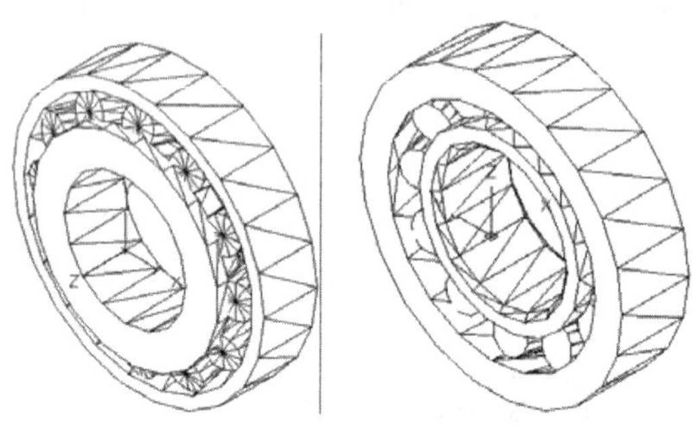

图 16-6 “大轴承立体图块”和“小轴承立体图块”

16.1.5 创建平键图块

01 打开文件。单击“快速访问”工具栏中的“打开”按钮，找到“平键立体图.dwg”文件。

02 创建并保存平键图块。按照前面创建与保存图块的操作方法，依次调用 BLOCK 和 WBLOCK 命令，将平键图块的“基点”设置为(0,0,0)，其他选项使用默认设置，创建并保存“平键立体图块”，如图 16-7 所示。

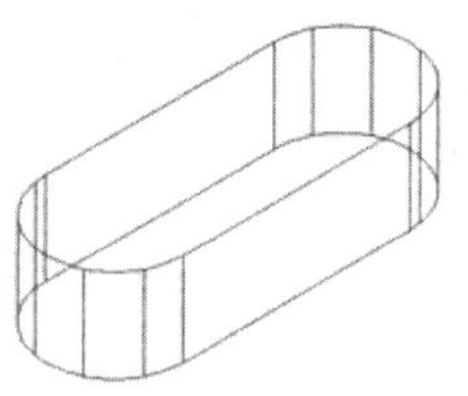

图 16-7 平键立体图块

16.1.6 装配小齿轮组件

01 建立新文件。打开 AutoCAD 2022，以“无样板打开—公制（M）”方式建立新文件，将新文件命名为“小齿轮装配图.dwg”并保存。

02 插入“齿轮轴立体图块”。选择“默认”选项卡“块”面板中的“插入”下拉菜单中的“插入块”选项，系统弹出“块”选项板，如图 16-8 所示。单击“浏览”按钮，弹出“为块库选择文件夹或文件”对话框，如图 16-9 所示。选择“齿轮轴立体图块.dwg”，单击“打开”按钮，返回“块”选项板。设定“插入点”坐标为（0,0,0），缩放比例和旋转使用默认设置。单击“确定”按钮，完成块插入操作。

03 插入“小轴承图块”。选择“默认”选项卡“块”面板中的“插入”下拉菜单中的“其他图形中的块”选项，系统弹出“块”选项板。单击“浏览”按钮，在“选择图形文件”对话框中选择“小轴承图块.dwg”。设定插入属性：“插入点”设置为（0,0,0），“缩放比例”和“旋转”使用默认设置。单击“确定”按钮，完成块插入操作，其俯视图如图 16-10 所示。

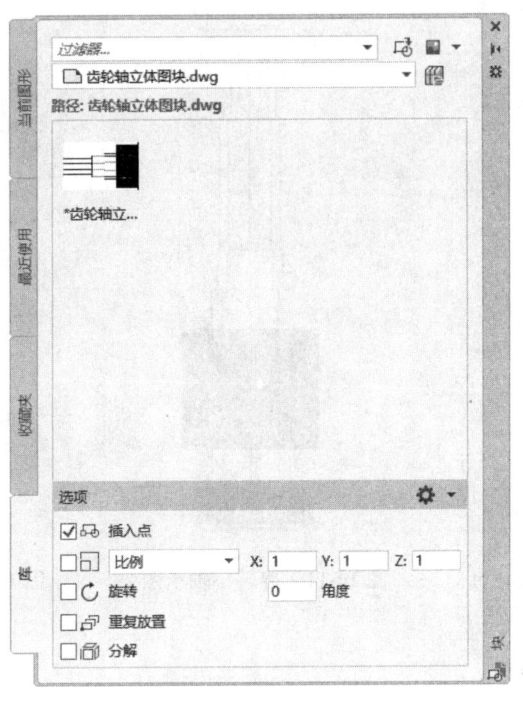

图 16-8　“块”选项板

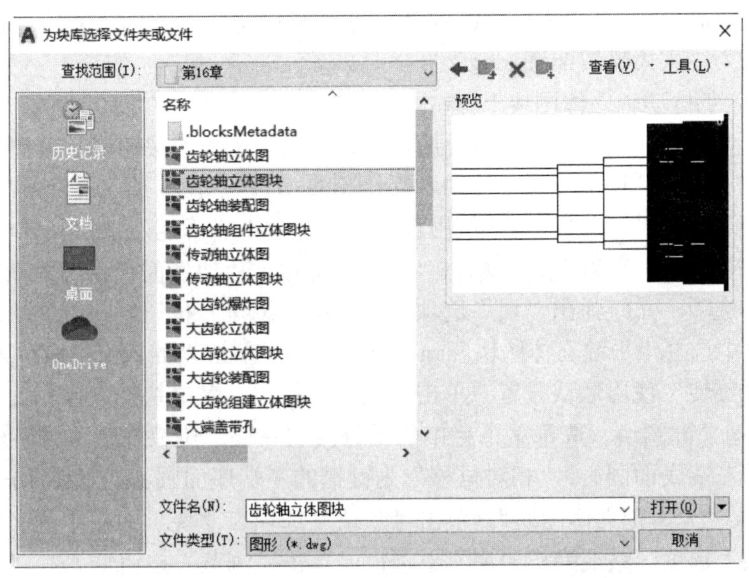

图 16-9　“为块库选择文件夹或文件”对话框

04 旋转小轴承图块。选择菜单栏中的“修改”→“三维操作”→“三维旋转”命令，将小轴承图块绕 Z 轴旋转-90°，如图 16-11 所示。

05 复制小轴承图块。单击“默认”选项卡“修改”面板中的“复制”按钮，将小轴承从点 *C* 复制到点 *D*，如图 16-12 所示。至此，完成小轴承组件装配立体图的设计。

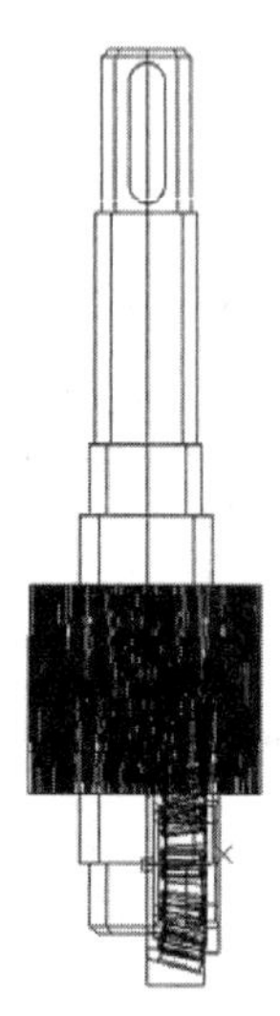

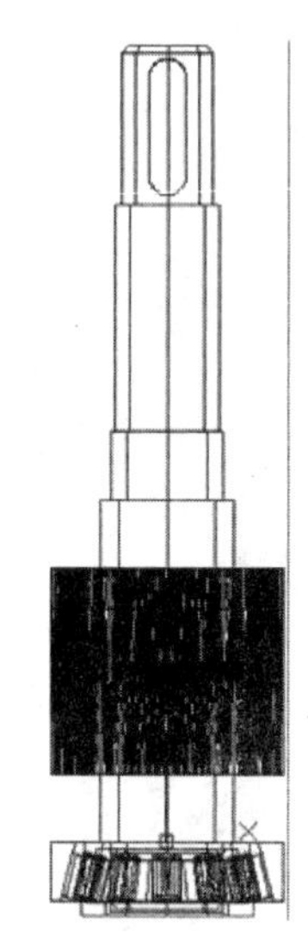

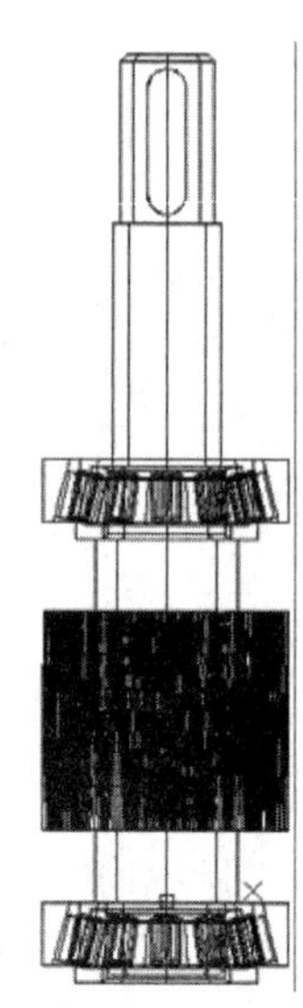

图 16-10　插入齿轮轴图块和小轴承图块的俯视图　图 16-11　旋转小轴承图块　图 16-12　复制小轴承图块

16.1.7　装配大齿轮组件

01 建立新文件。打开 AutoCAD 2022，以“无样板打开一公制（M）”方式建立新文件，将新文件命名为“大齿轮装配图.dwg”并保存。

02 插入“传动轴立体图块”。单击“默认”选项卡“块”面板中的“插入”下拉菜单中的“插入块”选项，系统弹出“块”选项板。单击“浏览”按钮，在弹出的“为块库选择文件夹或文件”对话框中选择“传动轴立体图块.dwg”。设定插入属性：“插入点”设置为（0,0,0），“缩放比例”和“旋转”使用默认设置。单击“确定”按钮完成块插入操作。

03 插入“平键立体图块”。单击“默认”选项卡“块”面板中的“插入”下拉菜单中的“插入块”选项，系统弹出“块”选项板，单击“浏览”按钮，在“为块库选择文件夹或文件”对话框中选择“平键立体图块.dwg”。设定插入属性：“插入点”设置为（0,0,0），“缩放比例”和“旋转”使用默认设置。单击“确定”按钮，完成块插入操作。

04 移动平键图块。选择菜单栏中的“修改”→“三维操作”→“三维移动”命令，选择键图块的左端底面圆心，“相对位移”为键槽的左端底面圆心，如图 16-13 所示。

05 插入“大齿轮立体图块”。单击“默认”选项卡“块”面板中的“插入”下拉菜单中的“插入块”选项，系统弹出“块”选项板。单击“浏览”按钮，在“为块库选择文件夹或文件”对话框中选择“大齿轮立体图块.dwg”。设定插入属性：“插入点”设置为（0,0,0），“缩放比例”和“旋转”使用默认设置。单击“确定”按钮，完成块插入操作，其俯视图如图 16-14 所示。

06 移动大齿轮图块。选择菜单栏中的“修改”→“三维操作”→“三维移动”命令，选择大齿轮图块，“基点”任意选取，“相对位移”为“@-57.5,0,0”，如图 16-15 所示。

07 切换观察视角。切换到右视图，如图 16-16 所示。

08 旋转大齿轮图块。选择菜单栏中的“修改”→“三维操作”→“三维旋转”命令，将大齿轮图块绕轴旋转 180º，如图 16-17 所示。

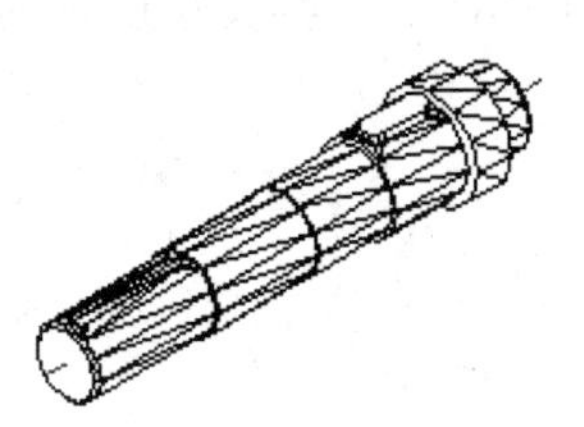

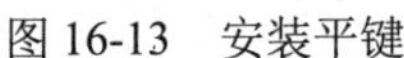

图 16-13　安装平键

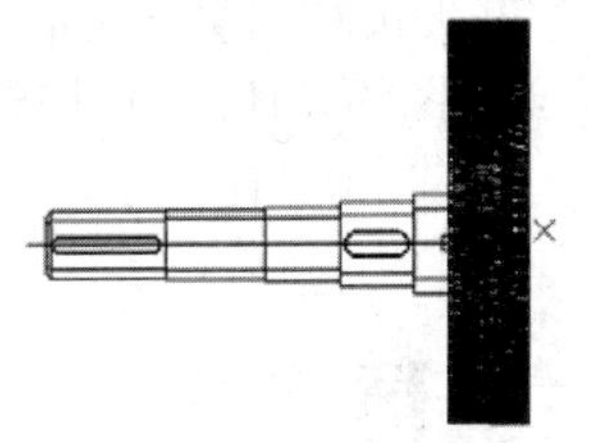

图 16-14　插入大齿轮图块的俯视图

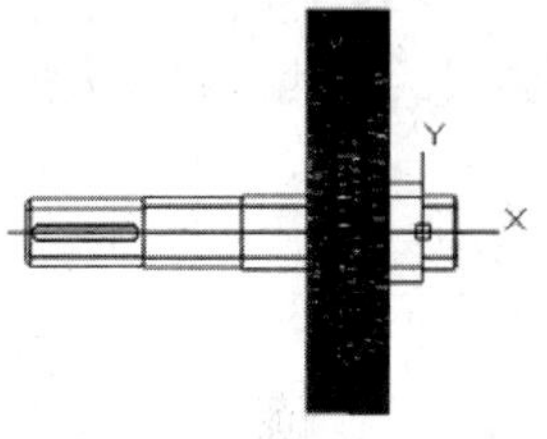

图 16-15　移动大齿轮图块

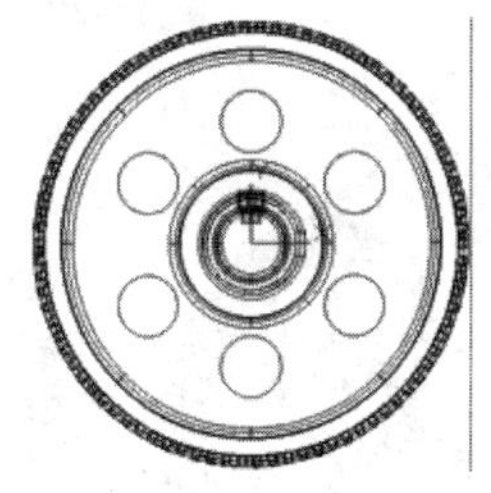

图 16-16　切换观察视角

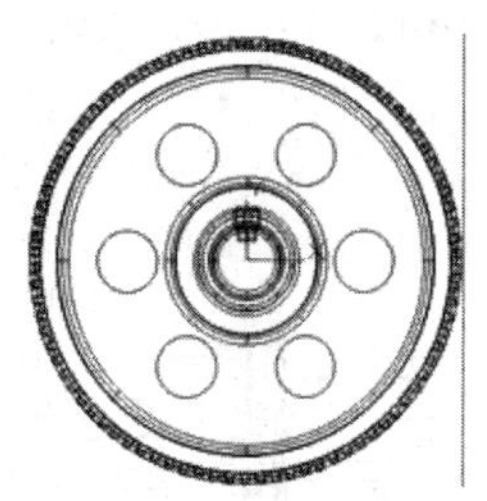

图 16-17　旋转大齿轮图块

09 为了方便装配，将大齿轮隐藏。新建图层 1，将大齿轮切换到图层 1 上，并将图层 1 冻结。

10 插入“大轴承图块”。单击“默认”选项卡“块”面板中的“插入”下拉菜单中的“插入块”选项，系统弹出“块”选项板。单击“浏览”按钮，在“为块库选择文件夹或文件”对话框中选择“大轴承图块.dwg”。设定插入属性：“插入点”设置为（0,0,0），“缩放比例”和“旋转”使用默认设置。单击“确定”按钮，完成块插入操作，如图 16-18 所示。

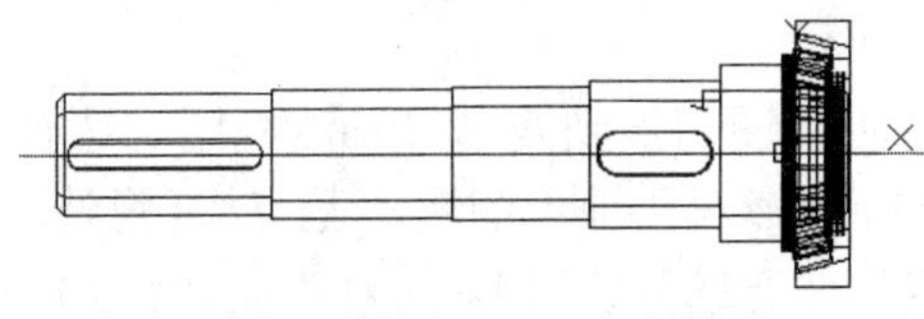

图 16-18　插入大轴承图块

11 复制大轴承图块。单击“默认”选项卡“修改”面板中的“复制”按钮，将大轴承图块从原点复制到点（-91,0,0），如图 16-19 所示。

12 绘制圆柱体。单击“三维工具”选项卡“建模”面板中的“圆柱体”按钮，采用指定两个底面圆心点和底面半径的模式，绘制两个圆柱体：以点（0,0,300）为底面中心点，半径为 17.5，轴端点为（@-16.5,0,0）；以点（0,0,300）为底面中心点，半径为 22，轴端点为（@-16.5,0,0），如图 16-20 所示。

13 绘制定距环。单击“三维工具”选项卡“实体编辑”面板中的“差集”按钮，从大圆柱体中减去小圆柱体，得到定距环实体。

14 移动定距环。选择菜单栏中的“修改”→“三维操作”→“三维移动”命令，选择定距环，“基点”任意选取，“相对位移”是“@-57.5,0,0”，如图 16-21 所示。

15 更改大齿轮图层属性。打开大齿轮图层，显示大齿轮实体，更改其图层属性为实体层。至此，完成大齿轮组件装配立体图的设计，如图 16-22 所示。

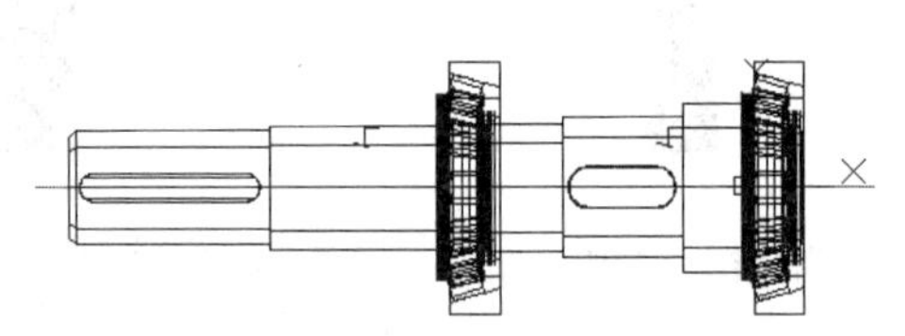

图 16-19　复制大轴承图块

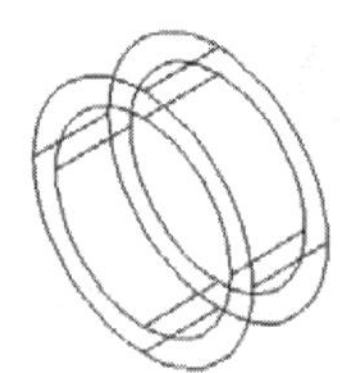

图 16-20　绘制圆柱体

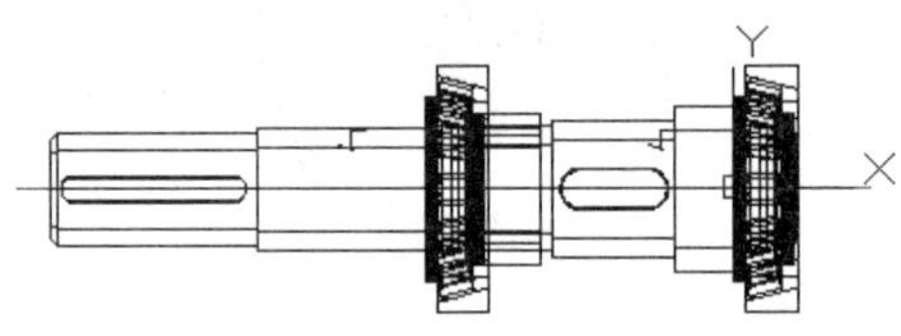

图16-21　移动定距环

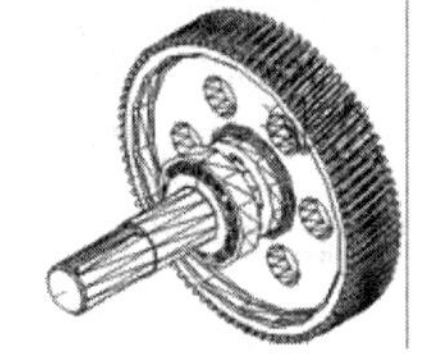

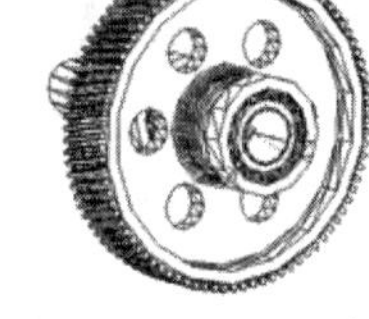

图16-22　大齿轮组件装配立体图

16.1.8　绘制爆炸图

爆炸图，就好像在实体内部发生爆炸一样，各个零件沿切线方向向外飞出，既可以直观地显示装配图中各个零件的实体模型，又可以表征各个零件之间的装配关系。在其他绘图软件，如 SolidWorks 中集成了爆炸图自动生成功能，系统可以自动生成装配图的爆炸效果图。而 AutoCAD 2022 暂时还没有集成这一功能，不过利用实体的编辑命令，同样可以在 AutoCAD 2022 中创建爆炸效果图。

01 剥离左右轴承。将视图切换到西南等轴测视图，选择菜单栏中的“修改”→“三维操作”→“三维移动”命令，选择右侧轴承图块，“基点”任意选取，“相对位移”是“@50,0,0”。选择左侧轴承图块，“基点”任意选取，“相对位移”是“@-400,0,0”。

02 剥离定距环。选择菜单栏中的“修改”→“三维操作”→“三维移动”命令，选择定距环图块，“基点”任意选取，“相对位移”是“@-350,0,0”。

03 剥离齿轮。选择菜单栏中的“修改”→“三维操作”→“三维移动”命令，选择齿轮图块，“基点”任意选取，“相对位移”是“@-220,0,0”。

04 剥离平键。选择菜单栏中的“修改”→“三维操作”→“三维移动”命令，选择平键图块，“基点”任意选取，“相对位移”是“@0,50,0”。

至此，完成大齿轮组件爆炸图的绘制，如图 16-23 所示。

图 16-23　大齿轮组件爆炸图

16.2 减速器总装立体图的绘制

制作思路：先将减速器箱体图块插入预先设置好的装配图样中，起到为后续零件装配定位的作用；然后分别插入上一节中保存过的大、小齿轮组件装配图块，调用“三维移动”和“三维旋转”命令，使其安装到减速器箱体中合适的位置；插入减速器其他装配零件，并将其放置到箱体合适位置，完成减速器总装立体图的设计与绘制；最后进行实体渲染与保存操作。

16.2.1　创建箱体图块

01 打开文件。单击 “快速访问”工具栏中的“打开”按钮，弹出“选择文件”对话框，打开“减速器箱体立体图. dwg”文件。

02 创建箱体图块。单击“默认”选项卡“块”面板中的“创建”按钮，打开“块定义”对话框。单击“选择对象”按钮，回到绘图窗口，选择减速器箱体，回到“块定义”对话框。在“名称”文本框中输入“三维箱体图块”，“基点”设置为(0, 0, 0)，其他选项使用默认设置，单击“确定”按钮，完成箱体图块的创建。

03 保存箱体图块。在命令行输入 WBLOCK，打开“写块”对话框。在“源”选项组中选择“块”模式，从下拉列表中选择“三维箱体图块”；在“目标”选项组中选择“文件名和路径”，完成三维箱体图块的保存，如图 16-24 所示。至此，在以后使用箱体时，可以直接以块的形式插入目标文件中。

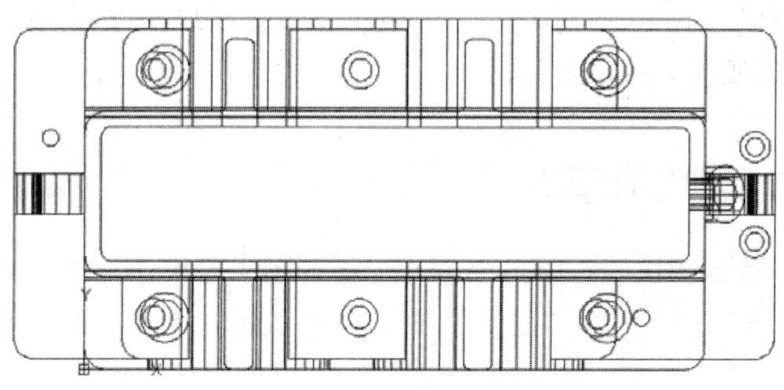

图 16-24　三维箱体图块

16.2.2 创建箱盖图块

01 打开文件。单击“快速访问”工具栏中的“打开”按钮，找到“减速器箱盖立体图.dwg”文件，如图 16-25 所示。

02 创建并保存减速器箱盖立体图图块。按照前面创建与保存图块的操作方法，依次调用“BLOCK”和“WBLOCK”命令，在图 16-26 所示的“写块”对话框中，将箱盖“基点”设置为(-85,0,0)，其他选项使用默认设置，创建并保存为“减速器箱盖立体图块”。

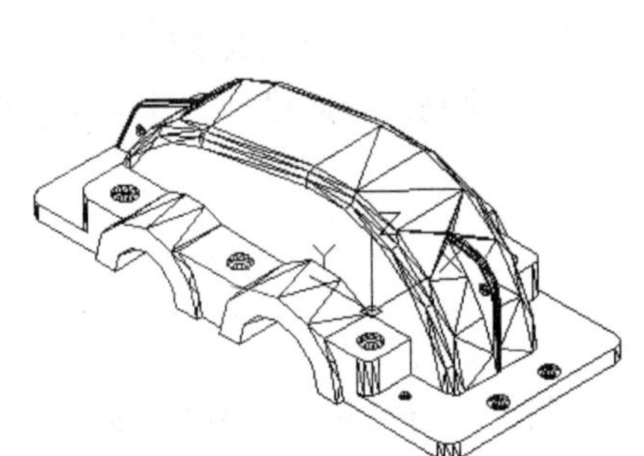

图 16-25 减速器箱盖立体图块

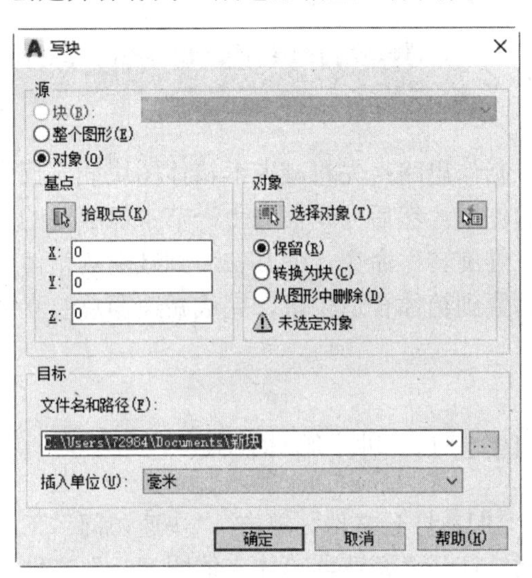

图 16-26 “写块”对话框

16.2.3 创建大、小齿轮组件图块

创建并保存大齿轮组件图块。按照前面创建与保存图块的操作方法，依次调用 BLOCK 和 WBLOCK 命令，将“基点”设置为(0,0,0)，其他选项使用默认设置，创建并保存为“大齿轮组件立体图块”，如图 16-27 所示。

创建并保存小齿轮组件图块。按照前面创建与保存图块的操作方法，依次调用 BLOCK 和 WBLOCK 命令，将“基点”设置为(0,0,0)，其他选项使用默认设置，创建并保存为“小齿轮轴组件立体图块”，如图 16-28 所示。

16.2.4 创建其他零件图块

创建并保存视孔盖图块。按照前面创建与保存图块的操作方法，打开“视孔盖.dwg”，依次调用 BLOCK 和 WBLOCK 命令，“基点”设置为(0,0,0)，创建“视孔盖图块”，。如图 16-29 所示。

创建并保存油标尺图块。按照前面创建与保存图块的操作方法，打开“油标尺.dwg”，依次调用“BLOCK”和“WBLOCK”命令，将“基点”设置为(0,0,0)，创建“油标尺图块”，如图 16-30 所示。

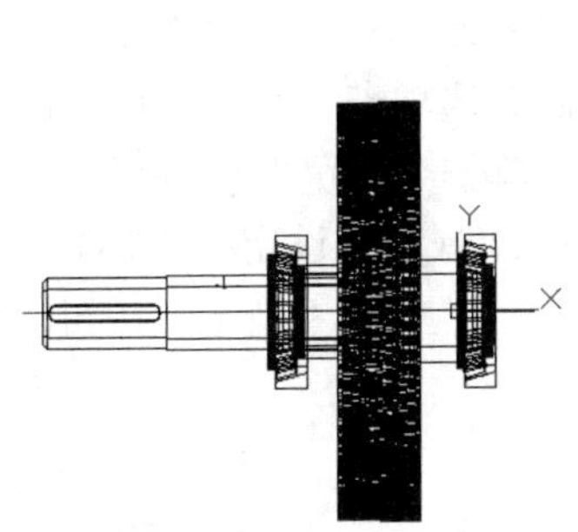

图 16-27　大齿轮组件立体图块

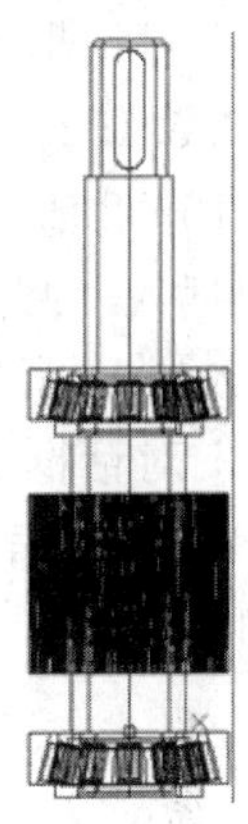

图 16-28　小齿轮组件图块

创建其余附件图块，创建步骤与上面步骤相同，此处不再赘述。

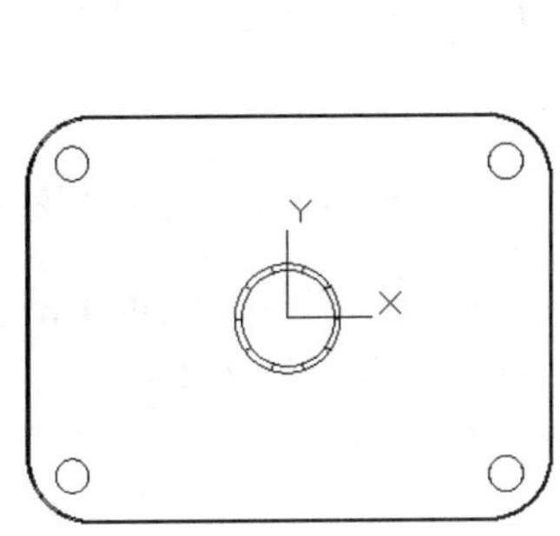

图 16-29　视孔盖图块

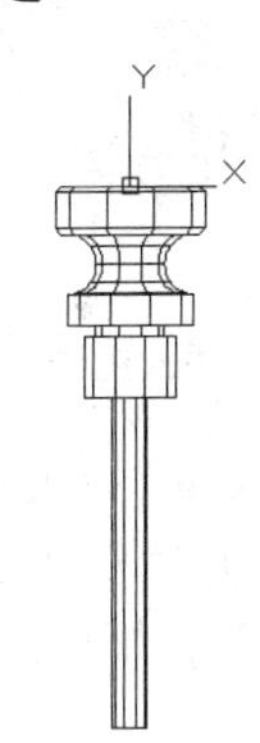

图 16-30　油标尺图块

16.2.5　总装减速器

01 建立新文件。打开 AutoCAD 2022 应用程序，以“无样板打开－公制（M）”方式建立新文件，将新文件命名为“减速器箱体装配.dwg”并保存。

02 插入“三维箱体图块”。单击“默认”选项卡“块”面板中的“插入”下拉菜单中的“插入”选项，系统弹出“块”选项板。单击“浏览”按钮，在“为块库选择文件夹或文件”对话框中选择“三维箱体图块.dwg”。设定插入属性：“插入点”设置为（0,0,0），“缩放比例”和“旋转”使用默认设置。单击“确定”按钮，完成块插入操作。

03 插入“小齿轮组件立体图块”。单击“默认”选项卡“块”面板中的“插入”下拉菜单中的“插入块”选项，系统弹出“块”选项板。单击“浏览”按钮，在“为块库选择文件夹或文件”对话框中选择“小齿轮组件立体图块.dwg”。设定插入属性：“插入点”设置为（77,47.5,152），“缩放比例”为 1，“旋转”为 0。单击“确定”按钮，完成块插入操作，如图 16-31 所示。

04 插入“大齿轮组件图块”。单击“默认”选项卡“块”面板中的“插入”下拉菜单中的“插入块”选项，系统弹出“块”选项板。单击“浏览”按钮，在“为块库选择文件夹或文件”对话框中选择“大齿轮组件立体图块.dwg”。设定插入属性：“插入点”设置为（197,122.5,152），“缩放比例”为 1，“旋转”为 90° 。单击“确定”按钮，完成块插入操作，如图 16-32 所示。

05 插入“减速器箱盖图块”。单击“默认”选项卡“块”面板中的“插入”下拉菜单中的“插入块”选项，系统弹出“块”选项板。单击“浏览”按钮，在“为块库选择文件夹或文件”对话框中选择“减速器箱盖立体图块.dwg”。设定插入属性：“插入点”设置为（195,0,152），“缩放比例”为 1，“旋转”为 90° 。单击“确定”按钮，完成块插入操作，如图 16-33 所示。

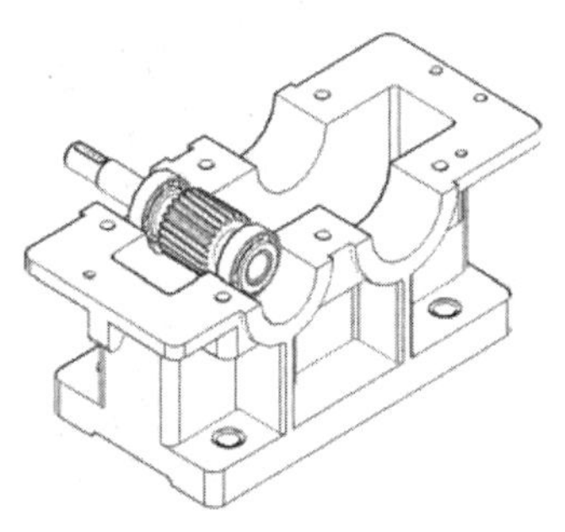

图 16-31　插入三维箱体和小齿轮组件图块

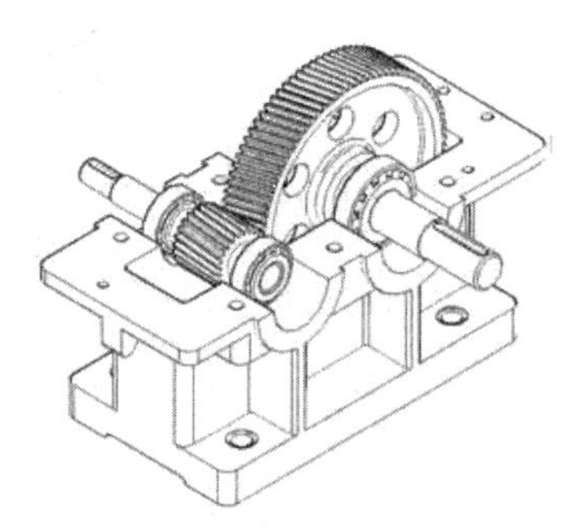

图 16-32　插入大齿轮组件图块

06 插入 4 个“箱体端盖图块”。单击“默认”选项卡“块”面板中的“插入”下拉菜单中的“插入块”选项，系统弹出“块”选项板。单击“浏览”按钮，在“为块库选择文件夹或文件”对话框中选择 4 个“箱体端盖图块.dwg”。设定插入属性：小端盖无孔块，“插入点”设置为（77,-7.2,152），“缩放比例”为 1 和“旋转”“角度”为 180° ；大端盖带孔块，“插入点”设置为（197,-7.2,152），“缩放比例”为 1 和“旋转”“角度”为 180° ；小端盖带孔块，“插入点”设置为（77,177.2,152）“缩放比例”为 1 和“旋转”“角度”为 0° ；大端盖无孔块——“插入点”设置为（197,177.2,152），“缩放比例”为 1 和“旋转”“角度”为 0° 。单击“确定”按钮，完成块插入操作，如图 16-34 所示。

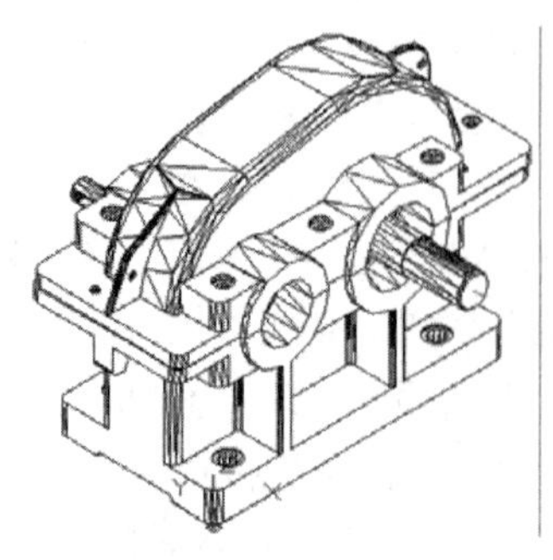

图 16-33　插入减速器箱盖图块

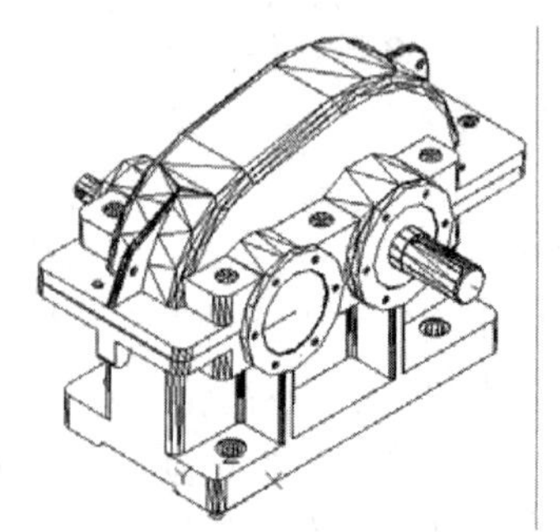

图 16-34　插入 4 个“箱体端盖图块”

07 新建坐标系。调用“新建坐标系”命令（UCS），绕 X 轴旋转 90° ，建立新的用户坐标系。

08 插入“油标尺图块”。单击“默认”选项卡“块”面板中的“插入”下拉菜单中的“插入块”选项，系统弹出“块”选项板。单击“浏览”按钮，在“为块库选择文件夹或文件”对话框中选择“油标尺图块.dwg”。设定插入属性：“插入点”设置为（336,101,-85），“缩放比例”为 1 和“旋转”“角度”为 315° 。单击“确定”按钮，完成块插入操作，如图 16-35 所示。

09 其他如螺栓与销等零件的装配过程与上面介绍的类似，这里不再赘述。渲染效果如图 16-36 所示。

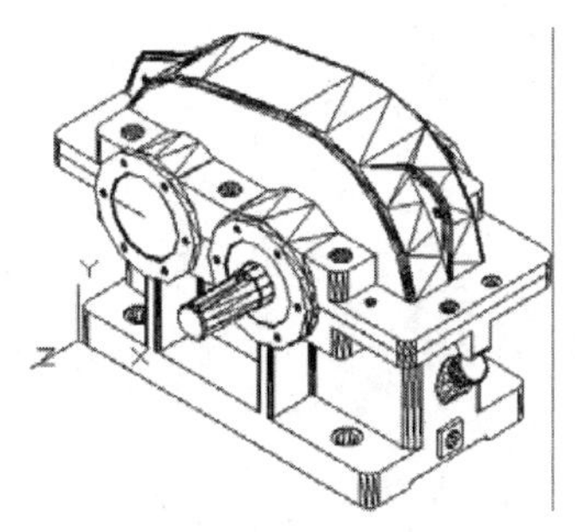

图 16-35　新建坐标系与插入“油标尺图块”

图 16-36　渲染效果